国家出版基金项目
NATIONAL PUBLICATION FOUNDATION

"十三五"国家重点出版物出版规划项目

软物质前沿科学丛书

蛋白质的结构、功能与运动

Introduction to Proteins: Structure, Function, and Motion

〔美〕A．凯赛尔（Amit Kessel）
N．本塔尔（Nir Ben-Tal）著

王晟译

科学出版社
龍門書局
北京

图字：01－2014－2455

内 容 简 介

本书是一本实用的蛋白质科学教材，从蛋白质的底层分子结构到高层相互作用、从基于物理学的结构测定到基于计算机科学的结构预测、从蛋白质的能量学稳态到热力学动态，多个方面诠释了蛋白质的序列，结构与功能之间的联系。本书共8章，依次为蛋白质的简介，蛋白质的结构，蛋白质结构测定及预测的方法，蛋白质的能量学及稳定性，蛋白质结构动力学，非球状蛋白，膜蛋白，蛋白质与配体的相互作用。

本书可作为与生命科学相关的研究生、高年级本科生的学习资料，也适合生命科学及蛋白质科学等领域的专业工作者阅读参考。

图书在版编目（CIP）数据

蛋白质的结构、功能与运动/(美）A. 凯赛尔（Amit Kessel），(美）N. 本塔尔（Nir Ben-Tal）著；王晟译.—北京：龙门书局，2021.6
（软物质前沿科学丛书）
书名原文：Introduction to Proteins：Structure，Function，and Motion
“十三五”国家重点出版物出版规划项目 国家出版基金项目
ISBN 978－7－5088－6021－3
Ⅰ.①蛋… Ⅱ.①A… ②N… ③王… Ⅲ.①蛋白质一研究 Ⅳ.①Q51

中国版本图书馆CIP数据核字（2021）第096979号

责任编辑：钱 俊 赵小林 付丽娜 / 责任校对：彭珍珍
责任印制：吴兆东 / 封面设计：无极书装

科学出版社
龙门书局 出版
北京东黄城根北街16号
邮政编码：100717
http://www.sciencep.com
北京建宏印刷有限公司印刷
科学出版发行 各地新华书店经销
*
2021年6月第 一 版 开本：720×1000 1/16
2026年1月第四次印刷 印张：41
字数：780 000
定价：298.00元
（如有印装质量问题，我社负责调换）

丛 书 序

社会文明的进步、历史的断代，通常以人类掌握的技术工具材料来刻画，如远古的石器时代、商周的青铜器时代、在冶炼青铜的基础上逐渐掌握了冶炼铁的技术之后的铁器时代，这些时代的名称反映了人类最初学会使用的主要是硬物质。同样，20 世纪的物理学家一开始也是致力于研究硬物质，像金属、半导体以及陶瓷，掌握这些材料使大规模集成电路技术成为可能，并开创了信息时代。进入 21 世纪，人们自然要问，什么材料代表当今时代的特征？什么是物理学最有发展前途的新研究领域？

1991 年，诺贝尔物理学奖得主德热纳最先给出回答：这个领域就是其得奖演讲的题目——“软物质”。按《欧洲物理杂志》B 分册的划分，它也被称为软凝聚态物质，所辖学科依次为液晶、聚合物、双亲分子、生物膜、胶体、黏胶及颗粒物质等。

2004 年，以 1977 年诺贝尔物理学奖得主、固体物理学家 P.W. 安德森为首的 80 余位著名物理学家曾以“关联物质新领域”为题召开研讨会，将凝聚态物理分为硬物质物理与软物质物理，认为软物质 (包括生物体系) 面临新的问题和挑战，需要发展新的物理学。

2005 年，*Science* 提出了 125 个世界性科学前沿问题，其中 13 个直接与软物质交叉学科有关。“自组织的发展程度”更是被列为前 25 个最重要的世界性课题中的第 18 位，“玻璃化转变和玻璃的本质”也被认为是最具有挑战性的基础物理问题以及当今凝聚态物理的一个重大研究前沿。

进入新世纪，软物质在国际上受到高度重视，如 2015 年，爱丁堡大学软物质领域学者 Michael Cates 教授被选为剑桥大学卢卡斯讲座教授。大家知道，这个讲座是时代研究热门领域的方向标，牛顿、霍金都任过卢卡斯讲座教授这一最为著名的讲座教授职位。发达国家多数大学的物理系和研究机构已纷纷建立软物质物理的研究方向。

虽然在软物质研究的早期历史上，享誉世界的大科学家如诺贝尔奖获得者爱因斯坦、朗缪尔、弗洛里等都做出过开创性贡献。但软物质物理学发展更为迅猛还是自德热纳 1991 年正式命名“软物质”以来，软物质物理学不仅大大拓展了物理学的研究对象，还对物理学基础研究尤其是与非平衡现象 (如生命现象) 密切相关的物理学提出了重大挑战。软物质泛指处于固体和理想流体之间的复杂的凝聚态物质，主要共同点是其基本单元之间的相互作用比较弱 (约为室温热能量级)，因而易受温度影响，熵效应显著，且易形成有序结构。因此具有显著热波动、多个亚稳状态、介观尺度自组装结构、熵驱动的有序无序相变、宏观的灵活性等特征。简单地说，这些体系都体现了“小刺激，大反应”和强非线性的特性。这些特性并非仅仅由纳观组织或原子、分子水平的结构决定，更多是由介观多级自组装结构决定。处于这种状态的常见物质体系包括胶体、液晶、高分子及超分子、泡沫、乳液、凝胶、颗粒物质、玻璃、生物体系等。软物质不仅广泛存在于自然界，而且由于其丰富、奇特的物理学性质，在人类的生活和生产活动中也得到广泛应用，常见的有液晶、柔性电子、塑料、橡胶、颜料、墨水、牙膏、清洁剂、护肤品、食品添加剂等。由于其巨大的实用性以及迷人的物理性质，软物质自 19 世纪中后期进入科学家视野以来，就不断吸引着来自物理、化学、力学、生物学、材料科学、医学、数学等不同学科领域的大批研究者。近二十年来更是快速发展成为一个高度交叉的庞大的研究方向，在基础科学和实际应用方面都有重大意义。

为了推动我国软物质研究，为国民经济作出应有贡献，在国家自然科学基金委员会–中国科学院学科发展战略研究合作项目“软凝聚态物理学的若干前沿问题”(2013.7—2015.6) 资助下，本丛书主编组织了我国高校与研究院所上百位分布在数学、物理、化学、生命科学、力学等领域的长期从事软物质研究的科技工作者，参与本项目的研究工作。在充分调研的基础上，通过多次召开软物质科研论坛与研讨会，完成了一份 80 万字的研究报告，全面系统地展现了软凝聚态物理学的发展历史、国内外研究现状，凝练出该交叉学科的重要研究方向，为我国科技管理部门部署软物质物理研究提供了一份既翔实又具前瞻性的路线图。

作为战略报告的推广成果，参加该项目的部分专家在《物理学报》出版了软凝聚态物理学术专辑，共计 30 篇综述。同时，该项目还受到科学出版社关注，双方达成了“软物质前沿科学丛书”的出版计划。这将是国内第一套系统总结该领域理论、实验和方法的专业丛书，对从事相关领域研究的人员将起到重要参考作用。因此，我们与科学出版社商讨了合作事项，成立了丛书编委会，并对丛书做了初步规划。编委会邀请了 30 多位不同背景的软物质领域的国内外专家共同完成这一系列专著。这套丛书将为读者提供软物质研究从基础到前沿的各个领域的最新进展，涵盖软物质研究的主要方面，包括理论建模、先进的探测和加工技术等。

由于我们对于软物质这一发展中的交叉科学的了解不很全面，不可能做到计划的“一劳永逸”，而且缺乏组织出版一个进行时学科的丛书的实践经验，为此，我们要特别感谢科学出版社钱俊编辑，他跟踪了我们咨询项目启动到完成的全过程，并参与本丛书的策划。

我们欢迎更多相关同行撰写著作加入本丛书，为推动软物质科学在国内的发展做出贡献。

主　编　　欧阳钟灿
执行主编　　刘向阳
2017 年 8 月

译　者　序

十年前在芝加哥做博士后期间，我偶尔听同事马剑竹介绍刚出版的《蛋白质的结构、功能与运动》。在翻开书本读了几节之后，我就意识到这是一本好书。作为一位刚踏入蛋白结构预测领域不久的初学者，这本书给我的印象是把整个蛋白结构领域的方方面面做了非常深入浅出的讲解。配合精彩绝伦的彩图，我在那个时候就认为这是一本绝佳的教科书，并且萌生了将其翻译出来献给国内同样有志于基于计算的蛋白结构分析领域的学者，尤其是年轻一代的学者。可惜，由于我的课业与科研特别繁忙，加上自己从来没有从事过任何与文字相关的工作，因此一直对翻译本书这件事情望而却步。直到 3 年后，在科学出版社钱俊编辑的主动帮助下，我们联系了欧阳钟灿院士和郑伟谋老师，在得到多位老师的认可后，我决定开始本书的翻译。

尽管本书从翻译到校对以及出版颇费周折，但在同事马剑竹、师兄黎明以及他的科研课题组、翁顺砚同学以及科学出版社编辑们的大力协助下，我们终于一起完成了本书的翻译与校对。在此，我向国内外有关机构和友好人士致以衷心的谢意。

我同样感谢自己的父母：王东风先生和万曼影女士。他们不仅一如既往地鼓励和支持我完成这项翻译工作，还在我回国工作最忙碌的这段时间，主动承担了校对的工作，尤其是本书精美图片上文字的反复校对。尤其是我的父亲王东风先生，借助他年轻时在上海外国语大学附属外国语学校学习的英文功底，帮我逐字逐句地推敲、斟酌并誊正译文，使本书语言逐渐趋于流畅。在此，我向自己的父母表达最诚挚的谢意。

不过，译者在这里也要提一下，原书的作者在写作此书时，基于计算的蛋白结构分析才刚刚起步，在那个年代甚至连这 10 年来最大的显学——机器学习与深度学习，才刚开始。因此，本书原版中的很多涉及计算的部分，尤其是蛋白质结构预测部分，采用的都是较为传统的方法与手段。在当前深度学习的大潮下，蛋白质结构预测已经发生了天翻地覆的变化，尤其是今年 7 月 AlphaFold2 的开源，更是把蛋白单体的结构预测推到了一个预测精度的极致。因此，本书的 3.4 节关于蛋白结构的计算方法这一部分，今后可以做较大的调整与更新。类似的，本书的 3.2 节涉及的电子显微镜（EM）方法，也是在冷冻电镜（cryoEM）方法取得重大突破之前完成的，因此也可在后续的版本中更新。

最后，译者需要声明的是，本人文字水平有限，尽管在父亲大人与科学出版社各位编辑的帮助下，让译文还能读得懂。但在很多最直接的翻译中，依然不可避免地出现各种不妥以及词不达意之处，恳请领域内的专家高抬贵手、不吝赐教。

王 晟

2021 年 5 月

目　录

第1章 引　　言

1.1 蛋白质在生物体内的重要性

1.1.1 生命，蛋白质与神秘力量

什么是生命？假设你向一位18世纪早期的科学家问这个问题，他（她）很可能会提到“生命力（vital forces）”——一种存在于生物体内，且神奇、超自然的能量；这种能量可以使生物体存活并且行使功能。这种“生命力”的概念实际上非常古老，很可能是由古希腊先哲之前的古埃及人提出的。然而，尽管在上个千年之中有关物理学、化学，以及生理学的大量科学发现得以揭示，但是直到150年前，人们依然广泛接受生物体内存在独特的超自然“生命力”的观念[1]。从19世纪初起，伴随关于自然与生理的机械论观点的逐步传播，改变发生了[2]。一些哲学家假设，一切和生命有关的现象都可以用与无机世界相同的物理及化学法则来解释[3]。这种原则的一个重大突破是由Louis Pasteur（1822～1895）实现的，他证明了由糖到乙醇的化学转化过程（即发酵过程）是一种微生物生长的结果。在此情况下，Pasteur建立了生命过程与化学反应的联系。基于这种用物理化学来诠释生命的探讨的又一个进展，是由Marcellin Berthelot与Eduard Buchner（图1.1）等科学家实现的。他们不仅证明了发酵过程，还证明了更多其他与生命有关的过程，都可以在没有微生物的条件下重复出来，只要采用从微生物当中提取出的物质即可①。尽管这些物质的化学性质最开始并没有明确，但在后来的探索中，它们都被确定为蛋白质。这些蛋白质起到催化剂的作用，即它们加速了细胞或组织中的化学反应而并不改变自身的性质。因此，上述发现引发了科学思考的一个重大转折：生命不再被认为是发生于生物体内神秘及模糊的现象，而是一系列由蛋白质起主导作用的化学反应过程的结果。实际上，上述观点已成为现代生物化学及分子生物学的基石。自此之后，除了起催化作用的蛋白质，被命名为“**酶**（enzyme）”，更多起其他重要功能的非催化蛋白也不断地被发现。在此期间最重要的发现可能是**血红蛋白**（hemoglobin）。这是一类在动物

---

① Buchner因这项工作，获得了1907年的诺贝尔化学奖。这也是诺贝尔化学奖第一次颁发给了一位生化学家。

体内从肺部运送氧气（O_2）到身体的器官与组织，并运回代谢废物二氧化碳（CO_2）的蛋白质。更进一步，在20世纪下半叶开始的由破译DNA结构及基因编码引发的遗传学革命中，大量的事实证明了蛋白质不仅仅是细胞与组织内的活跃的**“分子机器”**（molecular machine），还是基因的主要产物，负责遗传信息的表达（多种作用之一）。

图1.1 Eduard Buchner，1907年诺贝尔化学奖获得者。图像来自Wikipedia（来自Nobel-Foundation Eduard Buchner. *Wikipedia*，*the Free Encyclopedia*，1907）

在这本书里，我们的目的是以机械论的方式向读者呈现蛋白质作用的原理。本书最适合具有生物化学及细胞生物学背景的读者。针对那些不熟悉生物科学的读者，我们将采用如下内容来解释生物体的基本构造，以及蛋白质的主要功能。

1.1.2 生物体的分子组织

地球遍布着巨量不同种类的生物体。物种的数目估计有数百万[5]。尽管物种之间存在着由不同形态、行为、饮食、生殖模式所体现的巨大多样性，但它们中有一种普遍的共性，那就是一切生物体都是由细胞构成的[2,6,7]。事实上，基本的细胞结构存在于单细胞的细菌中，亦存在于由数十个几乎完全相同的细胞所组成的无脊椎生物中，还存在于由数万亿个形态与生化性质迥然不同的细胞所组成的哺乳动物中（包括人类）。这数万亿个细胞逐层地分为组织与器官，并行使着不同的功能。直到17世纪光学显微镜发明时，人们才意识到细胞的存在。这是因为即便是最大的细胞，其尺度也至少小于人眼所能识别极限的1/5。通常来说，人们按细胞把其所属的生物体分为两大类。第一类称为**原核生物** ***prokaryote***（或称为原核细胞，译者注），其尺度很小（微米级，相当于$1\mu m=10^{-6}m$），并缺乏任何可观测到的内部组织。原核生物细胞是由类脂膜（lipid membrane，又名**胞**

质膜 ***plasma membrane***）（有时亦称**细胞膜** ***cellular membrane***，译者注）包裹内部的水相环境（**细胞质** ***cytoplasm***）所组成。细胞质是所有生命过程发生的地点，并通过胞质膜与细胞的外部环境隔离。原核生物包括了所有的细菌，而细菌是地球上数量最庞大的生命形式。除了胞质膜，细菌细胞还具有**细胞壁** ***cell wall***，它们从物理上隔离外部环境以保护细胞。

第二类同时也是更加先进的细胞种类，可称为**真核生物** ***eukaryote***（或称为真核细胞，译者注）。它的尺度比起原核生物细胞来说要大得多，其半径为10～100μm。真核细胞的细胞质除了**细胞液** ***cytosol***（或简称为胞液，译者注），还包括了行使不同细胞功能的**内部区室** ***inner compartment***（**细胞器** ***organelle***）（图1.2）。**细胞核** ***nucleus*** 包含了细胞的遗传物质。细胞核中心有一块称为**核仁** ***nucleolus*** 的区域，其功能是建造细胞遗传物质生物合成所需的机械组件。**线粒体** ***mitochondria*** 是细胞的"**发电厂**（power station）"，它从食物中提取化学能量并将其存储为生物体可用的能量货币。**内质网** ***endoplasmic reticulum***（***ER***）是从细胞核开始向周围延伸的一种由类细胞膜结构围成的隧道系统（此段定义参考了维基百科，译者注）。它负责合成与修饰**膜蛋白** ***membrane protein*** 及其他蛋白质（包括排出细胞的分泌蛋白与转入其他细胞器的蛋白质）。上述过程发生的区

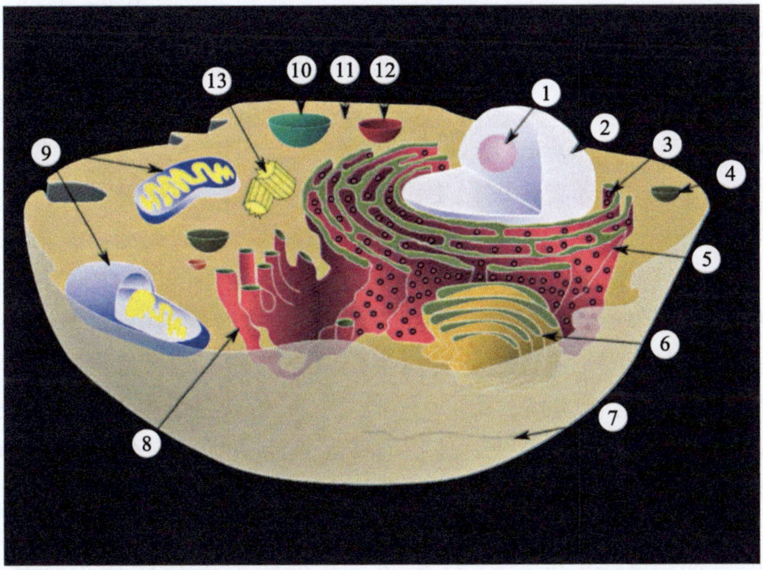

图1.2 真核生物细胞的内部组织的图示。(1) 核仁；(2) 核；(3) 核糖体；(4) 囊泡；(5) 粗面内质网 (rER)；(6) 高尔基体；(7) 细胞骨架；(8) 光面内质网 (sER)；(9) 线粒体；(10) 液泡；(11) 胞液；(12) 溶酶体；(13) 中心粒。图像来自 Wikipedia（来自 Messer-Woland and Szczepan Diagram of a typical animal cell. *Wikipedia*, *the Free Encyclopedia*）

域为**粗面内质网 *rough endoplasmic reticulum*（*rER*）**。作为主要的细胞生物合成中心，ER还负责合成大部分**脂类 *lipid***，这个过程发生在被称为**光面内质网 *smooth endoplasmic reticulum*（*sER*）**的区域。**高尔基体 *Golgi apparatus*** 是位于细胞内部边缘的由类细胞膜结构堆成的多层平板状扁囊（此段定义参考了维基百科）。它接受来自内质网的蛋白质或脂类分子，并把它们按照其指定的细胞目的地（其中亦包括分泌出细胞）进行分类。真核生物细胞可进一步划分为植物细胞与动物细胞。植物细胞包含了一些动物细胞所不具备的特征。首先是**细胞壁 *cell wall***，它位于细胞膜外周并为细胞提供机械支撑。其次是**液泡 *vacuole***，它起到了如下作用：①储藏养分、代谢物与色素；②参与细胞组件的降解；③调控细胞尺度和 pH（酸碱值，译者注），以及**膨胀压 *turgor pressure***。再次是**叶绿体 *chloroplasts***，它除了存在于植物中还存在于藻类中，并且是**光合作用 *photosynthesis*** 的主要发生场所。光合作用是高度复杂的过程，它利用太阳能将大气环境中的 CO_2 合成为**碳水化合物 *carbonhydrate***（又称为"糖"）。换句话说，叶绿体将无机碳转化为了有机碳。在这种情况下，植物与藻类为高等生物，如鱼类、昆虫类、爬行类、鸟类与哺乳类，提供了最基本的新陈代谢燃料（原文为 fuel，译者解释为"新陈代谢燃料"，参考了维基百科）与生物**合成组件**（原文为 building block，译者解释为生物合成组件，参考了维基百科）。

除了具有尺度较大并且结构较复杂的细胞器，真核细胞还具有多种执行不同功能的**囊泡 *vesicle***。例如，作为代谢物处置单元的**溶酶体 *lysosome***，其包含具有降解作用的**水解酶 *hydrolytic enzyme***，用来分解老旧或已损坏的生物分子和细胞器（原文为 outdated，译者将其做更细致的展开，参考了维基百科），以及透过细胞的化学物质。另一类包含**氧化酶 *oxidizing enzyme*** 的囊泡，称为**过氧化物酶体 *peroxisome***。氧化酶通过作用于不同的分子而达到不同的目的。例如，中和药物分子或中和毒物分子。最后一类重要的囊泡是**转运囊泡 *transport vesicle***。它们的作用是：①在不同细胞器之间转运蛋白质与脂类；②将特定的蛋白质整合到细胞膜上；③将胞内蛋白质或其他物质传送到胞外（即**胞吐作用 *exocytosis***）；④将胞外蛋白质或其他物质传送到胞内（即**胞吞作用 *endocytosis***）。

将生物体划分为真核生物与原核生物不仅是由于它们不同的细胞结构，还考虑到它们在这个星球上的进化因素。尽管我们不能确定生命何时在地球上诞生，但种种证据表明早在 38 亿～32 亿年前，单细胞形态的原核生物就已经出现了[9-12]。这些简单的生物体经过漫长的突变与自然选择的演化，形成了大量形态与代谢过程迥异的细菌。但在接下来的 20 亿年里，地球上以细菌为代表的基本原核生物的细胞结构不再发生显著变化。另外，事实上人类已知最早的真核生物仅仅出现在 15 亿年前左右。按照目前已接受的理论，这些原初真核细胞仅包含了非常简单的**内部区室** ***inner compartment***。具体来说，这些区室是由内吞进细胞的膜组成的。这些膜逐步发展成为细胞核、内质网和高尔基体。而线粒体与叶绿体出现的时间要晚一些。根据对这些细胞器的特性判断，Lynn Margulis 提出了**内共生学说** ***endosymbiotic theory***[13]：线粒体与叶绿体分别起源于具有氧化代谢与光合作用的古老的细菌，而在后来被原初真核细胞吞入体内。但是这些细菌躲开了被宿主细胞吞噬消灭的命运，并在经历漫长的演化后逐渐丧失了独立的特征而与宿主细胞融为一体，变成了尽管依赖于宿主细胞但依然具有祖先遗留下来的代谢功能的细胞器[13,14]。

单细胞生物体一直独占地球直到大约 10 亿年前第一个简单多细胞生物出现为止。大约 6 亿年前，即**寒武纪时期** ***Cambrian***，出现了一次由复杂多细胞构成的生物体的大爆发。尽管这次让多细胞生物体无论是数量还是种类都大幅增长的寒武纪大爆发的原因一直待解，但人们还是根据当时的地球大气含氧量达到最大值这个事实推测出，两者应该具备一定的关联。因为复杂多细胞生物的高耗氧量让它们无法在低氧环境下形成。无论如何，由复杂多细胞生物出现后发生的一系列进化事件，最终导致了高等生物中组织与器官的形成。

为何细胞结构对维持生命的机能是如此的重要？在诸多可能的答案中，最基本的一条是说细胞可以赋予它们所塑造的生物体以独特性。具体来说，这种独特性是细胞从外部环境中创造出的一个与其物理与化学性质迥异的内部环境。而所谓的“生命过程”，即细胞介导的能量产生、构造复杂物质、降解代谢物、生长、分裂、移动等，正是这种独特性的具体表现。但是人们不禁会问，细胞在化学意义上的独特性似乎很奇怪，因为所有生物体都是由组成无生命物质相同的原子所构成的。而事实上，一切构成活体组织的碳、氢、氧、氮、硫原子，都是从地壳或者从大气中获得的。但是，化学成分与分子成分存在显著的区别。具体来说，生物细胞的独特性并不是以其原子成分来体现的，而是这些原子以何种具体的形式组织为分子。尽管细胞内部存在着如水（H_2O）、气体（O_2、N_2、CO_2）、金属与矿物质等简单分子，构成了无生命物质环境，但除此之外，细胞还包括了大量结构复杂的分子。这些结构复杂的分子，称为**高分子** ***macromolecules***（亦可称为大分子），往往包含几千甚至几百万个原子。高分子可分为四大类：**蛋白质** ***protein***，**碳水化合物** ***carbohydrate***（亦可称为**糖类**，译者注），**核酸** ***nucleic acid*** 及**脂类** ***lipid***（图 1.3）。这几类高分子负责一切生命过程。①核酸，包括 DNA 与 RNA，主要功能是编码与表达细胞自身的遗传信息；②复合糖类，在动物体内可作为短期的能量储备，在植物体内可作为细胞壁的重要组分，除此之外糖类还可作为一种复杂的分子识别手段存在于生物体内；③复合脂类，在动物体内可作为长期的能量储备，与此同时脂类也构成了所有细胞的胞质膜与胞内膜。另外，组成上述高分子的基本构造单元（即**核苷酸** ***nucleotide***、**单脂** ***simple lipids*** 与单

糖 ***monosaccharides***），以及这些基本单元的化学衍生物在细胞与组织/器官层面同样履行许多重要的生物功能。

蛋白质也一样履行许多不同种类但都极其重要的生物功能，然而蛋白质自身的独特性又使其与另外三者存在显著差异。事实上，蛋白质是生命科学迄今为止研究得最广泛且可能是最有意思的生物分子。为什么这么说呢？首先，蛋白质是细胞中最丰富的高分子。即便在一个简单的细菌细胞中，蛋白质就占了其干重的15%，而所有其他高分子仅占了总重量很小的一部分[15]。此外，在细胞与组织中起到不同作用的蛋白质数目，亦远远多于其他高分子。尽管近期的研究表明，

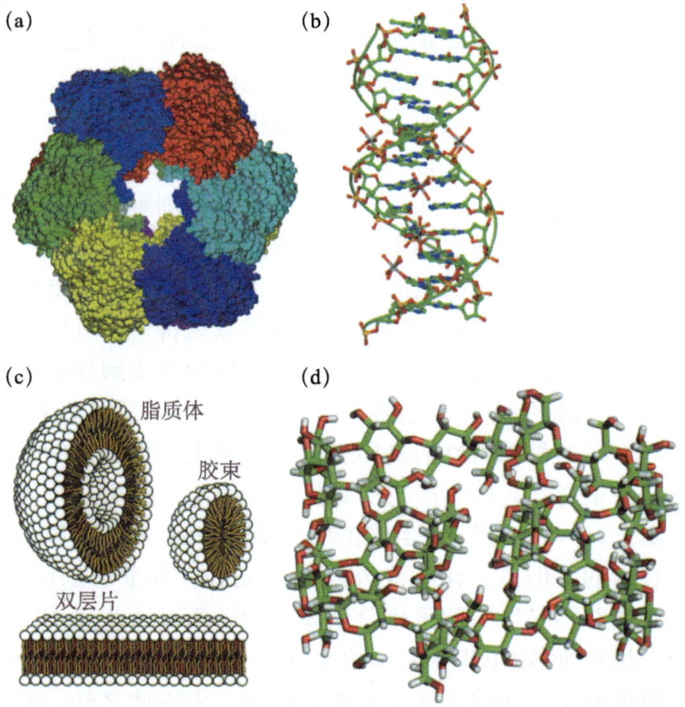

图 1.3　生物细胞和组织中的 4 种大分子类型。(a) 蛋白质：展示了谷氨酰胺合成酶，原子呈现为球体。6 个亚基中的每一个都是不同的颜色。(b) 核酸：显示 B-DNA 双螺旋，共价键显示为棒。颜色代码遵循惯例：碳原子为绿色，氧原子为红色，氢原子为白色，氮原子为蓝色，磷原子为橙色。(c) 复合脂。水溶性环境中的脂类分子倾向于自发地组装成几种形式，这旨在减少其疏水部分暴露于亲水性溶剂。一些脂类倾向于形成由单层脂质制成的球形胶束，余下的倾向于形成双层，其可以构成平面片状或球形脂质体。这个图形来自 Wikipedia（来自 Mariana Ruiz Villarreal，L. Cross section of the different structures that phos-pholipids can take in a aqueous solution. *Wikipedia*，*the Free Encyclopedia*，2007)。(d) 复合糖类：该图像展示了淀粉的酶促产物环糊精（a. k. a. 环糊精）。环糊精是环状寡糖，其中 α-D-吡喃葡萄糖苷单元通过 α-1，4 糖苷键连接（Del Valle，E. M. M.，*Process Biochem*，39，1033-1046，2004)。原子如（b）所示

RNA 分子的多样性远远超过之前的预期，并且已被证实具有调控[16] 及催化[17,18] 等细胞功能，但 RNA 分子的多样性依然无法和蛋白质相比。

蛋白质多样性的重要性将在本节解释，其主要在真核细胞中得到了充分体现。蛋白质多样性的成因主要归功于真核细胞的**基因剪接 *gene splicing*** 及**翻译后修饰 *post-translational modification***[19]。例如，人体只包含 25 000～30 000 个基因，但具有约 100 000 种不同种类的蛋白质[20]。若采用生化方法做蛋白质的检测，则单个细胞就可表达 15 000 种不同种类的蛋白质[21−23]。尽管自然界中存在的不同种类蛋白质的确切数目还有待确定，但人们已经做了初步的估计。例如，若某一给定物种的基因组已被测序，则其具有的不同种类蛋白质的数目是可确定的。具体方法则是统计位于 DNA 之上的**可读框**（open reading frame，ORF）的数目。以此方法得到的不同种类蛋白质的估计总数是百万量级[24,25]。倘若采用另外一种估计方法，即考虑到地球上存在的物种数目，得到的估计结果则大大增加，为 10^{10}～10^{12}[20]。无论哪种情况，这些估计都指出自然界中存在的蛋白质数目是巨大的。这个结论非常重要，因为它揭示了蛋白质在功能上存在显著的多样性。

1.1.3 蛋白质具备多种生物功能

事实上，蛋白质在生物体内行使多种不同的功能，这些功能理论上来说牵涉全部的生命过程。这些功能可大致划分为几种不同的类型，在本节后续的段落中将具体描述。可以预料的是，在处理如此复杂的生物系统时，这种针对蛋白质类型的划分有可能导致其功能产生重叠。而更细致的叙述，可以参考生物化学[15] 及细胞生物学[28] 教材。

1.1.3.1 代谢催化过程

1.1.3.1.1 新陈代谢是细胞生存所必需的过程 任何细胞要想维持生命，每时每刻都必须依赖于数以千计的化学反应。这些反应让细胞得以生长、分裂、产生能量、降解代谢物、与其他细胞进行通信，等等。上述绝大部分反应都需要细胞的新陈代谢活动。在动物中，新陈代谢可分成两大类：①**分解代谢 *catabolic*** 是指分解与氧化食物原料（即糖类、脂类，有时也包括蛋白质）并抽取存储其中的化学能量的过程。此过程是由一系列受高度调控的代谢途径逐步完成的。在有氧条件下，食物最终被完全氧化成二氧化碳，同时以电子的形式释放出能量。举例来说，对于葡萄糖的分解代谢，**母体分子**（parent molecule，此处表示葡萄糖，译者注）首先由生物化学学生所熟知的包含 10 个代谢途径步骤的**糖酵解 *glycolysis*** 部分分解成**丙酮酸 *pyruvate***[29]，而后再由**三羧酸循环 *tricarboxylic acid cycle***，或称为**柠檬酸循环 *citric acid cycle*** 或**克雷布斯循环**

Krebs cycle 将丙酮酸完全分解成二氧化碳[30]。最终，上述代谢通路产生的高能电子经过一高度复杂的细胞机器（这里的机器实际上就是ATP合成酶，译者注）被转换为从化学上来说更稳定的能量形式：ATP。ATP有一俗名，称为“能量货币”，因为它广泛存在于几乎所有的细胞中，并且可被非常方便地用来驱动存在能耗需求的细胞过程。②**合成代谢** ***anabolic*** 是指利用分解代谢产生的能量来将简单小分子合成为复杂高分子的过程。在某些情况下，合成代谢通路会采用NADPH这种极为重要的核苷酸类辅酶作为**还原性辅助物** ***reducing agent***。这是因为大多数复杂的细胞分子都是还原性的。这里列出合成代谢的一个著名例子，**糖异生** ***gluconeogenesis*** 过程。它指的是将非碳水化合物（乳酸、丙酮酸、甘油、生糖氨基酸等，这里译者参考了维基百科）转变为葡萄糖或糖原的过程。

1.1.3.1.2 若想维持生命则细胞活动必须被催化　上文提到的很多化学反应是**即刻发生的**（spontaneous）。虽然细胞要求这些反应在 $10^{-9}\sim10^{-3}$ s 的时间内快速完成，但是在常温条件下，它们自然发生的速率是非常缓慢的[31]。举例来说，尿素自然降解的半衰期达317年，而在生理条件下所要求的时间仅为 10^{-12} s。造成这种化学反应速率缓慢的原因大体可归结为反应**能量学**（energetics）与反应发生方式。正如本书第4章所详细解释的，任何的**自发反应**（spontaneous process）都伴随着系统自由能的降低①。就化学反应来说这意味着**反应物**（reactant）的能量要高于**生成物**（product，又名产物）的能量。但是，能量的降低并不是一步完成的。具体地，从反应物到生成物的代谢途径包含一短暂的（$10^{-13}\sim10^{-12}$ s[1,2]）、能量较高的**过渡态**（transition state）[32—34,159,160]（图1.4）。这就意味着系统不得不至少取得能够跨越过渡态的这部分能量，它们被称为**活化能**（***activation energy***，***Ea***）。简单地说，过渡态相当于化学反应发生的能垒。而 Ea 越高，越过能垒所需的时间也越长：

$$k \propto e^{(-Ea/RT)} \tag{1.1a}$$

$$t_{1/2}=\frac{0.69}{k} \tag{1.1b}$$

式中，k 是反应速率，R 是理想气体常数，T 是反应温度，而 $t_{1/2}$ 是反应半衰期，即反应消耗50%底物所需的时间。

式（1.1）表明反应速率还依赖于温度。温度越高，系统将具有越多的热能，从而提高跨越能垒的反应速率。事实上，对反应环境加热是提高化学反应速率最简单的方法。但是，要想在细胞环境内让反应速率提高到可以维系生命过程的程

① 尽管存在不同形式的能量，如热能、动能、电能等，但它们都可以归并到“自由能”。换句话说，即系统的总能量。此概念将在第4章中详细描述。

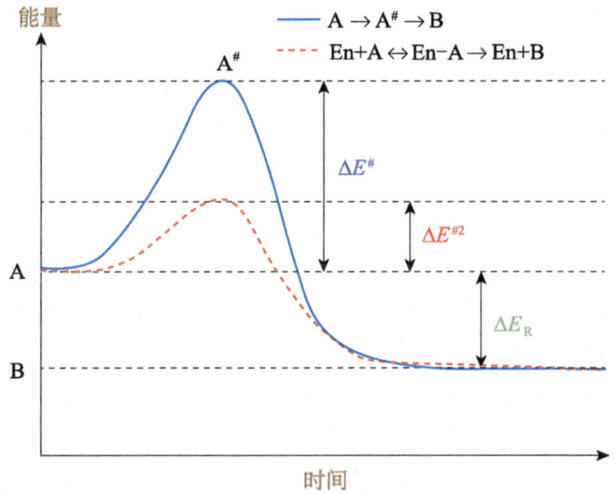

图 1.4 不存在和存在酶的化学反应的能量学。蓝色曲线描绘了一种化学反应，其中将假设的反应物（A）转化为产物（B）（参见图的右上部分）。该反应涉及过渡态（$A^{\#}$），其能量比反应物的能量高 $\Delta E^{\#}$。在酶（En）存在时，反应路径发生变化；酶迅速与反应物结合，将其转化成产物，并释放出后者（红色虚线图）。由于反应物与产物之间的能量差（ΔE_{R}）保持不变，反应的总能量不变。然而，在酶催化反应中，过渡态比在非催化反应中的能量（$\Delta E^{\#2}$）要低得多。换句话说，反应需要较少的能量来克服过渡态构成的能垒。由于所需能量（活化能）的大小与反应完成所需的时间相关，能量催化反应比非催化反应快

度，则需要大概几百到上千摄氏度。在这样的高温下，毫无疑问，不管是细胞还是内部的分子都将被迅速分解。另一种提高化学反应速率的方式是催化。催化不需要任何温度的改变，实际上这正是进化的选择。催化采取的策略是直接降低能垒的高度，而不是提供能量来跨过能垒。

化学反应可在室温下用简单的固体材料，如金属，进行催化。但是在生物体内，基本上一切的反应都是由**酶** ***enzymes***，一种在细胞体内浓度为 10^{-5} mol/L 左右的蛋白质进行催化[35,36]。具体来说，催化是在**活性位点** ***active site*** 上完成的。所谓的活性位点，是指在酶上存在的一处口袋状的坑，而**底物**（substrate，即反应物）正是在此与酶进行结合的。当底物很大或结构很复杂时，其对应的酶通常会包含不只一处**结合位点** ***binding site***，每一处都与底物的其中一部分进行结合。但是，往往在这些结合位点中，只有一处真正进行催化。虽然进化更多地选择了蛋白质而不是小分子或金属作为催化剂，但是许多酶仍会依赖于后者进行催化反应。通常这些小的有机分子或金属原子会执行那些由蛋白质自身无法完成的反应，其中包括电子转移、底物极化、在底物上转移一个化学基团，等等。当这些有机小分子或金属原子永久性地（更专业的说法，即“共价结合”covalently）与酶结合，则称它们为**辅基** ***prosthetic group***；而当它们短暂性地（更专业的说

法，即“非共价结合”un-covalently，译者注）与酶结合，则称它们为**辅酶 co-enzymes**[37]。

1.1.3.1.3　酶可分为六种基本类型　正如前文所述，自然界中存在许多执行不同功能的蛋白质，而它们大部分是酶。每种不同的酶催化一种不同的化学反应。这非常令人惊讶，原来生化反应是如此的多样。尽管存在这种多样性，但无论是生化反应还是催化它们的酶均可分为少数几种基本类型。依照惯例，人们通常把酶分为六类[38]。①②

1. **氧化还原酶 *oxidoreductase***——即催化**氧化还原 *oxidation-reduction*** 反应（或简称氧还反应，***redox***）的酶。具体地，氧还反应是指电子从一个分子（电子供体，即还原剂）转移到另一个分子（电子受体，即氧化剂）的反应[39]。尽管该反应出现在许多生物过程中，但占主导地位的还是新陈代谢过程，即生物体从食物中提取能量，或利用此能量来进行复杂分子的生物合成。氧化还原酶中有许多酶具备 NADH、$FADH_2$ 与 NADPH 这些辅酶，用于转移或携带电子[40]。前两种辅酶经常在分解代谢中起作用，而第三种辅酶则不仅参与合成代谢（例如，脂类的生物合成），还参与其他与能量无关的反应（例如，见专栏 1.1）。此类中的一些酶往往带有传统名称，如脱氢酶、还原酶与氧化酶。

专栏 1.1　酶介导催化剂的机制

通常，酶通过降低反应物之间存在的能量能垒和反应的过渡态来加速化学反应[45]。因此，酶与其他催化剂没有区别。然而，它们的三维结构的复杂性使酶比单纯的催化剂更有效地进行。很多科学中心对其精确行为的研究已经进行了一百多年。这些研究提供了有关酶介导催化的有价值的数据，尽管某些问题仍然存在争议[46]。酶的结构包括底物结合位点，其中底物重新定位在最适合的位置以进行相互作用。此外，活性位点包括被小心定位的化学基团，使得它们可以非共价地，有时共价地与底物相互作用。整体相互作用降低了反应的能量阻挡，并加速了反应产物的转化。酶用于催化的主要策略如下。

1. 底物限制：为了使基材经历催化，它必须面对作用于其上的催化剂组，以正确的方式定位。酶的结合位点的空间组织允许将底物保持在空间中的一个特定位置。换句话说，酶通过其结合位点将底物定位在有利于反应的几何形状内[45]。将底物置于有利于反应的几何结构中，结合位点通过非共价相互作用

① 需要注意的是，尽管某些酶的名称从字面上来看只是描述单向的化学反应，但实际上这些酶催化的是一种平衡反应，即取决于反应物与产物浓度的双向化学反应。

② 酶的名称主要是按目前惯例来命名的。具体来说，针对隶属于某一类中某个特定的酶的命名，是在酶分类的常规名称（此处特指酶的 6 个种类的名称）基础上添加底物与产物。但需要注意，某些酶在文献中有另外的传统名称。

(参见正文)，利用化学基团的集合来控制底物。因此，底物的疏水区域与活性位点中的疏水基团，以及具有亲水基团的亲水区域相互作用。当底物带电时，酶通常使用电离形式的酰胺、咪唑、胍盐和羧酸盐（图 1.5d）来吸引底物并将其保持在结合位点内[47]。

上述优点在于天然围绕生物分子的水样（水溶液）中的简单催化作用？在溶液中，当水分子是动态时，底物可以在所有方向上自由移动，因此不能使用先前设定用于催化的底物构型。在溶剂分子可以将催化作用于底物的情况下，其运动自由度将显著延长完成催化循环所需的时间[48]。当涉及两种或多种（共）底物时，酶作为催化剂的这个优点甚至更显著。如第 4 章所述，自发过程往往会增加熵（即无序）。通过酶限制底物似乎与这种趋势相反，因为自由分子可以获得比限制更多的机会，从而助长系统的紊乱。事实上，尽管有底物的限制，酶-底物结合还是倾向于增加系统的熵。这是因为结合释放使酶的结合位点的水分子成为溶液，显著降低了秩序[31]。

2. 过渡态的非共价稳定性：如上所述，酶结合位点内的一些化学基团能够与底物的化学基团形成特异性非共价相互作用，使其稳定。有趣的是，当底物处于其过渡态构象时，非共价相互作用被发现更有利，而不是其在溶液中的原始构象（见第 8 章）[49,50]。这表现为酶的过渡态构象的高度几何化与静电相容性[51]。有时候，这些酶使用这些非共价相互作用来将底物“应变”成其过渡态构象[52]，但实际上该过程更复杂（详见第 5 章和第 8 章）。通常，过渡状态的能量是否降低或反应物的能量是否提高，效果是相同的，这是因为反应能量能垒的降低。在许多情况下，过渡状态携带在原始状态下不存在的电荷（图 1.1.1）。该酶使用上述一些化学基团来稳定电荷，主要是胍盐、咪唑和羧酸盐（图 1.5d）。当过渡态带有负电荷时，酶通常也使用金属阳离子使其稳定（如 Cu^{2+}、Zn^{2+}、Mn^{2+}、Co^{2+} 和 Fe^{2+}/Fe^{3+}）；这些作为酶的修复基团（详见第 2 章）。

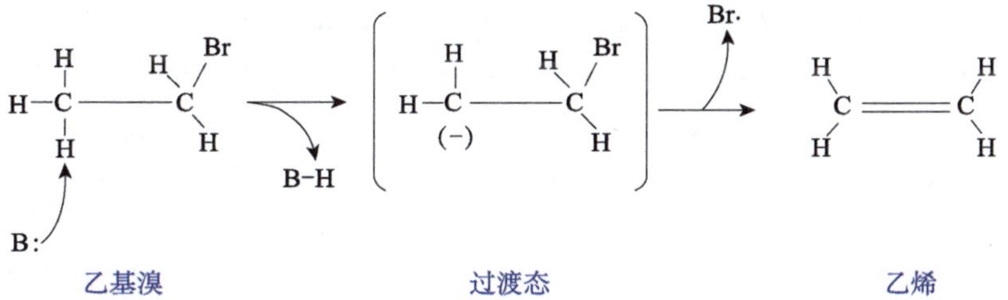

图 1.1.1 形成充电过渡状态。乙基溴转化为乙烯包括底物的去质子化，结果形成带负电荷的过渡态。“B:”代表一个负责脱矿质子的基本组织

Thornton 及其同事[53] 最近对 MACiE 酶数据库[44] 的一项调查表明，反应中间体的非共价稳定/不稳定是催化残基最常见的功能，其次是酸-碱催化。实际

上，这两种机制分别涉及 MACiE 中 40%和 36%的电解残留。

3. 共价催化：底物周围的一些酶的化学基团不仅仅是与后者的非共价相互作用，而且还可以以促进其转化成产物的方式在其上起化学作用。这可能涉及形成酶-底物共价键。在大多数情况下，这种“共价催化”涉及亲核取代，即通过邻近的亲核基团对底物中亲电中心的侵袭，导致共价键的形成。这通常是将底物转化为过渡态，并增加产物形成（图 1.1.2）。当溶液中发生这种反应时，亲核试剂是水分子。反应可能会自发发生，但由于水是弱的亲核试剂，反应会很慢。作为亲核试剂的酶组越强，催化速率越高。这些基团包括诸如咪唑的“天然”亲核试剂，或羟基和硫醇等基团（图 1.5d），其仅在其他基团活化后才成为亲核。在许多情况下，酶-底物共价键形成的目的是破坏底物中的结合。例如，在称为**丝氨酸蛋白酶** ***serine proteases*/酯酶 *esterases*** 的酶中，受激发的亲电中心是羰基（C=O），形成的过渡态被称为**酰基酶** ***acyl-enzyme***[54]。这种**四面体状态** ***tetrahedral state*** 的形成导致底物之间，如碳与氧（在酯酶）或氮（在蛋白酶中）原子之间的共价键的断裂。丝氨酸酯酶/蛋白酶组包括消化酶胰蛋白酶和胰凝乳蛋白酶，以及在神经传递中起主要作用的乙酰胆碱酯酶（参见专栏 8.1）和凝血酶。在亲核取代期间被攻击的亲电中心不一定是碳原子。例如，在代谢酶磷酸果糖转移酶中，该基团是磷酸盐，结果形成的过渡态被称为**磷酸酶** ***phospho-enzyme***。

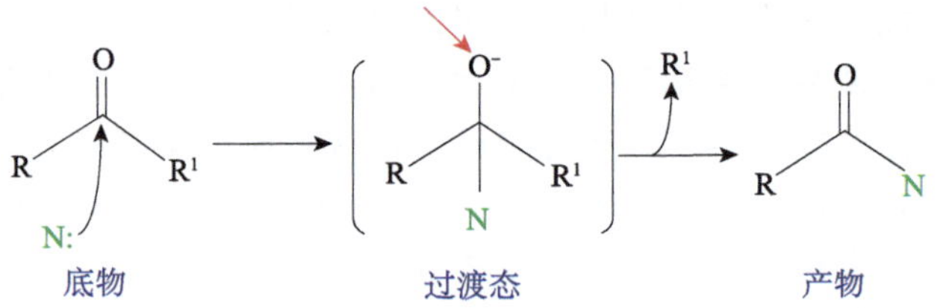

图 1.1.2　酮的亲核取代在亲核试剂（N:）和酮底物之间形成的瞬态共价键产生具有四面体几何形状的带负电荷的过渡态。电荷用红色箭头标记

亲核催化的另一个有趣的机制是通过催化β-酮酸脱羧（去除 CO_2）的酶来证明。在这种情况下攻击核酸的是酶的氨基（R-NH_2），底物中被攻击的是羧基β位的羰基（C=O）。攻击的结果是在碳和氮原子（C=N^+）之间形成双键，称为**席夫碱** ***Schiff base***。这是因为氮原子比羰基氧少电子，所以其不成对的电子可以容易地结合碳。由于其吸引电子的强烈倾向，席夫碱的正电荷有时被称为“电子吸收”。

在β-酮酸中，羰基与羧基（COO^-）仅被一个亚甲基（CH_2）分离。羰基转化为席夫碱是从亚甲基-羧基键引出电子，从而使其不稳定。当键最终断裂时，羧基释放二氧化碳（图 1.1.3）。在共价催化期间形成席夫碱也可能具有相反的目的，即两个（共）底物分子的结合。众所周知的例子是将醛与酮连接的醛醇缩合过程，从而形成β-羟基酮（即醛醇）。这个过程在细胞代谢中是常见的，也用于药物合成。在代谢中，缩合由称为**醛缩酶** ***aldolases*** 的酶进行，并且通过在酶和醛之间形成席夫碱而实现。作为电子接收器，席夫碱极化了附近的醛的碳，使其成为亲电中心。然后后者受到其共同底物的亲核基团，即酮的攻击。

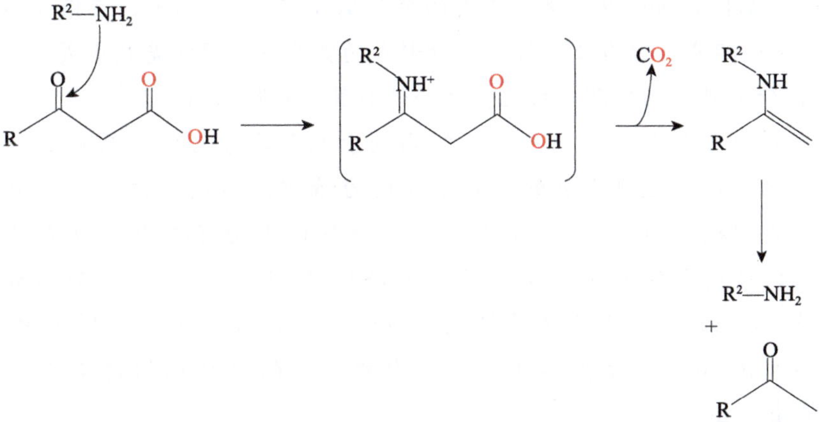

图 1.1.3 用席夫碱中间体脱羧酸的β-酮酸。R^2-NH_2 是攻击亲核试剂，作为 CO_2 离开的两个氧原子用红色标出

最后，席夫碱可以间接产生作用，如通过保持辅酶。使用**辅酶-吡哆醛-磷酸 *pyridoxal-phosphate*（*PLP*）**、维生素 B_6（**吡哆醇 *pyridoxine***）衍生物的代谢酶就是这种情况。这些酶大多数参与氨基酸分解代谢。席夫碱在酶和 PLP 辅酶之间形成（图 1.1.4a），但不直接参与催化。有趣的是，在氨基酸分解代谢中，下一步是破坏酶-PLP 席夫碱，并形成等同的氨基酸-PLP 键（图 1.1.4b）。形成的席夫碱作为用于从底物去除基团的电子接收器。然而，该方法与上述β-酮酸脱羧之间存在一些差异。首先，在形成涉及席夫碱的 PLP 中，亲核试剂是底物而不是酶，被攻击的组是 PLP 的羰基而不是底物。其次，在前一种情况下，由于电子吸收席夫碱而被除去的底物基团是氨基（NH_2）而不是 CO_2。

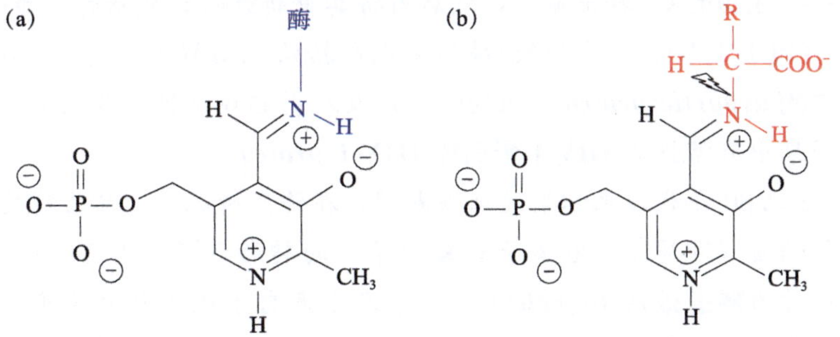

图 1.1.4 在氨基酸分解代谢过程中形成的涉及席夫碱的 PLP。(a) 酶- PLP 席夫碱，涉及该方法的酶组是蓝色的；(b) PLP-底物（氨基酸）席夫碱，氨基酸用红色标出，不稳定的黏结标记为小型闪电符号

上述策略，即偏振底物基团以促进它们的分离在酶中非常常见。为此，酶使用各种化学基团[47]。其中一些是结合位点的组成部分，而另一些则是辅酶如PLP和假体基团，如金属（参见下面的金属离子催化）。例如，在催化涉及磷酸基化学反应的酶中，通常使用带正电荷形式的胍基（其通常是构成蛋白质的组成部分），以使底物中的磷酸基极化，从而使其具有良好的离去基[47]。

4. 金属离子催化：如上所述，酶内的金属阳离子可能使反应过渡态的电荷稳定。此外，通过将附近的水分子转化为催化活性的亲核试剂，金属离子可能起着更积极的作用[55]。具体地说，金属使水分子极化，从而将其 pKa 降低到允许去质子化的值，留下了一个羟基（OH^-），这是一个比水强得多的亲核试剂。已经验证了这种机制，例如，参与调节血液 pH 的**碳酸酐酶** ***carbonic anydrase***。关于金属在蛋白质中的作用的更详细的讨论在第 2 章第 2.6.9 节中给出。

5. 一般的酸/碱催化：有时可以通过将质子转移到底物，或从其转移（例如，图 1.1.1 的第一步）来进行过渡态稳定化。当过渡态带有负电荷时，质子化可以将其稳定在疏水或带负电荷的结合位点。过渡态的质子化需要酸，而去质子化需要碱。当这些衍生自水分子（分别为 H_3O^+ 和 OH^-）时，我们将该方法称为**特异性酸/碱催化** ***specific acid/base catalysis***。然而，酶通常使用它们自己的化学基团用于这些过程，主要是咪唑，并且在较小程度上使用羧酸盐（图 1.5d）。这些基团被称为**一般酸/碱** ***general acids/bases***（如图 1.1.1 中的 B:）。据 Thornton 及其同事对 MACiE 酶数据库的调查，酸碱催化是目前酶最常见的机制，涉及（约 75%）所有反应[53]。例如，糖酵解酶**丙糖磷酸异构酶** ***triose-phosphate isomerase***（***TIM***）使用这种类型的催化来促进酮向醛的异构化[56]。具体来说，一般底物的 C_1 抽出质子，然后当将其重新吸收到底物时作为一般的酸，此时为 C_2（图 1.1.5）。通常的酸/碱催化也包括消化酶胃蛋白酶（pepsin）的**天冬氨酸蛋白酶** ***aspartic protease*** 组的酶，以及在引起获得性免疫缺陷综合征的病毒的生命周期中有活性的 **HIV-1 蛋白酶** ***HIV-1 protease***。

自 20 世纪 80 年代以来积累的证据表明，在许多情况下，尽管有能量势垒的存在，但氢物质（即质子、氢离子或氢原子）的转移还是发生了[57-59]。这个量子力学现象称为**隧道效应** ***tunneling***。这个名字来自于认识到氢原子“挖隧道穿过”能量势垒，而不是使用其动能来越过它（图 1.1.6）。第 5 章详细讨论了氢隧穿技术。应该指出，氢转移并不是一个独特的现象，酶和其他蛋白质中的电子转移也可能通过量子隧道发生。

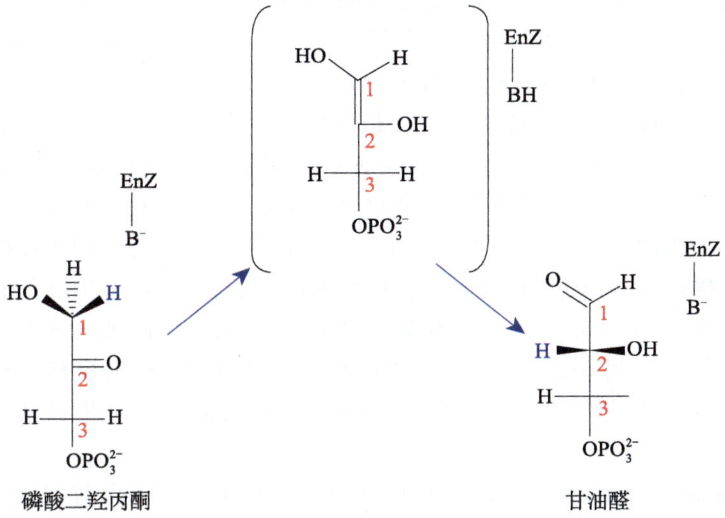

图 1.1.5 磷酸丙糖异构酶中的一般酸/碱催化。一般基团表示为“B”。催化机制中涉及的质子为蓝色

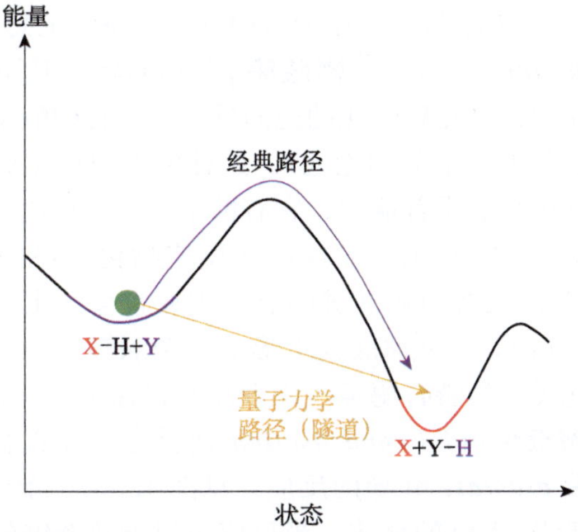

图 1.1.6 量子隧道与经典运动。假定蛋白供体（X）和受体（Y）之间的氢原子转移被描绘为能量势垒的交叉。这个数字来自 Wikipedia. ［来自 Cranberry A（simplified）diagram of Quantum Tunneling. *Wikipedia*，*the Free Encyclopedia*］

2. **转移酶** ***transferase***——即催化一个分子（称为供体）的化学基团转移至另一个分子（称为受体）的酶。被转移的基团可以是甲基、羰基、酰基、氨基、糖基、烷基/芳基、磷酸基团、硫酸基团，甚至是包含硒的基团。作为知

名的转移酶参与催化的反应，**磷酸化** ***phosphorylation*** 是将一磷酸或磷脂基团从供体转移到受体。磷酸化主要有两个目的：一是激活某个分子的功能。这种由磷酸化激活其他酶的作用模式在**激素**（hormone，又称荷尔蒙）介导的**信号转导** ***signal transduction*** 中普遍存在。二是降低某个分子的稳定性，使该分子在后续反应中成为更好的底物。如图 1.5a 所示，对葡萄糖的磷酸化使其在糖酵解中进一步得到分解，或使其在其他代谢通路中被利用起来（例如，戊糖磷酸通路[41]）。催化磷酸或磷脂基团转移反应的酶往往采用其传统名称，如**激酶** ***kinase*** 和**磷酸化酶** ***phosphorylase***。激酶的作用是将磷酸基团从高能量分子，通常是 ATP，转移到受体上。磷酸化酶的作用是将无机的磷酸分子转移到糖基或核苷酸基分子上。另一著名的由转移酶催化的反应是**酰化反应** ***acylation***。例如，在脂肪酸的生物合成时，酰化反应所需的辅酶通常是可提供或接受酰基的**辅酶 A** ***co-enzyme A***。

3. **水解酶** ***hydrolase***——即催化由 H_2O 作为攻击基团来剪切反应物共价键（此过程即为水解，译者注）的酶。作为被攻击的共价键往往是 C—C 键（碳-碳键）、脂键（O=C—O—R′）、酰胺键（O=C—N），或糖苷键。一些隶属于水解酶类别的酶对底物有较低的特异性。一些特定的水解酶的命名方式采用底物加上其参与剪切的键，最后加上“ase”作为后缀（即“酶”的意思，译者注），如乙**酰胆碱酯酶** ***acetylcholine esterase***。**磷酸酶** ***phosphatase*** 基团是一种常见的水解酶基团。磷酸酶的作用是催化磷酸化的逆向反应，即将磷酸基团从底物分子上去除（有关磷酸化，参见上一小节的论述）。这种由不同种类的酶进行逆向化学反应的催化在生物化学中是非常普遍的，它有助于高效调控代谢过程[40,42]。

4. **裂合酶** ***lyase***——即催化形成或剪切反应物化学键的酶，该过程中没有 H_2O 参与。裂合酶在催化剪切化学键的过程中通常会产生一个基团（称为“**离去基团**”，leaving group），并在原底物上形成一个双键或一个环状结构。现举两个大家熟知的属于此类（指裂合酶类，译者注）代谢反应的例子：**脱羧反应** ***decarboxylation*** 与**羟醛缩合** ***aldol condensation*** 逆反应（羟醛缩合是由一种糖酵解过程中的酶，**醛缩酶** ***aldolase*** 介导的反应，见图 1.5b）。前者涉及剪切 C—C 键并释放 CO_2；后者涉及 H_2O 的释放。当反应结果涉及新键的形成时，参与其中的酶有时被称为**合酶** ***synthase***。而**脱水酶** ***dehydratase*** 作为另一种用传统名称命名的酶，在离去基团是 H_2O 的时候使用。

5. **异构酶** ***isomerase***——即把化学基团从一个底物转移至自身另一位置的酶。此反应在发生时通常需要将底物“**装填**”（原文是用了 priming 这个词，译者注）到酶里面。例如，在三羧酸循环（又称柠檬酸循环）里，由**顺乌头酸酶** ***aconitase*** 催化的从**柠檬酸** ***citrate*** 到**异柠檬酸** ***iso-citrate*** 的过程中（图 1.5c），一个**羟基**（—OH）从 C3 位转移到了 C5 位，这让后续的氧化脱羧反应成为了可能[40]。一些异构酶是按照它们所催化的特殊反应来命名的。例如，**差向异构酶** ***epimerase***，亦称**表异构酶**、**消旋酶** ***racemase*** 及**磷酸变位酶** ***phosphomutase***。

6. **连接酶** ***ligase***——即把两个底物用共价键结合到一起的酶。此过程的发生需要消耗磷酸化核苷酸，通常是 ATP 的能量。一些隶属于连接酶类别的酶往往采用传统名称，如**合酶** ***synthase***（注意：此处与裂合酶存在重叠！译者注）、**合成酶** ***synthetase***，或**羧化酶** ***carboxylase***。在参与 DNA 复制的分子机械当中，DNA 连接酶是一核心的组成部分，其存在并活跃于一切生物里。它的职责是在 DNA 的**后随链** ***lagging strand*** 复制中，连接**冈崎片段** ***Okazaki fragment***。

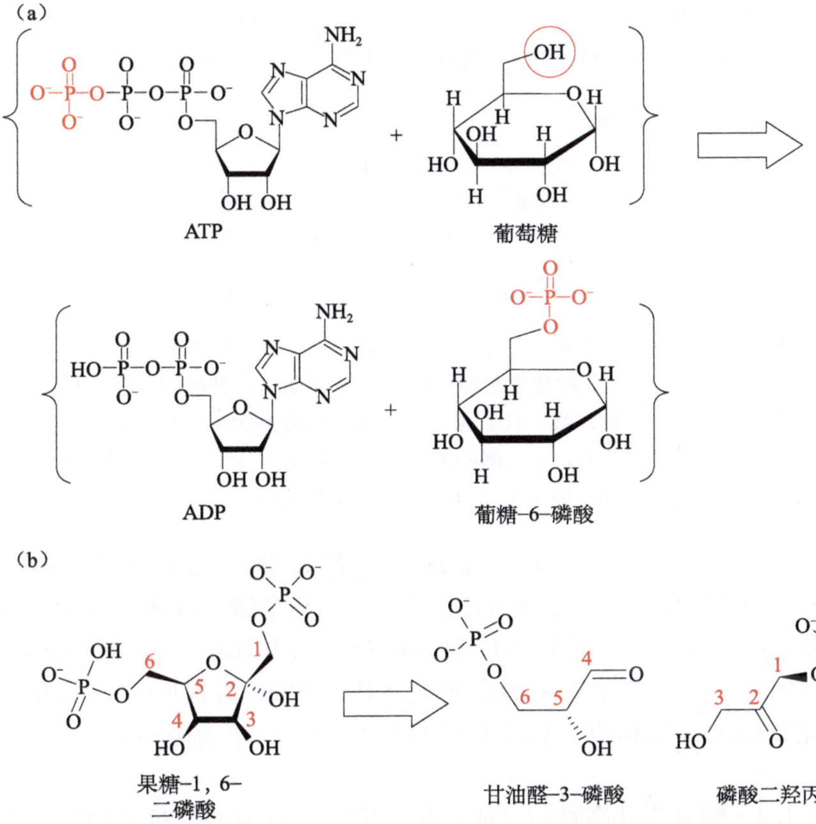

图 1.5 不同类型酶催化的化学反应。(a) 糖酵解期间已糖激酶的葡萄糖磷酸化。碳原子被编号，磷酸化基团以红色环绕。(b) 果糖-1，6-二磷酸裂解，在糖酵解过程中由醛缩酶进行。(c) 在 Krebs 循环过程中，乌头酸酶的柠檬酸异构化。分子中的碳被编号为红色，羟基改变位置以蓝色圆圈表示。(d) 酶用于结合和催化的化学基团

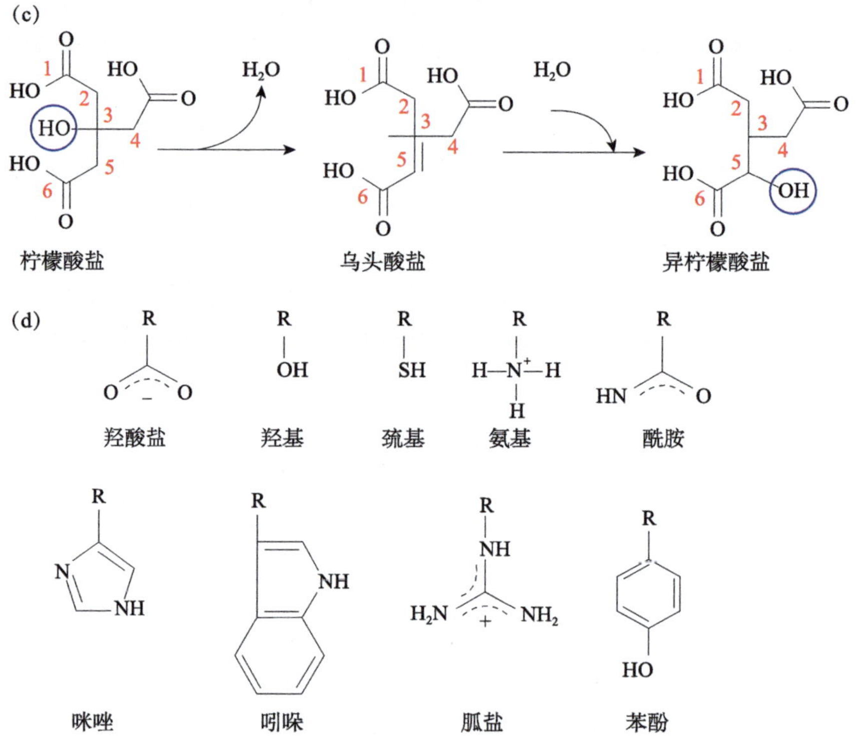

图 1.5　(继续) 不同类型酶催化的化学反应。(a) 糖酵解期间已糖激酶的葡萄糖磷酸化。碳原子被编号，磷酸化基团以红色环绕。(b) 果糖-1，6-二磷酸裂解，在糖酵解过程中由醛缩酶进行。(c) 在 Krebs 循环过程中，乌头酸酶的柠檬酸异构化。分子中的碳被编号为红色，羟基改变位置以蓝色圆圈表示。(d) 酶用于结合和催化的化学基团

上文叙述了酶的六大分类，而每一类都可进一步细分为许多**子类**(subgroup)。分类的原则是基于酶所作用的特定的化学键，或化学基团。有关目前人类已知的酶的催化反应可参考位于 SIB (Swiss Institute of Bioinformatics) 的蛋白质组网站[43]。另一个有用的在线工具是 MACiE 数据库[44]，其提供了所有已知生化反应的详尽信息，包括化学反应步骤、三维动画显示、催化位点，等等。

1.1.3.1.4　酶是为其底物与（或）其对应的反应类型量身定制的。酶为何被进化选中而成为生命过程中最主要的催化剂？一个主要原因就是它们的高效率。大部分酶能够以 10^{11}～10^{16} 的倍率加速化学反应[61]，有些甚至能够达到 10^{21} 的倍率[36,61,62]！而且，酶是为其底物与（或）其对应的反应类型量身定制的。这就是说，大部分酶偏好作用于一种特定的底物，并倾向于催化一种特定的化学反应。但是，其偏好的程度会存在差异。某些酶对一种底物是高度特异的，这取决

于它的三维结构特性。另一些酶则对一类底物具备特异性，这类底物可包含一些相似但却又不同的分子。最后，存在一些被称为**“混杂”**的酶（原文是 promiscuous，可以翻译为“滥交”，译者注），它们对其底物的偏好性非常低[63,64]（即该类酶实际上可以与很多底物相接触，译者注）。酶针对化学反应的特异性要比针对底物的特异性来得高，但反例依然是存在的。无论如何，平均情况下酶比其他类型催化剂的特异性要高得多，就算存在低特异性也是为某些生理目的所服务。

酶针对底物的特异性取决于其包裹底物的能力，而这种能力又由酶与底物之间相互接触的化学基团的偏好性所决定。这些化学基团可分为两类。

1. 蛋白质链基团：这些化学基团是蛋白质（此处特指酶）分子的组成部分。某些基团是**疏水性**（hydrophobic），而另外那些则是**亲水性**（hydrophilic）。后者包括：羟基（R—OH）、巯基（R—SH）、氨基（$—NH_2$）、酰胺基（O＝C—N）、羧基（O=C—OH）、咪唑基（来自 H）、吲哚基（来自 W）、苯酚基（来自 Y）、胍基（来自 R）[47]（图 1.5d，另外亦可参考第 2 章的图 2.5 与表 2.1）。

2. 辅基/辅酶基团：正如 1.1.3.1.2 节所解释的，这些基团是元素离子或者小分子，它们可以共价或非共价的方式与蛋白质（此处特指酶）分子结合。具体地，这些辅基/辅酶基团包括金属、类核苷酸分子，如 NAD(P)H，以及 ATP、简单糖分子或脂分子，甚至可以是水分子。

尽管部分上述的基团仅参与酶和底物的结合［这些基团可称为**“结合基团”**（binding group），译者注］，但另一些基团则参与酶与底物的催化［这些基团可称为**“催化基团”**（catalytic group），译者注］，即这些酶上的基团可以改变底物的化学构成。正是这一点，决定了酶与其催化的化学反应之间的特异性。在大多数情况下，反应都包含了不只一步。而酶上的催化基团能够依次执行这些步骤。这进一步加强了酶与其反应之间的特异性。该特异性在生理条件下是至关重要并极具优势的，原因在于它允许生物体通过酶催化从而在同一时间与空间中调控大量不同的细胞反应。事实上，任意细胞内的生化反应途径，都是由控制一个或多个酶的催化活性来紧密调控的。这种控制是由称为**调控子**（regulator）的有机小分子来执行的。调控子通过与酶的可逆结合来改变酶的活性。若这种改变增加了酶的活性，则该调控子被称为**激活子**（activator）；反之则称为**抑制子**（inhibitor）。实际上很多调控子也是代谢途径的一部分，因为它包含了被调控的酶。特别地，某些途径的产物倾向于成为催化另一些反应的酶的抑制子。这种现象称为**产物抑制**（product inhibition），它建立了一条负反馈回路，可根据细胞对该产物的需求来控制其代谢途径的速率。这种调控模式在单催化剂的情况下是不可能实现的。原因为当环境条件不变，单催化剂总是以相同的速率工作。此外，作为被基因编码的蛋白质，酶能够随着生物体的生化需求而一起进化，这就能进一步改变催化反应的速率，超越常规调控模式。

如前文所述，酶针对底物与反应的特异性取决于其包裹底物的能力，而这种能力又由酶与底物之间相互接触的化学基团所决定。这些基团成为酶的结合/催化位点，其无论在几何上还是化学上都非常适应结合特定的底物与执行特定的催化反应。这种酶与底物的特异性结合能够稳定催化反应的过渡态，换句话说就是能够降低所需的能量。这就意味着整个体系能够快速达到过渡态，并大大缩短完成整个反应的时间［见公式（1.1）］。这就是前文所叙述的，催化剂是通过降低能垒来加速反应。这种稳定过渡态是酶降低能垒的一种方式，另一种已在专栏1.1中介绍。然而，无论催化反应使用哪种方式，酶都是通过其自身的三维结构实现的。这种结构与功能之间的相互关系，将成为本书的一个核心论述方向，并会在后文中详细讲解。

1.1.3.1.5　酶可以与产能过程（energy-producing process）偶联形成耗能过程（energy-demanding process）。酶相比于简单的催化剂来说第三个优势为酶能够和**自发反应**（spontaneous reaction）偶联，从而形成**非自发反应**（non-spontaneous reaction）。先前我们了解到自发反应涉及系统的自由能降低，即产物与反应物之间的能量差异为负。这可被视为自由能的释放［注意：不要与**放热反应**（exothermal process）混淆］。相反的，对于非自发反应来说，这种能量差异是正的，这就意味着这部分能量必须被提供从而使反应能够发生。许多重要的细胞过程，例如，生物合成复杂分子或跨膜输运化学物质，都是非自发反应，即它们都需要输入额外的自由能。通过将非自发反应与产能反应（即自发反应）偶联起来，如分解ATP，酶就能让细胞足以驱动前者。

1.1.3.1.6　酶能够让连续发生的反应局限在一处。酶作为催化剂的第四个优势为它们能够形成庞大的功能复合物。这在参与同一条生化途径的代谢酶中十分常见。它们倾向于形成一个复合物，而其催化的一系列反应就附着在其上发生。这种作用模式极大地提高了反应速度和效率，因为底物分子不必通过在细胞质中随机扩散去找到其对应的酶。因此，酶复合物可被视为“分子机器”，拥有彼此不同但行动却协调一致的部件，而每一部件则执行不同的任务[66]。在此观点下，研究者将酶复合物描绘成一组**功能模块**（functional module），而每一模块则专注于一类化学或物理任务，如生成或分解化学键，转换化学能为机械能或动能，等等。

1.1.3.2　能量转移

为了维持生物体的生命，细胞与组织执行一系列多种多样的过程。这些过程包括生物合成各种分子，运送化学物质跨过生物膜，以及各类运动（包括细胞、组织，甚至是生物体自身的运动，译者注）。这些过程大部分不是自发的，它们的发生需要能量的输入。这意味着细胞必须能够产生能量才能维系生命。事实上，在每个细胞中，大部分代谢活动都是为了产生能量。尽管在生物体中的代谢是相当复杂的，但它们都会利用至少如下两种能量之一：化学能（如食物）及电磁能（如太阳光辐射）。针对上述每一种能量来源，细胞都有一组结构复杂并拥有多个组成单元的分子机器来获取能量。这些分子机器的组件中有些是履行催化功能的酶，正如前文所述。然而，分子机器中存在另外一些蛋白质，它们的作用是将获取的能量在不同**细胞区室**（cellular compartment）之间高效地转移，或在单个细胞区室内部转移一段较长的距离。这些蛋白质不是酶，因为它们直接转移处于物理形式（注：原文是 pure，为了与后文“化学变化”对应，译者将其改为“物理”）下的能量（即电子或电磁辐射），而未引起任何化学变化。正如前文所述，能量最终被存储为 ATP。ATP 是生物系统最易取得的能量形式，因此它也称为“通用能量货币”。能量从最开始的物理形式到最终的 ATP 形式是逐渐完成的，其中将经历许多不同的能量转换过程。后续部分我们将介绍生物体中两类主要的能量利用方式。

1.1.3.2.1 呼吸作用 **化能生物** ***chemotroph***（也可译为化能营养型生物）是一类可通过氧化作用从食物中提取化学能的生物体。该氧化作用是经一系列由酶介导的分解代谢通路完成的（如 1.1.2.1 节中介绍的糖酵解与三羧酸循环）。该氧化作用以电子的形式释放能量，但这些高能量的电子并不直接形成 ATP，而是用来形成**质子电化学梯度** ***electrochemical gradient of protons***（H^+），或简称为质子梯度。在原核细胞中，这种梯度建立在细胞膜内外；而在真核细胞中，则建立在线粒体膜内外（图 1.6）。这种质子梯度可称为一种临时的储能手段。这种梯度的维持由膜的脂类构成，因为它的非极性能够阻挡带有电荷的质子。质子梯度存储的能量可根据需求而释放出来。这种释放是通过开启膜上的“**闸门**”（原文是 opening）实现的。事实上该闸门就是一种离子通道，而该离子通道亦是一种巨大的蛋白复合物，称为 **ATP 合酶** ***ATP synthase*** 的一个组件。这个有趣并且极其重要的酶专注于从质子梯度中收获能量（具体地，通过质子流过离子通道）来产生 ATP。至此，ATP 的形成就与开始的食物氧化过程偶联起来了。

正如前文所述，质子电化学梯度建立在细菌的细胞膜内外，或线粒体膜内外。这就意味着，执行这种任务的体系必须被限定在膜上。实际情况下，执行这种任务的体系是一组高度复杂的蛋白复合物（称为**细胞色素** ***cytochromes***）与一些小分子，而整个体系则统称为**电子传递链** ***electron-transport chain***。该名称的由来是因为此体系的主要作用：将食物中产生的高能量电子转移到氧分子上，并利用从中释放出的能量来建立质子电化学梯度。尽管电子传递链中所有的组件都能传递电子，但只有 3 种组件可以用获取的能量来建立质子梯度。这 3 种组件都是**多蛋白复合物**（multi-protein complex），以“**质子泵**”（proton pump）的方式

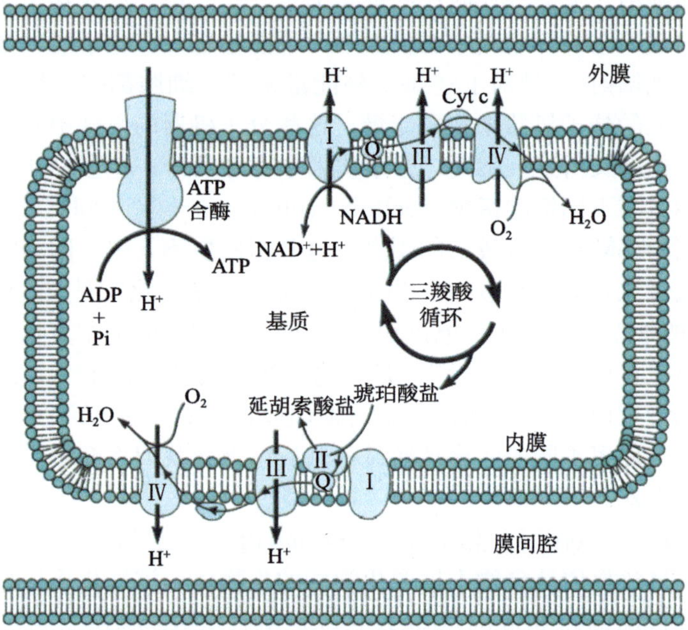

图 1.6 线粒体内的细胞呼吸。该示意图显示了该多组件系统中的主要参与者。三羧酸循环完成了丝裂霉素基质内食物的有氧氧化。该过程释放的高能电子首先作为 NADH 和 $FADH_2$ 存储，然后传递到电子传输链的第一组分，嵌入内部线粒体膜内。电子通过几个细胞色素，最终传递到分子氧，将其还原成水。电子链含有 3 种蛋白复合物（I、Ⅲ、Ⅳ），它们使用电子传输释放的能量将质子从基质泵送到膜间腔。存储在梯度中的能量通过 ATP 合酶消散时释放，ATP 合酶将质子运动与 ADP 和无机磷酸盐的 ATP 合成相结合的蛋白复合物。这张图来自 Wikipedia（来自 Fvasconcellos Schematic diagram of the mitochondrial electron transport chain. *Wikipedia*，*the Free Encyclopedia*）

运作。随着电子不断地在这些复合物上穿行，质子泵会逆着电化学梯度将质子从膜一侧（低浓度）泵到另一侧（高浓度）。而这些在传递链上穿行的电子将最终被转移到氧分子上，并将其还原成水（H_2O）。上述整个过程称为**细胞呼吸作用 *cellular respiration***。

1.1.3.2.2 光合作用 **光能生物 *phototroph***（也可翻译为光能营养型生物）是一类直接利用太阳光里的电磁辐射作为能量的生物体。它们最终将能量存储为 ATP，但在此过程中，它们还将 CO_2 这种生物无法利用的碳转变成了葡萄糖（$C_6H_{12}O_6$）这种生物能够利用的碳。上述过程称为**光合作用**（photosynthesis），尽管是在 1772 年被 Joseph Priestley 发现的，但直到如今人们依然在集中地研究它。科学家认为，光合作用在大约 25 亿年前于**蓝绿细菌**（blue-green bacteria）中首次出现[68]，并且该细菌是地球古大气中氧分子出现的先驱者。因此，光合作用亦间接地造成了**耗氧生物**（aerobic organism）的诞生。如今，光合作用主要发生在**蓝细菌**（cyanobacteria）、**海藻**（alga）与植物中。针对后者（即海藻与植物，译者注），光合作用的发生地点是**叶绿体**（chloroplast），由一种包含大约 100 种不同蛋白质的体系所介导[69]。光合作用过程的第一步，称为**光反应**（light reaction），它利用太阳能产生 ATP 与 NADPH，后者是一种重要的**还原剂**（reducing agent）。第二步反应，称为**暗反应**（dark reaction，中文亦称"碳反应"，译者注），它利用 ATP 与 NADPH 将 CO_2 还原成葡萄糖。

光反应开始于收集并聚集太阳能。它是由一系列位于叶绿体内膜的蛋白质与色素［统称为**光合触须蛋白**（antenna）］形成的网络所执行的。该网络中的蛋白质通常包含有机小分子（色素），其作用是吸收光能并以激发电子的方式转移能量。绿色植物中的主要色素是赋予其颜色的**叶绿素**（chlorophyll）。除此之外，其他重要的色素还包括**胡萝卜素**（carotenoid），它与叶绿素的区别在于吸收不同波长的光能。由几百片普通叶绿素收集的光能将最后聚集到一对中心叶绿素上，而后者被称为**特殊偶对**（special pair）[70]。在那里，最后聚集的光能将产生 1.1V 的电化学势，它能氧化特殊偶对，使 4 个电子解离。后续的反应与细胞呼吸作用类似。具体地，高能量电子被细胞色素组成的电子传递链转移，而此过程中释放的能量被用来建立质子梯度，而最终该梯度被用来产生 ATP 与 NADPH。

1.1.3.3 基因表达

遗传信息存在于我们身体里的每个细胞中（除红细胞外）。具体地，遗传信息是细胞核内的 DNA 以化学编码的形式存在。DNA 是一种聚合物，其基本构造单元是**核苷酸**（nucleotide）。核苷酸按顺序聚合在一起形成一条单链 DNA。两条 DNA 单链彼此缠绕在一起形成双链 DNA，这也是 DNA 的成熟形式。尽管存在许多不同种类的核苷酸，但其中只有 4 种被用来构造 DNA。每种生物体遗传信息的独特性正是由构成 DNA 的核苷酸排列顺序所决定的。乍看之下，DNA 仅是一串由核苷酸组成的线，没有任何含义。然而，这种线状序列则是由一系列彼此分开的功能单元，称为**基因**（gene），所组织成的。每个基因都包含了一种对细胞生存来说重要且独特的功能。尽管每个细胞皆具备全部的基因，但是在任意时刻只有少数基因被表达（基因的时间差异性，译者注）。而在多细胞生物中，每个细胞实际上只表达全部基因的一个子集（基因的空间差异性，译者注）。正因为后者，造成了我们身体内不同部位的细胞彼此间存在差异。实际上，基因的选择性表达（the selective expression of gene）能够让细胞获得独有的性质，并在其所属的组织与器官中执行特定的任务。基因表达可被细胞内部固有的计划或细胞外部的信号所激活。对于单细胞生物，这种外部信号就是外界环境，例如，变化的温度、pH、盐度、压力、食物，等等。对于多细胞生物，尽管单个细胞面对的是几乎不变的外界环境，但它接收的影响自身基因表达的"外部"信号主要来自其他细胞［通过**激素**（hormone）

或其他**化学信使**（chemical messenger）］，以协同整体的需求。

每个基因的指令［中文又称**遗传指令**（genetic instruction）］是以 DNA 语言书写的，但每条指令的具体执行是由蛋白质完成的。这些蛋白质中一些是起催化作用的酶，而另一些则具备不同的功能。这种执行遗传指令的过程称为**基因表达**（gene expression），并主要包括如下两个主要步骤。

1. **转录**（transcription）——在此步中，将产生一份带有表达基因的拷贝。转录发生是内部或外部信号的结果。这种信号激活一类称为**转录因子**（transcription factor）的蛋白质，它的作用是识别并结合待表达的基因。然后，一个称为 **RNA 聚合酶**（RNA polymerase）的关键酶会和已经与待表达基因结合的转录因子连接，从而形成一个复合物。RNA 聚合酶会沿着 DNA 链移动，并同时复制一份以 RNA 链形式存储的基因拷贝。此过程即称为转录。RNA 是一种与 DNA 类似的核酸，但它往往只包括一条链。RNA 因细胞环境的不同而作用不同。在原核细胞中，基因表达的全过程发生在细胞质里，由转录产生的 RNA 拷贝将直接进入下一个步骤。在真核细胞中，转录发生在细胞核里，而只有在去除转录产生的 RNA 拷贝上无用的信息［此过程称为 **RNA 剪接**（RNA splicing）］后，它才会被转移至细胞质并进入下一个步骤。

2. **翻译**（translation）——在此步中，由转录产生的 RNA 拷贝上所带的遗传信息，将被用来制作对应的氨基酸序列，而氨基酸是蛋白质基本的构造单元。此过程中产生的氨基酸序列会折叠成具有功能的蛋白质。因此，单个基因中存储的信息实际上就是制造特定蛋白质的指令。类似地，任何生物体中的全套基因即**基因组**（genome），就是用来编码该生物体中全部功能蛋白质的，即**蛋白质组**（proteome）。这里需要注意，有些基因编码出来的 RNA 并不翻译为蛋白质，但这些 RNA 同样会行使特异的功能[16−18]。翻译过程是由一个巨大的蛋白质-RNA 复合物，称为**核糖体**（ribosome），所实施的。但是在这里我们发现，蛋白质的产生需要已经存在的蛋白质，这听起来似乎相悖。为了解释这个悖论，科学家认为地球上最早的蛋白质是单纯由 **RNA** 分子合成的。这些起催化作用的 RNA 分子，在进化的早期很可能执行一些如今已被蛋白质所取代的功能，这些功能中包括 RNA 分子自身的复制。这种**"RNA 世界"**（RNA world）理论[71]，尽管还未被证实，但假定它是真的，就可以解释上述核糖体翻译蛋白质的悖论。

除了上文提到的那些直接参与基因表达的蛋白质，另外还有一些蛋白质会参与基因表达的调控，以保证只有和当前细胞的种类、状态，以及所处环境相一致的那些所需基因才能被正确地表达出来。

1.1.3.4 溶质跨生物膜迁移

如前文所述，细胞膜的核心组分是脂类。这赋予细胞膜一种极其优秀的物理抗性来抵御生物分子与离子，因为它们大多数都是水溶性的，即它们无法溶于脂肪。然而，生物细胞为了生存必须维持与其所处环境之间的物质交换。能量来源分子及基本构造单元必须能够进入细胞，与此同时，代谢物及其他特殊分子又必须能够离开细胞。上述目标的达成归功于那些跨膜迁移的蛋白质。因为蛋白质的活性是可以被控制的（参见 1.1.2 节），那么把它们当成单纯的运输工具并进行全程调控，细胞就能主动地决定自身的化学组成。这个问题将在本书的第 7 章（膜蛋白）里详细论述。

1.1.3.5 细胞通信

细胞能够在彼此间互相通信，无论是同一生态环境下的单细胞生物之间，还是处于同一组织中的多细胞生物体内。细胞通信通常由**化学信使**介导，即从发出信号的细胞（或称为“信号细胞”）中分泌，并作用于靶细胞（图 1.7）。当处于通信状态下细胞距离很近时，化学信使可直接以扩散的方式从信号细胞转移到靶细胞。但是，当待通信的细胞处在多细胞生物体内，并且彼此距离很远时，细胞通信将依赖于身体的循环系统（即血液循环系统）来完成。上述信号转导系统称为**内分泌系统**（endocrine system），其中包含的化学信使则称为**激素**（hormone，又称荷尔蒙）。

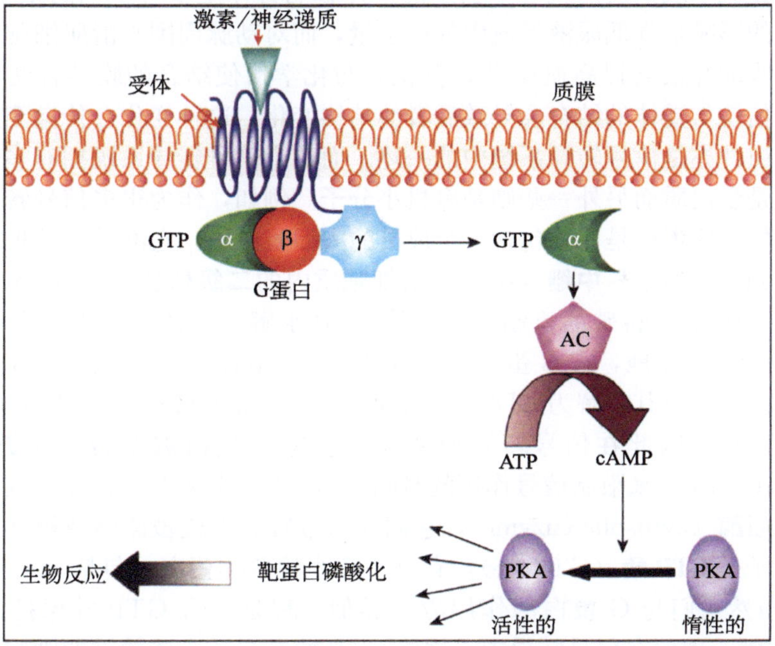

图 1.7 典型信号转导级联中的主要参与者。cAMP-PKA 级联示意图中，外部化学信使（激素、神经递质等）与膜结合蛋白受体的结合诱导称为 G 蛋白的酶活化。这使得蛋白质的一个亚基与另一个分离，结合腺苷酸环化酶（AC），并激活它。活化的 AC 催化 ATP 转化为环 AMP（cAMP），作为第二信使。它结合并激活另一种酶，即蛋白激酶 A（PKA），又磷酸化大量的细胞质蛋白。磷酸化的蛋白质可以激活其他细胞成分，或者执行一定的功能。在任何情况下，该信号转导最终导致细胞行为的变化，即生物反应

与离子迁移不同，在细胞通信过程中通常不把外部分子（即化学信使）导入细胞内[72]。然而，细胞利用位于细胞膜上的受体蛋白特异性地与信使分子结合，并通过一系列复杂的信号转导系统，来接收信使分子所携带的消息。类固醇激素，作为一类脂溶性的化学信使并不遵循上述原则。它们会进入细胞，与细胞质中的受体结合，并最终进入细胞核来参与信号解读的过程。除了类固醇激素，其他化学信使都与靶细胞上的膜结合受体结合，并在细胞质，有时亦在细胞核中诱导发生一系列与信号转导有关的**分子事件**（molecular event）。这一系列分子事件的特点是激活或抑制某类**细胞基本组分**（cellular element），并最终将有可能改变细胞的行为。这种改变可以很简单，例如，增产或分解某种化学物质，分泌或吸收某种分子，等等。但这种改变也可以很复杂，例如，细胞分裂、生长，甚至是自杀①。

在信号转导过程中，蛋白质占有相当大的比例（图 1.7）。首先，化学信使本身就可能是蛋白质或多肽（即短的蛋白质片段）。例如，**抗利尿激素**（vasopressin）是由动物的**脑下垂体**（pituitary gland，简称**垂体**）细胞分泌的一种多肽，它是在脱水或失血的状态下引发的，并影响身体里多种不同的细胞。例如，对肾细胞的影响是降低尿液形成中的耗水量，而对动脉周围平滑肌细胞的影响是导致它们收缩并最终提高血压[74]。其次，与化学信使结合的膜结合受体同样是蛋白质。信使与受体的结合会导致后者的结构变化，这种变化会传递至其胞内的组件，该组件亦是信号转导系统中的一环。而整个信号转导系统拥有多个这种组件，有些是蛋白质而另外一些则是有机小分子。例如，作为很多信号转导系统中的关键组件，G 蛋白是一种包含 3 个成员的大型蛋白质。它的功能是把从膜结合受体接收到的起始信号**中继**（relay）给细胞质内的**二级信使**（secondary component）。G 蛋白有一特殊的机制，它牵涉 GTP 水解（具体请参考本书第 5 章的 5.2.2.1 节）。具体地，在 G 蛋白的激活状态下会结合一类核苷酸 GTP，并在一段固定的时间后将其水解为 GDP 与单磷酸（Pi）。由于只有与 GTP 结合的 G 蛋白才具备活性，因此在信号转导通路里，这些 G 蛋白被作为**“分子定时器”**（molecular clock）来限制信号作用的时间。另一类信号转导系统中重要的蛋白质组件是**胞质酶**（cytosolic enzyme），它们在信号转导下或被激活或被抑制。其中著名的例子是 **GTP 酶**（GTPase），它是一类小的单体蛋白，包括 ras、rho、ran 与 rab。虽然它们与 G 蛋白的作用方式类似：都是结合 GTP 并保持活性直到 GTP 被水解，然而在信号转导中，这些 GTP 酶参与了一些关键的细胞过程，如**囊泡运输**（vesicle trafficking）、**细胞骨架变动**（cytoskeletal dynamics）、**细胞极**

---

① 这一极端的行为，学术上称受调控的细胞死亡，包括两种主要类型：**细胞凋亡**（apoptosis）与**自我吞噬**［或简称**自噬**（autophagy）］[73]。两者的区别是，前者总是导致细胞死亡；而后者往往是由饥饿所造成的，并且在特定的条件下细胞有可能被修复。

性（cell polarity）、**膜融合**（membrane fusion）、**染色体聚集**（chromosome segregation）与**细胞核运输**（nuclear transport）[75]。

整个信号转导过程可以被视为分子版本的“**接力赛跑**”（relay race）：处在信号转导链上游的蛋白质激活位于其后的蛋白质，并以此直到最后，即诱导细胞所需的变化。但是，接力赛跑与信号转导还是有区别的，后者不是一个线性的过程，而是更类似于**级联**（cascade）或**网络**（network）结构。也就是说，大部分信号转导中的组件能够激活与（或）抑制不只一个目标，从而造成起始信号的放大。举例来说，作为参与许多激素传导的一种酶，PKA 酶，能够激活细胞内几十个不同的蛋白质[76]。因此，一个与靶细胞结合的化学信使可以激活或抑制许多细胞组件，从而得以让细胞行为发生巨大的改变。

1.1.3.6 分子识别

细胞通信，正如前一小段所论述，是基于化学信使与其对应受体之间的相互作用。此相互作用在大多数情况下都是高度特异的，从而避免了让错误的分子来激活受体。这种由一个分子与另一分子在特定的条件下结合，称为**分子识别**（molecular recognition）（参见本书第 8 章的详细论述），是许多生物过程的基础。分子识别可以在两个独立分子之间发生，亦可在化学信使与其受体（可以看作独立分子与细胞表面分子，译者注），甚至是位于不同细胞表面上的分子之间发生。**细胞-细胞识别**（cell-cell recognition，简称**细胞识别**）能导致不同的结果。例如，当相邻细胞之间发生接触时，它们倾向于停止细胞分裂。此现象称为**接触抑制**（contact inhibition），负责多细胞生物体中组织的正常形成。而一旦缺失这种机制，则常常伴随着肿瘤的发生，并允许其入侵周边的组织。细胞识别的另一个著名范例是免疫系统中细胞的**瞬时接触**（transient contact），其目的是传递入侵**病原体**（pathogen，即导致疾病的生物体）的信息。这一识别过程将导致一系列免疫反应的启动，包括细胞分裂与抗体产生（图 1.8）。

大多数分子识别过程都有蛋白质参与，这很可能是因为蛋白质足够复杂以至于能产生识别所需的特异性。通常情况下，参与识别的蛋白质都包含糖基，它能进一步提高蛋白质的复杂性，从而增加其识别潜力。这种糖基与蛋白质的结合体称为**糖蛋白**（glycoprotein）。另外，包含糖基的脂类分子［称为**糖脂**（glycolipid）］也可参与识别过程。例如，决定血型的血液抗原的区别就是糖蛋白与糖脂中糖组分的差异。另一个由蛋白质参与分子识别的著名范例是**上皮细胞**（epithelial cell）被流感病毒感染[77]。流感病毒表面具有一种称为**血凝素**（hemagglutinin）的蛋白质，它能够识别位于靶细胞膜上的**唾液酸**（sialic acid，一种由氨基酸与糖类构成的分子）。血凝素与唾液酸的结合让病毒与靶细胞物理接触，从而允许病毒通过**膜融合**（membrane fusion）与之后的胞吞作用进入靶细胞，并让后者变成自身的宿主。上述范例非常有趣，因为它证实了病原体与它们宿主

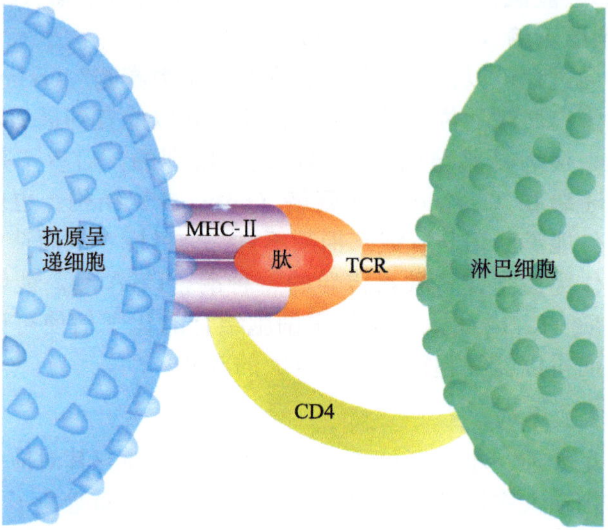

图 1.8　涉及抗原呈递细胞和 T_H 淋巴细胞之间的相互作用的蛋白质。抗原呈递细胞（APC），如巨噬细胞，可以内化细菌，将其蛋白质切割成肽，并将这些肽显示在它们的表面上，同时将它们结合到一些称为 MHC-Ⅱ（主要组织相容性复合体Ⅱ型）的蛋白质中。T_H 淋巴细胞，一种免疫细胞，可以使用自己的细胞表面蛋白识别 APC 外来抗原复合物。具体地说，淋巴细胞的 T 细胞受体（TCR）特异性地识别存在于 APC 上的外源抗原，而称为 CD4（互补决定簇 4）的另一种蛋白质识别 MHC-Ⅱ蛋白。还有其他识别蛋白质不在这里介绍。上述识别允许 T_H 淋巴细胞警告免疫系统的其余部分，身体内存在病原体，这导致其形成完整的免疫应答

之间的**协同进化**（co-evolution）：在此过程中前者“学习”了如何利用后者的机制（针对此例，机制特指细胞的表面识别能力与之后的胞吞作用）。其他的病原体，如细菌，也发展出了不同的欺骗宿主分子识别机制的方法。这主要包括分泌进宿主血液的**细菌毒素**（bacterial toxin）。这种毒素会特异性识别宿主体内的一些要素，并让其失去活性。这种失活的要素主要是一类重要并依赖于识别过程的蛋白质。一些著名的例子包括合成延伸因子蛋白（简称 EF-2 蛋白）在**白喉毒素**（diphtheria toxin）的作用下失活，以及**腺苷酰环化酶**（adenylyl cyclase）在**霍乱毒素**（cholera toxin）的作用下失活[78]。虽然这种让宿主体内重要元素失活对病原体在短时间内感染或繁殖有益，但由于其对宿主生理条件的影响而有可能造成宿主患病或死亡，从长远来看并不能让病原体得到最优的结果（即彻底控制宿主的身体以更有利于病原体自身的延续）。

1.1.3.7　免疫防御

细胞具有不同的抵抗入侵病原体的方法。其中一些方法很简单，它们只依赖于酶，而这些酶能够识别并消灭外来分子（如双链 RNA，因为它们只存在于病

毒中)。在动物体内，经过漫长的演化过程，它们建立了一套高效的抵抗病原体的系统[79]，称为**后天免疫系统**（adaptive immune system，又称获得性免疫系统。在不要求十分确切的情况下，可简称为免疫系统，译者注)。免疫系统得名的原因是它们能够记住出现过的病原体，并相当迅速地抵抗再次出现的病原体以至于被感染的动物体都来不及察觉。免疫系统有两大分支：**体液免疫 *humoral immunity*** 与**细胞免疫 *cell-mediated immunity***。体液免疫主要依赖于**抗体 *antibody***，它们是由称为 **B 淋巴细胞 *B-lymphocyte***（简称 B 细胞）的白细胞产生的蛋白质分子。抗体经循环系统来巡查整个机体，通过特异性结合来锁定**外来物**（foreign element)。细胞免疫主要包括 **T 淋巴细胞 *T-lymphocyte***（简称 T 细胞)。它们是在骨髓中形成的白细胞，并出现在循环系统、淋巴系统、组织及一些体液（如乳汁）中。免疫系统的效率体现为其中每个成分都高度**特化**（specialization，即专业化，译者注)，并且紧密配合。

抗体专门负责与任意外来物高度特异性结合。这种结合是由位于抗体上的结合位点，与外来物分子经几何上和化学上的一致性所达成的。这里说的外来物，可以是单个分子，也可以是病毒或细菌的表面分子构型（注意：这里说的表面分子构型，未必是由一个分子组成的，很可能是由一组分子集群所形成的表面，译者注)。被抗体所识别的分子或分子构型称为**抗原 *antigen***。每个抗体都能识别一种特异的抗原，而我们体内抗体的庞大数目足以让我们去抵抗同等数目的外来物。当抗体与较小的抗原（如毒素、病毒）结合时，在一些情况下它能直接使这些外来物无效。然而，当抗体与大型病原体（如细菌、寄生虫）表面的抗原结合时，这种结合本身并不能对病原体造成任何伤害，但是它能通过“标记”病原体而实现后续的细胞反应。这种细胞反应主要包含 T 细胞，**自然杀伤细胞 *natural killer cell***（简称 ***NK*** 细胞)，以及**吞噬细胞 *phagocyte***。吞噬细胞能够“吞食”病原体，分解它们，并将它们的抗原呈现给免疫系统的其他组件。事实上，吞噬细胞不属于**后天免疫系统**而属于**先天免疫系统**（innate immune system)。先天免疫系统是我们与生俱来的，并将一直保持活性（但它们不具备后天免疫系统那样的记忆性，译者注)。然而，吞噬细胞可与免疫系统的其他组件紧密配合，正如下文将要叙述的。

在免疫反应中激活不同的淋巴细胞会导致不同的事件。当激活 B 细胞时，它会大量产生与已被识别的病原体高度特异的抗体，从而增强免疫反应的效率。当激活 T_H 细胞时，它会增强并调控整个免疫反应，并创建**免疫记忆 *immune memory***。当激活 T_c 细胞时，它会直接消灭可能会损害整个身体的已感染病毒的宿主细胞。如 1.1.3.6 节所述，T 细胞通过它们特有的一种膜结合受体［称为 **T 细胞受体**（T-cell receptor，TCR）］来识别它们对应的抗原（图 1.8)。每个 T 细胞上的 TCR（注意，单个 T 细胞上可能具备多个 TCR，但每个 TCR 都是一致的，译者注）只能特异识别唯一的抗原，正如抗体一样。然而，抗体可以识别任意种类的抗原，但 TCR 只能识别由肽段构成的抗原。这种肽段抗原是由吞噬细胞分解的细菌蛋白，或者是由被感染的宿主细胞分解的病毒蛋白所产生的。另外，只有当这种肽段抗原被 MHC 分子呈现在细胞的表面时，TCR 才能够识别（见 1.1.3.6 节）。

免疫系统中大多数组件都是由蛋白质构成的，包括 TCR、抗体与 MHC 分子。有趣的是，这些功能各异的分子同属于相同的蛋白质家族，称为**免疫球蛋白** ***immunoglobulin***。属于此家族的蛋白质拥有相同的主要结构，我们将在第 2 章具体讨论。除了 TCR 与 MHC，免疫球蛋白家族也包括其他位于淋巴细胞上的膜结合分子，它们会帮助调控免疫反应。体液免疫除抗体之外，还包括一组称为**补体系统** ***complement system*** 的蛋白质。与抗体类似，补体系统中的蛋白质同样存在于血液中，并且也能与病原体结合。但是，其余的过程两者则有很大不同。具体地，在与病原体结合后，补体系统中的蛋白质互相绑定在一起成为一台分子“钻孔机”，它会在病原体的膜上打洞，从而让其死亡。最后，蛋白质还会参与免疫细胞之间，抑或免疫细胞与其他体细胞之间的长距离通信。举例来说，**细胞因子** ***cytokine*** 是一种从被激活的淋巴细胞或其他白细胞中分泌出的化学信使。它们不仅在淋巴细胞之间传递消息，还可以增强其他细胞的抗病毒能力（例如，在**干扰素** ***interferon*** 这种细胞因子存在的条件下）。

1.1.3.8　胞内/胞外构架

一些蛋白质可以充当大型胞内与胞外构架的基本构造单元。其中最突出的构架是**细胞骨架** ***cytoskeleton*** 与**胞外基质** ***extracellular matrix***（简称 ***ECM***）。乍看之下，这些构架无甚活力，但事实却根本不是那样。细胞骨架是真核生物细胞质内呈现网络状的纤维结构。大多数情况下，**细胞骨架**由称为**肌动蛋白** ***actin*** 与**微管蛋白** ***tubulin*** 的蛋白质所构成，但在某些类型的细胞中也可能由其他种类的蛋白质构成[28]。细胞骨架这种复杂的结构具备很多功能。第一，它确定了细胞的形状并且给予其机械支撑。第二，细胞骨架的蛋白质构造单元始终处于让细胞骨架纤维生长与解离的动态平衡状态，而究竟偏向生长还是解离则依赖细胞的需求。因此，细胞骨架还可给予细胞改变自身形态甚至是移动的能力[80—82]。这一点对于某些细胞来说，如吞噬细胞，是特别重要的。因为它们特殊的功能需要其形状的改变。举一个具体的例子，巨噬细胞剧烈地改变自身形状是为了包裹并吞食病原体或外来物。正是细胞骨架纤维的改变才使得巨噬细胞得以移动并形成**胞吞囊泡** ***endocytic vesicles***[83]。

第三，细胞骨架会影响细胞的内部组织。事实上，细胞器都是与细胞骨架有物理接触的。因此，每一个细胞器在细胞内的位置都会因细胞骨架不同的排布方式而不同。此外，细胞骨架纤维还能当成“轨道”，让**马达蛋白** ***motor protein***，如**肌球蛋白** ***myosin***，当成“火车头”来拉着细胞器穿越整个细胞内部[84,85]。第四，细胞骨架的某些组分会参与形成**核纤层 *nuclear lamina***。至此需要提一点，绝大多数我们掌握的有关细胞骨架的信息都来自于真核细胞的研究。目前最新的研究揭示，细菌细胞尽管长久以来一直被认为缺乏内部组织，但它依然具有多层纤维状的组织，这种组织与真核细胞的细胞骨架结构类似[86]。

胞外基质 ECM 是一张由纤维蛋白，如**胶原蛋白 *collagen*** 与**弹性蛋白 *elastin***，彼此纠缠在一起的网状结构。这种网状结构被嵌在主要由复杂的糖类分子所构成的胶状物质中[87,88]。胞外基质的组分主要由**成纤维细胞 *fibroblast***（即产生**结缔组织 *connective tissue*** 的细胞）制造。它们从成纤维细胞中分泌出来并形成网络。在一些组织中（如骨骼），额外的矿物质会被添加到这张由蛋白质与糖类构成的网络上，从而使得它更加坚硬。在脊椎动物中，胞外基质 ECM 形成结缔组织，它们的功能是为整个身体提供机械支撑。虽然结缔组织在体内很常见，但其组成比例则因器官的不同而存在差异。例如，在软骨、骨骼、筋腱与皮肤中，结缔组织是最主要的成分（图 1.9a），而在大脑中则屈居第二。结缔组织中的大部分空间是由胞外基质构成的，而细胞则零散地分布其中。这就是结缔组织与上皮组织的一个显著不同之处。在上皮组织中，细胞是紧密地排布在一起的（图 1.9b）。在不同的组织中，虽然它们胞外基质的组分基本都是相似的，但是存在某些组织特有的成分。例如，骨组织拥有一种钙-磷化合物，称为**羟基磷灰石 *hydroxyapatite***，它们是让骨骼坚硬的主要因素。如前文所述，胶原蛋白与弹性蛋白是胞外基质的主要成分。胶原蛋白，作为哺乳动物中分布最广的蛋白质，

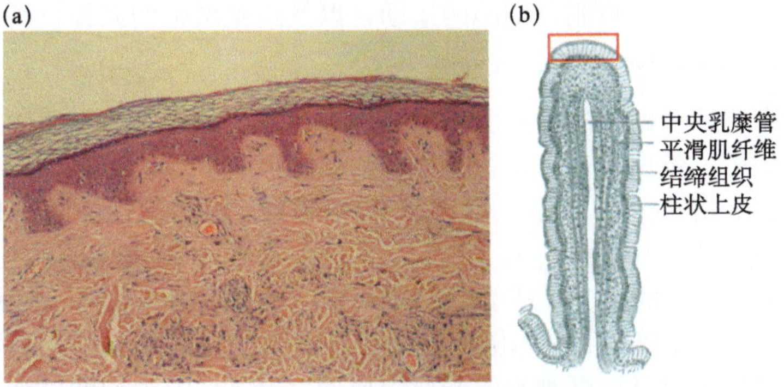

图 1.9 动物组织的类型。(a) 结缔组织。图片显示苏木精和曙红染色的皮肤组织的纵向部分，放大 10 倍。上层是含有玉米田细胞（透明）和黑素细胞（着色）的皮肤上皮（表皮）。上皮细胞是厚结缔组织（真皮），包括成纤维细胞（ECM-合成细胞）、蛋白质纤维和其他成分。照片来自 Wikipedia.（来自 Kilbad Normal Epidermis and Dermis with Intradermal Nevus 10x. *Wikipedia*，*the Free Encyclopedia*）(b) 肠绒毛的垂直部分，放大 80 倍。简单的柱状上皮标有红色矩形。照片来自 Wikipedia.（来自 Gray，H. Vertical section of a villus form the dog's small intestine X 80. *Wikipedia*，*the Free Encyclopedia*）

占到了所有蛋白质质量的 25%。它同时也是胞外基质中的主要成分，起到了维持组织的结构形态，并赋予其机械应力的作用。弹性蛋白，正如其名称所暗示的，赋予了胞外基质以弹性。最后，胞外基质还存在一些额外的蛋白质，它们的主要功能是将整个胞外基质网络里不同的成员连接在一起，或者将这些成员与附近的细胞连接起来。例如，**纤维连接蛋白** ***fibronectin*** 起到了上述两种功能：它既可以连接胞外基质网络里的不同成员，又能连接细胞膜上常见的膜结合蛋白——**整合素** ***integrin***。

尽管细胞骨架与胞外基质是独立的实体，但它们在物理上是通过整合素彼此连接在一起的。具体地，整合素的一端直接与胞外基质的纤维连接蛋白相接，另一端与细胞骨架的肌动蛋白纤维通过细胞质中的蛋白质相接，如**踝蛋白** ***talin*** 与**黏着斑蛋白** ***vinculin***。至此，细胞外部的事件有可能通过直接的物理接触（由细胞外蛋白经膜结合蛋白再到细胞质蛋白）而传递进细胞内部[89]。这揭示了胞外基质 ECM 除提供细胞机械支撑之外，还具备更多活跃并且复杂的功能。实际上，邻近细胞之间的物理接触能让胞外基质足以影响细胞内部的核心过程，这对细胞的生存及发展至关重要。上述结论可以从一个细胞生物学家都了解的现象得到证明，即细胞的**基底依赖** ***substrate dependency***。细胞在培养时需要与装载它的容器壁发生一定的接触，这才能让它得以生存与繁殖。若剥夺这种接触，则会显著地降低细胞的分裂甚至是存活的能力。事实上，将机械力通过胞外基质传入细胞这种现象，在许多不同的生理过程中都有所涉及。例如，骨骼、血管与肌肉的生长与维持，血压的控制，细胞的运动，以及细胞增殖的调控[89,90]。

1.1.3.9　细胞/组织特异性机能

尽管上文所述大部分的蛋白质功能都普遍存在于各种细胞与组织中，但在不同细胞或组织中，蛋白质有可能行使类似的功能但程度不同。例如，与生物合成有关的酶存在于所有的细胞中，但在肝细胞中这些酶的活性显著地比其他细胞（如骨骼细胞）中对应的酶要高。这是因为肝在动物中是主要的生物合成器官。另一个由肝主导的功能是**解毒** ***detoxification***，即**化学中和** ***chemical neutralization*** 与/或清除由身体摄取的潜在有害物，尤其是脂溶性药物或毒物的过程。排毒过程主要是在肝细胞的光面内质网（sER）中进行的，涉及不同蛋白质，经历两个阶段。在第一阶段，外来物会被酶氧化、水解或环化。其中最著名的蛋白质是一种称为细胞色素 ***P450*** 的氧化酶。在第二阶段，不同的亲水基团（如硫酸、尿苷二磷酸、葡萄糖醛酸）会被加到已经修饰过的外来物上，从而进一步增加它的水溶性，从而让它更有效地被尿液或胆汁排出体外。

某些蛋白质会在特定的器官中行使特殊的功能。**肌动蛋白** ***actin*** 与**肌球蛋白** ***myosin*** 是细胞中常见的蛋白质，但在肌细胞中它们却以一种特殊的排列方式组织起来，从而可以行使让整个器官得以机械收缩的作用。更进一步，某些蛋白质的功能只出现在某类生物体中。例如，在多细胞生物的细胞膜上包含了一些能够在物理上连接邻近细胞的蛋白质，从而形成了身体组织。很显然，单细胞生物不具有行使上述功能的蛋白质，尽管它们拥有位于细胞膜上的表面受体，而这种受体能让其与邻近的细菌得以通信。一些能够连接组织中细胞的蛋白质亦可起到从一个细胞到另一个细胞传递化学物质或信息的枢纽作用，并以此方式来促进整个组织行使功能。最后要介绍的是负责搬运氧气的**血红蛋白** ***hemoglobin***，它们也是多细胞生物中独有的，其行使的功能可以让远离肺部的细胞得以氧化食物来获得能量（这就是呼吸）。

1.1.4 蛋白质具有生理与进化意义上的重要性

任意生物体都具有一套形式多样、功能各异的蛋白质组。当从不同层面来观察蛋白质的功能时，这种蛋白质组存在的潜在意义就变得清晰起来。蛋白质功能的第一层面（称为**化学层面** ***chemical level***，译者注）与它们所执行的生化反应及底物类型有关。然而，当很多蛋白质在同一环境下起作用时，它们往往会互相影响，并形成一张能够执行生物功能的网络。这就是蛋白质功能的第二层面，称为**细胞层面** ***cellular level***，此层面还会受到蛋白质的表达量，以及它们所处的细胞位置的影响。最后，整个生物体内所有细胞与组织中的蛋白质累积起来的工作会对生物体的整体功能、独特的生理属性，以及对不同环境的反应产生影响（称为**生物层面** ***organism level***，译者注）。因此，自然界中存在巨量多样化的蛋白质，是产生巨量多样化生物体的直接原因。这就暗示了地球上生物体的进化很有可能与蛋白质的分子进化密切相关。上述假设最近在一项针对 38 种不同的真核生物的比较研究中进行了测试。这 38 种真核生物的选择考虑了不同的生物复杂程度（根据细胞的数目决定）[93]。这项研究的特定目标是观察生物体的复杂程度与执行一种特定功能的蛋白质家族的发展程度是否存在关联。具体地，衡量蛋白质家族的发展程度是用该蛋白质家族中新“家庭成员”出现的数目所刻画的。

上述研究的结果证明了两类不同的蛋白质家族发展模式。大部分蛋白质家族经历了“保守式”发展，即它们的发展只会导致基因组的扩大，而不改变生物体层面的复杂程度。在某些情况下，这种发展模式能增加生物体适应环境的能力。总体而言，经历保守式发展的蛋白质家族主要包括执行基本细胞过程，例如，新陈代谢、DNA 复制，以及基因表达的蛋白质。与之相对的是一小部分蛋白质家族会经历“改革式”发展，即它们的发展与生物体层面的复杂程度具有统计意义上的相关性。属于这一类发展模式的蛋白质家族主要包括如下蛋白质：它们或执行细胞与组织特异的功能，或负责细胞之间的通信（如分子识别与信号转导），或专属于脊椎动物（如免疫系统）。综上所述，蛋白质的进化确实对创造地球上如此巨大多样性的生物体起到了关键作用。然而，这种进化并不是针对所有蛋白质的，而是针对能够让该生物体获得与其祖先相比显著不同功能的那些蛋白质。

1.1.5 蛋白质具有医学、工业与社会意义上的重要性

1.1.5.1 蛋白质作为药物靶标

基于蛋白质如此众多的作用，人们总结出生物体的总体健康程度依赖于其蛋白质功能的正常发挥。而任何蛋白质一旦显著地失去功能，则很有可能导致疾病的发生。事实上，遗传因素、暴露于有毒或放射环境，会造成蛋白质改变其活性，是许多疾病（如代谢性疾病及癌症）的主要原因。因此，我们不必惊讶于蛋白质占了当前大约80%的药物靶标这个事实[94,95]。具体地，大部分药物的作用方式为与酶、受体、离子通道、转运蛋白或核蛋白结合，并且可逆地改变其活性。这里举一个合适的例子来说明：**选择性5-羟色胺再吸收抑制剂** ***selective serotonin reuptake inhibitor*** （***SSRI***）家族的药物（如盐酸氟西汀，即百忧解Prozac），主要被用来治疗抑郁症与焦虑症[96,97]。SSRI被认为是一种有疗效并且副作用温和的药物。这两个优点都是因为SSRI能有选择性地抑制一种脑部转运蛋白，这种蛋白质负责再吸收一类神经递质：5-羟色胺。所谓的再吸收作用，其实就是把5-羟色胺从神经突触细胞外部重新泵回该细胞内部，从而阻止5-羟色胺作用于靶受体。实际上，这种再吸收作用是为了防止该神经递质过度地刺激靶受体，因而在健康人体内此作用应该具备活性。但是，在受到抑郁症困扰的人群中，当突触处于稳态时其胞外的5-羟色胺浓度本身就不高，因此抑制它的再吸收就能有效帮助患者抵抗抑郁（即允许该神经递质尽量刺激靶受体，译者注）。

从功能上来说，大部分作为药物靶标的蛋白质可以被分为**G蛋白偶联受体** ***G-protein coupled receptor***（***GPCR***，普通细胞中继许多生理上重要信号的表面受体）与酶[94]。实际上，酶抑制剂只占了药物市场的25%，其中比例分配为氧还酶（31%）、水解酶（32%）与转移酶（23%）[98]。大部分此类药物都是作用在酶的活性位点上，采用的抑制机制往往是与该酶结合的天然底物进行竞争。有趣的是，酶抑制剂不同于许多其他药物，它们不仅可以采用非共价的方式与酶活性位点结合，而且有时候能形成一个药物与蛋白质共价结合的中间态，这种中间态与酶在天然状态下形成的过渡态很相似（见专栏1.1）。然而，与天然的过渡态不同，这种药物与酶的结合是不可逆的，因此得以去除酶的活性。

由于酶在代谢途径中广泛存在，因此存在作用于同一途径中不同酶的药物并不罕见。例如，某种抗高血压的药物能够作用在**血管紧张素** ***angiotensin*** 的生物合成途径（见专栏8.2）。血管紧张素是一类负责防止血压下降（如由创伤导致的出血）的激素。一些疾病（通常与年龄有关）会造成血压升高，从而增加**脑卒中** ***stroke***、**动脉瘤** ***aneurysm***、**心脏病** ***heart attack*** 与**急性肾炎** ***severe kidney problem*** 发生的危险。损伤日积月累，一旦疾病突发往往已经错过最佳的治疗时间。正因如此，高血压才被称为“沉默的杀手”。不过，若高血压被及时地诊断

出来，那么人们可以采用药物将其降低到正常水平。正如前文所述，许多抗高血压的药物以与血管紧张素相关的系统为作用靶标。具体来说，血管紧张素的活化状态（称为Ⅱ型）是由非活化状态（称为Ⅰ型）在**血管紧张素转化酶** ***angiotensin converting enzyme*（*ACE*）**的作用下产生的。因此，许多降低血压的药物都是通过抑制该酶而起作用的（见专栏8.2）。不幸的是，这往往会引起一类牵涉过度产生**肾素** ***renin***（又称为血管紧张素原酶）的生理补偿反应。肾素是一种负责产生Ⅰ型血管紧张素的蛋白酶，因而增加肾素实际上最终会升高血压。近年来，科学家找到了解决此问题的答案，那就是采取一类新药：**阿利吉仑** ***aliskiren***，它能够通过抑制肾素而抵消上述生理补偿反应[99]。这些范例揭示了作为药物靶标的酶与其他蛋白质的潜力仍有巨大的空间以待开发。

1.1.5.2　蛋白质作为毒素靶标

除了正常药物，蛋白质同样也是毒素和滥用药（毒品）的靶标。这一点也不奇怪，因为它们的作用方式都十分相似，尤其是毒品。大部分情况下，毒品是一些有机小分子，它们与内生的神经递质具有相似的形状与化学性质。由于这种相似性，毒品能够与神经递质竞争其与靶蛋白的结合。这种靶蛋白可以是膜结合受体，可以是负责对该神经递质再吸收的转运蛋白，亦可以是参与对该神经递质化学修饰的酶。通过与靶蛋白结合，毒品扰乱了神经系统的正常功能，并导致**幻觉** ***hallucination***、**刺激** ***stimulation*** 与**欣快** ***euphoria*** 等症状。举例来说，**吗啡** ***morphine*** 与**海洛因** ***heroin*** 是一种**麻醉药** ***narcotic***，它们与一类称为**阿片类物质** ***opioid*** 的神经递质，包括**内啡肽** ***endorphin*** 与**脑啡肽** ***enkephalin*** 在化学结构上非常相似。阿片类物质的主要生理功能是通过提升脑部针对疼痛的阈值，降低物理创伤造成的痛感。具体做法是，阿片类物质会结合其对应的位于脑部的受体蛋白，而该蛋白质负责调控痛感。当麻醉药与阿片类物质受体结合后，会过度刺激它，从而造成一种强烈的快感与喜悦。另外，经常性服用麻醉药及其他类型毒品将导致阿片类物质受体降低灵敏度（称为**脱敏作用** ***desensitization***）及一些其他的生化现象，从而造成**上瘾** ***addiction*** 并长期损害身体的机能。因为正常药物与毒品都作用于同样的生物靶标，所以有时候毒品在适当的医学监督下，亦可以对患者使用。例如，吗啡作为一种知名的违禁药，经常被医生作为一种极其有效的镇痛剂使用，尤其是在常规药物无法发挥作用的情况下。

毒素是一种化学物质，它在与生物体接触时会造成伤害。毒素的毒性作用都是有害的，尽管其造成的伤害有所差异：有些是急性的，而有些则是慢性的。毒素之间的差异性来自其化学性质与起源。它们有些是自然形成的，如蛇毒；有些源于人工合成，如工业污染。与药物类似，许多毒素通过作用于蛋白质来发挥其作用。自然形成的毒素在许多情况下会改变外周神经系统中的受体、酶与转运蛋白的活性。此类毒素称为**神经毒素** ***neurotoxin***，它随着进化而发展成为一种非常有效的防御或狩猎手段。例如，河鲀产生的**河鲀毒素** ***tetradotoxin*** 可以阻断**随意肌细胞** ***voluntary muscle cell*** 中具有电压依从性的钠离子通道[100]。而抑制这些通道会造成肌肉无力，甚至达到肌肉**松弛性瘫痪** ***flaccid paralysis*** 的程度。后者是会致命的，因为呼吸肌是一种随意肌。

某些自然形成的毒素本身就是蛋白质，如**蓖麻毒素** ***ricin***、**肉毒毒素** ***botulinum toxin***（botox）及声名狼藉的**炭疽毒素** ***anthrax toxin***[101]。蓖麻毒素源自蓖麻的种子，是一种人类已知的最致命的（自然）毒素。它包含两部分：第一部分能让毒素通过胞吞作用进入细胞；第二部分以酶的方式起作用，它让细胞的核糖体失效[102]。这会造成细胞死亡并对周围的组织造成严重损害。蓖麻毒素发病的症状依赖于其进入身体的方式：若通过呼吸进入体内，则会引起**呼吸窘迫** ***respiratory distress***；若通过吞咽进入体内，则会大范围损伤肠胃功能。在任何情况下，若不加以及时治疗，蓖麻毒素将在4～5天致命。

类似于毒品，一些毒素同样可以作为治疗试剂使用，如肉毒毒素。这种毒素产自于变质的肉中的细菌。肉毒毒素能造成人体致命的麻痹，作用方式是通过抑制神经递质**乙酰胆碱** ***acetylcholine*** 的释放，作用地点位于**神经肌肉接头** ***neuromuscular junction***（更详细的对乙酰胆碱的生理介绍，请参考专栏8.1）。肉毒毒素是相当危险的毒素，但在小剂量注射时，它却能缓解肌肉的痉挛，如帕金森病。此外，肉毒毒素在美容界非常流行，因为它可以用来消除皱纹。最近，蓖麻毒素也被拿来作医学治疗，通过利用其细胞毒性去对抗并杀灭癌细胞[102]。

1.1.5.3 蛋白质的工业应用

目前，一些蛋白质，尤其是酶，已经有了商业与工业应用[103,104]。例如，酶被用作洗涤剂、食品添加剂、生物传感器、燃料乙醇生产的催化剂，用于食物/脂肪/油处理，药物合成或农产品及纺织业[104]。人们对酶的需求不断在增长，这种动力是源于人们需要一种符合要求的催化剂，它能特异性地与催化底物作用（这样才能避免副作用及产生具有毒性的中间物），并能在通常的温度、pH、盐度及其他条件下达到高效率。在药物合成时，这种底物特异性将变得至关重要，因为合成的药物必须是一种单一的**对映异构体** ***enantiomer***①。上述的需求是基于生物学的，这是由于药物分子的靶受体只能识别并结合唯一的一种对映异构体。通常，采用非蛋白质催化剂的化学合成方法会同时产生两个对映异构体（即**外消旋溶液** ***racemic solution***），其中既包括具有生物活性的分子，同时又包括不具有生物活性的分子。为了去除后者，必须采用额外的分离步骤，这会消耗时间与金

① 针对每一个分子中非对称的碳原子，它都有两种可能的构象，称为S与R。因此就有两种截然相反的方法将同一个化学基团添加到非对称的碳原子上。这样我们就得到了互为镜像对称的两个分子（称为**立体异构体** ***stereoisomer***），它们中的一个则称为**对映异构体** ***enantiomer***。

钱。最后，非酶蛋白质同样也可用于不同的工业目的。例如，类抗体蛋白是一种能有效从混合物中分离特定化合物的工具[105]。

1.2 结构复杂性与其对蛋白质功能的作用

上一节证明了蛋白质功能的多样性，但人们会问这种多样性是从何而来的。简而言之，答案就是蛋白质的**结构复杂性** ***structural complexity***。为了理解该结论，让我们用一个例子来说明，那就是**乐高** ***Lego*** 积木。任何曾经玩过乐高积木的人一定会记得它最基本的概念：少数简单但彼此不同的基本构造单元被用来建造大量功能不同的结构（如房子、拖拉机、风车，等等）。所有乐高基本构造单元（简称积木单元）都是由同一种材料（塑料）构成的，但每个积木单元都有不同的形状。每一单独积木的形状会影响由它所造结构的形状，直接限制与它相连的其他积木的种类。若只用两种类型的积木来搭乐高，其最终结构的可能形状势必不会多。但是，如果用 10 种类型来搭，那最终可以得到更多不同的结构，这是由于 10 种类型积木的排列组合要远大于 2 种类型（在固定积木个数的条件下）。这就是结构复杂性的基本概念。现在，若我们假设每种结构有一特定的功能（例如，用乐高积木拼成拖拉机形状的结构具有移动功能，而拼成房子形状的结构具有居住功能，等等)，那么我们就能总结出：当一物体具有内在结构的复杂性时，那么它同时也具有功能多样性的巨大潜力。可是，人们也会质疑：许多不同形状的物体都可具备移动或居住的功能，因此功能多样性并不一定依赖于结构复杂性。上述论断可被如下申明反驳：尽管不同形状的物体确实可以服务于同一个普遍的功能，但它们并不需要以完全一致的方式来行使该功能。例如，无论是小汽车还是拖拉机形状的结构都可具有移动功能，但前者起到运输作用，而后者起到挖掘或牵引作用。因此，结构与功能的关联依然得到了维持。

上段由乐高积木得出的结论是否对蛋白质有效呢？与乐高积木搭成的结构类似，蛋白质也是由有限数目的基本构造单元（即氨基酸）构成的多聚体。这些氨基酸彼此相连形成一种长链分子[106]（图 1.10a)。与乐高的积木单元类似，氨基酸彼此间也具备大致属性相似但具体形状与特性不同的特点。具体地，总共有 20 种不同的氨基酸，每种都具有不同的物理化学性质，如形状及电荷。有意思的是，这种性质造成某些氨基酸之间彼此吸引，而另一些则彼此排斥。例如，带正电的氨基酸倾向于吸引带负电的氨基酸，而两个不带电的氨基酸也互相吸引。当许多氨基酸彼此相接形成一条蛋白质链时，整体的吸引力与排斥力会驱动该链在三维空间中折叠（图 1.10b)。这种折叠过程最终会形成一个**紧凑**（compact）的三维结构，其平衡了所有构成它的氨基酸之间的各种相互作用力（图 1.10c)。

换句话说，每个蛋白质特定的三维结构是一种符合如下条件的结构：彼此相吸的氨基酸要尽可能靠近，而彼此相斥的氨基酸要尽可能疏远。

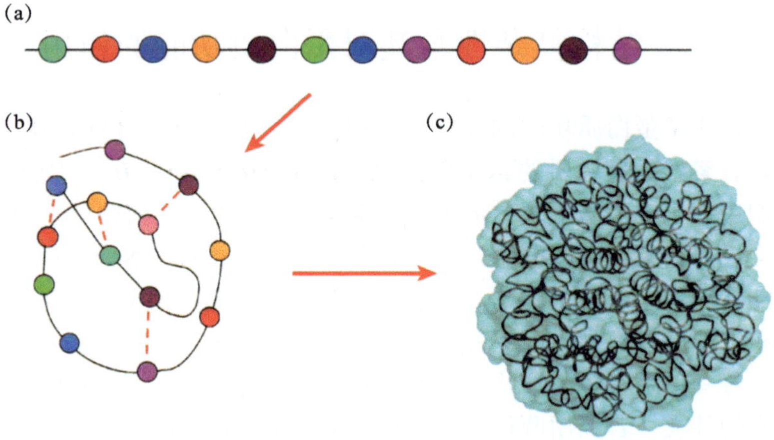

图 1.10　蛋白质的基本结构和折叠。(a) 蛋白质的氨基酸序列，示意性地显示为串上的珠粒。不同的颜色表示氨基酸的物理化学多样性。(b) 折叠中间体，其中满足所有可能的氨基酸相互作用中的一部分（由虚线表示）。(c) 蛋白质的最终（天然）结构

每个蛋白质具有特定结构的原因，不仅是蛋白质链中不同种类的氨基酸，还包括这些氨基酸的独特排布次序（即**氨基酸序列 *amino acid sequence***）。这是因为特定的一维序列会产生一种独特的氨基酸相吸与互斥的模式，最终折叠形成一种特定的三维结构。由于不同的蛋白质具有不同的序列，它们理论上会折叠形成不同的三维结构[107]。因此，与乐高积木类似，蛋白质的结构复杂性同样依赖于组合在一起的基本构造单元的数目，以及它们组合在一起的方式。然而，蛋白质复杂度的潜力要远远超过乐高积木，以及任意人造的器械。对这种潜力的一个直观认识，就是考虑一条长度为 N 的蛋白质链，而每个位置有 20 种氨基酸。因此，这就提供了存在 N^{20} 种不同蛋白质序列的可能。由于蛋白质通常包含数以百计甚至数以千计的氨基酸，上述可能性的数目（即 N^{20} 中的 N 是几百上千，译者注）就会相当巨大，从而导致不同蛋白质结构数目巨大。

综上所述，蛋白质的复杂性是由其构造单元组合方式的巨大数目所导致的。

在乐高积木的例子中，我们做出的另一个论断是每一个乐高拼成的结构会行使不同的功能。这就把乐高积木的结构复杂性转换成了功能多样性。这个论断是否也适用于蛋白质呢？大多数科学家都相信这个结论：蛋白质精确的三维结构将直接决定它的功能。因此，相似但不完全等同的蛋白质结构往往会行使不同的功能。上述论断是基于一整个世纪的研究得出的，其中不得不提 3 位生化学家的关键发现。第一位是 Emil Fischer，其早在 1894 年就提出了酶的活性是由其三维结

构与其底物在空间上可互相匹配所决定的[65]。第二位生化学家是 Linus Pauling，其仔细研究了蛋白质的**变性 *denaturation***，即在极端的环境变化下（如温度、pH、盐度，等等），酶会失去其活性。基于实验观察，Pauling 与他的合作者 Mirsky 总结出这些蛋白质的失活是由于它们的结构发生了改变[108]。第三位生化学家是 Christian Anfinsen，其通过对核糖核酸酶的实验操作直接证明了上述结论[109]。如今，这种结构与功能之间的联系早已成为分子生物学的核心准则，并成为另外一门学科**结构生物学 *structural biology*** 的基础。针对这种结构与功能的联系将在整本书中进行讨论，但在这里我们先举一个酶的例子来介绍一下大致思想，这是基于针对酶的结构功能联系已经被研究得非常透彻了。

我们之前已看到，每个酶通过内置的结合位点与其对应的底物结合。该结合位点的三维结构与底物在空间上的匹配性相当好，这与简单的非蛋白质类催化剂有很大区别，在于后者缺乏足够的底物特异性。这种酶与底物之间良好的匹配性得益于蛋白质链折叠成特定的三维结构。这种特定的折叠方式会把位于氨基酸上的化学基团摆放在一个恰到好处的位置，在这个位置上氨基酸的化学基团与底物的化学基团之间恰好呈现出特定的距离与角度[110]（图 1.11）。而酶与底物的化学基团在此特定的位置会彼此吸引，从而将底物把持住并将其放置于结合位点上（见专栏 1.1）。由于位于酶附近的其他分子在化学与几何性质上都与底物不同，因而它们与酶的结合位点无法很好地匹配，即便它们恰好撞上了也无法与之结合。如 1.1.3.1 节中提到的，这种酶与底物的高度匹配性足以让酶能够区分同一种分子的两个立体异构体（即对映异构体）。具有上述性质的酶则称为具有**立体**

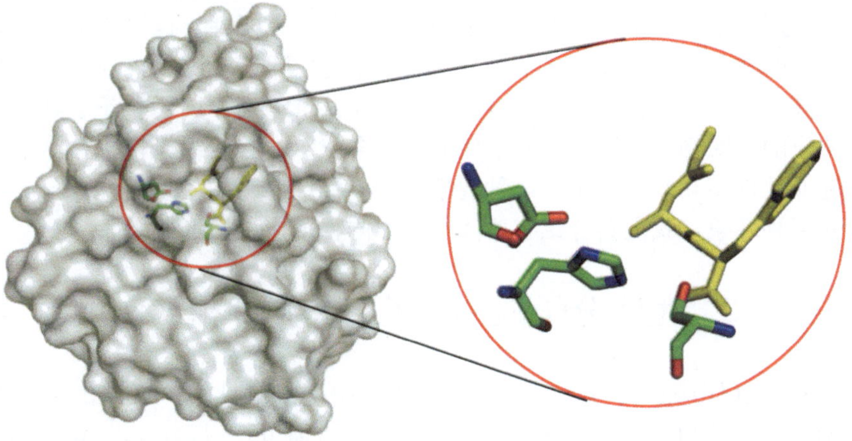

图 1.11 酶结合位点的结构-功能关系。左：酶的整体结构。酶的轮廓显示为半透明的灰色表面。底物（黄色）和周围的氨基酸（以原子类型着色）显示在结合位点（红色圆圈）内。原子之间的键被表示为棒。右：结合位点放大图

定向性 ***stereospecific***。酶与底物之间的匹配对于催化过程来说同样非常重要。虽然一些酶的化学基团把持住底物并将其放置于结合位点上，但其他一些酶的化学基团则以化学的方式直接作用于底物并加快它向反应产物转化的速率[47]（见专栏1.1）。上述这些化学基团（即催化基团，译者注）以其独有的方式使底物或失去稳定性，抑或相反地增加过渡态的稳定性。后者由于不稳定，在通常的溶液中是极难形成的。正如专栏1.1所解释的那样，酶的催化基团采用不同的策略来行使其职能。例如，与底物形成短暂的共价键，将质子或电子转移给底物或从底物获得，静电极化底物的化学基团，等等。

综上，酶的活性是其特定的三维结构所赐。所有的酶都是蛋白质，因此它们的形成方式也是类似的。然而，由于每个酶都有不同的氨基酸序列，它的精确三维结构还是与其他酶不同。因此，其结合位点的几何与化学性质也不同于其他的酶。这就意味着它与其他酶相比，会与一个不同的底物结合，并很可能执行一种不同类型的催化反应。

上文叙述的蛋白质折叠展示了蛋白质中非共价键的重要性。事实上，这一点对于所有高分子来说都是正确的：作为聚合物，它们都是由基本构造单元通过共价键互相连接并组成一条链。但是，非共价相互作用是让该链得以折叠成特定三维结构的关键动力，针对蛋白质亦是如此。使用非共价相互作用给了蛋白质一个重要的优势：由于这些相互作用强度不高，从而让已折叠的蛋白质不间断地在一定范围内改变其构型，即形成动态结构。由于缺乏足够精密的仪器来获取处于稳态附近不断振动的蛋白质构型，这种现象长时间被忽略。然而，最近采用最先进仪器的研究发现，这种动态结构不仅存在于蛋白质中，还对其功能至关重要。本书会在后续篇幅用一个血红蛋白的例子来说明这一现象的重要性。这里用上文提到的酶的例子来说明非共价相互作用的另一重要功能：它可促进蛋白质与底物（或配体）的结合。除了赋予和底物特异性结合的能力，非共价相互作用还赋予了其相反的能力，即防止酶与底物一直结合从而卡住酶的结合位点。在后续篇幅中，本书会详细介绍上述非共价相互作用产生的3种现象：折叠稳定性、构型动态性、与底物的结合。针对每种现象，我们会介绍它所依赖的不同物理作用力和效果。

1.3 生物分子内部原子的非共价相互作用

非共价相互作用在高分子（包括蛋白质）中是很常见的，这是由于这些相互作用相对较弱。实际上，相比破坏一个共价键所需65～175kcal①/mol来说[42]，破坏一个非共价键仅需1～5kcal/mol。如前文所叙述的，正是因为非共价键相对

① 1 cal=4.1868 J。

较弱，才能允许蛋白质改变构型并结合底物。这两点对于蛋白质的功能来说至关重要。尽管非共价键的强度很弱，但其大量的出现使得它依然能够维持蛋白质的三维结构。蛋白质内部非共价相互作用的性质与强度受到其所处环境的化学性质影响。因此作为习惯，当讨论蛋白质结构时，不仅需要考虑蛋白质与其结合的底物（两者统称为**溶质 *solute***），还需要考虑形成其周边环境的分子（统称为**溶剂 *solvent***）。事实上，非共价相互作用共有 3 种类型。

（1）*静电相互作用* electrostatic interaction，亦称为**静电力**——发生在带电原子之间，包括吸引力与排斥力。

（2）*范德瓦耳斯相互作用* van der Waals interaction，亦称为**范德瓦耳斯力**——发生在任何一对原子之间，只要它们的距离足够接近。范德瓦耳斯力同样包括吸引力与排斥力。

（3）*非极性相互作用* nonpolar interaction——发生在不带电荷的原子（或化学基团）之间的一种互相吸引力，它会造成疏水效应。

在接下来的小节中我们会详细讨论这 3 种不同类型的非共价相互作用。

1.3.1 静电相互作用

1.3.1.1 简介

当两个原子带电时（部分或全部带电）会产生静电相互作用（图 1.12）。这种相互作用的性质取决于电荷的正负号；同种电荷互相排斥而异种电荷则互相吸引。每个参与静电相互作用的电荷会产生包围它的电场。而两个电荷之间的相互作用则为一者在另一者产生的电场作用下的效应[111]。原子间的静电相互作用只有少数几种，而其中两种在蛋白质中占主导。

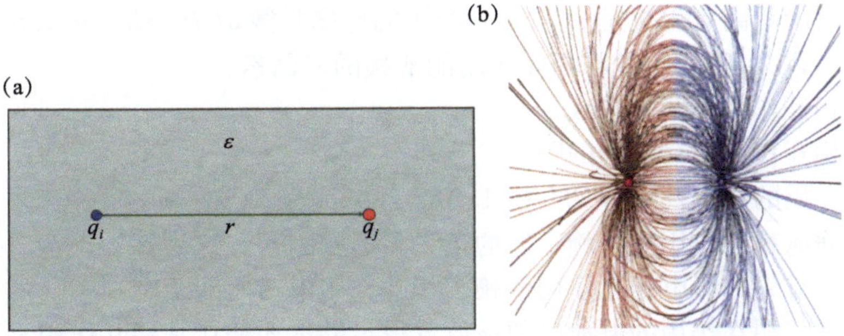

图 1.12　相反符号的两点电荷之间的静电相互作用。(a) 电荷被描述为两点，r 表示与它们分开的距离。其中一个是 q_i，是正（蓝），而另一个是 q_j，是负（红）。灰盒表示介质常数 ε，其中放置电荷。注意，在电荷也是化学实体（原子、分子）的情况下，它们也具有介电常数。(b) +1 和 −1 个单位的两个相互作用的电荷之间的静电场（右正，左负）。在电介质 80 的介质中，电荷被分开。蓝色和红色线表示正的和负的静电场线。使用球状计算并呈现静电场（Moll，A.，Hildebrandt，A.，Lenhof，H.P. and Kohlbacher，O.，*J Comput Aided Mol Des*，19，791－800，2005）

(1) ***离子相互作用ionic interaction***——发生在两个全部带电的原子之间。当原子间的距离小于 4Å 时，这种离子相互作用则被称为**盐桥** salt bridge[112]。

(2) ***氢键hydrogen bond***——发生在两个**原子偶极** atomic dipole 之间。氢键牵涉带部分电荷的原子，其中之一就是氢原子。

静电相互作用，尤其是氢键，在蛋白质中相当常见，并行使不同的重要功能。例如，给予蛋白质结构自身的特异性或与其他分子结合的特异性、辅助蛋白质折叠，以及帮助酶进行催化[113]。在蛋白质中，静电相互作用能在如下情况下发生。

(1) 在同一蛋白质的不同化学基团上的带电原子之间发生。

(2) 在蛋白质表面上的带电原子与环境中的电荷（如位于细胞质、细胞膜、细胞间液 interstitial fluid，以及体液 bodily fluid）之间发生。

(3) 在蛋白质与其配体的带电原子之间发生。

在如下的两个小节中，我们将关注静电相互作用的物理本质。针对其功能的详细探讨会放在第 2 章与第 4 章。具体来说，离子相互作用可用静电的基本概念做解释，但是氢键则需要考虑其他因素。相应地，我们首先介绍这两种相互作用类型所共有的原理，接着讨论氢键所特有的那些其他因素。

1.3.1.2　静电相互作用的基本原理

1.3.1.2.1　库仑相互作用　均匀介质中两个点电荷之间的相互作用能称为**静电相互作用能** ***electrostatic interaction energy***，可用库仑定律描述：

$$E_{\mathrm{Coul}}=332\,\frac{q_i q_j}{\varepsilon r_{ij}} \tag{1.2}$$

式中，E_{Coul} 是相互作用能（单位是 kcal/mol），q_i 与 q_j 是相互作用的电荷，r_{ij} 是两电荷间的距离（单位是 Å），ε 是介质的**介电常数** ***dielectric constant***。

公式 (1.2) 阐明了静电相互作用能依赖的三因素。

(1) 相互作用电荷的量级。

(2) 相互作用电荷之间的距离。

(3) 介质的介电性（详见专栏 1.2）。

由于静电相互作用能依赖上述的第二与第三因素，这为其物理本质提供了重要的线索。首先，静电相互作用依赖于相互作用电荷之间距离（r_{ij}）的倒数。这意味着，参与相互作用的电荷必须被放置得足够远才能让其相互作用不至于过分显著。因此，静电相互作用是长程的。作为比较，在 1.3.2 节将详细讨论的范德瓦耳斯相互作用依赖于该距离倒数的六次方。从而相比静电相互作用而言，范德瓦耳斯相互作用是短程的。其次，造成静电相互作用为长程作用的因素（尽管和距离倒数相比而言程度很小）是那个较大的常数，即 332kcal/mol。事实上，蛋白质内部的静电相互作用在距离达到几十埃时依然相当显著[113]。这里，我们所谓的“显著”是指该能量值大于等于**体系热能** ***heat energy in the system***，即 RT（≈0.6kcal/mol）（详见专栏 1.3）。

静电相互作用依赖于介电常数，这一点阐明了其在很大程度上受到环境的影响。**介电常数**表示介质屏蔽（即降低）电荷之间相互作用能的能力（见专栏 1.2）。在**水介质** ***aqueous media*** 中，如细胞质，其介电常数非常高（大约有 80），这就让发生在该介质中的静电相互作用变得相对较弱。类比，在**脂介质** ***lipid media*** 中，如胞质膜，其介电常数则比较低（大概为 2～30）[115,116]。甚至在蛋白质内部，其介电性也会发生变化，这就会让情况变得相当复杂，我们将在下文讨论这一点。

最后，应注意到尽管 r_{ij} 与 ε 会改变库仑相互作用的强度，但却无法改变其性质，即相吸还是相斥，因为这仅仅依赖于相互作用电荷的正负号。

专栏 1.2 介质常数和极化

介电常数是介质的一般性质，代表其响应于外部施加的电场而极化的能力。在分子水平上，介质的极化涉及其分子的重新定向，以优化它们与电场的相互作用。这与定位在磁场中的罗盘重新定向的针类似。不是所有的介质都能够极化，只有含有分子偶极子的介质才可以。当共价连接的原子具有显著不同的电负性时，形成偶极子[117]。在这种情况下，负电荷在更多的电负性原子上形成，使其比其对应物具有更多负电荷。含有偶极子的分子被认为有“极性”。含有多于一个偶极子的分子也可以被认为是极性的，条件是偶极子被定向，使得它们彼此不抵消。水分子是活体中最常见的成分（图 1.2.1）。水中的氧原子比氢原子（2.1）具有更多负电荷（3.5）。因此，与氢原子相比，水中的两个 O—H 键中的每一个都是偶极子，氧原子部分是阴性的。

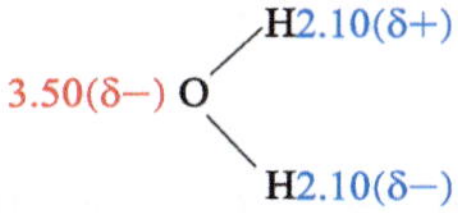

图 1.2.1 水分子的极性。注意每个原子的电负性值。最负电原子及其键合对象分别由红色和蓝色数字表示，δ+和 δ−分别表示每个键的正极和负极

偶极子的大小表示为其矩（μ）：

$$\mu_{\text{bond}} = qr \tag{1}$$

式中，q 是电荷的大小（以库仑为单位），r 是它们之间的间隔（以 m 为单位），μ 表示电量。这里我们使用一个更方便的单位 Debye（D），其中 1D＝3.336×10^{-30} 库仑（电量）计量单位。

例如，水分子的每个 O—H 键的偶极矩为 1.51D。在水分子中，两个 O—H 键分开一个 104.45°的角度（图 1.2.2）。

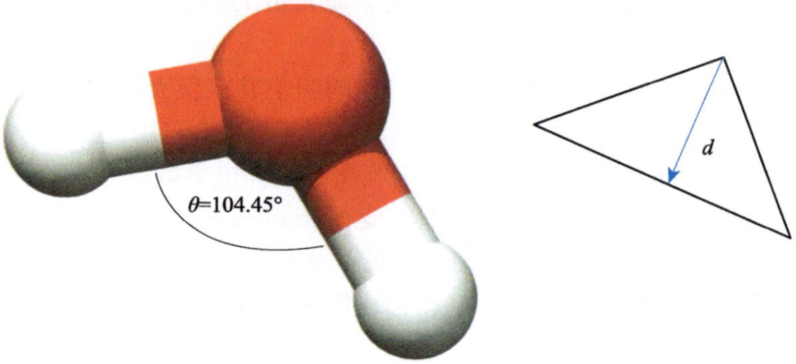

图 1.2.2　水分子的几何形状。θ 是两个 O—H 键之间的夹角。分子偶极子（d）的方向如右图所示

由于两个氢原子面向相同的总方向，即远离氧原子，整个分子是偶极子，应该比两个分开的 O—H 键强。分子偶极子（d）可以根据它们之间的角度（θ）称量两个键偶极子来计算：

$$d = 2r\cos\left(\frac{\theta}{2}\right) \tag{2}$$

分子偶极子的矩如下：

$$\mu_{\text{mol}} = qd \tag{3}$$

对于水，$\theta = 104.45°$ 和 $\mu_{\text{mol}} = 1.85\text{D}$，表示该分子的高极性。

甲烷代表极性刻度的相反端。该分子包括 4 个 C—H 键（图 1.2.3），完全是非极性的，有两个原因。首先，与氧气不同，碳在电负性方面更接近于氢。此外，每个 C—H 键面向不同的方向，所以出现的弱 C—H 偶极子基本上相互抵消。结果为甲烷的极性为 0D。

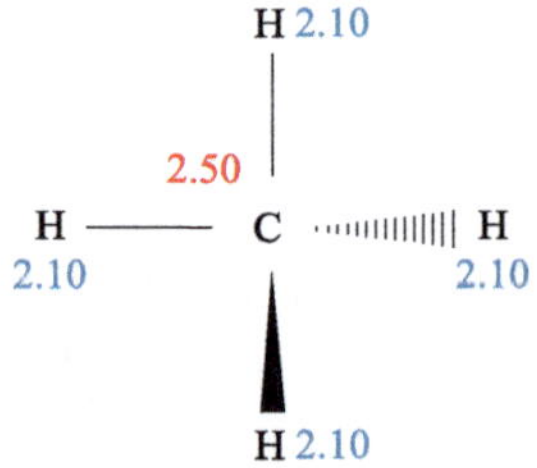

图 1.2.3　甲烷的非极性性质。电负性值和颜色如图 1.2.1 所示。由粗实三角形键合的氢原子向外突出，而由条纹三角形键合的氢原子向里进入纸中

如上所述，任何介质的极性也可以通过其电介质（ε）来描述。那么，μ 还是 ε 代表极性更好？事实上，它们在不同的规模上描述了同样的现象；μ 表示单键或分子的极性，而 ε 表示大容量介质极性的平均参数。因此，它们提供两种不同的方式来与介质的极性相关，这取决于所选择的模型的要求。我们已经看到单

一的水分子具有显著的偶极矩。实际上，大体积水的电介质是生物系统中最大的（ε 约为 80）。

静电相互作用取决于它们发生的介质的电介质（参见专栏 1.4 和正文），溶质之间的成对（库仑）相互作用与 ε 成反比，意味着它们被极性介质所削弱。在这种介质中，溶剂偶极子重新定向以优化它们与从每个溶质发出的电场的相互作用。例如，在水中，重新取向使（部分）带电氧原子面对带正电荷的溶质，而氢原子面对带负电荷的溶质（图 1.2.4）。当系统包括彼此相互作用的两个相邻电荷时，每个电荷周围的重新定向的水偶极子产生屏蔽效应，这削弱了电荷之间的库仑相互作用。该过程在很大程度上不会发生在非极性介质中，因为它们的分子含有弱偶极子，所以不能为相互作用的电荷提供足够大的筛选效应。应该提到，除了真空（ε=1），没有介质是完全非极性的。例如，含有一个极性 OH 基团连接到长非极性烃链的辛醇，其介电系数为 10.3。[118] 事实上，即使完全没有电负性原子的液态烷烃也具有一定的极性（ε=2）。尽管如此，与水相比，烷烃和长链醇被认为是非极性的。

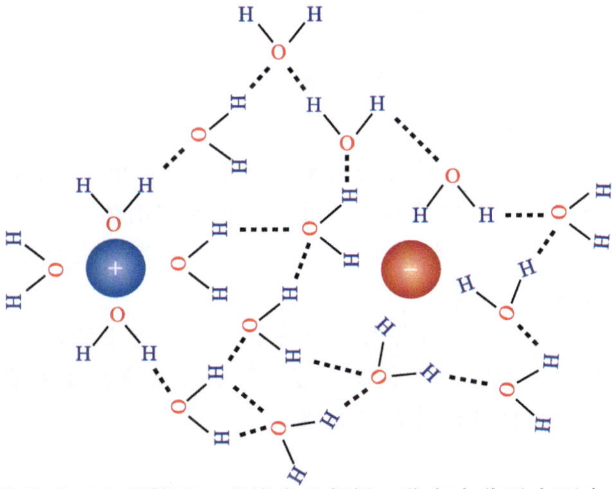

图 1.2.4 周围水分子进行电荷筛选。虚线表示氢键。分离水分子中两个 O—H 键的角度为 104.45°。在这里，我们使用较小的值进行图形化

生物系统包括具有不同极性的介质。细胞质基于水，其允许细胞内分子被有效筛选并因此独立地起作用。极性较小的环境将允许这些分子彼此非特异性地相互结合，聚集并失去其生物功能。因此，水被称为“通用溶剂”并不奇怪。事实上，尽管地球上生物的形态学、遗传学和生物化学的变化很大，但它们大都是由水生成的，如果没有，它们就不可能存在。水中（水）环境也可以在 ECM 和体液中找到。相比之下，真核细胞的质膜和内膜在很大程度上是非极性的（ε 约为

2)，与细胞质相比，静电相互作用增加了约40。如第7章所示，膜结合蛋白在进化过程中适应，利用这一现象，以保持稳定和活跃。

专栏1.3 *RT* 的意义

RT 是系统中存在的热能，如水溶液。在室温下（$T=25℃=298K$），$R=1.989cal/(mol\ K)$，产物的值为0.6kcal/mol。热能由溶液中的分子吸收并转化为动能（K）：

$$K=k_{B}T \tag{1}$$

式中，k_B 是玻尔兹曼通用常数。

上述意味着 R 和 k_B 之间的相似性。实际上它们基本相同，但是 k_B 相关1个分子，R 是指1mol［阿伏伽德罗的分子/原子数（N_A）］：

$$R=N_{A}k_{B} \tag{2}$$

通过吸附的热量向溶剂分子提供的动能表现为内部运动，例如，原子振动和分子区域的运动，以及外部运动，即溶液中整个分子的运动（布朗运动）。分子的动能越高，与之相关的动作越大：

$$K=\left(\frac{1}{2}\right)mv^{2} \tag{3}$$

式中，m 是质量，v 是速度。

动能诱导内部和外部运动的能力解释了方程（1）中 K 对 T 的一般依赖性。例如，当忽略每个分子的内部运动，并且仅考虑其“刚体”运动时，依赖因子为1.5。然后，我们可以说每个水分子近似为一个球，其动能约为 k_BT，如果能量以每摩尔度量，则转化为 RT。

RT 不仅在物理意义上及其与动能的关系方面是重要的，而且也是分子系统能量变化的一般参考。实际上，它被认为是解决方案中总是存在的“噪声”，因此，低于 RT 的能量变化被认为是可忽略的。

1.3.1.2.2 静电相互作用同样包括极化部分 静电相互作用对介电性的依赖强调了如下事实：在溶液中的电荷不仅彼此间相互作用（见图1.13a中的左半部分），它们还与其所处的环境相互作用（见图1.13a的右半部分）。当仅考虑位于水中的一个简单离子时，上面这一点是很容易理解的。具体来说，正如专栏1.2所叙述的，该离子产生的电场会极化周围的水分子，从而导致后者重新组织以优化其与该电场的相互作用。简单地说，水分子通过静电方式屏蔽了该离子的部分电荷。这种让周围环境产生电荷效用的过程称为**极化 *polarization***，而该过程产生的能量则称为**极化能 *polarization energy***[119,120]。这种现象同样会发生在蛋白质内部（或其他高分子），即蛋白质中的一部分电荷会极化周围包裹它的电荷，从而产生较为有利的极化能（译者注：在这里“有利”与“不利”是针对其能量稳定性来说的）。然而，若该电荷所处的环境不带任何电荷时（即只包含非极性的化学基团），那么此环境就无法有效地屏蔽它，从而导致其产生的极化能过高并造成不利的影响。所以，一个电荷与其环境的相互作用，即极化能，并不总是有利的。与之相反，两个符号相反电荷的库仑相互作用总是有利的。

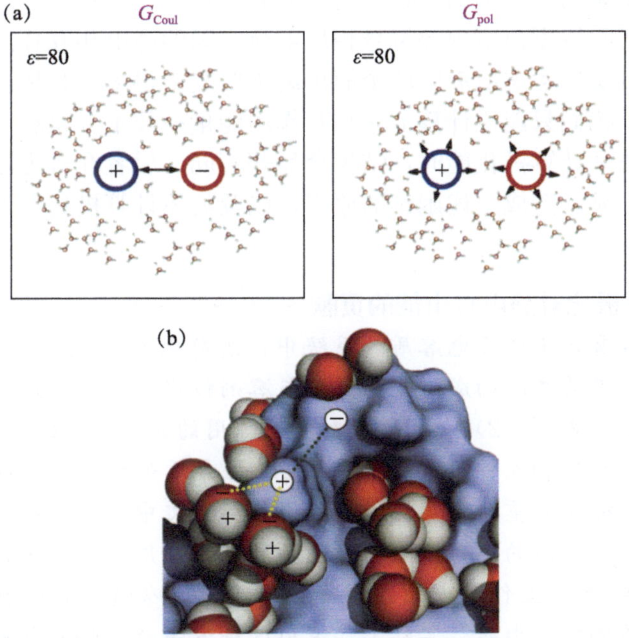

图 1.13 总静电相互作用的组成部分。(a) 涉及水中两种简单离子电荷（蓝色和红色圆圈）的两种相互作用的示意图：两个电荷之间的成对（库仑）相互作用（左），每个电荷与水环境的（极化）相互作用（右）。(b) 相同类型的相互作用，但当相互作用的电荷（具有＋或－符号的白色弧形）是在蛋白质中时，蛋白质的表面积显示为蓝色，以及其周围的第一层溶剂水分子（红色和白色球体）呈现两种类型的静电相互作用：蛋白质内的电荷（绿色虚线）和蛋白质与溶剂电荷（黄色虚线）之间

综上所述，两个符号相反电荷的静电相互作用包括对其稳定性有利的库仑部分，但同时也包括极化部分。后者是否有利取决于这对相互作用电荷所处的当前环境。因此，总静电相互作用的自由能（G_{elec}）则为库仑部分（G_{Coul}）与极化部分（G_{pol}）之和：

$$G_{elec} = G_{Coul} + G_{pol} \tag{1.3}$$

这里举一个例子量化地阐明上述结论。假定在水中有一对符号相反的电荷（如 Na^+ 与 Cl^-），当这对离子距离很远时，它们每一个都会被水分子包围，从而被静电屏蔽了其自身的电荷。然而，当把这对离子放置于 3Å 的距离时（此距离

与它们组成食盐晶体的距离接近），它们之间的水分子会被挤出，从而在此区域的介电常数会显著降低。这时，无论是由于彼此距离的接近，还是由于介电常数的降低，这两者都会增加这对离子间的库仑相互作用，达 55kcal/mol①。但是，介电常数的降低同样导致了不利的极化能，达 57kcal/mol（通过专栏 1.4 中介绍的计算所得）。最终，上述把两个离子拉到一起的过程中，系统的静电相互作用的总能量变化是倾向于不利的，数值为 2kcal/mol。

那么，如何看待蛋白质内部符号相反电荷之间的静电相互作用呢？它们是否有利？讨论这点要比考虑溶液中两个简单离子要复杂得多，具体会在第 4 章里详细介绍。这里，我们只能说计算上述相互作用能量在技术上是相当复杂的，并且当采用不同方法来计算极化能时，结果会显著不同。后者在考虑蛋白质复杂的几何形状时尤为明显。造成上述困难的原因，以及具体计算极化能的方法请参考专栏 1.4。

专栏 1.4　计算极化对静电自由能的贡献

在含有浸入溶剂中的带电溶质的系统中，总静电自由能（G_{elec}）是由两种相互作用产生的：溶质之间的成对相互作用与溶剂极化（的总和）（参见正文）。可以使用库仑方程［式（1.2）］描述成对相互作用的自由能（G_{Coul}）。溶剂极化来自于其与溶质电荷的相互作用[119,120,121]。在极性介质如水中，这些相互作用涉及溶质周围的水偶极子的重新定向。如专栏 1.2 和正文中所述，水偶极子的重新定向优化了它们与由溶质的电荷产生的静电场的相互作用。原则上，可以使用库仑方程来描述溶质-水相互作用中的任何一种，然后可以通过对所有相互作用进行积分来获得总的偏振自由能。实际上，使用这种方法是不切实际的。首先，库仑定律涉及点电荷，而生物溶质（如蛋白质）是体积庞大的，通常包含许多电荷。结果，该系统包含至少两个不同的电介质区域：低电介质溶质（$2<\varepsilon<20$）和高介电含水溶剂（ε 约为 80）。

其次，溶质和其周围的水溶剂都是动态的，这意味着它们之间的库仑相互作用不断变化。在一个“冻结”状态下，所有库仑相互作用的整合并不能提供静电**自由能** ***free energy***（G_{elec}），而是其组成部分之一，静电**势能** ***potential energy***（U_{elec}）。缺失的组成部分是系统**熵** ***entropy*** 所产生的能量（详见第 3 章和第 4 章）。简而言之，分子系统中的熵是表示系统的所有可能的分子构型的量。计算它需要在系统的所有可能配置中考虑溶质-水相互作用。也就是说，要考虑其中所有溶质构造和所有可能的水排列。在含有大分子的生物系统中，这个任务超出了目前的计算能力。

① 使用 PBE DelPhi 解算方法计算[121]。为了简化，两个离子的半径设为 1Å。

为了解决这个问题，可以采用另一种方法。不是分别计算每种蛋白质-溶剂相互作用，而是计算溶质电荷对溶剂的总体效应。为了做到这一点，溶剂的全原子（显式）描述被隐式的所替代；使用单一参数描述溶剂，即介电常数。该方法被称为连续溶剂模型 ***continuum-solvent*** （***CS***） ***model***[123−126]。基于以下假设：电介质是平均性质，体现了其与溶质电荷的静电相互作用相关的溶剂的所有特征（见专栏 1.3）。该模型的最大优点在于它避免了显式描述的计算负担。

溶质电荷与周围介电体之间的相互作用能量分两步计算。

第一步——使用**泊松方程** ***Poisson equation*** 计算**静电电位** ***electrostatic potential*** （Φ）。

该方程描述了 Φ 对溶质电荷密度（ρ）和介电常数（ε）的依赖性[123]：

$$\nabla[\varepsilon(r)\nabla\Phi(r)]=-4\pi\rho(r) \tag{1}$$

请注意，ρ 代替库仑方程中使用的溶质电荷的详细描述。

Φ 的意思是什么？带电溶质（q_1）向各个方向发射电场（图 1.4.1）。位于电场内的探针电荷（q_2）感知电场并具有静电能量（G_{elec}）。对于这种简单的情况，静电势是基于该电荷的能量来定义的，根据：

$$\Phi=\frac{G_{elec}}{q_2} \tag{2}$$

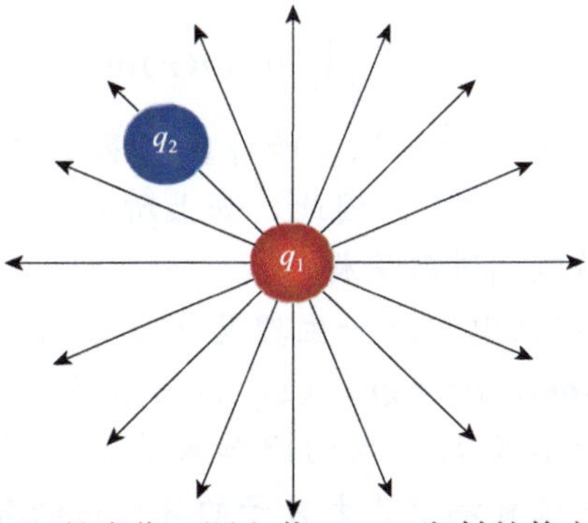

图 1.4.1　静电势。电位（Φ）是当位于源电荷（q_1）发射的静电场（黑色箭头）内时，通过放置探针电荷（q_2）来测量的能量

Φ 取决于源电荷的接近程度，也取决于局部电介质。在溶质-溶剂系统中，空间中的每个点都具有 Φ 值，这取决于此时的电荷和电介质值。实际上，在泊松方程中，Φ、ρ 和 ε 取决于位置向量 r。这种复杂依赖性无法通过分析来解决，除非溶质具有简单的几何形状，如带电球体或平面的情况。在所有其他情况下，使用数值解。这里的方法是对 Φ 进行初步估计，并将其作为进一步计算的基础，从而提高其精度。经过多次迭代，计算收敛得到 Φ 的最终值（图 1.4.2）。求解

泊松方程的普遍形式之一是**有限差分法** ***finite difference method***[127]，其中蛋白质-溶剂系统映射到三维网格上。每个栅格点被分配电荷和介电值，基于此计算 Φ。

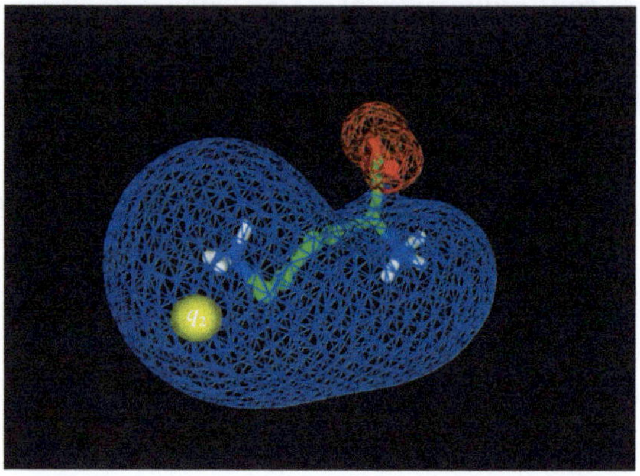

图 1.4.2 氨基酸 Lys 周围的 Φ 等位电位表示。蓝色和红色网络分别表示等电位面，即空间中的所有点，其中 Φ 分别为+1.5kcal/（mol e）或−1.5kcal/（mol e）

第二步——通过在所有网格点上积分（$\rho\Phi$）的值来计算系统的**静电自由能** ***electrostatic free ennergy***（$\boldsymbol{G_{\text{elec}}}$）：

$$G_{\text{elec}}=\frac{1}{2}\int\rho(r)\Phi(r)\,\mathrm{d}r \tag{3}$$

由于计算是基于系统的平均属性，所计算的量是自由能（G_{elec}），而不仅仅是潜在能量（U_{elec}）（详见第 4 章）。因此，如上所述，CS 模型允许计算自由能而不需要对系统的整个构造空间进行采样。

CS 模型还可以解释溶剂中溶质和生理盐离子之间的静电相互作用。在这种情况下，使用离子强度 ***ionic strength***（I）和玻尔兹曼常数 ***Boltzmann constant***（k_{B}），泊松方程补充指代盐电荷密度的附加表达式。潜在的假设是盐分快速平衡，并将它们在空间中的位置调整为大分子的源电荷的分布。因此，它们的当地浓度遵循玻尔兹曼分布。完整的表达式称为泊松-玻尔兹曼 ***Poisson-Boltzmann***（***PB***）方程，对于中性单价盐溶液，可以写为

$$\nabla[\varepsilon(r)\,\nabla\Phi(r)]-\varepsilon(r)\left(\frac{8\pi q^2 I}{\varepsilon k_{\text{B}}T}\right)\sinh[\Phi(r)]=-4\pi\rho(r) \tag{4}$$

式中，q 是离子的电荷。

离子强度 I 与溶液中存在的相反电荷离子的电荷和浓度有关：

$$I=\frac{1}{2}\sum C_{(i)}Z_{(i)}^2 \tag{5}$$

式中，$C_{(i)}$ 为离子 i 的摩尔浓度，$Z_{(i)}$ 为其电荷数，且为溶液中的所有离子

之和。

有许多计算工具能够解决PB方程；有些可以在互联网上免费访问。这个类别中的两个流行的工具是DelPhi[121]和APBS[128]，可以在独立模式下使用，也可以作为程序包中的插件，如GRASP[129]和VMD[130]①。对于没有经验的科学家/学生，我们建议使用自动的基于Web的服务器，如PCE[131]。这些和其他分子图形软件能够表示蛋白质和其他生物分子表面的静电势，如图1.4.2所示。如第2章所述，这种形式的表示在许多蛋白质的结构与功能的相关性方面是非常有帮助的。例如，一些蛋白质使用带正电荷的残留物与静电与质膜的带负电荷的DNA或负侧相连。使用蛋白质的简单表示来寻找这样的区域是困难的。然而，在蛋白质的静电势图中，这些区域容易被发现为具有正电位的不同“云”。Murray和Honig最近提出了使用这种表征来研究结构-功能关系[132]。

1.3.1.2.3 溶质与溶质，以及溶质与溶液的相互作用 考虑到极化效应不仅涉及蛋白质内的固定电荷之间的相互作用，而且还涉及蛋白质和溶剂中的电荷之间的相互作用（图1.13b）。大部分细胞中的蛋白质都处于**水相（类水）环境** ***aqueous*** **(*water-like*)** ***environment*** 中，其中包括细胞质与不同类型的细胞器。从静电学上说，这种环境包括水分子的部分电荷（见专栏1.2），以及溶剂离子的完全电荷。正如前一小节所解释的，蛋白质上的电荷倾向于与极性介质作用，这样会因屏蔽效应对其结构的稳定性有利。但是，一些处于胞质膜上非极性脂类分子所包裹的蛋白质，它们之上的电荷与环境的静电相互作用是不利的。这就是为何这些膜蛋白更乐意具有非极性的化学基团，因为这样可以避免过多的电荷。

在计算生物学中考虑蛋白质周围的溶剂是一件非常困难的任务，这不仅仅是为了极化效应的计算，实际上蛋白质周围的水分子一直在运动，从而使得蛋白质与溶剂之间的相互作用一直在变化。为了更可靠地描述蛋白质性质，上述效应必须考虑。这些问题在专栏1.4中进行了详细的讨论。

1.3.1.3 氢键

在静电相互作用中可以包括一类由部分电荷所组成的**电偶极子** ***electric dipole***（下文简称为偶极）。在生物高分子中我们能发现许多偶极之间或偶极与全电荷之间的相互作用，其中大部分都属于**氢键** ***hydrogen bond***，它包括两个偶极（图1.14a）。

(1) D—H，其中D为**氢供体** ***hydrogen donor***，它是一个电负性明显比碳原

① http://bioserv.rpbs.jussieu.fr/Help/PCE.html

子与氢原子强的原子（如氧、氮、硫与磷原子）。

（2）A—C，其中 A 为**氢受体 *hydrogen acceptor***，它是一个电负性原子，并且具有未成键的极化轨道（A 的原子类型与 D 相同）。

由于 D—H 偶极中的 H 带部分正电，而受体原子 A 则带部分负电，它们可互相吸引。因此，在稳态时它们之间的间隔比其范德瓦耳斯半径之和要来得小。这就形成了它们“成键”的传统观点，之所以加引号是因为这里成的键不是通常的共享电子，而是在 D 与 A 之间共享氢原子。但实际上，氢原子始终与 D 以共价键的方式结合在一起，那种类似共价键的共享电子模式并不真正存在于氢键当中。

氢键与离子键不同，后者的强度仅依赖于（几何学上）原子间距离，而前者的强度还依赖于供体与受体所在的偶极之间的夹角。平均来说，氢键的两个相互作用原子的最优距离为 2.8Å，其静电能可用公式（1.4）估计[42]：

$$E = -\left(\frac{\mu_1\mu_2(2\cos\theta_1\cos\theta_2 - \sin\theta_1\sin\theta_2)}{\varepsilon r^3}\right) \tag{1.4}$$

式中，μ_1 与 μ_2 分别表示两个相互作用偶极的强度，r 为两者中心之间的距离并假设其中存在一根虚拟的轴，而 θ_1 与 θ_2 则为相互作用的两原子与该虚拟轴之间的夹角。具体请参考图 1.14b。

公式（1.4）展示了氢键的静电能依赖于 r 倒数的三次方。当两个偶极头碰尾排布的时候能量最优（图 1.14c）。在这种几何构型下，氢键能为 $\mu_1\mu_2/\varepsilon r^3$。这里需要强调，公式（1.4）只是一种近似。首先，它是基于经典静电学导出的，而没有考虑任何量子化学效应。其次，蛋白质中大部分氢键都不是共线性的，原因我们在这里暂且不谈。

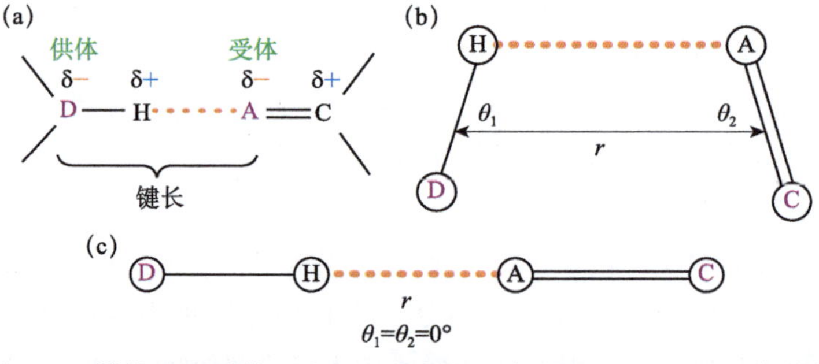

图 1.14 氢键。(a) 供体 D 和受体 A 之间的氢键的一般描述。δ+和 δ−分别表示原子上部分正电荷和负电荷的符号。单键和双键共价键用条标记，氢键用橙色虚线标示。(b) 用于表征氢键的 3 个几何参数（详见正文）。键的概略图显示，其中 4 个相关的原子表示为球体，它们之间的每个共价键表示为条。(c) 静电优选氢键几何形状。正如在正文中所解释的，量子力学效应可能有利于非线性配置。此外，熵考虑将有利于非线性配置，因为对于非零的每个固定角度，存在更多的这种配置。原子和键如 (b) 所示

氢键这种几何特征的重要性被如下事实所支持：在计算氢键能时，这种仅考虑几何因素的计算方法远比基于经典静电学的计算方法来得高效[133]。在前面的方法中，相互作用能往往由一种几何依赖的表达式所代表，这种表达式可以从已知蛋白质结构的统计中得到。除了原子间的距离与角度，两个电负性原子的电子密度在氢键能的计算中也同样重要：当供体原子的电子密度越低而受体原子的电子密度越高时，最终的相互作用能则会越大。在极端的情况下，供体原子带正电（例如，位于精氨酸上的 $C{=}N^{+}H_2$），或受体原子带负电（例如，谷氨酸与天冬氨酸上的 COO^{-}）。上述氢键被称为**离子氢键 *ionic hydrogen bond***。最后，正如任意静电相互作用一样，氢键的相互作用能也依赖于介质的极性。在水中，氢键的能量大概为−1kcal/mol[134]；而在高分子内部，氢键的能量则依赖于当前所处化学环境的电荷，但无论如何 1mol 也不会超过几千卡。

氢键在蛋白质中是相当常见的[135−137]，它们还是决定蛋白质独特构型的重要因素之一。通常情况下，蛋白质中的氢键是以羟基（—OH）或氨基（$—NH_2$）为供体，以氮或氧原子为受体。除此之外，包裹在蛋白质内部的水分子同样倾向于形成氢键，并和蛋白质链上的化学基团相互作用。有时，蛋白质中的氢键也会以 C—H 作为供体基团。由于碳原子的电负性低于氧或氮原子，此类氢键的强度大约只有通常氢键的一半[138]，并且它们只倾向于出现在非极性的环境中（即蛋白质内核或胞质膜）。最后，还有一类氢键称为**低能垒氢键 *low-barrier hydrogen bond*（*LBHB*）**，它们出现在距离小于 2.5Å 的供体与受体原子中，并和通常氢键具有类似的 pKa[139]。因此，在这种情况下质子在两原子之间转移所需的能垒变得非常低，从而使得该氢键的键能非常高，几乎达到了通常共价键的一半。低能垒氢键经常在酶的催化位点中形成，它们在稳定反应过渡态时起到了相当重要的作用。

1.3.1.4 其他类型的静电相互作用

盐桥（salt bridge）与氢键占了蛋白质中静电相互作用的大部分。除此之外，一些蛋白质上的化学基团也能参与其他较弱的静电相互作用。其中之一由硫原子所参与。硫原子具有较高的电子密度，是因为其有两对不成对电子（即孤电子对）。尽管这并不能让硫原子像氢键受体那样作用，但它依然能与不同的极性原子相互作用，如氧、氮与氢原子[140,141]。其他较弱的静电相互作用包括**芳香环 *aromatic ring***。这些芳香环包含共振双键，它们由处于环平面的 σ 轨道电子，以及位于环平面之上（及之下）的 π 轨道电子所组成（图 1.15）。后者的 π 轨道电子赋予芳香环部分电荷，从而允许其与其他芳香环和极性原子产生相互作用，甚至参与形成较弱的氢键[142,143]。我们将在第 2 章里讨论上述两类较弱的静电相互作用。

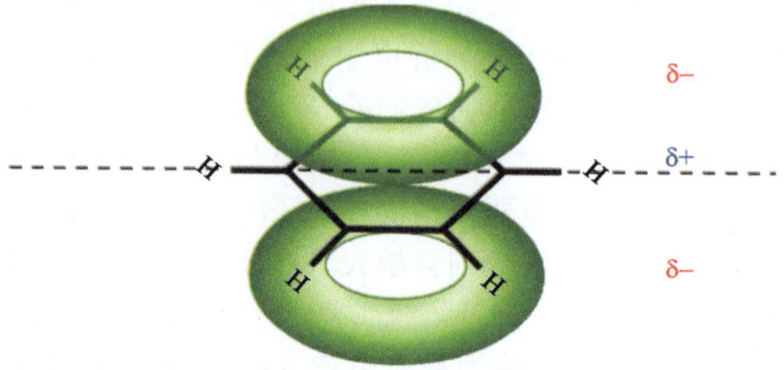

图1.15　芳环的静电特性。在芳环（这种情况下为苯）中的 π 电子的离域在环平面上方和下方产生部分负电荷（由虚线标记），并且在环平面处产生部分正电荷

1.3.2　范德瓦耳斯相互作用

围绕原子核的电子，其分布受到瞬时量子涨落的支配。该涨落的结果会造成原子层面的一种电偶极子，其方向始终在改变。而这又让围绕原子的电场也跟着不断变化。当两个相邻原子处在 7Å 左右的距离时，其中一个原子的电场变化，会诱导另一个原子的电场朝相反的方向变化。换句话说，在一个原子上随机产生的偶极会让另一个相邻原子极化，并产生一个相反方向的偶极。该现象与极化原子的半径正相关，而与该原子的电负性反相关[111]。这两个相反的偶极以静电方式产生相互作用，并因此互相吸引（图 1.16）。由于该吸引作用是由被诱导的两个偶极所引发的，因此该作用也通常被称作**色散力** ***dispersion force***[144,145]。当两个原子彼此接近时，它们的电子壳层将以静电方式互相排斥。这种排斥遵循泡利不相容原理：电子在空间上不能交叠（当然，两个原子核之间的排斥力也同样存在，但它的强度远远小于电子之间的排斥）。上述吸引力与排斥力统称为**范德瓦耳斯相互作用** ***van der Waals interaction***，尽管它通常只被用来描述吸引力那部分。范德瓦耳斯相互作用是由原子的基本属性所引起的，因此它存在于任意两个相邻原子之间。在高分子（如蛋白质）中，原子以紧密堆积的方式排列在一起，而在该排列下原子间的距离会产生最优的范德瓦耳斯能量，即该距离足够近而足以产生一定的相互吸引，但又不至于导致互相排斥（见图 1.16 中的极小值所在的位置）。相应地，每个原子都有其**范德瓦耳斯半径** ***van der Waals radius***，其值等于从该原子核出发到相邻原子外壳层的最优距离。范德瓦耳斯半径可用图像来表示原子的轮廓。当两原子形成共价键时，该过程包含了对范德瓦耳斯排斥力的克服。作为结果，两成键（即形成共价键）原子之间的距离要比其单独的范德瓦耳斯半径之和要来得小。上述结论对形成氢键的两原子同样适用。

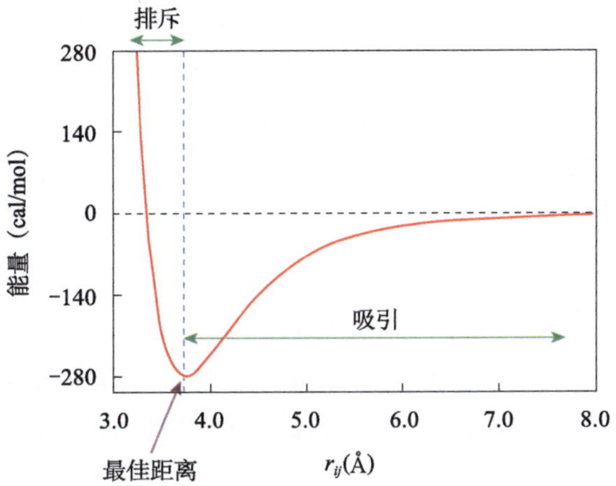

图 1.16 范德瓦耳斯相互作用。范德瓦耳斯相互作用能作为氩二聚体内的核之间的距离函数。使用从 Aziz 获得的经验势函数来计算能量（Aziz，R. A.，*J Chem Phys*，99，4518－4525，1993）。由原子之间的色散力产生长程（静电）吸引力，以及由短距离的**泡利不相容原理** ***Pauli exclusion principle*** 造成的排斥力是显而易见的。这幅图片来自 Wikipedia（来自 Poszwa Interaction energy of argon dimer. *Wikipedia*，*the Free Encyclopedia*）

事实上，目前没有一个表达式能精确地描述范德瓦耳斯相互作用。作为替代，人们通常采用 Lennard-Jones（LJ）的经验表达式来刻画原子 i 与 j 之间范德瓦耳斯相互作用（E_{vdw}）：

$$E_{vdw} \approx \frac{A_{ij}}{r_{ij}^{12}} - \frac{B_{ij}}{r_{ij}^{6}} \tag{1.5}$$

式中，r_{ij} 是两个原子核之间的距离；A_{ij} 与 B_{ij} 分别描述吸引与排斥作用的常数。该常数代表了每一对原子之间特定的物理化学性质。

如公式（1.5）所示，范德瓦耳斯力的吸引力部分依赖于原子间距离倒数的 6 次幂，这意味着范德瓦耳斯相互作用是短程力。此外，我们需要记住 LJ 表达式是一种经验公式，其参数 A_{ij} 与 B_{ij} 是拟合出来的。如今大部分情况下所用的 LJ 参数都是经过对 15 种蛋白质中两两原子相互作用的测量并统计所得到的[146]。与其他非共价相互作用相比，范德瓦耳斯相互作用是很弱的（0.1～0.2kcal/mol[147]）。这是可以预期的，因为它只包括了由诱导所产生的偶极。然而，由于范德瓦耳斯相互作用会在任意相邻原子间发生，它对高分子来说就显得相当重要。

1.3.3 非极性相互作用与疏水效应

水，正如专栏 1.2 中的介绍，具有独特的性质让它成为一种通用溶剂[150]。具体地，水分子本身是一个电偶极子，其氧原子携带一部分负电荷，而它的两个氢原子则携带一部分正电荷。因此，单个水分子倾向于在彼此之间形成氢键。这种形成氢键的方式会将其偶极连接起来从而组成一张巨大的网络。上述现象体现在**抱团水** ***bulk water*** 具有很高的表面张力[151] 与沸点。尽管水分子彼此之间相互连接在一起，但抱团水却呈现出动态。具体地，单个水分子倾向于从上述的网络中快速地脱离与连接。这会增加抱团水的内在混乱性，或用专业术语表述，即增加熵。如前文所描述的，热力学第二定律陈述了宇宙的熵随着时间在增加，这就意味着自然形成的高熵状态是稳定的（具体论述参见第4章)。因此，抱团水的结构是加倍稳定的：不仅单个偶极在此结构中以对总体有利的方式（favorably）互相作用，而且整个结构以保持足够的动态性来维持着高熵。

将溶质加入水中会影响其结构的稳定（尽管该结构是动态的)。若溶质具有极性，那么包围它的水分子会以氢键的方式结合它，并以此方式部分地补偿损失的局部水与水之间形成的氢键。然而，若溶质是非极性的，那么上述这种溶质与溶剂之间的相互作用就无法产生。与极性溶质的情况相反，包围非极性溶质的水分子之间会重新排布，以氢键形成一个类似笼子的结构包裹溶质[152]。尽管这些氢键的形成会增加稳定性，但是这种围绕溶质的有秩序的结构（即前文说的笼状结构，译者注）会显著地降低整个系统的熵，从而最终产生了一种降低稳定性的效应。若非极性溶质持续不断地添加，上述过程会持续降低系统的熵。但是，若单个非极性分子在溶剂中自由扩散而彼此发生接触后，包括它们的水分子会重新排布以形成一个更大的笼状结构（图1.17a)。这个更大的笼状结构的表面积要比单个包围溶质分子的笼状结构表面积之和来得小（图1.17b)。因为整个系统的熵的降低是由于形成了上述水分子产生的笼状结构，并且这种降低的量直接依赖于该结构的尺度。所以整个系统更倾向于将非极性溶质形成单一的聚集体，而不是将其分散在各处，因为前者在稳定性上更有利。

事实上，非极性溶质的确更倾向于在水中聚集，例如，任何人都见过的把油滴入水中的情况。这个现象称为**疏水效应** ***hydrophobic effect***[153]，而非极性溶质分子之间的相互作用则称为**非极性相互作用** ***nonpolar interaction***。需要注意的是，非极性相互作用不是典型的原子与原子的相互作用，而是一种由溶剂性质所导致的间接效应[154]。正因如此，要了解这种非极性“相互作用”的准确量级是很困难的，尽管人们知道它应该与这些“相互作用”的非极性分子的尺度相

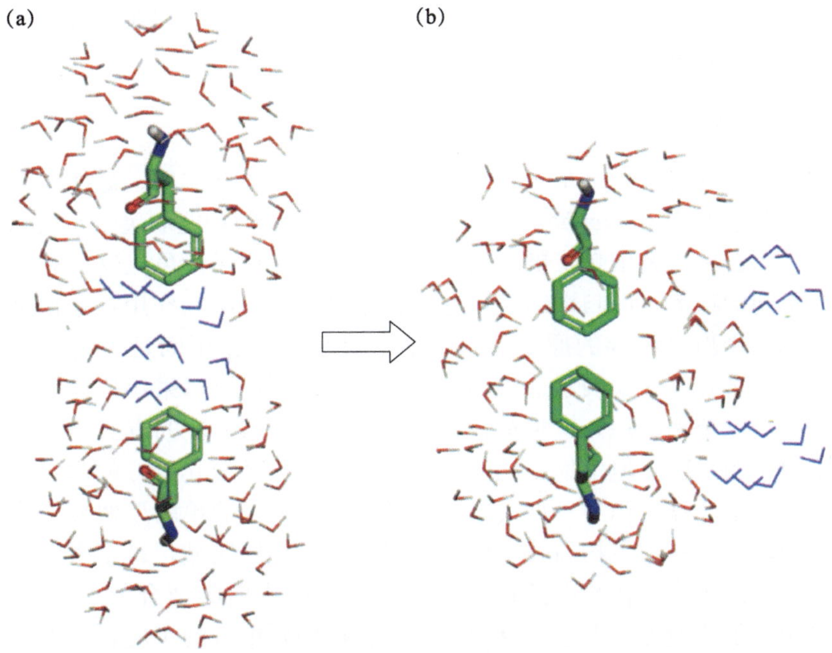

图 1.17 疏水效应。通过氨基酸苯丙氨酸（Phe）含有酰胺和羰基的极性区域与含有苯环的大非极性区域来证明其效果。(a) 溶剂中的两个 Phe 分子。每个分子都被水化膜所包裹，其中水分子比在抱团水中更有序。Phe 显示为棒状物，周围的水分子为线。分离两个 Phe 的水分子是蓝色的。(b) 两个 Phe 分子的结合将其分离（蓝色）的水分子推入团块，并在复合物周围形成单一的水化膜。释放的水分子更无序，这意味着系统的总熵增加

关[155]。当一个小分子（不超过 20 个碳原子）参与非极性相互作用时，这种相互作用能与该分子的体积或碳原子的个数相关[155]。但是，若一个高分子（如蛋白质）参与时，这种作用能则与另一个尺度相关的参数（即表面积）相关。研究表明，将不同表面积的分子从水中转移至非极性溶剂，$1Å^2$ 会产生相关常数约为 25cal/mol 的作用能[156,157]（详见第 4 章）。

$$\Delta G_{np} \sim -0.025\Delta SA \tag{1.6}$$

式中，ΔG_{np} 是非极性相互作用能（单位是 kcal/mol），ΔSA 是参与相互作用的分子表面积。

上述依赖关系表明了任意有表面积的分子都有能力参与非极性相互作用。这是一个非常重要的结论，因为尽管许多分子有极性基团，但它同时也具有一个非常大的表面积。所以，这种分子能够同时参与极性与非极性相互作用，并且其最

终平衡后的结果将决定该分子是亲水还是疏水。因为非极性相互作用是由溶剂效应间接发生的，所以这种相互作用的距离依赖性是未知的。然而，针对小分子的研究表明这种距离依赖性在 0～100Å 是呈指数的[111]。

1.3.4　总结

生物高分子的稳定性是基于不同种类的化学键与相互作用。键能较强的共价键构成了高分子的**骨架 *backbone***。然而，这些高分子的功能取决于它的骨架是如何折叠的，而这种折叠依赖于键能较弱的非共价相互作用。虽然这些相互作用可被划分为不同的种类，但归根结底，它们都是基于静电相互作用：范德瓦耳斯相互作用是基于受静电诱导的原子偶极，而非极性相互作用则是基于溶剂分子偶极。为了更完全并可靠地表示这些相互作用和力，人们可以采用描述该系统中所有原子的电子分布来实现。这种描述采用量子力学（QM）的方式来计算，目前只适用于很小的系统。但生物系统通常包含成百上千乃至几百万的原子，因此无法采用量子力学计算。作为一种代替，科学家必须采用简单的近似方法来描述每种相互作用。但若考虑生物高分子中受到限制的一小块区域，量子力学计算依然是可以采用的。例如，在酶中的活性位点，或受体蛋白的结合位点[51,158]。随着计算机的能力不断增加，上述计算很有可能会推广到更大的尺度，并希望有朝一日能包括整个蛋白质与其他的高分子。

1.4　概　要

- 地球上所有生命形式都是基于细胞的。
- 原核生物是一种单细胞生物，它们不具有显著的内部组织。而真核生物，它们可以是单细胞也可以是多细胞，其内部具有功能各异的细胞区室。
- 细胞的显著特点是它们创造了一个独特的内部环境，其具备与外部环境不同的物理与化学性质。
- 细胞的这种独特性是在分子层面表达的。细胞具有结构非常复杂的分子，而无生命的物质只包含最基本的元素或一些很简单的分子。
- 在 4 种基本的细胞高分子中，蛋白质的功能多样性最为显著。这是它们具有复杂结构的一个直接推论。而蛋白质复杂的结构又是聚合成它们的基本单元——氨基酸的化学性质多样性所决定的。
- 蛋白质的两个基本特征，即氨基酸的化学多样性与聚合体形式，赋予了蛋白质折叠成三维结构的多种途径。而恰恰是这种多样的结构赋予了每个蛋白质一种不同的功能。

● 蛋白质的三维结构是通过三类基本的非共价相互作用所维持的。它们是静电相互作用、范德瓦耳斯相互作用和疏水相互作用。这三类相互作用相对较弱（与共价键相比，译者注）的能量赋予了蛋白质以动态的形式存在，而这种动态结构对其行使功能是至关重要的。

1.5 本书的章节组织

本书关注于蛋白质功能核心的三个方面：结构、能量与运动。本书中大部分的讨论是和细胞中常见的蛋白质有关，即它们具有球状结构并高度水溶。这些蛋白质位于细胞质、细胞器及胞外空间。它们会在本书的第 1～5 章中讨论。除了球状蛋白，有一些蛋白质会形成纤维状结构，其特征为结构简单但高度重复。另一类蛋白质，它们甚至缺乏一种特定的结构，但仍具备一定活性。上述的两种非球状蛋白会在第 6 章中讨论。最后，处于胞质膜中的蛋白质亦是球状的，不过它们是脂溶而非水溶。这些蛋白质约占细胞蛋白质总量的 20%，我们将在第 7 章进行讨论。第 8 章，我们将讨论蛋白质与配体的相互作用。这种作用是蛋白质最基本的功能之一，并且极好地展示了蛋白质的结构与功能之间的关系。

参 考 文 献

1. Lagerkvist, U. (2006) *The Enigma of Ferment: From the Philosopher's Stone to the First Biochemical Nobel Prize*. World Scientific: London.
2. Nurse, P. (2003) The great ideas of biology. *Clin Med*. **3**: 560–8.
3. Magner, L.N. (2001) History of Physiology. ***In*** *Encyclopedia of Life Sciences*. John Wiley.
4. Nobel-Foundation Eduard Buchner. (1907) *Wikipedia, the Free Encyclopedia*.
5. May, R.M. (1988) How many species are there on earth? *Science*. **241**: 1441–9.
6. Lodish, H., Berk, A., Kaiser, C.A., Krieger, M., Scott, M.P., Bretscher, A., Ploegh, H. and Matsudaira, P. (2007) *Molecular Cell Biology*, 6th ed. W.H. Freeman: New York.
7. Koshland, D.E.J. (2002) Special essay. The seven pillars of life. *Science*. **295**: 2215–6.
8. Messer-Woland and Szczepan Diagram of a typical animal cell. *Wikipedia, the Free Encyclopedia*.
9. Schopf, J.W. (1993) Microfossils of the early Archean Apex chert: new evidence of the antiquity of life. *Science*. **260**: 640–6.
10. Schopf, J.W. and Packer, B.M. (1987) Early Archean (3.3-billion to 3.5-billion-year-old) microfossils from Warrawoona Group, Australia. *Science*. **237**: 70–3.
11. Mojzsis, S.J., Arrhenius, G., McKeegan, K.D., Harrison, T.M., Nutman, A.P. and Friend, C.R. (1996) Evidence for life on Earth before 3,800 million years ago. *Nature*. **384**: 55–9.
12. Ducka, L.J., Gliksona, M., Goldinga, S.D. and Webb, R.D. (2007) Microbial remains and other carbonaceous forms from the 3.24 Ga Sulphur Springs black smoker deposit, Western Australia. *Precambrian Res*. **154**: 205–20.

13. Margulis, L. (1970) *Origin of Eukaryotic Cells*. Yale University Press: New Haven, CT.
14. Martin, W. and Muller, M. (1998) The hydrogen hypothesis for the first eukaryote. *Nature*. **392:** 37–41.
15. Lehninger, A., Nelson, D.L. and Cox, M. (2008) *Lehninger Principles of Biochemistry*, 5th ed. W.H. Freeman: New York.
16. Wagner, E.G.H., Altuvia, S. and Nellen, W. (2001) Regulatory RNA. ***In*** *Encyclopedia of Life Sciences*. John Wiley & Sons, Ltd.: Chichester, West Sussex, UK.
17. Strobel, S.A. and Cochrane, J.C. (2007) RNA catalysis: ribozymes, ribosomes, and riboswitches. *Curr Opin Chem Biol*. **11**: 636–43.
18. Walter, F. and Westhof, E. (2001) Catalytic RNA. ***In*** *Encyclopedia of Life Sciences*. John Wiley & Sons, Ltd.: Chichester, West Sussex, UK.
19. Orengo, C.A. and Thornton, J.M. (2005) Protein families and their evolution – a structural perspective. *Annu Rev Biochem*. **74**: 867–900.
20. Choi, I.G. and Kim, S.H. (2006) Evolution of protein structural classes and protein sequence families. *Proc Natl Acad Sci USA*. **103**: 14056–61.
21. Patterson, S.D. (2004) How much of the proteome do we see with discovery-based proteomics methods and how much do we need to see? *Curr Proteomics*. **1**: 3–12.
22. Celis, J.E., Ostergaard, M., Jensen, N.A., Gromova, I., Rasmussen, H.H. and Gromov, P. (1998) Human and mouse proteomic databases: novel resources in the protein universe. *FEBS Lett*. **430**: 64–72.
23. Bravo, R. and Celis, J.E. (1982) Up-dated catalogue of HeLa cell proteins: percentages and characteristics of the major cell polypeptides labeled with a mixture of 16 14C-labeled amino acids. *Clin Chem*. **28**: 766–81.
24. Yooseph, S., Sutton, G., Rusch, D.B., Halpern, A.L., Williamson, S.J., et al. (2007) The Sorcerer II Global Ocean Sampling expedition: expanding the universe of protein families. *PLoS Biol*. **5**: e16.
25. Venter, J.C., Remington, K., Heidelberg, J.F., Halpern, A.L., Rusch, D., Eisen, J.A., Wu, D., Paulsen, I., Nelson, K.E., Nelson, W., Fouts, D.E., Levy, S., Knap, A.H., Lomas, M.W., Nealson, K., White, O., Peterson, J., Hoffman, J., Parsons, R., Baden-Tillson, H., Pfannkoch, C., Rogers, Y.H. and Smith, H.O. (2004) Environmental genome shotgun sequencing of the Sargasso Sea. *Science*. **304**: 66–74.
26. Mariana Ruiz Villarreal, L. (2007) Cross section of the different structures that phospholipids can take in a aqueous solution. *Wikipedia, the Free Encyclopedia*.
27. Del Valle, E.M.M. (2004) Cyclodextrins and their uses: a review. *Process Biochem*. **39**: 1033–46.
28. Alberts, B., Johnson, A., Lewis, J., Raff, M., Roberts, K. and Walter, P. (2007) *Molecular Biology of the Cell*, 5th ed. Garland Science Textbooks: New York & London.
29. Harper, E.T. and Harris, R.A. (2005) Glycolytic Pathway. ***In*** *Encyclopedia of Life Sciences*. John Wiley & Sons, Ltd.: Chichester, West Sussex, UK.
30. LaNoue, K.F. (2001) Citric Acid Cycle. ***In*** *Encyclopedia of Life Sciences*. John Wiley & Sons, Ltd.: Chichester, West Sussex, UK.
31. Wolfenden, R. and Snider, M.J. (2001) The depth of chemical time and the power of enzymes as catalysts. *Acc Chem Res*. **34**: 938–45.
32. Eyring, H. and Stearn, A.E. (1939) The application of the theory of absolute reaction rates to proteins. *Chem Rev*. **24**: 253–70.
33. Lienhard, G.E. (1973) Enzymatic catalysis and transition-state theory. *Science*. **180**: 149–54.
34. Radzicka, A. and Wolfenden, R. (1995) A proficient enzyme. *Science*. **267**: 90–3.
35. Gao, J., Ma, S., Major, D.T., Nam, K., Pu, J. and Truhlar, D.G. (2006) Mechanisms and free energies of enzymatic reactions. *Chem Rev*. **106**: 3188–209.

36. Walsh, C. (2001) Enabling the chemistry of life. *Nature*. **409**: 226–31.
37. Broderick, J.B. (2001) Coenzymes and Cofactors. ***In*** *Encyclopedia of Life Sciences*. John Wiley & Sons, Ltd.: Chichester, West Sussex, UK.
38. Moss, G.P. (2008) Enzyme Nomenclature: Recommendations of the Nomenclature Committee of the International Union of Biochemistry and Molecular Biology on the Nomenclature and Classification of Enzymes by the Reactions they Catalyse. http://www.chem.qmul.ac.uk/iubmb/enzyme/
39. McCormick, D.B. (2003) Oxidation–Reduction Reactions. ***In*** *Encyclopedia of Life Sciences*. John Wiley & Sons, Ltd.: Chichester, West Sussex, UK.
40. Berg, J.M., Tymoczko, J.L. and Stryer, L. (2002) *Biochemistry*. W.H. Freeman: New York.
41. Zimmer, H.G. (2001) Pentose Phosphate Pathway. ***In*** *Encyclopedia of Life Sciences*. John Wiley & Sons, Ltd.: Chichester, West Sussex, UK.
42. van Holde, K., Johnson, C. and Shing Ho, P. (1998) *Principles of Physical Biochemistry*, 1st ed. Pearson Education: New Jersey.
43. Bairoch, A. (2000) The ENZYME database in 2000. *Nucleic Acids Res*. **28**: 304–305. http://www.expasy.org/enzyme/.
44. Holliday, G.L., Almonacid, D.E., Bartlett, G.J., O'Boyle, N.M., Torrance, J.W., Murray-Rust, P., Mitchell, J.B. and Thornton, J.M. (2007) MACiE (Mechanism, Annotation and Classification in Enzymes): novel tools for searching catalytic mechanisms. *Nucleic Acids Res*. **35**: D515–20. http://www.ebi.ac.uk/thornton-srv/databases/MACiE/.
45. Ringe, D. and Petsko, G.A. (2008) Biochemistry. How enzymes work. *Science*. **320**: 1428–9.
46. Kraut, D.A., Carroll, K.S. and Herschlag, D. (2003) Challenges in enzyme mechanism and energetics. *Annu Rev Biochem*. **72**: 517–71.
47. Gutteridge, A. and Thornton, J.M. (2005) Understanding nature's catalytic toolkit. *Trends Biochem Sci*. **30**: 622–9.
48. Cannon, W.R., Singleton, S.F. and Benkovic, S.J. (1996) A perspective on biological catalysis. *Nat Struct Biol*. **3**: 821–33.
49. Jencks, W.P. (1975) Binding energy, specificity, and enzymic catalysis: the circe effect. *Adv Enzymol Relat Areas Mol Biol*. **43**: 219–410.
50. Pauling, L. (1948) Nature of forces between large molecules of biological interest. *Nature*. **161**: 707–9.
51. Warshel, A. (2003) Computer simulations of enzyme catalysis: methods, progress, and insights. *Annu Rev Biophys Biomol Struct*. **32**: 425–43.
52. Pompliano, D.L., Peyman, A. and Knowles, J.R. (1990) Stabilization of a reaction intermediate as a catalytic device: definition of the functional role of the flexible loop in triosephosphate isomerase. *Biochemistry*. **29**: 3186–94.
53. Holliday, G.L., Mitchell, J.B. and Thornton, J.M. (2009) Understanding the functional roles of amino acid residues in enzyme catalysis. *J Mol Biol*. **390**: 560–77.
54. Kraut, J. (1977) Serine proteases: structure and mechanism of catalysis. *Annu Rev Biochem*. **46**: 331–58.
55. Williams, R.J. (2003) Metallo-enzyme catalysis. *Chem Commun* (Camb) **10**: 1109–13.
56. Gerlt, J.A. and Raushel, F.M. (2003) Evolution of function in (beta/alpha)8-barrel enzymes. *Curr Opin Chem Biol*. **7**: 252–64.
57. Bahnson, B.J. and Klinman, J.P. (1995) Hydrogen tunneling in enzyme catalysis. *Methods Enzymol*. **249**: 373–97.
58. Cha, Y., Murray, C.J. and Klinman, J.P. (1989) Hydrogen tunneling in enzyme reactions. *Science*. **243**: 1325–30.
59. Liang, Z.X. and Klinman, J.P. (2004) Structural bases of hydrogen tunneling in enzymes: progress and puzzles. *Curr Opin Struct Biol*. **14**: 648–55.

60. Cranberry A (simplified) diagram of Quantum Tunneling. *Wikipedia, the Free Encyclopedia.*
61. Zhang, X. and Houk, K.N. (2005) Why enzymes are proficient catalysts: beyond the Pauling paradigm. *Acc Chem Res.* **38**: 379–85.
62. Lad, C., Williams, N.H. and Wolfenden, R. (2003) The rate of hydrolysis of phosphomonoester dianions and the exceptional catalytic proficiencies of protein and inositol phosphatases. *Proc Natl Acad Sci USA.* **100**: 5607–10.
63. O'Brien, P.J. and Herschlag, D. (1999) Catalytic promiscuity and the evolution of new enzymatic activities. *Chem Biol.* **6**: R91–105.
64. Khersonsky, O., Roodveldt, C. and Tawfik, D.S. (2006) Enzyme promiscuity: evolutionary and mechanistic aspects. *Curr Opin Chem Biol.* **10**: 498–508.
65. Fischer, E. (1894) Einfluss der configuration auf die wirkung der enzyme. *Ber Dt Chem Ges.* **27**: 2985–93.
66. Alberts, B. (1998) The cell as a collection of protein machines: preparing the next generation of molecular biologists. *Cell.* **92**: 291–4.
67. Fvasconcellos Schematic diagram of the mitochondrial electron transport chain. *Wikipedia, the Free Encyclopedia.*
68. Farquhar, J., Peters, M., Johnston, D.T., Strauss, H., Masterson, A., Wiechert, U. and Kaufman, A.J. (2007) Isotopic evidence for Mesoarchaean anoxia and changing atmospheric sulphur chemistry. *Nature.* **449**: 706–9.
69. Allen, J.F. and Martin, W. (2007) Evolutionary biology: out of thin air. *Nature.* **445**: 610–2.
70. Iwata, S. and Barber, J. (2004) Structure of photosystem II and molecular architecture of the oxygen-evolving centre. *Curr Opin Struct Biol.* **14**: 447–53.
71. Gilbert, W. (1986) Origin of life: the RNA world. *Nature.* **319**: 618.
72. Hanson, M.A. and Stevens, R.C. (2009) Discovery of new GPCR biology: one receptor structure at a time. *Structure.* **17**: 8–14.
73. Bursch, W., Ellinger, A., Gerner, C., Frohwein, U. and Schulte-Hermann, R. (2000) Programmed cell death (PCD). Apoptosis, autophagic PCD, or others? *Ann N Y Acad Sci.* **926**: 1–12.
74. Nussey, S. and Whitehead, S. (2001) *Endocrinology: An Integrated Approach.* BIOS Scientific: Oxford, UK.
75. Neuwald, A.F. (2009) The glycine brace: a component of Rab, Rho, and Ran GTPases associated with hinge regions of guanine- and phosphate-binding loops. *BMC Struct Biol.* **9**: 11–28.
76. Shabb, J.B. (2001) Physiological substrates of cAMP-dependent protein kinase. *Chem Rev.* **101**: 2381–411.
77. Wagner, R., Matrosovich, M. and Klenk, H.D. (2002) Functional balance between haemagglutinin and neuraminidase in influenza virus infections. *Rev Med Virol.* **12**: 159–66.
78. Deng, Q. and Barbieri, J.T. (2008) Molecular mechanisms of the cytotoxicity of ADP-ribosylating toxins. *Annu Rev Microbiol.* **62**: 271–88.
79. Pedersen, A.E. (2001) Immunity to Infection. ***In*** *Encyclopedia of Life Sciences.* John Wiley & Sons, Ltd.: Chichester, West Sussex, UK.
80. Sheetz, M.P. (2001) Cell control by membrane–cytoskeleton adhesion. *Nat Rev Mol Cell Biol.* **2**: 392–6.
81. Ledesma, M.D. and Dotti, C.G. (2003) Membrane and cytoskeleton dynamics during axonal elongation and stabilization. *Int Rev Cytol.* **227**: 183–219.
82. Bretscher, M.S. (1996) Getting membrane flow and the cytoskeleton to cooperate in moving cells. *Cell.* **87**: 601–6.
83. Yarar, D., Waterman-Storer, C.M. and Schmid, S.L. (2005) A dynamic actin cytoskeleton functions at multiple stages of clathrin-mediated endocytosis. *Mol Biol Cell.* **16**: 964–75.
84. Rodriguez-Boulan, E., Kreitzer, G. and Musch, A. (2005) Organization of vesicular trafficking in epithelia. *Nat Rev Mol Cell Biol.* **6**: 233–47.

85. Allan, V. and Vale, R. (1994) Movement of membrane tubules along microtubules in vitro: evidence for specialised sites of motor attachment. *J Cell Sci.* **107 (Pt. 7)**: 1885–97.
86. Pogliano, J. (2008) The bacterial cytoskeleton. *Curr Opin Cell Biol.* **20**: 19–27.
87. Berisio, R., Vitagliano, L., Mazzarella, L. and Zagari, A. (2002) Recent progress on collagen triple helix structure, stability and assembly. *Protein Pept Lett.* **9**: 107–16.
88. Bhattacharjee, A. and Bansal, M. (2005) Collagen structure: the Madras triple helix and the current scenario. *IUBMB Life.* **57**: 161–72.
89. Schwartz, M.A. (2009) The force is with us. *Science.* **323**: 588–9.
90. Orr, A.W., Helmke, B.P., Blackman, B.R. and Schwartz, M.A. (2006) Mechanisms of mechanotransduction. *Dev Cell.* **10**: 11–20.
91. Kilbad Normal Epidermis and Dermis with Intradermal Nevus 10x. *Wikipedia, the Free Encyclopedia.*
92. Gray, H. Vertical section of a villus from the dog's small intestine X 80. *Wikipedia, the Free Encyclopedia.*
93. Vogel, C. and Chothia, C. (2006) Protein family expansions and biological complexity. *PLoS Comput Biol.* **2**: e48.
94. Robertson, J.G. (2007) Enzymes as a special class of therapeutic target: clinical drugs and modes of action. *Curr Opin Struct Biol.* **17**: 674–9.
95. Weigelt, J., McBroom-Cerajewski, L.D., Schapira, M., Zhao, Y. and Arrowmsmith, C.H. (2008) Structural genomics and drug discovery: all in the family. *Curr Opin Chem Biol.* **12**: 32–39.
96. Siegel, G.J. (1999) *Basic Neurochemistry: Molecular, Cellular and Medical Aspects.* Lippincott Williams and Wilkins: Philadelphia.
97. Russell, R.B. and Eggleston, D.S. (2000) New roles for structure in biology and drug discovery. *Nat Struct Biol.* **7**: 928–30.
98. Robertson, J.G. (2005) Mechanistic basis of enzyme-targeted drugs. *Biochemistry.* **44**: 5561–71.
99. Wood, J.M., Maibaum, J., Rahuel, J., Grutter, M.G., Cohen, N.C., Rasetti, V., Ruger, H., Goschke, R., Stutz, S., Fuhrer, W., Schilling, W., Rigollier, P., Yamaguchi, Y., Cumin, F., Baum, H.P., Schnell, C.R., Herold, P., Mah, R., Jensen, C., O'Brien, E., Stanton, A. and Bedigian, M.P. (2003) Structure-based design of aliskiren, a novel orally effective renin inhibitor. *Biochem Biophys Res Commun.* **308**: 698–705.
100. Karalliedde, L. (1995) Animal toxins. *Br J Anaesth.* **74**: 319–27.
101. Hicks, R.P., Hartell, M.G., Nichols, D.A., Bhattacharjee, A.K., van Hamont, J.E. and Skillman, D.R. (2005) The medicinal chemistry of botulinum, ricin and anthrax toxins. *Curr Med Chem.* **12**: 667–90.
102. Lord, M.J., Jolliffe, N.A., Marsden, C.J., Pateman, C.S., Smith, D.C., Spooner, R.A., Watson, P.D. and Roberts, L.M. (2003) Ricin. Mechanisms of cytotoxicity. *Toxicol Rev.* **22**: 53–64.
103. Schmid, A., Hollmann, F., Park, J.B. and Buhler, B. (2002) The use of enzymes in the chemical industry in Europe. *Curr Opin Biotechnol.* **13**: 359–66.
104. Kirk, O., Borchert, T.V. and Fuglsang, C.C. (2002) Industrial enzyme applications. *Curr Opin Biotechnol.* **13**: 345–51.
105. Hey, T., Fiedler, E., Rudolph, R. and Fiedler, M. (2005) Artificial, non-antibody binding proteins for pharmaceutical and industrial applications. *Trends Biotechnol.* **23**: 514–22.
106. Sanger, F., Thompson, E.O. and Kitai, R. (1955) The amide groups of insulin. *Biochem J.* **59**: 509–18.
107. Sasidharan, R. and Chothia, C. (2007) The selection of acceptable protein mutations. *Proc Natl Acad Sci USA.* **104**: 10080–5.
108. Mirsky, A.E. and Pauling, L. (1936) On the structure of native, denatured, and coagulated pro-

teins. *Proc Natl Acad Sci USA*. **22**: 439–47.
109. Anfinsen, C.B. (1973) Principles that govern the folding of protein chains. *Science*. **181**: 223–30.
110. Knowles, J.R. (1991) Enzyme catalysis: not different, just better. *Nature*. **350**: 121–4.
111. Laberge, M. (1998) Intrinsic protein electric fields: basic non-covalent interactions and relationship to protein-induced Stark effects. *Biochim Biophys Acta*. **1386**: 305–30.
112. Kumar, S. and Nussinov, R. (2002) Close-range electrostatic interactions in proteins. *Chembiochem*. **3**: 604–17.
113. Fogolari, F., Brigo, A. and Molinari, H. (2002) The Poisson–Boltzmann equation for biomolecular electrostatics: a tool for structural biology. *J Mol Recognit*. **15**: 377–92.
114. Moll, A., Hildebrandt, A., Lenhof, H.P. and Kohlbacher, O. (2005) BALLView: an object-oriented molecular visualization and modeling framework. *J Comput Aided Mol Des*. **19**: 791–800.
115. Valincius, G., Heinrich, F., Budvytyte, R., Vanderah, D.J., McGillivray, D.J., Sokolov, Y., Hall, J.E. and Losche, M. (2008) Soluble amyloid beta-oligomers affect dielectric membrane properties by bilayer insertion and domain formation: implications for cell toxicity. *Biophys J*. **95**: 4845–61.
116. Kimura, Y. and Ikegami, A. (1985) Local dielectric properties around polar region of lipid bilayer membranes. *J Membr Biol*. **85**: 225–31.
117. Pauling, L. (1932) The nature of the chemical bond. IV. The energy of single bonds and the relative electronegativity of atoms. *J Am Chem Soc*. **54**: 3570–82.
118. Kawagoe, M. and Ishimi, T. (2002) On the properties of organic liquids affecting the crazing behaviour in glassy polymers. *J Mater Sci*. **37**: 5115–21.
119. Sharp, K.A. and Honig, B. (1990) Electrostatic interactions in macromolecules: theory and applications. *Annu Rev Biophys Biophys Chem*. **19**: 301–32.
120. Born, M. (1920) Volumes and heats of hydration of ions. *Z Phys*. **1**: 45–8.
121. Nicholls, A. and Honig, B. (1991) A rapid finite difference algorithm, utilizing successive over-relaxation to solve the Poisson–Boltzmann equation. *J Comp Chem*. **12**: 435–45.
122. Gilson, M.K. (2006) Introduction to Continuum Electrostatics, with Molecular Applications. http://pharmacy.ucsd.edu/labs/gilson/ce_www1a.pdf
123. Honig, B. and Nicholls, A. (1995) Classical electrostatics in biology and chemistry. *Science*. **268**: 1144–9.
124. Roux, B. and Simonson, T. (1999) Implicit solvent models. *Biophys Chem*. **78**: 1–20.
125. Baker, N.A. (2005) Improving implicit solvent simulations: a Poisson-centric view. *Curr Opin Struct Biol*. **15**: 137–43.
126. Feig, M. and Brooks, C.L., 3rd (2004) Recent advances in the development and application of implicit solvent models in biomolecule simulations. *Curr Opin Struct Biol*. **14**: 217–24.
127. Honig, B., Sharp, K. and Suei-Yang, A. (1993) Macroscopic models of aqueous solutions: biological and chemical applications. *J Phys Chem*. **97**: 1101–9.
128. Baker, N.A., Sept, D., Joseph, S., Holst, M.J. and McCammon, J.A. (2001) Electrostatics of nanosystems: application to microtubules and the ribosome. *Proc Natl Acad Sci USA*. **98**: 10037–41.
129. Nicholls, A., Sharp, K.A. and Honig, B. (1991) Protein folding and association: insights from the interfacial and thermodynamic properties of hydrocarbons. *Proteins*. **11**: 281–96.
130. Humphrey, W., Dalke, A. and Schulten, K. (1996) VMD: visual molecular dynamics. *J Mol Graph*. **14**: 33–8, 27–38.
131. Miteva, M.A., Tuffery, P. and Villoutreix, B.O. (2005) PCE: web tools to compute protein continuum electrostatics. *Nucleic Acids Res*. **33**: W372–5.
132. Murray, D. and Honig, B. (2002) Electrostatic control of the membrane targeting of C2 domains. *Mol Cell*. **9**: 145–54.
133. Kortemme, T., Morozov, A.V. and Baker, D. (2003) An orientation-dependent hydrogen bond-

ing potential improves prediction of specificity and structure for proteins and protein-protein complexes. *J Mol Biol.* **326**: 1239–59.
134. Scholtz, J.M., Marqusee, S., Baldwin, R.L., York, E.J., Stewart, J.M., Santoro, M. and Bolen, D.W. (1991) Calorimetric determination of the enthalpy change for the alpha-helix to coil transition of an alanine peptide in water. *Proc Natl Acad Sci USA.* **88**: 2854–8.
135. Stickle, D.F., Presta, L.G., Dill, K.A. and Rose, G.D. (1992) Hydrogen bonding in globular proteins. *J Mol Biol.* **226**: 1143–59.
136. McDonald, I.K. and Thornton, J.M. (1994) Satisfying hydrogen bonding potential in proteins. *J Mol Biol.* **238**: 777–93.
137. Fleming, P.J. and Rose, G.D. (2005) Do all backbone polar groups in proteins form hydrogen bonds? *Protein Sci.* **14**: 1911–7.
138. Scheiner, S., Kar, T. and Gu, Y. (2001) Strength of the Calpha H–O hydrogen bond of amino acid residues. *J Biol Chem.* **276**: 9832–7.
139. Cleland, W.W. (2000) Low-barrier hydrogen bonds and enzymatic catalysis. *Arch Biochem Biophys.* **382**: 1–5.
140. Iwaoka, M., Takemoto, S., Okada, M. and Tomoda, S. (2002) Weak nonbonded S–X (X = O, N, and S) interactions in proteins. Statistical and theoretical studies. *Bull Chem Soc Jpn.* **75**: 1611–25.
141. Iwaoka, M. and Isozumi, N. (2006) Possible roles of S–O and S–N interactions in the functions and evolution of phospholipase A2. *Biophysics.* **2**: 23–34.
142. Hunter, C.A., Singh, J. and Thornton, J.M. (1991) Pi–pi interactions: the geometry and energetics of phenylalanine–phenylalanine interactions in proteins. *J Mol Biol.* **218**: 837–46.
143. Levitt, M. and Perutz, M.F. (1988) Aromatic rings act as hydrogen bond acceptors. *J Mol Biol.* **201**: 751–4.
144. London, F. (1937) The general theory of molecular forces. *Trans Faraday Soc.* **33**: 8–26.
145. London, F.Z. (1930) Zur Theorie und Systematik der Molekularkrafte. *Physik.* **63**: 245.
146. Baldwin, R.L. (2007) Energetics of protein folding. *J Mol Biol.* **371**: 283–301.
147. Zubay, G. (1993) *Biochemistry.* William C. Brown: Dubuque, IA. p. 89.
148. Aziz, R.A. (1993) A highly accurate interatomic potential for argon. *J Chem Phys.* **99**: 4518–25.
149. Poszwa Interaction energy of argon dimer. *Wikipedia, the Free Encyclopedia.*
150. Sharp, K.A. (2001) Water: Structure and Properties. ***In*** *Encyclopedia of Life Sciences.* John Wiley & Sons, Ltd.: Chichester, West Sussex, UK.
151. Adam, N.K. (1941) *Physics and Chemistry of Surfaces.* Oxford Univ. Press: Oxford.
152. Frank, H.S. and Evans, M.W. (1945) Free volume and entropy in condensed systems III. Entropy in binary liquid mixtures; Partial molal entropy in dilute solutions; Structure and thermodynamics in aqueous electrolytes. *J Chem Phys.* **13**: 507–32.
153. Kauzmann, W. (1959) Some factors in the interpretation of protein denaturation. *Adv Protein Chem.* **14**: 1–63.
154. Privalov, P.L. and Gill, S.J. (1988) Stability of protein structure and hydrophobic interaction. *Adv Protein Chem.* **39**: 191–234.
155. Chandler, D. (2005) Interfaces and the driving force of hydrophobic assembly. *Nature.* **437**: 640–7.
156. Wimley, W.C., Creamer, T.P. and White, S.H. (1996) Solvation energies of amino acid side chains and backbone in a family of host–guest pentapeptides. *Biochemistry.* **35**: 5109–24.
157. Chothia, C. (1974) Hydrophobic bonding and accessible surface area in proteins. *Nature.* **248**: 338–9.
158. Senn, H.M. and Thiel, W. (2007) QM/MM studies of enzymes. *Curr Opin Chem Biol.* **11**: 182–7.
159. Polanyi, M. (1921) *Zeitschift Fur Elektrochemie.* **27**: 142.
160. Schwab, G.M. (1937) *In Catalysis (translated from German by H.S. Taylor and R. Spence).* Van Nostrand: New York.

第 2 章　蛋白质结构

2.1　简　介

在 1960 年，英国生化学家 John Kendrew 采用了“X 射线衍射”的方法以 2Å 的分辨率来拍摄**肌红蛋白** ***myoglobin***。他因此成为第一个测定蛋白质三维结构的人[1]。不久之后，Kendrew 的同事、剑桥大学的 Max Perutz 测定了与肌红蛋白类似但更为复杂的蛋白质，**血红蛋白** ***hemoglobin*** 的结构[2]。由于上述功绩，这两位科学家在 1962 年共同获得了诺贝尔化学奖。从此之后，数以万计不同蛋白质的结构在高分辨率下被测定。如今，这些结构可以免费从互联网上获得。而针对它们的研究让科学家能更好地理解蛋白质的构造学与能量学原理。

2.1.1　蛋白质结构中的层次

乍看之下，大部分蛋白质类似一团杂乱无章挤在一起的原子。但细看则会发现蛋白质具有按照一定层次组织起来的复杂结构[3]（图 2.1）。这种层次的第一级，称为**一级结构** ***primary structure***，就是组成蛋白质链的氨基酸序列。蛋白质链中的某些片段倾向于折叠成简单的形状，如**螺旋** ***helix*** 或**环** ***loop***，等等。这些片段称为**二级单元** ***secondary element***，而这些二级单元的全集则组成了蛋白质结构层次的第二级，即**二级结构** ***secondary structure***。二级结构单元是局域的，除了环，其余的片段基本都沿着蛋白质链的轴方向行进。蛋白质整条链倾向于进一步折叠成一个三维空间内紧凑的结构，称为**三级结构** ***tertiary structure***，它是蛋白质结构层次中的第三级。正如第 1 章中所介绍的那样，三级结构是蛋白质最稳定的形式，因为它最优化了蛋白质链上不同位置氨基酸之间的吸引力。而且，三级结构也是蛋白质具有生物活性的形式，若将该形式破坏则会让蛋白质失去部分或全部的功能。因此，这种具有生物活性的形式通常称为蛋白质的**自然结构** ***native structure***。

上述 3 种结构层次存在于所有的蛋白质当中，尽管在某些蛋白质中会出现偏离三级结构形成的“经典规则”。例如，纤维状蛋白质倾向于形成一种伸展的结构，它仅涉及二级结构单元的排列，而缺乏复杂三维折叠的各种特征。另一些蛋白质甚至将上述倾向发展到了极致：它们可能都没有一个规则的结构，至少在一段时间内是这样。这些偏离规则的蛋白质会在第 6 章里详细讨论。对于大多数蛋

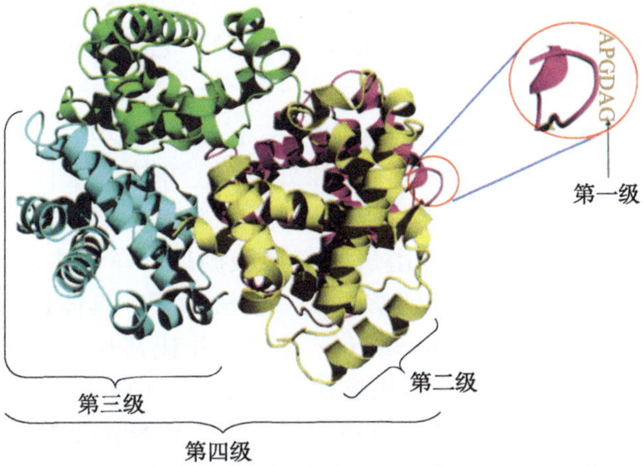

图 2.1 蛋白质的四级结构。被描绘的是血红蛋白的结构，其包括 4 种不同的链（以不同的颜色示出）。第一级是链的氨基酸序列，这里描述为橄榄色的一个字母的代码（图右上角的放大图像）。第二级包括蛋白质的螺旋段，以及连接环路。其他蛋白质包括额外的二次元素，主要是扩展的信息。第三级包括每个链条的完整的三维组织。第四级包括不同链条的排列。结构取自蛋白质数据库（PDB，条目 1sfx）

白质来说，它们都拥有 3 种层次，但它们未必拥有最后一种层次。某些蛋白质具备不止一条链。在这种情况下，每条链各自折叠成其三级结构，然后再彼此连接起来形成具备生物活性的复合体。这种形式的组织称为蛋白质的**四级结构** ***quaternary structure***（也是最后一级）。从这个意义上讲，我们需要指出的是，很多细胞内的蛋白质倾向于和它们同属一条生化反应途径上的其他蛋白质在物理上相互作用。然而，这种由物理上相互作用形成的临时复合体，并不被认为是四级结构，因为组成这个复合体的单个蛋白质在分开的时候一样具备活性。

2.1.2 辅酶与辅基

氨基酸链是蛋白质中主要且核心的组分，但未必是唯一的组分。某些蛋白质可能包括一些原子或小分子，其作用可能是行使蛋白质功能与（或）增加其稳定性。从化学上来说，这些**辅因子** ***cofactor*** 的种类是多样的，可能是有机分子或金属元素。其中的一些与蛋白质链短暂地结合，而另一些则紧密地与蛋白质链结合（有时甚至是以共价键的方式）并成为整个蛋白质的组成部分。前者称为**辅酶** ***coenzyme***，而后者称为**辅基** ***prosthetic group***[4]。人们在酶的案例中很早就认识到蛋白质需要辅因子。如第 1 章所介绍的，大多数辅酶都是来自维生素的有机小分子。例如，常见的辅酶 NADH 与 $FADH_2$。这两个来自复合维生素 B 族的分子［前者来自烟酸（维生素 B_3），后者来自核黄素（维生素 B_2）］，起到了氧还反应中高能电子受体/供体的作用。一些酶会采用几种不同的辅因子，如**丙酮酸脱氢酶** ***pyruvate dehydrogenase***（***PDH***），它是糖的分解代谢中的一个关键酶[5]。

糖的分解代谢开始于糖酵解 ***glycolysis***，它是拥有 10 个步骤的生化反应途径，将一个葡萄糖分子转变成两个丙酮酸分子[6]，并接着进行**三羧酸循环** ***citric acid*** （***Krebs***）***cycle***[7]，其进一步将丙酮酸分解并氧化成 CO_2。丙酮酸脱氢酶 PDH 在上述两大反应途径（即糖酵解与三羧酸循环，译者注）的中间连接处工作，负责将丙酮酸活化，并让其能够进入三羧酸循环。具体地，PDH 催化丙酮酸的**氧化脱羧** ***oxidative decarboxylation*** 反应，并让其形成**乙酰辅酶 A** ***acetyl-CoA***（***ACoA***），这就是丙酮酸的活化形式（图 2.2a）。PDH 不是一种单一的酶，而是由 3 个组分所构成的复合体，其每个组分参与丙酮酸活化的一个不同步骤，并且使用不同的辅酶（图 2.2b，参见文献［5］）。第一个组分使用**硫胺素焦磷酸** ***thiamine pyrophosphate***（***TPP***），它是**硫胺素** ***thiamine***（即**维生素 B_1** ***vitamine*** $\boldsymbol{B_1}$）的衍生物（图 2.2c）。TPP 允许 PDH 的第一个组分同时进行氧化与脱羧化，从而将丙酮酸这个三碳分子转化为乙酰这个二碳基团，而剩下的那个碳则以 CO_2 的形式排出。TPP 的重要性在其缺失的情况下会反映出来。事实上，若人们无法从食物中获取足够的硫胺素，则会得**脚气病** ***Beriberi***，这会损害人体的几大系统[8]。

PDH 中的第二个组分使用**硫辛酸** ***lipoic acid***。它是与 PDH 共价结合的辅基。硫辛酸的活性部分是一环状结构，其包含了两个共价结合的硫原子（即 S—S 键）（图 2.2c）。这一活性部分催化乙酰转移到 PDH 的第三个辅因子，**辅酶** ***coenzyme A***（CoA）。CoA 是**泛酸** ***pantothenic acid***，也称为**维生素 B_5** ***vitamine*** $\boldsymbol{B_5}$ 的衍生物（图 2.2c）。乙酰基与泛酸的结合涉及 S—S 键的还原，其环状结构会打开并形成两个巯基（—SH），其中一个会结合乙酰基。巯基在化学上来说是较易发生反应的，这可反映在巯基容易受到砷元素的有毒衍生物**砒霜** ***arsenic*** 的影响[9]（见专栏 2.1）。综上，乙酰辅酶 A 的形成涉及泛酸环状结构上 S—S 键的还原。为了让 PDH 保持活性，这两个巯基必须被重新氧化从而恢复 S—S 键。上述功能由 PDH 中第三个组分所实现，它采用了辅酶 FAD（即此过程中 FAD 接受—SH 的 H 形成 $FADH_2$，译者注）。最后，FAD 由 NAD^+ 复原，而作为结果 NAD^+ 变成 NADH，这就是整个反应的第三个产物（CO_2 为第一个，ACoA 为第二个，译者注）。有意思的是，PDH 的主要反应，尽管非常复杂，但并不唯一。它同样被 α-酮戊二酸脱氢酶（一种三羧酸循环中的酶）所使用。其催化的反应与 PDH 基本完全相同，只是底物不同（α-酮戊二酸，而不是丙酮酸）。如后文所叙述的，这种重复利用“成功”的蛋白质功能正是生物进化的一种关键策略。

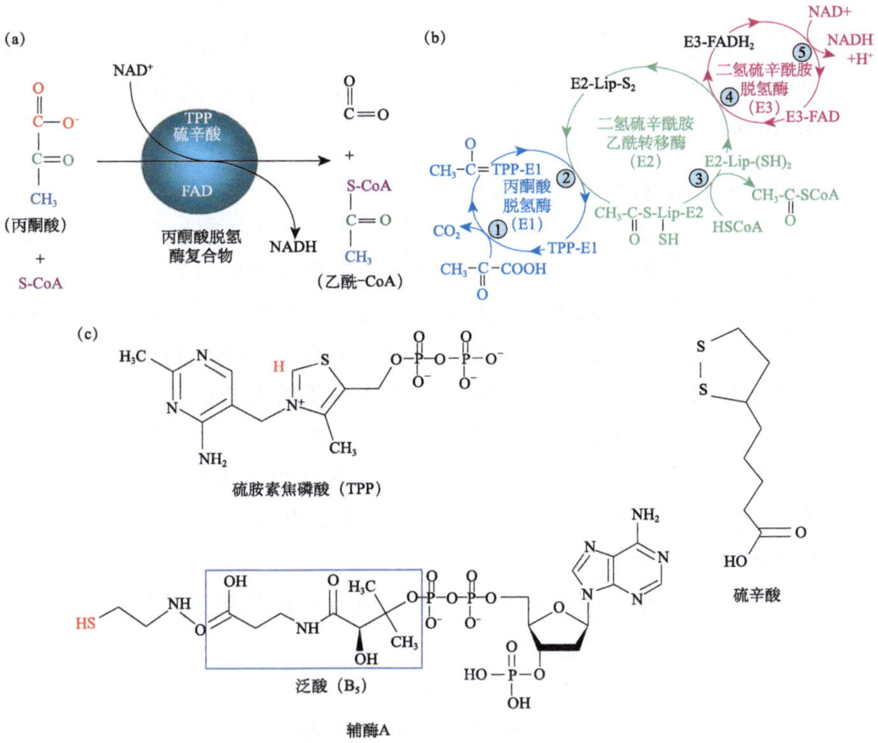

图 2.2　丙酮酸脱氢酶（PDH）复合物。(a) 由 PDH 催化的反应。S-CoA 代表辅酶 A，TPP 代表硫胺素焦磷酸，NAD 代表烟酰胺腺嘌呤二核苷酸，FAD 代表黄素腺嘌呤二核苷酸。(b) PDH 的机制（来自 Patel，M. S. and Korotchkina，L. G.，*Encyclopedia of Life Sciences*. John Wiley & Sons，Ltd.：Chichester，West Sussex，UK. 2006。经许可）。(c) TPP、硫辛酸和辅酶 A 的化学结构

与蛋白质链紧密结合的化学基团称为辅基，它们也往往成为对蛋白质分组与命名的基础。例如，**膜结合蛋白 *membrane bound protein*** 或**分泌蛋白 *secreted protein***（如激素、抗体，等等）倾向于结合很大数量的糖分子（**多聚糖 *glycan***）。因此它们称为**糖蛋白 *glycoprotein***。类似地，与脂类基团结合的蛋白质则称为**脂蛋白 *lipoprotein***。它们与大型球状**脂质体 *fatty body*** 结合，可用来在动物体内不同的器官之间输运**脂肪酸 *fatty acid*** 与**胆固醇 *cholesterol***。本章最开始介绍的**肌红蛋白 *myoglobin*** 与**血红蛋白 *hemoglobin*** 都包含了一个有机基团，称为**血红素 *heme***，其包含一个铁原子。因此它们称为**血红素蛋白 *hemoprotein***。**血红蛋白 *hemoglobin*** 在肺部与周缘组织之间运输氧气与二氧化碳，而肌红蛋白则充当肌肉中氧气的临时存储库。在这两种蛋白质中，血红素起到了与氧分子结合的作用，并且对于蛋白质功能至关重要。

最后，一些蛋白质会与小离子结合，如金属离子或卤素离子。尽管尺度很小，但这些离子会起到很重要的功能。尤其是金属，它们对很多蛋白质的功能非常重要，其中很多蛋白质是酶。我们会在后文论述它们，尤其是在**翻译后修饰** ***post-translational modification*（*PTM*）**这一相关部分。

专栏 2.1　砷中毒、政治斗争和拿破仑·波拿巴

砷（As）是在水、土壤和空气中发现的元素[9]。它以有机和无机形式及不同的氧化态出现，其中三价和五价态被认为对人类健康最危险（图 2.1.1）。砷中毒可以不同的方式发生，但最常见的是饮用受污染的水。事实上，与水有关的中毒案件在全世界都有记录，特别是在中国台湾、智利、墨西哥、印度和巴基斯坦。砷通过阻断硫醇基团起作用，从而中和几种酶，其中这些基团在功能上是重要的。丙酮酸脱氢酶（PDH）是涉及砷中毒的主要代谢酶之一。含砷化合物阻断硫辛酸的硫醇基团及 PDH 的辅酶之一（图 2.1.2）。在生理上，急性中毒表现为剧烈的腹部绞痛、腹泻和呕吐，常伴有休克死亡[10]。相比之下，慢性中毒导致多器官病变，其可能包括皮肤增厚和色素沉着变化，以及胃肠道问题（包括癌症）、食管出血、脾脏扩大、贫血、骨髓抑制、肝脏疾病等[11,12]。症状通常包括虚弱、混乱和瘫痪。

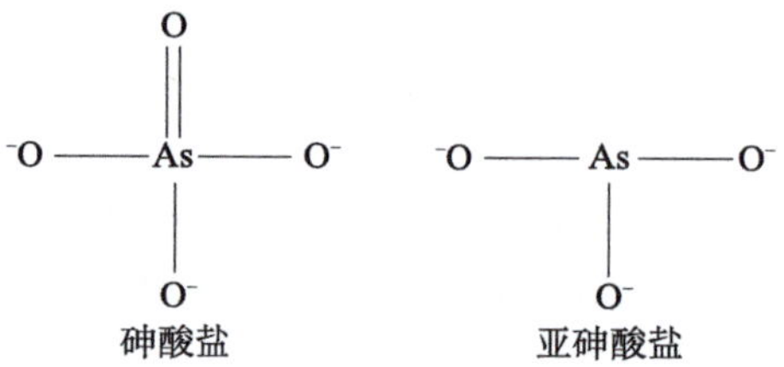

图 2.1.1　最常见的砷形式。所示的两个分子是铅酸亚砷酸盐（左）和三价亚砷酸盐（右）

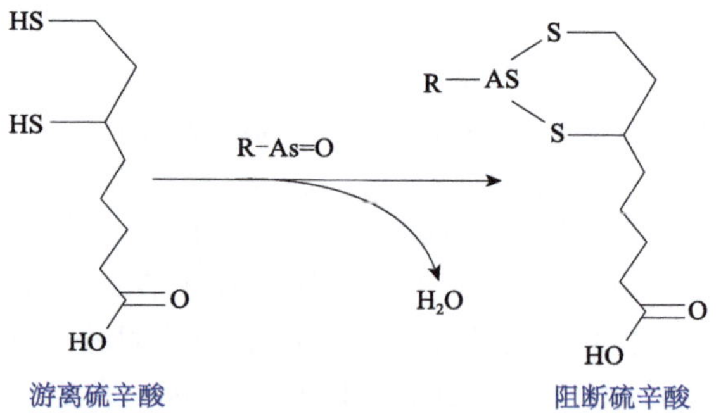

图 2.1.2　丙酮酸脱氢酶中和砷。所提出的作用机制是通过与砷（R—As═O）共价键合阻断硫辛酸的两个硫醇基团

自古以来人们就已经知道砷化合物，并且其被用于有益和险恶的目的。例如，低剂量的砷已被针对性地用作治疗性传播疾病——梅毒的药物。在中世纪和

文艺复兴时期，三氧化二砷被称为“白色粉末”，常用于暗杀政治对手[10]。因暗杀而使用砷的被告中，有意大利臭名昭著的Borgia家族的成员。除其他原因之外，毒药的高度普及导致其可用性高，甚至难以检查出其毒性（至少在19世纪）。事实上，急性砷中毒最常见的是食物中毒，而慢性中毒可以解释为其他疾病[10]。

普遍使用砷的毒药，特别是在皇室和政治家中，导致了一些涉及砷中毒的著名历史人物死亡的“阴谋论”。法国拿破仑·波拿巴一世（图2.1.3）就是这样，1821年在圣赫勒拿岛流亡时死亡[13]。拿破仑的官方死因是胃癌。1960年，一名法医科学家在他去世后的一天检查了拿破仑的头发样本。检查发现砷的含量比正常人的头发高出许多倍[13]。这些结果及后来发现的一些结果[14,15]均使人们怀疑拿破仑的死因不是胃癌，而是砷中毒。虽然不能确定中毒是偶然的还是凶杀的结果，但是这个理论迅速蔓延，在全世界流行起来[16]。最近，来自意大利的科学家团队使用核反应器更准确地检查了其头发。虽然这次检查证实了拿破仑的头发的高度砷含量，但这些高度砷含量水平在其是孩童时就存在，而且也存在于他的妻子和儿子的头发中[17]。这反驳了拿破仑在流亡期间的中毒理论。然而，问题仍然存在：波拿巴家族的头发中如何积累这么高的砷含量？答案可能很简单；低剂量砷剂在19世纪被广泛用于补药或壮阳药。拿破仑像他那个时代的其他人一样，可能会非常乐意地摄入有毒元素，作为一种药物或“只是为了好玩”。

图2.1.3 拿破仑画像（奥古斯特·多米尼克·格列斯）。图片来自Wikipedia（来自Ingres, J.A.D. Napoléon sur son trône Impériale. *Wikipedia*, *the Free Encyclopedia*）

2.2　一级结构

蛋白质的一级结构就是组成蛋白质链的氨基酸序列。蛋白质的氨基酸确切序列是非常重要的，因为它决定了最终**折叠构型** ***fold***，并由此决定了蛋白质的功能。接下来分两步介绍蛋白质的一级结构：首先我们将熟悉氨基酸本身及它们的物理化学性质；其次我们会介绍氨基酸是如何连接成一条链的，以及该过程如何改变它们的性质。

2.2.1　氨基酸及其性质

2.2.1.1　氨基酸结构

所有的氨基酸都具有一种结构，即中心碳原子，称为**α-碳** ***α-carbon***，或简写成 C_α。其周围有 4 个**取代基** ***substituents***：氢原子、**氨基** ***amino group***（称为 **α-氨基** ***α-amino***）、**羧基** ***carboxyl group***（称为 **α-羧基** ***α-carboxyl***），以及称为**侧链** ***side-chain*** 的第 4 个基团（图 2.3）。α-羧基的 pKa 很低（在 2 左右）①，因此它倾向于**去质子化** ***de-protonated*** 并在生理条件的 pH（在 7 左右）下呈现电负性。另外，α-氨基的 pKa 很高（为 9～10），因此它倾向于**质子化** ***protonated*** 并在生理条件的 pH 下呈现电正性。正如后文所述，当单个氨基酸被整合进蛋白质链后，这些氨基酸上的正负电荷会抵消掉，除了蛋白质链头尾。通常地，人们把氨基酸分成两部分。第一部分包括其除侧链之外的全部，即 C_α、氢原子、α-羧基与 α-氨基。

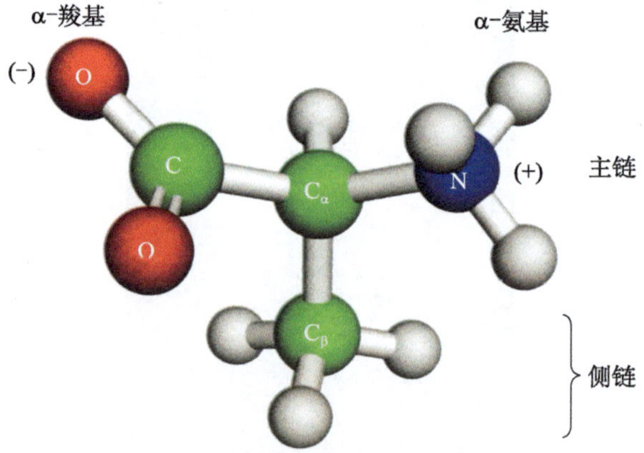

图 2.3　氨基酸的主要结构。原子和键被描述为球和棒，分别为：绿色碳原子、红色氧原子、白色氢原子、蓝色氮原子

① 对 pKa 的解释请参见专栏 2.2。

此部分称为**主链 *backbone***，它在所有的氨基酸上都是完全一样的。第二部分包括侧链，它对于每种不同的氨基酸来说都是不同的。换句话说，侧链基团正是造成不同氨基酸之间差异的原因。由于**侧链残基 *side-chain residue*** 的唯一性，当组成蛋白质链时，氨基酸往往被称为残基。在后续的篇幅中会详细论述氨基酸侧链的独特性质。在此之前，我们必须提到一种氨基酸的额外性质，尽管它与其侧链的性质无关，但依然影响蛋白质整体的结构与功能。这个性质就是氨基酸的**构型 *configuration***。

专栏 2.2 pKa 的意义

一些化合物表现为酸或碱。这些化合物最简单的定义之一是 Brønsted 和 Lowry 给出的，其本质上是指将酸分解释放到其所存在的溶液中的分子，以及作为从溶液吸收质子的分子的碱。酸（RH）的去质子化进行到酸与其共轭碱（R^-）之间达到平衡：

$$RH \leftrightarrow R^- + H^+ \tag{1}$$

像任何其他平衡过程一样，去质子化也由均衡常数（Ka）表征，取决于反应物和产物的平衡浓度：

$$Ka = \frac{[R^-][H^+]}{[RH]} \tag{2}$$

式中，方括号表示摩尔浓度。

Ka 是一种重要的量，用作酸强度的量度，即它们释放质子的倾向；Ka 越高，酸越强（图 2.2.1）。然而，Ka 的值可能非常大或非常小，这有点不便。相反，科学家更倾向于使用相关参数 pKa，定义为减去 Ka 的基数为 10 的对数：

$$pKa = -\log Ka \tag{3}$$

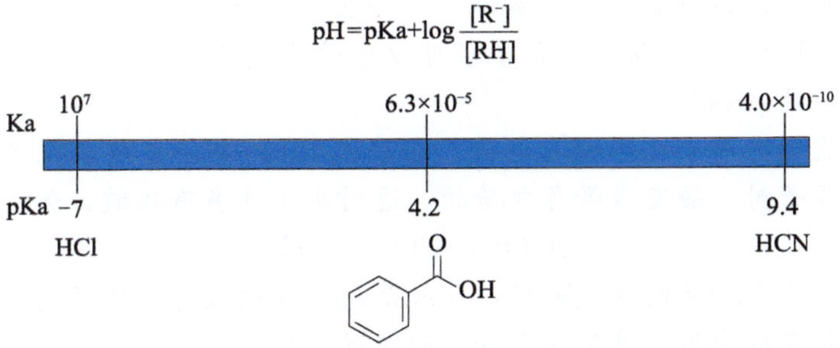

图 2.2.1 不同酸的 Ka 和相应的 pKa。Ka 和 pKa 量表从左边的最强的酸进入右边的最弱的酸。所示的酸从左到右分别是盐酸（HCl）、苯甲酸和氢氰酸

−log 操作使强酸和弱酸之间的数值差异很小。因此，pKa 可以定义为酸的质子亲和力的对数测量；酸越强，pKa 越低（图 2.2.1）。酸的去质子化程度取决于

溶液的 pH：与 pKa 相比，pH 越大，去质子化程度越高。这是因为高 pH 对应于溶液中氢氧根离子（OH^-）的丰度，其清除酸的质子，从而将酸的去质子的平衡转移到产物。任何酸的去质子化程度可以使用 Henderson-Hasselbalch 方程[19] 计算，条件是 pH 和 pKa 是已知的：

$$pH = pKa + \log \frac{[R^-]}{[RH]} \tag{4}$$

如式（4）所示，当溶液的 pH 等于酸的 pKa 时，正好 50%的酸被去质子化。酸的 pKa 是可测量的量，并且可以通过用强碱如氢氧化钠（NaOH）滴定来测定。在此过程中，离解酸产生的质子被离解的碱中的氢氧根离子清除：

$$\begin{gathered} RH \leftrightarrow R^- + H^+ \\ NaOH \rightarrow Na^+ + OH^- \\ RH^+ NaOH \rightarrow NaR + H_2O \end{gathered} \tag{5}$$

随着碱的添加，溶液的 pH 会逐渐上升。在最简单的情况下，即当酸和碱都是单质子时，一个等同的加入的碱导致正好一个当量的酸的去质子化，如图 2.2.2a 中的**滴定曲线 *titration curve*** 所示。pKa 是当恰好一半的酸被滴定时测量的溶液的 pH，即当加入了一半的碱当量时。如图 2.2.2a 所示，曲线在中间具有平坦区域，其对应于 pH 范围，其中 pH 变化非常小，尽管不断添加碱。这种称为**缓冲 *buffering*** 的现象发生在足够的酸已被去质子化时。通常，当接近去质子化过程的中间点时，出现酸的缓冲能力。当 pH 比中间点低约 1 个单位时，缓冲开始，当 pH 比这个点高约 1 个单位时停止。因此，去质子化的中点大致在该范围的中间，这也是 pKa 的值。当处理聚-质子酸（如氨基酸）时，这样很方便，特别是质子化基团数目未知时。在这种情况下，每个不同的基团具有其自身的 pKa，并且在不同的 pH 下完全去质子化。假设这些基团的 pKa 不是非常相似，它们被依次滴定，每个需要 1 当量碱以完全去质子化。这产生了多步滴定曲线，如图 2.2.2b 所示。如上所述，科学家可以通过找到曲线的所有平坦区域的中点来识别滴定组的 pKa①。

最后，酸的去质子化影响其电荷。在等式（1）中，当质子化时酸是电中性的，当失去原子时，酸变成带负电荷的。这对应于许多有机酸，如羧酸：

$$COOH \leftrightarrow COO^- + H^+ \tag{6}$$

其他酸可能以相反的方式表现，也就是说，在原型时可带正电荷，当进行去质子化时，其变成中性。这发生在如氨的情况下：

$$NH_2 - H^+ \leftrightarrow NH_2 + H^+ \tag{7}$$

因此，为了推断电离状态，应该知道酸的 pKa 和化学结构。

① 它们的数量，有时甚至是它们的化学性质。

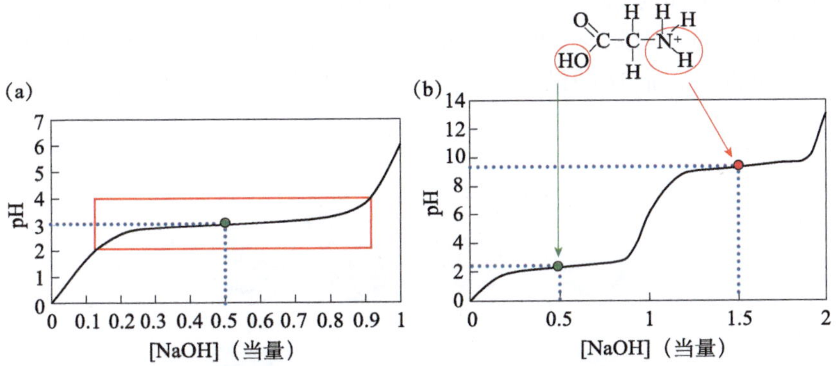

图 2.2.2 滴定曲线。(a) 单质酸的理想滴定曲线。该曲线表示作为添加的碱的结果的 pH 的变化。红色矩形表示酸作为缓冲区的范围，绿色球体显示 pKa 点。(b) 甘氨酸（一种双性氨基酸）的滴定曲线。分别对应于分子的羧基和氨基的 pKa 分别为 2.3 和 9.6。甘氨酸的化学结构显示在图的上部，质子化基团由圆圈标记

2.2.1.2 氨基酸构型

有机分子通常包含 1 个或多个碳原子，其周围有 4 个取代基。这些碳原子则称为“**手性** ***chiral***”或“**非对称** ***asymmetry***”中心。这是由于它们的镜像对称无法与其自身重叠。换句话说，分子中的每个手性中心都有两个无法重叠的构型，每一种构型反映了围绕手性中心的相同取代基的不同排布方式。这种不同的排布方式称为手性中心的**绝对构型** ***absolute configuration***，而这两种互为镜像的构型则称为**光学异构体** ***optical isomer*** 或**对映异构体** ***enantiomer***[20,21]。为了区分上述两种异构体，一种标记为“R”，而另一种则标记为“S”。生化学家通常按照与最简单的带有手性的糖分子（即甘油醛）之间的关系，来标记其他分子的对映异构。在这种标记系统下，一种异构体标记为“D”，而另一种则标记为“L”。为了方便起见，我们采用 D/L 标记系统。另一个反映化学基团与原子空间排布的术语称为**分子构象** ***molecular conformation***。然后，将分子的一种构型转变到另一种构型需要破坏共价键，而在不同的构象之间转变则只需通过旋转共价键上的原子（而不必破坏它，译者注）。

氨基酸的构型是由围绕 C_α 的取代基的排布方式所决定的（图 2.4），尽管某些氨基酸也包含有其他手性碳原子。单个氨基酸的构型非常重要，因为它决定了由其所构成的整个蛋白质的特殊性质。特别地，这种性质对于蛋白质参与分子识别的功能来说尤其重要。正如第 1 章所描述的，许多蛋白质具有立体**定向性** ***stereo-specific***。这是在说，这些蛋白质的功能基于它能够精确地识别其对应配体的一种构型。这就相应地要求该配体的三维结构能够与蛋白质的结合位点匹

配。换句话说，配体与结合位点的结构要能够在化学上与几何上互补。由于这种互补性是空间上的，因此为了能够达成与配体结合，蛋白质的结合位点也必须具备一定的三维性质，而这种结合位点的三维性质依赖于组成它的氨基酸的具体构型。

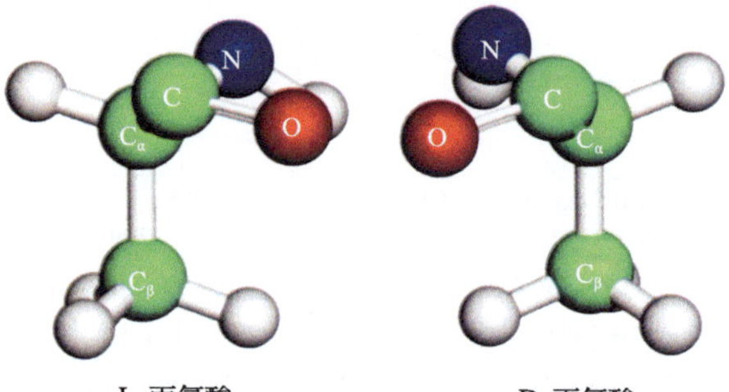

图 2.4 丙氨酸的 L 和 D 构型

事实上，虽然自然界中单个氨基酸可以具备 D 或 L 构型，但在蛋白质里的氨基酸却几乎完全是 L 型。此结果让蛋白质能够拥有与其底物在三维性质上相匹配的结合位点。这种**同手性** ***homo-chirality*** 是细胞制造蛋白质所采用的方式造成的结果。在此过程开始时，单个氨基酸被装载到其对应的**转运 RNA** ***transfer RNA***（***tRNA***）上，之后这个 tRNA 与氨基酸的复合体会与**核糖体** ***ribosome*** 相结合，而核糖体是细胞中蛋白质合成的机器。事后证明，执行上述过程第一步的酶只能识别 L 型氨基酸。因此，只有 L 型氨基酸才能进入蛋白质。不过，这种同手性的起源还不清楚，研究表明这很可能是 tRNA 的性质造成的，尤其是和构成它的组分（即核糖）的 D 构型有关[22,23]。

尽管蛋白质主要表现为同手性，但这并不绝对。某些蛋白质与肽段也会含有 D 型氨基酸。这种情况的发生主要通过两种途径，并且与物种有关。

1. 微生物：某些单细胞生物具备一种不依赖于核糖体的肽段合成系统（简称**非核糖体合成系统** ***non-ribosomal system***），可以使用 D 型氨基酸作为底物[24,25]。这种系统包括一系列协同工作的酶及每种酶催化合成的不同阶段。这些酶也用作挑选合适氨基酸的模板，在通过 mRNA 合成核糖体时起作用。微生物中的非核糖体合成系统负责产生具有生物活性的肽段，如那些用来建造细胞壁的，以及用作抗生素的肽段。后者可用**缬氨霉素** ***valinomycin*** 为例，它是一环状肽段，包含了 4 个残基的重复序列。这 4 个残基中，两个具有 D 构型，而另两个则为 L 型氨基酸[26]。

2. 多细胞生物：含有 D 型氨基酸的肽段（有时也包括蛋白质）同样能在不同的多细胞生物中被发现，这些生物可以从蜗牛一直到人类[27]。这些肽段与蛋白质会执行非常重要的生理功能，其中包括生长、衰老、防御与神经传递等。多细胞生物不具备非核糖体合成系统来合成蛋白质，因此它们无法将已经存在的D型氨基酸合成进蛋白质链[27,28]。作为替代，它们会采用特定的酶来转化已有蛋白质上的某些L型氨基酸成为D型[29−31]。许多此类包含D型氨基酸的肽段是由两栖类生物的皮肤组织产生的，它们的作用是抵抗捕食者。一个有趣的例子是**蛙皮啡肽 *dermorphin***，其是由一种南美的青蛙**马骝树蛙**（学名是 ***Phyllomedusa sauvagei***）产生的。蛙皮啡肽由7个氨基酸残基组成（Tyr-**D-Ala**-Phe-Gly-Tyr-Pro-Ser-NH_2），其中一个是D型丙氨酸[32,33]。此肽段具备与吗啡类似的活性（但很多时候更强[34]），马骝树蛙用此肽段来抵御潜在的捕食者。尽管在多细胞生物体内，这种L型残基到D型残基的转换是由酶催化的，但在一些其他情况下，例如，**L型天冬氨酸 *L-aspartate***，这种转换可以自发完成。此过程伴随着衰老而进行，它牵涉天冬氨酸上带负电的侧链，与其下一个位置上氨基酸的α-氨基发生了相互作用[27]。

在蛋白质与肽段中出现这种D型氨基酸在进化上的动机是什么？许多包含D型氨基酸的肽段参与防御作用。这一类别中包括具有抗生素活性的分泌肽段（如缬氨霉素和短杆菌肽），以及对大型掠食者具有毒性的神经活性肽段（如蛙皮啡肽）。无论哪种类型，这些肽段的作用模式都涉及进入另一具备立体特异性（stereo-specific）抵御机制，如蛋白酶与抗体的生物体内，而若此肽段的构造中拥有至少一个D型氨基酸，则是相当有益的，因为它可以防止宿主的防御系统对它的识别和降解。D型氨基酸还能够赋予肽段一种特殊的结构，从而让它履行一种独特的功能。此现象在抗菌肽**短杆菌肽 *gramicidin*** 上得到了很好的体现[35]。此肽段抵御宿主细菌的方式是通过在该细菌的细胞膜上开启一个很宽的离子通道。这会令细菌内部大量的离子流失，造成细胞膜上的电势能耗散，并同时让细菌失去关键的代谢功能[36,37]，最终导致此细菌的死亡（更详细的抗菌肽机制，请参见专栏7.2）。要在细胞膜上形成一个很宽的通道，需要一种特殊的肽段结构，称为**β螺旋 *β-helix***[38]，这要感谢短杆菌肽的特殊序列，其中包含了交替出现的L与D型氨基酸。如下文要讨论的，蛋白质链通常会以螺旋结构的方式组织起来。但是，这种通常的α螺旋与β螺旋具有不同的几何结构。更重要的是，单个α螺旋过于紧凑以至于无法开启一个离子通道，更何况是那种很宽的通道。

2.2.1.3 侧链特性

所有氨基酸主链的化学性质都相同，但它们侧链的化学性质则取决于不同的氨基酸种类。基于这一点，自然形成的蛋白质里有20种不同的氨基酸可被检测到。表2.1与图2.5a分别展示了20种不同侧链的化学性质，以及它们的全原子结构。乍看之下，每种氨基酸侧链的化学性质似乎完全不同。然而，细看则会发现某一类化学基团，如氨基、羧基与羟基，会出现在多个侧链上。因此，20 种氨基酸可被分成少数几组，这些组与组之间通过某些性质区分开来，其中最重要的是**极性** ***polarity***。例如，第 1 章中介绍的，极性分子含有至少一个氢原子，它与带有显著负电荷的重原子（如氧原子、氮原子等）相连。由于该键上的电荷分布不均匀，从而造成电偶极子。相应地，非极性分子中的氢原子只与碳原子成键，由于这两者（指的是碳与氢，译者注）之间的电负性差异很小以至于无法造成电偶极子。上述这点对与硫原子结合的氢原子（即 S—H 键）应该也适用，而 S—H 键出现在半胱氨酸中。但实际上半胱氨酸是一个例外（参见后文解释）。极性在生物分子中起的作用非常重要，因为它决定了生物分子如何与其他分子相互作用。这一点对氨基酸侧链来说亦是如此。那些呈现出极性的侧链同样能够与极性分子相互作用，例如，来自其他蛋白质的残基、靠近蛋白质的有机分子，甚至是液相溶剂本身（图 2.6）。这些相互作用对生物来说至关重要，原因如下。

表 2.1　20 种自然氨基酸的名称及其侧链的化学类型

分组	全称	三字母名称	单字母名称	侧链类型
非极性 nonpolar	甘氨酸 glycine	Gly	G	—
	丙氨酸 alanine	Ala	A	甲烷 methane
	缬氨酸 valine	Val	V	丙烷 propane
	亮氨酸 leucine	Leu	L	2-甲基-丙烷 2-methyl-propane
	异亮氨酸 isoleucine	Ile	I	丁烷 butane
	脯氨酸 proline	Pro	P	吡咯烷 pyrrolidine
	甲硫氨酸 methionine	Met	M	（甲基硫基）乙烷（methyl-sulfanyl) ethane
极性不带电 polar-neutral	丝氨酸 serine	Ser	S	甲醇 methanol
	苏氨酸 threonine	Thr	T	乙醇 ethanol
	半胱氨酸 cysteine	Cys	C	甲硫醇 methanethiol
	天冬酰胺 asparagine	Asn	N	乙酰胺 acetamide
	谷氨酰胺 glutamine	Gln	Q	丙酰胺 propanamide
带电 electrically charged	谷氨酸 glutamate	Glu	E	丙酸 propanoate
	天冬氨酸 aspartate	Asp	D	乙酸 acetate
	赖氨酸 lysine	Lys	K	丁-1-胺 butan-1-amine
	精氨酸 arginine	Arg	R	1-丙基胍 1-propyl-guanidine
	组氨酸 histidine	His	H	4-甲基-1H-咪唑 4-methyl-1H-imidazole
芳香族 aromatic	苯丙氨酸 phenylalanine	Phe	F	甲基苯 methyl-benzene
	酪氨酸 tyrosine	Tyr	Y	4-甲基-苯酚 4-methyl-phenol
	色氨酸 tryptophan	Trp	W	3-甲基-1H-吲哚 3-methyl-1H-indole

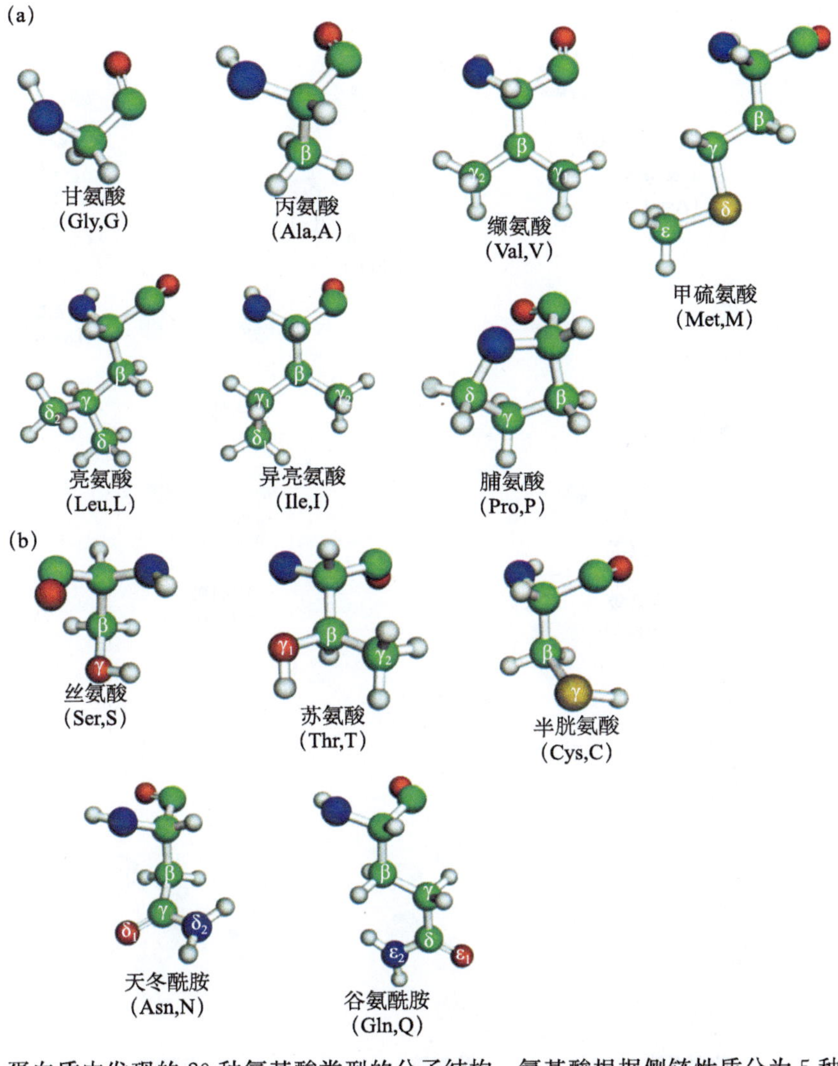

图 2.5 蛋白质中发现的 20 种氨基酸类型的分子结构。氨基酸根据侧链性质分为 5 种基本类型：(a) 非极性；(b) 极性不带电；(c) 带电（酸性和碱性）；(d) 芳香族。原子和键如图 2.3 所示。硫原子显示为黄色。所有侧链原子在每个氨基酸中的相对位置由希腊字母表示。α-羧基和 α-酰胺基分别呈现在蛋白质中，即分别作为电中性羰基和酰胺。侧链基团的电离态对应于生理 pH（约为 7）。为了清楚起见，Glu、Asp、Arg 和 His 的侧链电荷被赋予单个原子，而实际上这些电荷不受位置限制

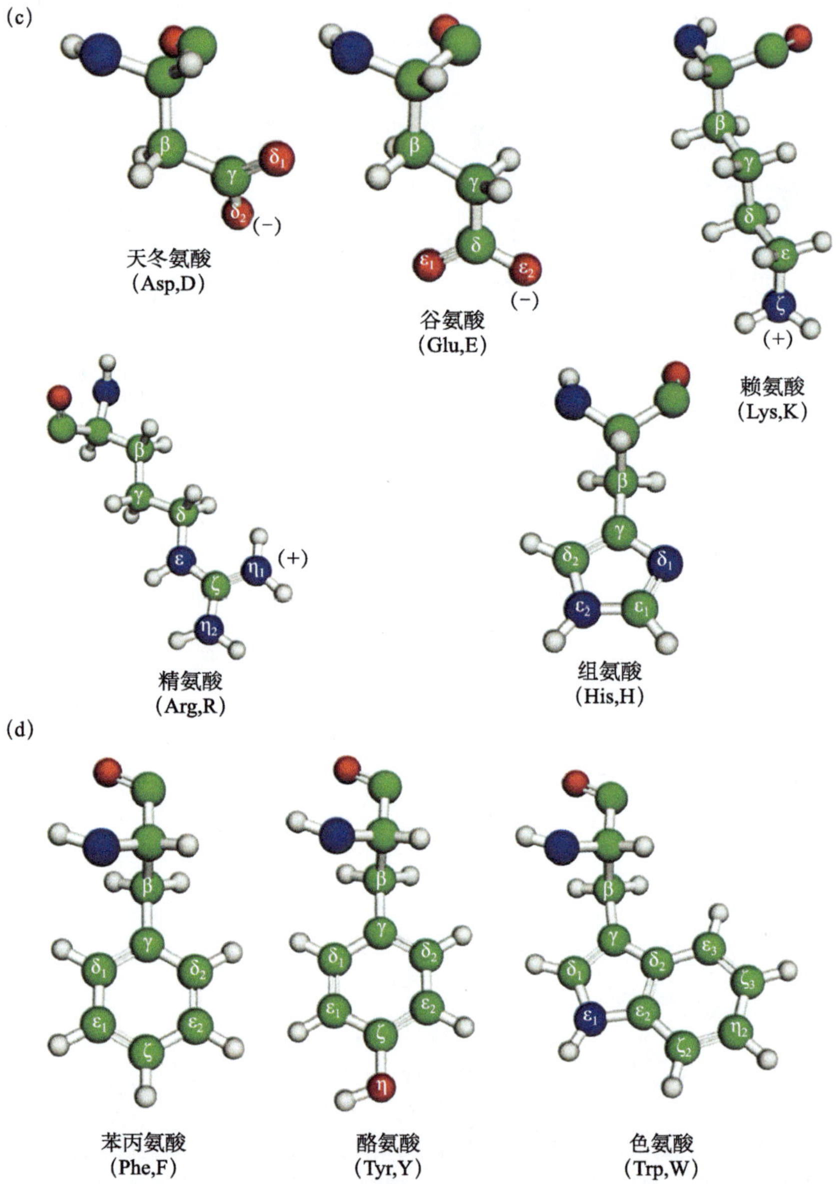

图 2.5　（继续）蛋白质中发现的 20 种氨基酸类型的分子结构。氨基酸根据侧链性质分为 5 种基本类型：(a) 非极性；(b) 极性不带电；(c) 带电（酸性和碱性）；(d) 芳香族。原子和键如图 2.3 所示。硫原子显示为黄色。所有侧链原子在每个氨基酸中的相对位置由希腊字母表示。α-羧基和 α-酰胺基分别呈现在蛋白质中，即分别作为电中性羰基和酰胺。侧链基团的电离态对应于生理 pH（约为 7）。为了清楚起见，Glu、Asp、Arg 和 His 的侧链电荷被赋予单个原子，而实际上这些电荷不受位置限制

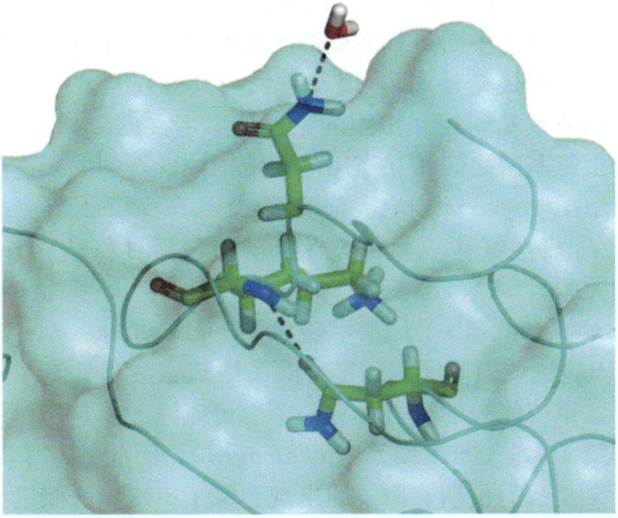

图 2.6 涉及蛋白质、氨基酸和水性溶剂的极性相互作用。乙酰胆碱酯酶（PDB 条目 1acj）的表面以青色显示。显示出两个氢键（黑色虚线）。第一个是在蛋白质的 Asn 残基和溶剂水分子之间。另一个氢键位于蛋白质内的两个 Lys 残基之间。所有相互作用的残基呈现为棒状，并根据原子类型着色

（1）极性相互作用参与决定蛋白质的三维折叠。

（2）极性残基与包裹它的水分子之间相互作用的倾向增强了蛋白质的水溶性。正如下文所述，这一点同样会影响蛋白质残基出现在**内核** ***core*** 或是**外周** ***periphery*** 的倾向（具体地，极性残基倾向于出现在外周，而非极性残基倾向于出现在内核，译者注）[39,40]。

（3）一些蛋白质上的极性残基参与配体结合，这是几乎所有蛋白质行使功能的基础（例如，酶与底物的结合，受体与激素的结合，以及抗体与抗原的结合）。

（4）一些酶与其底物之间的极性相互作用参与催化过程[41]。如专栏 1.1 中所解释的，极性原子的高电子密度让它成为**亲核基团** ***nucleophile***，即它可以与底物上带部分正电的碳原子相互作用，并帮助后者破坏内部的**不稳定键** ***labile bond***。此外，极性相互作用可以通过极化负责催化的残基来间接辅助催化过程。

如图 2.5 所示，通常可以把氨基酸分为 5 种类型。

（1）非极性（图 2.5a）：这些氨基酸的侧链仅含碳原子与氢原子，除了一种特殊情况，会在下文解释。

（2）极性不带电（图 2.5b）：这些氨基酸的侧链：为电中性，但依然带有部分电荷，从而造成电偶极子。

（3）带电（图 2.5c）：在生理条件的 pH 下，这些残基的侧链带有电荷，其值为－1 或＋1 单位。

（4）芳香族（图 2.5d）：这些残基的侧链包含一个或两个芳香环。

以下小节将详细叙述不同氨基酸侧链类型的属性，并着重强调它们处于蛋白质的哪个方位（即内核还是外周），以及它们与其他残基之间的相互作用。更详细的有关这种蛋白质残基间相互作用的论述请参考文献［42］。该论述是基于对已知蛋白质结构上氨基酸之间相互作用的大范围统计得到的。这些数据可以从如下链接获得：http://www.biochem.ucl.ac.uk/bsm/sidechains/。

2.2.1.3.1　非极性氨基酸　非极性氨基酸包括**甘氨酸** ***glycine***（Gly，G）、**丙氨酸** ***alanine***（Ala，A）、**缬氨酸** ***valine***（Val，V）、**亮氨酸** ***leucine***（Leu，L）、**异亮氨酸** ***isoleucine***（Ile，I）、**甲硫氨酸** ***methionine***（Met，M）与**脯氨酸** ***proline***（Pro，P）。这些氨基酸的侧链，除了甲硫氨酸和甘氨酸，其他的都只含碳原子与氢原子。甲硫氨酸的侧链含有一个二价硫原子。它与氧原子类似，出现在元素周期表的第 16 列（即**氧族元素** ***chalcogen***），因此硫原子具有与氧原子类似的电子结构。于是我们预期硫原子的出现会赋予甲硫氨酸侧链极性。然而，甲硫氨酸最终被归为非极性氨基酸是由于如下两个原因。首先，硫原子的电负性（数值为 2.5）比氧原子的（数值为 3.5）要低，这是由两者尺度的不同造成的[43]，从而其电负性的数值接近于碳原子的电负性[44]。其次，在甲硫氨酸的侧链上，硫原子的两侧被碳原子包夹，从而阻止电偶极子的形成。

尽管甲硫氨酸整体上是非极性的，但它依然能与极性分子［包括芳香环（见参考文献［45］）］产生较弱的相互作用。这种相互作用是通过硫原子的**非键电子对** ***nonbonding electron pair*** 实现的[46,47]。更进一步，硫原子具有一种有趣的双重功能：它既能与亲核基团（如—OH），也能与亲电基团（例如，—NH 上的氢原子）发生相互作用[48]。甲硫氨酸这种独特的行为很可能是它进化的原因。换句话说，这种独特性所带来的优势似乎克服了把硫原子引入细胞生物合成系统所带来的负担。甲硫氨酸的独特性还可以从其他几个地方显示出来。例如，甲硫氨酸的侧链若出现在蛋白质表面的话，则有可能被氧化而变成**亚砜** ***sulfoxide***。由于此过程不会影响蛋白质的功能，并且能够在亚砜还原酶的作用下恢复，因此人们推测甲硫氨酸可以作为蛋白质内置的一种抗氧化剂，它能通过清除自由基从而保护蛋白质的其他残基避免被氧化[49]。甲硫氨酸的另一个有利性质是它能和阳离子金属发生相互作用。再者，这还是由于硫原子具有非键电子对。硫原子的尺度允许其外壳层电子仅受到较弱的原子核束缚，从而让它更容易与周围的阳离子作用。实际上，在**金属酶** ***metallo-enzyme*** 中甲硫氨酸会与铁（Fe）、锌（Zn）、铜（Cu）与钼（Mo）原子相互作用。这一类酶的作用方式很有趣，它利用金属来行使与细胞代谢相关的氧还反应。最后，作为独立的氨基酸来说，甲硫氨酸亦是十分重要的。它是**半胱氨酸** ***cysteine***、**磷脂** ***phospholipids***、**牛磺酸** ***taurine***（它是胆汁的一种重要组分），以及 ***S*-腺苷甲硫氨酸** ***S-adenosyl methionine***（它是合成代谢中甲基的万用受体）生物合成的前体。

甘氨酸，它的侧链只包含一个氢原子，同样被认为是非极性氨基酸。甘氨酸这种缺乏真正侧链的性质，对其在蛋白质中的位置有两种含义。首先，其很小的尺度能让甘氨酸被放置于蛋白质中比较拥挤的区域，这种性质无法由其他残基替代。另外，缺乏侧链允许甘氨酸让其周围的蛋白质链在空间上变得更**柔韧 *flexible***，这使甘氨酸局限于蛋白质中允许高度柔韧性的区域。

非极性氨基酸中第三个特殊成员是脯氨酸。它的侧链与其自身的 α-氨基形成共价键，从而形成了一个**吡咯烷 *pyrrolidine*** 环。脯氨酸这种结构的含义会在后续小节里介绍。某些富含脯氨酸序列的蛋白质会呈现特殊的几何与化学性质，并让它们参与蛋白质-蛋白质的识别[50]。这一性质也会在下文讨论。

实验上测定的蛋白质结构中，非极性残基主要处于蛋白质的内核，在这里它们能够彼此相互作用[39,40]（图 2.7）。从这个意义上讲，非极性蛋白质之间一样存在“非极性”上的差异（更具体地，这里说的非极性即**疏水性 *hydrophobicity***）：甘氨酸的疏水性最差；其次是丙氨酸；缬氨酸的疏水性位于中间，而亮氨酸与异亮氨酸具有极强的疏水性。更进一步，缬氨酸、亮氨酸、异亮氨酸的具有分叉结构的侧链允许这些残基在蛋白质内核中紧密地堆积在一起，从而最优化它们之间的范德瓦耳斯与非极性相互作用。尽管大致如此，但非极性残基并不绝对地只出现在蛋白质内核，它们有时也可出现在蛋白质表面。实际上，比较分析表明非极性残基在所有三大生物界（即古细菌、细菌与真核细胞）中都十分常见[51]。

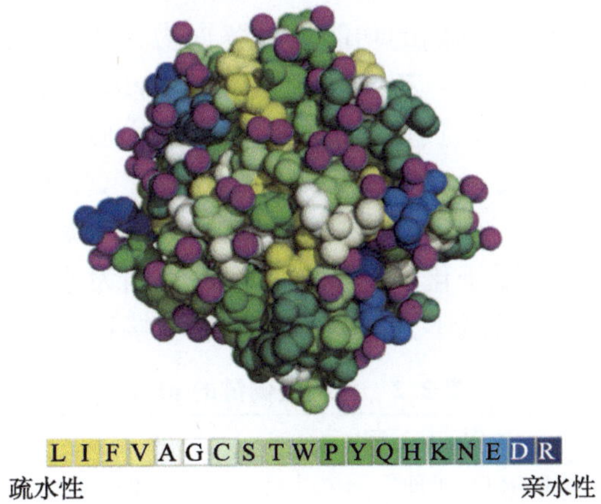

图 2.7 蛋白质中极性和非极性氨基酸的组织。蛋白质原子显示为球体，根据极性着色。颜色代码（在图的底部）是根据 Kessel-Ben-Tal Scale（Kessel，A. and Ben-Tal，N.，*Current Topics in Membranes*，Academic Press. p. 205 - 253，2002）通过计算水性和脂质介质之间的氨基酸转移获得的。溶剂（水）分子也显示为围绕其氧原子的着洋红色的球体。该图显示大多数极性残基在蛋白质周边，这里它们可以与溶剂发生静电相互作用

2.2.1.3.2 极性无电荷氨基酸 极性无电荷氨基酸包括**丝氨酸** ***serine*** (Ser, S)、**苏氨酸** ***threonine*** (Thr, T)、**半胱氨酸** ***cysteine*** (Cys, C)、**谷氨酰胺** ***glutamine*** (Gln, Q) 与**天冬酰胺** ***asparagine*** (Asn, N)。极性残基倾向于处在蛋白质的表面，其中它们可以采用氢键的方式互相连接或与周边的水分子连接（图2.7)。极性残基亦可能处于蛋白质内核，在该情况下它们往往会行使某种功能，如酶催化。我们会在第4章具体讨论这种情形。

2.2.1.3.2.1 丝氨酸与苏氨酸 丝氨酸与苏氨酸的侧链都包含一个羟基(—OH)。此基团可作为两类**翻译后修饰** ***post translational modification*** **(*PTM*)** 的靶标。一种修饰是**磷酸化** ***phosphorylation***，它是一种信号转导所使用的主要机制，以及调控酶活性的手段[53]。另一种修饰是**糖基化** ***glycosylation***（即连接糖分子)，它发生在许多膜结合蛋白与分泌蛋白之上。具体地，糖分子会连接在羟基的氧原子上（该过程称为**氧连糖基化** ***O-linked glycosylation***)。

羟基在许多酶中作为亲核基团在催化中发挥功能。丝氨酸，作为一种**伯醇** ***primary alcohol***，在作为亲核基团时的反应强度要超过苏氨酸，其为一种**仲醇** ***secondary alcohol***。具体来说，作为一种亲核基团参与反应，丝氨酸与苏氨酸需要其羟基**去质子化** ***de-protonate*** 而变为其阴离子形式（即 $OH \rightarrow O^-$)。此过程在生理pH条件下不会自发发生，这是由于羟基具有很高的pKa（约为13，见表2.2)。然而，在蛋白质的活性位点内，丝氨酸上的羟基去质子化得到其邻近的某些特定残基的帮助。这些与羟基相互作用的残基以某种方式降低了它的pKa。上述过程发生在**丝氨酸蛋白酶** ***serine protease*** 类中[54,55]。例如，**胰蛋白酶** ***trypsin*** 与**糜蛋白酶** ***chymotrypsin***，它们的功能是分解食物。此过程也会发生在**丝氨酸酯酶** ***serine esterase*** 类中，例如，**乙酰胆碱酯酶** ***acetylcholine esterase*** 与**丁酰胆碱酯酶** ***butyrylcholine esterase***。负责帮助丝氨酸羟基去质子化的主要残基是组氨酸 ***histidine***，其以一种**广义碱** ***general base*** 的方式作用（见专栏1.1)。苏氨酸，尽管它与丝氨酸类似也具有一个包含羟基的侧链，但它不太可能以上述机制（即通过其他残基帮助它进行去质子化，译者注）作用。因为苏氨酸的羟基旁边还有一个额外的甲基，从而让其羟基不太容易被其他残基接近，所以降低了其活性。

表2.2 氨基酸侧链的pKa

残基	去质子化过程[a]	$pKa_{本征侧链}$ [b]	$pKa_{蛋白}$ [c]
丝氨酸 Serine	$R\text{-}OH \leftrightarrow R\text{-}O^- + H^+$	约13	
苏氨酸 Threonine	$R\text{-}OH \leftrightarrow R\text{-}O^- + H^+$	约13	
精氨酸 Arginine	$R_1=NH_2^+ \leftrightarrow R_1=NH + H^+$	12.3	
赖氨酸 Lysine	$R\text{-}NH_3^+ \leftrightarrow R\text{-}NH_2 + H^+$	10.4	10.5±1.1
络氨酸 Tyrosine	$R\text{-}OH \leftrightarrow R\text{-}O^- + H^+$	9.8	10.3±1.2
半胱氨酸 Cysteine	$R\text{-}SH \leftrightarrow R\text{-}S^- + H^+$	8.6	6.8±2.7

续表

残基	去质子化过程[a]	$pKa_{本征侧链}$ [b]	$pKa_{蛋白}$ [c]
组氨酸 Histidine	$R_1=NH^+$-R_2↔$R_1=N$-R_2+H^+	6.5	6.6±1.0
谷氨酸 Glutamate	R-COOH↔R-COO^-+H^+	4.3	4.2±0.9
天冬氨酸 Aspartate	R-COOH↔R-COO^-+H^+	3.9	3.5±1.2

注：数据来自 Pace，C. N.，Grimsley，G. R. and Scholtz，J. M.，*J. Biol. Chem.*，284，13285－13289，2009，除了丝氨酸和苏氨酸

[a] R 表示残留物的其余部分

[b] 本征侧链 pKa，即氨基酸侧链的 pKa 当其完全暴露于水性溶剂时，未结合到任何溶剂化学物质，不受任何正式的电荷的影响。价值观使用主-客体五肽测量（Thurlkill，R. L.，Grimsley，G. R.，Scholtz，J. M.，and Pace，C. N.，*Protein Sci.*，15，1214－1218，2006）。也就是说，具有序列 Ala-Ala-X-Ala-Ala 的肽，其中 X 是 20 个天然氨基酸中的任一个

[c] 作为折叠蛋白质一部分的氨基酸的侧链 pKa。根据 78 个不同蛋白质的 41 个可离子化组的测量得出了平均值及其标准偏差（Grimsley，G. R. S.，Scholtz，J. M.，and Pace，C. N.，*Protern Sci.*，18，247－251，2009）

2.2.1.3.2.2　半胱氨酸　半胱氨酸的侧链包含一个**巯基 *thiol group***（又称为硫醇基）。该基团具有轻微极性的观点是有争议的。一方面，硫原子本身具有 2.5 的电负性值[44]，这应该能使 S—H 键比 C—H 键的极性更弱。另一方面，硫原子在外壳层有 4 个未成对电子，这会赋予它部分负电荷。因此，半胱氨酸可以认为具有微弱的极性，不是由于在 S—H 键上把电子往硫原子上拉，而是由于其本身具有某种电子结构。半胱氨酸较弱的极性（与极性无电荷氨基酸类中其他氨基酸相比）使得它不太倾向出现在蛋白质的表面[59,60]。实际上，针对 61 个蛋白质结构的分析表明，90%的半胱氨酸残基是包埋在蛋白质内核中的[60]。其包埋在蛋白质内核的另一个原因是半胱氨酸具有高度的反应活性：在氧化条件下，两个相邻的半胱氨酸上的巯基倾向于失去它们的氢原子，从而形成连接它们两个硫原子的共价键[61]（图 2.8）。在生物系统中，上述反应是由酶催化的。而产生的共价键则称为**二硫键 *disulfide bond***，或**二硫桥 *disulfide bridge***，又或简单地写成 S—S 键。在这种形式下，两个连接在一起的半胱氨酸则称为**胱氨酸 *cystine***。S—S 基团比单个自由的巯基极性要低[62]，这就造成了胱氨酸倾向于出现在蛋白质的疏水内核而不是其亲水表面。半胱氨酸的侧链容易被氧化，同样与硫原子的尺度很大有关。由于体积较大（相比较氮原子与氧原子而言），硫原子允许由反应过渡态产生的负电荷更有效的分散，从而使过渡态稳定。如第 1 章中所讨论的，让过渡态更稳定可以增加反应的速率。半胱氨酸在去质子化形式下的稳定性，使得其相比丝氨酸（可以认为丝氨酸是半胱氨酸的类似物，无非就是把氧原子换成了硫原子，译者注）而言具有更低的内禀 pKa（半胱氨酸为 8.6，丝氨酸约为 13，参见表 2.2）。

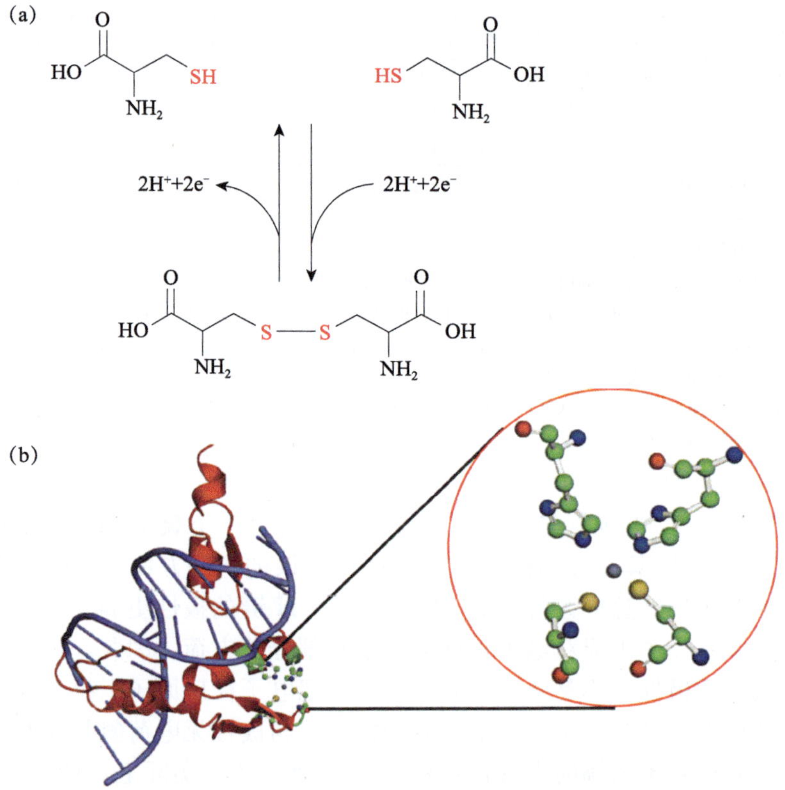

图 2.8　蛋白质中半胱氨酸残基的作用。(a) 在两个半胱氨酸氨基酸之间形成二硫键。所涉及的硫醇（sulfhydryl）组是红色的。(b) 半胱氨酸作为金属结合残基。左图显示蛋白质（红色）和 DNA（浅蓝色）之间的复合物。蛋白质含有“锌指”基序作为附着于带负电荷的 DNA 分子的平均值。右图是放大图案，显示了 4 种残留锌阳离子的残留物，其中两个是半胱氨酸残基。锌原子呈灰色球形，残留物为球和棒，根据原子类型着色

二硫键对蛋白质而言贡献了稳定性。然而，它们通常只出现在膜结合蛋白与分泌蛋白上[63]。这与二硫键形成所需要的条件有关。具体来说，大部分细胞的细胞质与细胞核都包含有很大浓度的还原性 **NADPH** 与**谷胱甘肽** ***glutathione*** (***GSH***)。这些分子与某些酶一起参与氧还反应，来保护组织不受到氧化作用的伤害。在细胞中，NADPH 同样也是一些关键生物合成反应所必需的分子。尽管氧化还原反应能在两个方向上发生，但由于细胞质中存在高浓度的 NADPH，还原反应占了主要的方向。综上，在细胞质中由于整体是还原性的，这就让二硫键难以形成。所以，稳定的二硫键 S—S 无法在胞质蛋白中形成，即便牵涉的两个巯基靠得非常近。与之相对地，分泌蛋白与膜蛋白的外侧处于氧化环境，这就允许二硫键产生。这种情况在蛋白质还在**内质网腔** ***ER lumen*** 中进行处理的时候就已

发生。内质网腔，作为一种**细胞区室** ***cellular compartment***，它从拓扑结构上来说等价于胞外环境[64]。在细菌中，二硫键形成于**周质空间** ***periplasmic space***，该空间介于内外两层膜之间。尽管还原试剂，如谷胱甘肽，亦能存在于内质网腔与高尔基体中，但它们的浓度与在细胞质中相比则低了许多倍[65]。这种事实上互斥的二硫键存在，即它们仅存在于分泌蛋白与膜蛋白而不存在于胞质蛋白是有生物学意义的。众所周知，胞外环境对蛋白质稳定性来说是很凶险的，这是由于温度与 pH 的可变范围很大，以及存在许多自由基与其他氧化剂。需要强调一点，在细胞质中二硫键的形成是可逆的，这是某种生化过程的一部分。总之，上述二硫键的重要功能使得生物在进化过程中迫切需要一种含有巯基的氨基酸。尽管丝氨酸与半胱氨酸非常类似，无非就是用氧原子替代了硫原子，但它无法形成与之等价的键［即二氧键（O—O）无法代替二硫键（S—S），译者注］。这是因为羟基与巯基相比是一种较弱的酸。半胱氨酸的多用途与其赋予蛋白质的复杂性，有可能解释它在蛋白质的分子进化中出现较晚的原因[66]。丝氨酸被认为是最早出现在蛋白质中的氨基酸之一[66]，与半胱氨酸有着类似的化学性质，但缺乏其增加的复杂性所带来的好处。这有可能解释为何蛋白质中半胱氨酸越来越多，而且这种趋势一直持续至今[67]。

生化教科书倾向于提到二硫键的功能只与稳定蛋白质结构相关。但实际上，目前越来越多的数据表明在某些情况下二硫键也有可能具有其他重要的功能。这里用**胰岛素** ***insulin*** 作为范例，它是动物体内的一种蛋白质激素，其行使调控代谢的核心功能。胰岛素是随着分解食物而从胰腺分泌出的，它把食物分解后得到的糖从循环系统运输到身体各个细胞。此外，胰岛素也会激活负责细胞内部利用糖分，以及负责能量产生与生物合成有关的代谢途径。对于公众来说，胰岛素主要作为一种治疗糖尿病的手段。胰岛素的全部功能依赖于其结合对应的细胞表面受体并激活它的能力。一旦激活后，表面受体会往细胞内传递化学信使，它或激活或抑制与上述生化过程有关的酶。胰岛素的结构包括 3 个二硫键。尽管每个二硫键对胰岛素的结构稳定性贡献不同，但它们都对受体结合十分重要[68]。

与丝氨酸类似，半胱氨酸亦能作为亲核基团参与酶催化的反应。此类反应发生在**半胱氨酸蛋白酶** ***cysteine protease*** 类中，如**木瓜蛋白酶** ***papain***[69]。它具有和丝氨酸蛋白酶类似的起到催化作用的残基，但却以半胱氨酸作为主要的亲核基团[70]。事实上，巯基相比较丝氨酸上的羟基来说，是一种更强的亲核基团。再者，这是由于硫原子相对较大的尺寸，减弱了原子核对外壳层电子的吸引。最近的调查表明，在 MACiE[71] 酶数据库中，Thornton 等发现有大约 36％的半胱氨酸残基参与催化与共价键相关的反应（见专栏 1.1）。正如前文所提到的，半胱氨酸也会参与由氧还酶执行的氧还反应。大部分氧还酶在底物之间进行电子转移，采用有机分子（如 FAD 与 NAD^+）或无机分子（如血红素、金属过渡态）

作为辅因子。而其他氧还酶有可能采用活性残基作为替代，通常都是半胱氨酸。在这方面，使用半胱氨酸的优势是基于巯基的高反应活性，以及硫原子能够具有从－2 到＋6 的氧化态[73]。这就让半胱氨酸残基能够参与多种功能各异的氧还反应，这些反应与新陈代谢、抗氧化，甚至细胞信号转导有关[74,75]。

巯基的反应活性也会赋予半胱氨酸残基成为一些原子和分子与之结合的靶点。这些分子包括**法尼基** ***farnesyl*** 与**棕榈酰基** ***palmitoyl***，它们是一种脂链分子，并作为一种辅基被细胞用来将某些蛋白质锚定至胞质膜[76]。正如下文所述，这种锚定通常是很庞大的信号转导过程中的一步。另一类半胱氨酸参与结合的范例是金属以**配位键** ***coordinative bond*** 的方式与蛋白质结合。例如，某些 DNA 结合蛋白采用一种局域结构，称为**锌指** ***zinc finger***，来结合 DNA（图 2.8b）。这种锌指结构是基于一个阳离子形式的锌，以配位键的方式与几个蛋白质的残基结合。其中有一到两个残基是半胱氨酸。这种带正电的锌离子，以及上述这种在三维空间中呈现手指一样的锌指结构，可以让此类蛋白质以**转录因子** ***transcription factor*** 的作用方式来结合 DNA 上的功能区[77]。有趣的是，在另外一些蛋白质中，这种锌指结构可以参与蛋白质与蛋白质的相互作用[78]。这再一次说明了进化倾向于采用一些已经成功的技巧来应用在其他目的上。不过这里仍需要强调，有时候半胱氨酸的化学活性会伤害到蛋白质本身，如当半胱氨酸作为毒素的靶标时。**吲哚乙酸** ***indo-acetic acid*** **（*IAA*）**正符合这种情况，它在物理上阻挡了巯基，并有可能损害那些以半胱氨酸为催化机制的酶的反应活性。实际上，IAA 能够通过阻挡**甘油醛-3-磷酸脱氢酶** ***glyceraldehyde-3-phosphate dehydrogenase*** 中起到催化作用的半胱氨酸来抑制糖酵解[79]。

2.2.1.3.2.3　谷氨酰胺与天冬酰胺　谷氨酰胺与天冬酰胺的侧链都包含有**酰胺基** ***carboxamide*** **（*CONH₂*）**。实际上，它们侧链的差别仅在谷氨酰胺比天冬酰胺多了一个甲基，从而让前者比后者更柔韧。酰胺基能够同时作为氢键受体与供体，而实际上这两个残基经常参与蛋白质内部之间或蛋白质与溶剂分子之间的氢键网络。与丝氨酸和苏氨酸类似，天冬酰胺也会作为翻译后修饰的糖基化靶标。然而，糖基被连接在酰胺基的氮原子上（称为**氮连糖基化** ***N-linked glycosylation***），而不是被连接在羟基的氧原子上（称为**氧连糖基化** ***O-linked glycosylation***）。

2.2.1.3.3　极性带电荷氨基酸　极性带电荷氨基酸大约占了蛋白质中氨基酸的 30%[67]。此类氨基酸包括**谷氨酸** ***glutamate***（Glu，E）、**天冬氨酸** ***aspartate***（Asp，D）、**组氨酸** ***histidine***（His，H）、**赖氨酸** ***lysine***（Lys，K）与**精氨酸** ***arginine***（Arg，R）。所有这些氨基酸都包含带电荷的侧链（在生理条件的 pH 下）。与其他极性残基类似，它们基本都出现在蛋白质表面，在其中它们采用静电的方式相互作用或与周边的水分子相互作用。它们具有的净电荷增加了其反应活性，这就解释了为何极性带电荷氨基酸在酶中是很常见的催化残基[41,83]。具体地，它们可以作为亲核基团，可以用静电的方式稳定过渡态，可以采用极化的方式让底物更容易被催化，甚至可以激活其他催化残基（见专栏 1.1）。

每个极性带电荷氨基酸的侧链都包含有一个能进行**质子化** ***protonation*** 或**去质子化** ***de-protonation*** 的基团。而其占主导的电离状态则取决于溶液的 pH 与该基团的 pKa 之间的差异，如专栏 2.2 所解释的那样。在生物系统中，pH 基本在 7 附近。由于 5 种极性带电荷残基之间具有化学性质的差异，它们具有不同的 pKa，这意味着其中一些处于质子化状态，而另一些则处于去质子化状态。尽管这 5 个残基在上述条件下都携带电荷，但有些带正电荷，而另一些则带负电荷。基于上述区别，极性带电荷残基可分为两类：酸性与碱性。

专栏 2.3 CYSTEINE 作为抗氧化剂

细胞和组织不断暴露于对细胞成分造成损害的氧化剂中，这可能危及整个生物体的健康。这些氧化剂可能有两个来源。第一种是内源性的，包括作为代谢过程的副产物产生的自由基或作为防治病原体的手段。例如，**超氧化物自由基** ***superoxide radical***（O_2^-）不断形成线粒体呼吸的副产物。这种分子和另一种氧化剂，**过氧化氢** ***hydrogen peroxide***（H_2O_2）是由吞噬细胞产生的，作为其内在细菌杀死机制的一部分。有趣的是，过氧化氢最近才被确定为细胞间化学信使[80]。有害氧化剂的另一个来源是外源的，通常来自工业产品和空气、食物和水中的副产物。

科学家人体氧化剂水平的上升称为**氧化应激** ***oxidative stress***。这可能导致生物分子的破坏，如下所述。

1. 蛋白质：体内蛋白质的氧化可能直接损害其功能，通过化学改变催化残留物，或通过诱导与其生物功能不相容的结构变化间接地损害其功能。蛋白质辅因子也可能被氧化，导致功能障碍。这在**糖尿病** ***diabetes mellitus*** 患者血红蛋白的氧化中是例证。糖尿病产生大量**酮体** ***ketone bodies***，直接和间接地产生氧化应激。这些氧化剂对血红蛋白的**血红素** ***heme*** 辅因子的氧化使得蛋白质失去活性，因缺氧导致组织的二次损伤，至此，组织坏死、坏疽，甚至导致器官衰竭都会接踵而至。

2. DNA：细胞遗传物质的氧化可能导致突变，这又会致命或导致细胞的癌变。

3. 细胞质膜：其脂质或蛋白质组分的氧化可能会损害其作为细胞质和细胞外环境之间的选择性屏障的功能。此外，通过降低膜的柔韧性，它可能导致其分解和细胞过早死亡。这种情况发生在缺乏**葡萄糖 6 磷酸脱氢酶** ***glucose 6 phosphate dehydrogenase***（***G6PD***）的人中，通常在 NADPH 的生产中起作用，这是一种抗氧化剂（详见以下段落）。当这些人暴露于强氧化剂（如食物或药物）时，由于 NADPH 水平低，它们可能会产生**氧化应激 *oxidative stress***。因红细胞仅依靠 G6PD 产生 NADPH，故其中的压力特别严酷，所造成的对红细胞质膜的损伤导致其死亡，其在生理上表现为大量出血。这种情况临床上称为**溶血性贫血 *hemolytic anemia***。

如上所述，我们的身体不断暴露于氧化剂中。然而，身体内部装备了有效的处理氧化应激危险的方法。这些统称为**抗氧化剂 *antioxidants***。一些抗氧化机制涉及氨基酸 Cys，主要是硫氧还蛋白和谷胱甘肽两个系统[74]。两个系统都使用两个半胱氨酸残基的还原巯基（SH），以减少氧化应激损伤的生物分子。该方法的第一阶段包括氧化的生物分子的还原，与两个硫醇基团氧化成二硫化物（S—S）键。在第二阶段，硫醇基团通过使用 NADPH 作为辅酶的酶过程重构成其还原形式。因此，抗氧化系统的恒定活性依赖于 NADPH 的不断产生。

硫氧还蛋白（Trx）是在几乎所有类型的生命形式中出现的常见酶。在动物中，它存在于细胞质、细胞核和线粒体中[81]。Trx 代表同名的酶家族，其成员是抗氧化剂或细胞和代谢过程的调节剂[82]。该酶包括两个相邻的半胱氨酸残基，其作用于氧化损伤的蛋白质。该过程可以总结如下：

$$\text{硫氧还蛋白-2}\mathbf{SH}+\text{蛋白}_{(\text{氧化})} \rightarrow \text{硫氧还蛋白-}\mathbf{S—S}+\text{蛋白}_{(\text{还原})}$$

$$\text{硫氧还蛋白-}\mathbf{S—S}+\text{NADPH} \rightarrow \text{硫氧还蛋白-2}\mathbf{SH}+\text{NADP}^+$$

式中，“蛋白$_{(氧化)}$”和“蛋白$_{(还原)}$”分别代表目标蛋白的氧化和还原形式，而 2**SH** 和 **S—S** 代表目标蛋白的还原形式和结合形式半胱氨酸。

另一种抗氧化系统包括短肽谷胱甘肽。该分子仅包含一个半胱氨酸。因此，抗氧化过程需要两个分子，其总体非常类似于 Trx：

（1）2**GSH**＋蛋白$_{(氧化)}$ →**GS-SG**＋蛋白$_{(还原)}$

（2）GS-SG＋NADPH→ 2**GSH**＋$NADP^+$

式中，GSH 是谷胱甘肽的还原形式，GS-SG 是氧化形式，包括通过二硫键连接的两个肽。

有趣的是，谷胱甘肽的半胱氨酸残基在细胞条件下往往呈减少的形式。然而，由于细胞质中肽的浓度很大，整个反应转向产物，这就要求半胱氨酸基团进行去质子化。

2.2.1.3.3.1 酸性氨基酸 酸性极性带电荷氨基酸包括谷氨酸与天冬氨酸。它们被认为是“酸性”主要基于其侧链包含了一个羧基（COOH），该羧基的 pKa 比生理条件的 pH 要低（谷氨酸为 4.3，而天冬氨酸为 3.9）。因此，它们倾向于以一种酸的方式作用，即在 pH 为 7 的条件下发生去质子化。回顾前文论述的天冬酰胺与谷氨酰胺，天冬氨酸与谷氨酸与其差异仅为一个侧链上的甲基。在蛋白质中，这些酸性残基倾向于和如下化学分子发生离子相互作用：它们分别是碱性残基、底物或配体上带正电的化学基团，以及金属阳离子，尤其是 Ca^{2+}。尽管谷氨酸与天冬氨酸的 pKa 较低，但有时候它们能够参与**广义酸碱** ***general acid/base*** 的催化反应，例如，发生在**磷酸丙糖异构酶** ***triose phosphate isomerase*** （***TIM***）中的情况[84]。明确地说，该酶活性位点上的一个谷氨酸可以如同一种碱那样作用：在催化反应的第一步中，该谷氨酸从底物上抓取了一个质子。

天冬氨酸与谷氨酸可以作为 PTM 的靶标；天冬氨酸会经历 **Cβ 羟基化** ***β-hydroxylation***，而谷氨酸则会经历 **γ-羧基化** ***γ-carboxylated***。后者对**凝血蛋白** ***blood clotting protein***（如**凝血酶前体** ***prothrombin***）来说尤其重要。具体来说，新添加的羧基增强了谷氨酸与 Ca^{2+} 结合的能力，而结合 Ca^{2+} 对于调控凝血过程来说是必要的步骤。

2.2.1.3.3.2 碱性氨基酸 碱性极性带电荷氨基酸包括**赖氨酸** ***lysine***、**精氨酸** ***arginine*** 与**组氨酸** ***histidine***。它们被认为是“碱性”主要基于其侧链包含了一个具有氮原子的基团，该基团的 pKa 比生理条件的 pH 要高。因此，它们倾向于以一种碱的方式作用，即在 pH 为 7 的条件下发生质子化。而这些残基在质子化的条件下则带有正电荷。赖氨酸的侧链包含了一个位于 C_ε① 上的氨基，其 pKa 为 10.4（表 2.2）。精氨酸的侧链包含了一个胍基②，其 pKa 为 12.3③。组氨酸的情况比前两者更复杂（见下文）。作为正电荷的主要载体，赖氨酸与精氨酸倾向于和谷氨酸与天冬氨酸相互作用，亦倾向于和蛋白质的底物或配体上带负电的基团相互作用（如磷酸基团[85]）。事实上，在酶中这两个残基经常参与以静电的方式来稳定化学反应中间物[72]。

赖氨酸与精氨酸的侧链都具备很高的化学反应活性，并倾向于参与化学键的形成。例如，赖氨酸的 ε-氨基能够与**醛** ***aldehyde***（—CHO）形成**席夫碱** ***Schiff base***（$C{=}N^+$），这是一种能够将含有醛基的辅基结合进蛋白质的性质。具体的例子包括酶的辅因子**生物素** ***biotin***（即维生素 B_7，或维生素 H），**吡哆素** ***pyridoxine***（即维生素 B_6）及色素**视黄醛** ***retinal***（即维生素 A）。视黄醛是与视觉有关的光感受器**视紫红质** ***rhodopsin*** 的组成部分。另外，ε-氨基能够历经氧化或羟基化的过程，这能让赖氨酸参与**化学键交联** ***cross-linking bond***，从而使得起结构支撑作用的蛋白质，如**胶原蛋白** ***collagen*** 与**弹性蛋白** ***elastin*** 更加稳定（具体见第 6 章）。最后，ε-氨基能够以一种广义酸碱起作用[41]。例如，在 **L-天冬酰胺酶** ***L-asparaginase*** 中，该基团能以一种广义碱起作用来激活邻近的苏氨酸残基，并

---

① 被称为“ε-氨基”。

② 在生理条件的 pH 下，胍基带正电，被称为“**胍盐** ***guanidinium***”。

③ 胍基的高 pKa 是电子共振造成了正电荷的稳定（见第 1 章 1.3.1.4 节）。

使其成为一个有效的亲核基团。赖氨酸的高 pKa 是如何允许其以一种广义酸起作用并完全清楚，但可能与酶活性位点内的**直接环境** ***immediate environment*** 有关。由于其复杂结构，精氨酸的胍基变得非常有趣。它包括了几个潜在的氢键供体位点，并且它的电子共振效应有效地将正电荷扩散到了整个基团。

组氨酸的侧链包含一个**咪唑** ***imidazole*** 基团，它是一种杂环化合物，其中含有两个氮原子（$N_{\delta1}$ 与 $N_{\varepsilon2}$）。咪唑基团呈现平面构型，并具有电子共振效应。这两种性质赋予了组氨酸的侧链以一定的芳香性。因此，咪唑环上两个氮原子的电子可以在两种交替的状态下存在。一种是“冻结”状态，如图 2.5d 所示，$N_{\varepsilon2}$ 原子与环上的两个碳原子以两个单键相连。这就可以让 $N_{\varepsilon2}$ 原子和氢原子形成第三个键，并依然保持电中性。$N_{\delta1}$ 原子一样与环上的两个碳原子相连，但由于其中一个是双键，因此 $N_{\delta1}$ 的质子化就会对咪唑基团增加一个正电荷。咪唑基团的去质子化倾向要比赖氨酸的 ε-氨基与精氨酸的胍基都高，从而显示为组氨酸的侧链具有较低的 pKa（为 6.5，见表 2.2）。这意味着在生理条件的 pH 下，大约 50％的组氨酸残基是质子化的，从而使得它们既能成为氢键供体，又能成为氢键受体。实际上，组氨酸大量地被酶采用作为催化过程中的广义酸与广义碱[41,72]。其中一个著名范例大概要算之前提到的丝氨酸蛋白酶的催化机制[54]。由于咪唑基团的电子共振效应，每个氮原子都可能发生质子化或去质子化，尽管伴随不同的概率。不与质子结合的氮原子是一个亲核基团，它允许组氨酸与半胱氨酸一样去结合金属阳离子，如 Zn^{2+}、Cu^{2+} 和 Fe^{2+}。上述性质让组氨酸成为酶催化反应中最常见的残基，并具备最高的倾向性去直接参与催化过程本身[41,83]。

2.2.1.3.3.3 残基的 pKa 环境调控 上文证明了残基离子化对于蛋白质结构与活性的重要性[86]。其中最引人关注的效应是随着催化残基的离子化状态的改变，酶的活性也会跟着改变。如表 2.2 所示，任何化学分子的离子态是否能进行去质子化是由其自身的 pKa 与周围溶液的 pH 之间的差异所决定的。生物体内部的动态平衡似乎可解释为 pH 在细胞、组织与器官中的一致性。但这却不是真相。实际上，pH 在所有上述层面中都有差异，尽管该差异被限定在一定范围内。这一点不仅仅适用于不同的身体系统层面，还适用于亚细胞层面。实际上，在细胞质、内质网与细胞核中，pH 在 7.2 左右；而在线粒体、过氧化物酶体与溶酶体中，pH 分别为 8.0、7.0 与 4.7[87]。实际上，pH 在同一个细胞器内的不同**区室** ***compartment*** 都会不同（这些则称为亚细胞区室，译者注）。例如，从高尔基体的**顺面** ***cis part***（又称为**形成面**）到**反面** ***trans part***（又称为**成熟面**），会伴随着 pH 从 6.7 下降到 6。类似地，在**早期内体** ***early endosome*** 逐渐形成溶酶体的过程中，也会伴随着 pH 下降 1.6[87]。

极性带电荷残基的 pKa 也是可变的。具体地，当单个氨基酸加入蛋白质结构中称为残基时候，其内禀 pKa 会发生变化。这是由于在与水环境中相比时，其当前环境的化学性质发生了变化[88-91]。这种改变，有时能达到 8 个 pH 单位，可被检测到。例如，通过使用 NMR 来测量化学位移的 pH 依赖性。上述变化的发生倾向于由如下的环境效应所造成[56]。

1. *去溶剂化效应de-solvation*

可电离的氨基酸通常位于蛋白质表面。然而，针对不同蛋白质结构的统计调查表明这些可电离的氨基酸包埋在蛋白质内核中。这是由蛋白质结构与功能的需求所导致的（详细探讨参见第 4 章）。例如，它们可以被酶的活性位点、蛋白质受体的结合位点，以及抗体等所采用。进一步说，突变研究表明，将极性氨基酸引入蛋白质内核不总是使蛋白质结构变得不稳定，或者破坏蛋白质的活性[89]。如第 1 章所解释的那样，将电荷暴露在疏水环境中是非常不利的[90]。这是因为非极性环境缺乏电偶极子来静电屏蔽这些包埋在其中的电荷[91]。如果一个可电离的氨基酸确实在蛋白质折叠过程中被包埋进了非极性内核里，该氨基酸很可能处于其电中性状态。实际上，包埋带点氨基酸所带来的巨大能量消耗，会创造出一个对其侧链离子化来说相反的效应。因此，这些氨基酸倾向于保持其电中性状态，并以其 pKa 的改变表现出来。作为酸性氨基酸，它们的 pKa 会往上偏移；而作为碱性氨基酸，它们的 pKa 则会往下偏移。上述这点在**葡萄球菌核酸酶 *staphylococcal nuclease*** 中得到了验证：在该酶的疏水核中处于序列位置 66 的 Val→Asp 的突变，导致了后者 pKa 5 个单位的增加，从而使天冬氨酸保持了电中性[92]。

2. *库仑相互作用Coulomb interactions*

当可电离的氨基酸离另一个带电实体（如氨基酸、金属等）空间距离较近时，它们两者间的静电相互作用（即库仑相互作用）则可以影响其电离状态。这能以如下两种方式发生。

（1）氨基酸的离子化创造出一个与邻近带电实体符号相反的电荷。在这种情况下，两者之间的库仑相互作用是有利的，并会激励离子化过程。这一过程会以酸性残基降低 pKa 或碱性残基增加 pKa 表现出来。

（2）氨基酸的离子化创造出一个与邻近带电实体符号相同的电荷。在这种情况下，两者之间的库仑相互作用是不利的，并会抵制离子化过程。这一过程会造成与电荷的去溶剂化类似的效应：酸性残基增加 pKa 或碱性残基降低 pKa。

库仑相互作用对于 pKa_{ini} 的效应对于起到催化作用的可电离氨基酸来说是至关重要的[93]。这一点在丝氨酸与半胱氨酸蛋白酶中得到了很好的验证。在这两类蛋白质家族中，起催化功能的丝氨酸或半胱氨酸残基以亲核基团的方式作用。这需要它们经历去质子化并带负电。由于丝氨酸与半胱氨酸都具有很高的 pKa（分别是 13 与 8.6，见表 2.2），去质子化不得不依赖于邻近的组氨酸的帮助，而它的作用方式是一种广义碱。实际上，从丝氨酸或半胱氨酸上转移至组氨酸的质子使得两者电性相反并造成有利的库仑相互作用，从而稳定其离子化状态。组氨酸不是唯一能达成此目的的氨基酸。目前已有的范例表明，酸性残基的 pKa_{ini} 得到邻近的赖氨酸或精氨酸侧链的帮助，它们会稳定负电荷。这一过程会发生在一些氧还酶中，它们依赖于起催化功能的半胱氨酸的去质子化，从而形成一个带负电的**硫醇盐 *thiolate***[74]。另一个例子说明库仑相互作用对 pKa_{ini} 产生的效应，请参考对于 RNase Sa 的研究[94]。

这类效应可以用简单的静电学知识来定量地证明（尽管不够精确）[95]：假设两个带一个单位相反电荷的氨基酸摆放在 5Å 的距离，并处于介电常数为 4 的环境，那么它们之间的相互作用能则可以用库仑定律计算得到［式（1.2）］。计算的结果得到了 33.2kcal/mol 的能量值。由于上述相互作用需要两个残基都被离子化，因此可以做出如下合理的假设，即此相互作用能会影响它们的 pKa。这一效应可用如下公式计算：

$$\Delta E_{\mathrm{Coul}} = -2.3RT\Delta \mathrm{pKa} \tag{2.1}$$

式中，ΔE_{Coul} 是静电相互作用能，ΔpKa 是每一残基的 pKa 在蛋白质中与在水溶液中的差异。

从公式可以得出，33.2kcal/mol 的相互作用能等价于残基的 pKa 变化 12 个单位。这意味着该相互作用能强行让残基保持其离子化状态，即使这与该残基在特定环境下的内禀质子化与去质子化倾向不相容。

3. 氢键*hydrogen bonds*

氢键对可离子化的氨基酸的 pKa 的影响与库仑相互作用类似。即当氢键相互作用对牵涉其中的极性氨基酸有利时，则会激励它们进行离子化；反之则不利于它们离子化。然而，不像简单的库仑相互作用，最优的氢键没有必要包括带电的氨基酸。对于氢键来说，是否有利的程度取决于相互作用的两个残基独特的化学性质。举例来说，若氢键相互作用发生在丝氨酸与邻近的羰基之间，前者则必须被质子化，即去极化。因此，若氢键相互作用在氨基酸的质子化形式下更有利，那么它的 pKa 就会增加；若氢键相互作用在氨基酸的去质子化形式下更有利，那么它的 pKa 就会降低。上述现象的一个例子存在于 RNase T1 中[96]。另一个例子则由 Li 等[97] 给出。这些范例指出，由单个氢键诱导的 pKa 变化可通过羧基引起 1.6 的差异，亦可通过巯基引起更大的差异。

前文所提到的 3 个因素（即去溶剂化效应、库仑相互作用与氢键，译者注）并不是互斥的。这是在说，一个蛋白质内部的可离子化氨基酸可以经历 2 种或所有上述 3 种的效应。由于去溶剂化效应、库仑相互作用与氢键在本质上都是静电效应，这种作用于氨基酸上的三者结合的效果可以通过求解 Poisson-Boltzmann 方程（PBE）来计算[98,99]，它考虑了两体作用与极化效应（见第 1 章的专栏 1.4）。而氨基酸的 pKa_{ini} 的最终偏移值则能通过数据计算得到[100]。实际上，目前大部分 PBE

求解程序都具备一个内置的 pKa 计算模式。对于没有经验的科学工作者或学生来说，我们推荐两个十分好用的网站：PDB2PQR（http://nbcr-222.ucsd.edu/pdb2pqr_1.9.0/）[101] 与 H^{++}（http://biophysics.cs.vt.edu/）[102,103]。

2.2.1.3.3.4　残基的电离状态对蛋白质性质造成的影响　我们已看到极性带电荷残基的离子化状态是如何影响蛋白质局域属性的，其中经常是与催化有关。另外，这种对蛋白质的影响也可以是全局的。例如，在低 pH 下大多数酸性残基为电中性，而大多数碱性残基则带正电荷，因此蛋白质的总电荷为正。对应地，在高 pH 下，相反的情况会发生，即大多数酸性残基带负电，而大多数碱性残基则为电中性，因此蛋白质的总电荷为负。在上述两种极端条件下，蛋白质的**水溶性** ***water-solubility*** 预期会很高，这是由于邻近蛋白质之间的存在同种电荷所带的静电斥力（在低 pH 下，蛋白质带正电；在高 pH 下，蛋白质带负电）。因此，在极端 pH 下蛋白质的水溶性达到最大，而在中间 pH 下蛋白质的水溶性则保持在通常水平[104]。生理条件的 pH 基本就位于中间值（即在 7 附近[87]），这乍看起来似乎比较奇怪，因为这意味着蛋白质在进化过程中逐渐降低水溶性。而事实上，这种进化模式具有很大的意义：在生理条件的 pH 下，蛋白质的水溶性足够低以至于让它们之间的相互作用能够可逆（这是为了符合一定的生物需求），而其水溶性又不至于过低从而导致蛋白质之间发生非特异相互作用，因为这很有可能造成蛋白质聚集在一起而发生沉淀。

另外，在极端 pH 下残基的离子化状态预期与在生理条件下有所不同。这会导致两个麻烦的后果。首先，极端 pH 可能扰乱在通常状态下起到稳定蛋白质结构的极性相互作用。其次，极端 pH 亦可能破坏那些处于离子化状态下的残基所起到的生物功能。综上，进化过程会让氨基酸出现最优的 pKa。处于该 pKa 时，它允许蛋白质在生理条件下达到最佳的稳定性、水溶性与功能性。如前文所提及的，一些蛋白质处于**亚细胞区室** ***sub-cellular compartment*** 中行使功能，那里的 pH 与生理条件的 pH 很不同（例如，在溶酶体中的 pH 在 5 左右，甚至会更低[87]）。这些蛋白质具有特殊的氨基酸组分，这让它们得以保持在此 pH 范围内的功能与稳定性。这一点意味着，在生理条件的 pH 下，这些蛋白质缺失足够的活性，而事实的确是这样的。然而，这一现象的存在不仅对细胞的功能没有任何害处，它对细胞的存在反而是非常关键的。溶酶体中的酶是一种水解酶，即它们专门用来降解各种分子[105]。尽管此功能对于细胞来说很重要，在于它能清除废弃的细胞组分及吞入胞内的病原体，但是水解酶的活性对于细胞来说是一种潜在的危害。若将这些水解酶从溶酶体中泄漏进细胞质的话，会引起细胞新陈代谢物的降解，并对其他细胞器造成损伤。幸运的是，对于溶酶体中的酶，其最佳活性在 pH 5.2～5.5 时达到[105]，这意味着即便这些酶泄漏进了细胞质，它们所造成的伤害也会被极大地减小。

2.2.1.3.4 芳香类氨基酸 芳香类氨基酸包括**苯丙氨酸** ***phenylalanine*** (Phe, F)、**酪氨酸** ***tyrosine*** (Thr, T) 与**色氨酸** ***tryptophan*** (Trp, W)。

2.2.1.3.4.1 共有性质 芳香类氨基酸之所以命名为"芳香类",是由于它们的侧链包含了芳香基团:苯丙氨酸中的**苯** ***benzene***、酪氨酸中的**苯酚** ***phenol***,以及色氨酸中的**吲哚** ***indole***。这意味着作为划分氨基酸分类的重要因素——极性,没有在芳香类氨基酸中考虑。实际上,苯丙氨酸总体上是非极性的,而酪氨酸与色氨酸包含了一个极性基团(分别是—OH 与—NH),因此带有极性。由于它们都具有较大的侧链,因而它们也能发生非极性相互作用。这种二元性(duality)允许芳香类残基出现在蛋白质中的不同位置,并与不同的化学基团发生相互作用。这类残基另一个常见的特点是从芳香基团的性质衍生出来的,这也是它们能吸收紫外辐射的原因[106]。

芳香类残基倾向于在蛋白质中成对出现,它们在其中彼此相互作用[107]。对蛋白质结构的分析已表明芳香类残基的相互作用倾向于以两种形式出现:**平行偏移堆积** ***offset stacking*** 与**垂直相抵** ***perpendicular***[108](图 2.9)。正如第 1 章所介绍的,芳香环具有位于环平面之上与之下的电子云,这赋予其部分电负性。当把分布在上述轨道中的电子用点电荷表示的话,芳香类残基之间的相互作用则呈现出静电相互作用的性质[108],尽管这种相互作用为短程作用,其衰减因子为 r^{-6}。上述相互作用,称为 **π-π 相互作用** ***π-π interactions***,能够用来解释为何蛋白质中的芳香类氨基酸总是成簇出现。这里需要提到,组氨酸也能够形成 π-π 相互作用。实际上,组氨酸在很多情况下可以当作芳香类氨基酸,但它被划分进极性带电荷氨基酸是由于它具有很高的极性。芳香环中的高电子密度也让它们成为氢键受体,尽管它们的强度仅为普通氢键的一半[109]。除了 π-π 相互作用,苯丙氨酸、酪氨酸与色氨酸的芳香环还能参与**阳离子-π 相互作用** ***cation-π interaction***。具体地,芳香类氨基酸的芳香环带部分负电的电子云可以用静电的方式与赖氨酸或组氨酸的带阳离子的侧链发生相互作用。这一类相互作用对于蛋白质与蛋白质结合来说同样非常重要[110]。最后,芳香类氨基酸会富集在起到类似"门"的作用的蛋白质中,如离子通道[111]。在进化过程中,大部分赋予芳香类氨基酸的功能很可能是由于它们独特的结构与带电性质所带来的直接结果(见前文论述及 2.1.3.4.3 节)。这会让芳香类氨基酸参与的相互作用高度依赖空间的几何性质。正如后文第 4 章与第 8 章所介绍,这种特点对于赋予每个蛋白质以其独特的结构与功能来说是非常重要的。事实上,正是由于芳香类氨基酸的复杂特性,它们很有可能是最后 4 个在进化中出现在蛋白质上的氨基酸(顺序为 F→Y→M→W)[66]。

2.2.1.3.4.2 酪氨酸 酪氨酸的侧链包含一个具有羟基的苯酚环。如在前文中介绍的丝氨酸与苏氨酸那样,羟基在生理条件的 pH 下不倾向于去质子化与

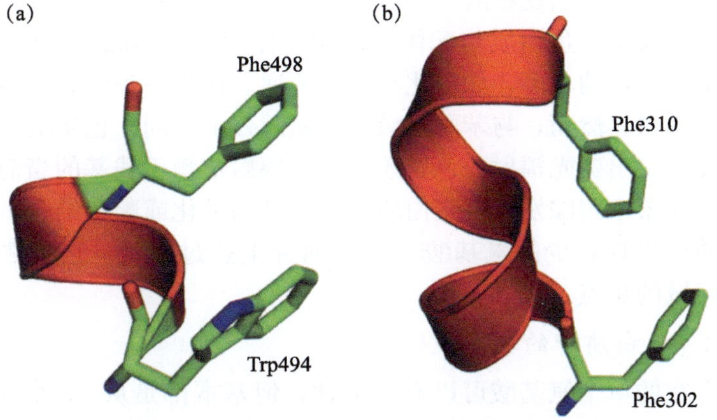

图 2.9 蛋白质中常见的 π-π（芳香类）相互作用。(a) 偏移堆叠（PDB 条目 1myr）；(b) 垂直（PDB 条目 1hpm）（这两个例子在 Bhattacharyya，R.，Samanta，U.，and Chakrabarti，*P. Protein Eng.*，15，91-100，2002 中的图 2 之后）。原子按类型着色（图 2.5）。相互作用的氨基酸的原子和键被示为棒，而连接它们的主链呈现为带状

离子化。然而，对于酪氨酸来说，它的芳香环会稳定**苯酚** ***phenolate*** 离子，其会降低酪氨酸侧链的 pKa 至 9.8（表 2.2）。类似丝氨酸与苏氨酸，酪氨酸的羟基能被磷酸化，这通常是为了行使调控。动物中的蛋白质能被两种不同的激酶磷酸化。其中一种作用于丝氨酸与苏氨酸的侧链，而另一种仅作用于酪氨酸的侧链。除了磷酸化，酪氨酸残基亦能经历**硫酸化** ***sulfation***，即连接一个硫酸基团。最后，苯酚离子能与金属阳离子相结合，如 Fe^{3+}。与其他包含羟基的氨基酸类似，酪氨酸也能参与涉及形成共价键的催化，但是它更倾向于参与其他种类的催化机制，例如，稳定反应中间物、酸碱催化，以及涉及**氢阴离子** ***hydride ion***（即带一对电子的质子，或氢负离子，译者注）的催化[72]。未料到的是，人们发现酪氨酸在一些酶中会被转变成一种稳定的并具有催化活性的自由基（参见文献[4]）。这一发现是十分有趣的，在于进化已经将基于自由基的催化机制赋予一种特定的非蛋白质有机辅因子，即**钴胺素** ***cobalamine***（一种 B_{12} 的衍生物）。在**核糖核苷酸还原酶** ***ribonucleotide reductase*** 中，铁离子与氧分子的反应，会形成酪氨酸的自由基[401]。

2.2.1.3.4.3 色氨酸 色氨酸拥有所有氨基酸中最大的侧链。它包含了一个吲哚基团，其由一个苯环与一个**吡咯** ***pyrrole*** 环融合而成。吲哚基团上的氮原子（$N_{\varepsilon1}$）的非键电子对贡献了色氨酸的芳香性，因此 $N_{\varepsilon1}$ 不是一种碱。具体来说，$N_{\varepsilon1}$ 无法像通常氨基那样结合额外的质子，并且它也无法作为氢键受体。进一步说，与该氮原子结合的单个质子能让它成为氢键供体。再者，由于吲哚基团巨大的表面积，这能让色氨酸参与范德瓦耳斯与非极性相互作用。多亏上述性

质，色氨酸残基倾向于出现在酶与抗体的结合位点，其中，它可以参与结合位点的几何构造，以及参与蛋白质与配体间的相互作用[113]。除此之外，色氨酸残基还可以参与更多特殊的功能，如催化与电子传递。作为一种芳香族残基，色氨酸能够吸收紫外辐射。然而，与苯丙氨酸与酪氨酸残基不同，色氨酸残基还能在特定波长的激发下发出荧光辐射。色氨酸的荧光辐射依赖于残基的当前环境。生化学家利用这一现象来跟踪发生在蛋白质内部的结构变化或配体结合事件。由于色氨酸是蛋白质中出现最少的氨基酸[51]，在研究上述过程时，它常常成为那些蛋白质中特定区域的焦点。

2.2.1.4　蛋白质中的氨基酸衍生物

自然中存在的单个氨基酸可以有很多种，但基本都是从 20 种与蛋白质相关的氨基酸上衍生出来的。许多氨基酸衍生物起到了很重要的生物功能。例如，作为激素的**肾上腺素** ***epinephrine***、作为神经递质的**血清胺** ***serotonin***（又称 5-羟色胺）与作为局部介质的**组胺** ***histamine***（参与过敏反应），分别是从酪氨酸、色氨酸与组氨酸中衍生出来的。酪氨酸亦是**甲状腺** ***thyroid*** 激素 T_3 与 T_4 的来源。T_3 与 T_4 负责调控动物的代谢速率。蛋白质中有时也有可能包含氨基酸衍生物（图 2.10），其可分为如下两种类别。

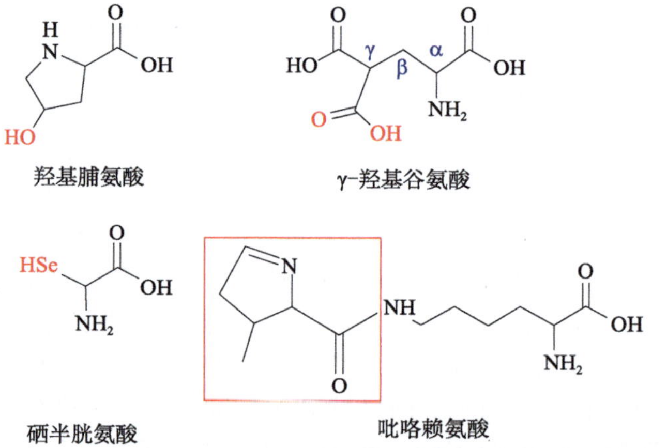

图 2.10　蛋白质中发现的常见氨基酸衍生物。添加到原始氨基酸中的基团被标记为红色

（1）在蛋白质翻译之后形成的衍生物：这一类包括通过核糖体系统加入蛋白质的氨基酸，但在翻译过程之后它们被多种酶进行了共价修饰。其中一个比较知名的例子是**羟脯氨酸** ***hydroxy-proline***，由脯氨酸的 C_4 原子羟基化产生，它发生在胞外基质中起到结构支撑作用的蛋白质上。这些蛋白质包括动物组织中的**胶原蛋白** ***collagen***[65]，也包括植物中位于细胞壁上的蛋白质（尤其是**伸展蛋白** ***extensin***）[114]。脯氨酸羟基化对于胶原蛋白的重要性会在后续有关起结构支撑蛋白质

的篇幅中重点介绍。另一个范例在前文中有提及，即 **γ-羧谷氨酸** ***γ-carboxy-glutamate***，其由谷氨酸残基上的 C_γ 的羧基化产生[65]。正如要解释的那样，该衍生物经常出现在 Ca^{2+} 结合蛋白中，它包含两个侧链上的羧基，因而增强了该衍生物与阳离子结合的能力。上述结合是有重要生物意义的：某种参与哺乳动物凝血作用的蛋白酶（如**凝血酶原** ***prothrombin***、**支持因子 9** ***profactor*** **Ⅸ**、**支持因子 10** ***profactor*** Ⅹ[115]），以及一种对其 10～12 个谷氨酸进行了修饰的酶，它们都采用与其结合的 Ca^{2+} 来静电吸附**血小板** ***blood platelet*** 表面带负电的细胞膜。在那里，这些蛋白酶与其他蛋白质形成复合体，并且伴随着酶催化反应以形成**血块** ***blood clot***。谷氨酸残基的羧基化由 **γ-谷氨酰基羧化酶** ***γ-glutamyl carboxylase*** 执行，它利用**维生素 K** ***vitamin K*** 作为辅因子，以及氧分子 O_2 作为**共底物** ***co-substrate***。实际上，维生素 K 缺失会导致失血，这是由于无法有效形成血块。有关蛋白质残基的翻译后修饰的更细致讨论，会在本章末尾给出。

（2）在蛋白质翻译之前形成的衍生物：这一类只包括两种氨基酸，即出现在全部**三界生物** ***three kingdoms of life***（指的是真细菌、古细菌与真核生物，译者注）里的**硒代半胱氨酸** ***selenocystein***，与仅出现在古细菌中的**吡咯赖氨酸** ***pyrrolysine***。与第一类中的衍生物不同，第二类中的衍生物是在蛋白质翻译前形成的，并按照遗传指令加入蛋白质当中[116]。基于这一点，这两个氨基酸有时被称为第 21 与第 22 氨基酸。硒代半胱氨酸在化学上与半胱氨酸基本等同，除了用一个**硒** ***selenium***（***Se***）原子来替代半胱氨酸上对应的硫原子[117]。它出现在参与氧还反应的蛋白质中，如那些可修复氧化损伤的蛋白质[74]。**硒醇** ***selenol*** 基团（SeH）以一种亲核基团的方式作用，它与半胱氨酸上的巯基（SH）类似，但更有效率。这很可能是由于前者具有较低的 pKa，其会让硒醇基团更容易离子化。有趣的是，尽管硒代半胱氨酸与半胱氨酸如此相似，但它却是从丝氨酸产生的。整个过程分为三步：首先，丝氨酸被对应的酶装载到一种特殊的转运 RNA 上，称为 ***tRNA^{sec}***；其次，丝氨酸在 ***tRNA^{sec}*** 上被修饰成硒代半胱氨酸；最后，与硒代半胱氨酸结合的 ***tRNA^{sec}*** 会在核糖体中与对应的信使 RNA（mRNA）的密码子互补结合。众所周知，遗传编码包括 61 个**密码子** ***codon*** 以表达 20 种氨基酸，同时也包括 3 个“终止”密码子。然而，硒代半胱氨酸是如何找到其在蛋白质序列中的位置的？最终的事实表明，**尿鸟腺苷** ***UGA***，在通常情况下是一种终止密码子，但它同时也会作为硒代半胱氨酸的密码子。这两者的区别在于：硒代半胱氨酸密码子具有一种特殊的**茎环结构** ***stem-loop structure***，它能被与硒代半胱氨酸结合的 ***tRNA^{sec}*** 识别并互补结合，而不会被当成是翻译终止。

吡咯赖氨酸是一种包含赖氨酸残基的衍生物，它的 N_ε 原子与一个吡咯 ***pyrroline*** 基团通过酰胺键共价连接。它出现在古细菌的**甲基转移酶** ***methyl-transferase*** 当中，该酶的作用是从甲胺化合物中产生**甲胺** ***methane***。按照可能的机制，N_ε 原子（这里以**亚胺** ***imine*** 的方式出现）参与该酶底物的活化，并且它的摆放位置会导致最优化催化方式[118]。吡咯赖氨酸加入蛋白质的原因也很有可能是基于一种终止密码子，但具体过程不如硒代半胱氨酸那么清楚。

2.2.2　肽键

尽管侧链上的多种化学种类给予氨基酸以特殊的性质，但其主链的性质却是完全相同的。但恰恰是主链，让氨基酸彼此之间连接在一起形成蛋白质链。这种连接是基于一类酰胺键，通常称为**肽键** ***peptide bond***。肽键的形成是第 n 个氨基酸上的 α-羧基碳原子被第 $n+1$ 个氨基酸上的 α-氨基碳原子侵入所导致的（图 2.11a）。在此过程中，氨基上的一个氢原子会与羧基的 OH 基团结合，并以水分子（HOH）的形式释放出来。更重要的是，肽键的形成会把之前带电的氨基与羧基上的电荷给消除。在它们键合的形式下，即**酰胺基** ***amide*** （***NH***）与**碳酰基** ***carbonyl*** （***C*═*O***），其只是带部分电荷的偶极。在新产生的蛋白质链上，氨基酸按照序列顺序依次往羧基末端添加，直到整条链被合成完毕。正如前文提及的，习惯上人们把合并进蛋白质链的氨基酸称为**残基** ***residue***。

一旦合成完毕，蛋白质链具有两个**自由末端** ***free edge***。其中之一是第一个残基的 α-氨基，另一个则是最后一个残基的 α-羧基。这两个是主链所有基团上唯一剩下的保持其原有状态的基团，即它们带有电荷。蛋白质链首端的自由氨基仅有几周的半衰期，因为它很容易被分解成**甘氨酸酐** ***glycine anhydride***，学名为 ***diketopiperazine***。这可以解释为何在高等生物中，蛋白质的自由氨基会被乙酰化，因为这些蛋白质必须要持续数天甚至数周；而在微生物中，其蛋白质由于生命跨度很短因而其自由氨基未被乙酰化[119]。

与蛋白质链的自由末端不同，连接其他残基的肽键则非常稳定，在 25℃的条件下其半衰期有 400 年[120]。这是肽键性质的一个直接结果。首先，肽键不具有完全电荷，而之前的氨基与羧基则具备。其次，肽键因电子共振而稳定，此共振是由于 C═O 双键上的电子向 C—N 基团转移而形成的（图 2.11b）。作为结果，C—N 基团在一定时间内能以 $C=N^+$ 的形式出现。由于电子一直在移动，因此 C═O 双键无法一直保持，而实际上该双键被“涂抹”（原文为 smear）在（O—C—N）这 3 个原子之间。与之对应地，C—N 键则可称为“部分双键”。上述事实具有如下重要的含义：首先，它使得肽键形成一个平面，并且比任意单键都要稳定；其次，与常规形式下的双键不同，肽键并不是完全刚性的，而是能够具备两种构型（详细解释见下一小段）；再次，肽键上 N—H 与 C═O 的偶极矩非常强（大约在 3.5D），强度大约是水分子的偶极的两倍。因此，N—H 与 C═O 基团能够以静电的方式与带电侧链、与蛋白质配体的极性基团，以及彼此之间发生相互作用。发生在 N—H 与 C═O 基团彼此之间的相互作用基于氢键，这会

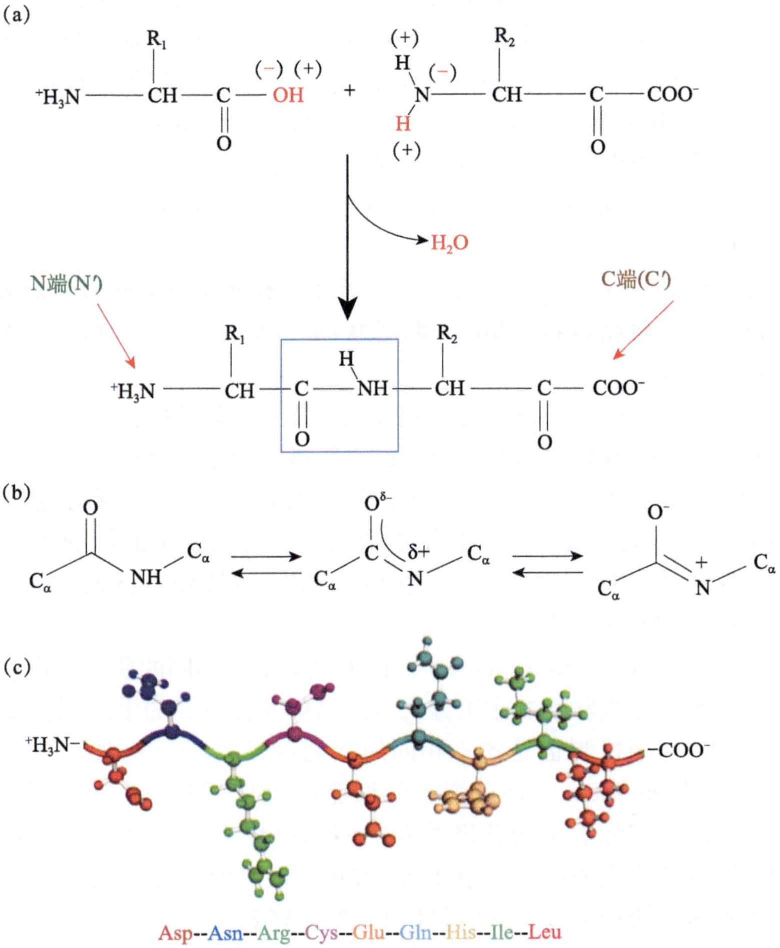

图 2.11 肽键。(a) 肽键的化学形成；(b) 肽键的电子共振是由 3 种状态之间的交替引起的；(c) 多肽链（上）的主要骨架（示意性地表示为条带）和氨基酸侧链（明确表示为棒和球）的组织。每种氨基酸的颜色不同。蛋白质的氨基酸序列传统上从左（N 端）到右（C 端）呈现。该序列也可以简单地通过说明氨基酸的缩写名称（底部）或使用单字母代码：DNRCEN-HIL 来表示

显著地影响蛋白质链的折叠，我们会在下一节中介绍。

在细胞内，肽键并不是由两个单独的氨基酸自发形成的，而是通过复杂的核糖体系统：它包括 mRNA、tRNA、核糖体，以及其他辅助蛋白质。该系统的使用不仅增加了蛋白质生物合成的效率，而且确保了每个蛋白质是严格按照遗传指令制造的。此过程会形成一条由氨基酸组成的链，该链由氨基酸的主链依次连接而成（图 2.11c）。按照惯例，蛋白质链的显示方式总是把第一个残基的 α-氨基置

于左端，而最后一个残基的 α-羧基置于右端。这两个基团分别称为 **N 端 *N-terminus*** 与 **C 端 *C-terminus***，或简写为 ***N′*** 与 ***C′***。另一个惯例是与蛋白质链的长度有关。当该链由小于 50 个残基组成时，此蛋白质被称为**肽段 *peptide***；而若超过 50 个残基时，则被称为**多肽 *polypeptide*** 或直接称为“蛋白质”。

大多数生物功能都是由多肽链行使的。然而，许多肽段也存在于生物过程中。它们有时称为**生物活性 *bio-active*** 或**生理活性 *physiologically active*** 肽段。如下是一些例子。

（1）神经肽 neuro peptide：这一类包括以**神经递质 *neurotransmitter*** 起作用的肽段。例如，**内啡肽 *endorphin*** 与**脑啡肽 *enkephalin*** 是在动物发生损伤后以镇痛剂方式作用的神经肽。

（2）激素 hormone（又可翻译成荷尔蒙）：这一类包括多种不同的肽段。例如，**胰岛素 *insulin*** 与**胰高血糖素 *glucagon*** 是胰腺分泌的肽段。它们可以调控动物体内与能量有关的（即与新陈代谢有关的）反应过程。**抗利尿激素 *vasopressin*** 也是一类以激素方式起作用的肽段。它在脱水的情况下发生作用以减少水的损失并增加血压[121]。这些效应对于保护身体免遭**低血容量性休克 *hypovolemic shock*** 时至关重要。

（3）抗菌肽 anti-bacterial peptide：这组包括多种不同的肽段，由许多不同种类的生物体产生。这些肽段的作用方式为以简单并且有效的手段抵抗潜在有害的细菌。抗菌肽的作用机制也是各不相同的（见专栏 7.2）。例如，来自真菌的肽段，**丙甲菌素 *alamethicin***，会在细菌的细胞膜上以“打洞”的方式杀灭细菌。这种方式打出的洞实际上是**低选择性 *low-selectivity*** 的离子通道，而该通道的开放可使细胞膜电位完全**去极化 *depolarization***，最终导致细菌的死亡。一些抗菌肽是由非核糖体系统产生的，其中包括 D 型氨基酸。

不同的多肽链在它的一级结构上存在显著的差异：它们的长度范围可以从大约 100 个残基到成千上万个残基。目前最大的蛋白质是长度为 34 350 个残基的**肌联蛋白 *titin***，它可在 ***SwissProt*** 蛋白质数据库中找到[122]①。不同的蛋白质也可以包含不同数目的多肽链。然而，有一样东西是所有蛋白质中都一致的，那就是：多肽链上的氨基酸序列包含了其所需的全部信息来折叠形成它唯一的三维结构（即三级结构）。该论述在 Christian Anfinsen 设计的一个十分精巧的实验下得到了证明，而该实验堪称最著名生物实验之一[123]。具体为，Anfinsen 将**核糖核酸酶 *ribonuclease*** 置于**尿素 *urea*** 与**巯基乙醇 *mercaptoethanol*** 的溶液中，并升至高温。人们已知将上述 3 种因素放在一起会导致蛋白质失去其活性（即**变性 *de-***

---

① http://www.expasy.org sprot

naturation）。这种变性是由起到稳定蛋白质三维结构作用的非共价相互作用力受到强烈扰动而造成的[124]。当 Anfinsen 将溶剂冷却并将变性试剂过滤掉后，令人惊奇的是，核糖核酸酶的活性及它的物理属性都得到了恢复，显示出它能够重新折叠并重新获得功能而不需要任何帮助①。正如第 1 章里提到的，多肽链上氨基酸序列所存储的信息以非共价相互作用力显现出来，此非共价相互作用力存在于不同的残基之间。相应地，这种力会驱动蛋白质链精确地折叠。在细胞内，小蛋白会独立地折叠，而大蛋白则需要称为**分子伴侣** ***molecular chaperones*** 的大型复合体的帮助。然而，这种帮助的本质是基于**动理学** ***kinetics*** 的，而它并不会增加蛋白质折叠所需的额外信息。所有分子伴侣只是创造出对蛋白质折叠过程来说合适的环境。在该环境下蛋白质的折叠过程不会受到与其他实体发生碰撞而产生的干扰，从而“卡”在折叠过程的某个中间构型。

在之后的章节中，我们会讨论蛋白质链的折叠。它首先会折叠成简单的局域结构，然后形成整体结构，并进而有可能组成高度复杂的复合体结构。无论是整体结构还是复合体结构，它们都具有生物活性。与折叠过程中**热力学** ***thermodynamics***，又称为**能量学** ***energetics*** 相关的讨论，我们放在第 4 章；而与**动理学** ***kinetics*** 相关的细节，我们则放在第 5 章讨论。

2.3 二级结构

虽然蛋白质在三维空间中呈现出非常复杂的全局结构，但是蛋白质链上的片段却倾向于折叠成简单的局域结构，它们会沿着片段的轴心而延伸。这些简单的局域折叠构成了蛋白质的二级结构，它们是形成整条蛋白质链三维结构的基础。蛋白质链的折叠过程牵涉它的全部原子。然而，尽管主链的折叠会决定整个蛋白质的大致形状，但恰恰是侧链上原子位置的微调才让这个大致形状最终变成精确的结构。我们先来讨论主链的折叠。为了理解这一过程，我们需要提下面两个问题。

1. 是什么驱动了主链折叠？实际上我们已经回答了这个问题：该驱动力就是组成蛋白质链的残基之间的非共价相互作用。有关该相互作用的具体描述，以及它们对于折叠的重要性，会在第 4 章中给出。

2. 是什么限制了主链折叠？这是在说，是什么因素阻碍了多肽链在三维空

---

① 因为这项研究，Anfinsen 获得了 1970 年的诺贝尔化学奖[125]。

间中获得任意构型？为了回答这个问题，我们首先需要看一下蛋白质链上类似活动铰链的化学键，因为它们的性质会决定蛋白质链在这些位置上的自由度。在这个意义上，总共有两类共价键：**单键 *single bond*** 与**双键 *double bond***。其中由单键相连的部分可自由活动①，而由双键相连的部分则固定不动。多肽链的主链包含两类可以当成活动铰链的键。其中之一是肽键。如前文所述，肽键是一种部分双键，这是由于它具有电子共振的性质（图 2.11b）。因此，肽键并不完全是固定不动的，它的**二面角 *dihedral angle***（ω）的值能够形成两种构型：**顺式 *cis*** 与**反式 *trans***（图 2.12a）。尽管两种构型都可能发生，但反式构型的稳定性大约是顺式构型的 1000 倍，这意味着后者几乎很难被观察到。当然，这种规则存在一个例外，那就是脯氨酸的情况。由于该残基的特殊结构，它的反式构型只比顺式构型稳定几倍而已，因而反式构型能在蛋白质中的一些脯氨酸中观察到。脯氨酸允许蛋白质获得其他氨基酸所无法赋予的构型，因此增加了蛋白质拥有新功能的可能性[126]。进一步说，脯氨酸上的顺反构型之间的转换能够在蛋白质折叠之后的状态下发生，尽管它发生得很缓慢，但依然具有一种对蛋白质动力学来说十分显著的效应。在已折叠的蛋白质中，这种脯氨酸的顺式与反式构型的**异构化*isomerization*** 是由**肽基脯氨酸顺反异构酶 *peptidyl prolyl cis-trans isomerase*** 所催化的。

蛋白质主链上另外两个活动铰链是 C_α—N 键与 C_α—C 键，它们分别位于肽链的两端。这两个键的**二面角 *dihedral angle***（或称为**扭 *torsion angle***）分别称为 ϕ 与 ψ（图 2.12b）。这两个键都是一种单键，因此它们的旋转角度会受到侧链与主链原子不发生碰撞的限制。这意味着蛋白质**折叠类型 *fold*** 的多样性基本上由这些角度所决定，因而找到它们可允许的值则能告诉我们蛋白质主链所能取得的空间构型。上述思想很可能在 1963 年于 G. N. Ramachandran 的脑海中浮现，当时他正在试图使用二肽的原子范德瓦耳斯半径来计算全部可能的 ϕ 与 ψ 值[127,128,129]。Ramachandran 做出的结果可以用一个二维的图谱来显示，该图谱则以他的名字命名，称为**拉氏图 *Ramachandran plot***（图 2.12b）。根据 Ramachandran 的计算，该图显示出 ϕ 与 ψ 的可行区，即在此（ϕ，ψ）值下，多肽链不会有任何原子发生碰撞。实际上，针对 20 种氨基酸的每一种，我们都能够给出它的拉氏图。但由于 18 种氨基酸的拉氏图非常类似，因此它们可被一种一般的形式显示。而两种例外则是脯氨酸与甘氨酸：脯氨酸在几何上受到了很大限制，这是由于它的主

① 不包括那些让邻近原子产生碰撞的构型。

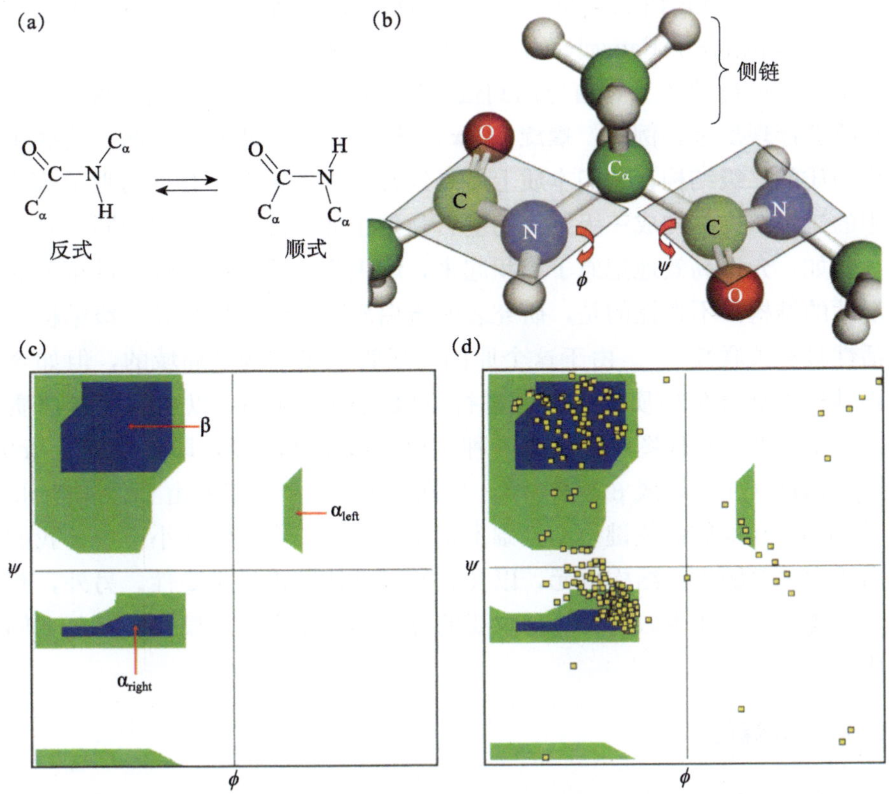

图 2.12 蛋白质骨架的运动自由。(a) 肽键的顺式和反式构型。(b) 位于肽键侧面的两个可旋转的单键(C_α—N 和 C_α—C)。键周围的旋转角分别标记为 ϕ 和 ψ。0°的 ϕ 角对应于 N—H 和 C—R 键指向相同方向的构象,而 180°的角度对应于它们指向相反方向的构象。ψ 角的值与 C—R 和 C ═ O 键对应(以相同的方式)。两个阴影菱形指定了肽键的平面。(c) Ramachandran 图。蓝色区域表示“允许”的 ϕ 和 ψ 组合。绿色区域表示部分允许的 ϕ 和 ψ 组合。也就是说,在计算中使用较小的范德瓦耳斯半径时发生的构象。白色区域代表不允许的 ϕ 和 ψ 组合,除了甘氨酸。两个主要构型,右手的 α 螺旋(α_{right})和 β 折叠(β)被标记,以及较不常见的左手 α 螺旋(α_{left})的位置。不太常见的左手 α 螺旋(α_{left})在图上的位置也被标记。(d) 实验获得酶 TIM (PDB 条目 1amk) 的 Ramachandran 图。图上的每个点是 $\phi+\psi$ 值的组合,对应于单个氨基酸。允许区域外的点为 Gly 残基。(c) 和 (d) 中是使用虚拟分子动力学 (VMD) 程序产生的 (Humphrey, W., Dalke, A., and Schulten, K., *J Mol Grap.*, 14, 33-38, 1996)

链与侧链融合在了一起;而甘氨酸则由于不存在侧链,因而能够取得比其他氨基酸超出很多合理的 ϕ 与 ψ 值。Ramachandran 的预测结果比测定蛋白质结构的实验方法来得早。当这些实验终究得以实现,并且一些蛋白质被实验测定后,人们发现

Ramachandran 的预测结果是对的：从这些结构中经过统计方法得到的 ϕ 与 ψ 值经过聚类后，基本落在了 Ramachandran 预测的可行区上（图 2.12d）①。

当把这些可行的 ϕ 与 ψ 值应用到蛋白质链的模型上时，我们发现一些简单的局域折叠会浮现出来，例如，**螺旋 *helix***，**环 *loop*** 与一些延展形状。这些实际上就是蛋白质的二级结构，它们本质上就是经常发生的 ϕ 与 ψ 角的可取值模式。蛋白质中的二级结构是构成三级结构的基石，但正如下文所述，它们同样具备其他作用，例如，允许高效地把原子堆积起来，解决蛋白质的稳定性，甚至形成具有生物活性的结构。不奇怪的是，研究表明蛋白质的二级结构与其三级结构及蛋白质的活性具有关联性[132]。由于这个原因，尽管二级结构是局域的，但如今人们依然将其作为划分蛋白质的根据，进行三级结构的预测，以及理解蛋白质的活性。需要指出的，拉氏图中存在的两种主要二级结构单元，即 **α 螺旋 *α-helix*** 与 **β 折叠 *β-sheet***（或翻译成 β 折叠片），早在 1950～1951 年就由 Linus Pauling 与 Robert Corey 在他们的氢键模型基础上提出[133－136]。在后续的小节中，我们会回顾蛋白质中主要的二级结构单元，以及它们对整体结构的重要性。另外，我们建议读者参考专栏 2.4 中叙述的几种主要的分子结构图形显示模式，以及它们各自的性质。

2.3.1　α 螺旋

2.3.1.1　几何性质

蛋白质中第一个被提出的二级结构单元是 α 螺旋。螺旋结构在生物分子中是很常见的（如 DNA 双螺旋）。事实上，早在 1953 年 Pauling 就已提出在蛋白质中存在这样的形状，尽管那时完整的球状蛋白结构还没被测定出来[133,135]。α 螺旋在球状蛋白中是相当常见的，平均起来，该类蛋白中有大概 30％的残基形成 α 螺旋的构型。α 螺旋是一种局域结构，它包含 5～40 个残基。这种呈现右手螺旋的结构对应于主链的 ϕ 与 ψ 值，分别为－57°与－47°[145]。α 螺旋的一个重要特征是它的**紧凑性 *compactness***：螺旋的每一圈包含 3 个或 4 个残基，从而使得相邻 C_α 原子间的距离仅为 1.5Å。由于紧凑性，残基上的侧链无法被放置于螺旋内部，而只能面向外围，并在相邻残基间形成侧向间距为 100°的夹角（图 2.13a）。在后文我们将会看到，α 螺旋的紧凑性是一种让蛋白质得以适应高度拥挤的细胞质环境的主要因素。

① 虽然它们在这些区域里并不平均分配[130]。

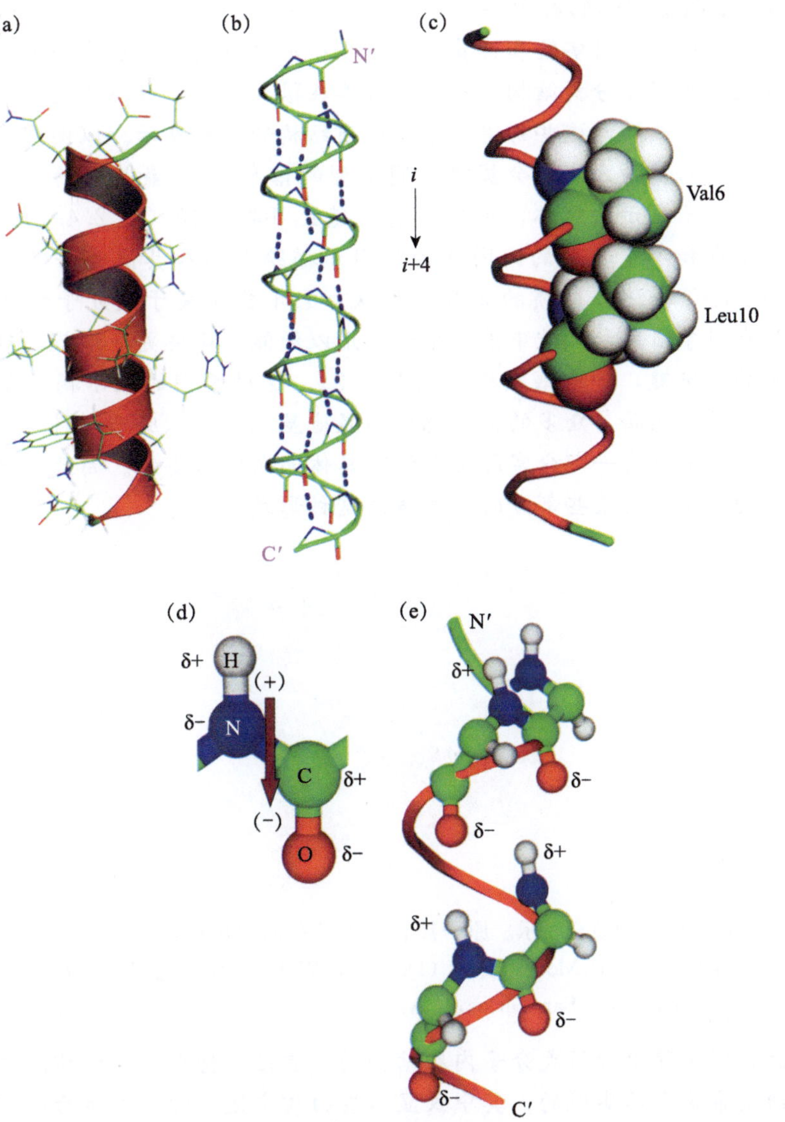

图 2.13 右手 α 螺旋。(a) 螺旋的一般组织。骨架被描绘为红色条带（表现出螺旋形构象），而侧链以黏结棒表示。(b) α 螺旋的主链氢键图案。骨架以棒（侧链未示出）表示，羰基和酰胺基之间的氢键由蓝色虚线表示。氢键的图案在右侧指定，而 *i* 表示任何氢键键合的羰基。(c) 螺旋稳定相互作用。螺旋被描绘为薄带，除了占据位置 6 和 10 的残留物，其明确地呈现为球体。两个残留物在螺旋线上面向相同的方向并且相对于另一个转动。(d) 肽骨架的电子微偶极子。原子的部分电荷用希腊字母 δ 标示。偶极子的方向用紫色的箭头标出。(e) α 螺旋的电子大偶极子。为方便起见，该图仅显示了包含一个螺旋面的残基

专栏 2.4　蛋白质的图形表示

人们通过使用各种实验和计算工具对蛋白质进行研究。这些经常产生三维结构，可以进一步用于分析结构，分析的效率在很大程度上取决于所使用的方法和科学家的经验。然而，这些都得益于蛋白质结构的正确表示。以图形方式表示大分子如蛋白质的多种方法都会提供不同类型的信息[137]。最基本的表示是空间填充表示，将原子表示为球体，通常具有范德瓦耳斯半径（图 2.4.1）。这种类型的表现是清晰和丰富多彩的，因此经常用于描绘电影和其他非科学媒体中的分子。然而，除了描述蛋白质的高分子形状，它不提供关于大分子的任何附加信息，因此在科学研究和文献中很少单独使用以便能够观察更多细节，可以仅存在原子之间的共价键，如电线或棒（图 2.4.2）。这种类型的表示揭示了蛋白质中原子的连通性。然而，众多的键，都被明显地呈现出来，反而给科学家带来了细节的负担，其中只有一部分实际上是解决具体问题所需要的。因此，只有在着重于有兴趣的蛋白质的某些部分时，才适用这种形式。

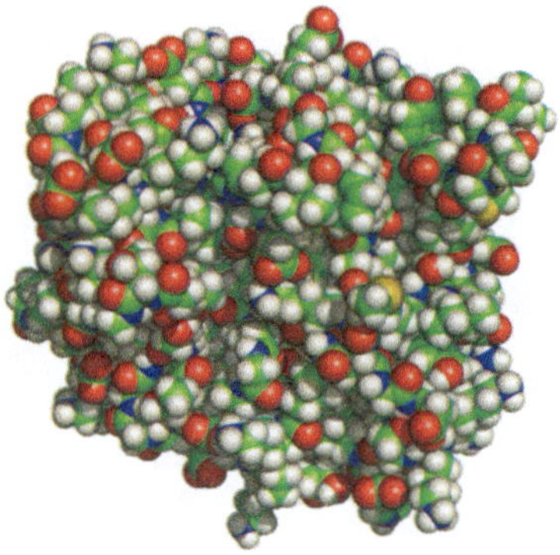

图 2.4.1　蛋白质的空间填充表示。原子被表示为具有范德瓦耳斯半径的球体，并根据 CPK 惯例着色。该图是使用 PyMol 生成的（DeLano，W. L.，*The PyMOL Molecular Graphics System*，DeLano Scientific：San Carlos，CA）

以上证明了简单分析大分子内在结构的重要性，特别是蛋白质。这在很大程度上是通过带状表示实现的，其中仅显示蛋白质主链。骨架表示为连接其原子或可选地仅 C_α 原子的条带（图 2.4.3）。这种形式的表示不仅说明了蛋白质的一般折叠，而且说明了链的局部次要元素。因此，在科学文献中很常见。分子表示软件通常使用原子坐标文件中已经存在的二级结构规范（见第 3 章），以便识别次要元素。然而，许多程序还具有可以从原子坐标中推导出次要元素的内置算法。不同的次要元素通常用不同的形状和颜色描绘。

蛋白质的活性几乎总是取决于它们识别和结合其附近分子元素的能力。因此，科学家通常对与周围环境接触的蛋白质表面的性质感兴趣。计算和表示蛋白

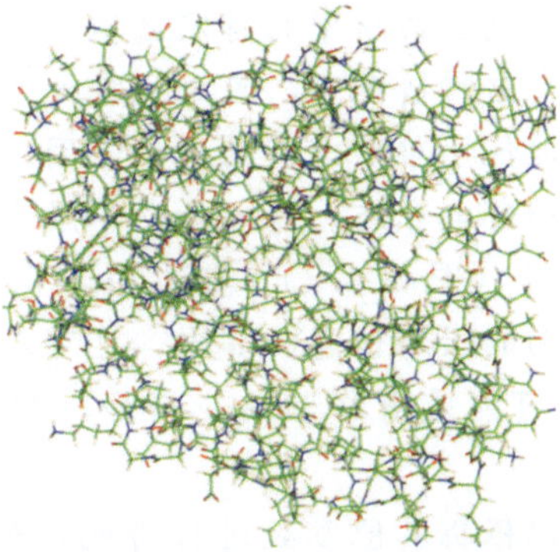

图 2.4.2 线框表示。蛋白质中的共价键显示为线条，根据其连接的原子类型着色。原子未显示。该图是使用 PyMol 生成（DeLano，W. L.，*The PyMOL Molecular Graphics System*，DeLano Scientific：San Carlos，CA）

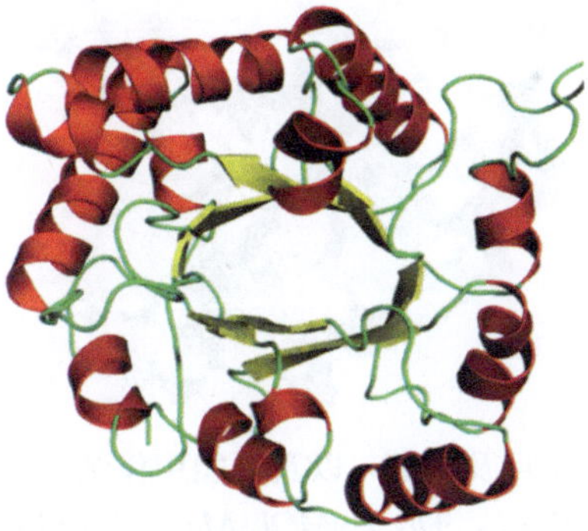

图 2.4.3 条带表示。蛋白质的原子和键未被显示。相反，骨架被表示为具有不同颜色的条带，根据该区域中的链的二次结构：α螺旋着色为红色、β链为黄色、环为绿色，以及无序的链条部分。条带的形状计算为穿过蛋白质的所有 C_α 原子的线。该图是使用 PyMol 生成的（DeLano，W. L.，*The PyMOL Molecular Graphics System*，DeLano Scientific：San Carlos，CA）

质的表面（图 2.4.4）可以通过在蛋白质原子轮廓周围滚动虚拟水分子尺寸探针（图 2.4.5，参考文献［141］）。可以以这种方式计算不同类型的表面，如分子和水可接近的表面。后者特别有助于科学家鉴定构成潜在结合/活性位点的蛋白质部分。要做到这一点，首先应在表面上寻找适合这种目的的塌陷和裂缝。仅通过其几何识别功能位点几乎是不可能的，科学家因此使用与所讨论的蛋白质区域附加属性相关的数据。例如，许多结合位点具有与其配体/底物的互补静电势[91]①（详见第 8 章）。通过根据计算值计算电势和着色蛋白质表面（图 2.4.6），

① 有关静电势的解释见专栏 1.4。

可能会将搜索结合位点缩小到蛋白质中的特定区域。并非所有分子图形程序都允许静电势的计算或呈现。在这种情况下，可以代替地呈现蛋白质原子的电荷。然而，应该指出的是，电势远优于单个电荷的表示，因为它已经体现了电荷之间的相互影响，以及该区域的局部电介质。静电着色不限于表面显示。首先，可以显示从蛋白质电荷发出的电场（图 2.4.7）。与电位不同，该场是向量，因此可以提供关于系统中静电力方向的附加信息。其次，也可以围绕特定的残基或原子显示出点位（图 1.4.2）。这可能是有帮助的，例如，需要分析点突变对其环境的电气特性的影响。

除了静电势，表面可以根据其他参数进行着色，如进化保守（图 2.4.8）或链条柔度程度。与其他数据相结合，这些信息是非常宝贵的。

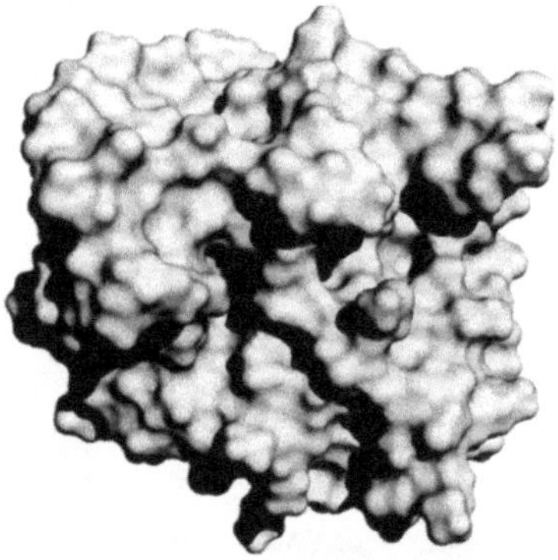

图 2.4.4　曲面表示。显示了水可及表面，以及可能用作结合位点的凹痕和缝隙。该图是使用 PyMol 生成的（DeLano，W. L.，*The PyMOL Molecular Graphics System*，DeLano Scientific：San Carlos，CA）

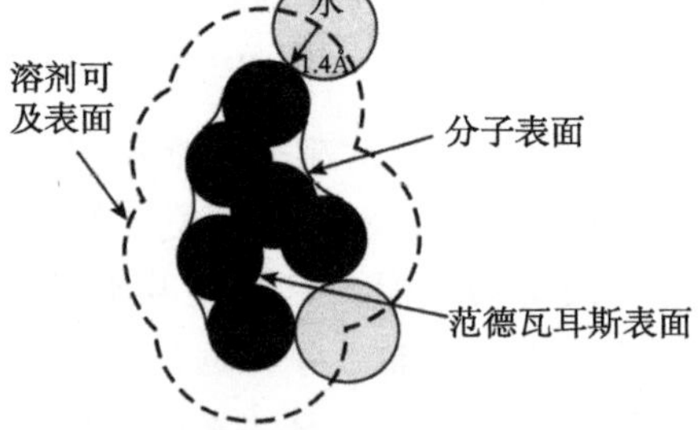

图 2.4.5　分子中的表面区域类型。黑色球体代表了组成分子的原子。灰色球体是用于计算溶剂可分散表面的水探针（Mitra，L.，Smolin，N.，Ravindra，R.，Royer，C. and Winter，R.，*Phys. Chem. Chem. Phys.*，8，1249－1265，2006。经许可）

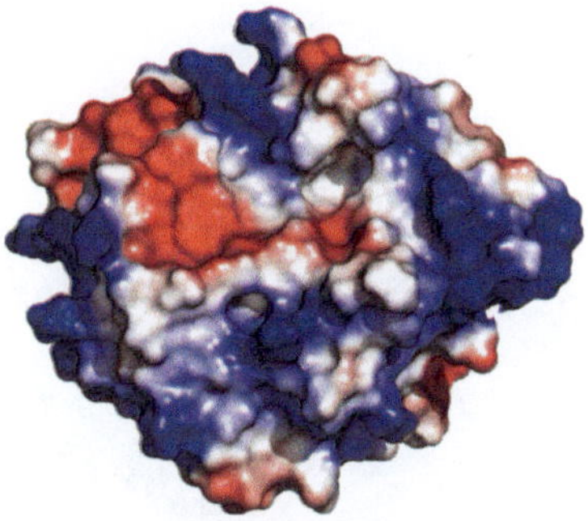

图 2.4.6 表面表示，根据静电势着色。该图是使用 PyMol 生成的（来自 DeLano，W. L.，*The PyMOL Molecular Graphics System*，DeLano Scientific：San Carlos，CA）。负电位（$0k_BT/e > \Phi > -60k_BT/e$）是红色，正电位（$0k_BT/e < \Phi < 60k_BT/e$）为蓝色，中性电位为白色。使用 APBS 计算静电势（Baker，N. A.，Sept，D.，Joseph，S.，Holst，M. J. and McCammon，J. A.，*Proc Natl Acad Sci USA.*，98，10037－10041，2001）

总而言之，每个图形表示类型都具有某些优点，这就是为什么最好的表示通常将一些图像中的某些类型结合在一起（图 2.4.9）。例如，整个蛋白质可以表示为半透明表面，允许观察者看到链条的内部组织，表示为条带。该蛋白质中所关注的残基将被明确地呈现为球体或棒状物和球。最后，可以直接描述涉及特定残基的相互作用，或通过静电势的网格表示。

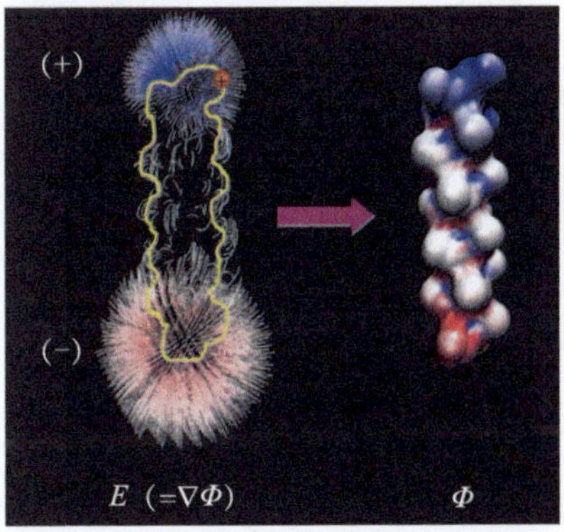

图 2.4.7 静电场（E）螺旋形肽（α 螺旋，见下面正文）的静电场显示在左侧，表示为从肽发出的线（场线如同图 2.4.6 被染色）。肽被其轮廓隐含地表示，＋和－符号分别代表其 N 端和 C 端的电荷。电荷来自电偶极子，其表征具有这种形状的肽（参见图 2.13）。位于肽轮廓上的橙球是用于计算该点静电势的电荷探针（右图）。图的底部所规定的，静电场是三维空间中电位的导数。该图是使用 VMD 生成的（Humphrey，W.，Dalke，A. and Schulten，K.，*J Mol Grap.*，14，33－38，1996）

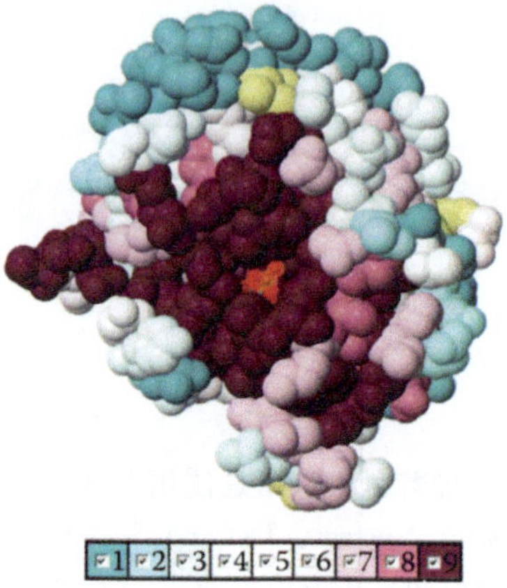

图 2.4.8　根据进化保护着色。图中的蛋白质（三磷酸异构酶，PDB 条目 1amk）以空格填充表示，每个颜色根据进化保守（绿松石-最低，褐红色-最高，见图中的颜色代码）。最保守的区域在中间，酶的天然底物被结合。使用 ConSurf 服务器（http://consurf. tau ac. il）计算和显示进化保护（Glaser，F.，Pupko，T.，Paz，I.，Bell，R. E.，Bechor-Shental，D.，Martz，E，and Ben-Tal，N.，*Bioinformatics*.，19，163－164，2003；Landau，M.，Mayrose，I.，Rosenberg，Y.，Glaser，F.，Martz，E.，Pupko，T.，and Ben-Tal，N.，*Nucleic Acids Res*.，33，W299-302，2005）

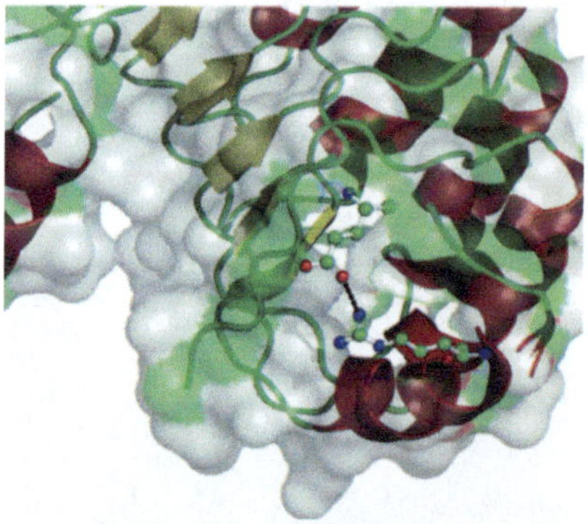

图 2.4.9　组合表示类型。蛋白质如上面正文所述，残基形成氢键，显示为黑色虚线。该图是使用 PyMol 生成的（DeLano，W. L.，*The PyMOL Molecular Graphics System*，DeLano Scientific：San Carlos，CA）

2.3.1.2　分子内相互作用

α 螺旋的另一关键特征是其围绕螺旋轴心的主链氢键重复模式（图 2.13b）。明确地说，单个氢键是在第 i 个主链的羧基（C＝O）与其下游第 4 个主链（即 $i+4$）的氨基（N—H）之间形成的。若按照螺旋周期来看，其一圈所对应的序列间距是 3.6 个残基。这些螺旋上的主链氢键对于蛋白质的稳定性来说异常重要，我们会在第 3 章 3.4 节具体介绍。

尽管拉氏图展示了 α 螺旋的构型在几何上是可能的，但是它并没有告诉我们是什么驱动蛋白质片段形成这种构型。换句话说，是什么使得 α 螺旋能稳定存在。生物化学教科书通常将该稳定性归结于主链氢键。然而，在蛋白质的未折叠状态下，氢键依然存在于蛋白质内部的基团之间，以及基团与周围的水分子之间。因此，氢键似乎不太像是起到稳定 α 螺旋的主要因素[146,147]。有人会质疑说，蛋白质内部的局域**介电性** ***dielectric*** 比在水中的要低，这会加强氢键的库仑组分(详细论述见第 4 章 4.2.3 节)。上述问题已经被充分研究，而结论似乎是在蛋白质中，真正起到稳定 α 螺旋作用的是其侧链残基之间，以及更重要的主链 C_α 之间的非极性与范德瓦耳斯相互作用[148,149]（图 2.13c)。这些相互作用很可能也牵涉周围环境，因为孤立的 α 螺旋在水中通常不稳定[150]。

羧基与氨基之间的氢键之所以能形成是因为这两个基团都是电偶极子，其中羧基上的氧原子带有部分负电而氨基上的氢原子则带有部分正电（图 2.13d)。对螺旋上任一单个肽键来说，其羧基与氨基朝向总是相反的。此效应会将肽键变为一个**微观偶极** ***micro-dipole***，其强度为 3.5D[151]。在一标准的 α 螺旋上，所有的羧基偶极都面向螺旋的 C′端，而所有的氨基偶极都面向螺旋的 N′端。换句话说，螺旋片段上所有的微观偶极会连为一体并形成一个**宏观偶极** ***macro-dipole***[152]，其强度为 5.0D[151]。最终，螺旋的 N′端会带上部分正电荷，而其 C′端则会带上部分负电荷（图 2.13e)。由于螺旋上全部的氨基与羧基都通过氢键彼此相连（当然，头尾的 4 个基团需要排除在外)，因此宏观偶极倾向于集中在螺旋的两端，而不是均匀地分布在整条螺旋上（见专栏 2.4 中的图 2.4.7)。螺旋端点上集聚了 0.5～0.7 个电荷量。α 螺旋的偶极效应不仅仅是电荷分布在螺旋形状上的产物，它还能对蛋白质的活性起到很重要的作用：目前已测定的蛋白质结构中经常包含位于结合位点处的 α 螺旋，其带正电的 N′端会面向带负电的配体。α 螺旋的宏观偶极也会影响其氨基酸序列：具有酸性的谷氨酸与天冬氨酸残基倾向于占据 α 螺旋的 N′端，在这里它们能与带部分正电的螺旋 N′端相互作用，从而进一步稳定螺旋的整体结构[153,154]。上述类似的现象同样会发生在螺旋的 C′端，而此时的氨基酸则变为赖氨酸与精氨酸。而在螺旋内部，具有相反电荷的残基倾向于出现在序列邻近或者空间邻近（即在其上或其下）的位置，因为这样它们就能形成能量有利的**盐桥** ***salt bridge***。

2.3.1.3 α 螺旋的两亲性

某些螺旋具有一种特殊的残基分布模式，其中极性与非极性残基朝向相反

(图 2. 14a)。符合这种模式的螺旋具有**两亲性** ***amphipathic***，因为其具备物理化学上的二重性（既能亲水，又能疏水，译者注）。由于 α 螺旋的周期性，朝向同一面的相邻残基大约在序列上相差 4 个位置。因此，在两亲性螺旋中，每过 3～4 个位置会出现一个极性或一个非极性残基（图 2. 14b，亦可参考第 7 章的专栏 7. 2）。上述性质能让科学家在序列上识别出两亲性螺旋（这说的是，在不知道三维结构的前提下）。两亲性螺旋对于球状蛋白的折叠来说十分重要。这些蛋白质通常都包含一个非极性的**内核** ***core*** 与一个极性的**表面** ***surface***。处于内核中的螺旋通常都由非极性残基组成。而处于表面上的螺旋，其一面朝向内核，而另一面则朝向溶剂。这就意味着它们不得不具备两亲性，从而可以匹配上述两种不同的环境（图 2. 14c）。

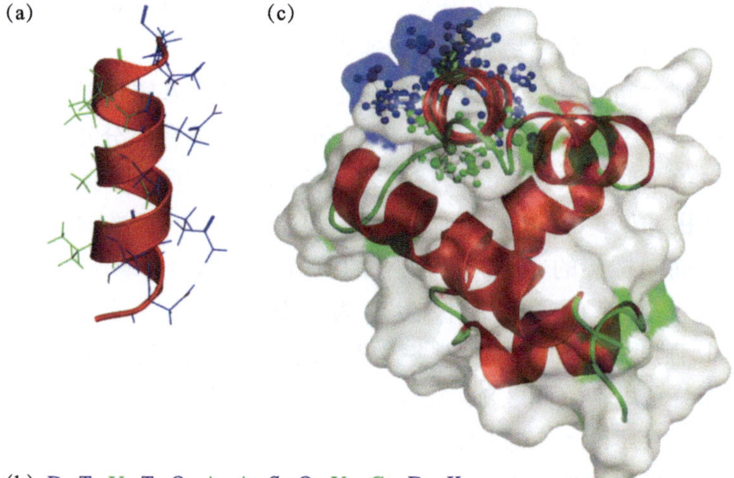

(b) D_1–T_2–V_3–T_4–Q_5–A_6–A_7–S_8–Q_9–V_{10}–C_{11}–D_{12}–K_{13}

图 2. 14　两亲性 α 螺旋。(a) 两亲性 α 螺旋中极性（蓝色）和非极性（绿色）残基的空间分布；(b) 两亲性 α 螺旋的序列周期，所示的序列对应于 (a) 中的螺旋；(c) 蛋白质中两亲性螺旋的位置。显示了 Nk-赖氨酸的表面和二级结构（PDB 条目 1nkl)，两亲性螺旋（残基 24～37）呈现为棒状物和球状物。螺旋位于蛋白质的外部，极性残基（蓝色）面向水性溶剂，而非极性残基（绿色）面向疏水性核心

2. 3. 2　非 α 螺旋

多肽链的整体折叠结构有时会使 α 螺旋产生一定程度的扭曲，从而造成对能量不利的几何形状。这些螺旋同样能在蛋白质中被观察到，并且在某些情况下它们甚至会行使某个特定功能。这些蛋白质中的**非 α 螺旋** ***non-α helix***（图 2. 15）会在下文中介绍。

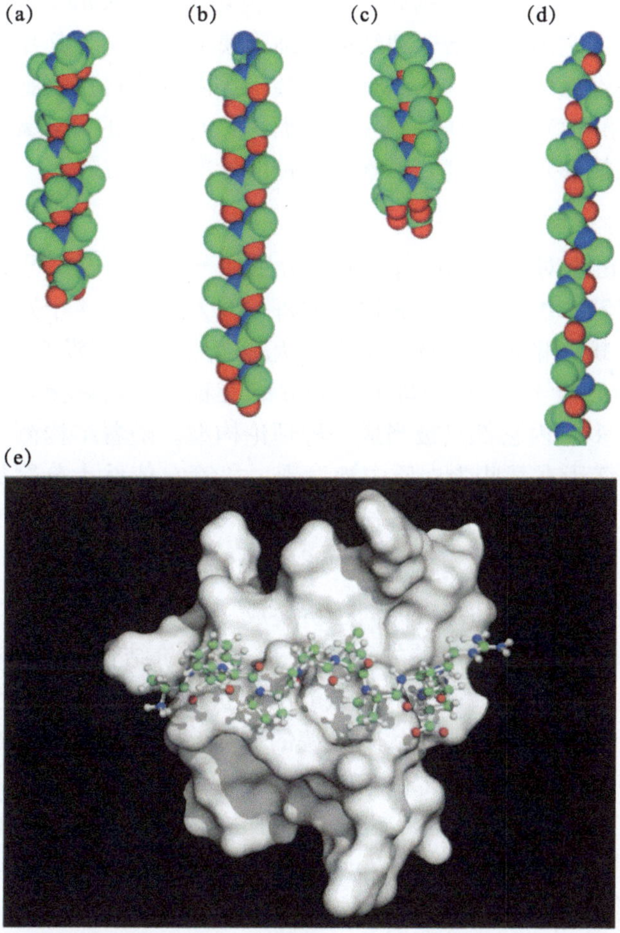

图 2.15 蛋白质中发现的螺旋类型。(a) α 螺旋；(b) 3_{10} 螺旋；(c) π 螺旋；(d) 聚脯氨酸螺旋；(e) 蛋白质 C-Src（作为白色表面）的 SH3 结构域与富含脯氨酸的螺旋（作为具有常规原子颜色的棒和球）之间的相互作用。结构取自蛋白质数据库（1prl），不包括氢原子

2.3.2.1 3_{10} 螺旋

这类螺旋的名称来源为该螺旋的每一圈包含 3 个残基与 10 个主链原子。因此，3_{10} 螺旋比 α 螺旋显得更窄、更长（图 2.15b）。它在蛋白质中的构型对应的 ϕ 与 ψ 角度分别为 $-49°$ 与 $-26°$[145]。这种很窄的结构对于原子堆积来说是会出问题的，因为它会导致**碰撞 *clash***。3_{10} 螺旋的另一个问题在于其 $i \rightarrow i+3$ 的氢键结合模式，它在能量上是不利的，因为其主链上的偶极没有最优地排成一列。于是，3_{10} 螺旋作为一种二级结构单元来说是很罕见的，尽管它有时会出现在 α 螺旋的边缘，其中 3_{10} 螺旋会占据一圈。在一些有趣的范例中，3_{10} 螺旋似乎会修正

在 α 螺旋中形成的其他偏差。例如，抗菌肽**丙甲菌素** ***alamethicin*** 具有一种整体上为螺旋的结构，它能让其结合到细菌的细胞膜上。但是，其片段中的一个脯氨酸侧链会破坏 α 螺旋的氢键，从而有可能会干扰丙甲菌素在细胞膜上的活性功能（具体原因会在第 3 章 3.4 节中解释）。然而，该片段上的 3_{10} 螺旋使得主链上的羧基与氨基依然能够形成氢键，尽管以一种能量次优的方式。

2.3.2.2　π 螺旋

π 螺旋在主链上对应的 phi、psi 角度分别为－57°与－70°[145]，这让它比 α 螺旋显得更宽、更窄（图 2.15c）。π 螺旋的每一圈大约为 4.4 个残基。上述性质使得 π 螺旋不如 α 螺旋稳定。首先，其范德瓦耳斯相互作用没有达到最优。其次，其氢键特征（即 $i \rightarrow i+5$）在能量上不如 α 螺旋稳定。实际上，π 螺旋是如此不稳定以至于在许多年内它都只被当成一种理论构型。随着结构测定方法变得越来越精确，π 螺旋终于在某些蛋白质中被发现，尽管它依然十分罕见[155]。类似 3_{10} 螺旋，π 螺旋也同样倾向于出现在 α 螺旋的边缘，但它只占据几个残基。

2.3.2.3　二型多聚脯氨酸螺旋

多肽链上脯氨酸富集的片段倾向于折叠成一种螺旋形状，它称为**多聚脯氨酸螺旋** ***poly-proline helix***。脯氨酸的侧链与 α-氨基共价结合，其会对蛋白质链在此部分的构型产生一些影响。首先，脯氨酸的共价键会限制 ϕ 角度只能为－65°±15° [50]。其次，脯氨酸侧链上环状吡咯烷的 C_δ 会把脯氨酸之前的残基的 ψ 角度限制在拉氏图的 β 区。上述两个因素的综合会导致一种螺旋构型。尽管此构型最早在脯氨酸富集的序列上被发现，但它同样也在其他序列中出现[156]。实际上，存在两种多聚脯氨酸螺旋 ***poly-proline***（***PP***）构型。第一种螺旋构型，称为 ***PP Ⅰ***（即一型多聚脯氨酸螺旋），是一种紧凑的右手螺旋（其 ϕ、ψ、ω 分别为 －75°、＋160°与 0°）[157]，其中所有的肽键都形成顺式构型。这种构型对蛋白质来说几乎是无关紧要的，因为它仅会在放置于有机溶剂的条件下才会出现。作为对比，第二种螺旋构型，称为 ***PP Ⅱ***（即二型多聚脯氨酸螺旋），它能出现在自然状态的蛋白质中（即放置于水环境的条件下）。PPⅡ是一种左手螺旋，其中所有的肽键都形成反式构型（其 ϕ、ψ、ω 分别为－75°、＋180°与 145°）[130]（图 2.15d）。这种螺旋一圈包含 3 个残基，其会使得它比通常的 α 螺旋更长，并缺乏主链氢键。正因如此，PPⅡ螺旋在蛋白质中往往很难被发现，并且具备该构型的片段则经常被认为是**无结构的** ***unstructured***。如今的计算分析方法已经能够在许多蛋白质中识别出 PPⅡ螺旋，包括那些在通常情况下不具有**规则结构** ***ordered structure*** 的那一部分[158]。这种方法可行的原因会在第 6 章中讨论，这一章有一节专门关注此类未成形蛋白质。在已折叠的蛋白质中，PPⅡ螺旋倾向于具有两亲性，并因此处于球状结构的外周[50]。

PPⅡ螺旋似乎对蛋白质的功能也十分重要。这其中包括了信号转导、转录、细胞运动及免疫反应[157]。例如，**SH3 结构域 *SH3 domain*** 可以识别一种 PPⅡ构型中的脯氨酸富集序列[159−161]（图 2.15e）。SH3 结构域是在许多蛋白质中都经常出现的一种**功能模块 *functional module***。这些蛋白质会牵涉细胞通信，以及其他复杂的生物过程[162]。SH3 结构域被这些蛋白质用来识别其靶蛋白上的 PPⅡ螺旋，并将信号传递过去。上述相互作用的细节会在第 8 章中讨论。最后，有证据表明 PPⅡ螺旋在**变性 *denatured*** 蛋白中很常见。所谓的变性蛋白是指那些部分或完全失去其规则结构的蛋白质，这通常是由其环境条件（如温度、pH、盐度，等等）的剧烈变化所导致的[163]。这一类问题会在第 4 章中讨论。

2.3.3 β构型

一些多肽链的片段能够形成一种不那么紧凑的构型（其 ϕ 与 ψ 角度分别为−120°与 120°），这种构型称为 **β构型 *β conformation***（因为与 α 螺旋这类构型相对应）。每一种形成该构型的片段则称为 **β条带**（β-strand）（图 2.16a）。此类条带的典型长度为 5～10 个残基。当处于 β 构型时，相邻 C_α 原子之间的距离在 3.5Å 左右，即大概是 α 构型的两倍。正因如此，β 构型有时被称为**伸展构型 *extended conformation***。然而，多肽链并不是完全伸展的，而是倾向于呈现**锯齿形 *zigzag***。这是另一种描述 β 构型的来源。在该描述下，β 构型则称为 **β 褶皱 *β pleated***。β 条带在蛋白质中与 α 螺旋一样常见。与螺旋构型不同，伸展构型不允许此片段内部的分子形成氢键，亦无法以明显的范德瓦耳斯作用得到稳定。因此，蛋白质中的 β 条带基本上从来不单独存在，而是倾向于贴在其他 β 条带上从而形成一种板状结构，称为 **β 折叠 *β sheet***（图 2.16b）。β 折叠能以两种形式存在。第一种 β 折叠是由多肽链上序列距离相隔不远（仅仅几个残基）的多个 β 条带所组成的。这些连接两个 β 条带的残基称为 **β 转角**（β turn），从而让其连接的条带头尾相接。由于相邻的条带具有相反的走向（由 β 转角造成的），此类 β 折叠则称为**反平行 *anti-parallel***。第二种 β 折叠是由多肽链上序列距离相隔很远（相隔至少多个残基）的多个 β 条带所组成的。实际上，这些连接两个 β 条带的片段往往包含足够长的残基，以至于让后一个 β 条带能以头对头的方式贴在前一个 β 条带上，从而使得两者具备相同的走向。此类 β 折叠则称为**正平行 *parallel***。最常见的正平行 β 折叠模式（模式一词在这里可用更专业的“模体”motif 来代替，译者注）称为 **β-α-β 环 *β-α-β loop***，这是由于分隔相邻两个 β 条带的片段形成了 α 螺旋构型，而在 α 构型与两个 β 构型之间的连接片段则形成很短的环构型（图 2.16c）。在之后对三级结构的讨论中，我们会看到存在其他连接二级结构单元的**结构模体 *structural motif***，并且它们在蛋白质中会具备一些特定的功能。

除紧凑性之外，α 螺旋与 β 折叠之间还有其他区别。例如，β 折叠上的侧链朝

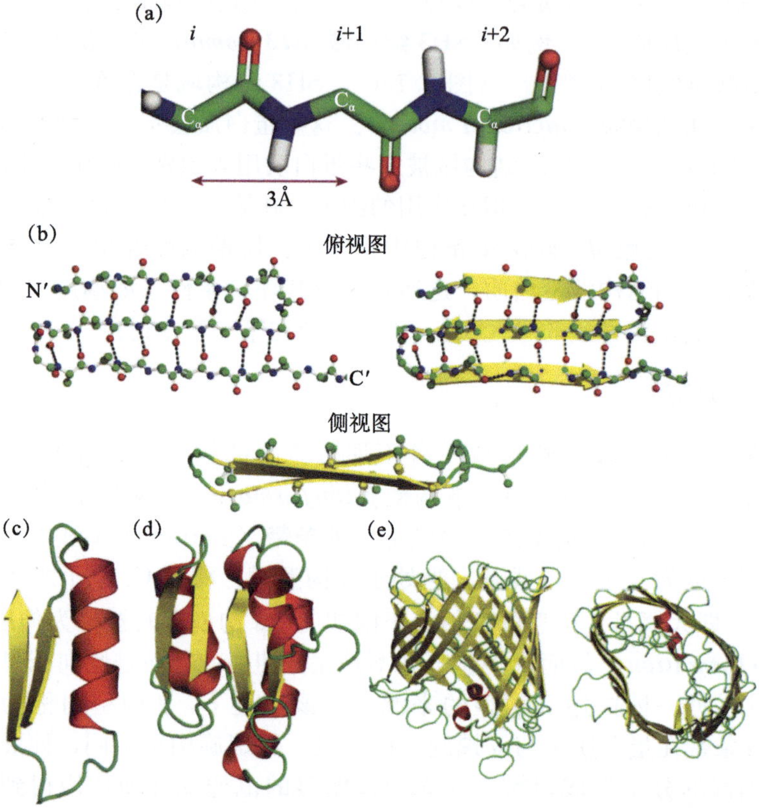

图 2.16　β 构型。(a) β 构型中的三残基蛋白质片段。显示骨架的典型之字形（延伸）形状，其中羰基和酰胺基团向上和向下指向，并且侧链（未显示）指向远离观察者；标示了顺序 C_α 原子之间的距离。(b) 反平行 β 折叠的结构和氢键图案（虚线）。这些链通常在文献中被描绘为宽箭头（右上）。β 折叠中残基的侧链面向片层平面的上方或下方（底部为清楚，仅显示 C_α 和 C_β 原子）。(c) 以结构基序形式称为 β-α-β（PDB 条目 1tph）的平行双链 β 折叠。(d) 从硫氧还蛋白（PDB 条目 2trx）的结构获得的扭曲的 β 折叠 (e) 从侧面（左）和顶部（右）（PDB 条目 1a0s）提供的孔蛋白的 β 桶结构

向要么向上、要么向下，而不同于 α 螺旋上的侧链：它们只朝向外侧（图 2.16b）。尽管存在上述区别，β 折叠同样也具有两亲性。然而，在两亲性的 β 折叠中，极性与非极性残基以每两个位置交替出现，而不是像 α 螺旋那样每隔 3 个或 4 个位置出现。α 螺旋与 β 折叠之间的另一种区别与其主链氢键有关。与 α 螺旋一样，β 折叠的氢键也是由主链上的氨基与羧基之间形成的。然而，α 螺旋中形成氢键的主链基团之间相隔 3 个或 4 个位置，而在 β 折叠中形成氢键的主链基团则相隔非常远，这是因为 β 折叠的氢键是在不同 β 条带之间形成的（图 2.16b）。另外，由于 β 折叠中形成氢键的基团与多肽链的走向彼此垂直，因此它们的微观偶极不会沿着折叠形成

宏观偶极。实际上，对于正平行与反平行的β折叠来说，其氢键的具体几何性质存在稍许差异。有人认为后者比前者更稳定，但这一论断依然存在争议。最后，在大部分β折叠当中，其条带并不完全是“平”的，而是存在一定的扭曲（最高可达每个残基扭曲 30°），这会使得折叠结构部分变形（图 2.16d）。

主链基团之间的氢键对于蛋白质的稳定性来说至关重要（后续章节会详细讨论）。因此，对于蛋白质来说，以最大化氢键个数为目标的折叠方式是极其关键的。β折叠这种结构会把其大部分的主链基团以氢键的方式配对。但是，在折叠片左右边缘的β条带上，分别有一半的主链基团没有得到氢键配对，这是因为它们缺乏配对对象。不过，进化通过让β折叠形成大型的结构来解决这一问题。例如，一种中空的圆桶状结构，称为β桶，可以在β折叠自身之间形成（即把左右边缘未配对的β条带接起来，译者注）（图 2.16e）[164]。实际上，这种连续的折叠结构让所有的条带都配对了。β桶的中空形状对其生物功能来说是最适合不过的，它们在**革兰氏阴性菌** ***Gram-negative bacteria*** 中被广泛采用，作为低选择性通道来把各种化合物输送出其外膜。但这里需要强调一点，并不是所有的β桶都是中空的。例如，在后文会详细介绍的 **TIM 桶** ***TIM-barrel***，其β条带上的侧链会在桶的内部空间中紧密堆积。大多数情况下，β桶由反平行或混合型的β折叠组成。蛋白质中还存在基于β桶的大型结构，我们会在后文具体介绍。

2.3.4　为何是螺旋与折叠（构成了蛋白质的主体结构）？

α螺旋与β折叠在蛋白质中是十分常见的，它们对确定蛋白质的结构起到了至关重要的作用。有人会问，为何只有这些局域结构而不是其他结构被选中。首先，细胞需要球状蛋白来体现它们的紧凑性。这是因为一旦缺失这一特点的话，数以千计的蛋白质将无法存在于高度拥挤的细胞质里[165]，更别提保持水溶性。正如前文所述，螺旋与折叠结构对于紧密堆积蛋白质上的原子是高效的，从而使得蛋白质保持高度紧凑[166]。尽管如此，其他能有效堆积原子的形状也是存在的，这就意味着必定有其他因素使得α螺旋与β折叠这种形状的存在比其他形状更为有利。其次，许多研究表明，无论理论还是实验，都指出这一因素使这些形状能有效地形成氢键。蛋白质在折叠过程中会把非极性残基包埋进内核，而把大部分极性残基放置于表面。这么做的意义在于它允许极性残基的侧链与极性溶剂（即水分子）相互作用，并让非极性残基的侧链与极性溶剂分隔开。然而，蛋白质上所有残基的主链依然包含有极性的氨基（N—H）与羰基（C═O），无论其侧链是不是极性。因此，当非极性残基在折叠过程中被包埋进蛋白质的疏水内核时，其主链上的极性基团也同样被包埋进来了。这就意味着这些极性基团的**当前环境** ***immediate environment*** 改变了，从亲水变成了疏水。或者换句话说，这些基团经历了**去溶剂化** ***de-solvation*** 过程。正如第 1 章及第二章的 2.1.3.3.3 中描述的那样，将电荷暴露出来，无论是部分还是全部，都会使得整个系统的稳定性降低，从而对该过程不利[90]。

一带有极性的球从水中（记为 w）转移至非极性环境（记为 np）的能量消耗（图 2.17），能用 **Born 溶剂化模型 *Born model of the solvation*** 计算出来，该模型是从库仑定律推导出来的：

$$\Delta E = E_{\mathrm{np}} - E_{\mathrm{w}} = 166\left(\frac{q}{r}\right)\left(\frac{1}{\varepsilon_{\mathrm{np}}} - \frac{1}{\varepsilon_{\mathrm{w}}}\right) \tag{2.2}$$

式中，E 是静电能，单位是 kcal/mol；q 是电荷的大小，单位是电子电量；r 是球半径；ε 是介电系数。

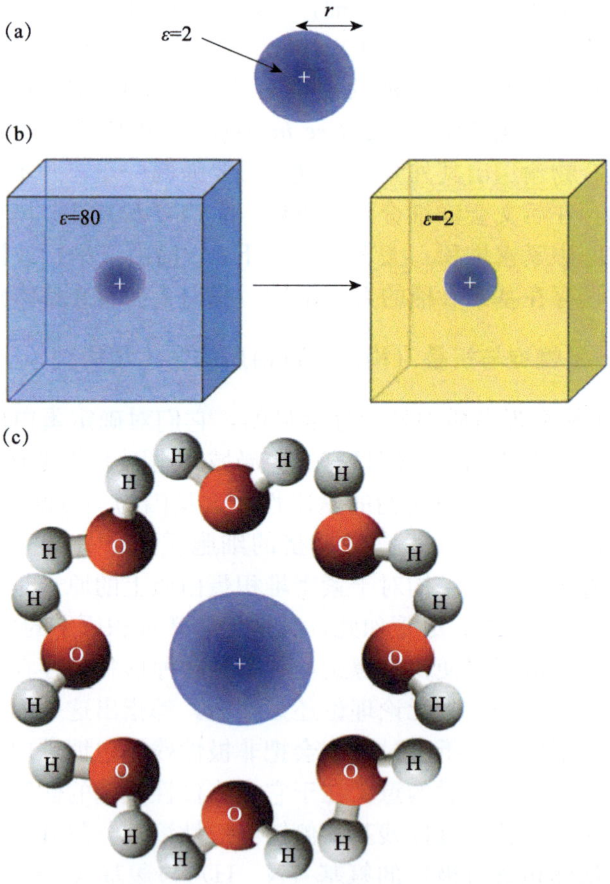

图 2.17　用于在两个不同极性的介质之间传输带电球体的 Born 模型。(a) 以电荷球体 q，半径 r 和介电系数为 2 来表示阳离子。(b) 将电离子从介电系数（ε）为 80（蓝色盒子）的水溶液转移到非极性介质的介电系数为 2 的黄色盒子中。(c) 关于阳离子周围的水分子排列的示意图，说明静电掩蔽的概念

例如，利用上述模型来近似地将一个**单价阳离子 *monovalent cation***（如 $q=1$ 个单位，$r=1\text{Å}$）从水中（其 $\varepsilon_w=80$）转移至非极性环境（$\varepsilon_{np}=4$）中，式（2.2）得出的转移能为 26.3kcal/mol，这一能量比稳定整个蛋白质所需的能量都要高！根据上述计算可以很容易得出，将一极性氨基酸，如精氨酸或赖氨酸，放置进蛋白质内核是极其不利的。实际上，极性残基被包埋在内核通常是因为它们被用来执行生物功能，而在此情况下它们被与其他氨基酸所形成的盐桥和（或）氢键所稳定。

回到我们的主题，有人会质疑说，上述计算并不直接涉及将主链上的氨基与羧基包埋进蛋白质内核，这有 3 个原因。首先，这两个主链上的基团是一种偶极子，其只具备部分电荷而不是完整电荷。其次，上述计算用到的非极性环境下的介电系数（$\varepsilon_{np}=4$）并不一定能代表蛋白质内核的环境。实际上，在蛋白质内核的某些区域，有人提出其介电系数具有很高的值[167]，虽然实验表明蛋白质内核的平均介电系数 ε_p 为 2～4，而且这一平均值基本上已被普遍接受了。最后，上述计算仅考虑了静电自由能当中的库仑组分。如第 1 章所叙述的，整个系统的全部静电自由能同样包括极化能组分。

为了回答上述质疑，并提供一个更精确的解释来阐述将主链基团包埋进蛋白质内核的静电自由能损耗，来自哥伦比亚大学的 Honig 研究组采用了**连续溶剂模型 *continuum-solvent model***（见专栏 1.4）[168]。他们的计算表明，将带有未成键的主链基团（即 N—H 与 C═O）的单个肽键，从水相环境转移至非极性内核会让整个系统的稳定性下降 6.4kcal/mol。这意味着若转移一个包含 20 个残基的多肽片段会使得系统能量增加 128kcal/mol，大约是稳定整个蛋白质能量的 10 倍。然而，若主链基团以氢键连接起来的话（即 N—H --- O═C），如 α 螺旋，那么上述将其转移至蛋白质内核的能量消耗则降低到每个单肽单元 2.1kcal/mol。尽管这还是会造成不稳定，但是该数值已经足够小以至于它可以被其他相互作用产生的效应所弥补，从而稳定螺旋的构型。实际上，对已知三维结构的蛋白质进行分析表明，大约 90％的极性基团都是被氢键所连接的[169]。主链氢键能够在其他种类的局域结构下形成，但是 α 螺旋与 β 折叠似乎是让其形成最有效的局域结构。换句话说，蛋白质分子内部的氢键不容易产生，这是为了让 α 螺旋与 β 折叠更稳定，而这一点在许多传统的教科书上是有争议的。与之相反，二级结构是用来让氢键得以形成，从而降低从水相环境中将蛋白质主链基团转移至低介电系数的蛋白质内核所带来的去溶剂化高消耗。实际上，大约 50％的蛋白质残基，以及可能在内核中的全部残基，都以 α 螺旋或 β 折叠的形式存在。

综上所述，蛋白质在折叠过程中似乎会满足如下两个需求。首先是紧密堆积原子，这是为了保持蛋白质的紧凑性并且最优化起到稳定作用的相互作用。其次是高效地将主链上的氨基与羧基以氢键的方式配对，这是为了降低其由于去溶剂化所带来的不稳定效应。不同种类的折叠结构有可能满足上述两种需求，但似乎只有 α 螺旋与 β 折叠能够非常高效地实现这两种需求。这可能就是为何这两类折叠方式成为蛋白质中最常见的二级结构单元的原因。

2.3.5　回折转角

回折转角 ***reverse turn***，如其字面意思，指的是一类多肽链上的片段，其能改变整条链的走向[170,171]。它们在结构上的重要性有两点：首先它们可以把二级结构单元（即 α 螺旋与 β 条带）给连接起来，并通过改变多肽链的方向来帮助蛋白质形成球状结构；其次，回折转角倾向于处在蛋白质的外周，并于此和周围溶剂接触。因此，它们能够与蛋白质邻近的不同成分发生相互作用，如和其天然配体或底物。此外，回折转角上的残基还会经历许多不同种类的化学修饰，从而增强其化学性质的多样性，并更好地与配体或底物结合。

回折转角这一大类包括许多成员，其中有 α 转角（α-turn）、β 转角（β-turn）、γ 转角（γ-turn），以及**环结构**（loop）。在上述成员中，只有第二种及最后一种在蛋白质里经常出现，因此我们在下文中会详细关注它们。

2.3.5.1　β 转角

这是蛋白质中最常见的回折转角。它的结构包含了一段较短的环结构，其通常连接相邻两段反平行的 β 条带[171]，这就是 β 转角的得名由来（图 2.18a）①。尽管它是一种较短的环，但 β 转角却是一种含有 4 个残基的规则结构。在这 4 个残基中，第二个位置通常为**顺式脯氨酸** ***cis-proline***，而其第四个位置则是甘氨酸[172]（图 2.18b）。蛋白质结构中残基的进化保守性往往意味着由这些残基参与的某种特定功能。在此例中，很容易看到这两个残基是如何行使其功能的。脯氨酸由于其侧链与主链经共价键连接在一起，因此能够在多肽链上制造出一个**扭结** ***kink***，而这种扭结正是转角结构改变多肽链方向所需要的。甘氨酸由于其完全没有侧链，因此能让其主链具备高度的**柔韧性** ***flexibility***，从而让其得以适应由脯氨酸制造出的这个扭结。β 转角另外两个位置上的残基则不是那么保守，尽管天冬酰胺与天冬氨酸还是较为常见的[173-175]。β 转角的另一特性是，其主链氢键通常由第一个（i）与第四个（$i+3$）残基之间建立。这种结构是可行的，因为其残基上的侧链朝向相反[170]。整个 β 转角结构通过其与邻近 β 条带上残基之间的相互作用进一步得到稳定。这种相互作用包含所有类型：芳香类、极性、非极性及盐桥[170]。最后，总共有两种主要的 β 转角类型，它们的区别在于其连接第二

---

① 这种 β-转角-β 的结构称为“β-发夹”[177]。

个与第三个残基间的肽键的方向[176,177]。

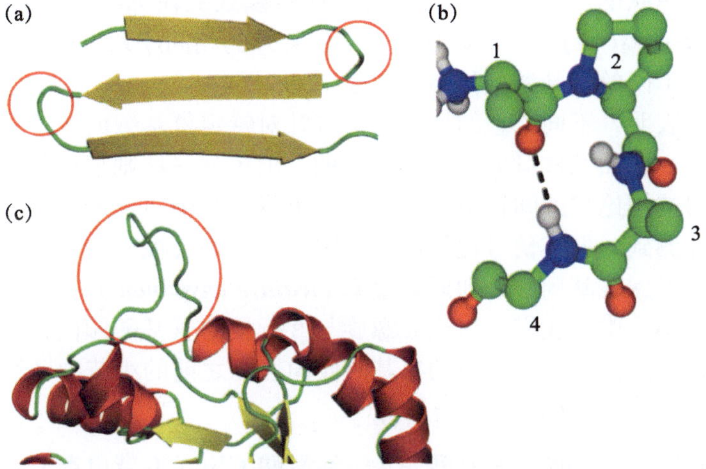

图 2.18 反转和循环。(a) β 转角在 β 折叠的位置，圈数用红色圆圈标记；(b) β 转角的结构，数字表示 β 转角结构内的 4 个主要氨基酸位置；(c) 由红色圆圈标记的环

2.3.5.2 环结构

环结构指的是一类多肽链上的片段，这些片段通常比大多数转角结构来得长，并且它们不具备规则的二级结构（图 2.18c）。由于缺乏规则结构，环结构变得十分灵活，但这也意味着其主链基团通常没有氢键配对[178]。因此，环会被蛋白质从其疏水内核中排除出去，从而它会倾向于在蛋白质表面出现。换种角度来说，这一现象也能通过自然选择来解释，为何环结构上的残基大多是极性的。环有可能是**无规则结构 *disordered***，并似乎在许多蛋白质中起到了非常重要的功能：其中包括构造配体的结合位点。一个最具特点的例子就是抗体上与抗原结合的位点，我们将在第 4 章 4.2 节中详细讨论。

2.3.6 氨基酸的二级结构倾向性

在之前的章节中我们已目睹了螺旋、折叠与转角结构的独特性质，这种独特性是根据其在三维空间上的排布及分子内的相互作用而言的。由于 20 种氨基酸种类具有不同的物理与化学性质（如形状、大小、极性，等等），因此不同的二级结构单元会对形成它的氨基酸残基造成一定的限制。这一点在拉氏图对允许的 ϕ 与 ψ 角度的预测中已经可以很明显地看出，尽管它仅仅考虑了由范德瓦耳斯力引起的空间位阻[127]。其他支持这一结论的研究可以归为如下三类。

(1) 统计分析由实验测定的蛋白质结构的氨基酸频度进行。这包括该领域内最早的一些工作，如 Chou 与 Fasman[179]。

(2) 突变分析蛋白质二级结构单元内的残基（如参考文献［180－182］）。

(3) 针对短肽的结构与热力学分析。这些**模式肽段 *model peptide***，亦称为**主客体肽 *host-guest peptide***，具有除一个位置外的相同序列，而这一位置则每条肽段都具有一不同的氨基酸（如参考文献［183］）。

这些研究表明，不同二级结构单元具有针对特定氨基酸的统计与热力学**倾向性 *preference***。虽然某些倾向性是很显然的，但另外一些则很难解释，并且由不同科学家提出的推论彼此间很不一致且存在争议。其中主要困难在于，尽管该倾向性能够被探测到，但其信号比较微弱。因此，它们会被其他因素所改变，这些因素主要是待考虑残基周围的**即时环境 *immediate environment***[184]。

在之后的小节中，我们会讨论 α 螺旋与 β 折叠的氨基酸倾向性，并集中讨论那些没有争议的。而针对 β 转角的氨基酸倾向性在之前的小节中已经讨论过了。

2.3.6.1 α 构型的氨基酸倾向性

α 螺旋倾向的氨基酸有丙氨酸 Ala、谷氨酸 Glu（不带电荷）、亮氨酸 Leu、精氨酸 Arg、甲硫氨酸 Met（带电荷）与赖氨酸 Lys（带电荷）[185]（图 2.19）。

Ala、Glu 与 Met 具有线性的侧链，其尺度从小型到中等不等。正如前文所论述的，螺旋构型是最紧凑的二级结构。因此，人们预计它主要包含那些尺度较小，并且呈线性的残基，因为它们彼此撞上的可能性最小。此外，多肽片段折叠成 α 螺旋构型会导致侧链上熵的降低（即自由度的降低），这种变化在热力学上是不利的（详细解释见第 4 章）。由于那些具有小尺度侧链的残基在自由状态下的熵就不是很高，它们在折叠后失去的自由度自然也是最少的，这很可能是这些残基会倾向于出现在螺旋上的另一个原因[186]。赖氨酸具有很长的侧链，按照之前的理论来说它不应该出现在 α 螺旋里。然而，它的侧链依然是呈线性的并且很长，这很可能会抵消它整体的尺度。实际上，Makhatadze 与他的合作者，在采用**模式肽段 *model peptide*** 来研究 α 螺旋的倾向性时提出，最重要的因素是侧链的线性结构[187]。特别地，他们发现若在 α 螺旋上出现一个带有分叉侧链的残基，其整体倾向性则会下降大约 160%。除了会造成 α 螺旋构型内的几何问题（这里的几何问题是指分叉侧链不太容易和其他残基形成紧凑的排布，译者注），分叉侧链还会大幅增加螺旋的疏水性，相比较线性侧链而言，这会导致主链极性基团暴露在非极性的环境中，从而导致总体的不稳定。综上，这就能解释为何螺旋中能出现赖氨酸[187－189]。然而，针对精氨酸的高倾向性则很难解释，因为它的侧链不仅尺度大而且分叉。不过，精氨酸侧链的分叉位于长链的末端，这就有可能不太会造成前文提到的那些不利影响，至少不会达到很不利的程度。

与之相对，螺旋中针对脯氨酸的低倾向性则很容易解释。由于脯氨酸的侧链与主链融合，这对于结构来说会造成如下影响。

(1) 这种融合会在脯氨酸所在的主链位置附近产生一个**扭结 *kink***[190]。这是

氨基酸	倾向
Ala	0.00
Glu^0	0.16
Leu	0.21
Arg^+	0.21
Met	0.24
Lys^+	0.26
Gln	0.39
Glu^-	0.40
Ile	0.41
Asp^0	0.43
Trp	0.49
Ser	0.50
Tyr	0.53
Phe	0.54
His^0	0.56
Val	0.61
Asn	0.65
Thr	0.66
His^+	0.66
Cys	0.68
Asp^-	0.69
Gly	1.00
Pro	3.16

图 2.19 20 种氨基酸的 α 螺旋偏好。尺度是基于 11 套实验（热力学）数据确定的。也就是说，每个氨基酸的倾向根据其对蛋白质的稳定性或肽的螺旋到环转变的影响来确定。值越高，相应的氨基酸出现在 α 螺旋中的倾向越低。刻度的值相对于 Ala，由于其具有最高的螺旋倾向，因此已被设置为零。上标数字表示氨基酸上的电荷（改编自 Pace，C. N. and Scholtz，J. M. *Biophys J.*，75，422，1998。经许可）

为了避免其吡咯环与上游 4 个位置残基的羰基氧原子之间产生碰撞[191]。这种扭结阻碍了主链得以维持螺旋结构，或者换句话说，它“折断”了 α 螺旋。

（2）上述的扭结结构会诱导局域氢键发生变化，这会降低 α 螺旋的稳定性。例如，吡咯环上的 C_δ—H 基团会与上游 3、4、5 个位置残基的羰基氧原子之间形成氢键[191]。

（3）脯氨酸侧链与其主链氨基之间的成键会造成后者转变成**叔胺 *tertiary amine***。叔胺基团没有氢原子，因此它无法参与起到稳定螺旋作用的氢键中（作为氢键供体）。

由于上述原因，脯氨酸倾向于不出现在 α 螺旋的内核，尽管它有可能出现在其两端。不过膜蛋白是个例外。其中，脯氨酸经常出现在跨膜 α 螺旋的内部，其原因会在第 7 章里具体论述。

紧接着脯氨酸之后，甘氨酸是 α 螺旋内最不易出现的。这很可能是由于其缺乏侧链，尽管确切的原因目前还不完全了解。根据传统的解释，缺乏侧链会赋予主链太强的**柔韧性 *flexibility***，从而造成与螺旋构型上较为固定的 ϕ、ψ 值相冲突[192]。尽管由于甘氨酸的柔韧性很可能让其以较低的倾向性出现在螺旋中，但是最近的模拟实验表明，甘氨酸的柔韧性只比对应位置的丙氨酸高出大约 20% 而已，从而说明柔韧性不应该只是唯一造成甘氨酸在螺旋中出现较低的因素[193]。实际上，该模拟实验表明，甘氨酸无法与其他侧链相互作用，这一点如我们之前讨论的，这正是起到稳定 α 螺旋的主要因素[148]。不过由于甘氨酸的柔韧性让其非常适合处于螺旋的两端。事实上，甘氨酸确实在螺旋的 C 端上过量表达，这就使其成为“螺旋的终端”[194]。

除甘氨酸之外的其他氨基酸亦可能以一种**序列依赖 *sequence-dependent*** 的模式参与 α 螺旋。例如，天冬酰胺及丝氨酸与天冬氨酸，会在螺旋的 N 端上过量表达（其中丝氨酸与天冬氨酸的程度比天冬酰胺相比要略低一些）[194]。上述现象的原因可被理解为这 3 种氨基酸能够参与侧链-主链氢键[195]。此外，带负电的天冬氨酸在螺旋 N 端的倾向性亦可由如下原因解释：因为它能通过静电力来稳定带正电的螺旋偶极矩。实际上，带负电的残基在螺旋 C 端附近比较常见，同样的带正电的残基倾向于出现在 N 端。这种静电作用因素也会对螺旋内部的氨基酸倾向性产生**环境依赖 *context-dependent*** 的作用。特别地，电荷符号相反的极性残基倾向于出现在相邻的螺旋周期上（即相隔 3 个或 4 个位置），其中它们能够以能量有利的方式相互作用。类似地，电荷符号相同的极性残基则不太可能在螺旋上相隔 3 个或 4 个位置，这是因为其中一个残基的侧链会摆放在另一个之上，从而导致强烈的静电互斥作用，使得螺旋结构不稳定。

2.3.6.2 β 构型的氨基酸倾向性

与 α 螺旋不同，β 折叠只在其端点处显示出较强的氨基酸倾向性。在 C 端，无论正平行还是反平行的 β 折叠，其倾向的氨基酸为天冬氨酸、天冬酰胺、丝氨酸与脯氨酸[196]。有趣的是，前三者亦是 α 螺旋 N 端所倾向的氨基酸[194]。如前文所提及的，该倾向性是由于这三种氨基酸能够形成侧链-主链氢键[195]。由于对于 β 折叠来说，其末端也同样缺乏主链氢键，因此针对 α 螺旋的推论（即为何在 N 端会有这些能够产生侧链-主链氢键的氨基酸，译者注）也同样适用于 β 折叠。β 折叠 N 端所倾向的氨基酸是赖氨酸与精氨酸。由于这两个氨基酸在生理条件的 pH 下都携带正电荷，因此有人提出其倾向于处在 β 折叠 N 端（实际上，β 折叠 N 端由于宏观偶极作用而带有部分电荷）是为了稳定这个宏观偶极，从而加强后者与其他化学物质之间的经典相互作用[196]。

如前文所提到的，β折叠的内部对于氨基酸的倾向性要远低于在β折叠的两端[196,197]。尽管如此，内部较为倾向的残基有缬氨酸 Val、异亮氨酸 Ile、酪氨酸 Tyr、苯丙氨酸 Phe、色氨酸 Trp 与苏氨酸 Thr[145]。由于这些残基具有不同的性质，从而使得推论它们为何形成β折叠变得较为困难。事实上，针对任何倾向于形成β折叠的氨基酸的推论都是困难的，因为β折叠在孤立的条件下似乎不发生折叠，从而无法像针对α螺旋那样开展结构与热力学的研究[196]。不过，上文提及的那批残基中，有一种属性似乎是共同的，那就是其侧链具有较大的尺度。β折叠能够包含尺度较大的残基是能够理解的，因为β构型相对α构型来说就不那么紧凑，这就使得其能包容大尺度残基。另外，残基侧链只是在β折叠的主链所形成的平面前后伸出，从而其原子间碰撞的可能性就要远小于在α螺旋中的情况。苏氨酸（Thr）的侧链并没有几个β折叠倾向的氨基酸来得大，不过它具有分叉结构。这就使得它不太适合处于α螺旋中，主要由于缺乏足够的空间，但是它依然能够存在于β折叠中。

上述推论能够解释为何大尺度及分叉的残基能够处在β折叠中，但是并没有解释为什么β折叠更倾向于选择这些残基。人们尝试提出一些观点来回答这一问题。例如，有人提出这些大尺度及分叉的侧链，例如，Trp、Tyr、Val 和 Ile 能够在立体空间上防止溶剂和周边的肽键形成氢键，并以此来稳定整体结构[198]。当然，其他一些观点也被提出，但似乎没有一种能够完全解释为何β折叠倾向于选择那些氨基酸。有一种有趣的可能性，这些残基倾向于出现在β折叠中不是因为它们自身能够稳定β结构，而是由于它们阻碍了在该区域形成α螺旋。假设在此区域充斥着非极性残基，因此为了考虑疏水作用，则此区域势必要形成一种规则结构。而假定α螺旋无法在此区域形成，那么剩下的唯一选择就是形成β构型。

2.4 三级结构

在之前的章节我们回顾了多肽链上最基本的折叠结构（即二级结构单元，译者注）。它们以局域的折叠形势存在，并且其重复出现的模式让它们能够顺着多肽链片段的轴心延伸。另外，我们也看到了这些局域结构是如何参与设计整个蛋白质的折叠结构，以及在某些情况下也参与设计蛋白质的功能。但是，二级结构单元在大部分情况下显得过于简单以至于无法令蛋白质发挥其复杂的功能。这就需要在更高层面上进行组织，它是由整条多肽链所折叠形成的**三级结构** ***tertiary structure*** 所实现的（图 2.1）。虽然二级结构在所有蛋白质中都是相似的，但是三级结构却存在两种显著不同的类型（图 2.20）。

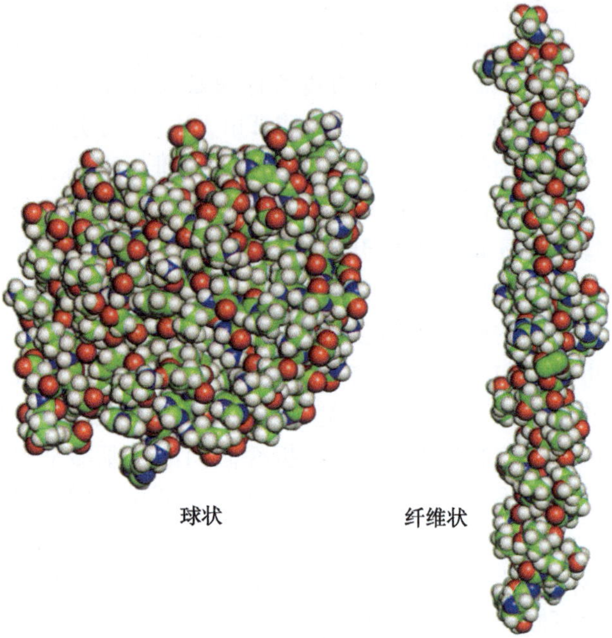

图 2.20　球状和纤维状蛋白比对。前者由酶碳酸酐酶（PDB 条目 1ray）表示，后者由结构蛋白胶原（PDB 条目 1bkv）表示

（1）**球状蛋白 *globular***：在这些蛋白质中，多肽链经常改变方向，从而形成了一个整体上为球状的结构。大部分细胞中的蛋白质都是球状蛋白，它们行使不同种类的功能，包括大部分在第 1 章中介绍的那些功能。此外，大部分球状蛋白是水溶的，它们处于细胞质或多细胞生物的体液中。不过，某些球状蛋白是脂溶的，它们处在胞质膜或者在胞内的质膜（例如，真核细胞内的线粒体膜，译者注）内部。

（2）**纤维状蛋白 *fibrous***：在这些蛋白质中，多肽链形成了一种延伸的、无法溶于水的结构。纤维状蛋白相比球状蛋白而言，通常执行较为简单的功能。其中包括构建大型的胞内或胞外结构，这些结构会提供针对细胞或组织的机械支撑、物理保护或其他组织特异的功能（如**弹性 *elasticity***）。

尽管大部分蛋白质都会具有某种形式的三级结构，但有些蛋白质似乎没有一种固定的形态。令人惊奇的是，这些**无固有结构蛋白 *intrinsically unstructured protein*（*IUP*）**也会执行重要的及种类多样的生物功能。我们会在第 6 章里讨论无固有结构蛋白。然而，种类最多及最复杂的生物功能还是由球状蛋白所执行。由于本书重点强调结构与功能之间的关系，本章我们会集中讨论蛋白质的结构，而在之后的两章中讨论蛋白质结构的能量学及动力学。所有这些讨论都针对球状蛋白，尤其是针对水溶的。虽然膜结合蛋白也是球状的，但它的很多特性与水溶的球状蛋白非常不同。因此我们将在第 7 章单独讨论这些膜蛋白。

不管蛋白质是什么种类，其行使的功能总被认为是其三维结构的直接结果。这是因为只有考虑整个蛋白质结构的复杂性，才能允许其发挥出对应的功能（第1章里有详细的论述）。尽管这一假设已经被广泛接受，甚至已成为现代结构生物学的中心法则，但仍然存在一些实际观测，对此让人提出质疑。首先，尽管球状蛋白具有结构上的复杂性，但是其功能通常只是由一小部分位于活性位点上的氨基酸所执行。这有可能意味着其他的结构部分是不必要的。实际上，来自斯坦福大学的科学家最近成功地开展了一项实验，他们采用人工合成的活性位点重新实现了**细胞色素 C 氧化酶 *cytochrome C oxidase*** 的催化功能[199]。这一人工合成的活性位点是由和该酶活性位点上的催化残基化学性质非常相似的有机基团构造的。在另一项实验中，研究人员仅用 9 种氨基酸就构造出了一个有功能的酶[200]。

首先，这些研究似乎抛出了针对复杂结构必要性的质疑。然而，正如我们会在本章之后的小节中看到的，蛋白质的整体结构并不仅仅将起到催化作用（或其他的活性作用）的残基放置于恰当的位置，它还包括了其他的结构单元，而这些结构单元会让该蛋白质的主要功能与其所在的生物环境进行偶联。具体地，蛋白质的活性会与如下单元偶联起来：**调控单元 *regulatory unit*** 会将胞外或胞内的信号进行偶联；**结合单元 *binding unit*** 会与其他细胞内的物质结合而进行偶联；**运送单元 *transport/trafficking unit*** 负责引导该蛋白质到特定的细胞区室，在其中它能以最高效率发挥功能，有时会与其他蛋白质一起协同作用。在许多情况下，针对蛋白质活性的调控是由其自身结构的改变所达成的，其由蛋白质上距离活性位点很远的地方开始，并最终传递到活性位点（详细内容请见第 5 章）。综上，这一切都需要一个复杂的蛋白质结构，它要能够具备很多不同的构型。

其次，复杂三级结构的必要性还被如下事实所质疑：为何蛋白质中会存在大量的**无结构区域 *unstructured region***，尤其是在真核细胞内[201]。虽然这些区域的功能还不完全清楚，但是它似乎意味着在大部分情况下，这些无结构区域会为整体结构提供一定的柔韧性，而该柔韧性对其功能是必需的，如酶与底物的**诱导契合 *induced fit*** 作用。正如我们会在第 6 章中看到的，大部分这类无固有结构蛋白只是在某些时候无结构，当它们与其**靶分子 *target molecular*** 结合时它们通常是具有规则结构的。

这里我们总结一下，蛋白质的三级结构对正确行使其功能而言极其重要，而其功能与该蛋白质所处的生物环境有关。然而，这并不意味着所有蛋白质的所有部分都必须处于规则的结构：实际上，在某些情况下恰恰是那些无结构的部分让蛋白质得以用最佳的方式行使它的功能。在后续的小节中，我们将讨论蛋白质的三级结构，并将重点放在三个主要方面：①基本特性；②架构；③进化。

2.4.1 三级结构的基本特性

2.4.1.1 为复杂功能而准备的结构特性

球状蛋白能够行使复杂的功能，例如，由酶介导的催化反应、分子输运、信号转导、防御及调控机制。这些功能需要如下性质。

(1) **紧凑性** ***compactness***：细胞质中的蛋白质存在于一个非常拥挤的环境中[165]。因此，其结构必须足够稠密以至于让其能够与其他细胞质中的组分共存，并且保持其自由扩散的能力。

(2) **可溶性** ***solubility***：**胞质蛋白** ***cytosolic protein*** 处于水环境当中，这就要求它们必须水溶从而避免发生**聚集** ***aggregation*** 和**沉淀** ***sedimentation***。

(3) 能够形成**结合位点** ***binding site*** 或**活性位点** ***active site***：实际上，几乎所有的蛋白质功能都牵涉分子识别与结合。以酶作为例子来说，与底物分子结合后紧接着就是催化过程。无论是识别还是结合，都需要蛋白质上某些位置的化学基团处于特定的位置，而该位置与底物或配体上的化学基团之间具有特定的距离与角度。

上述所有性质都是多肽链形成球形结构的直接结果。这也可以从另一个角度来阐述：即多肽链能够改变其方向。这是因为所有上述 3 种性质都需要将一些蛋白质序列上相隔很远的残基拉得足够近。考虑到蛋白质是一种线性的多聚物，因此形成球形结构是上述可能性的唯一方法。

2.4.1.2 内核与表面

生物高分子（其中包括蛋白质）的进化，是发生在**水相环境** ***aqueous environment***（亦简称为水环境）中的。在生物体内，该水环境包括**细胞质** ***cytosol***、**肠液** ***intestinal fluid*** 及多细胞生物体内的体液，例如，**血液** ***blood***、**唾液** ***saliva***、**淋巴液** ***lymph*** 和**胃肠系统** ***gastro-intestinal system*** 及**泌尿生殖系统** ***uro-genital system*** 中的体液。因此，高分子的进化过程必须使其高度水溶，从而让其能够在水环境中自由扩散，并得以避免与自身或其他高分子之间发生非特异结合（即发生聚集）。蛋白质同时包含极性与非极性残基。为了保持水溶性，它们必须发生折叠从而让极性残基出现在表面，同时将非极性残基包埋在内核（图 2.21）。尽管上述情况基本是事实，但针对极性与非极性残基的划分并不是那么绝对。首先，极性残基，尤其是不带电荷的，基本上会出现在所有蛋白质的内核里[60,202]。虽然将这些残基包埋进内核在能量上是不利的，但正如会在第 4 章里讨论的那样，蛋白质这么做不仅在结构上[203,204] 而且在功能上[93] 都是受益的。另外，蛋白质内核的疏水环境经常会让**可电离** ***ionizable*** 的残基，如组氨酸，保持其**无电荷状态** ***uncharged state***，从而降低包埋它们造成的能量损耗[56]。

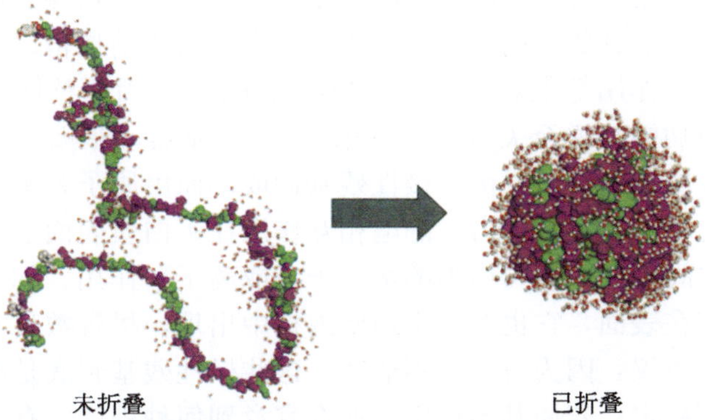

图 2.21 各种蛋白质区域在折叠状态和非折叠状态下的溶剂暴露。在这两种情况下，极性和非极性残基分别以品红色和绿色着色。蛋白质周围的溶剂（水）分子表示为球体。在折叠状态下，非蛋白质残留物位于离开溶剂的蛋白质芯中，而在非折叠状态下，极性和非极性残基都暴露于溶剂中。在德拉鲁集团巴斯德研究所，水分子由 PDB_hydro 服务器根据计算加入蛋白质中（Azuara，C.，Lindahl，E.，Koehl，P.，Orland，H. and Delarue，M.，*Nucleic Acids Res.*，34，W38－42，2006）（Marc Delarue group at Institut Pasteur. http://lorentz.immstr.pasteur.fr/website/present.html）

其次，尽管蛋白质表面基本上是以极性残基为主，它也会包含一些非极性残基组成的**“补丁”** ***patches***（图 2.21)。这些补丁带来的一个好处可能是，它能提供给蛋白质与其他细胞质中的成分进行结合的能力，并同时保持其水溶性并且避免发生聚集。蛋白质的这种极性与非极性残基的不同定位在很大程度上是由于之前提过的二级结构单元所实现的：β 折叠对于将非极性残基包埋进蛋白质疏水内核是非常高效的，而具有**两亲性** ***amphipathic*** 的 α 螺旋则能同时让极性残基放置于外而将非极性残基放置于内[205]（见图 2.14c 或 2.3.1 节的具体解释)。

蛋白质除了具有水溶性，其表面与内核也存在密度差异。蛋白质的内核是由原子紧密堆积出来的，其密度几乎等同于晶体[206]，而在表面则较为稀疏。不过，蛋白质内核也可能包含 30～100$\mathrm{\AA}^3$ 的**空洞** ***empty space***[207]。该蛋白质空洞的形成往往被描述成**“折叠缺陷”** ***packing defects***，会有损蛋白质的稳定性[208]。但是，近年来无论是实验上[207,209]，还是计算上[201] 都指出这些空洞实际上行使了某些功能。例如，在**肌球蛋白** ***myoglobin*** 中，内部的空间似乎能形成一条路径从而让底物（即氧分子）从表面进入位于蛋白质内核的结合位点。此外，这些空洞似乎对于介导蛋白质的**整体变构** ***global conformational change*** 来说非常重要。

2.4.1.3 维持结构稳定的作用力

蛋白质在折叠过程中会把序列上相隔很远的残基拉到很近的距离，并因此让其能发生相互作用。在球状蛋白中，数以千计的残基之间相互作用，其中大部分是非极性的（即范德瓦耳斯、静电、疏水相互作用）[213]。这些非极性相互作用具有重要的意义：由于其数目巨大，因此能使整个蛋白质结构得以稳定；但是，由于每个非极性相互作用都很弱（相对于共价键来说），因而整体结构依然是可变的，这对蛋白质功能来说至关重要（见第 5 章）。显然，非极性相互作用在蛋白质内核中是最强的，它们主要由非极性残基构成。而由原子紧密堆积成的蛋白质内核也同时优化了范德瓦耳斯力。静电相互作用在蛋白质表面上最常见，其中极性残基能相互之间作用，或与周围的水分子（或离子）作用。如前文所述，极性残基并不只限制在表面，它也能在蛋白质内核中出现，尽管数目非常少。而对于这种情况则存在争议：因为目前并不清楚，这些极性残基到底是能让蛋白质内核变得稳定还是不稳定；若使其不稳定，那么究竟到何种程度。有关这点的具体讨论，会在第 4 章中进行。最后一点，一些膜结合蛋白及分泌蛋白是通过共价键得以稳定的，其中大部分是基于空间上相邻的半胱氨酸残基形成的二硫键（S—S）[63]。正如本章开始时解释的那样，这些二硫键只能在**有氧环境 *oxidizing condition*** 下形成，并不会出现在胞质蛋白中（这是一条规则）。其他种类的共价键则十分罕见，它们通常出现在**结构蛋白 *structural protein*** 中，如**胶原蛋白 *collagen***（见第 6 章）。

2.4.2　蛋白质的架构

所有的球状蛋白都遵循上一小节介绍的基本结构原则。但是，它们并不是必须以相同的方式展示该原则。换句话说，每个蛋白质都有其独有的**折叠类型 *fold***，其不仅满足了前文介绍的基本结构原则，还同时允许该蛋白质执行其特定的功能。因此，为了理解蛋白质结构与功能之间的关系，我们必须指明在蛋白质中发现的不同折叠类型，也就是它们的**架构 *architecture***。为了简要起见，蛋白质的架构分为 3 种基本层次：简单的折叠**模体 *motif***，复杂的**折叠 *fold***，以及**结构域 *domain***。这 3 种层次会在下文里具体讨论。

2.4.2.1　简单的折叠模体

折叠模体 *folding motif* 是一种简单并且常见的二级结构单元的组合。正因如此，它们有时也被称为**超二级结构 *super-secondary structure***。正因为它们的简单，我们能够观察到完全相同的模体出现在结构与功能完全不同的蛋白质中[214]。所以，要推测究竟是何种进化过程导致了这些相同的模体出现在不同蛋白质中就变得十分困难。更确切地说，这些蛋白质很可能是从一个共同祖先蛋白派生出的，而这一祖先蛋白具有该模体；在时间的推演下，该蛋白质的其他部分发生异化而唯独此模体保持不变（该过程称为**趋异进化 *divergent evolution***）[215]。与之相对的，这些蛋白质也可能来自不同的祖先蛋白；在时间的推演下，由于该模体的结构稳定性或功能有效性，那些不同的祖先蛋白独立地获取了这一模体

（该过程称为**趋同进化** ***convergent evolution***）[216]。

由于折叠模体是由二级结构蛋白质组合形成的，因此可以简单地将其分为三大类：α类、β类与混合类[217]。在如下的小节中我们会回顾这三大类折叠模体的一些知名范例。

2.4.2.1.1 α类模体 **α类模体** ***α motif*** 包括那些只有α螺旋的组合。这一类中最简单的模体是**螺旋-环-螺旋** ***helix-loop-helix***（***HLH***），亦称为 ***α-loop-α*** 或 **α-α 拐角** ***α-α corner***。这一模体包含两根彼此垂直的α螺旋，它们之间由一个环连接（见图 2.2.2a 及文献［216］）。虽然 HLH 模体很常见，但是它在不同的蛋白质中会起到不同的作用。这一现象，称为**简约性** ***parsimony***，是一种进化上的核心策略。具体地，一旦某种“成功的”结构在进化中形成，它就会以不同的方式被使用。为了展示这一现象，我们以**螺旋-转角-螺旋** ***helix-turn-helix***（***HTH***）模体为范例（注意：HTH 可看作 HLH 的子集，即 HTH 中间那段环非常短，仅起到转角的作用，译者注），具体介绍其两种功能：Ca^{2+}感知与 DNA 结合。

1. 感知细胞内的钙离子（Ca^{2+}）浓度

钙离子（Ca^{2+}）在生物学上会起到不同的作用，其中之一是参与胞内的**信号转导** ***signal transduction***[218]。在此特定的信号转导通路中，当细胞质中的钙离子浓度**激增** ***surge*** 时，会激活不同的下游反应，这取决于细胞的种类。例如，在锻炼时，上述事件在肌细胞中会诱发肌肉纤维收缩。其他依赖钙离子的细胞过程包括由精子引发的卵细胞**受精过程** ***fertilization***，以及由神经细胞引发的**神经递质** ***neurotransmitter*** 释放。

钙离子依赖的路径通常开始于和化学信使的结合，如**激素** ***hormone*** 或神经递质，结合到**靶细胞** ***target cell*** 表面上的**受体蛋白** ***receptor***（或简称受体）。该路径由激活胞内蛋白质得以继续，如 **G 蛋白** ***G-protein*** 及各种酶，从而制造**第二信使** ***second messenger*** 以承接信号的传递。在此过程中被激活的一些蛋白质是**钙离子通道** ***Ca^{2+} channel***，它们位于细胞膜上，亦可位于细胞内存储钙离子区室的膜上。后者提到的区室主要包括**内质网** ***endoplasmic reticulum***（***ER***）及肌细胞中的**肌质网** ***sarcoplasmic reticulum***（***SR***）。尽管这些区室中的钙离子浓度很高，但钙离子基本完全被限制在这些区室里，因此无法被细胞质里的组分所接触到。而当位于细胞膜上及这些区室膜上的钙离子通道被激活后，大量的 Ca^{2+} 会流进细胞质。其余细胞的钙离子浓度是非常低的（10～100 nmol/L），因此无法激活任何生化反应。然而，当这些通道处于激活状态时，细胞内的钙离子浓度能够提升 4 个数量级[219—221]。这一事件持续的时间相当短，因为过量的钙离子会被细胞立刻排出到胞外或排入到 ER 或 SR。此动作对于细胞来说是至关重要的，在于胞质内的组分若长时间与 Ca^{2+} 接触的话会**触发** ***trigger*** 程序性细胞死亡（即**细胞凋**

亡 *apoptosis*）的机制。但是，对于正常的信号转导过程，短时间与 Ca^{2+} 接触将激活一系列“健康的”蛋白质。

大部分被 Ca^{2+} 激增所激活的蛋白质是酶，并且其激活过程或者让信号持续转导，或者制造出让其就此停止的效应。而 Ca^{2+} 与许多这些蛋白质的结合是通过一类特殊的 HLH 模体（称为 **EF 手 *EF hand***）所介导的[218]。EF 手的名字来源于它的两根螺旋，以及连接它们的环结构与人的手指非常相似（图 2.22b），并且其空间间隔也很像。此外，该模体的两根螺旋分别为其最早来源蛋白质的第五根（E）与第六根（F）。因此，EF 手模体在某些酶当中可作为分子开关，能让其对由信号所引发的胞质 Ca^{2+} 浓度升高做出反应。与 Ca^{2+} 的结合发生在 EF 手模体的环区域，它能由下列化学基团所介导：①谷氨酸与天冬氨酸的羧基；②谷氨酰胺的氨基；③丝氨酸的羟基；④主链羧基；⑤蛋白质内部的水分子。

有趣的是，上述结合过程会让环两端所连接的螺旋发生相对较小的位移。然而，对于整个蛋白质来说，这一小小的位移会导致整体结构的变动。

一些在细胞内参与由 Ca^{2+} 介导的信号转导作用的酶并不含有 EF 手模体。这些酶依赖于另一种蛋白质，**钙调蛋白 *calmodulin*（*CaM*）**，来结合钙离子并激活它们，从而 CaM 以其自身特殊的方式作为胞质 Ca^{2+} 的传感器。一旦与 Ca^{2+} 结合，钙调蛋白会发生**构象改变 *conformational change***，从而让其与靶蛋白结合。许多靶蛋白在被钙调蛋白激活后都是作用在其他蛋白质上的酶。例如，称为 **Ca^{2+}/CaM 依赖激酶 *Ca^{2+}/CaM dependent kinase*** 的酶在被钙调蛋白激活后，会将其靶蛋白上的丝氨酸或苏氨酸磷酸化。在平滑肌中，这些酶的一种，称为**肌球蛋白激酶 *myosin kinase***，会通过将一种肌肉蛋白（即**肌球蛋白 *myosin***）给磷酸化，从而诱发肌肉收缩。迄今为止，人们至少已识别出了 180 种不同的由钙调蛋白所激活的蛋白质/酶，从而证明了钙调蛋白在细胞信号转导过程中的重要性[222]。

钙调蛋白的结构包括两个相同的**瓣 *lobe***，中间通过一条长 α 螺旋相连（图 2.22c）。每一瓣由两个 EF 手模体组成，这意味着每个钙调蛋白都能和 4 个钙离子结合。钙调蛋白在结合钙离子后发生的构象改变会产生两个结果。首先，包埋在内部的非极性残基会暴露在溶剂里。其次，钙调蛋白的形状会从**“开启 *open*”**变成**“闭合 *closed*”**[223]（图 2.22d）。上述的两种变化都能让钙调蛋白结合并激活其靶蛋白。在构象改变过程中，许多暴露出来的残基都是甲硫氨酸，其柔韧的疏水侧链使得钙调蛋白得以适应其不同靶蛋白表面的体积较大的芳香基侧链[224]。当 Ca^{2+} 被泵回其所在的细胞内的“水库”（原文为 reservoir）时，钙调蛋白就会复原成其起始的构象，从而让其靶蛋白也恢复成其未激活状态，并因此终止信号。这一现象，即由结合一小分子或离子而引发的构象改变是一种蛋白质作用的核心**范式 *paradigm***，我们会在第 5 章和第 8 章详细讨论。有趣的是，位于**横纹肌 *striated muscle*** 中的**肌钙蛋白 C *troponin C***，其结构与钙调蛋白非常相似，并

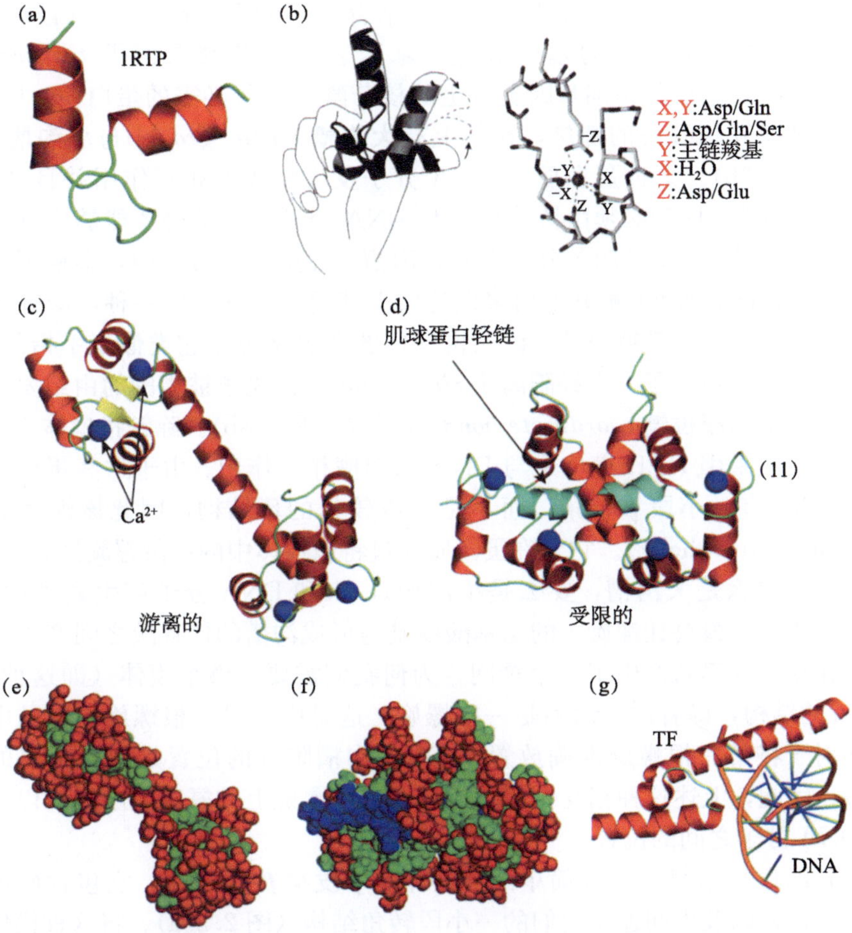

图 2.22 螺旋-转角-螺旋（HTH）图案。(a) 孤立的主题。(b) HTH 图案作为 EF 手结构的一部分（改编自 Lewit-Bentley A. and Rety，S. *Curr. Opin. Struct. Brol.*，10：637 - 643，2000。经许可）。左图显示了该主题的“手”类比，而右边的数字显示了钙结合残基。(c) 其自由状态的钙调蛋白（CaM）（PDB 条目 1osa）。该分子含有 4 个 HTH 基序，每个结合一个 Ca^{2+}（蓝色球体）。(d) CaM 与肌球蛋白轻链结合（PDB 条目 2bbm）。(e+f) CaM 的自由和结合状态，分别以红色和绿色着色的极性与非极性残基。(f) 中的肌球蛋白链染色为蓝色。该图显示了 CaM 以非极性残基围绕结合肽的方式折叠。(g) 人类转录因子（TF）与 DNA 复合物中的最大值（PDB 条目 1hlo）。Max 含有一个 HTH 基序，它以使其与 DNA 紧密接触的方式定位第二个螺旋

且也和钙调蛋白在平滑肌中发挥一样的功能[220]。

2. 与 DNA 结合

HLH 模体的另一种功能是与 DNA 结合。与 DNA 结合的蛋白质能参与 DNA 复制，以及细胞内的基因表达。基因表达涉及**转录因子** ***transcription factor*** 的参与，它们是识别基因上特定的核苷酸序列所必需的蛋白质。DNA 的结构包含两条互相缠绕的螺旋，在其上有**大沟槽** ***major groove*** 与**小沟槽** ***minor groove***（图 1. 3b）。某种蛋白质与 DNA 分子发生特异的相互作用并且“读取”该 DNA 上的基因序列必须由该蛋白质与 DNA 分子紧密结合才能够实现，这就要求该蛋白质能够穿过 DNA 分子进入其沟槽。在进化的过程中，多种不同的**结构模体** ***structural motif*** 被开发出来以达成上述目的。其中的一种，即**锌指模体** ***zinc finger***，在前文已被提及。该结构模体的命名来源于它类似于手指的形状，并在该手指中间包含了一个**锌阳离子** ***zinc cation***。此离子被周围的由组氨酸与半胱氨酸所形成的**配位键** ***coordinate bond*** 所固定（图 2. 8b）。除锌指模体之外，其他一些蛋白质采用 HLH 模体来与 DNA 的沟槽相互作用。由于这些蛋白质中的 HLH 模体只有一小段 β 转角，而不是一段较长的环结构，因此该模体被称为 HTH（helix-turn-helix）。它允许蛋白质通过将该模体中的一段螺旋插入到 DNA 的沟槽中（要么是大沟槽，要么是小沟槽），来和 DNA 分子产生紧密的结合。在这种作用下，最终让螺旋上的氨基酸残基与形成沟槽的核苷酸之间产生了直接的相互作用。这里就产生了一个疑问，为何我们需要一整个模体（即这种螺旋-环-螺旋的结构，译者注）而不是一根螺旋？这是因为另一根螺旋，以及中间的环结构对于将第一根螺旋准确放置于 DNA 沟槽附近的位置是相当重要的（图 2. 22e）。因此，上述这种相互作用的特异性来自螺旋上的氨基酸序列，以及该螺旋与 DNA 分子之间的位置。

2. 4. 2. 1. 2　β 模体　最简单的 β 模体是 **β 发夹** ***β-hairpin***，它包含两段反平行的 β 条带，以及中间连接它们的一小段转角结构（图 2. 23a）。将这种模体进行延伸使之包含更多的 β 条带，会得到 **β 曲径** ***β-meander*** 模体。它的得名是由于在这种模体下，多肽链每隔几个残基就会改变其方向（图 2. 23b）。上述两种模体能让多肽链折叠成一个紧凑的结构，但其**本质上** ***per se*** 似乎并不具有特定的功能（如锌指结构模体，或 HLH 模体，译者注）。一种稍微复杂些的模体是**希腊钥匙** ***Greek key***，它是由 4 段反平行的 β 条带组成的 β 折叠（图 2. 23c）。这种 β 条带形成的折叠模式使人联想起在古希腊遗迹上发现的绘画，从而得名。这种折叠模式的特点是，条带 1 与 2、条带 2 与 3 由短环结构相连，而条带 3 与 4 则由长环结构相连，从而让条带 4 完成整个片层折叠结构，并与条带 a 形成氢键。与之前介绍的两种模体类似，希腊钥匙模体也似乎不具有一种特定的功能，尽管它时常出现在更为复杂的折叠当中，如**果冻卷结构** ***jellyroll*** 与 **β 三明治** ***β-sandwich***

（图 2.23d）。

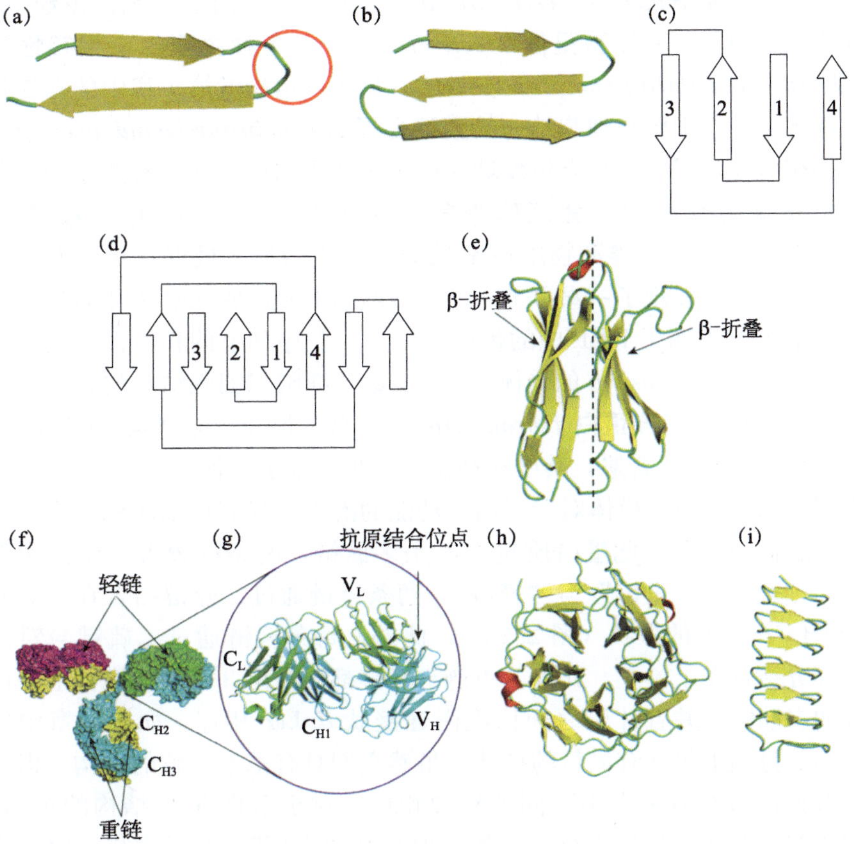

图 2.23 β模体。(a+b) β发夹和β曲径图案的三维结构，分别由条带表示；(c+d) 分别为希腊钥匙和果冻卷结构的示意图；(e) β三明治模体的三维结构 (PDB 条目1igt)；(f+g) 免疫球蛋白折叠 (IgF)，分别示出了 IgG 的完整原子结构和其抗原结合“臂”之一（仅次要元素）的扩增 (PDB 条目 1igt)。C_H 表示常重链；C_L 表示常轻链；V_H 表示可变重链；V_L 表示可变轻链结构域及抗原结合位点。(h) β螺旋桨模体 (PDB 条目 1gyd)；(i) β螺旋模体 (PDB 条目 1ezg)

较为常见的一种β模体是β三明治。它是由两层不同的β折叠所形成的，其中一层堆在另一层上面（图 2.23e），并因此得名。这种排布方式涉及两层之间侧链的相互作用。这种作用稳定了蛋白质结构，并且是一种高效的将非极性残基堆积在蛋白质内核的方式。由于该构造的稳定，使其成为一种能够提供功能性位点的良好**支架** ***scaffold***。实际上，β三明治模体构建了蛋白质中最为常见的一种复杂**折叠类型**（***fold***，或简称为折叠），即**免疫球蛋白折叠** ***immunoglobulin fold***。它的得名是因为该折叠最早是在抗体中发现的，而抗体亦称为**免疫球蛋白** ***immu-***

noglobulin （***Ig***）[225]。事实上，该折叠出现在大量高等生物的蛋白质中，其中大部分涉及**分子识别** ***molecular recognition***。其中一些蛋白质与**免疫系统** ***immune system*** 有关，例如，**T 细胞受体** ***T-cell receptor*** 及各种**主要组织相容性复合体** ***major histocompatibility complex*** （***MHC***）分子（请参考第 1 章中的功能描述）；而另一些则是介导细胞与细胞结合的**膜结合蛋白** ***membrane-bound protein***。尽管拥有结构相似性，但许多具有免疫球蛋白折叠的蛋白质，其氨基酸序列却非常不同。这也是该折叠被称为**免疫球蛋白超家族** ***Ig super-family*** （***IgSF***）的原因[226]①。该超家族是脊椎动物中最常见的一类蛋白质。最近几年，人们陆续在新出现的蛋白质中发现了一些类似于免疫球蛋白的折叠类型（可称其为 Ig-like fold），但它们和隶属于 IgSF 中的蛋白质没有一点序列上的相似性。这些折叠包括可接受**细胞因子** ***cytokine*** 的受体②，以及参与细胞与细胞结合的蛋白质：**钙黏着蛋白** ***cadherin*** 和**纤连蛋白** ***fibronectin***[225]。而实际上，这种**类 IgSF** ***IgSF-like*** 蛋白比 IgSF 蛋白还要普遍，其中在细菌中至少发现了一种。

为了展示 β 三明治模体对于蛋白质功能的潜力，我们仔细研究了作为抗体的 IgG（免疫球蛋白 G）。此蛋白质包含 4 条多肽链，两条链较大，而另两条链较短。它们分别称为“重链”与“轻链”。两条重链通过二硫键结合在一起，形成了一个类似字母 Y 的形状（图 2. 23f）。此外，每条轻链通过二硫键与对应重链的上半部分结合在了一起。此外，重链与轻链都包含由 β 三明治模体形成的片段所构成的多肽链，并且片段之间依次由**连接肽** ***linker*** 相连。如第 1 章中所提及的，我们的身体中包含有大量的抗体，虽然它们具有基本一致的结构，但其实每一个都有独特的能力来识别不同的外源物质。对于呈现 Y 形结构的抗体来说，它们的“茎部”基本都是完全一致的。但是其“手部”，即形成与抗原结合的位点，对于不同的抗体来说是不同的。正如预期的那样，这种不同来源于在此区域的氨基酸差异性。这就是为何该区域被称为**高度可变区** ***hyper variable region***（或简称为高变区）。高变区同时包括重链与轻链，它们一起形成了**抗原结合位点** ***antigen-binding site***。特别地，该位点由两个 Ig 折叠所构成，其中一个 Ig 来自重链，另一个来自轻链（图 2. 23g）。再者，每个 Ig 都是基于 β 三明治模体，它包含 9 条 β 条带与环结构。有趣的是，抗原结合的特异性是由该结构的 6 段环结构（每条链贡献 3 段）所决定的。这种抗原特异识别性有可能是自然界中最具特异性的相互作用，主要基于其静电组分[227]。

上述由环结构所形成的具有高度特异性的结合位点，初看上去似乎很奇怪：

---

① 有关蛋白质家族与超家族区别的解释，请参考 2. 4. 2. 4。

② 所谓的细胞因子，就是一种免疫系统的化学信使。

原因是环并不具有规则的结构，并且高度柔韧，其序列本身并不在进化上保守，但序列保守性是确定其功能的一个重要参数。实际上，上述的这些性质使得环结构恰恰最适合行使这一特异性识别的功能。具体地，环结构能够极大地容忍抗原结合位点的序列可变性，相比任何其他规则的结构来说。这是因为环的天生柔韧性让其能够适应结构变化，而规则结构则受限于其主要的构型。这一创造可变性的过程是生物中极具吸引力的一种过程：它称为**基因重排 *gene rearrangement***，其能够在编码抗体高变区的基因上产生多次重组。这一过程在环上的发生更为突出，原因如前文所述。而环内在的结构柔韧性，在其序列差异性的基础上，进一步增加了抗原结合位点的多样性[228]。更确切地说，环结构能够产生自发的构象变化，进而改变结合位点的形状，从而能让同一个抗体结合不同的抗原[229]。

如前文所述，Ig 折叠是非常普遍的，它甚至会出现在与免疫系统无关的蛋白质中。这很可能是由于该折叠所具备的额外优势，例如，其具有一个很稳定的非极性内核，能在很大程度上抵御蛋白质水解，并且其能与其他折叠相互作用[225]。图 2.23h 描绘了其他的 β 模体类型，如 **β 螺旋桨 *β-propeller*** 及 **β 螺旋 *β-helix***。

2.4.2.1.3　混合模体　混合模体同时包括 α 与 β 单元。其中最常见的可能就是 β-α-β 模体，它出现在正平行的 β 折叠中（图 2.24a）。该模体具有两大优势，这可能就是它如此普遍的原因。首先，α 螺旋夹在两段 β 条带中间这种构型能够有效地将非极性残基堆积到蛋白质的内核中。其次，连接第一根条带与 α 螺旋的环能够参与**配体结合**（ligand binding）。在这种情况下，β-α-β 模体隶属于构造该结合位点的更大的折叠。我们会在之后的小节中讨论，究竟如何来刻画这些更大更复杂的折叠。

2.4.2.2　复杂的折叠类型

折叠类型（***fold***，或简称为折叠）这个术语，是 Rao 与 Rossmann 于 1973 年创造出来的，它的诞生与**核苷酸结合蛋白 *nucleotide-binding protein*** 有关[230]。不过，折叠这一术语从来没有被真正地定义过。在大多数情况下，该术语被用来描述一根多肽链的某种特定的空间排布方式，而这种排布方式是由简单的折叠模体的组合所构成。下一节讨论的蛋白质**结构域 *domain***，实际上就是由某一种折叠所刻画。正因如此，这两个术语（即结构域与折叠）也经常发生混淆。为了澄清这两者，我们这里讨论的折叠是说某一种特定的蛋白质结构类型，而结构域是说一类广义的蛋白质结构组织方式，以及其对应的功能与进化模式。实际上，复杂折叠的数目是巨大的，这让讨论其全部变得不可能。但是，某些折叠，称为**超折叠 *super-fold***[231,232]，则十分普遍。在本节的后续篇幅里，我们会讨论 3 种超折叠，它们都是基于相同的混合模体：β-α-β[217]。前两种，Rossmann 折叠与 **P 环折叠 *P-loop fold***，其功能都是核苷酸结合。第三种，**TIM 桶折叠 *TIM***

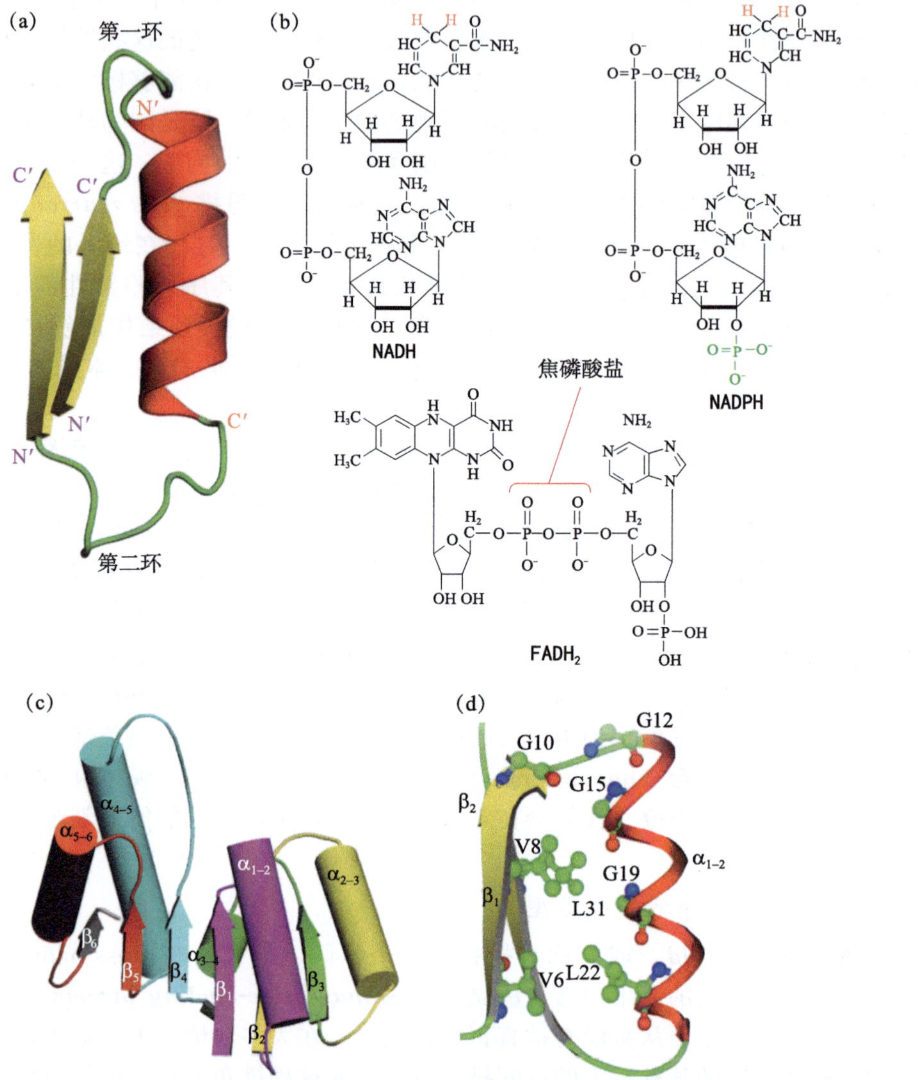

图 2.24　β-α-β 模体和 Rossmannoid 折叠。(a) β-α-β 模体的结构和拓扑结构；(b) 二核苷酸辅酶 NADH、NADPH 和 $FADH_2$；(c) Rossmann 折叠在苹果酸脱氢酶（PDB 条目 1cme，残基 1-146）中，为了清楚起见，螺旋被描绘为实心圆柱体，环平滑，并且整个链条根据顺序的 β-α 单位着色，线条和螺旋已编号；(d) 肌氨酸氧化酶中的 β_1-loop-α_{1-2} 结构（PDB 条目 1e15），正文中详细介绍了稳定结构的相互作用；(e) 肌氨酸氧化酶 β_1-loop-α_{1-2} 环与其 $FADH_2$ 辅酶的焦磷酸单位之间的相互作用，一些残留物以单字母代码记录；(f) $p21_{ras}$ 中的 Rossmannoid 折叠（PDB 条目 1jah），标记单核苷酸辅酶的位置；(g+h) GTP 与 $p21_{ras}$ 相应循环之间的相互作用；(i) 描述所有已知的 Rossmannoid 蛋白从祖先发散的假设图（来自 Aravind, L., Mazumder, R., Vasudevan, S. and Koonin, E. V., *Curr. Opin. Struct. Biol.*, 12, 392-399, 2002。经许可）

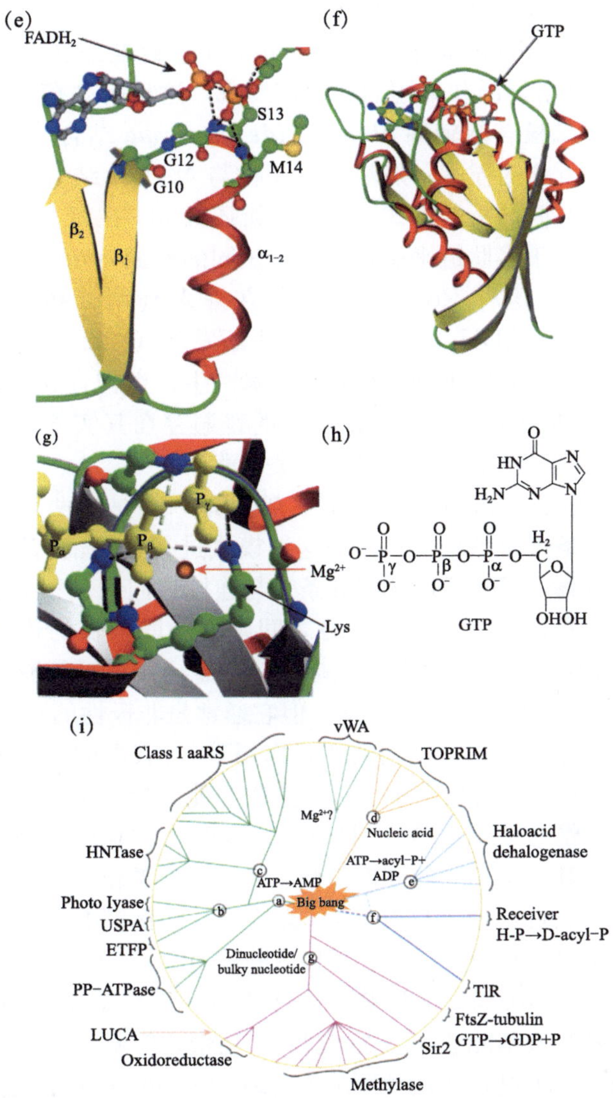

图 2.24 （继续）β-α-β 模体和 Rossmannoid 折叠。(a) β-α-β 模体的结构和拓扑结构；(b) 二核苷酸辅酶 NADH、NADPH 和 $FADH_2$；(c) Rossmann 折叠在苹果酸脱氢酶(PDB 条目 1cme，残基 1-146) 中，为了清楚起见，螺旋被描绘为实心圆柱体，环平滑，并且整个链条根据顺序的 β-α 单位着色，线条和螺旋已编号；(d) 肌氨酸氧化酶中的 β_1-loop-α_{1-2} 结构 (PDB 条目 1el5)，正文中详细介绍了稳定结构的相互作用；(e) 肌氨酸氧化酶 β_1-loop-α_{1-2} 环与其 $FADH_2$ 辅酶的焦磷酸单位之间的相互作用，一些残留物以单字母代码记录；(f) $p21_{ras}$ 中的 Rossmannoid 折叠 (PDB 条目 1jah)，标记单核苷酸辅酶的位置；(g+h) GTP 与 $p21_{ras}$ 相应循环之间的相互作用；(i) 描述所有已知的 Rossmannoid 蛋白从祖先发散的假设图(来自 Aravind, L., Mazumder, R., Vasudevan, S. and Koonin, E. V., *Curr. Opin. Struct. Biol.*, 12, 392-399, 2002。经许可)

barrel fold 构成了很多不同类型的酶的活性位点。

2.4.2.2.1　Rossmann 折叠　Rossmann 折叠最早是在 1974 年由 Michael Rossmann 和他的同事提出并描述的。他们发现，这种折叠存在于许多不同的蛋白质中，它能够与**二核苷酸辅酶 *dinucleotide coenzyme*** 结合[233,234]。实际上，这种针对 Rossmann 折叠的描述，是基于对 4 种与 NADH 结合的酶的分析所得到的。除了找到一种共同的折叠方式，这一分析还揭示了在所有这 4 种酶当中，它们的核苷酸辅酶相对于多肽链来说，都具有相同的**构象 *conformation*** 与**取向 *orientation***。从那时起，这种 Rossmann 折叠在许多利用二核苷酸辅酶（例如，NADH、NADPH 与 $FADH_2$）的酶当中被不断发现（图 2.24b）。如第 1 章中所述，这些酶大多参与核心的细胞过程，如能量产生、生物合成、光合作用，以及**化学脱毒 *chemical detoxification***。该折叠的普遍存在其实并不奇怪，原因在于之前提及的二核苷酸是酶当中最常见的一类辅酶。

Rossmann 折叠是 β-α-β 模体的延伸。特别地，它是由两个 β-α-β-α-β 单元所构成的，并且其 β 条带是按照 654-123 这种模式进行组织的（图 2.24c）。因此，这会导致两块 β 折叠，每一块由 3 根 β 条带与连接它们的 2 根 α 螺旋所构成。这些螺旋在条带上堆积，而这两块 β 折叠之间则由一段较长的**连接肽 *linker*** 所连接。Rossmann 折叠中的第一条螺旋（标记为 a_{1T2}）含有氨基酸序列模体 Gly-X-X-X-Gly/Ala（其中，X 表示任意残基，但它通常是非极性的），它能加强该螺旋与第一根 β 条带（标记为 β_1）之间的相互作用[235]。有趣的是，该序列模体 Gly-X-X-X-Gly 同样能在膜结合蛋白中发现，其中它能介导该类蛋白质中相邻螺旋之间的相互作用（详情请见第 7 章）。具体地，这两个甘氨酸残基之间在序列上相隔 4 个位置，因此其位于相同的螺旋位面。由于没有侧链，它们能让两个相互作用的螺旋靠得非常之近，相隔只有 6Å。这就能最优化范德瓦耳斯力，并能让第一根螺旋的 C_α—H 基团与第二根螺旋的主链羧基（C═O）之间形成氢键[236]。让我们回到主题，在 Rossmann 折叠中，这种 Gly-X-X-X-Gly/Ala 模体具有非常类似的效果：甘氨酸残基能让 $\alpha_{1\to2}$ 螺旋与 β_1 条带之间靠得非常近，从而最优化它们的相互作用力。不过，在这种情况下，Rossmann 折叠同样包括了 β_1 条带上的 Val6（注：这种表示指的是，序列上第 6 个氨基酸是缬氨酸）和 Val8，与 $\alpha_{1\to2}$ 螺旋上的 Leu22 之间的非极性相互作用（图 2.24d）。而且，β_2 条带上的 Leu31 同样参与这些相互作用，从而进一步稳定该折叠。在某些 NADPH 结合的蛋白质中，上述的第一个甘氨酸残基，有可能被替代为丙氨酸、丝氨酸，甚至是脯氨酸，这是为了增加具有相互作用的螺旋与条带之间的距离。这种距离的增加是必需的，在于它能适应辅酶中的磷酸基团，而在 NADH 与 $FADH_2$（ribose-2′-PO_4^{2-}）中，则并不存在磷酸基团[237]。

在 Rossmann 折叠中，多肽链上的 $\alpha_{1\to2}$ 螺旋与 β_1 条带之间的稳定性是至关重要的：因为连接它们的环结构正是辅酶上**焦磷酸** ***pyrophosphate*** (-PO_3^--O-PO_3^--) 基团的结合位点（图 2.24e）。该结合是由焦磷酸基团上的氧原子与蛋白质的侧链与主链上的基团之间形成的氢键与离子相互作用所介导的。而该环结构则包含了（Gly10-X-Gly12-X-X-Gly15）这一**共有序列** ***consensus sequence***①，其中 Gly12 允许此环结构与辅酶上的焦磷酸基团发生近距离接触[235]。此外，Gly12 的氨基同样携带了 $\alpha_{1\to2}$ 螺旋偶极上的部分正电荷，从而进一步让其与焦磷酸发生静电相互作用[238]。Gly15，即上述共有序列的最后一个残基，同时也是 $\alpha_{1\to2}$ 螺旋上 Gly-X-X-X-Gly 序列模体中的第一个残基。如前文所述，该序列模体允许 $\alpha_{1\to2}$ 螺旋与 β_1 条带之间发生近距离接触。最后，辅酶中的其他部分会与 Rossmann 折叠中的其他环、螺旋和条带发生作用[237]。其中，辅酶中的**腺嘌呤** ***adenine*** 单元通常会参与范德瓦耳斯与非极性相互作用，而**烟酰胺** ***nicotine-amide*** 单元（存在于 NADH 与 NADPH 中）或**黄素** ***flavin*** 单元（存在于 $FADH_2$ 中）则涉及多个特异性氢键的参与。

一些属于 Rossmann 折叠的蛋白质只包括一份 β-α-β-α-β 模体，以及额外的与该模体通过氢键相连的 β 条带。这意味着前文所述的两份 β-α-β-α-β 模体中只有第一份才是真正起到与核苷酸辅酶结合的重要作用[237]。这一论述同样得到前文中有关辅酶与蛋白质结合分析的支持。此外，属于 Rossmann 折叠的蛋白质的另一种多样性在于其包含的辅酶。那些与 NAD（P）H（表示 NADH 或 NADPH）结合的折叠和与 $FADH_2$ 结合的折叠属于不同的**结构域家族** ***domain family***。而这种结构上的不同则位于具体的结合位点，即与 NADH 或 NADPH 上的烟酰胺结合，或是与 $FADH_2$ 上的黄素结合。实际上，此论述被**谷胱甘肽还原酶** ***glutathione reductase*** 所证实，因为它同时结合 NADH 与 $FADH_2$，并采用两种属于不同 Rossmann 折叠的结构域。结构分析显示出这两个结构域的内核区域的结构是相似的（尽管它们之间只有 22%的序列等同），而外周区域，尤其是与核苷酸结合的部分则不相似。

2.4.2.2.2 P 环折叠 NAD（P）H 与 $FADH_2$ 折叠的高度相似性暗示了它们具有共同的起源。如前文所述，共有的结构特征亦可存在于不相关的折叠之间，它们通常由这些结构之间的低序列等同所反映出来。此现象似乎可以用**单核苷酸结合折叠** ***mononucleotide binding fold*** 作为范例。这是在说，该折叠在许多酶当中负责结合 ATP 与 GTP。进一步说，该折叠称为 **P 环折叠** ***P-loop fold***，是自然界中最普遍的一类折叠类型[240]。造成这一点的原因，很可能是由于 ATP 作

① 即该序列在此折叠类型的不同蛋白质中都具有一致的保守性。

为代谢反应中能量来源的中心分子，以及 GTP 作为信号转导路径中的分子开关①。尽管 P 环折叠与 Rossmann 折叠比较相似（图 2. 24f），但它们之间确实具有一些差异。首先，P 环折叠中的**核苷酸结合环 *nucleotide-binding loop*** 要相对更长一些，并同时包含了前文所提及的全部 3 个甘氨酸残基。因此，这会造成 P 环折叠中的环与核苷酸之间的结合，比 Rossmann 折叠中来得更紧密（图 2. 24g）。其次，由于 P 环折叠要与单核苷酸结合，而单核苷酸上存在 3 个带负电的磷酸基团（图 2. 24h），这就需要更强的静电屏蔽。相对于 Rossmann 折叠提供的主链氢键[241]，P 环折叠提供了两个阳离子，分别是位于共有序列第三个 Gly 之后的赖氨酸残基上的 ε-氨基，以及一个 Mg^{2+}（图 2. 24g）。最后，在 ATP 酶（是一类能将 ATP 催化水解为 ADP 和磷酸根离子的酶，译者注）与 GTP 酶中，该单核苷酸作为底物存在。这就意味着该位置在 P 环折叠中作为活性位点存在，而不是如同 Rossmann 折叠中作为辅酶位点存在。

Rossmann 折叠与类似 Rossmann 的折叠（例如，P 环折叠）的进化关系在大多数情况下是不清楚的。因此，这些折叠通常称为**类 Rossmann 折叠 *Rossmannoids***。一些科学家相信所有类 Rossmann 折叠（其中包括 Rossmann 折叠自身）都是从一个共同的祖先折叠发源出来的。而该祖先折叠不仅具有核苷酸结合能力，还具备非特异性的催化能力。因此，这一假设的祖先折叠被认为在进化过程中经趋异而分化成了不同的类 Rossmann 折叠，而每一种折叠都具有特异地结合对应的核苷酸的能力；与此同时，那些包含该祖先折叠的蛋白质则经趋异而分化为具有不同生化活性的酶（例如，氧还酶、脱氢酶、ATP 酶及其他）（图 2. 24i）[237]。

2. 4. 2. 2. 3 TIM 桶折叠 TIM 桶折叠同样也是最古老与最常见的一种折叠[84,242]。如同具备类 Rossmann 折叠的蛋白质那样，具备 TIM 桶折叠的蛋白质（以下简称 TIM 桶蛋白，译者注）之间可能只有非常低的序列相似度，这就使得该折叠在进化意义上和类 Rossmann 折叠一样有趣。TIM 桶这个名字来自在该折叠中发现的第一个蛋白质，它是一种糖酵解酶，称为**磷酸丙糖异构酶 *triosephosphate isomerase*（*TIM*）**。如今，超过来自 248 种不同蛋白质家族中的 1200 种蛋白质被发现具备该类折叠。具体地，TIM 桶折叠（平均长度为 250 个残基）表现为**面包圈 *doughnut*** 形状，在它的中心有 8 条 β 条带，并被处于外围的 8 条 α 螺旋所包围（图 2. 25a）。这些 β 条带形成了一个桶（图 2. 25b），由此得名。但是，与之前提到过的 β 桶折叠不同的是，TIM 桶并不是中空的，它的中心是被非极性侧链紧密堆积起来的，尤其是具有 β 分叉的缬氨酸与异亮氨酸侧链（图

① 如第 1 章中介绍的，GTP 由 GTP 结合蛋白所采用，而该蛋白质能作为信号转导通路中的“分子定时器”来限制信号作用的时间。

2.25c)（注意，这里的 β 分叉是说，在侧链端点处的第二个位置发生分叉，形成 Y 形，译者注）。此外，β 条带与 α 螺旋之间的相互作用同样是基于非极性，这就意味着该折叠能够提供良好的针对外界水环境的遮挡效应。另外，TIM 桶与 β 桶的区别是，后者的 β 条带呈现反平行或者是混合形态[164]，而前者由于连接 β 条带之间的环结构足够长，从而让其呈现完全的正平行形态。若我们基于序列层面来考察 TIM 桶，就会发现该折叠把 8 个 β-α 单元给**串接** ***concatenation*** 起来，这就是它亦被称为**八 β/α 桶**（8 β/α barrel）的原因。又或者，TIM 桶也可被看作 8 个交叠的 β-α-β 单元的串接。因此，TIM 桶与 Rossmann 折叠都是从相同的基本模体所构造出来的，但却通过不同的组织方式，从而最终让其三维结构不同。

如前文所述，TIM 桶折叠出现在许多蛋白质中，而这些蛋白质之间只有很低的序列相似度。进一步分析表明，在许多蛋白质中 TIM 桶折叠会与其他折叠融合在一起，插入的位置或位于 TIM 桶折叠的上游或下游，有时甚至在中间。正因如此，科学家猜测这种折叠融合本身就是一种进化上**基因混编** ***gene shuffling*** 的结果。对于这种插入点在 TIM 桶折叠中间的情况，它主要位于 β 条带 C′端后面的环上（这些环因此成为 β→α loop）。这些环最开始可能很长，因此在其中额外插入一个折叠对于其余的 TIM 桶折叠只会造成最小的影响。这种在 TIM 桶折叠中增加一个额外的折叠会显著地增加其功能的多样性，包括催化、结合其他蛋白质或者**寡聚化** ***oligomerization***（即几个相同的单体形成一个复合体的过程，译者注）。

几年前针对一个包含有 900 个 TIM 桶蛋白的数据库的统计调查表明，它们大多数都以酶的方式作用[242]。有趣的是，这些酶属于六大分类中的 5 种（酶的六大分类参考第 1 章），并且它们会催化 64 种不同的生化反应。在这些催化反应当中，TIM 桶折叠自身就会参与其中一些，而其参与催化的残基以广义酸碱的形式作用。由于具备 TIM 桶折叠的酶催化不同的反应，因此其参与催化的残基的保守性很低。这些残基可以位于 8 根 β 条带上的任何一根，但却总是处在条带的 C′端，即处于 β→α 环上[243]。再一次，这又是一个范例来证明环形成活性位点或结合位点的重要性，因为我们之前已经在 Ig 折叠中体会到了这一点。对于上述两种情况（即 TIM 桶折叠与 Ig 折叠，译者注）来说，环负责在具备相同形状折叠的蛋白质中，制造出序列与构象的差异，从而导致功能上的多样性[244]。有趣的是，TIM 桶折叠中，相对于其功能来说，α 螺旋朝向 β 条带 N′端的环（称为 α→β）似乎对该折叠的稳定性更为重要。

尽管 TIM 桶折叠中负责催化的残基并不保守，但该折叠似乎具有一些与磷酸基团结合的特征，例如，与 NADPH、**黄素单核苷酸** ***flavin mono-phosphate***

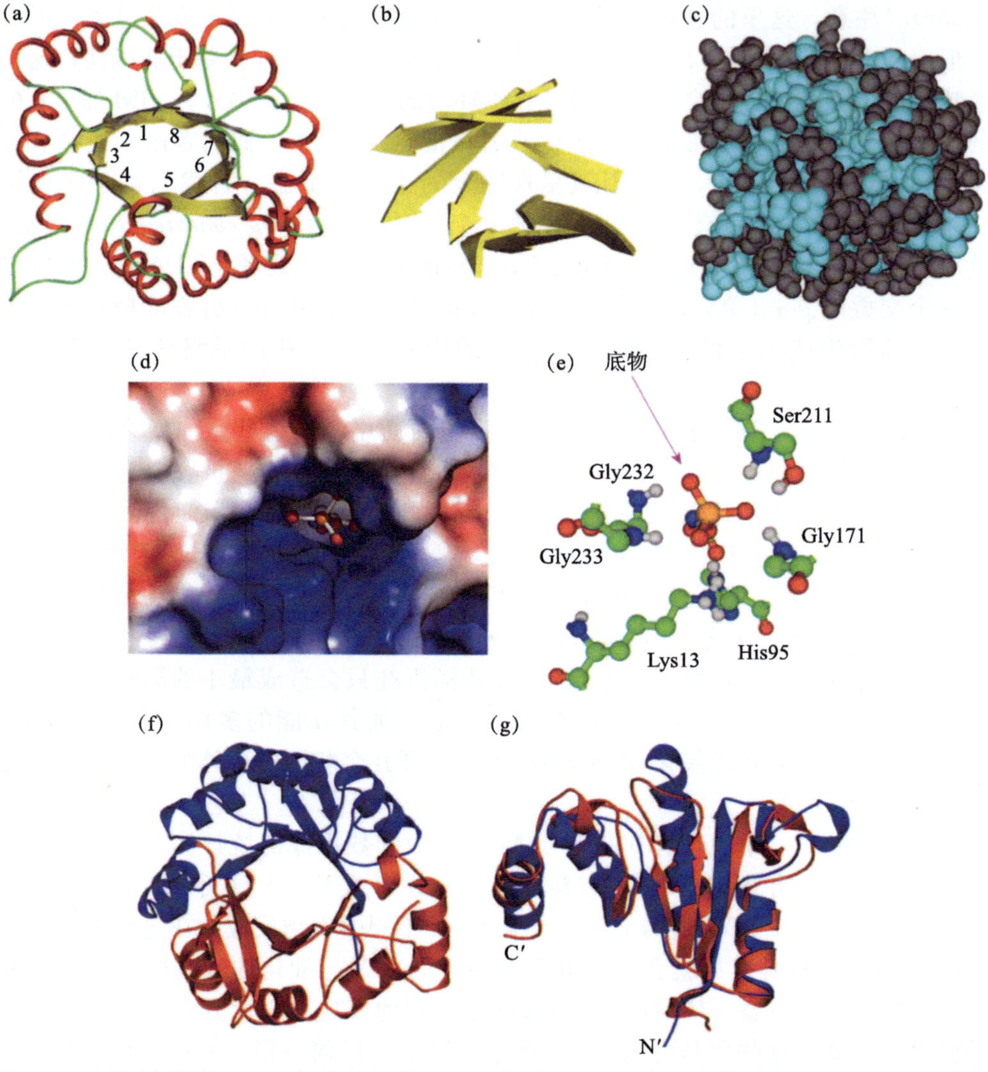

图 2.25　TIM 桶折叠。(a) 折叠的拓扑 (PDB 条目 8tim)，线条按其顺序编号；(b) 构成筒状的 β 线条的侧视图；(c) 折叠的球形表示，显示核心内非极性 (青色) 残留物的紧密堆积；(d) 磷酸结合位点。在没有由球和棒代表的磷酸盐基团的情况下，蛋白质的表面根据使用 APBS (Baker, N. A., Sept, D., Joseph, S., Holst, M. J., and McCammon, J. A., Proc Natl Acad Sci USA., 98, 10037 - 10041, 2001) 计算的静电势着色。负电位 ($0k_BT/e > \phi > -50k_BT/e$) 为红色，正电位 ($0k_BT/e < \phi < 50k_BT/e$) 为蓝色，中性电位为白色。结合位点的正静电势对于带负电荷的磷酸基团是补充的。(e) 底物在其结合位点的特异性相互作用。该图显示 Lys13 和 His95 作为磷酸结合位点的正静电势的主要来源，以及 Gly171、Ser2111、Gly232 和 Gly233 的主链 NH 基团。这些残留物来自链的不同部分，但三维折叠使它们靠近一起，靠近 β_8 链。(f+g) 蛋白质 HisF 中 TIM 桶折叠的形成通过将编码到桶的一半的基因重复。完整的结构如 (g) 所示，两个半桶颜色不同。在 (f) 中，两个半筒从侧面叠加并显示

(***FMN***)，**或吡哆醛磷酸** ***pyridoxal phosphate***（***PLP***）。这些涉及与磷酸结合的残基倾向于集中在第八根β条带（记为 β_8）周围[242]。而其中大多数则会延伸出一条额外的多肽链片段，它包括了 β_7 到 β_8 之间的环及 α_8 的 N′端。进一步说，涉及的磷酸基团，无论其来自哪个分子（即 NADPH、FMN 或 PLP，译者注），它都倾向于保持相同的取向。具体到结合位点，它的特征是来自蛋白质上带有正电荷的基团，与来自磷酸的负电荷之间发生相互作用[245]（图 2.25d）。而这些蛋白质上的残基则主要来自主链上的基团（图 2.25e），这就解释了为何参与该结合位点的残基位置是保守的，但是这些残基本身并不保守（注意，只有甘氨酸的倾向性是较为保守的，因为它能让蛋白质与配体之间足够接近）。另一个 TIM 桶蛋白的常见特征是与**二价金属阳离子** ***divalent metal cation***（例如，Mg^{2+}、Mn^{2+} 与 Zn^{2+}）结合，虽然参与结合的残基位置并不保守。最后，在一些 TIM 桶蛋白的家族中，某些保守的静电相互作用能调控残基的 pKa，这些残基包括参与催化的残基，或者负责稳定带负电中间态的那些残基[246]。

形成 TIM 桶折叠的进化过程目前还不是很清楚。此类折叠出现在如此多序列不同的酶中暗示着一种**趋同过程** ***convergent process***，它意味着彼此独立并且不同的蛋白质在进化中趋向于相同的稳定性折叠结构与功能[216]。然而，考虑到催化残基位置的保守性，以及出现基因混编的确凿证据，这些都暗示着相反的一种进化方向，即**趋异过程** ***divergent process***（又称为**分化过程**）。它表示从一个古老的祖先折叠开始不断异化从而形成我们今天看到的许多功能不同 TIM 桶折叠形式。为了解决上述困惑，我们可以采取一种方式来增加对某种特定折叠的进化过程的认识。该方式就是只针对一个单独的蛋白质家族，即一组具备相同折叠及相似序列的蛋白质进行考察。若我们用这种方法来考察 TIM 桶蛋白家族，结果显示出该折叠的基本结构单元并不是 $(\beta\alpha)_8$"全桶"，而是 $(\beta\alpha)_4$"半桶"（图 2.25f、g）（具体论证请参见文献［243］）。

此外，另两种常见的**混合折叠**（mixed fold）请参见图 2.26。

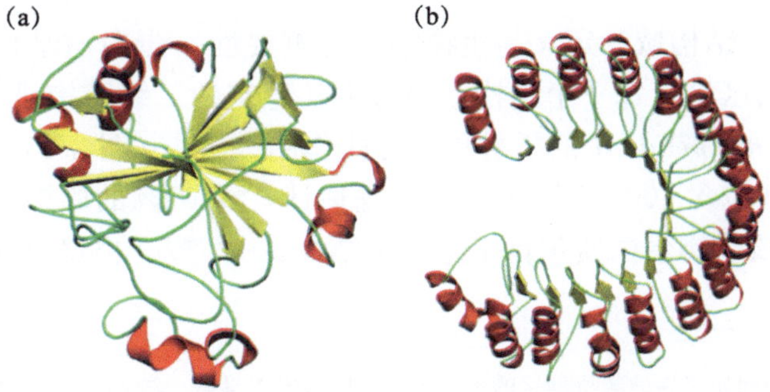

图 2.26 混合折叠。(a) 具有周围螺旋的β鞍座，表现在血液酸酐酶（PDB 条目 1ray）中；(b) 马蹄形折叠，在核糖核酸酶抑制剂（PDB 条目 2bnh）中展示

2.4.2.2.4 总共有多少种不同的折叠？ 近些年来，基于统计的研究表明，在现有的**蛋白质宇宙** ***protein universe*** 中，不同折叠的分布呈现出“幂律分布”（power law distribution）。这是在说，大部分折叠只出现在少量的蛋白质当中；而一些折叠，称为**超折叠** ***superfold***[231,232]，则出现在大部分蛋白质中[247]。这些超折叠组包括我们之前已经讨论过的一些折叠，即 **TIM 桶**、***Rossmann***、**三层** ***three-layer***、**αβ 三明治** ***αβ sandwich***、**αβ 发辫** ***αβ plait***、**双层 αβ 三明治** ***two-layer αβ sandwich***。这些折叠的普遍性意味着它们能为蛋白质或者提供结构上的稳定性，或者提供功能上的有效性，或者两者同时提供[216,248]，并因此与多种不同的氨基酸序列保持相容[249]。例如，我们已目睹了 Ig 折叠与 TIM 桶折叠在几何相似的蛋白质构造上具有特异性的活性或结合位点的能力。除此之外，这些超折叠似乎能够实现高效的堆积残基，从而同时将紧凑性与稳定性赋予蛋白质。

正如上文所论述，不同序列的蛋白质展现相同折叠这一现象说明了自然界中存在的序列数目要远远多于折叠数目。这就是蛋白质宇宙的一个**中心准则**（central paradigm）：结构要比序列更保守[250]。由于每条氨基酸序列编码了一种特定的功能，上述准则也可扩展为结构同样比功能更保守。实际上，我们已经遇到过这种情况，那就是 TIM 桶折叠。该折叠能表征许多不同种类的酶，它们能够催化完全不同的反应①。综上所述，正因为蛋白质折叠的高度保守性，自然界中存在的折叠数目并不是太多。尽管折叠数目的准确数字目前并不知道，但粗略的估计为 $10^3 \sim 10^4$[231,251－253]。无论哪种情况，这一数目要比已经知道序列的蛋白质数目少得多（这些已知的蛋白质序列来自全基因组已知的物种，其数目大约在 10^6[254,255]），更何况自然界中全部的蛋白质[256]。

有关折叠的概念很自然地引导我们迈向三级结构的最高层面，即**结构域** ***domain***。这是因为每个结构域的核心就是由某个特定的折叠所描述的。

2.4.2.3 蛋白质结构域

2.4.2.3.1 结构域的定义与生物学上的重要性 蛋白质结构域是蛋白质上**紧凑** ***compact*** 的区域。每一个结构域都可由其稳定的二级结构排列所刻画②，并以**半独立** ***semi-independent*** 的折叠单元方式作用[257,258]（图 2.27a）。结构域的尺度各异，但通常包含 100～250 个残基。据估计，约 67％的原核生物蛋白质，以及约 80％的真核生物蛋白质包括不止一个结构域[259,260]。根据对大约 200 万个蛋

---

① 尽管处于相同超家族的酶所催化的不同生化反应倾向于具有一种共有的催化机制（详细论述请见 2.4.3.3 节）。

② 换句话说，每个结构域都具备一种独特的折叠方式。

白质的序列分析表明，尽管存在包括 12 个结构域的蛋白质[261]，但是 95%的**多结构域蛋白 *multi-domain protein*** 只包括 2～5 个结构域[260]。

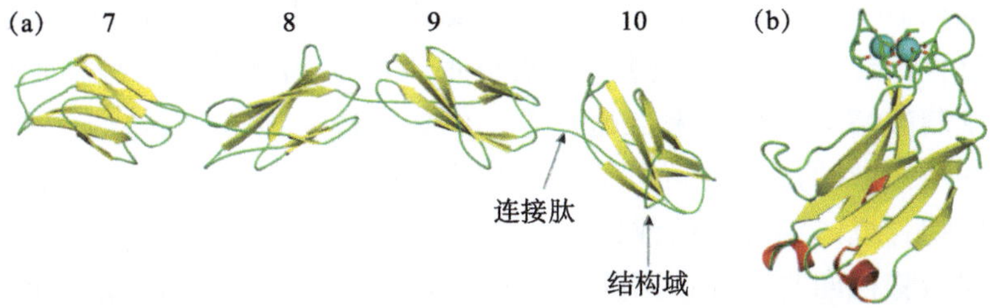

图 2.27 蛋白质结构域。(a) Ⅲ型纤连蛋白中的结构域 7～10（PDB 条目 1fnf）；(b) 信号转导酶 PKC_{β}（PDB 条目 1a25）的 C_2（Ca^{2+} 结合）结构域。Ca^{2+} 由蓝色球体代表，残基用棒连接

结构域可以从序列上或者从结构上进行定义[258,262,263]。此外，许多具有显著特征的结构域同样具备特定的功能（图 2.27b）。因此，目前有关蛋白质分类的数据库倾向于根据结构域的功能，而不是其结构与序列来进行分类。虽然结构域行使的功能种类繁多，但不出所料的是，常见的结构域往往涉及基本的细胞功能，例如，蛋白质的生物合成[264]、新陈代谢及各种调控作用[265]。所以目前来看，结构域被认为是蛋白质的基本功能单元。

2.4.2.3.2 结构域作为进化上的基本组件 Ohno 提出了描述结构域形成的模型[266]，并且已被广泛接受。按照该模型，作为编码具有功能的蛋白质单元（即结构域）的基因，会通过复制的方式产生新的基因产物。而该基因产物会通过**趋异过程 *divergence*** 而逐渐变化为具备不同结构与功能的结构域[261]。这一过程是形成至少 70%原核生物结构域，以及最多 90%真核生物结构域的原因[259]。具体地，该过程能以如下两种方式发生。第一种方式是，基因的复制产物在同一物种内**趋异 *diverge***，从而执行新的功能。通过这种方式产生的基因/蛋白质，相对于原始基因/蛋白质来说，称为**旁系同源 *paralogues***，而它们之间在序列、结构及功能上可以有非常显著的差异。第二种方式是，基因的复制伴随着新物种的产生，其后在不同物种内趋异。通过这种方式产生的基因/蛋白质，相对于原始基因/蛋白质来说，称为**直系同源 *orthologues***，而它们之间无论序列还是结构往往比较相似，因为它们执行同样的功能，只不过在不同的物种里。因此，除了作为蛋白质中基本的功能单元，结构域还是基本的进化单元。

基因复制与趋异过程的频度可以从如下事实中得到证明：人们发现许多结构域中存在**二度赝对称 *two-fold pseudo-symmetry***（之所以称其为“赝对称”是因为真正的对称结构涉及不同的多肽链，而不是在同一条多肽链内部，译者注）。这些赝对称是由于两个基因复制的产物融合而形成的，并且每个产物发展成为**半**

结构域 *half-domain*[214]。上述结果能在 HisF 酶中被观察到：它具有（$(\beta\alpha)_8$（即 TIM 桶）折叠，虽然其半结构域上的序列发生了趋异（图 2.25g），但是其结构彼此间都很相似（RMSD＝1.6Å①）。尽管**结构域复制 *domain duplication*** 在蛋白质的进化过程中经常发生，不过只有数目很少的结构域被大量地复制②[216]。这些被大量复制的结构域往往来自超折叠，例如，Rossmann 折叠与 TIM 桶折叠，而包含这些结构域的蛋白质倾向于参与细胞内最核心的功能[267]。有趣的是，参与蛋白质生物合成的结构域的数目，在进化过程中并没有发生显著的增加；与之相对，参与新陈代谢与调控作用的结构域则显著增加。上述结论是合理的，因为蛋白质生物合成是细胞内非常基本的功能，并且它并不需要大量的趋异过程来增加复杂性；与之相对的，新陈代谢与调控作用则促成了物种的复杂性，因而它需要在进化中发生大量的变异[216]。

随着近年来针对许多物种进行的基因组测序，以及蛋白质分类方法的广泛应用，人们发现将全部已知的结构域按照其进化上的关系分成**结构域家族 *domain family*** 已经成为可能。该研究结果表明，结构域的分布服从**幂律 *power law***。这是在说，很少的几个结构域家族包含有大量的结构域，而大量的结构域家族则包含很少的几个结构域（参考文献［268］）。此外，较大的基因组似乎比较小的基因组发生了更多的结构域复制事件，这也旁证了之前阐述的基因复制在进化过程中的重要性[261]。

2.4.2.3.3　结构域与模块化　大部分自然形成的蛋白质都包含不止一个结构域[261]。假定每个结构域的基本功能是固定的③，那么蛋白质就能被描述成**模块化实体 *modular entity***：其特定的结构域组合方式将产生复杂的功能。事实上，这一假设似乎符合绝大多数的蛋白质。例如，作为一种能与 DNA 结合的结构域，**Wave 同源结构域 *Wave homology domain*（*WHD*）**能在不同的两种蛋白质中被发现。在第一种蛋白质当中（该蛋白质负责调控脂肪酸的生物合成），WHD 结构域和起到调控功能并与**酰基辅酶 *acyl-CoA***④ 结合的结构域接壤。当合成脂肪酸时，上述调控蛋白质与酰基辅酶 A 中间体的结合，能够激活 WHD 结构域，从而让其与负责脂肪酸生物合成相关的基因结合，并关闭该基因。因此，WHD 结构域在此蛋白质中的作用是赋予其**负反馈 *negative feedback*** 调控脂肪酸生物合成通路的能力。在第二种蛋白质当中（该蛋白质是一种**内切酶 *endo-nuclease***），

---

① RMSD 的解释请参考专栏 2.5。

② 即产生许多**后代结构域 *daughter domain***。

③ 这是在说，该结构域的特有功能并不依赖于包括它的蛋白质。

④ 它是一种在脂肪酸生物合成路径中的长链**中间体 *intermediate***。

WHD 结构域与负责切割 DNA 的结构域结合在一起。在该蛋白质中，WHD 结构域的作用是将另一结构域（即切割 DNA 的结构域）拉到合适的位于 DNA 分子上的**作用位置** ***site of action***。综上所述，**环境依赖** ***context-dependent*** 的结构域组合方式能够用非常少的结构域功能模块产生出执行大量不同种类复杂功能的蛋白质[259,269]。再一次，我们发现了证明进化过程**简约性**（parsimony）的范例。

蛋白质结构域赋予的**功能趋异性** ***functional diversification*** 能够进一步被分为两种方式[261]。

（1）以不同的拓扑次序连接几个相同结构域。这种操作是基于基因层面的，具体来说需要**移位** ***shift*** 编码结构域的**外显子** ***exon***（即**外显子重排** ***exon shuffling***）。换句话说，两个结构域 A 与 B 能够在蛋白质中以 A-B 或 B-A 其中一种形式存在，但不能以两种形式同时存在。不过，该操作并不能对所有的结构域进行，这是因为某些结构域之间的次序在不同的蛋白质中都是保守的[260]。

（2）以相同的拓扑次序连接几个相同结构域，但处于不同的几何位置。利用结构域作为进化的**基本组件** ***building block***，在某些蛋白质中显得非常突出：这些蛋白质之间往往能形成复杂网络，如涉及信号转导的那些。具体地，这些蛋白质包括许多行使结合或催化功能的结构域，它们赋予了蛋白质**复杂性** ***complexity*** 与**精密性** ***sophistication***，而这些性质对于形成具有分叉结构的胞内**蛋白网络** ***protein network*** 来说是必不可少的。正如我们所料，生物体**蛋白质组** ***proteome***① 的结构域数目与该生物体在**进化阶梯** ***evolutionary ladder*** 上的位置密切相关[267,270,271]。此结论能用 SH2 与 SH3 这两个结构域来证明[261]。它们是信号转导蛋白中最常见的结构域，来自 Src 蛋白，并以此命名（SH = Src homology）。它们分别能识别与结合一种其他蛋白质中的成分。具体地，SH2 结构域能够识别**磷酸化酪氨酸** ***phosphorylated tyrosine*** 残基。而蛋白质中若包含 SH2 结构域，那么就能让该蛋白质识别**膜结合受体** ***membrane-bound receptor***，因为后者的**胞内结构域** ***cytosolic domain*** 上的某些酪氨酸残基会被磷酸化，从而使该受体激活。SH3 结构域，正如在本章开始处提及的那样，能够识别特定氨基酸序列上的脯氨酸残基[159−161]。无论 SH2 还是 SH3 结构域，都经常被发现与其他结构域组合在一起，从而赋予其作用于特定靶蛋白的能力（图 2.28）。

① 即该生物体内所表达的全部蛋白质。

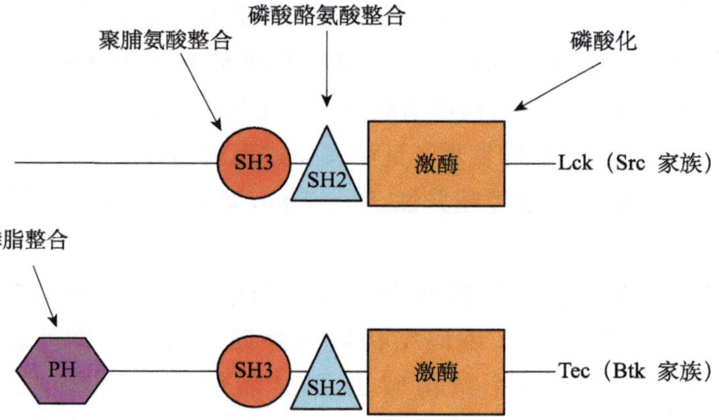

图 2.28　蛋白质的结构域 Lck 和 Tec，指定了每个域的功能

专栏 2.5　RMSD 作为蛋白质结构相似性的测量

知道如何测量蛋白质不同结构之间的相似性对于结构生物学家来说是非常重要的。有这样做的不同方法，但最常用的方法是计算均方根偏差或 RMSD。在这种方法中，要比较的两个结构是叠加的（图 2.5.1），RMSD 计算如下：

$$\mathrm{RMSD}=\left(\frac{\sum d_i^2}{n}\right)^{1/2}$$

式中，n 是两个结构之间比较的原子数，d_i 是每对原子之间的距离（单位为 Å）（每个蛋白质一个原子）。

RMSD 是比较结构之间差异的度量：相同结构具有零 RMSD，RMSD 随结构不相似程度而增加。然而，这个值不仅取决于两个结构的相似性，还取决于比较原子的选择。只选择骨干（或只是 C_α）原子导致比结构内所有原子参与比较时更小的 RMSD。那是因为许多蛋白质具有一般性概述（由骨架描绘），但在侧链中不同构象具有更多的自由度。因此，关注于骨架使结构生物学家可以更容易地分类蛋白质，并跟踪其进化路径。由此，习惯上单独计算 C_α 原子的 RMSD。理论上，相同蛋白质的 RMSD 应为零。但是，差异确定结构的条件可能导致 C_α 差异达 0.5Å。据此，通常认为可以忽略等于或小于 0.5Å 的 RMSD。最后，RMSD 往往依赖于二次结构；有序次级在循环中往往比结构上更保守（图 2.5.1）。

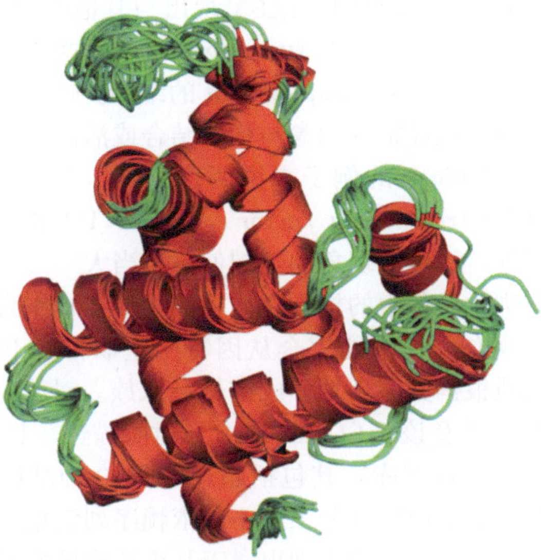

图 2.5.1 RMSD对二级结构的依赖性。肌红蛋白的 12 NMR 结构（PDB 条目 1myf）。该图清楚地显示了二次结构比循环更有序

例如，Lck 蛋白，作为一种 Src 家族的酶，它参与抗原结合过程后激活 **T 淋巴细胞 *T-lymphocyte*** 的过程。在该蛋白质中，SH3 与 SH2 结构域依次在具有**激酶 *kinase*** 功能（即能进行**磷酸化 *phosphorylation***）的结构域之前。这就使该蛋白质能够激活许多其他蛋白质：这些蛋白质参与转导从 T 细胞受体接收到的原始信号，并将该信号传达给其他的细胞成员[272]。另一个蛋白质，Tec 蛋白，它属于另一种不同的酶家族，但它同样参与淋巴细胞信号转导过程中磷酸化其他蛋白质[273]。与 Lck 蛋白类似，Tec 蛋白也包含 SH2 与 SH3 结构域。然而，它还包含有 PH（pleckstrin homology）结构域，它能特异性地与某种**磷脂 *phospholipid*** 结合。由于这种性质，Tec 蛋白会处于胞质膜的特定位置上，在这里它能与局域的蛋白质成员作用。接下来，我们要提一个结构域进化上很有意思的趋势：我们考虑的这些结构域属于网络蛋白，它们随着进化会增加与其他蛋白质结合的**价位 *valance***（即化学键的价位）。举例来说，在进化过程中，**转录因子 *transcription factor*** 能让结合相同蛋白质（即**同源二聚化 *homo-dimerization***）的结构域，逐渐进化成同时能够结合不同的蛋白质（即**异源二聚化 *hetero-dimerization***）[274]。这一过程让许多参与信号转导的蛋白质变成了**枢纽蛋白 *hub protein***，即能够与许多其他蛋白质结合的蛋白质，从而大大增加了细胞信号转导网络的复杂性。

那些出现在许多蛋白质中的结构域，称为**超级结构域 *superdomain***。此外，

超过 1/3 的已知蛋白质包含的结构域往往呈现出与其他结构域相连接[261]。具备这一性质的结构域则称为**至上结构域** ***supradomain***。而这些至上结构域的存在是各自基因发生了**偶联复制** ***coupled duplication*** 的结果。这些在进化上存在偶联关系的多个结构域被发现它们经常共同参与构造结合或活性位点。这里举 **P 环 NTP 水解酶** ***P-loop NTP hydrolase*** 的例子来说明这一点。在 26 种不同的蛋白质中（它们大多数是**翻译因子** ***translation factor***），P 环 NTP 水解酶结构域和参与蛋白质翻译的结构域相连，而这一现象的范围似乎相当大[274]。

结构域在蛋白质进化过程中的核心作用，被反映在其作为当前蛋白质分类方法的一个主要参数。例如，作为能完全从因特网上取得的 PFAM 数据库①[275]，它将所有已知的蛋白质根据其序列划分成结构域家族。对于每个蛋白质，PFAM 将展示其结构域划分，以及该蛋白质的结构与功能描述。目前，PFAM 是最大的采用序列信息的结构域数据库，其包括超过 10 300 种结构域家族。我们在后续的章节会看到，其他的蛋白质划分工具不仅依赖序列信息，它们还同样依赖结构信息。使用这些工具，我们就能识别出属于某个结构域家族的蛋白质，即便此蛋白质与该家族中其他蛋白质的序列相似度非常低。按照这种方法构造的数据库，其包含的家族数目要比 Pfam 来得少。

2.4.2.4　蛋白质结构分类

2.4.2.4.1　蛋白质结构分类的重要性　蛋白质科学的主要目标一直以试图完全理解蛋白质的序列、结构与功能之间的关系为目标。一种达到该目标的方式为：追踪蛋白质上的功能单元的进化，这是由于该进化路径是从简到繁这么发展的。为了实现这一方式，我们可以通过比较蛋白质之间的氨基酸序列，以及确定其**同源** ***homologous*** 片段来进行。所谓的同源片段是指在待比较的蛋白质中，序列层面非常相似的片段。众所周知，目前存在的纷繁庞杂的蛋白质是从相对较小的一批**祖先蛋白** ***ancestral protein*** 经过趋异过程产生的，并以其氨基酸序列上发生变异这一方式将该过程不断地延续下去。因此，通过比较沿着同一进化路径上不同蛋白质之间的序列相似性，科学家能够建立一个模型来刻画该路径，并利用此模型来分配特定的功能到某些氨基酸及**子结构** ***substructure*** 上。然而，若从蛋白质 A 到蛋白质 B 之间的趋异分化时期越长，那么按照预期的情况，它们之间的序列相似度则会越低。因此，通过序列比对只能来确定刚发生趋异过程的蛋白质；而若想找出进化距离较远的蛋白质，则需要我们同时在结构层面进行考虑，因为蛋白质结构倾向于比蛋白质序列更保守。所以，在对蛋白质进行结构分类的同时考虑序列相关的信息，能够提供一个更广泛和有组织的框架，基于该框架能

---

① http://pfam.sanger.ac.uk/

让我们进一步了解蛋白质的序列-结构-功能关系。为此，人们已经建立了一些用来进行蛋白质分类的基本定义与类别。首先，**家族 *family***，指的是一组彼此间序列等同率超过 40%的蛋白质，这反映出它们共同的进化来源。需要再次强调的是，这些彼此相关的蛋白质，称为**同源体 *homologue***，它们能用基于序列等同率的算法追踪出来；并且在很多情况下，它们的进化路径也能被重构出来。由于序列决定结构，并进而决定功能，因此这些蛋白质往往也享有相同的**活性 *activity***。例如，属于同一个蛋白质家族的酶也能催化相同的化学反应类型。

当处理只有 20%～30%序列等同率的蛋白质时，它们的共同起源只能被推测出来，而无法很有把握地决定下来。这些蛋白质的序列等同率由于太低而无法被归入同一个家族，但由于它们通常具有相似的三维结构，因而它们很可能通过某种方式联系起来。基于上述原因，符合这些条件的蛋白质属于同一个**超家族 *superfamily*** 的成员[226]。再者，由于结构决定功能，超家族中至少部分蛋白质具有相似的活性。这一点在酶中尤其常见，其中有很多超家族的成员虽然催化不同的化学反应，但是它们享有一种共同的催化机制（具体见 2.4.3.3 节）。

我们发现，一些蛋白质之间由于发生了较长的趋异过程，它们彼此间共有的特征只剩下了大致的折叠方式。具体来说，这种折叠方式由它们的二级结构种类、数目、相对位置及如何连接所表现。由于无法建立这些蛋白质之间的进化关系（因而它们被称为**相似体 *analogue***），人们习惯上就把它们聚成一个称为**折叠 *fold*** 的**广义类别 *general category***。最后，还可以定义一个称为**总类 *class*** 的类别，其所有成员都具有相同的全局二级结构单元组织，但并不要求它们具有相同的位置和/或连接方式。这些蛋白质之间没有进化上的关系，就算存在也无法确定。把它们按照总类进行归并只是为了实际的分类目的而已。

在之后的章节里，我们将看到如何用上文所讨论的类别来对蛋白质进行分类。需要记住的是，这种分类通常是在结构域层面的，原因正如之前我们看到的那样，在于结构域是蛋白质进化真正的单元。这就是说，我们讨论的是结构域家族、超家族，等等。

2.4.2.4.2 分类工具 目前市面上有一些按照上一节介绍的规则来构建的蛋白质分类数据库。其中较为著名的一个数据库，SCOP（structural classification of proteins）[262]，是由 Alexie Murzin 与他的同事开发的，并能从因特网上自由获取数据①。SCOP 采用了五级逐层分类（图 2.29a），从一般性到特殊性。第一级类别是**总类 *class***，它和蛋白质最一般性的结构相关，并包括如下的种类（图 2.29b）。

① http://scop.mrc-lmb.cam.ac.uk/scop/

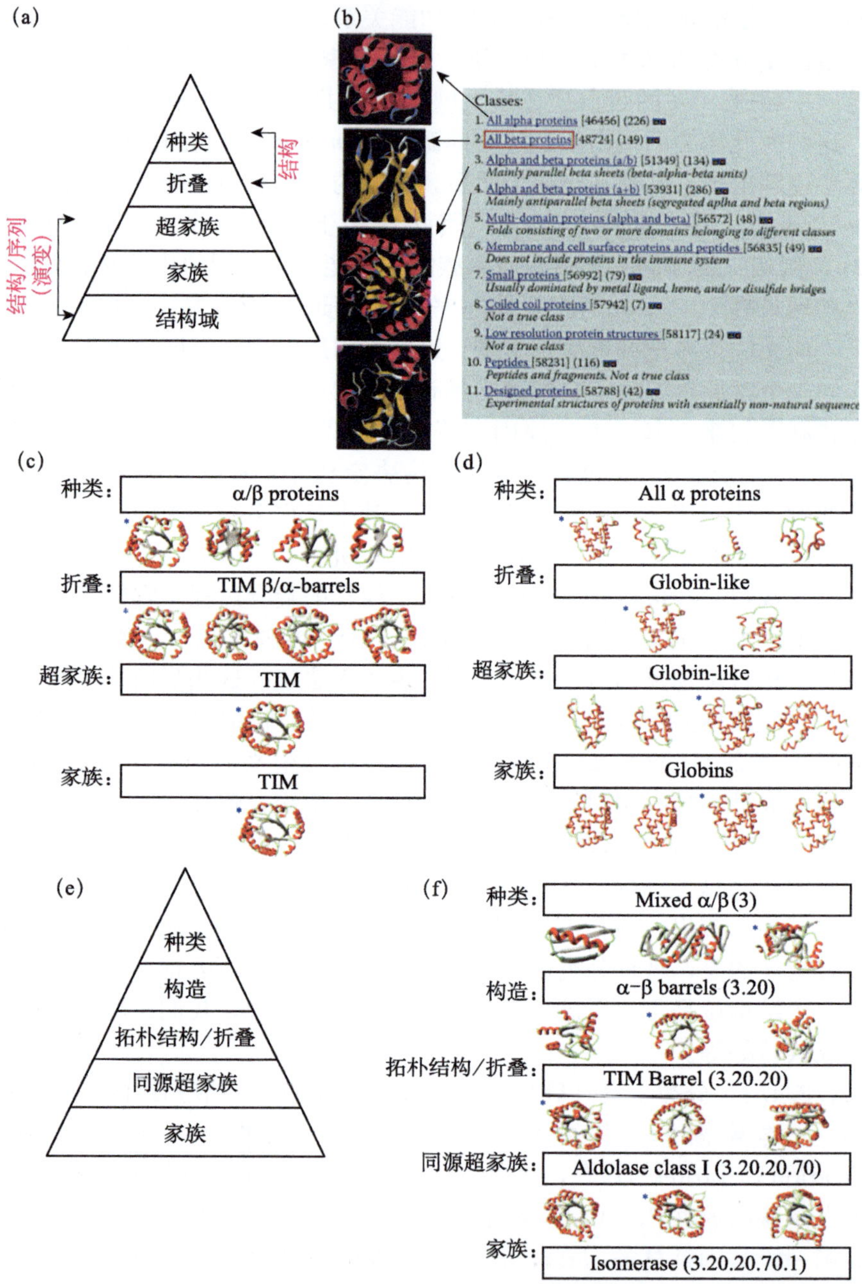

图 2.29　蛋白质分类。(a) SCOP 的层次分类；(b) SCOP 总类细节，前 4 个总类由图形示例演示；(c) SCOP 分类与磷酸丙糖异构酶（TIM）实例的说明，在每个类别中显示代表性结构，并且对应于 TIM 的代表结构标有星号；(d) SCOP 分类与肌红蛋白实例的说明，为了清楚起见，同一超家族和家族中的结构以相同的方向显示，由叠加确定；(e) CATH 分类层次；(f) CATH 分类的示意图，与 (c) 中的 TIM 示例一样，括号中的数字是每组的 CATH 代码

（1）只包含 α 螺旋的蛋白质（***All*** α）。

（2）只包含 β 折叠的蛋白质（***All*** β）。

（3）包含正平行 β 折叠的蛋白质，并且折叠之间由 α 螺旋连接起来（α/β）。

（4）包含反平行 β 折叠的蛋白质，并且这些 β 折叠所处的位置与 α 螺旋所处的位置不同（α+β）。

（5）多结构域蛋白。

（6）膜与细胞表面的蛋白质与肽段。

（7）小蛋白。

（8）由两根或三根螺旋互相缠绕而成的蛋白质，即**卷曲螺旋 *coiled coil***。

（9）低分辨率结构。

（10）肽段与蛋白质片段。

（11）**人工改造蛋白 *engineered protein*** 与**人造序列 *artificial sequence***。

显然，按照上述类别进行分类得不到一致的结果。而且，总类类别只是描述其成员的最一般的结构性质，并忽略其序列信息。因此，该类别无法提供真实的信息以描述其蛋白质成员之间在进化上的关系。SCOP 数据库的第二级类别是**折叠 *fold***。由于总类类别忽略了序列信息，这让其无法确定成员间的远近关系。不过，SCOP 后续的层级关系的类别则同时考虑了结构与序列，这就让分类变得越发精确，并同时提供了进化信息。第三级类别是**超家族 *superfamily***，该类别中的成员很可能是相关的，尽管这一假设较难确定。第四级类别是**家族 *family***，它包括了进化上相关的蛋白质。这一类别是 SCOP 的所有类别中唯一采用计算机算法来进行自动化分类的类别。而在其他类别中，则基于 Murzin 与其同事的经验来进行手动分类。SCOP 的第五级，也是最后一级类别，是**结构域 *domain***。它包括单独的蛋白质（每个都有其唯一的三维结构），并按照发现该蛋白质的物种进行划分。为了阐明 SCOP 分类方法，我们用之前遇到的 TIM 蛋白（即 ***triose phosphate isomerase***，磷酸丙糖异构酶）作为范例。SCOP 对于 TIM 蛋白的划分如下（图 2.29c）。

（1）总类：α/β。

（2）折叠：**TIM α/β 桶**（来自这一总类的 134 个折叠中的一个）。

（3）超家族：**磷酸丙糖异构酶**（来自这一折叠的 32 个超家族中的一个）。

（4）家族：**磷酸丙糖异构酶**。

（5）结构域：TIM（出现在 17 个不同的物种当中）。

注意在图 2.29c 中，当考虑的类别越一般（即按照家族＜超家族＜折叠＜总类这种趋势，译者注），那么来自这种类别的成员之间的结构差异性则越大。在 TIM 蛋白这个范例中，来自 α/β 总类的不同折叠之间的结构差异是非常显著的，而来自不同的超家族之间则比较相似。对于其他范例，如**球蛋白 *globin***，即便是属于同一个超家族的家族，其成员间的差异依然非常之大（图 2. 29d）。

另一个常用的蛋白质分类数据库是 CATH[277]，是由 Christine Orengo 与 Janet Thornton 开发的，并能从因特网上自由获取数据①。CATH 的命名是来自它前 4 个类别（图 2. 29e）。

（1）总类 class：如同 SCOP 的总类类别，它只考虑蛋白质之间二级结构的差异，而不考虑二级结构的位置与其之间的连接。然而，CATH 的总类比 SCOP 的更具一般性。它只有 4 种：**α 为主 *mainly α***、**β 为主 *mainly β***、**混合 *mixed*** 及**较少二级结构 *few secondary element***。

（2）架构 architecture：考虑结构域在二级结构位置下的整体形状，而不考虑二级结构单元之间的连接。

（3）拓扑 topology：类似 SCOP 的折叠类别，即考虑整体二级结构的组织，并同时考虑二级结构单元之间的连接。

（4）同源超家族 homologous superfamily：类似 SCOP 的超家族类别。这里，“同源”并不意味着高序列等同，而是意味着属于这一类别中的蛋白质应该有一个共同的来源。

（5）序列家族 sequence family：如同 SCOP 的家族类别，不过 CATH 采用＞35％的序列等同阈值来定义是否同源。此外，CATH 还额外提供了如下三个考虑序列等同阈值的蛋白质列表：＞60％列表（此列表中的蛋白质彼此间非常相似）、＞95％列表（此列表中的蛋白质基本一致）、100％列表（此列表中的蛋白质完全一致）。

（6）结构域 domain：如同 SCOP 的结构域类别。

CATH 的分类按照如下步骤进行[278]：首先，我们将**高分辨率 *high-resolution*** 的蛋白质结构从 **PDB 数据库 *protein data bank***（具体见第 3 章中的介绍）里取出，并按照序列相似度将其归类到某个家族中。其次，对于每个家族我们取出它的一个代表结构，并用自动化程序将其切割成结构域。再次，上一步产生的结构域会被归类到不同的总类中，并且这一步骤也是自动化的，除非对一些很复杂的情况才会使用人工。具体地，这一自动化步骤依赖于二级结构单元组分、二级结构之间的接触、二级结构之间的间隔，以及正平行 β 条带；以上种种属性都是用百分比刻画的。最后，一旦某个结构域被归类到某个总类，它会被进一步根据其结构而在属于此总类的超家族与折叠中进行分类。只有到了这个时候，即将此结构域归类成某个架构时，CATH 才需要人工干预。为了阐明 CATH 分类方法，我们依然用之前的 TIM 蛋白作为范例（图 2. 29f）。

① http://www. cathdb. info/

（1）总类：混合（α-β）。

（2）架构：α-β 桶（来自这一总类的 14 个架构中的一个）。

（3）拓扑：TIM 桶（来自这一架构的 13 个拓扑中的一个）。

（4）同源超家族：**第一类醛缩酶** ***aldolase class* Ⅰ**（来自这一拓扑的 39 个超家族中的一个）。

（5）序列家族：**异构酶** ***isomerase***（来自这一同源超家族的 39 个家族中的一个）。

2.4.2.4.3　哪种工具是最好的？　虽然 SCOP 与 CATH 享有一些共同的特征，但是它们彼此是有区别的（详细的比较分析，请参考文献［278］）。其中最主要的区别是自动化程度。SCOP 在分类过程中，主要依赖于人工干预，它只有在将蛋白质归类成家族时才使用自动步骤。不同的是，CATH 大量使用自动化操作，而只在很少的地方需要人工干预。与 SCOP 和 CATH 都不同，市面上同样存在完全自动的分类工具，如 FSSP[279]，不过我们在这里不展开讨论。具体来说，在把蛋白质切分成结构域这一步骤中，自动化的程度是至关重要的。这是因为关于结构域的定义是基于主观的判断，而 SCOP 与 CATH 则采用了不同的定义。SCOP 强调结构域是独立的进化单元，而 CATH 则关注结构域的结构紧凑性。其他一些分类工具使用自动化算法来进行结构域的切分，这些算法依赖于如下参数：如表面积、残基间相互作用的程度及疏水性。因此，对于给定的蛋白质，一个工具无法切分结构域，而另一个工具可以，这种情况并不罕见。从这个意义上讲，相比较 SCOP 而言，CATH 似乎倾向于分配更多的结构域。这是由于 CATH 对结构域的定义是严格基于结构的，而 SCOP 则同时考虑了比较因素。所谓比较因素是指，SCOP 在考虑当前待划分的结构域时，会在其他超家族里观察它是否存在。若不存在，SCOP 则认为它很可能并不是一个真正的结构域。考虑到 SCOP 在某些情况下优于 CATH，而在另外一些情况下劣于 CATH，因此要给出一个确切的判断来说明孰优孰劣是非常困难的。与结构域类似的另一个问题是如何划分折叠，因为折叠的定义同样是**武断的** ***arbitrary***。然而，实际上 SCOP 与 CATH 在折叠划分上的趋势与结构域划分的情况恰恰相反。这是在说，CATH 中那些拥有很多成员的折叠或超家族，在 SCOP 中则被进一步划分成不同的超家族或家族。造成这一趋势的原因可能是由于 CATH 主要基于几何结构，从而会将两个在 SCOP 中属于不同种类的折叠聚成了一类（例如，中间是正平行 β 折叠，而 α 螺旋则位于折叠的前后两侧，这种几何结构出现在全部具有 Rossmann 折叠的蛋白质中）。此外，CATH 与 SCOP 的另一个不同点是 CATH 具有架构这一类别，而 SCOP 并没有。

综上所述，尽管 SCOP 与 CATH 之间存在明显的差异，但要决定哪种划分更好则几乎不可能，因为并不存在固定的规则来定义蛋白质中的结构单元。

SCOP 倾向于考虑结构之外的因素，这种考虑对于将进化信息引入蛋白质划分来说是很有帮助的。然而，由于 SCOP 强调人工干预，这会对其造成一定的负担。另外，CATH 提供了蛋白质中重要的结构信息，并增加了额外的一层划分类别[278]。然而，由于 CATH 依赖自动化，这会让其在处理边界情况时容易发生错误。

造成无法找到单一且简单的蛋白质划分方式，可能并不是因为方法的瑕疵，而是因为蛋白质结构空间本身是连续的，而不是离散的[280−283]。这一观点在许多不同的研究中被提出来。当对大量蛋白质进行比较后，这些研究指出即便看上去不同的结构，它们也会享有一些共同的特征，如二级结构的排布方式。如果这一观点确实是对的话，那么把蛋白质划分成离散的结构类别似乎是无意义的。

2.4.3　蛋白质结构与功能的进化保守性

2.4.3.1　个体利益比对物种利益

在之前的小节里我们看到蛋白质结构与功能之间的紧密联系。这意味着一旦形成某个具有特定功能的结构，它就很可能保留下来从而让该生物体获得更强的生存能力。不过，进化过程似乎与这种解释相悖，因为它不断地在编码蛋白质的基因上导入随机突变。当给定足够多的时间后，伴随进化过程而积累的大量突变足以改变蛋白质的结构，以及它的活性。由于突变事件是随机的，因而处在进化过程中的蛋白质，其结构与活性的改变有可能变好也有可能变坏。对于后者，这种改变则会导致严重的病理过程。那么，进化过程究竟是如何解决这一问题的？它是通过采用作用于**物种 *species*** 层面的**自然选择 *natural selection*** 机制来实现的。自然选择可以让那些积累了太多受损基因的个体无法生存，从而使存活下来的物种获得了更强的生存能力。而对于**个体 *individual organism*** 层面来说，发生在细胞或组织中的蛋白质上的随机突变，往往是很成问题的。例如，发生在**促进细胞分裂 *cell-division-promoting*** 蛋白质的**调控结构域 *regulatory domain*** 上的**缺失突变 *deletion mutation*** 会导致不受控制的细胞分裂，产生癌症[284]。实际上，即便是一个简单的**点突变 *point mutation***，导致一个单氨基酸的置换，最终也可能造成疾病。这种情况有一著名的例子，那就是**镰状细胞贫血 *sickle cell anemia***，它由**血红蛋白 *hemoglobin*** 上发生的一个单氨基酸突变所导致。过去 10 年里针对血红蛋白开展的广泛研究极大地增加了我们对其关键生物化学与生物物理机制的认识。基于此原因，血红蛋白经常出现在教科书中作为常规的**案例分析 *case study***。在接下来的小节里，我们会采用逐步积累的信息，在分子层面来解释镰状细胞贫血，并阐明单点突变的潜在危害。我们会在第 5 章通过血红蛋白来理解生物中与蛋白质相关的最重要的机制之一：**变构 *allostery***。

2.4.3.1.1 血红蛋白与镰状细胞贫血 血红蛋白是一种球状蛋白，它存在于红细胞的整个细胞质当中。它的功能是从动物的肺部向其**外周组织** ***peripheral tissue*** 运送氧分子（O_2），并将外周组织产生的副产品**二氧化碳** ***carbon dioxide***（CO_2）运送回肺部，并被释放到体外。血红蛋白由 4 条多肽链组成（图 2.30a），分别称为 a1、b1、a2、b2，每条链由 7 个（或 8 个）通过环结构连接的 α 螺旋所组成（图 2.30b）。这 4 条链在结构上是非常相似的，但在序列上则有不同。每条链结合一个称为**血红素** ***heme***① 的**辅基** ***prosthetic group***，其功能是在肺部结合氧分子，并在外周组织中释放它②。一些人群在 11 号染色体上存在一个单点突变，这会造成血红蛋白形成一条很长并且弯折的纤维状结构。当这种变异的蛋白质形成后，整个红细胞将被拉伸成镰刀形状，即该疾病得名缘由。这种针对细胞膜的拉伸会让红细胞变得脆弱，并造成它的寿命从通常的 3 个月降低到只有 10～20 天。从生理学层面来说，上述红细胞寿命降低的后果就是一种持续不断的**贫血** ***anemia*** 状态，即红细胞短缺。于是，患有该病的人群容易**疲劳** ***fatigue*** 及**呼吸短促** ***shortness of breath***，这都是贫血的症状。此外，镰刀状细胞经常会物理阻塞在**小血管** ***small blood vessel*** 中，这会降低对不同器官的供血量。这一效应会导致比最初的贫血状态严重得多的**并发症** ***complication***，该症状依赖于受到影响的器官。具体地，除了严重的肌肉疼痛，对主要器官如脑、肺甚至脾的供血不足，将有可能导致其功能失常，在某些情况下甚至会致死。

当考察正常与镰刀状血红蛋白（分别称为 HbA 与 HbS）的氨基酸序列后，人们发现它们只在一个氨基酸上存在差别，具体位置是 β_2 链的第 6 个位置（图 2.30c）。正常血红蛋白在该位置是谷氨酸，而镰刀状血红蛋白则是缬氨酸。为了理解上述替换的意义，我们必须考察该蛋白质的三维结构。结果为，受到突变影响的位置处于蛋白质的外周，并且这一突变会导致让相邻的血红蛋白分子彼此间发生相互接触（图 2.30d，上左）。特别地，HbS 突变位置上缬氨酸的分叉侧链形成了一个凸起，它在几何上恰好能嵌入邻近血红蛋白 β_1 链的疏水凹槽（图 2.30d，下右）。这就能允许两个血红蛋白分子彼此间嵌合，而当这一过程在许多其他的血红蛋白上重复多次后，就能形成一条很长的镰刀状纤维结构[285]。该过程只能发生在红细胞处于低氧环境下（即处于外周组织中），并且该过程能够稳定非结合状态下的血红蛋白（具体请见第 5 章）。正常血红蛋白（HbA）不会形成纤维结构，因为它们之间无法彼此接触。正如前文所述，正常血红蛋白在 β_2

① 也可拼写成 haem。

② 该过程的分子生理学在第 5 章中讨论。

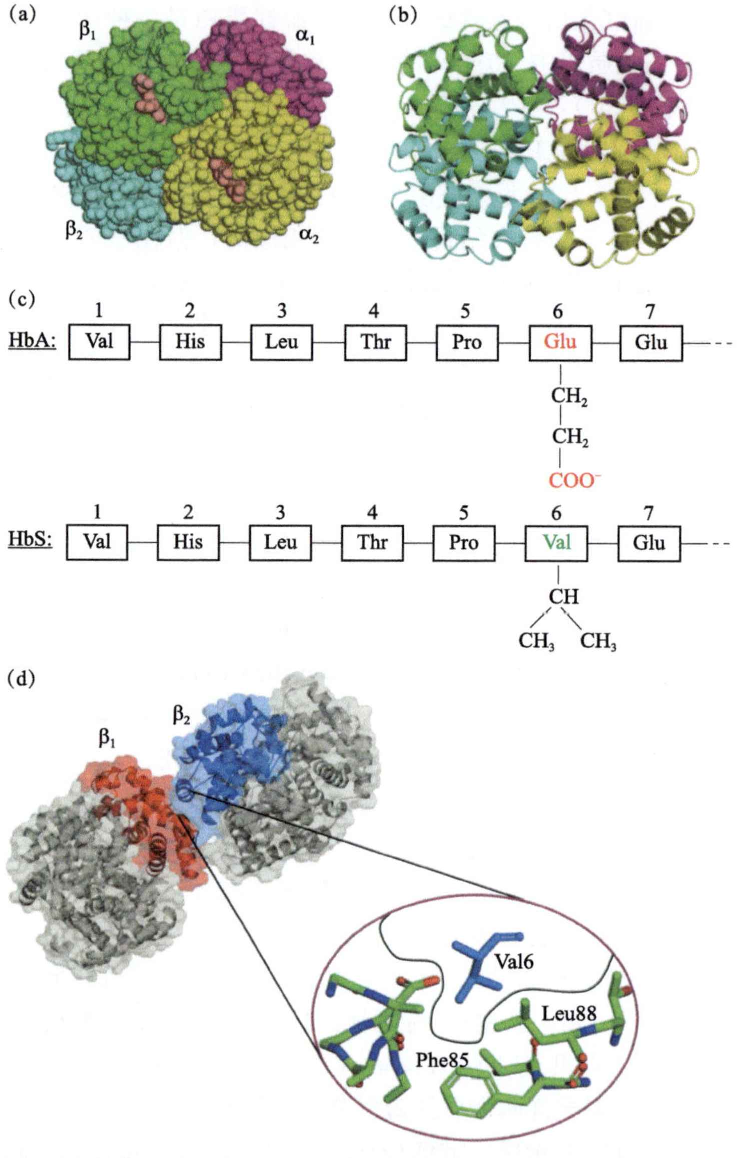

图 2.30　血红蛋白和镰状细胞贫血。(a) 正常血球蛋白 (HbA) 的 4 级结构，表示 4 个亚单位；(b) HbA 的二级结构；(c) 正常 (HbA) 和突变 (HbS) 血红蛋白之间 β_2 亚基序列的差异，HbA 和 HbS 6 位氨基酸的侧链详细显示，以证明二者结构和化学差异；(d) 不同 HbS 分子的亚单位 β_1 和 β_2 (分别为红色和蓝色) 之间的相互作用。两个分子之间的总体结合拓扑显示在左侧，而 β_2 的 Val6 与 β_1 的疏水口袋之间的精确非极性相互作用在右侧被放大

链的第 6 个位置是谷氨酸，而谷氨酸侧链上的羧基是电负性的，从而它被其他血红蛋白上的疏水凹槽所排斥。

2.4.3.2 结构保守是一种进化机制

自然选择机制应该能够过滤掉在进化过程中那些功能被突变所损坏的蛋白质，假设这些损坏对于生物体来说足够严重。由于今天存在的所有蛋白质都是经过长期进化过程而剩下来的蛋白质，而这一过程中包含了大量能够被保留下来的突变，因此我们可以假设这些突变至少对生物体来说是无害的。前一小节提到的镰刀状血红蛋白证明了单点突变造成的严重破坏潜力。这能否作为一个具有代表性的例子？似乎不能。因为点突变而造成蛋白质全局结构与功能的改变并不常见。其中一种原因是，只有一小部分的蛋白质残基对其稳定性与功能具有至关重要的作用[286]。现举一个让人印象深刻的例子，**蛋白 G *protein G***（注意它和 G 蛋白不是一回事，译者注），它处在致病细菌**链球菌 *streptococcus*** 的表面。该蛋白质具有两个结构域，G_A 与 G_B，它们能结合宿主**血清 *serum***（即血浆）中不同的蛋白质。这一结合的重要性可能在于让细菌通过伪装来逃避宿主的免疫系统。具体地，这两个结构域在结构上存在差异：G_A 包括一个**三 α 螺旋束 *three-α-helix-bundle***（或简称为三螺旋束），而 G_B 则包括单螺旋与**四条带 β 折叠 *four-strand β-sheet*** 的组合。最近有一研究试图通过引入突变来增加这两个结构域的序列相似性[287]。令人惊奇的是，这两个结构域在序列等同率高达 88%的情况下，依然能够保持其原有的折叠构型。因此，似乎剩下的 12%序列，也就是仅仅 7 个残基，对于决定这两个结构域的结构来说是至关重要的。

那么问题来了，上述实验的结果究竟在多少程度上与残基保守性的全局进化趋势相关？一种可能回答该问题的思路是，比较属于进化“树”上不同分支的蛋白质序列，并检查突变残基所在的位置。换句话说，我们能看到，在一些区域的序列发生变化后，蛋白质能够保持其结构与功能不发生变化；而在另外一些区域的序列发生变化后，蛋白质则无法保持其结构与功能不发生很大的变化。实际上，上述研究已经找到了许多主要进化趋势的特征，并在球状蛋白的不同区域上按照其相对的进化保守性进行了标注。现在叙述以下结论。

(1) 蛋白质上功能重要的区域往往比其他部分更保守。这些区域的残基包括参与催化配体结合、电子/质子转移，等等。而在一些需要功能多样性的情况下，上述规则不适用（例如，抗体的抗原结合位点），但这种情况只占少数。

(2) 蛋白质内核比其表面要更保守[288,289]。这很可能是由于蛋白质内核相对表面来说处于更紧密的堆积状态，因此不太容易接受由突变造成的结构变化。实际上，通过系统地替换内核残基来改变蛋白质内核的**堆积密度 *packing density***，揭示了蛋白质的稳定性与其残基在内核中**填补空隙 *fill void*** 的能力高度相关[208]。蛋白质内核的高度保守性能够让蛋白质保持其整体结构，而蛋白质表面则可以在一定程度上自由地改变一些功能。例如，配体结合位点的特异性，从而制造出生物体内同一蛋白质的不同版本，每个版本都能以一定差异的方式工作[290,291]。实际上，当两个蛋白质仅有 50%的序列等同时，它们依然可以共享 90%的内核结构！

(3) 对于那些突变确实发生在了蛋白质内核中的情况，这就说明它们往往以其他效应得到了补偿，从而使整个内核结构未受很大扰动。例如，出现在其他位置的突变能够抵消之前那个突变造成的影响。这种类型的多点突变称为**偶联突变** ***coupled mutation***。另一种补偿由突变带来的空间扰动影响，则是通过突变位置邻近残基的**构象改变** ***conformational change***。这一机制不是很有效，因为内核残基是紧密堆积的，从而限制了它们在空间中自由移动的能力。有人指出，通过构象改变能补偿大致 60%由序列突变所带来的影响，但不能更多了[289]。当原始突变造成了很大的扰动时，那么由插入/缺失引起的补偿突变则是必需的，假定这一扰动能最终被抵消。

(4) 二级结构比环更加保守。这一现象的原因也是基于推断：因为在空间堆积上更紧密的螺旋与折叠结构，相对于环来说更倾向于出现在蛋白质的内核中。此外，环拥有更**柔韧** ***flexible*** 的性质，从而相比螺旋与折叠来说，更有可能通过构象改变来补偿由突变所产生的影响。

(5) 保守突变往往是被允许的。所谓的保守突变，就是指不显著改变氨基酸侧链的物理化学性质，并因此仅仅产生很小的结构或功能扰动。这种类型的突变可以包括如下范例：Glu→Asp，Gln→Asn，Val→Leu，等等。这一现象，在**超折叠** ***superfold*** 中尤其常见，它能让具有不同序列的蛋白质产生相同的折叠，从而印证了之前提到过的“结构比序列更保守”这一**范式** ***paradigm***。

总的来说，蛋白质能在一定程度上容忍突变带来的影响，当突破这一程度时，由突变带来的扰动则会影响整个结构，并无法通过补偿机制来抵消。在进化的尺度下，突变逐步积累，直到引起蛋白质发生结构或功能的变化。这种方式是让蛋白质产生配体结合和/或环境条件的功能特异性的基础。

2.4.3.3　蛋白质功能的进化

上文所述的进化保守机制符合**中心准则** ***central paradigm***，即序列→结构→功能。然而，有关功能的进化有时可能偏离该准则，如下所述。

- 那些没有相同起源，并且序列和/或结构不同的蛋白质，同样可能行使相同的功能，假设它们具有相同的催化残基[214]。一个显著的例子是作为**蛋白酶** ***proteolytic enzyme*** 的**糜蛋白酶** ***chymotrypsin*** 与**枯草杆菌蛋白酶** ***subtilisin***，它们共享相同的**催化三残基组** ***catalytic triad***：Ser-His-Asp/Glu。
- 那些具有相同折叠的蛋白质，可能通过置换其催化残基[292,293]，或当其所处的细胞位置或环境条件的改变来行使不同的功能。例如，蛋白**磷酸葡萄糖异构酶** ***phosphoglucose isomerase*** 在细胞质当中以酶的形式作用，但是在细胞外则作为**神经生长因子** ***nerve growth factor*** 和**细胞因子** ***cytokine***[294]。类似地，**热激蛋**

白 ***head-shock protein*** HtrA 被发现在高温条件下以蛋白酶的形式作用，但是在低温条件下则作为一种**分子伴侣** ***molecular chaperone***[295]。

那么，究竟是什么原则来指导蛋白质功能的进化？再一次，我们发现针对**酶超家族** ***enzyme superfamily*** 的观察对于回答这一问题有很大帮助，因为这些超家族倾向于包括具有相同起源的成员，而这些成员具有较为不同的序列但依然保持相似的折叠与功能。在这一领域的研究证明了如下原则。

(1) 属于同一个超家族的酶通常共享主要催化机制。这是因为属于同一超家族的酶，其催化残基具有进化保守性。不过，同一超家族内单个酶之间的区别主要在于**次级催化阶段** ***secondary catalytic stage***，或其针对底物、辅酶或**调控配体** ***regulating ligand*** 的特异性[290,291]。这一点在**烯醇酶** ***enolase*** 超家族中是非常明显的。该超家族的成员具备一个相同的折叠，并催化 14 种不同的生化反应。深入分析表明，尽管这 14 种特异的反应在本质上是不同的，但它们都包括了一个相同的催化步骤：从底物的碳原子上抽离出一个质子，而该质子直接连接在底物的一个羧基上[292]。这一步骤在所有的成员中都由一个蛋白质残基执行，该残基的作用方式为一种**广义碱** ***general base***。此外，在所有成员中，**烯醇化物** ***enolate*** 的**过渡态** ***transition state*** 通过**二价金属阳离子** ***divalent metal cation*** 来稳定。然而，尽管针对 α 碳的**去质子化** ***de-protonation*** 步骤在所有成员中都是保守的，但作为广义碱的残基则并不保守，并且该残基的取向也不保守。综上，进化过程倾向于保持一般的催化机制，但改变对底物/配体的特异性。这一事实解释了来自相同起源的酶，在不同器官/组织中能够行使相同的化学反应，但是会根据器官特异的代谢条件来针对不同的底物及不同的调控子[296]。

(2) 酶针对其底物特异性的不同，可能是来自其结合残基的简单突变（如**苹果酸/乳酸脱氢酶** ***malate/lactate dehydrogenase***[297]），但是也可能来自更复杂的变化。例如，发生在结合位点周围的残基（实际上这些残基构成了结合位点，译者注）上的突变，能够引起这一区域的构象变化，从而改变结合位点的形状或其电荷分布。因此，结合位点可能丧失其针对底物的几何与静电相容性，并在某些情况下甚至会改变其特异性，以针对另一底物。

(3) 位于蛋白质表面残基的改变，也可能影响蛋白质的活性。例如，通过改变功能结构域之间的连接。

正如之前讨论过的，人们相信蛋白质的功能进化是通过基因复制与复制后产物的趋异作用（该机制称为 Ohno 模型[266]）。这似乎与目前已被接受的描述进化过程的观点相悖，目前的观点是，每个基因持续不断地变化直到获得一个有益并且必需的功能。实际上，基因复制过程很好地解决了上述问题，因为复制后产物（即基因拷贝）能够自由地保持发展状态，而在此发展状态中细胞不会遭受起源基因功能丧失带来的影响。然而，通过基因复制得到的产物来行使从一种功能切换到另一种功能，这一过程在进化的观点上来看似乎还是过于猛烈了一点。在第 1 章中，我们介绍过一种称为**酶的混杂** ***enzyme promiscuity*** 的现象，这是在说，某些酶能够催化不同的反应或是相同的反应，但采用不同底物[298]。目前，人们提出该现象很可能恰恰利用了基因复制得到的蛋白质产物发生功能猛烈变化这一特征。按照推测，一开始的酶能够催化两种不同的反应，这种状态作为功能切换的“中间态”，而在基因复制后，被选中的功能则会通过额外的突变而被永久地保留下来[298]。

2.4.4　蛋白质结构内部的水分子

蛋白质折叠经常被描述成一种“排水”过程：将水分子从由非极性残基构成的疏水内核中排出。虽然这一描述大体上是对的，但是经过实验测定的蛋白质结构，其内核中经常包括独立的水分子[299,300]。正如前文提到的，残基在蛋白质内核中的堆积并不一定很完美，其中很可能出现**空隙** ***void***，它们被称为“**堆积缺陷** ***packing defect***”。在体积小于 20Å^3 的空隙中，基本空无一物；但是若体积超过 40Å^3 时，则倾向于包括水分子[208,301,302]。这并不是一种随机的现象。结构分析表明，这些水分子会以静电方式与其周围的极性残基作用，并因此介导这些残基之间发生相互作用[303,304]（图 2.31）。这些相互作用能够降低由于在疏水核中包裹极性残基所带来的能量惩罚[305]［见 2.3.4 节中的公式（2.2）］。而这些内核中的极性分子团簇所形成的相互作用网络，恰好达成了这一目的。然而，这些极性残基并不总是放置在距离很近的地方，以至于取得很好的静电屏蔽效应。在这种情况下，水分子则以“桥”的方式作用，从而让相隔较远的残基得以维持它们的相互作用。实际上，蛋白质空隙中存在的水分子数目，与该空隙中包含的残基的极性相关[306]。另外，水分子与蛋白质内核的残基可以通过范德瓦耳斯相互作用进一步稳定蛋白质的结构，这与是否是极性残基无关。

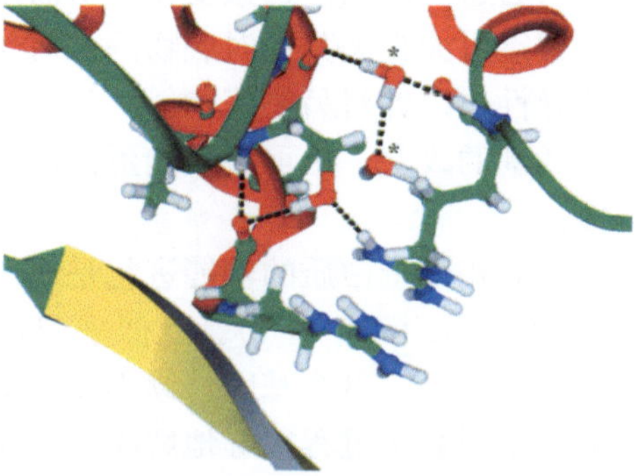

图 2.31　由蛋白质水分子介导的极性相互作用。相互作用由辣根过氧化物酶 C1a（PDB 条目 1w4y）证实。参与相互作用的两个水分子标有星号

除了提供结构与能量上的好处，蛋白质内核中的水分子可能还直接对蛋白质的功能有所帮助，具体如下。

(1) 帮助生化反应：水分子既可以作为氢键供体，又可以作为氢键受体。这种能力让水分子得以帮助蛋白质催化生化反应。

(2) 帮助输运：一些在**离子转运蛋白** ***ion transporter*** 中出现的水分子，被证明会参与形成**输运路径** ***transport path***[308]。例如，这种情况在细菌蛋白**菌紫红质** ***bacteriorhodopsin*** 中出现，该蛋白质利用太阳能把质子泵出胞质膜[308]。与**离子通道** ***ion channel*** 不同，转运蛋白不包括连续的水体，并且在输运离子时，转运蛋白需要将离子从一个内核极性残基“跳跃”到另一个内核极性残基（具体请参考第7章）。再一次，水分子会以“桥”的方式联系这些相隔较远的极性残基，从而使得离子的“跳跃”得以顺利进行。

(3) 帮助折叠：蛋白质折叠涉及产生残基之间新的相互作用。静电相互作用虽然是长程的，但也依赖于相互作用基团之间的空间位置。因此，在折叠过程中，某些将会发生相互作用的残基，在此时此刻彼此间可能依然距离较远，从而它们需要水分子的帮助建立起相互关系的桥梁[309]。类似地，在已折叠的蛋白质中，水分子也能辅助构象变化，通过在相关残基之间建立桥梁[310]。上述现象得到了如下研究的支持：水分子能够增加蛋白质已折叠状态的**动态性** ***dynamics***[311,312]，这一点对于蛋白质行使功能来说是至关重要的（见第5章）。

(4) 帮助与配体的相互作用：水分子能在蛋白质的极性基团与配体的极性基团之间建立桥梁，这与之前讨论过的帮助折叠情况类似[313,314]。实际上，**蛋白质-蛋白质接触面** ***protein-protein interface*** 倾向于包括固定的水分子（即这些水分子不属于外部的水环境），其浓度是每 1000Å^2 中有一个[314]。这些水分子的分布是很不均匀的，它们在极性残基周围会更多[315]。有关蛋白质-蛋白质表面更详细的介绍会在第8章给出。

2.5 四级结构

2.5.1 简介

许多蛋白质，也许应该说是大多数蛋白质[316]，包含了许多条多肽链，彼此通常以非共价键结合在一起。这种由多条链在空间上的大体排布，被称为**四级结构** ***quaternary structure***，它们之间的相互作用则称为**四级相互作用** ***quaternary interaction***[317]，组成四级结构的多肽链则称为**亚单元** ***subunit***。拥有四级结构的蛋白质通常按照如下规则命名，并且通常带有“**体** ***mer***”这个后缀。

(1) 多肽链之间的等同率：当组成四级结构的多肽链彼此等同时，该蛋白质称为**同聚体** ***homomer***；而当它们不同时，该蛋白质则称为**异聚体** ***heteromer***。大部分拥有四级结构的蛋白质是同聚体，并包含**内部对称性** ***internal symmetry***[318]。

（2）多肽链的数目：当蛋白质拥有 2、3、4、5、6 条多肽链时，它们分别称为**二聚体** ***dimer***、**三聚体** ***trimer***、**四聚体** ***tetramer***、**五聚体** ***pentamer*** 与**六聚体** ***hexamer***。当蛋白质的多肽链数目超过 2 时，我们可以用更通用的名字**寡聚体** ***oligomer*** 来标记它们。大部分寡聚体包括偶数的多肽链[318]。

因此，包含有 4 条不等同亚单元的血红蛋白（图 2.30a），可以被认为是“异四聚体”，或更一般的“异寡聚体”。

在某些情况下，尽管不是那么常见，但针对寡聚体命名时多肽链的数目，在命名时是一种强制的要求。具体地，如果多肽链只出现在寡聚体状态时，针对它们的命名要求放上多肽链数目是**强制的** ***obligate***，而多肽链能以独立个体的形式出现在细胞中时，针对它们的命名要求则是**非强制** ***non-obligate*** 的。对于后者，多肽链之间的分合可能会受到环境条件的影响，如 pH、温度等；或者受到从胞外经过第二信使转导进胞内的信号所影响。

对四级结构的确定有时候容易混淆。传统地，人们习惯上按照如下规则来区分多肽链与独立蛋白质：前者以蛋白质的亚单元方式来作用，而后者则以彼此间互相作用来发挥其生物活性。但是如今，人们发现要想将两者完全分割开则非常困难，尤其是针对那些异聚体。在这种情况下，蛋白质结构往往被简单地称为**复合体** ***complex***。在最简单的情况下，一个复合体可被定义为一个单独蛋白质，它在其绝大部分生存期间以寡聚体的形式存在；更重要的是，当其多肽链彼此分开后会失去活性。然而，一些含有四级结构的蛋白质，其亚单元在孤立状态下同样具有功能，尽管这种情况比较少。

有关寡聚体蛋白质的一个很有意思的问题是，它们首次如何发生接触。我们知道，无论在胞内还是胞外，蛋白质之间的**瞬时相互作用** ***transient interaction*** 不需要任何帮助就可以发生在蛋白质片段之间；但是，若要保证一个蛋白质成为**永久寡聚体** ***permanent oligomer*** 则需要发生在基因层面的变化。实际上，确实存在一些基因操作机制来促进单体向寡聚体的转变。这些过程可能开始于一些突变，而这些突变可以改变蛋白质**表面** ***surface*** 的几何与静电性质，从而使其更可能和其他蛋白质相互作用[319]。实际上是在说，这些突变让该蛋白质的表面转变成了**接触面** ***interface***。这些突变有如下几种类型：插入、删除、替换或重组，并且这些突变的数目很可能比想象的要少很多：因为**蛋白质-蛋白质相互作用** ***protein-protein interaction*** 通常只依赖于很少数目的关键**接触面残基** ***interfacial residue***[320−322]。虽然蛋白质-蛋白质接触面的确会产生在某些蛋白质上，但更可能的情况是某些简单的折叠更易获得接触面并因此成为独立的**结合单元** ***binding***

unit。一旦这些“**寡聚体形成单元 *oligomerization unit***”形成后，它们会通过**基因融合 *genetic fusion*** 的方式被连接到已有的蛋白质中，并赋予这些蛋白质寡聚体形成的能力。换句话说，每个这种结合单元都能成为一种**寡聚体形成结构域 *oligomerization domain***，并以组合的方式连接不同蛋白质的其他结构域。上述的整个过程，有可能发生在利用 HLH 模体来识别 DNA 的**转录因子 *transcription factor*** 中（见 2.4.2.1.1 节）[323]。特别地，人们认为出现在这些转录因子上的寡聚体形成结构域，在某种程度上发生了复制并被插入到了其他不相关的基因中。如果事实的确如此的话，那该机制则能解释 HLH 模体在自然中的普遍性。

2.5.2 基本特征

2.5.2.1 亚单元数目与复杂度

不同蛋白质的亚单元数目也同样不同。大多数寡聚体蛋白质只有少数亚单元，但一些蛋白质则拥有很多亚单元。例如，著名的与 ATP 形成相关的酶，**ATP 合酶 *ATP synthase***，其 F0 部分包括 13 个不同的亚单元（图 2.32）。巨大数目的亚单元存在于病毒的**包膜蛋白 *envelope protein*** 中，它可能拥有 60 条多肽链。

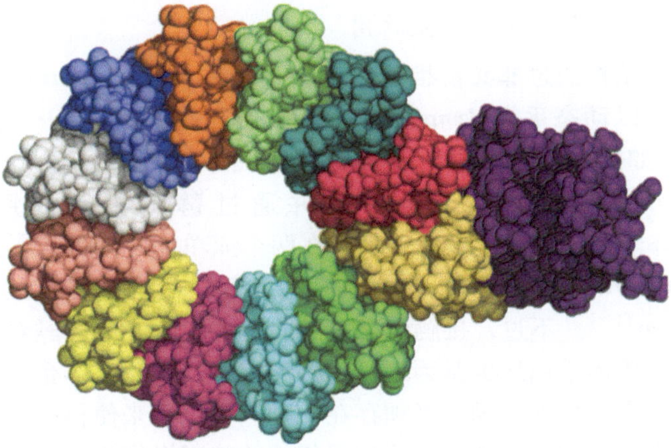

图 2.32 酶 F0-ATP 合酶（PDB 条目 1c17）的多亚单元特征，亚单元用不同的颜色标记

2.5.2.2 亚单元排布的对称性

内部对称性 *internal symmetry* 是寡聚体蛋白质较为突出的特征之一[316]。球蛋白，如酶、受体及抗体，通常具有一种简单的**点群对称性 *point group symmetry***（即 2～6 重对称）[324]（图 2.33a）；而**胞质膜 *plasma membrane*** 或**病毒包膜 *viral envelope*** 上的蛋白质，以及细胞质内形成可溶纤维（例如，**微管 *microtubule***）的蛋白质，它们则倾向于具有多度**旋转对称性 *rotational symmetry***。

对称性很可能是另一种进化上普遍趋向**简约性** ***parsimony*** 的结果，因为它允许细胞通过使用相同结构单元的拷贝来实现更高级的功能。这就不奇怪为何在自然存在的**三界生物** ***three kingdoms*** 中普遍存在这一现象。针对蛋白质结构的分析表明，非对称的寡聚体只有在进化后期才出现[325]。如前文所述，对称性通常是基因复制与趋异过程的结果[214]。

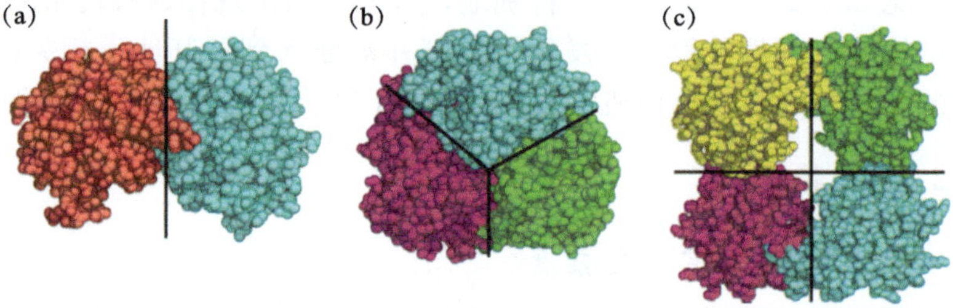

图 2.33 同源寡聚体中的对称性。(a) 二聚磷酸丙糖异构酶（PDB 条目 1amk）的双重对称性，两个亚基的结合表面是相同的并且相对于彼此旋转 180°，使得界面“异源”；(b) 三聚氯霉素乙酰转移酶（PDB 条目 3cla）中的三重对称性，界面包括两个不同的结合表面，即它是“异源的”；(c) 四聚体 β-胰蛋白酶（PDB 条目 1a01）中的二面对称性，包括两个异源界面。大多数四聚体和六聚体蛋白质中出现二面对称性。在每个结构中表示对称轴

2.5.2.3 亚单元之间的相互作用

大部分四级结构通过**非共价相互作用** ***non-covalent interaction*** 得以稳定，并允许同一蛋白质以**动态平衡** ***dynamic equilibrium*** 的方式存在于不同的寡聚体状态之间[316]。正如蛋白质折叠情况那样（见第 4 章），四级结构的形成也是通过**疏水效应** ***hydrophobic effect*** 驱动[326]，并通过**静电相互作用** ***electrostatic interaction*** 具体落实的。后者倾向于发生在两个亚单元之间的接触面上的**协同相互作用网络** ***cooperative interaction network*** 上，其中经常以精氨酸作为**桥联元素** ***bridging element***[153]。不过，接触面通常是非极性的。我们已经看到蛋白质亚单元经常是由编码单体蛋白质的基因通过复制形成的。由于单体蛋白质的表面要比亚单元的接触面更有极性，因此必须存在一种进化过程来使得前者变得不那么有极性。人们发现了一种可能的与上述过程相关的基因操作机制，那就是**结构域交换** ***domain swapping***[327]。在这一假定的机制中，来自两个相同蛋白质的片段会与其位于另一蛋白质的互补区域发生相互作用，这会让两个蛋白质彼此间发生相互作用并同时维持其各自的三级结构（图 2.34）[325]。发生在连接这些片段的区域上的突变，可能会使得整个复合体变得比独立的单体更稳定，从而保持这个复合体。上述目的所需的突变非常少，因此使得该机制“廉价”并且高效[214]。虽然这一机制值得推敲，但它已经在至少 40 个蛋白质上发现存在的可能性，其中包括**细菌 RNA 酶** ***barnase***（一个多功能的细菌核糖核酸酶，译者注）与**白喉毒素**

diphtheria toxin[328]。

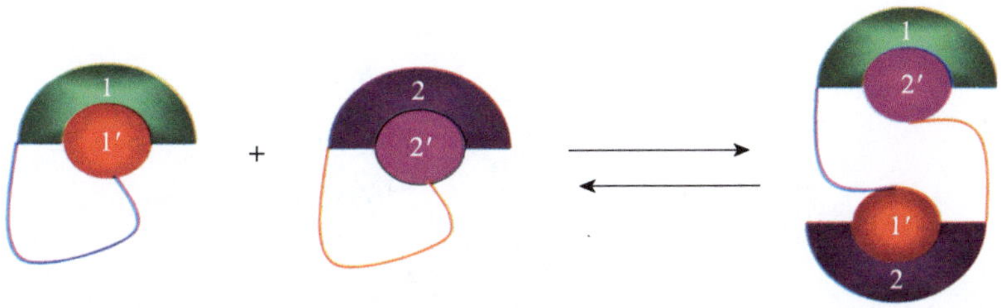

图 2.34 域交换机制。该图显示了两个相同的蛋白质，每个蛋白质具有两个结构域：1+1′和 2+2′。由于蛋白质是相同的，它们的结构域可能会进行交换的进化过程，如正文中所述（改编自 Bennett，M. J.，Schlunegger，M. P. and Eisenberg，D.，*Protein Sci.*，4，2555 - 2568，1995。经许可）

在某些蛋白质中，其四级结构会以共价键的形式得以稳定。在膜结合或分泌球蛋白中，这种共价键多以二硫键的形式存在；而在某种胞外纤维状蛋白中，则涉及赖氨酸的侧链。后者包括**胶原蛋白 *collagen***（以 Lys-Lys 的形式），**弹性蛋白 *elastin***（以 Lys-Gln 的形式），以及**原纤维蛋白 *fibrillin***（以 Lys-Glu 的形式）。正如第 8 章所讨论的，在涉及蛋白质-配体相互作用时，该接触面与蛋白质-蛋白质接触面有所不同。然而，由于上述两者都涉及多肽链的接触面，因此发生在之上的相互作用所牵涉的底层物理化学原理都差不多。

2.5.3 四级结构的优势

正如任何进化过程那样，导致四级结构出现的这一进化过程必须对生物体的生存优势有一定帮助。这里我们列举出一些由四级结构带来的优势。

2.5.3.1 活性位点多样性

人们估计大约 1/6 以酶来作用的蛋白质寡聚体，它们的活性位点由不同的亚单元构成[319]。一个已知的范例是来自造成 AIDS 的 HIV-1 病毒的**天冬氨酰蛋白酶 *aspartyl protease***（图 2.35）。这种必须超过一个亚单元才能形成酶的要求，提供了对酶活性的另一个层面的调控。进一步说，相对于只从一条链形成的三级结构来构造活性位点的这种方式来说，采用不同的多肽链，能够让构造活性位点的方式变得更加多样。

2.5.3.2 代谢过程中的时间空间耦合

作为细胞中最主要的生化途径，例如，**糖酵解 *glycolysis*** 与**三羧酸循环 *the Krebs cycle***（又名**克雷布斯循环**），它们都是分成若干步骤来执行功能的。这些步骤通常由不同的酶来催化。然而，我们知道在某些情况下，一个单独的寡聚体酶采用不同的亚单元来执行这些步骤。这一现象中最具代表性的是**脂肪酸合酶**

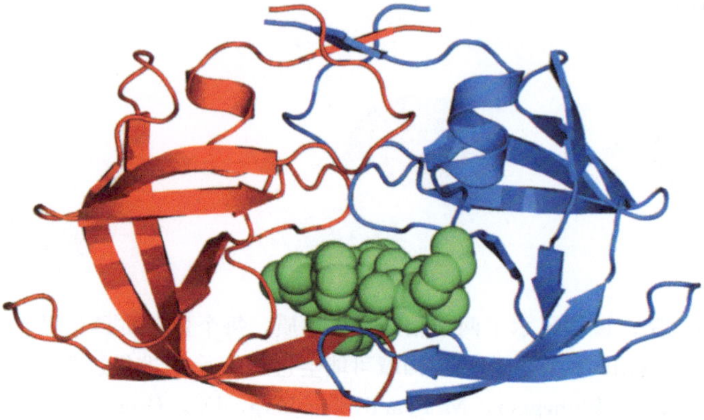

图 2.35　HIV-1 天冬氨酰蛋白酶的活性位点（PDB 条目 1a8k）。酶显示为带条，肽配体作为原子球模型。构建整个酶（包括结合位点）的两条多肽链的颜色不同

fatty acid synthase*（*FAS*）**，它用**乙酰辅酶 A *acetyl-CoA 来合成脂肪酸。在细菌和植物中，每一个生物合成步骤都由不同的酶来执行（这些酶总称为 FAS-Ⅱ）；而在真菌与更高等的真核生物中，只用一个酶就能处理一切（该酶称为 FAS-Ⅰ）[329,330]。FAS 是一个具有 7 个亚单元的蛋白质，其中 6 个亚单元负责整个途径中不同的步骤，而第 7 个亚单元负责在上述 6 个亚单元之间转移底物，直到整个反应步骤完成。上述这种机制比采用单独并且分隔的酶要高效得多，因为它让底物在每个反应中可被直接获取，从而节省了让该底物从一个酶扩散至下一个酶的时间。此外，这种具有多功能的酶同样能够节省空间，这对细胞质内高密度的环境而言尤其重要。

2.5.3.3　调控酶活性

与代谢相关的酶是受到高度调控的，原因如下。其中最常见的一种调控形式就是**变构 *allostery***，它说的是当酶在结合一个有机小分子后会改变其活性（详细介绍见第 5 章）。许多酶包含催化与调控结构域，其中后者负责调控前者的活性。调控结构域同样可以与小有机**调控子 *regulator*** 结合。特别地，这一结合能够引起调控亚单元的构象变化，从而影响到催化亚单元的活性，并使其变得更好或更差。一个知名的范例是**蛋白激酶 *protein kinase A*（*PKA*）**，它在一类由**激素 *hormone*** 激发的**信号转导 *signal transduction*** 途径中作为一种关键部分存在，而该途径可以调控许多细胞过程[331]。实际上，已知有超过 100 种不同的蛋白质的活性会受到 PKA 的影响[332]。PKA 的作用方式是磷酸化其靶蛋白上特定的丝氨酸与苏氨酸残基。这一磷酸化过程是由 PKA 上的两个催化亚单元执行的，并受到另外两个调控亚单元调控（图 2.36）。在该酶的休眠状态，它的催化亚单元是没有活性的。这是因为其催化亚单元被其调控亚单元上的片段给“阻挡”了，这一

片段与该酶的自然底物在序列上很类似①。当合适的激素信号到达后，一种称为**环腺苷酸** ***cyclic AMP***（***cAMP***）的小分子会结合到 PKA 的调控亚单元上，并通过引发其构象变化来使得它与催化亚单元分开。这就使得调控单元移除对催化单元的阻挡，并让后者去和它的自然底物结合然后进行磷酸化。

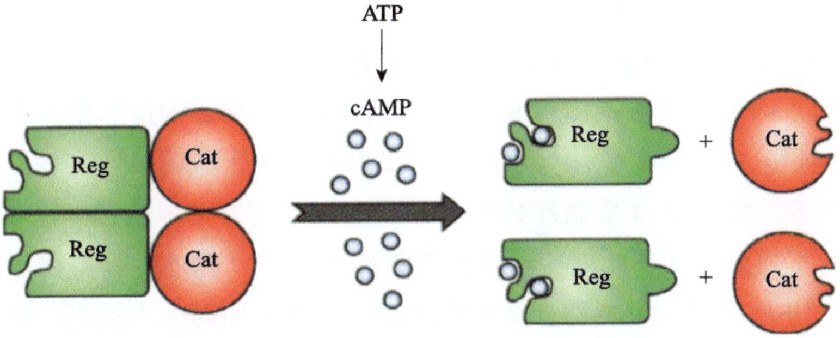

图 2.36 蛋白激酶 A（PKA）的示意图及其由二级信使 cAMP 激活的过程。PKA 的催化和调控亚基分别标记为“Cat”和“Reg”。cAMP 由青色球体表示。cAMP 的结合诱导催化和调控亚基的分离，使前者与其他蛋白质结合并使其磷酸化

2.5.3.4 增加蛋白质稳定性

正如大多数生化学家知道的，聚集成块的蛋白质比它们在溶液中的孤立状态要稳定得多。这一现象对于形成复合体的蛋白质同样适用。蛋白质复合体是一种高度组织并通常具有生物活性的处于**结合** ***bound*** 状态的蛋白质，相对于无定型且无活性的处于**聚集** ***aggregate*** 状态的蛋白质来说，这种稳定性的增加有两个原因。首先，这种发生在多肽链之间的接触限制了它们固有的运动，因而降低了使其丧失稳定结构的可能性。其次，处于结合状态的蛋白质，它们的多肽链不太容易被溶液中存在的并具有蛋白质分解能力的酶接触到。这一点可以清楚地从**胰岛素** ***insulin*** 的**锌结合** ***zinc-binding*** 状态上（该状态称为 Zn-insulin）观察到[324]。胰岛素是在**胰腺** ***pancreas*** 中合成的，并存储在其中直到需要它们。在存储状态时，胰岛素以六聚体形式存在，即 6 个单元彼此结合在一起，并同时包括两个 Zn^{2+}。这种六聚体是非常稳定的，这就让它能够保持在胰腺中原封不动好几天。当我们吃下**碳水化合物** ***carbohydrate***（即糖类）后，胰岛素被释放进血管，在其中帮助葡萄糖穿梭进入细胞并最大限度利用这些额外的糖。在血管中，胰岛素六聚体分开成为单独的链，它的每一条链都只有几分钟的寿命。这种短暂的寿命得以限制胰岛素激素活性的持续时间，从而防止对于身体来说不需要的针对过量激

① 除了丝氨酸与苏氨酸残基有所不同。

素浓度的生理反应，如**脱敏作用 *de-sensitization***。尽管这一例子只是针对由一种蛋白质所组成的复合体，但它代表的基本原理同样对由单一结构中不同蛋白质亚单元组成的复合体适用。实际上，增加蛋白质的寡聚体形成度是一种生活在高温环境下的微生物所采用的策略，它能增加这些蛋白质的稳定性[333]。

2.5.3.5　形成大型结构

组成细胞中大型结构的蛋白质（如**细胞骨架 *cytoskeleton***）通常都是寡聚体。这并不偶然：因为正是寡聚体形成，才得以使得细胞能够构造非常复杂并且具有伸展性的结构，而只需要使用相对较少的由重复单元构成的组件[316]。

2.5.3.6　增强蛋白质翻译的效率

从 RNA 到多肽链的翻译是一种非常高效的过程。然而，在翻译中出错是难以避免的，并且出错的可能性会随着多肽链的长度增加而大大提高。这种采用寡聚体蛋白质的方式能够让细胞得以采用多条较短的多肽链来构造功能单元，而不是采用很长的单根链[319]。这一策略可以显著地降低在翻译过程中出错的数目，从而也降低了表达错误蛋白质的可能性。

2.6　翻译后修饰

2.6.1　简介

在第 1 章中，我们已经讨论了蛋白质因为 20 种氨基酸大量的重新排布而带来的序列上的多样性，但是这并不能完全解释为什么在自然界中存在百万量级的功能各异的蛋白质。尤其是，我们知道在各种生物的组织当中存有的基因数量是比蛋白质少一个数量级的。因此，必定存在其他机制来保证蛋白质结构和功能性的多样性。此前，我们已经遇到过氨基酸被酶后修饰的情况，例如，一个带有 COO-基团的 γ 羧基谷氨酸（γ-carboxyglutamate），可以使得血凝蛋白结合二价钙离子。事实上，正是这许多的化学修饰使得不同的蛋白质具有了独特的功能[334]。这种形成共价键的情况就被称为**翻译后修饰 *post-translational modification*（*PTM*）**。这种现象在真核生物中尤其普遍。在自然界中，有大约 5%的酶会参与到后修饰过程中去[65]。后修饰过程本身又具有其多样性，目前已知有超过 200 种不同的后修饰，涉及 20 种自然氨基酸中的 15 种氨基酸[335]。另一种观点甚至认为是翻译后修饰过程使得从蛋白质中独特的 20 种氨基酸变为了 140 种。事实上，如果按照这种理论，那么在人类基因组中的大约 90 000 种不同的蛋白质序列将会变为超过 10^6 种不同的蛋白质[337,338]！更为重要的是后修饰过程会影响被翻译后修饰的蛋白质的功能和性质，例如，其作为基质的性质和与其他小分子相结合的性质，还有其是否会响应变构调节的性质等。这种在 DNA 层级①之上发生的现象也解释了为什么高等生物（人）和低等生物（线虫）的基因组大小差异不是非常显著。

翻译后修饰可以分为两种：增加或者替换一个基团和蛋白质水解切割。大多数的翻译后修饰属于前者，比如，改变蛋白质上的某个化学基团。据此，我们也可以推断出，在进化过程中，不同的分子也可以变为蛋白质上这些特殊基团的“专业”提供者。例如，**S-腺苷甲硫氨酸** ***S-adenosyl-methionine***（***SAM***）会特供甲基，**乙酰辅酶 A** ***acetyl-CoA*** 会特供乙酰基等。翻译后修饰过程还常常是可逆的，它们所造成的影响会被一些酶在接收到特定的信号后消除。在大约 200 种翻译后修饰过程中，下面的 5 种是最常见的。

（1）**磷酸化作用** ***phosphorylation***——加入磷酸基（图 2.37a）。

（2）**糖基化作用** ***glycosylation***——加入糖基（图 2.37b）。

（3）**酰化作用** ***acylation***——加入带有脂肪链羧基（图 2.37c）。

（4）**烷基化作用** ***alkylation***——加入脂肪链（图 2.37d）。

（5）**氧化作用** ***oxidation***。

除此之外，细胞膜的边界和分泌性蛋白还有可能具有二硫键，这已经在 2.2.1.3.2.2 节和 2.5.2.3 节中介绍了。表 2.3 描述了一些翻译后修饰影响蛋白质功能的普遍机制。在接下来的章节中，我们将详细讨论这些机制及它们在细胞环境中的重要性。如果想了解与此相关的其他内容可以参看 Walsh 的综述[65] 与书籍[335]。

表 2.3 一些 PTM 影响蛋白质的机制

机制	实例
物理化学性质的改变	糖基化可以提高稳定性和水溶性
调控的活性	激素诱发的磷酸化可以激活/去激活酶
细胞运输	酰化作用可以作为细胞膜上的锚点
调控半衰期	泛素化可以用来标注蛋白质帮助蛋白质水解

2.6.2 磷酸化

蛋白质的磷酸化作用是一种普遍存在于真核生物和原核生物的生物过程[339]。在高等的真核生物中，磷酸化可以作用于**丝氨酸** ***serine***（图 2.37a）、**苏氨酸** ***threonine*** 和**酪氨酸** ***tyrosine*** 残基。在哺乳动物中，作用于丝氨酸的磷酸化作用的频率是后两者之和的 9 倍。其中，磷酸化会发生于大约 30％的蛋白质上。在细

① 因而这也被称为是“外遗传的”。

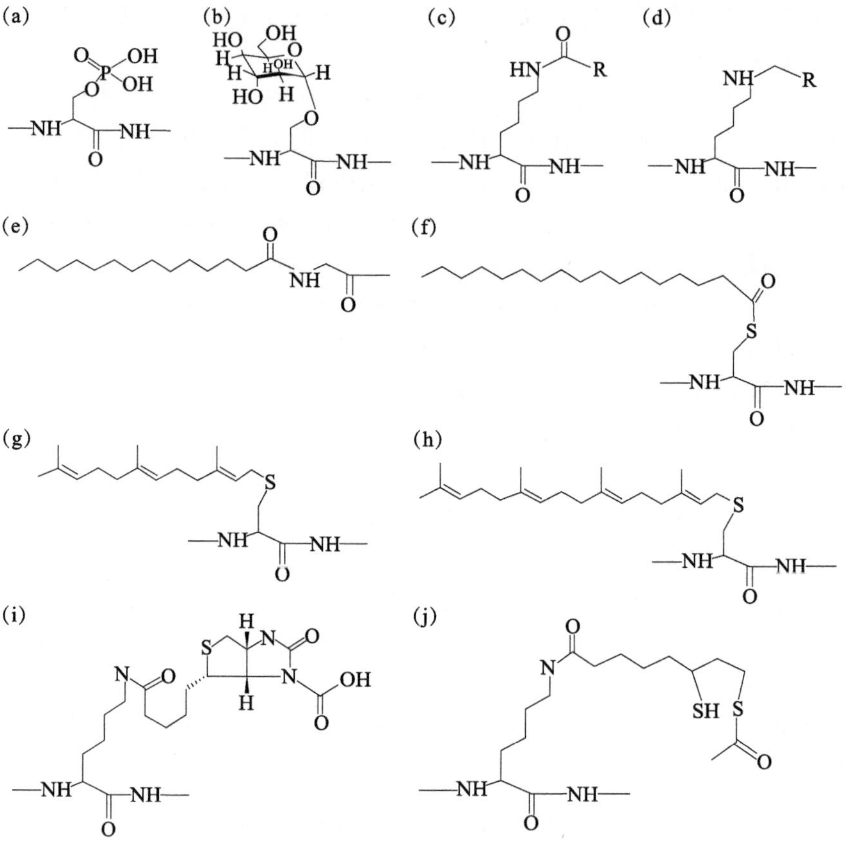

图 2.37　蛋白质中的翻译后修饰。(a) 丝氨酸侧链的磷酸化；(b) 丝氨酸侧链的 O-糖基化；(c) 赖氨酸侧链的 N-酰化，R 代表任何化学基团；(d) 赖氨酸侧链的 N-烷基化；(e) 甘氨酸的氨基末端的 N-肉豆蔻酰化；(f) 半胱氨酸侧链的 S-棕榈酰化；(g) 半胱氨酸侧链的 S-法尼基化；(h) 半胱氨酸侧链的 S-香叶基-龙胆酰基化；(i) 赖氨酸侧链的 N-羧基-生物素化；(j) 赖氨酸侧链的 N-脂酰化

菌和单细胞菌类当中，磷酸化作用的对象还包括组氨酸和天冬氨酸。蛋白质磷酸化还是一种主要的在细胞中调控酶的行为的方法。其中，磷酸基团起一个开关的作用来开启或者关闭酶的相应功能。以这种方式被控制的蛋白质广泛地存在于新陈代谢、跨膜运输、基因表达当中[339]。这种调控有时是直接的，即直接参与磷酸化反应的关键的蛋白质或者酶，有时候也可以是间接的，例如，可以磷酸化起到信号激活或者传输的蛋白质或者酶来起到调控作用。磷酸化对于蛋白质行为的改变可能将会达到原先的 10^5～10^6 倍。

蛋白质的磷酸化是被**激酶** ***kinases***① 控制完成的。激酶是最大也是差异性最大的一组翻译后修饰酶。在人体内，激酶就有 500 种之多[341]。激酶可以分为两种。第一种是最广泛存在的，是一种磷酸化丝氨酸和苏氨酸；第二种是磷酸化天冬氨酸，用以生长因子的信号转导。后一种还包括对于细胞膜边界受体和细胞质溶液当中蛋白质的调控，例如，***src*** 激酶属于 Ser/Thr 或者 Thr 基团的一种，蛋白质基质上的这两种氨基酸都可能被磷酸化。例如，蛋白质 ***Abl*** 本身是一种激酶，同时其上面的 9 个天冬氨酸，1 个丝氨酸和 1 个苏氨酸还可以被磷酸化[342]。这种易于被磷酸化的性质大大增加了蛋白质的模块性和调控性，对于不同位置的不同氨基酸的磷酸化赋予了蛋白质不同的功能。正如前面所提到的，许多激酶位于信号转导的通路上，这些信号也将同样受到不同种类的磷酸化的影响。除此之外，一些其他激酶，如细胞膜边界受体，还可以**自我磷酸化** ***auto-phosphorylate*** 来影响本身与其他分子的结合[339]。尽管磷酸化是以一种共价键结合的方式存在，在细胞环境当中，其是一个可逆的过程，可以被一种称为磷酸酶的激酶来取消其磷酸化所产生的作用。

许多研究都致力于研究磷酸化的机制，请参考文献 [339]。目前已经发现的不同的磷酸化机制大多数是由磷酸基团所具有的庞大的带负电的四面体结构所带来的。正是这种性质使得这个基团可以参加到与其他带电的蛋白质的相互作用当中，这种相互作用可能是电性上的同性相斥或者异性相吸，可能是长程的也有可能是短程的，还有可能通过构成氢键网络而发生作用。其中，主要的相互作用方式是磷酸基团和大体积的带有正电的精氨酸的侧链进行互相吸引。这种电性上的互相吸引在分子识别当中扮演着重要的角色。可以和蛋白质的磷酸基团进行交互作用的其他氨基酸包括：赖氨酸、天冬氨酸、丝氨酸、苏氨酸、精氨酸、组氨酸。此外，蛋白质的磷酸基团还可能和金属小分子结合。磷酸化作用具体影响蛋白质特定功能的机制如下。

(1) 导致蛋白质结构发生变化：被磷酸基团的大体积和电性所影响，蛋白质的非共价键作用有可能会改变，从而引起蛋白质的结构变化。这种交互作用并不局限于被磷酸化的位置附近，而是可能影响到在其空间周围 15Å 以外的其他氨基酸。从另一个角度，可以将蛋白质想象成为位于电场中的一个带电体，引入一个带负电的磷酸基团之后将会导致原先电场的方向和强度的偏移，相应的蛋白质势必要做出一定改变来对抗这种改变。在第 5 章中我们将会看到，蛋白质的结构是有可能动态发生改变的。蛋白质通常处于的状态一定是具有最低能量的状态。所以，当磷酸基团被引入之后，蛋白质不得不改变自己的结构从而使得自身继续

① 见第 1 章 1.1.3.1.3 节。

维持在一个低能量的状态[343]。这种观点可以解释为什么如此多的蛋白质因为磷酸化而带来了形变，而被影响的氨基酸常常可以远离被磷酸化的点位。例如，在**糖原磷酸化酶 *glycogen phosphorylase*** 中，对于 Ser14 位点的磷酸化导致了离此位点 50Å 以外的结构的变化。此外，对于一个钾通道的非激活域的双重磷酸化将会导致三维结构解体，其原因是在其附近有两个带有负电的谷氨酸。蛋白质的结构和功能是紧密联系的，这些结构上的改变将会导致相应的功能上的变化。

(2) 影响与配体的结合：当磷酸化发生在配体的结合部时，新加入的基团和它的电性将会改变蛋白质和配体的结合常数。不管这个要结合的分子是蛋白质的基质，还是调控者，这种结合上的改变都将改变蛋白质的行为。这种结合上的改变可能是正面的也可能是负面的。例如，对**异柠檬酸脱氢酶 *iso-citrate dehydrogenase*** 的 Ser113 位点进行磷酸化，将会使得该酶结合带负电的基质的能力降低。

(3) 直接影响具有催化作用的氨基酸：在具有催化作用的氨基酸位点加入磷酸基团显然会改变整个蛋白质的催化能力，同时，它还会因为改变了空间和电性而导致催化能力发生改变。

2.6.3 糖基化

蛋白质的氨基酸附着上一个糖基团的现象也是非常普遍的。直到不久之前，糖基化作用仍然被认为只在真核生物的特定的蛋白质中的细胞膜边界出现。今天，人们发现了糖基化作用还发生在真核生物、细菌和古细菌的细胞核与细胞质中[344,345]。此外，在细菌中其糖基化作用的产物比在真核生物中更加具有多样性。但是，因为大多数的糖基化过程是发生在真核生物的细胞膜和分泌性蛋白当中，所以这里我们也将仅限于此。糖基化会发生在丝氨酸（图 2.37b）、苏氨酸或者天冬氨酸上。糖基化过程开始于 ER，随即会附着在即将形成的膜蛋白和分泌性蛋白上一起转移。已经在脂链上安装好的糖链会被转移到天冬氨酸的羟基的氮原子上面。这个过程被称为 ***N*-糖基化 *N-linked glycosylation***，这个过程是十分普遍的且依赖于特定的细胞环境[347]，即糖基化反应通常发生在天冬氨酸上，而其所处的序列常常是 Ser/Thr-X-Asn，其中 X 可以表示任何氨基酸。糖基的链由 14 个羧基团组成，其中包括葡萄糖、甘露糖和 *N*-乙酰葡萄糖，这些都将作为蛋白质侧链的附着点。具体的链的状态取决于相应的酶的处理，包括如何对糖基团的剪切、它们的排布方法和半乳糖基团的附着。当糖基化过程结束后，蛋白质将会通过囊泡被运送到高尔基体中，而稍短的糖链将会被细胞进一步处理。除此之外，还将会增加新的糖链。后来加入的糖链会被添加到丝氨酸/苏氨酸的羟基的氧原子上面 ***O-linked glycosylation***。与天冬氨酸上的糖基化不同，丝氨酸/苏氨酸上的糖基化似乎更少地依赖于细胞环境，而且它所产生的糖链也更短。蛋白质上的多个可能的被糖基化的位点加上其不同糖链的组织形式使得被糖基化的蛋白质具有了独特功能，这种功能的独特性常常被用来当作特定配体的分子识别。在细胞核和细胞质中的糖基化还包括一个 *O*-GlcNAc 基团 ***O-linked β-N-acetyl-glucosamine***，此外，发生在细胞质中的糖基化还将有额外的酶的参与。

在细胞中的糖基化将会产生两种蛋白质-碳水化合物的结合体。第一种称为**糖蛋白 *glycoprotein***，其中蛋白质占据了主要的体积。糖蛋白的主要功能是充当膜蛋白（受体、转运等功能），或者充当内分泌蛋白。例如，①细胞外的酶；②激素；③抗体；④营养蛋白（例如，牛奶中的酪蛋白）；⑤转运蛋白（例如，血液中的血清蛋白）；⑥黏蛋白：一种为上皮细胞提供黏着力度的蛋白质（例如，那些位于肠胃，呼吸和负责再生的系统中的蛋白质）。

第二种称为**蛋白聚糖 *proteoglycan***，其中，糖占了大部分体积。其中的主要成分是一种称为透明质酸盐 ***hyaluronate*** 的成分（其中包含了一段具有重复序列的 50 000 个二糖）。蛋白质的链会沿着透明质酸盐的相反方向伸出。这些蛋白质的链仍然包含了很多的糖基团，例如，**硫酸角质素 *keratan sulfate*** 和**硫酸软骨素 *chondroitin sulfate***，其中硫酸软骨素包含了多达 60 个的糖基团。很多蛋白质聚糖存在于细胞外环境中，包括很多联通的组织，如骨和软骨。它们在其中所起的主要功能就是增加组织的弹性和抗拉性。与糖蛋白一样，蛋白质聚糖也存在于上皮细胞中。

糖基化对于蛋白质的功能起到了很重要的作用，人们对于糖基化的所有功能还不完全了解，已经了解的糖基化带来的好处如下[348]。

（1）保护性。糖基化所带来的“外衣”为蛋白质提供了物理上的保护，使得蛋白质可以避免外部环境的破坏。这点对于分泌性蛋白来说尤其重要，因为它们在细胞外环境中完全暴露在蛋白酶和其他活性化学物质之下。膜蛋白有一部分暴露在细胞外环境中，它在细胞外的部分也将受到糖基化的保护。在细菌中，因为没有糖基化的保护，膜蛋白是由所谓的生物墙来保护的。

（2）结构的稳定性。研究表明，蛋白质的糖基化与蛋白质的稳定性呈正相关，即糖基化程度越大，结构越稳定，同时与蛋白质内部结构可变性呈负相关。这种性质可以由糖基之间或者糖基与蛋白质其他极性基团之间的相互作用来解释。然而，Sola 及其同事[349] 发现，主要原因还是溶解效应。水分子频繁的偶极矩变化放大了溶液中的蛋白质的变化，使得蛋白质结构变得不稳定[353]。而糖基化在物理上使得蛋白质和周围环绕的水分开从而降低了蛋白质在水溶液中的振荡。但是这种保护是一把双刃剑，因为它同时也降低了蛋白质的结构可变性。这将导致活性蛋白质的能量增高，从而降低了酶催化反应的效率[355]。其介绍了另一种完全不同的糖基化使得蛋白质结构更加稳定的机制。在这种机制中，糖基与没有折叠好的氨基酸发生了相互作用，也就是说，糖基参与了蛋白质的折叠过程，帮助整个蛋白质进行折叠。

(3) 增加溶解性。在糖基上的许多羟基基团将会大大增加被糖基化的蛋白质的溶解性。

(4) 帮助蛋白质折叠。许多特定的糖基将会帮助蛋白质更加有效地折叠。

(5) 帮助分子进行识别。就像上面所提到的，糖基固有的复杂性使得蛋白质可以用它们来当作自己的标签[349]，从而使得这些蛋白质只与一些特定的分子相互作用。其中包括酶与底物的相互作用、受体与配体之间的相互作用、抗体与抗原之间的相互作用，等等。此外，在被糖基化的膜蛋白中，这种相互作用还将调节细胞与细胞的相互作用。以上这些在许多重要的生物过程都起着极其重要的作用，例如，细胞的分裂和分化、免疫、神经传导、组织的构成和发炎。研究进一步表明，糖基基团的种类、数量和组织方式都会显著地影响它们所参与的生物过程[348]。

2.6.4　酰基化

酰基化是蛋白质残基连接到酰基链即疏水的但包括一个羧基的碳链（C_n）上的过程。常用的链有乙酰（C_2）、十四酰（C_{14}）和十六烷酰（C_{16}）。此外，小的蛋白质泛素还将会被黏着在酰基链上。和磷酸化一样，酰基化在细胞当中也是一个可逆的过程，其中**去酰基化 *de-acylases*** 主要通过相应的信号来激活相关的酶去除蛋白质上的酰基。常见的蛋白质的酰基化包括以下几种。

2.6.4.1　ε-*N*-ε-*N*-酰基化

在一些蛋白质中，例如，***p53*** 和组蛋白 ***histone***，许多赖氨酸侧链上的 **ε 氮原子**会被酰基化[356]，酰基的提供者往往是**乙酰辅酶 A *acetyl-CoA*** 上的酰基（图 2.37c）。酰基化的主要作用是中和赖氨酸侧链上的正电性。此外，酰基还将参与分子识别的过程。实际上，转录因子上的溴基结构域是用来识别酰基的。靠酰基化这种方式，组蛋白①可以将转录因子吸引到其所处的区域并完成基因的转录[357]。

细胞周期调控蛋白 p53 是影响细胞命运的几个核心蛋白质之一。当 DNA 被危险的变异损坏后，p53 将被激活。它将使细胞停止分裂，避免细胞发生癌化，同时它还将激活 DNA 修复蛋白质进行修复。如果无法修复 DNA 的损坏，p53 将会使细胞死亡以避免癌细胞在多细胞组织中的出现。根据 p53 的上述功能，它被定义为一种**癌症抑制蛋白 *tumor suppressor proteins***，并且经常作为一种“基因组的保护者”而出现[358]。p53 主要负责调控上面提到的相关生物过程（DNA 修复、细胞凋亡、细胞周期停滞）的基因调控[359]。作为一个多结构域的蛋白质，

① 蛋白质上 DNA 在真核细胞核内卷绕，从而实现了细胞遗传物质的紧凑堆叠。

p53 可以结合多种不同的蛋白质和 DNA 来执行功能[360]。因为其对细胞命运的巨大影响，p53 本身必须被严格地调控。像在 2.6.4.3 节中提到的，其中一种防止 p53 活性过量的方式是对其进行标记，使其可以被其他小蛋白泛素分解。相反，一种防止 p53 活性过低的方法是，用**转录共激活因子 p300** ***transcriptional co-activator p300*** 对其上面的赖氨酸进行酰基化。事实上，酰基化会阻止 p53 被泛素标记从而延长其寿命。

2.6.4.2 N′-十四酰化和 S-十六烷酰化

这两种蛋白质的后修饰，都是为蛋白质添加一个长的脂肪链。它们通过这种作用使得蛋白质可以与等离子膜进行结合，从而完成信号转导。十四酰化参与了将**正十四碳酸** ***myristic acid***（C_{14}）从十四酰-辅酶 A 运输到蛋白质 N′端的甘氨酸上的氨基氮[361]。因为蛋白质的构成需要 N′端的甲硫氨酸，所以十四酰化过程需要首先移除这个氨基酸。这种用十四酰化将蛋白质固定在等离子膜的行为实际上是依赖于一种信号，这个信号可以使蛋白质的结构发生改变，使得它的脂肪链暴露在外面[362]。十六烷酰化和十四酰化很类似，区别就是参与过程的链换成了**十六烷酸** ***palmitic acid***（C_{16}），并且它会被运输到胱氨酸侧链上的一个硫原子上（图 2.37f）。很多信号转导蛋白的十六烷酰化都已经被深入研究，其中包括溶质蛋白质 **GTP-水解酶** ***GTP-hydrolase***（*ras*）[363]、**酪氨酸激酶** ***tyrosine kinase***（*lck*）和许多永久性的膜结合蛋白，如**趋化因子受体** ***chemokine receptor***（**CCR**）。

2.6.4.3 泛素化

泛素 ***ubiquitin*** 是一个很小（76 个残基，8kDa）的高密度蛋白质。泛素总会被黏着到细胞中的蛋白质上，从而导致很多剧烈的变化。最先和最剧烈的变化就是这些蛋白质（一种称为**蛋白酶体** ***proteasome*** 的蛋白质络合物）分派出去，这种分派是用来在化学反应中对细胞质量进行控制[364-366]。该过程和溶酶体的分解过程不同，溶酶体的分解主要是针对内部的对象（包括短肽激素、凝血因子和抗体）和细胞的**自体吞噬** ***autophagy***。自体吞噬是一个将自身蛋白质分解并将它作为体内其他生物过程能量供给的过程[367]，蛋白酶体的分解更具有特异性，因此对于要分解的蛋白质往往需要进行标记。依靠这种机制，细胞可以根据不同的环境和蛋白质的功能单独决定任何一个蛋白质的半衰期。例如，细胞周期调节蛋白 p53 仅存活几分钟，而存活较长的蛋白质如肌蛋白（**肌动蛋白** ***actin*** 与**肌球蛋白** ***myosin***）可以保持几天。最后，眼球**晶状体蛋白** ***crystallin*** 作为一个折射透镜，其半衰期可以达到一年。通过泛素化途径的蛋白质降解的发生可能是导致某些生物化学途径激活或抑制的外部信号的结果，或者可能是由于遗传/环境破坏蛋白质的折叠能力。

过去十几年的大量的研究表明，泛素化大量存在于大多数的基本细胞过程当中，例如，细胞的分裂、分化和发育，对于外部压力或者刺激的反应，神经网络的形成，膜蛋白受体和转运蛋白的调控，DNA 修复，转录因子调控和细胞器的形成[364]。此外，泛素化对于生理过程也很重要，如对于记忆的形成和免疫应激性。3 位科学家 Aaron Cheichanover、Avram Hershko 和 Irwin Rose 因为对于该过程的发现与研究获得了 2004 年的诺贝尔化学奖。泛素化的另一项重要意义在于其在病理学中的重要作用。例如，**利德尔综合征 *Liddle syndrome*** 是一种从孩童时期开始维持高血压的疾病，其主要病因是患者肾中钠通路的缺陷使得泛素化对于一种极其重要的蛋白质的识别失去了特异性，从而导致其过量表达[368]。另一个相关病理学案例是**囊性纤维化 *cystic fibrosis*（*CF*）**，其表现为慢性的呼吸道堵塞并伴随有消化性问题。囊性纤维化是由 **CFTR** 蛋白的功能异常所导致，通常 CFTR 蛋白是作为一种氯化物通道而存在。大多数由基因变异而带来的疾病都将导致 CFTR 通道的非正常折叠。其结果是，大量的该种蛋白质被保留在 ER 腔内，不能被分解[369]。最后，至少一种的泛素化系统可能会参与到致癌过程中（参见 2.6.11 节）。

蛋白质的标注和分解是由多条链的泛素完成的。其第一个单元将会被运输到一个赖氨酸上的 ε-氨基酸基团上，然后接下来的单元将会彼此结合。标记的过程十分复杂并将包括 3 种酶（E1、E2 和 E3）的参与。第一步，用 ATP 作为能量来源，泛素将会被一个硫脂键与 E1 结合。第二步，E2 将会将泛素从 E1 转运到与 E3 结合的蛋白质底物中。第三步，被泛素化的蛋白质链被蛋白酶复合物所识别，就这样其携带的蛋白质将会被分解。这也就意味着 E3 的功能就是确定分解对象特异性。整个过程是复杂的，并且大多数情况下需要 E3 的参与，当然还有一种可能就是还有其他的蛋白质可以扮演 E3 的角色。其中一些激活过程是由目标蛋白质的改变所引起的，然而其他的激活过程是由其他细胞信号所引起的。对于转录因子，它们从 DNA 分子上分离下来通常已经足够使得 E3 来识别它们。因此它们只会在其工作结束之后被分解而不是之前。

像之前提到的，蛋白质的泛素化可能会导致其他的不同结果。我们已经知道附着一个长链的泛素会导致该蛋白质的分解。然而，还有一些蛋白质的泛素化会起到和蛋白质磷酸化同样的功能，即改变它们的活性从而使得这些蛋白质在分子层面可以发挥不同的作用。

2.6.5　烷基化

烷基化过程通常包括一个碳原子基团在蛋白质链上不同位置附着，其中大多数都是疏水链。我们接下来将介绍 3 种主要的烷基化类型。

2.6.5.1　甲基化

蛋白质的甲基化是一个相对的小概率事件。主要过程就是在氨基酸上添加一个甲基（—CH_3），其发生的位置通常是赖氨酸或者精氨酸侧链的氮原子（图2.37d)。辅助的甲基通常情况下不会超过3个。蛋白质中的碳原子，氧原子和硫原子也有可能被甲基化只是概率非常小。甲基化是靠一种称为**甲基转移酶** ***methyl-transferases*** 的激酶完成的，这些酶往往是氨基酸特异的。甲基通常可以被拿来与糖基和酰基相比较，但不同的是，蛋白质的一个位置可以附着多个甲基，所以甲基化在某种程度上给予了蛋白质一种几何上的自由性，这种自由性可以被用于分子识别。在组蛋白中，甲基化和其他后修饰经常扮演着一种**表观遗传密码** ***epigenetic code*** 的角色，其功能是激活或者抑制某种基因的表达。

与酰基化相反，赖氨酸的甲基化是不可逆的，这是因为不存在将甲基去除的酶，同时所形成的化学键非常的强也不会自行断裂。然而，有些时候甲基会被**甲基脱氨酶** ***methyl deaminase*** 氧化成为一个亚胺基团（—N$=$$CH_2$），而这个基团是不稳定的并且会自行脱离原先附着的氨基酸[371]。另一个甲基化与酰基化的不同之处是甲基化并不会消除赖氨酸的电性，所以并不会显著地改变蛋白质的结构。目前广泛接受的说法是，甲基化的作用是非直接的，而是通过在空间中与其他的分子相互作用完成其功能。

2.6.5.2 *S*-异戊烯化

异戊烯化过程主要是将**异戊二烯** ***isoprene*** 传送到半胱氨酸的硫原子上。被传送的链或者是一个15-C的**二烯基团** ***farnesyl***，或者是20-C的香叶基团 ***geranyl-geranyl***（图2.37h)。与酰化作用类似，异戊烯化的作用是使得细胞质内的蛋白质附着在带有离子的细胞膜上，通常这个过程是细胞信号路径的一部分。事实上，尽管这些对于半胱氨酸的修饰在其创建的化学键的可逆性上有所差别，但是它们还是有很多共同之处（*S*-十二烷酰化和*S*-异戊烯化），被异戊烯化后所产生的**硫醚** ***thioether*** 比十二烷酰化后所产生的**硫酯** ***thioester*** 更加稳定[65]。在细胞内环境中，异戊烯化还对GTP水解酶（如 ***ras***、***rho*** 和 **G蛋白**）的附着起着关键的作用。

2.6.5.3 腺苷酰化作用

腺苷酰化过程指的是腺苷酸基团附着在蛋白质中的酪氨酸之上的过程。在该过程中，蛋白质侧链上的苯酚基团将会与ATP的5′端相结合从而形成一个Tyr-AMP。腺苷酰化是用来调控一些蛋白质活性的。例如，在谷氨酸盐的合成中，腺苷酰化使得一种酶参与到了氮原子的新陈代谢当中[372]。

2.6.6 羟基化和氧化

羟基化发生在蛋白质中的脯氨酸、赖氨酸、天冬氨酸和谷氨酸上。该过程可能会在不同情况下发生，也会因为不同原因而发生。例如，作为骨架的蛋白质胶

原具有 5-OH-Lys、4-OH-Pro 和 3-OH-Pro 这些衍生物，它们都是维持蛋白质结构稳定所必需的[65]（具体请参见第 6 章）。残基的羟基化有时候是为了其他后续的后修饰做准备，甲基化和糖基化（胶原上的 5-OH-Lys 残基）都需要羟基化为其做准备。天冬氨酸的（第三个位置）羟基化是很少见的，如缺氧诱导因子（HIF），一个在**缺氧 *hypoxia*** 状态下被激活的转录因子[373]。随着该转录因子的激活，HIF 会使得一些特定基因的表达上调从而帮助细胞处理所面临的缺氧状态。例如，**红细胞生成素 *erythropoietin*** 可以增加血液中的红细胞，从而促使氧气向该组织中大量运输。有趣的是，在正常情况下，HIF 的生命周期很短，因为它会不停地被泛素所引起的蛋白质水解作用分解。这是因为充足的氧会使得 HIF 被脯氨酸氧化，从而会被泛素系统以 1000 倍以上的概率识别。但是当缺少氧气时，HIF 不会被氧化，被分解的概率也就大大降低了。HIF 生命周期的延长可以帮助组织在缺少氧气的环境下生存。

氧化的后修饰并不局限于羟基化。例如，一个硫基团（SO_3^-）可以被添加到酪氨酸残基上[374]。这个 PTM 是由**磷酸腺苷磷酸硫酸（盐或酯）*phosphoadenosine phosphosulfate*** 作为硫酸盐供体，由高尔基体所执行的。在趋化因子受体 CCR5 里，细胞传输到细胞质膜的过程中，硫酸盐化作用得到研究。CCR5 被添加到 4 个硫酸基团上，该基团的结构和电性似乎都对成熟受体对底物的识别有重要影响。

蛋白质的氧化作用范围是由环境决定的，并且和细胞中的抗氧化成分呈负相关。在多细胞生物中，氧化程度一般是恒定的，并且会随年龄或某些病变如细胞癌变而增加。

2.6.7　蛋白质水解作用

这种类型的 PTM 通常由在细胞外分泌的水解酶所执行（**酶原 *zymogens***）。这种酶在细胞中形成时不具备活性前体，在分泌时会在某处断裂开从而被激活。这种激活方式的目的可能是避免细胞内部存在水解酶。然而，并不是所有被这种方式激活的都是水解酶，它们也不会对细胞造成任何损害，如胰岛素。

2.6.8　酰胺化作用

这个过程主要是将一个氨基酸基团添加到蛋白质羧基的 C 端。这种修饰的目的是中和羧基的负电性。很多肽类激素，如下丘脑的神经肽促**甲状腺素分泌激素 *thyroxine releasing hormone***（***TRH***）就是受到酰胺化作用，如一些动物毒素。

2.6.9　金属离子的添加

金属阳离子，如铁离子（Fe^{2+}/Fe^{3+}）、锌离子（Zn^{2+}）、铜离子（$Cu^{2+}/$

Cu^{+})、镁离子（Mg^{2+}）、锰离子（Mn^{2+}/Mn^{3+}）、钼离子（$Mo^{3+}/Mo^{3+}/Mo^{6+}$）、钴离子（Co^{2+}）和镍离子（Ni^{+}）是某些蛋白质必不可少的一部分，这种含有金属离子的蛋白质被称为**金属蛋白** ***metalloprotein***。金属离子可以直接和蛋白质结合，也可以作为一个较大的非蛋白质基团的一部分间接和蛋白质结合（如血红蛋白的亚铁基团）。此外，它还可以单独在蛋白质中出现，或者以离子团的形式出现（如铁硫团 FS4、FES、SF4、F3S、CLF、FS3）。Chen 和 Kurgan[375] 发表了一篇详尽易懂的关于约 7700 个已知蛋白结构和配体结合的调研文章。他们的结果显示一些反复出现的蛋白质和金属结合的趋势与规律。例如，在 95%的蛋白质-金属的复合体中，结合的双方是靠静电力与配位键结合在一起的，其中后一种占了 31%。与设想的一样，静电力的作用常常包括脯氨酸 Asp 和谷氨酸 Glu。

蛋白质和金属所形成的共价键常常包含如下的金属：Zn^{2+}（27%）、Ca^{2+}（21%）、Mg^{2+}（15%）、Na^{2+}（9.7%）和 Cd^{2+}（7%）。在蛋白质与单个金属离子的结合袋中最多可能有 6 个氨基酸。根据目前的研究结果，其中起决定性作用的氨基酸是 His，第二关键的氨基酸是 Cys[375]。各种氨基酸上的氧原子也有很多会参与到金属配位键中来。这一发现特别有趣，它意味着金属与 Asp/Glu 的相互作用，以前一直被认为只包含静电力作用，可能至少在一定程度上也是配位键[375]。

就像之前提到的，His 和 Cys 是金属与蛋白质结合中最常见的氨基酸。Asp 和 Glu 也可能出现。在结合袋中的氨基酸并不是随机出现的，它们是以特定的 2～4 个氨基酸组合的形式出现的。

(1) 4-残基组合：$(Cys)_4$、$(Cys)_3$ (His)、$(Cys)_2$ $(His)_2$、$(Asp)_2$ $(His)_2$ 和 (Asp) $(His)_3$，其中 $(Cys)_4$ 基团是与金属离子形成配位键最多的。

(2) 3-残基组合：$(Cys)_3$、(Cys) $(His)_2$、$(Asp)_3$、$(Asp)_2$ (Glu)、$(Asp)_2$ (His)、(Asp) $(Glu)_2$、(Asp) (Glu) (His)、(Asp) $(His)_2$、$(Glu)_2$ (His)、(Glu) $(His)_2$ 和 $(His)_3$，其中 (Asp) $(His)_2$ 和 $(His)_3$ 基团是与金属原子形成配位键最多的。

(3) 2-残基组合：$(Asp)_2$、(Asp) (Glu)、(Asp) (His)、$(Glu)_2$、(Glu) (His) 和 $(His)_2$。

与蛋白质结合的金属离子有多种功能：它们全部都依赖于金属离子的正电性和它们能够释放电子的能力，或者是它们可以形成共价键的能力。其具体的功能如下。

2.6.9.1 蛋白质结构的稳定性

蛋白质的局部结构会因为金属离子和残基形成的共价键而更稳定。例如，之前提到的“锌指”模体，依赖的就是与锌原子和半胱氨酸形成的结构更加稳定

(参见 2.2.1.3.2.2 节和图 2.8b)。

2.6.9.2 配体结合

与蛋白质结合的金属还可能与其他原子或者基团通过离子键或者共价键结合。例如，二价铁离子 Fe^{2+} 与氧原子的结合（见专栏 5.2），还有与 ATP 上的带负电的磷酸基团结合的许多金属酶中的锰离子 Mg^{2+}。

2.6.9.3 电子转移

氧化还原酶常常需要金属离子作为短暂的结合位给蛋白质中的电子提供一个转移通道。同样的机制还存在于某些蛋白质内涉及细胞呼吸作用和光合作用的电子传输链中。通过对金属酶数据库 MACiE[71] 的分析，Thornton 及其同事发现 Fe 和 Cu 是主要的参与氧化还原的金属[376]。特别是 Fe，它可以多种形式出现在氧化还原酶的活跃区域。其中包括 Fe-O-Fe、亚铁基团和铁硫基团。Fe 在氧化还原中占了主导地位是由多种原因导致的，其中一个可能是氧化还原中的配体对 Fe 比较敏感。这就使得酶可以控制和修饰 Fe 的行为，例如，通过选择不同的配体甚至是配体的结构来控制 Fe 作为氧化剂还是还原剂。

前面提到的关于 MACiE 数据库的综述[376] 证实了在氧化还原酶中的铁离子多以二价铁离子（Fe^{2+}）的形式出现，其主要用途是用激活 O_2 来进行有机化合物的运输。这种激活是必需的，因为 O_2 和其他的有机底物不同，它可由多个状态转换，不同的状态可能制造壁垒以阻止反应的进行。铁离子和 O_2 形成共价键削弱了这种壁垒，其中氧元素会获得两个电子，其中一个是从 Fe^{2+} 得到的，另一个可能是从另一个相邻的金属中得到的[376]。

2.6.9.4 底物/辅酶的稳定性和/或激活

金属也可能以非电子转移的形式参与到以酶为媒介的催化反应当中去。这是因为它们有可以和其他原子形成金属共价键的功能。具有这样性质的金属包括 Mg、Ca、Zn 和 Mn[376]。它们在催化过程中的功能主要可以分为两种。

(1) 静电稳定性。金属既可以使反应中带负电的状态转移趋于稳定[41]（见专栏 1.1)，又可以使含有负离子的活跃区域趋于稳定。这主要是靠金属离子的强正电性。具这种功能的最为普遍的是 Mg^{2+}，它在能与蛋白质结合的金属中不仅含量充足而且正电性最强。因此，进化选择了 Mg^{2+} 来稳定带有强负离子的磷酸基团或者辅酶。在酶中，Mg^{2+} 一般和谷氨酸或者天冬氨酸上的一个或多个羧基侧链形成共价键。但是，当它们和底物形成复合物时，Mg^{2+} 就只和酶基团发生短暂的相互作用。

(2) 通过极化将底物激活。这种功能靠的是金属作为一种**路易斯酸 *Lewis acids*** 的功能，即像氧原子或氮原子一样去绑定孤对电子[376]。在酶中，金属会使与之结合的底物中的原子极化，其结果取决于金属导致的极化程度。底物/辅酶中 C—O 和 P—O 键的部分极化（包含在许多底物中的 C—O，以及出现在如 ATP 中的 P—O）导致碳与硫成为亲电子中心，从而更加经得起亲核攻击。这是催化作用机制的一部分，也意味着金属可以激活底物/辅酶。至少在两种情况下，金属共价键会被完全极化。最常见的一种是活跃区域内的水分子。水分子中的一个 O—H 键被完全极化而导致分裂，分裂后的 OH^- 基团如同亲核体，能够攻击底物中的亲电中心。另一种情况是金属导致的完全极化使有机底物/辅酶可以被诱发释放一个质子，这将会导致底物/辅酶的电子重新进行排布，从而促进催化。和维持静电的稳定性相同，底物/辅酶的极化同样大多靠 Mg^{2+} 完成，其原因也与维持静电的稳定性的原因相同。

Ca^{2+} 也可能参与到前面提到的机制中去，但是程度相对稍低。相较于 Mg^{2+} 经常参与维持静电稳定性和极化底物/辅酶过程，进化偏向于选择让 Ca^{2+} 调控许多生物过程①[376,377]。可能的原因是 Ca^{2+} 比 Mg^{2+} 具有更大的半径，这样它可以和更多的形状不规则的配体进行结合，而 Mg^{2+} 只能形成正八面体形状的复合体。与 Ca^{2+} 和 Mg^{2+} 相比，Zn^{2+} 的含量更加充足而且电子亲和性更强，其经常被用作极化水分子中的 C—O 和 P—O 键。事实上，还有很多 Zn^{2+} 会负责吸引质子或者极化底物/辅酶[376]。Zn^{2+} 的配位键上的可变性②使得其成为仅次于 Mg^{2+} 的被广泛应用的金属。

2.6.10 混合修饰

上面描述的修饰都不是蛋白质特异的。许多蛋白质因会被多种修饰而具备不同的功能[65]。为了说明这点，我们回到多次提到的信号转运蛋白 ras 上。ras 是一个细胞溶质蛋白，必须迁移到细胞质膜以被生长因子受体激活，也可以作为酪氨酸激酶起作用。ras 与细胞质膜的结合需要至少 4 种修饰[378]。首先，它是发生在半胱氨酸侧链上的，并且可以创造一个疏水的膜蛋白的锚点。其次，两个相邻的半胱氨酸被棕榈酰化又创造了两个锚点。再次，通过蛋白质水解去掉了最后的 3 个氨基酸，把那个已经棕榈酰化的氨基酸变成了新的 C′端。最后，半胱氨酸上的 α-羧基基团通过甲基化而消除了负电性。这可以防止羧基破坏蛋白质与质膜带负电荷的脂质的相互作用。

在多种致病的细菌中，PTM 可以被用来攻击其他生物体。这样的微生物在进化中开发出了一整个军火库的“武器”，这些武器既可以用来攻击宿主，又可以保护自身抵抗宿主免疫系统的攻击。许多这样的武器都是在宿主体内分泌的蛋

① 我们已经在关于信号转导中钙调素及凝血过程的讨论中看到过。

② Zn^{2+} 能够结合蛋白质内 4～6 个配体。

白质毒素，同时用来攻击多个系统。蛋白质毒素可能具有很多的功能，其中很多是酶而且可以改变宿主的蛋白质使其功能异常。下面是一些后修饰及其对宿主的影响[65]。

(1) ADP 核糖基化：腺苷二磷酸（adenine diphosphate，ADP）和蛋白质残基的结合是被各种毒素引起的，例如，**霍乱 *cholera*、白喉 *diphtheria*、百日咳 *pertussis* 和肉毒菌 *botulinum*** 毒素[379−381]。ADP 的供主是辅酶烟酰胺腺嘌呤二核苷酸（NAD^+）。ADP 基团可能和很多蛋白质中的亲核物质以多种机制相结合（表 2.4）。

表 2.4　一些在宿主蛋白质中的使用核糖基化的细菌毒素

生理效应	分子效应	被修饰的残基	受影响的蛋白质	来源	毒素
噬菌细胞减少 淋巴细胞增多[a] 低血糖 低血压	强化抑制不同细胞类型中腺苷酸环化酶，导致 cAMP 过量产生	半胱氨酸 Cys	G_i[b]	*B. pertussis*	百日咳 pertussis（PTX）
腹泻 脱水	肠内腔水和离子分泌过多	精氨酸 Arg	G_s[b]	*V. cholerae*	霍乱 cholera（CTX）
松弛性肌肉麻痹	在外周胆碱能突触处抑制乙酰胆碱释放	天冬酰胺 Asn	rho[c]	*C. botulinum*	C_3 型肉毒菌 botulinum type 3 (CTX)
喉咙痛 发烧 头颈肿胀	抑制蛋白质合成	白喉酰胺 diphthamide[d]	eFF-2[e]	*C. diphtheriae*	白喉 diphtheria（DT）

资料来源：Deng，Q. and Barbieri，J. T.，*Annu Rev Microbiol.*，62，271 − 288，2008；Baron，S. Medical Microbiology. 4th ed. The Unversity of Texas Medical Branch at Galveston，1996

[a] 越来越多的“循环淋巴细胞”

[b] 一种 G 蛋白，即涉及信号转导的大异源三聚体 GTP 酶

[c] 一种小单体 GTP 酶

[d] 一种组氨酸的化学衍生物

[e] 真核蛋白质翻译中的延长因子

(2) 糖基化：可能以多种方式发生糖基化。例如，ras 的苏氨酸 35 的糖基化会中和其 GTP 酶的活性[382]。

(3) 谷氨酰胺的脱酰胺化：这种后修饰会将谷氨酰胺变成谷氨酸。在 rho 的情况下，将谷氨酰胺 61 的活跃区域脱酰胺化会使其丧失催化作用[383]。

被修饰后的所产生的生物现象和结果取决于不同的蛋白质。中和掉真核生物的增长因子 2（eEF-2）将会导致该细胞内的蛋白质无法合成，当作用对象换成 rho 后则会导致肌蛋白网络的实效。尽管如此，所有的后修饰都有一个普遍的功能，那就是帮助细菌进入和占据宿主。有趣的是，很多细菌毒素都会以 GTP 酶作为目标，因为这些酶在细胞调控过程中都扮演着非常重要的角色。

最后，还有很多新陈代谢相关的酶会与非蛋白基团结合，这种结合对于这些酶发挥功能是至关重要的[384]。在大多数情况下，这些非蛋白基团就是去结合一些分子上具有特定化学特征的基团，并将它们传送到酶上。下面将给出两个新陈代谢中重要的酶的例子。

（1）生物素：特定与羧基基团结合，所以总是出现在催化羧基化反应的过程中。例如，在**丙酮酸盐的羧化酶** ***pyruvate carboxylase*** 中，生物素从**碳酸氢盐**（HCO_3^-）上将一个羧基基团运输到了**丙酮酸盐** ***pyruvate*** 上面，同时将其转变为**草酰乙酸** ***oxalo-acetate***。这是动物体内缺少食物状态下葡萄糖合成的第一步。生物素基团会与蛋白质上的赖氨酸上的氮原子结合，并且会把羧基基团移送大约20Å。同样的机制还存在于**乙酰辅酶 A 羧化酶** ***acetyl-CoA carboxylase*** 中，在此过程中乙酰辅酶 A 会被转变成为丙二酰辅酶 A。该过程是脂肪酸合成的第一步。

（2）硫辛酸：该基团在 α **酮酸脱氢酶** ***α-keto acid dehydrogenases*** 中出现，例如，在糖分解酶中的丙酮酸酯脱氢酶（PDH，参见第 1 章 1.2 节）和**三羧酸循环酶 α 酮戊二酸脱氢酶** ***Krebs cycle enzyme α-ketoglutarate dehydrogenase*** 中。与生物素一样，这个基团也是和赖氨酸结合的，但是它的功能是将具有承载底物功能的酰基团在酶的不同区域中传输。硫辛酸中的二硫键作为一个“电子汇集”阱会氧化作为底物的羟基-乙基基团，从而使得 SH 基团可以自由和底物结合。通过上述机制，硫辛酸将底物从酶的一个区域移动到了另一个区域，从而使生化反应得以持续进行。

2.6.11 后修饰所导致的病变

2.6.11.1 癌症

之前已经提到过 PTM 可以通过信号转导、基因表达和细胞对于外来分子识别等功能来影响生物过程。这些功能在各种组织和细胞的癌变中全都可能发生改变，这也就意味着 PTM 可能和癌症相关。事实上，人们精确确定 PTM 的属性和特征将会在不远的将来实现，并且帮助我们确定致癌因子和区分不同的癌症类型，从而达到最后治愈癌症的目的[385]。在癌症中最广为人知的两种 PTM 是磷酸化和糖基化。就像之前提到的，磷酸化是一种常见的信号转导通路中的分子开关。其中包括膜蛋白受体上的自动磷酸化和细胞质效应，如 ras、**磷脂酶** $\mathbf{C_\gamma}$（$\boldsymbol{PLC_\gamma}$）和**磷酸肌醇**（***PI***）**3-激酶**。这些都会与膜蛋白受体的细胞质内端结合，从而导致被磷酸化。位于通路最末端的信号转导蛋白可以利用磷酸化继续传播信号［例如，**促有丝分裂蛋白**（**MAP**）激酶］。这个复杂的过程常常会导致很多戏剧性的结果（细胞的分裂、成长和凋亡），所以不难想象使其丧失在调控中的功能将会如何导致癌症[386]。事实上，涉及信号转导通路中的不同的蛋白质都被发现与细胞癌变相关，它们中的很多都被磷酸化或者磷酸化其他蛋白质[387]。例如，生长因子受体在缺少了它们的外细胞域（配体绑定）的情况下仍然可以继续存活并且执行使细胞变形的功能。关于这方面的知识已经被用于治疗各种疾病。例如，人们设计了特殊的抗体来与生长因子受体的外细胞部分结合并且成功抑制了癌细胞的增殖[388]。另一个成功的案例是一种抗癌药物 Imatinib（Gleevec®），其是作用于 PDGF 受体的[389]。

糖基化也在癌症中被发现。癌变的细胞会改变碳水化合物表面的组成，使得该细胞变得更像胚胎细胞[390]。癌症特异性的抗原（分子标记）常常会变为碳水化合物与蛋白质或者酯类结合。这种转变常常导致细胞中的碳水化合物含量降低。因为碳水化合物的含量常常与将细胞固定在一个组织中相关，所以其含量的降低将导致细胞的转移[391]。这个过程被称为癌症的转移。碳水化合物的改变还可能从另一方面使得癌症增殖。就像之前提到的，蛋白质表面适当的糖基化会使它更容易与其他蛋白质或者小分子结合。这将会对癌症非常不利，因为这会使癌细胞暴露在免疫细胞面前。所以一旦改变了这种特定的组合，癌细胞将不会被免疫系统攻击从而大大增加了癌细胞的存活率[392]。这种独特的性质使得科学家可以设计一种策略来治疗癌症，即制造一种疫苗。这种治疗过程将癌症视为一种感染：患者被注射一种和其癌细胞中的碳水化合物结构一样的碳水化合物，使得其自身的免疫系统可以大量地识别这种外来细胞[393]。这种方法具有极大的潜力，科学家和医生正在将其应用到临床中。

最后，研究表明泛素化也参与了癌变过程。其中一个例子是细胞周期调控蛋白 p53。就像在 2.6.4.1 节中提到的，p53 是防止 DNA 受损细胞分裂的最重要蛋白质。在正常情况下，p53 的半衰期很短，仅数分钟，因为它会被鼠双微体 2（MDM2）（一种 E3 泛素链接酶，参见 2.6.4.3 节）频繁地泛素化并导致分解。但是，当细胞在承受压力时，p53 待分解的标记被抑制了，所以延长了它的寿命。在此过程中，转录出来的共活化剂 p300 会与 p53 结合，p300 对于 p53 的转录功能有很大的影响。p300 和 p53 的结合位点与 MDM2 和 p53 结合位点重合，使得 p53 无法被泛素化[360]。此外，p300 会乙酰化 p53，也会保护 p53（参见 2.6.4.1 节）。无论在什么情况下，在细胞这个层面减少 p53 的分解都会导致与 DNA 修复、细胞凋亡、细胞周期阻滞相关的基因调控异常[359]。人们发现 MDM2 在癌细胞中是过量表达的，使得 p53 浓度很低，从而使细胞可以持续积累变异。

2.6.11.2 与年龄相关的疾病

后翻译修饰常常参与癌症以外的疾病。其中的一些，比如Ⅱ型糖尿病、血管疾病、风湿和神经萎缩是与年龄相关的。尽管这些疾病的机制不同，但是它们都和**去乙酰化酶 *sirtuins*** 过程相关[394,395]。这些蛋白质会正面影响生物模型中期望寿命的**能量限制 *calorie restriction***，这个现象被认为可以减少与年龄相关的疾病。去乙酰化造成的影响取决于不同的疾病和去乙酰化的种类。例如，SIRT1 可以降低与年龄相关疾病的发病率，如帕金森病。此外，参与去乙酰化的蛋白质和生化路径也会因组织不同而不同。例如，在哺乳动物中，SIRT1 是转录因子（例如，p53 和 NF-κB），它会影响新陈代谢和承受压力相关的调控通路[394]。SIRT1 对于蛋白质 PGC-1α 的作用导致了细胞中形成了新的线粒体。这种现象对于医疗具有重要的意义。首先，线粒体的增加加速了葡萄糖的氧化，从而增大了胰岛素的敏感性。这使得 SIRT1 可能成为治疗糖尿病的候选药物。其次，衰老往往伴随着细胞中的线粒体的下降。SIRT1 可以增加线粒体从而可以作为延缓衰老的药物。

近期的研究显示，去乙酰化可以后修饰酶。大多数的去乙酰化都会去除赖氨酸上的乙酰，从而激活或者灭活这些蛋白质。其他的去乙酰化将使 ADP 核糖基化其目标蛋白从而灭活它们。有趣的是，尽管这两种修饰不同，但是它们都会在反应的第一步剪除 NAD^+[394]。

2.6.12 识别后修饰翻译

许多今天熟知的 PTM 都是在其他分子实验中偶然发现的，例如，通过点突变来替换一个被修饰的氨基酸[396]。有意地搜索被修饰的氨基酸是非常困难的，因为需要做大量的生化分析来分离特定的蛋白质。因为许多 PTM 是在分子级别实现的（磷酸化不同的氨基酸），我们的目的是寻找同一个蛋白质上的同一个氨基酸上不同的化学物质，但是同一个组织里面的同一个细胞对于同一个蛋白质具有不同形式的情况并不普遍。在这种情况下，不同的形式只会非常少量地存在于溶液当中，要探测它们就需要极其敏感的探测方法。其中一种方法是**质谱** ***mass spectrometry*** （***MS***）。蛋白质样本在溶液中被离子化，通过将它们暴露在电场中，不同的氨基酸会按照不同的质量电量比而分离开来[397,398]。因为 PTM 至少会改变质量和电量中的一种，MS 可以用来分离具有独特化学性质的蛋白质。一些其他应用还可以量化同一样本下的不同蛋白质的含量，从而得知在不同的生理条件下的特定 PTM 的不同程度。为了使得这个实验过程更加有效，可以先将不同的蛋白质用高效液相色谱法 ***high-performance liquid chromatography*** （***HPLC***）进行分离，并且用酶或者化学物质剪切成肽段。

另一种非常常见的按共价修饰分离蛋白质的方法是**二维凝胶电泳** ***two-dimensional*** （***2D***） ***gel electrophoresis***[399,400]，其原理是蛋白质和肽段被凝胶所分离[399,400]。蛋白质和肽段被凝胶所分离的具体过程可以在很多生化文献中找到（如参考文献［21］）。在 2D 的电泳中，蛋白质首先按质量分离，然后再按电荷分离，这两次分离是在同样的凝胶上沿垂直轴进行的。分离之后，可以从凝胶中收集每种形式的蛋白，并使用其他方法进行单独研究。除了质谱和凝胶电泳，其他的方法还有**柱层析** ***column chromatography*** 和**抗体沉淀** ***antibody precipitation*** （***AP***）。最后，**蛋白质水解剪切** ***proteolytic cleavage*** 可以被**埃德曼降解法** ***Edman degradation*** 所识别，该过程可以最终决定多链蛋白质 N 端的残基。

2.7 概　要

● 蛋白质的结构具有层次性，有时候是三层结构，有时候是四层结构。

● 蛋白质的基本结构是由有严格排序的氨基酸链折叠形成的。氨基酸是些小的有机分子，其由一个手性碳和其他 4 个基团组成。当然，只有第四个基团，即侧链会依氨基酸不同而不同。

● 蛋白质包含 20 种基本氨基酸。在某些情况下，还包括很多化学衍生物，大部分是在翻译后形成的。20 种氨基酸可以按照非极性、极性、带电和芳香族分组。极性，作为一种主要的分类标准，决定了氨基酸在蛋白质中的位置和它们与其他分子相互作用的能力。

● 蛋白质的氨基酸精确的序列排布是其折叠成一个特定 3D 结构（又被称为“三级结构”）的动力。然而，蛋白质链的某些片段可能具有它们自己的局部折叠，这种局部的结构更加简单，主要由 α 螺旋、β 构象和环组成。这些局部折叠被称为蛋白质的“二级单元”并形成蛋白质的二级结构。

● 蛋白质的三级结构由二级结构的不同构型组成，其中一些很简单（即模体），但另一些则很复杂。有些蛋白质链片段，有其独有的三维折叠（通常是进化保守的），能具备某种功能，被称为“结构域”。目前认为结构域是蛋白质进化与功能建造的模块。

● 目前所有的蛋白质结构域被认为是由古老的结构域复制和趋异而来。然而，还存在很多常见的结构域由不同蛋白质进化而来却趋同成为结构稳定或功能高效的通用结构。以上两种机制都意味着蛋白质的结构域比序列更加保守。

● 有很多不同的划分蛋白质种类的方法。目前最流行的工具是用序列、结构、功能甚至进化进行划分。很多工具都是自动划分的，其他一些需要人为干预。

● 很多蛋白质，大部分是酶，都包含有机成分或维持稳定性和功能性的基本成分。这些辅助成分往往是由维生素演变而来并且在化学表示上具有多样性，并以可逆（辅酶）或不可逆（辅基）的形式与蛋白质结合。

● PTM 大大丰富了原本就已经十分丰富的蛋白质功能。PTM 常常在蛋白质上添加其他化学基团，但是有时也会去除一些已经存在于氨基酸上的化学基团，甚至是剪除一段蛋白质链。这些 PTM 不仅仅创造了一些“新”的蛋白质，而且使得细胞可以根据不同的环境和遗传条件更加紧密地调控这些驻留蛋白。

参考文献

1. Kendrew, J.C., Dickerson, R.E., Strandberg, B.E., Hart, R.G., Davis, D.D., Phillips, D.C. and Shore, V.C. (1960) The three dimensional structure of myoglobin. *Nature*. **185**: 422–7.
2. Perutz, M.F., Rossmann, M.G., Cullis, A.F., Muirhead, H., Will, G. and North, A.C.T. (1960) Structure of haemoglobin: a three-dimensional Fourier synthesis at 5.5 Åresolution, obtained by X-ray analysis. *Nature*. **185**: 416–22.
3. Crippen, G.M. (1978) The tree structural organization of proteins. *J Mol Biol*. **126**: 315–32.
4. Broderick, J.B. (2001) Coenzymes and Cofactors. ***In*** *Encyclopedia of Life Sciences*. John Wiley & Sons, Ltd.: Chichester, West Sussex, UK.
5. Patel, M.S. and Korotchkina, L.G. (2006) Pyruvate dehydrogenase complex. ***In*** *Encyclopedia of Life Sciences*. John Wiley & Sons, Ltd.: Chichester, West Sussex, UK.
6. Harper, E.T. and Harris, R.A. (2005) Glycolytic Pathway. ***In*** *Encyclopedia of Life Sciences*. John Wiley & Sons, Ltd.: Chichester, West Sussex, UK.
7. LaNoue, K.F. (2001) Citric Acid Cycle. ***In*** *Encyclopedia of Life Sciences*. John Wiley & Sons, Ltd.: Chichester, West Sussex, UK.
8. Carpenter, K.J. (2001) History of Nutritional Science. ***In*** *Encyclopedia of Life Sciences*. John Wiley & Sons, Ltd.: Chichester, West Sussex, UK.
9. Hughes, M.F. (2002) Arsenic toxicity and potential mechanisms of action. *Toxicol Lett*. **133**: 1–16.
10. Smith, R.P. (2008) Arsenic: A Murderous History. *Center for Environmental Health Sciences*. (http://www.dartmouth.edu/~rpsmith/index.html)
11. Kapaj, S., Peterson, H., Liber, K. and Bhattacharya, P. (2006) Human health effects from chronic arsenic poisoning—a review. *J Environ Sci Health A Tox Hazard Subst Environ Eng*. **41**: 2399–428.
12. Hall, A.H. (2002) Chronic arsenic poisoning. *Toxicol Lett*. **128**: 69–72.
13. Forshufvud, S., Smith, H. and Wassen, A. (1961) Arsenic content of Napoleon I's hair probably taken immediately after his death. *Nature*. **192**: 103–5.
14. Weider, B. and Fournier, J.H. (1999) Activation analyses of authenticated hairs of Napoleon Bonaparte confirm arsenic poisoning. *Am J Forensic Med Pathol*. **20**: 378–82.
15. Corso, P.F., Hindmarsh, J.T. and Stritto, F.D. (2000) The death of Napoleon. *Am J Forensic Med Pathol*. **21**: 300–5.
16. Jones, D.E. and Ledingham, K.W. (1982) Arsenic in Napoleon's wallpaper. *Nature*. **299**: 626–7.
17. Broad, W.J. (2008) Hair Analysis Deflates Napoleon Poisoning Theories. *The New York Times*. (http://www.nytimes.com/2008/06/10/science/10napo.html)
18. Ingres, J.A.D. Napoléon sur son trône Impériale. *Wikipedia, the free encyclopedia*.
19. Henderson, L.J. (1908) Concerning the relationship between the strength of acids and their capacity to preserve neutrality. *Am. J. Physiol*. **21**: 173–9.
20. McMurry, J.E. and Simanek, E.E. (2007) *Fundamentals of Organic Chemistry*. Brooks/Cole: Florence, KY.
21. van Holde, K., Johnson, C. and Shing Ho, P. (1998) *Principles of Physical Biochemistry*. 1st ed. Pearson Education: New Jersey.
22. Martyn Bailey, J. (1998) RNA-directed amino acid homochirality. *Faseb J*. **12**: 503–7.
23. Tamura, K. and Schimmel, P. (2004) Chiral-selective aminoacylation of an RNA minihelix. *Science*. **305**: 1253.
24. Konz, D. and Marahiel, M.A. (1999) How do peptide synthetases generate structural diversity? *Chem Biol*. **6**: R39–48.
25. Clugston, S.L., Sieber, S.A., Marahiel, M.A. and Walsh, C.T. (2003) Chirality of peptide bond-

forming condensation domains in nonribosomal peptide synthetases: the C5 domain of tyrocidine synthetase is a (D)C(L) catalyst. *Biochemistry*. **42**: 12095–104.
26. Pinkerton, M., Steinrauf, L.K. and Dawkins, P. (1969) The molecular structure and some transport properties of valinomycin. *Biochem Biophys Res Commun*. **35**: 512–18.
27. Fujii, N. (2002) D-amino acids in living higher organisms. *Orig Life Evol Biosph*. **32**: 103–27.
28. Kreil, G. (1997) D-amino acids in animal peptides. *Annu Rev Biochem*. **66**: 337–45.
29. Jilek, A., Mollay, C., Tippelt, C., Grassi, J., Mignogna, G., Mullegger, J., Sander, V., Fehrer, C., Barra, D. and Kreil, G. (2005) Biosynthesis of a D-amino acid in peptide linkage by an enzyme from frog skin secretions. *Proc Natl Acad Sci USA*. **102**: 4235–9.
30. Heck, S.D., Faraci, W.S., Kelbaugh, P.R., Saccomano, N.A., Thadeio, P.F. and Volkmann, R.A. (1996) Posttranslational amino acid epimerization: enzyme-catalyzed isomerization of amino acid residues in peptide chains. *Proc Natl Acad Sci USA*. **93**: 4036–9.
31. Heck, S.D., Kelbaugh, P.R., Kelly, P.R., Thadeio, P.R., Saccomano, N.A., Stroh, J.G. and Volkmann, R.A. (1994) Disulfide bond assignement of omega-agatoxin-IVb and omega-agatoxin-IVc: discovery of a d-serine residue in omega-agatoxin-IVb. *J. Am. Chem. Soc.* **116**: 10426–36.
32. Montecucchi, P.C., de Castiglione, R., Piani, S., Gozzini, L. and Erspamer, V. (1981) Amino acid composition and sequence of dermorphin, a novel opiate-like peptide from the skin of Phyllomedusa sauvagei. *Int J Pept Protein Res*. **17**: 275–83.
33. Richter, K., Egger, R. and Kreil, G. (1987) D-alanine in the frog skin peptide dermorphin is derived from L-alanine in the precursor. *Science*. **238**: 200–2.
34. Broccardo, M., Erspamer, V., Falconieri Erspamer, G., Improta, G., Linari, G., Melchiorri, P. and Montecucchi, P.C. (1981) Pharmacological data on dermorphins, a new class of potent opioid peptides from amphibian skin. *Br J Pharmacol*. **73**: 625–31.
35. Andersen, O.S. (1984) Gramicidin channels. *Annu Rev Physiol*. **46**: 531–48.
36. Blondelle, S.E., Lohner, K. and Aguilar, M. (1999) Lipid-induced conformation and lipid-binding properties of cytolytic and antimicrobial peptides: determination and biological specificity. *Biochim Biophys Acta*. **1462**: 89–108.
37. Hancock, R.E. and Chapple, D.S. (1999) Peptide antibiotics. *Antimicrob Agents Chemother*. **43**: 1317–23.
38. Wallace, B.A. (2000) Common structural features in gramicidin and other ion channels. *Bioessays*. **22**: 227–34.
39. Miller, S., Janin, J., Lesk, A.M. and Chothia, C. (1987) Interior and surface of monomeric proteins. *J Mol Biol*. **196**: 641–56.
40. Rose, G.D., Geselowitz, A.R., Lesser, G.J., Lee, R.H. and Zehfus, M.H. (1985) Hydrophobicity of amino acid residues in globular proteins. *Science*. **229**: 834–8.
41. Gutteridge, A. and Thornton, J.M. (2005) Understanding nature's catalytic toolkit. *Trends Biochem Sci*. **30**: 622–9.
42. Singh, J. and Thornton, J.M. (1992) *Atlas of Protein Side-Chain Interactions*. IRL press: Oxford.
43. Sanderson, R.T. (1983) Electronegativity and bond energy. *J Am Chem Soc*. **105**: 2259–61.
44. Brosnan, J.T. and Brosnan, M.E. (2006) The sulfur-containing amino acids: an overview. *J Nutr*. **136**: 1636S–40S.
45. Zauhar, R.J., Colbert, C.L., Morgan, R.S. and Welsh, W.J. (2000) Evidence for a strong sulfur-aromatic interaction derived from crystallographic data. *Biopolymers*. **53**: 233–48.
46. Iwaoka, M., Takemoto, S., Okada, M. and Tomoda, S. (2002) Weak Nonbonded S–X (X = O, N, and S) Interactions in Proteins. Statistical and Theoretical Studies. *Bull Chemi Soc Jpn*. **75**: 1611–25.
47. Iwaoka, M. and Isozumi, N. (2006) Possible roles of S–O and S–N interactions in the functions and evolution of phospholipase A2. *Biophysics*. **2**: 23–34.
48. Pal, D. and Chakrabarti, P. (2001) Non-hydrogen bond interactions involving the methionine

sulfur atom. *J Biomol Struct Dyn*. **19**: 115–28.
49. Levine, R.L., Mosoni, L., Berlett, B.S. and Stadtman, E.R. (1996) Methionine residues as endogenous antioxidants in proteins. *Proc Natl Acad Sci USA*. **93**: 15036–40.
50. Rath, A., Davidson, A.R. and Deber, C.M. (2005) The structure of "unstructured" regions in peptides and proteins: role of the polyproline II helix in protein folding and recognition. *Biopolymers*. **80**: 179–85.
51. Liu, J. and Rost, B. (2001) Comparing function and structure between entire proteomes. *Protein Sci*. **10**: 1970–9.
52. Kessel, A. and Ben-Tal, N. (2002) Free energy determinants of peptide association with lipid bilayers. ***In** Current Topics in Membranes*, Simon, S.A. and McIntosh, T.J., Editors. Academic Press: San Diego, CA. p. 205–53.
53. Johnson, L.N., Noble, M.E. and Owen, D.J. (1996) Active and inactive protein kinases: structural basis for regulation. *Cell*. **85**: 149–58.
54. Kraut, J. (1977) Serine proteases: structure and mechanism of catalysis. *Annu Rev Biochem*. **46**: 331–58.
55. Hedstrom, L. (2002) Serine protease mechanism and specificity. *Chem Rev*. **102**: 4501–24.
56. Pace, C.N., Grimsley, G.R. and Scholtz, J.M. (2009) Protein ionizable groups: pK values and their contribution to protein stability and solubility. *J. Biol. Chem*. **284**: 13285–9.
57. Thurlkill, R.L., Grimsley, G.R., Scholtz, J.M. and Pace, C.N. (2006) pK values of the ionizable groups of proteins. *Protein Sci*. **15**: 1214–8.
58. Grimsley, G.R.S., Scholtz, J.M. and Pace, C.N. (2009) A summary of the measured pK values of the ionizable groups in folded proteins. *Protein Sci*. **18**: 247–51.
59. Thornton, J.M. (1981) Disulphide bridges in globular proteins. *J Mol Biol*. **151**: 261–87.
60. Lesser, G.J. and Rose, G.D. (1990) Hydrophobicity of amino acid subgroups in proteins. *Proteins*. **8**: 6–13.
61. Voet, D., Voet, J.G. and Pratt, C.W. (2005) *Fundamentals of Biochemistry: Life at the Molecular Level*. John Wiley & Sons, Ltd.: Chichester, West Sussex, UK.
62. Saunders, A.J., Young, G.B. and Pielak, G.J. (1993) Polarity of disulfide bonds. *Protein Sci*. **2**: 1183–4.
63. Bhattacharyya, R., Pal, D. and Chakrabarti, P. (2004) Disulfide bonds, their stereospecific environment and conservation in protein structures. *Protein Eng Des Sel*. **17**: 795–808.
64. Alberts, B., Johnson, A., Lewis, J., Raff, M., Roberts, K. and Walter, P., eds. (2002) *Molecular biology of the cell*. 4th ed. Garland Science Texbooks: New York & London.
65. Walsh, C.T., Garneau-Tsodikova, S. and Gatto, G.J., Jr. (2005) Protein posttranslational modifications: the chemistry of proteome diversifications. *Angew Chem Int Ed Engl*. **44**: 7342–72.
66. Trifonov, E.N. (2004) The triplet code from first principles. *J Biomol Struct Dyn*. **22**: 1–11.
67. Jordan, I.K., Kondrashov, F.A., Adzhubei, I.A., Wolf, Y.I., Koonin, E.V., Kondrashov, A.S. and Sunyaev, S. (2005) A universal trend of amino acid gain and loss in protein evolution. *Nature*. **433**: 633–8.
68. Chang, S.G., Choi, K.D., Jang, S.H. and Shin, H.C. (2003) Role of disulfide bonds in the structure and activity of human insulin. *Mol Cells*. **16**: 323–30.
69. Kamphuis, I.G., Drenth, J. and Baker, E.N. (1985) Thiol proteases. Comparative studies based on the high-resolution structures of papain and actinidin, and on amino acid sequence information for cathepsins B and H, and stem bromelain. *J Mol Biol*. **182**: 317–29.
70. Higaki, J.N., Evnin, L.B. and Craik, C.S. (1989) Introduction of a cysteine protease active site into trypsin. *Biochemistry*. **28**: 9256–63.
71. Holliday, G.L., Almonacid, D.E., Bartlett, G.J., O'Boyle, N.M., Torrance, J.W., Murray-Rust, P., Mitchell, J.B. and Thornton, J.M. (2007) MACiE (Mechanism, Annotation and Classification

in Enzymes): novel tools for searching catalytic mechanisms. *Nucleic Acids Res.* **35**: D515–20. (http://www.ebi.ac.uk/thornton-srv/databases/MACiE/)

72. Holliday, G.L., Mitchell, J.B. and Thornton, J.M. (2009) Understanding the functional roles of amino acid residues in enzyme catalysis. *J Mol Biol.* **390**: 560–77.
73. Jacob, C., Giles, G.I., Giles, N.M. and Sies, H. (2003) Sulfur and selenium: the role of oxidation state in protein structure and function. *Angew Chem Int Ed Engl.* **42**: 4742–58.
74. Netto, L.E., de Oliveira, M.A., Monteiro, G., Demasi, A.P., Cussiol, J.R., Discola, K.F., Demasi, M., Silva, G.M., Alves, S.V., Faria, V.G. and Horta, B.B. (2007) Reactive cysteine in proteins: protein folding, antioxidant defense, redox signaling and more. *Comp Biochem Physiol C Toxicol Pharmacol.* **146**: 180–93.
75. Poole, L.B. and Nelson, K.J. (2008) Discovering mechanisms of signaling-mediated cysteine oxidation. *Curr Opin Chem Biol.* **12**: 18–24.
76. Wittmann-Liebold, B. and Choli-Papadopoulou, T. (2007) Proteins: Postsynthetic Modification—Function and Physical Analysis. ***In*** *Encyclopedia of Life Sciences.* John Wiley & Sons, Ltd.: Chichester, West Sussex, UK.
77. Xu, H. and Morrical, S.W. (2001) Protein Motifs for DNA Binding. ***In*** *Encyclopedia of Life Sciences.* John Wiley & Sons, Ltd.: Chichester, West Sussex, UK.
78. Gamsjaeger, R., Liew, C.K., Loughlin, F.E., Crossley, M. and Mackay, J.P. (2007) Sticky fingers: zinc-fingers as protein-recognition motifs. *Trends Biochem Sci.* **32**: 63–70.
79. Sabri, M.I. and Ochs, S. (1971) Inhibition of glyceraldehyde-3-phosphate dehydrogenase in mammalian nerve by iodoacetic acid. *J Neurochem.* **18**: 1509–14.
80. Rhee, S.G., Kang, S.W., Jeong, W., Chang, T.S., Yang, K.S. and Woo, H.A. (2005) Intracellular messenger function of hydrogen peroxide and its regulation by peroxiredoxins. *Curr Opin Cell Biol.* **17**: 183–9.
81. Spyrou, G., Enmark, E., Miranda-Vizuete, A. and Gustafsson, J. (1997) Cloning and expression of a novel mammalian thioredoxin. *J Biol Chem.* **272**: 2936–41.
82. Powis, G. and Montfort, W.R. (2001) Properties and biological activities of thioredoxins. *Annu Rev Biophys Biomol Struct.* **30**: 421–55.
83. Bartlett, G.J., Porter, C.T., Borkakoti, N. and Thornton, J.M. (2002) Analysis of catalytic residues in enzyme active sites. *J Mol Biol.* **324**: 105–21.
84. Gerlt, J.A. and Raushel, F.M. (2003) Evolution of function in (beta/alpha)8-barrel enzymes. *Curr Opin Chem Biol.* **7**: 252–64.
85. Pearson, R.B. and Kemp, B.E. (1991) Protein kinase phosphorylation site sequences and consensus specificity motifs: tabulations. *Methods Enzymol.* **200**: 62–81.
86. Heinemann, U., Ay, J., Gaiser, O., Muller, J.J. and Ponnuswamy, M.N. (1996) Enzymology and folding of natural and engineered bacterial beta-glucanases studied by X-ray crystallography. *Biol Chem.* **377**: 447–54.
87. Casey, J.R., Grinstein, S. and Orlowski, J. (2010) Sensors and regulators of intracellular pH. *Nat Rev Mol Struct Biol.* **11**: 50–61.
88. Szaraz, S., Oesterhelt, D. and Ormos, P. (1994) pH-induced structural changes in bacteriorhodopsin studied by Fourier transform infrared spectroscopy. *Biophys J.* **67**: 1706–12.
89. Isom, D.G., Cannon, B.R., Castaneda, C.A., Robinson, A. and Garcia-Moreno, E.B. (2008) High tolerance for ionizable residues in the hydrophobic interior of proteins. *Proc Natl Acad Sci USA.* **105**: 17784–8.
90. Tanford, C. and Kirkwood, J. (1957) Theory of protein titration curves. I. General equations for impenetrable spheres. *J. Am. Chem. Soc.* **79**: 5333–9.
91. Sharp, K.A. and Honig, B. (1990) Electrostatic interactions in macromolecules: theory and applications. *Annu Rev Biophys Biophys Chem.* **19**: 301–32.
92. Karp, D.A., Gittis, A.G., Stahley, M.R., Fitch, C.A., Stites, W.E. and Garcia-Moreno, E.B. (2007)

High apparent dielectric constant inside a protein reflects structural reorganization coupled to the ionization of an internal Asp. *Biophys J.* **92**: 2041–53.
93. Harris, T.K. and Turner, G.J. (2002) Structural basis of perturbed pKa values of catalytic groups in enzyme active sites. *IUBMB Life.* **53**: 85–98.
94. Laurents, D.V., Huyghues-Despointes, B.M., Bruix, M., Thurlkill, R.L., Schell, D., Newsom, S., Grimsley, G.R., Shaw, K.L., Trevino, S., Rico, M., Briggs, J.M., Antosiewicz, J.M., Scholtz, J.M. and Pace, C.N. (2003) Charge-charge interactions are key determinants of the pK values of ionizable groups in ribonuclease Sa (pI = 3.5) and a basic variant (pI = 10.2). *J Mol Biol.* **325**: 1077–92.
95. Cooper, A. (1999) Thermodynamics of Protein Folding and Stability. ***In*** *Protein: A Comprehensive Treatise.* JAI Press Inc.: Stanford, CT. p. 217–70.
96. Thurlkill, R.L., Grimsley, G.R., Scholtz, J.M. and Pace, C.N. (2006) Hydrogen bonding markedly reduces the pK of buried carboxyl groups in proteins. *J Mol Biol.* **362**: 594–604.
97. Li, H., Robertson, A.D. and Jensen, J.H. (2005) Very fast empirical prediction and rationalization of protein pKa values. *Proteins.* **61**: 704–21.
98. Honig, B. and Nicholls, A. (1995) Classical electrostatics in biology and chemistry. *Science.* **268**: 1144–9.
99. Honig, B., Sharp, K. and Suei-Yang, A. (1993) Macroscopic models of aqueous solutions: biological and chemical applications. *J. Phys. Chem.* **97**: 1101–9.
100. Bashford, D. and Karplus, M. (1990) pKa's of ionizable groups in proteins: atomic detail from a continuum electrostatic model. *Biochemistry.* **29**: 10219–25.
101. Dolinsky, T.J., Nielsen, J.E., McCammon, J.A. and Baker, N.A. (2004) PDB2PQR: an automated pipeline for the setup of Poisson-Boltzmann electrostatics calculations. *Nucleic Acids Res.* **32**: W665–7.
102. Gordon, J.C., Myers, J.B., Folta, T., Shoja, V., Heath, L.S. and Onufriev, A. (2005) H ++ : a server for estimating pKas and adding missing hydrogens to macromolecules. *Nucleic Acids Res.* **33**: W368–71.
103. Anandakrishnan, R. and Onufriev, A. (2008) Analysis of basic clustering algorithms for numerical estimation of statistical averages in biomolecules. *J Comput Biol.* **15**: 165–84.
104. Cohn, E.J. and Edsall, J.T. (1943) *Proteins, Amino Acids and Peptides.* Hafner Publishing Co: New York.
105. Dice, J.F. (2007) Lysosomal Degradation of Proteins. ***In*** *Encyclopedia of Life Sciences.* John Wiley & Sons, Ltd.: Chichester, West Sussex, UK.
106. Wetlaufer, D.B. (1962) Ultraviolet spectra of proteins and amino acids. *Adv. Protein Chem.* **17**: 303–90.
107. Burley, S.K. and Petsko, G.A. (1985) Aromatic-aromatic interaction: a mechanism of protein structure stabilization. *Science.* **229**: 23–8.
108. Hunter, C.A., Singh, J. and Thornton, J.M. (1991) Pi-pi interactions: the geometry and energetics of phenylalanine-phenylalanine interactions in proteins. *J Mol Biol.* **218**: 837–46.
109. Levitt, M. and Perutz, M.F. (1988) Aromatic rings act as hydrogen bond acceptors. *J Mol Biol.* **201**: 751–4.
110. Crowley, P.B. and Golovin, A. (2005) Cation-pi interactions in protein-protein interfaces. *Proteins.* **59**: 231–9.
111. Zhou, H.X. and McCammon, J.A. (2009) The gates of ion channels and enzymes. *Trends Biochem Sci.* **35**: 179–85.
112. Bhattacharyya, R., Samanta, U. and Chakrabarti, P. (2002) Aromatic-aromatic interactions in and around alpha-helices. *Protein Eng.* **15**: 91–100.
113. Samanta, U., Pal, D. and Chakrabarti, P. (2000) Environment of tryptophan side chains in proteins. *Proteins.* **38**: 288–300.
114. Cannon, M.C., Terneus, K., Hall, Q., Tan, L., Wang, Y., Wegenhart, B.L., Chen, L., Lamport,

D.T., Chen, Y. and Kieliszewski, M.J. (2008) Self-assembly of the plant cell wall requires an extensin scaffold. *Proc Natl Acad Sci USA*. **105**: 2226–31.
115. Furie, B., Bouchard, B.A. and Furie, B.C. (1999) Vitamin K-dependent biosynthesis of gamma-carboxyglutamic acid. *Blood*. **93**: 1798–1808.
116. Zhang, Y., Baranov, P.V., Atkins, J.F. and Gladyshev, V.N. (2005) Pyrrolysine and selenocysteine use dissimilar decoding strategies. *J Biol Chem*. **280**: 20740–51.
117. Stadtman, T.C. (1996) Selenocysteine. *Annu Rev Biochem*. **65**: 83–100.
118. Krzycki, J.A. (2004) Function of genetically encoded pyrrolysine in corrinoid-dependent methylamine methyltransferases. *Curr Opin Chem Biol*. **8**: 484–91.
119. Wolfenden, R. and Snider, M.J. (2001) The depth of chemical time and the power of enzymes as catalysts. *Acc Chem Res*. **34**: 938–45.
120. Radzicka, A. and Wolfenden, R. (1996) Rates of uncatalyzed peptide bond hydrolysis in neutral solution and the transition state affinities of proteases. *J. Am. Chem. Soc.* **118**: 6105–9.
121. Nussey, S. and Whitehead, S. (2007) *Endocrinology: An Integrated Approach*. BIOS Scientific Publishers: Oxford, England.
122. Consortium, T.U. (2007) The universal protein resource (UniProt). *Nucleic Acids Res*. **35**: D193–7.
123. Anfinsen, C.B. (1973) Principles that govern the folding of protein chains. *Science*. **181**: 223–30.
124. Mirsky, A.E. and Pauling, L. (1936) On the structure of native, denatured, and coagulated proteins. *Proc Natl Acad Sci USA*. **22**: 439–47.
125. Service, R.F. (2008) Problem solved* (*sort of). *Science*. **321**: 784–6.
126. Andreotti, A.H. (2003) Native state proline isomerization: an intrinsic molecular switch. *Biochemistry*. **42**: 9515–24.
127. Ramachandran, G.N., Ramakrishnan, C. and Sasisekharan, V. (1963) Stereochemistry of polypeptide chain configurations. *J Mol Biol*. **7**: 95–9.
128. Ramachandran, G.N. and Sasisekharan, V. (1968) Conformation of polypeptides and proteins. *Adv Protein Chem*. **23**: 283–438.
129. Rose, G.D. (2001) Perspective. *Protein Sci*. **10**: 1691–3.
130. Hovmoller, S., Zhou, T. and Ohlson, T. (2002) Conformations of amino acids in proteins. *Acta Crystallogr D Biol Crystallogr*. **58**: 768–76.
131. Humphrey, W., Dalke, A. and Schulten, K. (1996) VMD: visual molecular dynamics. *J Mol Grap*. **14**: 33–8.
132. Przytycka, T., Aurora, R. and Rose, G.D. (1999) A protein taxonomy based on secondary structure. *Nat Struct Biol*. **6**: 672–82.
133. Pauling, L. and Corey, R.B. (1950) Two hydrogen-bonded spiral configurations of the polypeptide chain. *J Am Chem Soc*. **72**: 5349.
134. Pauling, L. and Corey, R.B. (1951) The pleated sheet, a new layer configuration of polypeptide chains. *Proc Natl Acad Sci USA*. **37**: 251–6.
135. Pauling, L., Corey, R.B. and Branson, H.R. (1951) The structure of proteins; two hydrogen-bonded helical configurations of the polypeptide chain. *Proc Natl Acad Sci USA*. **37**: 205–11.
136. Eisenberg, D. (2003) The discovery of the alpha-helix and beta-sheet, the principal structural features of proteins. *Proc Natl Acad Sci USA*. **100**: 11207–10.
137. Goodsell, D.S. (2005) Visual methods from atoms to cells. *Structure*. **13**: 347–54.
138. DeLano, W.L. (2002) *The PyMOL Molecular Graphics System*. DeLano Scientific: San Carlos, CA.
139. Sharp, K.A., Nicholls, A., Fine, R.F. and Honig, B. (1991) Reconciling the magnitude of the microscopic and macroscopic hydrophobic effects. *Science*. **252**: 106–9.
140. Sridharan, S.A., Nicholls, A. and Honig, B. (1992) A new vertex algorithm to calculate solvent

accessible surface area. *Biophys. J.* **61**: A174.

141. Mitra, L., Smolin, N., Ravindra, R., Royer, C. and Winter, R. (2006) Pressure perturbation calorimetric studies of the solvation properties and the thermal unfolding of proteins in solution—experiments and theoretical interpretation. *Phys Chem Chem Phys.* **8**: 1249–65.
142. Baker, N.A., Sept, D., Joseph, S., Holst, M.J. and McCammon, J.A. (2001) Electrostatics of nanosystems: application to microtubules and the ribosome. *Proc Natl Acad Sci USA.* **98**: 10037–41.
143. Glaser, F., Pupko, T., Paz, I., Bell, R.E., Bechor-Shental, D., Martz, E. and Ben-Tal, N. (2003) ConSurf: identification of functional regions in proteins by surface-mapping of phylogenetic information. *Bioinformatics.* **19**: 163–4.
144. Landau, M., Mayrose, I., Rosenberg, Y., Glaser, F., Martz, E., Pupko, T. and Ben-Tal, N. (2005) ConSurf 2005: the projection of evolutionary conservation scores of residues on protein structures. *Nucleic Acids Res.* **33**: W299–302.
145. Creighton, T.E. (1992) *Proteins: Structures and Molecular Properties.* 2nd ed. W.H. Freeman & Company: New York.
146. Cammers-Goodwin, A., Allen, T.J., Oslick, S.L., McClure, K.F., Lee, J.H. and Kemp, D.S. (1996) Mechanism of stabilization of helical conformations of polypeptides by water containing trifluoroethanol. *J. Am. Chem. Soc.* **18**: 3082–90.
147. Vila, J.A., Ripoll, D.R. and Scheraga, H.A. (2000) Physical reasons for the unusual alpha-helix stabilization afforded by charged or neutral polar residues in alanine-rich peptides. *Proc Natl Acad Sci USA.* **97**: 13075–9.
148. Yang, A.S. and Honig, B. (1995) Free energy determinants of secondary structure formation: I. alpha-Helices. *J Mol Biol.* **252**: 351–65.
149. Ermolenko, D.N., Richardson, J.M. and Makhatadze, G.I. (2003) Noncharged amino acid residues at the solvent-exposed positions in the middle and at the C terminus of the alpha-helix have the same helical propensity. *Protein Sci.* **12**: 1169–76.
150. Dill, K.A., Ozkan, S.B., Shell, M.S. and Weikl, T.R. (2008) The protein folding problem. *Annu Rev Biophys.* **37**: 289–16.
151. van Duijnen, P.T. and Thole, B.T. (1982) Cooperative effects in alpha-helices: an ab initio molecular-orbital study. *Biopolymers.* **21**: 1749–61.
152. Hol, W.G., van Duijnen, P.T. and Berendsen, H.J. (1978) The alpha-helix dipole and the properties of proteins. *Nature.* **273**: 443–6.
153. Kumar, S. and Nussinov, R. (2002) Close-range electrostatic interactions in proteins. *Chembiochem.* **3**: 604–7.
154. Aurora, R. and Rose, G.D. (1998) Helix capping. *Protein Sci.* **7**: 21–38.
155. Fodje, M.N. and Al-Karadaghi, S. (2002) Occurrence, conformational features and amino acid propensities for the pi-helix. *Protein Eng.* **15**: 353–8.
156. Kentsis, A., Mezei, M., Gindin, T. and Osman, R. (2004) Unfolded state of polyalanine is a segmented polyproline II helix. *Proteins.* **55**: 493–501.
157. Horng, J.C. and Raines, R.T. (2006) Stereoelectronic effects on polyproline conformation. *Protein Sci.* **15**: 74–83.
158. Shi, Z., Woody, R.W. and Kallenbach, N.R. (2002) Is polyproline II a major backbone conformation in unfolded proteins? *Adv Protein Chem.* **62**: 163–240.
159. Fazi, B., Cope, M.J., Douangamath, A., Ferracuti, S., Schirwitz, K., Zucconi, A., Drubin, D.G., Wilmanns, M., Cesareni, G. and Castagnoli, L. (2002) Unusual binding properties of the SH3 domain of the yeast actin-binding protein Abp1: structural and functional analysis. *J Biol Chem.* **277**: 5290–8.
160. Gao, Y.G., Yan, X.Z., Song, A.X., Chang, Y.G., Gao, X.C., Jiang, N., Zhang, Q. and Hu, H.Y. (2006) Structural insights into the specific binding of huntingtin proline-rich region with the

SH3 and WW domains. *Structure*. **14**: 1755–65.

161. Lewitzky, M., Harkiolaki, M., Domart, M.C., Jones, E.Y. and Feller, S.M. (2004) Mona/Gads SH3C binding to hematopoietic progenitor kinase 1 (HPK1) combines an atypical SH3 binding motif, R/KXXK, with a classical PXXP motif embedded in a polyproline type II (PPII) helix. *J Biol Chem*. **279**: 28724–32.
162. Mayer, B.J. (2001) SH3 domains: complexity in moderation. *J Cell Sci*. **114**: 1253–63.
163. Fitzkee, N.C., Fleming, P.J., Gong, H., Panasik, N., Jr., Street, T.O. and Rose, G.D. (2005) Are proteins made from a limited parts list? *Trends Biochem Sci*. **30**: 73–80.
164. Nagano, N., Hutchinson, E.G. and Thornton, J.M. (1999) Barrel structures in proteins: automatic identification and classification including a sequence analysis of TIM barrels. *Protein Sci*. **8**: 2072–84.
165. Zimmerman, S.B. and Trach, S.O. (1991) Estimation of macromolecule concentrations and excluded volume effects for the cytoplasm of Escherichia coli. *J Mol Biol*. **222**: 599–620.
166. Dill, K.A. (1990) Dominant forces in protein folding. *Biochemistry*. **29**: 7133–55.
167. Schutz, C.N. and Warshel, A. (2001) What are the dielectric "constants" of proteins and how to validate electrostatic models? *Proteins*. **44**: 400–17.
168. Ben-Tal, N., Ben-Shaul, A., Nicholls, A. and Honig, B. (1996) Free-energy determinants of alpha-helix insertion into lipid bilayers. *Biophys J*. **70**: 1803–12.
169. Fleming, P.J. and Rose, G.D. (2005) Do all backbone polar groups in proteins form hydrogen bonds? *Protein Sci*. **14**: 1911–17.
170. Marcelino, A.M. and Gierasch, L.M. (2008) Roles of beta-turns in protein folding: from peptide models to protein engineering. *Biopolymers*. **89**: 380–91.
171. Rose, G.D., Gierasch, L.M. and Smith, J.A. (1985) Turns in peptides and proteins. *Adv Protein Chem*. **37**: 1–109.
172. Monne, M., Hermansson, M. and von Heijne, G. (1999) A turn propensity scale for transmembrane helices. *J Mol Biol*. **288**: 141–5.
173. Hutchinson, E.G. and Thornton, J.M. (1994) A revised set of potentials for beta-turn formation in proteins. *Protein Sci*. **3**: 2207–16.
174. Guruprasad, K. and Rajkumar, S. (2000) Beta-and gamma-turns in proteins revisited: a new set of amino acid turn-type dependent positional preferences and potentials. *J Biosci*. **25**: 143–56.
175. Hsu, H.J., Chang, H.J., Peng, H.P., Huang, S.S., Lin, M.Y. and Yang, A.S. (2006) Assessing computational amino acid beta-turn propensities with a phage-displayed combinatorial library and directed evolution. *Structure*. **14**: 1499–1510.
176. Venkatachalam, C.M. (1968) Stereochemical criteria for polypeptides and proteins. V. Conformation of a system of three linked peptide units. *Biopolymers*. **6**: 1425–36.
177. Sibanda, B.L., Blundell, T.L. and Thornton, J.M. (1989) Conformation of beta-hairpins in protein structures. A systematic classification with applications to modelling by homology, electron density fitting and protein engineering. *J Mol Biol*. **206**: 759–77.
178. Rose, G.D. (1978) Prediction of chain turns in globular proteins on a hydrophobic basis. *Nature*. **272**: 586–90.
179. Chou, P.Y. and Fasman, G.D. (1978) Empirical predictions of protein conformation. *Annu. Rev. Biochem*. **47**: 251–76.
180. Blaber, M., Zhang, X.J. and Matthews, B.W. (1993) Structural basis of amino acid alpha helix propensity. *Science*. **260**: 1637–40.
181. Horovitz, A., Matthews, J.M. and Fersht, A.R. (1992) Alpha-helix stability in proteins. II. Factors that influence stability at an internal position. *J Mol Biol*. **227**: 560–8.
182. Avbelj, F. and Baldwin, R.L. (2002) Role of backbone solvation in determining thermodynamic beta propensities of the amino acids. *Proc Natl Acad Sci USA*. **99**: 1309–13.

183. Chakrabartty, A., Kortemme, T. and Baldwin, R.L. (1994) Helix propensities of the amino acids measured in alanine-based peptides without helix-stabilizing side-chain interactions. *Protein Sci.* **3**: 843–52.
184. Beck, D.A., Alonso, D.O., Inoyama, D. and Daggett, V. (2008) The intrinsic conformational propensities of the 20 naturally occurring amino acids and reflection of these propensities in proteins. *Proc Natl Acad Sci USA*. **105**: 12259–64.
185. Pace, C.N. and Scholtz, J.M. (1998) A helix propensity scale based on experimental studies of peptides and proteins. *Biophys J*. **75**: 422–7.
186. Creamer, T.P. and Rose, G.D. (1992) Side-chain entropy opposes alpha-helix formation but rationalizes experimentally determined helix-forming propensities. *Proc Natl Acad Sci USA*. **89**: 5937–41.
187. Richardson, J.M., Lopez, M.M. and Makhatadze, G.I. (2005) Enthalpy of helix-coil transition: missing link in rationalizing the thermodynamics of helix-forming propensities of the amino acid residues. *Proc Natl Acad Sci USA*. **102**: 1413–18.
188. Luo, P. and Baldwin, R.L. (1999) Interaction between water and polar groups of the helix backbone: an important determinant of helix propensities. *Proc Natl Acad Sci USA*. **96**: 4930–5.
189. Nymeyer, H. and Garcia, A.E. (2003) Simulation of the folding equilibrium of alpha-helical peptides: a comparison of the generalized Born approximation with explicit solvent. *Proc Natl Acad Sci USA*. **100**: 13934–9.
190. Cordes, F.S., Bright, J.N. and Sansom, M.S. (2002) Proline-induced distortions of transmembrane helices. *J Mol Biol*. **323**: 951–60.
191. Chakrabarti, P. and Chakrabarti, S. (1998) C–H–O hydrogen bond involving proline residues in alpha-helices. *J Mol Biol*. **284**: 867–73.
192. D'Aquino, J.A., Gomez, J., Hilser, V.J., Lee, K.H., Amzel, L.M. and Freire, E. (1996) The magnitude of the backbone conformational entropy change in protein folding. *Proteins*. **25**: 143–56.
193. Scott, K.A., Alonso, D.O.V., Sato, S., Fersht, A.R. and Daggett, V. (2007) Conformational entropy of alanine versus glycine in protein denatured states. *PNAS*. **104**: 2661–6.
194. Richardson, J.S. and Richardson, D.C. (1988) Amino acid preferences for specific locations at the ends of alpha helices. *Science*. **240**: 1648–52.
195. Presta, L.G. and Rose, G.D. (1988) Helix signals in proteins. *Science*. **240**: 1632–41.
196. Farzadfard, F., Gharaei, N., Pezeshk, H. and Marashi, S.A. (2008) Beta-sheet capping: signals that initiate and terminate beta-sheet formation. *J Struct Biol*. **161**: 101–10.
197. Baldwin, R.L. (2007) Energetics of protein folding. *J Mol Biol*. **371**: 283–301.
198. Bai, Y. and Englander, S.W. (1994) Hydrogen bond strength and beta-sheet propensities: the role of a side chain blocking effect. *Proteins*. **18**: 262–6.
199. Collman, J.P., Devaraj, N.K., Decreau, R.A., Yang, Y., Yan, Y.L., Ebina, W., Eberspacher, T.A. and Chidsey, C.E. (2007) A cytochrome C oxidase model catalyzes oxygen to water reduction under rate-limiting electron flux. *Science*. **315**: 1565–68.
200. Walter, K.U., Vamvaca, K. and Hilvert, D. (2005) An active enzyme constructed from a 9-amino acid alphabet. *J Biol Chem*. **280**: 37742–6.
201. Liu, J., Tan, H. and Rost, B. (2002) Loopy proteins appear conserved in evolution. *J Mol Biol*. **322**: 53–64.
202. Kim, J., Mao, J. and Gunner, M.R. (2005) Are acidic and basic groups in buried proteins predicted to be ionized? *J Mol Biol*. **348**: 1283–98.
203. McDonald, I.K. and Thornton, J.M. (1994) Satisfying hydrogen bonding potential in proteins. *J Mol Biol*. **238**: 777–93.
204. Bolon, D.N. and Mayo, S.L. (2001) Polar residues in the protein core of Escherichia coli thiore-

doxin are important for fold specificity. *Biochemistry*. **40**: 10047–53.
205. Lins, L., Thomas, A. and Brasseur, R. (2003) Analysis of accessible surface of residues in proteins. *Protein Sci.* **12**: 1406–17.
206. Kuntz, I.D. and Crippen, G.M. (1979) Protein densities. *Int J Pept Protein Res.* **13**: 223–28.
207. Brunori, M. and Gibson, Q.H. (2001) Cavities and packing defects in the structural dynamics of myoglobin. *EMBO Rep.* **2**: 674–9.
208. Bueno, M., Campos, L.A., Estrada, J. and Sancho, J. (2006) Energetics of aliphatic deletions in protein cores. *Protein Sci.* **15**: 1858–72.
209. Vallone, B. and Brunori, M. (2004) Roles for holes: are cavities in proteins mere packing defects? *Ital J Biochem.* **53**: 46–52.
210. Cohen, J., Kim, K., King, P., Seibert, M. and Schulten, K. (2005) Finding gas diffusion pathways in proteins: application to O_2 and H_2 transport in CpI [FeFe]-hydrogenase and the role of packing defects. *Structure.* **13**: 1321–9.
211. Azuara, C., Lindahl, E., Koehl, P., Orland, H. and Delarue, M. (2006) PDB_Hydro: incorporating dipolar solvents with variable density in the Poisson–Boltzmann treatment of macromolecule electrostatics. *Nucleic Acids Res.* **34**: W38–42.
212. Marc Delarue group at Institut Pasteur. http://lorentz.immstr.pasteur.fr/website/present.html
213. Fersht, A.R., Matouschek, A. and Serrano, L. (1992) The folding of an enzyme. I. Theory of protein engineering analysis of stability and pathway of protein folding. *J Mol Biol.* **224**: 771–82.
214. Kinch, L.N. and Grishin, N.V. (2002) Evolution of protein structures and functions. *Curr Opin Struct Biol.* **12**: 400–8.
215. Grishin, N.V. (2001) Fold change in evolution of protein structures. *J Struct Biol.* **134**: 167–85.
216. Orengo, C.A. and Thornton, J.M. (2005) Protein families and their evolution—a structural perspective. *Annu Rev Biochem.* **74**: 867–900.
217. Branden, C. and Tooze, J. (1999) *Introduction to Protein Structure.* 2nd ed. Garland Publishing: New York, NY.
218. Lewit-Bentley, A. and Rety, S. (2000) EF-hand calcium-binding proteins. *Curr Opin Struct Biol.* **10**: 637–43.
219. Berridge, M.J., Lipp, P. and Bootman, M.D. (2000) The versatility and universality of calcium signalling. *Nat Rev Mol Cell Biol.* **1**: 11–21.
220. Guyton, A.C. and Hall, J.E. (1996) *Textbook of Medical Physiology.* W.B. Saunders company: Philadelphia, PA.
221. Stevens, F.J. and Argon, Y. (1999) Protein folding in the ER. *Semin Cell Dev Biol.* **10**: 443–54.
222. Yap, K.L., Kim, J., Truong, K., Sherman, M., Yuan, T. and Ikura, M. (2000) Calmodulin target database. *J Struct Funct Genomics.* **1**: 8–14.
223. Evenas, J., Forsen, S., Malmendal, A. and Akke, M. (1999) Backbone dynamics and energetics of a calmodulin domain mutant exchanging between closed and open conformations. *J Mol Biol.* **289**: 603–17.
224. Keskin, O., Gursoy, A., Ma, B. and Nussinov, R. (2008) Principles of protein-protein interactions: what are the preferred ways for proteins to interact? *Chem Rev.* **108**: 1225–44.
225. Barclay, A.N. (2003) Membrane proteins with immunoglobulin-like domains— a master superfamily of interaction molecules. *Semin Immunol.* **15**: 215–23.
226. Dayhoff, M.O., ed. (1965) *Atlas of Protein Sequence and Structure.* Natl. Biomed. Res. Foundation: Washington, DC.
227. Sinha, N. and Smith-Gill, S.J. (2002) Electrostatics in protein binding and function. *Curr Protein Pept Sci.* **3**: 601–14.
228. James, L.C., Roversi, P. and Tawfik, D.S. (2003) Antibody multispecificity mediated by conformational diversity. *Science.* **299**: 1362–7.

229. James, L.C. and Tawfik, D.S. (2003) Conformational diversity and protein evolution—a 60-year-old hypothesis revisited. *Trends Biochem Sci.* **28**: 361–8.
230. Rao, S.T. and Rossmann, M.G. (1973) Comparison of super-secondary structures in proteins. *J Mol Biol.* **76**: 241–56.
231. Orengo, C.A., Jones, D.T. and Thornton, J.M. (1994) Protein superfamilies and domain superfolds. *Nature.* **372**: 631–4.
232. Brenner, S.E., Chothia, C. and Hubbard, T.J. (1997) Population statistics of protein structures: lessons from structural classifications. *Curr Opin Struct Biol.* **7**: 369–76.
233. Rossmann, M., Liljas, A., Branden, C. and Banaszak, L. (1975) *The Enzymes.*, Boyer, P., Editor. Academic Press: New York. p. 61–102.
234. Rossmann, M.G., Moras, D. and Olsen, K.W. (1974) Chemical and biological evolution of nucleotide-binding protein. *Nature.* **250**: 194–9.
235. Kleiger, G. and Eisenberg, D. (2002) GXXXG and GXXXA motifs stabilize FAD and NAD(P)-binding Rossmann folds through C(alpha)-H–O hydrogen bonds and van der waals interactions. *J Mol Biol.* **323**: 69–76.
236. Senes, A., Ubarretxena-Belandia, I. and Engelman, D.M. (2001) The Calpha—H–O hydrogen bond: a determinant of stability and specificity in transmembrane helix interactions. *Proc Natl Acad Sci USA.* **98**: 9056–61.
237. Bellamacina, C.R. (1996) The nicotinamide dinucleotide binding motif: a comparison of nucleotide binding proteins. *Faseb J.* **10**: 1257–69.
238. Dym, O. and Eisenberg, D. (2001) Sequence-structure analysis of FAD-containing proteins. *Protein Sci.* **10**: 1712–28.
239. Aravind, L., Mazumder, R., Vasudevan, S. and Koonin, E.V. (2002) Trends in protein evolution inferred from sequence and structure analysis. *Curr Opin Struct Biol.* **12**: 392–9.
240. Koonin, E.V. and Galperin, M.Y. (2003) *Sequence-Evolution-Function: Computational Approaches in Comparative Genomics.* Kluwer Academic: Boston, MA.
241. Kinoshita, K., Sadanami, K., Kidera, A. and Go, N. (1999) Structural motif of phosphate-binding site common to various protein superfamilies: all-against-all structural comparison of protein-mononucleotide complexes. *Protein Eng.* **12**: 11–4.
242. Nagano, N., Orengo, C.A. and Thornton, J.M. (2002) One fold with many functions: the evolutionary relationships between TIM barrel families based on their sequences, structures and functions. *J Mol Biol.* **321**: 741–65.
243. Wierenga, R.K. (2001) The TIM-barrel fold: a versatile framework for efficient enzymes. *FEBS Lett.* **492**: 193–8.
244. Livesay, D.R. and La, D. (2005) The evolutionary origins and catalytic importance of conserved electrostatic networks within TIM-barrel proteins. *Protein Sci.* **14**: 1158–70.
245. Raychaudhuri, S., Younas, F., Karplus, P.A., Faerman, C.H. and Ripoll, D.R. (1997) Backbone makes a significant contribution to the electrostatics of alpha/beta-barrel proteins. *Protein Sci.* **6**: 1849–57.
246. Livesay, D.R. and La, D. (2007) The evolutionary origins and catalytic importance of conserved electrostatic networks within TIM-barrel proteins. *Protein Sci.* **14**: 1158–70.
247. Pearl, F., Todd, A., Sillitoe, I., Dibley, M., Redfern, O., Lewis, T., Bennett, C., Marsden, R., Grant, A., Lee, D., Akpor, A., Maibaum, M., Harrison, A., Dallman, T., Reeves, G., Diboun, I., Addou, S., Lise, S., Johnston, C., Sillero, A., Thornton, J. and Orengo, C. (2005) The CATH domain structure database and related resources Gene3D and DHS provide comprehensive domain family information for genome analysis. *Nucleic Acids Res.* **33**: D247–51.
248. Chothia, C. and Gerstein, M. (1997) Protein evolution. How far can sequences diverge? *Nature.* **385**: 579, 581.
249. Shakhnovich, B.E., Dokholyan, N.V., DeLisi, C. and Shakhnovich, E.I. (2003) Functional fin-

gerprints of folds: evidence for correlated structure-function evolution. *J Mol Biol.* **326**: 1–9.

250. Chothia, C. and Lesk, A.M. (1986) The relation between the divergence of sequence and structure in proteins. *Embo J.* **5**: 823–6.
251. Chothia, C. (1992) Proteins. One thousand families for the molecular biologist. *Nature.* **357**: 543–4.
252. Wolf, Y.I., Grishin, N.V. and Koonin, E.V. (2000) Estimating the number of protein folds and families from complete genome data. *J Mol Biol.* **299**: 897–905.
253. Coulson, A.F. and Moult, J. (2002) A unifold, mesofold, and superfold model of protein fold use. *Proteins.* **46**: 61–71.
254. Yooseph, S., Sutton, G., Rusch, D.B., Halpern, A.L., Williamson, S.J. et al. (2007) The sorcerer II global ocean sampling expedition: expanding the universe of protein families. *PLoS Biology.* **5**: e16.
255. Venter, J.C., Remington, K., Heidelberg, J.F., Halpern, A.L., Rusch, D., Eisen, J.A., Wu, D., Paulsen, I., Nelson, K.E., Nelson, W., Fouts, D.E., Levy, S., Knap, A.H., Lomas, M.W., Nealson, K., White, O., Peterson, J., Hoffman, J., Parsons, R., Baden-Tillson, H., Pfannkoch, C., Rogers, Y.H. and Smith, H.O. (2004) Environmental genome shotgun sequencing of the Sargasso Sea. *Science.* **304**: 66–74.
256. Choi, I.G. and Kim, S.H. (2006) Evolution of protein structural classes and protein sequence families. *Proc Natl Acad Sci USA.* **103**: 14056–61.
257. Richardson, J.S. (1981) The anatomy and taxonomy of protein structure. *Adv Protein Chem.* **34**: 167–339.
258. Koonin, E.V., Wolf, Y.I. and Karev, G.P. (2002) The structure of the protein universe and genome evolution. *Nature.* **420**: 218–23.
259. Chothia, C., Gough, J., Vogel, C. and Teichmann, S.A. (2003) Evolution of the protein repertoire. *Science.* **300**: 1701–3.
260. Han, J.H., Batey, S., Nickson, A.A., Teichmann, S.A. and Clarke, J. (2007) The folding and evolution of multidomain proteins. *Nat Rev Mol Cell Biol.* **8**: 319–30.
261. Vogel, C., Bashton, M., Kerrison, N.D., Chothia, C. and Teichmann, S.A. (2004) Structure, function and evolution of multidomain proteins. *Curr Opin Struct Biol.* **14**: 208–16.
262. Murzin, A.G., Brenner, S.E., Hubbard, T. and Chothia, C. (1995) SCOP: a structural classification of proteins database for the investigation of sequences and structures. *J Mol Biol.* **247**: 536–40.
263. Dietmann, S. and Holm, L. (2001) Identification of homology in protein structure classification. *Nat Struct Biol.* **8**: 953–7.
264. Koonin, E.V. (2003) Comparative genomics, minimal gene-sets and the last universal common ancestor. *Nat Rev Microbiol.* **1**: 127–36.
265. Lee, D., Grant, A., Marsden, R.L. and Orengo, C. (2005) Identification and distribution of protein families in 120 completed genomes using Gene3D. *Proteins.* **59**: 603–15.
266. Ohno, S. (1970) *Evolution by Gene Duplication*. Springer-Verlag: Berlin, Germany.
267. Ranea, J.A., Buchan, D.W., Thornton, J.M. and Orengo, C.A. (2004) Evolution of protein superfamilies and bacterial genome size. *J Mol Biol.* **336**: 871–87.
268. Qian, J., Luscombe, N.M. and Gerstein, M. (2001) Protein family and fold occurrence in genomes: power-law behaviour and evolutionary model. *J Mol Biol.* **313**: 673–81.
269. Apic, G., Gough, J. and Teichmann, S.A. (2001) Domain combinations in archaeal, eubacterial and eukaryotic proteomes. *J Mol Biol.* **310**: 311–25.
270. Vogel, C., Teichmann, S.A. and Chothia, C. (2003) The immunoglobulin superfamily in Drosophila melanogaster and Caenorhabditis elegans and the evolution of complexity. *Development.* **130**: 6317–28.
271. Ranea, J.A., Grant, A., Thornton, J.M. and Orengo, C.A. (2005) Microeconomic principles

explain an optimal genome size in bacteria. *Trends Genet.* **21**: 21–5.
272. Palacios, E.H. and Weiss, A. (2004) Function of the Src-family kinases, Lck and Fyn, in T-cell development and activation. *Oncogene.* **23**: 7990–8000.
273. Schmidt, U., Boucheron, N., Unger, B. and Ellmeier, W. (2004) The role of Tec family kinases in myeloid cells. *Int Arch Allergy Immunol.* **134**: 65–78.
274. Bornberg-Bauer, E., Beaussart, F., Kummerfeld, S.K., Teichmann, S.A. and Weiner, J., 3rd (2005) The evolution of domain arrangements in proteins and interaction networks. *Cell Mol Life Sci.* **62**: 435–45.
275. Finn, R.D., Mistry, J., Schuster-Bockler, B., Griffiths-Jones, S., Hollich, V., Lassmann, T., Moxon, S., Marshall, M., Khanna, A., Durbin, R., Eddy, S.R., Sonnhammer, E.L. and Bateman, A. (2006) Pfam: clans, web tools and services. *Nucleic Acids Res.* **34**: D247–51.
276. Levitt, M. and Chothia, C. (1976) Structural patterns in globular proteins. *Nature.* **261**: 552–8.
277. Orengo, C.A., Michie, A.D., Jones, S., Jones, D.T., Swindells, M.B. and Thornton, J.M. (1997) CATH—a hierarchic classification of protein domain structures. *Structure.* **5**: 1093–108.
278. Hadley, C. and Jones, D.T. (1999) A systematic comparison of protein structure classifications: SCOP, CATH and FSSP. *Structure.* **7**: 1099–112.
279. Holm, L., Ouzounis, C., Sander, C., Tuparev, G. and Vriend, G. (1992) A database of protein structure families with common folding motifs. *Protein Sci.* **1**: 1691–8.
280. Shindyalov, I.N. and Bourne, P.E. (2000) An alternative view of protein fold space. *Proteins.* **38**: 247–60.
281. Yang, A.S. and Honig, B. (2000) An integrated approach to the analysis and modeling of protein sequences and structures. III. A comparative study of sequence conservation in protein structural families using multiple structural alignments. *J Mol Biol.* **301**: 691–711.
282. Kolodny, R., Petrey, D. and Honig, B. (2006) Protein structure comparison: implications for the nature of 'fold space', and structure and function prediction. *Curr Opin Struct Biol.* **16**: 393–8.
283. Skolnick, J., Arakaki, A.K., Lee, S.Y. and Brylinski, M. (2009) The continuity of protein structure space is an intrinsic property of proteins. *Proc. Natl. Acad. Sci. USA.* **106**: 15690–5.
284. Blume-Jensen, P. and Hunter, T. (2001) Oncogenic kinase signalling. *Nature.* **411**: 355–65.
285. Rodgers, D.W., Crepeau, R.H. and Edelstein, S.J. (1987) Pairings and polarities of the 14 strands in sickle cell hemoglobin fibers. *Proc Natl Acad Sci USA.* **84**: 6157–61.
286. Lattman, E.E. and Rose, G.D. (1993) Protein folding—what's the question? *Proc Natl Acad Sci USA.* **90**: 439–41.
287. Alexander, P.A., He, Y., Chen, Y., Orban, J. and Bryan, P.N. (2007) The design and characterization of two proteins with 88% sequence identity but different structure and function. *Proc Natl Acad Sci USA.* **104**: 11963–8.
288. Matthews, B.W. (1996) Structural and genetic analysis of the folding and function of T4 lysozyme. *Faseb J.* **10**: 35–41.
289. Sasidharan, R. and Chothia, C. (2007) The selection of acceptable protein mutations. *Proc Natl Acad Sci USA.* **104**: 10080–5.
290. Gerlt, J.A. and Babbitt, P.C. (1998) Mechanistically diverse enzyme superfamilies: the importance of chemistry in the evolution of catalysis. *Curr Opin Chem Biol.* **2**: 607–12.
291. Todd, A.E., Orengo, C.A. and Thornton, J.M. (2001) Evolution of function in protein superfamilies, from a structural perspective. *J Mol Biol.* **307**: 1113–43.
292. Gerlt, J.A., Babbitt, P.C. and Rayment, I. (2005) Divergent evolution in the enolase superfamily: the interplay of mechanism and specificity. *Arch Biochem Biophys.* **433**: 59–70.
293. Glasner, M.E., Gerlt, J.A. and Babbitt, P.C. (2006) Evolution of enzyme superfamilies. *Curr Opin Chem Biol.* **10**: 492–7.
294. Jeffery, C.J., Bahnson, B.J., Chien, W., Ringe, D. and Petsko, G.A. (2000) Crystal structure of

rabbit phosphoglucose isomerase, a glycolytic enzyme that moonlights as neuroleukin, autocrine motility factor, and differentiation mediator. *Biochemistry.* **39**: 955–64.
295. Spiess, C., Beil, A. and Ehrmann, M. (1999) A temperature-dependent switch from chaperone to protease in a widely conserved heat shock protein. *Cell.* **97**: 339–47.
296. Rison, S.C., Teichmann, S.A. and Thornton, J.M. (2002) Homology, pathway distance and chromosomal localization of the small molecule metabolism enzymes in Escherichia coli. *J Mol Biol.* **318**: 911–32.
297. Wilks, H.M., Hart, K.W., Feeney, R., Dunn, C.R., Muirhead, H., Chia, W.N., Barstow, D.A., Atkinson, T., Clarke, A.R. and Holbrook, J.J. (1988) A specific, highly active malate dehydrogenase by redesign of a lactate dehydrogenase framework. *Science.* **242**: 1541–4.
298. Khersonsky, O., Roodveldt, C. and Tawfik, D.S. (2006) Enzyme promiscuity: evolutionary and mechanistic aspects. *Curr Opin Chem Biol.* **10**: 498–508.
299. Meyer, E. (1992) Internal water molecules and H-bonding in biological macromolecules: a review of structural features with functional implications. *Protein Sci.* **1**: 1543–62.
300. Levy, Y. and Onuchic, J.N. (2006) Water mediation in protein folding and molecular recognition. *Annu Rev Biophys Biomol Struct.* **35**: 389–415.
301. Hubbard, S.J. and Argos, P. (1994) Cavities and packing at protein interfaces. *Protein Sci.* **3**: 2194–2206.
302. Rother, K., Preissner, R., Goede, A. and Frommel, C. (2003) Inhomogeneous molecular density: reference packing densities and distribution of cavities within proteins. *Bioinformatics.* **19**: 2112–21.
303. Ernst, J.A., Clubb, R.T., Zhou, H.X., Gronenborn, A.M. and Clore, G.M. (1995) Demonstration of positionally disordered water within a protein hydrophobic cavity by NMR. *Science.* **267**: 1813–17.
304. Park, S. and Saven, J.G. (2005) Statistical and molecular dynamics studies of buried waters in globular proteins. *Proteins Struct. Funct. Bioinform.* **60**: 450–63.
305. Covalt, J.C., Jr., Roy, M. and Jennings, P.A. (2001) Core and surface mutations affect folding kinetics, stability and cooperativity in IL-1 beta: does alteration in buried water play a role? *J Mol Biol.* **307**: 657–69.
306. Adamek, D.H., Guerrero, L., Blaber, M. and Caspar, D.L. (2005) Structural and energetic consequences of mutations in a solvated hydrophobic cavity. *J Mol Biol.* **346**: 307–18.
307. Agmon, N. (1995) The Grotthuss mechanism. *Chem. Phys. Lett.* **244**: 456–62.
308. Garczarek, F. and Gerwert, K. (2006) Functional waters in intraprotein proton transfer monitored by FTIR difference spectroscopy. *Nature.* **439**: 109–12.
309. Guo, W., Lampoudi, S. and Shea, J.E. (2003) Posttransition state desolvation of the hydrophobic core of the src-SH3 protein domain. *Biophys J.* **85**: 61–9.
310. Barron, L.D., Hecht, L. and Wilson, G. (1997) The lubricant of life: a proposal that solvent water promotes extremely fast conformational fluctuations in mobile heteropolypeptide structure. *Biochemistry.* **36**: 13143–7.
311. Zanotti, J.M., Bellissent-Funel, M.C. and Parello, J. (1999) Hydration-coupled dynamics in proteins studied by neutron scattering and NMR: the case of the typical EF-hand calcium-binding parvalbumin. *Biophys J.* **76**: 2390–411.
312. Fitter, J. (1999) The temperature dependence of internal molecular motions in hydrated and dry alpha-amylase: the role of hydration water in the dynamical transition of proteins. *Biophys J.* **76**: 1034–42.
313. Janin, J. (1999) Wet and dry interfaces: the role of solvent in protein-protein and protein-DNA recognition. *Structure.* **7**: R277–9.
314. Rodier, F., Bahadur, R.P., Chakrabarti, P. and Janin, J. (2005) Hydration of protein-protein interfaces. *Proteins Struct. Funct. Bioinform.* **60**: 36–45.

315. Levitt, M. and Park, B.H. (1993) Water: now you see it, now you don't. *Structure*. **1**: 223–6.
316. Ponstingl, H., Kabir, T., Gorse, D. and Thornton, J.M. (2005) Morphological aspects of oligomeric protein structures. *Prog Biophys Mol Biol*. **89**: 9–35.
317. Klotz, I.M., Darnall, D.W. and Langerman, N.R.(1975) Quaternary structure of proteins. ***In*** *The Proteins*, Neurath, H. and Hill, R.L., Editors. Academic Press: New York. p. 293–411.
318. Goodsell, D.S. and Olson, A.J. (2000) Structural symmetry and protein function. *Annu Rev Biophys Biomol Struct*. **29**: 105–53.
319. Ali, M.H. and Imperiali, B. (2005) Protein oligomerization: how and why. *Bioorg Med Chem*. **13**: 5013–20.
320. Lo Conte, L., Chothia, C. and Janin, J. (1999) The atomic structure of protein-protein recognition sites. *J Mol Biol*. **285**: 2177–98.
321. Bogan, A.A. and Thorn, K.S. (1998) Anatomy of hot spots in protein interfaces. *J Mol Biol*. **280**: 1–9.
322. Clackson, T. and Wells, J.A. (1995) A hot spot of binding energy in a hormone-receptor interface. *Science*. **267**: 383–6.
323. Morgenstern, B. and Atchley, W.R. (1999) Evolution of bHLH transcription factors: modular evolution by domain shuffling? *Mol Biol Evol*. **16**: 1654–63.
324. Blundell, T.L. and Srinivasan, N. (1996) Symmetry, stability, and dynamics of multidomain and multicomponent protein systems. *Proc Natl Acad Sci USA*. **93**: 14243–8.
325. Kim, W.K., Henschel, A., Winter, C. and Schroeder, M. (2006) The many faces of protein-protein interactions: A compendium of interface geometry. *PLoS Comput Biol*. **2**: e124.
326. Chothia, C. and Janin, J. (1975) Principles of protein-protein recognition. *Nature*. **256**: 705–8.
327. Bennett, M.J., Schlunegger, M.P. and Eisenberg, D. (1995) 3D domain swapping: a mechanism for oligomer assembly. *Protein Sci*. **4**: 2455–68.
328. Liu, Y. and Eisenberg, D. (2002) 3D domain swapping: as domains continue to swap. *Protein Sci*. **11**: 1285–99.
329. Chirala, S.S., Huang, W.Y., Jayakumar, A., Sakai, K. and Wakil, S.J. (1997) Animal fatty acid synthase: functional mapping and cloning and expression of the domain I constituent activities. *Proc Natl Acad Sci USA*. **94**: 5588–93.
330. Leibundgut, M., Maier, T., Jenni, S. and Ban, N. (2008) The multienzyme architecture of eukaryotic fatty acid synthases. *Curr Opin Struct Biol*. **18**: 714–25.
331. Johnson, D.A., Akamine, P., Radzio-Andzelm, E., Madhusudan, M. and Taylor, S.S. (2001) Dynamics of cAMP-dependent protein kinase. *Chem Rev*. **101**: 2243–70.
332. Shabb, J.B. (2001) Physiological substrates of cAMP-dependent protein kinase. *Chem Rev*. **101**: 2381–11.
333. Walden, H., Bell, G.S., Russell, R.J., Siebers, B., Hensel, R. and Taylor, G.L. (2001) Tiny TIM: a small, tetrameric, hyperthermostable triosephosphate isomerase. *J Mol Biol*. **306**: 745–757.
334. Wold, F. (1981) In vivo chemical modification of proteins (post-translational modification). *Annu Rev Biochem*. **50**: 783–814.
335. Walsh, C.T. (2005) *Posttranslational Modification of Proteins: Expanding Nature's Inventory*. Roberts & Company: Greenwood Village, CO.
336. Krishna, R.G. and Wold, F. (1998) Posttranslational Modifications. ***In*** *Proteins-analysis and design*., Angeletti, R.H., Editor. Academic Press: San Diego, CA. p. 121–206.
337. Wilkins, M.R., Gasteiger, E., Gooley, A.A., Herbert, B.R., Molloy, M.P., Binz, P.A., Ou, K., Sanchez, J.C., Bairoch, A., Williams, K.L. and Hochstrasser, D.F. (1999) High-throughput mass spectrometric discovery of protein post-translational modifications. *J Mol Biol*. **289**: 645–57.
338. Godovac-Zimmermann, J. and Brown, L.R. (2001) Perspectives for mass spectrometry and functional proteomics. *Mass Spectrom Rev*. **20**: 1–57.

339. Johnson, L.N. and Lewis, R.J. (2001) Structural basis for control by phosphorylation. *Chem Rev*. **101**: 2209-42.
340. Mann, M., Ong, S.E., Gronborg, M., Steen, H., Jensen, O.N. and Pandey, A. (2002) Analysis of protein phosphorylation using mass spectrometry: deciphering the phosphoproteome. *Trends Biotechnol*. **20**: 261–8.
341. Manning, G., Whyte, D.B., Martinez, R., Hunter, T. and Sudarsanam, S. (2002) The protein kinase complement of the human genome. *Science*. **298**: 1912–34.
342. Steen, H., Fernandez, M., Ghaffari, S., Pandey, A. and Mann, M. (2003) Phosphotyrosine mapping in Bcr/Abl oncoprotein using phosphotyrosine-specific immonium ion scanning. *Mol Cell Proteomics*. **2**: 138–45.
343. Kitchen, J., Saunders, R.E. and Warwicker, J. (2008) Charge environments around phosphorylation sites in proteins. *BMC Struct Biol*. **8**: 19.
344. Hart, G.W., Haltiwanger, R.S., Holt, G.D. and Kelly, W.G. (1989) Glycosylation in the nucleus and cytoplasm. *Annual Review of Biochemistry*. **58**: 841–74.
345. Hart, G.W., Housley, M.P. and Slawson, C. (2007) Cycling of O-linked [beta]-N-acetylglucosamine on nucleocytoplasmic proteins. *Nature*. **446**: 1017–22.
346. Abu-Qarn, M., Eichler, J. and Sharon, N. (2008) Not just for Eukarya anymore: protein glycosylation in Bacteria and Archaea. *Curr Opin Struct Biol*. **18**: 544–50.
347. Mechref, Y. and Novotny, M.V. (2002) Structural investigations of glycoconjugates at high sensitivity. *Chem Rev*. **102**: 321–69.
348. Dwek, R.A. (1996) Glycobiology: toward understanding the function of sugars. *Chem Rev*. **96**: 683-720.
349. Sola, R.J., Rodriguez-Martinez, J.A. and Griebenow, K. (2007) Modulation of protein biophysical properties by chemical glycosylation: biochemical insights and biomedical implications. *Cell Mol Life Sci*. **64**: 2133–52.
350. Fenimore, P.W., Frauenfelder, H., McMahon, B.H. and Young, R.D. (2004) Bulk-solvent and hydration-shell fluctuations, similar to alpha- and beta-fluctuations in glasses, control protein motions and functions. *Proc Natl Acad Sci USA*. **101**: 14408–13.
351. Fenimore, P.W., Frauenfelder, H., McMahon, B.H. and Parak, F.G. (2002) Slaving: solvent fluctuations dominate protein dynamics and functions. *Proc Natl Acad Sci USA*. **99**: 16047–51.
352. Rubinstein, A. and Sherman, S. (2004) Influence of the solvent structure on the electrostatic interactions in proteins. *Biophys J*. **87**: 1544–57.
353. Affleck, R., Haynes, C.A. and Clark, D.S. (1992) Solvent dielectric effects on protein dynamics. *Proc Natl Acad Sci USA*. **89**: 5167–70.
354. Sola, R.J. and Griebenow, K. (2006) Influence of modulated structural dynamics on the kinetics of alpha-chymotrypsin catalysis. Insights through chemical glycosylation, molecular dynamics and domain motion analysis. *Febs J*. **273**: 5303–19.
355. Shental-Bechor, D. and Levy, Y. (2008) Effect of glycosylation on protein folding: a close look at thermodynamic stabilization. *Proc Natl Acad Sci USA*. **105**: 8256–61.
356. Li, M., Luo, J., Brooks, C.L. and Gu, W. (2002) Acetylation of p53 inhibits its ubiquitination by Mdm2. *J Biol Chem*. **277**: 50607–11.
357. Turner, B.M. (2002) Cellular memory and the histone code. *Cell*. **111**: 285–91.
358. Lane, D.P. (1992) Cancer. p53, guardian of the genome. *Nature*. **358**: 15–6.
359. Bode, A.M. and Dong, Z. (2004) Post-translational modification of p53 in tumorigenesis. *Nat Rev Cancer*. **4**: 793–805.
360. Joerger, A.C. and Fersht, A.R. (2008) Structural biology of the tumor suppressor p53. *Annu Rev Biochem*. **77**: 557–82.
361. Johnson, D.R., Bhatnagar, R.S., Knoll, L.J. and Gordon, J.I. (1994) Genetic and biochemical

studies of protein N-myristoylation. *Annu Rev Biochem.* **63**: 869–914.
362. McLaughlin, S. and Aderem, A. (1995) The myristoyl-electrostatic switch: a modulator of reversible protein-membrane interactions. *Trends Biochem Sci.* **20**: 272–6.
363. Resh, M.D. (1999) Fatty acylation of proteins: new insights into membrane targeting of myristoylated and palmitoylated proteins. *Biochim Biophys Acta.* **1451**: 1–16.
364. Glickman, M.H. and Ciechanover, A. (2002) The ubiquitin-proteasome proteolytic pathway: destruction for the sake of construction. *Physiol. Rev.* **82**: 373–428.
365. Sherman, M.Y. and Goldberg, A.L. (2001) Cellular defenses against unfolded proteins: a cell biologist thinks about neurodegenerative diseases. *Neuron.* **29**: 15–32.
366. Dobson, C.M. (2003) Protein folding and misfolding. *Nature.* **426**: 884–90.
367. Eskelinen, E.L. and Saftig, P. (2009) Autophagy: a lysosomal degradation pathway with a central role in health and disease. *Biochim Biophys Acta.* **1793**: 664–73.
368. Abriel, H., Loffing, J., Rebhun, J.F., Pratt, J.H., Schild, L., Horisberger, J.D., Rotin, D. and Staub, O. (1999) Defective regulation of the epithelial Na^+ channel by Nedd4 in Liddle's syndrome. *J Clin Invest.* **103**: 667–73.
369. Younger, J.M., Chen, L., Ren, H.Y., Rosser, M.F., Turnbull, E.L., Fan, C.Y., Patterson, C. and Cyr, D.M. (2006) Sequential quality-control checkpoints triage misfolded cystic fibrosis transmembrane conductance regulator. *Cell.* **126**: 571–82.
370. Weissman, A.M. (2001) Themes and variations on ubiquitylation. *Nat Rev Mol Cell Biol.* **2**: 169–78.
371. Shi, Y., Lan, F., Matson, C., Mulligan, P., Whetstine, J.R., Cole, P.A. and Casero, R.A. (2004) Histone demethylation mediated by the nuclear amine oxidase homolog LSD1. *Cell.* **119**: 941–53.
372. Gill, H.S., Pfluegl, G.M. and Eisenberg, D. (2002) Multicopy crystallographic refinement of a relaxed glutamine synthetase from Mycobacterium tuberculosis highlights flexible loops in the enzymatic mechanism and its regulation. *Biochemistry.* **41**: 9863–72.
373. Pugh, C.W. and Ratcliffe, P.J. (2003) Regulation of angiogenesis by hypoxia: role of the HIF system. *Nat Med.* **9**: 677–84.
374. Chapman, E., Best, M.D., Hanson, S.R. and Wong, C.H. (2004) Sulfotransferases: structure, mechanism, biological activity, inhibition, and synthetic utility. *Angew Chem Int Ed Engl.* **43**: 3526–48.
375. Chen, K. and Kurgan, L. (2009) Investigation of atomic level patterns in protein—small ligand interactions. *PLoS One.* **4**: e4473.
376. Andreini, C., Bertini, I., Cavallaro, G., Holliday, G.L. and Thornton, J.M. (2008) Metal ions in biological catalysis: from enzyme databases to general principles. *J Biol Inorg Chem.* **13**: 1205–18.
377. Carafoli, E. (2002) Calcium signaling: a tale for all seasons. *Proc Natl Acad Sci USA.* **99**: 1115–22.
378. Zhang, F.L. and Casey, P.J. (1996) Protein prenylation: molecular mechanisms and functional consequences. *Annu Rev Biochem.* **65**: 241–69.
379. Deng, Q. and Barbieri, J.T. (2008) Molecular mechanisms of the cytotoxicity of ADP-ribosylating toxins. *Annu Rev Microbiol.* **62**: 271–88.
380. Baron, S., ed. (1996) *Medical Microbiology.* 4th ed. The university of texas medical branch of Galveston: Galveston, Tenas.
381. Aktories, K. and Just, I. (2000) ***In*** *Bacterial Protein Toxins*, Aktories, K. and Just, I., Editors. Springer: Berlin.
382. Vetter, I.R., Hofmann, F., Wohlgemuth, S., Herrmann, C. and Just, I. (2000) Structural consequences of mono-glucosylation of Ha-Ras by Clostridium sordellii lethal toxin. *J Mol Biol.* **301**: 1091–5.
383. Schmidt, G., Sehr, P., Wilm, M., Selzer, J., Mann, M. and Aktories, K. (1997) Gln 63 of Rho is

deamidated by Escherichia coli cytotoxic necrotizing factor-1. *Nature*. **387**: 725–9.
384. Perham, R.N. (2000) Swinging arms and swinging domains in multifunctional enzymes: catalytic machines for multistep reactions. *Annu Rev Biochem*. **69**: 961–1004.
385. Krueger, K.E. and Srivastava, S. (2006) Posttranslational protein modifications: current implications for cancer detection, prevention, and therapeutics. *Mol Cell Proteomics*. **5**: 1799–1810.
386. Giehl, K. (2005) Oncogenic Ras in tumour progression and metastasis. *Biol Chem*. **386**: 193–205.
387. Tsatsanis, C., Zafiropoulos, A. and Spandidos, D.A. (2007) Oncogenic Kinases in Cancer. ***In*** *Encyclopedia of Life Sciences*. John Wiley & Sons, Ltd.: Chichester, West Sussex, UK.
388. Booy, E.P., Johar, D., Maddika, S., Pirzada, H., Sahib, M.M., Gehrke, I., Loewen, S., Louis, S.F., Kadkhoda, K., Mowat, M. and Los, M. (2006) Monoclonal and bispecific antibodies as novel therapeutics. *Arch. Immunol. Ther. Exp.* **54**: 85–1001.
389. Matei, D., Chang, D.D. and Jeng, M.H. (2004) Imatinib mesylate (Gleevec) inhibits ovarian cancer cell growth through a mechanism dependent on platelet-derived growth factor receptor alpha and Akt inactivation. *Clin. Cancer Res.* **10**: 681–90.
390. Hakomori, S. (2001) Tumor-associated carbohydrate antigens defining tumor malignancy: basis for development of anti-cancer vaccines. *Adv Exp Med Biol*. **491**: 369–402.
391. Fuster, M.M., Brown, J.R., Wang, L. and Esko, J.D. (2003) A disaccharide precursor of sialyl Lewis X inhibits metastatic potential of tumor cells. *Cancer Res*. **63**: 2775–81.
392. Zitvogel, L., Tesniere, A. and Kroemer, G. (2006) Cancer despite immunosurveillance: immunoselection and immunosubversion. *Nat Rev Immunol*. **6**: 715–27.
393. Krug, L.M., Ragupathi, G., Hood, C., Kris, M.G., Miller, V.A., Allen, J.R., Keding, S.J., Danishefsky, S.J., Gomez, J., Tyson, L., Pizzo, B., Baez, V. and Livingston, P.O. (2004) Vaccination of patients with small-cell lung cancer with synthetic fucosyl GM-1 conjugated to keyhole limpet hemocyanin. *Clin Cancer Res*. **10**: 6094–6100.
394. Westphal, C.H., Dipp, M.A. and Guarente, L. (2007) A therapeutic role for sirtuins in diseases of aging? *Trends Biochem Sci*. **32**: 555–60.
395. Milne, J.C. and Denu, J.M. (2008) The Sirtuin family: therapeutic targets to treat diseases of aging. *Curr Opin Chem Biol*. **12**: 11–17.
396. Mann, M. and Jensen, O.N. (2003) Proteomic analysis of post-translational modifications. *Nat Biotechnol*. **21**: 255–61.
397. Roepstorff, P. (1997) Mass spectrometry in protein studies from genome to function. *Curr Opin Biotechnol*. **8**: 6–13.
398. van Hoffman, E. and Strootbant, V. (2001) *Mass Spectrometry, Principles and Applications*. John Wiley and Sons, Ltd.: Chichester, West Sussex, UK.
399. Fey, S.J. and Larsen, P.M. (2001) 2D or not 2D. Two-dimensional gel electrophoresis. *Curr Opin Chem Biol*. **5**: 26–33.
400. Rabilloud, T. (2002) Two-dimensional gel electrophoresis in proteomics: old, old fashioned, but it still climbs up the mountains. *Proteomics*. **2**: 3–10.
401. Jordan, A. and Reichard, P. (1998) Ribonucleotide reductases. *Annu Rev Biochem*. **67**: 71–98.

第 3 章　结构测定及预测的方法

3.1　简　介

西方科学的决定论方法相当古老，早在科学家能够真正详细研究分子之前就已经存在了。随着 20 世纪上半叶技术进步的出现，结构化表征小分子和后来的大分子方法开始出现。然而，蛋白质的第一个结构在 20 世纪 60 年代才得以确定（详见第 2 章）。与通过显微镜观察相比，蛋白质结构的测定显然是一项漫长而艰巨的任务。当然，这导致了要确定的结构的优先级，主要是基于现实需要，如医学相关性。因此，只有大量功能、组织定位、结合配体（遗传、生物化学、免疫学）等实验数据已经收集之后才能确定每种蛋白质的结构。随着全动物基因组（包括人类基因组）的测序和结构测定技术的改善，这种（决定论）方法在最近十年才开始改变。

因此，一个名为**结构基因组学 *structural genomic*** 的雄心勃勃的项目起步了，意在确定由人类基因组编码的所有蛋白质的结构，包括那些未知功能[1]。由几个组织，包括美国国立卫生研究院（NIH）[2] 发起（并且仍在）实施。在几年内确定所有人类蛋白质的结构似乎是不切实际的，因为这些蛋白质的数量巨大，测定过程漫长且开销不菲。因此，决定测试一组有代表性的蛋白质结构，其蛋白质折叠能够代表在自然界中观察到的完整的“折叠空间”。这个决定的前提是基于自然中独特折叠的数量大大小于蛋白质数量。虽然确切的数字还未能确定（参见第 2 章），但已知蛋白质倾向趋同于相似的结构，这也支持该假设。所有蛋白质的结构包含在确定所选择的集合，基于序列相似性，其余的结构可以通过计算进行预测（关于基于同源性建模的细节，参见 3.4.3 节）[3]。许多结构性科学家同意蛋白质折叠空间可以由一组不同的结构表示的基本假设[4]，但也有人相信这个空间更像是一个连续体[5,6]。

大分子一般可以使用不同的方法研究，其中一些早在 20 世纪初就出现。但是，仅有少数几种方法可用于确定蛋白质结构的全部（或主要部分）。这些方法大致分为两组：第一组包括基于对于亚原子粒子或电磁波的衍射或散射。第二组包括依赖能量变化的光谱方法，基于与不同的频率电磁辐射的相互作用而导致的蛋白质原子状态变化。本章的第一部分回顾了这些方法。由于这是一个非常广泛的话题，讨论的重点是方法的原理及其主要优缺点。第二部分回顾了计算方法，其中一些用于蛋白质结构预测，而其他用于优化实验结果。

3.2 衍射/散射方法

通过观察射线击中分子的三维晶体时（图 3. 1a）的衍射或散射可以收集关于分子结构的知识。自 1915 年以来，这种方法已经被用于研究小分子，最近也被用于蛋白质和其他大分子[7,8]。在下面的小节中我们将讨论 3 种这样的方法，每种都基于不同粒子的衍射或散射。

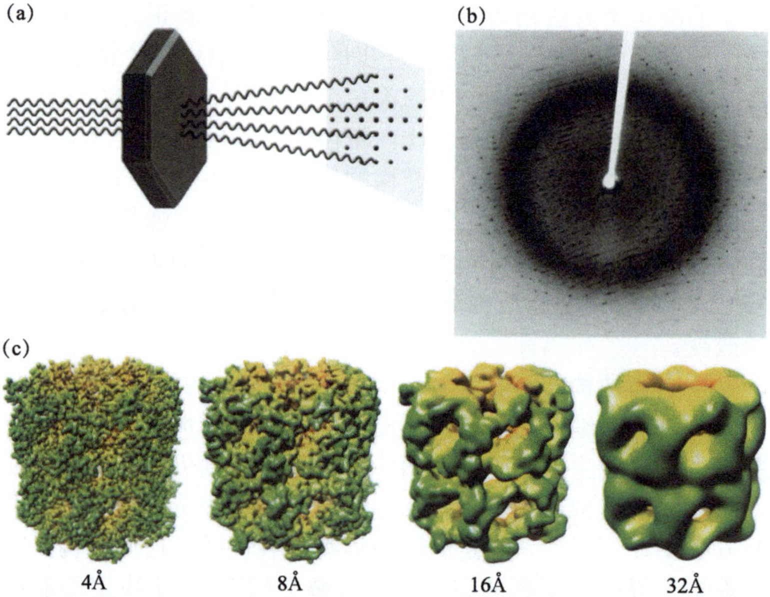

图 3. 1 使用衍射的结构测定。(a) 分子晶体衍射光束。图像取自 Wikipedia（来自 Bensaccount，X-ray crystallography，*Wikipedia*，*the Free Encyclopedia*）。(b) X 射线衍射图。图像取自 Wikipedia（来自 Dahl，J. X-ray diffraction pattern of crystallized 3Clpro，a SARS protease. *Wikipedia*，*the Free Encyclopedia*）。(c) 在 4Å 和 32Å 之间的分辨率值可见的蛋白质的结构特征的图示。所示的结构是 GroEL（PDB 条目 1j4z）的结构。图像取自 Wikipedia（来自 Vossman，Series of Resolutions for w：GroEL. *Wikipedia*，*the Free Encyclopedia*）

3.2.1 X 射线衍射

3.2.1.1 原理

X 射线衍射如今被认为是测定蛋白质结构最准确的方法。在该方法中，X 射线轰击被研究分子的晶体，被其中原子的电子云衍射，并在屏幕或其他敏感材料上形成独特的图形。衍射图形是一个类似于筛面的点集（图 3. 1b），但实际上它包含了确定分子结构所需的高分辨率的所有信息。通过数学方式将衍射图案转换成分子结构，也需要运用物理化学知识。Yaffe 优秀的综述文章给出了该方法一个清晰而详细的描述[9]。在下文中，我们将总结该文章所描述的要点。

当我们看物体时，本质是看到光从其上折返。我们眼睛的晶状体能够聚焦光束，从而获得清晰的图像。然而，会聚光线的能力限于对象大于一定尺度。如果两点间距小于约 0.2mm 则会被看成一个点，即超过了眼睛的**分辨能力** ***resolution***。因此，为了分离小物体，如微尺度（如生物细胞），我们使用显微镜，其中的镜头有比我们眼睛更高的聚焦能力。事实上，有了正确的镜头，限制分辨率（r）的唯一因素是我们正在观察的对象所反射的光（或任何其他类型的电磁辐射）的波长（λ）：

$$r \sim \frac{\lambda}{2} \tag{3.1}$$

这就解释了为什么我们看不到分离的分子；最短波长可见光（紫色）为 4000Å，而分子中原子之间的距离为 1～2Å。相比之下，X 射线对于“观察”分子具有正确的波长（λ=0.1～100Å）。

使用 X 射线解决了波长问题，但又引起了一个新的问题；X 射线不能如可见光那样被透镜聚焦。所以，“X-光显微镜”不可用于直接观察分子结构。作为替代，科学家使用上述的间接方法。而另一个问题是生物分子倾向于微弱偏转 X 射线。这是因为这样的分子主要由不包括许多电子的轻元素（C、N、O 和 H）组成，原则上，这个问题可以通过增加溶液中分子的浓度来解决，但不同的单个分子在溶液中具有不同的取向，导致非相干信号，因而往不同方向散射光线。因此，一个真正的解决方案不仅需要在样本中有很多的分子，而且要求它们在三维空间中一致地排列。这种类型的重复组织出现在晶体中，这就是为什么该方法也被称为 **X 射线晶体学 *X-ray crystallography***，需要所研究的分子的结晶。应该提到的是，通过称为**小角 X 射线散射 *small angle X-ray scattering*（*SAXS*）**[10] 的基于 X 射线的方法可以在溶液中获得蛋白质的低分辨率（10～12nm）图像，将不在此详细描述。

3.2.1.2 工作步骤

（1）**离析和纯化**：待结晶的蛋白质必须纯化，净化过程使用不同生化方法逐步进行。通常，蛋白质在结晶之前被修饰，以便更加适应过程。简单的化学修饰可以在翻译后进行。例如，多肽链的柔性片段（如环）通常被蛋白酶除去。相反，当修饰包括置换蛋白质序列内的氨基酸时，使用重组 DNA 技术。由于结晶需要大量的蛋白质，后者使用分子技术过度表达。

（2）**结晶**：结晶过程从蛋白质的高度浓缩溶液开始，可以持续数周至数月，直至形成足够大小（20～300μm^3）的晶体。经历的处理降低了它们对有害 X 射线的敏感性。例如，它们可以在溶液中浸泡并冷冻至－140℃。

（3）**照射和数据采集**：将单个晶体放入旋转装置中，打开 X 射线。衍射射束撞击一个膜或 X 射线敏感检测器，产生筛子样图形。

（4）**衍射图形分析**：由于 X 射线被分子的外层电子衍射，偏差图形与电子密度之间存在关系。该关系由称为**傅里叶变换 *Fourier transform*** 的数学运算描述。换句话说，如果假设原子周围的电子密度代表数学函数，X 射线衍射图就是该函数的傅里叶变换。这意味着电子密度（也称分子结构）可以通过逆变换从衍射图中提取出来傅里叶变换。然而，这是另一个问题出现的地方，称为相位问题。由分子衍射的光线是电磁波，因此，它们可以通过 3 个量的组合来表征：波长（或频率）、**振幅**和**相位**。这些量的物理意义可以通过类比摆动的运动来较好地理解，这也是周期性的并具有特征波长（或频率）。该运动可以根据其振幅，即峰值处的距离（角度）及其相位，即峰值时间来描述。两个摆动可以共享相同的幅度，但是由于它们的相位不同，在不同的时间达到它们的峰值。在 X 射线衍射分析中，相位决定了检测器上散射波标记的振幅分数。当逆傅里叶变换时，波的幅度提供了关于衍射它的原子的大小的信息，而相位提供关于它们的相对位置的信息。由于 X 射线不直接记录而是间接记录（通过衍射图案），所收集的数据仅包括点的强度。后者与幅度的平方成比例，但不包含有关其相位的信息。幸运的是，有不同的方式来获取缺少的信息。例如，在**分子置换 *molecular replacement*** 方法中，晶体学家使用已知的结构来推断未知蛋白质的结构。这种方法在药物开发中特别有用，科学家在此寻找与不同候选药物复合的相同蛋白质的结构（见第 8 章）。在这种情况下，使用已知的载脂蛋白质结构（即无配体结构）来产生其他结构的相位。这种方法用于开发不同药物，包括抗生素和抗高血压药物。

重复上述蛋白质结构模型的优化，直到达到与物理数据的良好一致。为了达成一致并确保不过分优化，晶体学家计算被称为 R 因子的参数。该参数对应于测量的数据与模型预测的数据之间的差异；R 值低表示结构模型和物理数据之间匹配良好。蛋白质的 R 因子范围在 0.15～0.25 被认为是令人满意的。上述结构优化过程的最终结果是**电子密度图 *electron density map***。简单地说，它以图形方式呈现了空间中电子的位置，其中电子密度高到足以表明原子的存在。这很重要，尽管数据不完整，为了得到分子的完整描述，晶体学家还必须确定每个位置处的原子类型。这是晶体学家的知识和经验派上用场的地方。这将允许他或她以建立分子结构模型的方式解释电子密度图。在蛋白质的情况下，晶体学家根据对已知氨基酸性质及蛋白质序列的了解，在电子密集处放置正确的氨基酸原子。此外，为了准确描述原子位置及其键合性质，晶体学家使用基于能量和几何的计算。获取正确结构的机会取决于所有上述因素，也取决于蛋白质的组成；与无序或其他易变区域相比，蛋白质中的有序区域更容易确定（特别是当涉及环时）。

无序或易变区域倾向于具有较低电子密度，并且在极端情况下根本无从下手，因此定义只好悬而未决。

3.2.1.3 从晶体结构获得的信息

(1) **分子结构**：结构通常存放在一个文件夹里，每个原子除连接性之外，还指定了类型和位置（参见 3.6 节）。

(2) **偏差**：如第 5 章所述，原子能够吸收来自环境的热能并转化为动能。这意味着原子不是静止的，而是在空间中振动。由晶体学实验获得的每个原子的位置其实是它的**平均位置** ***average location***。换句话说，这是原子停留时间最多的位置，因此最有可能被晶体"捕获"，但实验也提供了每个原子振动引发的相对于平均位置的偏差信息。此信息由 ***B* 因子 *B-factor*** 表示，也称为**温度因子** ***temperature factor***[14,15]。*B* 因子值通常为 20～80，其中低于 45 的值表示是有序原子，高于 60 的值表示是柔性原子。*B* 因子通常被解释为测量原子的动态波动，这是不准确的，因为它也可能是由晶体中的静态缺陷所致[16]。后者代表存在于溶液中并被捕获在晶体中的分子的整体构象变化。

(3) **分辨率**：在晶体学中，这个参数是指在衍射 X 射线的原子的平面之间最小间隔[9]。在蛋白质中，连续的分辨率范围可以分为不同组，每组都揭示了不同的结构特征[17,18]：

- 4.0～5.0Å：提供蛋白质的形状和二级结构的大概位置。
- 3.5Å：提供多肽链的轮廓（痕迹）。
- 2.0～2.5Å：氨基酸侧链。
- 1.0～1.2Å：显示除氢以外的单个原子（如参考文献［19，20］）。
- 0.8Å：显示氢原子和共价键。前者特别重要，因为它允许确定可离子化残基的质子化状态，以及蛋白质周围（或内部）的水分子取向。

较低分辨率显示的特征如图 3.1c 所示。然而应该指出，在实际结构中这些限制并不总是如此严格。例如，常见的膜结合蛋白结构，尽管总体大于 2.5Å 分辨率，但其中各个氨基酸仍然可辨。

蛋白质数据库（PDB）① 中大约 90％的结构分辨率小于 1.5Å[21]。因此，原子位置和质子化状态的确定必须依靠基于能量的计算，以及从先前存在的结构中得出的统计数据[18]。在过去 10 年中，随着结晶技术的提高，以及开发出更强大的 X 射线辐射源，确定更高分辨率的结构已成为可能（如参考文献［22—24］）。截至 2010 年 6 月，PDB 包括约 400 个结构，分辨率为 1.0Å 或更高[21]。有趣的是，对这些结构中的某些结构的检查显示，以 2.0Å 的分辨率确定的原子，从它

① 最大的蛋白质结构库（见 3.6 节）。

们在相同结构中的位置偏离约 0.3Å。该值看起来可以忽略不计，但对于在如药物设计中工作的科学家来说可能是重要的。那是因为这种类型的研究集中于蛋白质-配体相互作用（参见第 8 章），对相互作用中的原子的位置高度敏感[18]。

当晶体学实验提供 0.8Å 或更高的分辨率时，数据可用于确定原子周围电子的分布。这意味着至少在理论上可以确定分子中每个原子的化学活性。这就使科学家能够研究涉及蛋白质原子的化学转化，而在不久前仅对小分子才能这么做。

3.2.1.4　方法问题

目前，晶体学被认为是最准确的来确定大分子三维结构的方法，包括蛋白质。话虽如此，还有与该方法相关的一些重大困难和问题出现在工作的每一步。

（1）**蛋白质的制备**：准备阶段可能是最困难的一个阶段。首先，结晶需要一套严格的条件，如温度、pH、盐度，等等。最佳条件因不同蛋白质而异，并且要找到新系统的正确组合通常费时费力，得反复试错才行。其次，与产生天然蛋白质的生物相比，过度表达蛋白质需要对付的生物体往往要简单得多。作为结果，大部分蛋白质的翻译后处理可能会丢失，这可能导致折叠错误。这个问题在膜结合蛋白质中是特别明显的，因为它要经历相当多的修改。再次，在蛋白质结晶之前，其质量必须确定，这需要使用额外的方法，如动态光散射 dynamic light scattering[8]。最后，理论上任何分子都应该能够经历结晶过程[25]，但大蛋白的结晶是非常困难的。同样，这个问题在膜蛋白中尤其明显，因为它被脂质包围。这些分子是柔性的，因此不倾向于结晶[26]。解决方案通常是用洗涤剂代替脂质分子，但这会产生其他问题（见下文）。然而，近年来已经成功地运用 X 射线晶体学确定了各种大的蛋白质和蛋白质复合物。其中包括核糖体[27,28]、ATP 合成酶[29,30]、RNA 聚合酶Ⅱ[31] 和光合系统Ⅰ[32]。蛋白质的另一个使它们难以结晶的特点是灵活性。后者可能是由结构因素造成的，如结构域之间存在折叠或者某些化学因素如附着在蛋白质的表面的许多糖基或脂肪基团[26]。

（2）**数据收集**：无法聚焦 X 射线，使晶体学家受限，只能使用间接数据集合，即测量衍射图形。由于收集到的数据丢失相位因子，必须使用额外的方法（见上文）获取。此外，高能量 X 射线倾向于对所研究的蛋白质造成损害。

（3）**结果质量**：晶体结构的主要问题之一（如果不是最大的）是，它们是在非自然的条件下测定的。蛋白质结晶后，意味着它不再处于溶液中，即其自然环境。这是一个巨大的问题，因为像蛋白质这样的生物大分子已经演变为在溶液中起作用。非自然的结晶环境可能会在两个方面损害结构：首先是晶体中的压实力，这可能会引起改变将蛋白质构建成非天然的。其次是损失在溶液中表征蛋白质的动态行为（记住晶体结构是均匀的）。正如我们将在第 5 章中看到的，蛋白质内在的动力学机制对其功能非常重要。在膜结合蛋白中，脂质环境由洗涤剂分子代替。不幸的是，这也会影响蛋白质的天然结构。关于晶体结构的可靠性的另一种类型的问题是使用计算预测方法。通过晶体学获得的分辨率可能比通过其他方法获得的分辨率更好，但在大多数情况下，它仍然在 1.0Å 之下。这意味着晶体学家必须使用计算来预测原子的位置、键价、质子化状态和水分子的取向。这种计算是潜在的误差来源。

3.2.2 中子散射

3.2.2.1 原理

如我们前面讨论的，相比其他方法，X 射线晶体学可以产生分辨率更高的分子结构。然而，由于电子密度非常低，大多数这些结构中的氢原子位置尚未确定。如所解释的，氨基酸的质子化状态，以及水分子的取向可能会显著影响蛋白质的功能。已经在努力开发能提供结构中氢原子更精确位置的方法。有 3 个理由使中子正好适合这项任务。首先，它们的波长（0.1～10Å）与分子中原子间隔相同数量级。其次，由于这些颗粒不带电，它们能深入样品分子，不与占据原子之间大部分空间的电子云相互作用，而是与小核产生相互作用[7,33-35]。最后，中子携带能量低，故不会损坏样品。但最重要的是，与 X 射线不同，中子与原子核相互作用，而不是与它们的电子壳相互作用。因此，它们与原子的相互作用一般不依赖于原子大小，而是依赖其核质量、自旋（见 3.3.1 节）和同位素类型[33]。这个意味着甚至可以从中子与氢原子的相互作用获得强信号，特别是当它们的常见同位素氕（^1H）被替换成较重的氘（^2H）时（详见下文）。

使用中子的结构测定过程与所描述的 X 射线类似，包括对样品发射颗粒物流并分析散射图形。有两种类型的散射，这取决于相关核的净自旋。**相干散射 *coherent scattering*** 来自中子与原子核的相关相互作用，并提供了有关分子结构的信息。**非相干散射 *incoherent scattering*** 来自中子与每个核的空间各向同性相互作用，并提供关于分子的动力学信息。以下小节描述这两种类型。

3.2.2.1.1 相干散射 可以由中子与原子核的弹性和非弹性碰撞产生相干散射。弹性碰撞发生的散射不影响中子的能量，非弹性碰撞发生时，能量和自旋有变化。此外，在弹性散射中，散射的强度指向偏转原子的相对位置（尽管以概率的方式）[36]。因此，通过计算分析散射图形，可以获得分子中每个原子的位置。中子散射的另一个优点是可以确定其天然环境中的蛋白质结构，这使得该结构在生物学上比晶体结构更加符合实际。这是因为散射对中子撞击的原子的同位素类型敏感。例如，**氕 *protium***（^1H）与较重的**氘 *deuterium***（^2H，也标记为“D”）[7] 以不同方式散射中子。通过改变样品中的 D_2O/H_2O，可以改变蛋白质与其环境之间的对比度，从而允许科学家分别关注。这个技术在膜结合蛋白中特别有用，其脂质环境使其难以结晶。通过设定 10%～14%的 D_2O/H_2O，在中子散射实验中，该系统的脂质组分变得不可见，却可获取蛋白质在其自然环境中的清晰结构[33]。事实上，当蛋白质被洗涤剂包围时，也可以这样做[34]，尽管其高度无序（参考文献［37］）。确定氢原子的位置也允许结构科学家确定与蛋白质不同距离的溶剂密度（图 3.2），以及蛋白质残基和膜糖脂之间（在膜结合蛋白中）特殊的相互作用[38]。

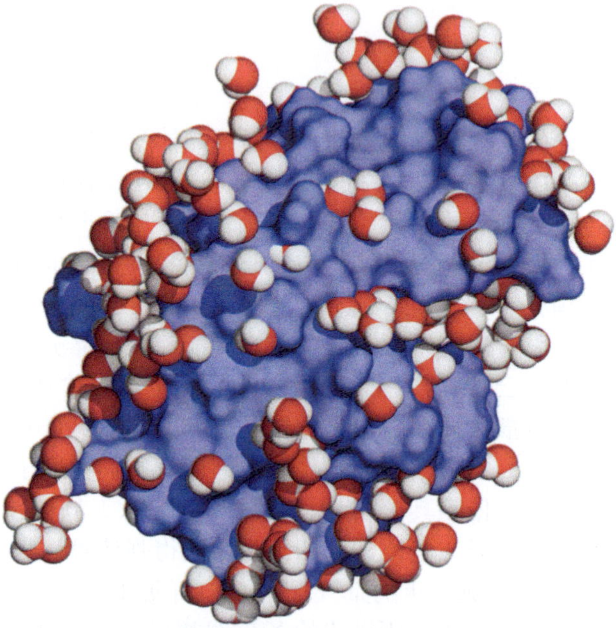

图 3.2　以 2Å 分辨率通过中子准劳恩斯衍射测定的鸡蛋液溶菌酶（PDB 条目 1io5）的三维结构。该蛋白质用蓝色表面表示，并且根据周围（被引入的）水分子原子类型作为球体着色。与 X 射线衍射不同，中子衍射能够解析样品中的氢原子，从而揭示蛋白质水化壳的位置和取向。图像显示蛋白质的第一层水化壳。这些溶剂分子非常接近蛋白质表面，因此显示出与本体溶剂分子完全不同的行为（详见第 5 章）

使用相干中子散射来收集关于蛋白质结构的数据可以通过两种方式进行[33,36]。

（1）中子衍射：如在 X 射线衍射中，该方法使用蛋白质晶体（单个晶体或晶体粉末）来确定其在高分辨率下的结构。

（2）小角度中子散射（SANS）：这种方法只能在低分辨率（10～12nm）情况下测定溶液中大蛋白质或蛋白质复合物的结构[10]。虽然它不能给出单个蛋白质的精确结构，但该方法非常有助于确定大复合物（如核糖体[39]）内亚基的相对位置。这是通过用氘选择性标记亚基来完成的。

3.2.2.1.2　非相干散射　非相干散射是由运动的中子与单个原子核的相互作用产生的。这些碰撞有不同程度的弹性；每个都是不同运动的结果（参见第 5

章蛋白质中的有关运动类型的更多细节)[33,36]。

(1) 弹性（EINS）：在 10^{-13}～10^{-9}s 时间范围内的原子（特别是氢原子）振动的结果。

(2) 准弹性（QINS）：近原生态构象之间的扩散运动或移位的结果。

(3) 非弹性（IINS）：振动跃迁或转动跃迁在不同能级之间的结果。

显然，蛋白质原子越有活力，中子-核碰撞的弹性越小。实际上，常常使用准弹性和非弹性中子散射来研究蛋白质动力学。在这样的中子-核相互作用中，中子的能量和动量（旋转）都发生变化，这使科学家能够跟踪蛋白质中的原子运动。

3.2.2.2 优点和不足之处

前面我们讨论了中子散射的主要优点，包括能够确定蛋白质中氢原子的位置，区分蛋白质与溶剂，以及描绘蛋白质组分在大复合物中的大概位置。此外，中子辐射对生物样品（与X射线相比）相对无害[40]。最后，中子具有**磁矩 *magnetic moment***，因此也被蛋白质内（如来自未配对电子）的磁场散射，这意味着（弹性）中子散射也可以用于研究电子在某些原子中的分布。该方法有一些缺点。首先，产生中子需要付出巨大的努力；它在核反应堆中完成，或者通过引发原子核和高能辐射颗粒之间的碰撞（**蜕变 *spallation***）完成。在任何情况下，相比产生X射线，该过程需要动用更大的设备。其次，当使用衍射时，所需的晶体大于X射线衍射所用的，并且测量需要更长的曝光时间。由于这些问题，PDB中只有32个结构使用中子散射测定（0.05%）。

3.2.3 电子显微镜（electron microscopy，EM）

3.2.3.1 原理

像X射线和中子一样，电子也可以被用来研究分子的结构，包括蛋白质和其他大分子。然而，带负电的电子可以使用电磁镜头进行聚焦，这使得科学家可以在（电子）显微镜下直接观察它们。这是电子显微镜（EM）对于X射线和中子衍射的巨大优势。X射线和中子衍射只能通过观察它们的衍射图间接地研究分子。由于电子能量相对X射线而言较低及其他相关因素（见下文），通过EM确定结构的分辨率也相对较低，范围为4～20Å（图3.3，参考文献[42]①），这取决于所使用的技术及蛋白质是否结晶。该分辨率范围足以识别二级结构甚至大氨基酸的侧链。然而，即使通过建模和计算，对确定单个原子的位置，该分辨率还是太低。因此，使用EM主要用于得出蛋白质的一般模型，综合到X射线衍

① 见图3.1c，用于说明在此分辨率范围内可见的结构特征。

射或其他方法产生的更精确的模型中[41]。该方法在研究大蛋白质复合物方面特别有用，精确方法因受尺寸限制，反而无法全窥。所以，部分复合物以高分辨率方法单独测定，然后根据 EM 数据指定的全局约束彼此连接。

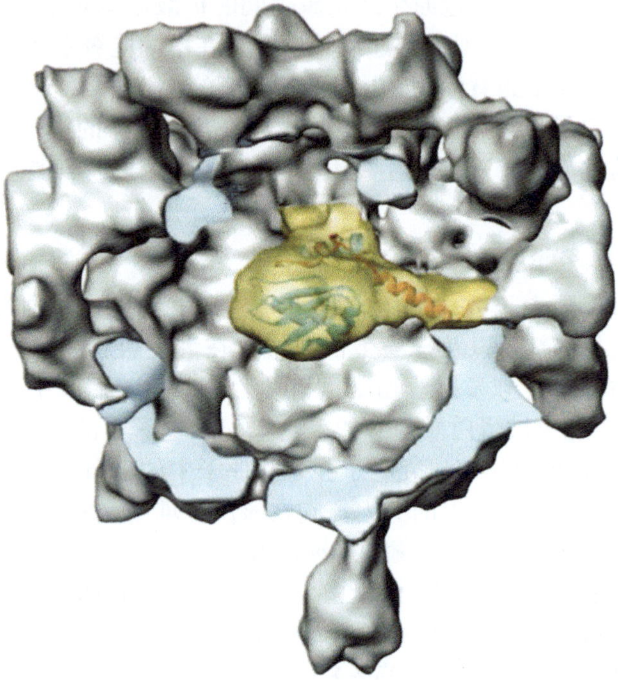

图 3.3　通过电子显微镜测定的蛋白质结构。图中显示了通过剪接体蛋白质 p14（灰色）密度图的剖面图。结构中间的黄色部分是来源于 p14 相关联的 U2 snRNP 组分 SF3b155 肽，其中还存在 X 射线晶体结构（参见密度图中的条带）（来自 Schellenberg，M. G.，Edwards，R. A.，Ritchie，D. B.，Kent，O. A.，Golas，M. M.，Stark，H.，Luhrmann，R.，Glover，J. N. and MacMillan，A. M.，*Proc. Natl. Acad. Sci. USA.*（PNAS），103，1266 - 1271，2006。经许可）

电子显微镜（EM）可以通过以下 3 种方式运行。

（1）晶体学：从蛋白质制备二维晶体，在显微镜下从不同的方向检查。

（2）单粒子分析（SPA）：从不同角度检查大量相同的分子以重构三维图像。

（3）层析摄影：从不同角度检查单个分子。

我们专注于电子晶体学，因为通过它能得到最高分辨率的结构。

EM 有至少另外两种可能的应用，在蛋白质研究方面具有很大的潜力。第一个是研究质子化/离子化状态。这是因为电子带电荷，所以可以用 EM，它们的散射取决于它们击中的原子所带电荷。目前的技术水平无法使用这种方法观察整个蛋白质，但可以针对小区域进行分析。第二个可能的应用是研究蛋白质动力学，由于所研究的蛋白质处在溶液中，因此能保持其固有的活性状态。使用 EM 研究蛋白质动力学的一种方法是用不到 1ms 冻结样品，以捕获其中间状态。这个过程可以通过在冻结之前瞬间喷洒其天然配体来导向蛋白质的功能状态①。

3.2.3.2 一般步骤

在电子晶体学中，二维晶体位于透射式电子显微镜（TEM）内部，并用电子照射[43]。首先，根据俯视图执行样品的结构分析，以提供蛋白质的二维图像。其次，将样品倾斜至 60°～70°。再次，收集数据，以产生一个三维立体图[44]。将这些原始数据进行傅里叶变换得到蛋白质的结构图。

该方法有两个主要的技术问题：①样品的辐射损伤；②由于显微镜内的低压环境，样品干燥。

为了防止这些，在显微镜下检查样品之前，应对其进行预处理[45]。过去，电子显微镜技师主要依靠**负染色 *negative staining***[46,47] 技术，将样品浸没在重金属层中，在金属印象之上进行测量。由于金属比有机物更能抗辐射，使用了更强的电子束后能产生更好的对比度。但是，金属不能完全渗透蛋白质，模板仅包括蛋白质的表面。今天的显微镜技师倾向于使用**冷冻电子显微镜 *cryo-electron microscopy*** 的不同方法，这涉及用液氮或液氦快速冻结样品[48,49]。为了避免形成冰晶，一般将糖分子（如葡萄糖）加入样品中，以取代水分子。此外，为了支撑脆弱的二维晶体，需要一个强度足够又能透过电子（通常是碳膜）的平面。

3.2.3.3 优点与缺点

EM 具有一些重要优势[45,50]。首先，与 X 射线晶体学和中子散射相反，它允许直接观察分子。直接观察的优点是同时提供了波的幅度和相位。其次，它不需要制备三维晶体，而仅需更简单的二维晶体。这些更容易准备，并且还能让科学家观察溶液中的分子[51]②。二维晶体相对无序，只包括有一到两层分子，这对于 EM 来说已经足够，因为其电子分布比 X 射线大 10^5 倍[52]。因此，电子束可“感知”X 射线不可见的薄分子层。再次，EM 实际上没有大小限制，这使得科学家能够研究 X 射线晶体学通常无能为力的大型蛋白质复合物。最后，该方法不需要大量的蛋白质。

电子的低能量在减少样品损害上是有利的，但它也是 EM 分辨率低（4～20Å）的原因之一。其他因素也有助于低分辨率：仪器仪表，使用相对无序的晶

① 如第 5 章所述，蛋白质在天然的但不同的构象之间维系恒定的平衡，而配体结合将平衡转移到确定构象。

② 二维晶体可以自发形成，如在膜中[53]。

体，由于直接观察样品发生的辐射损伤，样品在电子束内的移动，以及低对比度。可以通过使用间接方法，即通过分析衍射图来提高分辨率，而不是直接观察它们[54]①。然而，这要求晶体大于约 1μm[43]，在任何情况下，增强的分辨率几乎总是比由 X 射线晶体学获得的分辨率要低②。因此，PDB 数据库中仅有 254 个结构（0.4%）是通过电子显微镜得到的，并且通过电子衍射仪解决了 5 个结构。应该指出的是，PDB 数据没有包括电子显微镜得到的所有结构。实际上，也可以在**电子显微镜数据库 *EMDataBank*** 中找到冷冻电镜结构③。后者包含约 320 个结构，因为它也接受低分辨率结构。

3.3　光谱学方法

光谱学是一个包括不同分析方法的领域，全部基于分子与电磁辐射相互作用，导致前者能级的变化[56]（激发态、弛豫态等）。这些变化导致被照射分子发射能量，它可以由仪器记录。发射能量的大小和/或频率通常取决于发光原子所处化学环境，这些数据可用于获得所研究分子的结构信息。在大分子中尤其如此，其中每个原子所处的化学环境是多样化的，并且会随生物学相关过程如折叠、配体结合等急剧变化。一些光谱方法可用于研究蛋白质，各自都基于使用不同频率的电磁辐射。例如，**核磁共振 *nuclear magnetic resonance*（*NMR*）**波谱采用无线电波，**电子顺磁共振 *electron paramagnetic resonance*（*EPR*）**光谱使用微波，**傅里叶变换红外光谱 *Fourier transform IR*（*FTIR*）**，以及**拉曼光谱 *Raman spectroscopies*** 使用红外辐射。尽管有几种方法用于确定全部或局部的蛋白质结构，但 NMR 和 EPR 光谱是最常见的。我们因此专注于这两种方法。这两种方法的原理在以下小节描述，重点是 NMR，测定蛋白质结构全局最有效的光谱方法。

3.3.1　核磁共振（NMR）波谱学

3.3.1.1　原理

NMR 的机制是处于外部施加的磁场内的原子具有磁性行为[57,58]。某些原子据说具有**核自旋 *nuclear spin***，其核心内的电荷运动在核周围产生磁场，该磁场具有与自旋成比例的矩（μ）。不是所有的核都有自旋；具有相同数量的质子和中

---

① 尽管最近已经确定了一个 1.9 分辨率的结构。

② 这种类型的数据收集对样品运动不敏感。

③ http://emdatabank.org

子的那些核通常具有零自旋（例如，常见同位素^{12}C、^{14}N和^{16}O），而其他的具有1/2自旋（^{1}H、^{13}C、^{15}N、^{19}F和^{31}P）。当具有核自旋的原子被放置在外部强磁场内时，它倾向于在两个取向中的一个方向上空间重新对齐。第一个与场线平行，具有低能量，而另一个是180°反相（反平行），并且具有更高的能量。在大分子如蛋白质中，大多数核会处于低能量对齐中，在平行和反平行磁矩之间的不平衡将产生小自旋极化，导致净宏观磁化。这种平衡状态可以通过向核发射能量脉冲①（**激发** ***excitation***）而变得不稳定，其激发幅度等于平行与反平行状态之间的能量差。对大多数原子而言，这个差异小于0.1cal/mol，并且其频率在无线电频率范围（20～900MHz）之内②。能量脉冲引起一些核将其自旋从一个能量状态转移到另一个能量状态，由于反转发生在两个方向上，它是一个非常快的共振过程（100μs），导致核回到原始状态，同时发射无线电波（**衰减** ***decay***/**弛豫** ***relaxation***），由NMR仪器检测和放大。称为***1D NMR***的最基本的NMR实验为样品的每个核提供了改变其自旋所需的频率。这在输出中显示为每个核在正确频率的单峰（图3.4a）。由于在大分子的情况下，样品含有许多核，NMR输出中的许多峰形成沿着频率标度延伸的锯齿状图。

每个核具有自己独特的共振谱。因此，考虑到外场的强度、激发频率及核的类型（如^{1}H），可以在测量输出上识别由某个孤立核发射的信号。然而，当含有这种核的原子是分子的一部分，即被其他核包围时，其发射的信号与在孤立状态下发射的信号稍有不同。这种**化学位移** ***chemical shift***现象是因为相邻原子的电子云掩蔽了核。例如，两个相同的质子，其中一个是酰胺基团的一部分，而另一个是甲基的一部分，会发射不同频率的信号。这是NMR方法测定分子结构的基础；通过在不同化学环境中使用已知的核化学位移，可以从其核磁共振波谱中解析出蛋白质的结构。通过发现核之间的相关性（**耦合** ***couplings***），指示其彼此相似性，从而将NMR峰分配给各种蛋白质核。由于^{1}H具有自旋值（为1/2），是所有原子中最强的磁矩，因此通常关注其光谱（**同核NMR** ***homonuclear NMR***）。然而，在某些情况下，可以在^{13}C或^{15}N被引入蛋白质之后作为同位素标记，并检查这些核与^{1}H之间的偶联（**异核NMR** ***heteronuclear NMR***）。NMR光谱学家关注蛋白质与核之间的这两种耦合[58]。

(1) J-耦合：它存在于共价键核（最多3个）之间。这种耦合是由键合电子极化的核之间的间接相互作用而产生的。用于定位该耦合（***COZY***）的测量显示分子内原子的连接性。

---

① 即振荡磁场。

② 能量（E）通过普朗克常数（h）与频率（v）成比例：$E=hv$。

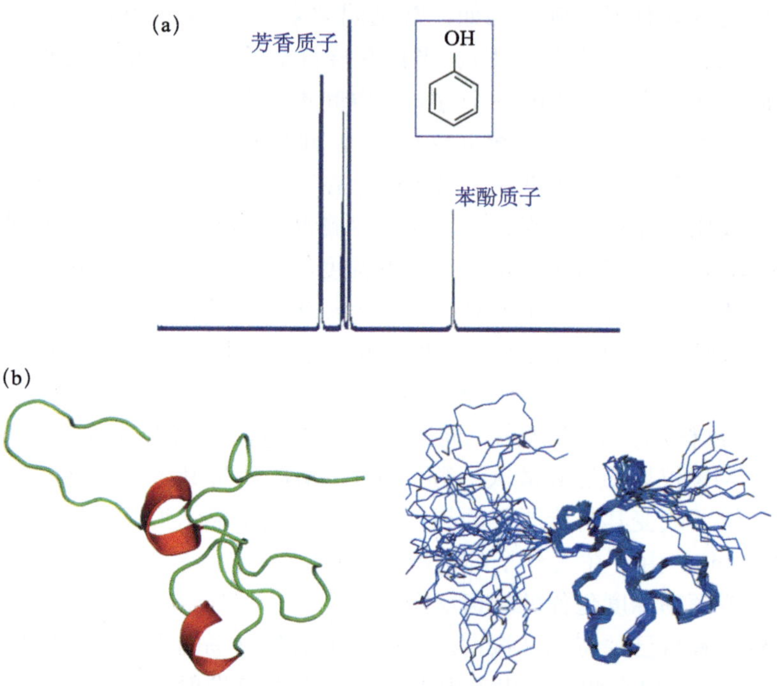

图 3.4 核磁共振谱（a）苯酚的一维 H-NMR 谱图，取自 Wikipedia（来自 Cfromber Phenol. In Wikipedia Foundation）。如上所述，光谱中的不同峰对应于分子中不同的质子类型。例如，羟基质子的峰与相应于芳香环质子的峰很好分离。(b) NMR 结构。该图显示人玻连蛋白（PDB 条目 1ssu）（左）和相应的 20 聚体（右）的生长调节蛋白 B 结构域的二级结构。所有的组合结构都在 NMR 测量所示的距离约束之内。显然，结构的中心部分比侧面边缘更加有序

（2）核质子进动效应 nuclear overhauser effect（NOE）：这种耦合发生在近端（小于 5Å）非键合的核之间。它是由核的磁偶极子之间的直接相互作用产生的。用于定位该偶联（***NOESY***）的测量揭示了分子的三级结构，它决定了非键合原子之间的亲和性。实际上，NOESY 测量不单独为每个原子提供位置，而是提供可能位置的一个范围。换句话说，测量为每个原子提供空间约束。因此，NMR 不是提供单个结构，而是提供与空间约束一致的结构集合（图 3.4b）。一个良好的集合可以对约束条件允许的完整构象空间进行采样，这使得它成为有关分子动力学的信息的潜在来源。这些数据对应于折叠状态动力学（见第 5 章）。有时候，这个集合报告伴随一个结构，是通过对组成它的个别构象进行平均而创建的结构。因为平均是在每个原子上分别进行，这种平均结构通常包含变形和不可能的键角。一个可接受的替代方案是报告最接近平均值的构象。

如所解释的，NMR 测量依赖于高能量自旋与低能量自旋数量之间的差异。不幸的是，差异很小，这导致了该方法的低灵敏度。（至少）有两种方式可以提高灵敏度：①增加磁场；②提高样品中的原子数。这就是为什么 NMR 需要至少约 1mmol/L 的浓缩溶液。

然而，大分子中 NMR 测量输出含有由许多核产生的几百个，有时达几千个共振峰。为了分离它们，可以重复进行测量，其中连续测量之间的时间差允许相邻的核相互影响并形成相关性（**同核 2D-COSY/NOESY**）[58]。实际上，该技术有效地分离 1D-NMR 输出中的重叠峰，并且在小蛋白（约 10kDa）中提供良好的结构测定。对付更大的蛋白质，可能需要更高的维度（3D-NMR 和 4D-NMR）。当在几个维度上进行测量时，可以提高峰值分离，因此需要使用包括一系列无线电脉冲的复杂协议及多次重复。改进测量的另一种方法是用 ^{13}C 或 ^{15}N 标记蛋白质并测量这些核在 ^{1}H 核上的影响（**异核 2D-TOCSY/NOESY**）。最后，在大于 30kDa 的蛋白质中，通常用 ^{2}H 代替样品中的 ^{1}H 原子。

3.3.1.2 通过核磁共振（NMR）波谱学测定蛋白质结构的步骤

（1）**蛋白质溶液的制备**：必须仔细制备进行 NMR 实验的溶液，以确保合适的 pH、离子强度和温度[58]。

（2）**核磁共振测量**：可以用几种不同的方式进行。例如，使用**连续波 *continuous wave*** 技术时，将样品放在玻璃管内，置于磁铁两极之间的旋转面上。该系统还包含两个线圈：一个线圈朝样品发送正确频率的无线电波，而围绕玻璃管的另一个线圈则接收由样品激发和弛豫而发出的能量。可以通过在窄范围内改变磁场并跟随发射的无线电信号，或者通过保持磁场恒定而改变向样本发射的无线电脉冲来进行测量。

（3）**信号分配**：这是根据从 J-耦合结果获得的数据，并通过使用有关蛋白质序列的已有知识来完成的。

（4）**确定原子距离约束**：这是使用 NOE 结果完成的。

（5）**结构测定**：通过将从 NMR 测量直接提取的约束转换为结构细节来完成。该过程需要使用计算，这为实验导出的数据添加了新的考虑[58]。计算如下。

A. 基于几何的计算：它们使用关于原子大小的预先存在的数据，以及连接它们的共价键的允许距离和角度来确定实验结构的概率。在进行结构修改的同时进行多次计算，直到与理论约束一致。

B. 能量计算：计算实验结构的势能，并用它来确定每个结构的概率。

3.3.1.3 优点和缺点

核磁共振波谱学的最大优点是可以在其原生环境中确定蛋白质的结构。这对于胞质蛋白及存在于细胞外体液，如血液、唾液、淋巴和胃肠道液体中的蛋白质都是重要的。其在研究自然环境中的蛋白质方面具有以下优点。

（1）即便很困难或不可能结晶，也能够测定蛋白质的结构。这主要适用于本质上非结构蛋白（见第 6 章）和膜结合蛋白。

（2）可以研究纳秒级（及更短）时间尺度内蛋白质的自然动力学。如上所述，X 射线衍射提供反映不同蛋白质区域的行动自由度的信息（即 B 因子）。然而，从这些数据中通常难以得知它们是否代表真实动力学或由结晶过程导致的静态缺陷[16]。

（3）蛋白质的水合层可以在结构和动力学两方面进行研究（如参考文献［60］）。

（4）可以分析蛋白质结合过程，如酶-底物、酶-辅助因子及蛋白质-药物的结合。使用核磁共振（NMR）对于这一目的而言，除了其他因素，还依赖于其对弱的和短程的相互作用的高度敏感性。事实上，NMR 是目前用于开发新药物的方法之一[61]。对于此目的，具体应用（**^{15}N-^{1}H 异核单量子相干 *^{15}N-^{1}H heteronuclear single quantum coherence***）从数十万个分子中筛选和优化最合适的。该方法包括用 ^{15}N 标记蛋白质，并且在配体存在和不存在的情况下测量 NMR 谱。首先确定小型化学基团与相关蛋白质区域的结合强度；随后将这些组合成为一个整体药物分子，并进行优化。这种 NMR 技术最近被用于开发抑制抗凋亡蛋白 Bcl-2 的抗癌药物，并且已经证明了其对实体瘤的体内活性[62]。

（5）液晶态 NMR 和固体 NMR 之类技术的进展使科学家可以跟随插入膜中的蛋白质/肽，并确定它们相对于膜垂直轴的取向（如参考文献［63－65］）。

由于测量使用的是低能量无线电波，因此 NMR 波谱学的另一个优点是它不会损害样品。最后，称为固态 NMR 的方法可以对膜蛋白或形成淀粉样蛋白沉淀物的蛋白质进行测量[66－68]。这些蛋白质倾向于在其环境中获得一定的取向，并且测量也可以用于确定定向，这通常在蛋白质的功能中起重要作用[69,70]。

之前我们讨论了 NMR 波谱学的一个主要问题，就是难以辨别大蛋白中存在的众多原子的磁性能。在这样的系统中，细胞核的快速弛豫产生具有低分辨率的宽范围谱线。由于这个问题，该方法仅限用于小蛋白（40kDa 或更低），尽管最近成功测定了较大的蛋白质（约 100kDa）和蛋白质复合物（详见参考文献［16］）。通过使用不同的技术，例如，通过 ^{2}H 和其他同位素的标记，以及通过开发诸如 ***TROSY*** 的方法，已经实现了对非常大的蛋白质的扩展方法。后一种 NMR 技术降低了弛豫率，因而也降低了信号损失程度[58]。解决频谱线的困难及这一领域技术的多样性意味着与其他方法相比，NMR 的自动化程度较低，这本身就是一个问题。

3.3.2　电子顺磁共振（electron paramagnetic resonance，EPR）波谱学

EPR 波谱学的原理与 NMR 波谱的原理非常相似：具有磁自旋的位于蛋白质

内的亚原子粒子经受外部施加的强磁场。每个颗粒的自旋相对于场线以平行或反平行取向。向颗粒发射的能量脉冲允许它们在两种状态之间瞬间切换，即共振，并且当它们弛豫回到其原始方向时，就发射可被仪器记录的能量信号。发射的信号取决于每个粒子的局部环境，在集成时，所有记录的信号提供关于蛋白质的结构信息。那么 NMR 和 EPR 之间有什么区别？首先，EPR 中的亚原子粒子不是核，而是具有顺磁特性的不成对电子[71]。其次，因为蛋白质通常不含不成对的电子（除了一些含金属的蛋白质），EPR 要求它们用**自旋标记 *spin label***，即一个分子标记。有几个这样的分子，都是含有不成对电子的氮氧化物基团 ***nitroxide group*** 的有机小分子化合物。其中一些与特定类型的蛋白质残基相结合，而另一些则是自然配体的类似物，如 ATP[71]。最后，EPR 实验期间在电子自旋中发生的能量转换大于在核自旋中发生的转变。结果，用于激发样品的能量脉冲处于电磁标度的微波区域，而不是无线电区域[56]。

在 EPR 中，从弛豫电子发射的信号取决于以下几个因素[71]。

（1）顺磁标记相对于磁场的取向。

（2）标签的流动性。

（3）在标签附近存在其他不成对电子，这引起自旋-自旋相互作用。

EPR 的取向和运动依赖性是由电子自旋与外部磁场的各向异性相互作用造成的，也是由来自标签中不成对的电子占据非对称轨道所造成的。影响 EPR 信号的第二和第三个因素意味着除了提供蛋白质的结构信息，该方法还可以用于研究它们的动态行为和与配体的相互作用（见参考文献［71］中的案例）。关于动力学，有趣的是，对 EPR 测量具有最大可观察效应的运动在 10^{-11}～10^{-9}s 的范围内，然而更具生物相关性的范围（10^{-9}～2×10^{-7}s）却很难测量[71]。使用基本 EPR 不能测量比该范围慢的运动，需要一种称为**饱和转移电子顺磁共振 *saturation transfer EPR*（*ST-EPR*）**的技术。

与距离相关的自旋-自旋相互作用对 EPR 输出的影响可用于多种目的。首先，它允许科学家测量蛋白质中两个自旋标记位点之间 2～25Å 的距离。其次，在膜结合蛋白/肽中，它可以用于确定肽或蛋白质片段相对于膜垂直轴的方向，特定残基与脂质化学基团的距离（例如，参考文献［72，73］）和独立生物活性肽的聚集（例如，参考文献［74］）。类似的测量可以用来确定蛋白质中特定残基的溶剂可及性，无论是水溶液还是生物膜（例如，参考文献［75］）。

对自旋标记的要求使 EPR 波谱学无法用于蛋白质的全结构测定。然而，它可以用于提供局部信息或定性信息。例如，局部结构，如 α 螺旋和 β 折叠，在侧链的移动性和溶剂可及性中，周期性分别显示为 3.6 和 2[71]。此外，当标签处于三级或四级接触区域时，侧链移动性和溶剂可及性均降低。后者也可以跟踪不同亚基上自旋标记之间增加的相互作用。

3.3.3 从其他方法得出的信息

经典的光谱方法，如可见光/紫外线吸收和荧光由生物化学家与分子生物学家广泛使用，主要是由于它们的简单性和可用性[56]。还有更先进的光谱方法，形成**傅里叶变换红外 *Fourier transform infrared*（*FTIR*）**光谱、拉曼光谱、**圆二色性 *circular dichroism*（*CD*）**光谱和质谱。这些需要专业知识和复杂的仪器，但对生物化学研究是无可估量的。尽管这些光谱方法中只有少许相关分子的三维结构，大多数不能用于确定完整的蛋白质结构，它们可提供重要信息与 NMR 和 EPR 研究相辅相成。下面我们提供荧光和圆二色性光谱的简短描述。

3.3.3.1 荧光光谱

获得蛋白质三级结构信息的最简单的光谱方法可能是荧光光谱。当某些化学基团（**荧光分子 *fluorophores***）被适当波长的光子（紫外到蓝绿光）所激发，它们通过经历某些内部过程而弛豫，其中一个过程导致发射较长波长的荧光光子[76]。在蛋白质中，荧光主要是与芳香族残基相关。当这些残留物暴露于溶剂时，仪器完全记录荧光。然而，当它们在蛋白质内部时，至少一些荧光被猝灭。因此，可以使用记录的荧光发射的程度来了解蛋白质结构和折叠程度。通过在大分子的不同位置用荧光染料化学标记，可以显著减少光谱学家对所研究的蛋白质中天然存在的芳香族残基的依赖性。这个主题的复杂变化是**荧光共振能量转移 *fluorescence resonance energy transfer*（*FRET*）**[77]，其中发射的荧光能量在两个荧光团之间非辐射地转移。也就是说，一对发光基团用于在特定位置标记蛋白质。选择该对基团，使得一个荧光团（供体）的发射光谱与另一个荧光团（受体）的吸收光谱重叠。能量转移随两个荧光团之间距离的 1/6 次方衰减，因此可用于它们之间距离的测量。

3.3.3.2 圆二色性（CD）光谱

圆二色性（CD）是一种更为复杂的光谱法，主要用于确定二级结构[78]。该方法依赖于不对称分子对左旋偏振光和右旋偏振光的吸收差异。在蛋白质中，这种不对称性来自氨基酸残基的 L 构型对 D 构型的优势。当它们以重复模式出现时，如在二级结构中发生的那样，它们的肽键产生典型的远紫外光谱，揭示这种结构的存在。该方法可以揭示蛋白质中残基占据某种次级单元的百分比，但不能分辨这些残基的身份。除二级结构外，还可以使用 CD 光谱来了解三级结构的某些方面。这是通过检查由芳香族残基和二硫键产生的蛋白质的近紫外光谱来完成的。光谱对蛋白质三维结构的变化敏感，因此可以通过该方法检测涉及这种变化的过程，如折叠或结合配体。例如，仅具有次级单元的错误折叠的蛋白质（详见

第 5 章）将仅产生显著的远紫外光谱。

3.4 结构预测的计算方法

3.4.1 简介

由于开发出上面几节提到的方法，蛋白质结构测定有了显著进步。然而，这些方法通常较慢，因此所解决的蛋白质结构的数量只占所有已知序列数量的很小百分比[79]。这个问题可能的解决方案是使用预测蛋白质结构的计算方法，因为这些方法比实验（即实验室）方法明显更快、更便宜。仅根据其氨基酸序列来预测蛋白质的天然结构的能力一直是计算生物学最理想的目标之一，因为它可以快速便捷地测定整个蛋白质组。这也是制药行业最迫切的需求，蛋白质结构的快速预测将会节省开发单一药物所需多年的辛劳和昂贵的实验[80]（见第 8 章）。目前，有许多蛋白质结构预测方法。然而，它们一般可以分为两种方法：物理和比较。在下面的小节中，我们将回顾这两种方法的主要流程，它们的相对成功性和最常用的方法。

3.4.2 物理方法

预测蛋白质天然折叠最明白的方法可能是遵循自然本身，即准确表征物理力量驱动蛋白质折叠的方式，并使用该表征来计算未知结构蛋白质的折叠过程。由于存在可用于多肽链的许多可能的折叠（即构象），预测将必须依赖于热力学前提，即天然折叠是蛋白质的最低能量状态，即最稳定的三维蛋白质原子组合。蛋白质天然结构更准确的观点为其是能量最低的构象，然而它却有足够的能量来维持蛋白质执行其功能所需的动力学水平。

系统的“总”能量也称为**自由能** ***free energy***（详见第 4 章），可以分解成不同的组成部分：势能、热能、动能等。事实上，是自由能决定了系统的稳定性。纯粹基于能量的预测仅使用系统中原子类型的信息，它们在三维空间中的相对位置，以及它们与其他原子的键合和非键合相互作用。该信息用于计算系统的能量含量和作用在每个原子上的力。因此，这种方法被称为**从头折叠** ***ab initio***，其在拉丁语中意味着“从头开始”。尽管在这种方法中包括不同的方法，但都基于以下两个基本能力。

(1) 对给定（蛋白质，译者注）构型计算系统的能量含量①。

(2) 采样许多（蛋白质，译者注）构型并找到能量最低的（即最稳定的）

① 一个构型是在某个时间点上系统内所有原子的确切空间分布。

构型。

3.4.2.1　计算系统的总势能

基于蛋白质的系统，除蛋白质本身外，还包括溶剂原子和任何其他化学物质，如离子、辅因子等。在任何给定的时刻，这些原子中的每一个均占据空间中的一个点。在蛋白质折叠期间，通过系统对许多这样的构型进行采样。如第 1 章所述，只有通过应用量子力学（QM）计算才能获得不同原子之间在系统中运作的所有物理力的忠实表征。这是因为力源于原子周围的电子的空间分布，需要 QM 计算。不幸的是，这样的计算在计算上是昂贵的，并且目前可用的计算机能力对于严格类型表征这种大分子系统是不够的[81,82]。或者例如，对小蛋白（或甚至其单一部分）的单一构象进行的 QM 计算可以持续几个月[83]。

因此，科学家经常使用近似来描述被调查的系统中真实的物理力，因为它们大大简化了计算。依靠这种方法的结构预测在 20 世纪 80 年代中期开始出现，首先是短肽，然后是蛋白质[84−86]。该方法被称为**分子力学 *molecular mechanics* (*MM*)**，因为它通过使用源自牛顿**经典力学 *classical mechanics*** 的表达式来近似分子系统。也就是说，系统的所有原子都被考虑到①，并且使用一组数学方程（力场）来描述能量含量，将原子和共价键分别当作球和弹簧（参见专栏 3.1）。力场包括几个单独的表达式。每个表达式描述了系统中任何两个原子之间不同相互作用产生的**势能 *potential energy***②。

$$U_{tot} = U_{bond} + U_{elec} + U_{np} + U_{vdw} \tag{3.2}$$

式中，U_{tot} 是总势能，U_{bond} 是由共价键属性所产生的势能，U_{elec} 是静电相互作用产生的势能，U_{np} 是由非极性相互作用产生的势能。

实际上，由力场提供的近似描述允许许多大分子系统的势能计算在不到 1s 之内完成[83]。显然，各系统确切的计算时间都不相同，这取决于原子数和所用的计算机类型。

专栏 3.1　力场

1. 概述

分子力学（MM）和分子动力学（MD）被生物物理学家用于不同场合，但它们都具有共同的能力，即计算分子系统的总势能。他们这样做是基于描述不同的化学键和系统中原子之间的物理相互作用。这需要如下 3 种类型的输入。

（1）系统的显式模型，即系统中每个原子在三维空间中精确位置的描述。这

① 这种表示形式称为显式（图 3.5）。

② 第 4 章提供势能含义的详细描述。对于目前的需求，我们可以将其描述为系统的单一构型中所有共价键和非共价相互作用所产生的能量。

种类型的输入是由实验方法如X射线晶体学和NMR获取的坐标文件。

(2) 与系统中每个原子类型相关的参数，如半径和（部分）电荷。这些值是从实验中估计的。

(3) 基于原子的任何两种类型的原子之间的所有共价键和非共价相互作用的大小与方向的描述。

分子动力学（MD）被称为**力场 *force field*** 的数学表达式所描述[87—91]。当应用于系统的给定“快照”，其中包括所有原子的坐标一个静态构型，这个数学表达式可以计算系统在此构型下的总势能。典型的力场不是一个单一的表达式，而是一组项目的总和，每个项目对应于不同类型的化学键或相互作用（图3.1.1，参考文献［83］）。更具体地说，每个项目描述了系统势能所依赖的某些与特定键或互动类型有关的因素。因素包括键长、原子电荷等。项目可以分为两种一般类型。

(1) 化学键（图3.1.1a～d）是指共价键。换句话说，它们描述系统的势能依赖于键的长度和角度。表达式是牛顿经典力学中的近似值。原子被描述为典型半径和质量的球体，化学键被描述为可以被拉伸或弯曲的谐波弹簧[92]。这些项目中使用的力常数和其他参数可以通过两种方式得出。第一种是通过适应高精度的量子计算。第二种是在物理性质的计算中使用它们，如小分子的振动谱，并根据测量值进行调整[83]。

(2) 非化学键（图3.1.1e～f）涉及原子之间的非共价相互作用，通常是静电和范德瓦耳斯力。前者通常由库仑定律描述，后者由Lennard-Jones方程描述。这里也是物理表达式（例如，库仑方程中原子的粒子电荷），包含通过拟合到实验数据或量子力学（QM）计算所得出的参数[93]。例如，在专栏1.4（第1章）中所讨论的，非极性相互作用和静电相互作用的极化成分都特别难以用显式模型来计算，因为它们涉及数千个溶剂分子。最近的力场就旨在克服这个问题，如下所述。

2. 力场的种类

生物系统中的力场是比较新的。它们在20世纪80年代开始出现[90]，基于早期为简单有机化学系统开发的功能（例如，参考文献［94］）。此后，为生物系统开发了许多力场；有一些是通用的，另一些是为特定系统设计的。然而，从应用广泛程度而言，只有屈指可数的几个流行的力场涉及生物系统的模拟[95]。包括如下几种。

(1) CHARMM (Chemistry at HARvard Macromolecular Mechanics)[96] 是由哈佛大学Martin Karplus团队为蛋白质和核酸而开发的。Schneior Lifson所在的Weizmann研究所团队、康奈尔大学的Harold Scheraga团队和斯坦福大学的Michael Levitt也对CHARMM做出了重大贡献。它是一个通用的力场，适用于

$$U = \sum_{i=1}^{N_{\text{bonds}}} K_{b,i}\,(b_i - b_{0,i})^2 \qquad \text{(a)}$$

$$+ \sum_{i=1}^{N_{\text{angles}}} K_{\theta,i}\,(\theta_i - \theta_{0,i})^2 \qquad \text{(b)}$$

$$+ \sum_{i=1}^{N_{\text{dibedrals}}} K_{\phi,i}\,(\cos(n_i\phi_i - \phi_{0,i})) \qquad \text{(c)}$$

$$+ \sum_{i=1}^{N_{\text{imprp-dbd}}} K_{\omega,i}(\omega_i - \omega_{0,i})^2 \qquad \text{(d)}$$

$$+ \sum_{i}^{N_{\text{atoms}}} \sum_{j\neq i}^{N_{\text{atoms}}} \left(\frac{A_{ij}}{r_{ij}^{12}} - \frac{B_{ij}}{r_{ij}^{6}} \right) \qquad \text{(e)}$$

$$+ \sum_{i}^{N_{\text{atoms}}} \sum_{j>i}^{N_{\text{atoms}}} \left(\frac{q^i q^j}{Dr_{ij}} \right) \qquad \text{(f)}$$

图 3.1.1　简单的力场。(a～d) 系统的势能对以下共价键因子的依赖：(a) 长度，b_i；(b) 有效角度，θ_i；(c) 二面角，ϕ_i；(d) 不正确的二面角，ω_i，即与平面度的偏差。在所有情况下，相互作用被描绘为在坐标文件中找到的实际值（例如，b_i 和 θ_i）与理论平衡值（例如，$b_{i,0}$ 和 $\theta_{i,0}$）之间的比较。(e) 范德瓦耳斯势能对相互作用的原子 i 和 j 之间的距离（r_{ij}）的依赖性；(f) 静电势能对局部电介质（D）的依赖性，以及带电荷 q_i 和 q_j 的原子 i 和 j 之间的距离（r_{ij}）。参数 $k_{b,i}$，$k_{\theta,i}$，$k_{\phi,i}$，$k_{\omega,i}$ 分别是相互作用（a～d）的力常数。A_{ij} 和 B_{ij} 是与范德瓦耳斯相互作用相关的参数（来自 Gilson，M. K. and Zhou，H. X.，*Annu. Rev. Biophys. Biomol. Struct.*，21，36－42，2007。经许可）

小分子和大分子。

(2) AMBER (Assisted Model Building with Energy Refinement)[97] 由加利福尼亚大学旧金山分校（UCSF）的 Peter Kollman 团队所开发[98]，这个力场主要用于包括蛋白质和核酸的系统。

(3) GROMOS/GROMACS (GROningen MAchine for Chemical Simulations)[99,100] 最初由格林宁根大学开发，用于蛋白质、核苷酸、在水或非极性溶剂中的碳水化合物。

(4) OPLS (Optimized Potentials for Liquid Simulations)[102] 最初由来自普渡大学的 William Jorgensen 开发。根据液体的实验性质如密度和蒸发热，参数化 OPLS。

(5) MM-系列力场（例如，MM3[103]，MMFF94[104－106]）被设计用于广泛的分子，其中第一版本主要适用于小分子，而更新版本（MMFF94）也适用于大分子。因此，它们对于蛋白质-配体系统的计算特别有用。

各种力场之间有如下相似之处[86]。

(1) 大多数力场对各种键合和相互作用类型使用类似的基本描述：键长度和角度使用谐波项描述，傅里叶级数的键扭转角，Lennard-Jones 依赖性的范德瓦耳斯相互作用，以及库仑定律的静电相互作用。这个规则的例外包括**二级力场 *class Ⅱ force fields*** (例如，MM3[103])，其中包含高阶项[107,108]，表达式中能量与键的长度或角度的三次、四次或更高次方成正比。

(2) 大多数力场是可叠加的。也就是说，他们认为对应于不同键和相互作用的能量不会相互影响，因此可以单独计算，然后求和以产生总势能。再者，二级力场是个例外，因为它并入了交叉项或更高阶项。

(3) 所有力场都假定用于描述各种键和交互类型的表达式的近似性质可以通过使用力常数与其他参数进行修正。

那么现在不同的力场之间有什么区别呢？两个主要差异是力常数和其他参数的推导，以及用于描述非键合相互作用的非能量、统计学导出表达式的使用。

参数推导：虽然用于蛋白质系统，但许多力场依赖于为有机小分子或片段推导的参数。推导过程可以依赖于许多方面不同的实验或计算，如溶剂的类型。当前的力场（例如，CHARMM[96]）可以包含不同大分子（蛋白质、核酸、脂质、碳水化合物）的不同参数集合。

非能量表达：近几十年来众多蛋白质结构的确定使科学家能够得出反映蛋白质残基不同趋势的重要统计数据。发现这些数据的一个用途是将它们变成能量表达式，描述每个残基参与某些非结合相互作用的趋势。众所周知的实例涉及氢键。而原始力场描述氢键作为固定偶极子之间的库仑相互作用，现代力场通常基于从实验确定的结构获得的统计数据将其描述为几何依赖[109,110]。这是由于认识到氢键的能量很大程度上取决于所涉基团的方向（详见第 1 章 1.3.1.3 节）。

上文提到的每个主要力场，如 CHARMM[96]、AMBER[97]、OPLS[102] 和 GROMOS [99,101]今天已成为大型 MM/MD 的一部分。每个分软件包含有原来仅在其他力场中可用的许多功能。例如，CHARMM 包允许考虑高阶能量项，这些术语未包含在原来的 CHARMM 力场中。这些软件包每几年更新一次，重点是以下几个方面。

(1) **考虑不是蛋白质或核酸的原子和分子：**许多原始力场已被拟合以再现涉及生物大分子或与其功能团类似的有机小分子的实验。然而，可以作为蛋白质修复基团和酶辅因子发现的金属与有机基团通常在力场中缺乏相应的参数。像 MMFF[104−106,111] 的二级力场通常与这些异类分子相容。然而，普通力场的更新或增加，例如“一般的 AMBER 力场（GAFF）”[112] 也允许考虑这些非蛋白质分子。这个问题对药物设计可能是最为迫切的，因为大多数药物分子对生物系统而言是外来的，所以不被普遍的力场所认可。目前的努力集中于在已知的力场中包括这些分子的参数（例如，OPLS-AA[113]和 CHARMM[114]使用的一般“Cgen-FF”力场）。

（2）**包含溶剂分子**：尽管一些早期力场被参数化以仅再现在真空中测量的分子性质，但是许多当前的力场能够明确地处理含水溶剂（例如，CHARMM22、AMBER 和 OPLS 使用的 TIP3P 模型，以及 GROMOS 使用的 SPC 模型）。一些也使用非极性溶剂进行参数化（如 GROMOS）。

（3）**包含量子力学（QM）表达式（混合力场[81,82,115,116]）**：这允许力场解决涉及原子核周围的电子分布变化的系统方面，例如，电子极化①和共价键的形成/断裂[117]。关于电子极化的研究表明，结合位点的电场导致配位体极化的模拟精度显著提高[118]。一个已知问题是 QM 处理对分散力的拙劣表述[83]。这可以通过使用经典项（如 Lennard-Jones 表达式）来描述能量的范德瓦耳斯分量来解决。极化效应最近已并入 CHARMM 力场中，并应用于基于蛋白质的系统[119,120]。

（4）**包含解决溶剂效应的项目**：如上所述，由于系统中溶剂分子数量众多，所以这种效应很难用显性表达来处理。这个问题可以通过使用隐含（平均场）模型[83]，至少能部分地解决（见专栏 1.4）。因此，Poisson-Boltzman（PB）方程可用于计算静电相互作用的极化分量，而表面积（SA）表达式可用于描述疏水效应。这种 ***PB/SA*** 方法[121] 效果很好，可以并入 MM 计算使用的力场中（该方法称为 ***MM-PB/SA***）。MM 用于计算无溶剂分子的情况，而使用 PB/SA 项来代替计算溶剂效应。如正文中所述，MM 计算产生势能值，而 PB/SA 计算产生自由能值。为了组合这两项，MM 计算由动态模拟（MD）代替，其中对多个构象进行采样以获得自由能量值。但是，这会产生一个新的问题：PB 计算每个蛋白质构象需要几分钟，因此不能用于大量采样此类构象的模拟。幸运的是，存在 PB 模型的更简单的变化，称为广义的 Born（GB）模型 ***generalized Born（GB）model***，它用带电球体的集合来近似蛋白质的形状，其周围的静电电位可以被分析计算，从而能大大加速完成计算。实际上，GB/SA 模型[122] 已经成功地纳入到基于力场的模拟中（该方法被称为 MM-GB/SA）。在一些系统中，为了获得高精度，需要仔细配置质子化和互变异构状态[83]。

3.4.2.2 对系统的构型空间进行采样

假设力场是准确的，系统势能的计算允许我们确定一个构型的稳定性。原则上，找到蛋白质的天然折叠需要一个对系统的整个构型空间高效地进行采样的方

① 由原子受到的电场的变化引起的原子电子电荷的再分配[83]。

法。换句话说，科学家必须考虑系统中的所有可能的原子位置，计算每种情况下的势能，并选择能量最低的那个。尽管基于力场计算的近似性质，这个任务实际上是不可能实现的，因为除了蛋白质的许多原子和相关分子（配体、辅因子等），系统还包括许多具有不同自由度的溶剂分子。这种系统中的原子组合的总数很难深究，更不必说通过计算整合。科学家使用不同的构型搜索方法，尝试找到能量最低的构型，而不是对系统的整个构型空间进行采样。被称为**“能量最小化 *energy minimization*”**的最简单的方法是从随机选择的初始构型开始，并应用以下步骤。

（1）计算初始构型的势能。在系统的不同位置推导出这种能量可以计算由系统的其余部分施加在每个原子上的力[86]［见下面的公式（3.4）］。

（2）当其响应由系统的其余部分施加到其上的力时，在系统中每个原子的位置引入一个微小变化，并执行如前一步骤中的计算。

（3）计算新构型的势能。

（4）如果新构型的能量低于前一种，则采用步骤（2）和（3）。然而，如果有更高的能量，则被拒绝，然后，创建一个新的构型并进行步骤（2）和（3）。该过程继续，直到找不到新的较低能量构型。

因此，该方法从一个构型沿势能面的梯度向下移动，直至收敛到最近的局部最低[86]。

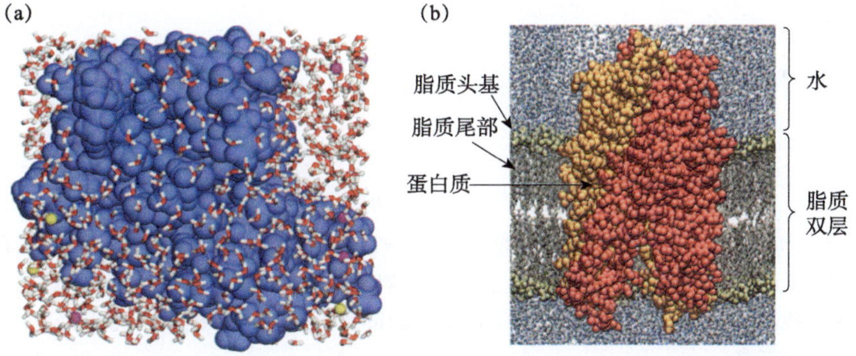

图 3.5 分子力学计算中的显式描述。(a) 浸泡在溶剂中的小球状蛋白（棒状酶，PDB 条目 1b2x），其包括水分子和离子（0.5mol/L NaCl）。蛋白质以蓝色原子球形式呈现，而周围的水分子呈现为以原子类型着色的棒状物。Na^+ 和 Cl^- 分别表示为黄色和品红色小球体，在模拟中应包括所有的原子。(b) 在水溶性溶剂中被包围的棕榈酰-油基磷脂酰乙醇胺（POPE）脂质双层中的 ABC 转运体 Sav1866 的分子动力学快照。脂质头基和蛋白质以空间填充表示显示，而脂质尾部和含水溶剂以线框表示。脂质分子是灰色的，水分子是蓝色（氧）和白色（氢），两个蛋白质亚基分别着色为红色和橙色（由 Drew Bennett and Peter Tieleman, University of Calgary 提供）。(a) 和 (b) 不在相同的尺度

尽管不同的能量最小化程序试图最有效地搜索最低能量构型（即“**全局能量最小值 *global energy minimum***”），但是它们都趋向于“停滞”在许多**局部能量最小值 *local energy minima*** 之一中。要理解这是什么意思，我们首先需要了解，蛋白质的天然结构是最低能量的构象，即全局最小值，有许多其他构象具有低能量，只是不如天然结构那么低①。每个这样的构象被称为“局部能量最小值”。为了从局部最小构象转移到天然最小构象，蛋白质通常需要通过另外的构象，在几何学上它可以与之前相似，但因不恰当的原子-原子相互作用，而具有更高能量（图 3.6）。这样的高能量构象被称为“**能垒 *energy barrier***”。回到最小化程序，当算法沿势能梯度“走下去”时，它达到最接近它开始搜索的最小配置。由于该局部最小值被能垒所包围，并且由于该算法被设计为拒绝具有比先前更高能量的任何构型，因此它被卡在局部最小构象中。这类似于一个滚下斜坡的球，在到达底部之前，被卡在一个坑里。

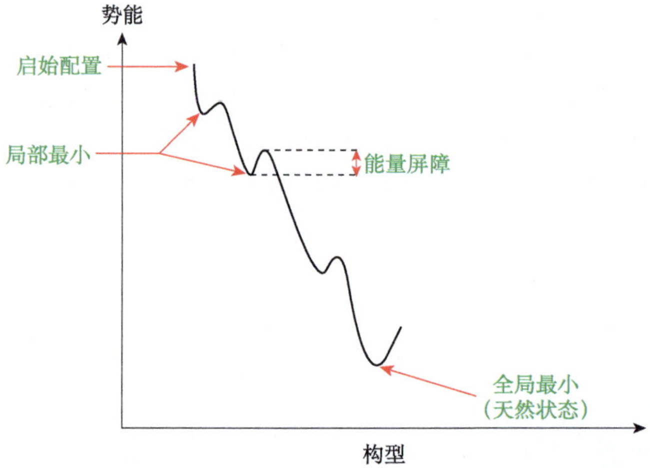

图 3.6　蛋白质中的局部能量最小值和能垒。显示假想的蛋白质-溶剂系统能量景观。在图中，每个不同的系统构型的特征在于势能值。在模拟期间，以某种模式对不同的构型进行采样。如图所示，找出全局能量最小值（对应于最稳定的配置）通常需要模拟来克服分离不同局部能量最小值的能垒

球不能离开坑，因为任何运动都会撞上坑壁。为了摆脱陷阱，球需要被推动，以克服由坑壁造成的局部物理障碍。

同样的解决方案在分子系统中也是有效的。如果提供额外的能量，能量最小

① 请注意，我们提到的是蛋白质的**构象 *conformation***，而不是系统的整体构型（蛋白质、溶剂和其他分子/原子）。我们这样做是为了简单起见，实际上，势能来源于系统的整体构型，而不仅仅是蛋白质构象的内在能量。

化算法可以被“推”出局部最小“坑”。这允许算法克服局部能垒（即高能量构型），摆脱局部最小值，并且继续寻找具有更低能量的新构型。实际上，这是通过提高系统的温度，即添加虚拟热能来实现的。增加的能量允许系统的原子增加其运动并创建超出局部最小值的新构型。这种方法称为**“分子动力学 *molecular dynamics*”（*MD*）**[86,92]，其重点是计算系统中原子的时间依赖运动。根据经典力学中定义的运动方程式进行计算[86]。这些联系了物体运动的变化［即改变其位置（∂r）］随着时间（t）到其质量（m）和作用在其上的力（F）：

$$F = ma = m\left(\frac{\partial v}{\partial t}\right) = m\left(\frac{\partial^2 r}{\partial t^2}\right) \tag{3.3}$$

式中，a 是物体的加速度，v 是其速度。

作用在系统（F_i）中的原子 i 上的力可以从系统的势能（E_{tot}）导出，其次是使用力场来计算：

$$F_i = \frac{\partial E_{\text{tot}}}{\partial r_i} \tag{3.4}$$

因此，系统中每个原子的运动是根据其在任何给定时刻的能量来计算的。实际上，在 MD 模拟中，原子被赋予初始速度，并且它们根据系统势能的相应变化而保持在空间中移动。再次，原子运动的驱动是通过升高温度而提供的热能。因此，MD 模拟通常在加热和冷却的重复循环中进行。加热允许系统获得高能量构型，而冷却（随后是能量最小化）使其能够松弛进入邻近的低能量构型中。该 MD 程序被称为**“模拟退火 *simulated annealing*”**[86,123]。

使 MD 搜索更有效率的一个常见方法是将其分为两个步骤[124]。第一步是低分辨率搜索，重点是找到非极性相互作用的结构集合。这是基于蛋白质折叠期间的概念，疏水作用是蛋白质球形成的初步产生原因（详见第 5 章）。这种类型的搜索可以使用系统的简单（**隐含 *implicit***）描述，并且不需要大量的计算机资源。第二步采用高分辨率搜索蛋白质的天然结构，在第一步分离的结构中。这个密集搜索是基于系统的全原子描述（图 3.5），重点是静电和范德瓦耳斯相互作用。这是因为这种相互作用显著地取决于原子的装填，并且在天然构象中应该是最佳的，其特征在于高填充能力。

3.4.2.3 限制和部分解决方案

蛋白质结构测定的物理方法有几个主要问题，这使得许多计算科学家想知道是否应该使用这种方法。对这些问题的全面讨论超出了本书的范围。不过，我们讨论了被认为最紧迫的两个问题，然后提出结论。这种讨论的目的不是将物理方法作为结构预测中的工具来确认或否决，而是为读者提供一般性的考虑因素，在尝试确定使用该方法的最佳方式时必须考虑到这一点。

3.4.2.3.1 寻找最低能量配置 MM/MD 方法的主要问题是目前使用它们

来模拟生物相关过程如蛋白质折叠的困难。这是为什么呢？如上所述，假定蛋白质的天然构象与所有其他可能构象相比是自由能含量最低的天然构象。因此，旨在找到天然构象的任何模拟必须能够计算系统的自由能。不幸的是，基于力场的计算提供了系统的势能，这只是自由能的两个组成部分之一（见第 4 章）。缺失的组件是**熵 *entropy***，这是一个难以捉摸的物理量，与系统的原子可以组织的方式的数量有关。唯一的估计方法来自势能计算的熵和自由能是尽可能地在系统构型上运行它们，然后集成。这就是问题所在。MD 模拟确实能够对系统的众多构型进行采样，但是由于它们依靠高度明确的系统模型，它们不能覆盖所有可能的构型。具体来说，这种模拟很难考虑水溶液的所有构型，因为它包括许多分子[125]。所以，MD 模拟，即使是最广泛的模拟，只抽取一小部分构型空间，当计算出的势能被整合时，其结果不是系统的真实自由能，而是“平均的势能”(PMF)。在计算蛋白质和溶剂之间的静电相互作用时，这个问题尤其明显（见专栏 1.4)。因此，尽管一些力场设计为具有与溶剂极化相关的表达式（参见专栏 3.1)，但不建议使用 MD 模拟来描述溶剂效应。

如专栏 1.4 中所解释的，减轻显性 MM/MD 计算负担的一种方法是使用系统的隐含描述，或至少是对部分内容。为此，选择的部分由平均属性表示，这就是这种方法被称为“**平均场近似 *mean field approach***”的原因，由于系统中最难分析的部分是溶剂，因此通常将其选择为隐含描述的组件。这通过将溶剂作为均匀体积进行处理，用于描述溶剂的本质的性质是其电介质（**连续-溶剂近似 *continuum-solvent approach***）（图 3.7）[126,127]。平均属性的使用允许科学家计算系统的自由能，而无须采样不同的系统构型。不幸的是，隐含的描述掩盖了系统的细节方面。的确，这是平均场近似的主要问题。例如，蛋白质-水边界处的蛋白质原子与流动性较少的水分子之间的相互作用被忽略。当“溶剂”不是水性而是生物膜时，这个问题甚至更为关键。原因有二：首先，脂质膜是各向异性的，蛋白质与其胞质侧的相互作用和与其质膜外面的相互作用不同（参见第 7 章)。其次，脂质本身是化学多样性的，并因此能以各种方式与蛋白质相互作用，所有这些都被连续溶剂近似弄得含混不清。

因此，似乎使用基于能量的方法必须涉及一些妥协；当系统细节是最重要时，使用该系统的全面显性模型，而当底层能量学不重要时，意味着场模型更为可取。有没有办法结合两者的最佳方面模型？这的确是可以的。目前，结合蛋白质的显式计算与平均场计算溶剂[128]，产生了不同形式的**混合力场 *mixed force fields***。这样的任务并不像看起来那么容易，特别是在处理时要考虑静电相互作用。

通过平均场模型对这些相互作用的常规描述是通过采用**泊松-玻尔兹曼方程 *Poisson-Boltzman equation*（*PBE*）**，其提供了更准确的静电自由能解决方案，超

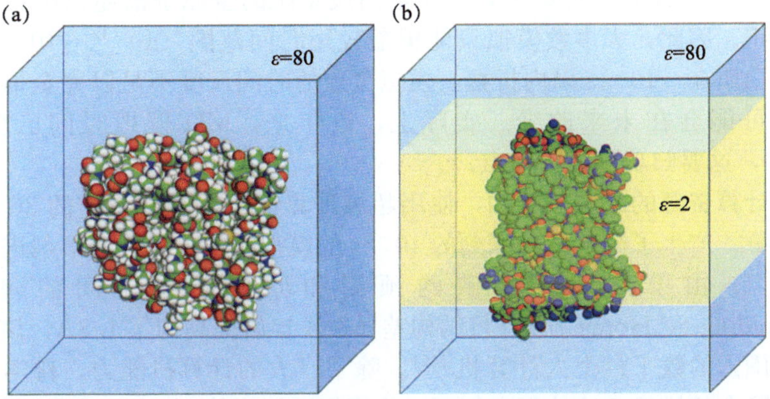

图 3.7 基于蛋白质系统的隐含（平均场）描述。该图显示了系统的连续溶剂（CS）模型，这是一种平均场处理。在这个模型中，显性地描述了蛋白质，而使用其介电特性来隐含地描述溶剂。显示了两个常见的CS模型。(a) 高介电环境中的球状蛋白，代表水溶液。(b) 在异质环境中的膜结合蛋白，其包括高介电性水性溶剂和具有固定尺寸的低电介质板，分布在生物脂质双层（半透明黄色）的烃区域

过了众所周知的库仑方程。如专栏 1.4 所述，PBE 允许我们将电荷与其环境的极化效应相关联，这对于描述蛋白质核内埋藏的电荷非常重要[124]。不幸的是，准确的解决方案需要代价；PBE 只有数字解，故需要时间和计算机资源。若只考虑系统的单一构型，这不会造成问题。然而，当 PBE 集成在混合力场内时，许多构型必须被采样到 MM 相关的表达。为了解决这个问题，大多数混合方法计算出来的静电自由能不是通过解决 PBE，而是通过解决更简单的变形，**广义的 Born（GB）形式方法** ***generalized Born*（*GB*）*formalism***[129]。后者将蛋白质描述为简单的几何形状，允许方程的解析解。因此，计算可以很容易地在许多不同的系统配置上进行，如在几项研究中所做的（例如，参考文献 [130]）。

3.4.2.3.2 力场的可靠性 力场计算的另一个问题是需要避免使用重叠表达式。例如，在某种方法中使用库仑方程计算离子相互作用，而氢键使用几何依赖表达式[109,110] 分别计算。由于相互作用都是静电的，其中一些可能会被计数两次。范德瓦耳斯和非极性相互作用也存在类似的问题。第三个问题涉及计算的准确性。一般来说，力场只是真实相互作用的近似。除了上述关于静电相互作用和溶剂效应的计算，对其他组件的准确性亦存在一些担忧。例如，与二面角相关的蛋白质骨架的力场表达似乎需要改进，以解决螺旋状与扩展构象之间的平衡 [131]。为了减少上述问题的影响，并在使用计算近似时可以很容易地完成的“技巧”之一是设计热力循环，其中大多数未知（或难以计算）的相互作用被抵消[132]。然而，这并不总是可行的，在任何情况下，它并不构成问题真正的解决办法。

3.4.2.3.3　结论　原则上，基于蛋白质系统的全原子描述仍然是 MD 模拟的沉重负担。因此，大多数模拟只能覆盖较短时间范围（10^{-12}～10^{-9}s）。由于大多数蛋白质在～10^{-6}s 以内折叠，模拟覆盖的时间尺度不足以完全描述蛋白质折叠。这可能会在未来改变。实际上，近年来，MD 模拟时间已变得更长了[80,86,133]，这要归功于以下几点。

（1）**计算资源的改进**：例如，使用超级计算机模拟绒毛蛋白的 36 个氨基酸片段的折叠，产生了令人印象深刻的 10^{-6}s 的模拟时间，尽管对溶剂进行了显示的描述[134]。由 Cα-RMSD 反映的预测和原始结构之间的差异仅为 4.5Å。Folding @ Home 方案①将结构差异在 4 年后提高到了 1.8Å，该方案使用了世界范围内的数千台个人计算机[135]。除了巨大的计算机能力，科学家还对溶剂进行了隐含的描述，这使得它们可以将模拟时间延伸到 0.3ms。相同蛋白质的预测准确性最近进一步提高[136]。在 Nathan Baker 的评论文献和参考文献中，可以找到这些方法更详细的报道[137]。

（2）**统计型抽样**：在某些研究中，原子实际运动的计算已被其位置上的统计形抽样所取代，这是最为流行的采样方法，基于**蒙特卡罗 *Monte-Carlo*（*MC*）**近似，其计算成本较低。MC 模拟随机抽取样本，并且能根据概率决定采用或拒绝新的构象[139]。

（3）**蛋白质分段**：在蛋白质分离片段上进行计算，然后再被整合，如在 Baker 的 Rosetta 算法[140] 中所完成的。

（4）**用基于知识的评分函数代替力场**：评分函数通常由与任何两个原子、化学基团或氨基酸相互作用的统计趋势相关的表达式组成。虽然这种方法在某些情况下已经取得了良好的效果（如参考文献［109］），但评分函数的可靠性通常取决于提供它的数据库。

（5）**将实验（即实验室）数据与预测相结合**[138]：用于确定蛋白质结构（如 EM）的低分辨率方法最近被用于导出几何约束，它可以和计算方法一起使用以实现更好的预测。例如，Baker 及其同事[141] 使用 NMR 化学位移数据，能比 NOE 数据快得多地获取，以增强“Rosetta”算法的预测。这种组合产生原子级分辨率的 16 种不同蛋白质结构。另外，Sali 和他的同事使用了 10 个不同类型的蛋白质组学和生物物理数据，获得了核包膜的低分辨率模型，其中包含 456 种不同的蛋白质。

总之，MM/MD 方法目前无法单独基于序列预测大多数蛋白质的结构[143]。然而，当预测的起点是近乎天然的结构时，这样的方法是非常有效的。因此，这

① Folding @ Home 是几个研究人员提出的分布式计算方案，包括华盛顿大学的 David Baker 和斯坦福大学的 Vijay Pande[139]。目前，有两个大型分布式计算网络：Pande 的 Folding @ Home（25 万台计算机）和 Baker 的 Rosetta @ Home（30 万台计算机）。

些方法广泛用于增强由结构测定方法得到的初始结构，如 X 射线衍射和 NMR 谱[144]。此外，MD 模拟提供了在折叠中和折叠后状态下有关蛋白质动力学的宝贵信息（参见第 5 章）。目前，MD 模拟通常提供数百万种被调查蛋白质的构象，尽管它们不覆盖整个系统的构型空间，但它们在蛋白质的动态行为方面仍然非常有意义。综合起来，上述 MM/MD 方法的优点已经导致它们不仅用于获取知识，而且用于如蛋白质工程和药物发现等应用领域。

3.4.3 比较方法：同源建模

3.4.3.1 *原理*

蛋白质是长期进化过程的结果，经历了随机突变和自然选择。20 世纪 50 年代开始的遗传革命使得科学家能够确定许多不同物种的核苷酸序列，它们又用于确定其蛋白质的氨基酸序列。在 20 世纪 90 年代初，出现了一个名为“**生物信息学 *bioinformatics***”的生物学领域，这使得新蛋白质的性质可以基于其与已知蛋白质的序列相似性来预测[145]。目前，这种比较方法不仅基于序列比较，还基于从其中提取的进化信息[146,147]。因此，近年来随着基因组数量的增加及人类基因组数量的增加，这种方法让人受益匪浅。

结构信息及许多其他特征可以通过比较蛋白质序列来推断。一般方法是基于结构序列编码的范例。因此，预期两种不同蛋白质中的两个高度相似的片段获得相同的局部结构。这个假设并不完全准确，因为这两个蛋白质的这些片段的局部环境可能不同，使得它们折叠成不同的结构。然而，如果两段中的共同序列是进化上保守的，则它们具有相同的结构是合理的。这是因为保守的序列基序通常在结构和/或功能上是重要的，而且我们已经知道，一个重要的功能通常由某种结构模体来执行。因此，如果未知蛋白质的某一序列也出现在已知结构的蛋白质中，我们可以使用它作为模板来预测前者。这个假设构成了蛋白质结构预测的主要生物信息学方法的基础，称为“**同源建模 *homology modeling***”。

典型的同源建模具有以下步骤[4,148]。

(1) **模板搜索和选择**：即寻找与未知（即“查询”）蛋白质中至少一种已知结构序列高度相似的蛋白质（“模板”）。如果查询蛋白近似同源物已被解决[148]，这就好办了。然而，在某些情况下，如膜蛋白，由于该组中已解决结构的普遍缺乏，因此很难找到模板。有几种众所周知的用于查找模板的可访问算法，如 PSI_BLAST[149] 和 HMM[150]。找到正确的模板并表征其与查询蛋白的同源性通常决定了整个预测的成功。因此，当序列相似度太低时，预测是毫无价值的[143]。幸运的是，即使**全局序列相似度 *global sequence similarity*** 低，查询蛋白中的某些片段也可能与不同的模板相似（即**局部序列相似度 *local sequence similarity***）[151]。另一种方法是使用“穿线法”（threading）（本质是一种折叠识别的方法，译者注)，如 HMAP[152]。这些依赖于可以同时在查询蛋白和模板蛋白中被识别的序列的统计学已知性质（例如，形成螺旋结构的趋势)。

(2) **构建包含模板蛋白和查询蛋白的多重序列对准（MSA)（图 3.8)**：此步骤的目的是利用进化信息来进一步改进模板和查询序列之间的对准。这就是为什么远程同源物之间的对准，如真核查询和原核模板是困难的[148]。有几种可用于创建 MSA 的免费工具，如 ***ClustalW*** [153,154]、***MUSCLE***[155] 和 ***T-Coffee***[156]。创造良好的对准并不轻松，即使查询和模板是全局相似的，蛋白质序列之间的低相似性区域也可能会拉偏对准并干扰预测。克服这个问题的方法之一是使用不同的 MSA 算法并比较各自获得的结构模型（例如，参考文献 [157])。另一种方式是将结构信息并入 MSA，如某些序列导向某种二级结构的趋势。

(3) **将模板蛋白的空间坐标分配给查询蛋白的序列**：根据其在 MSA 中的序列相似性，为每个片段分配。经常用于此目的的知名工具包括 Modeller[145]、NEST[158] 和 Swiss-Model[159]。目标和模板之间的对准通常包括插入和删除，并且在许多情况下使用了几个模板，因此为目标蛋白获得的结构通常是变形的，并且可能包括次优的键长度和角度，甚至重叠的原子。

(4) **模型结构的改进**：这是通过比较模型结构的几何特征与蛋白质中观察到的几何特征的算法，或通过基于能量的计算以检测不利原子的构型来完成的[160]。

(5) **生成结构的评估和验证**：预测的可靠性可以不同的方式进行评估。第一，将目标蛋白质的某些质量与预先确定的统计学分析进行比较。例如，Verify3D 算法[161] 根据已知的残基出现在某些二级结构中的趋势或者被掩埋在蛋白质核心内部，将模型结构的短段排列。第二，可以计算出反映上述统计质量的结构能量[160]。当预测产生几个类似的结构时，这种方法特别成功。事实上，在这种情况下，只要结构没有显著差异，能量方法已被证明能有效选择正确的结构[162,163]。第三，该模型可以根据其与实验导出的数据的一致性进行验证，如蛋白质的低分辨率结构或突变数据。

3.4.3.2 缺点和总体效率

一般来说，同源建模要求查询蛋白和模板蛋白具有至少 30％的序列一致性[3]。然而，研究表明可靠的预测需要至少 50％的一致性。在这种情况下，实际与预测之间的结构差异为 1.4Å，通常是中分辨率 NMR 或低分辨率 X 射线晶体学可以获得的值[3,165]。预测结构中的问题倾向于在相似度低的区域出现（意料之中)。这些在进化中普遍地突变并倾向于组成环。这个问题有部分的解决方案，我们就不细说了。高相似性的要求可能是该方法的主要缺陷，因为许多目标缺乏相似模板[4]。另一个问题源自偶尔类似的序列可能不具有相同的结构[166]。底线是同源建模目前用于预测蛋白质结构最佳的计算方法，随着更多蛋白质结构的测定并可以作为模板，其适用性必将增加。

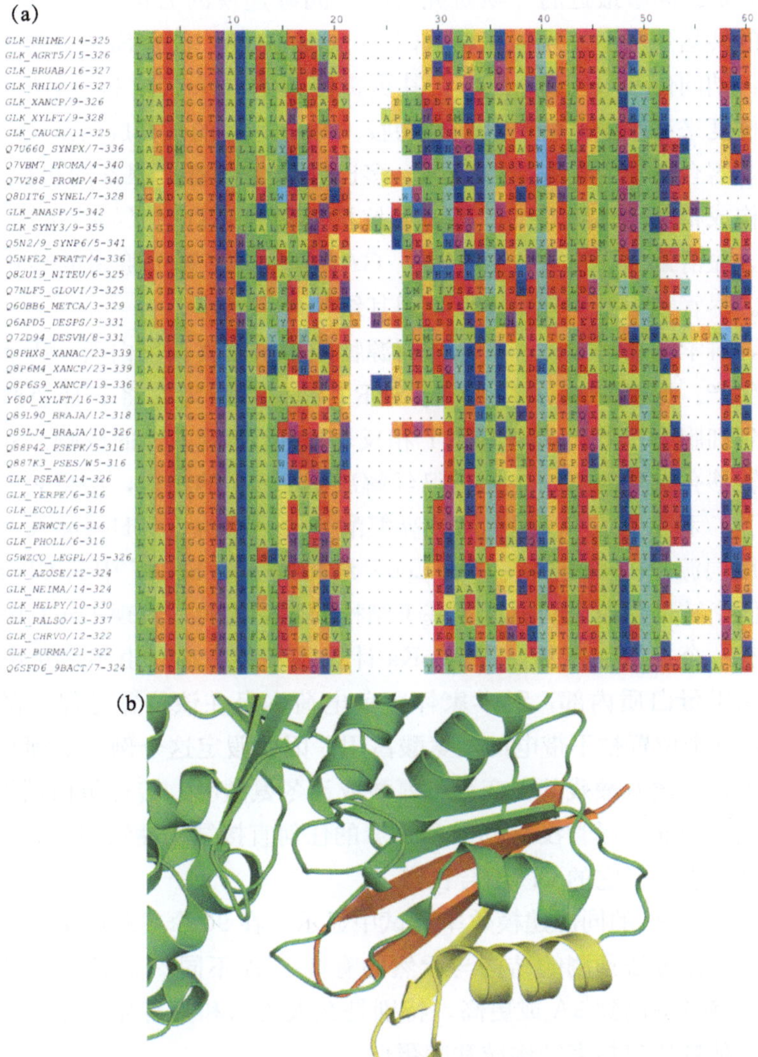

图 3.8 多序列对准。(a) 部分同源葡萄糖激酶的多重序列对准。为了清晰起见，不同的残基类型（如极性-中性、非极性、带电荷等）着色不同。对准方式取自 Pfam 数据库（Finn, R. D.，Mistry，J.，Schuster-Bockler，B.，Griffiths-Jones，S.，Hollich，V.，Lassmann，T.，Moxon，S.，Marshall，M.，Khanna，A.，Durbin，R.，Eddy，S. R.，Sonnhammer，E. L. and Bateman，A.，*Nucleic Acids Res.*，34，D247－251，2006）。序列列于左侧，并且将序列对准以使每列中的氨基酸相似性最大化且不会打开太多的序列间隙。(b) 比对中发现的前两个序列块的结构位置。所显示的结构是大肠杆菌葡萄糖激酶（PDB 条目 1sz2）的结构。第一块（残基 1～21）着橙色，第二块（残基 29～52）着黄色。结构的其余部分是绿色。两个块都对应于有组织的二级元素

Honig 及其同事最近的一项研究表明了同源建模的力量[167]。该研究试图在未知结构的转运蛋白中发现氯化物（Cl^-）结合位点。名为 SERT 的蛋白质属于神经递质：钠同位素（NSS）家族，其负责使用钠（Na^+）、钾（K^+）和氯离子的电化学梯度来运输氨基酸与其他生物胺。NSS 家族的某些成员从突触间隙执行神经递质 5-羟色胺、甘氨酸、GABA、多巴胺和去甲肾上腺素的再摄取。因此，其中一些构成精神活性物质的目标，如抗抑郁药和兴奋剂（如可卡因）。由于未知的原因，血清素（SERT）、多巴胺、GABA 和去甲肾上腺素的转运蛋白被氯离子刺激。尽管它们有生理重要性，但其结构尚未确定。

通常，科学家通过专注于其原核同源物间接研究真核蛋白质，因为原核蛋白质更易于生产。原核转运体 LeuT 与 SERT 相似，因为它将 5-羟色胺（和亮氨酸）转运到细胞中。然而，与 SERT 相反，LeuT 不受 Cl^- 的影响。相反，它结合了同向转移亮氨酸的 Na^+。最近已经解决了 LeuT 的结构，结果表明它的中心含有两个 Na^+ 和生物胺（5-羟色胺或亮氨酸）的结合位点。Honig 及其同事的研究[167] 使用同源建模和定向突变从 LeuT 结构中了解 SERT 中的 Cl^- 结合位点。科学家在两个转运蛋白之间进行了基于结构的序列比对，发现 LeuT 中的 Na^+ 结合位点含有一个谷氨酸残基，根据 pKa 计算是带负电荷。由于带负电荷的残基通常不存在于蛋白质内部，科学家怀疑负电荷本身在该位置是保守的。由于在 SERT 中，这个位置被不带电的丝氨酸占用，因此假定这个例外必须是功能重要的。实际上，当丝氨酸残基突变为谷氨酸或天冬氨酸时，转运蛋白活性对 Cl^- 的依赖性消失。因此，尽管没有关于 SERT 的任何直接结构性知识，研究人员还是成功地发现和表征了它的 Cl^- 结合位点。

在 2007 年进行的同源建模效率测试中显示，在 90 个残基或更少的单结构域蛋白中，通过该方法预测的结构与天然的有 2～6Å 不同[80]。该方法的一个挑战是需要将准确度提高到 3Å 或更高，特别是在大蛋白和具有显著 β 结构含量的蛋白质中。其他挑战包括多结构域和膜蛋白。

除结构预测外，同源建模也用于其他领域[4]。其中之一是药物设计，其中该方法用于分析由相同药物靶向的蛋白质之间的结构差异，以找出每种蛋白质的结合特异性的决定因素[168]。另一个应用是酶催化，其中该方法可用于分析催化机制。例如，已经进行了同源建模用于预测由非保守催化残基组成的酶家族中的新肽水解机制[169]。

3.4.4　预测、评估和验证

蛋白质结构预测重要性的一个迹象是投入评估和验证的努力。自 1994 年至今，每两年举办一次名为CASP① 的国际比赛，全球科学家都在寻找最好的蛋白质结构预测算法和方法[170]。比赛开始于蛋白质序列的发布，蛋白质的结构即将被实验确定，并且是分离的研究小组竞争预测蛋白质的天然结构，直到它们被公布为止。由于预测方法多样化，预测效率的评估在不同的类别中进行。例如，从头开始的方法属于与比较方法不同的类别，全自动预测与使用人为干预获得的预测分开。对结果进行分析基于某些标准，如残留物的数量，其位置已经以一定的准确度预测，成功识别二级结构、域边界、侧链接触和无序区域[171]。

CASP对结构生物学的重要性是巨大的，除了激励许多研究人员开发新的预测工具，它提供的分析和它的出版物加快了开发进程。事实上，对最后一次CASP比赛的检查显示出预测工具的效率，特别是自动化预测工具的效率。然而，最好的预测是使用人为干预和不同预测工具与方案组合的方法。关于后者，近年来的大部分进展都发生在比较预测领域，主要是鉴定远程序列同源物和序列的多重对准[131]。尽管有计算能力的增长，但物理方法没有表现出显著进步[143]，其大部分突出成果体现在小蛋白之上[136,172]。这个原因似乎是，在描述通过力场特别是包括溶剂在内的极性互动对系统中物理相互作用方面缺乏重大创新。结果，结构科学家进行预测倾向于依靠比较方法来创建一个蛋白质的整体模型，然后使用基于能量的方法来细化模型。

可在互联网上作为Web服务器访问的自动结构预测工具吸引了很多公众的兴趣，因为他们不需要任何预备技能[173]。所以，这些工具不仅可以被生物信息学家使用，也可以被其他科学家和学生使用。自动化结构预测工具也通过以下两种方式进行测试。

(1) LiveBench可以在互联网上无限制访问②，并且依赖于大型数据库。它持续地测试Web服务器的预测效率，并且每过几个月给出测试结果。

(2) CAFASP是每2年举行一次的预测比赛，可以通过互联网访问③。

源自这些评估工具的结果表明，最佳预测是通过元服务器实现的，即使用其他预测服务器并旨在采用最佳模型。然而，如CASP所示，即使这样的元服务器也不如合理组合不同的工具的人类研究人员那么好，特别是当预测的蛋白质具有多个结构域时。有趣的是，单域的自动化和人为预测蛋白质几乎有相同的效率，这意味着自动化工具的问题之一是识别域。这种工具的另一个已知问题是正确地识别，混在一组诱饵中天然（或最佳）结构的识别。迄今为止最佳的解决方案是

---

① 首字母缩略词：蛋白质结构预测技术的关键评估（Critical Assessment of techniques for protein Structure Prediction）。

② http://meta.bioinfo.pl/livebench.pl

③ http://fischerlab.cse.buffalo.edu/CAFASP

基于共识，即使用各种方式最经常获得的结构往往最接近天然。

3.5 结　论

蛋白质结构测定仍主要依赖 X 射线晶体学，它被认为是最准确的方法[8]。克隆、蛋白质表达及解决相位问题的最新进展都导致蛋白质结构处理的加速。该方法的固有问题仍然存在，但是今天通过使用其他方法获得的附加信息至少可以部分地解决这些问题。例如，通过使用中子散射可以确定氢原子的位置，尺寸问题可以通过使用像 EM 这样的低分辨率方法来处理结构限制。另一个与强制性使用晶体有关的问题，可以通过对溶液中的蛋白质使用 NMR 来解决。NMR 不仅提供了蛋白质在自然环境中的结构，也与其动态有关，并可以快速应用。事实上，NMR 的最新的应用之一是允许“在现场 on the spot”确定不同蛋白质自发折叠的能力[174]。虽然这种技术未能确定一个三维结构，它却允许科学家甚至在开始结晶尝试之前，评估确定该蛋白质的结构是否值得。NMR 谱主要受尺寸限制的困扰。而像 EM 这样的低分辨率方法却可以通过提供结构约束来解决这个问题。当这两者结合在一起时，结构生物学家既能得到 X 射线结晶学的高分辨率（单体）结构，又能掌握大蛋白质复合物的准确图景。应该注意，NMR 谱和 EM 近年来都发展显著，预计它们将能在某种程度上匹配 X 射线晶体学的准确性。

20 年前，当第一种结构预测方法开始出现时，似乎不可能仅基于蛋白质的序列来预测其天然结构。今天，不同预测方案的整合（物理和比较）以几埃的分辨率产生结构。此外，目前许多这些方法非计算科学家也可以通过网络服务器进行访问。虽然这样的服务器提供的预测不如那些专家获得的准确，但作为进一步表征蛋白质结构的起点已经足够好了。应该记住，有效的蛋白质结构预测只是达到目的的一种手段；结构生物学的真正挑战一直是（仍然是）根据其序列和/或结构数据推断蛋白质的功能[80]。

3.6 蛋白质数据库（PDB）

使用上述（和其他）方法测定的蛋白质结构存放在**蛋白质数据库 *protein data bank*（*PDB*）**之中[175]。PDB 在 1971 年成立于 Brookhaven 国家实验室，自 1998 年以来由结构生物信息学研究合作实验室（Research Collaboratory for Structural Bioinformatics，RCSB）管理。提交给 PDB 的结构经过检验，必须符合某些标准才能被接受。搜索所需的结构可以通过电子表格进行，提供许多搜索选项：蛋白质名称、决定该结构的科学家的姓名、入库时间、测定结构所用方法、分辨率、供体生物等（图 3.9a）。找到所需的结构后，可以将其作为包含笛卡儿坐标的文件下载，坐标表示结构中每个原子的三维位置（图 3.9b）。查看结构需要分子图形软件，这可以很容易地从互联网上获得，甚至直接在 PDB 网站上使用。该 PDB 文件还提供有关蛋白质的信息，如其来源、测定方法、氨基酸序列、二级结构的位置等。对于通过 X 射线晶体学解决的结构，*B* 因子也有说明。最后，PDB 网站还包含许多其他网站提供的额外的有关蛋白质和相关的生物/医学方面的参考信息，以及观察结构、分析或操纵它的选项。除蛋白质外，PDB 还含有独立的核酸结构，以及碳水化合物，脂质和被发现与蛋白质复合的小有机分子。截至 2010 年 6 月，PDB 共存有 65 968 个结构，93％是蛋白质。

(a)

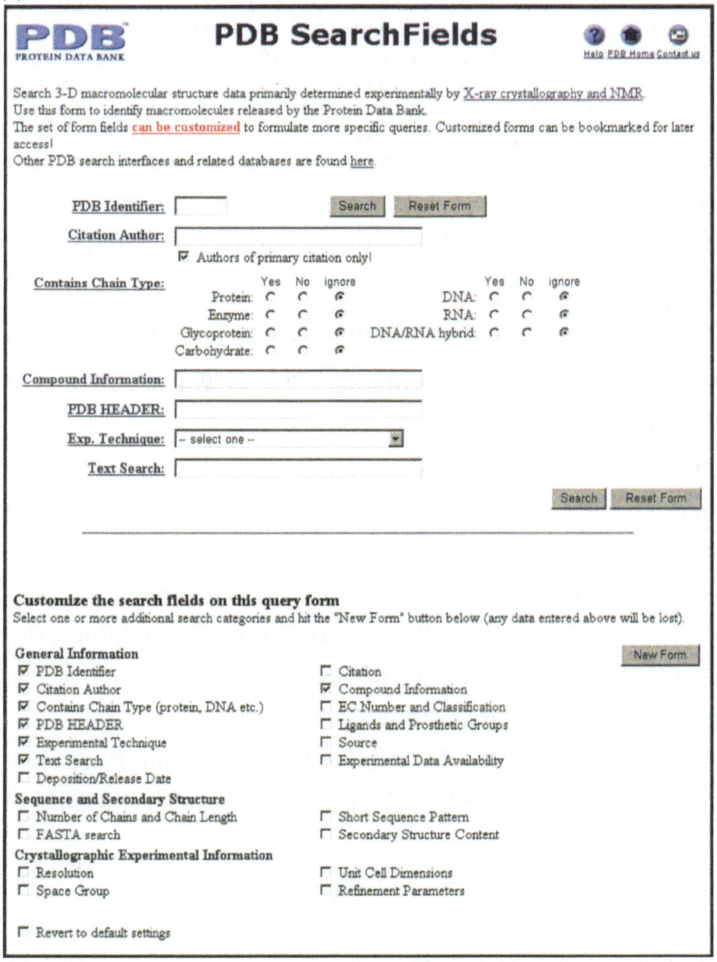

图 3.9 蛋白质数据库。(a) 互联网上提供的一种 PDB 电子查询表；(b) 收录在 PDB 中的蛋白质的结构坐标。除坐标之外，PDB 文件还包含其他与结构相关的参数，如图所示。仅呈现前两个氨基酸

(b)

	Atom number	Atom name	Residue name	Chain	Residue number	X	Y	Z	Occupancy	B-factor
ATOM	1	N	ARG	A	1	41.382	24.964	100.889	1.00	56.04
ATOM	2	CA	ARG	A	1	42.142	25.030	99.625	1.00	54.71
ATOM	3	C	ARG	A	1	41.359	24.623	98.376	1.00	50.52
ATOM	4	O	ARG	A	1	41.277	25.404	97.444	1.00	49.81
ATOM	5	CB	ARG	A	1	43.455	24.248	99.742	1.00	59.36
ATOM	6	CG	ARG	A	1	44.526	24.975	100.543	1.00	66.59
ATOM	7	CD	ARG	A	1	45.037	26.196	99.780	1.00	71.88
ATOM	8	NE	ARG	A	1	45.538	25.799	98.466	1.00	77.60
ATOM	9	CZ	ARG	A	1	46.639	26.283	97.896	1.00	80.23
ATOM	10	NH1	ARG	A	1	47.375	27.207	98.514	1.00	77.65
ATOM	11	NH2	ARG	A	1	47.029	25.803	96.715	1.00	81.50
ATOM	12	N	PRO	A	2	40.728	23.431	98.358	1.00	46.74
ATOM	13	CA	PRO	A	2	40.007	23.105	97.127	1.00	44.14
ATOM	14	C	PRO	A	2	38.514	23.383	97.212	1.00	42.13
ATOM	15	O	PRO	A	2	37.935	23.256	98.295	1.00	40.56
ATOM	16	CB	PRO	A	2	40.275	21.610	96.979	1.00	44.05
ATOM	17	CG	PRO	A	2	40.136	21.135	98.404	1.00	44.25
ATOM	18	CD	PRO	A	2	40.768	22.254	99.257	1.00	46.94

图 3.9　（继续）蛋白质数据库。(a) 互联网上提供的一种 PDB 电子查询表；(b) 收录在 PDB 中的蛋白质的结构坐标。除坐标之外，PDB 文件还包含其他与结构相关的参数，如图所示。仅呈现前两个氨基酸

通过计算方法预测的蛋白质结构可以在各种数据库里找到。其中之一是 PMDB[176]，由罗马大学的 Anna Tramontano 所维护（见下面的网址 URL）。

相关网址 URL：

- PDB 位置：http://www.rcsb.org/pdb
- 详细的搜索选项：http://bip.weizmann.ac.il/oca-bin/ocamain
- PDBSum（每个结构的摘要）：

http://www.ebi.ac.uk/thornton-srv/databases/pdbsum/

- PDB 统计：http://www.pdb.org/pdb/statistics/holdings.do
- PDB 文档：http://www.wwpdb.org/docs.html
- Proteopedia（蛋白质的结构函数导向数据库）：

http://www.proteopedia.org/wiki/index.php/Main_Page

- PMDB（蛋白质模型数据库）：http://mi.caspur.it/PMDB/

3.7　概　要

- 蛋白质结构可以不同的分辨度确定。测定方法可分为两组：衍射方法，依赖于蛋白质对亚原子粒子或电磁波的衍射/散射；光谱方法，依赖响应电磁辐射的蛋白质原子的激发和后续的弛豫。

● 最常见的衍射方法是X射线晶体学，它能产生分辨率最高的三维结构，但有一些严重的缺点，最主要的是结晶待研究蛋白质的必要性。这是一个漫长而艰难的过程，它也产生实际环境之外的蛋白质结构。这些结构没有任何动态属性，有时也会变形，但同源蛋白质之间的结构相似性，以几种晶体形式测定的蛋白质，以及使用结晶成像学和核磁共振两种方法测定的蛋白质，表明它们大部分不会变形。

● 中子散射和电子晶体学是两种方法，在通过X射线晶体学获得的信息之上，可以用于为科学家提供补充信息。中子散射能够确定结构中氢原子的位置，这是在大多数X射线结构中所缺少的信息。因此这可以用来确定残基的质子化状态和蛋白质内部或周围的水分子方向。

● 电子晶体学产生更低分辨率的结构。然而，这些结构对设定大蛋白复合物的位置约束非常有用，高分辨率X射线结构可被“镶嵌”到位。另外，该方法易于使用，因为它不需要三维晶体的制备。

● 用于蛋白质结构测定的主要光谱法是NMR。该方法依赖于强磁场下原子核的激发，以及随后的结构相关弛豫。这允许科学家在其天然环境（溶液、膜）中处置蛋白质，还能提供其重要的动态信息。EPR是一种类似的方法，它是基于激发和弛豫蛋白质原子周围的电子，并且需要使用顺磁标签来标记蛋白质残基。

● 近几十年的技术进步导致了多种用于蛋白质结构预测的计算工具的开发。其中一些方法，如同MD，依赖作用于蛋白质结构的主要物理力的数学表征。这些基于能量的方法目前无法从蛋白质未折叠构象预测其近似天然结构，但它们能有效细化近似天然结构，并提供重要的动力学信息。

● 以同源建模为代表的比较方法，是目前最好的蛋白质结构预测方法。它依赖于大量的蛋白质序列，以及当前数据库中可用的数量不断增加的蛋白质结构，使用它们来预测查询蛋白的结构，是基于已知的结构模板与查询蛋白的序列相似性。

● 通过实验方法测定的蛋白质结构，经过详细审查后存储在PDB中。公众可以通过互联网自由访问，可以轻松下载、查看，使用分子图形软件操控。

参考文献

1. Gileadi, O., Knapp, S., Lee, W.H., Marsden, B.D., Muller, S., Niesen, F.H., Kavanagh, K.L., Ball, L.J., von Delft, F., Doyle, D.A., Oppermann, U.C. and Sundstrom, M. (2007) The scientific impact of the Structural Genomics Consortium: a protein family and ligand-centered approach to medically-relevant human proteins. *J Struct Funct Genomics.* **8**: 107–19.

2. PSI: The Protein Structure Initiative. National Institute of General Medical Sciences: Bethesda, MD. http://www.nigms.nih.gov/Initiatives/PSI.htm.
3. Baker, D. and Sali, A. (2001) Protein structure prediction and structural genomics. *Science*. **294**: 93–6.
4. Petrey, D. and Honig, B. (2005) Protein structure prediction: inroads to biology. *Mol Cell*. **20**: 811–9.
5. Shindyalov, I.N. and Bourne, P.E. (2000) An alternative view of protein fold space. *Proteins*. **38**: 247–60.
6. Yang, A.S. and Honig, B. (2000) An integrated approach to the analysis and modeling of protein sequences and structures. III. A comparative study of sequence conservation in protein structural families using multiple structural alignments. *J Mol Biol*. **301**: 691–711.
7. Koch, M.H., Vachette, P. and Svergun, D.I. (2003) Small-angle scattering: a view on the properties, structures and structural changes of biological macromolecules in solution. *Q Rev Biophys*. **36**: 147–227.
8. Liu, H.L. and Hsu, J.P. (2005) Recent developments in structural proteomics for protein structure determination. *Proteomics*. **5**: 2056–68.
9. Yaffe, M.B. (2005) X-ray crystallography and structural biology. *Crit Care Med*. **22**: S435–40.
10. Petoukhov, M.V. and Svergun, D.I. (2007) Analysis of X-ray and neutron scattering from biomacromolecular solutions. *Curr Opin Struct Biol*. **17**: 562–71.
11. Bensaccount X-ray crystallography. *Wikipedia, the Free Encyclopedia*.
12. Dahl, J. X-ray diffraction pattern of crystallized 3Clpro, a SARS protease. *Wikipedia, the Free Encyclopedia*.
13. Vossman Series of Resolutions for w:GroEL. *Wikipedia, the Free Encyclopedia*.
14. Kundu, S., Melton, J.S., Sorensen, D.C. and Phillips, G.N., Jr. (2002) Dynamics of proteins in crystals: comparison of experiment with simple models. *Biophys J*. **83**: 723–32.
15. Frauenfelder, H., Petsko, G.A. and Tsernoglou, D. (1979) Temperature-dependent X-ray diffraction as a probe of protein structural dynamics. *Nature*. **280**: 558–63.
16. Henzler-Wildman, K. and Kern, D. (2007) Dynamic personalities of proteins. *Nature*. **450**: 964–72.
17. McPherson, A. (2003) *Introduction to Macromolecular Crystallography*. John Wiley: Hoboken, NJ.
18. Cachau, R.E. and Podjarny, A.D. (2005) High-resolution crystallography and drug design. *J Mol Recognit*. **18**: 196–202.
19. Mueller, U., Schubel, H., Sprinzl, M. and Heinemann, U. (1999) Crystal structure of acceptor stem of tRNA(Ala) from *Escherichia coli* shows unique G.U wobble base pair at 1.16 Å resolution. *RNA*. **5**: 670–7.
20. Mueller, U., Perl, D., Schmid, F.X. and Heinemann, U. (2000) Thermal stability and atomic-resolution crystal structure of the *Bacillus caldolyticus* cold shock protein. *J Mol Biol*. **297**: 975–88.
21. Protein Data Bank statistics. (2008) http://www.pdb.org/pdb/static.do?p = general_information/pdb_statistics/index.html & (accessed May 2010.)
22. Jelsch, C., Teeter, M.M., Lamzin, V., Pichon-Pesme, V., Blessing, R.H. and Lecomte, C. (2000) Accurate protein crystallography at ultra-high resolution: valence electron distribution in crambin. *Proc Natl Acad Sci USA*. **97**: 3171–6.
23. Kuhn, P., Knapp, M., Soltis, S.M., Ganshaw, G., Thoene, M. and Bott, R. (1998) The 0.78 Å structure of a serine protease: *Bacillus lentus subtilisin*. *Biochemistry*. **37**: 13446–52.
24. Howard, E.I., Sanishvili, R., Cachau, R.E., Mitschler, A., Chevrier, B., Barth, P., Lamour, V., Van Zandt, M., Sibley, E., Bon, C., Moras, D., Schneider, T.R., Joachimiak, A. and Podjarny, A. (2004) Ultrahigh resolution drug design I: details of interactions in human aldose reductase-inhibitor complex at 0.66 Å. *Proteins*. **55**: 792–804.
25. Mueller, M., Jenni, S. and Ban, N. (2007) Strategies for crystallization and structure determina-

tion of very large macromolecular assemblies. *Curr Opin Struct Biol.* **17**: 572–9.
26. Rossmann, M.G., Morais, M.C., Leiman, P.G. and Zhang, W. (2005) Combining X-ray crystallography and electron microscopy. *Structure.* **13**: 355–62.
27. Schuwirth, B.S., Borovinskaya, M.A., Hau, C.W., Zhang, W., Vila-Sanjurjo, A., Holton, J.M. and Cate, J.H. (2005) Structures of the bacterial ribosome at 3.5 Å resolution. *Science.* **310**: 827–34.
28. Selmer, M., Dunham, C.M., Murphy, F.V.T, Weixlbaumer, A., Petry, S., Kelley, A.C., Weir, J.R. and Ramakrishnan, V. (2006) Structure of the 70S ribosome complexed with mRNA and tRNA. *Science.* **313**: 1935–42.
29. Gibbons, C., Montgomery, M.G., Leslie, A.G. and Walker, J.E. (2000) The structure of the central stalk in bovine F(1)-ATPase at 2.4 Å resolution. *Nat Struct Biol.* **7**: 1055–61.
30. Rastogi, V.K. and Girvin, M.E. (1999) Structural changes linked to proton translocation by subunit c of the ATP synthase. *Nature.* **402**: 263–8.
31. Gnatt, A.L., Cramer, P., Fu, J., Bushnell, D.A. and Kornberg, R.D. (2001) Structural basis of transcription: an RNA polymerase II elongation complex at 3.3 Å resolution. *Science.* **292**: 1876–82.
32. Ben-Shem, A., Frolow, F. and Nelson, N. (2003) Crystal structure of plant photosystem I. *Nature.* **426**: 630–5.
33. Byron, O. and Gilbert, R.J. (2000) Neutron scattering: good news for biotechnology. *Curr Opin Biotechnol.* **11**: 72–80.
34. Gutberlet, T., Heinemann, U. and Steiner, M. (2001) Protein crystallography with neutrons – status and perspectives. *Acta Crystallogr D Biol Crystallogr.* **57**: 349–54.
35. Schoenborn, B.P. and Knott, R.B. (1996) *Neutrons in Biology.*Plenum Press: New York.
36. Pynn, R. (1990) Neutron Scattering: A Primer. http://knocknick.files.wordpress.com/2008/04/neutrons-a-primer-by-rogen-pynn.pdf
37. Penel, S., Pebay-Peyroula, E., Rosenbusch, J., Rummel, G., Schirmer, T. and Timmins, P.A. (1998) Detergent binding in trigonal crystals of OmpF porin from *Escherichia coli. Biochimie.* **80**: 543–51.
38. Weik, M., Patzelt, H., Zaccai, G. and Oesterhelt, D. (1998) Localization of glycolipids in membranes by in vivo labeling and neutron diffraction. *Mol Cell.* **1**: 411–9.
39. Capel, M.S., Engelman, D.M., Freeborn, B.R., Kjeldgaard, M., Langer, J.A., Ramakrishnan, V., Schindler, D.G., Schneider, D.K., Schoenborn, B.P., Sillers, I.Y. and et al. (1987) A complete mapping of the proteins in the small ribosomal subunit of *Escherichia coli. Science.* **238**: 1403–6.
40. Deme, B., Forsyth, T., Fragneto, G., Hartlein, M., May, R., Timmins, P.A. and Zaccai, G. (2005) Neutrons in biology: Institut Laue-Langevin, 4–7 September 2005. *Eur Biophys J.* **35**: 549–50.
41. Fleishman, S.J., Unger, V.M. and Ben-Tal, N. (2006) Transmembrane protein structures without X-rays. *Trends Biochem Sci.* **31**: 106–13.
42. Schellenberg, M.J., Edwards, R.A., Ritchie, D.B., Kent, O.A., Golas, M.M., Stark, H., Luhrmann, R., Glover, J.N. and MacMillan, A.M. (2006) Crystal structure of a core spliceosomal protein interface. *Proc Natl Acad Sci USA.* **103**: 1266–71.
43. Renault, L., Chou, H.T., Chiu, P.L., Hill, R.M., Zeng, X., Gipson, B., Zhang, Z.Y., Cheng, A., Unger, V. and Stahlberg, H. (2006) Milestones in electron crystallography. *J Comput Aided Mol Des.* **20**: 519–27.
44. Grunewald, K., Medalia, O., Gross, A., Steven, A.C. and Baumeister, W. (2003) Prospects of electron cryotomography to visualize macromolecular complexes inside cellular compartments: implications of crowding. *Biophys Chem.* **100**: 577–91.
45. Koning, R.I. (2003) *Cryo-electron Crystallography: From Protein Reconstitution to Object Reconstruction.* University of Groningen: Groningen.
46. Oliver, R.M. (1973) Negative stain electron microscopy of protein macromolecules. *Methods*

Enzymol. **27**: 616–72.
47. Mellema, J.E., van Bruggen, E.F.J. and Gruber, M. (1967) Uranyl oxalate as a negative stain for electron microscopy of proteins. *Biochim Biophys Acta.* **140**: 180–2.
48. Chiu, W. (1986) Electron microscopy of frozen, hydrated biological specimens. *Annu Rev Biophys Biophys Chem.* **15**: 237–57.
49. Dubochet, J., Adrian, M., Chang, J.J., Homo, J.C., Lepault, J., McDowall, A.W. and Schultz, P. (1988) Cryo-electron microscopy of vitrified specimens. *Q Rev Biophys.* **21**: 129–228.
50. Volkman, N. and Hanein, D. (2003) Electron Microscopy. ***In** Structural Bioinformatics*, Philip E., Bourne, H.W., Editor. John Wiley & Sons, Ltd.: Chichester, West Sussex, UK. p. 115–33.
51. Baldwin, J.M., Henderson, R., Beckman, E. and Zemlin, F. (1988) Images of purple membrane at 2.8 Å resolution obtained by cryo-electron microscopy. *J Mol Biol.* **202**: 585–91.
52. Henderson, R. (1995) The potential and limitations of neutrons, electrons and X-rays for atomic resolution microscopy of unstained biological molecules. *Q Rev Biophys.* **28**: 171–93.
53. Ford, R.C. and Holzenburg, A. (2008) Electron crystallography of biomolecules: mysterious membranes and missing cones. *Trends Biochem Sci.* **33**: 38–43.
54. Unwin, P.N. and Henderson, R. (1975) Molecular structure determination by electron microscopy of unstained crystalline specimens. *J Mol Biol.* **94**: 425–40.
55. Gonen, T., Cheng, Y., Sliz, P., Hiroaki, Y., Fujiyoshi, Y., Harrison, S.C. and Walz, T. (2005) Lipid–protein interactions in double-layered two-dimensional AQP0 crystals. *Nature.* **438**: 633–8.
56. Dyson, H.J. (2001) Spectroscopic Techniques. ***In** Encyclopedia of Life Sciences.* John Wiley & Sons, Ltd.: Chichester, West Sussex, UK.
57. James, T.L. (1999) Fundamentals of NMR. *O Taken from the Biophysical Society website: http://www.biophysics.org/Portals/1/PDFs/Education/james.pdf* (accessed May 2010).
58. Wider, G. (2000) Structure determination of biological macromolecules in solution using nuclear magnetic resonance spectroscopy. *Biotechniques.* **29**: 1278–82, 1284–90, 1292 passim.
59. Cfromber Phenol. ***In** Wikipedia Foundation.*
60. Bokor, M., Csizmok, V., Kovacs, D., Banki, P., Friedrich, P., Tompa, P. and Tompa, K. (2005) NMR relaxation studies on the hydrate layer of intrinsically unstructured proteins. *Biophys J.* **88**: 2030–7.
61. Takeuchi, K. and Wagner, G. (2006) NMR studies of protein interactions. *Curr Opin Struct Biol.* **16**: 109–17.
62. Oltersdorf, T., Elmore, S.W., Shoemaker, A.R., Armstrong, R.C., Augeri, D.J., Belli, B.A., Bruncko, M., Deckwerth, T.L., Dinges, J., Hajduk, P.J., Joseph, M.K., Kitada, S., Korsmeyer, S.J., Kunzer, A.R., Letai, A., Li, C., Mitten, M.J., Nettesheim, D.G., Ng, S., Nimmer, P.M., O'Connor, J.M., Oleksijew, A., Petros, A.M., Reed, J.C., Shen, W., Tahir, S.K., Thompson, C.B., Tomaselli, K.J., Wang, B., Wendt, M.D., Zhang, H., Fesik, S.W. and Rosenberg, S.H. (2005) An inhibitor of Bcl-2 family proteins induces regression of solid tumours. *Nature.* **435**: 677–81.
63. Epand, R.F., Martin, I., Ruysschaert, J.M. and Epand, R.M. (1994) Membrane orientation of the SIV fusion peptide determines its effect on bilayer stability and ability to promote membrane fusion. *Biochem Biophys Res Commun.* **205**: 1938–43.
64. Kimura, S., Naito, A., Tuzi, S. and Saito, H. (2002) Dynamics and orientation of transmembrane peptide from bacteriorhodopsin incorporated into lipid bilayer as revealed by solid state (31)P and (13)C NMR spectroscopy. *Biopolymers.* **63**: 122–31.
65. Yamaguchi, S., Huster, D., Waring, A., Lehrer, R.I., Kearney, W., Tack, B.F. and Hong, M. (2001) Orientation and dynamics of an antimicrobial peptide in the lipid bilayer by solid-state NMR spectroscopy. *Biophys J.* **81**: 2203–14.
66. Thompson, L.K. (2002) Solid-state NMR studies of the structure and mechanisms of proteins.

Curr Opin Struct Biol. **12**: 661–9.
67. Middleton, D.A. (2007) Solid-state NMR spectroscopy as a tool for drug design: from membrane-embedded targets to amyloid fibrils. *Biochem Soc Trans.* **35**: 985–90.
68. Opella, S.J. and Marassi, F.M. (2004) Structure determination of membrane proteins by NMR spectroscopy. *Chem Rev.* **104**: 3587–606.
69. Montal, M. and Opella, S.J. (2002) The structure of the M2 channel-lining segment from the nicotinic acetylcholine receptor. *Biochim Biophys Acta.* **1565**: 287–93.
70. Kessel, A., Cafiso, D.S. and Ben-Tal, N. (2000) Continuum solvent model calculations of alamethicin-membrane interactions: thermodynamic aspects. *Biophys J.* **78**: 571–83.
71. Fajer, P.G. (2002) Electron Paramagnetic Resonance (EPR) and Spin-labelling. ***In** Encyclopedia of Life Sciences.* John Wiley & Sons, Ltd.: Chichester, West Sussex, UK.
72. Barranger-Mathys, M. and Cafiso, D.S. (1996) Membrane structure of voltage-gated channel forming peptides by site-directed spin-labeling. *Biochemistry.* **35**: 498–505.
73. Karp, E.S., Inbaraj, J.J., Laryukhin, M. and Lorigan, G.A. (2006) Electron paramagnetic resonance studies of an integral membrane peptide inserted into aligned phospholipid bilayer nanotube arrays. *J Am Chem Soc.* **128**: 12070–1.
74. Scarpelli, F., Drescher, M., Rutters-Meijneke, T., Holt, A., Rijkers, D.T., Killian, J.A. and Huber, M. (2009) Aggregation of transmembrane peptides studied by spin-label EPR. *J Phys Chem B.* **113**: 12257–64.
75. Volkov, A., Dockter, C., Bund, T., Paulsen, H. and Jeschke, G. (2009) Pulsed EPR determination of water accessibility to spin-labeled amino acid residues in LHCIIb. *Biophys J.* **96**: 1124–41.
76. So, P.T. and Dong, C.Y. (2001) Fluorescence Spectrophotometry. ***In** Encyclopedia of Life Sciences.* John Wiley & Sons, Ltd.: Chichester, West Sussex, UK.
77. Chhabra, D. and dos Remedios, C.G. (2005) Fluorescence Resonance Energy Transfer. ***In** Encyclopedia of Life Sciences.* John Wiley & Sons, Ltd.: Chichester, West Sussex, UK.
78. Price, N.C. (2001) Circular Dichroism: Studies of Proteins. ***In** Encyclopedia of Life Sciences.* John Wiley & Sons, Ltd.: Chichester, West Sussex, UK.
79. Radivojac, P., Iakoucheva, L.M., Oldfield, C.J., Obradovic, Z., Uversky, V.N. and Dunker, A.K. (2007) Intrinsic disorder and functional proteomics. *Biophys J.* **92**: 1439–56.
80. Dill, K., Banu Ozkan, S., Weikl, T., Chodera, J. and Voelz, V. (2007) The protein folding problem: when will it be solved? *Curr Opin Struct Biol.* **17**: 342–6.
81. Senn, H.M. and Thiel, W. (2007) QM/MM studies of enzymes. *Curr Opin Chem Biol.* **11**: 182–7.
82. Warshel, A. (2003) Computer simulations of enzyme catalysis: methods, progress, and insights. *Annu Rev Biophys Biomol Struct.* **32**: 425–43.
83. Gilson, M.K. and Zhou, H.X. (2007) Calculation of protein–ligand binding affinities. *Annu Rev Biophys Biomol Struct.* **36**: 21–42.
84. Hansmann, U.H.E. and Okamoto, Y. (1993) Prediction of peptide conformation by multicanonical algorithm: new approach to the multiple-minima problem. *J Comput Chem.* **14**: 1333–8.
85. Li, Z. and Scheraga, H.A. (1987) Monte Carlo-minimization approach to the multiple-minima problem in protein folding. *Proc Natl Acad Sci USA.* **84**: 6611–5.
86. Adcock, S.A. and McCammon, J.A. (2006) Molecular dynamics: survey of methods for simulating the activity of proteins. *Chem Rev.* **106**: 1589–615.
87. Jorgensen, W.L. and Tirado-Rives, J. (2005) Potential energy functions for atomic-level simulations of water and organic and biomolecular systems. *Proc Natl Acad Sci USA.* **102**: 6665–70.
88. Summa, C.M. and Levitt, M. (2007) Near-native structure refinement using in vacuo energy minimization. *Proc Natl Acad Sci USA.* **104**: 3177–82.
89. Boas, F.E. and Harbury, P.B. (2007) Potential energy functions for protein design. *Curr Opin*

Struct Biol. **17**: 199–204.
90. Ponder, J.W. and Case, D.A. (2003) Force fields for protein simulations. *Adv Protein Chem.* **66**: 27–85.
91. Bixon, M. and Lifson, S. (1967) Potential functions and conformations in cycloalkanes. *Tetrahedron.* **23**: 769–84.
92. Karplus, M. and McCammon, J.A. (2002) Molecular dynamics simulations of biomolecules. *Nat Struct Biol.* **9**: 646–52.
93. Emma, S. and Ulf, R. (1998) Comparison of methods for deriving atomic charges from the electrostatic potential and moments. *J Comput Chem.* **19**: 377–95.
94. Hagler, A.T. and Lifson, S. (1974) Energy functions for peptides and proteins. II. The amide hydrogen bond and calculation of amide crystal properties. *J Am Chem Soc.* **96**: 5327–35.
95. Mackerell, A.D., Jr. (2004) Empirical force fields for biological macromolecules: overview and issues. *J Comput Chem.* **25**: 1584–604.
96. Brooks, B.R., Bruccoleri, R.E., Olafson, B.D., States, D.J., Swaminathan, S. and Karplus, M. (1983) CHARMM: a program for macromolecular energy, minimization, and dynamics calculations. *J Comput Chem.* **4**: 187–217.
97. Weiner, P.K. and Kollman, P.A. (1983) AMBER: assisted model building with energy refinement. A general program for modeling molecules and their interactions. *J Comput Chem.* **2**: 287–303.
98. Weiner, S., Kollman, P.A., Case, D.A., Singh, U.c., Ghio, C., Alagona, G., Profeta, S.j. and Weiner, P. (1984) A new force field for molecular mechanical simulation of nucleic acids and proteins. *J Am Chem Soc.* **106**: 765–84.
99. Scott, W.R.P., Hunenberger, P.H., Tironi, I.G., Mark, A.E., Billeter, S.R., Fennen, J., Torda, A.E., Huber, T., Kruger, P. and van Gunsteren, W.F. (1999) The Gromos biomolecular simulation program package. *J Phys Chem A.* **103**: 3596–607.
100. Van Der Spoel, D., Lindahl, E., Hess, B., Groenhof, G., Mark, A.E. and Berendsen, H.J. (2005) GROMACS: fast, flexible, and free. *J Comput Chem.* **26**: 1701–18.
101. Christen, M., Hunenberger, P.H., Bakowies, D., Baron, R., Burgi, R., Geerke, D.P., Heinz, T.N., Kastenholz, M.A., Krautler, V., Oostenbrink, C., Peter, C., Trzesniak, D. and van Gunsteren, W.F. (2005) The GROMOS software for biomolecular simulation: GROMOS05. *J Comput Chem.* **26**: 1719–51.
102. Jorgensen, W.L. and Tirado-Rives, J. (1988) The OPLS potential functions for proteins. Energy minimizations for crystals of cyclic peptides and crambin. *J Am Chem Soc.* **110**: 1657–66.
103. Hay, B.P., Yang, L., Lii, J-H. and Allinger, N.L. (1998) An extended MM3(96) force field for complexes of the group 1A and 2A cations with ligands bearing conjugated ether donor groups. *Theochem: J Mol Struct.* **428**: 203–19.
104. Halgren, T.A. (1996) Merck molecular force field. I. Basis, form, scope, parameterization, and performance of MMFF94. *J Comput Chem.* **17**: 490–519.
105. Halgren, T.A. (1996) Merck molecular force field. II. MMFF94 van der Waals and electrostatic parameters for intermolecular interactions. *J Comput Chem.* **17**: 520–52.
106. Halgren, T.A. (1996) Merck molecular force field. III. Molecular geometrics and vibrational frequencies for MMFF94. *J Comput Chem.* **17**: 553–86.
107. Ewig, C.S., Berry, R., Dinur, U., Hill, J.R., Hwang, M.J., Li, H., Liang, C., Maple, J., Peng, Z., Stockfisch, T.P., Thacher, T.S., Yan, L., Ni, X. and Hagler, A.T. (2001) Derivation of class II force fields. VIII. Derivation of a general quantum mechanical force field for organic compounds. *J Comput Chem.* **22**: 1782–800.
108. Palmo, K., Mannfors, B., Mirkin, N.G. and Krimm, S. (2003) Potential energy functions: from consistent force fields to spectroscopically determined polarizable force fields. *Biopolymers.* **68**: 383–94.

109. Kortemme, T., Morozov, A.V. and Baker, D. (2003) An orientation-dependent hydrogen bonding potential improves prediction of specificity and structure for proteins and protein–protein complexes. *J Mol Biol.* **326**: 1239–59.
110. Morozov, A.V., Kortemme, T., Tsemekhman, K. and Baker, D. (2004) Close agreement between the orientation dependence of hydrogen bonds observed in protein structures and quantum mechanical calculations. *Proc Natl Acad Sci USA.* **101**: 6946–51.
111. Halgren, T.A. (1996) Merck molecular force field. IV. Conformational energies and geometries. *J Comput Chem.* **17**: 587–615.
112. Wang, J., Wolf, R.M., Caldwell, J.W., Kollman, P.A. and Case, D.A. (2004) Development and testing of a general amber force field. *J Comput Chem.* **25**: 1157–74.
113. Kim, H.W., Shen, T.J., Sun, D.P., Ho, N.T., Madrid, M., Tam, M.F., Zou, M., Cottam, P.F. and Ho, C. (1994) Restoring allosterism with compensatory mutations in hemoglobin. *Proc Natl Acad Sci USA.* **91**: 11547–51.
114. Vanommeslaeghe, K., Hatcher, E., Acharya, C., Kundu, S., Zhong, S., Shim, J., Darian, E., Guvench, O., Lopes, P., Vorobyov, I. and Mackerell, A.D., Jr. (2010) CHARMM general force field: a force field for drug-like molecules compatible with the CHARMM all-atom additive biological force fields. *J Comput Chem.* **31**: 671–90.
115. Gao, J. (1996) Hybrid quantum and molecular mechanical simulations: an alternative avenue to solvent effects in organic chemistry. *Acc Chem Res.* **29**: 298–305.
116. Wang, W., Donini, O., Reyes, C.M. and Kollman, P.A. (2001) Biomolecular simulations: recent developments in force fields, simulations of enzyme catalysis, protein-ligand, protein–protein, and protein–nucleic acid noncovalent interactions. *Annu Rev Biophys Biomol Struct.* **30**: 211–43.
117. Warshel, A., Sharma, P.K., Kato, M. and Parson, W.W. (2006) Modeling electrostatic effects in proteins. *Biochim Biophys Acta.* **1764**: 1647–76.
118. Cho, A.E., Guallar, V., Berne, B.J. and Friesner, R. (2005) Importance of accurate charges in molecular docking: quantum mechanical/molecular mechanical (QM/MM) approach. *J Comput Chem.* **26**: 915–31.
119. Patel, S. and Brooks, C.L., 3rd (2004) CHARMM fluctuating charge force field for proteins: I parameterization and application to bulk organic liquid simulations. *J Comput Chem.* **25**: 1–15.
120. Patel, S., Mackerell, A.D., Jr. and Brooks, C.L., 3rd (2004) CHARMM fluctuating charge force field for proteins: II protein/solvent properties from molecular dynamics simulations using a nonadditive electrostatic model. *J Comput Chem.* **25**: 1504–14.
121. Sitkoff, D., Sharp, K.A. and Honig, B. (1994) Accurate calculation of hydration free energies using macroscopic solvation models. *J Phys Chem.* **98**: 1978–88.
122. Qiu, D., Shenkin, P.S., Hollinger, F.P. and Still, W.C. (1997) The GB/SA continuum model for solvation: a fast analytical method for the calculation of approximate Born radii. *J Phys Chem.* **101**: 3005–14.
123. Nilges, M., Gronenborn, A.M., Brunger, A.T. and Clore, G.M. (1988) Determination of three-dimensional structures of proteins by simulated annealing with interproton distance restraints. Application to crambin, potato carboxypeptidase inhibitor and barley serine proteinase inhibitor 2. *Protein Eng.* **2**: 27–38.
124. Schueler-Furman, O., Wang, C., Bradley, P., Misura, K. and Baker, D. (2005) Progress in modeling of protein structures and interactions. *Science.* **310**: 638–42.
125. Unger, R. and Moult, J. (1993) Finding the lowest free energy conformation of a protein is an NP-hard problem: proof and implications. *Bull Math Biol.* **55**: 1183–98.
126. Feig, M. and Brooks, C.L., 3rd (2004) Recent advances in the development and application of implicit solvent models in biomolecule simulations. *Curr Opin Struct Biol.* **14**: 217–24.

127. Honig, B. and Nicholls, A. (1995) Classical electrostatics in biology and chemistry. *Science.* **268**: 1144–9.
128. Chen, J., Brooks, C.L., 3rd and Khandogin, J. (2008) Recent advances in implicit solvent-based methods for biomolecular simulations. *Curr Opin Struct Biol.* **18**: 140–8.
129. Still, W.C., Tempczyk, A., Hawley, R.C. and Hendrickson, T. (1990) Semianalytical treatment of solvation for molecular mechanics and dynamics. *J Am Chem Soc.* **112**: 6127–29.
130. Lei, H. and Duan, Y. (2007) Ab initio folding of albumin binding domain from all-atom molecular dynamics simulation. *J Phys Chem B.* **111**: 5458–63.
131. Dill, K.A., Ozkan, S.B., Shell, M.S. and Weikl, T.R. (2008) The protein folding problem. *Annu Rev Biophys.* **37**: 289–316.
132. Eijsink, V.G., Bjork, A., Gaseidnes, S., Sirevag, R., Synstad, B., van den Burg, B. and Vriend, G. (2004) Rational engineering of enzyme stability. *J Biotechnol.* **113**: 105–20.
133. Scheraga, H.A., Khalili, M. and Liwo, A. (2007) Protein-folding dynamics: overview of molecular simulation techniques. *Annu Rev Phys Chem.* **58**: 57–83.
134. Duan, Y. and Kollman, P.A. (1998) Pathways to a protein folding intermediate observed in a 1-microsecond simulation in aqueous solution. *Science.* **282**: 740–4.
135. Zagrovic, B., Snow, C.D., Shirts, M.R. and Pande, V.S. (2002) Simulation of folding of a small alpha-helical protein in atomistic detail using worldwide-distributed computing. *J Mol Biol.* **323**: 927–37.
136. Lei, H., Wu, C., Liu, H. and Duan, Y. (2007) Folding free-energy landscape of villin headpiece subdomain from molecular dynamics simulations. *Proc Natl Acad Sci USA.* **104**: 4925–30.
137. Baker, N.A. (2005) Improving implicit solvent simulations: a poisson-centric view. *Curr Opin Struct Biol.* **15**: 137–43.
138. Service, R.F. (2008) Problem solved* (*sort of). *Science.* **321**: 784–6.
139. Hansmann, U.H. and Okamoto, Y. (1999) New Monte Carlo algorithms for protein folding. *Curr Opin Struct Biol.* **9**: 177–83.
140. Simons, K.T., Bonneau, R., Ruczinski, I. and Baker, D. (1999) Ab initio protein structure prediction of CASP III targets using ROSETTA. *Proteins.* **Suppl. 3**: 171–6.
141. Shen, Y., Lange, O., Delaglio, F., Rossi, P., Aramini, J.M., Liu, G., Eletsky, A., Wu, Y., Singarapu, K.K., Lemak, A., Ignatchenko, A., Arrowsmith, C.H., Szyperski, T., Montelione, G.T., Baker, D. and Bax, A. (2008) Consistent blind protein structure generation from NMR chemical shift data. *Proc Natl Acad Sci USA.* **105**: 4685–90.
142. Alber, F., Dokudovskaya, S., Veenhoff, L.M., Zhang, W., Kipper, J., Devos, D., Suprapto, A., Karni-Schmidt, O., Williams, R., Chait, B.T., Sali, A. and Rout, M.P. (2007) The molecular architecture of the nuclear pore complex. *Nature.* **450**: 695–701.
143. Lupas, A.N. (2008) The long coming of computational structural biology. *J Struct Biol.* **163**: 254–7.
144. van Gunsteren, W.F., Dolenc, J. and Mark, A.E. (2008) Molecular simulation as an aid to experimentalists. *Curr Opin Struct Biol.* **18**: 149–53.
145. Sali, A. and Blundell, T.L. (1993) Comparative protein modelling by satisfaction of spatial restraints. *J Mol Biol.* **234**: 779–815.
146. Feng, D.F. and Doolittle, R.F. (1987) Progressive sequence alignment as a prerequisite to correct phylogenetic trees. *J Mol Evol.* **25**: 351–60.
147. Wallace, I.M., Blackshields, G. and Higgins, D.G. (2005) Multiple sequence alignments. *Curr Opin Struct Biol.* **15**: 261–6.
148. Schushan, M. and Ben-Tal, N. (2010) Modeling and Validation of Transmembrane Protein Structures. ***In*** *Protein Structure Prediction: Methods and Algorithms* (in press).
149. Altschul, S.F., Madden, T.L., Schaffer, A.A., Zhang, J., Zhang, Z., Miller, W. and Lipman, D.J.

(1997) Gapped BLAST and PSI-BLAST: a new generation of protein database search programs. *Nucleic Acids Res.* **25**: 3389–402.
150. Eddy, S.R. (1998) Profile hidden Markov models. *Bioinformatics.* **14**: 755–63.
151. Bystroff, C. and Baker, D. (1997) Blind predictions of local protein structure in CASP2 targets using the I-sites library. *Proteins.* **Suppl. 1**: 167–71.
152. Tang, C.L., Xie, L., Koh, I.Y., Posy, S., Alexov, E. and Honig, B. (2003) On the role of structural information in remote homology detection and sequence alignment: new methods using hybrid sequence profiles. *J Mol Biol.* **334**: 1043–62.
153. Larkin, M.A., Blackshields, G., Brown, N.P., Chenna, R., McGettigan, P.A., McWilliam, H., Valentin, F., Wallace, I.M., Wilm, A., Lopez, R., Thompson, J.D., Gibson, T.J. and Higgins, D.G. (2007) Clustal W and Clustal X version 2.0. *Bioinformatics.* **23**: 2947–8.
154. Thompson, J.D., Higgins, D.G. and Gibson, T.J. (1994) CLUSTAL W: improving the sensitivity of progressive multiple sequence alignment through sequence weighting, position-specific gap penalties and weight matrix choice. *Nucleic Acids Res.* **22**: 4673–80.
155. Edgar, R.C. (2004) MUSCLE: a multiple sequence alignment method with reduced time and space complexity. *BMC Bioinformatics.* **5**: 113.
156. Notredame, C., Higgins, D.G. and Heringa, J. (2000) T-Coffee: a novel method for fast and accurate multiple sequence alignment. *J Mol Biol.* **302**: 205–17.
157. Fischer, D. (2003) 3D-SHOTGUN: a novel, cooperative, fold-recognition meta-predictor. *Proteins.* **51**: 434–41.
158. Petrey, D., Xiang, Z., Tang, C.L., Xie, L., Gimpelev, M., Mitros, T., Soto, C.S., Goldsmith-Fischman, S., Kernytsky, A., Schlessinger, A., Koh, I.Y., Alexov, E. and Honig, B. (2003) Using multiple structure alignments, fast model building, and energetic analysis in fold recognition and homology modeling. *Proteins.* **53 Suppl. 6**: 430–5.
159. Schwede, T., Kopp, J., Guex, N. and Peitsch, M.C. (2003) SWISS-MODEL: an automated protein homology-modeling server. *Nucleic Acids Res.* **31**: 3381–5.
160. Lazaridis, T. and Karplus, M. (2000) Effective energy functions for protein structure prediction. *Curr Opin Struct Biol.* **10**: 139–45.
161. Eisenberg, D., Luthy, R. and Bowie, J.U. (1997) VERIFY3D: assessment of protein models with three-dimensional profiles. *Methods Enzymol.* **277**: 396–404.
162. Fogolari, F. and Tosatto, S.C. (2005) Application of MM/PBSA colony free energy to loop decoy discrimination: toward correlation between energy and root mean square deviation. *Protein Sci.* **14**: 889–901.
163. Petrey, D. and Honig, B. (2000) Free energy determinants of tertiary structure and the evaluation of protein models. *Protein Sci.* **9**: 2181–91.
164. Finn, R.D., Mistry, J., Schuster-Bockler, B., Griffiths-Jones, S., Hollich, V., Lassmann, T., Moxon, S., Marshall, M., Khanna, A., Durbin, R., Eddy, S.R., Sonnhammer, E.L. and Bateman, A. (2006) Pfam: clans, web tools and services. *Nucleic Acids Res.* **34**: D247–51.
165. Sali, A., Potterton, L., Yuan, F., van Vlijmen, H. and Karplus, M. (1995) Evaluation of comparative protein modeling by MODELLER. *Proteins.* **23**: 318–26.
166. Friedberg, I. and Godzik, A. (2005) Connecting the protein structure universe by using sparse recurring fragments. *Structure.* **13**: 1213–24.
167. Forrest, L.R., Tavoulari, S., Zhang, Y.W., Rudnick, G. and Honig, B. (2007) Identification of a chloride ion binding site in Na^+/Cl-dependent transporters. *Proc Natl Acad Sci USA.* **104**: 12761–6.
168. Jacobson, M. and Sali, A. (2004) Comparative Protein Structure Modeling and its Applications to Drug Discovery. ***In*** *Annual Reports in Medicinal Chemistry*, Overington, J., Editor. Academic Press: London. p. 259–276.
169. Bjelic, S. and Aqvist, J. (2004) Computational prediction of structure, substrate binding mode,

mechanism, and rate for a malaria protease with a novel type of active site. *Biochemistry*. **43**: 14521–8.

170. Moult, J. (2005) A decade of CASP: progress, bottlenecks and prognosis in protein structure prediction. *Curr Opin Struct Biol*. **15**: 285–9.
171. Zemla, A., Venclovas, C., Moult, J. and Fidelis, K. (2001) Processing and evaluation of predictions in CASP4. *Proteins*. **Suppl. 5**: 13–21.
172. Bradley, P., Misura, K.M. and Baker, D. (2005) Toward high-resolution de novo structure prediction for small proteins. *Science*. **309**: 1868–71.
173. Fischer, D. (2006) Servers for protein structure prediction. *Curr Opin Struct Biol*. **16**: 178–82.
174. Montelione, G.T., Zheng, D., Huang, Y.J., Gunsalus, K.C. and Szyperski, T. (2000) Protein NMR spectroscopy in structural genomics. *Nat Struct Biol*. **7 Suppl.**: 982–5.
175. Sussman, J.L., Lin, D., Jiang, J., Manning, N.O., Prilusky, J., Ritter, O. and Abola, E.E. (1998) Protein Data Bank (PDB): database of three-dimensional structural information of biological macromolecules. *Acta Crystallogr D Biol Crystallogr*. **54**: 1078–84.
176. CastrignanÃ2, T., De Meo, P.D.O., Cozzetto, D., Talamo, I.G. and Tramontano, A. *The PMDB Protein Model Database*. Oxford University Press: Oxford, UK.

第 4 章　能量学和蛋白质稳定性

4.1　热力学基本原理

4.1.1　简介

第 2 章细致地讨论了蛋白质的多层次结构。像其他分子一样，蛋白质作为一种物理实体，也受制于主宰这个物质世界的物理力。这些力导致了第 2 章中所讨论的蛋白质分子唯一结构的形成，该结构具有独特的功能。因此，要真正理解蛋白质，就要从力和能量的角度出发来描述它们的特性。这一途径构成了结构生物物理学（生命科学的一个子领域）的基础。这一方向不仅能帮助理解蛋白质结构，而且也能广泛地应用于其他领域，如蛋白质工程和药物设计（见第 8 章）。结构生物物理学处理蛋白质的许多不同的物理性质，但总体来说可分为以下两个主要方面。

（1）能量学：研究影响蛋白质折叠及其稳定性的主要作用力。这是本章的主题，我们将聚焦于球形水溶性蛋白。纤维状蛋白和膜蛋白将分别在第 6 章和第 7 章讨论。

（2）动力学：研究折叠过程中及（天然）折叠态的肽链构象变化。这些问题将在第 5 章讨论。

生物物理学的方法需要表征作用在系统上的物理力，同时也需要确定涉及这些力效应的过程的进展方向，如蛋白质的折叠过程与解折叠过程。这些目标可以通过研究系统的热力学性质来顺利地实现。实际上，用热力学描述蛋白质折叠已经有 70 余年的历史[1,2]。这一领域的基本原理和它们在研究蛋白质折叠中的应用将在下面几小节中介绍。

4.1.2　自由能和自发过程

热力学是物理学中很成熟的领域，它通过研究系统的某种一般性质（如能量）对温度、压强、体积和浓度的依赖性，来表征出系统的不同状态。最重要的是，热力学允许我们使用宏观描述，即系统在不同状态下的能量，来预测系统的演化方向和概率，而不需要探究系统的微观细节。这已经成为研究不同系统的重要工具。热力学规则已被广泛应用于众多领域，包括化学和生物学。当系统能被很好地表征时（如对很多生物分子系统），一般的可测量可以归结到系统的特定单元或特定过程，那么在这些情况下，热力学方法就能得到某些更复杂的方法所不能得到的数据，因而其价值是不可估量的。

过程的方向（如蛋白质折叠或解折叠）最开始是通过测量**熵 *entropy*** 来预测的。熵是一种描述系统可能构型数的量（细节见下一节）。这一点基于热力学第二定律，即孤立系统①下的熵将持续增加并因此自发趋于平衡态[3]。但生物系统不是孤立系统，而是存在于恒温恒压、体积和能量不固定的状态下。对这样的系统，用另一种热力学量能更加方便地预测过程方向，这就是吉布斯自由能，或简称自由能，简写为 G。它代表系统在常温常压下的“可用能”②。

自由能是怎样和过程方向相关的呢？系统自发趋向平衡态的过程就是其自由能减小至最小值的过程（图 4.1）。当系统处于平衡时，其自由能改变为零，标准自由能变（ΔG^0）③ 和平衡常数（K_{eq}）④ 的关系式如下：

$$\Delta G^0 = -RT\ln K_{eq} \tag{4.1}$$

式中，R 是普适气体常数［1.989cal/（mol K）］⑤；T 是温度，单位是 K。室温（298K）下，$RT \approx 0.6$kcal/mol。

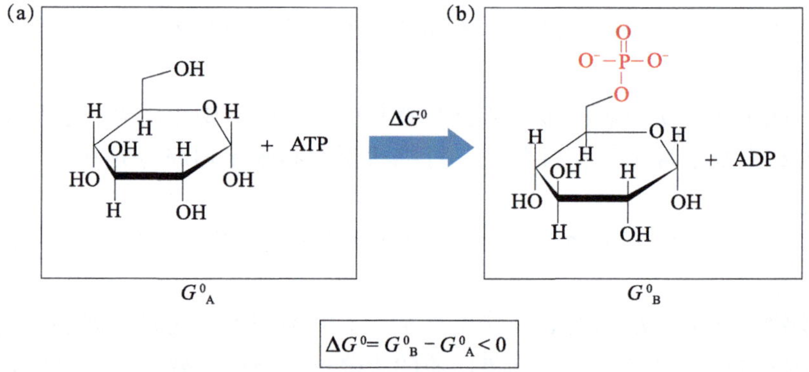

图 4.1　伴随系统自由能减少的自发过程。如图所示为葡萄糖氧化到葡糖-6-磷酸的一个酶催化自发过程（葡萄糖群用红色表示）。系统的最终状态比初态有更低的自由能（也更稳定），因而伴随该过程的自由能变化是负的

标准条件是难以现实的，更加方便的是使用 ΔG，这可以从 ΔG^0 及已知的初

① 一个不能与环境交换物质和能量的系统，将具有固定的能量与体积。

② 能量可用来作非膨胀功，如推动化学反应、改变分子构象或构型。

③ 标准条件（即一个大气压，浓度为 1mol）下的自由能变化。

④ K_{eq} 可测量，在分子体系中，它通常由波谱分析确定[4]。

⑤ R 可以替换为玻尔兹曼常数（$k_B = 3.3 \times 10^{-24}$ cal/K），给出每分子而不是每摩尔的自由能。

末状态的密度来计算[5]：

$$\Delta G = \Delta G^0 + RT\ln\frac{f([\text{生成}])}{g([\text{物}])} \tag{4.2}$$

式中，f 和 g 依赖于实际反应物和生成物的密度。具体的数学形式由计量化学方法确定。

我们来考察一个生命科学专业的学生非常熟悉的例子，即腺苷三磷酸（ATP）分解成腺苷二磷酸和无机磷的过程：

$$\text{ATP} \leftrightarrow \text{ADP} + \text{P}_i$$

这一反应的标准自由能（ΔG^0）是－7.3kcal/mol。由于胞内 ATP 的密度要比 ADP 高很多[6,7]，因此反应的自由能（ΔG）甚至比 $\Delta G^0$①②更负：

$$\Delta G = \Delta G^0 + RT\ln\frac{[\text{ADP}][\text{P}_i]}{[\text{ADP}]}$$
$$= -7.3RT\ln\frac{0.04\times 4.15}{3.75} = -9.2\text{kal/mol}$$

通过测量过程的自由能差就可以确定它是否是自发的。自由能差也可以被用来计算参与该过程的分子数之比[8]③：

$$P \propto \mathrm{e}^{(-\Delta G/RT)} \tag{4.3}$$

注意这个比例正比于自由能差的指数。这意味着即使两态间存在一个很小的自由能差，也会导致两者中较稳定态出现的概率明显高于另一态。自由能是状态的函数，它的值只依赖于过程的初末状态，与过程的实际发生路径无关。

4.1.3 焓、熵和分子热力学

在预测态的相对稳定性，以及预测某些过程（如蛋白质折叠、蛋白质配体结合、酶催化）的进展方向时，了解系统的自由能是很有帮助的（见专栏 4.1）。但是自由能总量却不能帮助生物学家了解他们最感兴趣的体系特征。幸运的是自由能变化可以分解成两个量，**焓 *enthalpy*（*H*）**和**熵 *entropy*（*S*）**。在常温下：

$$\Delta G = \Delta H - T\Delta S \tag{4.4}$$

H 和 S 也是一般物理量，但不像自由能，它们与分子系统的特性相关。正如下面几段所要解释的，这些量表征了能量最小化和最大无序化的一般趋势。

---

① 此值来源于参考文献［6］。

② 在细胞里，水解反应涉及其他化学组分，如镁离子。它们的浓度进一步把水解自由能降低到 12kcal/mol。

③ 这一表述来自统计热力学，它使用概率描述了热力学体系的微观行为。

4.1.3.1　焓

焓（H）是和系统内能（E）、压强（P）、体积（V）相关的热力学量：

$$H = E + PV \tag{4.5}$$

所以焓变一定是源于系统内能的变化，或者系统与外界之间交换的体积功。生物系统是基于固态和液态的，通常不会经历压强或体积的变化。因此在生物系统里焓变（ΔH）本质上仅来源于内能（ΔE）的变化：

$$\Delta H \approx \Delta E \tag{4.6}$$

但是在分子水平上内能做何理解呢？内能可以被分为两个不同的贡献，即势能（U）和动能（K）：

$$E = U + K \tag{4.7}$$

势能定义为“位能”。一般而言，它是指物体处于某种场（引力场、电场等）中所具有的能量。在分子中，原子的电场影响到它们附近的原子。如果我们综合所有原子的力场，我们就得到它的势能，它是与位置有关的。原子力场可以被表示为共价和非共价相互作用。对于前者，原子间的短距离导致它们共享电子；对于后者，原子间距离太远以至于不能共享电子，但可能形成离子、氢键或范德瓦耳斯相互作用，这取决于电荷密度是固有的还是诱导产生的。

专栏 4.1　生物过程的自由能变化

系统的任何状态都可以用自由能来表征。自由能是系统在某个状态下的总体性质。在分子体系里，这些性质包括原子的类型和数目、在空间中的位置、化学键的类型及它们之间的相互作用、运动自由度，等等。系统的自由能越高，系统的稳定性越低。换句话说，当系统存在两个不同自由能的状态时，系统将自发地从高自由能态演变到低自由能态。这种自发过程被称为放能过程。生物过程通常是化学过程，因此总是涉及系统分子性质的变化。尤其是在代谢过程，复杂分子降解或者氧化，为吸能过程提供能量。吸能过程包括离子跨膜输运、复杂的细胞结构组件（如蛋白质、DNA、低聚糖、复杂磷脂）的制造。代谢过程中一个主要的放能过程是葡萄糖降解成二氧化碳和水（图 4.1.1）。尽管该过程是自发的（$\Delta G = -686\text{kcal/mol}$），但该过程还是要通过许多步骤并在两个不同的亚细胞区室中来完成。这样做是为了使能量可以被用于细胞的任何吸能过程。氧化过程中释放的少量能量以化学能的形式存储在 ATP 分子中，每个 ATP 分子包含 7.3kcal/mol 的自由能。该氧化过程释放的总能量，产生的 ATP 应为（686/7.3）94 个，但实际上却只有 38 个左右，这说明生物能量提取及存储的效率约为 40%。

生物系统的自由能变化并不是必须伴随化学变化。实际上，许多生物过程导致很大能量变化，而没有化学键的形成或断开。这些过程可能涉及非共价相互作用或系统有序度的变化。当分子构象改变时，非共价相互作用也可能会改变。其化学成分并没有变化，但由于某些原子的空间位置改变了，它们之间的相互作用也改变了。对于包含上万原子的大分子，这一效果是很明显的。原则上，分子内静电相互作用和范德瓦耳斯力的贡献最大。在大分子中，氢键是很常见的，它可以帮助分子稳定在天然结构。此外，非共价相互作用的变化还发生在分子结合中，分子结合是生物体中的关键过程。

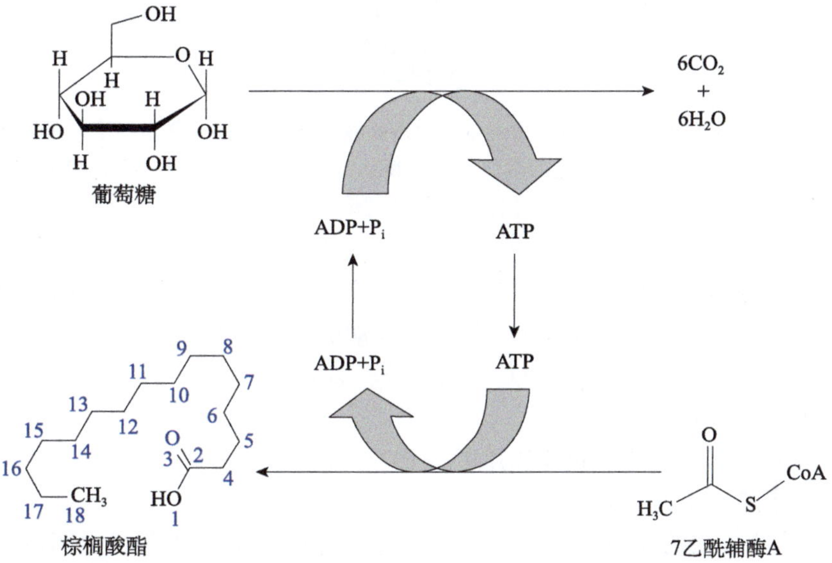

图 4.1.1 代谢热力学。细胞中放能过程（葡萄糖降解成 CO_2 和水）推动吸能过程（脂肪酸产生）。前者产生的能量暂时以化学能的形式存储在 ATP 中

有序化和无序化是生物系统中很常见的过程，例如，在离子或其他溶质的跨膜输运中，或者在如蛋白质等大分子的折叠过程中（图 4.1.2）。对于后者，有序化是指处于折叠态中的原子比解折叠态中的原子受到更多限制，因此有更小的构型数。有序化会导致系统自由能增加，也就是使系统变得更不稳定。然而，这些事件在生物系统中却很常见，原因是存在其他因素来补偿这个能量代价。例如，在蛋白质折叠过程中，肽链的有序化伴随着周围水分子无序度的增加，同时也伴随着有利的非共价相互作用的产生。

系统自由能可以表述为热力学的核心公式：$\Delta G=\Delta H-T\Delta S$，这里，$\Delta H$ 是由化学键或非共价相互作用的变化引起的，$-T\Delta S$ 是系统的有序度变化引起的（详见正文）。

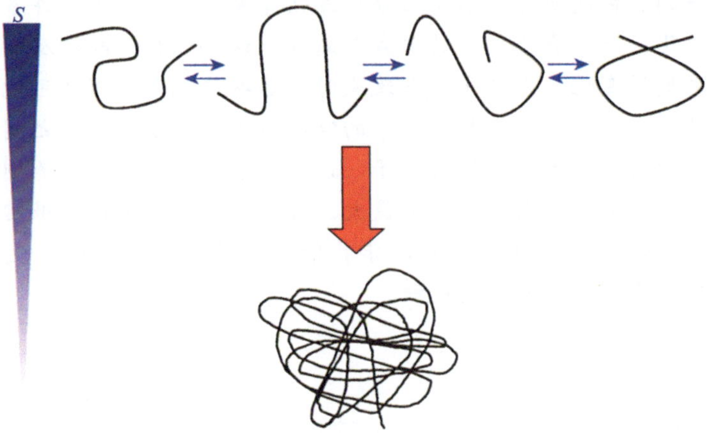

图 4.1.2　大分子折叠的熵变。如图为大分子链解折叠态（上）和折叠态（下）的示意图。左边指示条显示了在此过程中多肽链的熵变。在平衡状态下，解折叠态是一个构象系综，但是折叠态只有一个平均构象①。所以折叠过程中多肽链的熵变是负的

于是，势能可以被定义为系统中所有共价和大多数非共价②相互作用的总能量[9]。另一部分内能 K，即动能，是原子运动的热力学结果。

总之，ΔG 中的 ΔH 部分涉及下面的分子现象：

A. 共价键的形成或破坏

B. 静电或范德瓦耳斯相互作用的变化

C. 原子热运动的变化

所有这些变化的共同特点是在常压下它们都涉及系统和环境之间的热交换。公式（4.6）因而可以写成：

$$q_{(P)} = \Delta H \approx \Delta E \tag{4.8}$$

这是一个重要的性质，因为它使得结构生物物理学家可以通过测量系统和环境之间的热交换来追踪焓变③。形成能量上有利的成键或非共价相互作用（这在生物体系里很常见）会导致系统向环境放热，从而使 ΔH 减小。对于大分子系统，如蛋白质，它们的结构源于其长分子链的折叠，其焓变主要来自非共价相互作用(静电和范德瓦耳斯相互作用)[9,10]。

化学键和非共价相互作用的形成导致热传递可以被热量计测量，主要有示差

① 如将在第 5 章中详细讨论的，天然态本身也是处于平衡的构象系综，但是它比解折叠态构象系综小很多。这样在折叠过程中熵会明显减少。

② 这里不包括非极性相互作用，它主要涉及溶剂的熵变。

③ ΔH 还可以通过 K_{eq} 和 T 间的 van't Hoff 关系来测量，但是研究表明该方法精度太低[11,12]。

扫描量热法（DSC）和等温热量计（ITC）[13]。热量计可测量“热容”（C_P），它是将1mol 物质提升 1K 所需要的热量［$q_{(P)^{rev}}$］[14]。在可逆过程中（定压），$q_{(P)^{rev}}=\Delta H$，热容是改变单位温度时相应的焓的变化：

$$C_P=\frac{q_{(P)}^{rev}}{\Delta T}=\frac{\Delta H}{\Delta T} \tag{4.9}$$

所以 ΔH 可以通过测量热容来计算。在典型的 DSC 实验中，C_P 可表示为温度的函数，ΔH 则是转变曲线下的面积[5]（图 4.2）。

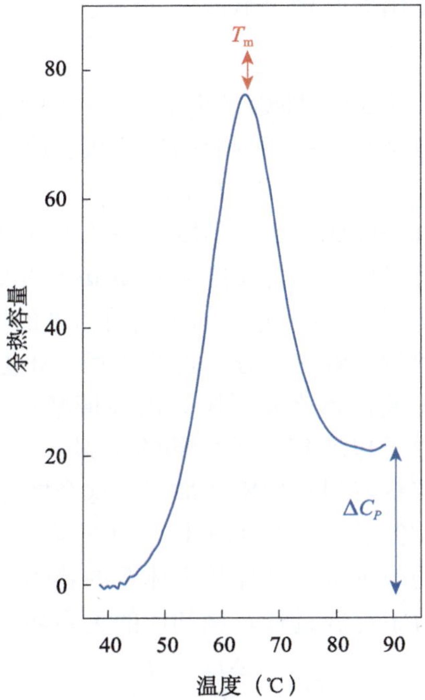

图 4.2 泛素热变性的 DSC 测量。曲线显示了热容 C_P 如何随温度变化，其中 T_m 是转变（变性）温度（取自 Chaires，J. B.，*Annu Rev Biophys*，37，135－151，2008）

当考虑焓在分子水平的意义时，热容和焓变的关系就变得很明显了[10]。在大分子中，正的焓变（$\Delta H>0$）源于对有利非共价相互作用的破坏①。事实上，分子系统利用热能来驱动这个破坏相互作用的吸能过程。只要大分子保有完整的相互作用，加热一个含有大分子的样本是不会伴随温度增加的（正如期待的那样②）。在大分子中，相互作用数量越多，增加温度就需要更高的能量，即 C_P 的

① 在研究大分子的折叠和去折叠时，共价键被假定是不变的，任何测量的焓变都源于非共价相互作用的变化。的确，共价键的形成和断裂将会引起能量上大得多的变化。

② 在标准情况下，热能变为分子中原子的动能。

测量值会更高。因此，热容可看作系统非共价相互作用数目的某种度量。这和冰融化过程类似（水并不是一个大分子，但包含相当数量的氢键，类似于蛋白质）。这个过程也发生在蛋白质热变性过程中①，但又有重要的不同。像冰一样，给折叠的多肽链加热会破坏非共价相互作用②，但又不同于水（在此处为溶质），蛋白质被水分子包围，一些水分子通过氢键与蛋白质极性基团相连，另一些则参与水分子之间的成键。蛋白质变性时，C_P 的测量值的变化来源于蛋白质内部相互作用、蛋白质-溶剂间的相互作用，以及溶剂内部相互作用的改变。虽然仍有争议，但是大多数研究都指出后两种贡献占主导[14]。

4.1.3.2　熵

另一个自由能分量 $-T\Delta S$，即熵（S），是一个不同于焓的热力学量。这个量的统计热力学的微观意义是与系统可能的构象状态数（ω）有关的[8]：

$$S=k_{\mathrm{B}}\ln\omega \tag{4.10}$$

系统可能的状态数与其有序度成反比。高度有序的系统只有少量状态，而无序系统有很多态。因此，熵可以作为系统**无序度 *disorder*** 的度量。对分子系统，熵的变化（ΔS）通常表现为溶质或溶剂原子的运动自由度的变化。

这类过程一个典型的例子就是大分子折叠过程，如蛋白质折叠。在这一个过程中，大分子链上的原子变得越来越受限，因而熵减小[15,16]。但在某些情况下，分子折叠包括了非极性原子包埋到分子内部的步骤（如在蛋白质中），这是由疏水作用驱动的过程，伴随着溶剂水的熵增加[9]。这个增加量源自水分子在解折叠大分子的非极性区域的“笼状”结构的解体（详见第 1 章）。其后果是，溶剂熵的增加量大于大分子熵的减少量，这样整个体系的总熵是增加的。

在经典热力学中，对于定温过程，熵和焓的关系如下：

$$\Delta S=\frac{\Delta H}{T}=\frac{q_{(P)}^{\mathrm{rev}}}{T} \tag{4.11}$$

这个关系给出 ΔS 另一个定义：在一个放热过程中，当热不用于做功（如体积功或化学功）时，ΔS 刻画了用于分摊这份热能的环境微观态的数目[17]。使用公式（4.9），公式（4.12）可被表达为熵和热容的关系（定温）③：

$$\Delta S=\left(\frac{C_P}{T}\right)\Delta T \tag{4.12}$$

该公式使结构生物物理学家可以在实验上通过测量热容而得到 ΔS。ΔS-C_P 关系

① 为了实验的便利，测量源于蛋白质变性，这是一个在热力学上与折叠相反的过程。

② 对于冰的情况，非共价相互作用只包含氢键相互作用，在蛋白质里它们也包括离子和范德瓦耳斯相互作用。

③ 因为 $G^0=H^0-TS^0$，且熵和焓同时增大或减小，所以自由能对温度的依赖性比它的两个分量小。

式与前面给出的分子水平的解释是一致的：如果一个系统包含大量可分摊热量的构型，则需耗费更多的热量才能改变温度，即增大了系统的热容。

4.1.3.3 计算方法可用于研究单个相互作用

前面描述的实验热力学方法让我们很好地理解了蛋白质折叠过程和它的稳定性。最近，科学家将经典量热技术与定点突变技术结合起来，研究单个残基对蛋白质稳定性的影响。不过，有时候在分子水平上理解熵焓关系是很困难且不精确的[18]。这通常与系统内同时包含焓、熵贡献的那些相互作用有关。对这种情况，只使用量热技术测量其中一种类型的相互作用是很难的。例如，两个电荷之间的静电相互作用往往被当作焓现象。但如第 1 章所解释的，至少静电相互作用的一部分，即极化能，部分源自熵效应。这是因为溶剂分子极化时涉及它们在空间中更有序的重排。另一个例子是疏水效应，它被认为是一种熵效应，但也包含了焓的贡献，后者来自非极性溶质周围水分子之间的氢键的断裂（细节见前面的章节）。正如前面解释过的，这一吸热效应反映为系统热容的变化，它阻碍（尽管并不成功）溶质分子非极性基团在熵驱动下发生聚集①。

为了把测得的热力学参数恰当地归因于系统的特定要素上，可以采取计算方法。这种方法不局限于一般热力学量，并且可以和作用在系统上的力直接相关。系统的总自由能变化（ΔG_{tot}）可以分解为几个部分，每一部分来自不同的非共价相互作用。例如：

$$\Delta G_{tot} = \Delta G_{elec} + \Delta G_{np} + \Delta G_{vdw} + \Delta G_{ent} \tag{4.13}$$

式中，右边的项从左到右分别代表静电作用、非极性作用、范德瓦耳斯力的贡献，最后一项来自大分子的熵效应。

ΔG_{tot} 的计算基于大分子的结构（有时候还有溶剂）和描述这些能量的数学形式。这些因素和用来描述系统的物理相互作用的模型有关（详见第 3 章）。例如，分子力学类型的模型会显式描述溶质-溶剂系统，并显式给出一组“力场”方程来描述系统的能量。力场包含不同的表达式，每一种都对应不同的原子相互作用类型。但是力场只描述了系统的**势能 *potential energy***，而自由能还包含动能和熵的贡献［见公式（4.4）、公式（4.5）和公式（4.7）］。动能是温度的函数，它蕴含在系统中原子的运动中（参见第 3 章对分子动力学方法的描述）。

计算熵对自由能的贡献更为困难，它要求进行完全的构象抽样并对所有构象势能积分。由于计算机能力和算法的重大改进，分子动力学模拟已经可以进行很大数量的构象抽样（见参考文献［19，20］）。但是对于大蛋白，当溶剂分子被显式描述时，当前的计算工具仍然不能进行严格采样。最近，力场本身及抽样技

① 该现象被称为“熵-焓补偿”[17]。

术的发展，已经能让计算生物物理学家从模拟中计算能量平均值。这些“平均力势（potentials of mean force）”比分子力学计算的原始势能更接近自由能。此外，隐式模型［如连续溶剂模型（CS）[21]］也可以直接用来计算自由能[22]（见专栏 1.4 和第 3 章）。

4.1.4 热力学和蛋白质结构

蛋白质的热力学特性可能突出表现在多个不同方面，包括蛋白质结构的稳定性和形成、蛋白质配体结合、酶催化等。后者在第 1 章简单介绍过，其内容超出了本书的范围。蛋白质配体结合在第 8 章讨论，并将着眼于热力学方面。蛋白质的结构热力学将在下节讨论，与前面一节的热力学相呼应。很明显，这方面的基本问题是蛋白质有多稳定？这在蛋白质折叠（图 2.21）中讨论过了。尽管稳定性是个很重要的概念，但若影响稳定性的力或相互作用的种类、方向和大小没有得到彻底表征，那么仅谈论稳定性本身是没有意义的。因此，我们的讨论将聚焦于导致蛋白质天然结构稳定或失稳的各种因素。请注意，对于参与稳定这类复杂系统的各种力，我们当前还缺乏定量（有时甚至是定性）的理解，因此，在给出结论时必须加以小心。

在第三部分，我们将讨论和蛋白质热力学相关的两个主题：极端条件下的蛋白质变性，以及某些生物在这些条件下为谋生存而采取的方法，即改变其蛋白质分子的序列。在最后一节中我们将讨论怎样把蛋白质热力学的研究结果应用到工业上，然而这是一个相对新的方法，冠名为“蛋白质工程”。

4.2 蛋白质稳定性及其牵涉的作用力

4.2.1 蛋白质有多稳定?

从热力学角度看，蛋白质折叠态与解折叠态之间的自由能差反映了蛋白质结构的稳定性①（图 2.21）。因为自由能是状态函数，蛋白质折叠的动力学细节对于自由能的计算是不重要的。但是定义“**解折叠 *unfolded***”态是重要的，因为它构成了折叠过程的参考状态。解折叠态通常指两种可能的蛋白质结构态。

（1）折叠之前的状态。也就是肽链刚从细胞机器装配出来的状态。

（2）完全变性的状态。剧烈变化的环境条件会诱导细胞产生这种变化。

再者，从热力学观点看，需考虑其中哪一个态是无关紧要的，因为只有态的结构特征才是重要的。解折叠态常称为“无规线团 *random coil*”，这个词展示了

---

① 天然结构被认为是热力学上最稳定的态，正如 Anfinsen 所论证的[23]。

肽链的热力学本质，表明肽链能在能量相近的大量构象之间随机转换的能力，但是这些定义是不精确的。如前所述，解折叠肽链常常也包含一点残余的规则局部结构（见第 2 章）。所以，无规链与其说是真实的状态，不如说是一种理想的假设。而且，“无规线团”常用来描述折叠链中那些缺乏规则二级结构的部分。这些部分比稳定的二级结构灵活，它们不必是完全无规的，甚至可能是演化保守的[10]。

蛋白质折叠态和解折叠态之间的自由能差可以通过肽链的变性实验（即将蛋白质置于可控的解链条件下）来确定。只要操作无误，该过程的平衡常数和自由能差就可以被确定［公式（4.1）］。令人惊奇的是这些实验指出蛋白质稳定性是很弱的[24,25]，尽管折叠态存在大量非共价作用[26]，但它仅仅比解折叠态稳定 5～20kcal/mol[27,28]。作为比较，共价键断裂需要 65～175kcal/mol 的能量[3]。不过，考虑到动力学的因素，蛋白质的弱稳定性也就不足为奇了。数量众多的非共价相互作用帮助维持蛋白质的天然态，同时允许保持一定的灵活度。如第 5 章中将讨论的，这些结构灵活性对蛋白质活性很关键。如果通过共价键来稳定结构，那么这种灵活性是不可能实现的①。

4.2.2 主导驱动力

非共价相互作用产生的蛋白质折叠已经在前面几章做过介绍。它们包括静电相互作用、非极性作用和范德瓦耳斯作用。蛋白质稳定性还受到构型熵效应的影响。类似公式（4.13），折叠自由能可以写成：

$$\Delta G_{\text{folding}} = \Delta G_{\text{elec}} + \Delta G_{\text{np}} + \Delta G_{\text{vdw}} - T\Delta S_{\text{con}} \tag{4.14}$$

蛋白质的弱稳定性意味着某些相互作用比其他的贡献大，或者一些相互作用可能抵消其他相互作用，后一观点最早由 Brandts 提出[29,30]。

为了确定各个相互作用项的贡献，它们对折叠态与解折叠态的影响都必须逐一考察。当然还需量化处理，这将在后面讨论。但是一些一般性结论可以通过简单、定性的“盘点检查”来给出。

解折叠态：在这个态里，肽链的组织方式使得它的绝大部分对溶剂水分子都是可及的。这就导致蛋白质中所有溶剂可及的原子都与周围的水分子产生范德瓦耳斯相互作用。蛋白质里的极性原子还可以与水分子偶极产生静电作用。除了这些常见的相互作用，高构型熵也使解折叠态更稳定，即蛋白质可以通过主链和侧链原子的运动来实现在不同构象之间的转换[15,16]。

折叠态：在解折叠态里发现的非共价相互作用也能使折叠态变稳定。多数相

① S—S 键可能出现在蛋白质里，但是它们太稀少，无法加固整体结构。

互作用发生在蛋白质核心区内，仍有小部分出现在蛋白质表面原子和水分子之间（类似于解折叠态的情况），而且非极性相互作用也使折叠态更稳定（即疏水效应）。

上面的简述指出了这两个态的独特性：非极性相互作用仅能稳定折叠态，而蛋白质构型熵仅能稳定解折叠态。于是，我们可以假设非极性作用能驱动折叠过程（1953 年由 Crick 假设[31]），而构型熵则相反。接下来几节我们将讨论这一假设及其他类型相互作用所扮演的角色。

4.2.2.1 非极性相互作用

非极性相互作用作为驱动蛋白质折叠的主导力，这一事实已经在很多研究中被证实，简单的如在有机溶剂中观察到的蛋白质变性，复杂的如热力学和光谱学实验[24,32,33]。非极性作用占主导地位，这一点意义深远。即使蛋白质序列被打乱，只要原本的亲疏水模式仍然被保留，蛋白质的整体结构就可以保持[34−36]。不过，虽然结构生物物理学家公认疏水作用是驱动蛋白质折叠①的主导力，但是他们在这一效应的大小上未能达成共识。对该问题的一种研究方法是将参与到非极性作用中的残基进行突变，观察变异②后与原来状态的自由能差有多大（见文献［37］）。尽管测量结果很精确，但是测量值的分子水平的解释往往是有争议的。例如，被选的突变残基可能参与多种相互作用。

一种简单的得到 ΔG_{np} 的方式是使用一种只包括非极性相互作用的模型系统（见文献［39］）。这样的模型已经按照 Kauzmann 的建议实现了[40]。该模型系统包含单氨基酸，它们从水中被转移到非极性介质中，如液态烷中。对非极性氨基酸实施该操作，就可揭示出疏水作用，这是因为它模拟了在蛋白质折叠时非极性残基从溶液转移到非极性环境的过程。因此，测量不同非极性氨基酸转移过程中的自由能变化，这使得研究者可以计算疏水作用的强度，名为 ΔG_{np}③。基于该模型的主要研究已经由 Tanford 的研究组和后来的 Privalov 研究组实现。他们提供了重要的数据，但是在疏水效应的强度上并不一致，这主要是因为不同的研究者使用了不同的实验条件（例如，不同的非极性介质）。

一个非常重要的进展是研究人员观察到了由非极性氨基酸转移实验得到的 ΔG_{np} 与它们的表面积（ΔSA）相关[41,42]：

$$\Delta G_{np} \sim B\Delta \mathrm{SA} \tag{4.15}$$

式中，B 是关联因子。

---

① 尽管有人质疑此见解[38]。

② 即蛋白质变性过程中的自由能变化。

③ 尽管也可能涉及范德瓦耳斯相互作用。

不出所料，不同研究组之所以得到不同的关联因子，是因为他们使用了不同的非极性介质和表面积的计算方法。不过，折叠过程中 1Å^2 埋入蛋白质核心区时的测量值都在 25cal/mol 附近[42,43]（Baldwin 等提供了详尽的综述[39]）。有趣的是用 MD 模拟水中的碳氢化合物都给出几乎相同的值[44]。一旦知道了关联因子，整个蛋白质分子折叠时疏水效应的贡献都可以按照蛋白质的表面积来计算①。

表面积是计算 ΔG_{np} 最常用的量，但是其他的特征量也被推荐使用，例如，原子-原子接触面积、在折叠过程中埋入蛋白核心区的甲基（—CH_3）或亚甲基（—CH_2—）的数量。尽管这些都描述同一个普适性质，但是研究人员却在哪一个量与自由能改变最为相关这一点上没达成一致。人们提出了另一些实验方法来获得关联因子。例如，一种方法是用小的残基代替大的残基（例如，Ile→Ala）来测量折叠/变性的自由能差。这些研究指出每一个甲基埋进核内会导致－1.5kcal/mol 的自由能改变[47－49]。考虑到每个甲基大约有 80Å^2 的面积[44]，这个值和上面提及的约 25cal/（mol · Å^2）是一致的。

另一个用来预测 ΔG_{np} 的量是平均每个埋入蛋白质内部的残基的体积缩减[49]。由于技术原因，研究中测量的这个量和残基自身的大小有些许不同。这些研究测得每减少 1Å^3 的体积，自由能会改变约 22cal/mol[49－51]②。这个值与前面提及的差一个量级。这如何理解呢？Li 及其合作者在研究蛋白质-蛋白质的疏水相互作用时遇到了类似的问题[52]。对某些蛋白质，这些测量值之间表现出很好的相关性，但是对另一些蛋白质却没有。考虑到蛋白质-蛋白质界面的非均匀性，作者建议非极性自由能不仅依赖于埋入残基的尺寸，而且与其所处的局部环境有关。蛋白质的核心区比蛋白质-蛋白质界面更加均匀，主要包括非极性残基，但它也可能包括极性残基团簇，甚至水分子。因此，蛋白质内部的非极性相互作用强度可能是不同的，这依赖于相互作用残基所处的局部环境。

4.2.2.2 构型熵效应（$-T\Delta S_{con}$）

蛋白质折叠态导致的构型熵减少（ΔS_{con}）包含了两个分量：可达到的构象异构体③数量的减小，以及在构象异构体势阱中原子运动自由度的减小[53]。第二部分远小于第一部分，因此是可以忽略的。不过，想要定量化 ΔS_{con} 及相关自由能变改变（$-T\Delta S_{con}$）仍是困难的。公式（4.10）将熵与系统可能的构型数联系起来，对于蛋白质来说，构型数就是可容许的构象数。这样，通过测量或计算折叠过程中蛋白质可达构象区域的减少量，就可以估算熵的变化。这些研究估算出

① 溶剂可及表面积这个量常被用作这一目的。它可以很容易通过将水分子尺寸的探针围绕蛋白质表面（如果其结构已知）进行“滚动”而计算得到[45,46]（见专栏 2.4 中的图 2.4.5）。

② 很明显，在这些测量里不能使用公式（4.15），因为这涉及体积而非氨基酸表面积。

③ 构象异构体指处于同一个能量极小势阱中的可相互转变的构象。

平均每残基熵减约 4.6kcal/(mol K)(见文献 [10, 39])。在生理学温度下(37℃=310K),这些值对应于每残基自由能改变 1.2~1.9kcal/mol。光谱实验更直接地给出了类似结果,该实验可以追踪折叠态和解折叠态所允许的构象。上述范围符合预期吗?假设残基的“平均”表面积约为 100Å^2,疏水作用的强度是 −25cal/(mol·Å^{-2}),那么每埋入一个残基所贡献的自由能降低比蛋白质链的熵减要略微大一点。这个粗略的估计和前面的研究一致,即蛋白质分子的弱稳定性主要来自两个近似对等的相反效应,只不过驱动折叠的力稍微占优①。

图 4.3 为蛋白质残基的溶剂可及度。乙酰胆碱酯酶(PDB 条目 1acj)依照溶剂可及度来着色,从黄(最大可及度)到深蓝(最小可及度)。为显示蛋白质核心区,部分遮挡的氨基酸被移除了。蛋白质的表面、次表面、核心区分别被标示出。另一个与折叠过程熵变相关的有趣问题是蛋白质主链和氨基酸侧链对熵变化贡献的比例。这在实验上很难确定,因为它要求将测量值拆分为不同来源的贡献。和本书其他情况类似,这一问题至少部分地可以使用计算机解决。某些计算模型允许我们分别计算折叠前后蛋白质原子的自由度。使用统计热力学方法[公式(4.10)],这些数据可以换算为熵。这些研究指出,主链对熵减的贡献比侧链更重要[39,55]。这的确是一个始料未及的发现,原以为主链应该比侧链损失的自由度更少②。对这一发现的一种可能解释是侧链原子在蛋白质折叠后仍维持显著的运动自由度。对于表面残基的确如此,对次表面残基在某种程度上也是如此(图 4.3)。在这一区域,原子填充远不如核心区内紧密,伴随折叠的熵变是最小的。核心区的残基失去了大部分运动能力,但是这个改变被表面和次表面的残基缓冲了。此外,蛋白质主链在折叠后趋于有序的二级结构,因此在折叠过程中它的熵损失是显著的。

静电相互作用(离子、氢键)和范德瓦耳斯相互作用同时存在于蛋白质折叠和解折叠态中。这意味着这些相互作用不是蛋白质折叠及其稳定性的决定因素。但是它们的大小在两态中并不一定相等,它们在某种程度上仍会影响折叠过程。接下来我们将讨论这些相互作用。

4.2.3 静电相互作用(ΔG_{elec})

在解折叠态中,静电相互作用发生在肽链的极性残基和水环境之间。在折叠态中,有 3 种静电相互作用。

(1) 蛋白质表面的极性残基和溶剂水的相互作用。

---

① Brandts 于 1964 年在胰凝乳蛋白酶原的研究中得到了类似的结论[29,30]。但是,他认为的熵焓对抗效应本质上都是熵效应。

② 这是因为大多数侧链包含好多个单键,围绕着这些键的运动是自由的。

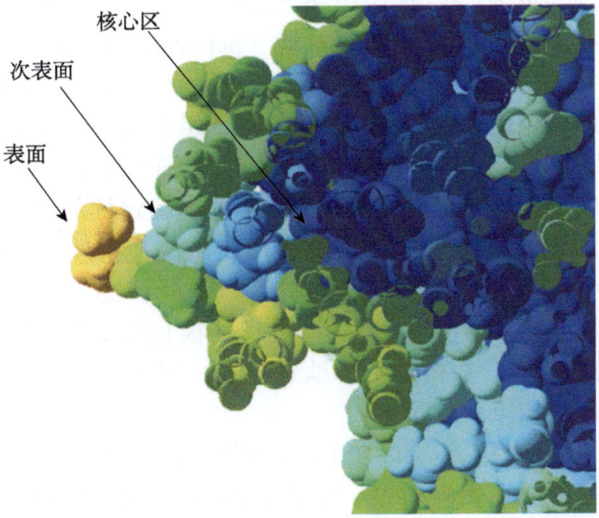

图 4.3 蛋白质残基的溶剂可及度。乙酰胆碱酯酶（PDB 条目 1acj）依照溶剂可及度来着色，从黄（最大可及度）到深蓝（最小可及度）。为显示蛋白质核心区，部分遮挡的氨基酸被移除了。蛋白质的表面、次表面、核心区分别被标示出

(2) 蛋白质表面极性残基之间的相互作用。

(3) 蛋白质核心区的极性残基之间的相互作用。

第一种相互作用不会影响蛋白质的稳定性，因为它也存在于解折叠态中。它的主要贡献是使得蛋白质溶于细胞质或胞外流体。第二种静电作用只对蛋白质稳定性起微弱的影响，这是因为在那些区域溶剂水有很强的屏蔽作用①。

第三种类型是蛋白质核心区内的静电相互作用，该类型长期饱受争议。这一问题已经被很多不同方法研究过，特别是用盐桥。一些研究指出这些相互作用稳定了蛋白质[57−59]，而其他研究认为它们使蛋白质不稳定[60−64]。从静电相互作用的角度看，折叠态和解折叠态的主要差别体现在电荷所处的介质的极性上。解折叠态完全暴露在高介电溶剂中，但是折叠态的原子会去溶剂化并且暴露在接近于非极性的环境中。有种观点认为异号电荷之间的静电作用会导致失稳，这乍看起来很不合理，因为按照库仑定律，异号电荷间的作用力很强，当环境的介电性变弱时，库仑力会变得更强。但是，如第 1 章所说的，这只是其中的一部分。静电相互作用包含两个不同部分：溶质电荷对之间的（库仑 Coulomb）相互作用，以及溶质电荷对周围介质的极化（玻恩 Born）相互作用。对这两种作用类型，介质极性的影响是完全相反的。在非极性介质里，对相互作用变得更强；而在极性

① 尽管有一些人质疑这一见解[56]。

介质里，极化作用会更强[65]，这缘于缺乏静电屏蔽[66]。由于蛋白质折叠涉及某些电荷的去溶剂化，过程应该涉及成对能（pairwise energy，ΔG_{Coul}）的有利变化，以及极化能（polarization energy，ΔG_{pol}）的不利变化。因此，蛋白质折叠的静电相互作用的总效应取决于 ΔG_{pol} 与 ΔG_{Coul} 组分大小的竞争。

Hendsch 和 Tidor 使用连续介质 CS 模型直接研究了该问题[21,67,68]（见专栏 1.4）[63]①。为了确定离子相互作用对蛋白质折叠态稳定性的影响，作者使用尺寸相当的不带电荷的残基对来替换包埋在蛋白质内的盐桥残基对，然后对野生型（即原始）和变异型蛋白分别计算其折叠-解折叠态之间的静电自由能差（ΔG_{elec}）。其结果指出，平均而言，折叠过程的极化能 ΔG_{pol} 比库仑作用能高约 3.5kcal/mol。换句话说，盐桥不利于肽链折叠，因为当它们被埋入蛋白质时需要为电荷去溶剂化付出巨大代价。

Hendsch 和 Tidor 的工作（以及上面提到的其他工作）如何与那些证明静电作用能稳定折叠态的研究相调和呢？答案必须追溯到蛋白质核心区电荷的数量及它们的空间分布。如第 2 章说明的，将一个电荷从水转移到介电常数为 4 的非极性环境，将增加约 25kcal/mol 的极化（去溶剂化）自由能。但是如果蛋白质核心区存在超过一个电荷，则这个值可能会改变（图 4.4）。邻近电荷之间通过盐桥或氢键来相互屏蔽，这可以减小正的 ΔG_{pol}，从而使其被 ΔG_{Coul} 抵消甚至过补偿。如果这一区域还存在水分子，那么 ΔG_{pol} 将进一步变小。而且，蛋白质内部受限区的极性基团团簇可视为高介电微观环境，因此去溶剂化的代价也会变得相当低。实际上，根据 Schutz 和 Warshel 的估算，这些微观环境的介电常数可以达到 20[59]，这个值比通常认为的蛋白质核心区的介电常数值高 5～10 倍[69,70]。最后，在蛋白质核心内的团簇内，极性基团之间的排布方式可有效增加相互作用，降低自由能 ΔG_{Coul}。

这些结论得到了 Kumar 和 Nussinov 研究的支持[71]。他们使用与 Hendsch 和 Tidor 相同的方法研究了 200 多个盐桥对蛋白质稳定性的影响。他们发现绝大多数盐桥会形成簇，以此稳定蛋白质的折叠态。对于氢键也可能同样如此，因为它们的去溶剂化代价比盐桥更低。的确，蛋白质包含特别多的氢键，甚至在核心区里也如此[72-74]。一项将成氢键残基 Tyr 突变为无氢键残基（但在其他方面非常相似）Phe 的研究[25] 指出，氢键丢失而导致的蛋白质分子自由能的改变为−3.6～1.9kcal/mol。这些结果支持了前面的说法，即氢键的能量和它们所处的微环境有关。此外，蛋白质还可能通过长程相互作用来稳定静电相互作用。最

① 正如专栏 1.4 解释的，由于使用介电常数（见专栏 1.2）这一刻画介质平均性质的物理量，我们可以通过连续介质溶剂模型来计算 ΔG_{pol} 的值。作为比较，如果使用蛋白质-水系统的显式模型来计算自由能，则要求对系统的构型空间进行严格抽样。

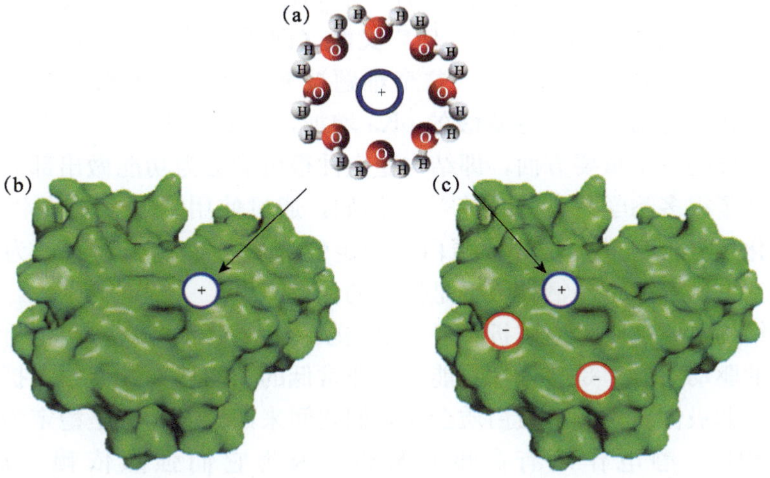

图 4.4 蛋白质折叠过程电荷去溶剂化的两种视图。(a) 在解折叠态，蛋白质电荷（部分或全部地）被周围水分子静电屏蔽；(b) 理论上，折叠过程中核心区里的电荷将发生去溶剂化，每一个电荷都会失去屏蔽；(c) 但实际上，埋入的电荷也一直被其他电荷包围，至少形成了部分屏蔽

近的研究表明，部分暴露于溶剂里的荷电残基可能会诱导出这种效应[75]。这就使得蛋白质分子在无须补偿去溶剂化代价的条件下就可以增强库仑相互作用。

上面的数据意味着，如果参与静电相互作用的基团“乐于”待在蛋白核心区的某种微环境中，那么静电作用就可能有利于蛋白质折叠。但是，蛋白质内部的大量静电相互作用中，至少有一部分必然处于非极性环境，这意味着它们不利于折叠的形成。那么，这些相互作用究竟为何会出现在蛋白质核心区[73,36]？这可能有如下两个主要原因。

(1) 功能的重要性：极性残基参与很多关键的胞内过程，如酶催化、蛋白质折叠、蛋白质配体结合[71,77−80]。在酶介导催化中，静电相互作用直接与活化能垒的降低相关，这是催化过程的特征[81]。它们通过静电作用稳定住底物的过渡态，后者通常是带电的。Schultz 和合作者在 20 年前已经在催化抗体中解释了这一现象[82]。静电对酶催化的贡献甚至涉及不在底物附近的极性残基[83]。这些残基常常通过间接作用影响邻近的催化残基。例如，它们可能改变催化残基的 pKa，由此改变其离子化状态。

关于这一机制，最有名的例子大概要数第 1 和第 2 章描述的丝氨酸蛋白酶的催化循环。这些酶依赖于一个丝氨酸 Ser 残基，后者是亲核进攻底物的引发体，尽管丝氨酸本身是弱亲核剂[84,85]。催化的完成归功于邻近的组氨酸 His，它作为一种广义碱，能降低上述催化丝氨酸的羟基的 pKa，从而使得后者去质子化，成为强亲核剂。天冬氨酸蛋白酶提供了另一个 pKa 相关的机制。该酶活性位点中的一个关键天冬氨酸 Asp 必须能行使广义酸（即质子供体）的功能，但其所处的局部环境的 pH 高于它的 pKa。这个难题被邻近的天冬氨酸（带负电）解决了，它的存在使得第一个天冬氨酸的 pKa 增加，从而表现为中性[86]。这些例子展现了蛋白质的一个重要方面，即结构稳定性很可能会为功能做出部分牺牲。这个结论得到了很多酶学研究的支持[87]。例如，通过使用定点突变技术，Stoichet 等指出催化残基自身就常常导致蛋白质稳定性降低[88]。从长远看，为保证功能而在稳定性上做出的这些牺牲似乎是值得的。

（2）结构重要性：蛋白质折叠最重要的驱动力是疏水效应，它也是脂分子组装成油滴的驱动力。但是疏水性只能导致非常低的结构特异性。很多折叠构象都具有相同的非极性自由能，蛋白质会在它们之间来回转换而不是稳定为其中之一上[89,90]。相反，静电作用有高度特异性，因为它们强烈依赖于局域介电性[71,76,91]。任何破坏静电相互作用（如氢键）的构象改变都会导致极性基团暴露于蛋白质核心区的低介电环境，这在能量上是不利的。这类事件虽然可能发生，但其发生的概率极小［见公式（4.3）］，这意味着它们很难观测到。因此，蛋白质的天然结构（即具有生物活性的状态）被维持在一个有限的构象范围内。静电相互作用在促进蛋白质特异性折叠方面的重要性已被如下事实支持：静电相互作用在人为扰动下不会导致蛋白质完全变性，而是形成一种部分折叠构象①，它有合适的拓扑，但是有不恰当的三级接触[71]。埋藏于蛋白质内部的带氢键极性残基的高度保守性也支持这一点[92]。这些残基的保守性高于同样被包埋的无氢键残基，并远高于非极性残基。

盐桥对于结构特异性的形成应该特别有效，因为它们由荷电基团构成。这也许可以用来解释蛋白质核心区内盐桥的高度保守性[71]。但是，其他静电相互作用也可以导致结构特异性，这高度依赖于其几何排布。这些相互作用主要包括氢键，其次是更弱的相互作用，如 Met/Cys 的硫原子[93,94]、芳香族残基的 π-π 相互作用[95]，还有芳香族残基和 X-H 基团间的相互作用（X 可以是硫 S、氮 N、氧 O 甚至碳 C）[96]。

4.2.4　范德瓦耳斯相互作用

类似于静电相互作用，范德瓦耳斯作用也存在于蛋白质的折叠态和解折叠态中。前者大多出现于蛋白质原子之间，后者则出现在蛋白质原子和溶剂原子之

① 这一构象名为熔球态，被认为是折叠过程的倒数第二步，它恰好出现在折叠形成之前（更多细节见第 5 章）。

间。但是，范德瓦耳斯相互作用在折叠态下会变得更强，因为它们是非常短程的作用，其能量在紧密堆积的蛋白质核心区内可得到优化[97,98]。很多实验研究支持这个结论（参见文献［99］）。要定量确定折叠态和解折叠态之间的范德瓦耳斯自由能差是困难的，因为这些测量值和堆积力有关，而这些力又包含非极性分量。再者，因为力的超短程性，范德瓦耳斯相互作用在不同蛋白质区域之间的差异非常大，所以测量值将是一个有很大标准差的平均值。不过，按照大多数结构生物物理学家的看法，作为蛋白质折叠的驱动力，范德瓦耳斯相互作用与疏水作用相比是次要的。

4.2.5 总结和结论

关于蛋白质中的关键物理力及其能量学，以及它们在蛋白质折叠中所起的作用，已经有无数研究为我们提供了大量宝贵的知识。但是，对这些力的大小甚至只是相对值的精确测量一直都很缺乏。实验测量和计算指出，疏水作用是驱动蛋白质折叠的主要作用，其次是范德瓦耳斯力。这两种力都是球状蛋白核心区紧密堆积的原因。静电作用可以稳定蛋白质折叠态，也可使其不稳定，这依赖于电荷的空间排布或者局部环境的介电性质。无论哪种情况，静电作用都扮演着重要角色，而且在很大程度上也是特异性结构形成的原因，它使得天然构象在与具有类似堆积作用的其他构象中胜出。

因此，蛋白质折叠过程也可被描述成如下过程：一方面使得暴露于水环境的非极性区域最小化，另一方面又优化了堆积相互作用及氢键。蛋白质的天然结构是这些力和相互作用达到平衡的结果。对抗蛋白质折叠的最主要作用是构型熵的减小。这个作用的大小尚不能被精确确定。但是由于蛋白质整体稳定性较弱，因此假设它和疏水作用大小相当。应该注意，损失构型熵所付出的代价可能比最初认为的要更小，其依据来自某些实验发现，即“解折叠”链也包含一定的二级结构[100]（参见文献［101－103］）。类似的现象在无定型蛋白质中也发现了（见第6章），虽然其肽链缺乏有组织的三级结构，但仍有一定的二级结构。它们主要包含脯氨酸二型（PPⅡ）螺旋[104]，占据约50％的氨基酸序列[103,105]。

为什么PPⅡ螺旋在解折叠态里如此常见？尤其令人困惑的事实是这些结构完全不限于富含脯氨酸的序列。PPⅡ螺旋的普遍存在可能跟它固有的高构型熵有关。另一个解释是螺旋只对溶剂结构（相对于其他结构）造成了较小的破坏，因而在能量上更优[102,106]。

有趣的是，PPⅡ的 ϕ 角和 α 螺旋类似，但是 ψ 角和 β 结构类似。因此，PPⅡ在某种程度上是这两种最常见二级结构的混合，这可能也是在解折叠过程中 α 螺旋和 β 折叠链转变到PPⅡ结构相对容易的原因。

如上所述，解折叠过程产生一种部分有序的状态（这涉及二级结构之间可能的相互转变），而不是完全无组织的链[107]。这一点也被细胞质内极其拥塞这个事实所支持。的确，细胞内环境包含极高密度的分子（占细胞干重约 40%[108]）。高度拥塞使得蛋白质完全解折叠是非常困难的。

最后应当指出，在膜蛋白和分泌蛋白中，糖基化会改变蛋白质的能量面，以及折叠驱动力和相反力之间的平衡。这些翻译后修饰已经被广泛地研究了。尽管人们承认这也是稳定蛋白质结构的因素之一，但是确切的原因还没有被完全理解。有两个完全不同的稳定性机制是值得一提的。第一个机制着眼于蛋白质折叠结构的稳定化，认为其源自由多聚糖诱导的蛋白质表面与溶剂分子之间的排斥力[109]。第二个机制着眼于解折叠态的焓失稳[110]。也就是说，大块头的多聚糖残基干扰了那些原本有利于解折叠态形成的残基相互作用，使得折叠过程自由能变化增大。

在第 8 章我们还将讨论，影响蛋白质折叠的那些相互作用也影响了不同蛋白质间的结合，以及同一蛋白质内不同亚基的结合。但这与此处讨论的情况有些许不同。第一，对于结合来说，构型熵的损失也伴随着结合对的平动熵和转动熵的损失[53]。但是它们比构型熵损失的量级小很多[111]。第二，相比于蛋白质-蛋白质结合或亚基之间的结合，在蛋白质核心区原子形成的几何互补使得范德瓦耳斯和非极性相互作用能达到更好的优化。第三，结合表面比核心区有更高的极性，它以两个相反的方式影响系统的能量：一方面，形成蛋白质复合物的非极性驱动力比蛋白质折叠过程中的驱动力更小；而另一方面，由于更强的静电屏蔽，蛋白质复合物形成过程中的去溶剂化代价比蛋白质折叠过程中的更小[112]。

4.3　蛋白质的变性与在极端条件下的适应性

4.3.1　将蛋白质变性作为一种实验工具

研究人员使用热力学和光谱学等其他手段研究蛋白质的稳定性已经很多年了。在这些方法中，蛋白质的变性，而不是蛋白质的折叠，可以被用来评估蛋白质的相互作用，这些相互作用常常可以使得蛋白质的结构变得更加稳定。蛋白质变性的定义是，蛋白质因为环境的改变而失去了原有功能的过程。该过程往往包含蛋白质的去折叠过程，这也与蛋白质的中心法则相符合。所以，蛋白质的变性常常在结构生物学的研究中被认为是蛋白质折叠的反面。如果我们将激酶考虑在内，上述假设是不准确的，尽管变性最终会导致蛋白质完全的去折叠，但是变性和去折叠可能是两个完全不同的过程。然而，由于稳定性研究涉及自由能（状态函数），因此近似值被认为是合理的。蛋白质的变性可以在实验室中依靠将蛋白质所处的环境，如温度、pH、离子浓度和压强改变，使得蛋白质不能够折叠。以上的过程必须十分小心，要防止蛋白质的化学（共价）性质遭到严重的破坏。

4.3.1.1 依赖于温度的蛋白质变性

外界环境的改变可能导致蛋白质以多种途径进行变性。目前广泛被研究的是当温度被提高到大约45℃时所引起的变性[113]。被蛋白质吸收的能量被转化为动能从而使得蛋白质内部的分子剧烈振荡。这将使得蛋白质中的共价键变弱从而使得蛋白质结构不稳定，最终导致失去原先的稳定的结构。另一种关于温度和稳定性的解释可以从蛋白质折叠态和非折叠态的熵来解释。在充足的热量下，两种状态熵的差别将会跨过一个阈值导致蛋白质的去折叠。

有趣的是，非极性原子之间的相互作用，并不是原子之间相互作用的主要方式，也会在温度的控制下产生变化。第1章中曾经介绍过，在比较温和的温度下，它们会发生水溶性熵的变化（ΔS_{water}）[27]。但是，在高温状态下，它们是被焓的改变所驱动的（ΔH_{water}；虽然 ΔS_{water} 仍然为正）[114,115]。这种从一个被熵变化所驱动的过程到由焓变化所驱动的过程的现象是由温度改变而引起的 ΔS_{water} 的降低导致的；在高温状态下，环绕在蛋白质周围的水分子的动能非常大。这就使得 ΔS_{water} 非常小，以至于不能驱动疏水过程[32]。后者还是能够使蛋白质折叠，只是要通过一种不同的机制。

蛋白质的变性还可能发生在低温状态下（$T<5$℃），这个过程常常是可逆的。作为动能来源的热量的下降会导致蛋白质内部动力的降低（振动和位移）。这将直接导致蛋白质活性的丧失（请参见第5章“动力对于蛋白质发挥功能所起的作用”）。在0℃条件下，用来形成冰的水分子中的氢键不会形成，而是用来参与蛋白质和水的相互作用。这可能降低蛋白质的溶解性，并且导致蛋白质的聚集和沉淀[113]。此外，盐浓度的上升也会使蛋白质变性，例如，pH的改变（请参见下面的章节）。

4.3.1.2 依赖于pH的蛋白质变性

蛋白质的活性会在一定的pH范围内达到最大。在此范围以外，蛋白质的活性会因其结构改变而降低。结构的改变是由pH对于蛋白质氨基酸离子态的影响所引起的，第1章中已经介绍过相关的内容。总体来说，当溶液的pH低于氨基酸的pKa时，蛋白质将会质子化。这将使得酸性氨基酸Glu和Asp成为电中性，His、Arg和Lys将会带正电。当溶液的pH高于氨基酸的pKa时，它将会去质子化。这将使得酸性氨基酸Glu和Asp带负电，His、Arg和Lys将会成为电中性。pH的改变可能直接导致蛋白质的催化氨基酸的离子状态改变从而导致蛋白质功能的丧失，也可能间接通过改变结构导致蛋白质的功能丧失。例如，带电的氨基酸的质子化/去质子化将会通过使氨基酸变为电中性而扰乱盐桥。这个过程将会产生如下的两个结果。

(1) 降低彼此相互作用的氨基酸之间的库仑值会使得自由能（ΔG_{Coul}）更低。

(2) 仍然暴露在非极性和带电的环境下的，失去了静电屏蔽的盐桥中的氨基酸将会使得自由能（ΔG_{pol}）更高。

pH 的改变一定要大到一定程度才能产生这种离子态的改变。这是因为 pKa 的偏移通常会防止氨基酸产生不好的状态（详情请参见第 2 章）。

4.3.1.3　压力导致的蛋白质变性

提升蛋白质所处的溶液压力可以增加环绕在蛋白质四周的水分子的密度。接下来发生的事情是蛋白质折叠的逆过程。蛋白质表面的水分子开始穿透蛋白质的表面，从而大大增加了蛋白质去折叠的概率[116]。这种类型的去折叠很少在实际中出现，尽管很多生物生活在深海区域，那里的水压非常高，但是它们可以调整自己所处的环境，使得蛋白质维持其功能。所以压力所导致的蛋白质的变性通常是一种用来研究蛋白质的工具。

4.3.1.4　化学变性

特定的化学物质可能导致蛋白质的变性。这类的变性可以大致分为两类。第一类是与蛋白质的非极性氨基酸相互作用的有机溶剂。它会使得蛋白质在非折叠状态下稳定从而不能折叠。第二类是极性分子，如尿素和盐酸胍。这些化学物质导致蛋白质变性的机制还没有完全研究清楚[10]。如果是极性分子，那么应当与蛋白质中的极性分子发生相互作用，导致水溶剂中蛋白质结构的改变。上述过程都需要高浓度的化学物质才能完成。

很多极性的化学物质对蛋白质的结构有相反的作用，即可以使得蛋白质的结构更加稳定。这些分子被称为“有机渗透调节物质”，包括糖、氨基酸、多元醇和甲胺。事实上，有机渗透调节物质的生物意义远远不止保护蛋白质结构这么简单；它们可以被用来在极端恶劣的环境下维持组织的活性，例如，在高温、高压和缺水的环境下，有机渗透调节物质可以维持细胞内的压力，中和毒素和氧化损伤，降低新陈代谢和保护细胞膜[116]。许多化学物质，例如，被广泛研究的氧化三甲胺（TMAO）也会被用来防止蛋白质变性。令人惊奇的是，TMAO 被发现会附着在蛋白质上，并由一层排列有序的水分子隔离着它和蛋白质。基于以上的观察，我们可以推断出，TMAO 稳定蛋白质结构的机制就是靠将蛋白质周围的水分子有序化。水分子的有序化可以使得蛋白质和水分子的相互作用达到最小，从而迫使蛋白质形成一个更紧密（更稳定）的结构。其他的有机渗透调节物质，像二磷酸甘油酸，更多的是直接与蛋白质发生电性上的相互作用。

最近，Bolen 和 Rose 提出了一种广泛的蛋白质变性和防止渗透的机制[38]。这种机制主要是围绕着蛋白质的主链可以形成分子间的氢键。Bolen 和 Rose 提出，化学变性物如尿素，会喜欢与蛋白质主链上的极性基团发生相互作用，从而打破折叠平衡态。相反，类似 TMAO 这样的化学物质，因蛋白质主链和所形成的氢键的强度，从而仍然保持其折叠的平衡态。

4.3.2 蛋白质对于极端环境的适应性

在复杂的多细胞组织中，蛋白质因为内平衡会处在一个相对稳定的环境下[117]。细胞环境的改变通常是很少见的，所以蛋白质也很少会变性。这对于单细胞生物和简单的多细胞组织来说是不成立的，因为它们没有内平衡。它们的蛋白质常常受到变性的威胁，并且聚集和沉淀导致整个过程不可逆。这对于整个细胞的生存来说是一个巨大的威胁。研究表明，沉淀细胞中 28%的蛋白质会导致细胞立即死亡[118]。幸运的是，细胞中有一些用来保护自己的方法，例如，分子伴侣和热冲击蛋白都将会在整个过程变为不可逆之前帮助蛋白质重新折叠。

很多古细菌中特定的组织，总是处于极端的环境中[119]。它们可以生活在高温（某些地下水）、高盐（死海）、高压（海底）下。因为这些古细菌中的细胞长时间处于这些极端的环境中，它们细胞中的蛋白质保护机制已经不足以阻止蛋白质的变性了。进化所带来的解决方案是，改变了它们氨基酸的序列使得折叠出来的蛋白质具有对抗这些极端环境的能力。通过将这些蛋白质与生存在温和环境下的蛋白质进行比较，科学家可以以结构中对于结构稳定性最重要的氨基酸来研究。这样就不需要通过变异氨基酸或者使蛋白质变性来研究。对于高温适应的研究是最广泛的，也是接下来我们主要讨论的。

在 45～80℃条件下生存的蛋白质被称为“嗜热”蛋白，生存在更高温度（80～113℃）的蛋白质被称为“超嗜热”蛋白[120]。尽管通常认为超过 115℃就不会有任何生命存在，因为 ATP 在这个温度下会分解，但还是有一些蛋白质会在更高的温度下维持其结构。事实上，最广为人知的耐热的蛋白质，在 *Pyrococcus horikoshii* 超嗜热组织中的 CutA1 蛋白质在 pH 为 7 时的熔点是 150℃。关于蛋白质稳定性的研究通常会对上面提到的两种蛋白质得到相同的结论，所以我们就统一将上述蛋白质称为嗜热蛋白。这些具有耐热蛋白的组织一般生活在温泉、火山口和海底的热液喷口。正如上面所提到的，温度的升高会带来蛋白质内部热能的增加，最终导致其内部共价键、氢键的破裂。令人惊奇的是，嗜热和一般喜常温的蛋白质在氨基酸序列上的差别非常小。这仅仅几处氨基酸的改变就可以被解释为蛋白质维持高温下的稳定性的机制[122,123]。尽管不同的嗜热蛋白有不同的耐高温的机制，但是它们都具有如下的趋势。

（1）结构的硬化：结构的硬化可以通过增加序列中的 Pro（或者降低 Gly）的含量来达到，还有一种方法是在进行堆积作用的位置增加芳香族的氨基酸[126]。这种做法可以降低还没有折叠的氨基酸链的熵[115]。这可以减小在折叠过程中的不必要的熵损失，从而大大增加可以被折叠的蛋白质的片段长度。

(2) 强化蛋白质的内核：这一点是通过增加蛋白质内核中的非极性的氨基酸，或者用来形成二级结构的氨基酸（主要是 I、V、L、Y、W[127]）的含量来达到的。有两个原因使得后一种做法会强化蛋白质的内核：第一，二级结构的形成可以降低局部结构的可变性；第二，它可以使得极性的主链基团形成配对的氢键。像在第 2 章中提到的，这会降低这些极性基团与非极性的蛋白质内核的接触，从而使得整个结构稳定。

(3) 强化蛋白质和溶液之间的相互作用：这一点是通过增加蛋白质外围的极性和带电氨基酸的含量来实现的。

值得一提的是，对于嗜热蛋白来说，说蛋白质从正常状态“改变”成为耐热状态是不合适的，因为地理和遗传证据表明，地球上最早期的蛋白质和嗜热蛋白非常接近[120]。如果事实果真如此，那么真正的改变是蛋白质从耐热状态改变为适应常温状态，而不是反过来。

酶的耐高温性并不仅仅是一个学术问题。事实上，酶已经被用作商用的催化剂且在各个领域已经被广泛应用，如纺织、食品和制药[130—137]。多数工业的工程必须在非常严格的条件下进行使用，例如，很多必须在高温或者碱性 pH 下。在这种情况下，就需要通过“工程”来调整酶使得它们可以适应新的环境。在大多数情况下，都是来提高酶所具有的热能。这点我们在 4.4 节中讨论。

生活在低温环境（<15℃）中的蛋白质被称为嗜冷蛋白。它们一般生存在地球两极的海洋里面。正如前面所解释的，这种蛋白质面临着失去其内在动力而丧失蛋白质功能的危险。在冰冷的溶液中，因为与溶液分子之间静电力的减弱，蛋白质还面临着溶解性降低的危险。为了应对这种局面，蛋白质所做出的调整主要包括以下两方面。

(1) 通过增加蛋白质表面的非极性氨基酸和蛋白质内部的极性氨基酸含量来增加蛋白质内部动能。

(2) 通过增加能在蛋白质柱状结构中形成氢键的氨基酸的含量来加强与溶液的相互作用。

4.3.2.1　总结

蛋白质对于高温的调整为我们提供了重要的蛋白质如何维持其结构稳定性的知识。其调整的机制似乎和热力学的计算相吻合。这些研究都表明，疏水作用和主链的熵是蛋白质结构或者去结构的自由能的主要组成部分。实际上，这两项也是嗜热生物对其蛋白质进行调整的主要目标。嗜冷生物当然也是对这两项进行调整，只不过是向相反方向调整而已，对于嗜冷生物而言，它们的蛋白质还面临因为低温而导致的过稳定的危险，所以嗜冷生物往往通过减弱非极性相互作用，同时加强极性相互作用的方式来防止蛋白质过度稳定。嗜热生物和嗜冷生物还会通过极性相互作用而调整其自身的溶解度。这点实际并不影响蛋白质本身结构的稳定性，但是会影响其功能。溶解性在嗜热生物和嗜冷生物中起着十分重要的作用，主要包括以下几个方面：①在嗜热生物中，新增加的动能会增加蛋白质和溶液分子的活动能力，从而大大减弱了两者之间可以长时间存在的氢键作用。②在嗜冷生物中，水分子的动能减小了，所以水分子之间更加有机会形成可以长时间维持的氢键。

4.4　通过工业酶的蛋白质工程来增加结构的稳定性

4.4.1　工业中的酶

之前我们经常讨论酶在细胞和组织中的生理作用，因为它们在工业中作为催化剂也扮演着极为重要的作用[130－137]。它们在各种工业领域被广泛应用，包括食品、纺织和制药工业。例如，在食品工业中，酶可以用来进行面包和啤酒制造。在纺织工业中，酶被用来处理纤维和制造洗衣液。在制药工业中，酶可以被用来当作药品或者合成药品。酶在几十年前就已经在工业界中被使用，并在 20 世纪 80 年代因为发酵技术和 DNA 的重组技术的出现而被广泛使用。这些技术的出现使得工业界的科学家可以在发酵桶中大规模生产特定的酶。

相比于其他催化剂，如金属原子，酶具有几个优势：第一，酶对于底物和反应有选择性（第 1 章中曾经介绍过）；第二，它们几乎被认为可以无限制地大量生产；第三，易于分解；第四，可以在正常的温度和 pH 下发挥功能；第五，其生产过程并不会导致污染；第六，作为蛋白质，酶可以通过适当的调整从而增加其稳定性、催化效率和选择特异性，等等。尽管酶是工业界催化剂的特例而不是标准，但是酶已经可以取代很多反应中的传统催化剂了[130]。

（1）在洗衣液中，磷酸盐可以被蛋白酶和纤维素酶（参见文献［133］）代替。它们可以非常有效地分解蛋白质形成的污渍，如血液、牛奶、鸡蛋或者酱油形成的污渍。事实上，碱性蛋白酶制造的洗衣液已经占据了目前工业酶市场的 1/3。其中主要包括了细菌中的枯草杆菌蛋白酶家族中的丝氨酸蛋白酶，之所以被广泛应用是因为其高溶解性和比较低的特异性，还有其比较容易被分离的特点。

（2）在面包制作过程中，脂肪酶已经取代了乳化剂。

（3）在纺织当中，淀粉酶和果胶酶已经取代了氢氧化钠。

4.4.2　酶工程

与细胞和组织不同，工业发酵罐通常在非生理条件下工作。它包括升高的温度、碱性或酸性 pH 和亲脂性介质（如有机溶剂）。例如，衣物洗涤剂通常在 pH 为 9～10 的条件下工作，温度为 50～60℃，并且存在于漂白剂衍生的氧化物情况下[130]。一些酶能够在这些条件下工作，如那些从极端生物中分离出来的酶。然而，大多数其他酶会经历催化效率降低（例如，由于催化残余物的氧化），稳定性和溶解度降低的过程。在这种情况下，为了增加其对恶劣环境条件的耐受性，必须对酶进行修饰，修饰也可用于在适度条件下工作的酶，以改善其基础活性。

目前的技术允许科学家通过在其相应的基因中引入突变从而较容易地对蛋白质进行修饰。事实上，今天许多工业酶被设计用于不同的目的。例如，几乎所有用作洗涤剂的酶都是枯草杆菌蛋白酶的改良变体。而引入突变在技术上是直接有效的，知道某些功能需要哪些修改就是一个真正的例子。有两种一般的方法来解决这个问题。第一种方法是理性的，也就是说，科学家使用自己的经验和收集的关于不同突变的功能结果的广泛数据，设计酶的具体变化[18]。当少量的点突变足以产生所需效果时，此方法效果最佳。一个典型的例子是保护洗衣洗涤剂中的枯草杆菌蛋白酶，通过单个残基替换来抵抗氧化[139]。如上所述，洗涤剂酶通常由漂白剂引起的氧化损伤（如 H_2O_2）灭活。氧化会损害某些残基，如 Met 被氧化成亚砜。在所引用的案例中，与功能重要的残基 Ser221 相邻的 Met222，由未被漂白剂（Ser、Ala 和 Leu）氧化的残基所替代。这使得酶对氧化相关的失活具有抗性。

第二种方法是随机引入酶中的突变，并应用选择性压力来分离适合的突变体。这种演变[130,140−143] 在过去 10 年中已经变得非常受欢迎，特别是随着高通量方法的发展，使用这种方法可以选择合适的突变体。定向演化方法推荐用于仅通过多个突变获得所需功能的情况。这是因为许多突变之间的相互作用是不同的，可以使用合理的方法进行预测，并且更有可能通过使用随机诱变的钝力来发现。然而，在大多数情况下，最好的方法是结合两者（一个半理性的方法）。根据本书的结构功能观点，我们重点关注酶的合理设计。

4.4.3　提高稳定性酶的合理工程

增加酶的热稳定性①是工业科学家的一个总体目标，无论酶的具体作用如何。这是因为更稳定的酶具有较低的周转率，意味着更长的保质期[18]。此外，用于需要高温的方法的酶必须具有比平均细胞酶更高的热稳定性。可能需要升高的温度，原因有几个，例如，增加底物溶解度并降低微生物污染的风险（特别是在饲料工业中）。

---

① 通常表示为 T_{50}，这是将酶的活性提高 50%所需的温度。

理性蛋白质工程从以下两种类型的研究中获益良多。

(1) 枯草杆菌蛋白酶等酶的突变研究[144]。这些研究分析了酶的结构和功能的不同方面，包括稳定性。

(2) 比较嗜热菌与其嗜热同源物的酶的序列和结构的研究。

两种类型的研究都已经得出类似的结论，关于蛋白质可能经历增加其热稳定性的变化，如 4.3.2 节所述。这些表明可能增加蛋白质稳定性的一般方法不会引起可能导致功能丧失的构象变化（图 4.5a）：①通过引入 Pro 残基，消除 Gly 残基，引入芳香族残基，或产生二硫键，降低展开状态（硬化）的熵；②加强蛋白质的核心是引入非极性残基；③引入促进二级结构形成的残基。这些方法背后的理由也在上面解释过了。

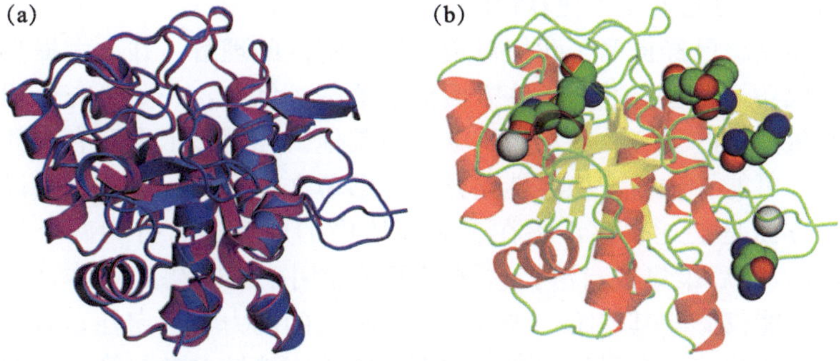

图 4.5 枯草杆菌蛋白酶的稳定突变。(a) 来自淀粉液化芽孢杆菌 *Bacillus amyloliquefaciens* 的野生型（品红色）和突变型（蓝色）枯草杆菌蛋白酶 BPN 的结构以条带表示。可以清楚地看到，突变没有引起明显的结构变化。(b) 突变的枯草杆菌蛋白酶 BPN。已经发现显示的 6 个突变（作为原子型有色球体）赋予蛋白质最高程度的稳定性：N218S、G169A、Y217K、M50F、Q206C 和 N76D。通过差示扫描量热计测量，解折叠的自由能变化表示稳定性的变化[165]。每个突变增加了 0.3～1.3kcal/mol 的稳定性，而它们一共增加了 3.8kcal/mol。图像显示所有突变的表面位置保留一个，一些接近两个 Ca^{2+} 结合位点（两个阳离子呈灰色）

然而，这些研究也得出了一些看起来不那么明显的结论。例如，发现蛋白质表面对蛋白质稳定性的贡献主要涉及静电相互作用[56,145－148]①。由于溶剂筛选，表面静电相互作用较弱，这似乎是直观的。但是，当考虑以下情况时更有意义：许多酶，特别是当放入工业发酵罐时，不能可逆地展开。相反，它们经历展开步骤，然后进行不可逆过程，如聚集或自溶。研究表明，第一次展开步骤是部分的，并且表明它涉及蛋白质表面（参考文献［149－151］）。在这种情况下，尝

① 这反映在引入后所研究的蛋白质的稳定性＞1kcal/mol 增加创建或优化成对库仑相互作用的单突变。

试通过突变增加稳定性时，值得关注蛋白质的这一区域。实际上，通过延伸研究的酶，如嗜热菌蛋白酶、类嗜热菌蛋白酶（TLP）、枯草杆菌蛋白酶和 α-淀粉酶的诱变研究得出了相同的结论（参见文献［18］）（图 4.5b）。

虽然蛋白质表面对稳定性的影响主要来自通过突变引入或消除的静电相互作用，但非极性效应似乎也是重要的。例如，接近表面的非极性簇已被发现在 β 折叠中出现时具有特殊的稳定性[152-154]。据推测，稳定性是由于这些簇之间的相互链之间的相互作用的加强[18]。即使邻近极性残基，非极性表面残基也可能稳定蛋白质，条件是如果极性残基具有足够大的脂肪族或芳香族侧链，非极性残基可以与其相互作用（例如，参考文献［155］）。最后，稳定性也可能受离子结合的影响；在一些 Ca^{2+} 依赖性蛋白酶，如 TLP[156,157] 和枯草杆菌蛋白酶[144]，增强酶的 Ca^{2+} 结合能力的突变也使其稳定（图 4.5b）。

虽然上述见解已经提高了我们对蛋白质稳定性的理解，并大大提高了理性蛋白质设计的成功，但稳定性的一些方面仍不清楚。例如，一些研究证明了许多点突变对不同蛋白质的稳定性的累积贡献，而其他研究则显示出只有少数突变（甚至单个突变）可能导致极大稳定性差异（如参考文献［158］）。复杂设计稳定突变的另一个方面是上述观察，酶在工业环境中的展开通常分为两个步骤：部分（局部）展开，随后聚集或自溶。这强调了设计用于影响酶的总体（热力学）稳定性的突变可能仅影响其与第一步（展开）相关的动力学稳定性。对于蛋白质工程师而言，这意味着在全局稳定突变方面，他们应该针对参与第一步的局部区域（从而促进第二步）。这包括如展开的表面区域，外化非极性残基，从而促进聚集[18]。蛋白质的部分展开也产生非线性问题。也就是说，引入两个稳定突变并不一定意味着它们的作用将是两个单独的效应的叠加。原因是这两个突变可能存在于蛋白质的不同区域，每个参与不同程度的展开过程。

尽管有这些问题，蛋白质工程仍然被认为是成功的，特别是在赋予工业蛋白质稳定性更高的情况下。几个科研小组已经进一步开发了蛋白质重新设计的自动计算方法（参见文献［159－164］中的评论）。他们的方法可以被看作蛋白质结构预测的反转（见第 3 章）。蛋白质结构预测旨在为给定序列找到最可能的结构，而蛋白质重新设计方法则旨在寻找产生所需结构的最佳序列。

4.5 概　要

● 了解蛋白质如何折叠和保持稳定性需要考虑其作用于其原子的物理力的方式。这种以能量为中心的观点是结构生物物理学领域的基础。

● 研究蛋白质结构和功能的生物物理学方法不仅需要对作用在系统上的物理力的表征，还需要它们的方向和概率的表征。这是通过使用热力学来描述的在不同状态和不同条件下系统的自由能含量。自发的过程，如蛋白质折叠，总是涉及系统自由能的下降，这是一个可测量的数量。

● 系统的自由能有两个主要的组成部分：①焓，这是由化学键或物理相互作用的形成和破坏引起的；②熵，与系统的秩序有关。参考这些成分有助于我们了解当蛋白质折叠、结合配体等时在系统中发生的一些变化。然而，为了理解这些过程的分子细节，必须用不同的物理力来解释。

● 已经进行了许多研究，旨在破译伴随蛋白质折叠的分子和能量变化。为此，使用了实验和计算方法，并对测量/计算的热力学量提供了不同的解释。所有这些研究表明蛋白质具有边缘稳定性，这使得它们能够保持其本身的折叠和动力学性质，因为这两者对于功能是重要的。研究还认为蛋白质折叠主要由疏水作用驱动，而范德瓦耳斯相互作用的影响较小。

● 然而，这些影响的确切力度还不清楚。此外，静电相互作用对蛋白质的折叠和稳定性的影响还存在激烈争议。不仅是它们的力度未知，而且它们的方向也是一个分歧的问题。这些问题至少部分地解释了当前基于能量的算法无法基于它们的序列预测大多数蛋白质的天然折叠。

● 最好的说明蛋白质稳定性不同方面的现象之一是将某些生物体适应于持续极端条件（温度、压力、盐度、pH）的环境。这种称为“极端生物”的生物体经历了进化过程，改变了蛋白质的序列，使得它们对这些条件具有抗性。将这些蛋白质的序列与其正常环境内的同源物进行比较，使科学家能够获得关于影响蛋白质稳定性因素的新的更好的见解。

● 酶的催化效率和选择性使其成为理想的工业目标。目前，酶在纺织、食品和制药行业中得到应用，在许多情况下，这些酶必须在恶劣条件下发挥作用。为了让它们这样做，科学家应用了积累的蛋白质稳定性知识，并使用重组 DNA 技术来设计酶。蛋白质科学这个激动人心的领域近年来已经向用于增强酶稳定性和催化能力的自动算法的形式迈进了一步。

参考文献

1. Wu, H. (1931) Studies on denaturation of proteins. XIII. A theory of denaturation. *Chin J Physiol.* **V**: 321–44.
2. Mirsky, A.E. and Pauling, L. (1936) On the structure of native, denatured, and coagulated proteins. *Proc Natl Acad Sci USA*. **22**: 439–47.
3. van Holde, K., Johnson, C. and Shing Ho, P. (1998) *Principles of Physical Biochemistry*, 1st ed. Pearson Education: New Jersey.
4. Robertson, A.D. and Murphy, K.P. (1997) Protein structure and the energetics of protein stability. *Chem Rev*. **97**: 1251–68.
5. Chaires, J.B. (2008) Calorimetry and thermodynamics in drug design. *Annu Rev Biophys*. **37**: 135–51.

6. Corkey, B.E., Deeney, J.T., Glennon, M.C., Matschinsky, F.M. and Prentki, M. (1988) Regulation of steady-state free Ca^{2+} levels by the ATP/ADP ratio and orthophosphate in permeabilized RINm5F insulinoma cells. *J Biol Chem.* **263**: 4247–53.
7. Qian, H. (2007) Phosphorylation energy hypothesis: open chemical systems and their biological functions. *Annu Rev Phys Chem.* **58**: 113–42.
8. Chandler, D. (1987) *Introduction to Modern Statistical Mechanics.* Oxford University Press: New York.
9. Dill, K.A. and Bromberg, S. (2003) *Molecular Driving Forces.* Garland Science: New York.
10. Cooper, A. (1999) Thermodynamics of Protein Folding and Stability. ***In*** *Protein: A Comprehensive Treatise.* JAI Press Inc.: Stamford, CT. p. 217–70.
11. Horn, J.R., Russell, D., Lewis, E.A. and Murphy, K.P. (2001) Van't Hoff and calorimetric enthalpies from isothermal titration calorimetry: are there significant discrepancies? *Biochemistry.* **40**: 1774–8.
12. Chaires, J.B. (1997) Possible origin of differences between van't Hoff and calorimetric enthalpy estimates. *Biophys Chem.* **64**: 15–23.
13. Cooper, A. and Johnson, C.M. (1994) Introduction to microcalorimetry and biomolecular energetics. *Methods Mol Biol.* **22**: 109–24.
14. Prabhu, N.V. and Sharp, K.A. (2005) Heat capacity in proteins. *Annu Rev Phys Chem.* **56**: 521–48.
15. Tanford, C. (1968) Protein denaturation. *Adv Protein Chem.* **23**: 121–282.
16. Flory, P.J. (1969) *Statistical Mechanics of Chain Molecules.* Wiley: New York.
17. Cooper, A. (1999) Thermodynamic analysis of biomolecular interactions. *Curr Opin Chem Biol.* **3**: 557–63.
18. Eijsink, V.G., Bjork, A., Gaseidnes, S., Sirevag, R., Synstad, B., van den Burg, B. and Vriend, G. (2004) Rational engineering of enzyme stability. *J Biotechnol.* **113**: 105–20.
19. Wee, C.L., Gavaghan, D. and Sansom, M.S. (2008) Lipid bilayer deformation and the free energy of interaction of a Kv channel gating-modifier toxin. *Biophys J.* **95**: 3816–26.
20. Liu, M., Sun, T., Hu, J., Chen, W. and Wang, C. (2008) Study on the mechanism of the BtuF periplasmic-binding protein for vitamin B12. *Biophys Chem.* **135**: 19–24.
21. Honig, B. and Nicholls, A. (1995) Classical electrostatics in biology and chemistry. *Science.* **268**: 1144–9.
22. Feig, M. and Brooks, C.L., 3rd (2004) Recent advances in the development and application of implicit solvent models in biomolecule simulations. *Curr Opin Struct Biol.* **14**: 217–24.
23. Anfinsen, C.B. (1973) Principles that govern the folding of protein chains. *Science.* **181**: 223–30.
24. Guo, W., Shea, J.E. and Berry, R.S. (2005) The physics of the interactions governing folding and association of proteins. *Ann N Y Acad Sci.* **1066**: 34–53.
25. Pace, C.N., Trevino, S., Prabhakaran, E. and Scholtz, J.M. (2004) Protein structure, stability and solubility in water and other solvents. *Philos Trans R Soc Lond B Biol Sci.* **359**: 1225–34; discussion 1234–5.
26. Fersht, A.R., Matouschek, A. and Serrano, L. (1992) The folding of an enzyme. I. Theory of protein engineering analysis of stability and pathway of protein folding. *J Mol Biol.* **224**: 771–82.
27. Privalov, P.L. and Gill, S.J. (1988) Stability of protein structure and hydrophobic interaction. *Adv Protein Chem.* **39**: 191–234.
28. Pace, C.N. (1990) Conformational stability of globular proteins. *Trends Biochem Sci.* **15**: 14–7.
29. Brandts, J.F. (1964) The thermodynamics of protein denaturation. II. A model of reversible denaturation and interpretations regarding the stability of chymotrypsinogen. *J Am Chem Soc.* **86**: 4302–14.
30. Brandts, J.F. (1964) The thermodynamics of protein denaturation. I. The denaturation of chy-

motrypsinogen. *J Am Chem Soc.* **86**: 4291–301.
31. Crick, F.H.C. (1953) The packing of a-helices: simple coiled-coils. *Acta Cryst.* **6**: 689–97.
32. Dill, K.A. (1990) Dominant forces in protein folding. *Biochemistry.* **29**: 7133–55.
33. Dill, K., Banu Ozkan, S., Weikl, T., Chodera, J. and Voelz, V. (2007) The protein folding problem: when will it be solved? *Curr Opin Struct Biol.* **17**: 342–6.
34. Hecht, M.H., Das, A., Go, A., Bradley, L.H. and Wei, Y. (2004) De novo proteins from designed combinatorial libraries. *Protein Sci.* **13**: 1711–23.
35. Kamtekar, S., Schiffer, J.M., Xiong, H., Babik, J.M. and Hecht, M.H. (1993) Protein design by binary patterning of polar and nonpolar amino acids. *Science.* **262**: 1680–5.
36. Kim, D.E., Gu, H. and Baker, D. (1998) The sequences of small proteins are not extensively optimized for rapid folding by natural selection. *Proc Natl Acad Sci USA.* **95**: 4982–6.
37. Privalov, P.L. and Khechinashvili, N.N. (1974) A thermodynamic approach to the problem of stabilization of globular protein structure: a calorimetric study. *J Mol Biol.* **86**: 665–84.
38. Bolen, D.W. and Rose, G.D. (2008) Structure and energetics of the hydrogen-bonded backbone in protein folding. *Annu Rev Biochem.* **77**: 339–62.
39. Baldwin, R.L. (2007) Energetics of protein folding. *J Mol Biol.* **371**: 283–301.
40. Kauzmann, W. (1959) Some factors in the interpretation of protein denaturation. *Adv Protein Chem.* **14**: 1–63.
41. Hermann, R.B. (1972) Theory of hydrophobic bonding. II. The correlation of hydrocarbon solubility in water with cavity surface area. *J Phys Chem.* **76**: 2754–9.
42. Chothia, C. (1974) Hydrophobic bonding and accessible surface area in proteins. *Nature.* **248**: 338–9.
43. Wimley, W.C., Creamer, T.P. and White, S.H. (1996) Solvation energies of amino acid side chains and backbone in a family of host-guest pentapeptides. *Biochemistry.* **35**: 5109–24.
44. Raschke, T.M., Tsai, J. and Levitt, M. (2001) Quantification of the hydrophobic interaction by simulations of the aggregation of small hydrophobic solutes in water. *Proc Natl Acad Sci USA.* **98**: 5965–9.
45. Sharp, K.A., Nicholls, A., Fine, R.F. and Honig, B. (1991) Reconciling the magnitude of the microscopic and macroscopic hydrophobic effects. *Science.* **252**: 106–9.
46. Sridharan, S.A., Nicholls, A. and Honig, B. (1992) A new vertex algorithm to calculate solvent accessible surface area. *Biophys J.* **61**: A174.
47. Kellis, J.T., Jr., Nyberg, K. and Fersht, A.R. (1989) Energetics of complementary side-chain packing in a protein hydrophobic core. *Biochemistry.* **28**: 4914–22.
48. Pace, C.N. (1992) Contribution of the hydrophobic effect to globular protein stability. *J Mol Biol.* **226**: 29–35.
49. Bueno, M., Campos, L.A., Estrada, J. and Sancho, J. (2006) Energetics of aliphatic deletions in protein cores. *Protein Sci.* **15**: 1858–72.
50. Xu, J., Baase, W.A., Baldwin, E. and Matthews, B.W. (1998) The response of T4 lysozyme to large-to-small substitutions within the core and its relation to the hydrophobic effect. *Protein Sci.* **7**: 158–77.
51. Takano, K., Ogasahara, K., Kaneda, H., Yamagata, Y., Fujii, S., Kanaya, E., Kikuchi, M., Oobatake, M. and Yutani, K. (1995) Contribution of hydrophobic residues to the stability of human lysozyme: calorimetric studies and X-ray structural analysis of the five isoleucine to valine mutants. *J Mol Biol.* **254**: 62–76.
52. Li, Y., Huang, Y., Swaminathan, C.P., Smith-Gill, S.J. and Mariuzza, R.A. (2005) Magnitude of the hydrophobic effect at central versus peripheral sites in protein-protein interfaces. *Structure.* **13**: 297–307.
53. Amzel, L.M. (2000) Calculation of entropy changes in biological processes: folding, binding, and oligomerization. *Methods Enzymol.* **323**: 167–77.

54. Fitter, J. (2003) A measure of conformational entropy change during thermal protein unfolding using neutron spectroscopy. *Biophys J.* **84**: 3924–30.
55. Brady, G.P. and Sharp, K.A. (1997) Entropy in protein folding and in protein-protein interactions. *Curr Opin Struct Biol.* **7**: 215–21.
56. Strickler, S.S., Gribenko, A.V., Keiffer, T.R., Tomlinson, J., Reihle, T., Loladze, V.V. and Makhatadze, G.I. (2006) Protein stability and surface electrostatics: a charged relationship. *Biochemistry.* **45**: 2761–6.
57. Marqusee, S. and Sauer, R.T. (1994) Contributions of a hydrogen bond/salt bridge network to the stability of secondary and tertiary structure in lambda repressor. *Protein Sci.* **3**: 2217–25.
58. Lounnas, V. and Wade, R.C. (1997) Exceptionally stable salt bridges in cytochrome P450cam have functional roles. *Biochemistry.* **36**: 5402–17.
59. Schutz, C.N. and Warshel, A. (2001) What are the dielectric "constants" of proteins and how to validate electrostatic models? *Proteins.* **44**: 400–17.
60. Campos, L.A., Cuesta-Lopez, S., Lopez-Llano, J., Falo, F. and Sancho, J. (2005) A double-deletion method to quantifying incremental binding energies in proteins from experiment: example of a destabilizing hydrogen bonding pair. *Biophys J.* **88**: 1311–21.
61. Ben-Tal, N., Sitkoff, D., Topol, I.A., Yang, A.S., Burt, S.K. and Honig, B. (1997) Free energy of amide hydrogen bond formation in vacuum, in water, and in liquid alkane solution. *J Phys Chem B.* **101**: 450–7.
62. Honig, B.H. and Hubbell, W.L. (1984) Stability of "salt bridges" in membrane proteins. *Proc Natl Acad Sci USA.* **81**: 5412–6.
63. Hendsch, Z.S. and Tidor, B. (1994) Do salt bridges stabilize proteins? A continuum electrostatic analysis. *Protein Sci.* **3**: 211–26.
64. Waldburger, C.D., Schildbach, J.F. and Sauer, R.T. (1995) Are buried salt bridges important for protein stability and conformational specificity? *Nat Struct Biol.* **2**: 122–8.
65. Tanford, C. and Kirkwood, J. (1957) Theory of protein titration curves. I. General equations for impenetrable spheres. *J Am Chem Soc.* **79**: 5333–9.
66. Sharp, K.A. and Honig, B. (1990) Electrostatic interactions in macromolecules: theory and applications. *Annu Rev Biophys Biophys Chem.* **19**: 301–32.
67. Roux, B. and Simonson, T. (1999) Implicit solvent models. *Biophys Chem.* **78**: 1–20.
68. Baker, N.A. (2005) Improving implicit solvent simulations: a Poisson-centric view. *Curr Opin Struct Biol.* **15**: 137–43.
69. Bone, S. and Pethig, R. (1982) Dielectric studies of the binding of water to lysozyme. *J Mol Biol.* **157**: 571–5.
70. Gilson, M.K. and Honig, B.H. (1986) The dielectric constant of a folded protein. *Biopolymers.* **25**: 2097–119.
71. Kumar, S. and Nussinov, R. (2002) Close-range electrostatic interactions in proteins. *Chembiochem.* **3**: 604–17.
72. Stickle, D.F., Presta, L.G., Dill, K.A. and Rose, G.D. (1992) Hydrogen bonding in globular proteins. *J Mol Biol.* **226**: 1143–59.
73. McDonald, I.K. and Thornton, J.M. (1994) Satisfying hydrogen bonding potential in proteins. *J Mol Biol.* **238**: 777–93.
74. Fleming, P.J. and Rose, G.D. (2005) Do all backbone polar groups in proteins form hydrogen bonds? *Protein Sci.* **14**: 1911–7.
75. Joughin, B.A., Green, D.F. and Tidor, B. (2005) Action-at-a-distance interactions enhance protein binding affinity. *Protein Sci.* **14**: 1363–9.
76. Bolon, D.N. and Mayo, S.L. (2001) Polar residues in the protein core of Escherichia coli thioredoxin are important for fold specificity. *Biochemistry.* **40**: 10047–53.
77. Perutz, M.F. (1970) Stereochemistry of cooperative effects in haemoglobin. *Nature.* **228**:

726–39.
78. Fersht, A.R. (1972) Conformational equilibria in α- and δ-chymotrypsin. The energetics and importance of the salt bridge. *J Mol Biol.* **64**: 497–509.
79. Barlow, D.J. and Thornton, J.M. (1983) Ion-pairs in proteins. *J Mol Biol.* **168**: 867–85.
80. Harris, T.K. and Turner, G.J. (2002) Structural basis of perturbed pKa values of catalytic groups in enzyme active sites. *IUBMB Life.* **53**: 85–98.
81. Warshel, A. (1998) Electrostatic origin of the catalytic power of enzymes and the role of preorganized active sites. *J Biol Chem.* **273**: 27035–8.
82. Schultz, P.G. (1988) The interplay between chemistry and biology in the design of enzymatic catalysts. *Science.* **240**: 426–33.
83. Gutteridge, A. and Thornton, J.M. (2005) Understanding nature's catalytic toolkit. *Trends Biochem Sci.* **30**: 622–9.
84. Kraut, J. (1977) Serine proteases: structure and mechanism of catalysis. *Annu Rev Biochem.* **46**: 331–58.
85. Hedstrom, L. (2002) Serine protease mechanism and specificity. *Chem Rev.* **102**: 4501–24.
86. Frazao, C., Bento, I., Costa, J., Soares, C.M., Verissimo, P., Faro, C., Pires, E., Cooper, J. and Carrondo, M.A. (1999) Crystal structure of cardosin A, a glycosylated and Arg-Gly-Asp-containing aspartic proteinase from the flowers of Cynara cardunculus L. *J Biol Chem.* **274**: 27694–701.
87. Dessailly, B.H., Lensink, M.F. and Wodak, S.J. (2007) Relating destabilizing regions to known functional sites in proteins. *BMC Bioinformatics.* **8**: 141.
88. Shoichet, B.K., Baase, W.A., Kuroki, R. and Matthews, B.W. (1995) A relationship between protein stability and protein function. *Proc Natl Acad Sci USA.* **92**: 452–6.
89. Wong, K.B. and Daggett, V. (1998) Barstar has a highly dynamic hydrophobic core: evidence from molecular dynamics simulations and nuclear magnetic resonance relaxation data. *Biochemistry.* **37**: 11182–92.
90. Lindorff-Larsen, K., Best, R.B., Depristo, M.A., Dobson, C.M. and Vendruscolo, M. (2005) Simultaneous determination of protein structure and dynamics. *Nature.* **433**: 128–32.
91. Lumb, K.J. and Kim, P.S. (1995) A buried polar interaction imparts structural uniqueness in a designed heterodimeric coiled coil. *Biochemistry.* **34**: 8642–8.
92. Worth, C.L. and Blundell, T.L. (2009) Satisfaction of hydrogen-bonding potential influences the conservation of polar sidechains. *Proteins.* **75**: 413–29.
93. Iwaoka, M., Takemoto, S., Okada, M. and S, T. (2002) Weak nonbonded S–X (X = O, N, and S) interactions in proteins. Statistical and theoretical studies. *Bull Chem Soc Jpn.* **75:** 1611–25.
94. Iwaoka, M. and Isozumi, N. (2006) Possible roles of S–O and S–N interactions in the functions and evolution of phospholipase A2. *Biophysics.* **2**: 23–34.
95. Hunter, C.A., Singh, J. and Thornton, J.M. (1991) Pi-pi interactions: the geometry and energetics of phenylalanine-phenylalanine interactions in proteins. *J Mol Biol.* **218**: 837–46.
96. Levitt, M. and Perutz, M.F. (1988) Aromatic rings act as hydrogen bond acceptors. *J Mol Biol.* **201**: 751–4.
97. Kuntz, I.D. and Crippen, G.M. (1979) Protein densities. *Int J Pept Protein Res.* **13**: 223–8.
98. Chen, J. and Stites, W.E. (2001) Packing is a key selection factor in the evolution of protein hydrophobic cores. *Biochemistry.* **40**: 15280–9.
99. Loladze, V.V., Ermolenko, D.N. and Makhatadze, G.I. (2002) Thermodynamic consequences of burial of polar and non-polar amino acid residues in the protein interior. *J Mol Biol.* **320**: 343–57.
100. Klein-Seetharaman, J., Oikawa, M., Grimshaw, S.B., Wirmer, J., Duchardt, E., Ueda, T., Imoto, T., Smith, L.J., Dobson, C.M. and Schwalbe, H. (2002) Long-range interactions within a non-

native protein. *Science*. **295**: 1719–22.
101. Prabhu, N. and Sharp, K. (2006) Protein-solvent interactions. *Chem Rev*. **106**: 1616–23.
102. Fitzkee, N.C., Fleming, P.J., Gong, H., Panasik, N., Jr., Street, T.O. and Rose, G.D. (2005) Are proteins made from a limited parts list? *Trends Biochem Sci*. **30**: 73–80.
103. Shi, Z., Chen, K., Liu, Z. and Kallenbach, N.R. (2006) Conformation of the backbone in unfolded proteins. *Chem Rev*. **106**: 1877–97.
104. Rath, A., Davidson, A.R. and Deber, C.M. (2005) The structure of "unstructured" regions in peptides and proteins: role of the polyproline II helix in protein folding and recognition. *Biopolymers*. **80**: 179–85.
105. Dukor, R.K. and Keiderling, T.A. (1991) Reassessment of the random coil conformation: vibrational CD study of proline oligopeptides and related polypeptides. *Biopolymers*. **31**: 1747–61.
106. Ferreon, J.C. and Hilser, V.J. (2003) The effect of the polyproline II (PPII) conformation on the denatured state entropy. *Protein Sci*. **12**: 447–57.
107. Minton, A.P. (2005) Influence of macromolecular crowding upon the stability and state of association of proteins: predictions and observations. *J Pharm Sci*. **94**: 1668–75.
108. Zimmerman, S.B. and Trach, S.O. (1991) Estimation of macromolecule concentrations and excluded volume effects for the cytoplasm of *Escherichia coli*. *J Mol Biol*. **222**: 599–620.
109. Sola, R.J., Rodriguez-Martinez, J.A. and Griebenow, K. (2007) Modulation of protein biophysical properties by chemical glycosylation: biochemical insights and biomedical implications. *Cell Mol Life Sci*. **64**: 2133–52.
110. Shental-Bechor, D. and Levy, Y. (2008) Effect of glycosylation on protein folding: a close look at thermodynamic stabilization. *Proc Natl Acad Sci USA*. **105**: 8256–61.
111. Sheinerman, F.B., Norel, R. and Honig, B. (2000) Electrostatic aspects of protein-protein interactions. *Curr Opin Struct Biol*. **10**: 153–9.
112. Xu, D., Lin, S.L. and Nussinov, R. (1997) Protein binding versus protein folding: the role of hydrophilic bridges in protein associations. *J Mol Biol*. **265**: 68–84.
113. Bischof, J.C. and He, X. (2005) Thermal stability of proteins. *Ann N Y Acad Sci*. **1066**: 12–33.
114. Lee, B. (1991) Solvent reorganization contribution to the transfer thermodynamics of small nonpolar molecules. *Biopolymers*. **31**: 993–1008.
115. Lesk, A.M. (2003) Hydrophobicity—getting into hot water. *Biophys Chem*. **105**: 179–82.
116. Yancey, P.H. (2005) Organic osmolytes as compatible, metabolic and counteracting cytoprotectants in high osmolarity and other stresses. *J Exp Biol*. **208**: 2819–30.
117. Andrews, E.R. (2001) Multicellular Organs and Organisms. ***In*** *Encyclopedia of Life Sciences*. John Wiley & Sons, Ltd.: Chichester, West Sussex, UK.
118. He, X., Wolkers, W.F., Crowe, J.H., Swanlund, D.J. and Bischof, J.C. (2004) In situ thermal denaturation of proteins in dunning AT-1 prostate cancer cells: implication for hyperthermic cell injury. *Ann Biomed Eng*. **32**: 1384–98.
119. Antranikian, G. (2001) Extremophiles. ***In*** *Encyclopedia of Life Sciences*. John Wiley & Sons, Ltd.: Chichester, West Sussex, UK.
120. Wiegel, J. and Adams, M.W.W. (1998) *Thermophiles—the keys to molecular evolution and the origin of life?* Taylor and Francis: London.
121. Sawano, M., Yamamoto, H., Ogasahara, K., Kidokoro, S., Katoh, S., Ohnuma, T., Katoh, E., Yokoyama, S. and Yutani, K. (2008) Thermodynamic basis for the stabilities of three CutA1s from *Pyrococcus horikoshii, Thermus thermophilus,* and *Oryza sativa,* with unusually high denaturation temperatures. *Biochemistry*. **47**: 721–30.
122. Kumar, S., Tsai, C.J. and Nussinov, R. (2001) Thermodynamic differences among homologous thermophilic and mesophilic proteins. *Biochemistry*. **40**: 14152–65.
123. Greaves, R.B. and Warwicker, J. (2007) Mechanisms for stabilisation and the maintenance of solubility in proteins from thermophiles. *BMC Struct Biol*. **7**: 18.

124. Sadeghi, M., Naderi-Manesh, H., Zarrabi, M. and Ranjbar, B. (2006) Effective factors in thermostability of thermophilic proteins. *Biophys Chem.* **119**: 256–70.
125. Petsko, G.A. (2001) Structural basis of thermostability in hyperthermophilic proteins, or "there's more than one way to skin a cat." *Methods Enzymol.* **334**: 469–78.
126. Henzler-Wildman, K.A., Lei, M., Thai, V., Kerns, S.J., Karplus, M. and Kern, D. (2007) A hierarchy of timescales in protein dynamics is linked to enzyme catalysis. *Nature.* **450**: 913–6.
127. Zeldovich, K.B., Berezovsky, I.N. and Shakhnovich, E.I. (2007) Protein and DNA sequence determinants of thermophilic adaptation. *PLoS Comput Biol.* **3**: e5.
128. Das, R. and Gerstein, M. (2000) The stability of thermophilic proteins: a study based on comprehensive genome comparison. *Funct Integr Genomics.* **1**: 76–88.
129. Pace, C.N. (2000) Single surface stabilizer. *Nat Struct Biol.* **7**: 345–6.
130. Cherry, J.R. and Fidantsef, A.L. (2003) Directed evolution of industrial enzymes: an update. *Curr Opin Biotechnol.* **14**: 438–43.
131. De Maria, L., Vind, J., Oxenboll, K.M., Svendsen, A. and Patkar, S. (2007) Phospholipases and their industrial applications. *Appl Microbiol Biotechnol.* **74**: 290–300.
132. Kilara, A. and Shahani, K.M. (1979) The use of immobilized enzymes in the food industry: a review. *CRC Crit Rev Food Sci Nutr.* **12**: 161–98.
133. Maurer, K.H. (2004) Detergent proteases. *Curr Opin Biotechnol.* **15**: 330–4.
134. Schmid, A., Hollmann, F., Park, J.B. and Buhler, B. (2002) The use of enzymes in the chemical industry in Europe. *Curr Opin Biotechnol.* **13**: 359–66.
135. Thomas, S.M., DiCosimo, R. and Nagarajan, V. (2002) Biocatalysis: applications and potentials for the chemical industry. *Trends Biotechnol.* **20**: 238–42.
136. van Beilen, J.B. and Li, Z. (2002) Enzyme technology: an overview. *Curr Opin Biotechnol.* **13**: 338–44.
137. Walsh, G.A., Power, R.F. and Headon, D.R. (1993) Enzymes in the animal-feed industry. *Trends Biotechnol.* **11**: 424–30.
138. Somero, G.N. (2003) Protein adaptations to temperature and pressure: complementary roles of adaptive changes in amino acid sequence and internal milieu. *Comp Biochem Physiol B Biochem Mol Biol.* **136**: 577–91.
139. Estell, D.A., Graycar, T.P. and Wells, J.A. (1985) Engineering an enzyme by site-directed mutagenesis to be resistant to chemical oxidation. *J Biol Chem.* **260**: 6518–21.
140. Otten, L.G. and Quax, W.J. (2005) Directed evolution: selecting today's biocatalysts. *Biomol Eng.* **22**: 1–9.
141. Stemmer, W.P. (1994) Rapid evolution of a protein in vitro by DNA shuffling. *Nature.* **370**: 389–91.
142. Turner, N.J. (2009) Directed evolution drives the next generation of biocatalysts. *Nat Chem Biol.* **5**: 567–73.
143. Jackel, C., Kast, P. and Hilvert, D. (2008) Protein design by directed evolution. *Annu Rev Biophys.* **37**: 153–73.
144. Bryan, P.N. (2000) Protein engineering of subtilisin. *Biochim Biophys Acta.* **1543**: 203–22.
145. Schweiker, K.L., Zarrine-Afsar, A., Davidson, A.R. and Makhatadze, G.I. (2007) Computational design of the Fyn SH3 domain with increased stability through optimization of surface charge charge interactions. *Protein Sci.* **16**: 2694–702.
146. Bi, Y., Cho, J.H., Kim, E.Y., Shan, B., Schindelin, H. and Raleigh, D.P. (2007) Rational design, structural and thermodynamic characterization of a hyperstable variant of the villin headpiece helical subdomain. *Biochemistry.* **46**: 7497–505.
147. Schwehm, J.M., Fitch, C.A., Dang, B.N., Garcia-Moreno, E.B. and Stites, W.E. (2003) Changes in stability upon charge reversal and neutralization substitution in staphylococcal nuclease are dominated by favorable electrostatic effects. *Biochemistry.* **42**: 1118–28.

148. Grimsley, G.R., Shaw, K.L., Fee, L.R., Alston, R.W., Huyghues-Despointes, B.M., Thurlkill, R.L., Scholtz, J.M. and Pace, C.N. (1999) Increasing protein stability by altering long-range coulombic interactions. *Protein Sci.* **8**: 1843–9.
149. Eijsink, V.G., Vriend, G., van der Vinne, B., Hazes, B., van den Burg, B. and Venema, G. (1992) Effects of changing the interaction between subdomains on the thermostability of *Bacillus* neutral proteases. *Proteins.* **14**: 224–36.
150. Fink, A.L. (1998) Protein aggregation: folding aggregates, inclusion bodies and amyloid. *Fold Des.* **3**: R9–23.
151. Finke, J.M., Roy, M., Zimm, B.H. and Jennings, P.A. (2000) Aggregation events occur prior to stable intermediate formation during refolding of interleukin 1beta. *Biochemistry.* **39**: 575–83.
152. Ceruso, M.A., Amadei, A. and Di Nola, A. (1999) Mechanics and dynamics of B1 domain of protein G: role of packing and surface hydrophobic residues. *Protein Sci.* **8**: 147–60.
153. Espinosa, J.F., Munoz, V. and Gellman, S.H. (2001) Interplay between hydrophobic cluster and loop propensity in beta-hairpin formation. *J Mol Biol.* **306**: 397–402.
154. Tisi, L.C. and Evans, P.A. (1995) Conserved structural features on protein surfaces: small exterior hydrophobic clusters. *J Mol Biol.* **249**: 251–8.
155. Van den Burg, B., Dijkstra, B.W., Vriend, G., Van der Vinne, B., Venema, G. and Eijsink, V.G. (1994) Protein stabilization by hydrophobic interactions at the surface. *Eur J Biochem.* **220**: 981–5.
156. Veltman, O.R., Vriend, G., Berendsen, H.J., Van den Burg, B., Venema, G. and Eijsink, V.G. (1998) A single calcium binding site is crucial for the calcium-dependent thermal stability of thermolysin-like proteases. *Biochemistry.* **37**: 5312–9.
157. Veltman, O.R., Vriend, G., Hardy, F., Mansfeld, J., van den Burg, B., Venema, G. and Eijsink, V.G. (1997) Mutational analysis of a surface area that is critical for the thermal stability of thermolysin-like proteases. *Eur J Biochem.* **248**: 433–40.
158. Sandgren, M., Gualfetti, P.J., Shaw, A., Gross, L.S., Saldajeno, M., Day, A.G., Jones, T.A. and Mitchinson, C. (2003) Comparison of family 12 glycoside hydrolases and recruited substitutions important for thermal stability. *Protein Sci.* **12**: 848–60.
159. Jaramillo, A., Wernisch, L., Hery, S. and Wodak, S.J. (2001) Automatic procedures for protein design. *Comb Chem High Throughput Screen.* **4**: 643–59.
160. Lippow, S.M. and Tidor, B. (2007) Progress in computational protein design. *Curr Opin Biotechnol.* **18**: 305–11.
161. Madaoui, H., Becker, E. and Guerois, R. (2006) Sequence search methods and scoring functions for the design of protein structures. *Methods Mol Biol.* **340**: 183–206.
162. Park, S., Yang, X. and Saven, J.G. (2004) Advances in computational protein design. *Curr Opin Struct Biol.* **14**: 487–94.
163. Rosenberg, M. and Goldblum, A. (2006) Computational protein design: a novel path to future protein drugs. *Curr Pharm Des.* **12**: 3973–97.
164. Shah, P.S., Hom, G.K., Ross, S.A., Lassila, J.K., Crowhurst, K.A. and Mayo, S.L. (2007) Full-sequence computational design and solution structure of a thermostable protein variant. *J Mol Biol.* **372**: 1–6.
165. Pantoliano, M.W., Whitlow, M., Wood, J.F., Dodd, S.W., Hardman, K.D., Rollence, M.L. and Bryan, P.N. (1989) Large increases in general stability for subtilisin BPN' through incremental changes in the free energy of unfolding. *Biochemistry.* **28**: 7205–13.

第 5 章　蛋白质结构动力学

5.1　简　介

从 19 世纪末到 20 世纪中叶，科学家预感蛋白质在 Emil Fischer 的**锁和钥匙 *lock and key*** 模型[1]中作为刚性的实体。该模型是 Fischer 试图解释蛋白质的底物作为酶的特异性。他假定特异性是酶与其底物的三维结构之间的刚性几何互补的结果。Daniel Koshland，也就是还研究了酶特异性的那个学者，提出了**诱导契合 *induced fit*** 模型[2]，改变了蛋白质是静态的观点。Koshland 表明酶经历了有限的构象变化以建立其结构与底物结构之间更好的结合。虽然目前关于蛋白质行为的观点比 Koshland 的更复杂，但是大量研究证明了蛋白质不同的结构和构象的改变[3-5]，由此确立这些大分子是动态实体。从理论上讲，这种现象是不足为奇的；基本的蛋白质聚合物结构是由许多潜在的铰链运动组成的。这些主要是主链单键和侧链单键，其周围的运动仅受位阻限制，围绕它们的运动只受位阻限制。事实上，蛋白质动力学的特点是一组不同的原子和基团的运动，在时间尺度范围广泛发生（$10^{-15}\sim10^{4}$s），振幅为 001～100Å，能量水平为 0.1～100kcal/mol[5,8]（表 5.1）。

表 5.1　蛋白质内运动的时间尺度。数据参考文献［7—9］

运动类型	举例	时间尺度（s）
1. 局部运动	● 全局	$10^{-15}\sim10^{-6}$
	● 键振动	$10^{-14}\sim10^{-13}$
	● 球状区域的弹性振动	$10^{-12}\sim10^{-11}$
	● 甲基环绕连接到分子的键旋转	$10^{-12}\sim10^{-9}$
	● 表面侧链的旋转	$10^{-11}\sim10^{-10}$
	● 铰链在结构域界面弯折	$10^{-11}\sim10^{-7}$
	● 环运动	$10^{-9}\sim10^{-6}$
	● α 螺旋形成	$10^{-8}\sim10^{-7}$
2. 刚体运动	● 螺旋、结构域、亚基	10^{-9}
3. 大型结构域运动		$10^{-6}\sim10^{-3}$
4. 蛋白质折叠		$10^{-6}\sim10^{4}$

最重要的是，蛋白质固有的运动多发生在中心生化过程时间尺度[7-9]。

(1) 振动和局部运动 ($10^{-15}\sim10^{-10}$s) 对应的化学事件发生在酶中介催化中，这些措施包括以下几方面。

- 共价键的生成或断裂 ($10^{-14}\sim10^{-10}$s)
- 氢键的形成 ($10^{-12}\sim10^{-10}$s)
- 化学基团之间转移电子/质子/氢负离子 (10^{-12}s = 1ps)

(2) 侧链运动，二级单元和结构域 ($10^{-9}\sim10^{-3}$s) 如下。

- 质子传输 ($10^{-9}\sim10^{-4}$s)
- 电子隧穿 ($10^{-9}\sim10^{-4}$s)
- 水结构重组 (10^{-8}s)
- 配体结合 ($10^{-8}\sim10$s)
- 局部变性 ($10^{-5}\sim10$s)
- 变构效应 ($10^{-5}\sim1$s)

这意味着大多数研究蛋白质的科学家今天同意这个论点，即蛋白质的内在动力学，其功能是非常重要的。事实上，当温度降低使蛋白质的动力减慢时，其活性也会降低。大多数蛋白质动力学和功能关联比较详细的证据是基于相对较长时间尺度的观测。例如，相对于底物，许多酶的催化速率的正确定位需要通过构象变化的催化残基确定；这些变化发生在二级结构水平[9]。另一个例子是底物/配体结合（或释放）的过程，这需要构象改变导致开放或关闭作为阀门的蛋白质片段。事实上，许多酶往往会发生动态变化，使结合位点密切与底物结合[10]。这完全或部分防止溶剂涉及结合位点，从而加强蛋白质-配体结合可能是重要的催化的静电相互作用，也以结合位点组为代价降低了溶剂与底物相互作用的能力（竞争相互作用）。虽然上述内容代表远程动力学，但蛋白质内的短运动从共价键谐振到小侧链运动，也对整体的动力学和蛋白质功能有所贡献。

这些运动可以在蛋白质中被发现，种类也多种多样，包括铰链、旋转、平移甚至二级与超二级单元的折叠和展开。铰链运动（图 5.1）发生在纳秒 (10^{-9}s) 级时间尺度，在蛋白质中非常普遍，通常包括脯氨酸和甘氨酸残基[11]。此外，这种类型的运动可以赋予特定的功能。例如，在**马达蛋白 *motor protein*** 如肌球蛋白中，铰链运动用于将化学能（ATP）转换成机械力。在许多酶中，这种类型的运动用于转导变构，如开启或关闭的活性位点阀门，从而改变了位点对于底物的适配性[12]。在本书的“静态”模式下，展示所有与蛋白质相关的运动是有困难的。为了获得关于蛋白质运动更广泛、视觉上清晰的思路，我们推荐 ***molmovdb database***[13]，它可以很容易通过互联网获取①，该数据库提供生物背

---

① http://www.molmovdb.org。该数据库由耶鲁大学（Yale University）的 Mark Gerstein 团队维护。

景下的多种运动信息，以及经实验测定的蛋白质结构的动画演示。在数据库附带的一篇文章中可找到更好的视图[3]。

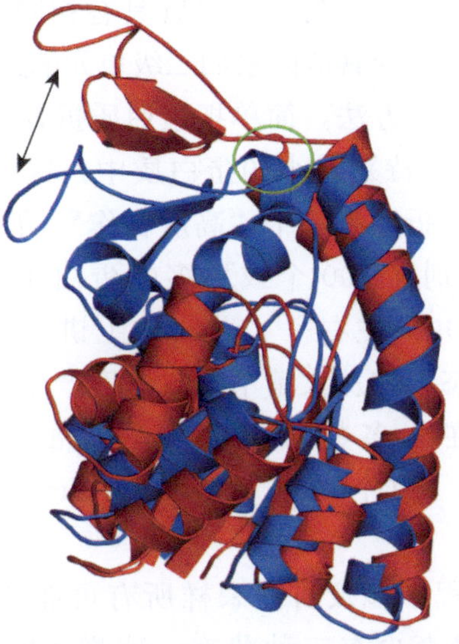

图 5.1 腺苷酸激酶的铰链运动。环左上角区域中环的运动通过蛋白质的两种构象（PDB 条目：2eck、4ake）的叠加来说明。铰链区域被圈出

蛋白质动力学领域的研究主要集中在两个议题：折叠过程动力学和折叠状态动力学。科学家对折叠状态动力学的兴趣是显而易见的，因为这是生物活性状态。这个议题重点研究在微秒-毫秒（$10^{-6}\sim10^{-3}$s）范围内的动力学，原因有二。一是，这个范围对应于如酶介导的生物过程催化，蛋白质-蛋白质相互作用，以及信号转导[5,14]。二是，这个范围内的运动更容易用现有方法研究[5,14]（见下文）。折叠过程动力学或许与蛋白质结构或功能无关①；然而，理解它能使我们进一步认识蛋白质的“行为”，也有助于科学家提高蛋白质结构预测算法的性能。此外，鉴定折叠过程可能有助于了解（甚至治疗）蛋白质折叠错误相关的病理（见专栏 5.1）。

5.2 蛋白质折叠

5.2.1 运动学观点

5.2.1.1 Levinthal 悖论与能量景观学说

蛋白质折叠速率不同，其中可能的范围超过 8 个数量级[16]。研究显示了蛋

① 见第 3 章能量最小值和能垒的定义。

白质折叠速率和蛋白质自然折叠拓扑的相关性，即纳秒级速率快速折叠的蛋白质往往有更多的局部二级单元（α 螺旋、β 转角），而慢折叠的蛋白质往往有较大的全局单元，即 β 折叠[17]。然而，蛋白质尽管具有相同的拓扑，其折叠速率也可能迥异[18]。这意味着速率也受其他因素如二级单元的连接性的影响。

第 4 章讨论了热力学的方法，简单把蛋白质折叠看作两个状态的过程（折叠和展开）。在许多蛋白质特别是小的蛋白质中，这样一个简单的观点似乎是合理的，主要由于蛋白质折叠是一个“高度合作”的过程。然而，其他的折叠可能要缓慢得多[19]。特别在 100 个或更多的蛋白质残基的情况下是真实的，这占所有细胞蛋白质的 90%左右[20]。从理论上讲，这是不足为奇的，折叠的过程包括无数的中间状态，如从大量不同自由度产生的蛋白质。自由度的数目非常大，似乎不符合在大多数蛋白质中测得的极高的折叠速率。Cyrus Levinthal 在 1968 年提出了这个问题，并命名为 **Levinthal 悖论**[21]。这个悖论可以表述如下。

假设蛋白质折叠过程中涉及自由采样所有可能的蛋白质构象（即独立采样每个残基），每个残基至少有三种状态，这样 100 个蛋白质残基的折叠预计采样 $3^{100} = 5\times10^{47}$ 种构象。现在，如果我们假设采样蛋白质的单个构象耗时 1ps，这样采样所有的可能构象来寻找正确构象所花费的时间应该是 $3^{100}\times10^{-12} = 5\times10^{35} = 1.6\times10^{28}$ 年。这段时间大约是宇宙年龄的 10^{18} 倍，这与现实中绝大多数蛋白质在极短时间内完成折叠不一致[22-24]。因此，这个论点是悖论。

那么，怎样才能解决这个悖论？显而易见的答案是，蛋白质实际并不采样所有可能的构象来获得正确的那个。相反，它们以合作的方式折叠，其中的每个步骤都限制未来步骤可能的折叠数。事实上，Dill、Wolynes、Bryngelson 和其他人从 20 世纪 80 年代开始便持续地研究，确认折叠过程涉及残基-残基相互作用的形成，它大大降低了可用的蛋白质构象的数目，如所发生的[25]。此外，关于蛋白质-蛋白复合物的研究表明，折叠协作不仅依赖骨干网连接，也依赖三级接触[26]。广泛接受的**能量景观学说** ***energy landscape theory*** 以图形方式描述了蛋白质折叠的协同性[27-30]，描述折叠过程作为能量熵漏斗（图 5.2，参考文献[31]）。折叠过程中所涉及的各构象被表示为超平面的单个点，用能量值和熵值来表征。这些点在一起形成特定的漏斗形状。根据可用的信息量，能以二维或三维图景来呈现。

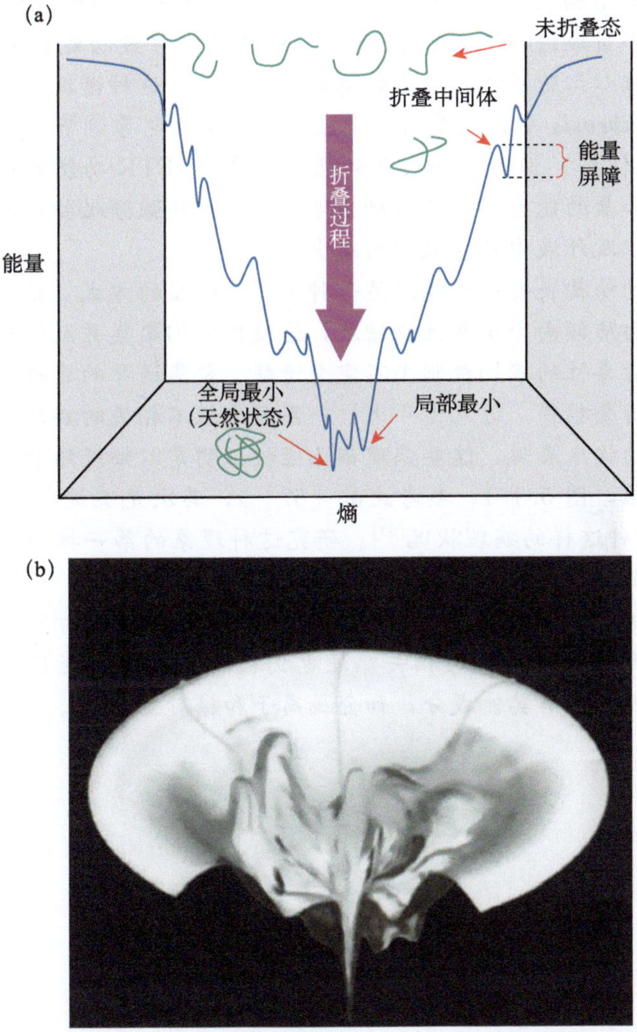

图 5.2 二维(a)和三维(b)的折叠能量景观。(a)中的绿色形状表示折叠蛋白质的多肽链。曲线的漏斗形状反映了蛋白质折叠期间能量和熵的同时下降(图 5.2b 改编自 Kapon, R., Nevo, R. and Reich, Z *Biochem Soc Trans.*, 36, 1404-1408, 2008。经许可)

专栏 5.1 蛋白质错配导致的病理

A. 蛋白质错配导致疾病

蛋白质是动态实体,通常会发生可逆的结构变化。往往在有限的范围内,但有时可能会部分展开,其后是快速重折叠。由于这个过程是可逆的,它不会对大多数蛋白质的生存或功能造成威胁。然而,一些因素可能导致蛋白质中结构的永久性损失,而当大量的蛋白质或蛋白质拷贝中发生永久损失时,将危及整个生物体。蛋白质中的结构丧失会以两种不同的方式“伤害”细胞/组织或生物体[61]。第一种是直截了当地遵循 Anfinsen 范式，结构损失导致功能丧失[15]。展开的蛋白质越是关乎核心细胞功能，对生物体的损害越大。这种情况发生在著名的**囊性纤维化 *cystic fibrosis*** 中，这是由于囊性纤维化跨膜电导调节因子（CFTR），一种用作氯化物（Cl^-）通道的蛋白质的错误折叠。CFTR 功能的丧失会干扰身体有效分泌液体和盐的能力，导致各种生理损伤，如胰腺分泌物的阻塞、呼吸道中黏液的积累，以及汗液中盐分吸收的减少[62]。

蛋白质中的结构丧失也可能以另一种不那么明显的方式“伤害”生物体。经历该过程的蛋白质倾向于疏水性的增加，这使得它们聚集并沉淀对细胞具有毒性的沉淀物，尽管毒性的确切机制尚不完全清楚。聚集诱导的毒性可以称为“功能增益”型错误折叠损伤。近几十年来，一系列看似不相关的病理使不同的器官损伤且具有不同的临床表现，这些病理都已经被证明是以细纤维的形式参与蛋白质聚集（即原纤维，图 5.1.1，参考文献［67］），其次是沉淀物[63−65]。今天，人类已知有 40 多种这样的病理状况[63]。研究这种现象的第一批科学家的错误印象是沉淀物是由淀粉形成的，因此称为**淀粉样物质 *amyloid***①。与许多其他历史名称一样，该术语也仍然在使用，即使发现沉淀物事实上是由蛋白质形成的。因此，即使在今天，淀粉样蛋白相关病理也仍被称为淀粉样变性。然而，应该指出，沉淀物还可能含有其他成分，如金属离子和糖衍生物[66]。

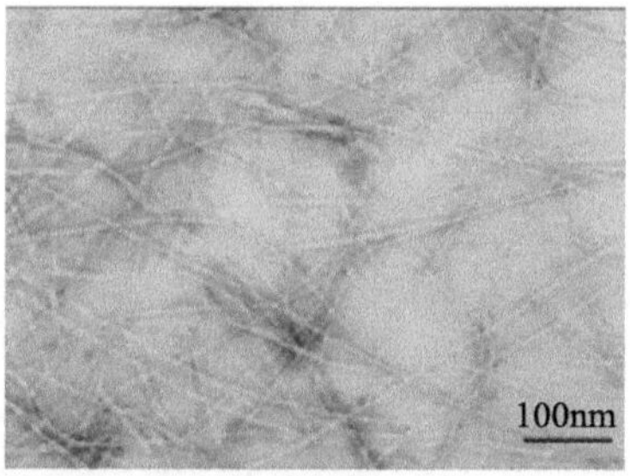

图 5.1.1　淀粉样蛋白原纤维的透射电子显微镜照片（来自 Stromer，T. and Serpell，L. C.，Microsc Res Tech.，67，210－7，2005。经许可）

尽管不同的淀粉样变性之间有很大差异，但它们可以分为两个一般组。

(1) 神经病理性。该组包括以下神经退行性疾病。

Ⅰ. 阿尔茨海默病（AD）——老年人进行性痴呆症和一般神经退行性疾病最常见的形式[68]。AD 的特征在于称为**淀粉样-β *amyloid*-β**（**Aβ**）蛋白肽的聚集和沉淀，这是淀粉样 α 蛋白降解的产物。

---

① *Amylum* 是淀粉的拉丁文。

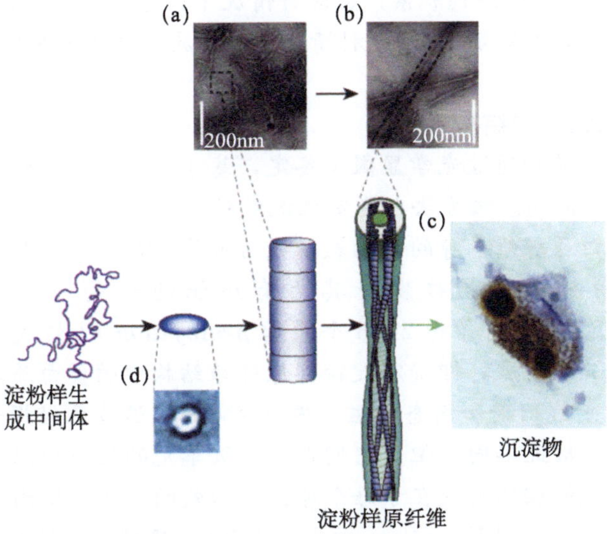

图 5.1.2 聚集形成淀粉样原纤维的一般机理示意图（来自 Dobson，C. M.，*Nature*，426，884-90，2003。经许可）。未折叠或部分展开的蛋白质彼此结合以形成经历进一步组装成原纤维或原丝的小的可溶性聚集体（a），然后是成熟纤维（b）（来自 Fandrich，M. and Dobson，C. M.，*EMBO J.*，21，5682-90，2002。经许可）。原纤维通常积聚在斑块或其他结构中，如路易体，与帕金森病相关（c）。一些早期的聚集体本质上似乎是无定形或胶束化的，尽管其他的形成直径约为 10nm 的环状物质（d）（来自 Lashuel，H. A.，Hartley，D.，Petre，B. M.，Walz，T. and Lansbury，P. T.，Jr.，*Nature*，418，291，2002。经许可）

Ⅱ. 帕金森病（PD）——老年人中常见的运动障碍（但也可能伤害年轻人），这是由脑**黑质 *substantia nigra*** 区域的损伤引起的[69]。损伤导致使用神经递质**多巴胺 *dopamine*** 的神经细胞逐渐丧失。PD 的特征在于蛋白 α-突触核蛋白的聚集和沉淀。

Ⅲ. 亨廷顿舞蹈病（HD）——一种以非自愿运动、痴呆和情绪问题为特征的遗传性疾病。HD 的特征在于**亨廷顿 *Huntington*** 蛋白的聚集和沉淀，其病症为大量的谷氨酰胺积淀。

Ⅳ. 肌萎缩侧索硬化（ALS）——一种以脑、脑干和脊髓运动神经细胞死亡为特征的遗传性疾病，导致致命性麻痹。ALS 的特征在于蛋白质超氧化物歧化酶（SOD）的聚集和沉淀，SOD 通常参与抵抗有害的氧自由基。

Ⅴ. 克-雅病（CJD）——先天性或后天性疾病，包括进行性运动功能障碍、认知障碍和脑共济失调的多种疾病。CJD 的特征在于**朊病毒 *prion*** 蛋白的聚集和沉淀。

淀粉样蛋白沉淀可能以两种形式出现。第一种，蛋白质沉淀物积聚在细胞外环境中，在这种情况下，它们被称为**斑块 *plaque***。这发生在如阿尔茨海默病中。在第二种形式中，沉淀物在细胞内积累，在这种情况下，它们通常被称为**夹杂物** ***inclusion***[70]。这发生在帕金森病中，在这种情况下，沉淀物被称为**路易体** ***Lewy body***[69]（图 5.1.2c）。

B. 淀粉酶聚集体的结构

淀粉样沉淀物最初通过光学显微镜鉴定，基于蛋白质沉淀物与染料如**刚果红** ***Congo Red*** 结合的倾向。该方法也能定位沉淀物。后来，当开发出透射电子显微镜时，淀粉样蛋白原纤维本身的详细表征成为可能。与其他细胞聚集体的无定形结构相反，淀粉样沉淀物被发现其为有组织的结构（图 5.1.2，参考文献［71—73］）：每个原纤维由 2～6 个**原丝** ***protofilament*** 组成；每个的直径为 20～50Å[74]。下一个步骤，即确定淀粉样原纤维结构中的蛋白质，需要更高分辨率的方法，如 X 射线衍射和固态核磁共振（NMR）。这些已经揭示，虽然蛋白质原纤维在病理学上彼此不同，但是它们在其二级单元的组成中以及它们的链长度彼此相似；最明显的相似之处在于每个原丝核心处的交叉 β 结构①[67]（图 5.1.3，参考文献［77］）。David Eisenberg 的小组在 2005 年就测定了交叉 β 结构的高分辨率结构[75]。所有这些数据导致淀粉样蛋白原纤维的形成是由于**错误折叠** ***misfolding***，即天然结构的部分丧失。错误折叠导致蛋白质内的非极性残基向水性环境的外化，从而降低蛋白质的水溶性并允许其形成特征聚集体。再次，聚集体组织为原丝，然后组装形成最终的原纤维结构[65,71,76]。

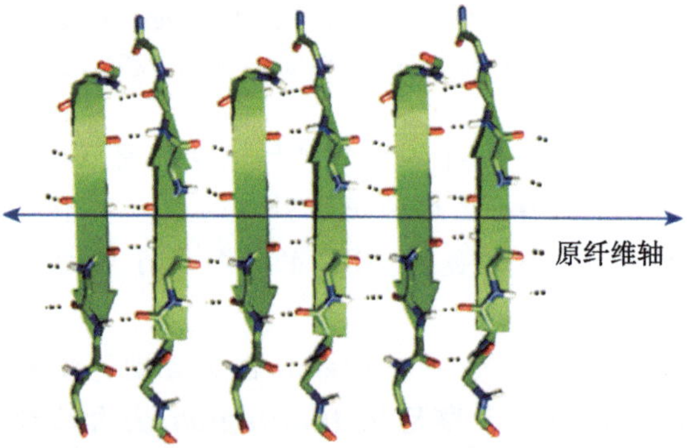

图 5.1.3　淀粉样原纤维的 β 折叠结构 β 链与原纤维轴垂直，而 β 链之间的主链氢键（黑色虚线）平行于原纤维增殖（来自 Guo，W.，Shea，J. E. and Berry，R. S.，*Ann N Y Acad Sci.*，1066，34－53，2005。经许可）

C. 治疗效果

错误折叠理论的建立具有重要意义，其中之一是通过稳定相应蛋白质的天然

---

① β 结构垂直于原纤维轴。

结构来增加治疗相关疾病的可能性。在这方面提出的策略之一是使用对聚集蛋白的天然结构特异的抗体，从而使其稳定。略有不同的策略是稳定蛋白质的单体形式（无论其是否具有天然结构），以防止聚集[78]。Hoyer 等已经使用了这种策略，他们利用一种与阿尔茨海默病相关的 Aβ 肽的特异性结合蛋白[79]。蛋白质含有肽的 β 构象的结合位点，与低聚相关。然而，由于蛋白质被设计成结合这种形式的非极性区域，尽管其构象不同，它不能寡聚。有趣的是，本研究仍然使用对单体形式具有高亲和力的非抗体蛋白。这样的蛋白质被称为**亲和体 *affibody***。

D. 导致蛋白质错配的因素

与蛋白质错误折叠相关的病理长列表可能给我们的印象是，我们的身体对这种现象无能为力。事实上，有几个因素可以防止错误折叠。首先，我们应该记住，细胞蛋白质有很强的不聚集倾向[80]。研究表明，这种趋势是由以下蛋白质特性产生的。

(1) 保护天然 β 折叠中的外周 β 链，以防止其与其他蛋白质分子中的链相互作用。这可以通过简单的结构解决方案来实现，如形成可以折叠成 β 桶的连续 β 折叠片。然而，多个蛋白质结构的分析（如参考文献 [81] ）在序列级别揭示了更深刻的解决方案：存在使外周 β 链变性的序列的进化选择，并因此减少了与其他链相互作用的倾向。这种序列可以包括向内指向的电荷、Pro 残基、形成 β 凸起的残基和 Gly 残基，这些会促进弯曲和扭曲。

(2) 蛋白质中所有有聚集倾向的片段的侧翼都有守门者残基[82]，即 Pro、Lys、Arg、Glu、Asp 等残基，它们的聚集倾向很低，主要是由于其极性和低 β 折叠倾向[80]。

(3) 对含有交替的极性和非极性残基的序列进行选择[83]。这种图案可以形成两亲性 β 片，能有效包装表面残基。然而，我们也知道它能促进淀粉样蛋白聚集物的形成[84]。当具有这种模式的序列确实出现在蛋白质中时，它们通常被掩埋，因此不会有害。

细胞中蛋白质错误折叠的第二层防护包括设计用于防止这种事件发生的几种内置机制。这些包括分子伴侣，其给出错误折叠的蛋白质“第二次机会”折叠，以及对于那些不能修复的蛋白质（蛋白酶体、溶酶体）的降解机制。事实上，加强这些机制降低了错误折叠疾病的频率[85]，而削弱它们则促进了疾病的发生[86]。这些机制确保细胞中偶然的错误折叠在其可能进一步损害生物体之前迅速处理。

为什么错误折叠疾病会发生？某些因素似乎引起广泛的蛋白质错误折叠，超出身体的正常修复和/或降解能力。在这种情况下，天然系统不堪重负，错误折叠的蛋白质过多甚至会导致疾病。与此过程相关的因素如下。

- 环境 —— pH、温度等变化（见第 4 章)。这个因素主要与单细胞生物体有关，它们不能保持恒定的环境条件。

● 遗传——一些突变使蛋白质的天然结构不稳定，或以其他方式诱导聚集。如在其他遗传疾病中，突变可能是先天性（如在家族性淀粉样变性中）或后天获得的。

● 感染——蛋白质聚集可能是感染的结果，如CJD或疯牛病。

在错误折叠的三个原因中，最后两个原因与多细胞生物有关，因此我们将重点关注它们。

Ⅰ. 突变诱发的错误

由于至少一些淀粉样变性具有遗传背景，科学家试图找到可能导致错误折叠和聚集的序列相关特征。芳香族氨基酸首先参与基于Gazit[87]的淀粉样蛋白发生，见以下几点。第一，一段时间以来已知芳香族氨基酸参与生物大分子的自组装过程[88,89]，包括蛋白质-蛋白质相互作用[90]。第二，它们在淀粉样相关蛋白中是常见的，并且相对于正常蛋白质更倾向于在聚集蛋白的表面出现。第三，芳香族残基之间π-π相互作用的几何依赖，为装配过程提供了方向性。

在三种芳香族残基中，Phe似乎对聚集负有最大责任，因为它是最疏水的，能够进行π-π相互作用，并且倾向于出现在β折叠中。事实上，Phe（以及不是芳香族的Met）适合淀粉样原纤维（10Å）中β折叠片之间的平均距离，而Trp的吲哚侧链对于该间距来说太大。在体外研究中，Dobson及其同事试图表征突变对蛋白质聚集趋势的影响，重点是蛋白质的物理化学性质[91]。这项研究表明，导致蛋白质以下变化的突变可造成最大的聚集效应。

(1) 增加蛋白质的疏水性。

(2) 促进α→β的构象变化。

(3) 降低蛋白质表面的电荷。

活体研究也得出了类似的结论。总之，尽管事实上环境和生理①因素有助于蛋白质的聚集趋势，但聚集主要取决于其物理化学性质。

Ⅱ. 感染诱发的疾病：朊病毒疾病

在一组称为传染性海绵状脑病（TSE）② 的疾病中发现了由感染引起的蛋白质错误折叠，其中包括人类中的CJD、牛中的疯牛病和羊中的瘙痒病[92]。一旦意识到TSE是由感染引起的，那么病毒是自然而然的。然而，当感染剂被证明是耐核酸酶③和紫外辐射时，同时对蛋白质中和剂敏感，科学家意识到他们正在处理感染性蛋白质。这是一个真正的启示，因为目前遇到的所有感染因子都基于

① 例如，在帕金森病中，蛋白质只在大脑的一个位置聚集和沉淀。

② 这是因为受影响的人的脑袋像海绵一样充满了孔，这些孔是神经元死亡的结果。

③ 核酸酶是切割核酸的酶。

核酸（DNA 或 RNA）。但更令人惊奇的是，传染性蛋白质“prion”① （缩写为 PrP）居然与正常的膜结合糖蛋白序列相同。进一步的研究表明，良性形式的蛋白质（PrP^{C}）及其有害形式（PrP^{Sc}）的区别在于它们的构象不同：前者主要包括α螺旋，而后者主要基于β折叠，其倾向于形成淀粉样原纤维并沉积为沉淀物。对于所接受的模型，PrP^{Sc} 作为正常 PrP^{C} 分子的模板，从而促进其从α构象到β构象的转化，这使得它们具有致病性。这是如何完成的，可能是与朊病毒相关的最重要和最有趣的问题。尽管进行了许多研究，并且根据他们提供的数据构建了不同的模型（详见参考文献［93］），但这个问题还没有得到回答。

发现关于朊病毒的另一个令人惊奇的事实是它们对胃酸的抵抗力，这允许它们（动物，译者注）通过摄取被污染的组织而传播却不受伤害。非传染性形式的朊病毒疾病也是已知的。在这种情况下，可能是遗传性或随机获得的突变将无害形式的朊病毒蛋白转化成其有害（淀粉样蛋白）形式。

淀粉样变性的另一个原因可能是老龄化。与老龄化相关的不断磨损涉及许多其他方面，例如错误折叠识别和修复机制的功能减少[95]。

E. 淀粉毒性机制

淀粉样原纤维引起错误折叠相关病理学的确切机制尚不完全清楚，不同疾病的特征可能是不同的机制。虽然科学家同意蛋白质沉淀物对细胞有毒性，近年来也已经记录了蛋白质沉淀物的不同生物化学、细胞和生理学作用，但是得出最终结论还为时尚早。从这些研究中发现的一个有趣的可能是，淀粉样原纤维本身也许不是有毒因素，有毒的是在它们之前的寡聚态[63,93]。在这方面，科学家已经提出这些低聚物可能通过积聚在质膜上伤害细胞，并且通过非特异性或离子通道的形成增加其渗透性（参见参考文献［96，97］中的细节）。如果这是真的，淀粉样沉淀物将与抗细菌毒素（即由许多生物体产生的蛋白质和肽）共同使用它们的毒性机制，并作为抵抗入侵细菌的生物武器[98—100]（参见第 7 章）。

F. 淀粉样蛋白都是坏的吗

淀粉样变性的灾难性后果是不可否认的，并且进行了大量的研究来寻找预防它的方法。然而，存在具有聚集倾向的蛋白质[101]，这可能意味着这种蛋白质的进化优势[102]，这种蛋白质类似于第三世界国家里负责镰状血红蛋白亚型耐力的蛋白质。研究了 CPEB 家族的神经元成员（细胞质多腺苷酸化结合蛋白）的 Eric Kandel② 发现了一个特别有趣的假设[103]。CPEB 调节神经细胞中的 mRNA 翻译，并且还涉及长期记忆的调节[104]，这是一个已知的涉及蛋白质合成的过程。

Kandel 及其同事发现，海兔 *Aplysia* 的 CPEB 同种型的 N 端赋予 CPEB 类

① 朊病毒是“蛋白质传染性粒子”的缩写，这是 Stanley Prusiner 创造的一个术语[94]。

② 2000 年诺贝尔生理学或医学奖获得者 Eric Kandel 研究了神经系统中的分子机制。

似朊病毒的行为，即诱导聚集。然而，尽管易于聚集，但 CPEB 是神经元中一种功能性和必需的蛋白质。考虑到这一点，以及 CPEB 在形成长期记忆神经元中的作用，Kandel 假设 CPEB 的聚集能力与其参与长期记忆形成有关。这个建议背后的想法是，淀粉样聚集是蛋白质的稳定形式，这使得它成为一个长期的过程。因此，当 CPEB 从其水溶性转变为聚集状态时，它可以直接作为长期标记，或通过调节 mRNA 翻译能力的伴随变化。

如果属实，Kandel 假设的意义超出了神经元记忆的维持。这意味着蛋白质聚集可能是一种“仁慈”的现象，通过特定目的的进化而选择。蛋白质错误折叠的病理学后果可能归因于细胞或生理调节机制的失败，以防止这种情况发生，而不是聚集倾向本身。事实上，大多数错误折叠相关疾病出现在生命的后期阶段，当身体调节和修复机制开始失败时。

无论如何，漏斗的形状指出了折叠的几个关键方面。

(1) 折叠过程涉及蛋白质能量和熵的减少。蛋白质折叠在最低能量构象达到后完成。因此，蛋白质的天然结构构成全局最小景观。

(2) 折叠过程涉及许多被高能垒分隔的局部能量最小值。这呈现为漏斗参差不齐之壁。这些中间体构成了一道道屏障，为了折叠过程继续至完成必须一一去克服。障碍是动能障碍；它们不改变整体的折叠和展开状态之间的自由能差，而是改变蛋白质克服能垒（即折叠）所需的时间。折叠速率对屏障高度（Ea）的逆依赖性是呈指数的，由第 1 章［公式（1.1）］中提到的 Arrhenius 方程描述。

(3) 折叠过程可能经过不同的路径，这也体现在不规则的漏斗形式方面。

5.2.1.2　折叠模型与机制

能量景观理论提供了蛋白质折叠悖论的一般解决方案。为了彻底了解这个解决方案，必须弄清这个过程的动力学，也就是说，跟踪依赖时间的蛋白质结构折叠变化，包括高能中间体。这一直是困扰蛋白质领域科学家的一个问题，许多中间体有相似的能量，会很快互相转换，所需时间极短。经典实验方法通常提供经时间平均的信息，而不是关于个体波动的详细数据，特别是当后者是非常短暂时。

近几十年来，已经开发了新的和复杂的方法，为这个问题提供了部分或完整的解决方案。这些包括光谱方法，如 NMR、EPR 和基于激光的方法，以及其他方法[16]（见第 5.4 节）。此外，科学家还学习了如何调节测量条件，以减缓折叠速率，直到个别高能中间体被隔离为止。所有这些都提供了关于折叠的丰富知识，尽管没有对该过程进行单一描述。相反，已经提出了几种模型来描述折叠的动力学[16,32]（图 5.3）。例如，基于疏水效应的**疏水性塌陷 *hydrophobic collapse*** 模型是蛋白质折叠的主要驱动力。该模型提出蛋白质折叠分为两步。第一步，疏水效应诱导蛋白质非极性部分的崩解以形成紧凑、部分折叠的构象。在第二步中，形成二级结构，并且部分折叠的结构对其可用的有限的构象空间进行采样，这使得它可以形成表征天然折叠的适当的三级连接。静电相互作用在此步骤中特别重要，因为它们决定了天然状态的具体构象。这一观点得到了这样的观察：当这些相互作用被 pH 降低所扰乱时，蛋白质趋于保持部分折叠状态[33]。在蛋白质折叠过程中，形成不同的热力学中间体。其中之一是折叠研究中经常提到的，似乎在这个过程的最后阶段出现的是**熔球态 *molten globule***[34]。这是一个紧凑的构象，二级结构类似于天然褶皱。然而，在非极性残留物暴露于含水溶剂的程度上，它缺乏适当的三级结构。特别地，侧链倾向于松散包装，因此具有高自由度[35]。这些异常使得熔融状态比天然状态更不稳定，因此在折叠过程结束时它倾向于变成天然状态。

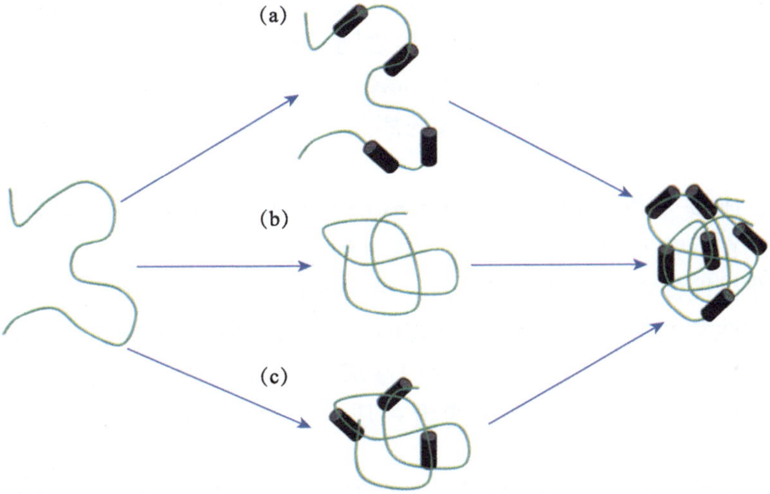

图 5.3 建议的蛋白质折叠模型。(a) 框架模型；(b) 疏水塌陷模型；(c) 成核-凝聚模型。绿色形状代表多肽链，而黑色圆柱体为 α 螺旋，表示二级结构

疏水塌陷模型的支持研究之一是分子动态（MD）模拟，进行跟踪取自绒毛蛋白的 36 个残基序列的折叠[36]。仿真设计覆盖了 0.3ms 的折叠过程，展开的结构迅速（20ns 后）崩溃到更多紧凑的形式。崩溃后，所得到的结构经历了 5 μs 细微的变化，直到达到最稳定的构象。有趣的是，限速步骤的折叠过程是形成了芳香族之间的互动网络蛋白质的核心部分。与模拟相比，实验支持的疏水塌陷模型更难以获得，因为塌陷的中间体很难被隔离。

与疏水塌陷模型不同，框架（a. k. a. diffusion-collision[37]）模型提出了一个更加渐进的折叠过程，它遵循蛋白质的层次结构[16,38,39]。也就是说，首先在链上不同区域形成局部（二级）结构，然后形成复杂折叠、结构域，最后形成完整

的三级折叠。

残基之间的三级连接使二级单元稳定，进而使隔离的边际稳定[16]。框架模型吸引了我们的注意，首先要形成二级单元，它可以达到以下几方面。

(1) 焓优化——通过创造局部、能量优化的相互作用。

(2) 蛋白质在两个“付款分期”中“支付”折叠熵价的机会。

(3) 对于 Levinthal 悖论来说，这是一个貌似合理的解决方案：先保存局部结构的构象待以后采样不相关的构象。当着手第二步（即全局折叠）时，蛋白质具有小得多的构象采样空间。

这种模型已经被用来描述一些蛋白质的折叠，如肌红蛋白[40,41]、芽孢杆菌 RNA 酶[42] 和 λ 阻遏片段[43]。另外，对 BBL 蛋白 α 螺旋的 NMR 研究表明，当蛋白质被加热时，失去的第一个相互作用是侧链之间的三级连接，而蛋白质中稳定二级构象的那些相互作用只是到后来才失去[44]。这为框架模型提供了强有力的支持，也意味着三级连接和二级连接之间没有很强的耦合[19]。框架模型的另一个支持来自以上提及的 Plaxco、Simons 和 Baker 的研究，展示了蛋白质中局部连接（如在 α 螺旋和 β 转角中形成的那些）数量以及它们总体折叠速率之间的相关性[17]。

最后，**成核-凝聚 *nucleation-condensation*** 模型[45] 提出了疏水性塌陷和二级单元的形成在折叠期间同时发生[46]。像扩散碰撞模型一样，这里也是通过形成蛋白质的非极性核心和三级连接，使二级单元得以稳定。然而，在成核-凝聚模型中，稳定性发生在二级单元形成过程中，而不是之后。考虑到隔离中二级单元的边际稳定性，似乎更加现实的是它们逐渐稳定下来而不是在溶液中形成之后。成核-凝聚模型已被用于描述某些蛋白质的折叠，如胰凝乳蛋白酶抑制剂 2 (CI2)[47]。

上述不同的模型实际只能在部分而非所有蛋白质中被观察到，这意味着没有单一的、通用的折叠机制，而是使用的可能机制的集合。事实上，即使在一组蛋白质内，折叠机制也可能有变化。例如，在 DNA 结合蛋白质的**同源结构域超家族 *homeodomain superfamily*** 中，可以观察到成核-凝聚和扩散-碰撞两种机制[48,49]。更为复杂的是，一些蛋白质似乎*通过*混合机制折叠，如在小的 αβ 蛋白质结构域 PTP-BL PD22 所发生的（参见参考文献［50］）。

蛋白质“偏好”使用某种折叠机制可能取决于多种特性，一种特性似乎是蛋白质的二级结构。例如，在由 α 螺旋主导的蛋白质中，折叠通常是分层的，而包含更多全局折叠的蛋白质可能使用其他折叠机制[51]。另一个特性是折叠单元结构的“处境”。历史上，关于蛋白质折叠的大多数研究已经在单域蛋白上进行，而大多数蛋白质（超过 70%的真核生物）含有多个结构域。实际上，折叠单元之间的相互作用可能影响折叠的机制和速率。最近该议题通过比较来自不同多结构域蛋白质的热力学和动力学数据而得以探讨[51]。结果表明，在这种蛋白质中，折叠速率通过有利的非极性相互作用而增快，当这些结构域更大和堆积更紧密时，这种效应更加明显[52]。蛋白质的拓扑结构也很重要；当结构域被限制性短连接体分开时，它们之间的相互作用不能完全满足，这使得它们对折叠速率的影响较小[53]。

总之，蛋白质折叠展现出广泛的途径、机制和速率，这取决于多个参数，如蛋白质组成和折叠条件[54]。然而，无论确切的机制如何，折叠过程总是遵循能量景观理论，即折叠总是伴随着蛋白质必须采样的构象数量的减少，从而允许系统避免 Levinthal 悖论。

5.2.2 活体内的折叠

5.2.2.1 复杂折叠的活体因素

生物细胞中的蛋白质翻译速率为每秒 2～8 个氨基酸[55]，这意味着在构建多肽链时发生折叠。按照 Anfinsen 模型，小蛋白可以独立折叠。然而，大蛋白特别是具有通过长程相互作用稳定的复杂结构或包含大量结构域的蛋白质，在折叠过程中可能会遇到困难[56]。使活体内折叠更加困难的其他因素包括以下几方面[56]。

(1) 密集的细胞质——被排除的体积可能导致未折叠蛋白质之间非特异性的相互作用，从而可能与不同类型的聚集体关联（图 5.4）[56]。该关联是由相邻错误折叠多肽链非极性残基之间的相互作用介导的。在正确折叠的蛋白质中，相同的非极性残基参与分子内相互作用，从而阻止它们与其他链相互作用。聚集体可能在能量上比折叠单体更稳定（图 5.4）。但是，它们并不活跃（如果有的话），甚至可能是有毒的（见专栏 5.1）。

(2) 翻译过程——核糖体的内部组织不允许折叠超越形成一个螺旋[57,58]，这阻止了链的最后 40～60 个残基参与长程相互作用[59]。因此，只有在整个蛋白质（或结构域）完全翻译后才能适当折叠。如果翻译过程非常快，这不会造成问题。然而，由于相当慢（见上文），新生链在部分折叠状态下花费相当多的时间，这增加了错误折叠和聚集的机会。

折叠的蛋白质可能出现类似的问题，在其一生中经历频繁的折叠、展开[60]。

5.2.2.2 受辅助的折叠

由于蛋白质展开/错误折叠可能会危及细胞甚至整个器官，这种情况必须立即有效地处理，实际上细胞有内置机制，旨在应对出现错误折叠的蛋白质[105]，主要是**分子伴侣 *molecular chaperone***[106,107]。分子伴侣本身就是蛋白质；它们与展开/错误折叠的蛋白质相互作用，有助于后者在非特异性地聚合之前重新正确

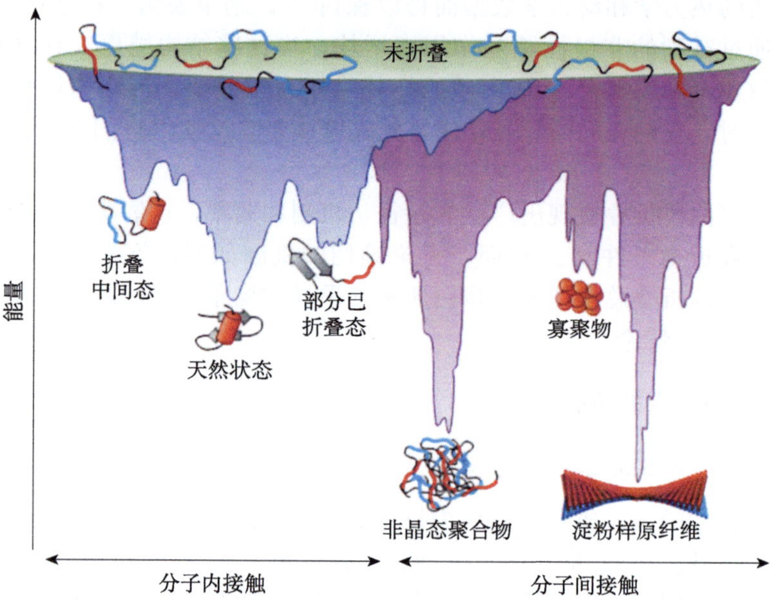

图 5.4　蛋白质折叠和聚集的能量景观。紫色表面代表单链蛋白的折叠过程，通过分子内接触形成其天然结构。这相当于图 5.2 所示的方案。粉红色区域显示类似的过程，但涉及不同多肽链之间的分子内接触，并导致无定形聚集体、寡聚体或淀粉样原纤维（见专栏 5.1）。请注意，两个能量景观的部分重叠。也就是说，聚合物和淀粉样蛋白原纤维可以在从头折叠期间形成，但也可以通过扰动从天然状态变为部分折叠状态。细胞毒性低聚物可以作为淀粉样原纤维形成的途径中间体发生（来自 Hartl，F. U. and Hayer-Hartl，M.，*Nat Struct Mol Biol.*，16，574－81，2009。经许可）

地折叠。伴侣还有其他细胞作用，如为了促进未折叠蛋白质转化进入细胞区室。虽然许多伴侣在结构上被表达，但也被称为**热激蛋白 *heat-shock protein***，因为当细胞暴露于高温或其他压力相关条件时，它们的水平急剧上升，增加了蛋白质变性的机会[108]（即**热激响应 *heat-shock response***[109]）。这些条件包括极端 pH 和盐浓度、升高的大气压力、暴露于重金属或毒素、炎症、渗透变化、某些激素变化甚至老年。后者与慢性氧化应激有关，慢性氧化应激导致细胞和生理系统逐渐解体。

尽管有不同类型的伴侣，但它们还是可以根据其行动机制分为三个基本组。

5.2.2.2.1　稳定剂　在被核糖体翻译时，它们与游离的错误折叠的蛋白质或（未折叠）新蛋白质的初生链相结合。未折叠链/错误折叠链，根据其溶剂中暴露的非极性残基被识别，这些残基在已折叠的蛋白质中被埋在核心之内。结合稳定剂的多肽链被阻止通过其暴露的基团非特异性地与其他蛋白质相互作用，即聚集。

一组著名的稳定剂包括常见的，**小型 *small*** （12～43kDa）**热激蛋白 *heat-shock protein*** （***sHSP***）[108]。sHSP 与其靶蛋白的结合并不需要能量的输入，这使得它们非常适合于压力环境①。sHSP 的应急行为一直持续到能量储备恢复，此时 ATP-依赖的**伴侣蛋白 *chaperonin***（见下文）替代 sHSP 并允许靶蛋白重新折叠。小型 HSP 也在正常环境下用于监测细胞蛋白。有趣的是，α-晶状蛋白，即负责我们眼睛的透明度的蛋白质，一直被认为是惰性的，也是一个 sHSP。就这样，其表达不仅限于眼睛，而且还发生在其他组织，主要是心脏、肾脏和横纹肌。

其成员作为稳定剂的另一蛋白质家族是 Hsp70。这些蛋白质在辅助折叠中具有更多不同的作用，如帮助其他蛋白质通过细胞内膜［内质网（endoplasmic reticulum，ER）、线粒体、叶绿体］以及寡聚化。Hsp70 蛋白和 sHSP 之间的另一个区别是前者依赖于 ATP 衍生的能量使其从靶蛋白分离。最后，Hsp70 伴侣也是伴侣网络的中心组织者[56]。以这种方式，它们将蛋白质的子集分配到下游伴侣，如伴侣蛋白（见下文）和 Hsp90 系统（这里不再赘述）。

5.2.2.2.2 伴侣蛋白 这些大蛋白复合物（约 800kDa）通常用于协助蛋白质的重折叠过程。如同稳定剂，伴侣蛋白通过其在溶剂中暴露的非极性残基来识别未折叠/错误折叠的蛋白质，并防止它们与其他分子相互作用。然而，它们在稳定器的下游起作用[56]。也就是说，它们不识别核糖体结合的多肽链。此外，它们的作用机制需要输入 ATP 衍生的能量，并且比由稳定剂使用的要复杂得多。简而言之，它包括封装未折叠/错误折叠蛋白和通过改变错误折叠蛋白周围的极性来促进折叠的综合构象变化。专栏 5.2 中给出了更详细的描述。

5.2.2.2.3 辅助酶 这些辅助酶包括**蛋白质二硫键异构酶 *protein disulfide isomerase***（***PDI***），其催化 ER 腔内二硫键的形成和重组，以及**肽基脯氨酰顺反异构酶 *peptidyl prolyl cis-trans isomerase***（***PPI***），其催化顺式-反转录蛋白质中脯氨酸残基的肽键。

膜结合和分泌的蛋白质也辅以伴随 ER 腔的分子伴侣[105]。这是因为这些蛋白质必须展开才能插入 ER 膜或内腔。ER② 特有的伴侣可帮助插入的蛋白质重新折叠，并防止其在完成过程之前离开 ER。如果重新折叠过程失败，ER 应激诱导**未折叠蛋白质反应 *unfolded protein response***[105]，其将未折叠的蛋白质送回胞质溶胶，并通过泛素-蛋白酶体通道诱导其降解[71,110,111] 或自噬[112]。在一些极端情况下，ER 蛋白的折叠被完全抑制。在这种情况下，发送适当的信号，让细胞

① 这种环境通常伴随着能量储备的枯竭。

② 如属于 Hsp70 蛋白家族的 BiP。

通过凋亡来应对。

5.3 折叠状态动力学

我们在第 2 章和第 4 章中的讨论强调了蛋白质天然结构的独特性，以及其功能的重要性。这可能造成了印象：一个单功能构象，实际上它只是时间平均的。虽然天然结构与未折叠链相比具有相当少的自由度，但它仍然在一定限度内经历不断的内部运动。此外，蛋白质的内部动力学对其功能是重要的，无论是催化、小配体的结合还是形成大分子复合物[14,124−130]。例如，内部动力学有助于微调残留物结合/催化的确切定位，并产生通向底物至催化位点的通道。这个问题在下面将进一步讨论。

折叠状态的内部动力学是内在的和自发的。但是，它们可能受到其他因素的影响，如环境、条件变化、配体等绑定和翻译后修改。这个问题在以下章节详细讨论。

专栏 5.2 伴侣蛋白

伴侣蛋白是大蛋白复合物（约 800kDa)，通常帮助展开或错误折叠的蛋白质重新折叠[56]①。它们主要通过包封来进行。也就是说，它们形成笼状结构，其中错误折叠的蛋白质有机会折叠/重折叠而不受干扰。整个过程是活跃的，即它需要 ATP 衍生的能量。有两组伴侣，我们将重点关注的第 1 组存在于细菌细胞质（***GroEL***）和真核线粒体、叶绿体（***HSP60***）中。它们是伴侣蛋白复合物的主要部分，并形成笼状结构以捕获错误折叠的蛋白质。笼子可能以两种形式之一出现，即打开或关闭。通过结合较小的“盖”蛋白（细菌中的 GroES 和真核生物中的 HSP10 结合发生笼闭合）（图 5.2.1），第 2 组伴侣蛋白发生在古细菌（**热蛋白 *thermosome***）和真核细胞溶质（TRiC/CCT）中。它们也具有笼状结构，但其配置是不同的，并且由于它们的盖部件是内置的，因此它们不需要类似 HSP10 的“合作伙伴”。

关于伴侣蛋白的知识大部分来自对细菌 ***GroEL-GroES*** 复合物进行的研究[113]。它对蛋白质折叠的重要性反映在以下事实之中：在大肠杆菌中表达的约 2400 个细胞质蛋白中，250 个被辅助，而约 85 个的折叠完全依赖伴侣蛋白[114]。这些蛋白质的质量主要在 20～50kDa，其特征在于复杂的 αβ 拓扑结构，特别是 TIM 桶折叠[56]。这种偏好的原因是这种蛋白质的结构包括许多长程相互作用，因此在折叠期间可能被困在局部最小值中[56,115]。

① 为了简洁起见，我们将把这样的蛋白质称为“错误折叠的蛋白质”。

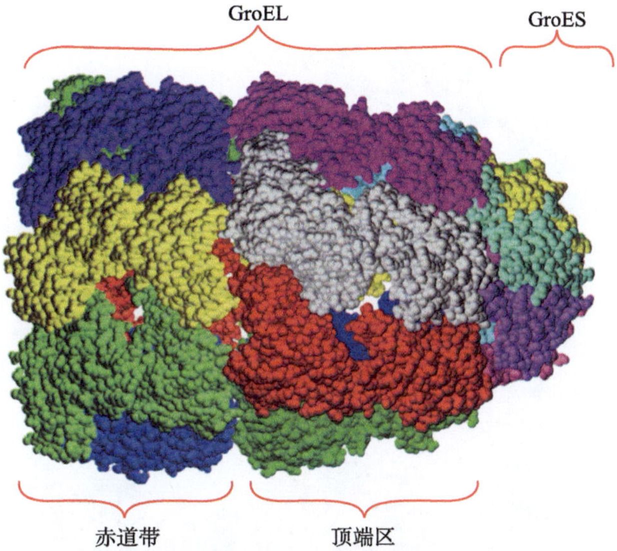

图 5.2.1 细菌中 GroEL-GroES 复合物的结构。多亚基结构（PDB 条目：1aon）显示为原子球形式，每条链的色彩不同。标记了结构的各个部分

GroEL-GroES 复合物由 21 个蛋白质组成：GroEL 是一个大的 14 聚体圆柱体，GroES 由剩下的 7 个链组成（图 5.2.1）。GroEL 的结构可以分为两个区域。

(1) 赤道带——具有 ATP 酶活性。

(2) 顶端区——结合底物。

在“静止状态”中，GroEL 结合 7 个 ADP 分子，其内壁衬有非极性残基。这些残基以非特异性方式吸引错误折叠的蛋白质（图 5.2.2），因为与折叠蛋白质相比，后者在溶剂中暴露非极性残基的比例更高。在错误折叠的蛋白质结合 GroEL 之后，7 个 ADP 细胞被 7 个 ATP 分子替代，其在 GroEL 中诱导构象变化。这种变化诱导了盖蛋白（GroES）与 GroEL 顶端的结合，其将蛋白质捕获在笼内（图 5.2.3a，参考文献［123］）。蛋白质的包封起着重要的作用：它可以防止蛋白质暴露于其他未折叠的蛋白质，这可能会黏附在蛋白质上并形成不溶性的功能失调的凝聚体。实际上，细胞溶质或细胞器腔内错误折叠的蛋白质的主要问题不是无法重新折叠，而是在有机会重新正确地折叠之前被其他分子清除。

只要 GroEL 的内壁衬有非极性残基，笼状蛋白质就不能重新折叠。这部分是因为它们与这些残基相关，但主要是因为折叠过程是由需要极性环境的疏水作用所驱动的。然而，ATP 和 GroES 与 GroEL 的结合在后者中引起显著的构象变化。这种变化涉及将非极性残基远离笼状蛋白质的位置，这又使得顶端结构域的内壁呈现极性。极性的变化不仅将错误折叠的蛋白质释放到笼子的内腔中，而且

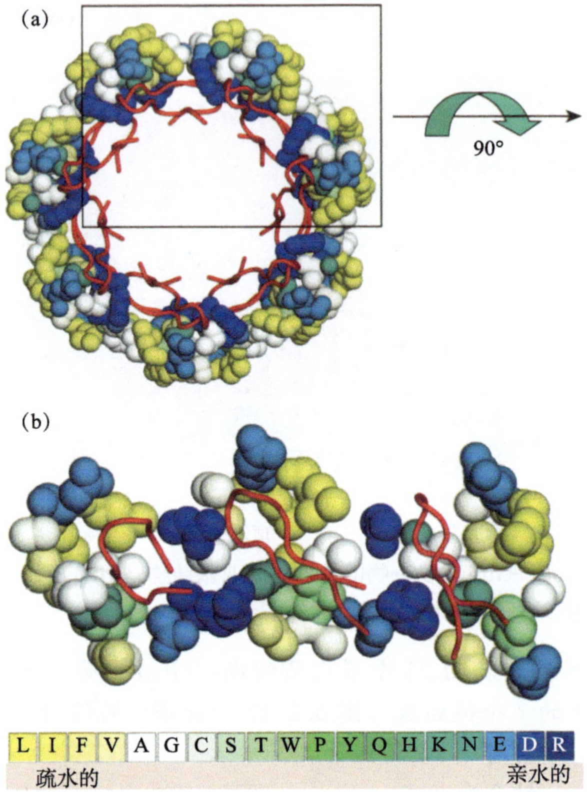

图 5.2.2　GroEL 内壁的非极性衬里。所用的结构是 GroEL 结合 GroES（未显示），与顶端结构域亚基结合的各底物受限于短（未折叠）肽（PDB 条目：1mnf）。(a) 肽的顶视图（仅限红色主干骨架），以及最接近它们的 GroEL 残基（球体），残基根据 Kessel-Ben-Tal 疏水性标度着色[116]，颜色指数显示在图的底部；(b) 从腔的中心观察，来自三个 GroEL 亚基的肽结合残基的区域放大视图，通过 (a) 旋转 90°获得。该图像显示非极性补丁（黄色），它吸引错误折叠的蛋白质到 GroEL。此外，高度极性的残基（蓝色）似乎放置在亚基之间，可能是为了防止结合蛋白在亚基之间的移动

还驱使其重新折叠。

给予 GroEL 中错误折叠的蛋白质重新折叠的机会是短暂的；10～15s 后，与 GroEL 结合的 ATP 分子被水解成 ADP 和 Pi（图 5.2.3b），随后是 GroEL 释放 GroES 和笼状蛋白质的第二构象变化（图 5.2.3c）。此时蛋白质的命运取决于其结构；如果已经成功完成了折叠过程，它可以离开复合物并恢复正常的功能。否则，蛋白质可能会重新绑定到 GroEL，并重新进行整个过程。应该指出，这里描述的方法是指 60kDa 或更少的错误折叠的蛋白质。蛋白质较大，因此不能进入 GroEL 笼子？这些可能在 HSP70 系统[117] 的帮助下折叠，或者经历一个重复的

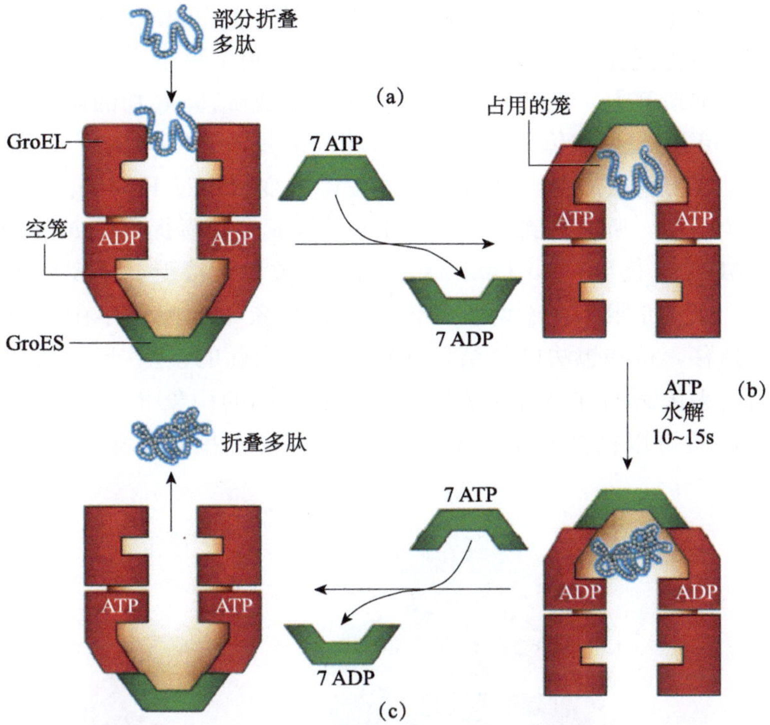

图 5.2.3 伴侣蛋白辅助的蛋白质折叠。该过程从与 7 个 ADP 分子结合的 GroEL 的赤道结构域和与错误折叠的多肽结合的顶端结构域内腔内衬的非极性残基开始。该过程包括三个主要步骤：(a) 用 7 个 ATP 分子替换 7 个 ADP 分子，然后将 GroES 结合到顶端结构域的顶部，(b) ATP 水解，以及 (c) 随后释放 GroES 和笼状多肽链（改编自 Elis，R. J.，*Nature*，442，360－2，2006）

过程，其结合和解除 GroEL（不进入笼子），直到它们重新折叠[118]。

上述作用机制相当简单，主要包括错误折叠的蛋白质的包封。事实上，目前的观点是伴侣蛋白虽然是复杂的结构，但“仅仅是”促进蛋白质折叠[119]。虽然没有论据表明，折叠到天然结构的趋势是由伴侣辅助的蛋白质固有的，但一些研究表明分子伴侣将过程加速达十倍[120－122]，也就是说，与没有聚集的自发过程相比，加速度主要归因于对错误折叠的蛋白质的限制，这有利于紧密的似天然状态而非肿胀的非天然状态。

5.3.1 自发动力学

5.3.1.1 蛋白质是构象集合

20 世纪中叶，随着 Koshland 的“诱导契合”学说的提出[2]，蛋白质作为静态实体的观点发生了改变。该学说原本是为说明当底物和酶活性位点结合之后，酶和底物变得更为互补（因此具有了特异性）。但很多科学家把这个理论推广到了一般蛋白质的研究上，把任何构象的改变都看成配体/底物的诱导过程。1940 年，Linus Pauling 提出抗体可能存在具有相同能量的不同构型[131]。这意味着蛋白质即使不结合配体或底物，其构象也能发生改变。不过 Pauling 没有把他的想法细化成一个模型，所以直到 1965 年 Monod 及其合作者提出了 ***Monod-Wyman-Changeux***（***MWC***）模型[132]，Pauling 的观点才被世人接受。该模型表明，未结合配体的蛋白质①可能存在于两种不同的平衡构象中（预先存在的均衡理论）。随着时间的推移，这些想法已经结合和转型进入当前的模型[133]，其假定蛋白质拥有处于自发平衡态的许多被称为“亚态”的不同的构象[134−144]（图 5.5）。因此，每个蛋白质可以被描述为一种构象集合，其中每个构象随时都可以被访问到。

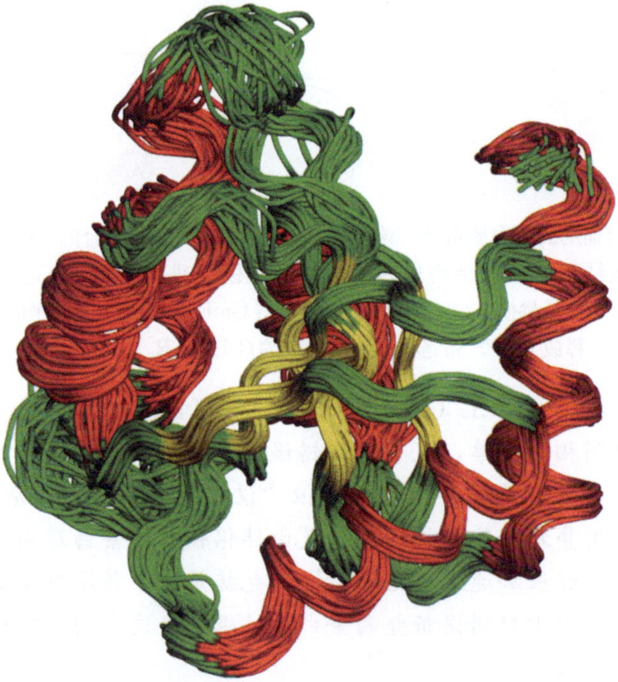

图 5.5　已折叠蛋白质的骨架动力学。通过叠加单个蛋白质的 46 个“允许”构象，利用 NMR（PDB 条目：1cey）解析来说明构象动力学。结构依据二级结构着色（螺旋为红色，片层为黄色，环为绿色）

① 未结合配体的蛋白质称为“脱辅基蛋白”，结合了配体的蛋白质称为“全蛋白”。

5.3.1.2 蛋白质动力学的统计——热力学观点

（构象，译者添加）集合的两个亚态之间的差异可能来自只有一个原子或许多原子在整个区域内的不同的位置。这就是为什么亚态之间的转变会有不同的时间尺度。例如，设想异亮氨酸侧链的运动，侧链作为一个整体需要几纳秒来移动，而它某个甲基的位置已经改变了几千次（表 5.1）。这意味着每个蛋白质可能存在的亚态数量是巨大的，只能在统计学上描述[145]。蛋白质获得特定亚态的概率（P）呈指数反比于其自由能（ΔG）[146]，由第 4 章中描述的等式（4.3）表达。换句话说，蛋白质绝大部分时间会处在几个能级最低的亚态中。当然，所谓“天然”的构象，如在晶体结构中出现的，被认为具有最稳定的结构，即能量最低。由蛋白质采样的其他构象能量也较低，但不如“天然”的那么低。

如果蛋白质亚态的分布本质上是统计学上的，那是否意味着它们中的任何一个亚态都可以自发达到吗？要回答这个问题，我们必须先了解允许蛋白质构象改变的力量。在没有任何其他外力的情况下，驱动蛋白质构象改变的“引擎”是从其环境中吸取的热能。如第 1 章所述，热能存在于绝对零度以上的温度中，其值为 RT（室温下为 0.6kcal/mol）。这种能量被蛋白质吸收并转化为动能形式的原子运动和键振动。直接由此产生的动能在皮秒时间尺度发生，但蛋白质的原子相互连接使得小幅度运动沿多肽链产生协同[147,148]。就这样有限的热诱导运动会引起较大的转变。这个问题将在 5.3.1.4 小节中进一步讨论。

构象的自发采样是由热能驱动的这一事实意味着只有在天然构象的+0.6kcal/mol 以内的构象才可能被“访问”。实际上，在 20 多年前，Elber 和 Karplus 用分子动力学（MD）模拟表明，肌红蛋白的势能表面上大量的局部最小值都在全局最小值（即天然结构）的热可达范围内[141]。然而，假设 RT 是绝对限制、不准确的，尽管 RT 范围内的构象最有可能被采样，但其他构象也有机会获得访问，只是概率较低。换句话说，蛋白质大部分时间处在天然构象或能量在约+0.6kcal/mol 范围内的构象中[141,149]。但只要经过足够长的时间，其他有较高能量的构象也有可能出现。显然，在蛋白质的生命周期内，非常高能量的构象被采样的概率几乎为零。例如，存在空间冲突的构象，即两个原子同时占据相同空间，根本就不会出现。

5.3.1.3 无序蛋白的动力学

球状蛋白质中明确定义的区域具有上面所描述的动力学特征。一些蛋白质包括本质上无序的区域，在某些情况下无序可能蔓延到整个蛋白质（见第 6 章）。这些蛋白质的动力学不同于折叠区域/蛋白质的情况[150]；其原子涨落较大且不在平衡值附近。相反，涨落是非协同的，因而是随机的。因此，由无序表征的这种蛋白质也不排除二级单元的形成。这些可能会像无序骨架构象一样出现，但与球状蛋白质的对应物不同，无序蛋白质中的二级单元往往会由于缺乏稳定的三级相互作用而不断地变化或消失。

5.3.1.4　热诱导构象变化的生物学意义

尽管蛋白质能够访问到的大部分构象在 RT 能量范围内，但它们之间的切换仍然可能显著影响蛋白质功能水平。下面将介绍有关蛋白质动力学对功能的影响的一些记录。

Ⅰ. 更改活性位点性质

预期每种蛋白质经常被访问到的近天然构象几何上非常类似于天然构象。尽管如此，它们在具有功能含义的其他物理特性会有所不同，尤其是当其中结合位点/活性位点出现差异时。例如，结合位点相对较小的构象变化就可能显著改变静电势（图 5.6，参考文献［151］）。这是由于势能对电介质环境和（部分）电荷位置的高度敏感性，这取决于蛋白质的确切构象。在这种情况下，结合位点静电特性的变化可以解释为蛋白质对其底物或配体的亲和性的改变。

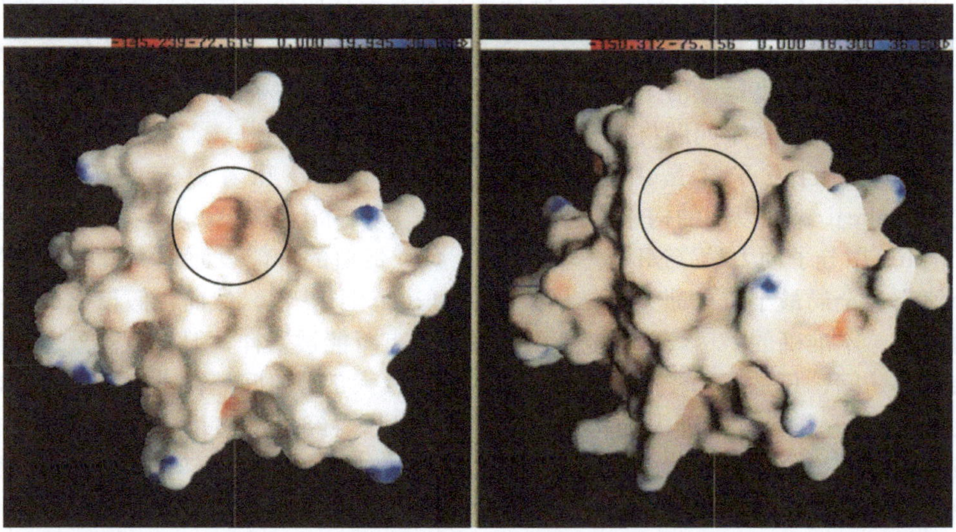

图 5.6　两个类似微观状态之间的静电势差异。该图显示了使用分子动力学模拟产生的两个微观状态的细胞色素 c 的静电势。虽然构象高度相似，但某些区域的势能可能会有明显的差异（如圆圈区域）（来自 Laberge，M.，*Biochimica et Biophysrca Acta*，1386，305 - 330，1998。经许可）

Ⅱ. 促进底物扩散到埋藏的活性位点中

配体的结合位点通常被描绘成蛋白质表面上的凹陷，但实际上它可能深埋在核心内部。例如，血红蛋白和肌红蛋白这类结合非极性气体（O_2、H_2）的蛋白质，通常具有这样的结合位点。

在这种情况下，从溶剂到结合位点的通道并不总是清楚的。这个问题已经在血红蛋白和肌红蛋白中得到研究。研究发现，这些内部预先存在空隙的蛋白质似乎“勾画”了底物达到催化位点的路径[152,153]。此外，蛋白质中的某些动力学变化会促进底物扩散到催化位点。相同方面的研究也发现 **cpl 氢化酶** ***cpl hydrogenase*** 催化质子还原成 H_2，以及其逆反应。在这个案例中，最初没有从酶表面到这个埋藏的活性位点之间发现明显的路径。由于只观察静态结构无法跟踪变化，研究人员使用了 MD 模拟来表征瞬态构象变化[154]。模拟表明，在皮秒至纳秒时间尺度内，自发的动态变化在蛋白质核心内产生瞬时非极性空隙。与血红蛋白和肌红蛋白中发现的预先存在的空隙类似，cpl 氢化酶中的瞬时空隙似乎勾画出了 H_2 抵达催化位点或从催化位点到其表面的路径。由于其快速重复的动力学本性，有时把这种现象称为**呼吸** ***breathing***。

Ⅲ. 将窄幅度的热涨落转变成宽幅度的构象改变

在蛋白质这种复杂结构中，所有区域的短时（皮秒到纳秒尺度）涨落常会发生协同作用，从而产生足以影响蛋白质功能的长程相互作用（时间尺度更长）。这类似于所谓的“蝴蝶效应”，即一只蝴蝶在世界的一部分拍翅膀而造成其他地方的飓风。Henzler-Wildman 等直接在**腺苷酸激酶** ***adenylate kinase*** 中证实了原子涨落的协同性[148]。研究人员结合了 NMR 测量和 MD 模拟，以便涵盖广泛的涨落。以前的研究表明，酶的催化速率受限于微秒至毫秒时间尺度的“慢”动力学，这归因于底物结合位点打开（产物释放所需）时间。Kern 及其同事证实，那个区域（结合位点，译者注）的关键残基在皮秒至毫秒时间尺度上的涨落实际上是皮秒至纳秒时间尺度上热涨落协同作用的直接结果。因此，蛋白质扮演了类似转换器的角色，能够将短时间、低能量的涨落转变成时间尺度足够长、能量足够高的运动，以跨越催化能垒。

Ⅳ. 量子隧穿事件的优化

短时涨落或振动对酶介导的催化作用的影响的另一个有趣的例子，来自对氢和类氢粒子①的量子隧穿效应的研究。我们在第 1 章（见专栏 1.1）讨论酸/碱催化时已经遇到了这种现象。如前面所解释的，在氢转移过程中遇到不可逾越的能垒时，氢隧穿就可能发生[155—159]。虽然氢没有足够的动能来跨越能垒，但它有时可能“挖一条隧道来穿越”该能垒。该现象出现的原因是非常小的粒子（电子、质子等）的量子效应，可由量子力学描述。这种小粒子有波粒二象性，也就是说同时具有波和粒子的属性。作为波，可以通过给出其在不同位置出现概率的波函

① 即质子或氢化物离子。

数来描述。故围绕原子核的所有电子的位置可以通过求解它们的波函数来描述。另外，波函数无法给出每个电子的绝对位置，只能给出它在某个位置出现的概率。这构成我们今天认识原子的基础，即核心被“壳层”包裹，每层都是空间中的点集，这些点集是电子出现概率较大的位置。

这是怎么和隧穿效应联系起来的呢？量子力学表明，颗粒越轻，其特征波长越长。类氢粒子较轻，因此具有较大的波长（电子更轻，所以波长更长）。在上述氢转移的情况下，X—H 键（X 是氢键供体）没有足够的能量来完全跨越转移反应能垒，它只能沿路径部分“爬”上能垒。然而，在路径上某些位置，氢的波长超过能垒宽度时，即使未达到过渡态能级，也能允许其转移到受体[159]（图 5.7a）。这说明了经典催化理论（即过渡态理论）的一个主要缺陷是将反应物视为仅有确定位置的粒子。量子力学（QM）理论承认每个反应物都有一个最可能的位置，但也有一定概率在其他位置甚至在反应能垒的另一侧出现。

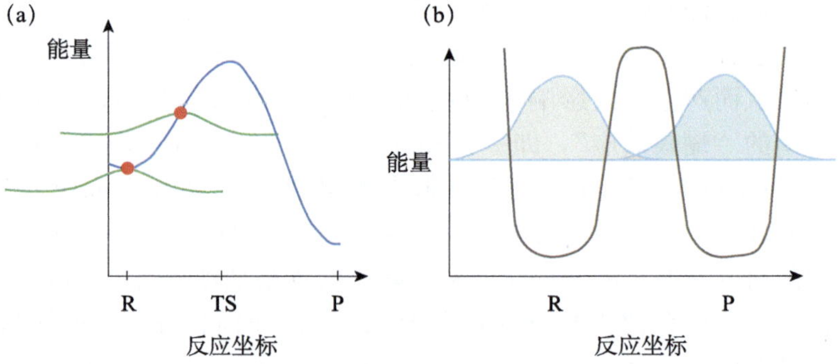

图 5.7 量子隧穿。用两个高度简化的示意图来描述隧穿过程。(a) 沿着反应坐标（R：反应物；TS：过渡态；P：产物）描绘的反应势能曲线，粒子沿着反应坐标的平均最可能位置由红色球体指定，其概率分布由绿色曲线表示，如图所示，即使氢颗粒仅有能量“攀爬”到距能垒顶部一半的路程，它也仍有可能出现在能垒的另一侧并完成转移；(b) 隧穿效应需要反应物和产物的波函数重叠。隧穿效应随重叠程度的增大而增加（来自 Kohen，A. and Klinman，J. P.，*Chem Biol.*，6，R191－8。经许可）

上述量子力学模型提高了基本的过渡状态理论模型的准确性，但仍未准确描述隧穿过程。更实际的模型必须把隧穿反应中反应物与产物的能量和波函数（即概率）一并考虑①。这是因为氢原子要想发生有效隧穿效应，需要在反应物势阱中发现氢粒子的概率和在产物势阱中发现氢粒子的概率有重叠（图 5.7b）[159]。

① 这里，反应物是指供体-氢键状态，产物是指受体-氢键状态。

重叠取决于势阱的宽度和简并性①。从结构意义上说，其转化为一些物理量，如供体-受体距离、其取向和其密接环境的静电特性等。

在许多酶中，进化选择（天然）的结构已经包含适宜于氢隧穿的供体-受体对[158]。这通常通过大的酶残基和底物之间的多种非共价相互作用来实现，这些相互作用将酶和底物的反应原子保持在适当位置。然而，理论上的考虑表明，这还不够，隧穿过程的发生还需要蛋白质动力学参与。例如，需要酶的动力学涨落来防止反应物和产物的能级简并，这种情况明显会使氢粒子反复隧穿，结果是没有净反应发生。实际上，最近的计算研究表明，酶的快速（飞秒-皮秒）热振动可以通过对促成反应物和产物分布重叠概率的几何-静电因子的优化来加快氢隧穿速率[160,161]。在这里，快速振动也是耦合的，并导致更慢的构象变化，从而优化了隧穿的成因。此外，这也解释了远离活性位点的突变对隧穿过程的负面影响[160]。也就是说，突变之所以困扰科学家，是由于遥远的位置及其对隧穿的非叠加效应，并通过扰乱优化隧穿过程的耦合振动网络来起作用。这个发现预计将对蛋白质工程和药物设计产生影响，因为这两者非常依赖于定点突变[160]。

5.3.1.5 溶剂对蛋白质动力学的影响

水性溶剂在球状蛋白质周围通过多种方式影响其动力学性质。上面已经提到水性溶剂将热能传递给蛋白质的作用。然而，这不依赖于特定溶剂分子的行为。依赖于单个水分子的动态涨落，还存在一个附加效应。它在大体量水中的涨落变化特别大，但也能传递到生成蛋白质**水化层 *hydration shell*** 的水分子。这些水分子自由度较低，被许多生物物理学家认为是蛋白质的一部分。当水化层水分子的原子与蛋白质的原子物理接触时，前者的涨落就会影响后者，条件是水分子的原子和蛋白质的原子具有相似的频率[162]。这种效果不仅仅是机械的；由于水分子的物理性质，其机械涨落伴随着偶极矩的涨落，周围电场不断变化。蛋白质表面的极性残基正好处在这些变化电场的范围内，这引起了类似的涨落[163−165]。因为受到水分子涨落的诱导，所引发的表面极性残基的动态被称为“受役使的”[164]。近年来已经研究了这一现象[145]，并且发现其性质复杂：一方面它会削弱蛋白质表面残基之间固有的静电相互作用，另一方面它可能促进由蛋白质进行的生物学过程，如酶介导的催化，并依赖于它的动力学。在这方面，还有两个事项值得注意。第一，诱导的涨落不仅发生在蛋白质表面，似乎也可以传播到核心。第二，甚至大型构象转变似乎也受到水分子涨落的影响。水分子涨落虽然不能驱动这种变化，但可能限制其转变速率。

---

① “简并”是指两个势阱具有相同的最小值，如图 5.7b 所示。

5.3.2 影响蛋白质动力学的外部因素

我们从之前的几节得知，已经折叠的蛋白质是构象集合，在环境热涨落的影响下，不停地在不同亚态之间转换。除了环境热涨落这一主要因素，其他因素也会影响折叠蛋白质在亚态间的转换，如配体结合、翻译后修饰、外部环境变化(pH、温度等)。该领域大量的研究表明，所有这些因素都是按照相同物理原理起作用的，即它们都可以改变蛋白能量谱，从而使得蛋白质的平衡分布从天然构象向某个非天然构象偏移。具体改变方式因作用因素的不同而异。由于配体结合是大部分研究所关注的内容，我们将在下面的几个小节讨论配体结合的效应。关于蛋白质-配体相互作用的其他方面，将在第 8 章讨论。

5.3.2.1 配体诱导动力学和变构

5.3.2.1.1 变构 配体结合可能影响蛋白质结构的一般概念不是新的；20 世纪 40 年代末，Wyman 已经就血红蛋白[166,167] 提出过，而从那时起，这个想法也在其他蛋白质得到证实[4,168,169]。虽然配体结合直接影响的是蛋白质结构，但如果结合后的结构活性程度发生改变，那么有可能影响蛋白质功能。在细胞内，配体结合通常会行使某些特定功能：酶结合其底物，受体结合其同源激素或信使，抗体结合抗原等。在酶与底物结合中，底物参与化学反应。与此相反，在受体-配体结合过程中，配体并不发生改变，而是诱导蛋白质改变结构，进而导致其功能的变化。事实上，如果酶结合的不是底物而是某些配体，则相当于受体-配体结合，发生结构变化的是酶。其中配体结合通过改变其结构诱导蛋白质的功能性变化的这个现象，称为**变构 *allostery***①，并且受影响的蛋白质被称为“变构的”。变构是生物世界中最重要的现象之一，因为它允许细胞精确调控一些核心进程，如新陈代谢、分裂和防御机制。具体来说，变构影响酶介导的催化、信号转导、转运等。变构的发现者 Monod，甚至把它称为“生命的第二个秘密”(第一个是 DNA 结构)[170]。虽然变构在技术上只是蛋白质动力学的众多表现形式之一，其对蛋白质功能的影响使之成为蛋白质动力学领域被研究最多的一个分支。相关研究提出了一些定性及定量的模型，它们在专栏 5.3 中有所描述，这些模型增进了我们对蛋白质动力学的整体理解。

变构被细胞大量用来调节其多步骤生化反应路径[174]，通常只有路径中的关键酶，也就是说，使细胞进入特定过程的酶才被调节。变构性配体在某些情况下

---

① “变构”一词在希腊语中是指“其他固体”，最初是由 Monod 和 Jacob[171] 创造的，用来指一个非底物分子结合到酶的非活性位点，导致对酶的抑制[133]（即非竞争性抑制）。随着时间的流逝，虽然这个术语本身是在 1961 年创造的，但该词所表达的意思 Pauling 在 1935 年就已经提出来了[172]。当时他提出了血红蛋白在配体结合过程中表现出的正协同作用机制（见专栏 5.3）。这个想法后来被 Koshland 用于他著名的 KNF 模型中[173]。

是一些细胞信使，受激素或生长因子的刺激通过某种信号转导级联所产生。这种调控类型，被称为**异促 *hetero-tropic***，在多细胞生物体中特别常见，它有利于系统调节某些细胞、组织和器官的代谢过程。在其他情况下，变构配体本身就是其调控的生化过程中的一部分，即它是底物（**同促 *homo-tropic*** 调控）、产物，或中间体。这是一种相对局部的调控，它允许生化路径自动调整其速率。例如，在**产物抑制 *product inhibition*** 中，当产物对于细胞需求变得足够时，产物的生物合成路径作为变构抑制剂，其通过负反馈来关闭其自身的生产。相反的调控类型，即底物激活，通过将底物结合转化为协同过程来提高蛋白质的生产效率。在任何情况下，底物/产物介导的调控表明，变构不限于人们原来认为不参与的配体反应。还应该提到，虽然变构通常是指非共价配体结合，但它也可以包括像磷酸化这样的共价结合化学基团过程[128]。这是因为一些共价修饰是由于酶（如磷酸酶）的作用而在细胞内是可逆的。

当变构是异向时，配体结合位点与底物结合位点不是同一个。事实上，变构体的不同定义通常涉及**远距离位点的耦合 *coupling of distant site***。这种耦合是指在一个位点处的配体结合能力会通过构象变化影响不同配体在另一远处位点的结合（参见文献［175－178］）。这种变化不一定很大。例如，在天冬氨酸受体中，调控位点 1Å 的构象变化导致 100Å 之外一个位点的活性显著增加[179]！为了理解这是如何发生的，人们必须首先了解配体结合到蛋白质的效应的物理基础。

专栏 5.3 变构模型

变构是一种已知数十年的现象，在众多甚至大自然中发现的大多数蛋白质的功能中起关键作用。许多生物化学家一直关注的一个主要问题是有没有这样一个模型，可以同时定性和定量地描述变构的所有方面，如协同、同促和异促、激活和抑制等。第一个为变构（酶变构）建立细致模型的是 Jacques Monod（图 5.3.1）及其同事[132]。这个模型被称为 ***Monod-Wyman-Changeux*（*MWC*）**模型，它表述了酶变构的两个主要方面：底物结合的（正）协同性和产物抑制（定义参见正文）。MWC 模型包括如下假定。

(1) 变构酶由两条或以上多肽链（称为亚基）对称排列而成。尽管泛化，但是在许多变构酶以及膜结合和核受体中证实了这一假设[186]。

(2) 变构酶存在两种天然构象。第一种用 R（“松弛”）来表示，对配体有较高的亲和力，另一种用 T（“紧致”）来表示，对配体有较低的亲和力。由于 T/R 这个假设意味着蛋白质可以在不同构象之间自发转换，因此，它不仅对变构是重要的，对理解一般意义上的蛋白质动力学也是很重要的。像在正文中提到的，这也是目前对蛋白质的理解[187]。

(3) 必须保持变构酶内亚基的对称性，即使在 R 和 T 构象之间转换时也不例外。这意味着一个亚基的构象发生变化必须也发生在另一个亚基上，以维持对称。也就是说，发生在蛋白质上无论多大区域内的任何构象变化，必须引起整个蛋白质的四级结构的总体变化。实际上，这个假设并不能在所有发生构象变化的蛋白质上都成立，但在对于底物结合具有协同性的很多酶上被证实。

Monod 及其合作者描述了正协同效应。该效应指初始底物结合到酶上会增加酶对随后底物分子的亲和力。他们得出结论，在这种情况下底物充当了积极的变构调控剂，即激活剂。也就是说，底物通过改变酶的 R↔T 平衡向 R 构象倾斜来增加酶的亲和力。由于 R 也是活性构象，预期底物结合将使蛋白质更加活跃。

图 5.3.1 Jacques Monod（1910～1976），诺贝尔生理学或医学奖得主，1965 年。从诺贝尔基金会网站（http://nobelprize.org/nobel_prizes/medicine/laureates/1965/）获得

另外，构象变化从一个亚基开始，由于 MWC 模型要求必须保持对称性不变，因此即使不结合底物，相应的构象变化也必须在其他亚基同时发生①。结果是，底物结合导致所有亚基从低亲和力 T 构象转移到高亲和力 R 构象。配体结合到一个亚基的净效应便是所有其他亚基对其的亲和力都增强了。这是正协同效应的本质。这也是 MWC 模型与另一个流行的 Koshland 及其同事提出的 KNF 模型不同的地方[173]。KNF 模型也假定变构蛋白是同源寡聚体，可以处于 R 状态或 T 状态。然而该模型将协同性描述为顺序过程，并不要求在构象发生变化时保持对称性②。这个顺序过程是指底物结合到一个亚基上，然后以“诱导契合”的方式将该亚基构象从 T 状态转变到 R 状态。这又引发了相邻亚基中的轻微构象变化，并增强它们对底物的亲和力，不需要 T↔R 的变化。尽管开始的时候这两个模式共存过一段时间，但不久 MWC 模型就胜出了，因为对一些蛋白质的研究表明底物结合确实会导致这些蛋白质的四级结构发生改变。

验证 MWC 模型和研究变构机制的最佳基准之一是脊椎动物中的血红蛋白。

① 这就是为什么这个模型也被称为变构的“协同模型”。

② 相应地，这种模式被称为变构的“顺序模型”。

这主要是因为该蛋白质具有四级结构，并表现出结合底物氧气（O_2）的协同作用。长达 40 多年的对血红蛋白的研究证实 MWC 模型的大多数假设对此蛋白质成立，至少协同性这点完全没有问题。近年来的新发现进一步揭示了该模型的有效性，激发着科学家去继续扩展它的适用范围。

血红蛋白中的变构

血红蛋白是生物和化学史上被研究最多的蛋白质之一。一个世纪之前就有关于该蛋白质的研究论文发表，然而直到 50 年之后变构的概念才首次被提出。基于这个及之前提到的原因，血红蛋白被认为是变构过程的一个良好模型。血红蛋白是红细胞中的主要蛋白质，在哺乳动物、鸟类和爬行动物中负责分子氧（O_2）从肺运输到周围组织，以及用于代谢废物二氧化碳（CO_2）的反向运输到肺部。该过程涉及与肺动脉中的氧结合，与周围细胞的二氧化碳进行交换，二氧化碳通过静脉血回流肺部并在那里被释放和呼出。这也解释了为什么动脉血与静脉血不同；动脉血的鲜红色由于其氧含量高，静脉血的青色则是由于氧含量低①。

以上展示了血红蛋白的二元性，依赖于在人体中的不同位置，对同一种底物（O_2/ CO_2），它既可以结合也可以释放。这意味着血红蛋白具有复杂的结构，只有复杂的结构才能有如此复杂的功能。考虑到氧结合到血红蛋白上表现出的协同性，这个假设就更合理了。它的协同性表现在血红蛋白对氧的亲和力随着氧浓度的增加而增强②。这可以在血红蛋白的结合曲线（图 5.3.2）上清楚地看出来。与正常结合中预期的双曲线不同，该蛋白质表现出 S 形曲线，这是协同性的标志。

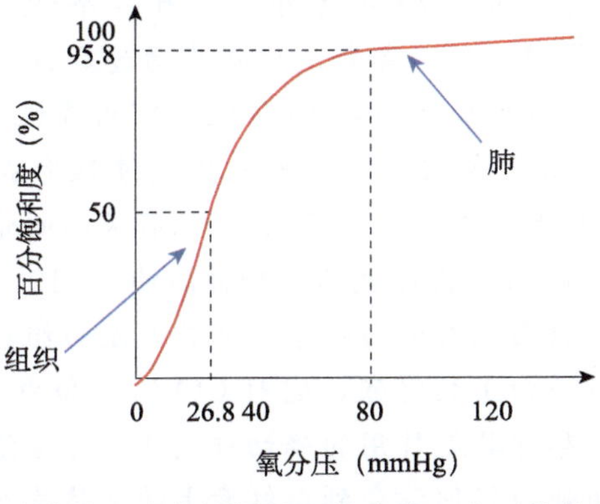

图 5.3.2 血红蛋白-氧结合曲线。该曲线描述了结合度（由百分饱和度表示）对氧浓度（由其分压表示）的依赖关系。在肺中，较高氧浓度导致较强的结合，而在外周组织中，较低的氧浓度导致较低的结合度。此外，S 形曲线的形状表示氧结合过程的正协同作用。图片来自 Wikipedia（来自 OldakQuill Hb saturation curve. *Wikipedia*, *the Free Encyclopedia*）

① 换句话说，动脉血是被氧化的，而静脉血是被还原的。

② 在气体中，化学组分的浓度一般用它们的分压来表示。

Ⅰ. 血红蛋白的结构

在之前章节里我们已经看到血红蛋白的四级结构（图 2.30）。这包括具有相似结构但不同序列的 4 个 α 螺旋亚基（α_1、β_1、α_2、β_2），每个亚基都含有能结合氧的血红素基团（图 5.3.3a）。亚基如此排列，最显著的非共价相互作用出现在不同类型（αβ）之间，使血红蛋白成为"二聚体中的二聚体"：$\alpha_1\beta_1$ 和 $\alpha_2\beta_2$。血红素是中间含铁阳离子（Fe^{2+}）的平面**卟啉 *porphyrin*** 基团（由 4 个吡咯环相互连接而成）①（图 5.3.3b）。铁阳离子 Fe^{2+} 与血红素平面周边吡咯环上的 4 个氮原子配位，另外两个空余键分别位于血红素平面的上方和下方。其中一个键在 Fe^{2+} 和血红素一侧的组氨酸残基之间形成（图 5.3.3c）。该残基称为**近端的 *proximal***，它是亚基 F 螺旋的一部分②。另一个键通常在 Fe^{2+} 和 O_2 之间形成。亚铁形式的铁阳离子（Fe^{2+}）有时会氧化成三价铁（Fe^{3+}）。Fe^{3+} 不能结合 O^2，只要血红蛋白分子经历过这种氧化（称为**高铁血红蛋白 *methemoglobin***），就无法用作氧气载体。我们身体中的血红蛋白通常含有一小部分高铁血红蛋白。由于存在酶还原反应不断将其还原到其活性状态，高铁血红蛋白的比例一般不会上升。但是，某些遗传因素［如葡萄糖- 6 -磷酸脱氢酶缺乏症（G6PD）］或环境因素（如磺胺类药物），可能会让人体暴露于氧化胁迫状态，造成血液中高铁血红蛋白比例的上升。这种情况称为**高铁血红蛋白血症 *methemoglobinemia***，因为它会导致组织缺氧，所以有潜在的危险。

在血红素基团的另一侧，除氧之外，还有一个组氨酸残基称为**远端的 *distal***，它是血红蛋白 E 螺旋的一部分。该残基通过氢键来稳定血红素上结合的氧[190]。此外，远端组氨酸对降低一氧化碳（CO）的毒性非常重要。CO 是由碳氢化合物的不完全氧化以及我们身体常规的生理过程形成的，如血红素组的降解。CO 是有剧毒的，因为它对血红素上的 Fe^{2+} 有很高的亲和力。事实上，分离的血红素中 Fe^{2+} 对 CO 的亲和力比氧的亲和力高约 2×10^4 倍，这意味着，CO 可以阻隔我们体内所有的自由血红蛋白分子，使其无法为组织提供氧。然而，当血红素基团被绑定在血红蛋白上的时候，它对 CO 的亲和力就下降到 1/100。这被认为是组氨酸的功效，尽管其起作用的确切机制并不完全清楚。最初，人们认为组氨酸会通过立体位阻强迫任何结合到血红素上的配体发生倾斜，这对 CO 来说

---

① 卟啉在生物化学中非常常见，参与光合作用、细胞呼吸、甲烷生物合成，涉及亚硝酸盐和亚硫酸盐的氧化还原反应，以及解毒有害化学品[190]。卟啉基团总是在中间包含一个过渡金属阳离子。例如，含铁卟啉（血红素）参与氧气结合和电子转运，含锰卟啉（叶绿素）参与光合作用，含钴卟啉（来自维生素 B_{12} 的钴胺）参与核苷酸生物合成。卟啉的常见用途归因于过渡金属和共轭芳香环，使得分子具有光反应性（对光合作用重要），并提供多种氧化还原级别（对于电子转移反应重要）。

② 这是血红素基团和蛋白质之间唯一的共价键。

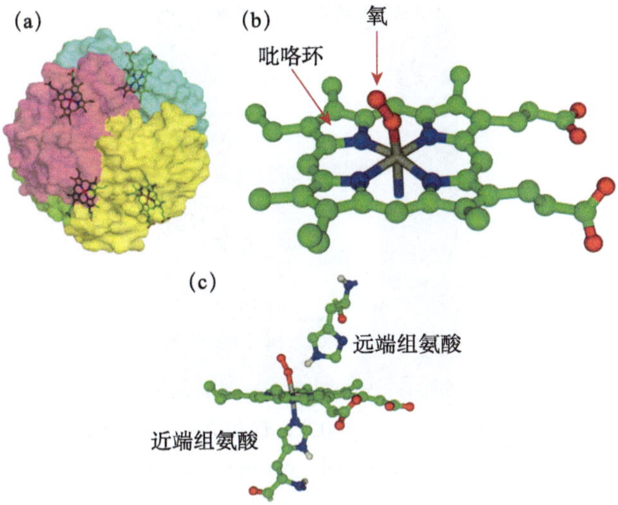

图 5.3.3 血红蛋白结构。(a) 4 个亚基用不同的颜色标记，血红素基团用键棍模型来表示（PDB 条目 1sfx）；(b) 血红素基团的结构（PDB 条目 1hho），原子按类型着色，Fe^{2+} 着灰色，结合氧分子的位置被标记；(c) 血红蛋白中的近端和远端组氨酸残基

会大大降低血红素对它的亲和力。然而，之后的研究提出了质疑，仅靠立体位阻就造成对 CO 亲和力如此大的下降是不太可能的[191]。今天，大家认为远端组氨酸的效应来源于多个因素，还应该包括它对血红素所结合的氧的静电稳定作用。无论如何，远端组氨酸的作用保护我们免受内源性级别 CO 的影响，仅在罕见的暴露于外源 CO 的情况下才会中毒。实际上，空气中 CO 含量超过 0.1%就会致命。

除了上述重要作用，远端组氨酸还有另外一个作用，那就是为氧从溶液到血红素基团上提供一个通道[152]。由于血红素基团被埋在血红蛋白的内部，而且在实验所确定的血红蛋白的结构上并未发现任何从溶液到血红素基团的往返通道，因此血红素基团对氧的结合一直是个谜。通过联用多种方法，研究人员在蛋白质的核心区找到了一个由一些持久存在的空隙所构成的通道，源于远端组氨酸的构象变化可使得氧在这些空隙之间的扩散变得更加容易[152,153]。

Ⅱ. 血红蛋白中的协同和变构

血红蛋白长期以来被认为处于两种功能状态。第一种称为**脱氧血红蛋白 *deoxy-hemoglobin***，由于对氧有较低的亲和力，大多数时候并不结合氧。第二种称为**氧合血红蛋白 *oxy-hemoglobin***，因为它对氧的亲和力比前一种高出 150～300 倍。Max Perutz（图 5.3.4）第一次使用 X 射线衍射的方法确定了血红蛋白的结构[192]，他发现血红蛋白的氧合和脱氧状态有不同的四级结构（和 Monod 的 MWC 模型[132] 一致），而且脱氧构象是被 $\alpha_1\alpha_2$、$\alpha_1\beta_2$ 和 $\alpha_2\beta_1$ 之间的盐桥所稳定的。当血红蛋白的构

图 5.3.4　Max Ferdinand Perutz（1914～2002），诺贝尔化学奖获得者，1962 年。从诺贝尔基金会的网站（http：//nobelprize. org/nobel _ prizes/chemistry/laureates/1962/）获得

象从脱氧转变到氧合的时候，盐桥就断开了（图 5.3.5）。当时，人们认为血红蛋白对氧的结合协同性依赖于氧分压。Perutz 首先意识到协同是氧本身导致的，氧不仅是底物，还是将血红蛋白从脱氧转变到氧合状态的变构激活剂[193]①。基于酶变构的 MWC 模型和他本人对血红蛋白（非酶蛋白）的观察之间的相似性，

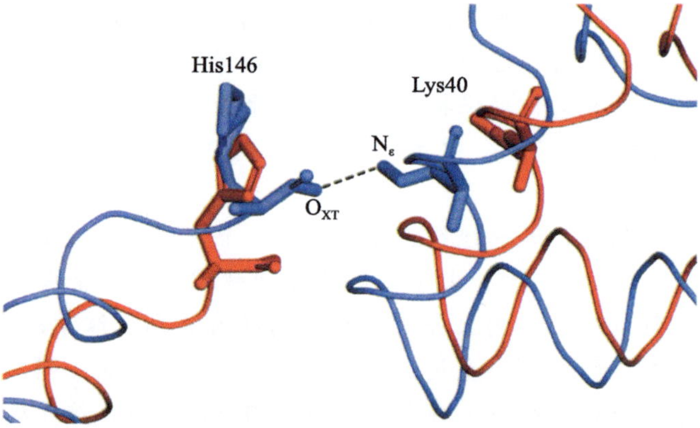

图 5.3.5　稳定血红蛋白 T 构象的盐桥。盐桥的特征数据来自文献 Pertutz，M. F.，Wilkinson，A. J.，Paoli，M.，and Dodson，G. G.，*Annu Rev Biophys Biomol Struct.*，27，1-34，1998 中的表 2

Perutz 提出了针对血红蛋白、同时包括变构与协作效应的**立体化学模型 *stereochemical model***。他将血红蛋白的氧合和脱氧状态分别等效为 Monod 所说的酶的

① 血红蛋白四聚体在结合 4 个氧分子之后，相比结合之前，向氧合状态转变的趋势增大了 10^9 倍。

R 和 T 状态，来表征四级结构上的不同[194]。再假设氧可作为变构激活剂，他解释了血红蛋白的二元性：在氧分压较高（100mmHg[195]）的肺部（图 5.3.2），氧分子的初始结合诱发血红蛋白的四级结构从 T 构象（脱氧血红蛋白）到 R 构象（氧合血红蛋白）的转变。由于 R 构象对氧有较高的亲和力，血红蛋白对余下三个氧分子的结合是协同的。当体内含血红蛋白的血细胞移动到外周组织时，氧分压降到 40mmHg，血红蛋白在将氧释放给细胞供其利用的同时自身也转变到 T 状态。

Perutz 的模型合理地解释了血红蛋白的二元性和协同性。然而，对于氧如何诱导状态之间的构象变化仍然不清楚。之后的研究表明，氧结合到血红蛋白中的血红素基团上涉及不同级别的结构变化。在最基本的级别，是氧的结合改变了 Fe^{2+} 相对于血红素环的位置。在不结合氧的时候，Fe^{2+} 朝向近端组氨酸并稍微凸出环面（图 5.3.6a）。这是由于不结合氧的 Fe^{2+} 处于高自旋态，它的半径太大以至于无法完全放到血红素基团的平面内[10]。然而，当 O_2 结合到 Fe^{2+} 上时，铁离子转变成扭曲八面体的低自旋态，半径变小，使得它可以滑进环面的中心。由于 Fe^{2+} 和近端组氨酸结合，因此当它滑进环面的时候会稍微向环面的方向拖动组氨酸（0.4Å[10]）（图 5.3.6a）。由于该组氨酸是血红蛋白 F 螺旋的一部分，它的移动会导致整个螺旋的移动（图 5.3.6b）。因此，从氧结合开始的动态变化在不到 1μs 的时间内传递到该亚基的其他部分，使其从 T 构象转换到 R 构象[198]。构象的改变并不只限于亚基之内；该亚基和其他亚基之间的相互作用将构象的改变进一步传导出来，使得整个蛋白质转换到 R 状态[199—201]（图 5.3.6c）。由该转换造成的血红蛋白的整体运动是很显著的，其表现是在二聚体 $\alpha_1\beta_1$ 和 $\alpha_2\beta_2$ 之间产生了一个 15°角的偏转。铁离子的这个 0.4Å 的移动将会不断传播、放大，直至造成大尺度的构象变化，这是蛋白质中最有趣然而又被理解得最少的现象之一。显然，这一过程源于蛋白质结构的高度灵活性，可能还与血红蛋白特定的结构有关，它可以被看作一个内部相连的弹簧（也就是螺旋）体系。然而，关于力/能量传输、放大的真正的生物物理表征还没有建立起来。

任何描述血红蛋白行为的模型都需要涉及有名的**波尔效应 *Bohr effect***[202]，即在低 pH 环境下血红蛋白对 O_2 的亲和力变弱。之前提到，T 构象中出现的盐桥在 R 构象中会消失（图 5.3.5）。这些盐桥处于亚基之间的界面上，连接的是带正电的组氨酸侧链（或 N 端的氨基基团）和带负电的谷氨酸 Glu/天冬氨酸 Asp 侧链。对于 Glu/Asp 侧链来说，在任何生理 pH 下都是带电的，但由于组氨酸侧链的 pKa 很接近中性 pH，因此只在特定条件下带电。肺部的 pH 是 7.6，会使大多数组氨酸侧链去质子化而不带电。外周组织中的 pH 是 7.2①，使大多

① 外周组织中的低 pH 是由于新陈代谢的副产物 CO_2 在血液中转变为碳酸（H_2CO_3）。

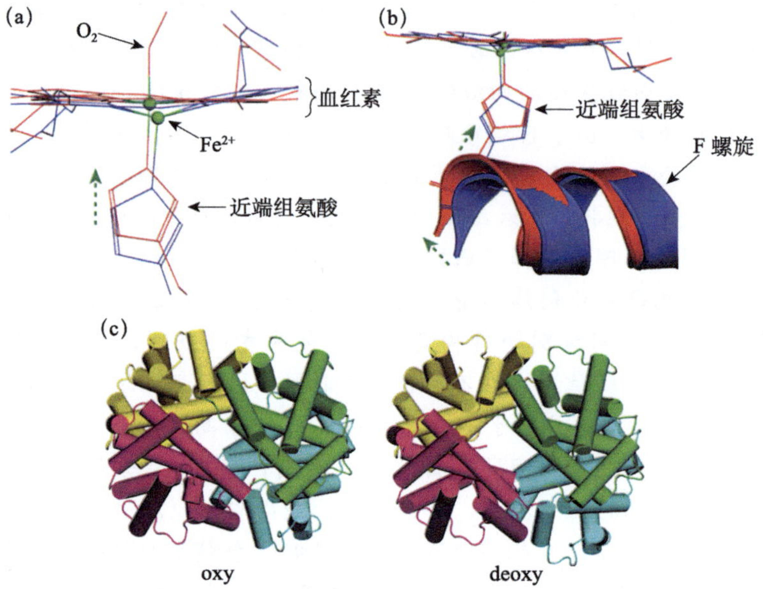

图 5.3.6　血红蛋白动力学。该图展示了氧结合到血红蛋白分子在的各个区域的影响。诱导产生的运动可通过重合对比氧合（oxy，红色）和脱氧（deoxy，蓝色）两个构象来展示。虚线的绿色箭头表示运动的方向。(a) 铁离子（绿色）从下面移动到血红素平面的中部，近端组氨酸也沿相同方向移动；(b) F 螺旋的运动；(c) 整个分子层次的运动。这里的运动是很复杂的，所以，我们把两个结构都展示了出来，向读者展示全局构象的变化。例如，注意两种结构中间空穴尺寸的变化

数组氨酸侧链质子化从而带正电。

因此，起到稳定血红蛋白 T 构象的组氨酸-谷氨酸/天冬氨酸盐桥倾向于在外周组织中形成，而不是在肺部。也就是说，当血红蛋白从肺部被运输到外周组织时，伴随着氧含量的下降而发生的 R 到 T 构象的转变，是环境 pH 同时也下降这一过程所促成的。此外，血红蛋白在外周血液中结合质子的能力使其成为一个很好的缓冲剂，避免了血液 pH 的急剧下降。在外周组织中还有两个因素起到稳定血红蛋白 T 构象的作用。第一个因素是 CO_2 与 N 端的氨基基团共价（尽管可逆）结合，形成了氨基甲酸酯。像组氨酸侧链一样，它们也参与了只在 T 状态出现的盐桥的形成[10]。第二个因素是在 T 结构中央空腔中，通过静电和氢键相互作用从而与 β 亚基上的组氨酸与精氨酸侧链结合的磷酸化分子。这些磷酸化分子包括哺乳动物中的 2,3-双磷酸甘油酸（2,3-BPG），以及鸟类和爬行动物中的肌糖六磷酸（IHP）[10]。

关于血红蛋白的协同和变构，自从 1970 年 Perutz 模型提出以来，又有一些基于先进的光谱方法的研究。这些研究给出了关于上述机制的重要数据（特别是关于构象变化的动力学数据），甚至能定量描述部分机制。还有一些研究试图反驳 Perutz 模型，但多数情况下的证据是没有说服力的。其中一项研究声称血红

蛋白中的协同性太复杂，无法仅用四级结构的变化来解释。这个看法得到了一些实验的支持。这些实验发现在特定变构抑制剂存在的情况下，T状态对氧的亲和力的改变并没有伴随着四级结构的变化[203]。此外，人们还发现单一的四级结构也可以容许不同的三级结构存在[204]。这些发现使得人们将三级结构的变化也纳入MWC模型[186]，当然四级结构的变化仍是必需的。因此，这个“新升级版”的模型可以看作MWC模型和KNF模型中一些想法的融合。

另外，有人可能会质疑为什么血红蛋白以异源四聚体而非同源四聚体的形式存在。确实，如果用同源四聚体会更容易合成。对该问题的认识来源于一种与血红蛋白相关的疾病，称为**α-地中海贫血症** ***α-thalassemia***。在健康人体内，4种血红蛋白单元链成组地表达出来，促进异源四聚体的形成[205]。然而，在患有α-地中海贫血症的人体内，随着病情的发展，血红蛋白α基因的表达越来越少，造成了血红蛋白合成过程中α链的短缺。这会产生两种独特的血红蛋白同源四聚体的形式：***HbH***（由4个γ链组成，γ_4）①，以及导致**胎儿水肿综合征的血红蛋白** ***hemoglobin Barts***（由4个β链组成，β_4）。对前者的研究表明，该蛋白质比天然的$\alpha_2\beta_2$（HbA）有更强的氧亲和力[206]，但无法展现出波尔效应和协同性[207]。对后者（Hb Barts）的研究也得到了同样的结论[208]。

关于HbH/Hb Barts与HbA这种差别的原因，在两种同源四聚体的结构被结晶出来之后就清楚了[208—210]；这两种同源四聚体一直处于高效结合氧的R状态，从而阻止了它们发生R→T的构象转变。因此，异源四聚体形式的血红蛋白最终在与同源四聚体的进化竞争中取得胜利，似乎是因为它具有随环境变化而改变其构象的独特能力，这使得它不仅能完成结合O_2/CO_2这种简单的生理功能，还可以运输O_2/CO_2。行使这样复杂的功能需要该蛋白质能够在身体的一个地方结合配体，在另一个地方释放配体。只有当该蛋白质能够在对配体有不同亲和力的两种状态之间转换时，这一功能才可能完成。

结论

MWC（协同）模型构成了我们目前对变构现象理解的基础。然而，最近的发现也指出了该模型所要求的条件中的一些问题[133]。首先，该模型要求变构基于四级结构的改变。尽管许多蛋白质包含这个层次的结构，特别是与信号转导相关的蛋白质[186]，但在只有一个多肽链的蛋白质中也看到了变构现象[128,211,212]。实际上，变构的蛋白质即便有四级结构，也可以只伴随三级结构的变化，如在甲壳动物的血红蛋白（Hbl）[213,214]和细菌的伴侣蛋白GroEL[215,216]中都发现。其次，多聚体蛋白的四级结构并不一定总是像MWC模型所阐述的，必须是对称的。例如，许多酶的亚基具有不同形状，分别负责催化和调控。再次，MWC模

① γ链一般出现在胎儿的血红蛋白中。出生之后就被替换为β链。

型中并没有包含负协同现象，描述该现象需要引入其他模型。最后，MWC（及KNF）模型并没有提供对变构原理的一个原子/机理层次上的表述。当前变构的**群体迁移模型 *population shift model*** 提供了一个这样的表述[5,126,180−182]。就像MWC模型一样，群体迁移模型也假设了在蛋白质的不同构象之间存在一个动态平衡，而且有一个是被变构调控剂所稳定住的构象。然而，这里假设的是多个构象而不仅仅是两个。其中，正调控剂（激活剂）稳定住一个（或多个）活跃构象，负调控剂（也就是抑制剂）稳定住一个（或多个）非活跃构象。该模型提供了一个针对亚基相同和不同两种类型的调控描述，可以看作只描述前者的MWC模型的一个扩展。由于变构调控剂仅改变了折叠蛋白质处于不同可能构象间的统计分布，因此，有人设想任何蛋白质都有变构的可能[180]。该设想被一些研究结果所支持。这些研究发现，无变构现象的天然蛋白，可以通过简单的点突变或化学修饰或仅结合特定的配体，就能够发生变构[217−220]。

部分激动剂

目前，我们遇到了两种变构配体，即激活剂和抑制剂，每种配体分别稳定不同功能的构象。这种一般描述适用于不同类型的蛋白质-配体系统，如蛋白质-底物、受体-激素、抗体-抗原等。在研究最多的蛋白质-配体系统中，有一个涉及作为离子通道而结合到膜上的受体蛋白。在该系统中，激活剂和抑制剂分别被称为**激动剂 *agonist*** 和**拮抗剂 *antagonist***，而且它们被认为是像上面描述的那样，通过偏置蛋白构象的平衡分布来执行功能。然而，在这些系统里，还有第三种变构调控剂，称为**部分激动剂 *partial agonist***。正如其名字所示，这种配体结合到受体上，只部分地激活受体。对乙酰胆碱激活的通道蛋白的研究表明，该蛋白质在几个不同的通道闭合构象之间转变[221,222]。这个观察结果促使产生了下面一个关于部分激动剂的模型，其中至少一个闭合构象是**可激活的闭合构象 *activated-closed conformation***。部分激动剂和“完全”激动剂对通道的开放构象有同样的（较高的）亲和力。它们只是对可激活的闭合构象的亲和力有所不同：部分激动剂的亲和力较高，完全激动剂则很低。换句话说，部分激动剂既可以结合到开放构象，也可以结合到可激活的闭合构象，但对后者的亲和力更高，相比之下，完全激动剂只结合到开放构象。这就解释了为什么部分激动剂可以部分地诱导通道的打开。这还解释了部分激动剂与拮抗剂的不同，后者只结合闭合构象，因此无法诱导通道的打开。该模型最近得到一个实验研究的支持。该实验用的是乙酰胆碱和甘氨酸通道蛋白，都属于烟碱通道超家族[223]。

5.3.2.1.2 配体结合的物理效应　和自然界所有的自发过程一样，蛋白质折叠也涉及自由能的降低。该能量有不同的分量；其中有一些是内部的，还有一些是由环境条件引入的，如pH、温度、压强等。蛋白质的天然构象也就是生理条件下自由能最低的构象。当蛋白质与特定配体结合的时候，一个新的物理化学个体就被加到了蛋白质的天然构象上，从而改变了后者的自由能。这是配体和蛋白质的原子之间相互作用（及配体结合对环境的影响）的直接结果。自由能的变化可能是负的，也可能是正的。前者意味着对天然构象的进一步稳定，因此使蛋白质的天然构象出现概率更高。反之，配体结合造成自由能增加，意味着天然构象失稳，使其出现概率降低。如果天然构象的自由能增加得足够大，蛋白质的某一个近天然构象就可能在配体结合后的构象群中占支配地位。在这种情况下，配体结合导致了一个新的天然构象。上面的描述意味着构象变化是由配体结合造成的，这和我们所了解的蛋白质在多态之间达到平衡的观点相矛盾。换句话说，不管蛋白质结不结合配体，构象之间的转换是自发地进行的。相应地，配体起作用的方式是使原有的动态平衡发生偏移，即偏向那个结合后具有最小自由能的构象[5,126,180−182]（图 5.8a）①。

配体的偏置效应可以用图 5.8b 中的简单模型来展示[183]。该模型涉及蛋白质的两个不同构象（T 和 R）。两个都具有结合配体的能力，但结合的亲和力不同。R 构象比 T 构象更适合结合配体，它与配体之间的结合更强。对配体的不同亲和力，表现为结合过程中有不同的平衡常数。由于 ΔG 是个状态函数，从不结合配体的 T 状态（T_0）到结合配体的 R 状态（R_1）之间的转换可以用两种方式描述，第一种对应着图 5.8b 中的橙色路径，另一种则对应品红色路径：

$$\Delta G_{(T_0 \to R_1)} = \Delta G_T + \Delta G_1 = \Delta G_0 + \Delta G_R \tag{5.1}$$

使用平衡常数，上式可以描述为

$$\Delta G_{(T_0 \to R_1)} = -RT(\ln(K_T) + \ln(K_1)) = -RT(\ln(K_0) + \ln(K_R)) \tag{5.2}$$

也就是说：

$$\frac{K_T}{K_R} = \frac{K_0}{K_1} \tag{5.3}$$

简单地说，如果一个构象结合配体的亲和力比另一个构象结合配体的强度相差一个因子，那么 R→T 状态转变的平衡常数在不结合配体和结合配体的时候也同样相差一个因子。这意味着配体结合使 R→T 状态之间的转换发生了改变，这也就是变构的含义。当然，实际中的蛋白质存在于很多构象之中，但其基本观点和这里的解释并无二致。

尽管群体迁移模型被认为最好地描述了配体结合对蛋白质结构和功能的影响，但某些情况下还是会出现由配体结合（如诱导契合）导致的构象变化（如文献 [184] ）。这再一次表明现实总是比我们用来描述它们的模型要复杂得多。关

① 该词来源于群体迁移模型[132]。

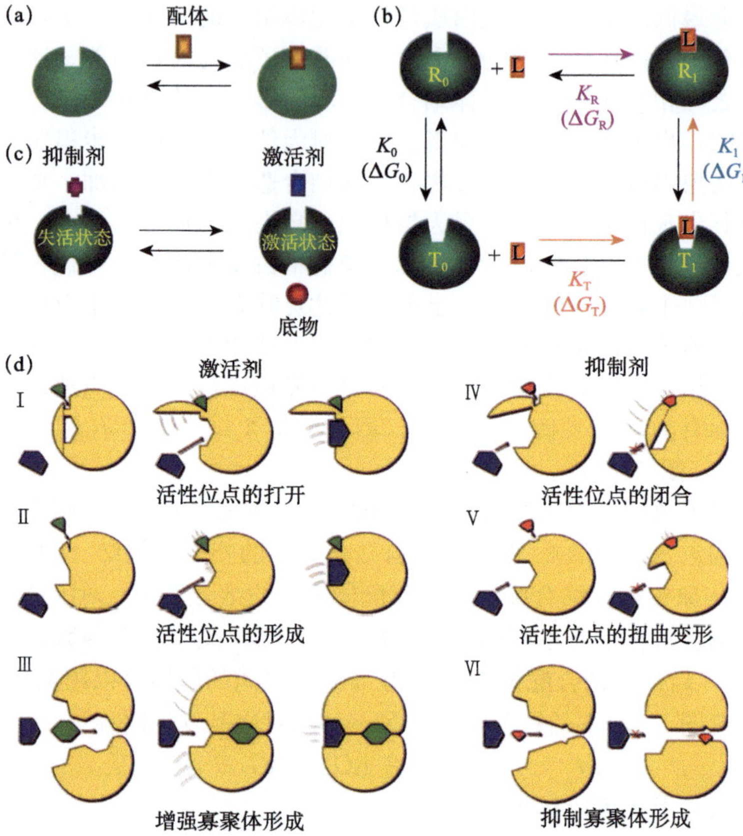

图5.8　变构配体工作机制的描述图解。(a) 变构配体的一般工作机制。从立体化学角度看，配体会结合到与其配合得最好的构象上，使蛋白质从天然构象偏向该构象。(b) 热力学循环（依据文献 [183]），描述了从自由的低亲和力构象（T_0）到结合了配体的构象（R_1）之间的路径（橙色路径）。R 和 T 分别表示低亲和力、高亲和力构象。L 代表配体。0 和 1 分别代表自由和配体结合的状态。该路径中间可能会经过一个结合配体的低亲和力构象（T_1）（橙色路径）或者一个自由的高亲和力构象（R_0）（品红色路径）。循环中各步的平衡常数（K）和相关的自由能变化（ΔG）以不同的颜色标记。(c) 变构配体的正效应和负效应。两种变构配体均以 (a) 中的方式工作，但结合的是蛋白质的不同构象。由于结合构象分别含有一个底物不相容的结合位点和底物相容的结合位点，因此，前者处于失活状态（inactive），后者处于激活状态（active）。(d) 变构激活剂和抑制剂的几种特定工作机制：影响活性位点的可及性、形状以及形成寡聚体的能力（改编自 Laskowski，R. A.，Gerick，F. and Thornton，J. M.，*FEBS Lett.*，583，1692－8，2009）

于配体结合物理基础的不同理论在第 8 章有更加详细的讨论。专栏 5.3 重点讨论了变构的不同模型。最后需要提及的是，配体结合的另一个效应是使结合位点变得更稳固，进一步减小了变为其他构象的可能性。

5.3.2.1.3 配体结合的功能效应 在之前关于自发蛋白质动力学的讨论中，我们看到了蛋白质的构象变化是如何通过改变结合/激活位点的物理化学性质来影响蛋白质的功能的。对配体诱导的构象变化也是一样的。实际上，它们影响蛋白质的功能要比自发改变更有效，因为配体诱导的构象变化更少受 RT（热力学）极限的限制，因而会更加显著（有更大的幅度）。构象变化的类型取决于配体的类型。变构激活剂所稳定的构象，其结合位点在几何上和物理化学性质上与底物/配体相容，变构抑制剂稳定的构象则正好相反（图 5.8c）。两种类型的结合位点的差别在于它们结合/催化残基的位置，有时整体的电化学性质都是有差别的。最近 Thornton 及其合作者展开了一项调研[185]，使用了脱辅酶与全酶结构已知的蛋白质来寻找变构导致的结构和功能变化的结果。该工作给出了三个主要结果（图 5.8d，参考文献［185］中有相应的例子）。

(1) 活性位点的打开/闭合——包括能改变底物对酶结合位点的可及性的各种结构变化（图 5.8d 中Ⅰ，Ⅳ）。这些结构变化在程度上可能有很大不同，大到铰链区附件刚性部分的大幅度运动（如发生在两个结构域边界上），小到单个氨基酸侧链的转动。

(2) 活性位点的形成/扭曲变形——包括一些微小的但仍可以显著改变对底物的亲和力的修饰（图 5.8d 中Ⅱ，Ⅴ）。

(3) 增强/抑制寡聚体形成——包括配体结合有助于或干扰生物活性寡聚体形成的例子（图 5.8d 中Ⅲ，Ⅵ）。

同时也有一些其他研究表明，当有特定水分子在残基之间或配体-底物之间进行桥接的情况下，一些变构蛋白的脱辅酶和全酶的表现是有差别的。这种差别不必很大，因为与精确定位的残基的结合，以及发生在精确位点上的催化，对上述差别的敏感度是很高的。

二氢叶酸还原酶（DHFR）调控的例子很好地展示了变构调控的长程效应，以及有限尺度运动足以导致显著构象的变化[6]。DHFR 使用还原剂 NADPH 来催化二氢叶酸（DHF）到三氢叶酸（THF）的还原反应。产物 THF 是生物甲基化反应所必需的，如在胸腺嘧啶的生物合成过程中。由于这个原因，DHFR 的活性对细胞分裂（需要不断地复制 DNA）非常重要，用**氨甲喋呤 *methotrexate*** 之类的药物对它进行抑制是一种成功的抗癌疗法。结合 NMR、单点突变和分子动力学（MD）模拟等多种方法发现，DHF 和 NADPH 结合到 DHFR 上会引起不同部位的构象变化。奇怪的是，最大的构象变化出现在一个被称为 Met20 的环结构上，该片段不包含任何参与催化的残基（图 5.9）。新构象被距酶催化位点 8Å 之外的 Gly15、Asp122 之间的氢键所稳定。发生在 Met20 环和邻近环上的构象变化“传输”到催化活性位点，使该区域中的残基产生很小（0.5Å）、协同的运动，最终形成一个对底物的过渡态具有高亲和力的活性位点[6]。如第 1 章所解释的，稳定过渡态是酶的一个主要策略。DHFR 远端环上非催化残基的重要性表现在其高度的进化保守上，而进化保守一般用来刻画催化残基。关于其他酶中长程动力学的例子可以参考文献 [6]。

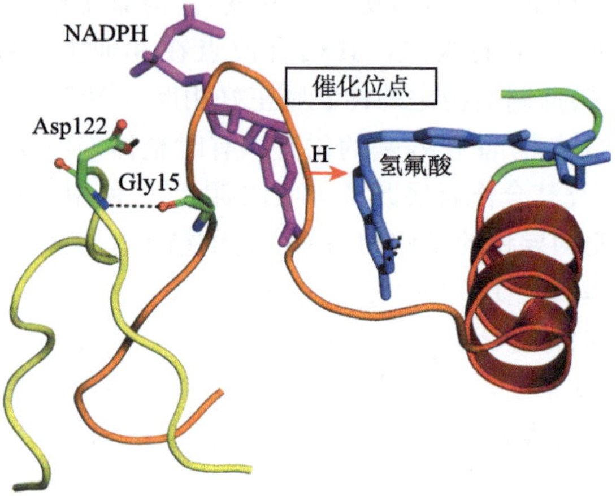

图 5.9 大肠杆菌中 DHFR 酶（PDB 条目 7dfr）的内部运动。图中画出了 DHFR 的催化位点。为清楚起见，只画出了部分二级结构和残基。DHFR 的催化过程涉及 NADPH（品红色）中的 H^- 转移到 DHF（青色）中。DHF 的结合导致 Met20 环（橙色）将其包绕，从而加快了催化过程。有趣的是，核磁共振研究发现该运动涉及 Met20 环上的 Gly115 与 βF－βG 环（黄色）上的 Asp122 之间形成氢键，而该区域并不包含催化残基

5.3.2.1.4 无构象变化的变构[133,224] 变构的原始定义指配体诱导的蛋白质活性的改变。之前已经解释过，蛋白质活性的改变总是归因于所观察到的构象的变化。近年来一些研究发现，蛋白质活性在没有构象变化或只有非常微小构象变化的情况下也可以发生改变。这种令人好奇的现象已经在钙结合蛋白 D9k[187]、水蛭抑制剂[225]、分解代谢物激活蛋白[226]、甲硫氨酸阻遏蛋白[225]、PDZ 结构域[227] 中检测到。在这些以及其他表现出该现象的蛋白质中，核磁共振（NMR）测量①发现配体结合会造成键振动的改变。对其中一些蛋白质同时进行的量热测量表明，尽管没有构象变化，但熵的确改变了。综合考虑这些结果，似乎与 20 年前 Cooper 和 Dryden 对变构的提议正好相合。他们认为变构效应涉及蛋白质的非构象上的动力学改变[228]。根据该模型，配体的结合可能会通过改变蛋白质热

① NMR 可以涵盖皮秒至毫秒尺度范围的运动，所以非常适合这类测量。

涨落的频率和/或幅度，使得蛋白质的熵增加或减小①。这会导致一系列的振动改变，包括从高关联度的低频简谐涨落到单个原子或化学基团的局域非谐涨落。尽管确切的机理还不完全清楚，但振动的改变会有两个可能的结果：多肽链的硬化（也就是熵的减小）或灵活性的增加（也就是熵的增大）。

这些是如何影响蛋白质的？蛋白质与其天然配体结合后会导致熵的减小，这自然会妨碍（尽管不成功）结合。然而，如果一个自由蛋白率先结合了变构配体从而导致熵已经部分减小了，那么就会使得接下来与天然配体的结合只产生细微的额外效应，因此第二个结合将变得更有可能，蛋白质的活性因此增强。在这种情况下，变构配体就充当了激活剂。其他情况下，变构配体可能会成为抑制剂，这时它通过使原来自由蛋白的熵增加从而使天然配体结合的熵代价很高。

这个新的模型改变了之前对变构的定义；配体结合仍可以改变蛋白质的活性，但不一定是通过改变蛋白质的构象（这本质上是焓变）②。该模型表明有三种变构调控存在。

（1）只包括熵变（即只有振动的改变）的调控。

（2）只包括焓变（即只有构象变化）的调控。

（3）既包括焓变，也包括熵变（即同时有振动和构象的改变）的调控。

换句话说，一个正变构因子结合到蛋白质的 A 位点，这可能会通过如下几种方式增强 B 位点的活性：①降低天然配体结合的熵代价（即 B 位点硬化）；②增大结合前后的焓减（即改变 B 位点的构象）；③前两者的组合。

变构抑制剂与之相反。

尽管该熵模型对旧的理论做了令人耳目一新的改造，但还没有得到科学界的广泛认同。例如，Cui 和 Karplus 就曾指出，仅用振动的改变将无法解释变构中发生的显著的自由能变化[133]。这是由于这些振动是基于低频简正模（NM）③ 的测量而计算出来的，它们本质上是集体运动，这就使得它们对于该计算方法的细节程度并不敏感[229]。

5.3.2.1.5 应用 上面阐述了为什么理解细胞的工作需要对变构有一个深刻的理解。然而，其他更偏向于应用的领域也需要对变构的理解[185]，其中之一是药物设计。如第 8 章所讨论的，绝大多数药物分子都是小的有机分子，对它们

---

① 共价键振动。不同于刻画构象变化的原子平移，振动的行为类似简谐振子，也就是说它们围绕着同一个构象做类似弹簧的振动。

② 这是因为它们改变了蛋白质中的相互作用，并在蛋白质和配体间产生了新的相互作用。

③ 简正模是代表分子内的原子协同振动的可测矢量。通过将蛋白质内部原子的键描述为简谐振动弹簧，每个简正模的周期性运动的频率就可以被计算出来[232]。Gerstein 及其合作者证明了[233] 蛋白质中的所有集体运动都可以用低频简正模来解释，这又归因于重原子的振动[234]。也就是说，对这些简正模的分析为寻找蛋白质不同部分间的关联提供了可能。

的设计主要基于其对蛋白质活性位点的物理化学上的适配。在变构酶或其他蛋白质中，变构调控剂的结合位点是药物设计的另一个潜在目标。不过，变构位点却很少在设计中考虑，因为极难预测配体结合到这些位点上会怎样影响蛋白质的活性。作为一个潜在目标，变构位点要比活性位点更具吸引力，因为它们很少有进化压力，因此有更好的种群特异性[233,234]。对于 p38 丝裂原活化蛋白激酶，目前已经存在一种针对其变构位点设计的药物[212]。

另一个可能会因为考虑变构机制而受益的应用领域是蛋白质设计，即合理地设计全新的蛋白质，或者已有蛋白质的升级版。这是为了一些特定的目标，如提高蛋白质的稳定性和/或活性，改变结合底物和/或反应的特异性，以及发展新的化学反应。同样，由于预测长程效应的难度，设计一个变构位点比修改一个活性位点要更加有挑战性。一个成功的例子是在蛋白酪氨酸磷酸酶（PTP）[235] 上人造出了一个新的变构位点（参考文献［185］中的细节）。

5.3.2.2　环境变化引发的动力学

如在 5.3.2.1.2 小节所解释的，蛋白质的天然构象是在特定环境条件（pH、温度、压强和盐浓度）下具有最低能量的构象之一。因此，这些条件的改变可能会使蛋白质从原来的天然构象偏向于另外一个构象。换句话说，改变蛋白质所处的环境条件可能会引发其构象变化，进而伴随功能的改变。这种改变可能会非常剧烈，如热致变性，这是由于加热致使蛋白质的振动提高到氢键断裂以及结构解折叠的程度（参见第 4 章）。弱的环境改变则可能会引发并不会危及蛋白质结构和/或功能、温和的构象或振动改变，这有时被用于调控。这在血红蛋白上有很好的体现，一个小的 pH 的下降就会引起蛋白质功能的改变，伴随着生理角色的改变（参见专栏 5.3）。pH 的下降改变了某些组氨酸的离子化状态，进而导致了与之相关的非共价相互作用的形成或断开。由于这些相互作用要么有利于要么不利于蛋白质结构的稳定，改变它们就有可能导致蛋白质构象的变化。

5.3.2.3　酶介导的蛋白质动力学

上面章节提到的两种外部因素，即配体结合和外界环境改变，影响的是蛋白质动力学的能量方面。在多肽链上至少还有一种动态变化需要动力学上的辅助，也就是酶的辅助。这种动态变化是处于脯氨酸残基及其之前残基之间的肽键的顺反异构化[236]。如第 2 章所讲的，该过程只发生在脯氨酸中，因为别的氨基酸的顺式构象要比反式构象稳定得多。在脯氨酸中，这两种构象之间的能垒要低得多，所以尽管异构化过程的速率很低[237]，但平均起来仍可以在蛋白质中观察到一两次。催化该过程的酶称为**肽基脯氨酰顺反异构酶 *peptidyl prolyl cis-trans isomerase*（*PPIase*）**。针对它们行为的研究主要在蛋白质折叠过程中，但也有一些研究关注折叠态。多数情况下，该过程涉及的是面向外部的环结构上的脯氨酸，该环结构的构象也受之影响。尽管一般来说该构象变化是局域的，但也发现了一些长程变化。在这种情况下，脯氨酸异构化就像一个分子开关，可以打开/关闭蛋白质的生物功能。

在免疫反应过程中，激活 T 淋巴细胞的**白细胞介素-2 酪氨酸激酶 *interleukin-2 tyrosine kinase*（*Itk*）**的 SH2 调控结构域就属于这种情况。该结构域中的 Asn286 和 Pro287 之间的肽键发生顺反异构化，导致了远在此肽键所在的环结构之外的构象变化（图 5.10）。异构化使得 SH2 结构域表面重构，进而改变了其对配体的偏好。在顺式构象中，该结构域将会结合到多肽链的磷酸酪氨酸残基上，然而在反式构象中，它会结合到邻近的 Itk 蛋白的 SH3 结构域上[238]。类似的情况也在其他蛋白质中得到了证实，而且看起来反式构象中的含脯氨酸片段，相比其顺式构象，似乎能与蛋白质的其他部分形成更多接触。可能正是这些接触稳定了反式构象，因此使蛋白质可以更容易地越过两种构象之间的能垒。

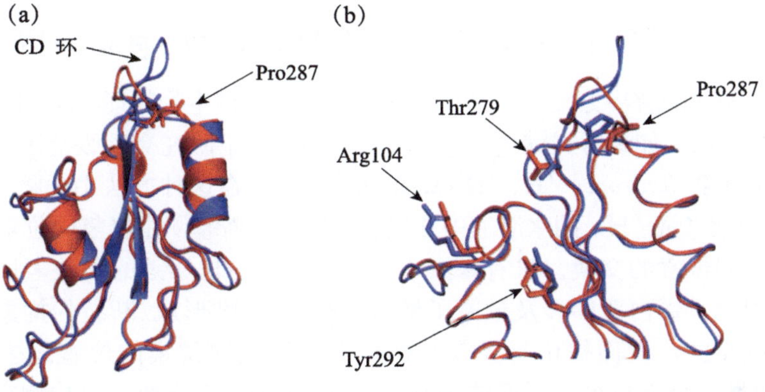

图 5.10 伴随 Pro287 从顺式到反式的异构化，白细胞介素-2 酪氨酸激酶（Itk）中 SH2 结构域的构象变化。(a) 将两种构象（PDB 检索号 1luk 和 1lun）以不同颜色表示，并进行重叠。SH2 结构域的不同部分都有变化，但包含有 Pro287 的 CD 环上的变化最显著。(b) 异构化的长程效应。该效应可以通过 SH2 结构域中磷酸酪氨酸结合位点上的三个残基来展现：Thr279、Arg104 和 Tyr292。虽然后两个距离 Pro287 比较远，但它们在顺式和反式构象中也表现出了结构差异

酶辅助反应影响蛋白质动力学的另一种情况是二硫键的形成。首先，该键会硬化多肽链，进而削弱其固有动态变化。此外，在蛋白质的一个区域生成该键会引发一个构象变化，后者会影响蛋白质的另一个区域，这很像变构配体的工作方式[185,239]。例如，在 A 型肉毒毒素中，两个多肽链被一个二硫键连在一起，这种连接使催化链上的活性位点被另外一条链所阻隔。当毒素入侵细胞时，膜内空间的减小或者核内体的酸性环境使 S—S 键减弱，进而去掉阻隔，激活催化链[240]。其他的一些二硫键参与的蛋白质动力学的例子可以在文献［185］中找到。有趣的是，对不同蛋白质中“变构”二硫键的分析显示出它们处于高势能构象[241]。也就是说，这类二硫键要比其他的更不稳定，因此更容易断开。

5.4 研究蛋白质动力学的方法

在第 3 章中，我们看到了某些生物物理学结构测定方法也被用于研究蛋白质的动态行为，如 NMR、EPR，以及不相干中子散射和电子显微镜的某些应用。一般来说，蛋白质动力学的研究有些问题，因为许多由蛋白质采样的亚态是“短命”的。因此，很难用高分辨率来表征它们，因为通常这种表征通过 X 射线晶体学进行，需要静态和均匀的结构[5]。可以说这类结构的动力学是沿结构坐标特定的 B 因子所体现的，但是如第 3 章所述，这些也可能代表晶体中的静态缺陷[242]。另一种基于粒子衍射的方法是中子散射，可提供动力学相关数据。这种方法使用不同弹性的碰撞来确定分子中的原子运动，从快速振动到扩散。其他一些所使用的工具在以下小节中描述。

5.4.1 研究慢速（毫秒级）与中速（纳秒至微秒级）运动的方法

多亚态问题的解决方案之一是生物化学方法和允许生物物理学家“捕获”个别亚态并表征它们（如参考文献［243］）。另一种常用于研究毫秒级范围运动的方法是**氢 ^{1}H－^{2}H 交换** ***hydrogen $^1H-^2H$ exchange***[140,244]。在这种方法中，将蛋白质置于“重”氢同位素（氘-^{2}H）的水溶液中并测量主链上酰胺基团中轻氢同位素（氕-^{1}H）与溶液中重同位素的交换。只有暴露于溶剂中不参与化学键的那些氢原子才能进行交换。因此，蛋白质中涉及氢原子暴露/埋藏、氢键形成/断裂的构象变化，这或许会影响交换，从而提供有关变化的信息。重氢同位素的位置过去一直仅用 NMR 来测量。今天也可用**质谱法** ***mass spectrometry*** 来完成，以检测交换后重量的变化，这主要对应于较慢的时间尺度上折叠/展开和配体结合。

在生理条件下，不需要用活性物质来捕获亚态，以高分辨率跟踪远程动态最常用的方法是核磁共振（NMR）。NMR 作为结构测定手段的原理在第 3 章中已经解释过。在研究蛋白质动力学过程中，原子核样品受到激发，相关数据在弛豫期间被提取。溶液 NMR 受限于非常快速的运动，但通过使用固态 NMR 可以将范围延伸到皮秒至毫秒范围，在此使用蛋白质的干粉末[5]。通过检测蛋白质中可标记的某些区域来呈现位置特异性氢（^{1}H、^{2}H）、碳（^{13}C）或氮（^{15}N）的同位素来测量。此外，测量不但能够提供动态过程中涉及的构象，而且提供其采样概率，以及它们之间相应的转换率。最后，由于 NMR 测量广泛的亚态采样能力，蛋白质的熵变可以通过生物相关过程，如配体结合来确定[245]。于存在大量蛋白质分子的溶液内进行 NMR 时，测量仅限于同步运动。

为了测量非同步运动，生物物质不得不使用单一的蛋白质分子。这意味着该方法只能使用单个被标记的蛋白质。这种方法通常基于蛋白质的荧光标记[246]。也就是说，蛋白质附着于在受激时发射荧光的标签（即荧光团），并测量该发射荧光。荧光发射受荧光团周围环境的直接影响。因此，荧光团周围的构象变化期望会改变发射模式，并提供该范围内蛋白质动力学数据。荧光法的高灵敏度允许科学家不仅可以检测单个蛋白质分子，也可以在 10^{-15}～1s 跟随其动态[5]。这种方法最有效的变化之一，称为**荧光共振能量转移 *fluorescence resonance energy transfer*（*FRET*）**[247]，使用两个荧光团，并测量辐射能量在两者之间的转移①。在该方法的这种应用中，用足够长的一段时间来测量荧光，以提供该区域中相关的动态数据（见参考文献［248］）。然而应该指出，这个信息是有限的，这就是为什么生物物理学家常将它与蛋白质的高分辨率数据进行整合。

除了上述（及其他）实验方法，计算方法也可用来研究蛋白质动力学，分子动力学（MD）模拟是主要的工具[249−251]。该方法有关结构预测的原理已在第 3 章中描述。如前所述，用 MD 模拟（目前）描述整个蛋白质折叠是效率低下的，主要是因为计算量过大以至于无法描述比微秒更长的过程。然而，它可用于描述折叠中间体[252] 或在折叠状态下发生的动态过程（如配体诱导的活性位点适配或变构诱导的构象变化）。计算方法有几个重要的优点。首先，它比实验室方法更快也更便宜。其次，像 MD 这样的方法可以提供模拟系统的原子级别描述。再次，只要在模拟覆盖的时间尺度范围内，生物物理学家就可以得到所有的中间状态。最后，除了提供原子位置、运动，计算同时还提供相应的能量。虽然绝对能量值被认为不够准确，然而相对值通常足以得出一般结论。从 MD 模拟中提取的数据特别适用于与其他方法的数据相结合。实际上，MD 模拟可以弥补由 X 射线晶体学提供的结构数据和通过核磁共振（NMR）提供的动力学数据之间的差距。

5.4.2 研究快速（飞秒至皮秒）运动的方法

上一节中提到的一些工具还能够跟踪快速的蛋白质运动。尽管如此，在飞秒至皮秒范围内的振动（如当研究催化剂时）还需要其他方法。专门为此开发的方法之一是基于超激光脉冲，它能启动光活化酶中的催化过程[7]。加州理工学院的 Zewail 团队延续了这一趋势，并开发了一种称为 **4D 超高速电子衍射仪/晶体学和显微镜 *4D ultra-fast electron diffraction, crystallography, and microscopy*** 的新研究方法[253]。在这种方法中，电子以定时的方式快速射向蛋白质，并且通过电荷耦合器件（CCD）传感器检测其散射的时间依赖性变化。测量可以使用衍射仪/显微镜在水性样品中进行，或利用晶体学在蛋白质晶体中进行。由于使用电子，因此不需要标记，收集的数据与整个蛋白质相关。除较慢的构象变化外，该方法还快得足以研究酶中的催化事件。

计算方法也已经演变成可以处理非常短时间尺度的原子振动。MD 模拟能够

① 见第 3 章 3.3.3.1 节该方法的简要描述。

描述直到皮秒时间尺度的分子事件，如质子转移或电子隧穿。飞秒时间尺度上的动态事件涉及电子的重排，如共价键的形成和断裂[7]，这只能用量子力学（QM）计算来描述[251,254]。如第 3 章所述，QM 计算需要大量的计算机资源，因此不能应用于大分子。然而，近年来，已经开发了用于将 QM 计算与分子力学/分子动力学（MM/MD）计算整合的方法，并增加了后者的准确性[255,256]。在这种方法中，蛋白质的大部分由 MM 模型描述，而超快速事件发生的部分（电子转移、反应中间体的形成、电子激发等）则由 QM 模型描述，在这种方法中最大的挑战通常是两个不同蛋白质区域的耦合，以及对它们之间边界区域的描述。

5.5 概 要

● 蛋白质是动态实体；它们表现出时间尺度上、振幅上和能量上变化的多种不同的运动。

● 蛋白质动力学对于功能很重要。

● 蛋白质可能以不同的方式和不同的速率折叠，但要尽量减少其能量和熵。折叠过程涉及众多高能量的中间构象，这些是完成这个过程必须要克服的动力障碍。

● 在细胞内部，大蛋白的折叠通常由分子伴侣辅助。

● 折叠状态本身是动态的，蛋白质在全部构象状态集内不断切换。其中天然构象是能量最低的。由环境热能（RT）转化为动能驱动其切换到其他构象。结果，这些构象全部具有类似的能量，在室温条件下比天然构象最多高出 0.6kcal/mol（RT）。

● 折叠蛋白质的天然构象平衡可能受各种因素影响，其中一个是配体结合。配体优先结合具有最小能量的构象。当这个构象是不是天然的时候，结合的净效应是构象变化。这可能反过来导致功能变化，如当配体选择的构象对蛋白质的天然底物/配体的亲和力增加或减少时。这一现象，称为变构效应，是细胞所使用的最重要的监管手段之一，用于调节其代谢过程的速率。

● 已经开发出不同的实验方法和计算方法来描述蛋白质中的动态事件。实验方法包括用于捕获反应中间体的生物化学方法，以及依靠快速激光或高灵敏度荧光标签的生物物理方法。计算方法主要包括模拟，通常结合从实验室方法获得的结构和动力学数据。超快速事件需要使用量子力学（QM）计算，由于其复杂性，还需要集成其他计算上更经济的模型。

参 考 文 献

1. Fischer, E. (1894) Einfluss der configuration auf die wirkung der enzyme. *Ber Dt Chem Ges.* **27**: 2985–93.
2. Koshland, D.E., Jr. (1959) Enzyme flexibility and enzyme action. *J Cell Comp Physiol.* **54**: 245–58.

3. Gerstein, M. and Echols, N. (2004) Exploring the range of protein flexibility, from a structural proteomics perspective. *Curr Opin Chem Biol.* **8**: 14–9.
4. Evenas, J., Forsen, S., Malmendal, A. and Akke, M. (1999) Backbone dynamics and energetics of a calmodulin domain mutant exchanging between closed and open conformations. *J Mol Biol.* **289**: 603–17.
5. Henzler-Wildman, K. and Kern, D. (2007) Dynamic personalities of proteins. *Nature.* **450**: 964–72.
6. Tousignant, A. and Pelletier, J.N. (2004) Protein motions promote catalysis. *Chem Biol.* **11**: 1037–42.
7. Zhong, D. (2007) Ultrafast catalytic processes in enzymes. *Curr Opin Chem Biol.* **11**: 174–81.
8. Benkovic, S.J. and Hammes-Schiffer, S. (2003) A perspective on enzyme catalysis. *Science.* **301**: 1196–202.
9. Akke, M. (2002) NMR methods for characterizing microsecond to millisecond dynamics in recognition and catalysis. *Curr Opin Struct Biol.* **12**: 642–7.
10. Dunn, M.F. (2001) Protein–Ligand Interactions: General Description. ***In*** *Encyclopedia of Life Sciences.* John Wiley & Sons, Ltd.: Chichester, West Sussex, UK.
11. Neuwald, A.F. (2009) The glycine brace: a component of Rab, Rho, and Ran GTPases associated with hinge regions of guanine- and phosphate-binding loops. *BMC Struct Biol.* **9**: 11–28.
12. Bao, G. (2002) Mechanics of biomolecules. *J Mech and Phys Solids.* **50**: 2237–2274.
13. Echols, N., Milburn, D. and Gerstein, M. (2003) MolMovDB: analysis and visualization of conformational change and structural flexibility. *Nucleic Acids Res.* **31**: 478–82.
14. Eisenmesser, E.Z., Millet, O., Labeikovsky, W., Korzhnev, D.M., Wolf-Watz, M., Bosco, D.A., Skalicky, J.J., Kay, L.E. and Kern, D. (2005) Intrinsic dynamics of an enzyme underlies catalysis. *Nature.* **438**: 117–21.
15. Anfinsen, C.B. (1973) Principles that govern the folding of protein chains. *Science.* **181**: 223–30.
16. Dill, K.A., Ozkan, S.B., Shell, M.S. and Weikl, T.R. (2008) The protein folding problem. *Annu Rev Biophys.* **37**: 289–316.
17. Plaxco, K.W., Simons, K.T. and Baker, D. (1998) Contact order, transition state placement and the refolding rates of single domain proteins. *J Mol Biol.* **277**: 985–94.
18. Fersht, A.R. (2000) Transition-state structure as a unifying basis in protein-folding mechanisms: contact order, chain topology, stability, and the extended nucleus mechanism. *Proc Natl Acad Sci USA.* **97**: 1525–9.
19. Kelly, J.W. (2006) Structural biology: proteins downhill all the way. *Nature.* **442**: 255–6.
20. Brockwell, D.J. and Radford, S.E. (2007) Intermediates: ubiquitous species on folding energy landscapes? *Curr Opin Struct Biol.* **17**: 30–7.
21. Levinthal, C. (1968) Are there pathways for protein folding? *J Chim Phys Phys Chim Biol.* **65**: 44–9.
22. Kubelka, J., Chiu, T.K., Davies, D.R., Eaton, W.A. and Hofrichter, J. (2006) Sub-microsecond protein folding. *J Mol Biol.* **359**: 546–53.
23. Kubelka, J., Hofrichter, J. and Eaton, W.A. (2004) The protein folding ëspeed limit'. *Curr Opin Struct Biol.* **14**: 76–88.
24. Xu, Y., Purkayastha, P. and Gai, F. (2006) Nanosecond folding dynamics of a three-stranded beta-sheet. *J Am Chem Soc.* **128**: 15836–42.
25. Service, R.F. (2008) Problem solved* (*sort of). *Science.* **321**: 784–6.
26. Tsai, C.J. and Nussinov, R. (1997) Hydrophobic folding units at protein–protein interfaces: implications to protein folding and to protein–protein association. *Protein Sci.* **6**: 1426–37.
27. Bryngelson, J.D., Onuchic, J.N., Socci, N.D. and Wolynes, P.G. (1995) Funnels, pathways, and the energy landscape of protein folding: a synthesis. *Proteins.* **21**: 167–95.

28. Dobson, C.M., Sali, A. and Karplus, M. (1998) Protein folding: a perspective from theory and experiment. *Angew Chem Int Ed Engl.* **37**: 868–93.
29. Bryngelson, J.D. and Wolynes, P.G. (1987) Spin glasses and the statistical mechanics of protein folding. *Proc Natl Acad Sci USA.* **84**: 7524–8.
30. Dill, K.A. (1985) Theory for the folding and stability of globular proteins. *Biochemistry.* **24**: 1501–9.
31. Kapon, R., Nevo, R. and Reich, Z. (2008) Protein energy landscape roughness. *Biochem Soc Trans.* **36**: 1404–8.
32. Daggett, V. and Fershet, A. (2003) Is there a unifying mechanism for protein folding? *Trends Biochem Sci.* **28**: 18–25.
33. Kumar, S. and Nussinov, R. (2002) Close-range electrostatic interactions in proteins. *Chembiochem.* **3**: 604–17.
34. Ohgushi, M. and Wada, A. (1983) ëMolten-globule state': a compact form of globular proteins with mobile side-chains. *FEBS Lett.* **164**: 21–4.
35. Gabel, F., Bicout, D., Lehnert, U., Tehei, M., Weik, M. and Zaccai, G. (2002) Protein dynamics studied by neutron scattering. *Q Rev Biophys.* **35**: 327–67.
36. Zagrovic, B., Snow, C.D., Shirts, M.R. and Pande, V.S. (2002) Simulation of folding of a small alpha-helical protein in atomistic detail using worldwide-distributed computing. *J Mol Biol.* **323**: 927–37.
37. Karplus, M. and Weaver, D.L. (1994) Protein folding dynamics: the diffusion-collision model and experimental data. *Protein Sci.* **3**: 650–68.
38. Baldwin, R.L. and Rose, G.D. (1999) Is protein folding hierarchic? II. Folding intermediates and transition states. *Trends Biochem Sci.* **24**: 77–83.
39. Baldwin, R.L. and Rose, G.D. (1999) Is protein folding hierarchic? I. Local structure and peptide folding. *Trends Biochem Sci.* **24**: 26–33.
40. Bashford, D., Cohen, F.E., Karplus, M., Kuntz, I.D. and Weaver, D.L. (1988) Diffusion–collision model for the folding kinetics of myoglobin. *Proteins.* **4**: 211–27.
41. Nishimura, C., Prytulla, S., Jane Dyson, H. and Wright, P.E. (2000) Conservation of folding pathways in evolutionarily distant globin sequences. *Nat Struct Biol.* **7**: 679–86.
42. Wong, K.B., Clarke, J., Bond, C.J., Neira, J.L., Freund, S.M., Fersht, A.R. and Daggett, V. (2000) Towards a complete description of the structural and dynamic properties of the denatured state of barnase and the role of residual structure in folding. *J Mol Biol.* **296**: 1257–82.
43. Myers, J.K. and Oas, T.G. (1999) Contribution of a buried hydrogen bond to lambda repressor folding kinetics. *Biochemistry.* **38**: 6761–8.
44. Sadqi, M., Fushman, D. and Munoz, V. (2006) Atom-by-atom analysis of global downhill protein folding. *Nature.* **442**: 317–21.
45. Abkevich, V.I., Gutin, A.M. and Shakhnovich, E.I. (1994) Specific nucleus as the transition state for protein folding: evidence from the lattice model. *Biochemistry.* **33**: 10026–36.
46. Fersht, A.R. (1997) Nucleation mechanisms in protein folding. *Curr Opin Struct Biol.* **7**: 3–9.
47. Itzhaki, L.S., Otzen, D.E. and Fersht, A.R. (1995) The structure of the transition state for folding of chymotrypsin inhibitor 2 analysed by protein engineering methods: evidence for a nucleation-condensation mechanism for protein folding. *J Mol Biol.* **254**: 260–88.
48. Gianni, S., Guydosh, N.R., Khan, F., Caldas, T.D., Mayor, U., White, G.W., DeMarco, M.L., Daggett, V. and Fersht, A.R. (2003) Unifying features in protein-folding mechanisms. *Proc Natl Acad Sci USA.* **100**: 13286–91.
49. White, G.W., Gianni, S., Grossmann, J.G., Jemth, P., Fersht, A.R. and Daggett, V. (2005) Simulation and experiment conspire to reveal cryptic intermediates and a slide from the nucleation–condensation to framework mechanism of folding. *J Mol Biol.* **350**: 757–75.
50. Travaglini-Allocatelli, C., Ivarsson, Y., Jemth, P. and Gianni, S. (2009) Folding and stability of

globular proteins and implications for function. *Curr Opin Struct Biol.* **19**: 3–7.
51. Han, J.H., Batey, S., Nickson, A.A., Teichmann, S.A. and Clarke, J. (2007) The folding and evolution of multidomain proteins. *Nat Rev Mol Cell Biol.* **8**: 319–30.
52. Papoian, G.A. and Wolynes, P.G. (2003) The physics and bioinformatics of binding and folding – an energy landscape perspective. *Biopolymers.* **68**: 333–49.
53. Itoh, K. and Sasai, M. (2008) Cooperativity, connectivity, and folding pathways of multidomain proteins. *Proc Natl Acad Sci USA.* **105**: 13865–70.
54. Sridevi, K., Lakshmikanth, G.S., Krishnamoorthy, G. and Udgaonkar, J.B. (2004) Increasing stability reduces conformational heterogeneity in a protein folding intermediate ensemble. *J Mol Biol.* **337**: 699–711.
55. Palmiter, R.D. (1975) Quantitation of parameters that determine the rate of ovalbumin synthesis. *Cell.* **4**: 189–197.
56. Hartl, F.U. and Hayer-Hartl, M. (2009) Converging concepts of protein folding in vitro and in vivo. *Nat Struct Mol Biol.* **16**: 574–81.
57. Lu, J. and Deutsch, C. (2005) Folding zones inside the ribosomal exit tunnel. *Nat Struct Mol Biol.* **12**: 1123–9.
58. Woolhead, C.A., McCormick, P.J. and Johnson, A.E. (2004) Nascent membrane and secretory proteins differ in FRET-detected folding far inside the ribosome and in their exposure to ribosomal proteins. *Cell.* **116**: 725–36.
59. Kramer, G., Boehringer, D., Ban, N. and Bukau, B. (2009) The ribosome as a platform for co-translational processing, folding and targeting of newly synthesized proteins. *Nat Struct Mol Biol.* **16**: 589–97.
60. Jackson, S.E. (1998) How do small single-domain proteins fold? *Fold Des.* **3**: R81–91.
61. Luheshi, L.M., Crowther, D.C. and Dobson, C.M. (2008) Protein misfolding and disease: from the test tube to the organism. *Curr Opin Chem Biol.* **12**: 25–31.
62. Cystic Fibrosis (entry No. 219700). (2008) *OMIM (Online Mendelian Inheritance in Man) database.* http://www.ncbi.nlm.nih.gov/entrez/dispomim.cgi?id = 219700
63. Chiti, F. and Dobson, C.M. (2006) Protein misfolding, functional amyloid, and human disease. *Annu Rev Biochem.* **75**: 333–66.
64. Kelly, J.W. (1998) The alternative conformations of amyloidogenic proteins and their multi-step assembly pathways. *Curr Opin Struct Biol.* **8**: 101–6.
65. Rochet, J.C. and Lansbury, P.T., Jr. (2000) Amyloid fibrillogenesis: themes and variations. *Curr Opin Struct Biol.* **10**: 60–8.
66. Alexandrescu, A.T. (2005) Amyloid accomplices and enforcers. *Protein Sci.* **14**: 1–12.
67. Stromer, T. and Serpell, L.C. (2005) Structure and morphology of the Alzheimer's amyloid fibril. *Microsc Res Tech.* **67**: 210–7.
68. Selkoe, D.J. (1991) Alzheimer's disease. In the beginning. *Nature.* **354**: 432–3.
69. Spillantini, M.G., Schmidt, M.L., Lee, V.M., Trojanowski, J.Q., Jakes, R. and Goedert, M. (1997) Alpha-synuclein in Lewy bodies. *Nature.* **388**: 839–40.
70. Westermark, P., Benson, M.D., Buxbaum, J.N., Cohen, A.S., Frangione, B., Ikeda, S., Masters, C.L., Merlini, G., Saraiva, M.J. and Sipe, J.D. (2005) Amyloid: toward terminology clarification. Report from the Nomenclature Committee of the International Society of Amyloidosis. *Amyloid.* **12**: 1–4.
71. Dobson, C.M. (2003) Protein folding and misfolding. *Nature.* **426**: 884–90.
72. Fandrich, M. and Dobson, C.M. (2002) The behaviour of polyamino acids reveals an inverse side chain effect in amyloid structure formation. *EMBO J.* **21**: 5682–90.
73. Lashuel, H.A., Hartley, D., Petre, B.M., Walz, T. and Lansbury, P.T., Jr. (2002) Neurodegenerative disease: amyloid pores from pathogenic mutations. *Nature.* **418**: 291.
74. Serpell, L.C., Sunde, M., Benson, M.D., Tennent, G.A., Pepys, M.B. and Fraser, P.E. (2000) The

protofilament substructure of amyloid fibrils. *J Mol Biol.* **300**: 1033–9.
75. Nelson, R., Sawaya, M.R., Balbirnie, M., Madsen, A.O., Riekel, C., Grothe, R. and Eisenberg, D. (2005) Structure of the cross-beta spine of amyloid-like fibrils. *Nature.* **435**: 773–8.
76. Stefani, M. and Dobson, C.M. (2003) Protein aggregation and aggregate toxicity: new insights into protein folding, misfolding diseases and biological evolution. *J Mol Med.* **81**: 678–99.
77. Guo, W., Shea, J.E. and Berry, R.S. (2005) The physics of the interactions governing folding and association of proteins. *Ann N Y Acad Sci.* **1066**: 34–53.
78. Sacchettini, J.C. and Kelly, J.W. (2002) Therapeutic strategies for human amyloid diseases. *Nat Rev Drug Discov.* **1**: 267–75.
79. Hoyer, W., Gronwall, C., Jonsson, A., Stahl, S. and Hard, T. (2008) Stabilization of a {beta}-hairpin in monomeric Alzheimer's amyloid-{beta} peptide inhibits amyloid formation. *Proc Natl Acad Sci USA* **105**: 5099–104
80. Monsellier, E. and Chiti, F. (2007) Prevention of amyloid-like aggregation as a driving force of protein evolution. *EMBO Rep.* **8**: 737–42.
81. Richardson, J.S. and Richardson, D.C. (2002) Natural beta-sheet proteins use negative design to avoid edge-to-edge aggregation. *Proc Natl Acad Sci USA.* **99**: 2754–9.
82. Rousseau, F., Serrano, L. and Schymkowitz, J.W. (2006) How evolutionary pressure against protein aggregation shaped chaperone specificity. *J Mol Biol.* **355**: 1037–47.
83. Broome, B.M. and Hecht, M.H. (2000) Nature disfavors sequences of alternating polar and non-polar amino acids: implications for amyloidogenesis. *J Mol Biol.* **296**: 961–8.
84. West, M.W., Wang, W., Patterson, J., Mancias, J.D., Beasley, J.R. and Hecht, M.H. (1999) De novo amyloid proteins from designed combinatorial libraries. *Proc Natl Acad Sci USA.* **96**: 11211–6.
85. Auluck, P.K., Chan, H.Y., Trojanowski, J.Q., Lee, V.M. and Bonini, N.M. (2002) Chaperone suppression of alpha-synuclein toxicity in a Drosophila model for Parkinson's disease. *Science.* **295**: 865–8.
86. Nollen, E.A., Garcia, S.M., van Haaften, G., Kim, S., Chavez, A., Morimoto, R.I. and Plasterk, R.H. (2004) Genome-wide RNA interference screen identifies previously undescribed regulators of polyglutamine aggregation. *Proc Natl Acad Sci USA.* **101**: 6403–8.
87. Gazit, E. (2002) A possible role for pi-stacking in self-assembly of amyloid fibrils. *FASEB J.* **16**: 77–83.
88. Burley, S.K. and Petsko, G.A. (1985) Aromatic–aromatic interaction: a mechanism of protein structure stabilization. *Science.* **229**: 23–8.
89. Claessens, C.G. and Stoddart, J.F. (1997) Pi–pi interactions in self-assembly. *J Phys Org Chem Biol.* **10**: 254–72.
90. Ma, B. and Nussinov, R. (2007) Trp/Met/Phe hot spots in protein–protein interactions: potential targets in drug design. *Curr Top Med Chem.* **7**: 999–1005.
91. Chiti, F., Stefani, M., Taddei, N., Ramponi, G. and Dobson, C.M. (2003) Rationalization of the effects of mutations on peptide and protein aggregation rates. *Nature.* **424**: 805–8.
92. Shorter, J. and Lindquist, S. (2005) Prions as adaptive conduits of memory and inheritance. *Nat Rev Genet.* **6**: 435–50.
93. Cobb, N.J. and Surewicz, W.K. (2009) Prion diseases and their biochemical mechanisms (dagger). *Biochemistry 48*: 2574–85
94. Prusiner, S.B. (1982) Novel proteinaceous infectious particles cause scrapie. *Science.* **216**: 136–44.
95. Cohen, E., Bieschke, J., Perciavalle, R.M., Kelly, J.W. and Dillin, A. (2006) Opposing activities protect against age-onset proteotoxicity. *Science.* **313**: 1604–10.
96. Jang, H., Zheng, J., Lal, R. and Nussinov, R. (2008) New structures help the modeling of toxic amyloidbeta ion channels. *Trends Biochem Sci.* **33**: 91–100.

97. Lashuel, H.A. and Lansbury, P.T., Jr. (2006) Are amyloid diseases caused by protein aggregates that mimic bacterial pore-forming toxins? *Q Rev Biophys.* **39**: 167–201.
98. Brogden, K.A. (2005) Antimicrobial peptides: pore formers or metabolic inhibitors in bacteria? *Nat Rev Microbiol.* **3**: 238–50.
99. Hancock, R.E. and Diamond, G. (2000) The role of cationic antimicrobial peptides in innate host defences. *Trends Microbiol.* **8**: 402–10.
100. Zasloff, M. (2002) Antimicrobial peptides of multicellular organisms. *Nature.* **415**: 389–95.
101. Monsellier, E., Ramazzotti, M., Taddei, N. and Chiti, F. (2008) Aggregation propensity of the human proteome. *PLoS Comput Biol.* **4**: e1000199.
102. Hunter, P. (2006) Shedding a negative image. Research into their mechanism of infectivity reveals that prions might have important biological roles. *EMBO Rep.* **7**: 1196–8.
103. Si, K., Lindquist, S. and Kandel, E.R. (2003) A neuronal isoform of the aplysia CPEB has prion-like properties. *Cell.* **115**: 879–91.
104. Richter, J.D. (2001) Think globally, translate locally: what mitotic spindles and neuronal synapses have in common. *Proc Natl Acad Sci USA.* **98**: 7069–71.
105. Schroder, M. and Kaufman, R.J. (2005) The mammalian unfolded protein response. *Annu Rev Biochem.* **74**: 739–89.
106. Ellis, R.J. (2005) ***In*** *Molecular Chaperones and Cell Signalling*, Henderson, B.P., G., Editor. Cambridge Univ. Press: Cambridge, UK.
107. Young, J.C., Agashe, V.R., Siegers, K. and Hartl, F.U. (2004) Pathways of chaperone-mediated protein folding in the cytosol. *Nat Rev Mol Cell Biol.* **5**: 781–91.
108. Treweek, T.M., Morris, A.M. and Carver, J.A. (2003) Intracellular protein unfolding and aggregation: the role of small heat-shock chaperone proteins. *Aust J Chem.* **56**: 357–67.
109. Westerheide, S.D. and Morimoto, R.I. (2005) Heat shock response modulators as therapeutic tools for diseases of protein conformation. *J Biol Chem.* **280**: 33097–100.
110. Glickman, M.H. and Ciechanover, A. (2002) The ubiquitin–proteasome proteolytic pathway: destruction for the sake of construction. *Physiol Rev.* **82**: 373–428.
111. Sherman, M.Y. and Goldberg, A.L. (2001) Cellular defenses against unfolded proteins: a cell biologist thinks about neurodegenerative diseases. *Neuron.* **29**: 15–32.
112. Eskelinen, E.L. and Saftig, P. (2009) Autophagy: a lysosomal degradation pathway with a central role in health and disease. *Biochim Biophys Acta.* **1793**: 664–73.
113. Ellis, R.J. (2001) Molecular chaperones: inside and outside the Anfinsen cage. *Curr Biol.* **11**: R1038–40.
114. Kerner, M.J., Naylor, D.J., Ishihama, Y., Maier, T., Chang, H.C., Stines, A.P., Georgopoulos, C., Frishman, D., Hayer-Hartl, M., Mann, M. and Hartl, F.U. (2005) Proteome-wide analysis of chaperonin-dependent protein folding in *Escherichia coli*. *Cell.* **122**: 209–20.
115. Gromiha, M.M. and Selvaraj, S. (2004) Inter-residue interactions in protein folding and stability. *Prog Biophys Mol Biol.* **86**: 235–77.
116. Kessel, A. and Ben-Tal, N. (2002) Free Energy Determinants of Peptide Association with Lipid Bilayers. ***In*** *Current Topics in Membranes*, Simon, S.A. and McIntosh, T.J., Editors. Academic Press: San Diego, CA. p. 205–53.
117. Agashe, V.R., Guha, S., Chang, H.C., Genevaux, P., Hayer-Hartl, M., Stemp, M., Georgopoulos, C., Hartl, F.U. and Barral, J.M. (2004) Function of trigger factor and DnaK in multidomain protein folding: increase in yield at the expense of folding speed. *Cell.* **117**: 199–209.
118. Chaudhuri, T.K., Farr, G.W., Fenton, W.A., Rospert, S. and Horwich, A.L. (2001) GroEL/GroES-mediated folding of a protein too large to be encapsulated. *Cell.* **107**: 235–46.
119. Apetri, A.C. and Horwich, A.L. (2008) Chaperonin chamber accelerates protein folding through passive action of preventing aggregation. *Proc Natl Acad Sci USA.* **105**: 17351–5.
120. Tang, Y.C., Chang, H.C., Roeben, A., Wischnewski, D., Wischnewski, N., Kerner, M.J., Hartl,

F.U. and Hayer-Hartl, M. (2006) Structural features of the GroEL-GroES nano-cage required for rapid folding of encapsulated protein. *Cell.* **125**: 903–14.

121. Brinker, A., Pfeifer, G., Kerner, M.J., Naylor, D.J., Hartl, F.U. and Hayer-Hartl, M. (2001) Dual function of protein confinement in chaperonin-assisted protein folding. *Cell.* **107**: 223–33.
122. Lin, Z. and Rye, H.S. (2004) Expansion and compression of a protein folding intermediate by GroEL. *Mol Cell.* **16**: 23–34.
123. Ellis, R.J. (2006) Protein folding: inside the cage. *Nature.* **442**: 360–2.
124. Boehr, D.D., McElheny, D., Dyson, H.J. and Wright, P.E. (2006) The dynamic energy landscape of dihydrofolate reductase catalysis. *Science.* **313**: 1638–42.
125. Karplus, M. and Kuriyan, J. (2005) Molecular dynamics and protein function. *Proc Natl Acad Sci USA.* **102**: 6679–85.
126. Vendruscolo, M. and Dobson, C.M. (2006) Structural biology. Dynamic visions of enzymatic reactions. *Science.* **313**: 1586–7.
127. Mittermaier, A. and Kay, L.E. (2006) New tools provide new insights in NMR studies of protein dynamics. *Science.* **312**: 224–8.
128. Volkman, B.F., Lipson, D., Wemmer, D.E. and Kern, D. (2001) Two-state allosteric behavior in a single-domain signaling protein. *Science.* **291**: 2429–33.
129. Sola, R.J. and Griebenow, K. (2006) Influence of modulated structural dynamics on the kinetics of alpha-chymotrypsin catalysis. Insights through chemical glycosylation, molecular dynamics and domain motion analysis. *FEBS J.* **273**: 5303–19.
130. Hammes, G.G. (2002) Multiple conformational changes in enzyme catalysis. *Biochemistry.* **41**: 8221–8.
131. Pauling, L. (1940) A theory of the structure and process of formation of antibodies. *J Am Chem Soc.* **62**: 2643–57.
132. Monod, J., Wyman, J. and Changeux, J.P. (1965) On the nature of allosteric transitions: a plausible model. *J. Mol. Biol.* **12**: 88–118.
133. Cui, Q. and Karplus, M. (2008) Allostery and cooperativity revisited. *Protein Sci.* **17**: 1295–307.
134. Kitao, A., Hayward, S. and Go, N. (1998) Energy landscape of a native protein: jumping-among-minima model. *Proteins.* **33**: 496–517.
135. McCammon, J.A., Gelin, B.R. and Karplus, M. (1977) Dynamics of folded proteins. *Nature.* **267**: 585–90.
136. Austin, R.H., Beeson, K.W., Eisenstein, L., Frauenfelder, H. and Gunsalus, I.C. (1975) Dynamics of ligand binding to myoglobin. *Biochemistry.* **14**: 5355–73.
137. Petsko, G.A. and Ringe, D. (1984) Fluctuations in protein structure from X-ray diffraction. *Annu Rev Biophys Bioeng.* **13**: 331–71.
138. Frauenfelder, H., Parak, F. and Young, R.D. (1988) Conformational substates in proteins. *Annu Rev Biophys Biophys Chem.* **17**: 451–79.
139. Kim, K.S. and Woodward, C. (1993) Protein internal flexibility and global stability: effect of urea on hydrogen exchange rates of bovine pancreatic trypsin inhibitor. *Biochemistry.* **32**: 9609–13.
140. Bai, Y., Sosnick, T.R., Mayne, L. and Englander, S.W. (1995) Protein folding intermediates: native-state hydrogen exchange. *Science.* **269**: 192–7.
141. Elber, R. and Karplus, M. (1987) Multiple conformational states of proteins: a molecular dynamics analysis of myoglobin. *Science.* **235**: 318–21.
142. Fetler, L., Kantrowitz, E.R. and Vachette, P. (2007) Direct observation in solution of a preexisting structural equilibrium for a mutant of the allosteric aspartate transcarbamoylase. *Proc Natl Acad Sci USA.* **104**: 495–500.
143. James, L.C. and Tawfik, D.S. (2003) Conformational diversity and protein evolution – a 60-year-

old hypothesis revisited. *Trends Biochem Sci.* **28**: 361–8.
144. Malmendal, A., Evenas, J., Forsen, S. and Akke, M. (1999) Structural dynamics in the C-terminal domain of calmodulin at low calcium levels. *J Mol Biol.* **293**: 883–99.
145. Frauenfelder, H., Fenimore, P.W. and Young, R.D. (2007) Protein dynamics and function: insights from the energy landscape and solvent slaving. *IUBMB Life.* **59**: 506–12.
146. Chandler, D. (1987) *Introduction to Modern Statistical Mechanics.* Oxford Univ. Press: New York.
147. Halle, B. (2002) Flexibility and packing in proteins. *Proc Natl Acad Sci USA.* **99**: 1274–9.
148. Henzler-Wildman, K.A., Lei, M., Thai, V., Kerns, S.J., Karplus, M. and Kern, D. (2007) A hierarchy of timescales in protein dynamics is linked to enzyme catalysis. *Nature.* **450**: 913–6.
149. Leeson, D.T. and Wiersma, D.A. (1997) The energy landscape of myoglobin: an optical study. *J Chem Phys B.* **101**: 6331–40.
150. Radivojac, P., Iakoucheva, L.M., Oldfield, C.J., Obradovic, Z., Uversky, V.N. and Dunker, A.K. (2007) Intrinsic disorder and functional proteomics. *Biophys J.* **92**: 1439–56.
151. Laberge, M., Vanderkooi, J. and Sharp, K. (1996) The effect of a protein electric field on the CO-stretch frequency. Finite Difference Poisson–Boltzmann calculations on carbonmonoxy cytochrome c. *J Phys Chem.* **100**: 10793–801.
152. Brunori, M. and Gibson, Q.H. (2001) Cavities and packing defects in the structural dynamics of myoglobin. *EMBO Rep.* **2**: 674–9.
153. Vallone, B. and Brunori, M. (2004) Roles for holes: are cavities in proteins mere packing defects? *Ital J Biochem.* **53**: 46–52.
154. Cohen, J., Kim, K., King, P., Seibert, M. and Schulten, K. (2005) Finding gas diffusion pathways in proteins: application to O_2 and H_2 transport in CpI [FeFe]-hydrogenase and the role of packing defects. *Structure.* **13**: 1321–9.
155. Bahnson, B.J. and Klinman, J.P. (1995) Hydrogen tunneling in enzyme catalysis. *Methods Enzymol.* **249**: 373–97.
156. Cha, Y., Murray, C.J. and Klinman, J.P. (1989) Hydrogen tunneling in enzyme reactions. *Science.* **243**: 1325–30.
157. Liang, Z.X. and Klinman, J.P. (2004) Structural bases of hydrogen tunneling in enzymes: progress and puzzles. *Curr Opin Struct Biol.* **14**: 648–55.
158. Klinman, J.P. (2006) Linking protein structure and dynamics to catalysis: the role of hydrogen tunnelling. *Philos Trans R Soc Lond B Biol Sci.* **361**: 1323–31.
159. Kohen, A. and Klinman, J.P. (1999) Hydrogen tunneling in biology. *Chem Biol.* **6**: R191–8.
160. Hammes-Schiffer, S. (2006) Hydrogen tunneling and protein motion in enzyme reactions. *Acc Chem Res.* **39**: 93–100.
161. Meyer, M.P., Tomchick, D.R. and Klinman, J.P. (2008) Enzyme structure and dynamics affect hydrogen tunneling: the impact of a remote side chain (I553) in soybean lipoxygenase-1. *Proc Natl Acad Sci USA.* **105**: 1146–51.
162. Brooks, C.L., 3rd and Karplus, M. (1989) Solvent effects on protein motion and protein effects on solvent motion. Dynamics of the active site region of lysozyme. *J Mol Biol.* **208**: 159–81.
163. Fenimore, P.W., Frauenfelder, H., McMahon, B.H. and Young, R.D. (2004) Bulk-solvent and hydration-shell fluctuations, similar to alpha- and beta-fluctuations in glasses, control protein motions and functions. *Proc Natl Acad Sci USA.* **101**: 14408–13.
164. Fenimore, P.W., Frauenfelder, H., McMahon, B.H. and Parak, F.G. (2002) Slaving: solvent fluctuations dominate protein dynamics and functions. *Proc Natl Acad Sci USA.* **99**: 16047–51.
165. Rubinstein, A. and Sherman, S. (2004) Influence of the solvent structure on the electrostatic interactions in proteins. *Biophys J.* **87**: 1544–57.
166. Wyman, J., Jr. and Allen, D.W. (1951) The problem of the heme interactions in hemoglobin and the basis of the bohr effect. *J Polym Sci.* **7**: 499–518.
167. Wyman, J. (1948) Heme proteins. *Adv Protein Chem.* **4**: 407–531.

168. Frederick, K.K., Marlow, M.S., Valentine, K.G. and Wand, A.J. (2007) Conformational entropy in molecular recognition by proteins. *Nature*. **448**: 325–30.
169. Hanson, J.A., Duderstadt, K., Watkins, L.P., Bhattacharyya, S., Brokaw, J., Chu, J.W. and Yang, H. (2007) Illuminating the mechanistic roles of enzyme conformational dynamics. *Proc Natl Acad Sci USA* **104**: 18055–60
170. Monod, J., Changeux, J.P. and Jacob, F. (1963) Allosteric proteins and cellular control systems. *J Mol Biol*. **6**: 306–29.
171. Monod, J. and Jacob, F. (1961) Teleonomic mechanisms in cellular metabolism, growth, and differentiation. *Cold Spring Harb Symp Quant Biol*. **26**: 389–401.
172. Pauling, L. (1935) The oxygen equilibrium of hemoglobin and its structural interpretation. *Proc Natl Acad Sci USA*. **21**: 186–91.
173. Koshland, D.E., Jr., Nemethy, G. and Filmer, D. (1966) Comparison of experimental binding data and theoretical models in proteins containing subunits. *Biochemistry*. **5**: 365–85.
174. Pardee, A.B. (2006) Regulatory molecular biology. *Cell Cycle*. **5**: 846–52.
175. Roberts, E.L., Shu, N., Howard, M.J., Broadhurst, R.W., Chapman-Smith, A., Wallace, J.C., Morris, T., Cronan, J.E., Jr. and Perham, R.N. (1999) Solution structures of apo and holo biotinyl domains from acetyl coenzyme A carboxylase of Escherichia coli determined by triple-resonance nuclear magnetic resonance spectroscopy. *Biochemistry*. **38**: 5045–53.
176. Zhao, D., Arrowsmith, C.H., Jia, X. and Jardetzky, O. (1993) Refined solution structures of the Escherichia coli trp holo- and aporepressor. *J Mol Biol*. **229**: 735–46.
177. Gunasekaran, K., Ma, B., Ramakrishnan, B., Qasba, P.K. and Nussinov, R. (2003) Interdependence of backbone flexibility, residue conservation, and enzyme function: a case study on beta1,4-galactosyltransferase-I. *Biochemistry*. **42**: 3674–87.
178. Ramakrishnan, B., Balaji, P.V. and Qasba, P.K. (2002) Crystal structure of beta1,4-galactosyltransferase complex with UDP-Gal reveals an oligosaccharide acceptor binding site. *J Mol Biol*. **318**: 491–502.
179. Ottemann, K.M., Xiao, W., Shin, Y.K. and Koshland, D.E., Jr. (1999) A piston model for transmembrane signaling of the aspartate receptor. *Science*. **285**: 1751–4.
180. Gunasekaran, K., Ma, B. and Nussinov, R. (2004) Is allostery an intrinsic property of all dynamic proteins? *Proteins*. **57**: 433–43.
181. Weber, G. (1972) Ligand binding and internal equilibrium in proteins. *Biochemistry*. **11**: 864–78.
182. Bahar, I., Chennubhotla, C. and Tobi, D. (2007) Intrinsic dynamics of enzymes in the unbound state and relation to allosteric regulation. *Curr Opin Struct Biol*. **17**: 633–40.
183. Jackson, M.B. (2002) Allosteric mechanisms in the activation of ligand-gated channels. ***In*** *Biophysics Textbook Online*, De Flice, L., Editor. Biophysical Society: Bethesda, MD. p. 1–48.
184. Junker, J.P., Ziegler, F. and Rief, M. (2009) Ligand-dependent equilibrium fluctuations of single calmodulin molecules. *Science*. **323**: 633–7.
185. Laskowski, R.A., Gerick, F. and Thornton, J.M. (2009) The structural basis of allosteric regulation in proteins. *FEBS Lett*. **583**: 1692–8.
186. Changeux, J.P. and Edelstein, S.J. (2005) Allosteric mechanisms of signal transduction. *Science*. **308**: 1424–8.
187. Kern, D. and Zuiderweg, E.R. (2003) The role of dynamics in allosteric regulation. *Curr Opin Struct Biol*. **13**: 748–57.
188. OldakQuill Hb saturation curve. *Wikipedia, the Free Encyclopedia*.
189. Mauzerall, D.C. (1998) Evolution of porphyrins. *Clin Dermatol*. **16**: 195–201.
190. Phillips, S.E. and Schoenborn, B.P. (1981) Neutron diffraction reveals oxygen–histidine hydrogen bond in oxymyoglobin. *Nature*. **292**: 81–2.
191. Borman, S. (1999) A mechanism essential to life. *Chem Eng News*. **77**: 31–36.

192. Perutz, M.F., Rossmann, M.G., Cullis, A.F., Muirhead, H., Will, G. and North, A.C.T. (1960) Structure of haemoglobin: a three-dimensional Fourier synthesis at 5.5 Å resolution, obtained by X-ray analysis. *Nature*. **185**: 416–22.
193. Perutz, M.F., Wilkinson, A.J., Paoli, M. and Dodson, G.G. (1998) The stereochemical mechanism of the cooperative effects in hemoglobin revisited. *Annu Rev Biophys Biomol Struct*. **27**: 1–34.
194. Perutz, M.F., Fermi, G., Luisi, B., Shaanan, B. and Liddington, R.C. (1987) Stereochemistry of cooperative mechanisms in hemoglobin. *Accs Chem Res*. **20**: 309–21.
195. Guyton, A.C. and Hall, J.E. (1996) *Textbook of Medical Physiology*. W.B. Saunders company: Philadelphia.
196. Sawicki, C.A. and Gibson, Q.H. (1976) Quaternary conformational changes in human hemoglobin studies by laser photolysis of carboxyhemoglobin. *J Biol Chem*. **251**: 1533–42.
197. Jones, C.M., Ansari, A., Henry, E.R., Christoph, G.W., Hofrichter, J. and Eaton, W.A. (1992) Speed of intersubunit communication in proteins. *Biochemistry*. **31**: 6692–702.
198. Adachi, S., Park, S.Y., Tame, J.R., Shiro, Y. and Shibayama, N. (2003) Direct observation of photolysis-induced tertiary structural changes in hemoglobin. *Proc Natl Acad Sci USA*. **100**: 7039–44.
199. Perutz, M.F. (1970) Stereochemistry of cooperative effects in haemoglobin. *Nature*. **228**: 726–39.
200. Lee, A.W. and Karplus, M. (1983) Structure-specific model of hemoglobin cooperativity. *Proc Natl Acad Sci USA*. **80**: 7055–9.
201. Henry, E.R., Bettati, S., Hofrichter, J. and Eaton, W.A. (2002) A tertiary two-state allosteric model for hemoglobin. *Biophys Chem*. **98**: 149–64.
202. Jensen, F.B. (2004) Red blood cell pH, the Bohr effect, and other oxygenation-linked phenomena in blood O_2 and CO_2 transport. *Acta Physiol Scand*. **182**: 215–27.
203. Yonetani, T., Park, S.I., Tsuneshige, A., Imai, K. and Kanaori, K. (2002) Global allostery model of hemoglobin. Modulation of O(2) affinity, cooperativity, and Bohr effect by heterotropic allosteric effectors. *J Biol Chem*. **277**: 34508–20.
204. Viappiani, C., Bettati, S., Bruno, S., Ronda, L., Abbruzzetti, S., Mozzarelli, A. and Eaton, W.A. (2004) New insights into allosteric mechanisms from trapping unstable protein conformations in silica gels. *Proc Natl Acad Sci USA*. **101**: 14414–9.
205. Valdes, R., Jr. and Ackers, G.K. (1977) Thermodynamic studies on subunit assembly in human hemoglobin. Self-association of oxygenated chains (alphaSH and betaSH): determination of stoichiometries and equilibrium constants as a function of temperature. *J Biol Chem*. **252**: 74–81.
206. Benesch, R. and Benesch, R.E. (1974) Homos and heteros among the hemos. *Science*. **185**: 905–8.
207. Kurtz, A., Rollema, H.S. and Bauer, C. (1981) Heterotropic interactions in monomeric beta SH chains from human hemoglobin. *Arch Biochem Biophys*. **210**: 200–3.
208. Kidd, R.D., Baker, H.M., Mathews, A.J., Brittain, T. and Baker, E.N. (2001) Oligomerization and ligand binding in a homotetrameric hemoglobin: two high-resolution crystal structures of hemoglobin Bart's (gamma(4)), a marker for alpha-thalassemia. *Protein Sci*. **10**: 1739–49.
209. Borgstahl, G.E., Rogers, P.H. and Arnone, A. (1994) The 1.9 A structure of deoxy beta 4 hemoglobin. Analysis of the partitioning of quaternary-associated and ligand-induced changes in tertiary structure. *J Mol Biol*. **236**: 831–43.
210. Borgstahl, G.E., Rogers, P.H. and Arnone, A. (1994) The 1.8 A structure of carbonmonoxy-beta 4 hemoglobin. Analysis of a homotetramer with the R quaternary structure of liganded alpha 2 beta 2 hemoglobin. *J Mol Biol*. **236**: 817–30.
211. Frauenfelder, H., McMahon, B.H., Austin, R.H., Chu, K. and Groves, J.T. (2001) The role of structure, energy landscape, dynamics, and allostery in the enzymatic function of myoglobin. *Proc Natl Acad Sci USA*. **98**: 2370–4.

212. Pargellis, C., Tong, L., Churchill, L., Cirillo, P.F., Gilmore, T., Graham, A.G., Grob, P.M., Hickey, E.R., Moss, N., Pav, S. and Regan, J. (2002) Inhibition of p38 MAP kinase by utilizing a novel allosteric binding site. *Nat Struct Biol.* **9**: 268–72.
213. Royer, W.E., Jr. (1994) High-resolution crystallographic analysis of a co-operative dimeric hemoglobin. *J Mol Biol.* **235**: 657–81.
214. Royer, W.E., Jr., Hendrickson, W.A. and Chiancone, E. (1990) Structural transitions upon ligand binding in a cooperative dimeric hemoglobin. *Science.* **249**: 518–21.
215. Horovitz, A. and Willison, K.R. (2005) Allosteric regulation of chaperonins. *Curr Opin Struct Biol.* **15**: 646–51.
216. van der Vaart, A., Ma, J. and Karplus, M. (2004) The unfolding action of GroEL on a protein substrate. *Biophys J.* **87**: 562–73.
217. Wang, X. and Kemp, R.G. (2001) Reaction path of phosphofructo-1-kinase is altered by mutagenesis and alternative substrates. *Biochemistry.* **40**: 3938–42.
218. Ikeda, Y., Taniguchi, N. and Noguchi, T. (2000) Dominant negative role of the glutamic acid residue conserved in the pyruvate kinase M(1) isozyme in the heterotropic allosteric effect involving fructose-1,6-bisphosphate. *J Biol Chem.* **275**: 9150–6.
219. Lim, W.A. (2002) The modular logic of signaling proteins: building allosteric switches from simple binding domains. *Curr Opin Struct Biol.* **12**: 61–8.
220. Falcon, C.M. and Matthews, K.S. (2001) Engineered disulfide linking the hinge regions within lactose repressor dimer increases operator affinity, decreases sequence selectivity, and alters allostery. *Biochemistry.* **40**: 15650–9.
221. Grosman, C., Zhou, M. and Auerbach, A. (2000) Mapping the conformational wave of acetylcholine receptor channel gating. *Nature.* **403**: 773–6.
222. Purohit, P., Mitra, A. and Auerbach, A. (2007) A stepwise mechanism for acetylcholine receptor channel gating. *Nature.* **446**: 930–3.
223. Lape, R., Colquhoun, D. and Sivilotti, L.G. (2008) On the nature of partial agonism in the nicotinic receptor superfamily. *Nature.* **454**: 722–7.
224. Tsai, C.J., del Sol, A. and Nussinov, R. (2008) Allostery: absence of a change in shape does not imply that allostery is not at play. *J Mol Biol.* **378**: 1–11.
225. Clarkson, M.W., Gilmore, S.A., Edgell, M.H. and Lee, A.L. (2006) Dynamic coupling and allosteric behavior in a nonallosteric protein. *Biochemistry.* **45**: 7693–9.
226. Popovych, N., Sun, S., Ebright, R.H. and Kalodimos, C.G. (2006) Dynamically driven protein allostery. *Nat Struct Mol Biol.* **13**: 831–8.
227. Swain, J.F. and Gierasch, L.M. (2006) The changing landscape of protein allostery. *Curr Opin Struct Biol.* **16**: 102–8.
228. Cooper, A. and Dryden, D.T. (1984) Allostery without conformational change. A plausible model. *Eur Biophys J.* **11**: 103–9.
229. Kondrashov, D.A., Van Wynsberghe, A.W., Bannen, R.M., Cui, Q. and Phillips, G.N., Jr. (2007) Protein structural variation in computational models and crystallographic data. *Structure.* **15**: 169–77.
230. Delarue, M. and Dumas, P. (2004) On the use of low-frequency normal modes to enforce collective movements in refining macromolecular structural models. *Proc Natl Acad Sci USA.* **101**: 6957–62.
231. Krebs, W.G., Alexandrov, V., Wilson, C.A., Echols, N., Yu, H. and Gerstein, M. (2002) Normal mode analysis of macromolecular motions in a database framework: developing mode concentration as a useful classifying statistic. *Proteins.* **48**: 682–95.
232. Brooks, B. and Karplus, M. (1983) Harmonic dynamics of proteins: normal modes and fluctuations in bovine pancreatic trypsin inhibitor. *Proc Natl Acad Sci USA.* **80**: 6571–5.
233. Salvesen, G.S. and Riedl, S.J. (2007) Caspase inhibition, specifically. *Structure.* **15**: 513–4.

234. Schweizer, A., Roschitzki-Voser, H., Amstutz, P., Briand, C., Gulotti-Georgieva, M., Prenosil, E., Binz, H.K., Capitani, G., Baici, A., Pluckthun, A. and Grutter, M.G. (2007) Inhibition of caspase-2 by a designed ankyrin repeat protein: specificity, structure, and inhibition mechanism. *Structure*. **15**: 625–36.
235. Zhang, X.Y. and Bishop, A.C. (2007) Site-specific incorporation of allosteric-inhibition sites in a protein tyrosine phosphatase. *J Am Chem Soc*. **129**: 3812–3.
236. Andreotti, A.H. (2003) Native state proline isomerization: an intrinsic molecular switch. *Biochemistry*. **42**: 9515–24.
237. Grathwohl, C. and Wüthrich, K. (1981) Nmr studies of the rates of proline cis–trans isomerization in oligopeptides. *Biopolymers*. **20**: 2623–33.
238. Mallis, R.J., Brazin, K.N., Fulton, D.B. and Andreotti, A.H. (2002) Structural characterization of a proline-driven conformational switch within the Itk SH2 domain. *Nat Struct Biol*. **9**: 900–5.
239. Hogg, P.J. (2003) Disulfide bonds as switches for protein function. *Trends Biochem Sci*. **28**: 210–4.
240. Lacy, D.B., Tepp, W., Cohen, A.C., DasGupta, B.R. and Stevens, R.C. (1998) Crystal structure of botulinum neurotoxin type A and implications for toxicity. *Nat Struct Biol*. **5**: 898–902.
241. Schmidt, B., Ho, L. and Hogg, P.J. (2006) Allosteric disulfide bonds. *Biochemistry*. **45**: 7429–33.
242. Frauenfelder, H., Petsko, G.A. and Tsernoglou, D. (1979) Temperature-dependent X-ray diffraction as a probe of protein structural dynamics. *Nature*. **280**: 558–63.
243. Schlichting, I., Berendzen, J., Chu, K., Stock, A.M., Maves, S.A., Benson, D.E., Sweet, R.M., Ringe, D., Petsko, G.A. and Sligar, S.G. (2000) The catalytic pathway of cytochrome p450cam at atomic resolution. *Science*. **287**: 1615–22.
244. Englander, S.W. (2006) Hydrogen exchange and mass spectrometry: a historical perspective. *J Am Soc Mass Spectrom*. **17**: 1481–9.
245. Jarymowycz, V.A. and Stone, M.J. (2006) Fast time scale dynamics of protein backbones: NMR relaxation methods, applications, and functional consequences. *Chem Rev*. **106**: 1624–71.
246. Michalet, X., Weiss, S. and Jager, M. (2006) Single-molecule fluorescence studies of protein folding and conformational dynamics. *Chem Rev*. **106**: 1785–813.
247. Chhabra, D. and dos Remedios, C.G. (2005) Fluorescence Resonance Energy Transfer. ***In** Encyclopedia of Life Sciences*. John Wiley & Sons, Ltd.: Chichester, West Sussex, UK.
248. Diez, M., Zimmermann, B., Borsch, M., Konig, M., Schweinberger, E., Steigmiller, S., Reuter, R., Felekyan, S., Kudryavtsev, V., Seidel, C.A. and Graber, P. (2004) Proton-powered subunit rotation in single membrane-bound F0F1-ATP synthase. *Nat Struct Mol Biol*. **11**: 135–41.
249. Dill, K., Banu Ozkan, S., Weikl, T., Chodera, J. and Voelz, V. (2007) The protein folding problem: when will it be solved? *Curr Opin Struct Biol*. **17**: 342–6.
250. Adcock, S.A. and McCammon, J.A. (2006) Molecular dynamics: survey of methods for simulating the activity of proteins. *Chem Rev*. **106**: 1589–615.
251. Scheraga, H.A., Khalili, M. and Liwo, A. (2007) Protein-folding dynamics: overview of molecular simulation techniques. *Annu Rev Phys Chem*. **58**: 57–83.
252. Kazmirski, S.L. and Daggett, V. (1998) Non-native interactions in protein folding intermediates: molecular dynamics simulations of hen lysozyme. *J Mol Biol*. **284**: 793–806.
253. Zewail, A.H. (2006) 4D ultrafast electron diffraction, crystallography, and microscopy. *Annu Rev Phys Chem*. **57**: 65–103.
254. Olsson, M.H., Parson, W.W. and Warshel, A. (2006) Dynamical contributions to enzyme catalysis: critical tests of a popular hypothesis. *Chem Rev*. **106**: 1737–56.
255. Senn, H.M. and Thiel, W. (2007) QM/MM studies of enzymes. *Curr Opin Chem Biol*. **11**: 182–7.
256. Warshel, A. (2003) Computer simulations of enzyme catalysis: methods, progress, and insights. *Annu Rev Biophys Biomol Struct*. **32**: 425–43.

第 6 章　非球状蛋白

6.1　简　介

在第 2 至第 5 章中，我们见证了高度复杂的球状蛋白结构。这个固有的复杂性是为什么大多数由这种类型的蛋白质所执行的细胞功能非常多样化的原因。然而，细胞和组织包含的相当多的蛋白质不具备球状蛋白（主要为球状结构）的特性（图 6.1a）。这些可以分为两大类。第一类包括具有细长形状的蛋白质（图 6.1b），它们倾向于具有结构功能。也就是说，它们在细胞内部或外部作为大型基于纤维结构的构件。这些蛋白质被称为**纤维状的 *fibrous***。第二类包括似乎完全没有有序结构的蛋白质（图 6.1c）。令人惊讶的是，这些**本质上非结构化的蛋白质 *intrinsically unstructured protein*（*IUP*）**在过去几乎被忽略，最近被发现能执行一系列令人印象深刻的生物学功能。

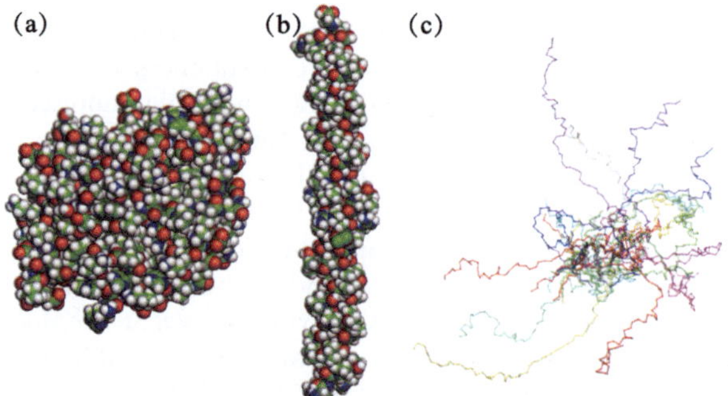

图 6.1　球状蛋白与非球状蛋白。(a) 球状酶碳酸酐酶（PDB 条目 1ray）；(b) 纤维状的胶原蛋白（PDB 条目 1bkv）；(c) 本质上非结构化的类囊体可溶性磷酸化蛋白（PDB 条目 2fft）的 20 个核磁共振（NMR）结构（各自着色不同），说明非结构化链具有非常大的构象自由度

正如可以预期的，纤维状及非结构蛋白与球状蛋白之间不但在形态和生理作用上，而且在其他性状，如水溶性、原子堆垒和密度、疏水性、动力学和折叠能量学上都有差异。在本章我们将回顾一下目前关于非球状蛋白的知识，重点是上述方面，以及这些蛋白质的结构与功能关系。

6.2 纤维蛋白

6.2.1 细胞内外基于纤维的结构

纤维蛋白的细胞和生理作用主要涉及在细胞内部或外部形成大型纤维组织。在下面的章节我们将根据其细胞功能简要描述这些结构。一些这样的纤维状结构体不仅是由纤维蛋白构成的，也可以是纤维蛋白（包括球状蛋白）作为结构单元。仅通过其纤维组分来描述此类结构的组织和结构是困难的，因此要将其所有组分都包括进我们的讨论中。纤维成型的区别在 6.2.2 节会进一步讨论。

6.2.1.1 机械支持

真核细胞含有纤维状结构，这些纤维状结构为其提供物理支持并允许其承受自然施加的机械力，如拉力、压力和剪切力。实现这一作用的两个主要超结构是位于细胞内的**细胞骨架** ***cytoskeleton*** 和**细胞外基质** ***extracellular matrix***。第 1 章提供了这两种结构简短的描述。在以下小节中我们将专注于描述它们的各种组件。在这两种情况下，我们指的是与真核细胞相关的结构。应该提到的是，最近在细菌中也发现了由蛋白质聚合物组成的细胞骨架系统[1]。

6.2.1.1.1 细胞骨架 细胞骨架由三种纤维组成（图 6.2，参考文献 [4]），各自实现不同的功能。

Ⅰ. 微丝

微丝是由**肌动蛋白** ***actin*** 制成的薄（8nm）纤维（图 6.2a 和图 6.3，参考文献 [5]）。它们能够通过从其总长度将肌动蛋白单体添加或减去来调节其长度。微丝可能出现不同的形式，取决于与它们相互作用的蛋白质。以下是肌动蛋白纤维类型的实例。

皮质纤维——顾名思义，位于细胞的周围，并由交叉纤维组成凝胶状结构。皮质微丝的作用就是让细胞保持平常的形态。

应力纤维——由于其与另一组纤维的相互作用，一束反平行肌动蛋白纤维能够收缩。另一组纤维较厚，由运动蛋白肌球蛋白Ⅱ构成。细胞质应力纤维与受到细胞外侧基质成分约束的质膜内特定的结构结合。因此，应力纤维增强了细胞对其底物的黏附能力（见下文）。

丝状伪足（伪肢）—— 一束平行的纤维，推动质膜局部区域向细胞外环境呈细长状腿状扩展。由于肌动蛋白纤维可以调节其长度，丝状伪足可能会呈现不同的大小。某些上皮细胞使用丝状伪足增加其表面积。一个众所周知的例子是肠上皮，它使用这种丝状伪足（称为**微绒毛** ***microvilli***）来增加其表面积，以增强营养吸收。

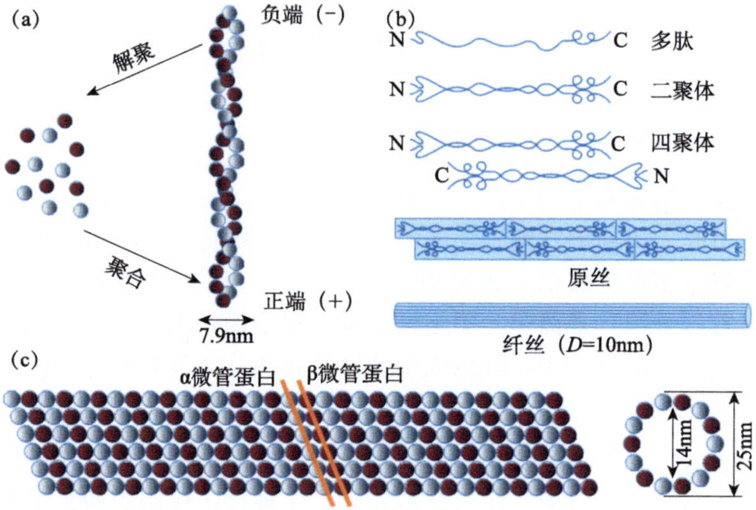

图 6.2　细胞骨架的组成。该图描绘了三种类型的细胞骨架纤维，以及其如何由基本单元组建（来自 Mofrad，M. R. K.，*Annu Rev Fluid Mech*，41，433－53，2009。经许可）。(a) 由 F－肌动蛋白制成的微丝。尽管 F－肌动蛋白形成结构纤维，但它是一种球状蛋白（详见 6.2.2 节正文）。纤维是动态的，每个 F－肌动蛋白单体（被描述为球体）可以从其（＋）侧连接纤维，或者在（－）侧离开纤维。(b) 由 α-角蛋白构成的中间细丝。与 F－肌动蛋白相反，α-角蛋白（以细长的蓝线表示）是纤维蛋白。由此，它的寡聚侧产生称为“卷曲螺旋”的超级（二聚）结构。两个这样的二聚体可以从头到尾对齐以形成四聚体结构，并且这些结构可以沿着单个轴组装以形成“原丝”。最后，许多原丝可以合并成平行的结构以产生长丝。(c) 由 α/β 微管蛋白制成的微管。像 F－肌动蛋白一样，微管蛋白也是一种球状蛋白。橙线表示横向于纤维轴的 α 微管蛋白和 β 微管蛋白排列。右侧的图像从垂直于左侧图像的角度显示微管纤维

肌动蛋白具有其他生物学作用，其中之一是形成骨骼肌肉的收缩单元（见 2.1.3 节）。此外，它涉及内核相关功能，如转录、RNA 加工和穿过核层的转运[2,3]。

Ⅱ. 中间丝

中间丝是坚韧的纤维，保护细胞和组织免受机械环境侵扰[6]。离体研究表明，中间丝针对这种功能进行了适配；它们可承受～1000dyn/cm^2 的压力却没有失去灵活性①，随着压力的增大，它们的抵抗也随之加强[7]。术语“中间体”相对于其他两种类型的细胞骨架纤维而言，其大小居中（图 6.2b）。中间丝提供暴

① 比微丝高出约 5 倍[10]。

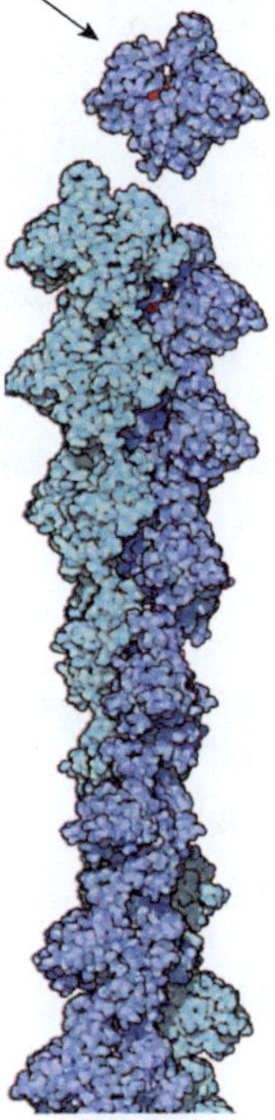

图 6.3 肌动蛋白微丝的结构。微丝纤维由球状肌动蛋白（G-肌动蛋白）构成。在纤维结构内，肌动蛋白被称为“丝状”（F-肌动蛋白）。摘自 Goodsell，D. S.（2008）Molecular Machinery：A Tour of the Protein Data Bank. Poster presented at the RCSB website. Courtesy of David Goodsell（Scripps Institute）

露于这种类型的机械应力的细胞中特别重要的机械保护，包括肠道和皮肤上皮细胞，以及口腔黏膜、角膜和肌肉。中间丝可以由不同类型的蛋白质形成，取决于组织类型。在上皮中，中间丝由**角蛋白** ***keratin*** 形成[8,9]（图 6.4a，参考文献［13］）。

含角蛋白的上皮细胞的组织的皮肤表皮层特别有趣，实际上，皮肤表皮本身包含几个细胞层（图 6.4b，参考文献［14］），其最内层由**角质形成细胞** ***keratinocyte*** 组成。这些代谢活性细胞本质上能够无限分裂。这些细胞中的一部分边分化边朝向身体表皮的外侧移动。这将创建其他四层细胞（从内向外），其分化程度、代谢活动和角蛋白含量各不相同。分化过程涉及核及细胞器的消亡、角蛋白含量的增加和代谢活动的灭失。这一过程在 26～42 天结束，随之激活程序性细胞死亡（凋亡）。在这个阶段，死亡细胞充满角蛋白（**角质化** ***keratinized***）并存

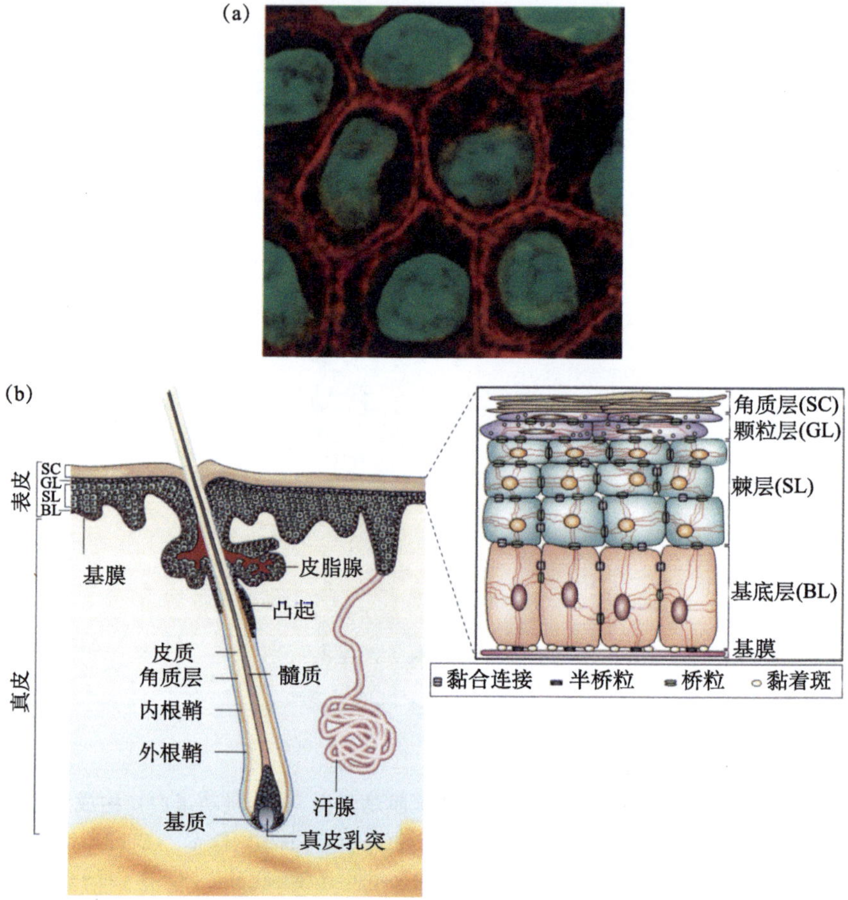

图 6.4　角蛋白中间丝。(a) 上皮细胞中角蛋白中间丝的激光扫描共聚焦显微荧光图。角蛋白中间丝构成图像中的大多数，着红色，而核 DNA 着绿色。图像取自 Wikipedia (Schmidt, J. and Handsaker, C., In *Wikipedia*, *the Free Encyclopedia*)。(b) 皮肤的结构。左侧显示整个结构。右侧显示放大的表皮层，以及主要的蛋白质结构（来自 Fuchs, E. and Raghavan, S., *Nat Rev Genet.*, 3, 199－209, 2002。经许可）

在于皮肤的最外层。这一层高效地保护内层免受物理磨损，并且作为某种屏障能防止水和化学/生物制剂渗透到组织中。整个这样的过程也负责制作动物毛发、指甲、角、蹄和羽毛。

如上所述，角蛋白是上皮细胞中坚韧的组分，其组织因为呈网格状而允许它最佳地抵抗压力。当这种超结构崩溃时，如发生在一些疾病中，细胞质软化，导致疱疖的出现[11]。除了细胞骨架，中间丝也出现在细胞核中。在这种情况下，它们是由蛋白**纤层 *lamin*** 构成的，似乎负责核纤层的机械稳定性。中间丝的显微镜染色显示出这些纤维从细胞的周边延伸到其内核，这意味着两个极端区域可能以某种方式进行沟通[12]。实际上，中间丝与高尔基体、线粒体、运输囊泡和细胞骨架的其他组分相连。因此，可以假设中间丝可能参与细胞内部的组建[12]。中间丝提供的机械保护超越单细胞的边界；纤维连接到细胞-细胞及细胞-细胞外基质（ECM）结（分别是桥粒和半桥粒）。所以，中间丝可以被看作延伸遍及整个组织的网络。这使其作为机械支持者的角色更容易，从而使其将施加到其上的力分摊到组织的整个表面，而不是单独地覆盖每个细胞。

Ⅲ. 微管

细胞骨架纤维的第三层和最内层是**微管** ***microtubule***，它们是空心的并由蛋白质**微管蛋白** ***tubulin***（α/β）构建。这些刚性“管”的厚度约为微丝和中间丝的2.5倍（图6.2c），并为微丝和中间丝提供支持。像微丝一样，微管也通过沿着主轴的蛋白质单体的连接而构建。在动物细胞中，这个过程从一个确定的实体——**中心体** ***centrosome*** 开始，它位于细胞核附近[15]。

细胞内纤维对组织的保护或稳定化有时是作为对其状况变化的特别响应。这是凝血的情况，这一过程涉及水溶性蛋白质**纤维蛋白原** ***fibrinogen***[16]。在凝血过程中，蛋白酶在级联中相互激活，最后一个成员**凝血酶** ***thrombin*** 将纤维蛋白原转化成水不溶性蛋白质——纤维蛋白。后者组织为一个密集的纤维网络（即血块，图6.5，参考文献［17］），它密封伤口并进一步防止失血。此后，血凝块也参与组织愈合。

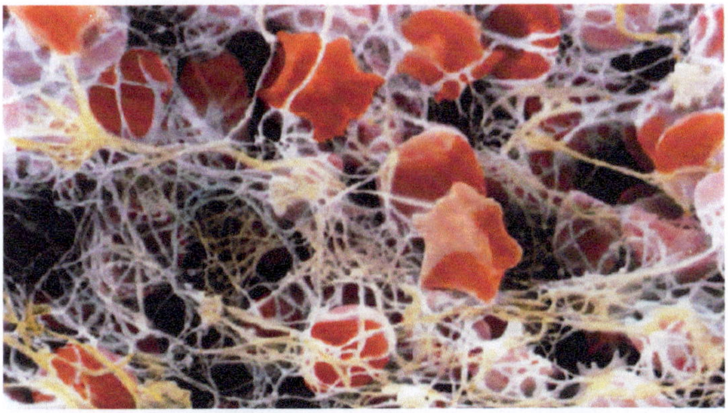

图6.5 血凝块。构成血凝块的纤维蛋白网以白色显示。也可以看到被“困”的红细胞和血小板（来自 Sadler，J. E.，*Nature*，427，493-4，2004。经许可）

6.2.1.1.2 细胞外基质（ECM） 蛋白质细胞外基质也参与组织保护和支持。如第1章所述，ECM是一个很大的蛋白质和多糖的网络，其彼此相互作用并与膜结合的蛋白质相互作用（图6.6，参考文献［24］）。构成ECM的蛋白质都有不同的属性，因此起着不同的作用（表6.1）。胶原蛋白可能是在这方面被最

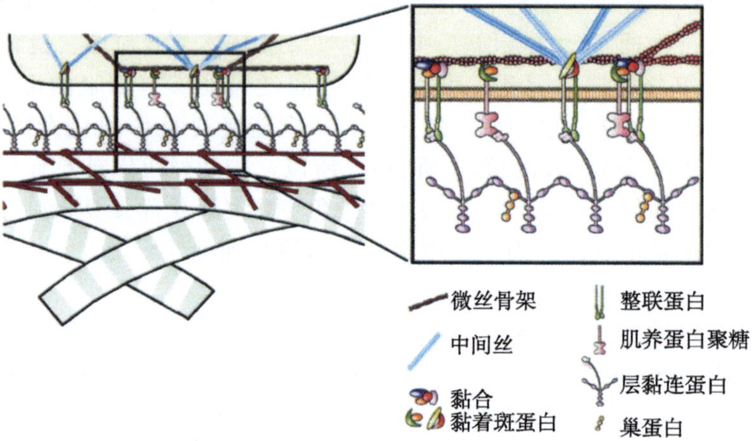

图 6.6　细胞外基质的组织。图中左上方的图像显示一个细胞（浅粉红色填充的实体）及其所在的细胞外基质。厚实的条纹细长形状是胶原纤维。图中其余的形状是构成细胞内和细胞外纤维的分子，如图中右下方的索引所详述。在图中右上侧的图像是位于质膜附近的细胞外基质区域的放大。它还显示了介导细胞内和细胞外纤维网络的膜交叉分子（源自 Nelson, C. M. and Bissell, M. J., *Annu Rev Cell Dev Biol.*, 22, 287－309, 2006。经许可）

表 6.1　细胞外蛋白质的类型及其功能

蛋白质	功能
胶原蛋白（纤维状）	● 形成结构支架
	● 刚度控制和抵抗张力
	● 黏附分子与某些生长因子的结合
胶原蛋白（非纤维状）	● 协助 ECM 的组建和稳定
	● 协助纤维状胶原的形成
	● 调节细胞迁移和增殖
	● 为溶质渗透到组织制造物理障碍
纤维蛋白	● 形成血凝块
	● 刚度控制和抵抗张力
	● 黏附分子的结合
弹性蛋白	● 为组织提供弹性反冲
蛋白多糖	● 耐压性
	● 阻碍水和大分子的运输
	● 生长因子和趋化因子的结合

资料来源：Griffith, L. G. and Swartz, M. A., *Nat Rev Mol Cell Biol.*, 7, 211－24, 2006。经许可

广泛研究的蛋白质，在脊椎动物中很常见①，它是结缔组织的主要成分，如皮肤、软骨、骨骼、肌腱、韧带、牙齿和血管壁[18,19]。目前有 28 种已知类型脊椎动物胶原蛋白[20]，前 4 种（Ⅰ～Ⅳ）是最常见的。这些类型中有些是组织特异性的，而另一些则不是。例如，Ⅰ型胶原（最多普通型）存在于除软骨外的几乎所有结缔组织中，而Ⅱ型存在于软骨和椎间盘中。Ⅲ型存在于皮肤、血管，而肠型Ⅳ则存在于基底层②。在组织中，胶原蛋白结合蛋白质**弹性蛋白** ***elastin*** 以及多糖和矿物质形成强壮的细胞外网络，负责身体器官的结构完整性[21,22]。每种结缔组织类型的具体属性取决于胶原蛋白（纤维、片层等）的结构及相关化合物的组成。例如，在柔性组织（皮肤、软骨）中，胶原蛋白结合弹性蛋白和相当的多糖，而在骨中用作沉淀钙和磷酸盐的支架，以**羟基磷灰石** ***hydroxyapatite*** 的形式使其“坚强”[23]。胶原在细胞内形成称为**前胶原** ***pro-collagen*** 的前体。该分子具有未组织的 N′和 C′，前者含有信号序列，其使细胞转移分子到分泌途径。一旦分子被分泌到细胞外空间中，终端则被酶切割并将胶原转化成其成熟形式（**原胶原蛋白** ***tropo-collagen***）。然后，原胶原蛋白以分层方式组装成复杂的结构。Ⅰ～Ⅲ、Ⅴ、Ⅶ、Ⅺ、ⅩⅩⅣ和ⅩⅩⅦ型倾向于形成绳状结构（原纤维），并进一步组装成纤维（图 6.7，参考文献［22］）。其他类型的胶原可能形成其他结构的网络。

6.2.1.2 组织结构与细胞环境交流

如上所述，基于结构蛋白的两个主要细胞结构是细胞骨架和细胞外基质(ECM)。虽然被细胞质膜所分离，但这两个超结构凝胶通过跨膜蛋白相互接触，如**整联蛋白** ***integrin***③，它结合在其末端相对的细胞骨架和 ECM 元件上（图 6.8，参考文献［31］）。该联系实现了两个重要目标。第一，它有助于锚定细胞到组织。例如，细胞内基于肌动蛋白-肌球蛋白的应力纤维和 ECM 之间形成**黏着斑** ***focal contact***。应力纤维的收缩能力对细胞附着到组织有显著贡献[15]。第二，在上皮细胞的相互作用中还涉及肌动蛋白纤维，通过它们间接地与跨膜蛋白、钙黏蛋白相互作用。钙黏蛋白介导的细胞接触被称为**黏附连接** ***adherence junction***。如前所述，中间丝通过桥粒与半桥粒也参与细胞-细胞和细胞- ECM 相互作用。

细胞骨架与 ECM 的接触也促进了“沟通”，即从外部环境向细胞传递生化和机械信号。例如，整联蛋白介导的微丝和 ECM 之间的接触导致整联蛋白分子在膜所限制的区域中的聚集，其又导致称为**黏着斑激酶** ***FAK*** 的酪氨酸激酶的活化。FAK 参与信号转导，这取决于细胞增殖的底物类型。实际上，研究表明，

---

① 在人类中，胶原蛋白占总蛋白质的 33%、皮肤干重的 67%[20]。

② 一薄层 ECM，将上皮细胞与下面的结缔组织分开。

③ 整联蛋白构成了二聚体膜结合受体的不同家族，它通过细胞-细胞和细胞- ECM 相互作用对组织形成与细胞存活发挥中心作用[26]。

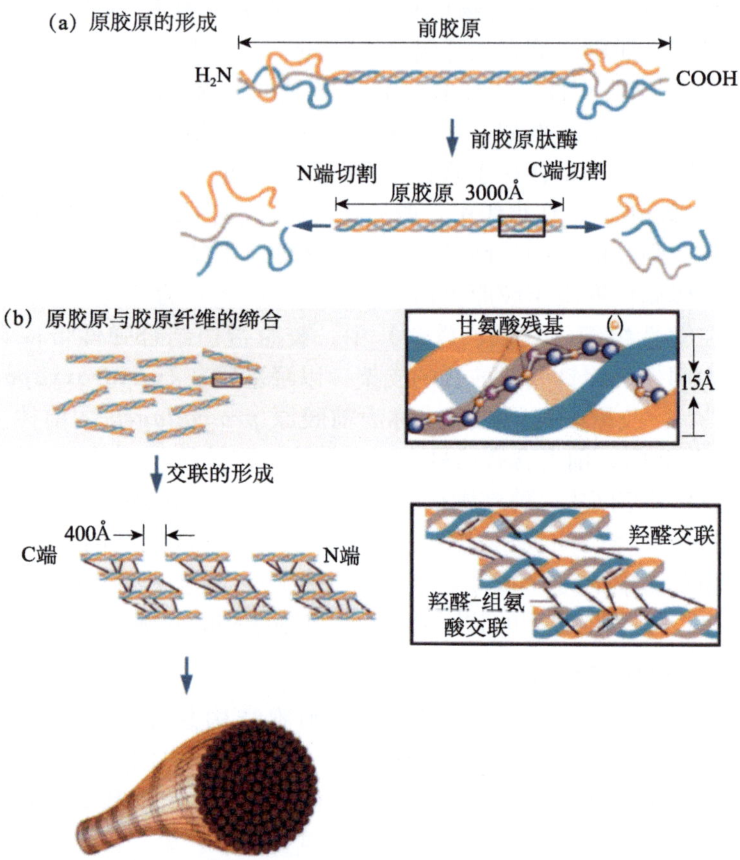

图 6.7　胶原蛋白的成熟。该图显示了前胶原蛋白水解到原胶原蛋白（左上侧）以及原胶原蛋白单元加工组装成胶原纤维（右侧）（源自 Bhattacharjee，A. and M. Bansal，*IUBMB Life*，57，161－72，2005；Klug，M. S. and Cummings，M. R.，*Genes and proteins*：*Concepts of genetics*，5th ed.，Prentice Hall，New Jersey，1997。经许可）

与 ECM 的相互作用显著影响细胞的形态、增殖、分化甚至死亡[27－29]。负责机体组织的这种通信方式被认为和基于与特定细胞受体结合的化学信使如激素、生长因子及细胞因子的化学通信并行运作。然而，这种功能的二分法不是绝对的；已知一些整联蛋白可以结合化学信使，如神经营养因子（即参与神经、血液和免疫系统调节的分子）[30]。

6.2.1.3　运动

纤维形成蛋白参与从生理学、细胞到亚细胞不同的组织级别的几种运动。以下部分回顾了一些主要机制。

6.2.1.3.1　生理学运动　生理学级别的运动的最好例证是动物肌肉收缩，

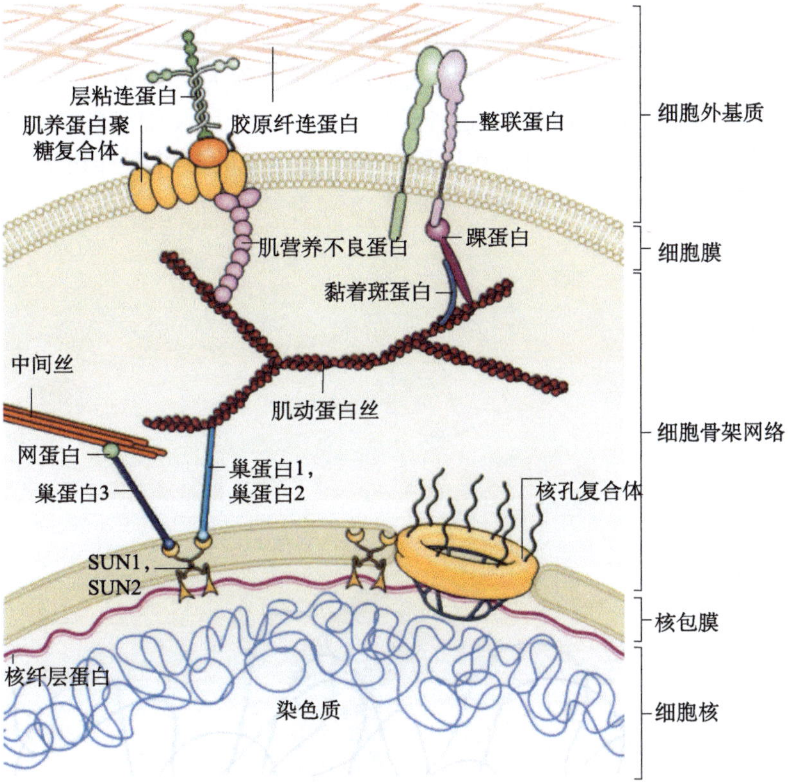

图 6.8 细胞外基质和细胞内单元的连接。该图显示从细胞外的胶原蛋白和纤连蛋白纤维开始的连续蛋白质网络，并且由跨膜单元如整联蛋白接续，到细胞内单元如细胞骨架的肌动蛋白丝和中间丝，最后到细胞核内的元件，如核纤层蛋白（来自 Jaalouk，D. E. and J. Lammerding，*Nat Rev Mol Cell Biol.*，10，63－73，2009。经许可）

基本的收缩单位，即肌节，是基于两种纤维形成蛋白。第一种是肌动蛋白，我们已经在细胞骨架遇到过，它是能够通过添加或减少单体形成不同长度的纤维的蛋白质（图 6.3）。在肌节中，肌动蛋白形成固定长度的纤维。第二种蛋白质，即肌球蛋白Ⅱ形成厚纤维。肌肉的机械收缩是两种纤维结构使用化学能 ATP 相互滑动的结果，如应力纤维。

6.2.1.3.2 细胞运动 单细胞生物作为一个整体，可以呈现两种非常不同的形式。第一种类型是细长细胞器。其运动的结果是从细胞表面向外延伸，起发动机的作用。这些细胞器的结构是基于蛋白质的微管蛋白，它们可能短而多（**纤毛 *cilia***）或长而少（**鞭毛 *flagella***）（图 6.9，参考文献［32］）。这种结构也出现在多细胞生物体中，它们有助于推动流体或固体离开来自组织锚定的细胞而不是移动整个细胞。第二种类型的全细胞运动涉及细胞形状的变化（**变形虫状的运**

动 *amoeboid motion*)，是基于肌动蛋白微丝。微丝的动态本性来自肌动蛋白单体的增加和/或减少，允许细胞产生细胞质膜的细长延伸[15]。这些延伸改变单元格的形状，也可以产生运动。在这种情况下，延伸名称为“伪足”，运动的净效应产生于细胞其他部分的“跟随”。这种类型的运动对于巨噬细胞的功能特别重要，吞噬细胞识别病原体，使其内化然后用巨噬细胞产生的各种有毒化学物质杀死它们。内化过程涉及形成伪足来吞噬病原体。

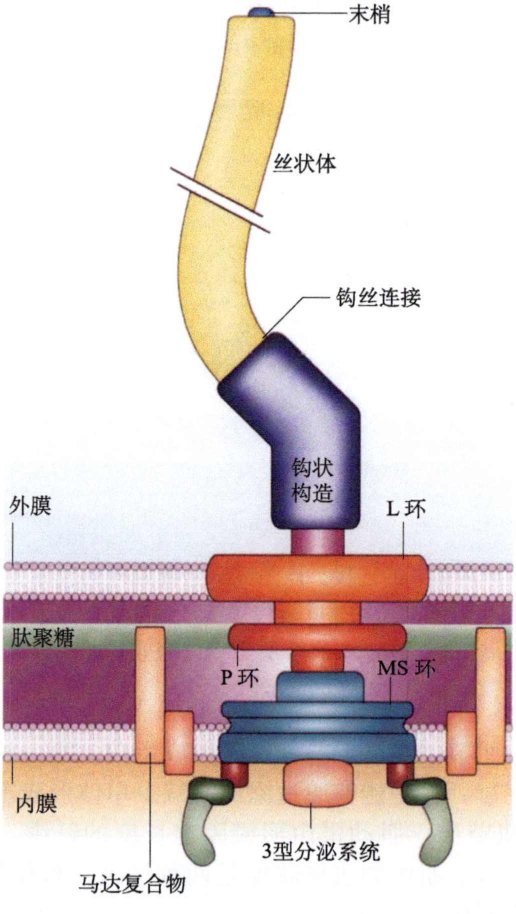

图 6.9　细菌鞭毛的示意图。鞭毛的不同部分被标记，强调它们在细菌细胞不同区域内的连通性和组织拓扑（来自 Pallen，M. J. and Matzke，N. J.，*Nature Rev. Microbiol.*，4，784－90，2006。经许可）

6.2.1.3.3　亚细胞运动　肌动蛋白和微管蛋白也参与细胞内不同单元的运动。例如，肌动蛋白纤维参与细胞膜的形成，它在细胞分裂末期分离两个子细胞（**胞质分裂 *cytokinesis***）。这些纤维是几种天然毒素的目标。例如，细胞松弛素 D

是一种真菌生物碱，它导致肌动蛋白纤维的分解，从而阻止细胞移动或完成其有丝分裂周期。这些毒素被科学家用作研究细胞骨架的重要工具。

细胞内运动的另一个经典例子是运输细胞内的“货物”，如细胞器、囊泡和蛋白复合物[33]。锚定到“运动”蛋白质，这有利于“货物”沿着微丝和微管纤维运动，类似火车沿着轨道的运动。运动沿着肌动蛋白纤维进行，使用运动蛋白——**肌球蛋白 *proteins myosin Va* 和 *VI***（相反的方向），而沿微管的运动使用**动力蛋白 *dynein*** 和**驱动蛋白 *kinesin***。这两种纤维分享它们的一些“货物”，也包括许多交叉点。例如，在**胞吐作用 *exocytosis*** 中，分泌囊泡开始使用驱动蛋白沿微管趋向质膜。当接近细胞周边的时候，囊泡被转移到肌球蛋白 Va，由它携带着一起沿肌动蛋白纤维到达目的地。相反的过程，**胞吞作用 *endocytosis***，类似地，涉及运动蛋白——肌球蛋白 VI 和动力蛋白[33]。如预期的那样，这些过程对于细胞的生存能力是至关重要的，而伤害它们会造成致命疾病，如肌萎缩侧索硬化（ALS）[34]（另见第 5 章，专栏 5.1）。

其他类型的涉及微管的细胞内运动是构建有丝分裂纺锤体[35] 和植物细胞壁。像微丝一样，微管也经历不断的组装和拆卸。这个过程是针对某些自然毒素，如秋水仙碱、紫杉醇和长春碱。由于这些毒素妨碍了有丝分裂纺锤体的构建，它们被当作药物来对抗各种涉及不必要细胞分裂的病理。因此，秋水仙碱被用于治疗痛风，而紫杉醇和长春碱被用于治疗癌症。

6.2.1.4 外部结构

在某些情况下，蛋白质纤维在生物体内形成，但在体外发挥作用。由昆虫生产的丝就是这种情况[36,37]。丝纤维被用作狩猎陷阱（蜘蛛网），以及建造巢和茧。丝很轻很灵活，但同时很强大。事实上，丝纤维的强度比任何其他已知的生物材料要高。特别要提及蜘蛛网，能够捕捉飞行中的大型昆虫。有 7 种不同类型的蜘蛛网，根据其指定角色分类（捕获、加固、胶合、安全线等），其中一些可能包括几个不同的结构蛋白（如**丝纤蛋白 *fibroin***）[38]。这些蛋白质以特定的液体状态存在于蜘蛛体内的腺体中，每个腺体专门对应不同类型的蜘蛛网。随着液体的分泌，pH 和离子浓度的变化显著降低了蛋白质的水溶性，从而导致其构成不溶性纤维。

6.2.1.5 其他角色

传统观念认为，纤维蛋白仅仅为细胞和组织提供机械支持或促进细胞运动，但近年来发生了变化，其他更复杂的角色已经出现。我们已经看到微管除了构建细胞内的支持网络，其也有利于细胞器迁移和细胞分裂。尽管这些作用也要求纤维蛋白的功能仅仅是作为一种功能结构积木，但这并不总是如此。事实上，最近的研究指出了一些与细胞形状或机械无关的纤维蛋白活动。一个很好的范例是角蛋白。这种蛋白质属于一个由约 54 个基因编码的蛋白质家族，包括两种主要类型。

- Ⅰ型——包括 K9～K23 和 HA1～HA8。
- Ⅱ型——包括 K1～K8 和 HB1～HB6。

这两种类型的表达是高度管控的，取决于细胞类型和分化程度[39,40]，这本身就反映了它们在生物学上的重要性。事实上，研究侧重于揭示角蛋白家族中这些蛋白质发挥不同的作用[9]。以下小节提供了主要角色的简短描述。

6.2.1.5.1 皮肤色素的调节 肤色由**黑色素** ***melanin*** 决定。色素的产生和分布是一个复杂过程，涉及两种细胞类型：位于表皮基底层（图 6.4b）的**黑素细胞** ***melanocyte*** 和邻近的**角化细胞** ***keratinocyte***[41]。黑色素首先由被称为**黑体素** ***melanosome*** 的细胞器内的黑素细胞（来自酪氨酸）所产生。然后它被运到附近角质形成细胞并在与吞噬作用相似的过程中内化。在角质形成细胞内，黑色素颗粒集中于细胞核附近，可以保护遗传物质抵抗太阳紫外辐射。基于一些观察，角蛋白和这个过程有关联。首先，“斑点色素沉着”现象涉及皮肤的高/低色素沉着，伴有角蛋白突变基因[42]。其次，已经发现角蛋白与动力蛋白[43] 相互作用，而动力蛋白已知参与了向角质形成细胞核转运黑色素[44]。最后，研究表明，与中间丝相关的蛋白质，包括角蛋白，与促进细胞器沿微管移动的运动蛋白相互作用[45]。虽然角蛋白影响色素沉着的确切机制尚未确定，但上述观察结果表明它参与了黑色素颗粒到细胞核的转运[9]。

6.2.1.5.2 毛囊生长周期的调控 毛囊位于皮肤厚厚的真皮层内部，其中还包括血液和淋巴管、汗液和皮脂腺以及神经末梢（图 6.4b）。尽管很小，毛囊在组织学复杂性方面是最有趣的结构之一。它由 8 个分化程度不同的上皮细胞层构成，生命周期包括三个步骤：快速增长、回归①和代谢的休息[46]。不表达 K17 型角蛋白的小鼠会有局部脱发[47]。此外，体外培养的角质形成细胞取自这些小鼠，对放线菌酮和 TNF-α 诱导的细胞凋亡特别敏感②。这些研究和其他研究表明，角蛋白通过抑制细胞凋亡来促进头发生长[48]。

总之，角蛋白似乎除了在生化水平上起作用，也在结构上为细胞和组织提供机械支持。

6.2.1.5.3 通过蛋白质合成调控上皮细胞再生 在组织损伤时动物体内会在受损区域周围的细胞中自动激活一组愈合过程。在皮肤、肝、大脑和肌肉组织中，这些过程包括中间纤维的表达发生显著变化[49]。虽然中间纤维确切的参与过程并不完全清楚，但有人建议它们是通过改变细胞的灵活性和细胞质的黏性以

① 在这个阶段，组织的下部被细胞凋亡消除。

② 放线菌酮是一种抗生素，用于抑制真核细胞中蛋白质的生物合成。TNF-α 是涉及许多细胞的生物学过程（如炎症和细胞凋亡）所产生的化学物质。

提高细胞迁移到受伤处的能力而参与的。由于伤口愈合伴随着大量产生蛋白质，有人提出 K17 型角蛋白还可以通过在激活的细胞中促进蛋白质合成来帮助上皮组织愈合[50]。事实上，缺乏 K17 的细胞经历了 20%的蛋白质产生下降。

总之，上皮细胞中的中间纤维似乎参与了与应激反应相关的过程，信号转导调节蛋白质合成与细胞凋亡，以及细胞内细胞器和/或囊泡的转运[9]。

6.2.2 纤维形成与纤维蛋白

上面提到的蛋白质具有不同的作用，但都有一个共同的特点：它们全部充当较大聚合物结构的构建块。因此，这里习惯性地称这些蛋白质为**结构性的 *structural***。结构蛋白形成的结构往往是组成长纤维，这也造成了所有结构蛋白都是纤维的错误概念。事实上，许多结构蛋白是球状的，如微丝相关的蛋白质——肌动蛋白①和微管相关的蛋白质——微管蛋白。一些纤维状结构由本身是细长的蛋白质所构建，并具有一些与球状蛋白有显著差异的性质。这组**纤维蛋白 *fibrous protein*** 包括前面小节中提到的一些纤维形成蛋白，如作为中间纤维形成蛋白——α-角蛋白、ECM 蛋白质——胶原蛋白、成丝蛋白——丝纤蛋白。我们在下面的章节中重点讨论这样的蛋白质。

6.2.3 球状蛋白和纤维蛋白之间的结构差异

球状蛋白和纤维蛋白的结构特性明显不同，超越明显的形状差异。球状蛋白具有非极性核心和极性表面，而纤维蛋白拓扑构造往往是相反的。所以，球状蛋白是水溶性的，而纤维蛋白是不溶于水的。许多纤维蛋白的溶解度很低，看起来可能是主要的缺点。球状蛋白需要是可溶的，以便与其他分子短暂接触而不必形成聚集体，与之相反，纤维蛋白主要用作大型结构的构建块，该功能不需要水溶性。在这些蛋白质形成大的纤维时，独特的拓扑结构仍然保持（详见下文）。

球状蛋白和纤维蛋白结构之间的第二个显著区别在于在它们的结构层次。球状蛋白分子可能同时包括 α 单元和 β 单元，将其作为更高层次结构的基础（超二级和三级），这为蛋白质复杂功能所需。相反，纤维蛋白仅包括 α 单元或 β 单元，通常排列成超二级结构，成就了纤维的重复性[51,52]。以下是纤维蛋白结构的三个“经典”范例[53]。

(1) α-角蛋白：由两个相互缠绕的 α 螺旋组成，称为**卷曲螺旋 *coiled-coil***[54]②

---

① 肌动蛋白有两种形式：G（球状）和 F（纤维状），分别对应于单体和聚合物形式。不过，这两种形式本质上都是球形的。

② α-角蛋白存在于哺乳动物的皮肤、毛发、羊毛、指甲、爪、角和蹄中。β-角蛋白存在于鸟喙和羽毛以及爬行动物的鳞片中。与 α-角蛋白相比，β-角蛋白具有扭曲的 β 片层结构。

的超二级结构（图 6.10a，参考文献［55］）。

（2）胶原蛋白：由非结构螺旋缠绕而成，称为**三重螺旋 *triple helix***（图 6.10b）。

（3）丝纤蛋白：由通过柔性接头彼此结合的 β 片层组成。其他丝形成蛋白质也具有相似的结构（图 6.10c）。

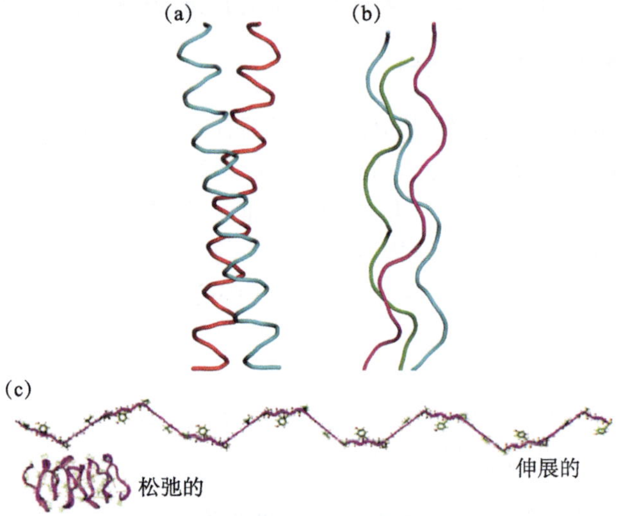

图 6.10 纤维形成蛋白中的超二级结构。(a) α-角蛋白的卷曲螺旋结构；(b) 胶原蛋白的三重螺旋结构；(c) 蜘蛛丝形成蛋白复杂的 β-结构，来自 *Nephila clavipes*。显示了 $(GPGGY/V)_{15}$ 蛋白质松弛形式和伸展形式的模型（Becker，N.，Oroudjev，E.，Mutz，S.，Cleveland，J. P.，Hansma，P. K.，Hayashi，C. Y.，Makarov，D. E. and Hansma，H. G.，*Nat Mater.*，2：278－83，2003。经许可）

表征球状蛋白的复杂三级结构通常不存在于纤维蛋白中，因为它不需要赋予蛋白质复杂性。有趣的是，纤维蛋白具有四级结构，因为它们倾向于组装成原纤维，然后是纤维。但是，与球状蛋白的四级结构相反，纤维蛋白倾向于包括非共价键和共价键。它们以二硫键或其他键的形式出现，而根本不会出现在球状蛋白中。

6.2.4 螺旋蛋白 α-角蛋白和胶原中的结构-功能关系

α-角蛋白和胶原蛋白是具有一些共同特征的两种纤维蛋白。第一，它们都是螺旋状的。第二，每个构成其各自组织中的主要成分（分别为上皮组织和结缔组织）。第三，它们都将强度赋予组织。然而，两种蛋白质提供的强度类型不同，α-角蛋白赋予韧性，而胶原蛋白赋予抗张强度。差异来自两种蛋白质独特的结构。在以下小节中，我们将回顾这些结构，并侧重于以上提到的这些差异的具体决定因素。

6.2.4.1　α-角蛋白

α-角蛋白是哺乳动物上皮细胞中细胞骨架中间丝的主要蛋白质。它的存在赋予组织以韧性，并允许它抵抗机械压力。虽然我们没有一个高分辨率的蛋白质结构，但是已经收集了过去 50 年左右充足的数据，包括 X 射线衍射数据[56]。这些数据表明，左手卷曲螺旋是由两个右手 α 螺旋互相缠绕构成的（图 6.11a）[57]。

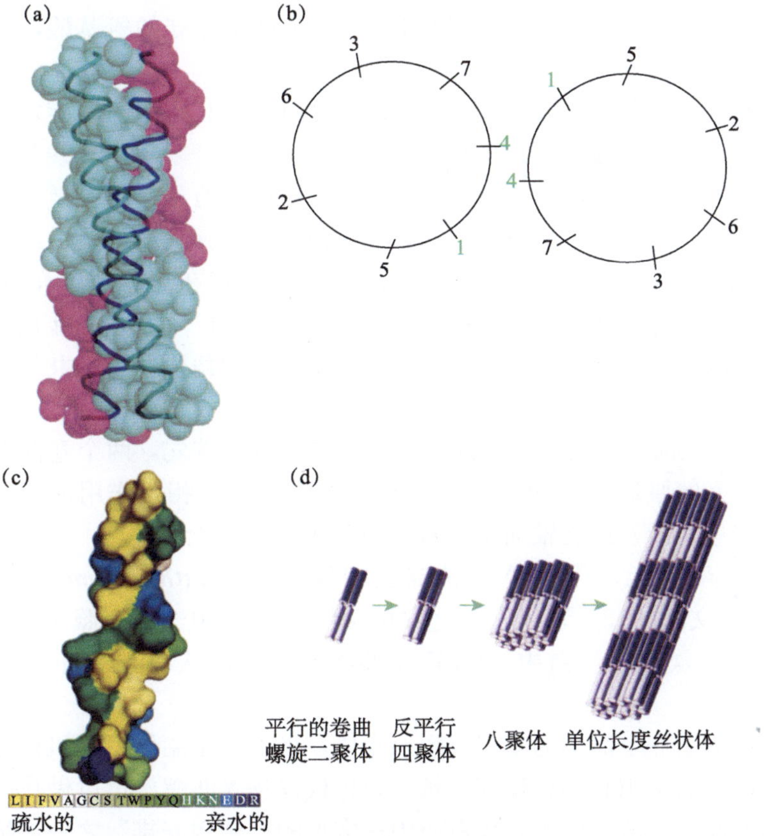

图 6.11　α-角蛋白的结构。(a) α-角蛋白基本的卷曲螺旋结构。由于角蛋白的高分辨率结构不可用，我们使用了由酵母转录激活物 GCN4（PDB 条目 1zik）的二聚化结构域形成的另一个卷曲螺旋结构，即亮氨酸拉链的结构。后者是一种可以接受的卷曲线圈模型[56]。图像显示的结构是半透明球体，每个螺旋的颜色不同，两个螺旋的缠绕骨架可见。(b) 卷曲螺旋结构中两个螺旋的螺旋轮投影，显示沿着螺旋轴的七残基的分布（由它们的位置标记，从 1 到 7）。(c) 沿着卷曲螺旋结构中每个螺旋的轴线倾斜的疏水性条纹。GCN4 结构中一条链的表面用 Kessel-Ben-Tal 疏水性标度[65] 着色（详见图 2.7）。非极性条纹呈黄色。(d) 单位长度丝状体 (ULF) 的组装。这个过程在正文中有描述（来自 Goldman, R. D., Grin, B., Mendez, M. G. and Kuczmarski, E. R., *Curr Opin Cell Biol.*, 20, 28 - 34, 2008。经许可）

卷曲螺旋长约 450Å，间距约 150Å。形成这种结构的两个螺旋有个特征：七残基重复基序（**七肽重复** ***heptad repeat***）[58−60]，第一和第四的位置通常由非极性残基[61] 放在螺旋的同一表面（图 6.11b）。这在卷曲螺旋结构中沿每个螺旋构建了一条倾斜的疏水条纹（图 6.11c），其负责两个螺旋之间相互作用的重要的非极性部分。在七肽重复的其他位置主要含有亲 α 螺旋的残基。由于其中许多趋向于非极性，整体卷曲螺旋是疏水的（即不溶于水）。除七肽重复外，还有其他序列片段已经涉及螺旋的二聚化[62,63]。其中包括 13 个高度保守的氨基酸，支持其维护角蛋白结构的重要性。

α-角蛋白的卷曲螺旋结构非常紧凑，需要两个相互作用的螺旋之间紧密的物理连接。亲近是由角蛋白序列中甘氨酸（Gly）和丙氨酸（Ala）残基的高频率所促成的。甘氨酸没有侧链，丙氨酸在所有氨基酸中具有最小的侧链。除了非共价相互作用，在卷曲螺旋中的螺旋之间，角蛋白还具有强化的二硫键结构，从而使其非常坚韧。这些键区分了不同类型的角蛋白：存在于指甲、角和趾甲中的“硬”α-角蛋白含有大量的二硫键，而皮肤和肌肉中的“软”α-角蛋白含有较少的这类键[8]。因此，上皮组织可以通过调节“常驻”的角蛋白中的共价交联来改变其自身的力学性能。

α-角蛋白倾向于形成大的更高级别的纤维结构。首先，两个卷曲螺旋单元组织为 4 个单元的**原纤维** ***proto-fibril***，然后两个原纤维相互作用形成一个八单元结构。这些单元沿着螺旋轴向上叠放，直到形成 32 单元的束。这种束构成了纤维的主要长度单元，称为**单位长度丝状体** ***unit length filament***（***ULF***）（图 6.11d，参考文献［12］）。长 α-角蛋白纤维，出现在电子显微照片中，由这些单元构成。在“软”角蛋白中，ULF 能够相互滑动，从而允许纤维增加其长度到 350%[64]。

以上说明了一个简单的基于线圈的模体，可以用于制作不同机械韧性的刚性结构，使动物的组织和器官稳固。然而，这仅仅是卷曲螺旋可以做什么的一个例子。的确如此，一般的模体是蛋白质中最常见的“结构安排”之一，绝不仅限于结构蛋白或纤维蛋白[56]。其整合两个独立螺旋结构的能力使它完美地促进蛋白质和结构域的二聚化。一个众所周知的例子是**亮氨酸拉链** ***leucine zipper*** 结构（一个卷曲螺旋），形成酵母转录激活物 GCN4 的二聚化结构域。卷曲螺旋的稳定性也被用来形成可以跨越很长距离的结构。这样的结构，当从细胞或病毒表面突出时，可以促进识别过程。例如，包括非毛纤维粘连的柄区和病毒融合蛋白。Parry 等描述了分配给卷曲螺旋的其他角色[56]。

6.2.4.2　胶原蛋白

胶原蛋白是我们身体结缔组织中的主要蛋白质，它有以下几方面作用。

(1) 帮助组织忍受机械压力。

(2) 形成其他大分子沉积物聚集的支架。这些包括层黏连蛋白网络、蛋白聚糖和细胞受体。这些组分参与细胞和其他细胞或组织的黏附、分化、组织发育和器官完整性的过程。

(3) 赋予组织特性，如皮肤、肌腱/韧带的拉伸强度，或骨组织的韧性。

这些作用表现在：28 种已知类型的胶原在不同组织中形成的结构[22]，或者在软骨、肌腱和韧带中，胶原形成绳状结构，赋予组织约 10^8 Pa① 的拉伸强度。相反，在骨和牙齿，它作为矿物沉积（主要是钙）的基质，硬化这些组织。我们将专注于前一种类型，即纤维状胶原蛋白。如前所述，纤维状胶原蛋白往往以分层方式聚集形成纤维。这种自组装能力是在其分子结构中编码的。

自 1940 年以来，科学家提出了胶原结构的模型，第一个建议胶原蛋白由单一的螺旋组成[66]。直到 1951 年以后，Pauling 和 Corey[67] 认识到，基本的胶原蛋白单位不是一个，而是三重螺旋，而且这个“三重螺旋”内的一些基团在螺旋间氢键中配对。另外，他们提出分子中的一些肽键获得了顺式构型。后者的假设三年后被 Ramachandran 和 Kartha 反驳[68]。根据他们的光纤衍射数据，后两位科学家表示形成胶原分子的三条链是左旋 PPII 螺旋，而所有这个分子中的肽键处于反式构型[20]。其结果表明形成稳定结构的两个氢键的存在。1955 年，由不同研究的细化，最终形成了目前公认的这个模型[69—71]。除其他外，这表明链之间只有一种类型的氢键存在，涉及主链羰基和酰胺基团（N—H…O=C）（详见下文）。和所有其他蛋白质一样，下一个阶段应该是从低分辨率结构（如光纤衍射提供的数据）转移到高分辨率结构。然而，在胶原蛋白中，体积大、溶解度低、分层结构复杂被证明是一个重大的问题。因此，接下来的大部分数据来自胶原相关蛋白（CRP）的高分辨率结构（如参考文献［72—74］）。已经出现的结构是一个右手三重螺旋，具有 7/2 螺旋节距（20Å 轴向重复）（图 6.12a，b；参考文献［20］）②。个别螺旋延伸超过 100 个残基[22]，并具有 PPII 螺旋构象，即没有内部氢键。如上所述，螺旋之间有氢键。有不同类型的胶原蛋白；其中有些三重螺旋是相同的，而在另一些中不相同。

三重螺旋在大多数原纤维中组装成更高级的超结构[75—77]（图 6.7）。胶原蛋白的高稳定性来源于这种超结构中的全部相互作用，即在各个螺旋之间、相邻的三重螺旋以及相邻的原纤维之间。有趣的是，三重螺旋内的相互作用似乎不足

① $1Pa = 1N/m^2 \approx 9.86\times10^{-6}$ 个大气压。

② 与原始胶原蛋白相比，在这些研究中使用的 CRP 要差得多，预计它们会有一个 10/3 螺距（28.6Å 轴向重复）[70]。因此，胶原蛋白的实际几何形状预计取决于其确切序列[20]。

够；三重螺旋单元（原胶原蛋白）仅在原纤维形成后才变得稳定[78]。最近的研究中有描述原纤维内原胶原蛋白排列的模型（如参考文献［77，79］）。如图6.12所示，三重螺旋形成微纤维，它们相互作用形成一个绳状结构，即原纤维。至少有些相互作用是共价的[80]。

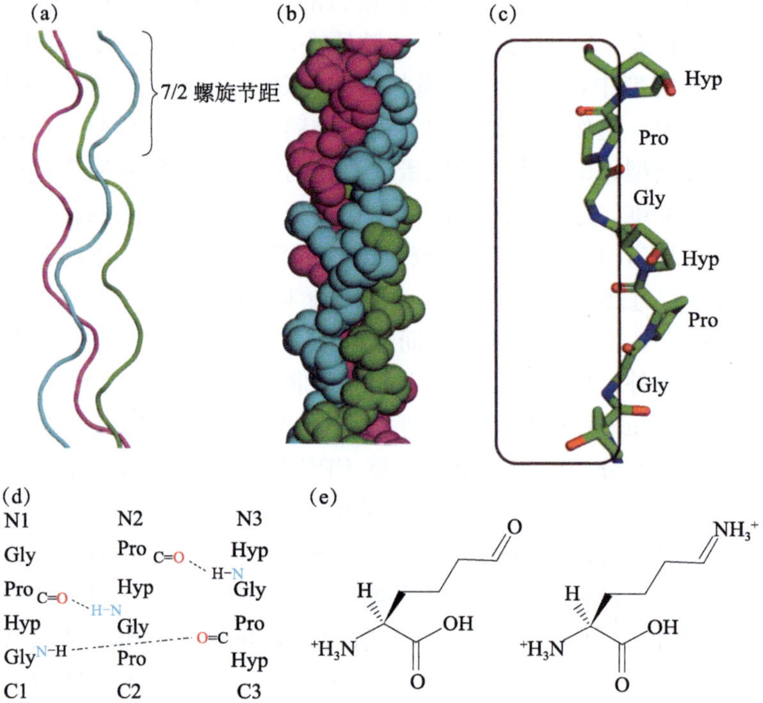

图 6.12　胶原蛋白的结构。(a) 胶原三重螺旋的带状表示（PDB 条目 1qsu）。每条链的着色方式不同，并且在线圈的一圈上延伸的一段（7/2 个残基）被标记。(b) 三重螺旋的空间填充模型。(c) 三重螺旋的拓扑结构。每个螺旋的甘氨酸残基面向三重螺旋单元的中心，而脯氨酸和羟脯氨酸（Hyp）残基面向外部。(d) 三重螺旋内氢键的示意图，描绘了从氨基末端（顶部）到羧基末端（底部）的每个螺旋的 4 个残基片段。氢键被描绘为连接残基的 N—H 和 C＝O 骨架基团的虚线，其也被示意性地标记出来（来自 Shoulders，M. D. and Raines，R. T.，*Annu Rev Biochem.*，78，32.1-30，2009。经许可）。(e) 醛赖氨酸（左）与赖氨酸（右）相比

胶原蛋白能够在结缔组织中发挥重要作用的能力来自其独特的性能，其中最重要的是高稳定性、机械强度，并能够特异地绑定其他分子[20]。前两个的效果是高效率地将胶原蛋白装配到其纤维状超结构中，进而形成了原胶原三重螺旋结构的基本性质。形成这样的结构要求多肽链具有特定的立体化学性质。这些由胶原蛋白的独特序列提供，其包括重复的结构域 ***Gly-X-Y***，其中 *X* 和 *Y* 是任何残

基，但通常是脯氨酸和羟脯氨酸（4′- OH Pro，或 Hyp[81] ）。以下段落描述了在哪些方面该结构域有利于形成三重螺旋，并为其提供一些自组装所需的特定性状。

（1）创建正确的几何模型并协助创建 PPII 螺旋（Pro；Hyp）来辅助折叠。脯氨酸（28%）和羟脯氨酸（38%）（分别）在 X 和 Y 处的大量占有[20]，赋予序列 PPII 螺旋构象[82]。这对于胶原三重螺旋的产生至少具有两个优点。首先，PPII 构象与形成三重螺旋在几何上兼容，甚至是必须的。正如第 2 章所解释的那样，吡咯烷环只存在于脯氨酸残基的侧链，在多肽链中产生扭结。在球状蛋白中，这类扭结通常是一个主要的缺点，因为它打破了螺旋构象。然而在胶原蛋白中，扭结是产生链条正确曲率、使三重螺旋彼此适应所需的。其次，PPII 螺旋构象比例如 α 螺旋更加灵活，后者降低了胶原蛋白折叠的熵成本[83]。应该说，虽然因为一些脯氨酸（Pro）和羟脯氨酸（Hyp）残基可能出现在顺式构型中，形成三重螺旋要求这些肽键首先异构化为反式构型[20]。

（2）使螺旋接近（Gly）。结构域中第一位置的甘氨酸残基面向三重螺旋的中心（图 6.12c）。正如我们已经看到的在 α-角蛋白卷曲螺旋的情况下，甘氨酸中缺少侧链对于需要多肽链之间紧密接触的结构来说是一个很大的优势。然而，对比可以在这些位置包括丙氨酸残基的角蛋白，胶原蛋白的三重螺旋只能是当存在甘氨酸时以其天然结构形成。实际上，胶原蛋白基因中最有害的突变出现在甘氨酸残基的密码子上。胶原蛋白中三重螺旋之间的密切接近增强了范德瓦耳斯力和非极性相互作用，以支持整个结构。甘氨酸侧链的缺失也使得结构更容易形成额外的氢键（参见下面的部分）。

（3）三重螺旋稳定（Gly、Hyp）。早期对胶原蛋白的研究已经证实胶原蛋白的 Gly-X-Y 基序中 Y 位置的羟脯氨酸和蛋白质的热稳定性之间存在相关性[84,85]。这导致了脯氨酸羟基化是胶原蛋白结构中的稳定因素的结论。脯氨酸羟基化的过程是在 ER 腔内通过脯氨酰羟化酶催化，利用抗坏血酸（维生素 C）作为辅酶[86]。事实上，维生素 C 缺乏导致胶原蛋白结构的不稳定，并导致动物体内结缔组织的解体（专栏 6.1）。虽然大多数科学家接受羟脯氨酸能稳定三重螺旋，但它是如何这样做的仍存在争议。其中一个建议是羟脯氨酸的羟基参与在螺旋之间形成氢键。但是，三重螺旋的三维结构经实验确定的结果是，占据位置 Y 的残基变成了远离结构的轴线（图 6.12c）。因此根据理解，该残基与相邻螺旋中骨架基团之间的直接氢键是不可能形成的。另一种解释涉及三重螺旋周围的水分子，其被提议介导羟脯氨酸参与氢键[87,88]。虽然这个建议得到了一些研究的支持（见参考文献［22］），但其他人则根据 C 反应蛋白的替代实验来挑战它[20]。例如，当羟脯氨酸被不会形成氢键（有或没有水分子的介导）的 4 -氟-脯氨酸所替代时[89]，三重螺旋变得超稳定[90,91]。因此暗示羟脯氨酸稳定三重螺旋不是通过诱导效应①，而是通过立体电子效应②相关的吡咯烷环的构象[169]。

除了其几何优势在胶原蛋白的三重螺旋之间“创造”接近度，甘氨酸在胶原蛋白序列中的重复存在也增加了主链极性基团形成氢键的可能性。事实上，C 反应蛋白的结构显示了这种类型的螺旋间氢键 $N-H_{(Gly)}\cdots O=C_{(X)}$，也可能还有 $C\alpha-H_{(Gly/Y)}\cdots O=C_{(X/Gly)}$ 键[69−71]。前者类型由 Maleev 及其同事[92] 调查，他们估计其强度约为 1.6kcal/mol。

专栏 6.1　维生素 C 缺乏

15 世纪左右，当欧洲人开始漫长的海上航行时，一种古老的罕见疾病在船上变得非常普遍。这种“水手病”或“坏血病”表现为皮肤、背部、手臂、腿部和臀部上的疲劳、僵硬，牙齿松动和牙龈出血，以及皮肤病变和血疱[99,100]。这种现象最初是个谜，但是随着食用新鲜水果（特别是柑橘）和/或绿色蔬菜的患者的“奇迹”恢复，显然这些症状与通常存在于这些食物中的某些因素的缺乏有关。发现这个因素成为一个紧迫的问题，因为长途航行中水果和蔬菜不能保持新鲜。由于这个因素在柑橘类水果中很丰富，因此怀疑它是酸性的。但是，当使用稀硫酸不会导致恢复时，人们意识到酸度本身是不够的。由于英国皇家海军外科医生 James Lind[101] 的临床试验，在 1747 年，坏血病问题的答案就出现了。之后，英国的船只日常供给柠檬和/或酸橙汁。然而，在 20 世纪 30 年代初，坏血病背后的特殊因素才被确定为**抗坏血酸 *ascorbic acid***，即维生素 C（图 6.1.1）。维生素 C 的缺乏导致牙龈、骨骼和其他结缔组织的不稳定，以及毛细血管的分解导致出血，对于胶原蛋白合成和分泌到结缔组织中至关重要（见下文）。

维生素 C 是由匈牙利生物化学家和诺贝尔奖获得者 Szent-Györgyi 于 1927 年发现的，是人类和其他灵长类以及豚鼠中必需的微量营养素[100]。维生素 C 的生物学重要性是多种多样的。首先，需要以下分子的生物合成。

(1) 胶原蛋白：维生素 C 是胶原蛋白中脯氨酸羟基化所必需的。正如在正文中所解释的，4′-OH 羟脯氨酸的形成对于在动物结缔组织中构建稳定的胶原纤维或网络是至关重要的。胶原蛋白中赖氨酸残基的羟基化对于稳定性也是重要的。

(2) 肉碱：该化合物对于使用脂肪酸 β 氧化在线粒体中产生能量是必需的。具体来说，需要肉碱将脂肪酸从细胞质运输到线粒体基质中，在此发生氧化过程。线粒体内膜不具有脂肪酸的转运蛋白，但对肉毒碱有效。维生素 C 的这种作

① 也就是说，由于引入了极性取代基，通过分子中的 σ 键重新分布电荷密度。

② 也就是说，电子轨道对准产生的效应。

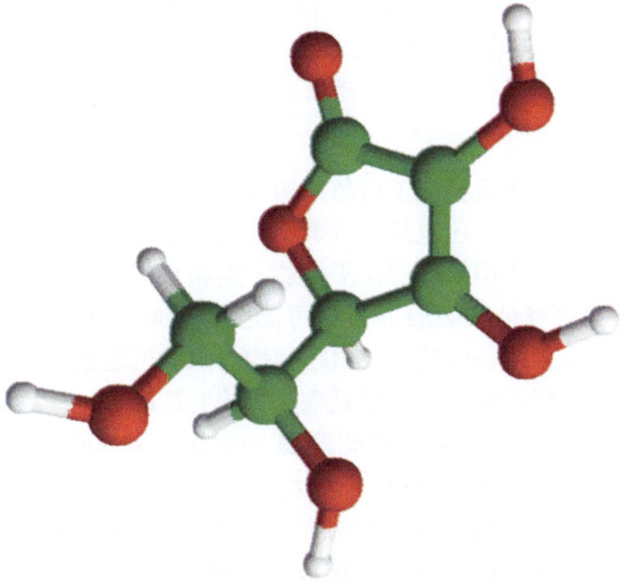

图 6.1.1 维生素 C（抗坏血酸）分子，按原子类型着色

用可以解释坏血病的第一个临床症状，即疲劳和嗜睡，这可能是由于脂肪酸的能量减少。

(3) 神经递质：有些神经递质的生物合成需要维生素 C。去甲肾上腺素 (NE)，一种既是激素又是药物的化学物质，与著名的“战斗或逃跑”反应以及各种（主要是兴奋性的）大脑功能有关。NE 由酪氨酸分三步合成。**多巴胺 β 羟化酶 *dopamine β hydroxylase*** 所执行的最后一步需要维生素 C。另一个关键的神经递质是血清素，即 5-羟色胺（5-HT），它与许多大脑功能如心情、食欲和感官知觉有关。它涉及情绪和疼痛的调节，使其成为抑制抑郁、焦虑和慢性疼痛的药物的重要目标。5-羟色胺由色氨酸分两步合成。第一步由**色氨酸羟化酶 *tryptophan hydroxylase*** 催化，需要四氢喋呤作为辅酶。已有建议认为维生素 C 是该辅酶从氧化状态进入再循环所必需的。

另外，维生素 C 是一种有效的抗氧化剂，可以帮助人体应对氧化应激的破坏性影响。这表明维生素 C 的缺乏会增加患自由基引发的疾病的风险，如**心血管疾病 *cardiovascular disease***、**白内障 *cataract*** 和癌症。此外，维生素 C 还通过增强中性粒细胞、淋巴细胞和巨噬细胞的作用而参与了免疫系统功能的优化[102,103]①。最后，有人提出维生素 C 可以增强非血红素铁的肠道吸收[104]。

① 尽管人们普遍认为服用维生素 C 是预防普通感冒的有效措施，但最近遭到反驳。

今天，维生素 C 缺乏症及其他与食物有关的问题主要发生在发展中国家。在发达国家罕见①，尽管可能发生在吸烟者和酗酒或吸毒成瘾的人身上，其饮食习惯不良，缺少水果和蔬菜，老年人由于饮食习惯不良也会缺乏维生素 C[100]。

（4）通过共价交联稳定胶原蛋白超结构（Lys）。胶原蛋白的稳定性不仅取决于三重螺旋内的相互作用，还包括三重螺旋之间在每个原纤维内的相互作用。事实上，破坏后一类相互作用的突变比干扰前一类相互作用的突变会导致更糟糕的病理[22]。这表明身体整体失去胶原蛋白可能会比影响整个组织、错误地形成畸形结构要好得多。最强的稳定胶原蛋白超结构的因素可能是微纤维之间或相邻三重螺旋之间的共价交联。交联是在赖氨酰氧化酶的帮助下，在赖氨酸或羟赖氨酸残基之间形成[80]。这个过程称为**氧化脱氨** ***oxidative deamination***，包括以下步骤[93]：①在原纤维的一个赖氨酸侧链上去除 α-氨基。②氧化所得到的末端转化为醛基，从而形成**醛赖氨酸** ***allysine***（图 6.12e）（或**羟基醛赖氨酸** ***hydroxy-allysine***）。③在醛基和赖氨酸侧链的 α-氨基或在邻近的原纤维中修饰过的赖氨酸上的醛基之间产生共价键。有趣的是，形成太多的交联，是老化的结果，使胶原蛋白脆化[94]，从而降低其生物学功能。最近的一项研究表明，羟脯氨酸介导的氢键也促成了原纤维-原纤维相互作用[95]。尽管共价键支撑胶原蛋白的结构，但它不像指甲、蹄子、爪子和角中的 α-角蛋白纤维那么坚韧，因为后者含有大量的大大加强了整个结构的二硫键（见前一小节）。这是为什么 α-角蛋白和胶原蛋白被进化选择出来发挥不同的作用：前者赋予韧性，后者赋予抗张强度。

（5）防止聚集（Pro、Hyp、Gly）。早些时候，我们遇到了许多纤维蛋白共享的属性，即疏水性。鉴于这种性质促进了这种蛋白质的主要功能，这可能会对许多纤维蛋白形成生物活性纤维或网络造成问题，因为这种性质（疏水性）也促使它们在纤维形成之前聚集并沉淀。这个问题在包括长链的胶原蛋白等蛋白质中特别明显，甚至在进行装配的第一步之前就会出现。胶原蛋白富含的 Pro、Hyp 和 Gly 从而有助于减少聚集，通过两种方式，其一，Hyp 上的羟基增加了残基的极性，并且因为它面向三重螺旋外部，从而增加了整个结构的极性。其二，已知发生聚集的蛋白质通常呈现 β 片层构象，如淀粉样蛋白/肽[96]（参见第 5 章专栏 5.1）。Gly 和 Pro 出现在 β 片层中的可能性极低[97,98]，并且有人提出，在纤维蛋白中这些残基的普遍存在可能已经在演化中解决了这个聚集问题[20]。

① 维生素 C 的建议服用剂量（RDA）仅为每日 10mg。

6.3 无内在结构的蛋白质

6.3.1 简介

根据结构生物学的核心范式，蛋白质的结构直接决定了它的功能。这种范式得到了广为接受的 Pauling 和 Fischer 模型的支持[106,107]，通过第一个实验确定的结构[108,109]，如其后的大多数模型，以及 Anfinsen 的变性实验[110]，在酶中尤其突出。在那里，蛋白质的三维结构致力于创造结合/活性位点，设计用于物理和化学上适合的天然底物，以及催化残基的精确对齐，以便让催化高效发生。这种看法在 20 世纪 90 年代开始改变，随后的研究证明了蛋白质中的无序区域①（图 6.13）[111]，发现混乱程度差异很大，混乱区域从多肽链的短片段到整个蛋白质[112,113]②。此外，在具有不同功能的蛋白质中也发现了无序区域，如 DNA 打包和修复、离子转运、蛋白质的核转运和细胞关键过程（细胞周期、转录和剪接）的调控，在涉及常见病理（如癌症[114] 和心血管疾病[115] ）的蛋白质中也发现了无序区域。

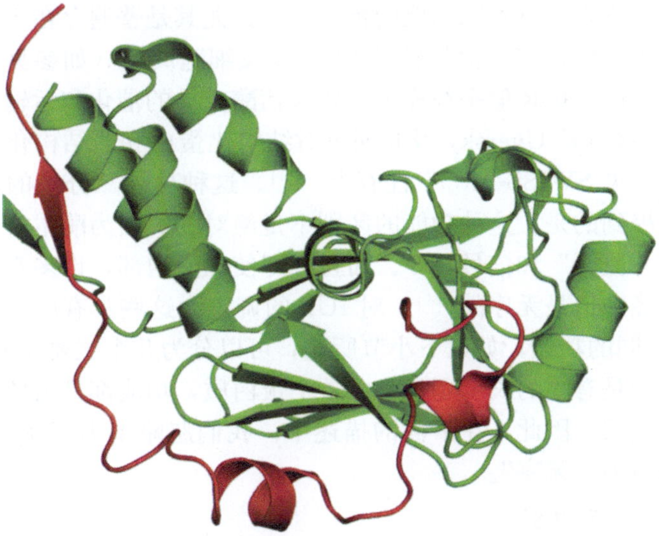

图 6.13 与 Smad2 MH2 结构域（绿色）结合的 SARA 的无序淀粉结合结构域（SBD）（粉红色）（“Smad 锚定于受体激活”）。SBD 是相对少见的情况之一，IUP 与其靶标的结合不诱导折叠成紧凑结构。虽然该结构域含有三重螺旋/链构象的短片段，但多肽链的大部分长度是非结构化和扩展的

① 这些被称为“内在无序区域”（IDR）。

② 后者被称为无内在结构的蛋白质（IUP）。

由于使用的主要方法（主要是 X 射线晶体学）几乎专为识别有序结构，IUP 和 IDR 参与细胞功能的全面性是难以确定的。因此，蛋白质结构的主要数据库（PDB）不足以代表 IUP 和蛋白质 IDR。幸运的是，其他的实验室方法，如 NMR/EPR、CD 和荧光光谱、高速原子力显微镜、拉曼光学活性和小角度 X 射线散射（SAXS）能够追踪蛋白质内部的无序，再辅以计算方法，可以在某种程度上成功地预测蛋白质内部的无序（见 Eliezer 的综述[116]）。目前估计有三分之一的蛋白质由 X 射线晶体学确定的 PDB 中的结构实际上是 IUP[115]。此外，生物信息学方法表明，IUP 在有机体基因组中的频率与生物体的复杂性相关[117]，暗示这些蛋白质扮演着复杂的角色[118]。基于对整个蛋白质组进行的生物信息学研究，估计对于哺乳动物[119] 有以下内容。

(1) 所有信号蛋白的 75%左右，约占整个蛋白质组的 50%，包含漫长的无序区域。

(2) 约 25%的蛋白质是 IUP。

为了以反映其广泛性的方式来代表 IUP，建立了这些蛋白质的数据库。名为 DisProt 的数据库包含每个已知 IUP 的记录，只包括实验证实的信息（即不依赖于计算方法）。DisProt 可以在因特网①上免费获取。

IDR 出现在许多具有不同功能的蛋白质中，尤其是普遍存在于那些调节复杂的生物学过程中，如通信、信号转导[114]，以及细胞周期（如参见文献［120］）和基因表达。因此，IDR 似乎补充了主要包括酶介导的催化和运输的球蛋白的功能性成分[115]。这也是 Uversky 及其同事对结构化蛋白和非结构化蛋白开展调查所达成的结论，见 SWISS-PROT 注释[121—123]。这种功能二分法的可能原因在下面讨论。应该提到的是，这种功能的区别不是绝对的，因为酶本身催化不同的过程，其中包括“监管”和信号转导。而且，即使在酶内部，许多直接参与调节的部分现在也已经知道是无序的[124]。对 IUP 的调查为这些具有已知功能的蛋白质分配了 28 种不同的功能，如以下小节所述，可以分为几个主要功能组[118]。在所有情况下，无论是有限的长度还是构成整个蛋白质，功能都是由所涉及蛋白质的无序片段所造成的。因此，在下面的描述中，我们忽略了 IUP 和 IDR 之间的区别，把它们都视为“无序”。

6.3.1.1　分子识别

属于该组的蛋白质主要在蛋白质-蛋白质识别过程的信号转导中起作用，而且也在其他需要整合核糖核酸、细胞膜和小分子的过程中起作用（见专栏 6.2）。整合通常伴随着无序段的折叠，已知 IUP 或 IDR 的情况即使在绑定后也是无序

---

① http://www.disprot.org

的。该整合可以被进一步分类为永久性或短暂性的。涉及永久整合的 IDR 属于以下子功能组。

Ⅰ. 组装者——在大型蛋白复合物的组装中起作用，如核糖体、细胞骨架和染色质。这一有时至关重要的功能离不开 IDR 的灵活性，因为一些复合物由于拓扑限制不能由刚性组件组装[118]。

Ⅱ. 行为者——调节其他蛋白质的活性，通常作为抑制剂。

Ⅲ. 清道夫——存储和/或中和小配体。其中一个众所周知的例子是**酪蛋白 *casein***，它可以通过清除钙-磷酸盐结晶以防止其沉淀于牛奶中。

涉及短暂整合的 IDR 属于以下子功能组。

Ⅰ. 展示位置——在各自的蛋白质目标位点中创建翻译后位点修饰（PTM），如磷酸化、甲基化、酰化、ADP-核糖基化、泛素连接和蛋白质水解切割[115]。这个功能本质上也是调节性的。

Ⅱ. 分子伴侣——协助蛋白质和 RNA 分子的折叠。后者似乎需要特别高的无序度：RNA 中 40%的残基分子伴侣被发现是无序的，而蛋白质中只有 15%的分子伴侣无序[118]。除了整合 RNA，这些 IDR 似乎也能使错误折叠的蛋白质/RNA 结构松动。

专栏 6.2 核孔复合体中的内在无序[128]

分子从细胞质到核质（细胞核的内部环境）以及沿相反方向有规律地运输，对于细胞的正确功能是必不可少的。例如，调控基因表达所需的转录因子从细胞质导入核质中。同样，在细胞核内形成的新转录的信使 RNA 分子和核糖体前体被输出到细胞质中，其中遗传信息被翻译成蛋白质分子。待运输的蛋白质（**装载 *cargo***）含有短的靶向序列①，其被特定的蛋白质因子识别②。后者整合到装载，并允许激活它进行由小 GTP 酶 ***ran*** 调节的运输过程。

运输过程由**核孔复合体 *nuclear pore complex***（***NPC***）进行，这是一个非常大的结构（约 5×10^{7}Da），包括 30 种不同的蛋白质（**核蛋白 *nucleoprotein***）和总数达 456 个的单独的蛋白质分子[129]。尽管用原子力显微镜、电子显微镜和不同的生化方法等其他方法收集了大量的数据，但 NPC 的庞大规模还是妨碍了科学家准确地确定复合物的三维结构。例如，电子显微镜研究发现，NPC 是具有环形中央通道径向排列的 8 个辐条的普通圆环形状[130−135]。

最近，Alber 等[136] 结合实验和计算方法来确定来自酿酒酵母的 NPC 结构。通

① 输入蛋白情况下的**核定位信号 *nuclear localization signal***（***NLS***）和输出蛋白情况下的**核输出信号 *nuclear export signal***（***NES***）。

② **输入蛋白 *importin*** 和**输出蛋白 *exportin***，分别对应装载输入和装载输出。

过电子显微镜、质谱和定量免疫印迹等方法获得的实验数据被用于限制产生复合物的空间。然后，利用计算方法来生成满足约束条件的结构解集合。这个过程产生的平均结构如图 6.2.1 所示。直径约 980Å，高度约 370Å。内孔的直径约 380Å，相当于可以穿过 NPC 的大分子装载的最大尺寸[137]。构成 NPC 的大多数单个核蛋白结合在一起形成 5 个同轴环（详情参见图 6.2.1），而另一些用于联结环。

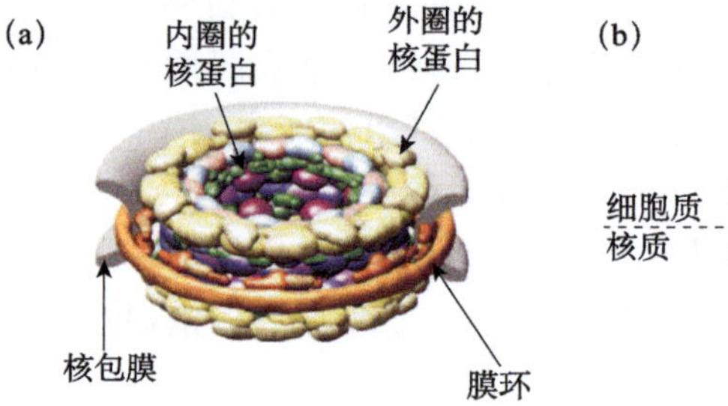

图 6.2.1　NPC 的结构。(a) 完整的结构；(b) 结构的中间部分，显示内部孔隙。在这两幅图像中，构成 NPC 的核孔蛋白根据它们的分类、位置和功能特性被分成 5 个不同的子结构：黄色的外环、紫色的内环、棕色的膜环、蓝色和粉红色的接头核孔蛋白、绿色的 FG 核。孔膜显示为灰色（源自 Alber，F.，Dokudovskaya，S.，Veenhoff，L. M.，Zhang，W.，Kipper，J.，Devos，D.，Suprapto，A.，Karni-Schmidt，O.，Williams，R.，Chait，B. T.，Sali，A. and Rout，M. P.，*Nature*，450，695－701，2007)

尽管每个环都不同于其他环，但可以分为两组。第一组包括 5 个环中的 4 个。所有这些环由具有有序三维结构的核蛋白构成。此外，它们的折叠及其组织的形态与囊泡包被蛋白（如网格蛋白）相似。这不应该是意外，因为两种类型的复合物具有类似的功能，即形成细胞膜弯曲的外壳。这些蛋白质的主要折叠，即 α-螺线管（图 6.2.2）似乎被设计成赋予这种复合物构象的灵活性。在 NPC 中，需要这种灵活性来容纳通过孔隙的大分子装载[128]。

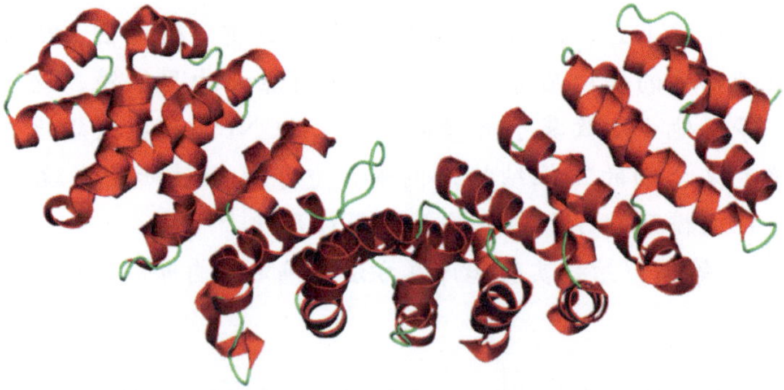

图 6.2.2　α-螺线管折叠。该图显示了输入蛋白 α-2 亚基（PDB 条目：1iql）的三维结构

第二组包括排列在 NPC 最里面区域的 FG 环①。构成该环的每个核蛋白包含将其锚定到其他环的小结构域和面向孔的大的无序区域。这个区域由于无序，可能会获得多重构象，因此在平均结构中表现为围绕结构解析区域的低密度云[128]（图 6.2.3）。云的形状和分布可能暗示着 NPC 运输的一些有趣的方面。

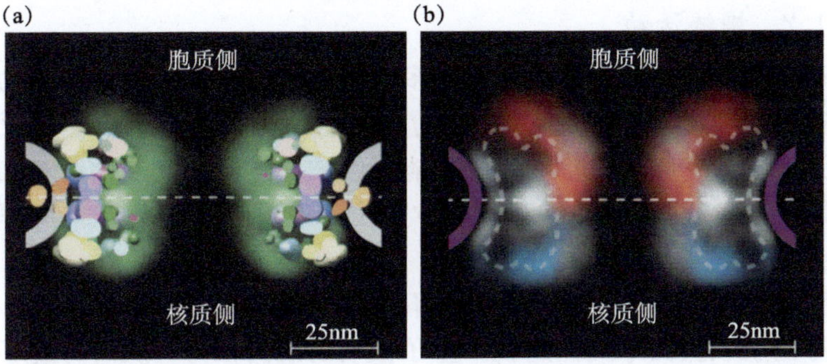

图 6.2.3 NPC 中无序 FG 重复区域的分布。(a) 通过 NPC 切片，显示所有核孔蛋白的结构域，根据其分类着色（见图 6.2.1），还显示了所有 FG 核蛋白（绿色云）的非结构化区域的定位概率；(b) 来自所有 FG 核蛋白的 FG 重复区域的定位概率的投影由密度图显示，在垂直于中心 Z 轴的平面内从 $X = -50$Å 至 $X = +50$Å 取样。对于主要或完全固定在 NPC 一侧上的属于 FG 核蛋白的 FG 重复区域的投影表示如下：归属细胞质的那些为红色，归属核质的那些为蓝色，在两侧都能发现的那些为白色。NPC 的赤道面用白色虚线表示，NPC 密度的位置用 ccc 形虚线表示，孔膜的位置用紫色表示。图上放置了 25nm（250Å）的比例尺（源自 Alber，F.，Dokudovskaya，S.，Veenhoff，L. M.，Zhang，W.，Kipper，J.，Devos，D.，Suprapto，A.，Karni-Schmidt，O.，Williams，R.，Chait，B. T.，Sali，A. and Rout，M. P.，*Nature*，450，695 - 701，2007。经许可）

(1) 云扩展到核质和细胞质，这意味着 FG 核蛋白可以接近至 NPC 的任一侧。这使得 FG 核蛋白成为介导 NPC 成分转运的良好候选物。事实上，已经有人提出，FG 核蛋白构成了 NPC 装载因子复合体的对接位点[136,138−142]，前提是后者含有 FG 重复结合位点。

(2) 云在通道的正中心处留下 10Å 的空间，这大致是可以通过孔隙自由扩散的分子的最大尺寸。

(3) 各个 FG 核蛋白可达的距离，由云中的显著重叠所反映，可以根据传输机制来解释。也就是说，这可能意味着装载蛋白质在不同的 FG 核蛋白之间快速转换，允许其在最短的时间内穿过孔。正如在正文中所解释的，结合伴侣的快速

① “FG”分别代表苯丙氨酸和甘氨酸的单字母代码。这个环的命名是因为构成它的核蛋白主要由苯丙氨酸-甘氨酸重复组成。

交换实际上是本质上无序的蛋白质的功能之一。

(4) 少数 FG 停靠点也面对孔隙膜。这可能涉及它们在膜结合蛋白中的运输。

6.3.1.2　熵链活动

属于这个组的蛋白质需要自由移动多肽链来履行职责。这解释了为什么无序蛋白质最适合这项“工作”，而且也是为什么它们与第一组蛋白质相反，在功能上仍然是无序的。一般来说，它们的功能可以被描述为创造一种反对结构改变的力量，或影响蛋白质内连接区域的取向/定位。发现的以这些方式发挥功能的蛋白质可以分成以下几组。

(1) 弹簧——产生“被动力”，即不需要使用外力的能量。一个例子就是 PEVK 无序的肌联蛋白序列，这就产生了被动的肌肉张力，从而有助于保持适当的肌肉纤维长度[125,126]。

(2) 刷毛——保持链的相邻部分分开。这个组包括神经丝单位 NF-M 和 NF-H，其 C′尾保持相邻长丝之间的空间[127]。

(3) 连接肽——连接蛋白质内的不同区域，如结构域，从而使它们相互获得不同的方向。

6.3.2　IUP 和 IDR 的序列与结构组织

尽管 IUP 和 IDR 被定义为无序，但是测量结果表明它们可能会含有二级结构[143]，如 α 螺旋和 β 片层（占蛋白质残基的 10%～20%[118]）以及非 α 螺旋。但这些结构是不稳定的，往往会随机地改变。在蛋白质与其靶标结合时，这种不稳定性显著地降低，因此允许二级结构在没有三级接触帮助下保持稳定（如在球状蛋白中）。在 IUP 所发现的二级结构中，PPII 螺旋是最常见的，CD 测量显示其倾向于占蛋白质残基中的 20%～25%（最高达 50%）。如第 4 章所述，PPII 螺旋最初是在富含脯氨酸的序列中被鉴别出来的，但不限于此。它往往出现在无序的片段，属于 IUP 或者变性的球状蛋白。IUP 中 PPII 螺旋的功能意义在 3.3 节中得以讨论。没有三级结构的二级结构的存在使得一些 IUP 的结构让人联想到熔融的球状构象，在第 5 章提到其作为球状蛋白折叠的中间体。不过，其他 IUP 可能看起来非常不同，由于几乎没有第三方接触，其以“随机卷曲”结构为特征，且运动自由度很高。

除它们的结构独特性外，无序蛋白质片段也倾向于由独特的氨基酸组成。正如所料，它们富含脯氨酸，但是它们也富含极性氨基酸如甲硫氨酸、赖氨酸、精氨酸、丝氨酸、谷氨酰胺和谷氨酸。这也毫不奇怪；IDR 序列的极性确保了一个非极性、紧凑、有序的核心不能稳定。出于同样的原因，IDR 往往含有很少的色氨酸、酪氨酸、异亮氨酸、苯丙氨酸、缬氨酸和亮氨酸残基[124]，具有非极性相互作用。半胱氨酸也在 IDR 中表达不足，因为它倾向于形成二硫键以稳定蛋白质有序的三级和四级结构。另一个特征序列相关的 IDR 的性质是低进化保守性(与结构化片段相比)[144]。这是可以预料的，因为 IDR 不包含埋藏的残基，因此缺乏很多结构化片段所拥有的对序列的结构约束[119]。以上 IDR 序列相关的属性已经被成功地用于自动预测蛋白质内的无序[145]。

6.3.3 结构-功能关系

6.3.3.1 IUP 与靶蛋白的整合

6.3.3.1.1 IUP 被设计用于快速的蛋白质整合和释放　IUP 倾向于参与生物学过程的调节，特别是涉及与其他蛋白质的整合/识别。事实上，已经发现 IUP 整合的目标越多，就越无序[115]。这意味着无序对于整合/识别功能具有天生的重要性。虽然确切的原因尚未完全理解，但无序似乎赋予整合一些优势，尤其是当它发生在大型的功能或调控网络内部时。首先，由此产生的多肽链的构象自由度使整合具有可塑性（图 6.14）。这是参与大型网络的蛋白质的一个巨大优势，这些网络倾向于包括许多不同的潜在目标。例如，p21^{Cip1} 中心蛋白能够整合不同的细胞周期调节蛋白，取决于不同的细胞条件[118]。另一个众所周知的中心是 p53，其 N 端和 C 端结构域是无序的，并且在与许多整合伴侣相互作用时调节其活性[146]。

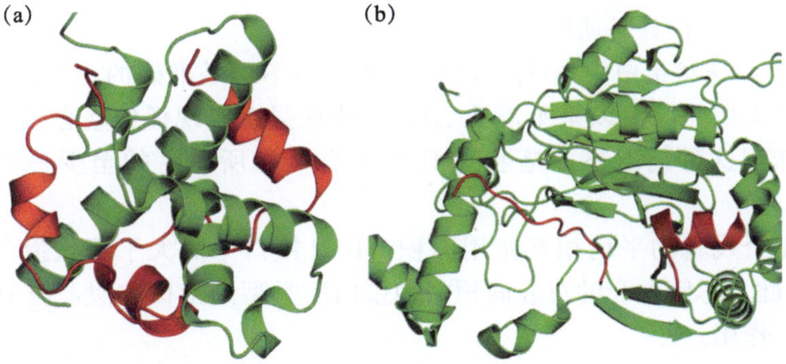

图 6.14　与不同靶标整合的缺氧诱导因子（HIF）-1α 的不同构象。(a) 该图显示与反应结合蛋白（CBP）的转录活化锌指（Taz1）结构域（PDB 条目 1l8c，绿色）复合的缺氧诱导因子 HIF-1α（红色）的 C 端激活结构域；(b) 抑制因子 FIH（PDB 条目 1h2k，绿色）。如所清楚看到的，HIF-1α 在第一个复合物中具有 α 螺旋构象，而在第二个复合物中具有大致盘绕的构象。在后者复合物中，HIF 的 6 个残基缺失（即在实验中未解决），反映了该蛋白质的无序性质

其次，由于其多肽链的高溶剂暴露，IUP 对溶解性蛋白质裂解特别敏感。这使得细胞更容易通过控制它们的转换率来调节它们，这对于调节复杂过程中的蛋白质又是有利的。

最后，也许最重要的是，IUP“擅长”组织与目标蛋白弱却特殊的相互作用。这个能力非常重要，因为参与调节和信号转导过程的蛋白质需要迅速整合和释放目标，促进信号的快速传递。IUP 的属性允许整合如下这些类型。

Ⅰ. 由结合-折叠耦合导致的低 IUP -靶标亲和力

IUP 整合其目标的能力弱是其倾向于一经整合就（部分）折叠的结果。这是因为折叠涉及熵损失。事实上，即使两个整合伴侣都已经折叠，任何分子间整合也都会引起熵损失。但是，在已经折叠的情况下，只减少蛋白质**平移和旋转熵** ***translational and rotational entropy***（$\Delta S_{trans/rot}$）。当 IUP 与其靶标整合时，$\Delta S_{trans/rot}$ 还被辅以**构型熵** ***configurational entropy***（ΔS_{con}）的损失，通过折叠使得蛋白质结构受限。在球状蛋白和 IUP 中仍然发生整合，因为从整合相互作用中获得的焓（ΔH_{bind}）过度补偿了损失熵，从而使总结合能（ΔG_{bind}）有利（例如，参考文献［147］）：

$$\Delta G_{bind} = \Delta H_{bind} - T\ (\Delta S_{trans/rot} + \Delta S_{con}) \tag{6.1}$$

（在温度恒定时）

但是，假设 ΔH_{bind} 在两种情况下是相似的，则在 IUP 情况下熵损失较大，意思是它们的 ΔG_{bind} 小于球状蛋白，这表明其对目标的亲和力降低。但应该提到的是，在大多数情况下，折叠是部分的[148]；它涉及短的两亲性序列，被称为**分子识别功能** ***molecular recognition feature***（***MoRF***），而不是整个无序区域/蛋白质。因此，ΔS_{con} 预计是适度的。

在 IUP 和球状蛋白中 ΔH_{bind} 相似的假设并不总是准确的。在许多 IUP 中，构型熵的损失如此之大以至于需要 ΔH_{bind} 特别强以实现任何整合亲和力。在强整合相互作用这种情况下，是通过 IUP 整合接口所具有的至少三个属性来实现的。

（1）每个残基的平均相互作用面积，IUP 接口中的大于球状蛋白的接口中的[149]。因此，尽管整合的总表面积两种蛋白质类型的接口类似，但 IUP 能实现更强的相互作用。

（2）IUP 的整合接口是由一个或两个多肽链片段构成的，而不是像在球状蛋白中，由许多相互分离的短序列构成。这样的接口在与靶标整合后更容易构建，因为其允许蛋白质将熵成本减到最低限度。

（3）与那些球状蛋白相比，IUP 的整合接口更富含非极性残基[149]，从而增加其相互作用亲和力。这很吸引人，因为 IDR 一般倾向于极性。这意味着折叠过程不是随机的，而是意在构建特别强大的约束性接口。球状蛋白倾向于做相反的事情，即埋没它们的非极性残基而不是使用它们来构建整合接口。

补偿 IUP 折叠所需的额外能量的原因之一可能是迄今为止没有发现它们具有催化活性。酶使用它们的底物-整合相互作用（ΔH_{bind}）驱动催化作用。IUP 在折叠时至少会浪费一些这种能量，剩余的可能不足以驱动催化作用[124]。因此，虽然 IUP 和球状蛋白的功能都涉及整合，但前者是在信号转导过程中整合，后者主要在催化中整合。

Ⅱ. IUP 的靶标专一性涉及极性基团

IUP 可以有选择性地整合到它们的靶标上，这在生物系统中是经常需要的，特别是在复杂的功能网络中。这似乎是与 IUP 的性质不一致；事实上，它们在整合之前先展开，这暗示因构象的灵活性而降低了专一性。这是怎么做到的？我们已经看到 IUP 倾向于形成每个残基比通常更大的整合接口。预期这种接口对靶蛋白具有高亲和力。另外，数量庞大的所形成的接触点至少在理论上对准确接触产生了更高效益。但是否所有 IUP-靶标接触都对专一性具有同样的贡献，本课题深入研究了 Smad2 蛋白和 TGF_{β} 受体无序片段之间的相互作用[150]。其结果表明，蛋白质之间发生了不同相互作用的功能分化：非极性相互作用有助于结合的亲和性，而静电相互作用有助于其专一性。正如在第 4 章中所讨论的那样，相同的功能分化也存在于蛋白质折叠时的非共价相互作用中，并阐明了在非共价环境中，静电相互作用相比非共价相互作用有更高的专一性。这怎样与 IUP 在整合其靶标显示的高度可塑性相兼容？事实上，两者之间并没有真正的矛盾；可塑性是由环境变化引起的（如上述 $p21^{Cip1}$ 与细胞周期蛋白整合的情况）。这意味着在固定的条件下，IUP 预期会整合到一个单一的靶蛋白上。

赋予 IUP-靶标结合专一性的极性基团是多样的。大部分属于残基的侧链，而另一些是骨架基团（C=O，N—H）。伴随着整合的折叠被认为是将这些骨架基团与氢键配对，从而减少与暴露于非极性接口相关的能量损耗。这是球状蛋白二级结构形成的确切过程（见第 2 章）。然而，在 IUP 中，形成的局部结构（即 α 螺旋或 β 片层）并不必须是合乎规范的，这意味着至少一些极性的骨架基团无法配对。这些基团暴露在低介电接口时会导致一些不稳定，但同时也为接口提供了额外的氢键供体和受体，致使结合更加专一。这种现象已经在 PPII 螺旋中证实，这在 IUP 中是非常普遍的，但是必须进一步研究其他非 α 构象和非 β 构象。最后，导致 IUP 和 IDR 整合专一性的另一个因素是常用的高度进化保守的短线性序列，称为 MoRE（或 MoRF，如上所述）[149]。这些片段的功能分析揭示了其中许多的信号转导和选择性剪接，它们的活性似乎主要受磷酸化作用调节[151]。

6.3.3.1.2 IUP 中结合-折叠耦合的机制和动力学 整合-折叠偶联是 IUP 行为的一个关键方面。正如前一小节所提到的，偶联的原因是需要通过氢键配对到疏水接口来减少对极性骨架基团暴露的能量损耗。然而，发生这种情况的机制并不一定那么简单。一般来说，有两个基本机制使耦合可以进行[148]。第一，折叠是通过整合诱导的，过程类似于 Koshland 所提出的“诱导适配”理论，但有更广泛的变化（见下文）。这个过程涉及快速整合，以及随后较慢的折叠（如参考文献［152］）。在其进行的研究的基础上，Wolynes 及其同事提出了一个两步法，称为“飞钓”[153] 支持诱导折叠机制。首先，IUP 与其靶标微弱整合，形成一个络合物。然后，它部分折叠成的构象提供与其靶蛋白最好的相互作用。这个机制有两个重要的优点。

（1）由于初始整合力弱，IUP 可迅速采样许多构象，这增加了找到最好构象的机会（图 6.15，参考文献［153］）。已经被折叠的球状蛋白只能经历有限的构象变化（即诱导配合），这不一定产生最好的可能的整合位点。这可以解释在 IUP 中每个残基的平均接触面比球状蛋白大的事实[149]。

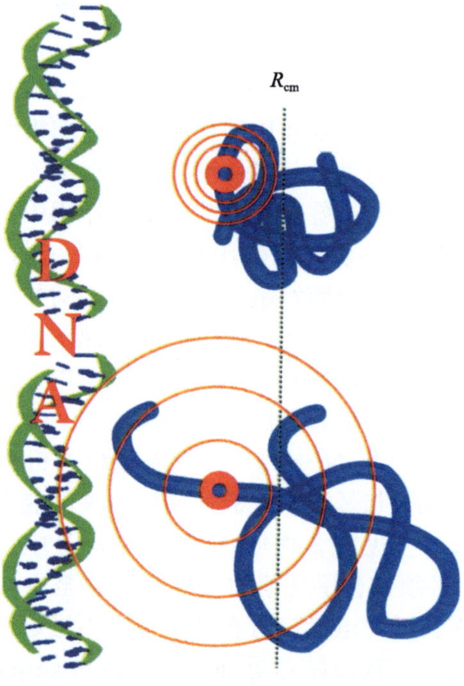

图 6.15　通过“飞钓”机制折叠速度增强。该图显示了 DNA 结合蛋白（右）与其相互作用的靶标（左）。在接近距离 R_{cm} 处，部分折叠的总体已经能够与其结合位点发生弱相互作用。相反，由于折叠状态的波动较小，因此折叠结构保持在范围外。未折叠的整体与目标分子之间的弱相互作用使得前者能够在完成折叠过程的同时在其整合的“伙伴”内搜索并找到其特有的结合位点（源自 Shoemaker，B. A.，Portman，J. J. and Wolynes，P. G.，*Proc Natl Acad Sci USA*，97，8868－73，2000）

（2）由于采样是在 IUP 已经整合到目标的情况下发生的，因此没有必要如发生在球状蛋白中那样两者须进行扩散和旋转才能找到彼此。

IUP 中可能发生的整合-折叠的第二种机制涉及在未整合的 IUP 中选择预先存在的构象，遵从“人口转移”模型，如在第 5 章所解释的。那么，这两种机制中的哪一种是正确的？显然都正确；一些研究支持诱导折叠机制（如参考文献［154—157］），但其他研究支持构象选择机制（如参考文献［158，148］）。有趣的是，Kataoka 及其同事发现，同一个 IUP（在此案例中的葡萄球菌核酸酶）可以同时利用这两种机制[159]。显然，这件事情需要更多的研究以得出明确的结论。

6.3.3.1.3 IUP 中 PPII 螺旋的意义 PPII 螺旋在 IUP 中特别常见，这意味着它可能至少是部分负责它们的整合效率。这个螺旋构象的一个显著特征是没有任何分子内相互作用。骨干和侧链基团因而自由地与靶标蛋白相互作用[82]。许多侧链基团是非极性的，它们负责“创建”具有非极性特性的接口。如前面提到的，这些接口的高度疏水性是造成每个残基比通常的接触表面更大的原因，从而补偿了与 IUP 相关的弱整合亲和性。

PPII 螺旋也出现在球状蛋白内的 IDR 中，而在 IUP 中，它们倾向于参与蛋白质-蛋白质整合。然而，在球状蛋白中的 PPII 螺旋与 IUP 中的构成不同。具体而言，它们与其他蛋白质片段一样具有极性，并倾向于富含脯氨酸残基。所以它们参与整合的能力必须依赖于与上述 IUP 不同的属性。这个问题与蛋白质中常见的整合域的功能有关，在第 8 章将进一步讨论蛋白质-配体相互作用。

6.3.3.1.4 无序可以用于调控 我们已经看到，在复杂的功能网络中，IUP 与靶标的弱结合是如何发挥优势的，这些功能网络需要蛋白质与其靶标快速地联结和分离。无序在这个过程中的另一个优点是它使蛋白质更容易调控。严格的调控在信号转导过程中至关重要，因为它们介导了一些最引人注目的细胞进程：分裂、生长、死亡、大量生产和/或释放生物活性化学物质。无序主要通过赋予多肽链扩展的构象来促进调控进而使多数残基暴露于溶剂，由此可用于修饰酶[120]。事实上，蛋白质中的 PTM 位点通常聚集在 IDR 之内[122,160]。用于蛋白质调控的 PTM 类型包括磷酸化、乙酰化、泛素化、羟基化和甲基化（见第 2 章）。例如，已知前三种调控改变肿瘤抑制蛋白 p53 的功能，也改变其定位和翻转[161]。这些 p53 PTM 的大部分位点位于 IDR 内部。

在上述用于调控蛋白质活性的 PTM 中，磷酸化是最常见的。如前所述，磷酸化可能以不同的方式起作用，其中之一是诱导蛋白质的构象变化，从而导致其行为改变。在 IUP 中，内在的无序提供了更宽范围的比球状蛋白中的更大的构象变化。因此，它也提供了（至少在理论上）更多的磷酸化方式来改变蛋白质的活性。Ets-1 转录激活因子证明了这一点，其以无序形式与 DNA 整合。在多个位点磷酸化后，Ets-1 逐渐获得有序构象[162]。无序形式与 DNA 有高度的亲和力，有序形式却不是这样。因此，磷酸化被用于通过诱导折叠来控制 Ets-1 的活性。这是一个完美的范例，细胞将 IUP 内在的无序与现有调控手段（在这种情况下是磷酸化）结合起来，对关键过程如基因表达进行微调。

6.3.3.2　熵助手相关作用

由于 IUP 行动自由度大的特点，其辅助熵的功能是明显的。这种行动自由对于因各种原因分离结构域的 IDR 来说尤为重要。例如，在连续进行不同催化步骤的酶中，使用不同的结构域，其在实际中有一种真正的优势能力，即相互取样不同的方向，以便能够在它们之间有效地传递底物。在具有调控和催化两种结构域的酶中，柔性连接的 IDR 允许各结构域之间在激活剂或抑制剂与调控结构域整合时有效地相互作用。柔性连接肽可以允许它们所连接的结构域经历更为广泛的与其他蛋白质相互作用所需的构象变化。一个众所周知的例子是钙调蛋白(CaM)，其中两个球状结构域含有 Ca^{2+} 与 HTH 模体，通过 4～8 个残基的短序列连接，在晶体结构时是螺旋形，但在溶液中是无序的[119]。如第 2 章所述，Ca^{2+} 与 HTH 模体在球状结构域内的整合在整个分子中诱导广泛的构象改变，使其包裹通常是螺旋构象的目标蛋白片段（图 2.22）。无序的柔性连接肽以及在这种变化过程中暴露的甲硫氨酸侧链，允许 CaM 不但要经历构象变化，而且要整合不同的目标[163]。最后，在位于核纤层内的核孔蛋白中，**柔性连接肽**也起到闸门的作用，它可以打开或关闭细胞分子进入核的入口点[128]。

6.3.4　体内的 IUP

在上面的章节中，我们已经看到 IUP 中缺乏结构反而有利于不同的功能，尽管这与结构和分子生物学的中心结构-功能范式有明显冲突。许多研究已经通过体外试验证明了 IUP 的性质以及它们的活性[148]。虽然一般使用体外方法是没有问题的，但像这样用于研究 IUP，有两个主要原因。其一，由高度致密的细胞质产生的拥挤效应[164] 至少会在一些被认为是 IUP 的蛋白质中诱导折叠。就这个问题进行的核磁共振研究，到目前为止对不同的蛋白质产生了矛盾结果（如参考文献［165，166］）。

关于细胞内 IUP 的另一个待解决的问题是它们如何避免伴侣。正如前一章所解释的，分子伴侣存在于细胞质和某些细胞器中，在那里它们“捕获”错误折叠的蛋白质，并为其提供一个受保护的环境，使其能再次折叠。虽然这对出问题的球状蛋白是有利的，但 IUP 在不能折叠时（至少在其自由状态），可能会因伴侣分子的行为而丧失行动能力。最近的体内研究显示，IUP 尽管有未折叠的本性，但其整合到分子伴侣的趋势低[167]。这可以用 IUP 的高极性来解释。分子伴侣通过检测其暴露的非极性残基来识别错误折叠的蛋白质。由于呈极性甚至带电，IUP 预计不会被伴侣识别。另一个原因可能是结构性的；IUP 主要具有

PPII 螺旋构象，而错误折叠的球状蛋白往往具有某种顺序，通常以 β 构象的形式存在[168]。另外，IUP 可以非常快地与其天然细胞靶标整合。这种整合，往往涉及折叠，将对其环境中的分子伴侣“隐藏”IUP。

6.4 概 要

● 某些蛋白质具有使其不同于球状蛋白的特性。它们可以分解成纤维状和内在的无序蛋白质。

● 纤维蛋白在细胞内外形成大的纤维状结构，最明显的分别是细胞骨架和细胞外基质。这些主要为细胞提供保护以对抗机械压力，并且也可以在整个器官、细胞或细胞内细胞器的水平上参与运动。尽管如此，最近的研究表明，至少有一些纤维蛋白也参与更复杂的任务，如调控生化和生理进程。

● 除具有拉长的形状外，纤维蛋白往往比球状蛋白更具疏水性。它们的整体结构包括一类二级元件以重复的方式组织起来。两个或多个这样的多肽链沿着一个轴组装成所谓的“超二级结构”，常见的哺乳类超二级结构由两个或三个螺旋相互缠绕在一起构成。在它们的序列中普遍存在的脯氨酸和甘氨酸，以及 PTM 的特殊作用，促进了这些结构的致密性。

● 纤维蛋白倾向于组装成纤维或网络，这增强了它们的稳定性和生物活性。这些更高层次（超）结构往往是稳定的共价交联。通过调节①纤维蛋白组装成这些超结构的过程和②共价交联的数量，组织调节它们自己的力学性能，如强度、弹性、韧性等。两个主要的纤维蛋白，即 α-角蛋白和胶原蛋白，分别在动物上皮细胞和结缔组织中很好地证明了这些。

● 一些被称为 IUP 的蛋白质可能完全没有规则的三维结构，或包含非结构化区域。虽然无序，但 IUP 参与复杂的生物学过程，如信号转导和调控，此处它们主要在分子识别中起作用，并且也协助大蛋白复合物的组装、清除小分子，甚至诱导其他蛋白质的构象变化或帮助其折叠。

● IUP 缺乏三级和四级结构，但可能含有不稳定的二级结构，其中 PPII 螺旋是最常见的。当 IUP 与其靶蛋白结合时这些结构往往稳定。未整合的 IUP 中三级结构的缺乏由其高度极性的成分保证，其阻止形成一个稳定的非极性核心。

● IUP 的无序性质赋予了结合的可塑性。然而，在固定条件下，IUP 倾向于以特定的方式与配体结合。通过增加过程的熵成本，折叠结合的需要削弱了 IUP 对其靶标的总体亲和力。弱结合允许 IUP 参与复杂的生物学过程，这需要快速结合和释放配体。然而，折叠过程中能量的“浪费”被认为阻止了 IUP 作为酶的功能，这需要底物结合产生的所有能量被引导到驱动催化。

● 尽管 IUP 对靶标蛋白的整体亲和力较弱，但其接口优化了结合相互作用。这一点，以及它们对靶标的特异性，很大程度上是通过许多极性基团的可用性来实现的，这些极性基团在折叠（球状）蛋白质中大多以氢键配对，因此无法结合。由于结合-折叠耦合，特异性也得以实现，这使得 IUP 即使在初始相遇复合体形成后也仍能继续寻找最佳结合构象（“飞钓”机制）。

参考文献

1. Pogliano, J. (2008) The bacterial cytoskeleton. *Curr Opin Cell Biol.* **20**: 19–27.
2. de Lanerolle, P., Johnson, T. and Hofmann, W.A. (2005) Actin and myosin I in the nucleus: what next? *Nat Struct Mol Biol.* **12**: 742–6.
3. Grummt, I. (2006) Actin and myosin as transcription factors. *Curr Opin Genet Dev.* **16**: 191–6.
4. Mofrad, M.R.K. (2009) Rheology of the cytoskeleton. *Annu Rev Fluid Mech.* **41**: 433–53.
5. Goodsell, D.S. (2008) Molecular Machinery: A Tour of the Protein Data Bank.
6. Omary, M.B., Coulombe, P.A. and McLean, W.H. (2004) Intermediate filament proteins and their associated diseases. *N Engl J Med.* **351**: 2087–100.
7. Janmey, P.A. and McCulloch, C.A. (2007) Cell mechanics: integrating cell responses to mechanical stimuli. *Annu Rev Biomed Eng.* **9**: 1–34.
8. Coulombe, P.A. and Omary, M.B. (2002) 'Hard' and 'soft' principles defining the structure, function and regulation of keratin intermediate filaments. *Curr Opin Cell Biol.* **14**: 110–22.
9. Gu, L.H. and Coulombe, P.A. (2007) Keratin function in skin epithelia: a broadening palette with surprising shades. *Curr Opin Cell Biol.* **19**: 13–23.
10. Guzman, C., Jeney, S., Kreplak, L., Kasas, S., Kulik, A.J., Aebi, U. and Forro, L. (2006) Exploring the mechanical properties of single vimentin intermediate filaments by atomic force microscopy. *J Mol Biol.* **360**: 623–30.
11. Beil, M., Micoulet, A., von Wichert, G., Paschke, S., Walther, P., Omary, M.B., Van Veldhoven, P.P., Gern, U., Wolff-Hieber, E., Eggermann, J., Waltenberger, J., Adler, G., Spatz, J. and Seufferlein, T. (2003) Sphingosylphosphorylcholine regulates keratin network architecture and visco-elastic properties of human cancer cells. *Nat Cell Biol.* **5**: 803–11.
12. Goldman, R.D., Grin, B., Mendez, M.G. and Kuczmarski, E.R. (2008) Intermediate filaments: versatile building blocks of cell structure. *Curr Opin Cell Biol.* **20**: 28–34.
13. Schmidt, J. and Handsaker, C. Fluorescence microscopy of keratin intermediate filaments in epithelial cells. ***In** Wikipedia, the Free Encyclopedia.*
14. Fuchs, E. and Raghavan, S. (2002) Getting under the skin of epidermal morphogenesis. *Nat Rev Genet.* **3**: 199–209.
15. Alberts, B., Johnson, A., Lewis, J., Raff, M., Roberts, K. and Walter, P., Editors. (2002) *Molecular Biology of the Cell*, 4th ed. Garland Science Textbooks: New York & London.
16. Budzynski, A.Z. (1986) Fibrinogen and fibrin: biochemistry and pathophysiology. *Crit Rev Oncol Hematol.* **6**: 97–146.
17. Sadler, J.E. (2004) K is for coagulation. *Nature.* **427**: 493–4.
18. Exposito, J.Y., Cluzel, C., Garrone, R. and Lethias, C. (2002) Evolution of collagens. *Anat Rec.* **268**: 302–16.
19. Kielty, C.M. and Grant, M.E. (2002) *Connective Tissue and its Heritable Disorders: Molecular, Genetic, and Medical Aspects*, Royce, P.M. and Steinmann, B., Editors. Wiley-Liss: New York. p. 159–222.

20. Shoulders, M.D. and Raines, R.T. (2009) Collagen structure and stability. *Annu Rev Biochem.* **78**: 32.1–30.
21. Berisio, R., Vitagliano, L., Mazzarella, L. and Zagari, A. (2002) Recent progress on collagen triple helix structure, stability and assembly. *Protein Pept Lett.* **9**: 107–16.
22. Bhattacharjee, A. and Bansal, M. (2005) Collagen structure: the Madras triple helix and the current scenario. *IUBMB Life.* **57**: 161–72.
23. Viguet-Carrin, S., Garnero, P. and Delmas, P.D. (2006) The role of collagen in bone strength. *Osteoporos Int.* **17**: 319–36.
24. Nelson, C.M. and Bissell, M.J. (2006) Of extracellular matrix, scaffolds, and signaling: tissue architecture regulates development, homeostasis, and cancer. *Annu Rev Cell Dev Biol.* **22**: 287–309.
25. Griffith, L.G. and Swartz, M.A. (2006) Capturing complex 3D tissue physiology in vitro. *Nat Rev Mol Cell Biol.* **7**: 211–24.
26. Hynes, R.O. (2002) Integrins: bidirectional, allosteric signaling machines. *Cell.* **110**: 673–87.
27. Assoian, R.K. and Zhu, X. (1997) Cell anchorage and the cytoskeleton as partners in growth factor dependent cell cycle progression. *Curr Opin Cell Biol.* **9**: 93–8.
28. Aplin, A.E., Howe, A.K. and Juliano, R.L. (1999) Cell adhesion molecules, signal transduction and cell growth. *Curr Opin Cell Biol.* **11**: 737–44.
29. Giancotti, F.G. and Ruoslahti, E. (1999) Integrin signaling. *Science* **285**: 1028–32.
30. Staniszewska, I., Sariyer, I.K., Lecht, S., Brown, M.C., Walsh, E.M., Tuszynski, G.P., Safak, M., Lazarovici, P. and Marcinkiewicz, C. (2008) Integrin {alpha}9{beta}1 is a receptor for nerve growth factor and other neurotrophins. *J Cell Sci.* **121**: 504–13.
31. Jaalouk, D.E. and Lammerding, J. (2009) Mechanotransduction gone awry. *Nat Rev Mol Cell Biol.* **10**: 63–73.
32. Pallen, M.J. and Matzke, N.J. (2006) From the origin of species to the origin of bacterial flagella. *Nat Rev Microbiol.* **4**: 784–90.
33. Ross, J.L., Ali, M.Y. and Warshaw, D.M. (2008) Cargo transport: molecular motors navigate a complex cytoskeleton. *Curr Opin Cell Biol.* **20**: 41–7.
34. Chevalier-Larsen, E. and Holzbaur, E.L. (2006) Axonal transport and neurodegenerative disease. *Biochim Biophys Acta.* **1762**: 1094–108.
35. Inoue, S. and Salmon, E.D. (1995) Force generation by microtubule assembly/disassembly in mitosis and related movements. *Mol Biol Cell.* **6**: 1619–40.
36. Craig, C.L. and Riekel, C. (2002) Comparative architecture of silks, fibrous proteins and their encoding genes in insects and spiders. *Comp Biochem Physiol B Biochem Mol Biol.* **133**: 493–507.
37. Shao, Z. and Vollrath, F. (2002) Surprising strength of silkworm silk. *Nature.* **418**: 741.
38. Hu, X., Vasanthavada, K., Kohler, K., McNary, S., Moore, A.M. and Vierra, C.A. (2006) Molecular mechanisms of spider silk. *Cell Mol Life Sci.* **63**: 1986–99.
39. Moll, R., Franke, W.W., Schiller, D.L., Geiger, B. and Krepler, R. (1982) The catalog of human cytokeratins: patterns of expression in normal epithelia, tumors and cultured cells. *Cell.* **31**: 11–24.
40. Plowman, J.E. (2007) The proteomics of keratin proteins. *J Chromatogr B Analyt Technol Biomed Life Sci.* **849**: 181–9.
41. Van Den Bossche, K., Naeyaert, J.M. and Lambert, J. (2006) The quest for the mechanism of melanin transfer. *Traffic.* **7**: 769–78.
42. Horiguchi, Y., Sawamura, D., Mori, R., Nakamura, H., Takahashi, K. and Shimizu, H. (2005) Clinical heterogeneity of 1649delG mutation in the tail domain of keratin 5: a Japanese family with epidermolysis bullosa simplex with mottled pigmentation. *J Invest Dermatol.* **125**: 83–5.
43. Nobuhara, S., Idea, T., Miyachi, Y. and Takahashi, K. (2003) The head domain of keratin 5 binds

to a dynein light chain, the cytoplasmic cargo complex, and might be involved in the distribution of keratin filaments and melanosomes. *J Invest Dermatol.* **121**: 498.
44. Byers, H.R., Maheshwary, S., Amodeo, D.M. and Dykstra, S.G. (2003) Role of cytoplasmic dynein in perinuclear aggregation of phagocytosed melanosomes and supranuclear melanin cap formation in human keratinocytes. *J Invest Dermatol.* **121**: 813–20.
45. Helfand, B.T., Chang, L. and Goldman, R.D. (2004) Intermediate filaments are dynamic and motile elements of cellular architecture. *J Cell Sci.* **117**: 133–41.
46. Alonso, L. and Fuchs, E. (2006) The hair cycle. *J Cell Sci.* **119**: 391–3.
47. McGowan, K.M., Tong, X., Colucci-Guyon, E., Langa, F., Babinet, C. and Coulombe, P.A. (2002) Keratin 17 null mice exhibit age- and strain-dependent alopecia. *Genes Dev.* **16**: 1412–22.
48. Tong, X. and Coulombe, P.A. (2006) Keratin 17 modulates hair follicle cycling in a TNFalpha-dependent fashion. *Genes Dev.* **20**: 1353–64.
49. DePianto, D. and Coulombe, P.A. (2004) Intermediate filaments and tissue repair. *Exp Cell Res.* **301**: 68–76.
50. Kim, S., Wong, P. and Coulombe, P.A. (2006) A keratin cytoskeletal protein regulates protein synthesis and epithelial cell growth. *Nature.* **441**: 362–5.
51. Scheibel, T. (2005) Protein fibers as performance proteins: new technologies and applications. *Curr Opin Biotechnol.* **16**: 427–33.
52. Lodish, H., Berk, A., Zipursky, L.S., Matsudaira, P., Baltimore, D. and Darnell, J. (2000) *Molecular Cell Biology*. W.H. FREEMAN: New York.
53. Voet, D., Voet, J.G. and Pratt, C.W. (2005) *Fundamentals of Biochemistry: Life at the Molecular Level.*
54. Parry, D.A., Strelkov, S.V., Burkhard, P., Aebi, U. and Herrmann, H. (2007) Towards a molecular description of intermediate filament structure and assembly. *Exp Cell Res.* **313**: 2204–16.
55. Becker, N., Oroudjev, E., Mutz, S., Cleveland, J.P., Hansma, P.K., Hayashi, C.Y., Makarov, D.E. and Hansma, H.G. (2003) Molecular nanosprings in spider capture-silk threads. *Nat Mater.* **2**: 278–83.
56. Parry, D.A., Fraser, R.D. and Squire, J.M. (2008) Fifty years of coiled-coils and alpha-helical bundles: a close relationship between sequence and structure. *J Struct Biol.* **163**: 258–69.
57. Cohen, C. and Holmes, K.C. (1963) X-ray diffraction evidence for alpha-helical coiled-coils in native muscle. *J Mol Biol.* **6**: 423–32.
58. Crick, F.H. (1952) Is alpha-keratin a coiled coil? *Nature.* **170**: 882–3.
59. Crick, F.H.C. (1953a) The Fourier transform of a coiled-coil. *Acta Cryst.* **6**: 685–9.
60. Crick, F.H.C. (1953b) The packing of alpha-helices: simple coiled-coils. *Acta Cryst.* **6**: 689–97.
61. Conway, J.F. and Parry, D.A. (1990) Structural features in the heptad substructure and longer range repeats of two-stranded alpha-fibrous proteins. *Int J Biol Macromol.* **12**: 328–34.
62. Kammerer, R.A., Schulthess, T., Landwehr, R., Lustig, A., Engel, J., Aebi, U. and Steinmetz, M.O. (1998) An autonomous folding unit mediates the assembly of two-stranded coiled coils. *Proc Natl Acad Sci USA.* **95**: 13419–24.
63. Wu, K.C., Bryan, J.T., Morasso, M.I., Jang, S.I., Lee, J.H., Yang, J.M., Marekov, L.N., Parry, D.A. and Steinert, P.M. (2000) Coiled-coil trigger motifs in the 1B and 2B rod domain segments are required for the stability of keratin intermediate filaments. *Mol Biol Cell.* **11**: 3539–58.
64. Kreplak, L., Bar, H., Leterrier, J.F., Herrmann, H. and Aebi, U. (2005) Exploring the mechanical behavior of single intermediate filaments. *J Mol Biol.* **354**: 569–77.
65. Kessel, A. and Ben-Tal, N. (2002) Free Energy Determinants of Peptide Association with Lipid Bilayers. ***In** Current Topics in Membranes*, Simon, S.A. and McIntosh, T.J., Editors. Academic Press: San Diego, CA. p. 205–53.
66. Astbury, W.T. and Bell, F.O. (1940) The molecular structure of the fibers of the collagen group.

Nature. **145**: 421–2.
67. Pauling, L. and Corey, R.B. (1951) The structure of fibrous proteins of the collagen-gelatin group. *Proc Natl Acad Sci USA*. **37**: 272–81.
68. Ramachandran, G.N. and Kartha, G. (1954) Structure of collagen. *Nature*. **174**: 269–70.
69. Rich, A. and Crick, F.H. (1961) The molecular structure of collagen. *J Mol Biol*. **3**: 483–506.
70. Cowan, P.M., McGavin, S. and North, A.C. (1955) The polypeptide chain configuration of collagen. *Nature*. **176**: 1062–4.
71. Rich, A. and Crick, F.H. (1955) The structure of collagen. *Nature*. **176**: 915–6.
72. Bella, J. and Berman, H.M. (1996) Crystallographic evidence for C alpha-H...O = C hydrogen bonds in a collagen triple helix. *J Mol Biol*. **264**: 734–42.
73. Bella, J., Eaton, M., Brodsky, B. and Berman, H.M. (1994) Crystal and molecular structure of a collagen-like peptide at 1.9 Å resolution. *Science*. **266**: 75–81.
74. Emsley, J., Knight, C.G., Farndale, R.W., Barnes, M.J. and Liddington, R.C. (2000) Structural basis of collagen recognition by integrin alpha2beta1. *Cell*. **101**: 47–56.
75. Hulmes, D.J. and Miller, A. (1979) Quasi-hexagonal molecular packing in collagen fibrils. *Nature*. **282**: 878–80.
76. Perumal, S., Antipova, O. and Orgel, J.P. (2008) Collagen fibril architecture, domain organization, and triple-helical conformation govern its proteolysis. *Proc Natl Acad Sci USA*. **105**: 2824–9.
77. Orgel, J.P., Irving, T.C., Miller, A. and Wess, T.J. (2006) Microfibrillar structure of type I collagen in situ. *Proc Natl Acad Sci USA*. **103**: 9001–5.
78. Leikina, E., Mertts, M.V., Kuznetsova, N. and Leikin, S. (2002) Type I collagen is thermally unstable at body temperature. *Proc Natl Acad Sci USA*. **99**: 1314–8.
79. Orgel, J.P., Miller, A., Irving, T.C., Fischetti, R.F., Hammersley, A.P. and Wess, T.J. (2001) The in situ supermolecular structure of type I collagen. *Structure*. **9**: 1061–9.
80. Orgel, J.P., Wess, T.J. and Miller, A. (2000) The in situ conformation and axial location of the intermolecular cross-linked non-helical telopeptides of type I collagen. *Structure*. **8**: 137–42.
81. Walsh, C.T., Garneau-Tsodikova, S. and Gatto, G.J., Jr. (2005) Protein posttranslational modifications: the chemistry of proteome diversifications. *Angew Chem Int Ed Engl*. **44**: 7342–72.
82. Rath, A., Davidson, A.R. and Deber, C.M. (2005) The structure of "unstructured" regions in peptides and proteins: role of the polyproline II helix in protein folding and recognition. *Biopolymers*. **80**: 179–85.
83. Cram, D.J. (1988) The design of molecular hosts, guests, and their complexes. *Science*. **240**: 760–7.
84. Berg, R.A. and Prockop, D.J. (1973) The thermal transition of a non-hydroxylated form of collagen. Evidence for a role for hydroxyproline in stabilizing the triple-helix of collagen. *Biochem Biophys Res Commun*. **52**: 115–20.
85. Jimenez, S., Harsch, M. and Rosenbloom, J. (1973) Hydroxyproline stabilizes the triple helix of chick tendon collagen. *Biochem Biophys Res Commun*. **52**: 106–14.
86. Myllyharju, J. and Kivirikko, K.I. (2004) Collagens, modifying enzymes and their mutations in humans, flies and worms. *Trends Genet*. **20**: 33–43.
87. Ramachandran, G.N., Bansal, M. and Bhatnagar, R.S. (1973) A hypothesis on the role of hydroxyproline in stabilizing collagen structure. *Biochim Biophys Acta*. **322**: 166–71.
88. Ramachandran, G.N. and Chandrasekharan, R. (1968) Interchain hydrogen bonds via bound water molecules in the collagen triple helix. *Biopolymers*. **6**: 1649–58.
89. Dunitz, J.D. and Taylor, R. (1997) Organic fluorine hardly ever accepts hydrogen bonds. *Chem Eur J*. **3**: 89–98.
90. Holmgren, S.K., Bretscher, L.E., Taylor, K.M. and Raines, R.T. (1999) A hyperstable collagen mimic. *Chem Biol*. **6**: 63–70.
91. Holmgren, S.K., Taylor, K.M., Bretscher, L.E. and Raines, R.T. (1998) Code for collagen's stabil-

ity deciphered. *Nature*. **392**: 666–7.

92. Boryskina, O.P., Bolbukh, T.V., Semenov, M.A., Gasan, A.I. and Maleev, V.Y. (2007) Energies of peptide–peptide and peptide–water hydrogen bonds in collagen: evidences from infrared spectroscopy, quartz piezogravimetry, and differential scanning calorimetry. *J Mol Struct*. **827**: 1–10.
93. Reiser, K., McCormick, R.J. and Rucker, R.B. (1992) Enzymatic and nonenzymatic cross-linking of collagen and elastin. *FASEB J*. **6**: 2439–49.
94. Buehler, M.J. (2006) Nature designs tough collagen: explaining the nanostructure of collagen fibrils. *Proc Natl Acad Sci USA*. **103**: 12285–90.
95. Kar, K., Amin, P., Bryan, M.A., Persikov, A.V., Mohs, A., Wang, Y.H. and Brodsky, B. (2006) Self-association of collagen triple helic peptides into higher order structures. *J Biol Chem*. **281**: 33283–90.
96. Nelson, R., Sawaya, M.R., Balbirnie, M., Madsen, A.O., Riekel, C., Grothe, R. and Eisenberg, D. (2005) Structure of the cross-beta spine of amyloid-like fibrils. *Nature*. **435**: 773–8.
97. Kim, C.A. and Berg, J.M. (1993) Thermodynamic beta-sheet propensities measured using a zinc-finger host peptide. *Nature*. **362**: 267–70.
98. Minor, D.L., Jr. and Kim, P.S. (1994) Measurement of the beta-sheet-forming propensities of amino acids. *Nature*. **367**: 660–3.
99. Carpenter, K.J. (2001) History of Nutritional Science. ***In*** *Encyclopedia of Life Sciences*. John Wiley & Sons, Ltd.: Chichester, West Sussex, UK.
100. Meydani, M., Zubik, L. and Tang, F-Y. (2003) Vitamin C Deficiency. ***In*** *Encyclopedia of Life Sciences*. John Wiley & Sons, Ltd.: Chichester, West Sussex, UK.
101. Lind, J. (1753) *A Treatise on the Scurvy*. Millar: London.
102. Levine, M. (1986) New concepts in the biology and biochemistry of ascorbic acid. *N Engl J Med*. **314**: 892–902.
103. Sauberlich, H.E. (1994) Pharmacology of vitamin C. *Annu Rev Nutr*. **14**: 371–91.
104. Hazell, T. (1987) Vitamin C has a key physiological role in facilitating the absorption of non-heme iron from the diet. *Hum Nutr Appl Nutr*. **41**: 286–7.
105. Strohle, A. and Hahn, A. (2009) Vitamin C and immune function. *Med Monatsschr Pharm*. **32**: 49–54; quiz 55–6.
106. Fischer, E. (1894) Einfluss der configuration auf die wirkung der enzyme. *Ber Dt Chem Ges*. **27**: 2985–93.
107. Pauling, L., Corey, R.B. and Branson, H.R. (1951) The structure of proteins; two hydrogen-bonded helical configurations of the polypeptide chain. *Proc Natl Acad Sci USA*. **37**: 205–11.
108. Blake, C.C., Koenig, D.F., Mair, G.A., North, A.C., Phillips, D.C. and Sarma, V.R. (1965) Structure of hen egg-white lysozyme. A three-dimensional Fourier synthesis at 2 Angstrom resolution. *Nature*. **206**: 757–61.
109. Kendrew, J.C., Dickerson, R.E., Strandberg, B.E., Hart, R.G., Davis, D.D., Phillips, D.C. and Shore, V.C. (1960) The three dimensional structure of myoglobin. *Nature*. **185**: 422–7.
110. Anfinsen, C.B. (1973) Principles that govern the folding of protein chains. *Science*. **181**: 223–30.
111. Hilser, V.J. and Thompson, E.B. (2007) Intrinsic disorder as a mechanism to optimize allosteric coupling in proteins. *Proc Natl Acad Sci USA*. **104**: 8311–5.
112. Fink, A.L. (2005) Natively unfolded proteins. *Curr Opin Struct Biol*. **15**: 35–41.
113. Dyson, H.J. and Wright, P.E. (2005) Intrinsically unstructured proteins and their functions. *Nat Rev Mol Cell Biol*. **6**: 197–208.
114. Iakoucheva, L.M., Brown, C.J., Lawson, J.D., Obradovic, Z. and Dunker, A.K. (2002) Intrinsic disorder in cell-signaling and cancer-associated proteins. *J Mol Biol*. **323**: 573–84.

115. Radivojac, P., Iakoucheva, L.M., Oldfield, C.J., Obradovic, Z., Uversky, V.N. and Dunker, A.K. (2007) Intrinsic disorder and functional proteomics. *Biophys J.* **92**: 1439–56.
116. Eliezer, D. (2009) Biophysical characterization of intrinsically disordered proteins. *Curr Opin Struct Biol.* **19**: 23–30.
117. Dunker, A.K., Obradovic, Z., Romero, P., Garner, E.C. and Brown, C.J. (2000) Intrinsic protein disorder in complete genomes. *Genome Inform Ser Workshop Genome Inform.* **11**: 161–71.
118. Tompa, P. (2005) The interplay between structure and function in intrinsically unstructured proteins. *FEBS Lett.* **579**: 3346–54.
119. Dunker, A.K., Silman, I., Uversky, V.N. and Sussman, J.L. (2008) Function and structure of inherently disordered proteins. *Curr Opin Struct Biol.* **18**: 756–64.
120. Galea, C.A., Wang, Y., Sivakolundu, S.G. and Kriwacki, R.W. (2008) Regulation of cell division by intrinsically unstructured proteins: intrinsic flexibility, modularity, and signaling conduits. *Biochemistry.* **47**: 7598–609.
121. Vucetic, S., Xie, H., Iakoucheva, L.M., Oldfield, C.J., Dunker, A.K., Obradovic, Z. and Uversky, V.N. (2007) Functional anthology of intrinsic disorder. 2. Cellular components, domains, technical terms, developmental processes, and coding sequence diversities correlated with long disordered regions. *J Proteome Res.* **6**: 1899–916.
122. Xie, H., Vucetic, S., Iakoucheva, L.M., Oldfield, C.J., Dunker, A.K., Obradovic, Z. and Uversky, V.N. (2007) Functional anthology of intrinsic disorder. 3. Ligands, post-translational modifications, and diseases associated with intrinsically disordered proteins. *J Proteome Res.* **6**: 1917–32.
123. Xie, H., Vucetic, S., Iakoucheva, L.M., Oldfield, C.J., Dunker, A.K., Uversky, V.N. and Obradovic, Z. (2007) Functional anthology of intrinsic disorder. 1. Biological processes and functions of proteins with long disordered regions. *J Proteome Res.* **6**: 1882–98.
124. Dunker, A.K., Brown, C.J., Lawson, J.D., Iakoucheva, L.M. and Obradovic, Z. (2002) Intrinsic disorder and protein function. *Biochemistry.* **41**: 6573–82.
125. Nagy, A., Grama, L., Huber, T., Bianco, P., Trombitas, K., Granzier, H.L. and Kellermayer, M.S. (2005) Hierarchical extensibility in the PEVK domain of skeletal-muscle titin. *Biophys J.* **89**: 329–36.
126. Tskhovrebova, L. and Trinick, J. (2003) Titin: properties and family relationships. *Nat Rev Mol Cell Biol.* **4**: 679–89.
127. Hoh, J.H. (1998) Functional protein domains from the thermally driven motion of polypeptide chains: a proposal. *Proteins.* **32**: 223–8.
128. Alber, F., Dokudovskaya, S., Veenhoff, L.M., Zhang, W., Kipper, J., Devos, D., Suprapto, A., Karni-Schmidt, O., Williams, R., Chait, B.T., Sali, A. and Rout, M.P. (2007) The molecular architecture of the nuclear pore complex. *Nature.* **450**: 695–701.
129. Cronshaw, J.M., Krutchinsky, A.N., Zhang, W., Chait, B.T. and Matunis, M.J. (2002) Proteomic analysis of the mammalian nuclear pore complex. *J Cell Biol.* **158**: 915–27.
130. Akey, C.W. and Radermacher, M. (1993) Architecture of the Xenopus nuclear pore complex revealed by three-dimensional cryo-electron microscopy. *J Cell Biol.* **122**: 1–19.
131. Beck, M., Forster, F., Ecke, M., Plitzko, J.M., Melchior, F., Gerisch, G., Baumeister, W. and Medalia, O. (2004) Nuclear pore complex structure and dynamics revealed by cryoelectron tomography. *Science.* **306**: 1387–90.
132. Hinshaw, J.E., Carragher, B.O. and Milligan, R.A. (1992) Architecture and design of the nuclear pore complex. *Cell.* **69**: 1133–41.
133. Kiseleva, E., Allen, T.D., Rutherford, S., Bucci, M., Wente, S.R. and Goldberg, M.W. (2004) Yeast nuclear pore complexes have a cytoplasmic ring and internal filaments. *J Struct Biol.* **145**: 272–88.

134. Stoffler, D., Feja, B., Fahrenkrog, B., Walz, J., Typke, D. and Aebi, U. (2003) Cryo-electron tomography provides novel insights into nuclear pore architecture: implications for nucleocytoplasmic transport. *J Mol Biol.* **328**: 119–30.
135. Yang, Q., Rout, M.P. and Akey, C.W. (1998) Three-dimensional architecture of the isolated yeast nuclear pore complex: functional and evolutionary implications. *Mol Cell.* **1**: 223–34.
136. Alber, F., Dokudovskaya, S., Veenhoff, L.M., Zhang, W., Kipper, J., Devos, D., Suprapto, A., Karni-Schmidt, O., Williams, R., Chait, B.T., Rout, M.P. and Sali, A. (2007) Determining the architectures of macromolecular assemblies. *Nature.* **450**: 683–94.
137. Pante, N. and Kann, M. (2002) Nuclear pore complex is able to transport macromolecules with diameters of about 39 nm. *Mol Biol Cell.* **13**: 425–34.
138. Lim, R.Y. and Fahrenkrog, B. (2006) The nuclear pore complex up close. *Curr Opin Cell Biol.* **18**: 342–7.
139. Strawn, L.A., Shen, T., Shulga, N., Goldfarb, D.S. and Wente, S.R. (2004) Minimal nuclear pore complexes define FG repeat domains essential for transport. *Nat Cell Biol.* **6**: 197–206.
140. Rout, M.P., Aitchison, J.D., Magnasco, M.O. and Chait, B.T. (2003) Virtual gating and nuclear transport: the hole picture. *Trends Cell Biol.* **13**: 622–8.
141. Denning, D.P., Patel, S.S., Uversky, V., Fink, A.L. and Rexach, M. (2003) Disorder in the nuclear pore complex: the FG repeat regions of nucleoporins are natively unfolded. *Proc Natl Acad Sci USA.* **100**: 2450–5.
142. Liu, S.M. and Stewart, M. (2005) Structural basis for the high-affinity binding of nucleoporin Nup1p to the *Saccharomyces cerevisiae* importin-beta homologue, Kap95p. *J Mol Biol.* **349**: 515–25.
143. Klein-Seetharaman, J., Oikawa, M., Grimshaw, S.B., Wirmer, J., Duchardt, E., Ueda, T., Imoto, T., Smith, L.J., Dobson, C.M. and Schwalbe, H. (2002) Long-range interactions within a non-native protein. *Science.* **295**: 1719–22.
144. Brown, C.J., Takayama, S., Campen, A.M., Vise, P., Marshall, T.W., Oldfield, C.J., Williams, C.J. and Dunker, A.K. (2002) Evolutionary rate heterogeneity in proteins with long disordered regions. *J Mol Evol.* **55**: 104–10.
145. Dosztanyi, Z. and Tompa, P. (2008) Prediction of protein disorder. *Methods Mol Biol.* **426**: 103–15.
146. Joerger, A.C. and Fersht, A.R. (2008) Structural biology of the tumor suppressor p53. *Annu Rev Biochem.* **77**: 557–82.
147. Choi, H.J., Huber, A.H. and Weis, W.I. (2006) Thermodynamics of beta-catenin-ligand interactions: the roles of the N- and C-terminal tails in modulating binding affinity. *J Biol Chem.* **281**: 1027–38.
148. Wright, P.E. and Dyson, H.J. (2009) Linking folding and binding. *Curr Opin Struct Biol.* **19**: 31–8.
149. Meszaros, B., Tompa, P., Simon, I. and Dosztanyi, Z. (2007) Molecular principles of the interactions of disordered proteins. *J Mol Biol.* **372**: 549–61.
150. Wu, G., Chen, Y.G., Ozdamar, B., Gyuricza, C.A., Chong, P.A., Wrana, J.L., Massague, J. and Shi, Y. (2000) Structural basis of Smad2 recognition by the Smad anchor for receptor activation. *Science.* **287**: 92–7.
151. Mohan, A., Oldfield, C.J., Radivojac, P., Vacic, V., Cortese, M.S., Dunker, A.K. and Uversky, V.N. (2006) Analysis of molecular recognition features (MoRFs). *J Mol Biol.* **362**: 1043–59.
152. Sugase, K., Dyson, H.J. and Wright, P.E. (2007) Mechanism of coupled folding and binding of an intrinsically disordered protein. *Nature.* **447**: 1021–5.
153. Shoemaker, B.A., Portman, J.J. and Wolynes, P.G. (2000) Speeding molecular recognition by using the folding funnel: the fly-casting mechanism. *Proc Natl Acad Sci USA.* **97**: 8868–73.
154. Lu, Q., Lu, H.P. and Wang, J. (2007) Exploring the mechanism of flexible biomolecular recognition with single molecule dynamics. *Phys Rev Lett.* **98**: 128105–9.

155. Ferreira, M.E., Hermann, S., Prochasson, P., Workman, J.L., Berndt, K.D. and Wright, A.P. (2005) Mechanism of transcription factor recruitment by acidic activators. *J Biol Chem.* **280**: 21779–84.
156. Narayanan, R., Ganesh, O.K., Edison, A.S. and Hagen, S.J. (2008) Kinetics of folding and binding of an intrinsically disordered protein: the inhibitor of yeast aspartic proteinase YPrA. *J Am Chem Soc.* **130**: 11477–85.
157. Levy, Y., Onuchic, J.N. and Wolynes, P.G. (2007) Fly-casting in protein–DNA binding: frustration between protein folding and electrostatics facilitates target recognition. *J Am Chem Soc.* **129**: 738–9.
158. Song, J., Guo, L.W., Muradov, H., Artemyev, N.O., Ruoho, A.E. and Markley, J.L. (2008) Intrinsically disordered gamma-subunit of cGMP phosphodiesterase encodes functionally relevant transient secondary and tertiary structure. *Proc Natl Acad Sci USA.* **105**: 1505–10.
159. Onitsuka, M., Kamikubo, H., Yamazaki, Y. and Kataoka, M. (2008) Mechanism of induced folding: Both folding before binding and binding before folding can be realized in staphylococcal nuclease mutants. *Proteins.* **72**: 837–47.
160. Iakoucheva, L.M., Radivojac, P., Brown, C.J., O'Connor, T.R., Sikes, J.G., Obradovic, Z. and Dunker, A.K. (2004) The importance of intrinsic disorder for protein phosphorylation. *Nucleic Acids Res.* **32**: 1037–49.
161. Bode, A.M. and Dong, Z. (2004) Post-translational modification of p53 in tumorigenesis. *Nat Rev Cancer.* **4**: 793–805.
162. Pufall, M.A., Lee, G.M., Nelson, M.L., Kang, H.S., Velyvis, A., Kay, L.E., McIntosh, L.P. and Graves, B.J. (2005) Variable control of Ets-1 DNA binding by multiple phosphates in an unstructured region. *Science.* **309**: 142–5.
163. Fiorin, G., Biekofsky, R.R., Pastore, A. and Carloni, P. (2005) Unwinding the helical linker of calcium-loaded calmodulin: a molecular dynamics study. *Proteins.* **61**: 829–39.
164. Zimmerman, S.B. and Trach, S.O. (1991) Estimation of macromolecule concentrations and excluded volume effects for the cytoplasm of *Escherichia coli. J Mol Biol.* **222**: 599–620.
165. Dedmon, M.M., Patel, C.N., Young, G.B. and Pielak, G.J. (2002) FlgM gains structure in living cells. *Proc Natl Acad Sci USA.* **99**: 12681–4.
166. Li, C., Charlton, L.M., Lakkavaram, A., Seagle, C., Wang, G., Young, G.B., Macdonald, J.M. and Pielak, G.J. (2008) Differential dynamical effects of macromolecular crowding on an intrinsically disordered protein and a globular protein: implications for in-cell NMR spectroscopy. *J Am Chem Soc.* **130**: 6310–1.
167. Hegyi, H. and Tompa, P. (2008) Intrinsically disordered proteins display no preference for chaperone binding in vivo. *PLoS Comput Biol.* **4**: e1000017.
168. Zhu, F., Kapitan, J., Tranter, G.E., Pudney, P.D., Isaacs, N.W., Hecht, L. and Barron, L.D. (2008) Residual structure in disordered peptides and unfolded proteins from multivariate analysis and ab initio simulation of Raman optical activity data. *Proteins.* **70**: 823–33.
169. Bretscher, L.E., Jenkins, C.L., Taylor, K.M., DeRider, M.L. and Raines, R.T. (2001) Conformational Stability of Collagen Relies on a Stereoelectronic Effect. *Journal of the American Chemical Society.* **123**: 777–778.

第 7 章　膜蛋白

7.1　简　介

质膜是含有蛋白质和碳水化合物分子的脂质体。它决定细胞的形状，并且是细胞质和细胞外环境（**胞外质** ***exoplasm***）之间的物理屏障。由于细胞质和胞外质的化学成分区别很大，最早的质膜的形成标志着进化史上最初生命形态的诞生，这发生在 38 亿至 32 亿年前[1−4]。所有生命体的所有细胞都由细胞膜包裹起来，而一部分细胞同时还有另外的膜结构。革兰氏阴性菌还有一层外膜（细胞壁），其中有它独有的一套标志性蛋白质，并且富含多糖。最初诞生于约 15 亿年前的真核细胞含有细胞内膜，这些内膜界定了各种细胞器。

质膜的主要功能是保持细胞独特化学环境的稳定性，而这包括以下方面。

（1）离子。细胞内的离子种类很丰富。有些是 Na^+、K^+、Cl^-、Mg^{2+}、Mn^{2+}、Cu^{2+}、Zn^{2+}、Co^{2+} 及 $Fe^{2+/3+}$，另一些则是大小不同的离子（如 PO_4^{3-}）。对于各种常规的细胞和生理过程而言，保持细胞内这些离子浓度水平稳定是至关重要的。首先，离子通过稳定酶的活性位点中的带电基团，或者通过参与原子以及分子之间的结合，来保障正常生化反应的进行[5,6]。其次，质膜内外 Na^+、K^+ 和 Cl^- 的浓度梯度决定了膜内外的电位差，而正是电位差驱动了包括细胞运输、神经信号转导以及肌肉收缩在内的生物学过程。最后，生理性的电解质平衡对于体液平衡的调控起到重要作用。

（2）小的代谢物。有机小分子，如 ATP、氨基酸、单糖和双糖、核苷酸、丙酮酸等，参与代谢，并在代谢过程中形成。

（3）大分子。大分子是构成细胞和组织的功能单位，包括蛋白质、碳水化合物、脂类和核酸等。关于这部分内容的解释详见第 1 章。

上述这些化学物质中的大部分都是极性的（无论是电中性还是带电），这就解释了为什么在进化过程中选择用来将它们保留在细胞中的屏障的基础是脂类结构，因为脂类结构对极性分子的渗透性极低。极性化合物要穿过质膜，首先必须从水相环境（细胞质或胞外质）脱离出来而进入质膜。这几乎不可能发生，因为极性化合物必须去溶解化。极性化合物脱离水相环境的可能性可以按下列两个步骤来估计。

1. 去溶解能（ΔG_{des}）[公式（2.2）]：

$$\Delta G_{des}=G_m-G_w=166\left(\frac{q}{r}\right)\left(\frac{1}{\varepsilon_m}-\frac{1}{\varepsilon_w}\right)$$

式中，m 和 w 分别代表膜环境和水相环境；q 是分子的净电荷数；r 是它的有效半径；ε 是电介质的介电系数。更多的细节详见第 2 章。

为简便起见，我们假设有一个简单的球形离子，其半径为 1Å，电荷为＋1。质膜和水相环境的介电系数分别假定为 2 和 80，我们得到这个离子的去溶解能 $\Delta G_{des}=+80\text{kcal/mol}$。

2. 脱离水相环境而进入质膜的离子的比例 [公式（4.3）]：

$$P=\alpha \mathrm{e}^{(-\Delta G/RT)}$$

代入相关的数值，结果约等于 1×10^{-58}。

因此，基本上在 150mmol/L 的生理性离子浓度下，没有阳离子可以脱离水相环境而进入质膜。理论计算研究[7] 和实验研究[8] 都证实了这一结论，而且该结论对于大分子量的离子如带电氨基酸的侧链也成立。

因为细胞内大部分化合物持续地由代谢过程产生并同时由代谢过程利用，仅阻止它们自由地离开细胞还不够。要保持它们的浓度固定不变，细胞需要不断地将其中一些运输进来，同时将另外一些运输出去。另外，整个运输过程必须得到精确的控制，以防止重要代谢物损失或者代谢废物以及有毒化学物质进入细胞。像我们探讨过的其他过程一样，进化过程同样选择了蛋白质来承担细胞主动运输的功能。这些**运输蛋白 *transport protein*** 分为两类：**通道蛋白 *channel protein*** 和**转运蛋白 *transporter***。通道蛋白穿过膜的整个宽度，含有一个水相环，允许极性化学物质（通常是离子）顺着其电化学梯度穿过膜。转运蛋白则在质膜的一侧结合极性化学物质并在膜的另外一侧释放它们。有些转运蛋白跨过膜的整个宽度；而有一些（**载体蛋白 *carrier***）不然，它们需要从膜的一侧扩散到另一侧以将其携带的“底物”释放到正确的空间中。有一些转运蛋白顺着其所载分子的电化学梯度进行输送，另外一些（**泵 *pump***）则通过利用外部能量源来进行反向运输。这样的能量源可以是直接的（ATP），也可以是间接的（另一个分子的电化学梯度）。通道蛋白和转运蛋白的运输过程都受到控制：通道蛋白只允许足够小且能够进入水环的分子通过，也可以在不同信号的作用下受控打开或关闭，上述信号包括配体的结合、跨膜电势的变化或施加机械压力。转运蛋白与其“底物”的结合或释放在后者存在时即可发生，但在大部分情况下只有当正确的调控配体结合在转运蛋白上的时候，这个过程才能发生。转运蛋白的功能如此基础，以至于在微生物的细胞膜蛋白中转运蛋白占 40％～50％[9]。

除运输功能外，膜蛋白还承担其他一些重要的功能，其大部分都在第 1 章中阐述过。

(1) 通信与信号转导。很多细胞内的蛋白质是膜受体。它们起到天线的作用，将来自外部环境的通信信号传递到细胞内。这些受体中的大部分对化学信使产生响应，包括激素、神经递质、信息素、气味分子，以及局部信号介质。另外一些受体则响应另一些类型的信号，如电磁辐射（光）或机械压力。因此，这些受体蛋白的正常运作不但对单个细胞而且对整个生理系统都很关键，尤其是神经系统、内分泌系统以及免疫系统。受体蛋白跨过整个细胞膜的宽度，其胞外部分可结合外部信使分子或对其产生响应，而其胞内部分与不同的胞内蛋白互作。这些胞内蛋白通常通过催化酶促反应将信号传递到细胞内。例如，**生长因子受体 *growth factor receptor*** 通过促进各种细胞组分的磷酸化而将“生长”或“分裂”的信号传递到细胞内。这些接收信号的胞内蛋白中的大部分是水溶性的，但是有一小部分，如 **G 蛋白 *G-protein*** 以及**蛋白激酶 A *protein kinase A*（*PKA*）**和**蛋白激酶 C *protein kinase C*（*PKC*）**是膜结合蛋白，至少在其功能周期中的一部分时间如此。

(2) 细胞间及细胞与胞外基质间的识别。一些特定的膜结合蛋白，如**整联蛋白 *integrin***，与定位于其他细胞表面或细胞外基质（ECM）中的蛋白质或其他分子结合。这样的结合互作对于如细胞与其相邻细胞互相识别以及细胞锚定于其所属组织等的能力很重要。

(3) 能量分子的生成和光合作用。定位于线粒体内膜（或细菌细胞膜）内部的若干蛋白质参与从食物中获取化学能量并将其以随时可取用的形式——ATP储存起来的过程。这些蛋白质中的大部分承担电子载体和质子泵的角色，而另外一些构成生产 ATP 的组件。在植物（包括藻类）的类囊体膜（或者光和细菌细胞膜）中有一个相似的系统在为吸收和转化太阳能而运作，这就是光合作用。

(4) 免疫防御。特定的膜结合蛋白参与细胞或整个生命体对入侵病原体如细菌、病毒和寄生虫的防御过程。这些蛋白质可执行不同的功能，其中大部分涉及对病原体相关分子的识别。其中一个众所周知的例子是 **T 细胞受体 *T cell receptor***，它跨过 T 淋巴细胞的细胞膜，能识别来自已降解的病原体的肽段。

(5) 细胞膜泡运输。膜蛋白经常作为其他蛋白质的结合位点而存在。这使得细胞能在特定位点集中代谢相关酶类和信号转导蛋白。在细胞器之间输送脂类和蛋白质的囊泡也受到特定的膜结合蛋白的影响。

膜蛋白所承担的重要角色反映出它们对生命体的重要性。这些蛋白质的庞大数量也证明了同一点。人们通过计算研究估计人类基因组中的 20%～30%编码膜蛋白[10-13]。这些蛋白质若有缺陷就会导致各种疾病，包括神经和心血管功能异常，以及癌症等。相应地，当前的药物靶点中超过一半是膜蛋白[9,15,16]。

我们在先前的章节中讨论过蛋白质如何在结构上、热动力学上以及功能上受到其所处环境的影响。因此我们有足够的理由认为，要理解清楚膜蛋白的运作方式，我们首先必须理解生物膜的性质。事实上，生物膜的化学和物理性质比组成细胞质的水溶液要复杂得多，这一事实更加强了上述结论的确定性。在接下来的章节中我们将回顾生物膜的关键特性，在 7.4 节我们将集中讨论生物膜的这些特性如何影响膜蛋白的运作方式，以及后者又如何反过来作用于生物膜的特性。

7.2　生物膜的结构和组成形式

7.2.1　生物膜的大体结构和性质

在 1972 年，辛格和尼科尔森提出了著名的**流动镶嵌模型** ***fluid mosaic (FM) model*** 来描述生物膜的结构和特征[17]。在这个模型中，生物膜被描述成由两层脂分子（**脂双层** ***lipid bilayer***）构成的结构，而在脂双层中镶嵌有各种蛋白质（图 7.1a，参考文献 [21] ）。这些蛋白质被分为两大类。

（1）膜整合蛋白定植于脂双层内部，其多肽链中的一个或多个片段穿过脂双层［**跨膜结构域** ***transmembrane (TM) domain***］。正如其名称所提示的，需要用去垢剂破坏脂双层结构才能分离这些蛋白质。

（2）外周蛋白与脂双层中的一层或者与一个膜整合蛋白形成松散的连接。只需要用温和的处理方法，如提高盐浓度，就能分离这些蛋白质而不必破坏膜结构。

除了脂类和蛋白质，膜还含有不同种类的碳水化合物，其形式是带侧链的长链。这些碳水化合物可在胞外侧与脂分子和蛋白质分子结合。细胞膜外的整个碳水化合物“外套”被称为**多糖-蛋白质复合物** ***glycocalyx***。与老旧的生物化学和细胞生物学教科书中对其的描述相反，事实上多糖-蛋白质复合物的分子量大得惊人，因此在电子显微镜下可见。这些碳水化合物长链为细胞膜提供物理保护，同时也参与到分子识别的过程中。该过程可以发生在细胞之间，也可以发生在细胞与体内某个水溶性分子之间。

脂双层结构由多种脂分子紧密排列而成，形成整个膜的基础（图 7.1b，参考文献 [22] ）。尽管如此，因为每个脂分子都存在固有的运动性，流动镶嵌模型还是假定脂双层的抗流动性很微弱（该模型名称中的“流动”一词即由此而来）。为了验证这种假定，早期的研究者将注意力放在不同生物膜中蛋白质与脂分子之间的比值。他们得到的结论是，尽管在大部分生物膜中两者的干重比值都在 0.5 左右，但有一些膜的该比值差异很大。例如，在覆盖神经细胞轴突的髓鞘膜中，该比值大约是 0.2，而在线粒体内膜中该比值大约是 0.8。最近开展的一项关于血红细胞的研究采用了一种稍有区别的策略，研究者关注的是生物膜的另一种特征，即膜上被蛋白质成分覆盖的面积所占的比例[18]。结果显示，蛋白质

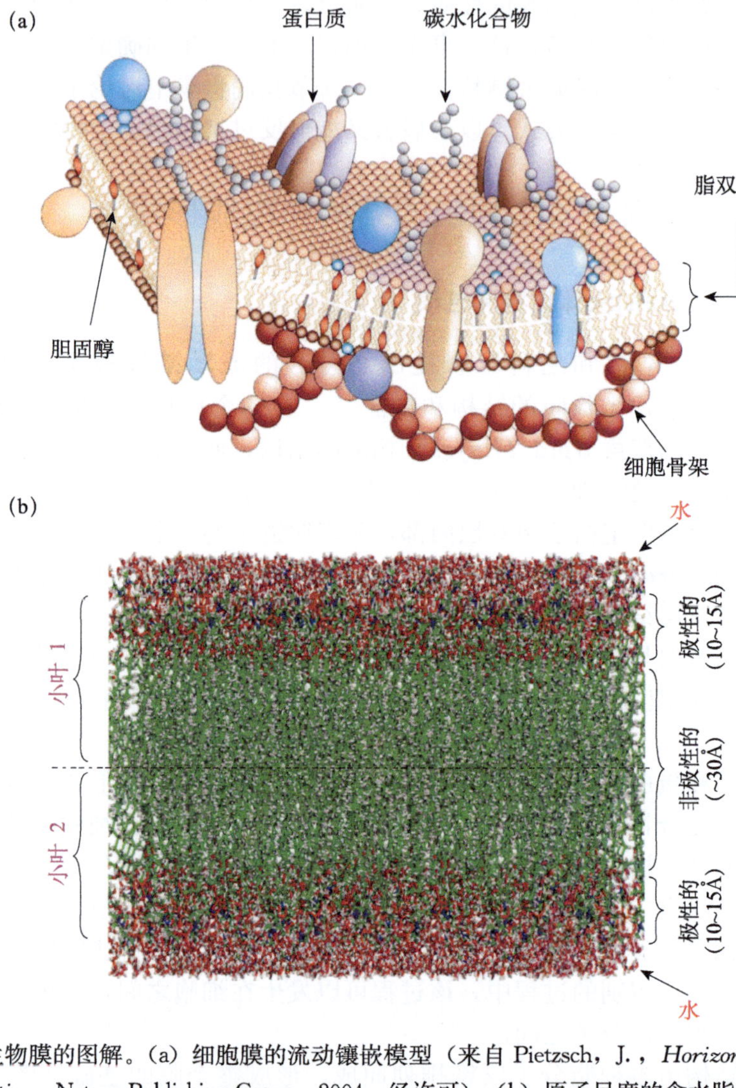

图 7.1　生物膜的图解。(a) 细胞膜的流动镶嵌模型（来自 Pietzsch，J.，*Horizon symposia*：*a living frontier*，Nature Publishing Group，2004。经许可）；(b) 原子尺度的含水脂双层图解。极性和非极性区域及其各自的长度都做了标记（White S. H. and von Heijne，G.，*Ann Rev Biophys.*，37，23-42，2008）。虚线标记了两个脂单层之间的界限。为清晰起见，脂双层以有秩序的形态展示。事实上，脂分子链是无序且动态变化的

占血红细胞膜上至少 23% 的表面积，这一数值大大高于根据蛋白质与脂类之间的重量比估算出来的结果。

这是因为许多膜整合蛋白都有庞大的膜外结构域，另一个原因是这些蛋白质倾向于形成大分子量的多聚体。因此，上述研究结果表明，与流动镶嵌模型以及

那些只局限在脂双层中进行的研究结果相反，生物膜具有一定的刚性。这一观点与之前仍占据主流地位的流动性假设相冲突。现在，人们普遍认为生物膜具有介于流体和胶体之间的中间性质，使它既能阻断极性溶质自由地穿越，同时又能保有其可塑性，而这对于膜的功能是至关重要的。例如，可塑性对于运输膜泡的形成而言是不可或缺的。运输膜泡在细胞内膜之间携带蛋白质和脂分子并将其送至细胞膜，这些分子在那里整合进细胞膜或者通过胞外分泌过程分泌出去[19,20]。在细胞的内吞过程中，运输膜泡同样允许极性溶质可以进入细胞。

7.2.2 脂双层的构成

生物膜含有多种不同种类的脂分子[23,24]。即使被认为是非常简单的血红细胞，其细胞膜内也含有超过 200 种不同的脂类[25]。接下来的分节中我们将总结其中主要类型的结构和特征。

7.2.2.1 甘油磷脂

甘油磷脂是生物膜中丰度最大的一种脂类[26]，其名称表明了它们的化学结构：每一个甘油磷脂分子包含两个脂肪酸亚基，它们与甘油基团主干通过酯化作用相连，而甘油基团中的三号碳原子与带负电荷的磷酸基团相连（图 7.2a）。在大部分磷酸酯分子中，磷酸基团又在其另一侧与一个醇基相连，而该醇基可以来自丝氨酸、**胆碱 *choline***、**乙醇胺 *ethanol-amine***、**肌醇 4,5 -二磷酸 *inositol 4,5-bisphosphate*（*IP*$_2$）**，甚至另一个**甘油 *glycerol*** 分子[27]（图 7.2b）。这些磷脂的名称都包含前缀**“磷脂酰” *phosphatidyl***，后面接着表示其所包含的醇基名称的部分。因为不同磷脂之间仅在其醇基部分存在本质区别，这一醇基部分决定了每个磷脂整体的物理和化学特性，包括其分子量和所带电荷（表 7.1）。**心磷脂 *cardiolipin*（双磷脂酰甘油）**与其他磷脂分子存在显著的差别：它的醇基是一整个磷脂酰甘油基团，这意味着该分子包含两个磷酸基团、两个甘油基团，以及 4 个酰基链[28]。第一号甘油位点（*sn*-1）上的酰基链通常是饱和①或单不饱和②脂肪链，而在第二号甘油位点（*sn*-2）上的酰基链通常是多不饱和③脂肪链[29]。生物膜上的大部分酰基链包含 18 个碳原子[30]，这样就使得生物膜的疏水部分宽度平均约为 30Å[31]。

---

① 不含双键。

② 包含一个双键。

③ 包含多个双键。

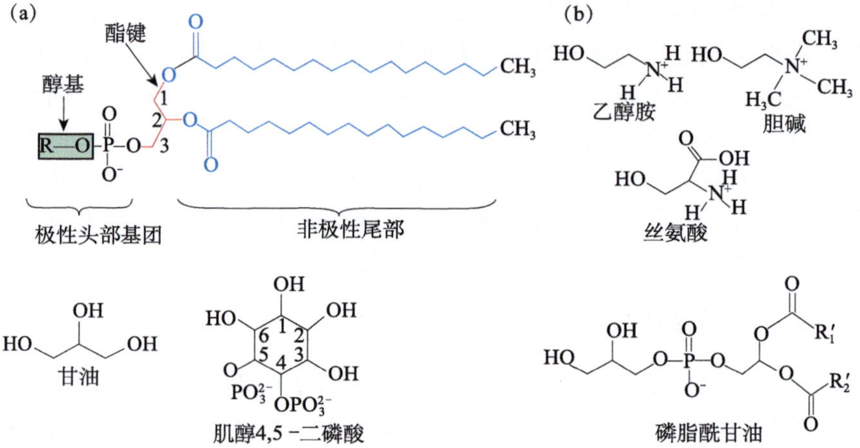

图 7.2　甘油磷脂示意图。(a) 整体结构。甘油骨架用红色显示并标记有数字序号，酰基链用蓝色标记，而酯化的醇基由绿色方框显示。磷脂的非极性和极性部分分别构成了脂双层中对应的部分（见图 7.1）。(b) 磷脂中常见的多种醇基

表 7.1　组成生物膜的各种甘油磷脂

净电荷	头部醇基	酰基侧链	缩写	全称
0	三甲氨基	2	PC	磷脂酰胆碱
0	氨基	2	PE	磷脂酰乙醇胺
−1	氨基/羧基	2	PS	磷脂酰丝氨酸
−5	羟基/磷酸基	2	PIP_2	磷脂酰二磷酸肌醇
−1	羟基	2	PG	磷脂酰甘油
−2	羟基/二酰基	4	CL	双磷脂酰甘油（心磷脂）

7.2.2.2　鞘酯类

鞘酯类磷脂的性质除以下方面之外均与甘油磷脂类磷脂相似。

（1）分子的骨架不是甘油，而是**二氢鞘氨醇** ***dihydro-sphingosine***（图 7.3）。

（2）只有一个酰基链与鞘氨醇骨架相连（这个复合物称为**神经酰胺** ***ceramide***）。但是，因为鞘氨醇分子本身的结构中含有一个碳水化合物长链，其与脂肪酸中的酰基链很相似，所以鞘酯类磷脂的整体形状还是与甘油磷脂类磷脂非常接近。

（3）尽管鞘氨醇的三号碳原子常与一个磷酸胆碱基团相连（这样的分子被称为**鞘磷脂** ***sphingomyelin***[32]，图 7.3），但是在另外一些情况下这个磷酸胆碱基团会被一个大分子量的碳水化合物基团取代。像后者这样复杂的分子被称为**鞘糖脂** ***glyco-sphingo-lipid***（***GSL***）。有一些鞘糖脂含有一个与其糖基部分共价结合的唾

液酸 ***sialic acid***（**N-乙酰神经氨酸** ***N-acetylneuraminic acid***）基团。这些鞘糖脂被称为**神经节苷脂** ***ganglioside***，其在神经元细胞膜中的含量尤其丰富，它们构成总的脂类含量中的 2%～10%[33]。

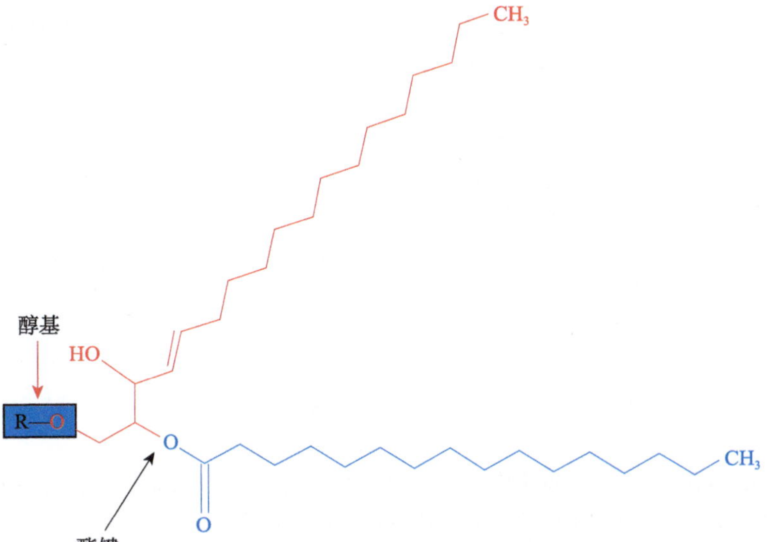

图 7.3　鞘磷脂示意图。总体结构，该分子的鞘氨醇骨架用红色显示，酰基链用蓝色显示。醇基部分在图 7.2a 中描述

GLS 在动物细胞膜中广泛存在[33]，并且是鞘酯类分子中特别有意思的一组。GLS 中碳水化合物基团的复杂程度很高，并且其中大多数定位于脂双层的胞外侧，这两个特点使得这类分子成为分子识别过程的完美对象。事实上，GLS 可以和一组种类繁多的细胞外配体结合，如凝集素、毒素、激素，以及病毒颗粒。GLS 在生物膜中的含量受到精确调控，并且受到细胞所属发育条件的影响。另外，在神经系统疾病和细胞癌变等一些异常事件中，发现 GSL 成分发生了显著变化。

7.2.2.3　甾醇

在真核生物中存在第三种磷脂，即**甾醇** ***sterol***（固醇）。甾醇的典型结构是，其分子的一端有 4 个相连的环并附有一个羟基，而在其另一端有一个脂基团"尾巴"（图 7.4a）。膜中的甾醇种类取决于生物体的种类：植物、真菌和动物分别含有**豆甾醇** ***stigmasterol***、**麦角固醇** ***ergosterol*** 和**胆固醇** ***cholesterol***[34]（图 7.4b～d）。与可塑的磷脂相比，固醇的结构庞大且坚硬。固醇的这两个特点对含有固醇的整个膜的特性有重要影响，在下文中将详细叙述。胆固醇在哺乳动物细胞膜中的含量变化范围很小，这反映了它的重要性[34,35]。细胞会"主动"将上述含量保持在稳定的范围内。

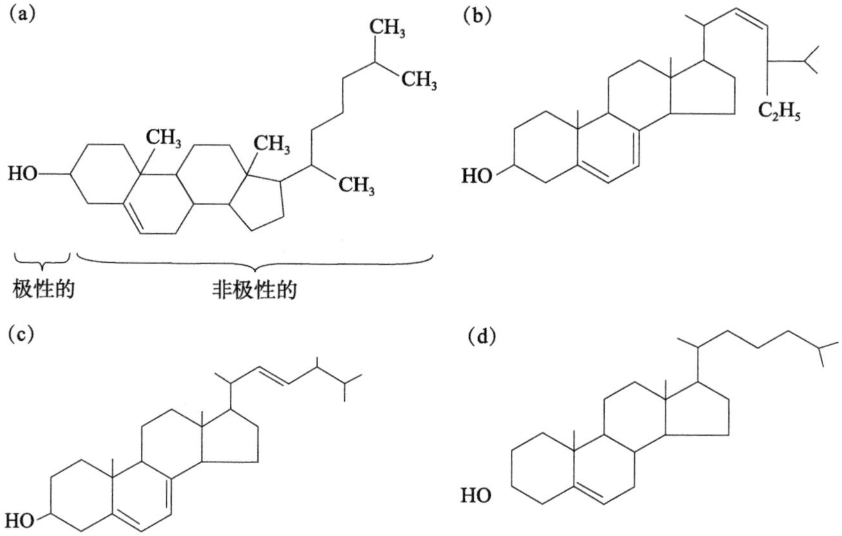

图 7.4　固醇示意图。(a) 固醇的整体结构，包含 4 个相连的环及附于其上的一个羟基，以及一个疏水尾部；(b) 豆甾醇；(c) 麦角固醇；(d) 胆固醇

7.2.2.4　醚类

古细菌是地球上最古老的生物之一。毫不奇怪，它们倾向于生活在海洋底部的热液喷口这样的小环境中，那里的极端环境类似于 35 亿年前主宰我们星球的环境。尽管古细菌被认为是原核生物，但它们有几个迥异于真细菌（“现代”细菌）和真核生物的特点。其中之一在于其细胞膜上脂分子的化学组分。在真核生物和真细菌中，大部分膜脂包含与甘油主链酯化的脂肪酸，而古细菌的脂肪链通过一个**醚键** ***ether bond*** 与甘油的首位碳原子相连（如在**缩醛磷脂** ***plasmalogen*** 中）（图 7.5）。有一种可能的原因是，醚键比酯键更稳定，因而在这些古细菌的极端生境中为它们的生存提供了重要的优势。

7.2.2.5　可变性

细胞有各种机制来控制其各种膜中的脂类构成[36−38]。尽管大部分膜中的脂类构成有一些总体上的相似性（如磷脂总占脂类中的大多数），但当我们考虑膜的不同来源时，还是会在其中找到显著的差异，包括如下这些。

(1) 分类学上不同种群来源的膜。在真核生物中最主要的磷脂是磷脂酰胆碱 (PC)（其构成大鼠肝细胞膜上所有脂类中的约 20%[30]），而在大部分细菌中则是磷脂酰乙醇胺 (PE) 和磷脂酰甘油 (PG)[40]。特殊的是，在分枝杆菌属的结核分枝杆菌中，最主要的磷脂是心磷脂（双磷脂酰甘油）(CL)[41]。

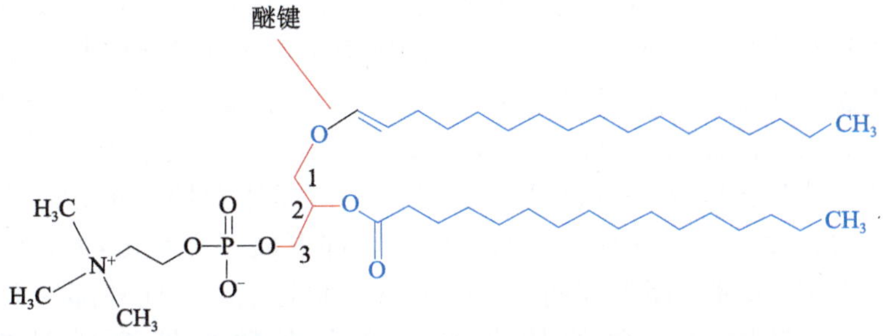

图 7.5 通过醚键连接的酯基团的图解。此处用缩醛磷脂作为例子来描述这些酯基团的结构。甘油和酰基链以与图 7.2 中相同的方式表示

(2) 同一种生物中不同组织来源的膜。例如，在小肠刷状缘膜中不存在双磷脂酰甘油（CL），而在神经系统中那些富含类胆碱受体的细胞膜上只有微量的鞘磷脂（SM），没有磷脂酰肌醇（PI）[42]。

(3) 真核细胞中的细胞膜和细胞内膜。例如，双磷脂酰甘油（CL）构成线粒体内膜上大约 20％的脂类，而在内质网膜和细胞膜上则几乎不存在[43]。另外，动物的胆固醇主要位于细胞膜上，在内质网膜上的含量则几乎可以忽略不计[44−46]。最后，细胞中所有的鞘磷脂（SM）都集中在细胞膜和溶酶体膜上[42]。

(4) 真核细胞膜上的胞质侧和胞外侧。细胞膜的胞外侧主要包含胆碱磷脂（磷脂酰胆碱和鞘磷脂），而胞质侧主要包含氨基磷脂（磷脂酰丝氨酸和磷脂酰乙醇胺）[47−49]。因为磷脂酰胆碱（PC）和鞘磷脂都是电中性的，而磷脂酰丝氨酸（PS）带负电荷，而且细胞膜的胞内侧还含有带负电荷的磷脂酰二磷酸肌醇（PIP_2）中的绝大部分（如果不是全部的话）及其性质相近的衍生物，上述脂类分布的不对称性导致膜的两侧之间形成电荷差。也就是说，细胞膜双层的胞质侧相对于胞外侧带负电。另外，甘油磷脂主要位于胞外侧[33]（参见 7.2.3.2 节）。

(5) 同一个膜上的不同区域。带有相似性质的脂分子倾向于在膜上的特定区域集中，这样的区域称为微区或者"筏"[50,51]。微区的形成是磷脂-蛋白质相互作用的结果之一，而且通常在功能上有意义。例如，磷脂酰二磷酸肌醇（PIP_2）形成的微区对一些信号转导通路的功能起到重要作用（相关细节详见 7.4.1.2.2 节）。

7.2.3 脂双层中脂类的性质对脂双层性质的作用

7.2.3.1 两亲性

虽然生物膜中的脂分子之间有上述区别，但它们还是拥有一个共同的特征，即**两亲性 *amphipathicity***。也即，每个膜都有一个极性区和一个非极性区。例如，在甘油磷脂中极性区域包括酯基团-甘油基团-磷酸基团-醇基团（或者碳水

化合物）部分，而非极性区域包括酰基链。这两个区域通常分别被称为**极性头** ***polar head*** 和**非极性尾** ***nonpolar tail***。在胆固醇中，相连的环结构和附于其上的羟基组成非极性部分，而羟基团组成极性部分。在生命系统典型的水相环境中，这些脂分子的双亲性性质迫使它们聚集成更大的结构，在其中极性区域面向水介质而非极性区域互相靠拢①。这种稳定结构之一就是脂双层。正如之前我们所描述的，该结构非常有序，所有分子的非极性尾部形成一个长度约 30Å 的疏水性核心②，而它们的头部基团形成两个 10～15Å 的极性层，面向外部的水相环境[52]（图 7.1b）。脂双层最重要的特点即对绝大多数极性溶质是**非渗透性** ***impermeability*** 的，而这种结构上的组织性是其基础。我们再次提到，该特性使得细胞可以让特定的运输蛋白成为物质运入和运出细胞质的唯一通道，从而严密地控制其代谢物的浓度。

7.2.3.2 不对称性

正如我们在 7.2.2.5 节中所解释的，膜上的脂类分布是不对称的：膜的胞外侧主要含有电中性的脂类（磷脂酰胆碱和鞘磷脂）和甘油磷脂，而胞内侧主要含有带负电荷的脂类（磷脂酰二磷酸肌醇和磷脂酰丝氨酸）[33,47-49,53]。因为脂双层以几小时为单位就会内外翻转，必须要有一个活跃的机制来保持这种不对称性。事实上，膜结合的酶承担了将脂分子从脂双层的一侧转运到另一侧的任务，它们用 ATP 作为能量来源[53,54]。膜的不对称性因此得以保持。有两种酶以相反的方式为此目的而运作。

（1）**内翻酶** ***flippase***（氨基磷脂特异性翻转酶）——将含有氨基肽链的磷脂酰丝氨酸（PS）和磷脂酰乙醇胺（PE）从脂双层的胞外侧转运到胞内侧。

（2）**外翻酶** ***floppase***（非特异性脂质翻转酶）——将磷脂酰胆碱（PC）和胆固醇（在某些组织中）从脂双层的胞内侧转运到胞外侧。

细胞膜不对称性所受到的严格调控表明其对细胞的正常功能很重要。至少磷脂酰二磷酸肌醇（PIP_2）的例子能证明这一点。尽管 PIP_2 只占膜脂的 1%，但它主要通过参与一个关键的信号转导通路[56] 而参与许多生理过程[55]。正如我们在 7.5.2.1 节中所讨论的那样，PIP_2 同时还对膜蛋白的功能有直接的影响。

膜脂的不对称性在特定的过程中会被弱化，如程序性和偶发性细胞死亡（分别称为细胞凋亡和细胞坏死），以及细胞癌变过程[49]。这一结果可以由两种原因导致：翻转酶系统活性的降低，或者另一个酶——**混杂酶** ***scramblase***，其将磷脂均等地传送到脂双层的两侧。不对称性的破坏可能反过来影响细胞和组织，至少

① 整个过程由疏水性作用驱动。

② 疏水性核心的宽度从两个相对的磷脂层中各自的甘油基团开始测量。

对于磷脂酰丝氨酸（PS）来说是这样[49]。准确地说，人们发现定位在细胞膜胞外侧的 PS 能介导若干涉及细胞识别的生理过程。

（1）巨噬细胞对凋亡细胞的识别。如前所述，巨噬细胞是一种吞噬细胞，能够吞噬和内化各种颗粒，即从单个蛋白质到整个细胞。通过这样，它们扮演了双重角色。首先，它们杀死可能伤害身体的入侵细菌。其次，它们有助于处理组织中的死亡细胞。后者的作用不但对清洁很重要，而且对防止细胞凋亡后组织中有害炎症反应的发展也很重要。相反，当细胞因坏死而死亡，这不是身体“计划”的，而是由某种创伤造成的，炎症就会迅速发生。凋亡细胞表面的 PS 牵扯到巨噬细胞对凋亡细胞的识别，因而可以预防炎症发生。

（2）T 淋巴细胞对激活的内皮细胞的识别。免疫系统的功能之一是侦测被病原体入侵的组织并采取快速反应来消灭入侵者。但问题在于，淋巴细胞通常一直在血液和淋巴液中循环而不会在某一个地点徘徊。因此，当某个组织中出现病原体，正在近处的淋巴细胞就不能离开那里。附近的内皮细胞，也就是组成血管内壁的细胞，可以确保这一点。这些内皮细胞启动一个反应来将它们的 PS 暴露到细胞外环境中，附近的 T 淋巴细胞就可以识别 PS 而通过该分子结合到内皮细胞上。

（3）补体系统识别细菌。补体系统包括几种通常以惰性状态存在的蛋白质。然而，在病原体入侵期间被激活时，它们形成一种复合物，攻击入侵细胞。这是通过破坏这些细胞的细胞膜和细胞质成分来实现的。在大多数情况下，补体系统被激活，以抵御已经被抗体识别的入侵细菌。然而，另一种激活途径也存在，入侵细菌细胞膜外侧的 PS 似乎参与这一激活途径。如果这是真的，很可能癌细胞也以这种方式被识别，因为已知癌细胞具有较低的膜脂不对称性。

7.2.3.3 有序程度和宽度

尽管人们普遍认为脂双层总体上是流动性的（根据流动镶嵌模型），但其流动性程度在特定的范围内是可变的。这种可变性由每个脂分子，特别是它们的疏水尾部的有序程度决定。线性的疏水尾部在脂双层结构内部紧密排列，使脂双层更有黏滞性[57]。这样的结构被称为**液态有序相 *liquid ordered phase***（l_o 相）。相反，弯曲的疏水尾部形成一个排列不甚紧密而更具流动性的结构，称为**液态无序相 *liquid disordered phase***（l_d 相）。在生理条件下，两种类型（或**相 *phase***）在脂双层中共存，各自呈现不同的生物学特点：l_o 相提高脂双层作为极性溶质物理屏障的性能，而 l_d 相使脂双层有一定程度的可变性。事实上，处于 l_d 相的脂双层区域允许单个脂分子不但可以沿着脂双层的表面扩散（**侧向扩散 *lateral diffusion***），而且能从脂双层的一侧“翻转”到另一侧（**翻转扩散 *transverse diffusion***）。更重要的是，l_d 相使得膜可以发生结构重组，这正是一些生物学过程所需要的，如运输膜泡的形成、出芽和（与膜）融合。

脂分子排列的紧密程度主要由两个因素决定。

（1）脂质饱和程度：完全饱和的脂质（lipid）具有线性疏水尾巴，倾向于形成 l_o 型的双层。相反，具有一个或多个双键的脂类则有弯曲的尾部，形成 l_d 型结构。

（2）双分子层中甾醇的存在：甾醇对脂质双层具有双重作用[34,58]。一方面，固醇起着堵塞的作用，阻止溶质通过磷脂（phospholipid）之间的腔体。另一方面，固醇分子的刚性与弯曲结构在脂质双分子层的饱和磷脂和鞘脂的紧密堆积中造成了空间扰动，从而阻止了脂质双分子层的固化。这对于保持膜的生物功能是很重要的，这需要双分子层保持动态。因此，固醇允许生物膜保持活力而不丧失其作为物理屏障的基本功能。

细胞能够调控上述两个因素，以在不同特性之间取得恰当的平衡。例如，内质网膜含有少量的甾醇[44-46]，同时因为含有大量不饱和磷脂而保有相当的可塑性。从膜上的脂类构成，膜对去污剂的敏感性，以及对膜脂运动的生物物理学检测结果推断，生物膜上相当广泛的区域以 l_o 相存在[50]，而 l_d 相通常被限制在那些参与细胞膜动态活动的区域，如运输膜泡形成。

从生物膜的有序性特征衍生出其另一个重要的特征，即膜的宽度。对纯脂质双分子层的测量结果表明，它的平均宽度为 50～60Å，有一个约 30Å 的非极性核和两个极性脂-水交界面，后者每个宽度为 10～15Å[52]（图 7.1b）。这些值在不同的生物体之间甚至在同一细胞的不同部位之间，都会发生变化（在一定范围内）。例如，肝细胞的顶端膜，面朝内腔，比 ER 膜约宽 5Å，面朝其他细胞的基底外侧膜 7Å[58]。当脂质双分子层从 l_o 相变为 l_d 相时，由于酰基链的长度减小，脂质双分子层变薄。这影响磷脂与其附近的整合膜蛋白之间的相互作用。由于这种效应也影响后者的稳定性，蛋白质倾向于集中在只有一种相存在的膜区域，这反过来导致了它们的物理分离。蛋白质的浓度在某些膜区域经常被用来加强信号转导途径，这需要它们组分的靠近。最后，相变后蛋白质脂质相互作用的变化可能直接影响前者的活性。我们将在第 7.4 节中进一步讨论上述问题。

7.2.3.4　曲率

尽管脂质双分子层传统上被描述为平面的，但其中的某些区域可能暂时变得弯曲[59] 这一现象是不同过程的基础，如蛋白质与脂质在内质网膜、高尔基体膜和质膜之间的囊泡运输。囊泡运输始于膜的逐渐弯曲，直到囊泡形成，接着囊泡与膜分离（出芽）并向靶膜扩散，最后以两者融合结束[19]（图 7.6）。胞吐作用、胞吞作用[20] 和细胞器间交换都涉及这一过程。

膜的曲率受到脂类和蛋白质组分的影响。脂类对膜的影响取决于其亲水头部与疏水尾部的有效横截面积之比。当这个比值大约为 1 的时候，磷脂分子肩并肩地平行排列，形成一个基本上平整的双层结构。相反，如果亲水头部和疏水尾部的比例失衡，磷脂会形成弯曲的膜[60]。这类弯曲的膜有两种情况。

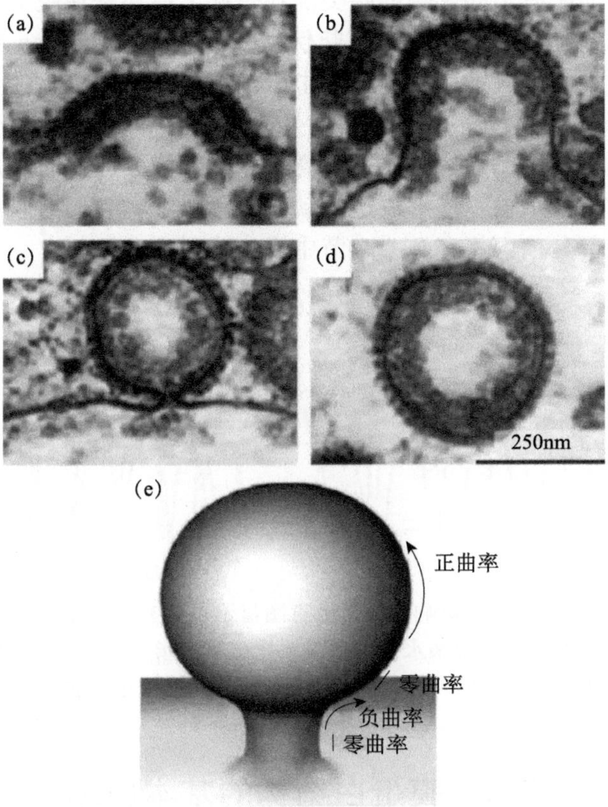

图 7.6 运输膜泡出芽过程中的曲率变化（来自 McMahon，H. T. and Gallop，J. L.，*Nature*，438：590－596，2005)。(a～d）膜泡出芽过程中的各个阶段。(e）运输膜泡中的正负曲率

（1）正曲率膜——在亲水头部比疏水尾部宽的时候形成，含有胆碱基团的脂类（磷脂酰胆碱和鞘磷脂）以及磷脂酰甘油（PG）均如此。由这些磷脂构成的单层膜天然地倾向于形成凸面曲率（图 7.7a)。

（2）负曲率膜——在亲水头部比疏水尾部窄的时候形成，如磷脂酰乙醇胺(PE)（图 7.7b)。由这些磷脂形成的单层膜天然地倾向于形成凹面曲率，且其稳定性明显低于凸面膜。也就是说，形成负曲率膜的磷脂使得膜结构容易崩解。

生物膜上混有多种脂类，它们分别倾向于形成不同曲率的膜及结合不同的蛋白质。要从一个生物膜的脂类构成情况推断膜的准确性质常不是一件容易的事情。例如，细菌的细胞膜从本质上讲是平整的，尽管其脂类中 PE 占 70%[40]。这是因为剩下的 30%是磷脂酰甘油（PG），这部分磷脂产生的正曲率抵偿了 PE 产生的负曲率。事实上，研究表明即使不存在产生正曲率的抵偿性脂分子，只要膜上产生负曲率的脂分子的含量不超过 20%，膜整体上也依然是平整的[61]。尽

管如此，对膜的曲率有不同影响的脂类混在一起之后还是在膜上产生了力学性质的起伏。人们认为细胞利用这种**曲率起伏** ***curvature frustration*** 特性来使细胞膜处于亚稳态，这种状态对细胞的那些要求膜曲率经常产生变化的生物学功能（如细胞内的极性分子运输）而言很有优势[62]。脂分子的形状对脂双层曲率也有影响，但是程度很微弱。例如，内质网和高尔基体的膜因此略有弧度。膜上的一些膜整合蛋白参与诸如运输膜泡形成这类动态变化过程，它们对膜曲率的影响相对而言大得多。这部分内容将在 7.4.2 节中进一步讨论。

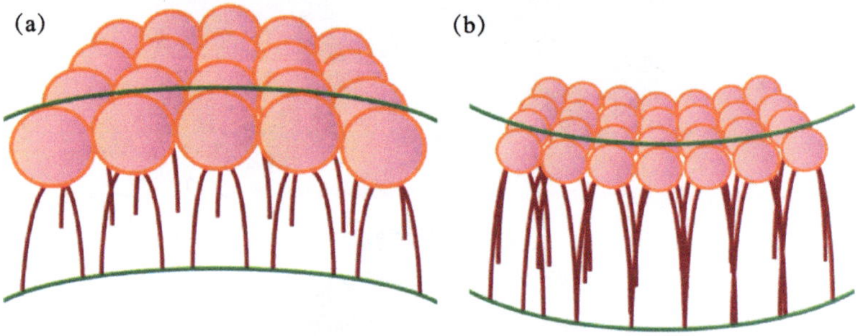

图 7.7 不同脂分子对膜曲率的影响。简化示意图显示：(a) 由亲水头部比疏水尾部宽的脂分子形成的正曲率凸膜。(b) 由亲水头部比疏水尾部窄的脂分子形成的负曲率凹膜。两张图都只显示了脂双层中的单层。另一个单层的形态取决于其脂分子构成

7.3 膜蛋白结构的基本原理

7.3.1 概述

膜结合蛋白分为两个主要类群，即膜整合蛋白和外周蛋白。膜整合蛋白可根据其跨膜区性质分为 α 和 β 两种类型。第一种类型含有 α 螺旋结构（图 7.8a），而第二种类型形成 β 桶状结构（图 7.8b）（详见 7.3.2 节）。因为螺旋形膜蛋白占膜蛋白中的绝大多数[63]，本章中的大部分相关讨论都针对这类蛋白质。我们在 7.3.2.2.2 节中专门讨论 β 桶状膜蛋白的特性。螺旋形膜蛋白又可以根据其跨膜段的数量分为不同亚型。单跨膜蛋白只含有一个跨膜段（图 7.8c），而多跨膜蛋白含有多个跨膜段（图 7.8d）。在不同物种之间进行的比较结果显示，单细胞生物中的膜整合蛋白中大多数有 6 个或 12 个跨膜段，而在较单细胞生物更高等的物种的膜整合蛋白中（从秀丽隐杆线虫到智人）七跨膜蛋白的数量占微弱优势[13]。七跨膜蛋白中最著名的例子是 **G 蛋白偶联受体** ***G protein-coupled receptor*** **(*GPCR*)**，它们在动物生理过程中起到核心作用，也是药物治疗的主要靶点之一[64,65]。本章中的最后一节主要关注这些蛋白质。

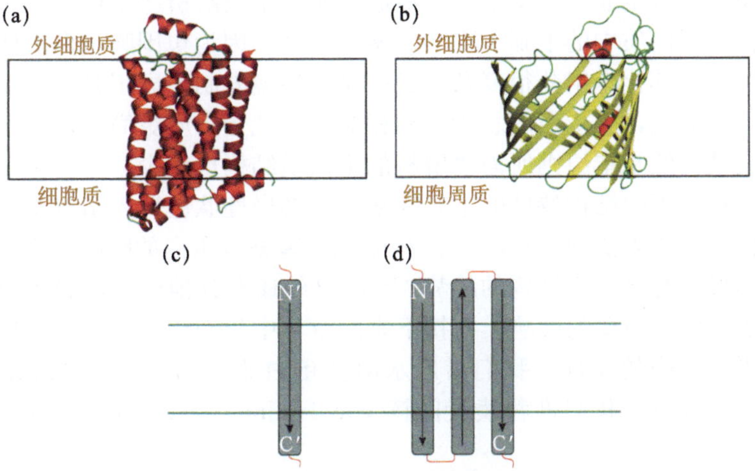

图 7.8　膜整合蛋白的总体分类。(a) α 螺旋（β_1 肾上腺素受体，PDB 条目 2vt4）；(b) β 桶状（细菌膜孔蛋白，PDB 条目 2por）；(c) 单跨膜蛋白，跨膜段用灰色柱状体表示，同时标示其双侧尾部和多肽链的方向；(d) 多跨膜蛋白。跨膜段之间的膜外连接段用红色表示

膜整合蛋白构成了大部分的膜蛋白群体，并具有不同的作用。单跨膜蛋白和双跨膜蛋白往往作为识别和/或黏附分子，以及生长因子样信使的受体。它们的胞外区域负责结合化学信使，而胞质区域通过结合可溶性元素或细胞骨架蛋白将信号传递到细胞。多跨膜蛋白通常作为受体或转运体。例如，上面提到的 GPCR 对各种信使做出反应，包括激素、神经递质、气味、信息素甚至电磁辐射（即光）[66,67]。外周膜蛋白被固定在膜脂质或膜两侧的整合蛋白上。脂质附着可以是直接的或由碳水化合物部分介导的。

因为膜整合蛋白被脂双层包围，决定其结构（或者不如说其跨膜段结构）的规律就与水溶性蛋白质大相径庭。因此，我们的讨论主要集中在膜整合蛋白的结构上。而对于主要处在水环境中的外周蛋白，关于它们的讨论将主要针对它们在膜上的锚定方式。

7.3.2　膜整合蛋白的结构

膜整合蛋白与细胞质蛋白一样，被认为是球状蛋白。但是它们处于一个与水相的细胞质如此迥异的环境，因此决定了其结构的物理原理会和水溶性蛋白质不同。要理解这些原理，人们需要解析很多蛋白质结构，就像在上一个十年中很多水溶性蛋白质的结构被解析出来一样。正如第 3 章中所述，解析膜蛋白的结构存在很多问题，因为对它们进行表达、纯化和结晶非常困难。通常解决结晶难题的方法是将膜蛋白周围的脂类替换成去垢剂分子。但是，新的环境可能改变蛋白质

的结构，使其面目全非。事实上，已经通过实验手段解析出结构的膜蛋白数量只占已知结构的蛋白质中的不到 1%[68]。幸运的是，因为包围膜蛋白的脂双层是高度各向异性的，其化学组分很复杂，所以这个环境限制了居于其中的蛋白质的结构复杂度。相应地，膜蛋白的总体结构相对于其他蛋白质更简单，为了理解决定这类蛋白质结构的基本原则所需要解析的蛋白质结构也较少。

决定膜整合蛋白结构特性的主要因素是将其极性肽键埋入脂双层的疏水性碳水化合物核心区所需要的能量[69,70]。相应地，膜整合蛋白的跨膜段高度疏水，并且有强烈的形成有序二级结构的趋势[9,52]。另外还有其他因素对膜整合蛋白的结构存在次要但依然重要的影响。在接下来的章节中我们会讨论目前我们所知的决定膜整合蛋白结构的原理，我们借用水溶性蛋白质所用的结构层级来分层次讨论。关于更多细节，我们推荐读者阅读 von Heijne[71,72]、Engleman[73] 和 Bowie[74,75] 的综述。

7.3.2.1 *初级结构*

7.3.2.1.1 极性和长度 膜整合蛋白至少一次跨过整个脂双层的宽度。脂双层的碳氢化合物核心区高度疏水，这就要求膜整合蛋白的跨膜段也是疏水性的[8,52]。事实上，膜整合蛋白最突出的特点就是它们的极性比水溶性蛋白质低，特别在它们的跨膜段更是如此。跨膜段内也有极性氨基酸残基，但是它们出现的频率很低且通常埋在蛋白质结构的核心中，尤其当它们还带有电荷时。如同在水溶性蛋白质的核心中的情况一样，在膜蛋白的例子中将极性氨基酸残基放置在高度疏水的环境中以起到特殊的作用，可以降低难以避免的结构不稳定性。该不稳定性程度可以降低，方法是让水分子或极性氨基酸残基（也可以是两者同时存在，如在电势感应 K^+ 通道中[76−78]）包围住埋在蛋白质核心中的极性氨基酸残基。膜整合蛋白在翻译的同时通过转运体（易位子）装置插入内质网膜。那么，易位子如何扫描嵌入内质网膜的多肽链且发现其跨膜段呢？结构研究表明，易位子结构中除容纳嵌入的多肽链的主要通道孔外，还含有一个“边门”，其以固定的频率打开脂双层，这样就能暴露出埋在其中的多肽序列[79]。

膜蛋白跨膜段的另一个典型特征是它们的长度。统计学分析表明，很多螺旋形跨膜段包含 17～23 个氨基酸残基[70,74]。考虑到 α 螺旋主轴上的氨基酸残基之间的平均间距是 1.5Å，上述分析结果很合理。换句话说，α 螺旋形跨膜段的平均氨基酸残基数（大约 20 个）所形成的“疏水段长度”应该大约是 30Å，这与脂双层中碳水化合物核心的平均宽度实际测量值相吻合。

膜蛋白跨膜段的低极性特征和典型的长度都很重要，以至于这两个特征能被程序成功地用于在整个基因组中仅依靠（基因和对应的氨基酸）序列自动筛查膜蛋白并预测其跨膜区的数量。这种算法在专栏 7.1 中讨论。

7.3.2.1.2 脯氨酸和甘氨酸 α 螺旋形跨膜段通常含有脯氨酸和甘氨酸以

及 β-支链残基。这大大出乎人们的意料，因为这些残基在水溶性蛋白质的 α 螺旋中极其罕见（见第 2 章的 2.3.6.1 节），脯氨酸在螺旋形跨膜段中尤其常见，通常位于丝氨酸和苏氨酸旁边[80]。结构分析表明，事实上这些氨基酸残基在膜蛋白中非常重要，正如我们在 7.3.2 节中所讨论的那样。

7.3.2.1.3 芳香族残基 膜蛋白的跨膜段中，往往在脂双层的疏水性碳水化合物区域边界附近有一条芳香族氨基酸残基带[81−83]（图 7.9a），其中包含稀有芳香族残基——色氨酸和酪氨酸。这一现象很有趣，尤其对于色氨酸来说，它在膜蛋白中出现的频率是水溶性蛋白质的三倍[82,84]。这些芳香族氨基酸残基常常位于跨膜螺旋结构的两端，使它们在脂双层结构中处于脂分子非极性尾部和极性头部区域之间的界面附近。在这样的位置上，它们能同时与脂分子的两个部分发生复杂的相互作用（参见 7.4 节）。有人认为，这些相互作用能将跨膜段锚定在脂

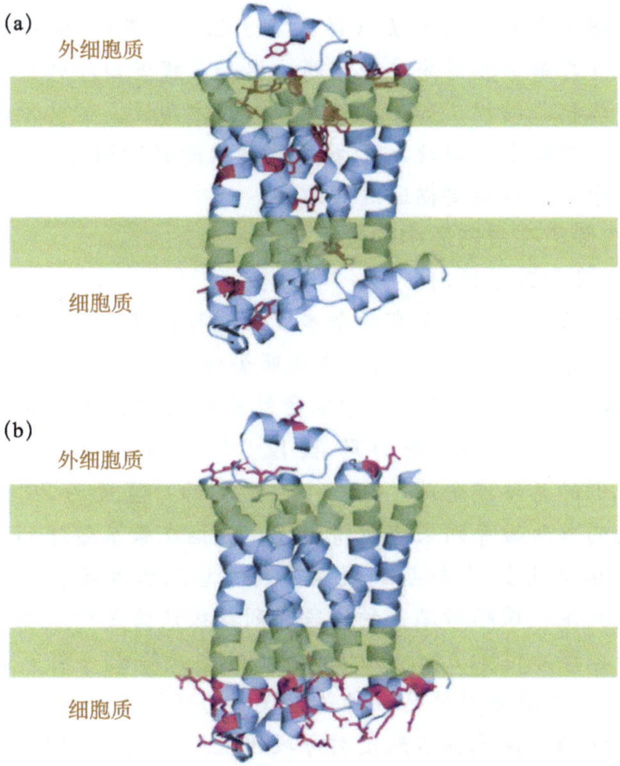

图 7.9 膜整合蛋白中的芳香族残基（a）和碱性残基（b）所处的位置。在 β_1 肾上腺素受体（PDB 条目 2vt4）中，这些残基用紫色标记。脂双层的极性头部基团区域用浅绿色表示。正如此图所展示的，大多数芳香族残基都集中在脂分子的酰基和头部基团交界处附近，另一些埋在蛋白质空间结构的内部。而碱性基团中的大部分都位于膜的细胞质侧，正符合“正电性在内”原则

双层上，防止它们“滑”进细胞中或者“滑”到细胞之外[85,86]。色氨酸和酪氨酸的两亲性使它们与膜的两亲性界面区域之间存在较强的亲和力，因而能与其发生相互作用。具体而言，它们的 N—H 和 O—H 极性基团与脂双层界面上脂分子的极性头部基团形成氢键，而它们较大的表面积使它们能够与脂分子的非极性尾部相互作用。并且，色氨酸和酪氨酸坚硬而庞大的侧链不容易插入膜核心区中高度无序的酰基链之间。

专栏 7.1　在氨基酸序列中预测跨膜段的位置及其在膜中的拓扑结构

几十年来，对于计算结构生物学科学家来说，一个重要的研究目标就是预测膜蛋白的三维结构。通过实验解析出来的膜蛋白结构非常稀少，因此该研究显得尤为重要。不幸的是，正是因为已经解析出来的膜蛋白结构稀缺，上述研究进展缓慢，人们无法找到规律去理解原子层面上决定膜蛋白结构的基本规则。尽管如此，人们仍然发明了各种预测方法（详见 7.3.2.3.4 节）。这一进展是逐步取得的：最早的尝试意在解决相对简单的问题，诸如在膜蛋白序列中确定跨膜段，或者尝试预测其整体拓扑结构，如其尾部在膜内的方向性。这些预测方法依靠氨基酸序列层面上的简单规则，因此对于蛋白质结构的预测研究是一个很好的起点。在接下来的段落中我们会简要描述这些方法。

7.1　确定跨膜段在蛋白质中的位置

7.1.1　疏水度和亲水性图

膜整合蛋白的跨膜段往往含有数个非极性氨基酸残基，其相连后大致覆盖膜的疏水核心区域的宽度（详见正文）。在占膜蛋白中大多数的 α 螺旋形蛋白质中，大约有 20 个非极性氨基酸残基。科学家受此启发而设计出计算机算法，根据上述规律在基因组中定位膜蛋白跨膜段[70,89]。最初的实践者是 Kyte 和 Doolittle[90]。他们的总体理念是，让一个（虚拟的）宽度为 20 个氨基酸残基的滑动框沿着给定的氨基酸序列来定位跨膜段。该框在氨基酸序列上每位于一个位置上，程序就计算此段 20 个氨基酸残基序列的总疏水度或其平均值。当计算值大于一个设定的阈值，该框所涵盖的这段序列就被认为是跨膜段的候选者。这种算法运行的结果以**亲水性图 *hydropathy plot*** 的形式给出（图 7.1.1），代表了给定序列中每一段 20 个氨基酸残基片段是跨膜段的可能性。

这种预测方法的关键现在依然是对每段候选序列疏水度的计算。这是通过使用**疏水度量表 *hydrophobicity scale*** 来实现的，量表中为 20 个天然氨基酸中的每一个都设定了疏水度。初看起来设定这样的量表似乎是小事一桩，但事实上直到现在对此还有争议。第一个问题是，选用哪个物理量来代表疏水度？人们想到的第一个物理量是氨基酸分子的极性。但是，尽管极性会影响疏水性（反过来也一样），但它并不能完全决定疏水度。这是因为分子的极性仅由带负电原子的几何

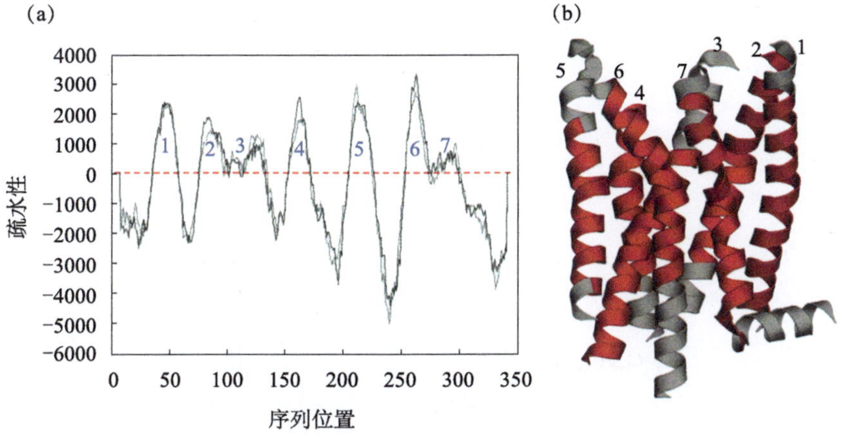

图 7.1.1 亲水性图。(a) 用 TMpred 软件绘制的 G 蛋白偶联受体牛视紫红质的亲水性图（Hofmann，K. P. and Stoffel，W.，*Biol Chem.*，374，166，1993；TMpred. http://www.ch.embnet.org/software/TMPRED_form.html）。计算过程根据 Kyte 和 Doolittle 的量表进行。红色虚线标记了阈值，某序列的疏水度若高于此阈值即被认为有足够的疏水性来穿越脂双层膜。图中的 7 个峰代表了视紫红质的 7 个跨膜段。(b) 牛视紫红质的三维结构图，其中被预测为跨膜段的区域用红色标记。该图表明基于 KD 量表的这类算法最大的问题在于，尽管大部分情况下它们能确定正确的序列，但它们时常无法找到准确的跨膜段边界

分布决定，而疏水性反映了该分子相对于极性环境更易处于非极性环境的程度的所有决定因素。因此，正如我们在第 1 章中所讨论的，像酪氨酸这样的大分子量残基，因为在其侧链中有羟基而被认为是极性残基，但仍可能因为其庞大的苯基团产生足够强的非极性相互作用而显示出疏水性。

相应地，Kyte-Doolittle（KD）量表是用经验方式设定的，他们测定每一个氨基酸在极性（水）和非极性（真空）介质中分布的平衡常数（图 7.1.2），然后用等式（4.1）（见第 4 章）将测定结果转变成类似于能量的数值。

$$\Delta G^0 = -\mathrm{RT}\ln K_\mathrm{p}$$

式中，K_p 是分布平衡常数。

这让我们认识到设定疏水度量表的第二个问题，即在上文中提到的测定氨基酸在极性和非极性介质中的分布平衡常数时所用的介质类型。为了让这类测定结果有效，人们选用来测定氨基酸疏水度的极性和非极性介质的特性时必须分别尽可能接近其所代表的环境，也就是细胞质和脂双层。尽管人们一直接受水作为细胞质环境的代表，但对于选择什么介质来代表脂双层环境却一直有争论[87,90,93—95]。Kyte 和 Doolittle 所用的真空环境确实是非极性的（$\varepsilon=1$）；但它不是两亲性的，因此不能如实地代表生物膜环境。为了将生物膜的两亲性这个重要

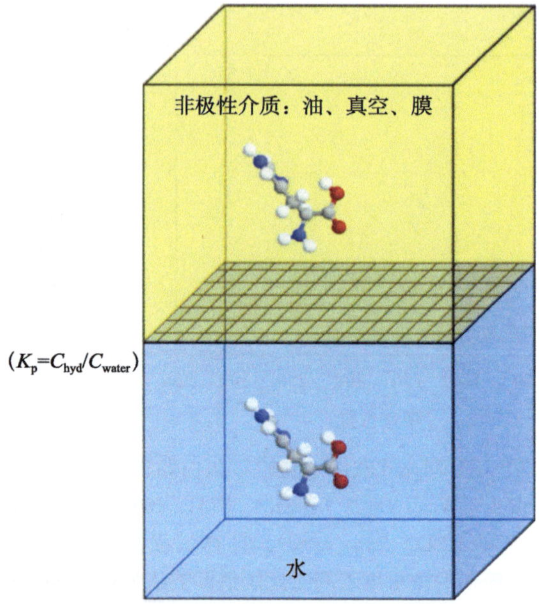

图 7.1.2　分子在极性和非极性介质中的分布。氨基酸残基被放入两个隔间中的一个，随后检测其在两个隔间中的平衡浓度（C 代表摩尔浓度）来得到其分布平衡常数（K_p），并由该常数得到该氨基酸在两种介质中转移所需的自由能

的特征纳入测定过程，人们用辛醇（如参考文献［96］）甚至真正的脂双层［如在 Goldman，Engelman & Steitz（GES）量表[94] 中］作为非极性介质来设定其他疏水度量表。最近，White 和 von Heijne 进一步增加了疏水度测定的准确性[97]：他们没有按传统测定氨基酸残基在极性和非极性介质中自发但并非自然状况下的分布，而是使用了一个含有真实细胞中所有涉及膜蛋白跨膜段插入细胞膜这一过程的生物学组分的重构系统，包括核糖体——易位子复合物。他们得到的疏水度量表被认为是目前最接近真实情况的一个，尽管 Shental-Bechor 等[98] 指出其中若干个近似算法在给出准确的热动力学数值方面存在疑点。

设定疏水度量表的第三个有争议的问题是如何在模型中体现跨膜段中氨基酸残基的性质。KD 和 GES 量表都在模型中使用单个氨基酸，但事实上它们互相之间由肽键连接。肽键将单个氨基酸带完整电荷的 α-氨基和 α-羧基变成了电磁场强度较弱的偶极子。因为分子在极性和非极性介质中的分布在很大程度上取决于其所带电荷形成的磁场，人们认为在疏水度量表中以单个氨基酸为单位来评估整个肽段的疏水性存在方法学上的错误。为了解决这个问题，White 和 Wimley[93] 采用了整个肽段，按照主-客体方法来设定其自身的疏水度量表。他们在测定过程中所用的不同肽段只在一个位点上分别含有一个不同的氨基酸，其余位点均相同。与 Goldman，Engelman 和 Steitz 的测定方法一样，White 和 Wimley 也使用了脂双层而不是简单的非极性介质来模拟膜蛋白所处的环境。但是，因为主-客体肽段只有 5～6 个残基的长度，它们无法跨越脂双层的整个宽度，只能插入其极性头部区域。因此，这样产生的量表不能用于预测跨膜段。Ben-Tal[8] 在一个计算生物学研究中使用了长度为 20 个残基的主-客体肽段，可以跨越脂双层的整个宽度。更重要的是，这些肽段具有 α 螺旋构象，其中的极性骨架基团像真正的跨膜段一样通过氢键相连。正如我们在第 2 章中所讨论的（7.3.4 节），氢键的形成对于跨膜段插入膜内的过程是很关键的。

7.1.2 缺陷和展望

当第一批用来预测膜蛋白跨膜段的算法诞生并得到应用的时候，只有少数几个膜蛋白的三维结构已被解析出来。随着更多的三维结构得到解析，如钾离子通道蛋白[99]，人们意识到有一些膜蛋白跨膜段的长度和疏水度与预测算法所用的基本规律相悖[89,100]。首先，有些跨膜段尽管因为太短而无法跨越膜的整个宽度，但却能埋入膜的核心疏水区（图 7.1.3a）。其次，这些跨膜段的尾部中未配对的极性基团并不暴露于膜的疏水核心区，它们得到邻近的其他肽段中极性基团或者填充在膜内孔隙中的水分子的静电屏蔽。另外一些跨膜段的疏水长度则超过膜的疏水区宽度（图 7.1.3b），这些跨膜段通常需要以倾斜的角度存在来适应膜的标准，以满足其自身与膜的疏水区域之间所有疏水相互作用的要求。最后，有些跨膜段内产生扭曲，折弯了螺旋结构（图 7.1.3c）。这些发现清晰地告诉人们，要有效地预测跨膜段就必须在算法中整合氨基酸序列本身的长度、疏水性等性质之外的数据。

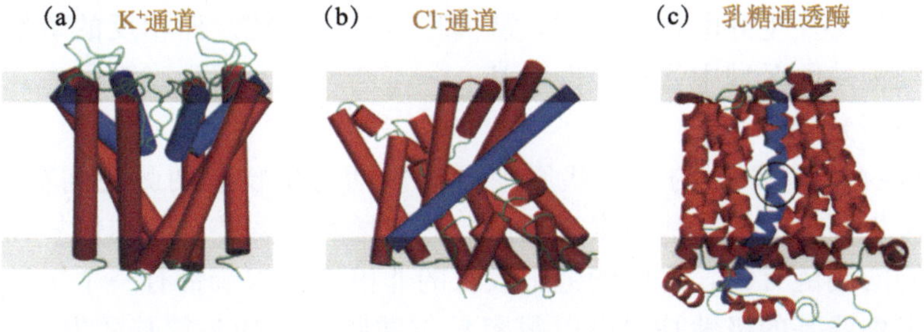

图 7.1.3 一些非典型的跨膜 α 螺旋的例子。(a) 钾离子通道中的 4 个跨膜螺旋段的长度不够跨越整个脂双层的宽度，因此，它们的两个极性末端中的一个完全暴露在脂双层的非极性核心区域。理想化的脂双层的边界用黑色线条表示，上端代表细胞外空间，下端代表细胞质。脂双层的极性头部区域用淡蓝色表示（图中看不到黑线和淡蓝色区域）。需要注意的是，事实上膜可能局域弯曲来匹配跨膜段的疏水长度。(b) 氯离子通道中的一个跨膜 α 螺旋的疏水长度超过了脂双层核心区的宽度。该 α 螺旋采取倾斜位置来防止其非极性基团暴露在水中。(c) 乳糖通透酶中极性基团在脂双层疏水核心区的暴露，这是因为一个导致螺旋结构扭曲的弯折（圈出部分）。该图按照 Fleishman，S. J.，Unger，V. M. and Ben-Tal，N.，*Trends Biochem Sci.*，31，106-113，2006 绘制

7.2　预测跨膜段的拓扑结构

科学家在寻找辨识跨膜段的经验法则的过程中，开始认识到跨膜段拓扑结构的问题，也就是确定每个跨膜段中朝向膜的胞质侧或胞外侧的区域。这种预测的关键初始步骤是预测膜整合蛋白的整体结构。这是因为整体结构限定了膜蛋白各个跨膜段在膜中互相形成空间结构的方式。最早被开发用来预测跨膜段拓扑结构的算法是 ***TopPred***[87]，按照上文中提到过的“正电性在内”原则（带正电荷的氨基酸残基位于胞质侧），将跨膜段的整体趋向性与其疏水度结合起来用于预测跨膜段的拓扑结构。之后被开发出来的算法，如 ***MEMSAT***[102] 和 ***TMHMM***[103] 主要依赖有关已知结构的蛋白质中跨膜段位置的统计数据来进行预测。但是，这些算法的预测能力与那些依赖物理化学原理的算法相比，还存有争议。

现在，数种预测方法和算法都完全对公众公开，任何人都可以用它们来建立不错的预测模型。例如，可以通过网络服务器[104] 获得的 TMHMM 算法[10]，在预测细菌膜蛋白跨膜段的拓扑结构方面达到了 80%的成功率[105]。

7.3.2.1.4　碱性残基　膜蛋白的跨膜段通常倾向于在其细胞质侧的区域含有碱性残基赖氨酸和精氨酸（图 7.9b）。这种倾向性被 von Heijne 称为**“正电性在内”原则 *positive inside rule***[87]。这种倾向性的分子生物学原理可能包含几种不同的因素。例如，真核生物的脂双层膜结构固有的磷脂不对称性可能导致这种倾向性。脂双层中电中性的磷脂位于细胞外侧，而带负电的磷脂位于细胞质侧（见 7.2.3.2 节）。因此，在细胞质区域中带有碱性残基的跨膜段能顺利地与这些带负电的脂分子发生静电相互作用，从而稳定整个系统。而相反的事情，也就是跨膜段的细胞外侧区域中含有酸性残基——不会发生，因为脂双层中并不包含任何带正电的脂分子。

“正电性在内”原则的另一些原理可能包括与生物膜两侧之间存在的电势，以及与转位机制有关的某些因素。最后，赖氨酸和精氨酸与膜内侧界面的相容性可能与它们的侧链有关，这些侧链中较长的非极性链末端带有一个极性基团。因此，这些极性残基的极性基团可以很容易与磷脂分子的头部基团发生相互作用，即使残基本身深埋于脂双层的碳水化合物核心中。这种现象被称为**浮潜 *snorkeling***[88]。

7.3.2.1.5　小分子量残基　跨膜蛋白的跨膜段富含小分子量残基，如甘氨酸、丙氨酸和丝氨酸。这些残基通常位于 α 螺旋中，使得相邻的螺旋结构之间能够优化它们的范德瓦耳斯相互作用。这个话题将在下文中进一步讨论。

7.3.2.2　二级结构

膜整合蛋白最显著的特点之一就是其跨膜段中含有大量的 α 螺旋（以及相对

较少的β折叠）构象[69,79]（图 7.9a，b）。之前，我们看到，α 螺旋和β折叠构象存在于水溶性蛋白中的主要目的，是通过氢键配对骨干极性基团，由此降低其在蛋白质折叠过程中暴露于非极性蛋白核心区时所产生的能垒（见第 2 章的 2.3.4 节）。膜蛋白中含有大量此类构象的原因大致相同，而且膜蛋白对它们的需求更强烈：膜蛋白跨膜段中的极性基团同时暴露于蛋白质核心区和脂双层核心区，尤其后者是高度非极性的。因此，骨干极性基团的静电屏蔽在膜蛋白中要比在其水溶性对应物中更为关键[52]。膜蛋白跨膜段含有大量α螺旋和β折叠构象的特点已被预测膜蛋白结构的算法利用。尤其值得一提的是，人们开发出了针对 GPCR（G 蛋白偶联受体）的预测算法（详见参考文献［79，80］）。

7.3.2.2.1 α 螺旋蛋白　膜蛋白的跨膜段中最常见的构象是α螺旋。正如上文所述，这种螺旋结构富含脯氨酸残基[106]（图 7.10），但是该残基本身带有

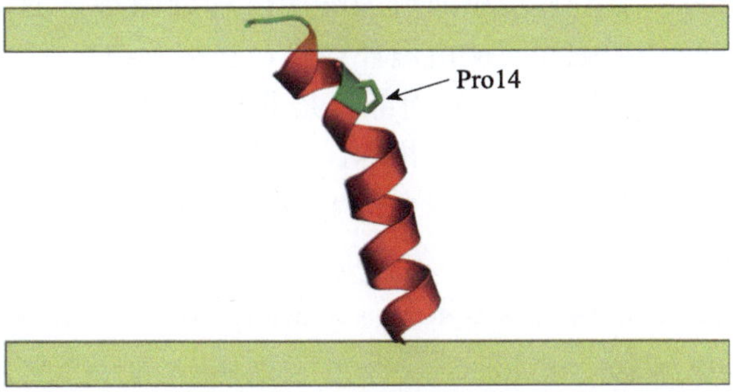

图 7.10　一种跨膜多肽——阿拉霉素中产生扭结的脯氨酸。多肽链描绘成带状，第 14 号位的脯氨酸（Pro14）描绘成杆状（PDB 条目 1amt）。脂双层的极性头部基团区域用浅绿色表示

“破坏螺旋构象”的特点，而且其在水溶性蛋白质的α螺旋构象中丰度非常低[107]。Sansom 及其同事在分子动力学模拟结果的基础上，提出如下假说：跨膜段α螺旋结构中的脯氨酸在各个运动组件中间起到铰链的作用，使得螺旋结构能更好地调整方向，同时能够介导一些有重要功能的构象改变[108]。这个假说乍看起来好像不合常理，因为通常人们认为脯氨酸在螺旋结构内产生扭曲并给肽链带来刚性。但是，跨膜段中的脯氨酸残基往往存在于特定的序列中，其中还含有丝氨酸和苏氨酸残基。这样的序列包括（S/T）P、（S/T）AP、PAA（S/T）[80]。分子动力学模拟表明这些丝氨酸和苏氨酸残基能补偿脯氨酸带来的结构扭曲，它们与脯氨酸共同影响螺旋结构，使其能按需要发生构象改变[80]。有人发现如果替换这些序列中的丝氨酸/苏氨酸残基，整个蛋白质的活性都会受到影响，这一结果支持上述假说[109−111]。但是，人们仍然会感到奇怪，为何上述现象几乎只在膜整合蛋白中出现呢？这可能与脂双层结构对膜蛋白运动性所施加的限制有关。换句话说，因为与水溶性蛋白质相比，膜整合蛋白的运动性受到其所在环境更多

的限制，进化中可能产生了诸如在蛋白质二级结构中的关键位点加入脯氨酸残基这样的方法，来确保膜整合蛋白具有与水溶性蛋白质同样的结构可变性。

膜整合蛋白的跨膜段还可包含其他在二级结构上产生扭曲的构象，如 π 螺旋。这一构象没有像脯氨酸介导的二级结构扭结那样得到广泛的研究，所以目前人们尚不清楚它对蛋白质是否存在功能上的意义。上述扭曲构象给膜整合蛋白带来的优势之一是，它们使相邻螺旋结构中的极性基团更加靠近，因此相比单靠螺旋结构内部的基团相互作用而言，它们更有利于对极性基团进行静电屏蔽。

7.3.2.2.2　β 折叠蛋白　相比带有 α 螺旋构象的膜整合蛋白，带有伸展的（β）构象[112,113] 并不常见，据估计其仅占整个蛋白质组中的百分之几[63]。大多数 β 桶状膜蛋白属于膜孔蛋白——一个小分子通道蛋白家族，定位于革兰氏阴性细菌[114,115] 的细胞膜上，以及线粒体和叶绿体的外膜上[116−119]。在细菌中，很多膜孔蛋白因为暴露于胞外环境中而成为噬菌体和细菌毒素的结合位点[9]。在 β 桶状结构中，蛋白链在细胞周质侧由短环连接，在细胞或细胞器的外侧则由长环连接[120]（图 7.9b）。桶状结构的外周部分是非极性的，而中央区域充满水，因此它是两亲性的，这一特性与其功能相称。另外，膜孔蛋白的宽度很大，导致其选择性显著降低。因此，相比定位于真核生物细胞膜或者线粒体内膜上的通道蛋白（全部由 α 螺旋结构组成），膜孔蛋白能转运的极性分子的种类丰富得多。最后，膜孔蛋白容易在膜结构内以寡聚态（少量同类分子形成共聚物）存在[121]。

7.3.2.3　三级结构

7.3.2.3.1　主要特征　膜整合蛋白存在于被脂类包围的环境中，这解释了为什么它们的外表面是非极性的。基于这个事实，人们过去总认为这些蛋白质相对于水溶性蛋白质是**内外颠倒 *inside-out*** 的。但是，当多个膜整合蛋白的结构被解析之后，人们发现上述观点离真相很远[122]。事实上，在某些方面，膜整合蛋白的结构与水溶性蛋白质相似[79,123]。首先，两类蛋白质核心区的氨基酸残基紧密排列，其中主要包含非极性残基，另外有少数带有重要功能的极性残基。核心区的氨基酸残基相对于蛋白质表面的氨基酸残基而言，在进化上更保守[124]。这一氨基酸序列高度保守的现象或许可以这样解释：氨基酸残基之间的相互作用比氨基酸残基与脂分子之间的相互作用更紧密，这在结构上对核心区的氨基酸序列有更强的限制[70]。其次，两种蛋白质的结构中所包含的环状结构在配体结合与信号转导方面承担相似的职责。

正如上文所述，膜整合蛋白的跨膜段内含有丰富的小分子残基如丙氨酸、丝氨酸和甘氨酸，以便于螺旋结构的折叠。而且，它们分布在更大的残基中间，从而在螺旋结构上（分别）形成**沟 *groove*** 和**脊 *ridge***，使得相邻的螺旋结构之间更容易在几何形状上互相契合（图 7.11）。因为这些沟和脊之间并不平行，而是围绕着每个螺旋结构卷曲，所以相邻的螺旋结构之间为了达到最佳契合度，需要在膜结构内部倾斜。事实上，膜蛋白中的跨膜螺旋结构经常以大约 20°的倾角存在，以利于蛋白质形成更好的高级结构[125]。在研究膜整合蛋白中螺旋结构相互作用所用的模型中，最常用的一个是**血型糖蛋白 A *glycophorin* A**。它是一个由 α 螺旋结构组成的二聚体。该蛋白质包含基序 **LI*xx*GV*xx*GV*xx*T**（x 是任意残基），位于螺旋结构交界处。当这些残基被突变的残基取代时，二聚体就分解成两个单体。这个基序中包含一个更小的基序单元 **G*xxx*G**，其在跨膜段序列中广泛存在[126]，同时也存在于很多水溶性蛋白质相互作用的螺旋结构上。正如我们在第 2 章中所揭示的，两个甘氨酸残基分别定位在两个螺旋结构的同一个表面上，它们之间隔着一个螺旋转角，这样便使得两个相互作用的螺旋结构之间的距离小到只有 6Å。由此，范德瓦耳斯相互作用可以最优化，并且使得一个螺旋中的 C_α—H 基团通过氢键与另一个螺旋中作为骨架的羰基（C═O）结合[127]。另外，“丝氨酸拉链”[128] 及“甘氨酸拉链”（**G*xxx*G*xxx*G**）[129] 也能介导膜蛋白中的三级结构相互作用。

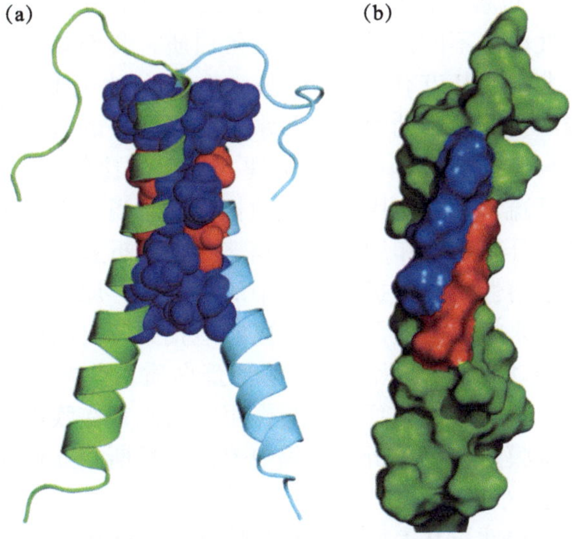

图 7.11 沟和脊结构介导跨膜段之间的相互作用。(a) 存在于去垢剂微胞中的血型糖蛋白 A (PDB 条目 1afo) 的二聚体结构，根据文献 White，S. H. and Wimley，W. C.，*Annu Rev Biophys Biomol Struct.*，28，319－65，1999 中的图 12 绘制。蛋白质骨架表示为带状，螺旋结构交界处的氨基酸侧链用球状体表示。构成“脊”的缬氨酸和异亮氨酸残基以蓝色显示。构成“沟”的甘氨酸和苏氨酸以红色显示。(b) 螺旋结构交界处一个螺旋上的沟和脊

对于膜整合蛋白的构造，有些结构倾向于重复出现。迄今为止，最常见的 **α 螺旋束 *α-helical bundle*** 以不同的形式出现。例如，G 蛋白偶联受体的特征包括：一个 7 螺旋束，一些转运体组包括 12 或 14 螺旋束，等等。另一个不太常见的结

构基元是β桶，其特征是细菌外膜及源自细菌的真核细胞器的外膜上的低选择性通道[112,113]（见7.3.2.2.2节）。

7.3.2.3.2　热力学　膜整合蛋白在被输送到膜上并进入最终的活性状态之前，都要经历一个复杂的过程，其中的步骤包括：蛋白质的每个片段在被翻译出来之后，插入内质网膜上的易位子复合体，形成二级结构，最后通常形成α螺旋束结构并组装为成熟的蛋白质[9,72,73]。这一系列过程的复杂性使得人们很难在实验室里将其重现。因此，人们通常用基于分离得到的多肽的模型来描述这些过程。人们通过对这些模型以及更接近实际情况的模型的研究[97]，对上述每个步骤（尤其是前三个）所需的能量进行了估算（见参考文献［8，52］及其中引用的参考文献）。对每一个跨膜段插入膜中所需能量的估计可用一个表格的形式罗列出来。表格中每一个构成蛋白质的氨基酸都有一个值来表示其插入膜结构的极性头部区域[93,96]或碳水化合物骨架[8]所需的自由能（另参见表7.1）。

最后一个步骤，也就是跨膜段的组装，这一过程中所涉及的能量变化有很大的争议性[79]。但这一过程也很“迷人”，因为其热力学特性与水溶性蛋白质折叠过程中的热力学特性截然不同。对于水溶性蛋白质，我们知道其折叠的驱动力来自疏水相互作用（非极性相互作用）。而膜整合蛋白被包围在一个脂质环境中，这意味着膜整合蛋白折叠的驱动力一定与水溶性蛋白质的有区别。研究表明，膜整合蛋白的稳定性与其折叠过程中表面被埋入内部的比例有关[131]。因为膜整合蛋白折叠过程中缺乏疏水相互作用，上述的相关性应当归因于范德瓦耳斯相互作用。事实上，范德瓦耳斯相互作用在驱动膜整合蛋白折叠的过程中所发挥的重要性更甚于其在驱动水溶性蛋白质折叠过程中的重要性，原因如下：水分子比脂分子更小，因此可以在未折叠的蛋白质周围更好地找到各自的位置，形成一个与蛋白质紧密相互作用的“壳”。因此，在水溶性蛋白质折叠的过程中，未折叠的蛋白质与其周围分子之间的范德瓦耳斯相互作用应当比其在膜整合蛋白折叠过程中的更强。这就意味着膜整合蛋白折叠过程中范德瓦耳斯相互作用的强度更明显地增高。

膜整合蛋白的稳定性与其表面积的相关性除了反映出范德瓦耳斯相互作用在其折叠过程中的重要性，还与另一种效应相关——从本质上说它是一个热力学效应，并且在一定程度上与水溶性蛋白质折叠过程中的疏水性相互作用有相似之处[132]。构成膜的脂分子有一定的运动自由度，而当蛋白质插入膜内的时候这种自由度便下降，对于和蛋白质中的氨基酸残基直接发生接触的脂分子来说尤甚。在蛋白质的折叠过程中，（因为一些氨基酸残基折叠到蛋白质内部）这些脂分子中的一部分被释放回膜的主体结构中，因此它们运动的自由度就提高了。换言之，膜整合蛋白的折叠降低了多肽链的熵，但是提高了脂双层的熵。因为这个过程在热力学上是有利的，它可以被视为一种驱动蛋白质折叠的因素。这个过程与水溶性蛋白质折叠过程中的疏水性相互作用相似，因为在水溶性蛋白质折叠过程中一部分原先与氨基酸残基结合的水分子被释放到水环境中而增加了它的熵。如果定量讨论，膜整合蛋白折叠过程中的上述效应可能比疏水性相互作用更弱，因为脂分子运动自由度的提高幅度相比尺寸小得多的水分子而言要低很多。

人们尚未完全了解静电相互作用对膜整合蛋白和水溶性蛋白质折叠的影响[79]。人们通常认为蛋白质核心内的盐桥不利于蛋白质结构的稳定性，但是氢键起到相反的作用。一些研究表明，螺旋结构之间的氢键有利于蛋白质结构的稳定性，并且驱动了蛋白质的组装[133—135]。例如，DeGrado 等用二聚化的肽段作为模型研究了这个问题[135]。当他们通过突变天冬酰胺/谷氨酰胺/天冬氨酸/谷氨酸来扰乱与这些氨基酸残基相关的氢键后，肽段二聚化就不再发生了。从热力学角度来讲，氢键的形成有利于螺旋结构组装成一个折叠的蛋白质分子，因为假设这些螺旋结构（在脂双层中）孤立存在，本应当（在折叠的蛋白质分子中）形成氢键的供体和受体基团会暴露于一个极性更低的环境中（图 7.12）。有一个事实支持这个观点：膜蛋白中丝氨酸和苏氨酸的含量普遍高于水溶性蛋白质[125]。

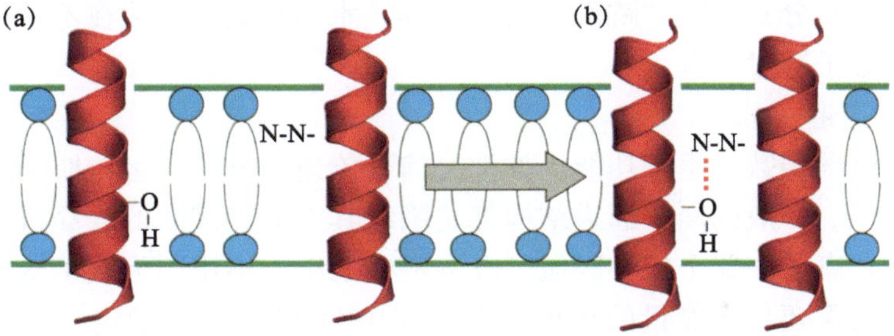

图 7.12 膜整合蛋白中的极性相互作用。(a) 未折叠状态的膜蛋白中的极性基团暴露于膜的脂分子环境中。(b) 跨膜段的组装和折叠使这些极性基团能在蛋白质核心区非极性稍高的环境中（通过形成氢键）互相遮盖部分极性

假设跨膜肽链间的氢键确实有利于膜蛋白维持稳定的折叠状态，那么这种稳定作用有多重要？最近 Bowie 及其同事[136] 利用细菌视紫红质研究了这个问题。这是一种细菌来源的、光应激的质子泵，其结构已知，常用作膜蛋白的模型。他们将形成氢键的氨基酸残基对突变成不结合氢键的残基，但是在所有其他方面尽可能接近原先的残基（在他们的研究中，原先的残基被突变成了丙氨酸），然后检测了突变后的蛋白质的稳定性。实验结果表明，平均而言，氢键对蛋白质稳定性的贡献度相当有限，仅 $1k_BT$（也就是 0.6kcal/mol，另见参考文献 [137] ）。为什么生物体在进化过程中保留了这样一种微乎其微的稳定性因素呢？Bowie 及其同事提出了一种假设：正如在脯氨酸铰链中一样，生物体保留氢键这样微弱的相互作用，可能是因为膜蛋白刚好需要它们来保持其构架高度灵活，并且形成其结

构上标志性的螺旋扭曲。最后（作为相反的意见），有一些研究表明氢键会降低膜蛋白的稳定性[138]。

7.3.2.3.3 结构 正如上文所述，化学构成复杂和高度各向异性的脂质双层对膜蛋白的约束导致了一组具有相似特征的结构。对于跨膜蛋白来说，这一点尤为明显，这些蛋白质几乎总以 α 螺旋束的形式存在，偶尔也会以 β 桶形式存在。然而，这个通用结构可能以不同的形式出现；每一种都适合蛋白质的生物学功能。von Heijne[9]、Gouaux 和 MacKinnon[139] 回顾了这些构造的几个重要例子及其功能意义。这里我们阐述其中的三个例子，它们都是参与极性分子跨生物膜运输的蛋白质。

1. 水通道蛋白

水通道蛋白用来运输水分子，存在于多种生物体和各种组织中。例如，在动物的肾中它们承担从尿液中回收水分的功能。这些蛋白质形成沙漏状结构，其中包含 6 个跨膜段（图 7.13a）。这种结构形成了一个狭窄的通道，正适合水分子通过。而且，该蛋白质的静电特性能够阻止质子从其中的通道通过，甚至能阻止质子在膜两侧的水分子之间“跳跃”[140]。这样，水通道蛋白就能在不让质子外泄的前提下让水分子通过。

2. 离子通道

离子通道承担数种生理功能，如神经信号传递、分子转运、肌肉收缩、能量的产生，等等。一般的离子通道结构都是围绕其中央充满水的，穿过脂双层的核心区域展开。离子在这个核心区域可以溶解在水中，不用因为直接暴露于脂双层内疏水环境而需要付出能量的代价。人类在 1998 年第一次确定了一个离子通道的清晰结构——MacKinnon 及其同事确定了细菌钾离子通道（KcsA）的三维结构[99]①。钾离子通道的标志性结构很像一个颠倒的圆锥形帐篷（图 7.13b 中 Ⅰ），其中包含一个宽阔的充满水的核心，其长度超过脂双层宽度的 2/3。因此，当钾离子穿越脂双层膜的时候，在其大部分“旅途”中它能以自由扩散的方式运动。而且相邻的钾离子之间还存在经典排斥作用，两个因素相叠加使钾离子通道的转运速率非常高（大约每秒能转运 10^8 个钾离子）。

尽管各种离子通道之间在外形、分子量、直径等方面存在差异，但几乎所有的离子通道对于其所能转运的离子有一定程度的选择性。该选择性可能非常宽泛，如允许所有带特定电荷的基本离子通过；也可以非常狭窄，如只允许钙离子通过。在绝大部分情况下，通道对离子的选择性意味着“等候通过的”离子需要去除其溶剂化壳（由溶剂分子包围在溶质周围形成的球状外壳）而直接与通道中

① MacKinnon 在 2003 年因为此项成就而获得诺贝尔化学奖。

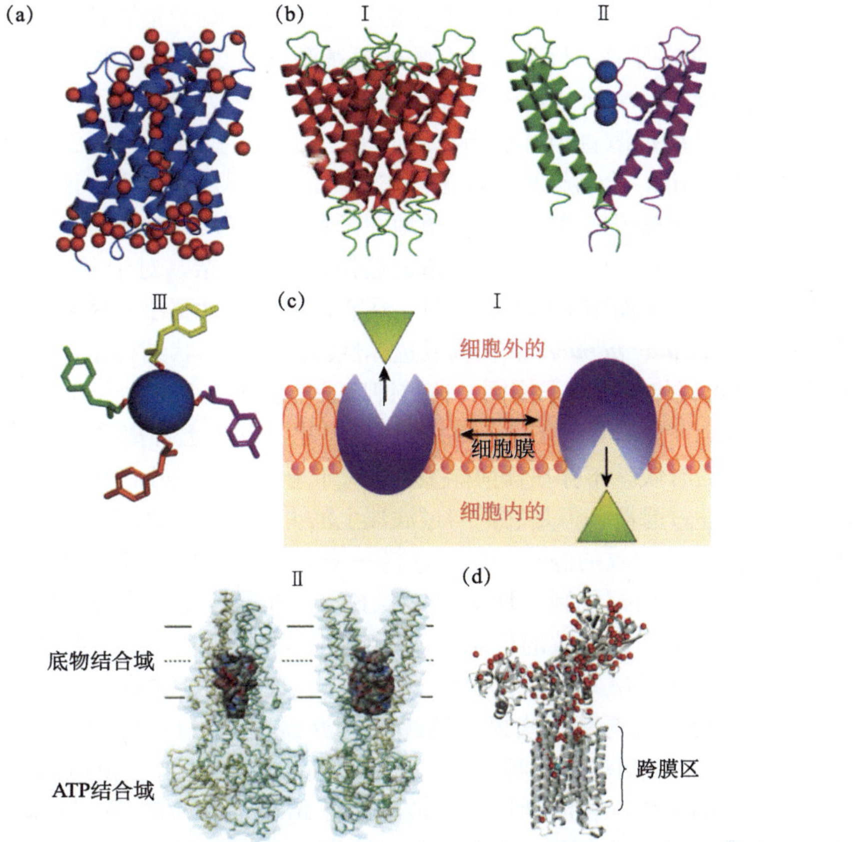

图 7.13 通道蛋白和转运蛋白的结构特性。(a) 水通道蛋白（PDB 条目 1rc2）。跨膜螺旋用蓝色表示，水分子用红色表示。(b) KcsA 钾离子通道蛋白（PDB 条目 1bl8）。Ⅰ：总体结构，根据二级单元着色。Ⅱ：选择性过滤器。为了清晰起见，只描绘了 4 条肽链中的两条，用不同颜色分别表示。钾离子用蓝色球体表示。选择性通道由构成凹角的、与钾离子相互作用的螺旋结构构成。Ⅲ：钾离子之一（蓝色球体）与选择性过滤器中的 Y78 残基（用棍模型表示，按所在肽链分别用对应的颜色表示）上的 4 个羟基中的氧原子相互作用。(c) Ⅰ：转运蛋白运作方式的概要图解。紫色图形代表膜内转运蛋白的两种不同的平衡构象。在两种构象中，转运蛋白的底物结合位点各自朝向不同的细胞区间（胞内和胞外），正准备结合或者释放底物（绿色三角形）。这张图呈现了一个重要的过程：左边的构象在胞外侧结合了底物，然后转换成右边的构象，将底物释放到胞质侧。代表转运蛋白、底物和膜的图形在很大程度上不成比例，这是为了突出和清晰描绘转运过程的主要参与者。Ⅱ：Sav1866 ABC 转运蛋白的 ATP 结合状态，从两个方向展示（来自 von Heijne, G., *J. Intern. Med.*, 261, 543-557, 2007。经许可）。(d) 钙离子 ATP 酶（PDB 条目 1su4），钙离子用青色表示，水分子用红色表示。可以清晰地看到，对于被转运的钙离子来说，通道里含有水分子的区域并不连续

的氨基酸残基结合。这样一来通道便能“评估”该离子是否适合通过。在 KcsA 钾离子通道的结构中，与选择性有关的氨基酸残基位于通道的末端，在一个称为**选择性过滤器** ***selective filter*** 的环状亚结构上（图 7.13b 中Ⅱ）。过滤器决定了离子是否能继续扩散直到抵达脂双层的另一侧。一些毒素，如由蝎子分泌的**短肤蝎毒素** ***kaliotoxin***，会将钾离子通道当作攻击目标[141]，这证实了该通道在生物学上的重要性。有些离子通道仅通过简单地“设置”离子尺寸的阈值来选择合适的离子（从其中通过），而另外一些离子通道的选择机制更复杂，对于 KcsA 通道来说便是如此。它让钾离子而不是钠离子通过，尽管后者的尺寸更小。这种选择机制被称为**分子模拟** ***molecular mimicry***。在构成选择性过滤器的环状结构中，极性而不带电荷的氧原子①正好位于钾离子周围，这与钾离子溶液中来自水分子的氧原子围绕钾离子的分布状态完全一致（图 7.13b 中Ⅲ）。因此，事实上钾离子在从溶液中进入选择性过滤器的时候就不存在任何能垒。而对于分子尺寸更小的钠离子，尽管它们可以进入选择性过滤器，但是它们与过滤器上的上述氧原子之间的距离过大，因此得不到后者提供的有效的静电屏蔽，这样一来它们只能留在溶液中，也就是留在通道外。这种分子模拟机制解释了为什么 KcsA 通道对钾离子的亲和性千倍于钠离子，这是一个简洁而有效的机制。但是，之后的一些研究结果似乎与上述机制不同。首先，一个核磁共振研究的结果表明，在选择性过滤器区域蛋白质结构的可变性相比其他区域更高，这提示选择性过滤器应该可以适应比钾离子更小的离子[142]。其次，在脂双层中对 KcsA 通道进行的分子动力学模拟的结果表明，选择性过滤器的结构存在波动性，其波动幅度超过了一些离子与羰基之间的距离，足够适应钾离子和钠离子之中的任何一个[143]。这篇论文的作者认为 KcsA 通道对离子的选择性其实是由与离子相互作用的羰基内在的静电特性，而非通道孔洞的尺寸（由此影响钠离子与上述氧原子之间的距离）决定的。因此，上述选择机制可能实际上要比之前人们所假设的复杂得多。有趣的是，尽管小型的离子如钾离子所占据的空间非常有限，但它们与离子通道之间的结合通常涉及后者可观的结构变化，钾/钠/钙离子通道皆如此[139]。

离子通道转运离子的方式和很多细胞质蛋白一样，只有在受到正确信号刺激时才运作。为了确保这一点，大部分通道有一个**门** ***gate***，这样当通道处于静息状态时离子就被挡在外面。激活通道的信号可以是电信号、化学信号或者机械力。KcsA 通道的“门”位于其中靠下方的区域（图 7.13b 中Ⅰ）。这个部分能响应包括钙离子浓度或者电压的变化以及配体结合等在内的外界刺激，而打开或者关闭通道。对信号做出响应的则是通道蛋白的感应功能域，其附着在

① 这里提到的氧原子来自蛋白质骨架中的羰基，或者来自酪氨酸侧链中的羟基。

“门”功能域上。感应功能域接收到信号之后导致跨膜螺旋段发生构象变化，使“门”打开。

3. ATP 激活的转运蛋白（泵）

与离子通道相反，一些转运蛋白可以逆电化学梯度转运可溶性物质，或者换句话说，“泵送”它们。这个过程需要能量来源，可以是直接的来源（ATP）或者间接的来源（如另一种化学物质的电化学梯度）。无论如何，很显然，转运蛋白所用的运输机制一定比通道蛋白所用的更复杂。事实上，转运蛋白并不只是形成简单的含水通道，而是至少能以两种不同的状态存在：在一种状态下待转运的配体从膜的一侧进入转运蛋白，而在另一种状态下配体在膜的另一侧被释放。这要求每种转运蛋白都能拥有至少两种截然不同的构象，分别对应上述状态（图 7.13c 中Ⅰ，参考文献［9］）。这两种构象之一（结合 ATP 的构象）能在图 7.13c 中Ⅱ以及参考文献［9］中见到，那是 ATP 结合盒（ABC）转运蛋白家族中的一员。原核生物及真核生物中都存在这些蛋白质，它们将小分子从细胞内泵出，或者泵入细胞内。这一过程对医学研究也有启发性：细菌对抗生素的耐药性和肿瘤对化疗的抗药性都由 ABC 转运蛋白实现。正如读者在图 7.13c 中Ⅱ所能看到的，紧密排列的 ATP 结合域（位于 ABC 转运蛋白的底部）使得其跨膜功能域向细胞外侧打开，准备与将要转运的配体结合。然后，ATP 水解引发了转运蛋白的构象改变，关闭细胞外区域而将细胞内区域打开。这就有利于被转运的配体离开转运蛋白进入细胞质。

有一些转运蛋白专门运送小离子。其中一个是钙离子 ATP 酶，它的结构已经被确定了。对其结构的分析表明，其中并没有可供钙离子溶解于其中的含水腔（图 7.13d）。尽管钙离子通过该转运蛋白的确切途径仍未知，但已经有几个酸性氨基酸残基被确定为这个途径上的钙离子临时结合位点。该转运蛋白中不存在含有水的通道，看起来似乎不利于离子的转运，但事实上这正是数个能防止被转运的离子同时暴露于细胞膜两侧，甚至回到其最初所在的区间（细胞内或细胞外）的策略之一。

7.3.2.3.4 结构预测 我们已经看到，跨膜段氨基酸序列所反映出来的明显的特征让科学家能够预测跨膜段在整个蛋白质的氨基酸序列中的位置，也能预测它们与蛋白质其他部分之间的拓扑结构。对于预测跨膜蛋白的完整结构而言，剩下的两个步骤是：预测螺旋的方向，以及蛋白质骨架（在螺旋发生扭曲的情况下）和侧链的构象。预测膜蛋白结构的方法可以分为三种主要的类型[70,89]。第一类包括一系列“从头开始”（*ab initio*）方法，它们仅依靠膜蛋白特有的物理和化学规律性来进行预测，包括其长度、疏水性等。这类方法中的代表是 PREDICT[144]，这是一个专门针对 GPCR（G 蛋白偶联受体）开发的预测方法。这类方法最大的优点是，它们不依赖于目标蛋白任何其他的信息。而它们主要的缺点是，其需要巨量的相关蛋白构象样本，这对于计算量的要求很高[145]。第二类方法依赖于统计特定氨基酸残基在蛋白质特定区域中出现的频率。例如，Pilpel 及其同事为氨基酸建立了一个量表，来体现它们在蛋白质中面向脂双层或蛋白质核心的可能性（kPROT[146]）。他们的数据来自从单次跨膜及多次跨膜的膜蛋白中得到的统计结果。除此之外，另外两个已被成功运用于膜蛋白结构预测算法的统计学量表分别是进化保守度[147,148] 以及特定氨基酸残基相对于其他残基更紧密折叠的倾向性[149]。最后一类方法利用**同源建模** ***homology modeling*** 方法（详见第 3 章）来预测膜蛋白的结构。尽管这种方法在水溶性蛋白质中非常成功，但在膜蛋白中却不是很有效，因为实验确定的结构可以用作模板的数量有限。在使用同源建模方法的过程中可能产生的另外一个问题是，因为目标序列与已有的模板序列之间的相似度可能不够高，因而很难找到模板序列来建模。正如我们在第 3 章中所解释的，在这样的情况下，人们可以改用折叠识别（即“穿线法”）。

目前人们所用的膜蛋白结构预测算法通常是混合型的，也就是说，算法基于一个特殊的打分函数来进行运作，其囊括了不同预测策略来源的表达式[150]。例如，其中一些表达式反映了氨基酸的物理和化学性质，另外一些则体现出特定氨基酸的一些统计学上的倾向性，如它们形成特定结构或者参与特定的物理上的相互作用的可能性。这类混合型算法中著名的两个是 Rosetta[151,152] 和 TASSAR[153]。两种方法都在诸多不同的蛋白质上得到了应用且取得了不俗的预测结果[154—156]（更多细节详见参考文献［150］）。

最近采用了一种新的方法，利用实验数据来提高预测效率[101]。使用的实验方法是一些提供低分辨率的膜蛋白结构的方法，包括冷冻电镜 cryo-EM、核磁共振 NMR、电子顺磁共振 EPR 和傅里叶变换红外光谱 FTIR（见第 3 章详细介绍这些方法）。提取的数据未必能阐明每个跨膜段的准确定位，更不用说主链和侧链的构象，但它确实产生了空间约束，缩小了预测方法搜索的构象空间，从而大大增加了它们提供天然蛋白质结构的机会。例如，冷冻电镜图提供了有关结构中跨膜螺旋的数量、倾斜和总体位置的数据[150]。其他实验数据由生物化学方法提供，包括：①蛋白质膜外区域的蛋白质水解或使用抗体进行识别；②蛋白质不同残基的点突变（保守残基经常面向核心[124]）；③化学交联。使用这种方法进行结构预测的一个主要问题是，它们是在一个包含大量分子的样本上进行的。因此，它们可能提供蛋白质不同亚态对应的数据，从而干扰预测[150]。

7.3.3　膜外周蛋白

膜外周蛋白附着在细胞膜的胞外侧或者胞质侧，其表面积中的大部分暴露于水溶液（分别是细胞外基质和细胞质）中。因此，决定它们结构的原则与水溶性蛋白质的基本一致。相应地，我们对这些蛋白质的讨论集中在它们附着于脂双层的三种方式。

(1) 静电作用结合。有一些膜外周蛋白包含一个结合位点，其几何形状正适合结合一个特定的膜磷脂分子（图 7.14a，参考文献 [157]）。在很多情况下，膜磷脂分子 [磷脂酰丝氨酸（PS）、磷脂酰甘油（PG）、磷脂酰二磷酸肌醇（PIP_2）] 带负电荷，而相应的膜外周蛋白中的结合位点包含碱性残基，能很容易地与这些磷脂分子结合 [例如，在血小板-白细胞 C 激酶底物类似物（PH）功

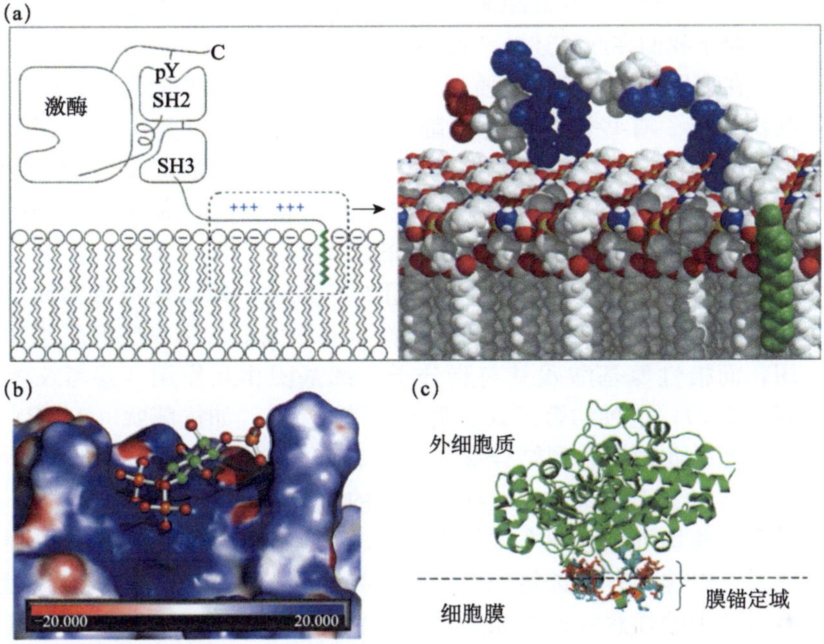

图 7.14 膜外周蛋白与膜结合的一般方式。(a) 蛋白质通过静电作用结合和共价结合与一个酰基链结合。图中显示了 c-Src 的结构。左边的图显示了组成该蛋白质的各个功能域，以及其相对膜而言所处的方向。右边的图放大显示了该蛋白质的 N 端如何通过静电作用与脂双层的极性头部区域结合，同时与一条酰基链共价结合。c-Src 中的碱性氨基酸残基用蓝色表示，酸性氨基酸残基用红色表示，与该蛋白质结合的酰基链（豆蔻酸盐）用绿色表示。图中所示的细胞膜被设定为磷脂酰胆碱（PC）与磷脂酰丝氨酸（PS）之比为 2∶1 的脂双层，其中酸性脂分子 PS 可通过其上暴露在外面的标记为蓝色的氮原子来辨别（来自 Murray, D., Ben-Tal, N., Honig, B., and McLaughlin, *Structure*, 5, 985-9, 1997。经许可）。(b) 血小板-白细胞 C 激酶底物类似物（PH）功能域上结合三磷酸肌醇的位点与其底物的静电和几何相容性。图中显示的是 Arhgap9（PDB 条目：2p0d）的 PH 功能域结构。蛋白质表面的颜色表示其静电势，图片下方的标尺显示了静电势的数值范围，单位为 k_BT/e。三磷酸肌醇用球棍模型表示。它结合在蛋白质表面的一个裂缝里，那里的精氨酸和赖氨酸产生很强的正电势，正好与三磷酸肌醇的三个磷酸基团所产生的负电势相匹配。(c) 细胞环氧酶-1（PDB 条目：1eqg）的两亲螺旋与脂双层之间的静电和非极性相互作用图示。蛋白质上的膜锚定域为第 73～116 号氨基酸残基（用棍棒表示）。极性氨基酸残基用橘红色表示，非极性氨基酸残基用青色表示。虚线标记了细胞膜胞外侧边界的大致位置

能域中，见图 7.14b]。另外一些蛋白质，如 MARCKS，其中有**一整片 *patch*** 由碱性氨基酸残基构成的区域，这就使得该区域整个带正电荷，进而使得此类蛋白质能非特异性地结合到脂双层中含有带负电荷磷脂分子的微区域[157—159]。在真核细胞中，此类微区域位于膜的胞质侧，而 MARCKS 蛋白质分子与磷脂分子的头部基团之间相距大约 3Å，这对于静电作用而言是最佳距离。也就是说，上述两个带电荷的实体之间的库仑引力在此距离下最大，同时补偿了对于两者之间结合不利的天生的排斥，对于我们在此描述的两种静电作用结合模式，在 7.4.1.2 节中有一个著名的例子，在那里我们讨论蛋白质和膜上的 PIP_2 分子之间的相互作用。

(2) 共价结合。有些蛋白质经过翻译修饰之后，可以共价结合到膜上（图 7.14a)。上述修饰包括 N'-豆蔻酰化、S -棕榈酰化，以及 S -异戊烯化（见第 2 章的 2.6 节)。有一些关键的信号转导蛋白分子如 ras 和 src 从细胞膜的胞质侧结合到脂分子链上，这种结合就是共价结合的实例。

(3) 两亲螺旋的复合型结合。有些膜蛋白中的两亲螺旋使得蛋白质可以穿透脂双层中特定的一层。螺旋结构中的非极性氨基酸残基与脂双层的碳水化合物核心相互作用，而极性氨基酸残基与脂分子头部基团相互作用（参考文献 [160，161]）(图 7.14c)。这种结合形式也见于肽链[162,163]，如抗菌肽（AMP）与细菌细胞膜的结合也是此种复合型结合形式（见 7.5.1 节)。

上述蛋白质附着于脂双层的三种方式中的最后一种尤其有趣。首先，膜结合蛋白和膜结合多肽均可以这种方式与膜结合。其次，正如我们在 7.4 节中将要深入讨论的那样，以这种方式进行的结合会影响脂双层的结构。同样有意思的是，这三种结合方式中的任意一种都无法单独存在。信号转导蛋白 MARCKS 作为一个典型例子证实了这一点——它为了与膜稳定地结合，使用了前两种结合方式，而且可能还使用了第三种方式。当它被磷酸化或者结合到钙调蛋白上之后[164]，静电作用结合方式失效[55]，这就导致蛋白质被释放到细胞质中。

7.4 蛋白质和膜的相互作用

7.4.1 脂双层对膜蛋白的作用

脂双层是一种化学结构比较复杂的介质，因此它对位于其中的蛋白质会产生不同的效应[30]。这些效应的发生及其所有的结果都有赖于脂分子与蛋白质之间的物理和化学这两类相互作用，而上述效应也正依据此两类相互作用而相应地分为两类。第一类效应来自脂双层相对于膜蛋白成为一个复杂的“溶剂”的特征。诸多研究表明，膜蛋白受到脂双层的一些特性的影响，包括拓扑结构[69,165]、有序度[166]、黏滞度[167]、疏水区宽度[168]、曲率[62]、酰基链的折叠程度[169]、空余容量[170]、刚性[171]，等等。第二类脂双层效应是蛋白质与特定的脂分子之间的化学（通过下文确定）相互作用。在过去几十年中人们用不同的技术研究了这两类效应，其中主要的研究成果在接下来的分节中予以回顾。

7.4.1.1 脂双层一般特性对膜蛋白的影响

7.4.1.1.1 拓扑结构 膜蛋白的跨膜段倾向于形成有序的二级结构（主要是 α 螺旋）以避免其骨架中的极性基团暴露于脂双层疏水核心所带来的不利影响。当两亲性肽链或者蛋白质片段与脂双层中亲水性和疏水性区域交界面结合的时候也会发生类似现象——两亲性的肽段或者蛋白质片段折叠并形成一个有序的螺旋结构[69,165]。但是在这种情况下发生的折叠，其驱动力当中也包含了该肽段或者蛋白质片段保有其两亲性属性的需要，这样一来它就可以与脂双层发生有利的相互作用（见 7.3.3 节）。因此，脂双层的极性/非极性基本拓扑结构这个单一因素本身就能影响位于其中的蛋白质的结构。

7.4.1.1.2 有序度和厚度 细胞膜上不同的区域内脂分子的有序度不同，而各种膜蛋白分别倾向于依据该有序度选择各自所处的区域。一些研究表明，很多膜整合蛋白倾向于选择处于 l_d 状态的膜区域，同时另外一些研究提出了相反的结论[172,173]。上述不同的倾向性导致膜内的蛋白质形成**侧向隔离 *lateral segregation***，并且形成各自具有独特的脂分子和蛋白质组分的微区域。在某些情况下，上述倾向性源自蛋白质和脂分子之间的直接相互作用，如有些蛋白质通过一个脂肪酸链或者其他类型的碳水化合物链与脂双层发生共价结合。在这些情况下，上述倾向性与酰基链的饱和度有关。例如，与糖基磷脂酰肌醇（GPI）共价结合的那些蛋白质倾向于出现在脂双层上高有序度的区域（l_o），因为 GPI 的酰基链是饱和的[174]。对于 src 以及其他同属一个家族、被豆蔻酰化或者棕榈酰化的激酶来说也是如此[175]。相反，ras 家族的 GTP 酶倾向于出现在脂双层上低有序度的区域（l_d），它们通过不饱和的异戊二烯链与膜结合[176]。

脂双层的有序度也会间接影响其中的蛋白质，这是通过脂双层的宽度实现的。饱和的酰基链比不饱和的更伸展，因此会形成更有序的脂双层。位于其中的蛋白质并不是受到整个脂双层宽度的影响，而是受到其中碳水化合物区域宽度的影响。正如上文所述，蛋白质跨膜段中的多个非极性氨基酸残基通常绵延覆盖一定的长度，正与脂双层中疏水区域的宽度相吻合。但是仍然有一些例子，其中跨膜段中富含非极性氨基酸的肽段与脂双层核心区**疏水不相匹配 *hydrophobically mismatch***[168,169]。正如我们将在 7.4.2 节中谈论到的，这种不匹配现象很可能会影响脂双层的形状。但即使在这样的情况下，那些蛋白质也有可能发生一些形变来尽量缩小不匹配的程度。**正向疏水性不匹配 *positive hydrophobic mismatch*** 是指脂双层的宽度小于蛋白质跨膜段中富含非极性氨基酸的肽段的长度（图

7.15a)。这种情况会妨碍跨膜段中的非极性氨基酸残基与脂双层的疏水核心区充分发生相互作用。为了解决这个问题，跨膜段可以倾斜于脂双层的垂直轴（图 7.15c)。相反的情况则是，脂双层疏水核心区的宽度大于跨膜段中富含非极性氨基酸的区域的长度（**反向疏水性不匹配** ***negative hydrophobic mismatch***，图 7.15b)，这在热力学上是不利的。问题在于，蛋白质中的极性氨基酸残基掺入脂双层核心区的非极性环境中，这个过程正如我们之前已经讨论过的那样，会严重地扰乱整个系统的稳定性。生物体有几种方式来尽可能减小反向疏水性不匹配的程度或者其所产生的负面效应[166]。

（1）侧向扩散。蛋白质可能在脂双层平面上朝着有序度更低、疏水性宽度更小的区域运动（图 7.15d）。这就在脂双层上产生了一些聚集此类蛋白质的微区域。有一种高度依赖于这种微区域的细胞过程，那就是信号转导[51,172]。那是因为该过程要求一些特定蛋白质和脂分子聚集在膜上的特定区域中。在接下来的章节中我们会阐述信号转导过程的一个典型代表。另一个受到微区域影响的细胞过程就是细胞内部的蛋白质转运[177]。在此过程中，一个要被运送到特定细胞器的蛋白质应当与该细胞器的膜处于疏水性匹配状态①。

（2）蛋白质的构象变化。尺寸大到一定程度的膜蛋白可能发生构象变化，以减低不匹配的程度（图 7.15e）。这种变化通常包括蛋白质结构元件如螺旋或者功能域等的旋转或者滑动。这种构象变化在解决了不匹配问题的同时也可能产生新的问题，那就是蛋白质的活性可能会因此降低[178−181]。例如，肌肉细胞中的**肌浆网** ***sarcoplasmic reticulum***（***SR***）②（肌质网）膜上的钙 ATP 酶就发生此类构象变化，因为肌浆网膜的宽度与细胞膜的不同[30,182]。但是钙 ATP 酶的构象变化带来的结果未必是不利的，因为它提供了在不同条件下调节酶的活性的手段，所述条件改变了 SR 膜的宽度。

（3）寡聚化。当两个互相分离的跨膜段与脂双层发生不利于稳定结合的相互作用（如发生了疏水性不匹配现象），生物膜和膜蛋白作为一个系统，会减少不利于稳定结合的相互作用的数量，让原先其中的一部分变成蛋白质之间的有利的相互作用（图 7.15f）。换句话说，两个跨膜段会连结起来。在有些情况下，这种连结会有利于蛋白质活性的激活。抗生素短杆菌肽就证明了这一点[183]。这个例子中的连结使得两个短小的蛋白质片段通过二聚化形成一个足够长的跨膜段，穿越细胞膜形成一个离子通道[184,185]。这反映了一种在进化过程中形成的机制：利用蛋白质和膜之间的疏水性不匹配现象在特定条件下激活

① 不同细胞器的膜由不同的脂分子组分构成，因此也有不同的宽度。

② 肌肉细胞中的 SR 膜相当于其他细胞中的 ER（内质网）膜。

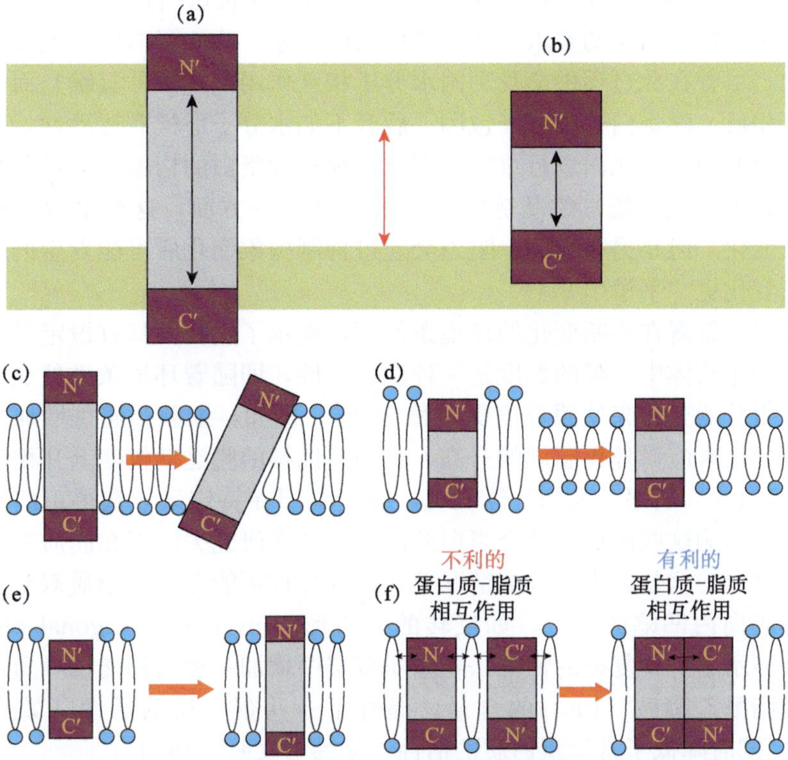

图 7.15　疏水性不匹配现象。本图阐释了蛋白质或者其跨膜螺旋段的疏水性区域长度与脂双层碳水化合物链的长度之间发生的正向（a）和反向（b）疏水性不匹配现象。蛋白质的跨膜段用长方形表示，其疏水非极性区域用灰色表示，而极性的末端用紫色表示。跨膜段的疏水性区域长度用黑色箭头表示。脂双层则用与图 7.10 类似的方式来描绘，其疏水性区域宽度用红色箭头表示。（c）跨膜段的倾斜降低了正向不匹配的程度。跨膜段以图（a）和图（b）的方式来表示，脂双层中具有代表性的脂分子则以简略的方式描绘。（d～f）蛋白质对反向疏水性不匹配现象的适应方式：（d）蛋白质侧向扩散到脂双层上一个厚度较低的区域；（e）蛋白质发生构象变化，导致其极性末端不再位于非极性的脂双层核心区域内；（f）蛋白质的寡聚化，使得蛋白质的极性末端与非极性的脂双层核心区域之间发生的不利于系统稳定性的相互作用，被两个蛋白质分子跨膜段的极性末端之间有利于系统稳定性的相互作用所取代（两个同种蛋白质分子的跨膜段之间以反向平行的拓扑结构结合，使得其部分带正电荷的 N 端与部分带负电荷的 C 端之间可以发生稳定的相互作用）

特定的蛋白质与多肽。

在所有上述的由膜引发的效应中，蛋白质的活性都可能发生变化。事实上，很多研究结果表明很多蛋白质有这样的现象，包括钠-钾 ATP 酶[180,186]、细胞色素 c 氧化酶[182]、钙 ATP 酶[30,182]、蜜二糖通透酶[187]，以及甘油二酯激酶[181]。

7.4.1.1.3　黏滞度　几乎所有蛋白质若要具有活性，就必须能在各种不同的构象之间进行动态切换（详见第 5 章）。大多数球状蛋白被水分子包围，而水分子能迅速按照蛋白质的要求变换为任何新的构象。这些蛋白质因此很容易发生结构变化，尽管在此过程中会受到因水分子相互作用（vdW，氢键）而导致的阻力作用。相反，膜蛋白被脂分子包围，后者不如水分子那样有运动性，而且很难根据蛋白质的构象变化而进行重构。因此，膜整合蛋白的构象变化过程会受到来自相邻脂分子，尤其是其酰基链的强大阻力[30]。一方面，这种阻力会阻碍蛋白质的构象变化，但是另一方面，阻力会通过抑制构象变化后可能发生的分子振动而使构象变化更“平滑”。

原核生物暴露在不断变化的环境条件下，揭示了生物膜具有恒定黏度的重要性。在这些生物体中，膜的黏度是一种稳态特性，即随着环境条件的变化，脂质双层通过组分的变化来使膜黏度保持稳定[188]。例如，细菌会通过增加长期饱和磷脂的百分比来应对外界温度的升高，这与热诱导的膜运动幅度上升相反。

7.4.1.1.4 曲率 人们已经发现，脂质双层在特定区域获得正曲率或负曲率的能力会影响这些区域内整合蛋白的活性。许多研究关注于在脂质双层中产生负曲率的过程。这是因为在极端情况下，这种过程可能会导致脂质双层失去平面性，并形成向内凹陷的形态，如反转的六边形（inverted hexagonal phase）[60]。这个结果显示了一种复杂的情况：在脂质双层中增加一种已知能诱导负曲率的脂质——磷脂酰乙醇胺（PE）的含量，提升了一些蛋白质的活性（如参考文献［189］），同时降低了其他蛋白质的活性（如参考文献［190］）。

7.4.1.1.5 机械压力 对于处在不断变化的环境中的原核生物来说，其所处的液体中溶质浓度的突然下降会导致大量水进入细胞。这对于这些原核生物而言是很危险的，因为除了细胞内溶质浓度会因此下降，细胞内急剧增大的压力施加于细胞膜而导致其伸展还可能使细胞膜破裂。细菌的细胞膜上有一些特定的膜蛋白能感应机械压力，从而解决了细胞膜的破裂问题[191]。当膜伸展的时候，这些蛋白质允许一种罕见的事件发生：大量细胞内溶质外排。这导致细胞内的水分同样外排，从而解决了上述问题。有意思的是，人们发现只有在细胞膜表面积增长率达到 4%时，这些蛋白质才会开始启动细胞内溶质外排。而 4%的细胞膜表面积增长率正是细胞膜破裂的阈值[191]①。

7.4.1.2 脂双层中特定脂分子的效应

7.4.1.2.1 脂分子的通常类型 正如我们在之前的章节中所详细叙述过的那样，生物膜中含有不同类型的脂分子。但是，如果从脂分子与蛋白质之间的相

① 原核生物的细胞膜伸展性很低，这可能是由于细胞膜小幅度的伸展就会使其非极性核心暴露于外部的水环境中[30]。

互关系角度出发，它们可以被分为三种基本类型[192]。第一种被称为主体脂分子(bulk 在这里应解释为“主体，大部分”，但是找不到合适的词，暂时译作“主体”)，它们不参与和蛋白质之间的特定相互作用，因而其在脂双层中的扩散就只受到其相邻脂分子的限制。第二种被称为环形脂分子，它们在蛋白质分子周围形成一个接触层，但它们不断地在接触层和主体之间来回运动[193]。电子顺磁共振数据表明，这种运动的频率达到每次仅用 10^{-8}s 的级别[194]。这个接触层有助于膜整合蛋白垂直定位于脂双层中，并且是蛋白质和脂双层之间的交界面。环形脂分子并不只出现在蛋白质分子的周围，有时在多聚体蛋白分子内的大空隙中也能找到这些脂分子。在最近刚解出的 V 形钠离子 ATP 酶的结构中就可以清晰地看到这些脂分子[195]。

第三种脂分子被称为非环形脂分子，包括那些直接与蛋白质分子发生高强度相互作用的脂分子。这类相互作用明显抑制了它们的运动性，以至于它们可以与蛋白质共结晶（图 7.16）。因此，在通过 X 射线衍射实验解出的蛋白质结构中可

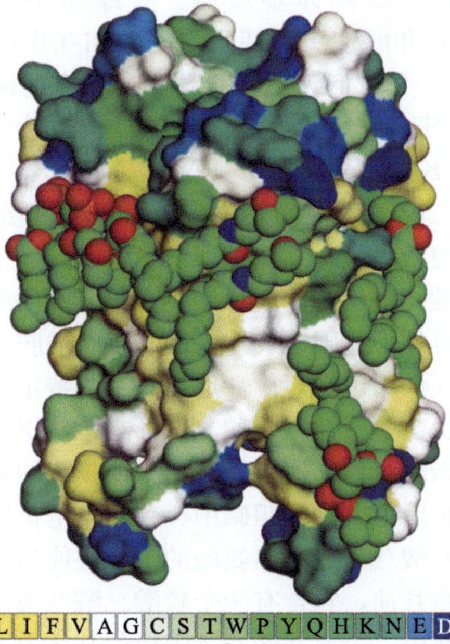

图 7.16 非环形脂分子。图中显示了线粒体中的 ADP/ATP 转运蛋白酶复合物以及结合于其上的脂分子（PDB 条目 1okc）。蛋白质的表面根据其疏水性程度用不同颜色表示，此处疏水性程度按照 Kessel-Ben-Tal 量表来衡量（Kessel，A. and Ben-Tal，N. *Current Topics in Membranes*，Academic Press，p. 205－53，2002）（详见图 2.7），而非环形（原文是 annular，即环形，但是整个图的标题是 non-annular lipid，因此疑似这里原文有误）脂分子用球体组合体表示，每个球体按照原子种类用不同颜色标记。此图清晰地显示，有一些脂分子明显发生了扭曲，以此来避免其非极性尾部与蛋白质的极性部分之间发生高度不利于复合物稳定性的相互作用

以见到这些脂分子。非环形脂分子可以位于蛋白质表面上的裂隙（通常处在蛋白质亚结构之间的交界面处）中，也可以埋在蛋白质内部[192]。那些深埋在蛋白质或者蛋白质复合物内部的脂分子，也被称为整合脂分子。蛋白质中的脂分子结合位点通常包含进化上保守的氨基酸残基[196]。结合于其上的脂分子通常形成最有利于其与蛋白质相互作用的构象，这通常意味着脂分子要发生扭曲。人们已经发现即使是饱和脂肪酸在这种情况下也会发生扭曲，可能导致脂分子向脂双层的内部也就是其疏水核心区域发生位移。例如，在细菌中有一种能被光线激活的泵分子——细菌视紫红质，其中有三个糖脂分子相对于其理论上的位置发生了 5Å 的位移[197]。脂分子的扭曲甚至可能导致其极性头部基团的位置低于脂双层中磷脂基团的常规位置，或者导致其酰基链弯曲并绕在蛋白质的 α 螺旋周围[198]。

7.4.1.2.2　磷脂-蛋白质相互作用　特定的蛋白质-脂质相互作用大多是非共价的，除涉及酰基链的非极性和范德瓦耳斯相互作用[192] 外，还包括涉及脂质极性头部基团的静电相互作用[30]。如前所述，涉及脂质头部基团的一些最有利的相互作用是膜电负侧（线粒体基质侧、叶绿体基质侧或质膜的细胞质侧）[198,199]的碱性蛋白残基和酸性头部基团之间的相互作用。虽然涉及脂质醇基的相互作用是多种多样的[198]，但涉及所有磷脂所共有的磷酸二酯基团的相互作用是由碱性和极性-中性残基的几种残基对组合所介导的[192]：

KT，KW，KY，RS，RW，RY，RN，HS，HW，HY

蛋白质分子与磷酸二酯基团之间发生的相互作用主要由下列氨基酸残基介导，按照各个残基出现的频率由高到低排列：

精氨酸＞赖氨酸＞酪氨酸＞组氨酸＞色氨酸/丝氨酸/天冬酰胺

上述相互作用中的另外一些则涉及苏氨酸和谷氨酰胺。而发生在双层膜负电性较小的另一侧上的相互作用也有规律性地涉及一些特定的氨基酸，其中大部分是极性且电中性的，极少数是碱性氨基酸。以存在于双层膜负电性较小的一侧上的主要磷脂分子——磷脂酰胆碱为例，其与蛋白质发生的相互作用完全不涉及赖氨酸和精氨酸。这可能是因为磷脂酰胆碱中存在带正电荷的三甲氨基团。但是组氨酸和丝氨酸，以及丝氨酸/组氨酸/酪氨酸的组合可能参与该相互作用。另外一个特殊的例子是双磷脂酰甘油，它含有两个磷酸二酰基团。这种磷脂分子与蛋白质发生相互作用的位点在由三个氨基酸残基组成的基序上，其中前两个是碱性残基，第三个是极性且电中性的。

如上文所述，蛋白质跨膜片段中的芳香族残基，如酪氨酸和色氨酸，倾向于出现在极性/非极性交界面附近，在那里它们起到锚点的作用，防止片段滑出或滑进（见 7.3.2.1.3 节）。这些残基与相邻的磷脂之间的复杂相互作用导致了大部分的锚定效应（图 7.17）。这些相互作用依赖于酪氨酸/色氨酸的两大特性[200]。

(1) 环状结构。这一结构特性使得这两种残基能与磷脂分子的酰基链发生强烈的范德瓦耳斯相互作用和非极性相互作用。环状结构的平面特性使得上述相互作用只能发生在特定的几何结构上。

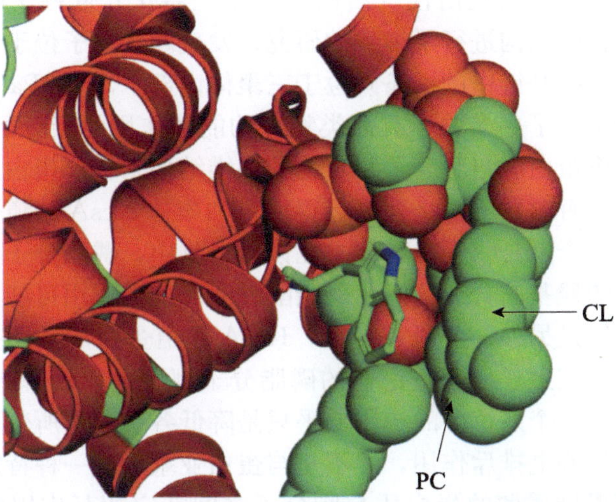

图 7.17 生物膜中芳香族残基和脂质之间的相互作用，显示的结构是线粒体 ADP/ATP 载体复合物（PDB 条目 1okc）的结构。相互作用涉及 Trp274（代表为棍棒）和两种脂质［心磷脂（CL）和磷脂酰胆碱（PC），两者都以球体表示］。正如在正文中所解释的，Trp 的大环结构允许在脂质的残基和非极性酰基链之间的范德瓦耳斯力与非极性相互作用，并允许极性 N—H 基团与脂质的酯氧原子和磷酸基团发生静电相互作用

(2) 极性。这一特性同时归因于两个因素：相应氨基酸残基的化学构成（酪氨酸的 OH 基团和色氨酸的 NH 基团）及其芳香族特性（如异位的 π 电子）。这两个氨基酸残基的极性特性使得它们能与邻近脂分子的极性头部基团发生静电相互作用。因为这些芳香族氨基酸残基的特殊位置，该静电相互作用主要指它们与磷脂羰基基团之间发生的氢键相互作用。但是最近有一个用核磁共振得到的研究结果提示这类静电相互作用对于用芳香族氨基酸残基介导的膜蛋白锚定作用并不重要[201]。

7.4.1.2.3 脂分子对膜蛋白诸多特性的影响 脂双层中一些特定的脂分子可能会影响膜整合蛋白的稳定性、折叠、组装，以及活性[192]。进化过程中的选择压使得现在我们所能见到的这些影响大部分是有利的，乃至人们已经发现有一些蛋白质只有在被特定的脂分子围绕的情况下才有活性[202]。例如，包括 NADH 脱氢酶、ADP/ATP 载体蛋白、细胞色素氧化酶、ATP 合成酶以及细胞色素 bc1 在内的一些有催化效应的蛋白质，其活性都依赖于双磷脂酰甘油[203−205]。该磷脂分子在线粒体内膜上的丰度很高。在这些例子中，脂分子被视为相应蛋白质催化

活性的辅助因子。有些情况下，人们解析出特定蛋白质以及与其相结合的脂分子所形成的复合物的三维结构，并能循此了解到两者在功能上的依赖性的分子基础，如植物中的捕光复合物（light-harvesting complex，LHC）。捕光复合物是一个三聚体，其三聚化以及活性（活性取决于三聚化）依赖于磷脂酰甘油[206]。人们对捕光复合物的结构进行了细致的研究，发现磷脂分子位于三聚体三个亚基之间的交界面，其酰基链中的一条则位于三聚体内部[207,208]。Palsdottir 和 Hunte 在他们的论文中给出了更多关于有此类特殊功能性作用的脂分子的例子[196]。尽管如此，通过解析蛋白质与脂分子复合物的三维结构来解释蛋白质对脂分子依赖现象的分子机理，有时并不那么容易行得通。四聚体 KcsA 通道蛋白的活性依赖于磷脂酰甘油，这个复合物便是如此。在该复合物中，磷脂分子与分别来自两个亚基的两个精氨酸残基结合。这提示磷脂酰甘油在此的作用可能是帮助蛋白质形成四聚体结构。但是另外一些研究提示，KcsA 通道蛋白的活性并不特定地依赖于磷脂酰甘油，事实上任何带负电荷的磷脂分子都可以取代磷脂酰甘油[209]。因此，磷脂酰甘油在这个系统中的作用似乎只是降低各个亚基所带的正电荷在亚基交界面上所形成的静电排斥作用，并不是与蛋白亚基形成一种特定的相互作用。

目前被研究得最透彻的蛋白质与脂分子之间特定相互作用的模型之一就是 PIP_2，这是一种在细胞膜上含量甚微且几乎全部位于膜的胞质侧的蛋白质[55,210]。尽管其在生物体内很罕见，但 PIP_2 参与很多重要的细胞生物学过程，包括内吞作用、胞外分泌、胞吞作用，以及细胞内的膜泡运输。当人们发现该分子是位于细胞质内的**磷脂酶 C *phospholipase C*（*PLC$_\gamma$*）**的一种底物之后，科学界开始对它产生了兴趣。PLC_γ 将 PIP_2 分解为**肌醇 1,4,5-三磷酸 *inositol 1,4,5 triphosphate*（*IP$_3$*）**和**甘油二酯 *diacylglycerol*（*DAG*）**，这两者都是信号转导通路中关键的第二信使。这两者的共同作用激活下游的**蛋白激酶 C(*PKC*)**，而后者将细胞内的很多底物磷酸化并启动一些重要的生物学过程。现在我们知道 PIP_2 事实上是三种第二信使的来源，而且它对上述生物学过程的影响主要是通过这三个第二信使来实现的[211]。然而，PIP_2 似乎还能特异性地影响一些膜蛋白，通常情况下是离子通道蛋白和转运蛋白。这些蛋白质对 PIP_2 的依赖能给它们带来什么好处呢？至少有两种已知的好处，而且与蛋白质活性的调控有关[210]。第一种很简单：蛋白质活性对 PIP_2 的依赖可以保证这些蛋白质只在与膜结合的状态下才处于激活状态。事实上，在很多情况下细胞膜充当信号转导蛋白的“会合点”，这使得同一个信号转导通路的不同组分更容易相互作用并传递信号。第二种优势是间接的：因为 PIP_2 的含量受到细胞外信号的影响（通过 PLC_γ 的激活来实现该影响），而特定蛋白质的活性调控依赖于 PIP_2，这样一来这些蛋白质的活性也受到同样的胞外信号的调控。蛋白质与肌醇磷酸盐的结合分为两种主要方式（原文“肌醇磷酸盐”，这里为 PIP_2，但是在第二种方式中提到了各种不同的磷脂酰肌醇磷酸盐分子，图 7.18 中提到的是 I_4P，并不是磷脂酰肌醇，因此这里应当改用“肌醇磷酸盐”这个大类的统称，译者注)。

（1）特异性结合。蛋白质上某个能利用一些碱性氨基酸残基及其他氨基酸残基识别 PIP_2 的位点介导了这类特异性结合，这些位点无论在几何结构上还是在化学层面上都与 PIP_2 相容。现在有几个已知的例子能代表这些结合位点，其中最著名的一个是**血小板-白细胞 C 激酶底物同源结构域 *pleckstrin homology*（PH 结构域，*pleckstrin homology domain*）**[212]。这个结构域包含超过 100 个氨基酸残基，已经被发现存在于约 250 个人类蛋白质中。它的主体是一个由 7 条氨基酸链构成的 β 三明治结构，还含有一条位于外周的 α 螺旋结构（图 7.18)。其中的一些碱性氨基酸残基与脂分子的磷脂基团形成盐桥连接，同时另一些氨基酸残基与磷脂分子形成氢键连接，该结构域正是如此与 PIP_2 结合的[213]。不同的 PH 功能域与不同的磷酸肌醇分子［磷脂酰肌醇 3,4 -双磷酸，PI（3,4）P_2；磷脂酰肌醇 3,4,5 -三磷酸，PI（3,4,5）P_3］结合，而结合位点中的氨基酸残基的空间排列方式决定了此类结合的特异性。另外一些结构域如锌指结构域（***FYVE***)、Phox 同源结构域（***PX***）和表皮生长因子途径底物蛋白 N 端同源结构域（***ENTH***)[212] 中则存在其他的 PIP_2 特异性结合位点。

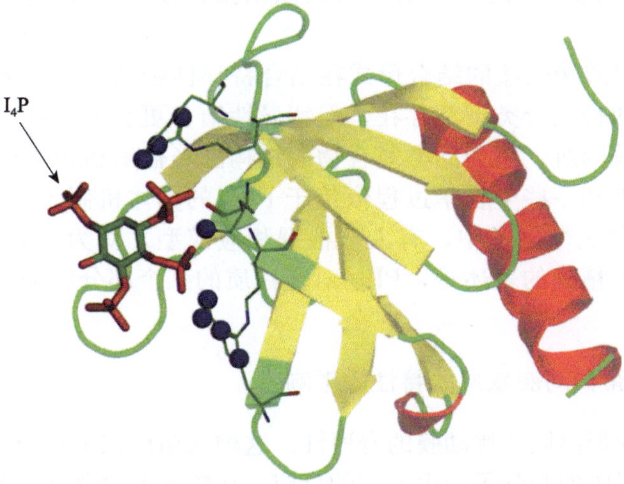

图 7.18　PH 结构域与肌醇磷酸盐之间的特异性结合。此图显示了 DAPP1 中的 PH 结构域与肌醇 1,3,4,5 -四磷酸（I_4P）结合而形成的复合物（PDB 条目：1fao)。蛋白质用带状图标来表示。其中与 I_4P 形成静电相互作用的精氨酸和赖氨酸残基则用球棍模型表示，其中赖氨酸的 N_ζ 和精氨酸的 $N_{\eta1}$、$N_{\eta2}$ 残基用小球表示。为了清晰明了，蛋白质骨架部分表现为透明的。在图中我们可以看到，碱性残基正好位于正确的位置上，以有利于蛋白质与其配体（I_4P）发生最适宜的且特异性的相互作用

（2）非特异性结合。这类结合发生在膜上的特定区域，蛋白质通过其扭曲的片段与带负电荷的 PIP_2 集束之间形成非特异性的静电相互作用，因而相互连接。这种连接方式能够运作，还要归功于蛋白质上与肌醇磷酸盐相结合片段中的一些碱性氨基酸残基，它们使这一个蛋白质片段带上正电荷。该片段中碱性氨基酸残基互相靠近，正导致了这样的片段发生形态扭曲。上文中提到的 MARCKS 正是此类非特异性结合的最常见的例子。MARCKS 是一种含有 331 个氨基酸残基、总体上呈酸性的蛋白质分子，但是其中有一段由 24 个氨基酸残基构成的序列，其中有 13 个残基是碱性的[164,214]。这个片段中带正电荷的部分使它能结合 PIP_2 分子，并将它们集中在一个微区域内（图 7.19a，参考文献［55］）。更重要的是，MARCKS 与 PIP_2 的结合会竞争性抑制其与其他碱性细胞质蛋白的相互作用，并且似乎这正是一种调控 PIP_2 依赖性信号转导通路活性的机制。事实上，由 IP_3 介导的细胞质钙离子浓度上调（见上文）会导致钙调蛋白复合物（钙离子/钙调蛋白）与 MARCKS 结合，使 MARCKS 所带的正电性转变为负电性，并由此导致其从细胞膜上富含 PIP_2 的区域解离[55]。这使得 PIP_2 重新可以与其他细胞质信号转导蛋白结合，从而使相应的信号可以传递。值得一提的是，MARCKS 所带的电场性质同样会因为由蛋白激酶 C 引起的磷酸化而改变。正如我们在上文中已经解释过的那样，同一个信号通路激活蛋白激酶 C 和钙调蛋白两个下游靶点。

上述两种肌醇磷酸盐的结合形式在结合特异性和结合位点的结构要求上有所不同。尽管两种结合类型都存在，但特异性结合更普遍一些。通常来说，鉴定结合方式比较困难，因为此类复合物的结构已经被解析出来的非常少。这也导致人们很难理解一些生物学过程依赖于 PIP_2 的具体机制[210]。在四聚体的钾离子通道样蛋白这个例子中，有人（根据相应模型）认为 PIP_2 对通道开关的控制有帮助，更精确的表述是，PIP_2 对蛋白质的某个部分施加静电力，并导致通道打开。

7.4.2　膜蛋白对脂双层的特性的影响

膜中存在的蛋白质会扰动膜的有序性。这种扰动存在于几个层面之上，并且可能导致脂双层中的脂分子产生不同的反应。在接下来的章节中我们将要描述一下其中主要的反应。

7.4.2.1　运动性降低

膜蛋白具有运动性，它们能发生一系列的运动，从受限的振动到大幅度的运动，诸如侧向扩散或者在脂双层的两叶之间翻转。在脂双层膜中即使只存在微量的疏水性内含物如蛋白质，也都会降低膜中与该刚性内含物接触的脂分子的运动性，这将导致膜发生熵减。热动力学-统计学研究表明，即使只是在脂双层中插

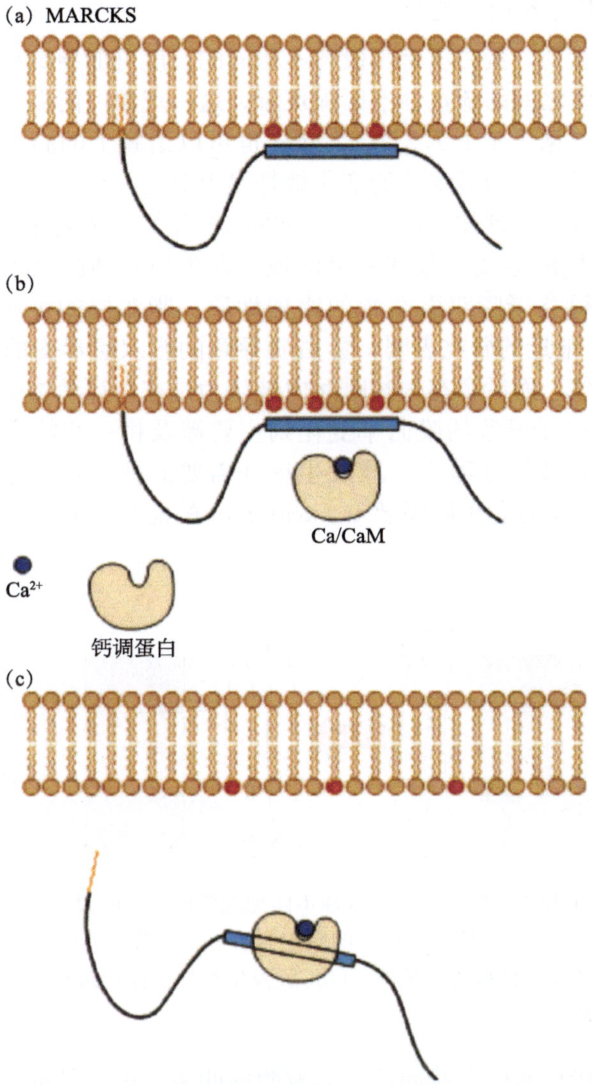

图 7.19　MARCKS 和 Ca^{2+}/CaM（钙离子/钙调蛋白）系统进行信号转导的过程中调控 PIP_2 可利用度的示意图。(a) 在信号通路静息状态下，MARCKS 通过静电相互作用与 PIP_2 脂分子（用红色表示）结合。(b) 在得到正确的上游信号之后，钙离子与钙调蛋白结合，复合物移动到脂双层上。(c) 钙离子/钙调蛋白复合物结合到 MARCKS 之后导致后者从膜上解离（并使得 PIP_2 重新处于可利用状态）（来自 McLaughlin，S. and Murray，D.，*Nature*，438，605－11，2005。经许可）

入单个的蛋白质螺旋结构也会导致脂双层膜发生熵减，相应的自由能损耗幅度是 $+2\text{kcal/mol}$[169,215]。

7.4.2.2　形变和曲率变化

我们已经注意到，蛋白质跨膜段各不相同的长度可能导致跨膜段长度和脂双层非极性区域宽度之间的疏水性不匹配现象。这一现象可能促使跨膜段的结构或者方向发生变化（见 7.4.1.1.2 节），同样也可以给膜上的脂分子带来变化。脂双层对上述错配所产生的最主要的变化就是发生形变，也就是围绕在跨膜段周围的脂分子的酰基链发生延伸或者收缩，分别来补偿反向或者正向不匹配[162,168,216]（图 7.20）。脂双层的形变导致其局部区域（在蛋白质和脂分子的交界处）的曲率发生改变，这得益于脂双层柔软的物理性质。脂双层的可压缩性达到 10^9 ～ $10^8 N/m^2$[217,218]。最近的研究表明，蛋白质导致的脂双层形变的强度是胆固醇所引起的形变的 5 倍，而后者在很长时间内被认为是在高等动物中决定膜厚度的主要因素[58]。而脂分子导致的膜曲率变化则主要涉及将一些特定的信号转导蛋白集中在同一个膜区域的过程[59]。膜发生形变需要能量，人们通过测量估算膜的宽度[162] 要发生 4Å 的变化则需要 0.4kcal/mol 的能量（其他一些估算，请另参见参考文献［219］）。

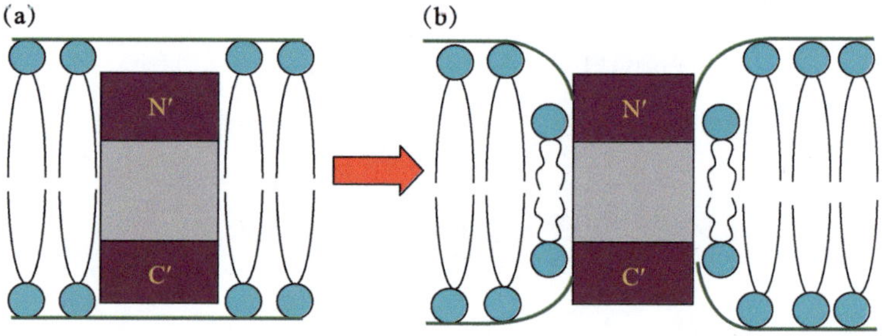

图 7.20　蛋白质分子和脂双层之间的疏水性不匹配现象所导致的膜的形变。图中对蛋白质和膜都做了简要的图示。(a) 一段形状正常的膜中含有一个长度过短的蛋白质跨膜段，其极性末端暴露于脂双层的非极性核心区域内；(b) 膜发生形变，使得跨膜段的极性末端离开脂双层的非极性核心区域

人们还发现蛋白质的形状同样能影响膜的曲率。也就是说，非对称性的膜整合蛋白，亦即那些胞外段比胞内段更小或更大的跨膜蛋白，会给膜带来正向或者负向的曲率（取决于较大的一段所处的位置）。当这些跨膜蛋白发生寡聚化或者其他形式的聚合的时候，这种现象尤其明显[220]（图 7.21a）。

除了这些常规的蛋白质性质，如跨膜段的长度和整个蛋白质的形状，人们还发现了一些特殊的例子，有些特定蛋白质的特定属性也会给膜的曲率带来影响。

(1) 肌动蛋白多聚化。肌动蛋白——一种细胞质蛋白，能对正确的信号做出响应而发生多聚化，这一过程与细胞膜形状的变化直接相关。更精确地说，肌动蛋白的多聚化在膜上需要发生曲率变化的位置产生机械压力[221]。这一过程对多

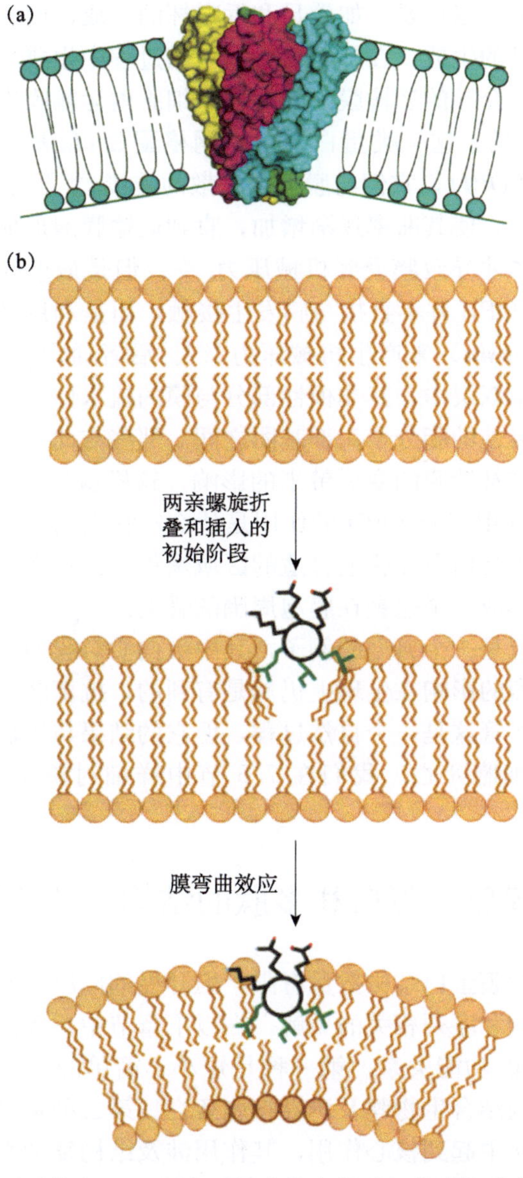

图 7.21 由（a）蛋白质形状和（b）蛋白质结合模式所引起的膜的形态变化。(a) 图中的蛋白质是 KcsA，一个受电压控制的钾离子通道蛋白（PDB 条目 1j95），其在与膜垂直的方向上直径并不均匀，因此可以引起膜的形态变化，整个通道中的 4 条肽链分别用不同颜色表示；(b) 一个模型能解释一种类似内吞作用辅助蛋白（epsin）的两亲螺旋对膜施加的弯曲效应。这个螺旋部分埋入脂双层中，可能最终会导致膜产生曲率（来自 McMahon，H. T. and Gallop，J. L.，*Nature*，438，590－6，2005。经许可）

种细胞生物学过程来说很重要，如伪足和吞噬杯的形成，内吞作用中的细胞膜内陷，甚至轴突生长锥的生成（在神经突触发育的过程中生成）[222,223]。

（2）由包被蛋白介导的运输膜泡的形成。细胞内运输膜泡的形成是由**包被蛋白 *coat protein*** 介导的，这一类蛋白质包括**网格蛋白 *clathrin*、窖（小窝）蛋白 *caveolin*、*COPI* 和 *COPII***，它们与膜形成松散的连接[224−226]。它们被激活后会使脂双层受到机械压力，使其曲率逐渐增加，直到运输膜泡形成。以前人们认为这些蛋白质形成多聚体才导致膜受到机械压力[227]。但是最近的研究结果显示，网格蛋白、COPI 和 COPII 并不直接与膜发生接触，而是利用其他一些蛋白质（如**内吞作用辅助蛋白 *epsin***）来产生机械压力[228]。后者通常含有两亲性的 α 螺旋，这一结构部分埋入脂双层中，其非极性部分与膜的疏水性核心接触，而其极性部分像楔子一样插在极性的脂分子头部基团之间。那些与此类 α 螺旋发生接触的脂分子发生构象变化来补偿膜的变形带来的影响，这样就给膜带来了正向曲率[59]。那么，网格蛋白、COPI 和 COPII 的作用是什么？它们的作用似乎是引发那些施加机械压力于膜上的蛋白质在膜上合适的区域聚集，并且在运输膜泡形成后，它们以多聚体形式来形成一个包裹在膜泡周围的骨架。

运输膜泡的形成是一个典型的例子，其中蛋白质对膜的曲率产生了引人注目的影响，但这种强烈的影响在生理上仍然是有利的。抗菌肽对膜曲率产生影响的方式也是类似的，尽管这是一个自然过程，但它的结果与运输膜泡形成的例子大相径庭——它导致细胞死亡。我们在 7.5 节中详细讨论抗菌肽及它们的作用方式。

7.5　膜整合蛋白和多肽的结构与功能的关系

尽管实验确定的膜蛋白结构数量有限，但开展的广泛研究已经产生了许多这些蛋白质功能与结构和序列相关的见解。在以下章节中，我们将阐述两种截然不同的膜系统中的结构-功能关系。第一种是短小、简单的肽，其生物学功能涉及通过相对简单的机制结合生物膜及诱导细胞死亡。第二种是跨膜蛋白，在许多生理学过程和相关疾病中起到核心作用，其作用涉及结构复杂性，如改变构象及结合多种伴侣分子。

7.5.1　抗菌肽

7.5.1.1　什么是抗菌肽？

抗菌肽（anti-microbial peptide，AMP）[229] 是很多物种的天然免疫系统中的一种固有组分[230−232]。有些抗菌肽呈组成性表达，以此来保护上皮组织表面，或者控制天然来源的菌群。另外一些抗菌肽则由机体响应微生物感染而产生[233−235]。抗菌肽的多样性极高。只需要考虑它们是一类在进化过程中面对不同生理环境下各种入侵目标（表 7.2）而产生的分子，便可以理解这种多样性。它们的多样性表现在多个方面。第一，很多种生物都可以产生抗菌肽，包括细菌、真菌、原生动物、植物、昆虫、鱼类、两栖动物和哺乳动物。第二，它们可攻击很多种对象：有些针对细菌，而另外一些则可以攻击除细菌之外的微小生物，如原生生物和寄生虫甚至哺乳动物细胞[236−238]。事实上，人们已经发现某些抗菌肽可以攻击特定的人类细胞。第三，它们可以通过核糖体合成，也可以由特殊的酶在特定的微生物体内合成。第四，在序列方面，它们的长度①和氨基酸构成各异[239]。

表 7.2 抗菌肽的多样性。G−/+分别表示革兰氏阴性/阳性菌；F 表示真菌；M 表示哺乳动物（即具有溶血性）；V 表示病毒；C 表示癌细胞

多肽名	来源	长度*	电荷	结构	攻击对象
丙甲菌素	真菌	20	0/−1	α 螺旋	G+/−，F，M
蛙皮素 2	蛙	23	+4	α 螺旋	G+/−，F，C
天蚕素	蛾	37	+6	α 螺旋	G+/−
	猪肠道	31	+5	α 螺旋	G+/−
皮抑菌肽	蛙皮肤	34	+4	α 螺旋	G+/−，F
蜂毒肽	蜂毒液	26	+5	α 螺旋	G+/−，F，M
鲨肽素	鲨	17	+6	β 折叠	G+/−
β-防御素 2	人	41	+7	α 螺旋+β 折叠	G+/−
蝎血素	蝎子	25	+8	β 折叠	G+/−，F
抑菌素	牛	13	+3	随机	G+/−，F，V
蛙抗菌肽	蛙	13	0（−2+2）	α 螺旋	G+/−，F，C
乳铁蛋白肽 B	牛	25	+8	β 折叠	G+/−，F，V，C
黄蜂毒素	黄蜂	14	+3	α 螺旋	G+，M
杀菌素	天蛾幼虫	37	+2	?	G+/−，M

* 长度用氨基酸数量表示

例如，有些抗菌肽总体上而言是非极性的（如**丙甲菌素 *alamethicin***），而另外一些则是阳离子型的（如**蛙皮素 *magainin*** 和**天蚕素 *cecropin***）。另外，有些抗

① 大多数 AMP 包含不到 60 个残基。

菌肽富含特定的氨基酸，如**抑菌素** ***indolicidin*** 富含色氨酸。最后，抗菌肽可能呈 α 螺旋（如蛙皮素、天蚕素和**蜂毒肽** ***melittin***）或者 β 折叠（如**雄黄素蛋白** ***androctonin*** 和**美洲鲎素** ***polyphemusin***）构型。β 折叠构型的抗菌肽可由分子间的二硫键连接而形成环状聚合物结构（如**鲎肽素** ***tachyplesin***、**防御素** ***defensin*** 和**猪抗菌肽** ***protegrin***）。在很多情况下，抗生素在水溶液中并不具有活性结构[240,241]，只在与膜结合的情况下才获得有序的结构[242—245]。

7.5.1.2　抗菌肽的分类

抗菌肽是一个庞大的家族，包括 1000 种多肽。它们可以分为如下几种[246]。

（1）小分子阴离子多肽——这些多肽的分子质量约为 800Da（长度约为 7 个氨基酸残基），存在于表面活性剂提取物、支气管肺泡灌洗液以及气管上皮细胞中（如人类的皮离蛋白）。它们的浓度通常在毫摩尔的数量级。它们对革兰氏阴性菌和革兰氏阳性菌都有抗菌活性，而这一活性有赖于锌离子作为辅助因子的存在。

（2）α 螺旋阳离子多肽——这些多肽分子包括昆虫的天蚕素、两栖类的蛙皮

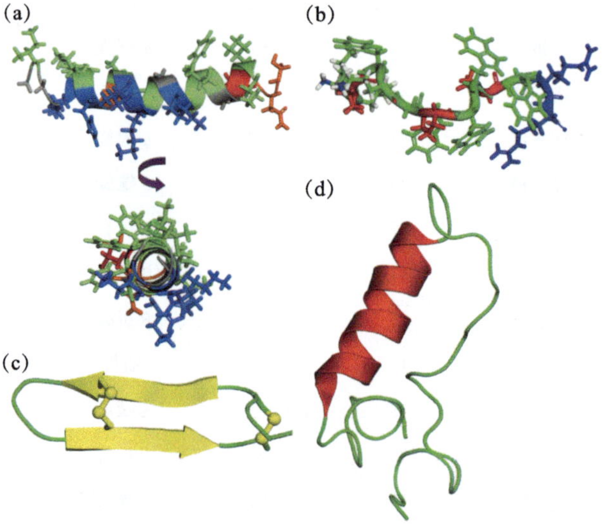

图 7.22　抗菌肽的分类。(a) α 螺旋阳离子多肽。这里显示的是蛙皮素（PDB 条目 2mag）的结构，其中碱性残基用蓝色表示，极性且电中性的残基用橘色表示，酸性残基用红色表示，非极性残基用绿色表示。为了阐释该多肽的两亲性特征，我们分别展示了其侧视图（图 a 上方）和俯视图（图 a 下方）。(b) 富含色氨酸的阳离子多肽。这里显示的是抑菌素（PDB 条目 1g89）的结构，不同颜色的含义同（a）图。(c) 由二硫键稳定结构的多肽。这里显示的是速普肽（PDB 条目 1wo1）的结构，用带状图形表示。二硫键用黄色的球棍模型表示。(d) 从蛋白质衍生出来的多肽。这里显示的是乳铁蛋白肽（PDB 条目 1z6v）的结构，用带状图形表示

素（图 7.22a），以及人类的 LL37。它们由少于 40 个氨基酸残基构成，都是两亲性的。另外，这些多肽中的大多数有如下的共性。第一，它们通常存在于细胞外液中。第二，很多此类多肽在溶液中不具备有序的结构，只在暴露于膜的非极性环境中之后才形成螺旋形构型[242—245,247]。第三，它们结构上在中央位置可能含有铰链或者扭结的结构。第四，它们所带的正电荷数量通常在＋4 至＋6 的范围内[248]。上述电荷由赖氨酸和精氨酸残基形成，可能是由于它们可以形成一种“潜水效应”，对于整个多肽像垂直潜水一样切入脂双层的能力来说很重要。

(3) 富含特定氨基酸残基的阳离子多肽——它们大都是线性多肽（如 indolicidin，图 7.22b），通常富含脯氨酸、精氨酸、苯丙氨酸和色氨酸。

(4) 由二硫键稳定结构的多肽——这些多肽可能具有 β 折叠结构，如植物防御素和速普肽（图 7.22c）；或者有环状骨架结构，如 protegrin 和 κ-防御素。它们通常是两亲性的，并且因为二硫键的存在，它们在水相环境和脂类环境中都具备有序的结构[249]。

(5) 从更大的蛋白质衍生出来的阳离子肽——如乳铁蛋白肽（图 7.22d），从乳铁蛋白衍生而来。尽管乳铁蛋白肽在组成和结构上与其他抗菌肽相似，但其在天然免疫中的作用尚不清楚。

7.5.1.3 抗菌肽的作用机理

7.5.1.3.1 综述 抗菌肽破坏目标细胞的策略各不相同。大部分抗菌肽的靶点在细胞表面，能引起细胞膜的穿孔或崩解（裂解）。在细胞膜穿孔的情况下，很多变化综合起来导致了细胞死亡——包括细胞的去极性化、细胞内离子和代谢物浓度梯度的丧失，以及必要生理功能尤其是呼吸作用的终止[250,251]。抗菌肽在氨基酸组成、长度及结构上有高度的多样性，且其活性浓度在微摩尔而不是纳摩尔数量级，这都意味着它们并不与特定的受体结合，而是直接作用于细胞膜上的脂双层组分。这受到研究支持，展现了这种肽在模式脂质双层上的溶膜活性[252]。在另外一些实验中，表明在许多情况下，即使在肽的氨基酸序列中插入 D 型氨基酸，使其失去特定立体化学结构而不能与膜上的受体结合，但肽的活性也依旧不减[238,253,254]。但是似乎还有一些例外。例如，**乳酸链球菌肽 *nisin*** 特异性地与一种参与肽聚糖合成的细菌多肽——lipid II 结合。该特异性结合能使乳酸链球菌肽的抗菌活性提高 1000 倍[255]。相似地，有研究表明速普肽能与脂多糖（LPS）特异性结合[256]。

有趣的是，一些研究表明部分抗菌肽破坏细胞膜的效应不足以导致细胞死亡[257,258]，表明还存在其他的抗菌机理。事实上，像细胞毒性 T 细胞分泌的**颗粒溶素 *granulysin*** 这类抗菌肽[259]，其通过进入目标（真核）细胞并作用于线粒体膜上而发挥作用。颗粒溶素可导致细胞色素 c 从线粒体内逸出，从而引发程序性细胞死亡[260,261]。另外一个例子是**蜂毒肽 *melittin***，有研究表明其在 ras-转化细

胞中可引起 PLA_2 过度激活，从而导致细胞死亡[262]。另外一些抗菌肽则能扰乱DNA、RNA以及蛋白质的合成[263]，破坏特定的酶活性以及热应激反应[264]。上述细胞内机理被证实与细胞死亡有关，或者是细胞死亡的必要前提[265—267]。在下一节中我们将集中讨论抗菌肽导致细胞膜渗透或裂解的活性。

7.5.1.3.2　细胞膜裂解的机理　抗菌肽导致细胞膜裂解的确切机理尚未完全被解释清楚。但目前人们认为主要有两种机理：第一种机理可用桶壁模型来解释[268—270]，涉及膜的渗透（图 7.23a，参考文献［290］）。通过这种机理发挥作用的抗菌肽由 α 螺旋构成，整体是疏水性的但仍具有两亲性特征，并且长度足够跨越脂双层——如丙甲菌素[271]。这类多肽像图 7.15 所描述的那样插入脂双层：首先，它们并排结合到脂双层的外层界面，然后折叠成 α 螺旋结构，以垂直于脂双层的形态插入其疏水核心区，最后组装成一个内部充满水的孔洞结构。上述的膜穿孔导致一系列生理变化，从而使细胞死亡。在上述形成的孔洞结构中，多肽的两亲性特征保证了每个单体可以通过其非极性侧与脂双层的疏水核心区相互作用，而其富含极性残基的区域可以与孔洞内的水分子或者相邻多肽的亲水性基团相互作用。如测量[272,273] 和计算[162] 的结果所示，多肽和细胞膜之间时常发生疏水性错配，这会导致细胞膜变薄。因为通过上述机理来起作用的多肽总体上是疏水性的，它们对目标细胞膜并没有选择性，因此它们的攻击目标除了包括细菌，也包括真核细胞[274—277]。值得注意的是，只有少数多肽“拥有”足够的证据来证明其通过桶壁模型来发挥作用（如丙甲菌素[278,279]）。

抗菌肽导致细胞膜裂解的第二种机理可用 ***Shai-Matzusaki-Huang*** 模型来解释[280]，其中涉及脂双层的部分或者完全消解[281,282]（图 7.23b，c；参考文献［290，239］）。通过这种机理发挥作用的阳离子多肽，如蛙皮素、蜂毒肽、天蚕素、速普肽，以及动物防御素，这些多肽未必具有二级结构，但是在它们的一级结构上仍然保持疏水性和净正电性之间的平衡[283]。这类多肽也不需要有足够的长度来跨越脂双层膜。事实上，这些多肽首先铺在膜表面[280]，然后将它们的一部分疏水残基团插入脂双层中外层的疏水性核心区域，而将其阳离子基团留在脂分子头部基团与水之间的界面上。这就导致了细胞膜变薄[284,285]，并且通过增大脂分子极性头部基团之间的距离，细胞膜变成正曲率构型[286]（图 7.21b，参考文献［59］）。当这些多肽的密度增加到一个阈值，它们重新排列，导致细胞膜向内折叠而形成瞬时性的离子选择性（环形）通道[287,288]。这些通道由磷脂分子头部基团和多肽的极性残基共同构成（图 7.23d，参考文献［229］），它们的稳定性与多肽所带的电荷量呈反比。这些通道互相聚集，在膜上形成“岛”状结构，最终导致膜彻底崩解。这就是为什么阳离子抗菌肽通常需要达到毫摩尔浓度来执行它们的任务，而疏水性抗菌肽能以单分子模式破坏细胞膜的完整性。对于革兰氏阴性细菌，细胞膜破裂前首先会**出泡** ***blebbing***（图 7.23e，参考文献

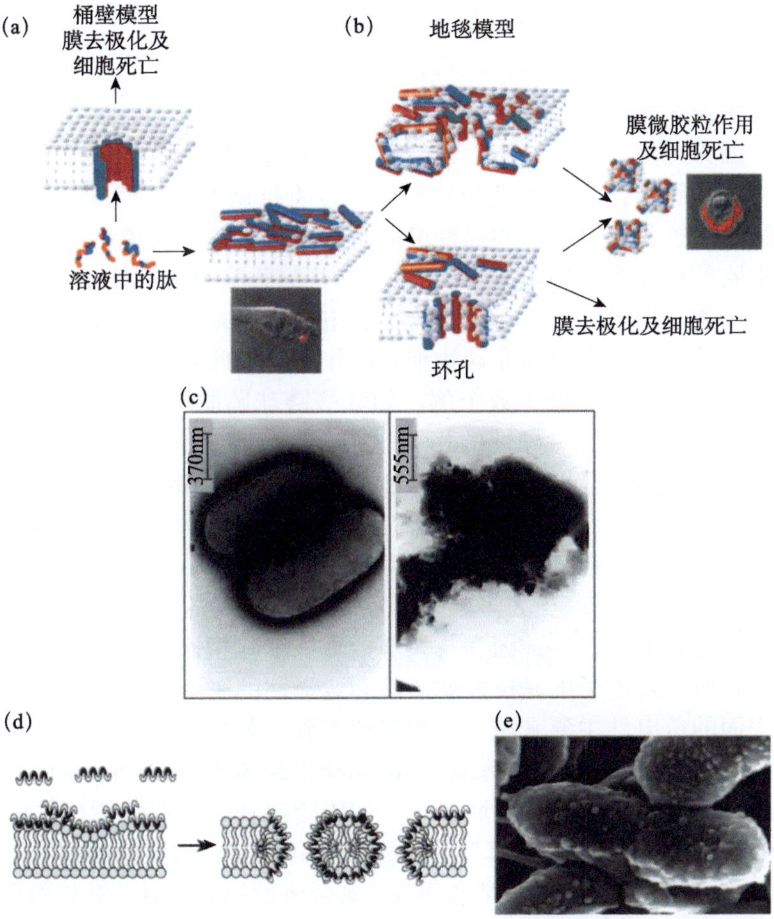

图 7.23 抗菌肽导致细胞膜裂解的机理。(a) 桶壁模型。(b) Shai-Matzusaki-Huang 模型（地毯模型）。细胞膜描绘成简单的脂双层，两亲性多肽描绘成圆筒形，其极性端用红色表示，非极性端用蓝色表示（改编自 Papo，N. and Shai，Y.，*Cell. Mol. Life Sci.*，62，784－90，2005)。(c) 细胞膜裂解照片：负染色的大肠杆菌电镜照片，左边为对照组，右边为用 LL-37 处理之后的实验组（来自 Shai，Y.，*Curr. Pharm. Des.*，8，715－25，2002。经许可)。(d) 环形孔洞的形成。两亲性多肽描绘成蠕虫形，其极性侧为浅色，非极性侧为深色。在这种（Shai-Matzusaki-Huang 模型）机理中，抗菌肽聚集到阈值浓度后即将脂双层的一部分胶束化，从而形成孔洞（来自 Dennison，S. R.，Wallace，J.，Harris，F.，and Phoenix，D. A.，*Protein Pept. Lett.*，12，31－9，2005。经许可)。(e) 绵羊抗菌肽 AMP SMAP29 引起铜绿假单胞菌的细胞膜出泡。这是一幅扫描电镜照片，显示抗菌肽作用初期的情况。细胞膜上的出泡现象呈集束状发生（来自 Brogden，K. A.，*Nat. Rev. Microbiol.*，3，238－50，2005。经许可)

[246]）。阳离子抗菌肽取代结合于脂多糖上的二价离子，将整个脂多糖分子部分中性化，从而破坏细胞膜的稳态，导致上述出泡现象[289]。

7.5.1.4　决定抗菌肽活性、选择性和毒性的因素

人们对抗菌肽的研究通常集中于它们的抗微生物活性以及相关的决定因素上。但是，因为抗菌肽对不同微生物的活性有区别，抗菌肽的活性就有选择性问题。人们将抗菌肽当作抗生素类药物使用，也将抗菌肽的毒性带入研究视野中。在脊椎动物中，抗菌肽对宿主的毒性可以通过以下策略来避免：有些抗菌肽被包裹在吞噬细胞的颗粒中（如防御素），另外一些抗菌肽分泌到相对惰性的组织中，如皮肤（蛙皮素）以及气管、舌和小肠上皮组织。但是，在更常见的情况下，抗菌肽本身选择性地针对细菌而非动物细胞起作用，以此来避免其对动物本身产生毒性。作为这类情况中的极少数个例，如乳酸链球菌肽[255]和速普肽[256]，它们与细菌表面特定成分产生特异性的相互作用，从而具有上述选择性。除此之外，抗菌肽与细菌之间的选择性则来自抗菌肽一些固有属性和细菌脂双层一些特性之间的相互作用。至今人们对抗菌肽的研究主要集中在以下这些共有属性上：阳离子度（cationicity）、螺旋度、疏水度和两亲性。

7.5.1.4.1　阳离子度　大多数抗菌肽是阳离子型的，它们基本上通过静电作用吸附在细胞膜上[291－294]。因为与大多数真核细胞相比，细菌的外表面带有大量的负电荷，所以阳离子度是抗菌肽活性和选择性的主要决定因素之一。革兰氏阴性菌外表面的负电性主要来源于其脂多糖组分。革兰氏阳性菌外表面的负电性则来自其细胞壁中的**磷壁酸 *teichoic acid*** 和**糖醛酸磷壁酸 *teichuronic acid***，以及其细胞膜胞外侧中带负电荷的磷脂分子（如磷脂酰甘油、双磷脂酰甘油、磷脂酰丝氨酸）。有一些抗菌肽还会以真菌为靶标，而真菌富含葡聚糖的细胞壁也带负电荷。有趣的是，对于抗真菌的抗菌肽而言，真菌所带的电荷似乎对其识别而言并不那么重要，因为抗真菌的抗菌肽往往是电中性的[251]。相反，正如我们在上文中所述，哺乳动物细胞的细胞膜的胞外侧带有两性磷脂（磷脂酰胆碱和鞘磷脂），胞内侧带有负电性的磷脂酰丝氨酸（PS），而不含有磷脂酰甘油（PG）[295－297]。

其实，大部分阳离子抗菌肽（如蛙皮素、皮抑菌肽和天蚕素）以细菌和部分真菌为靶标，而中性和疏水性抗菌肽（如丙甲菌素）同时攻击细菌和哺乳动物细胞。抗菌肽的阳离子属性也使它们得以与脂双层膜两侧的反式负电位（trans-negative potential，$\Delta\Psi$）发生有利的相互作用。人们认为该电位有助于抗菌肽重新定位至合适的位置，并降低其穿越脂双层膜时所遇到的自由能壁垒。事实上，即使是－20mV 这样一个相对较低的膜电位，相比中性电位，也能将速普肽的活性提高 200 倍[298]。跨膜电位差也可能影响抗菌肽的选择性，因为相比哺乳动物细胞，细菌反式负电位 $\Delta\Psi$ 更大[299]。

但值得注意的是，抗菌肽和细胞膜上的净电荷可能并不是决定抗菌肽对其目

标选择性的唯一影响因素。首先，有些阳离子抗菌肽（如蜂毒肽、速普肽和防御素）同时攻击细菌和哺乳动物细胞。其次，尽管红细胞的外表面因为含有带唾液酸的糖蛋白和鞘糖脂而带有数量相当可观的负电荷，它们不会受到阳离子抗菌肽的攻击。最后，如果把抗菌肽所带的电荷量提高到特定程度之上，会起到相反的作用，即降低抗菌肽的选择性。这一现象已经在蛙皮素上得到证实[294]。

7.5.1.4.2 两亲性 抗菌肽另一个得到广泛研究的具有共性的结构特点是两亲性。两亲性也有不同的形式。**初级两亲性 *primary amphipathicity*** 是指抗菌肽的极性氨基酸残基集中在其末端，而中央区域为非极性的情况（如蜂毒肽和抑菌素）（图 7.24a，b）。**二级两亲性 *secondary amphipathicity*** 是指抗菌肽折叠成 α 螺旋结构，极性氨基酸残基位于其一面，而非极性氨基酸残基位于另一面的情况（如蛙皮素，图 7.24c）。**三级两亲性 *tertiary amphipathicity*** 出现在富含半胱氨酸的 β 折叠结构抗菌肽中，氨基酸序列上相近的极性和非极性残基因为三维折叠而被带到同一个区域（如防御素）。在这三种类型中，二级两亲性最常见。因此，在大部分情况下，极性和非极性残基沿着一个有序结构（螺旋）形成特定的排列，导致抗菌肽形成两亲性。人们对抗菌肽进行的统计学研究表明，许多两亲性抗菌肽含有一些特定的序列，使其更容易形成螺旋结构[229]。

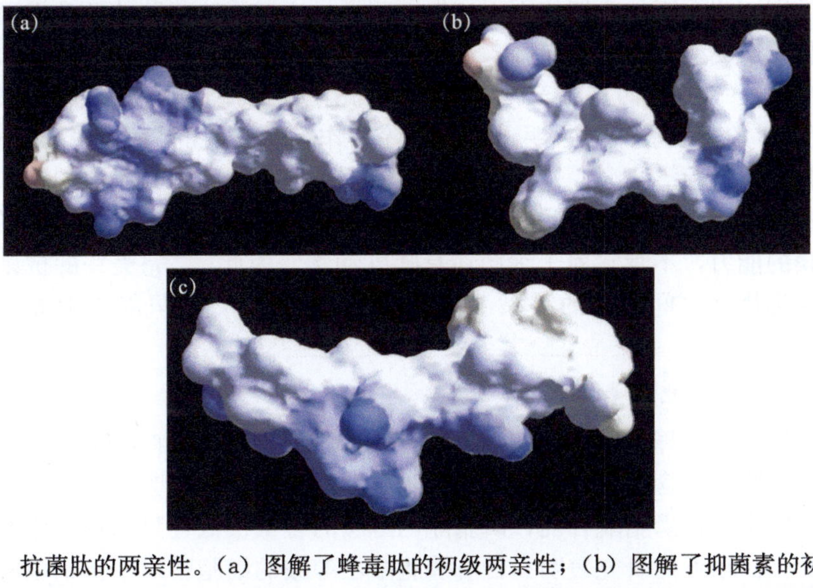

图 7.24 抗菌肽的两亲性。(a) 图解了蜂毒肽的初级两亲性；(b) 图解了抑菌素的初级两亲性；(c) 图解了蛙皮素的二级两亲性。抗菌肽的两亲性可从其静电位的分布得到直观的解释：蓝色区域带正电位，白色区域总体上是电中性的。两亲性反映了带正电荷和带负电荷的极性残基在多肽上的分布情况。对于图中展示的抗菌肽而言，完全电离的残基所带的强正电位屏蔽了部分电离的残基产生的较弱的负电位（如在 C 端）

以两亲性程度来衡量抗菌肽的活性是否有其合理性，首先，抗菌肽的主要攻击目标，也就是细胞膜，本身就是两亲性的。其次，抗菌肽采取的主要杀伤机理同时涉及抗菌肽与细胞膜上极性和非极性区域的相互作用。一些研究证明，两亲性对于抗菌肽杀伤微生物的活性而言是必需的[300−302]。但是两亲性如何影响抗菌肽对目标的选择性？初级两亲性的抗菌肽——蜂毒肽和**豹鳎鱼素** ***paradaxin*** 没有选择性，它们对细菌和哺乳动物细胞会发动攻击[282,303]。相反，诸如蛙皮素、皮抑菌肽以及天蚕素这类二级两亲性抗菌肽，对细菌有高度的选择性[237,248,277,304]。更重要的是，如果二级两亲性抗菌肽中的一些极性残基被非极性残基代替，它们的选择性就会明显降低。与此同时，相反的研究结果表明一些抗菌肽的两亲性与其对哺乳动物细胞的毒性有关[241,302,305−308]，提示某些抗菌肽的两亲性并不是其对细菌选择性的决定因素。

上述矛盾如何解决？正如上文所述，两亲性产生自多肽有序的空间结构上极性和非极性残基的分布。这种分布特性通常用**疏水矩** ***hydrophobic moment*** [309]来表示（表7.2）。Giangaspero等[308] 发现阳离子抗菌肽的相对两亲性通常为0.45～0.6，对应于螺旋轮投影（helical wheel projection）上延伸140°～200°的一个疏水性区域。抗菌肽可按其目标类别（革兰氏阳性菌/阴性菌、真菌和寄生虫）分为不同类别，疏水矩的确切值则因该类别而异。这提示抗菌肽的两亲性可能与其目标的脂双层类型相匹配。而且，选择性较低的两亲性抗菌肽通常有较大的疏水性区域[302,307,310−312]，而且对于一种特定的抗菌肽，提高其疏水矩也可以降低其选择性[301]。以上实验结果表明，疏水度除了作为两亲性的两个组分之一决定抗菌肽的膜裂解活性[300−302]，也会导致抗菌肽丧失选择性。因为所有的细胞膜都有相似的疏水性核心区，抗菌肽的疏水度如果增加到一定程度，就会提高其插入任何细胞膜的能力，不管它属于细菌还是哺乳动物。因此，“完美”的抗菌肽应当是活性和选择性之间博弈的结果：它必须是两亲性的，但只能有中等程度的疏水性。

7.5.1.5　其他因素

决定抗菌肽选择性的另一种机理涉及细菌和哺乳动物细胞膜之间曲率的差异。细菌细胞膜富含磷脂酰乙醇胺和磷脂酰甘油，使其曲率为负。相反，哺乳动物细胞膜完全不含磷脂酰甘油，磷脂酰乙醇胺的含量很低且只出现在脂双层的胞质侧[295−297]。最近的研究表明，含有磷脂酰乙醇胺的细胞膜对于抗细菌的抗菌肽更敏感[313−315]，这至少能部分解释抗菌肽对细菌的选择性。

7.5.1.6　抗菌肽的抗肿瘤活性

尽管阳离子抗菌肽通常不攻击哺乳动物细胞，但其中一些确实有能力选择性地攻击癌细胞，并且像杀伤细菌一样杀伤它们[316−318]（参见综述，参考文献

[290]）。相比健康的哺乳动物细胞，考虑到癌细胞细胞膜带有更强的负电性，就不难理解一些抗菌肽能杀伤癌细胞。首先，阴离子性的磷脂酰乙醇胺在癌细胞细胞膜的胞外侧中密度是正常细胞的 8 倍[319−321]①。其次，癌细胞细胞膜的胞外侧中的一些蛋白质带有更多的 O-糖基化修饰[322]，因为这些翻译后修饰过程中添加的糖基带有各种负电性基团，癌细胞细胞膜的整个胞外侧相比正常细胞就有更强的负电性。两种细胞膜的另一个区别是它们的表面积：癌细胞细胞膜表面的微绒毛更多[49]，增加了其表面积，使得更多的抗菌肽可以结合。

多个研究已经在体内证实了抗菌肽的抗肿瘤活性（如参考文献［323］）。但是，在体内应用抗菌肽可能会引发几个问题。首先，像任何药物一样，抗菌肽可能因为作用于其他目标而引发毒性副作用。解决这个问题的方法之一就是将与特定抗菌肽对应的基因作为基因载体的一部分（也就是说使用**基因疗法** ***gene therapy***）导入患者的基因组，而不使用抗菌肽本身。另一种方法是将特定的抗菌肽与一段归巢域（homing domain）融合，使抗菌肽只将“正确”的细胞当作攻击目标。例如，将速普肽与 RGD 功能域②融合之后得到的融合蛋白能实现其抗癌活性而不产生任何毒性副作用[325]。在体内应用抗菌肽可能会引发的第二个问题是它们在患者体内如何降解。通过基因疗法，或者使用抗菌肽的 D 型同分异构体，可以避免这个问题。Shai 等[326] 证明一些特定抗菌肽的**非对映异构体** ***diastereoisomer***③ 有生物学活性。这可能是因为这些抗菌肽并不特异性结合于其他的蛋白质或者多肽，而是直接与细胞膜发生物理作用。也就是说，它们只需要具备一些简单的特性，如螺旋度和两亲性，即可发挥作用。而它们的 D 型同分异构体也可以具有同样的这些特性。最后一个问题是，抗菌肽可能被一些血清因子中和。有研究工作证明 LDL 能抑制抗菌肽介导的细胞裂解[327]。而这个问题同样可以通过使用 D 型同分异构体得到解决。

专栏 7.2 两亲性的描述和表示

α 螺旋结构的跨膜段是膜蛋白结构中的一部分，而两亲性是此类跨膜段结构中常见的共性之一。在抗菌肽中，α 螺旋结构也非常多见，而且人们认为这种结构与抗菌肽的抗菌活性和选择性有关。事实上，人们已经成功地通过改变一些模式抗菌肽的两亲性，影响它们的活性和选择性。因此，对于研究膜蛋白尤其是抗菌肽的研究者来说，很需要找到一种清晰且有效的方法来表示两亲性的程度。方

① 即使在癌细胞中，磷脂酰乙醇胺也只占细胞膜上所有磷脂的 3%～9%，其提高细胞膜负电性的程度有限[295]。

② RGD 功能域是一个能被细胞表面的整合素超家族蛋白质识别的功能域。

③ 抗菌肽可同时含有 D 型和 L 型氨基酸残基。

法之一是用图形表示抗菌肽的**螺旋轮投影** ***helical wheel projection***（图 7.2.1）。在这个方法中，抗菌肽被视作经典的 α 螺旋结构，以概略的方式将其每一个氨基酸残基沿着螺旋轴投影到平面上，各个残基之间间隔 100°。残基均抽象地表示为小圆圈，按照各自的极性度着色。螺旋轮的二维平面上极性和非极性残基之间的分隔度就能反映两亲性。

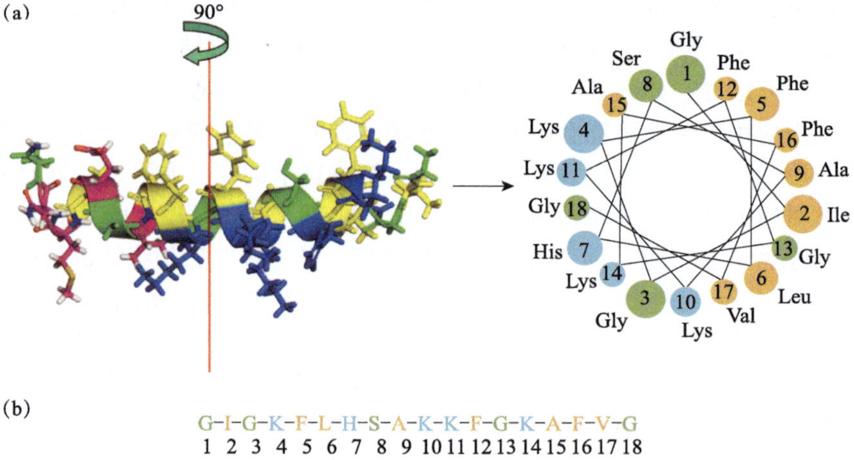

图 7.2.1 两亲性的图示。(a) 具有螺旋结构的抗菌肽蛙皮素的前 18 个残基的螺旋轮投影（图右侧），图左侧则是完整的蛙皮素分子的球棍模型。如图（a）所示，将其中的螺旋沿着其轴（红线）旋转 90°，即可得到螺旋轮的形态。非极性残基用黄色表示，碱性残基用蓝色表示，极性且电中性的残基用绿色表示。图（b）中如果从第 12 位的苯丙氨酸到第 17 位的缬氨酸画一条垂直的线，可将整个螺旋结构的疏水界面划分在线的右侧，而将极性/带电荷的界面划分在左侧。该投影图由弗吉尼亚大学的网络服务器生成（O'Neil，E. K. and Grisham，C. M. Helical Wheel Projection Server. http://cti. itc. Virginia. EDU/～cmg/Demo/wheel/wheelApp. html）。(b) 对应于图 (a) 的氨基酸序列，各残基按照与图（a）相同的规则着色

尽管螺旋轮投影的表达方式是图示化的，因而非常清晰和直观，但它只能定性描述两亲性。为了在不同的抗菌肽之间进行两亲性的比较，人们还必须找到定量的描述方法。其中一种就是**疏水偶极矩** ***hydrophobic dipole moment***（μ_H）[329]，这是基于 α 螺旋的疏水性侧链的空间分布模式而得到的一种数值。假设每一个残基的疏水度 i 可由各垂直于螺旋轴的长度向量 H_i 来代表，那么 μ_H 的数值就可以如下计算出来：

$$\mu_H = \left\{ \left[\sum H_i \cos(i\delta) \right]^2 + \left[\sum H_i \sin(i\delta) \right]^2 \right\}^{\frac{1}{2}}$$

式中，δ 是螺旋的角频率（angular frequency），对于 α 螺旋而言是 100°。

每一个残基的疏水度可以从专栏 7.1 和本书正文中所描述的疏水度量表中

查到。

上述公式的计算基于 α 螺旋的经典理论描述。事实上，螺旋结构经常发生部分扭曲，无论它们以独立的肽段还是以蛋白质中的分段的形式存在。对于抗菌肽的两亲性程度，相对更接近实际情况的表示方法就是**"结构性"疏水偶极矩 *structural hydrophobic dipole moment*** ($\boldsymbol{\mu}_s$)[329]，这个值可以直接从螺旋的三维坐标数据计算得出：

$$\mu_s = \sum H_i S_i$$

式中，S_i 是一个向量，从螺旋轴上第 i 位残基上的 α 碳原子的投影指向该残基的侧链中央。

作为一个向量，疏水偶极矩能以一个指向偶极矩方向的箭头的形式表示在螺旋轮图像上，并注明其数值。

7.5.1.7 细菌对抗菌肽的抗性

因为若干原因，细菌对抗菌肽的抗性并不像它们对常规抗生素的抗性那样引起人们的注意。首先，抗菌肽广泛的多样性很可能阻滞了微生物的进化。其次，抗菌肽非特异性的作用方式使得微生物很难发展出抵抗的方法。

尽管如此，细菌对抗菌肽的抗性仍然存在。Brogden[246] 在综述中总结了几种相应的机理。第一种：细菌可以通过磷壁酸（含有 D-丙氨酸）或者类脂 A (lipid A，含有葡糖胺）的脂化作用，以及在脂双层中加入氨基阿拉伯糖 (amino-arabinose) 或赖氨酰磷脂酰甘油 (lysyl-phosphatidyl-glycerol)，来减少其细胞表面的负电荷，从而降低其自身对抗菌肽的吸引。第二种：革兰氏阴性菌可增加其类脂 A 分子的酰基尾部，降低其外层膜的流动性，从而降低抗菌肽穿透其外层膜的可能性。第三种：一些细菌可以合成一层多聚糖"外壳"来设置物理防线，阻止抗菌肽接触其细胞膜。第四种：细菌可以用 ABC 转运蛋白将攻击它的抗菌肽转运到其内部，使抗菌肽在开始破坏其细胞膜前即失效。当然，已经在细菌细胞内的抗菌肽也可以通过外排泵排至细胞外。第五种种机理是，通过特定的蛋白酶来分解抗菌肽。

7.5.2 G 蛋白偶联受体

7.5.2.1 简介

细胞通过非常复杂的信号转导系统（见第 1 章以及 7.1.3.5 节）与其周围的环境之间传递信息。信号转导始于细胞表面，通过一系列组分，最终结束于胞内蛋白质和小分子上（如图 1.7 所示的 cAMP/PKA 信号通路）。最早对细胞外信号产生反应的细胞元件就是结合在细胞膜上的受体。细胞带有一系列不同的受体来响应不同类型的信号。这些信号包括生物体从环境中吸收的外源信号（气味、信息素、味觉等）以及生物体的内源信号（激素、神经递质、局部介导因子）。细胞表面的受体被激活之后能将信号传递到细胞内的一系列酶、小分子化合物或者元素离子上。这些分子或者离子中的大部分被称为**传导-放大因子** ***transducer-amplifier***，因为它们在传递信号的同时还作用于多个下游的细胞内靶点，从而将信号放大。其他一些被称为**末端因子** ***end effector***，也就是受到其上游的传导-放大因子作用之后被激活或者被抑制的一些蛋白质，它们产生整个信号通路的最终效应。上述最终效应可以只是一个相对微小的反应，如细胞产生或者释放一种化合物；也可能是比较剧烈的反应，如细胞分裂甚至"自杀"（凋亡，细胞程序性死亡）。

膜结合受体可以根据其在配体结合之后的响应方式分为下列类型。

（1）离子通道。

（2）酪氨酸激酶。

（3）丝/苏氨酸激酶。

（4）鸟苷酸环化酶。

（5）细胞因子受体（由配体类型定义）。

（6）G 蛋白偶联受体（GPCR）。

GPCR 是最常见的膜结合受体，其出现的频率远高于其他任何种类的受体。在脊椎动物中，编码 GPCR 的基因占整个基因组中基因数量的 1%～5%[330,331]。GPCR 的另一个特征是，它们能响应种类极其繁多的细胞外信号，其中包括蛋白质、多肽、有机小分子、元素离子甚至光子。上述信号能以激素、神经机制、局部介导因子、信息素或者环境因子的方式发挥作用。因此人们发现在一系列疾病和症状的发生过程中，GPCR 的作用因为各种原因受损，这就不奇怪了。因此 GPCR 也成为非常好的药物靶点，而事实上所有具备治疗效用的药物当中超过 30%通过结合在 GPCR 上并改变其活性的方式来发挥作用[15,16]。尽管 GPCR 参与到非常多样化且复杂的信号转导过程中，但是其在进化中的历史非常悠久，在像单细胞真菌这样简单的生物体中都能找到它们。

7.5.2.2　GPCR 信号转导

7.5.2.2.1　总体概述　正如 GPCR 的名称所提示的那样，GPCR 主要通过分子量较大的 GDP/GTP 结合蛋白来将信号传递到细胞内。通常这种结合蛋白简称为 G 蛋白。G 蛋白一旦激活后即可以级联放大的模式激活不同的"效应"蛋白。换句话说，在整个级联系统中每一个分子激活一系列下游效应蛋白，而每一级中被激活的蛋白质的数量随着信号沿级联系统往下传递的层级而上升。因此，GPCR 信号转导的末端效应通常包含大量效应蛋白的激活或者抑制，这些蛋白质包含酶、离子通道、与转运囊泡有关的蛋白质等。在每一个 GPCR 通路中被激活的蛋白质的具体类型取决于信号分子、GPCR，以及相应 G 蛋白的类型。例如，在 cAMP-PKA 通路（图 1.7）中，通过特定类型的 GPCR 和 G 蛋白转导的信号引起腺苷酸环化酶（AC）激活，进而产生第二信使环磷酸腺苷（cAMP）。cAMP 激活蛋白激酶 A（PKA），后者使数个细胞质蛋白磷酸化，使其中一部分被激活而另一部分失活。在另一种具有普遍性的信号转导通路中，G 蛋白激活磷脂酶 Cγ（PLCγ）而不是 AC。PLC 将细胞膜上的一种脂分子 PIP_2 水解成二酰甘油（DAG）和 1,4,5-三磷酸肌醇（IP_3）两个二级信使。这两个二级信使的协同作用引发大量的钙离子在短时间内涌入细胞质，导致蛋白激酶 C（PKC）激活。由 PKC 磷酸化的蛋白质与由 PKA 磷酸化的那些蛋白质并不相同，因此产生的结果也不同。

GPCR 信号通路所涉及的多个组分使得这个通路天然地具有复杂的属性。因为下列原因，该复杂性更为突出。

（1）一个 GPCR 分子能激活不同的 G 蛋白，甚至一些非 G 蛋白[332]。例如，$β_2$ 肾上腺素受体（$β_2$-AR）还能激活 **MAP 蛋白激酶 *MAP kinase*** 通路。

（2）大多数 GPCR 有一定限度的基础活性[333]。也就是说，即使没有结合能激活它们的配体（**激动剂 *agonist***），它们也可能在一定程度上表现出活性。

（3）一个 GPCR 分子能响应不同种类的配体，而对应于每一种配体的激活存在不同的后果：**完全激动剂 *full agonist*** 使受体产生最大的活性，**部分激动剂 *partial agonist*** 使受体产生部分活性，**拮抗剂 *antagonist*** 阻止其他配体结合到 GPCR 上，而**反向激动剂 *inverse agonist*** 降低 GPCR 的基础活性。上述发现与两种广为接受的蛋白质动力学模型相吻合[333]。第一种是**“预先存在的平衡”模型 *pre-existing equilibrium model***[334−344]（见第 5 章），认为即使在没有结合激动剂的情况下，GPCR 中处于激活构型的部分也仍然足够产生一定程度的基础活性[345]。第二个称为**“种群转换”模型 *population shift model***[346−352]（见第 8 章），认为每个配体能结合到 GPCR 的一个或者一些不同的构型上并使其稳定，而每种构型都有其固有的活性。因为一个 GPCR 分子能操纵不同的信号通路，同一个配体也能在同一个 GPCR 所操纵的两种不同的下游信号通路上产生相反的效果。在这个过程中，该配体只结合并稳定 GPCR 的构型之一，它只与上述信号通路中的一个相容[353]。人们在设计作用于 GPCR 的药物时经常利用这一现象。

（4）GPCR 的活性可能受到其寡聚化（见下文）、其在特定膜区域的定位，以及膜的脂分子构成等因素的影响[353]。

7.5.2.2.2 G 蛋白的作用机理及其调控 G 蛋白如何起作用？每个 G 蛋白包含三个亚基：α、β 和 γ，各自有不同的形态。目前，人们已经发现 17 个基因编码 α 亚基，5 个基因编码 β 亚基，14 个基因编码 γ 亚基[330]。根据 α 亚基的类型，G 蛋白被分为 4 个不同的家族：G_s、G_i、G_q 和 $G_{12/13}$。其中每一个家族的 G

蛋白分别激活或者抑制不同的靶分子。例如，$G\alpha_s$ 能激活腺苷酸环化酶，而 $G\alpha_i$ 抑制它，却能激活 c-Src 酪氨酸激酶[354]。$G\alpha_q$ 能激活 PLCγ。在静止状态下，这三种亚基互相之间紧密结合，同样紧密结合在 GPCR 上。其中的 α 亚基还结合在鸟苷酸 GDP 上（图 7.25，参考文献［354］）。在受体激活之后，GPCR 的构型变化引发 G 蛋白的 α 亚基发生变化，其结合的 GDP 被 GTP 替代。这样，GPCR 的角色就成为 GDP/GTP 交换因子（GEF）。GTP 结合到 α 亚基后使其与 β 和 γ 亚基分离，而后两个亚基仍然结合在 GPCR 上。α 亚基随后结合到其效应蛋白上并使其激活。β 和 γ 亚基也有各自的效应蛋白，可能与 α 亚基的相同，也可能不同。α 亚基有 GTP 酶活性，在片刻之后就将结合在其上的 GTP 水解成 GDP。这使得 α 亚基恢复其初始的构型，重新结合到 β 和 γ 亚基上。G 蛋白恢复到静息态，整个系统准备好进入下一个激活循环。有意思的是，尽管 α 亚基具备固有的 GTP 水解酶活性，但相对于细胞生理活动的要求来说还是太低了。因此，G 蛋白必须利用辅助蛋白（称为 G 蛋白信号调控因子，RGS）来加速 GTP 水解的速度，使其达到细胞生理活动所要求的速度[355]。

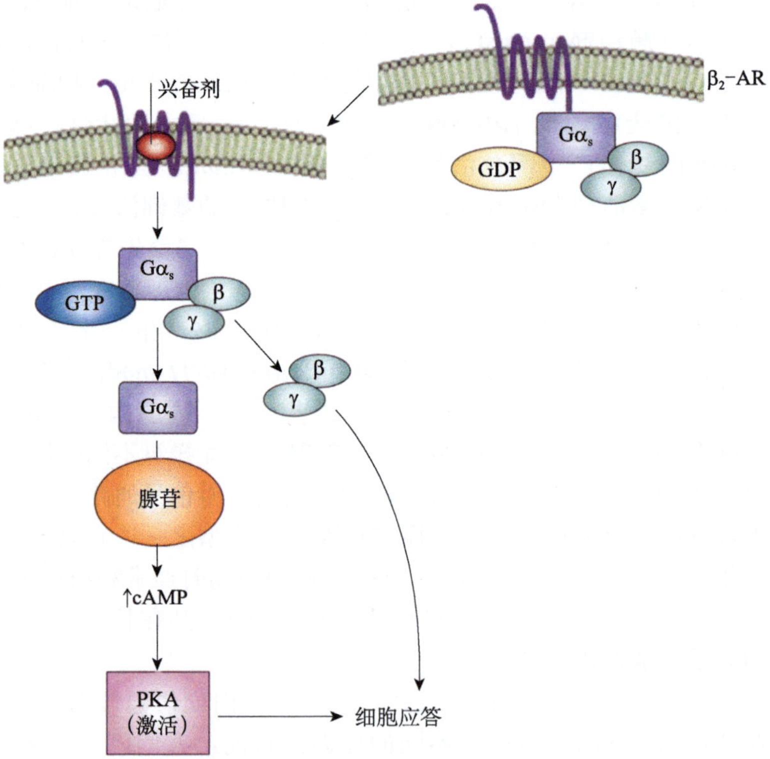

图 7.25　G 蛋白的活性周期（来自 Pierce，K. L.，Premont，R. T.，and Lefkowitz，R. J.，*Nat. Rev. Mol. Cell. Biol.*，3，639 - 50，2002。经许可）。关于该周期的详细内容，请见正文

7.5.2.3 GPCR的结构

7.5.2.3.1 总体特征 GPCR和其他膜结合蛋白一样，因为解析其晶体结构所需的技术难度很大，其结构很晚才明确。因此，我们对GPCR的了解大部分来自对它们所进行的生物化学和生物物理学研究。这些研究证实了CPCR的具有共性的一些结构特征，其中首要的一条是，它们都有一个跨膜核心区域，其中包含7个α螺旋段，称为TM1～TM7。从细胞外侧看，它们排列的模式是逆时针方向的（图7.26a～e）[330,354]。尽管并不是所有七跨膜受体都是GPCR，但其中的绝大部分都是。七跨膜螺旋的头部是位于细胞外侧的N端，尾部是位于胞质侧的C端。在蛋白质的胞外侧（e_1～e_3）和胞质侧（i_1～i_3）都有长度不一的环状多肽链将跨膜段相互连接起来。对细菌视紫红质（另一种七跨膜蛋白，但它并不能与G蛋白相互作用）在脂囊泡（lipid vesicle）的重折叠过程进行的光谱学分析表明，GPCR共有的七跨膜核心结构并不偶然。因为要维持配体所需的特殊的理化环境，跨膜螺旋段的数量不能少于7。基于这个事实，White认为七跨膜螺旋能“通过使螺旋段略微扭曲或重新定向而为配体提供充分的结合空间，并不用增加或者减少跨膜螺旋段的数量”[130]。

尽管GPCR在结构上有一些颇具共性的特征，但差异也同时存在，并因此产生了GPCR的多样性。上述差异中的大部分存在于蛋白质的细胞外和细胞内区域，但也有少部分存在于跨膜段。例如，特定的GPCR可以包含多于7个跨膜螺旋。β_2肾上腺素受体便是一例，它的第8个跨膜螺旋平行于膜的方向（图7.26d）。拟遗传分析（polygenetic analysis）表明GPCR可以根据其相似度分为8个家族（更多信息参见参考文献［330］）。

● 家族1——也称为**A家族*class A***或**视紫红质家族*rhodopsin class***，包含了大部分的GPCR。所有已经解析出结构的GPCR都在这个家族中（见下文）。这个家族中的成员可以进一步分到以下亚家族中。

（1）亚家族1a 包含了那些对小分子配体（如神经递质甚至光子）产生反应的受体，它们的配体结合位点位于跨膜段。对这个亚家族中的成员进一步进行聚类分析[356]，可以把它们划分成以下类群：**胺类*amine***、**视蛋白*opsin***、**褪黑激素受体类*melatonin***、**前列腺素受体类*prostaglandin***，以及MECA类（melatonin/EDG/cannabinoid/adenosine）。

（2）亚家族1b 包含了多肽的受体。这些受体的配体结合区域由其胞外侧多个片段共同构成。

（3）亚家族1c 包含了糖蛋白类激素的受体。这些受体的配体结合位点位于它们非常庞大的细胞外功能域中。

● 家族2——也称为**B家族*class B***或**分泌素家族*secretin class***。这些受体形态结构上与亚家族1c的成员相似，但是在氨基酸序列方面的相似度不高。它们的配体是一些大分子量的蛋白质/多肽类激素，如下。

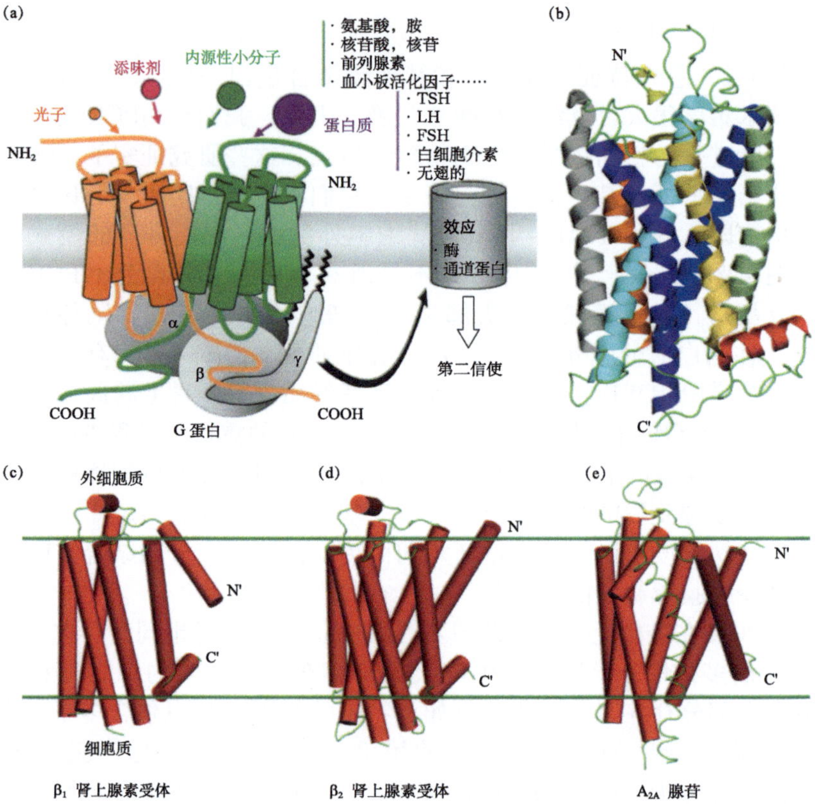

图 7.26 G 蛋白偶联受体（GPCR）。（a）GPCR 的图解（摘自 Bockaert，J.，G Protein-coupled Receptors，*Encyclopedia of Life Sciences*，John Wiley & Sons，Chichester，1－10，2009。经许可）。图左侧显示了一个 GPCR 二聚体，连接在与其对应的 G 蛋白上。图左上侧显示了一些可能与 GPCR 的胞外部分结合并激活它的不同类型的激素，而图右上侧显示了这些激素中的两类例子：蛋白质和小分子。图右侧显示了效应分子，也就是受到 GPCR 影响而被激活的酶或者通道蛋白，会进一步激活第二信使。（b）处于静息态的牛视紫红质（PDB 条目 1hzx）的晶体结构。多肽链的 N 端面朝细胞膜的胞外侧。7 个跨膜螺旋段中的每一个都用不同颜色标示。（c～e）另外一些已知结构的 GPCR。它们按照其二级结构（跨膜螺旋段和其间的环状多肽链）分别着色，并且像（b）图中的视紫红质一样，按 N 端面朝胞外侧的方向展示。（c）火鸡 β_1 肾上腺素受体，结合其拮抗剂——氰基吲哚洛尔（cyanopindolol）（PDB 条目 2vt4）。其结构中包含一些修饰：在跨膜区有几个点突变，在 C 端有一些碱基删除，目的是提高其稳定性。（d）人 β_2 肾上腺素受体，结合其反向激动剂卡拉洛尔（carazolol）（PDB 条目 2rh1）。人们用来自 T4 噬菌体的小分子蛋白质——溶菌酶代替其 i_3 环（未显示）而提高其稳定性。（e）人 A_{2A} 腺苷受体，结合其拮抗剂 ZM241385（PDB 条目 3eml）。其结构按照与（d）中同样的方式来稳定

（1）胃肠激素/因子：**胰高血糖素 *glucagon*、分泌素 *secretin*、血管活性肠**

肽 *vasoactive intestinal peptide*（*VIP*）、胰高血糖素样多肽 1 *glucagon-like peptide I*（*GLP-1*）、葡萄糖依赖性促胰岛素多肽 *glucose-dependent insulinotropic polypeptide*（*GIP*）等。

(2) 其他激素/因子：**促皮质素释放因子 *corticotropin-releasing factor*（*CRF*）、降钙素 *calcitonin*、生长激素释放因子 *growth hormone-releasing factor*、垂体腺苷酸环化酶激活多肽 *pituitary adenylate cyclase activating polypeptide*（*PACAP*）及甲状旁腺素 *parathyroid hormone*（*PTH*）**。

家族 2 中的 GPCR 也能成为 **α-蛛毒素 *α-latrotoxin*** 的靶点，是黑寡妇毒蛛的致命武器。

- 家族 3——也称为 **C 家族 *class C*** 或**谷氨酸家族 *glutamate class***，其中包含**亲代谢型谷氨酸受体 *metabotropic glutamate receptor*（*mGluR*）**，甲状旁腺、肾和脑中的钙离子感受型受体（Ca^{2+}-sensing receptor）[357]，**氨基丁酸 B 型 *GABA_B*** 受体，**V2 信息素 *V2 pheromone*** 受体，以及对甜味和**鲜味 *umami*** 的味觉受体。
- 家族 4——包含 **V1 信息素 *V1 pheromone*** 受体。
- 家族 5——包含参与胚胎发育的两类受体。
- 家族 6——包含盘基网柄菌（*Dictyostelium discoideum*）中的环磷酸腺苷（cAMP）受体。
- 家族 7——包含对苦味的味觉受体。
- 家族 8——包含果蝇中的气味物质受体（odorant receptor）。

最初人们认为 GPCR 以单条多肽链的形式发挥活性，与受体酪氨酸激酶的二聚体形式相反。但是现在人们发现很多 GPCR 在生物膜内也发生二聚化[330]。迄今为止人们所得到的大部分关于 GPCR 二聚化的实验数据都来自家族 3 的受体。其中的一些，如亲代谢型谷氨酸受体，以同源二聚体的形式存在，但另外一些如 $GABA_B$ 受体，则纯粹以异源二聚体形式存在。$GABA_B$ 受体二聚体中的第一条多肽链与其配体结合，而第二条多肽链与 G 蛋白结合[358]，并且参与到将整个受体带到细胞表面的过程中。家族 1 的 GPCR 受体的二聚化并没有研究得很透彻，因为这些受体以单体形式就可以发挥生物学活性[359]。

7.5.2.3.2　GPCR 之间结构上的区别　直到不久之前，静息态的牛视紫红质是唯一一种能用作精确结构分析对象的 GPCR。视紫红质是视杆细胞中的一种光激活蛋白质，其作用是将视觉输入信号转变成神经信号，（通过视觉神经）输入到脑中进行分析。尽管它拥有高度特异化的功能，但视紫红质一直都是 GPCR 结构研究的模式分子。这主要是因为其在视杆细胞中占有压倒性的丰度①，这就便于人们使用各种方法来广泛地研究它[360]。早在 1982 年，就已经有了这个蛋白质的

① 牛视紫红质在**视杆外节 *retinal rod outer segment*** 纯化出的蛋白质中所占比例为 90%。

二维晶体结构解析[361]，这个研究结果为人们提供了关于其总体结构的信息。但是，直到 18 年后才有人在 2.8Å 的尺度上报道了该分子在静息态下的三维结构[362]。同样在静息态下，2.2Å 分辨率的三维结构在 2004 年解析了出来[363]。从那以后，另三种 GPCR（包括 GPCR 复合物，译者注）的结构也得到了解析：其中两种是肾上腺素受体，对**儿茶酚胺 *catecholamine*** 产生响应（见专栏 7.3），第三种是腺苷受体。

（1）人 β_2 肾上腺素受体结合了其反向激动剂**卡拉洛尔 *carazolol***。在两个不同的研究中，人们用不同的方法得到了两种结构的解析。使用上述方法的目的是提高结晶过程所需的分子**极性接触度 *polar contact***，并且使连接第五和第六跨膜段的 i_3 胞质环结构更稳定[364]。人们对这个环状结构的关注源于其动态性质，以及它直接参与该受体与 G 蛋白相互作用过程的特点。在第一个研究中[365]，研究者使用了一个能识别并结合到 i_3 上的抗体片段。在第二个研究中[366]，研究者用一个小分子蛋白质——T4 噬菌体溶菌酶代替了 i_3 环状结构。

（2）鸟类 β_1 肾上腺素受体结合了拮抗剂**氰基吲哚洛尔 *cyanopindolol***[367]。在这个研究中，研究者为了提高该受体的稳定性，并没有将其他蛋白质结合在其上，而是采用了在跨膜段进行定点突变，以及在该受体的 i_3 环状结构和 C 端删除特定碱基的方法。

（3）人 A_{2A} 腺苷受体结合了拮抗剂 ZM241385[368]。

专栏 7.3　肾上腺素受体：抵御你的哮喘和敌人

肾上腺素受体介导肾上腺素（adrenaline，Ad）和去甲肾上腺素（noradrenaline，Nad）在体内的生理活性[380]（图 7.3.1）①。肾上腺素和去甲肾上腺素属于一个以酪氨酸为核心氨基酸的激素与神经递质类群，并因此而得名**儿茶酚胺 *catecholamine***[381−383]。动物体内有两种儿茶酚胺的来源，分别是神经系统以及肾上腺的髓质。第一种来源的儿茶酚胺承担**神经递质 *neurotransmission***② 的角色，而第二种来源的主要是肾上腺素，则承担**激素的角色 *hormonal action***。这两种儿茶酚胺有一项非常重要的功能：它们让身体做好准备迎接一种被称为**“战斗或逃跑”（*fight-or-flight***，直译为**“战斗或飞走”**，译者注）[384]（图 7.3.2）的情况。如果我们关注下野生动物或者史前人类的生活，就比较容易理解这种情况。对这两者中的每一个个体而言，野外的生存环境总是充满了危险。危险随时可能

① 肾上腺素（adrenaline）的另一种写法是 epinephrine，去甲肾上腺素（noradrenaline）的另一种写法是 norepinephrine。

② 尽管肾上腺素和去甲肾上腺素在**中枢神经系统 *central nervous system*（*CNS*）**以及**自主神经系统 *autonomic nervous system*（*ANS*）**中的交感神经部分（sympathetic branch）承担神经递质的角色，但其中去甲肾上腺素所占的比例远高于肾上腺素（见上文，两者同时以激素的身份在外周血中起作用，在这当中则是 Ad 占大多数，译者注）。

突然降临：可能是捕食者、竞争对手，甚至常规的但具有灾难性的自然现象。在这些情况下，生死之间的关键区别常只在于生物体能否很快地针对危险采取行动，而这涉及对危险的感知以及快速准确地采取针对性行动两方面。

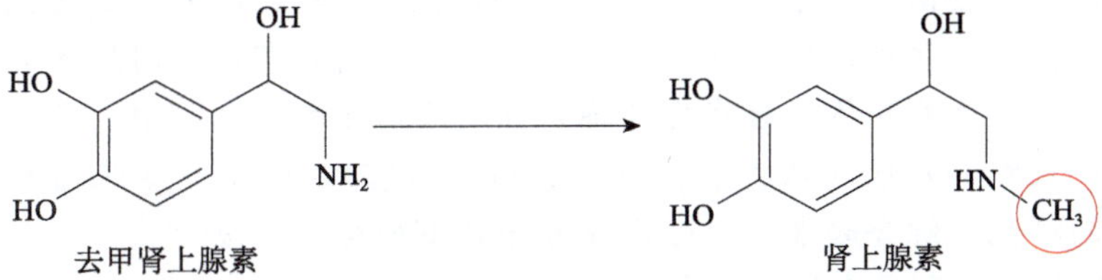

图 7.3.1 肾上腺素和去甲肾上腺素的分子结构。去甲肾上腺素的氨基上的氮原子被甲基化之后就变成了肾上腺素。甲基化过程中添加上去的甲基基团用红色圆圈标出

图 7.3.2 一匹处于“战斗或逃跑”状态的狼。照片由 Amos Hachmon 拍摄，下载自维基百科(来自 Hachmon，A.，An Arabian wolf bristling its hair. *Wikipedia*，*the Free Encyclopedia*)

事实上，当生物体感知到危险情况时，大脑从感觉器官采集到信息，通过交感神经影响其他器官，让它们做好准备。位于肾顶部的两个肾上腺组织收到相应神经信号之后，便激活它们的神经内分泌细胞，使其分泌肾上腺素（以及相对少量的去甲肾上腺素）到外周血循环，进一步强化身体的准备态势来抵御危险。

正如“战斗或逃跑”这个名称所提示的那样，身体经由肾上腺素和去甲肾上腺素的介导而对危险情况做出的直接反应中，根据危险情况的具体性质，只有两种很简单的选择：战斗，或者逃跑。这两种反应都需要数个身体系统的全力运作：首先，感觉器官，如眼睛，必须从环境中收集尽可能全面的信息，以便将危险情况完整而准确地传递到大脑。其次，骨骼肌必须时刻准备做出迅速且有力的反应。这涉及多个器官的功能，如下。

心脏和肺必须为骨骼肌提供足够的氧气，并且肝和肌肉中储备的糖分必须迅

速分解，为肌肉提供能量。另外，身体在静息态下运作的日常功能（如胃肠系统的消化功能）必须被部分关闭，以保证大量的血液能涌向肌肉。

很显然，上述反应中的一部分是神经性的（如骨骼肌的激活），而另外一些是代谢性的（如糖储备的分解）。两者都通过肾上腺素介导而得以实施，而去甲肾上腺素特异性介导神经性的反应。两者通过一系列分布在不同组织的肾上腺素发挥作用。激活这些受体之后产生的特异性反应列在表 7.3.1 中。这些反应主要包括血管的收缩和扩张（取决于反应位于何种器官），以及一些肌肉的收缩和另一些肌肉的松弛。综合起来，上述反应可导致下列生理效应[381]。

(1) 增加心率和每次搏动输出量。

(2) 血液从皮肤和胃肠道组织转移到心脏、肺、脑及骨骼肌。

(3) 血压升高。

(4) 瞳孔扩张。

(5) 气管扩张。

(6) 胃肠道平滑肌舒张。

(7) 凝血速率提高→受伤后出血的概率降低。

(8) 出汗速度加快→负担过重的身体得以降温。

(9) 肝脂肪储备和肌肉内的糖原储备同时分解，代谢速率得以提高。

表 7.3.1　肾上腺素受体被激活后产生的部分生理效应

效应	所处位置	受体亚型
平滑肌收缩→血管收缩	血管	α_1
心肌收缩增强，心率提高	心脏	
平滑肌松弛→血管舒张	血管	α_2
心肌收缩增强，心率提高	心脏	β_1
肾素-血管紧张素-醛固酮系统（renin-angiotensin-aldosterone system）激活→钠离子-钾离子交换→钠潴留（Na^+ retention）	肾	
平滑肌松弛→血管舒张	血管	β_2
心率提高，心脏泵血量上升	心脏	
平滑肌松弛	胃肠道	
胰高血糖素分泌→糖原分解，糖质从头合成（gluco-neogenesis）	胰腺	
脂肪分解	肝	β_3

肾上腺并不只针对“战斗或逃跑”这类突如其来且可能给生命安全带来威胁的情况还会对一类持续更久的威胁产生反应，后者被称为**压力状态** ***stress***[387]。在压力状态下，（与“战斗或逃跑”状态下大脑通过神经系统传递信号给肾上腺不同，译者注）大脑通过激素激活肾上腺，即大脑的激素控制中心——**下丘脑** ***hypothalamus***——激活脑垂体并使其向外周血循环分泌一种多肽类激素，称为**促肾上腺皮质激素** ***adreno-cortico-tropic hormone***（***ACTH***，又名 ***corticotropin***）。

这种激活方式被称为**下丘脑-垂体-肾上腺轴 *hypothalamic-pituitary-adrenal axis*（*HPA*）**，也被称为肾上腺皮质系统，因为它激活肾上腺的皮质部分并使其分泌大量**糖皮质激素 *gluco-corticoid hormone***（主要是**皮质醇 *cortisol***）到外周血循环。糖皮质激素在**压力应激反应 *stress response*** 中起作用，这个反应的速度不如"战斗或逃跑"状况下的应激反应来得快。事实上，作为一种类固醇激素，糖皮质激素激发其效应的速度比肾上腺素和去甲肾上腺素慢，但它能给身体带来广泛的效应。例如，其在代谢方面产生的效应，在肝中表现为合成代谢；在肌肉和脂肪细胞中则表现为分解代谢，并使血糖水平相应提高。它也能影响其他系统，如心血管系统、中枢神经系统、免疫系统，以及泌尿系统（原文是 kidneys，但同一句话开头写了 other systems，kidneys 不应该只指代肾这个器官，译者注）。最重要的是，某些免疫反应在动物体受伤之后可能反而有害，而糖皮质激素能抑制免疫反应。

肾上腺素/去甲肾上腺素系统能对多种器官产生显著的效应，这就使得该系统成为广受关注的药物靶点[382]。这些药物可分为以下类型。

(1) 肾上腺素受体激动剂。因为 β_2 型受体可以结合在气管和支气管上皮细胞上，所以 β_2 受体激动剂，如沙丁胺醇（albuterol），能用于治疗哮喘。α 型受体分布在平滑肌细胞中，如控制血管直径的血管上皮细胞。α_1 受体激活之后导致血管平滑肌收缩，进而导致**血管收缩 *vasoconstriction***；而 α_2 受体的作用恰好是调控和平衡 α_1 受体的功能，α_2 受体激活导致**血管舒张 *vasodilation***，与 α_1 受体激活的结果相反。因此，α_2 受体激动剂，如可乐定（clonidine），用作**抗高血压 *anti-hypertensive*** 药物来治疗高血压。因为（尤指早期，译者注）症状相对不明显，而患者不予治疗时预后往往是灾难性的，高血压被称为"沉默杀手"。

(2) 肾上腺素受体拮抗剂（阻断剂）。β_1 型受体主要分布在心脏，它们的拮抗剂（如阿替洛尔，atenolol）用于治疗心绞痛、高血压以及部分类型的心律失常。

(3) 再摄取抑制剂。分泌肾上腺素和去甲肾上腺素的细胞可通过摄取或再摄取作用将其从突触回收到自身以内，这是停止该两种神经递质在神经系统中的效应的主要方式。摄取和再摄取通过转运蛋白实现，它们成为一系列称为**再摄取抑制剂 *reuptake inhibitor*** 药物的靶点。这类药物阻断肾上腺素和去甲肾上腺素转运蛋白的活性，以提高突触中这两种神经递质的含量，以这样的方式强化其效应。肾上腺素和去甲肾上腺素再摄取抑制剂在临床上主要用于治疗抑郁症。老一代的抗抑郁药物中的一些种类，如**三环类药物 *tri-cyclics***（如**去郁敏，*desipramine***），属于再摄取抑制剂。较新一代的抗抑郁药物（5-羟色胺选择性再摄取抑制剂，***selective serotonin reuptake inhibitor*，*SSRI***）被设计成能够提高 5-羟色胺而不是儿茶酚胺的水平，而更新一代的抗抑郁药物（5-羟色胺-去甲肾上腺素再摄取抑制剂，***serotonin-norepinephrine reuptake inhibitor*，*SNRI***）则能同时提高 5-羟色胺和去甲肾上腺素的水平。儿茶酚胺再摄取系统也是一些毒品的靶点，如**安非他命 *amphetamine***、**可卡因 *cocaine***、**摇头丸（二亚甲基双氧苯丙胺，*methylene dioxymetham-phetamine*，*MDMA***）。这些毒品的作用方式与上述药物一致，但是肾上腺素受体对毒品的敏感性比对药物的敏感性高得多。安非他命有成瘾性，且具有严重的心血管方面的副作用。

(4) 单胺氧化酶抑制剂。单胺氧化酶（mono-amine oxidase，MAO）是一种催化儿茶酚胺以及 5-羟色胺（含有吲哚胺）的氧化脱氨基作用的酶。因此抑制它就能提高肾上腺素和血清素（5-羟色胺）的活性。单胺氧化酶抑制剂（如**司来吉兰 *selegiline***、丙炔苯丙胺）主要用于抗抑郁治疗。

除了上述药物，有些药物通过影响自主神经系统中与交感神经系统对立的分支——副交感神经系统，实现与上述药物（在交感神经系统中起作用）类似的效应。例如，乙酰胆碱（副交感神经系统中主要的神经递质）受体的拮抗剂之一——阿托品（atropine），能诱导产生一些与肾上腺素受体激动剂类似的生理效应。

GPCR 的结构本身具有相当的可变性，在即便未结合激动剂的情况下也能展现出多种构象（包括激活态构象），因此在对 GPCR 进行蛋白质结晶时，人们往往使用反向激动剂或者拮抗剂来稳定其中一种构象。但是对于视紫红质来说，这种人为的“伎俩”显得多余，因为它在没有激活信号（它的激活信号是光线）的情况下，并没有明显的基底活性，也就不存在能表现活性的构象。

视紫红质和上文中提到的其他一些受体的另一个区别就是，它们虽然同是亚家族 1a 中的 GPCR，但分属于不同的类群：视紫红质属于**视蛋白 *opsin***，上述两个 β-肾上腺素受体属于**胺类 *amine***，腺苷受体则属于 MECA 类（melatonin/EDG/cannabinoid/adenosine）[356]。这些受体的结构得到解析，使生物学家得以在 GPCR 的结构与功能之间的关系方面得到更多有共性意义的结论，不少研究小组已经获得了这方面的成就[353,369,370]。尽管 GPCR 的结构总体上而言非常相近①，但其中依然存在一些差别，正是这些差别很值得进行详细分析。在接下来的段落中，我们将按照 GPCR 的三个功能域（也就是胞外区域、跨膜区域和胞内区域），分别总结迄今为止人们得到的有共性意义的结论。

Ⅰ. 胞外（extracellular，EC）区域

正如大家所猜想的那样，GPCR 之间大部分的区别都在胞外段，尤其是配体结合位点及其相邻的环[353]。上文中提到的所有受体，除了视紫红质，都在胞外区域中带有其对应配体的结合位点。视紫红质的胞外区域中有一个结构紧凑且稳

① 例如，尽管视紫红质与 β_2 肾上腺素能受体之间的序列同一性很低（21%），但它们之间的 r. m. s. d 仅为 2. 3Å，而在 TM 区域为 1. 6Å。

固的三级结构，可以有效地限制可溶性分子以及其他的分子进入受体的配体结合口袋[369]（图 7.27a）。在这个折叠结构中，e_3 环与 e_1 环和 e_2 环相互作用。其中尤其重要的是 e_2 环，它形成一个短小的 β 折叠结构，阻止可溶性分子接触到**视黄醛辅因子 *retinal cofactor***（见 7.5.2.4 节），从而保护将该辅因子连接到多肽链上的化学键不受水解[353]。e_2 环同时封闭了视紫红质的配体结合口袋的入口，还稳定了其跨膜螺旋的位置，防止它们发生位移[360]。β_2 肾上腺素受体则代表了迥异的一类 GPCR 受体胞外区域结构，其胞外区域是开放的（图 7.27b）。详细

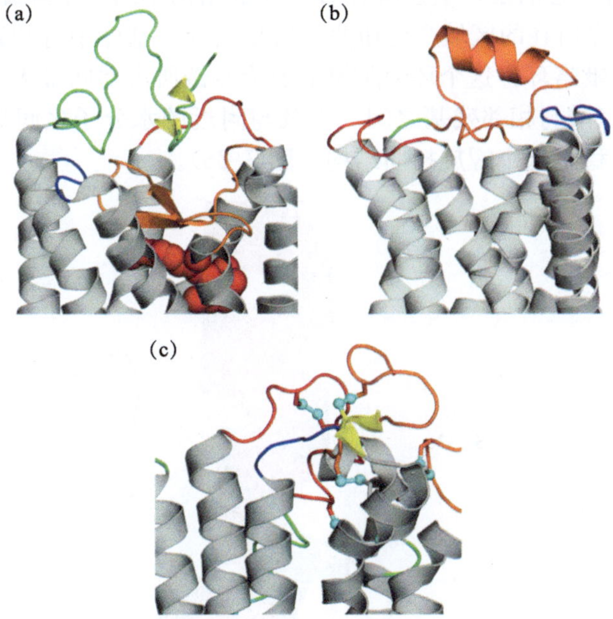

图 7.27 不同 GPCR 的胞外区域。(a) 视紫红质。第一、第二和第三个胞外环分别用蓝色、橙色和红色表示，而其 N 端用绿色表示。视黄醛辅因子用红色球体表示，位于灰色的跨膜区域中。(b) β_2 肾上腺素受体，胞外环和 N 端分别按与图 (a) 中一样的对应方式着色。(c) A_{2A} 腺苷受体，胞外环与 N 端同样分别按与图 (a) 中一样的对应方式着色。与环状结构的稳定性相关的二硫键中的硫离子用小的青色球体表示

地说，e_3 环并不与任何其他环相互作用，e_2 环形成一个非常短的螺旋结构，而其 N 端的结构是扭曲的[353,369]。在腺苷受体中，e_2 环缺乏二级结构，但因为有二硫键来稳定 e_2 环以及整个胞外区域，e_2 环的结构还是稳固的（图 7.27c）。三个环之间的极性相互作用和范德瓦耳斯相互作用也有利于它们的结构保持稳定。有人认为二硫键的作用是限制胞外部分中参与配体结合过程的片段的运动[369]。

Ⅱ. 跨膜区域和配体结合口袋

这个区域是 GPCR 之间区别最小的部分，尤其对那些属于同一个家族的

GPCR 而言。尽管总体相似度相对最高，但在不同的 GPCR 之间，该区域还是有一些部分的结构相似度高于其他部分。在一个对 GPCR 跨膜区域结构的聚类分析中，研究者发现有一个长度为 97 个残基的核心片段，其 C_{α} 均方根偏差仅为 1.3Å[369]。其他结构上不太相似的残基可能会造成 GPCR 彼此不同，即配体和 G 蛋白的结合。上文中提到的 GPCR 中的一个共性的结构特征，就是高度保守的 **NP*xx*Y** 基序所带来的化学环境。该基序位于第七跨膜段的胞质侧[353]，它所在的这个结构区域在 GPCR 激活过程中的一些关键性的构象变化中起作用（参见 7.5.2.4 节）。有意思的是，上述所有 GPCR 的结构中的这个螺旋（第七跨膜段）都在 NPxxY 基序所在的区域产生扭曲，这是因为该基序中有脯氨酸残基（脯氨酸分子中有四氢吡咯环，这个环使脯氨酸成为侧链所占空间最大的氨基酸，译者注）。但是，脯氨酸与相邻残基之间，以及与附近的水分子之间形成的氢键有助于通过静电力来稳定这个螺旋扭曲结构（图 7.28）。

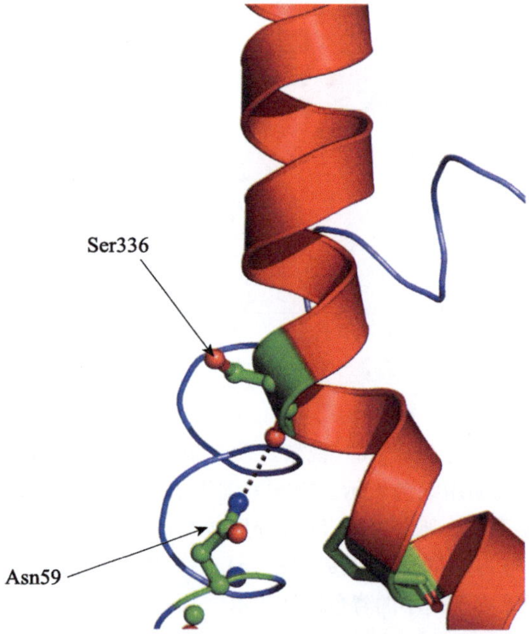

图 7.28　氢键稳定螺旋扭曲。β_2 肾上腺素受体的第七跨膜段在此显示为红色的带状体，其中的扭曲清晰可见。引起该螺旋扭曲的脯氨酸残基用绿色短棍表示。扭曲打断了肽链骨架上该脯氨酸残基与第 336 位丝氨酸残基（Ser336）上的羰基氧原子之间形成的氢键。然而，这个丝氨酸残基与第一跨膜段（显示为蓝色带状）的第 59 位天冬酰胺（Asn59）之间形成氢键（用黑色虚线表示），从而使整个结构稳定

β_2 肾上腺素受体的结构[365,366] 为 GPCR 与脂分子之间的相互作用的研究提

供了很有意思的线索。对它进行的结构解析证实它的第二、第三和第四跨膜螺旋之间有一个特异性的胆固醇结合位点（图 7.29）。而且，参与 GPCR 与胆固醇之间的相互作用的残基形成一个称为 CCM 的基序，在属于家族 1 的 GPCR 中是保守序列[371]。胆固醇结合位点上的残基所具有的保守性提示它们可能组成 GPCR 中的一个变构位点[369]，而与此相符的是，人们认为胆固醇可以调控各种膜蛋白的功能[372,373]，尤其是 GPCR[374]。

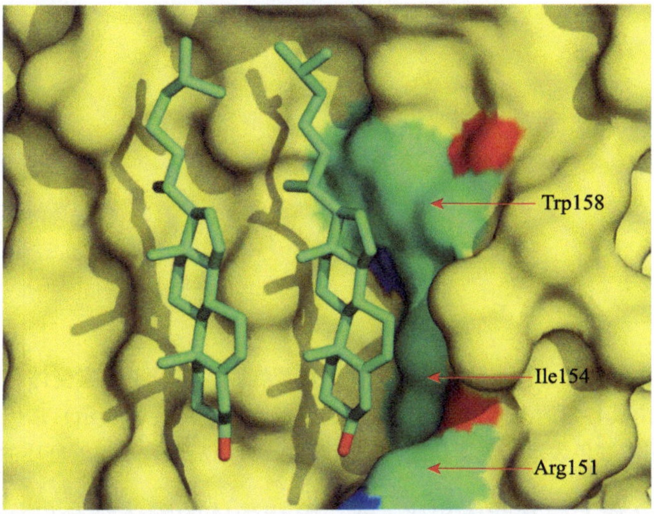

图 7.29 结合在 β_2 肾上腺素受体上的胆固醇。胆固醇分子用短棍表示，而受体只显示其表面（黄色）。胆固醇结合位点就在很多以 A 家族 GPCR 为靶点的药物的结合位点旁边（Hanson, M. A. and Stevens, R. C. *Structure*, 17, 8-14, 2009)。胆固醇结合位点在位置上的特性使其在新药研发中很有吸引力，相应的新药有望作用于 CCM 基序（按照原子的类型来着色）。正如图片所示，结合在受体上的胆固醇分子中的非极性和极性区域同时通过 CCM 基序得到稳定：非极性部分由 Trp158 和 Ile154 的侧链稳定，而极性的羟基则与 Arg151 相互作用并得以稳定

尽管有少数例外，但总体而言，在不同的受体之间，配体结合口袋所处的位置有明显的区别。例如，视紫红质和 β 肾上腺素受体中配体结合口袋的位置比较相近，其配体位于第五和第六跨膜段中间的交界面与第七跨膜段之间[369]。但是，在视紫红质分子中，视黄醛辅因子占据了更多的空间，并且与保守的 Trp265 距离很小（图 7.30）。在 GPCR 被激活的时候，这个残基发生旋转异构体的构象改变（**旋转异构体切换 *rotamer toggle***），并因此继续传递信号。在 β_1 肾上腺素受体中，反向激动剂与 Trp265 之间由芳香族氨基酸残基隔开。在 β_2 肾上腺素受体中，只有**完全激动剂 *full agonist*** 发挥作用的时候才需要旋转异构体切换[375]。这就能解释为什么上述两种肾上腺素受体具有基底活性，而视紫红质则没有[353]。

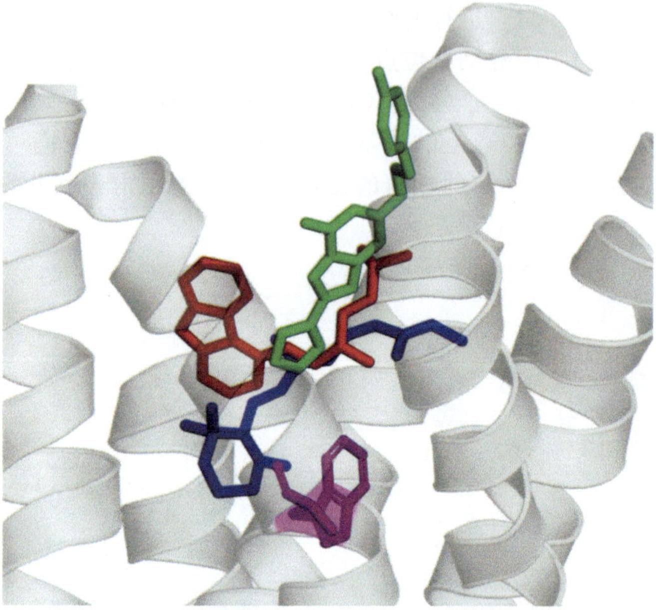

图 7.30　GPCR 中配体结合位点位置的保守性。视紫红质、β_2 肾上腺素受体和 A_{2A} 腺苷受体中的受体结合位点由其各自的配体（分别用蓝色、红色和绿色的短棍表示）来代表。视紫红质分子中的 Trp265 用洋红色表示。为了让图片清晰明了，只用灰色表示视紫红质的螺旋结构

与视紫红质和 β 肾上腺素受体相比，A_{2A} 腺苷受体的配体结合口袋所处的位置区别很大。首先，口袋更靠近第六和第七跨膜段之间的界面，配体在此能与 e_2 环相互作用。其次，配体垂直于细胞膜平面，而且其位置更接近细胞膜外表面，部分暴露在细胞外[376]。

Ⅲ. 细胞质区域

GPCR 中的家族 1 成员有一些独特的结构特性，其中之一是在第三跨膜段细胞质侧的 D/ERY 基序[330]。最早解析出三维结构的 GPCR，也即视紫红质，展示了一种被称为**离子锁 *ionic lock*** 的静电相互作用。它位于该基序中的 Arg135 与相邻的第六跨膜段中的 Glu247 之间（图 7.31）。参与该静电相互作用的氨基酸序列高度保守，提示了这种静电相互作用有重要意义。而且，人们发现视紫红质激活之后会导致离子锁的结构被打乱（见下文）。综合上述数据以及从突变研究中得到的数据，人们认为离子锁对于保持 GPCR 的静息态起到重要作用，或许还对它们的激活以及信号转导起到作用[353,369]。但是，当两种 β 肾上腺素受体和 A_{2A} 腺苷受体的静息态三维结构得到解析之后，人们发现其中并没有离子锁。但是与离子锁对应的残基似乎与 i_2 环中的其他残基之间产生氢键，这提示这些残基可能通过静电相互作用方式，依然对维持 GPCR 静息态构象的稳定性起到重要作用，而不采用之前人们所提出的高度特异性的离子锁相互作用方式。从另一方

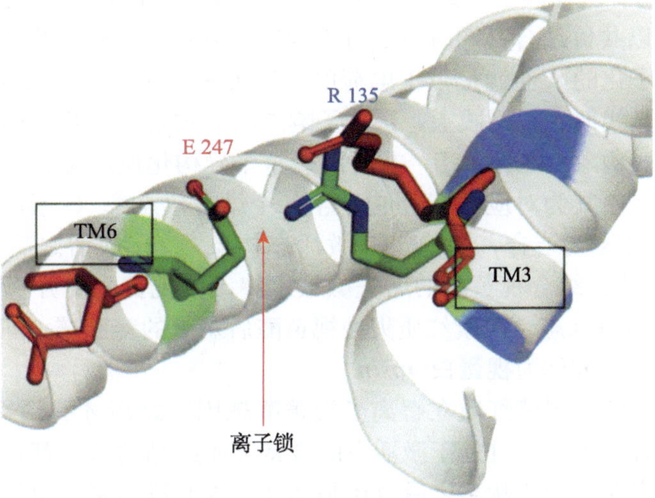

图 7.31 D/ERY模体。该图显示了视紫红质（按原子类型着色）中 D/ERY模体的 Arg 残基和 β_2 肾上腺素能受体（红色）。在视紫红质中，该残基与相邻的 Glu 残基（按原子类型着色）形成离子相互作用。然而，在 β_2 肾上腺素能受体中，它离其各自的 Glu（红色）太远，无法加入盐桥

面来讲，也有人认为 β 肾上腺素受体和 A_{2A} 腺苷受体缺乏离子锁的特点①，可以解释为什么这两种受体在静息态有可以测得的基底活性，而视紫红质则没有[377]。

人们在分析牛[362] 和章鱼[378,379]（分别代表脊椎动物和非脊椎动物）视紫红质结构的过程中发现了另一个有趣的现象。若只考虑它们的功能，上述两种受体对同一个激动剂产生反应，区别只在于其对 G 蛋白的选择性。有意思的是，上述区别足以在两种受体的细胞内产生足以检测到的拓扑结构差异[369]。章鱼视紫红质在 i_3 环中有更长的序列，因此产生了最大的差异[370]。

7.5.2.4 GPCR 和 G 蛋白激活

迄今为止，我们所知的关于 GPCR 在结合激动剂之后所发生的变化，大部分都来自以视紫红质及其他属于家族 1 的受体所做的生物化学和生物物理学研究[330]。而且，截至 2010 年 6 月，视紫红质是所有 GPCR 中唯一已解析出静息态和激活态两种结构的成员（图 7.32a）。视紫红质是一种位于视杆细胞的细胞膜上的由光线激活的蛋白质，它们能将光信号转变为神经信号从而传递到大脑。因为多肽链并不适合用来响应具有电磁特征的光子，视紫红质中承担光响应元件角色的是一种称为 **11 -顺式视黄醛 *11-cis-retinal***（一种维生素 A 的衍生物，见图

---

① 除了缺乏离子锁，这两种受体的其他一些特点也能解释这个问题，如被称为“拨动开关”的 Trp286。

7.32b 左侧）的有机辅因子。该分子通过一个席夫碱基团连接到第七跨膜段上的 Lys296，从而以共价结合（同时也是可逆的）的方式结合到视紫红质分子上。在静息态下，质子化的（也就是带正电荷的）席夫碱由第三跨膜段上的 Glu113 来维持稳定。当光线射到视网膜上，该分子响应的方式是异构化，即它从 11 -顺式构象变成全顺式构象（图 7.32b，右侧）①。这个异构化反应接着引发视紫红质蛋白的构象变化，使其为对应的 G 蛋白产生一个结合位点②。G 蛋白的 α 亚基与视紫红质的细胞质区域结合，并稳定其激活态构象③。在激活之后，视紫红质被**“漂白” *bleach*** 了：结合视黄醛的席夫碱被水解，使视黄醛离开视紫红质而进入为期约 30min 的静息态。视紫红质失去视黄醛后剩下的多肽链，同时也代表了视紫红质的激活态，被称为**视蛋白 *opsin***。

在科学家了解到视紫红质在解离了视黄醛辅因子之后才有活性的事实之前，所有试图将结合了视黄醛且处于激活态的视紫红质结晶的努力都宣告失败，即使当辅因子被固定在全顺式状态之后也还是如此。因此科学家意识到，为了解析出视紫红质的活性构象，必须使用未结合视黄醛的视紫红质（也就是视蛋白）。现在已有两种激活态视紫红质，也就是视蛋白的结构得到了解析。第一个结构（PDB 条目 3dqb）中，视蛋白结合在转导蛋白 α 亚基的一个肽段上[388]。第二个结构（PDB 条目 3cap[389] ）中，视蛋白并没有结合转导蛋白，但仍然处于激活态构象，这是因为研究者在低 pH 环境下进行结晶，此时视蛋白的稳定性较高[309,391]。另外，视紫红质激活之后视黄醛辅因子所发生的多种变化也得到了广泛的研究。但是，因为 GPCR 的活性并不都需要视黄醛或其他有机辅因子参与，我们在此讨论 GPCR 的激活过程时不就辅因子展开讨论。我们集中讨论 GPCR 受体激活之后在多肽链部分发生的变化，主要数据来自对视紫红质和视蛋白所做的比较。

第一眼看到静息态和激活态的视紫红质结构示意图组成的重叠图像，我们会发现构象变化的程度比较轻微，主要涉及第五、第六和第七跨膜螺旋[360]（图 7.32a）。将配体结合口袋放大观察，可印证最初的印象——即使在这个区域，构象变化也是比较微小的。首先，Trp265（拨动开关）的侧链移动到之前由视黄醛的紫罗酮环占据的空间内[353]（图 7.32c）。其次，第三和第七跨膜段之间的距离增加，打断了席夫碱和 Glu113 之间的盐桥。核磁共振的结果也提示，在视黄醛辅因子即将解离的时候，e_2 环与第四、第五和第六螺旋的胞外部分之间形成的氢键也被打断了[392]。但是，在视紫红质的细胞内发生了更大的构象变化：第三、

① 因此，11 -顺式视黄醛事实上是一种共价结合在视紫红质上的反向激动剂。

② 转导蛋白是最主要的一种视紫红质相关 G 蛋白。

③ 这意味着有两种因素同时保持激活态 GPCR 的稳定：其一是激动剂，其二是对应的 G 蛋白[360]。

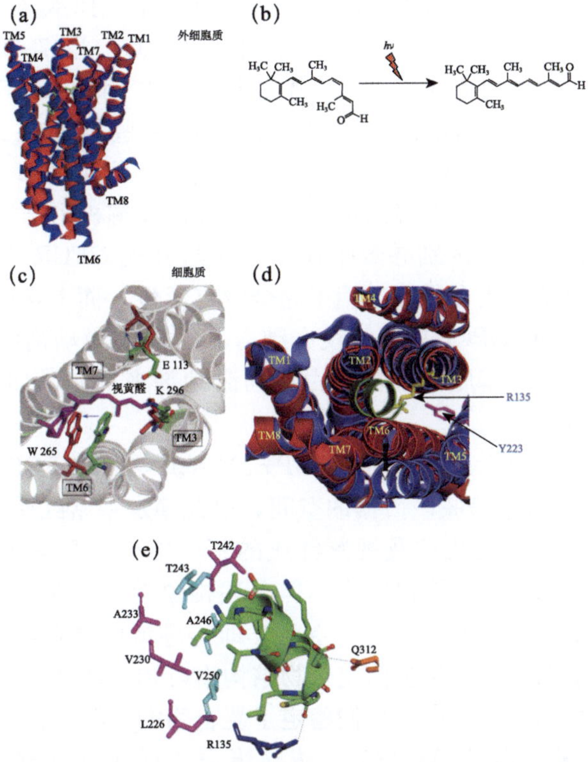

图 7.32 视紫红质激活之后发生的结构变化。(a) 激活诱导的螺旋位移总览。这里显示的两个结构分别是静息态的视紫红质（红色；PDB 条目 1gzm）和代表激活态视紫红质的低 pH 环境下的视蛋白（蓝色；PDB 条目 3cap)。前一个结构中的视黄醛辅因子用绿色短棍表示。为了清晰简洁，螺旋之间的环都略去了。(b) 视黄醛辅因子。这里显示了一个光子的电磁能 ($h\nu$) 激活视紫红质，将其从 11 -顺式视黄醛（左侧）变成全顺式视黄醛（右侧）的过程。(c) 特定氨基酸残基所发生的构象变化。对应于静息态的残基构象根据原子类型着色，而对应于激活态的用红色标记。蓝色箭头标记特定残基的运动。Trp265 进入之前由视黄醛辅因子占据的空间，以及 Glu113 和 Lys296 之间的盐桥断裂，这两个过程清晰可见。(d) 使转导蛋白能结合到受体的结构变化。在此，代表视紫红质的激活态构象是结合了转导蛋白衍生多肽（绿色）(PDB 条目 3cap) 之后解析出来的，在图中从细胞质一侧显示。各个螺旋，Arg135 和 Tyr223 都标记出来了。白色标记显示了视紫红质从静息态（红色）转变为激活态（蓝色）时第六跨膜段的运动方向，该运动清晰地产生了转导蛋白衍生多肽的结合位点，同时打断了由第六跨膜段的 Glu247 与第三跨膜段的 Arg135（位于 D/ERY 基序中）之间形成的决定视紫红质静息态的离子锁。在新的位置上，Arg135 由 Tyr223 来保持稳定。(e) 转导蛋白稳定视紫红质的激活态构象。转导蛋白用绿色表示。第五和第六螺旋上的那些与转导蛋白之间形成非极性相互作用以及范德瓦耳斯相互作用的残基，分别用洋红色（第五螺旋）和青色（第六螺旋）表示。最后，与转导蛋白之间形成氢键的 Arg135 和 Gln312，分别用蓝色和橘色表示

第六①和第七跨膜段发生了偏离重心的位移（其中第三跨膜段的位移较小），在它们中间形成了一个新的空间，即转导蛋白结合位点（图 7.32d）。第三和第六跨膜段之间形成的空间打断了 D/ERY 基序中 Glu247 和 Arg135 之间的相互作用（离子锁）。同时，因为第五和第六跨膜段上的一些残基在发生位移之后离 Arg135 更近了，它们与 Arg135 形成了一些新的相互作用，部分补偿了离子锁被打断的后果。正如上文中所解释的那样，在其他已经解析出结构的 GPCR 中并没有离子锁结构，正是这一区别导致了视紫红质与其他 GPCR 之间基底活性的区别。也就是说，视紫红质在黑暗环境中完全没有活性，而上文中其他三种 GPCR（以及更多其他种类的 GPCR）即使没有结合其对应的激动剂的时候，也保留了一小部分的活性。这种基底活性可以由反向激动剂来抑制，如作用于 β_2 肾上腺素受体的卡拉洛尔[364]。

正如上文所述，第七跨膜段中的 NPxxY 基序参与 GPCR 的激活。其中的 Tyr306 插入之前由第六跨膜段占据的空间，以此稳定视紫红质的激活态构象。

上文中提到的构象变化涉及视紫红质的不同部分，总体来说幅度不大，在 2Å 到 6Å 的范围内[370]。尽管幅度小，但上述构象变化还是达成了目的：第三、第五和第六跨膜螺旋之间形成了一个空间，即转导蛋白结合位点[353,360]。从通过实验解析出的视蛋白——转导蛋白复合物结构中可知，两者的一些残基之间存在多种极性和非极性的相互作用，它们稳定了复合物的激活态构象（图 7.32e）。其中特别重要的是视蛋白的 Arg135 与转导蛋白主链上一个羰基之间的直接接触[360]。Arg135 是 GPCR 中最具有进化保守性的一个残基。激活态构象中的 Arg135 还得到第五跨膜段上 Tyr223 的稳定。非极性相互作用驱动了视紫红质与转导蛋白的结合，氢键使得转导蛋白衍生多肽指向特定的方位[353]。另外，有意思的是上述两个视紫红质的“激活态”构象高度相似，尽管只有其中一个结合了转导蛋白衍生多肽。这表明在 11 -顺式视黄醛解离的情况下，视紫红质的构象接近结合了转导蛋白的激活态构象[369]。

最后，有一个尚未得到解答的大问题：视紫红质的细胞外区域和配体结合区域中发生的小幅度的构象变化如何导致其细胞质区域内发生更大的构象变化？在此，值得注意的是，上述两个区域中发生的小幅度构象变化是视紫红质独有的现象[360]。这是由于视紫红质使用了一种非扩散性的激动剂（也就是共价结合的全顺式视黄醛），因此不需要进行大幅度的变构来接收并容纳配体。事实上，视紫红质细胞外部分的结构能有效阻止可溶性分子以及其他类型的分子进入其激动剂结合区域（见 7.5.2.3.3 节）。相反，其他所有的 GPCR 都是用可扩散的激动剂，

① 光谱研究表明第六跨膜段向外旋转位移了 5Å。

它们需要进入其结合口袋，这个进入过程需要形成结合口袋的入口结构区域发生相应的构象变化。β肾上腺素受体的细胞外区域在激活过程中所发生的变构有力地支持了上述观点。

抛开视紫红质和其他 GPCR 受体之间的区别，它们的激活过程有一些共性，其中之一就是，激活过程均涉及一些综合了不同的分子结合模式的“触发器”[364]。上文中已经提到两种此类“触发器”，即激动剂结合区域中的 Trp265（拨动开关），以及 G 蛋白结合区域中的 Arg135-Glu247“离子锁”。这两种“触发器”同时参与维持 GPCR 静息态的稳定及其激活过程。离子锁只存在于静息态的视紫红质结构中，这一点与上述结论并不矛盾（因为在视紫红质激活的过程中，离子锁被打断，这是激活所必需的，所以离子锁也参与了视紫红质的激活过程，译者注）。另外，用于解析三维结构的β肾上腺素受体和腺苷受体仍然有残存的活性，这提示解析过程中所用的反向激动剂并不足以完全稳定受体真正的静息态[364]。如果事实如此，人们希望找到更强的反向激动剂，让受体处于彻底的静息态构象，而在这样一种构象中，离子锁应完整无缺。共性之二是 GPCR 结构内部有水分子存在，它们可能介导了关键残基之间的静电相互作用，同时也帮助 GPCR 保持足够的空间，以便在激活态和静息态之间进行转变时能进行构象的重组[364]。

7.5.2.5 GPCR 的脱敏

GPCR 活性调控中的最后一部分就是其在短暂或者长时间的激活之后的活性抑制，其目的是防止对应的信号转导系统发生过度激活[394]。活性抑制中的第一种类型，也就是 GPCR 激活之后非常短暂的片刻之后发生的受体活性下调，被称为**脱敏** ***desensitization***[330,395,396]，有两种类型的脱敏。

（1）同源脱敏　作用于被激活的受体，通过 GPCR 的 C 端上的 Ser 和 Thr 残基的磷酸化来介导。上述磷酸化过程由一类称为 GRK 的特殊的丝氨酸/苏氨酸激酶催化[397]，它们特异性地作用于结合了激动剂的受体。这种磷酸化过程的目的是提高 GPCR 与 **β 抑制蛋白 *β-arrestin*** 家族中的成员之间的亲和力，促进此类蛋白质结合到 GPCR 上。这一结合导致两种后果：其一，阻止 GPCR 继续与其对应的 G 蛋白相互作用，从而终止信号转导。其二，诱导 GPCR 经由**网格蛋白包被膜泡 *clathrin-coated vesicle*** 运输到细胞中[398]，进行后续的蛋白质回收或降解[399]。

（2）异源脱敏　作用于其他受体，通过由第二信使激活的激酶如 PKA 和 PKC 介导。

另外一些使激活的 GPCR 活性下调的机理，在受体长时间激活之后起作用。这些机理可能在包括基因转录和翻译等多个层面上起作用[399]。

7.5.2.6 结论

从 GPCR 得到的大量生物化学和生物物理学数据，加上最近通过实验解析出来的结构数据，在分子层面为 GPCR 的功能提供了有意义的线索。但是，这些非凡的蛋白质很多方面的特性尚待研究，如信号从 GPCR 的胞外侧传递到胞内侧时如何放大，以及激动剂、部分激动剂、反向激动剂和拮抗剂的作用机理之间的区别。作为唯一同时已知静息态和激活态结构的 GPCR，视紫红质已被用作 GPCR 激活方面研究的模型。但是，视紫红质能在多大程度上代表其他 GPCR 尚不清楚。首先，视紫红质由电磁辐射激活，而其他所有的 GPCR 都由分子配体激活。其次，视紫红质以及其他已知结构的 GPCR 都属于同一个家族（家族 1），甚至属于同一个亚家族。尽管这是 GPCR 中最大的一个家族，但它们未必能代表其他家族成员。

通过研究分离出来的数个属于家族 2 的 GPCR 中结合了配体的**细胞外功能域 *extracellular domain*（*ECD*）**，能部分解决上述难题。尽管这些 GPCR 的其余部分的结构尚未得到解析，但从它们的 ECD 中得到的结构信息似乎为配体结合方式以及选择性提供了有趣的信息。最近，Parthier 及其同事对这些数据进行了综述[400]。在此我们摘选他们的部分主要结论。

(1) 家族 2 中的 GPCR 带有相似的 ECD。因为它们都结合多肽类配体，它们的 ECD，也就是结合配体的部分，分子量比较大。而且，所有家族 2 成员的 ECD 在配体结合区域有同样的折叠构象。该构象包含两个小的 β 折叠以及一个相邻的 α 螺旋，通过三个二硫键来保持稳定（图 7.33a）。

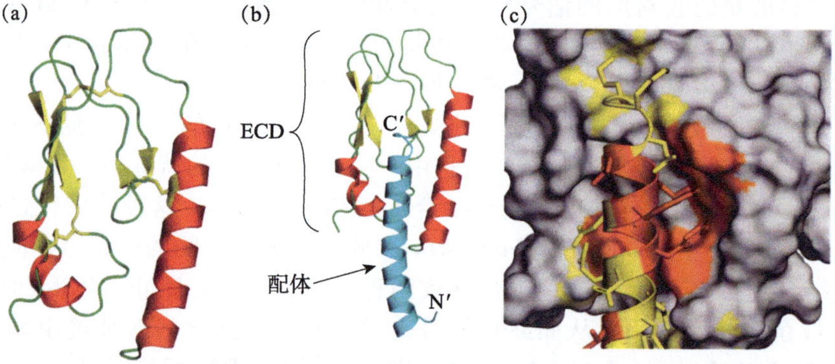

图 7.33　家族 2 中 GPCR 的配体结合模式。图中显示的是由人类 Gip 受体的细胞外功能域（ECD）以及其对应的激素 Gip 组成的复合物（PDB 条目 2qkh）。(a) ECD 的结构，按照二级结构的类型着色，二硫键用黄色短棍表示；(b) ECD-Gip 复合物的总体形态，ECD 按照与图 (a) 相同的方式着色，多肽类配体用青色表示，多肽的两个末端都标记出来了；(c) ECD 与配体之间的相互作用。受体的 ECD 部分的表面用灰色表示。配体多肽显示为带状，其侧链表示为短棍。在配体和 ECD 之间相互作用的残基都着色显示，极性残基着黄色，非极性残基着橙色。在不同的家族 2 成员中，这些残基之间的相互作用方式都是类似的。ECD 中的第二和第四环介导了这些相互作用，而这两个环也是对应的 GPCR 激活之后发生最显著构象变化的部分

(2) 家族 2 中 GPCR 的大部分多肽类配体在结合状态下有相似的构象。这些多肽在溶液中处于扭曲的构象，但是在结合到 ECD 之后折叠为 α 螺旋构象（图 7.33b)。与这一现象相似的是蛋白质片段在翻译后折叠过程中，以及抗菌肽在结合到细胞膜的过程中获得二级结构的现象。在所有上述现象中，多肽和它的“受体”（结合位点）之间介电性的下降以及两者之间一些特定的相互作用的共同结果导致了结合与折叠两个现象的偶联。

(3) 大部分多肽类配体以相似的方式与其对应的 GPCR 结合。多肽的 C 端挤进 ECD 的两个 β 折叠之间（图 7.33b)，在此它与 ECD 上第二和第四环以及 GPCR 的 C 端上的对应残基发生相互作用，其中主要是非极性相互作用，也包括一些极性相互作用。多肽链的另一端也就是 N 端被固定在靠近受体的膜结合功能域的位置（图 7.33a)。在这样一个位置上，配体的 N 端能与 GPCR 的细胞外环以及跨膜螺旋发生相互作用。

(4) 家族 2 的 GPCR 似乎有同一种激活机理。多肽类配体结合到 ECD 会引起其第二和第四环发生构象变化。因为家族 2 中的 GPCR 结构的其他部分尚未得到解析，目前还不知道这些环离跨膜段有多近。但是，假设它们之间的距离足够近，ECD 中发生的构象变化可以传递到跨膜段上。Parthier 及其同事[400] 提出假说：在上述情况下，多肽类配体的结构组织与 GPCR 中跨膜段的构象变化偶联，能将配体所带来的信号传递到 GPCR 的细胞质区域，并导致其激活。基于上述假说，他们进一步提出，GPCR 对其配体的选择性可能产生自配体之前的区别：折叠协同性、疏水表面的内陷度，以及形成 α 螺旋的倾向性。

在上文中我们谈到，ECD 作为 GPCR 的一个部分，不仅为多肽类配体结合提供相互作用，还对配体的折叠起到作用。配体如果不能正确折叠，则无法接触到 GPCR 跨膜段中正确的区域从而将其激活。人们认为结合和折叠两个过程的偶联有利于结合过程：首先，配体的折叠可以降低结合过程的熵成本。其次，当多肽和受体形成接触复合物时若尚未形成有序的结构，会更容易在多个位点与 ECD 发生接触（详见第 6 章)。

7.6 概　要

● 膜结合蛋白对应的基因占据了人类基因组 20%～30%的容量，膜结合蛋白参与多种细胞核生理过程。因此，它们也参与到不同的病理过程中，并且因此成为一类主要的药物靶点。

- 膜蛋白位于一个双层的脂介质——脂双层上。它们或者埋在脂双层中，或者锚定在脂双层上而位于其外围。高度各向异性的脂双层具有复杂的理化特性，如两亲性、不对称性、半流体性，以及曲率。

- 脂双层的上述特性，以及膜蛋白和脂分子之间特定的相互作用，同时影响两者的性质。重要的是，这些特性和相互作用显著限制了脂双层提供给膜蛋白的空间结构。因此，尽管已经通过实验解析出结构的膜蛋白并不多，但决定膜蛋白结构的规律足以从这些有限的实验数据中推导出来。

- 在初级结构层面上，膜蛋白的跨膜区域倾向于具有高度的非极性，通常包含 17～23 个残基。现有的一些能在原始基因组序列中寻找膜蛋白的计算机算法正是以这些比较强的规律性为基础的。

- 在二级结构层面上，膜蛋白的跨膜段极有可能形成二级结构，大都是 α 螺旋结构。这主要反映了在氢键中配对暴露于脂质的极性主干基团的需要（以此来部分降低跨膜段表面的极性，提高其与非极性环境的相容性，译者注）。

- 在三级结构层面上，跨膜段大都排列成 α 螺旋束，极少数情况下形成 β 折叠。α 螺旋束构象几乎“一统天下”，可能源自其高度的可适应性。α 螺旋束可形成各种结构，分别承担不同的功能。例如，它们可以形成内部充满水的离子通道，允许离子以扩散方式穿过细胞膜；也可以形成不含水的转运蛋白，发生可观的构象变化，以此在膜的一侧结合配体并在另一侧将其释放。

- 有些膜蛋白具有复杂的结构，参与到同样复杂的生理过程中。其中的一个典型代表是 G 蛋白偶联受体（GPCR），它能对相当广的范围内的激素、各种因子甚至光子做出响应。这种响应中包含 GPCR 的构象变化，使它能与细胞质中对应的 G 蛋白结合并将其激活。这样，完整的信号转导系统被激活，通常会在细胞内产生可观的效应。

- 而另一个典型代表，被各类物种作为防御系统的抗菌肽，其效应则是另一个极端。它能通过简单的物理机制在膜上诱导产生显著的变化。这类物理机制涉及膜孔的形成或者膜的彻底崩解。这类机制要求抗菌肽具有阳离子属性以及螺旋结构，并带有不同程度的两亲性。科学家能通过改变抗菌肽的上述属性（以及其他一些简单的属性），调控它们的活性并使其中一些能适应医学应用的要求。

参考文献

1. Schopf, J.W. (1993) Microfossils of the early Archean Apex chert: new evidence of the antiquity of life. *Science*. **260**: 640–6.
2. Schopf, J.W. and Packer, B.M. (1987) Early Archean (3.3-billion to 3.5-billion-year-old) microfossils from Warrawoona Group, Australia. *Science*. **237**: 70–3.
3. Mojzsis, S.J., Arrhenius, G., McKeegan, K.D., Harrison, T.M., Nutman, A.P. and Friend, C.R. (1996) Evidence for life on Earth before 3,800 million years ago. *Nature*. **384**: 55–9.
4. Ducka, L.J., Gliksona, M., Goldinga, S.D. and Webb, R.D. (2007) Microbial remains and other carbonaceous forms from the 3.24 Ga sulphur springs black smoker deposit, Western Australia. *Precambrian Res*. **154**: 205–20.
5. Bertini, I., Sigel, A. and Sigel, H. (2001) *Handbook on Metalloproteins*. Marcel Dekker: New York.
6. Frausto da Silva, J.J.R. and Williams, R.J.P. (2001) *The Biological Chemistry of the Elements: The Inorganic Chemistry of Life*. Oxford University Press: New York.
7. Dorairaj, S. and Allen, T.W. (2007) On the thermodynamic stability of a charged arginine side chain in a transmembrane helix. *Proc Natl Acad Sci USA*. **104**: 4943–8.
8. Kessel, A. and Ben-Tal, N. (2002) Free Energy Determinants of Peptide Association with Lipid Bilayers. ***In*** *Current Topics in Membranes*, Simon, S.A. and McIntosh, T.J., Editors. Academic Press: San Diego, CA p. 205–53.
9. von Heijne, G. (2007) The membrane protein universe: what's out there and why bother? *J Intern Med*. **261**: 543–57.
10. Krogh, A., Larsson, B., von Heijne, G. and Sonnhammer, E.L. (2001) Predicting transmembrane protein topology with a hidden Markov model: application to complete genomes. *J Mol Biol*. **305**: 567–80.
11. Kahsay, R.Y., Gao, G. and Liao, L. (2005) An improved hidden Markov model for transmembrane protein detection and topology prediction and its applications to complete genomes. *Bioinformatics*. **21**: 1853–8.
12. Bendtsen, J.D., Binnewies, T.T., Hallin, P.F. and Ussery, D.W. (2005) Genome update: prediction of membrane proteins in prokaryotic genomes. *Microbiology*. **151**: 2119–21.
13. Wallin, E. and von Heijne, G. (1998) Genome-wide analysis of integral membrane proteins from eubacterial, archaean, and eukaryotic organisms. *Protein Sci*. **7**: 1029–38.
14. Russell, R.B. and Eggleston, D.S. (2000) New roles for structure in biology and drug discovery. *Nat Struct Biol*. **7 Suppl.**: 928–30.
15. Hopkins, A.L. and Groom, C.R. (2002) The druggable genome. *Nat Rev Drug Discov*. **1**: 727–30.
16. Russ, A.P. and Lampel, S. (2005) The druggable genome: an update. *Drug Discov Today*. **10**: 1607–10.
17. Singer, S.J. and Nicolson, G.L. (1972) The fluid mosaic model of the structure of cell membranes. *Science*. **175**: 720–31.
18. Dupuy, A.D. and Engelman, D.M. (2008) Protein area occupancy at the center of the red blood cell membrane. *Proc Natl Acad Sci USA*. **105**: 2848–52.
19. Rothman, J.E. and Orci, L. (1996) Budding vesicles in living cells. *Sci Am*. **274**: 70–5.
20. Bright, N.A., Gratian, M.J. and Luzio, J.P. (2005) Endocytic delivery to lysosomes mediated by concurrent fusion and kissing events in living cells. *Curr Biol*. **15**: 360–5.
21. Pietzsch, J. (2004) Mind the Membrane. ***In*** *Horizon Symposia: A Living Frontier*. Nature publishing group.

22. White, S.H. and von Heijne, G. (2008) How translocons select transmembrane helices. *Ann Rev Biophys.* **37**: 23–42.
23. Fridriksson, E.K., Shipkova, P.A., Sheets, E.D., Holowka, D., Baird, B. and McLafferty, F.W. (1999) Quantitative analysis of phospholipids in functionally important membrane domains from RBL-2H3 mast cells using tandem high-resolution mass spectrometry. *Biochemistry.* **38**: 8056–63.
24. Brugger, B., Erben, G., Sandhoff, R., Wieland, F.T. and Lehmann, W.D. (1997) Quantitative analysis of biological membrane lipids at the low picomole level by nano-electrospray ionization tandem mass spectrometry. *Proc Natl Acad Sci USA.* **94**: 2339–44.
25. Myher, J.J., Kuksis, A. and Pind, S. (1989) Molecular species of glycerophospholipids and sphingomyelins of human erythrocytes: improved method of analysis. *Lipids.* **24**: 396–407.
26. MacDonald, J.I. and Sprecher, H. (1991) Phospholipid fatty acid remodeling in mammalian cells. *Biochim Biophys Acta.* **1084**: 105–21.
27. Nelson, D. and Cox, M. (2004) *Lehninger Principles of Biochemistry.* W.H. Freeman: New york.
28. Lecocq, J. and Ballou, C.E. (1964) On the structure of cardiolipin. *Biochemistry.* **3**: 976–80.
29. Hishikawa, D., Shindou, H., Kobayashi, S., Nakanishi, H., Taguchi, R. and Shimizu, T. (2008) Discovery of a lysophospholipid acyltransferase family essential for membrane asymmetry and diversity. *Proc Natl Acad Sci USA.* **105**: 2830–5.
30. Lee, A.G. (2004) How lipids affect the activities of integral membrane proteins. *Biochim Biophys Acta.* **1666**: 62–87.
31. Lewis, B.A. and Engelman, D.M. (1983) Lipid bilayer thickness varies linearly with acyl chain length in fluid phosphatidylcholine vesicles. *J Mol Biol.* **166**: 211–7.
32. Goni, F.M. and Alonso, A. (2006) Biophysics of sphingolipids I. Membrane properties of sphingosine, ceramides and other simple sphingolipids. *Biochim Biophys Acta.* **1758**: 1902–21.
33. Maggio, B., Fanani, M.L., Rosetti, C.M. and Wilke, N. (2006) Biophysics of sphingolipids II. Glycosphingolipids: an assortment of multiple structural information transducers at the membrane surface. *Biochim Biophys Acta.* **1758**: 1922–44.
34. Maxfield, F.R. and Tabas, I. (2005) Role of cholesterol and lipid organization in disease. *Nature.* **438**: 612–21.
35. Goldstein, J.L. and Brown, M.S. (2001) Molecular medicine. The cholesterol quartet. *Science.* **292**: 1310–2.
36. Wood, R. and Harlow, R.D. (1969) Structural analyses of rat liver phosphoglycerides. *Arch Biochem Biophys.* **135**: 272–81.
37. Schlame, M., Brody, S. and Hostetler, K.Y. (1993) Mitochondrial cardiolipin in diverse eukaryotes. Comparison of biosynthetic reactions and molecular acyl species. *Eur J Biochem.* **212**: 727–35.
38. Yamashita, A., Sugiura, T. and Waku, K. (1997) Acyltransferases and transacylases involved in fatty acid remodeling of phospholipids and metabolism of bioactive lipids in mammalian cells. *J Biochem.* **122**: 1–16.
39. Ray, T.K., Skipski, V.P., Barclay, M., Essner, E. and Archibald, F.M. (1969) Lipid composition of rat liver plasma membranes. *J Biol Chem.* **244**: 5528–36.
40. Morein, S., Andersson, A., Rilfors, L. and Lindblom, G. (1996) Wild-type *Escherichia coli* cells regulate the membrane lipid composition in a "window" between gel and non-lamellar structures. *J Biol Chem.* **271**: 6801–9.
41. Coren, M.B. (1984) Biosynthesis and Structures of Phospholipids and Sulfatides. ***In*** *The Mycobacteria*, Kubica, G.P. and Wayne, L.G., Editors. Marcel Dekker: New York. p. 379–415.
42. Yeagle, P.L. (2005) *The Structure of Biological Membranes.* CRC Press: Boca Raton, New York.
43. Tanford, C. (1973) *The Hydrophobic Effect.* Wiley: New York.

44. Keenan, T.W. and Morre, D.J. (1970) Phospholipid class and fatty acid composition of golgi apparatus isolated from rat liver and comparison with other cell fractions. *Biochemistry*. **9**: 19–25.
45. Orci, L., Montesano, R., Meda, P., Malaisse-Lagae, F., Brown, D., Perrelet, A. and Vassalli, P. (1981) Heterogeneous distribution of filipin–cholesterol complexes across the cisternae of the Golgi apparatus. *Proc Natl Acad Sci USA*. **78**: 293–7.
46. Pimenta, P.F. and de Souza, W. (1984) Localization of filipin–sterol complexes in cell membranes of eosinophils. *Histochemistry*. **80**: 563–7.
47. Bergelson, L.D. and Barsukov, L.I. (1977) Topological asymmetry of phospholipids in membranes. *Science*. **197**: 224–30.
48. Op den Kamp, J.A. (1979) Lipid asymmetry in membranes. *Annu Rev Biochem*. **48**: 47–71.
49. Zwaal, R.F. and Schroit, A.J. (1997) Pathophysiologic implications of membrane phospholipid asymmetry in blood cells. *Blood*. **89**: 1121–32.
50. Mukherjee, S. and Maxfield, F.R. (2004) Membrane domains. *Annu Rev Cell Dev Biol*. **20**: 839–66.
51. Simons, K. and Vaz, W.L. (2004) Model systems, lipid rafts, and cell membranes. *Annu Rev Biophys Biomol Struct*. **33**: 269–95.
52. White, S.H. and Wimley, W.C. (1999) Membrane protein folding and stability: physical principles. *Annu Rev Biophys Biomol Struct*. **28**: 319–65.
53. Holthuis, J.C. and Levine, T.P. (2005) Lipid traffic: floppy drives and a superhighway. *Nat Rev Mol Cell Biol*. **6**: 209–20.
54. Daleke, D.L. (2003) Regulation of transbilayer plasma membrane phospholipid asymmetry. *J Lipid Res*. **44**: 233–42.
55. McLaughlin, S. and Murray, D. (2005) Plasma membrane phosphoinositide organization by protein electrostatics. *Nature*. **438**: 605–11.
56. Lodish, H., Berk, A., Zipursky, L.S., Matsudaira, P., Baltimore, D. and Darnell, J. (2000) *Molecular Cell Biology*. W.H. Freeman: New York.
57. Brown, D.A. and London, E. (1998) Structure and origin of ordered lipid domains in biological membranes. *J Membr Biol*. **164**: 103–14.
58. Mitra, K., Ubarretxena-Belandia, I., Taguchi, T., Warren, G. and Engelman, D.M. (2004) Modulation of the bilayer thickness of exocytic pathway membranes by membrane proteins rather than cholesterol. *Proc Natl Acad Sci USA*. **101**: 4083–8.
59. McMahon, H.T. and Gallop, J.L. (2005) Membrane curvature and mechanisms of dynamic cell membrane remodelling. *Nature*. **438**: 590–6.
60. Seddon, J.M. (1990) Structure of the inverted hexagonal (HII) phase, and non-lamellar phase transitions of lipids. *Biochim Biophys Acta*. **1031**: 1–69.
61. Boni, L.T. and Hui, S.W. (1983) Polymorphic phase behaviour of dilinoleoylphosphatidylethanolamine and palmitoyloleoylphosphatidylcholine mixtures. Structural changes between hexagonal, cubic and bilayer phases. *Biochim Biophys Acta*. **731**: 177–85.
62. Gruner, S.M. (1985) Intrinsic curvature hypothesis for biomembrane lipid composition: a role for nonbilayer lipids. *Proc Natl Acad Sci USA*. **82**: 3665–9.
63. Wimley, W.C. (2002) Toward genomic identification of beta-barrel membrane proteins: composition and architecture of known structures. *Protein Sci*. **11**: 301–12.
64. Watson, S. and Arkinstall, S. (1994) *The C-Protein Linked Receptor-Facts Book*. Academic Press: London. p. 1–291.
65. Horn, F., Bettler, E., Oliveira, L., Campagne, F., Cohen, F.E. and Vriend, G. (2003) GPCRDB information system for G protein-coupled receptors. *Nucleic Acids Res*. **31**: 294–7.
66. Bridges, T.M. and Lindsley, C.W. (2008) G-protein-coupled receptors: from classical modes of modulation to allosteric mechanisms. *ACS Chem Biol*. **3**: 530–41.

67. Ji, T.H., Grossmann, M. and Ji, I. (1998) G protein-coupled receptors. I. Diversity of receptor-ligand interactions. *J Biol Chem.* **273**: 17299–302.
68. White, S. (2008) Membrane Proteins of Known Structure (the Stephen White group at UC Irvine). http://blanco.biomol.uci.edu/Membrane_Proteins_xtal.html (accessed May 2010).
69. White, S.H., Ladokhin, A.S., Jayasinghe, S. and Hristova, K. (2001) How membranes shape protein structure. *J Biol Chem.* **276**: 32395–8.
70. Hurwitz, N., Pellegrini-Calace, M. and Jones, D.T. (2006) Towards genome-scale structure prediction for transmembrane proteins. *Philos Trans R Soc Lond B Biol Sci.* **361**: 465–75.
71. von Heijne, G. (1999) Recent advances in the understanding of membrane protein assembly and structure. *Quart Rev Biophys.* **32**: 285–307.
72. von Heijne, G. (2006) Membrane–protein topology. *Nat Rev Mol Cell Biol.* **7**: 909–18.
73. Popot, J.L. and Engelman, D.M. (2000) Helical membrane protein folding, stability, and evolution. *Annu Rev Biochem.* **69**: 881–922.
74. Bowie, J.U. (1997) Helix packing in membrane proteins. *J Mol Biol.* **272**: 780–9.
75. Bowie, J.U. (2000) Understanding membrane protein structure by design. *Nat Struct Biol.* **7**: 91–4.
76. Chakrapani, S., Cuello, L.G., Cortes, D.M. and Perozo, E. (2008) Structural dynamics of an isolated voltage-sensor domain in a lipid bilayer. *Structure.* **16**: 398–409.
77. Krepkiy, D., Mihailescu, M., Freites, J.A., Schow, E.V., Worcester, D.L., Gawrisch, K., Tobias, D.J., White, S.H. and Swartz, K.J. (2009) Structure and hydration of membranes embedded with voltage-sensing domains. *Nature.* **462**: 473–9.
78. Lee, A.G. (2009) Structural biology: highly charged meetings. *Nature.* **462**: 420–1.
79. Bowie, J.U. (2005) Solving the membrane protein folding problem. *Nature.* **438**: 581–9.
80. Deupi, X., Olivella, M., Govaerts, C., Ballesteros, J.A., Campillo, M. and Pardo, L. (2004) Ser and Thr residues modulate the conformation of pro-kinked transmembrane alpha-helices. *Biophys J.* **86**: 105–15.
81. Granseth, E., von Heijne, G. and Elofsson, A. (2005) A study of the membrane–water interface region of membrane proteins. *J Mol Biol.* **346**: 377–85.
82. Landolt-Marticorena, C., Williams, K.A., Deber, C.M. and Reithmeier, R.A. (1993) Non-random distribution of amino acids in the transmembrane segments of human type I single span membrane proteins. *J Mol Biol.* **229**: 602–8.
83. Ulmschneider, M.B., Sansom, M.S. and Di Nola, A. (2005) Properties of integral membrane protein structures: derivation of an implicit membrane potential. *Proteins.* **59**: 252–65.
84. Heijne, G.V. (1986) The distribution of positively charged residues in bacterial inner membrane proteins correlates with the trans-membrane topology. *EMBO J.* **5**: 3021–7.
85. Schiffer, M., Chang, C.H. and Stevens, F.J. (1992) The functions of tryptophan residues in membrane proteins. *Protein Eng.* **5**: 213–4.
86. Ridder, A.N., Morein, S., Stam, J.G., Kuhn, A., de Kruijff, B. and Killian, J.A. (2000) Analysis of the role of interfacial tryptophan residues in controlling the topology of membrane proteins. *Biochemistry.* **39**: 6521–8.
87. von Heijne, G. (1992) Membrane protein structure prediction. Hydrophobicity analysis and the positive-inside rule. *J Mol Biol.* **225**: 487–94.
88. Segrest, J.P., De Loof, H., Dohlman, J.G., Brouillette, C.G. and Anantharamaiah, G.M. (1990) Amphipathic helix motif: classes and properties. *Proteins.* **8**: 103–17.
89. Fleishman, S.J. and Ben-Tal, N. (2006) Progress in structure prediction of alpha-helical membrane proteins. *Curr Opin Struct Biol.* **16**: 496–504.
90. Kyte, J. and Doolittle, R.F. (1982) A simple method for displaying the hydropathic character of a protein. *J Mol Biol.* **157**: 105–32.
91. Hofmann, K.P. and Stoffel, W. (1993) TMbase—a database of membrane spanning proteins segments. *Biol Chem.* **374**: 166.

92. TMpred. http://www.ch.embnet.org/software/TMPRED_form.html
93. Wimley, W.C. and White, S.H. (1996) Experimentally determined hydrophobicity scale for proteins at membrane interfaces. *Nat Struct Biol.* **3**: 842–8.
94. Engelman, D.M., Steitz, T.A. and Goldman, A. (1986) Identifying nonpolar transbilayer helices in amino acid sequences of membrane proteins. *Annu Rev Biophys Biophys Chem.* **15**: 321–53.
95. Eisenberg, D., Wilcox, W. and McLachlan, A.D. (1986) Hydrophobicity and amphiphilicity in protein structure. *J Cell Biochem.* **31**: 11–7.
96. Wimley, W.C., Creamer, T.P. and White, S.H. (1996) Solvation energies of amino acid side chains and backbone in a family of host-guest pentapeptides. *Biochemistry.* **35**: 5109–24.
97. Hessa, T., Kim, H., Bihlmaier, K., Lundin, C., Boekel, J., Andersson, H., Nilsson, I., White, S.H. and von Heijne, G. (2005) Recognition of transmembrane helices by the endoplasmic reticulum translocon. *Nature.* **433**: 377–81.
98. Shental-Bechor, D., Fleishman, S.J. and Ben-Tal, N. (2006) Has the code for protein translocation been broken? *Trends Biochem Sci.* **31**: 192–6.
99. Doyle, D.A., Morais Cabral, J., Pfuetzner, R.A., Kuo, A., Gulbis, J.M., Cohen, S.L., Chait, B.T. and MacKinnon, R. (1998) The structure of the potassium channel: molecular basis of K^+ conduction and selectivity. *Science.* **280**: 69–77.
100. Cuthbertson, J.M., Doyle, D.A. and Sansom, M.S. (2005) Transmembrane helix prediction: a comparative evaluation and analysis. *Protein Eng Des Sel.* **18**: 295–308.
101. Fleishman, S.J., Unger, V.M. and Ben-Tal, N. (2006) Transmembrane protein structures without X-rays. *Trends Biochem Sci.* **31**: 106–13.
102. Jones, D.T., Taylor, W.R. and Thornton, J.M. (1994) A model recognition approach to the prediction of all-helical membrane protein structure and topology. *Biochemistry.* **33**: 3038–49.
103. Sonnhammer, E.L., von Heijne, G. and Krogh, A. (1998) A hidden Markov model for predicting transmembrane helices in protein sequences. *Proc Int Conf Intell Syst Mol Biol.* **6**: 175–82.
104. Krogh, A., Larsson, B., von Heijne, G. and Sonnhammer, E.L. (2001) Predicting transmembrane protein topology with a hidden Markov model: application to complete genomes. *J Mol Biol.* **305**: 567–80 (http://www.cbs.dtu.dk/services/TMHMM/)
105. Daley, D.O., Rapp, M., Granseth, E., Melen, K., Drew, D. and von Heijne, G. (2005) Global topology analysis of the *Escherichia coli* inner membrane proteome. *Science.* **308**: 1321–3.
106. Senes, A., Gerstein, M. and Engelman, D.M. (2000) Statistical analysis of amino acid patterns in transmembrane helices: the GxxxG motif occurs frequently and in association with beta-branched residues at neighboring positions. *J Mol Biol.* **296**: 921–36.
107. O'Neil, K.T. and DeGrado, W.F. (1990) A thermodynamic scale for the helix-forming tendencies of the commonly occurring amino acids. *Science.* **250**: 646–51.
108. Sansom, M.S. and Weinstein, H. (2000) Hinges, swivels and switches: the role of prolines in signalling via transmembrane alpha-helices. *Trends Pharmacol Sci.* **21**: 445–51.
109. Govaerts, C., Blanpain, C., Deupi, X., Ballet, S., Ballesteros, J.A., Wodak, S.J., Vassart, G., Pardo, L. and Parmentier, M. (2001) The TXP motif in the second transmembrane helix of CCR5. A structural determinant of chemokine-induced activation. *J Biol Chem.* **276**: 13217–25.
110. Peralvarez, A., Barnadas, R., Sabes, M., Querol, E. and Padros, E. (2001) Thr90 is a key residue of the bacteriorhodopsin proton pumping mechanism. *FEBS Lett.* **508**: 399–402.
111. Ri, Y., Ballesteros, J.A., Abrams, C.K., Oh, S., Verselis, V.K., Weinstein, H. and Bargiello, T.A. (1999) The role of a conserved proline residue in mediating conformational changes associated with voltage gating of Cx32 gap junctions. *Biophys J.* **76**: 2887–98.
112. Buchanan, S.K. (1999) Beta-Barrel proteins from bacterial outer membranes: structure, function and refolding. *Curr Opin Struct Biol* **9**: 455–61.

113. Schulz, G.E. (2000) Beta-barrel membrane proteins. **10**: 443–7.
114. Benz, R. and Bauer, K. (1988) Permeation of hydrophilic molecules through the outer membrane of gram-negative bacteria. Review on bacterial porins. *Eur J Biochem*. **176**: 1–19.
115. Schirmer, T. (1998) General and specific porins from bacterial outer membranes. *J Struct Biol*. **121**: 101–9.
116. Benz, R. (1994) Permeation of hydrophilic solutes through mitochondrial outer membranes: review on mitochondrial porins. *Biochim Biophys Acta*. **1197**: 167–96.
117. Bay, D.C. and Court, D.A. (2002) Origami in the outer membrane: the transmembrane arrangement of mitochondrial porins. *Biochem Cell Biol*. **80**: 551–62.
118. Duy, D., Soll, J. and Philippar, K. (2007) Solute channels of the outer membrane: from bacteria to chloroplasts. *Biol Chem*. **388**: 879–89.
119. Bolter, B. and Soll, J. (2001) Ion channels in the outer membranes of chloroplasts and mitochondria: open doors or regulated gates? *EMBO J*. **20**: 935–40.
120. von Heijne, G. (1996) Principles of membrane protein assembly and structure. *Prog Biophys Mol Biol*. **66**: 113–39.
121. Seshadri, K., Garemyr, R., Wallin, E., von Heijne, G. and Elofsson, A. (1998) Architecture of beta-barrel membrane proteins: analysis of trimeric porins. *Protein Sci*. **7**: 2026–32.
122. Stevens, T.J. and Arkin, I.T. (1999) Are membrane proteins "inside-out" proteins? *Proteins*. **36**: 135–43.
123. Rees, D.C., DeAntonio, L. and Eisenberg, D. (1989) Hydrophobic organization of membrane proteins. *Science*. **245**: 510–3.
124. Donnelly, D., Overington, J.P., Ruffle, S.V., Nugent, J.H. and Blundell, T.L. (1993) Modeling alpha-helical transmembrane domains: the calculation and use of substitution tables for lipid-facing residues. *Protein Sci*. **2**: 55–70.
125. Eilers, M., Patel, A.B., Liu, W. and Smith, S.O. (2002) Comparison of helix interactions in membrane and soluble alpha-bundle proteins. *Biophys J*. **82**: 2720–36.
126. Russ, W.P. and Engelman, D.M. (2000) The GxxxG motif: a framework for transmembrane helix-helix association. *J Mol Biol*. **296**: 911–9.
127. Senes, A., Ubarretxena-Belandia, I. and Engelman, D.M. (2001) The Calpha—H-O hydrogen bond: a determinant of stability and specificity in transmembrane helix interactions. *Proc Natl Acad Sci USA*. **98**: 9056–61.
128. North, B., Cristian, L., Fu Stowell, X., Lear, J.D., Saven, J. and Degrado, W.F. (2006) Characterization of a membrane protein folding motif, the Ser zipper, using designed peptides. *J Mol Biol*. **359**: 930–9.
129. Roth, L., Nasarre, C., Dirrig-Grosch, S., Aunis, D., Cremel, G., Hubert, P. and Bagnard, D. (2008) Transmembrane domain interactions control biological functions of neuropilin-1. *Mol Biol Cell*. **19**: 646–54.
130. White, S.H. (2009) Biophysical dissection of membrane proteins. *Nature*. **459**: 344–6.
131. Faham, S., Yang, D., Bare, E., Yohannan, S., Whitelegge, J.P. and Bowie, J.U. (2004) Side-chain contributions to membrane protein structure and stability. *J Mol Biol*. **335**: 297–305.
132. Helms, V. (2002) Attraction within the membrane. Forces behind transmembrane protein folding and supramolecular complex assembly. *EMBO Rep*. **3**: 1133–8.
133. Zhou, F.X., Cocco, M.J., Russ, W.P., Brunger, A.T. and Engelman, D.M. (2000) Interhelical hydrogen bonding drives strong interactions in membrane proteins. *Nat Struct Biol*. **7**: 154–60.
134. Choma, C., Gratkowski, H., Lear, J.D. and DeGrado, W.F. (2000) Asparagine-mediated self-association of a model transmembrane helix. *Nat Struct Biol*. **7**: 161–6.
135. DeGrado, W.F., Gratkowski, H. and Lear, J.D. (2003) How do helix–helix interactions help determine the folds of membrane proteins? Perspectives from the study of homo-oligomeric

helical bundles. *Protein Sci.* **12**: 647–65.

136. Joh, N.H., Min, A., Faham, S., Whitelegge, J.P., Yang, D., Woods, V.L. and Bowie, J.U. (2008) Modest stabilization by most hydrogen-bonded side-chain interactions in membrane proteins. *Nature.* **453**: 1266–70.
137. Arbely, E. and Arkin, I.T. (2004) Experimental measurement of the strength of a Calpha–H...O bond in a lipid bilayer. *J Am Chem Soc.* **126**: 5362–3.
138. Yohannan, S., Faham, S., Yang, D., Grosfeld, D., Chamberlain, A.K. and Bowie, J.U. (2004) A Calpha–H–O hydrogen bond in a membrane protein is not stabilizing. *J Am Chem Soc.* **126**: 2284–5.
139. Gouaux, E. and Mackinnon, R. (2005) Principles of selective ion transport in channels and pumps. *Science.* **310**: 1461–5.
140. Fujiyoshi, Y., Mitsuoka, K., de Groot, B.L., Philippsen, A., Grubmuller, H., Agre, P. and Engel, A. (2002) Structure and function of water channels. *Curr Opin Struct Biol.* **12**: 509–15.
141. Lange, A., Giller, K., Hornig, S., Martin-Eauclaire, M.F., Pongs, O., Becker, S. and Baldus, M. (2006) Toxin-induced conformational changes in a potassium channel revealed by solid-state NMR. *Nature.* **440**: 959–62.
142. Chill, J.H., Louis, J.M., Baber, J.L. and Bax, A. (2006) Measurement of 15N relaxation in the detergent-solubilized tetrameric KcsA potassium channel. *J Biomol NMR.* **36**: 123–36.
143. Noskov, S.Y., Berneche, S. and Roux, B. (2004) Control of ion selectivity in potassium channels by electrostatic and dynamic properties of carbonyl ligands. *Nature.* **431**: 830–4.
144. Becker, O.M., Marantz, Y., Shacham, S., Inbal, B., Heifetz, A., Kalid, O., Bar-Haim, S., Warshaviak, D., Fichman, M. and Noiman, S. (2004) G protein-coupled receptors: in silico drug discovery in 3D. *Proc Natl Acad Sci USA.* **101**: 11304–9.
145. Schueler-Furman, O., Wang, C., Bradley, P., Misura, K. and Baker, D. (2005) Progress in modeling of protein structures and interactions. *Science.* **310**: 638–42.
146. Pilpel, Y., Ben-Tal, N. and Lancet, D. (1999) kPROT: a knowledge-based scale for the propensity of residue orientation in transmembrane segments. Application to membrane protein structure prediction. *J Mol Biol.* **294**: 921–35.
147. Taylor, W.R., Jones, D.T. and Green, N.M. (1994) A method for alpha-helical integral membrane protein fold prediction. *Proteins.* **18**: 281–94.
148. Fleishman, S.J., Harrington, S., Friesner, R.A., Honig, B. and Ben-Tal, N. (2004) An automatic method for predicting transmembrane protein structures using cryo-EM and evolutionary data. *Biophys J.* **87**: 3448–59.
149. Fleishman, S.J. and Ben-Tal, N. (2002) A novel scoring function for predicting the conformations of tightly packed pairs of transmembrane alpha-helices. *J Mol Biol.* **321**: 363–78.
150. Schushan, M. and Ben-Tal, N. (2010) Modeling and validation of transmembrane protein structures. *Protein Structure Prediction: Methods and Algorithms* (in press).
151. Yarov-Yarovoy, V., Schonbrun, J. and Baker, D. (2006) Multipass membrane protein structure prediction using Rosetta. *Proteins.* **62**: 1010–25.
152. Das, R. and Baker, D. (2008) Macromolecular modeling with rosetta. *Annu Rev Biochem.* **77**: 363–82.
153. Zhang, Y. (2008) I-TASSER server for protein 3D structure prediction. *BMC Bioinformatics.* **9**: 40.
154. Barth, P., Schonbrun, J. and Baker, D. (2007) Toward high-resolution prediction and design of transmembrane helical protein structures. *Proc Natl Acad Sci USA.* **104**: 15682–7.
155. Barth, P., Wallner, B. and Baker, D. (2009) Prediction of membrane protein structures with complex topologies using limited constraints. *Proc Natl Acad Sci USA.* **106**: 1409–14.
156. Zhang, Y., Devries, M.E. and Skolnick, J. (2006) Structure modeling of all identified G protein-coupled receptors in the human genome. *PLoS Comput Biol.* **2**: e13.

157. Murray, D., Ben-Tal, N., Honig, B. and McLaughlin, S. (1997) Electrostatic interaction of myristoylated proteins with membranes: simple physics, complicated biology. *Structure*. **5**: 985–9.
158. Murray, D. and Honig, B. (2002) Electrostatic control of the membrane targeting of C2 domains. *Mol Cell*. **9**: 145–54.
159. Ben-Tal, N., Honig, B., Peitzsch, R.M., Denisov, G. and McLaughlin, S. (1996) Binding of small basic peptides to membranes containing acidic lipids: theoretical models and experimental results. *Biophys J*. **71**: 561–75.
160. Dunne, S.J., Cornell, R.B., Johnson, J.E., Glover, N.R. and Tracey, A.S. (1996) Structure of the membrane binding domain of CTP:Phosphocholine cytidylyltransferaseâ€ ,â€¡. *Biochemistry*. **35**: 11975–84.
161. Antonny, B., Beraud-Dufour, S., Chardin, P. and Chabre, M. (1997) N-Terminal hydrophobic residues of the G-protein ADP-ribosylation factor-1 insert into membrane phospholipids upon GDP to GTP Exchangeâ€ *Biochemistry*. **36**: 4675–84.
162. Kessel, A., Cafiso, D.S. and Ben-Tal, N. (2000) Continuum solvent model calculations of alamethicin–membrane interactions: thermodynamic aspects. *Biophys J*. **78**: 571–83.
163. Damodaran, K.V., Merz, K.M., Jr. and Gaber, B.P. (1995) Interaction of small peptides with lipid bilayers. *Biophys J*. **69**: 1299–308.
164. Yamauchi, E., Nakatsu, T., Matsubara, M., Kato, H. and Taniguchi, H. (2003) Crystal structure of a MARCKS peptide containing the calmodulin-binding domain in complex with Ca^{2+}-calmodulin. *Nat Struct Biol*. **10**: 226–31.
165. Kessel, A., Shental-Bechor, D., Haliloglu, T. and Ben-Tal, N. (2003) Interactions of hydrophobic peptides with lipid bilayers: Monte Carlo simulations with M2delta. *Biophys J*. **85**: 3431–44.
166. Andersen, O.S. and Koeppe, R.E., 2nd (2007) Bilayer thickness and membrane protein function: an energetic perspective. *Annu Rev Biophys Biomol Struct*. **36**: 107–30.
167. Sheetz, M.P. and Singer, S.J. (1974) Biological membranes as bilayer couples. A molecular mechanism of drug–erythrocyte interactions. *Proc Natl Acad Sci USA*. **71**: 4457–61.
168. Mouritsen, O.G. and Bloom, M. (1984) Mattress model of lipid–protein interactions in membranes. *Biophys J*. **46**: 141–53.
169. Fattal, D.R. and Ben-Shaul, A. (1993) A molecular model for lipid–protein interaction in membranes: the role of hydrophobic mismatch. *Biophys J*. **65**: 1795–809.
170. Mitchell, D.C., Straume, M., Miller, J.L. and Litman, B.J. (1990) Modulation of metarhodopsin formation by cholesterol-induced ordering of bilayer lipids. *Biochemistry*. **29**: 9143–9.
171. Lundbaek, J.A., Birn, P., Tape, S.E., Toombes, G.E., Sogaard, R., Koeppe, R.E., 2nd, Gruner, S.M., Hansen, A.J. and Andersen, O.S. (2005) Capsaicin regulates voltage-dependent sodium channels by altering lipid bilayer elasticity. *Mol Pharmacol*. **68**: 680–9.
172. Simons, K. and Ikonen, E. (1997) Functional rafts in cell membranes. *Nature*. **387**: 569–72.
173. Sprong, H., van der Sluijs, P. and van Meer, G. (2001) How proteins move lipids and lipids move proteins. *Nat Rev Mol Cell Biol*. **2**: 504–13.
174. Schroeder, R.J., Ahmed, S.N., Zhu, Y., London, E. and Brown, D.A. (1998) Cholesterol and sphingolipid enhance the Triton X-100 insolubility of glycosylphosphatidylinositol-anchored proteins by promoting the formation of detergent-insoluble ordered membrane domains. *J Biol Chem*. **273**: 1150–7.
175. Resh, M.D. (2004) Membrane targeting of lipid modified signal transduction proteins. *Subcell Biochem*. **37**: 217–32.
176. Wang, T.Y., Leventis, R. and Silvius, J.R. (2001) Partitioning of lipidated peptide sequences into liquid-ordered lipid domains in model and biological membranes. *Biochemistry*. **40**: 13031–40.
177. Munro, S. (1995) An investigation of the role of transmembrane domains in Golgi protein retention. *EMBO J*. **14**: 4695–704.

178. Starling, A.P., East, J.M. and Lee, A.G. (1993) Effects of phosphatidylcholine fatty acyl chain length on calcium binding and other functions of the (Ca(2+)-Mg2+)-ATPase. *Biochemistry.* **32**: 1593–600.
179. Baldwin, P.A. and Hubbell, W.L. (1985) Effects of lipid environment on the light-induced conformational changes of rhodopsin. 2. Roles of lipid chain length, unsaturation, and phase state. *Biochemistry.* **24**: 2633–9.
180. Cornelius, F. (2001) Modulation of Na,K-ATPase and Na-ATPase activity by phospholipids and cholesterol. I. Steady-state kinetics. *Biochemistry.* **40**: 8842–51.
181. Pilot, J.D., East, J.M. and Lee, A.G. (2001) Effects of bilayer thickness on the activity of diacylglycerol kinase of *Escherichia coli. Biochemistry.* **40**: 8188–95.
182. Montecucco, C., Smith, G.A., Dabbeni-sala, F., Johannsson, A., Galante, Y.M. and Bisson, R. (1982) Bilayer thickness and enzymatic activity in the mitochondrial cytochrome c oxidase and ATPase complex. *FEBS Lett.* **144**: 145–8.
183. Andersen, O.S., Koeppe, R.E., 2nd and Roux, B. (2005) Gramicidin channels. *IEEE Trans Nanobiosci.* **4**: 10–20.
184. O'Connell, A.M., Koeppe, R.E., 2nd and Andersen, O.S. (1990) Kinetics of gramicidin channel formation in lipid bilayers: transmembrane monomer association. *Science.* **250**: 1256–9.
185. Bransburg-Zabary, S., Kessel, A., Gutman, M. and Ben-Tal, N. (2002) Stability of an ion channel in lipid bilayers: implicit solvent model calculations with gramicidin. *Biochemistry.* **41**: 6946–54.
186. Johannsson, A., Smith, G.A. and Metcalfe, J.C. (1981) The effect of bilayer thickness on the activity of $(Na^+ + K^+)$-ATPase. *Biochim Biophys Acta.* **641**: 416–21.
187. Dumas, F., Tocanne, J.F., Leblanc, G. and Lebrun, M.C. (2000) Consequences of hydrophobic mismatch between lipids and melibiose permease on melibiose transport. *Biochemistry.* **39**: 4846–54.
188. Sinensky, M. (1974) Homeoviscous adaptation – a homeostatic process that regulates the viscosity of membrane lipids in *Escherichia coli. Proc Natl Acad Sci USA.* **71**: 522–5.
189. Brown, M.F. (1997) Influence of nonlamellar-forming lipids on rhodopsin. *Curr Top Membr.* **44**: 285–356.
190. Starling, A.P., Dalton, K.A., East, J.M., Oliver, S. and Lee, A.G. (1996) Effects of phosphatidylethanolamines on the activity of the Ca(2+)-ATPase of sarcoplasmic reticulum. *Biochem J.* **320 (Pt. 1)**: 309–14.
191. Hamill, O.P. and Martinac, B. (2001) Molecular basis of mechanotransduction in living cells. *Physiol Rev.* **81**: 685–740.
192. Hunte, C. (2005) Specific protein–lipid interactions in membrane proteins. *Biochem Soc Trans.* **33**: 938–42.
193. Simmonds, A.C., East, J.M., Jones, O.T., Rooney, E.K., McWhirter, J. and Lee, A.G. (1982) Annular and non-annular binding sites on the $(Ca^{2+} + Mg^{2+})$-ATPase. *Biochim Biophys Acta.* **693**: 398–406.
194. Knowles, P.F., Watts, A. and Marsh, D. (1979) Spin-label studies of lipid immobilization in dimyristoylphosphatidylcholine-substituted cytochrome oxidase. *Biochemistry.* **18**: 4480–7.
195. Murata, T., Yamato, I., Kakinuma, Y., Leslie, A.G. and Walker, J.E. (2005) Structure of the rotor of the V-Type Na^+-ATPase from *Enterococcus hirae. Science.* **308**: 654–9.
196. Palsdottir, H. and Hunte, C. (2004) Lipids in membrane protein structures. *Biochim Biophys Acta.* **1666**: 2–18.
197. Essen, L., Siegert, R., Lehmann, W.D. and Oesterhelt, D. (1998) Lipid patches in membrane protein oligomers: crystal structure of the bacteriorhodopsin–lipid complex. *Proc Natl Acad Sci USA.* **95**: 11673–8.
198. Lange, C., Nett, J.H., Trumpower, B.L. and Hunte, C. (2001) Specific roles of protein–phospho-

lipid interactions in the yeast cytochrome bc1 complex structure. *EMBO J.* **20**: 6591–600.

199. Tsukihara, T., Shimokata, K., Katayama, Y., Shimada, H., Muramoto, K., Aoyama, H., Mochizuki, M., Shinzawa-Itoh, K., Yamashita, E., Yao, M., Ishimura, Y. and Yoshikawa, S. (2003) The low-spin heme of cytochrome c oxidase as the driving element of the proton-pumping process. *Proc Natl Acad Sci USA.* **100**: 15304–9.
200. Deol, S.S., Bond, P.J., Domene, C. and Sansom, M.S. (2004) Lipid–protein interactions of integral membrane proteins: a comparative simulation study. *Biophys J.* **87**: 3737–49.
201. van der Wel, P.C., Reed, N.D., Greathouse, D.V. and Koeppe, R.E., 2nd (2007) Orientation and motion of tryptophan interfacial anchors in membrane-spanning peptides. *Biochemistry.* **46**: 7514–24.
202. Boesze-Battaglia, K. and Schimmel, R. (1997) Cell membrane lipid composition and distribution: implications for cell function and lessons learned from photoreceptors and platelets. *J Exp Biol.* **200**: 2927–36.
203. Jiang, F., Ryan, M.T., Schlame, M., Zhao, M., Gu, Z., Klingenberg, M., Pfanner, N. and Greenberg, M.L. (2000) Absence of cardiolipin in the crd1 null mutant results in decreased mitochondrial membrane potential and reduced mitochondrial function. *J Biol Chem.* **275**: 22387–94.
204. Heimpel, S., Basset, G., Odoy, S. and Klingenberg, M. (2001) Expression of the mitochondrial ADP/ATP carrier in *Escherichia coli*. Renaturation, reconstitution, and the effect of mutations on 10 positive residues. *J Biol Chem.* **276**: 11499–506.
205. Hoffmann, B., Stockl, A., Schlame, M., Beyer, K. and Klingenberg, M. (1994) The reconstituted ADP/ATP carrier activity has an absolute requirement for cardiolipin as shown in cysteine mutants. *J Biol Chem.* **269**: 1940–4.
206. Nussberger, S., Dorr, K., Wang, D.N. and Kuhlbrandt, W. (1993) Lipid–protein interactions in crystals of plant light-harvesting complex. *J Mol Biol.* **234**: 347–56.
207. Standfuss, J., Terwisscha van Scheltinga, A.C., Lamborghini, M. and Kuhlbrandt, W. (2005) Mechanisms of photoprotection and nonphotochemical quenching in pea light-harvesting complex at 2.5 Å resolution. *EMBO J.* **24**: 919–28.
208. Liu, Z., Yan, H., Wang, K., Kuang, T., Zhang, J., Gui, L., An, X. and Chang, W. (2004) Crystal structure of spinach major light-harvesting complex at 2.72 Å resolution. *Nature.* **428**: 287–92.
209. Heginbotham, L., Kolmakova-Partensky, L. and Miller, C. (1998) Functional reconstitution of a prokaryotic K^+ channel. *J Gen Physiol.* **111**: 741–9.
210. Suh, B.C. and Hille, B. (2008) PIP2 is a necessary cofactor for ion channel function: how and why? *Annu Rev Biophys.* **37**: 175–95.
211. Berridge, M.J. and Irvine, R.F. (1989) Inositol phosphates and cell signalling. *Nature.* **341**: 197–205.
212. Lemmon, M.A. (2003) Phosphoinositide recognition domains. *Traffic.* **4**: 201–13.
213. Ferguson, K.M., Kavran, J.M., Sankaran, V.G., Fournier, E., Isakoff, S.J., Skolnik, E.Y. and Lemmon, M.A. (2000) Structural basis for discrimination of 3-phosphoinositides by pleckstrin homology domains. *Mol Cell.* **6**: 373–84.
214. Tapp, H., Al-Naggar, I.M., Yarmola, E.G., Harrison, A., Shaw, G., Edison, A.S. and Bubb, M.R. (2005) MARCKS is a natively unfolded protein with an inaccessible actin-binding site: evidence for long-range intramolecular interactions. *J Biol Chem.* **280**: 9946–56.
215. Ben-Shaul, A., Ben-Tal, N. and Honig, B. (1996) Statistical thermodynamic analysis of peptide and protein insertion into lipid membranes. *Biophys J.* **71**: 130–7.
216. Killian, J.A. (1998) Hydrophobic mismatch between proteins and lipids in membranes. *Biochim Biophys Acta.* **1376**: 401–15.
217. Liu, N.I. and Kay, R.L. (1977) Redetermination of the pressure dependence of the lipid bilayer phase transition. *Biochemistry.* **16**: 3484–6.

218. Evans, E.A. and Hochmuth, R.M. (1978) Mechanochemical properties of membranes. *Curr Top Membr Transp.* **10**: 1–64.
219. Marsh, D. (2008) Energetics of hydrophobic matching in lipid–protein interactions. *Biophys J.* **94**: 3996–4013.
220. Siegel, D.P., Cherezov, V., Greathouse, D.V., Koeppe, R.E., 2nd, Killian, J.A. and Caffrey, M. (2006) Transmembrane peptides stabilize inverted cubic phases in a biphasic length-dependent manner: implications for protein-induced membrane fusion. *Biophys J.* **90**: 200–11.
221. Raucher, D. and Sheetz, M.P. (2000) Cell spreading and lamellipodial extension rate is regulated by membrane tension. *J Cell Biol.* **148**: 127–36.
222. Ledesma, M.D. and Dotti, C.G. (2003) Membrane and cytoskeleton dynamics during axonal elongation and stabilization. *Int Rev Cytol.* **227**: 183–219.
223. Sheetz, M.P. (2001) Cell control by membrane–cytoskeleton adhesion. *Nat Rev Mol Cell Biol.* **2**: 392–6.
224. Antonny, B., Gounon, P., Schekman, R. and Orci, L. (2003) Self-assembly of minimal COPII cages. *EMBO Rep.* **4**: 419–24.
225. Nossal, R. (2001) Energetics of clathrin basket assembly. *Traffic.* **2**: 138–47.
226. Razani, B. and Lisanti, M.P. (2001) Caveolins and caveolae: molecular and functional relationships. *Exp Cell Res.* **271**: 36–44.
227. Mashl, R.J. and Bruinsma, R.F. (1998) Spontaneous-curvature theory of clathrin-coated membranes. *Biophys J.* **74**: 2862–75.
228. Ford, M.G., Mills, I.G., Peter, B.J., Vallis, Y., Praefcke, G.J., Evans, P.R. and McMahon, H.T. (2002) Curvature of clathrin-coated pits driven by epsin. *Nature.* **419**: 361–6.
229. Dennison, S.R., Wallace, J., Harris, F. and Phoenix, D.A. (2005) Amphiphilic alpha-helical antimicrobial peptides and their structure/function relationships. *Protein Pept Lett.* **12**: 31–9.
230. Boman, H.G. (1991) Antibacterial peptides: key components needed in immunity. *Cell.* **65**: 205–7.
231. Lehrer, R.I. and Ganz, T. (1999) Antimicrobial peptides in mammalian and insect host defence. *Curr Opin Immunol.* **11**: 23–7.
232. Zasloff, M. (2002) Antimicrobial peptides of multicellular organisms. *Nature.* **415**: 389–95.
233. Nicolas, P. and Mor, A. (1995) Peptides as weapons against microorganisms in the chemical defense system of vertebrates. *Annu Rev Microbiol.* **49**: 277–304.
234. Hancock, R.E. and Diamond, G. (2000) The role of cationic antimicrobial peptides in innate host defences. *Trends Microbiol.* **8**: 402–10.
235. Brotz, H. and Sahl, H.G. (2000) New insights into the mechanism of action of lantibiotics—diverse biological effects by binding to the same molecular target. *J Antimicrob Chemother.* **46**: 1–6.
236. Dimarcq, J.L., Bulet, P., Hetru, C. and Hoffmann, J. (1998) Cysteine-rich antimicrobial peptides in invertebrates. *Biopolymers.* **47**: 465–77.
237. Steiner, H., Hultmark, D., Engstrom, A., Bennich, H. and Boman, H.G. (1981) Sequence and specificity of two antibacterial proteins involved in insect immunity. *Nature.* **292**: 246–8.
238. Hetru, C., Letellier, L., Oren, Z., Hoffmann, J.A. and Shai, Y. (2000) Androctonin, a hydrophilic disulphide-bridged non-haemolytic anti-microbial peptide: a plausible mode of action. *Biochem J.* **345 Pt. 3**: 653–64.
239. Shai, Y. (2002) From innate immunity to de-novo designed antimicrobial peptides. *Curr Pharm Des.* **8**: 715–25.
240. Bello, J., Bello, H.R. and Granados, E. (1982) Conformation and aggregation of melittin: dependence on pH and concentration. *Biochemistry.* **21**: 461–5.
241. Dathe, M. and Wieprecht, T. (1999) Structural features of helical antimicrobial peptides: their potential to modulate activity on model membranes and biological cells. *Biochim Biophys Acta.* **1462**: 71–87.

242. Matsuzaki, K., Harada, M., Funakoshi, S., Fujii, N. and Miyajima, K. (1991) Physicochemical determinants for the interactions of magainins 1 and 2 with acidic lipid bilayers. *Biochim Biophys Acta.* **1063**: 162–70.
243. Hirsh, D.J., Hammer, J., Maloy, W.L., Blazyk, J. and Schaefer, J. (1996) Secondary structure and location of a magainin analogue in synthetic phospholipid bilayers. *Biochemistry.* **35**: 12733–41.
244. Wang, W., Smith, D.K., Moulding, K. and Chen, H.M. (1998) The dependence of membrane permeability by the antibacterial peptide cecropin B and its analogs, CB-1 and CB-3, on liposomes of different composition. *J Biol Chem.* **273**: 27438–48.
245. Latal, A., Degovics, G., Epand, R.F., Epand, R.M. and Lohner, K. (1997) Structural aspects of the interaction of peptidyl-glycylleucine-carboxyamide, a highly potent antimicrobial peptide from frog skin, with lipids. *Eur J Biochem.* **248**: 938–46.
246. Brogden, K.A. (2005) Antimicrobial peptides: pore formers or metabolic inhibitors in bacteria? *Nat Rev Microbiol.* **3**: 238–50.
247. Turner, J., Cho, Y., Dinh, N.N., Waring, A.J. and Lehrer, R.I. (1998) Activities of LL-37, a cathelin-associated antimicrobial peptide of human neutrophils. *Antimicrob Agents Chemother.* **42**: 2206–14.
248. Tossi, A., Sandri, L. and Giangaspero, A. (2000) Amphipathic, alpha-helical antimicrobial peptides. *Biopolymers.* **55**: 4–30.
249. Oishi, O., Yamashita, S., Nishimoto, E., Lee, S., Sugihara, G. and Ohno, M. (1997) Conformations and orientations of aromatic amino acid residues of tachyplesin I in phospholipid membranes. *Biochemistry.* **36**: 4352–9.
250. Blondelle, S.E., Lohner, K. and Aguilar, M. (1999) Lipid-induced conformation and lipid-binding properties of cytolytic and antimicrobial peptides: determination and biological specificity. *Biochim Biophys Acta.* **1462**: 89–108.
251. Hancock, R.E. and Chapple, D.S. (1999) Peptide antibiotics. *Antimicrob Agents Chemother.* **43**: 1317–23.
252. Matsuzaki, K., Sugishita, K. and Miyajima, K. (1999) Interactions of an antimicrobial peptide, magainin 2, with lipopolysaccharide-containing liposomes as a model for outer membranes of gram-negative bacteria. *FEBS Lett.* **449**: 221–4.
253. Bessalle, R., Kapitkovsky, A., Gorea, A., Shalit, I. and Fridkin, M. (1990) All-D-magainin: chirality, antimicrobial activity and proteolytic resistance. *FEBS Lett.* **274**: 151–5.
254. Wade, D., Boman, A., Wahlin, B., Drain, C.M., Andreu, D., Boman, H.G. and Merrifield, R.B. (1990) All-D amino acid-containing channel-forming antibiotic peptides. *Proc Natl Acad Sci USA.* **87**: 4761–5.
255. Breukink, E. and de Kruijff, B. (1999) The lantibiotic nisin, a special case or not? *Biochim Biophys Acta.* **1462**: 223–34.
256. Hirakura, Y., Kobayashi, S. and Matsuzaki, K. (2002) Specific interactions of the antimicrobial peptide cyclic beta-sheet tachyplesin I with lipopolysaccharides. *Biochim Biophys Acta.* **1562**: 32–6.
257. Koo, S.P., Bayer, A.S. and Yeaman, M.R. (2001) Diversity in antistaphylococcal mechanisms among membrane-targeting antimicrobial peptides. *Infect Immun.* **69**: 4916–22.
258. Zhang, L., Dhillon, P., Yan, H., Farmer, S. and Hancock, R.E. (2000) Interactions of bacterial cationic peptide antibiotics with outer and cytoplasmic membranes of *Pseudomonas aeruginosa. Antimicrob Agents Chemother.* **44**: 3317–21.
259. Pardo, J., Perez-Galan, P., Gamen, S., Marzo, I., Monleon, I., Kaspar, A.A., Susin, S.A., Kroemer, G., Krensky, A.M., Naval, J. and Anel, A. (2001) A role of the mitochondrial apoptosis-inducing factor in granulysin-induced apoptosis. *J Immunol.* **167**: 1222–9.
260. Mai, J.C., Mi, Z., Kim, S.H., Ng, B. and Robbins, P.D. (2001) A proapoptotic peptide for the treatment of solid tumors. *Cancer Res.* **61**: 7709–12.
261. Li, H., Kolluri, S.K., Gu, J., Dawson, M.I., Cao, X., Hobbs, P.D., Lin, B., Chen, G., Lu, J., Lin,

F., Xie, Z., Fontana, J.A., Reed, J.C. and Zhang, X. (2000) Cytochrome c release and apoptosis induced by mitochondrial targeting of nuclear orphan receptor TR3. *Science*. **289**: 1159–64.
262. Sharma, S.V. (1992) Melittin resistance: a counterselection for ras transformation. *Oncogene*. **7**: 193–201.
263. Xiong, Y.Q., Bayer, A.S. and Yeaman, M.R. (2002) Inhibition of intracellular macromolecular synthesis in *Staphylococcus aureus* by thrombin-induced platelet microbicidal proteins. *J Infect Dis*. **185**: 348–56.
264. Kragol, G., Lovas, S., Varadi, G., Condie, B.A., Hoffmann, R. and Otvos, L., Jr. (2001) The antibacterial peptide pyrrhocoricin inhibits the ATPase actions of DnaK and prevents chaperone-assisted protein folding. *Biochemistry*. **40**: 3016–26.
265. Lehrer, R.I., Barton, A., Daher, K.A., Harwig, S.S., Ganz, T. and Selsted, M.E. (1989) Interaction of human defensins with *Escherichia coli*. Mechanism of bactericidal activity. *J Clin Invest*. **84**: 553–61.
266. Park, C.B., Kim, H.S. and Kim, S.C. (1998) Mechanism of action of the antimicrobial peptide buforin II: buforin II kills microorganisms by penetrating the cell membrane and inhibiting cellular functions. *Biochem Biophys Res Commun*. **244**: 253–7.
267. Sharma, S., Verma, I. and Khuller, G.K. (1999) Biochemical interaction of human neutrophil peptide-1 with *Mycobacterium tuberculosis* H37Ra. *Arch Microbiol*. **171**: 338–42.
268. Ehrenstein, G. and Lecar, H. (1977) Electrically gated ionic channels in lipid bilayers. *Q Rev Biophys*. **10**: 1–34.
269. Christensen, B., Fink, J., Merrifield, R.B. and Mauzerall, D. (1988) Channel-forming properties of cecropins and related model compounds incorporated into planar lipid membranes. *Proc Natl Acad Sci USA*. **85**: 5072–6.
270. Westerhoff, H.V., Juretic, D., Hendler, R.W. and Zasloff, M. (1989) Magainins and the disruption of membrane-linked free-energy transduction. *Proc Natl Acad Sci USA*. **86**: 6597–601.
271. Cafiso, D.S. (1994) Alamethicin: a peptide model for voltage gating and protein–membrane interactions. *Annu Rev Biophys Biomol Struct*. **23**: 141–65.
272. Chen, F.Y., Lee, M.T. and Huang, H.W. (2003) Evidence for membrane thinning effect as the mechanism for peptide-induced pore formation. *Biophys J*. **84**: 3751–8.
273. Mecke, A., Lee, D.K., Ramamoorthy, A., Orr, B.G. and Banaszak Holl, M.M. (2005) Membrane thinning due to antimicrobial peptide binding: an atomic force microscopy study of MSI-78 in lipid bilayers. *Biophys J*. **89**: 4043–50.
274. Gazit, E., Lee, W.J., Brey, P.T. and Shai, Y. (1994) Mode of action of the antibacterial cecropin B2: a spectrofluorometric study. *Biochemistry*. **33**: 10681–92.
275. Strahilevitz, J., Mor, A., Nicolas, P. and Shai, Y. (1994) Spectrum of antimicrobial activity and assembly of dermaseptin-b and its precursor form in phospholipid membranes. *Biochemistry*. **33**: 10951–60.
276. Shai, Y., Bach, D. and Yanovsky, A. (1990) Channel formation properties of synthetic pardaxin and analogues. *J Biol Chem*. **265**: 20202–9.
277. Pouny, Y., Rapaport, D., Mor, A., Nicolas, P. and Shai, Y. (1992) Interaction of antimicrobial dermaseptin and its fluorescently labeled analogues with phospholipid membranes. *Biochemistry*. **31**: 12416–23.
278. Beven, L., Helluin, O., Molle, G., Duclohier, H. and Wroblewski, H. (1999) Correlation between anti-bacterial activity and pore sizes of two classes of voltage-dependent channel-forming peptides. *Biochim Biophys Acta*. **1421**: 53–63.
279. Sansom, M.S. (1991) The biophysics of peptide models of ion channels. *Prog Biophys Mol Biol*. **55**: 139–235.
280. Shai, Y. and Oren, Z. (2001) From "carpet" mechanism to de-novo designed diastereomeric cell-selective antimicrobial peptides. *Peptides*. **22**: 1629–41.

281. Oren, Z. and Shai, Y. (1997) Selective lysis of bacteria but not mammalian cells by diastereomers of melittin: structure-function study. *Biochemistry*. **36**: 1826–35.
282. Oren, Z. and Shai, Y. (1996) A class of highly potent antibacterial peptides derived from pardaxin, a pore-forming peptide isolated from Moses sole fish *Pardachirus marmoratus*. *Eur J Biochem*. **237**: 303–10.
283. Hong, S.Y., Oh, J.E. and Lee, K.H. (1999) Effect of D-amino acid substitution on the stability, the secondary structure, and the activity of membrane-active peptide. *Biochem Pharmacol*. **58**: 1775–80.
284. Ludtke, S., He, K. and Huang, H. (1995) Membrane thinning caused by magainin 2. *Biochemistry*. **34**: 16764–9.
285. Heller, W.T., Waring, A.J., Lehrer, R.I., Harroun, T.A., Weiss, T.M., Yang, L. and Huang, H.W. (2000) Membrane thinning effect of the beta-sheet antimicrobial protegrin. *Biochemistry*. **39**: 139–45.
286. Hara, T., Kodama, H., Kondo, M., Wakamatsu, K., Takeda, A., Tachi, T. and Matsuzaki, K. (2001) Effects of peptide dimerization on pore formation: antiparallel disulfide-dimerized magainin 2 analogue. *Biopolymers*. **58**: 437–46.
287. Ludtke, S.J., He, K., Heller, W.T., Harroun, T.A., Yang, L. and Huang, H.W. (1996) Membrane pores induced by magainin. *Biochemistry*. **35**: 13723–8.
288. Allende, D., Simon, S.A. and McIntosh, T.J. (2005) Melittin-induced bilayer leakage depends on lipid material properties: evidence for toroidal pores. *Biophys J*. **88**: 1828–37.
289. Hancock, R.E. (1997) Peptide antibiotics. *Lancet*. **349**: 418–22.
290. Papo, N. and Shai, Y. (2005) Host defense peptides as new weapons in cancer treatment. *CMLS, Cell Mol Life Sci*. **62**: 784–90.
291. Bessalle, R., Haas, H., Goria, A., Shalit, I. and Fridkin, M. (1992) Augmentation of the antibacterial activity of magainin by positive-charge chain extension. *Antimicrob Agents Chemother*. **36**: 313–7.
292. Vaz Gomes, A., de Waal, A., Berden, J.A. and Westerhoff, H.V. (1993) Electric potentiation, cooperativity, and synergism of magainin peptides in protein-free liposomes. *Biochemistry*. **32**: 5365–72.
293. Matsuzaki, K., Nakamura, A., Murase, O., Sugishita, K., Fujii, N. and Miyajima, K. (1997) Modulation of magainin 2-lipid bilayer interactions by peptide charge. *Biochemistry*. **36**: 2104–11.
294. Dathe, M., Nikolenko, H., Meyer, J., Beyermann, M. and Bienert, M. (2001) Optimization of the antimicrobial activity of magainin peptides by modification of charge. *FEBS Lett*. **501**: 146–50.
295. Verkleij, A.J., Zwaal, R.F., Roelofsen, B., Comfurius, P., Kastelijn, D. and van Deenen, L.L. (1973) The asymmetric distribution of phospholipids in the human red cell membrane. A combined study using phospholipases and freeze-etch electron microscopy. *Biochim Biophys Acta*. **323**: 178–93.
296. Daum, G. (1985) Lipids of mitochondria. *Biochim Biophys Acta*. **822**: 1–42.
297. Devaux, P.F. and Seigneuret, M. (1985) Specificity of lipid-protein interactions as determined by spectroscopic techniques. *Biochim Biophys Acta*. **822**: 63–125.
298. Matsuzaki, K. (1999) Why and how are peptide-lipid interactions utilized for self-defense? Magainins and tachyplesins as archetypes. *Biochim Biophys Acta*. **1462**: 1–10.
299. Killion, J.J. (1984) Electrical properties of normal and transformed mammalian cells. *Biophys J*. **45**: 523–8.
300. Uematsu, N. and Matsuzaki, K. (2000) Polar angle as a determinant of amphipathic alpha-helix-lipid interactions: a model peptide study. *Biophys J*. **79**: 2075–83.
301. Wieprecht, T., Dathe, M., Beyermann, M., Krause, E., Maloy, W.L., MacDonald, D.L. and

Bienert, M. (1997) Peptide hydrophobicity controls the activity and selectivity of magainin 2 amide in interaction with membranes. *Biochemistry*. **36**: 6124–32.

302. Dathe, M., Wieprecht, T., Nikolenko, H., Handel, L., Maloy, W.L., MacDonald, D.L., Beyermann, M. and Bienert, M. (1997) Hydrophobicity, hydrophobic moment and angle subtended by charged residues modulate antibacterial and haemolytic activity of amphipathic helical peptides. *FEBS Lett*. **403**: 208–12.
303. Sharon, M., Oren, Z., Shai, Y. and Anglister, J. (1999) 2D-NMR and ATR-FTIR study of the structure of a cell-selective diastereomer of melittin and its orientation in phospholipids. *Biochemistry*. **38**: 15305–16.
304. Matsuzaki, K. (1998) Magainins as paradigm for the mode of action of pore forming polypeptides. *Biochim Biophys Acta*. **1376**: 391–400.
305. Blondelle, S.E. and Houghten, R.A. (1992) Design of model amphipathic peptides having potent antimicrobial activities. *Biochemistry*. **31**: 12688–94.
306. Lee, D.L. and Hodges, R.S. (2003) Structure-activity relationships of de novo designed cyclic antimicrobial peptides based on gramicidin S. *Biopolymers*. **71**: 28–48.
307. Kondejewski, L.H., Jelokhani-Niaraki, M., Farmer, S.W., Lix, B., Kay, C.M., Sykes, B.D., Hancock, R.E. and Hodges, R.S. (1999) Dissociation of antimicrobial and hemolytic activities in cyclic peptide diastereomers by systematic alterations in amphipathicity. *J Biol Chem*. **274**: 13181–92.
308. Giangaspero, A., Sandri, L. and Tossi, A. (2001) Amphipathic alpha helical antimicrobial peptides. *Eur J Biochem*. **268**: 5589–600.
309. Eisenberg, D. (1984) Three-dimensional structure of membrane and surface proteins. *Annu Rev Biochem*. **53**: 595–623.
310. Chen, Y., Mant, C.T., Farmer, S.W., Hancock, R.E., Vasil, M.L. and Hodges, R.S. (2005) Rational design of alpha-helical antimicrobial peptides with enhanced activities and specificity/therapeutic index. *J Biol Chem*. **280**: 12316–29.
311. Kondejewski, L.H., Lee, D.L., Jelokhani-Niaraki, M., Farmer, S.W., Hancock, R.E. and Hodges, R.S. (2002) Optimization of microbial specificity in cyclic peptides by modulation of hydrophobicity within a defined structural framework. *J Biol Chem*. **277**: 67–74.
312. Oren, Z., Hong, J. and Shai, Y. (1997) A repertoire of novel antibacterial diastereomeric peptides with selective cytolytic activity. *J Biol Chem*. **272**: 14643–9.
313. Liu, F., Lewis, R.N., Hodges, R.S. and McElhaney, R.N. (2002) Effect of variations in the structure of a polyleucine-based alpha-helical transmembrane peptide on its interaction with phosphatidylcholine bilayers. *Biochemistry*. **41**: 9197–207.
314. Liu, F., Lewis, R.N., Hodges, R.S. and McElhaney, R.N. (2004) Effect of variations in the structure of a polyleucine-based alpha-helical transmembrane peptide on its interaction with phosphatidylglycerol bilayers. *Biochemistry*. **43**: 3679–87.
315. Liu, F., Lewis, R.N., Hodges, R.S. and McElhaney, R.N. (2004) Effect of variations in the structure of a polyleucine-based alpha-helical transmembrane peptide on its interaction with phosphatidylethanolamine Bilayers. *Biophys J*. **87**: 2470–82.
316. Shadidi, M. and Sioud, M. (2003) Selective targeting of cancer cells using synthetic peptides. *Drug Resist Updat*. **6**: 363–71.
317. Papo, N., Shahar, M., Eisenbach, L. and Shai, Y. (2003) A novel lytic peptide composed of DL-amino acids selectively kills cancer cells in culture and in mice. *J Biol Chem*. **278**: 21018–23.
318. Leuschner, C. and Hansel, W. (2004) Membrane disrupting lytic peptides for cancer treatments. *Curr Pharm Des*. **10**: 2299–310.
319. Tytler, E.M., Anantharamaiah, G.M., Walker, D.E., Mishra, V.K., Palgunachari, M.N. and Segrest, J.P. (1995) Molecular basis for prokaryotic specificity of magainin-induced lysis. *Biochemistry*. **34**: 4393–401.

320. Connor, J., Bucana, C., Fidler, I.J. and Schroit, A.J. (1989) Differentiation-dependent expression of phosphatidylserine in mammalian plasma membranes: quantitative assessment of outer-leaflet lipid by prothrombinase complex formation. *Proc Natl Acad Sci USA*. **86**: 3184–8.
321. Utsugi, T., Schroit, A.J., Connor, J., Bucana, C.D. and Fidler, I.J. (1991) Elevated expression of phosphatidylserine in the outer membrane leaflet of human tumor cells and recognition by activated human blood monocytes. *Cancer Res*. **51**: 3062–6.
322. Cappelli, G., Paladini, S. and D'Agata, A. (1999) Tumor markers in the diagnosis of pancreatic cancer. *Tumori*. **85**: S19–21.
323. Baker, M.A., Maloy, W.L., Zasloff, M. and Jacob, L.S. (1993) Anticancer efficacy of Magainin2 and analogue peptides. *Cancer Res*. **53**: 3052–7.
324. Winder, D., Gunzburg, W.H., Erfle, V. and Salmons, B. (1998) Expression of antimicrobial peptides has an antitumour effect in human cells. *Biochem Biophys Res Commun*. **242**: 608–12.
325. Chen, Y., Xu, X., Hong, S., Chen, J., Liu, N., Underhill, C.B., Creswell, K. and Zhang, L. (2001) RGD-Tachyplesin inhibits tumor growth. *Cancer Res*. **61**: 2434–8.
326. Shai, Y. and Oren, Z. (1996) Diastereoisomers of cytolysins, a novel class of potent antibacterial peptides. *J Biol Chem*. **271**: 7305–8.
327. Peck-Miller, K.A., Darveau, R.P. and Fell, H.P. (1993) Identification of serum components that inhibit the tumoricidal activity of amphiphilic alpha helical peptides. *Cancer Chemother Pharmacol*. **32**: 109–15.
328. O'Neil, E.K. and Grisham, C.M. Helical Wheel Projection Server. http://cti.itc.Virginia.EDU/~cmg/Demo/wheel/wheelApp.html
329. Eisenberg, D., Weiss, R.M. and Terwilliger, T.C. (1982) The helical hydrophobic moment: a measure of the amphiphilicity of a helix. *Nature*. **299**: 371–4.
330. Bockaert, J. (2009) G protein-coupled receptors. *Encyclopedia of Life Sciences (ELS)*. John Wiley & Sons, Ltd.: Chichester, West Sussex, UK.
331. Fredriksson, R., Lagerstrom, M.C., Lundin, L.G. and Schioth, H.B. (2003) The G-protein-coupled receptors in the human genome form five main families. Phylogenetic analysis, paralogon groups, and fingerprints. *Mol Pharmacol*. **63**: 1256–72.
332. Bockaert, J., Fagni, L., Dumuis, A. and Marin, P. (2004) GPCR interacting proteins (GIP). *Pharmacol Ther*. **103**: 203–21.
333. Weis, W.I. and Kobilka, B. (2008) Structural insights into G-protein-coupled receptor activation. *Curr Opin Struct Biol*. **18**: 734–40.
334. Kitao, A., Hayward, S. and Go, N. (1998) Energy landscape of a native protein: jumping-among-minima model. *Proteins*. **33**: 496–517.
335. McCammon, J.A., Gelin, B.R. and Karplus, M. (1977) Dynamics of folded proteins. *Nature*. **267**: 585–90.
336. Austin, R.H., Beeson, K.W., Eisenstein, L., Frauenfelder, H. and Gunsalus, I.C. (1975) Dynamics of ligand binding to myoglobin. *Biochemistry*. **14**: 5355–73.
337. Petsko, G.A. and Ringe, D. (1984) Fluctuations in protein structure from X-ray diffraction. *Annu Rev Biophys Bioeng*. **13**: 331–71.
338. Frauenfelder, H., Parak, F. and Young, R.D. (1988) Conformational substates in proteins. *Annu Rev Biophys Biophys Chem*. **17**: 451–79.
339. Kim, K.S. and Woodward, C. (1993) Protein internal flexibility and global stability: effect of urea on hydrogen exchange rates of bovine pancreatic trypsin inhibitor. *Biochemistry*. **32**: 9609–13.
340. Bai, Y., Sosnick, T.R., Mayne, L. and Englander, S.W. (1995) Protein folding intermediates: native-state hydrogen exchange. *Science*. **269**: 192–7.
341. Elber, R. and Karplus, M. (1987) Multiple conformational states of proteins: a molecular dynamics analysis of myoglobin. *Science*. **235**: 318–21.
342. Fetler, L., Kantrowitz, E.R. and Vachette, P. (2007) Direct observation in solution of a preexist-

ing structural equilibrium for a mutant of the allosteric aspartate transcarbamoylase. *Proc Natl Acad Sci USA*. **104**: 495–500.

343. James, L.C. and Tawfik, D.S. (2003) Conformational diversity and protein evolution—a 60-year-old hypothesis revisited. *Trends Biochem Sci*. **28**: 361–8.
344. Malmendal, A., Evenas, J., Forsen, S. and Akke, M. (1999) Structural dynamics in the C-terminal domain of calmodulin at low calcium levels. *J Mol Biol*. **293**: 883–99.
345. Kobilka, B.K. and Deupi, X. (2007) Conformational complexity of G-protein-coupled receptors. *TRENDS in Pharmacol Sci*. **28**: 397–406.
346. Henzler-Wildman, K. and Kern, D. (2007) Dynamic personalities of proteins. *Nature*. **450**: 964–72.
347. Vendruscolo, M. and Dobson, C.M. (2006) Structural biology. Dynamic visions of enzymatic reactions. *Science*. **313**: 1586–7.
348. Gunasekaran, K., Ma, B. and Nussinov, R. (2004) Is allostery an intrinsic property of all dynamic proteins? *Proteins*. **57**: 433–43.
349. Weber, G. (1972) Ligand binding and internal equilibrium in proteins. *Biochemistry*. **11**: 864–78.
350. Bahar, I., Chennubhotla, C. and Tobi, D. (2007) Intrinsic dynamics of enzymes in the unbound state and relation to allosteric regulation. *Curr Opin Struct Biol*. **17**: 633–40.
351. Lange, O.F., Lakomek, N.A., Fares, C., Schroder, G.F., Walter, K.F., Becker, S., Meiler, J., Grubmuller, H., Griesinger, C. and de Groot, B.L. (2008) Recognition dynamics up to microseconds revealed from an RDC-derived ubiquitin ensemble in solution. *Science*. **320**: 1471–5.
352. Gsponer, J., Christodoulou, J., Cavalli, A., Bui, J.M., Richter, B., Dobson, C.M. and Vendruscolo, M. (2008) A coupled equilibrium shift mechanism in calmodulin-mediated signal transduction. *Structure*. **16**: 736–46.
353. Rosenbaum, D.M., Rasmussen, S.G.F. and Kobilka, B.K. (2009) The structure and function of G-protein-coupled receptors. *Nature*. **459**: 356–63.
354. Pierce, K.L., Premont, R.T. and Lefkowitz, R.J. (2002) Seven-transmembrane receptors. *Nat Rev Mol Cell Biol*. **3**: 639–50.
355. Dohlman, H.G. and Thorner, J. (1997) RGS proteins and signaling by heterotrimeric G proteins. *J Biol Chem*. **272**: 3871–4.
356. Hanson, J.A., Duderstadt, K., Watkins, L.P., Bhattacharyya, S., Brokaw, J., Chu, J.W. and Yang, H. (2007) Illuminating the mechanistic roles of enzyme conformational dynamics. *Proc Natl Acad Sci USA*. **104**: 18055–60.
357. Bockaert, J., Claeysen, S., Be´camel, C., Pinloche, S. and Dumuis, A. (2002) Gprotein-coupled receptors: dominant players in cell-cell communication. *Int Rev Cytol*. **212**: 63–132.
358. Pin, J.P., Kniazeff, J., Binet, V., Liu, J., Maurel, D., Galvez, T., Duthey, B., Havlickova, M., Blahos, J., Prézeau, L., Rondard, P. (2004) Activation mechanism of the heterodimeric GABA(B) receptor. *Biochem Pharmacol*. **68**: 1565–72.
359. Whorton, M.R., Jastrzebska, B., Park, P.S., Fotiadis, D., Engel, A., Palczewski, K., Sunahara, R.K. (2008) Effcient coupling of transducin to monomeric rhodopsin in a phospholipid bilayer. *J Biol Chem*. **283**.
360. Schwartz, T.W. and Hubbell, W.L. (2008) A moving story of receptors. *Nature*. **455**: 473–474.
361. Corless, J.M., McCaslin, D.R. and Scott, B.L. (1982) Two-dimensional rhodopsin crystals from disk membranes of frog retinal rod outer segments. *Proc Natl Acad Sci USA*. **79**: 1116–20.
362. Palczewski, K., Kumasaka, T., Hori, T., Behnke, C.A., Motoshima, H., Fox, B.A., Le Trong, I., Teller, D.C., Okada, T., Stenkamp, R.E., Yamamoto, M. and Miyano, M. (2000) Crystal structure of rhodopsin: a G protein-coupled receptor. *Science*. **289**: 739–45.
363. Okada, T., Sugihara, M., Bondar, A.N., Elstner, M., Entel, P. and Buss, V. (2004) The retinal

conformation and its environment in rhodopsin in light of a new 2.2 Åcrystal structure. *J Mol Biol.* **342**: 571–83.
364. Sprang, S.R. (2007) A receptor unlocked. *Nature.* **450**: 355–6.
365. Rasmussen, S.G., Choi, H.J., Rosenbaum, D.M., Kobilka, T.S., Thian, F.S., Edwards, P.C., Burghammer, M., Ratnala, V.R., Sanishvili, R., Fischetti, R.F., Schertler, G.F., Weis, W.I. and Kobilka, B.K. (2007) Crystal structure of the human beta2 adrenergic G-protein-coupled receptor. *Nature.* **450**: 383–7.
366. Cherezov, V., Rosenbaum, D.M., Hanson, M.A., Rasmussen, S.G., Thian, F.S., Kobilka, T.S., Choi, H.J., Kuhn, P., Weis, W.I., Kobilka, B.K. and Stevens, R.C. (2007) High-resolution crystal structure of an engineered human beta2-adrenergic G protein-coupled receptor. *Science.* **318**: 1258–65.
367. Warne, T., Serrano-Vega, M.J., Baker, J.G., Moukhametzianov, R., Edwards, P.C., Henderson, R., Leslie, A.G., Tate, C.G. and Schertler, G.F. (2008) Structure of a beta1-adrenergic G-protein-coupled receptor. *Nature.* **454**: 486–91.
368. Jaakola, V.P., Griffith, M.T., Hanson, M.A., Cherezov, V., Chien, E.Y., Lane, J.R., Ijzerman, A.P. and Stevens, R.C. (2008) The 2.6 angstrom crystal structure of a human A2A adenosine receptor bound to an antagonist. *Science.* **322**: 1211–7.
369. Hanson, M.A. and Stevens, R.C. (2009) Discovery of new GPCR biology: one receptor structure at a time. *Structure.* **17**: 8–14.
370. Mustafi, D. and Palczewski, K. (2009) Topology of class A G protein-coupled receptors: insights gained from crystal structures of rhodopsins, adrenergic and adenosine receptors. *Mol Pharmacol.* **75**: 1–12.
371. Hanson, M.A., Cherezov, V., Griffith, M.T., Roth, C.B., Jaakola, V.P., Chien, E.Y., Velasquez, J., Kuhn, P. and Stevens, R.C. (2008) A specific cholesterol binding site is established by the 2.8 Å structure of the human beta2-adrenergic receptor. *Structure.* **16**: 897–905.
372. Bastiaanse, E.M., Hold, K.M. and Van der Laarse, A. (1997) The effect of membrane cholesterol content on ion transport processes in plasma membranes. *Cardiovasc Res.* **33**: 272–83.
373. Burger, K., Gimpl, G. and Fahrenholz, F. (2000) Regulation of receptor function by cholesterol. *Cell Mol Life Sci.* **57**: 1577–92.
374. Pucadyil, T.J. and Chattopadhyay, A. (2006) Role of cholesterol in the function and organization of G-protein coupled receptors. *Prog Lipid Res.* **45**: 295–333.
375. Swaminath, G., Deupi, X., Lee, T.W., Zhu, W., Thian, F.S., Kobilka, T.S. and Kobilka, B. (2005) Probing the beta2 adrenoceptor binding site with catechol reveals differences in binding and activation by agonists and partial agonists. *J Biol Chem.* **280**: 22165–71.
376. Lomize, M.A., Lomize, A.L., Pogozheva, I.D. and Mosberg, H.I. (2006) OPM: orientations of proteins in membranes database. *Bioinformatics.* **22**: 623–5.
377. Bond, R.A. and Ijzerman, A.P. (2006) Recent developments in constitutive receptor activity and inverse agonism, and their potential for GPCR drug discovery. *Trends Pharmacol Sci.* **27**: 92–6.
378. Murakami, M. and Kouyama, T. (2008) Crystal structure of squid rhodopsin. *Nature.* **453**: 363–7.
379. Shimamura, T., Hiraki, K., Takahashi, N., Hori, T., Ago, H., Masuda, K., Takio, K., Ishiguro, M. and Miyano, M. (2008) Crystal structure of squid rhodopsin with intracellularly extended cytoplasmic region. *J Biol Chem.* **283**: 17753–6.
380. Malbon, C.C. and Wang, H.Y. (2005) Adrenergic Receptors. *Encyclopedia of Life Sciences.* John Wiley & Sons, Ltd.: Chichester, West Sussex, UK.
381. Nussay, S.S. and Whitehead, S.A. (2001) *Endocrinology: An Integrated Approach (online publication).* BIOS Scientific Publishers: Oxford, England.
382. Goldstein, D.S. (2001) Adrenaline and noradrenaline. *Encyclopedia of Life Sciences.* John

Wiley & Sons, Ltd.: Chichester, West Sussex, UK.

383. Stanford, S.C. (2009) Adrenaline and Noradrenaline: Introduction. *Encyclopedia of Life Sciences.* John Wiley & Sons, Ltd.: Chichester, West Sussex, UK.
384. Cannon, W.B. (1929) *Bodily Changes in Pain, Hunger, Fear and Rage: An Account of Recent Research into the Function of Emotional Excitement.* Appleton-Century-Crofts: New York.
385. Schwartz, J.H. (2001) Neurotransmitters. ***In*** *Encyclopedia of Life Sciences.* John Wiley & Sons, Ltd.: Chichester, West Sussex, UK.
386. Hachmon, A. An Arabian woof bristling its hair. *Wikipedia, the Free Encyclopedia.*
387. Charmandari, E., Tsigos, C. and Chrousos, G. (2005) Endocrinology of the stress response. *Annu Rev Physiol.* **67**: 259–84.
388. Scheerer, P., Park, J.H., Hildebrand, P.W., Kim, Y.J., Krauss, N., Choe, H.W., Hofmann, K.P. and Ernst, O.P. (2008) Crystal structure of opsin in its G-protein-interacting conformation. *Nature.* **455**: 497–502.
389. Park, J.H., Scheerer, P., Hofmann, K.P., Choe, H.W. and Ernst, O.P. (2008) Crystal structure of the ligand-free G-protein-coupled receptor opsin. *Nature.* **454**: 183–7.
390. Cohen, G.B., Oprian, D.D. and Robinson, P.R. (1992) Mechanism of activation and inactivation of opsin: role of Glu113 and Lys296. *Biochemistry.* **31**: 12592–601.
391. Vogel, R. and Siebert, F. (2001) Conformations of the active and inactive states of opsin. *J Biol Chem.* **276**: 38487–93.
392. Ahuja, S., Hornak, V., Yan, E.C., Syrett, N., Goncalves, J.A., Hirshfeld, A., Ziliox, M., Sakmar, T.P., Sheves, M., Reeves, P.J., Smith, S.O., Eilers, M. (2009) Helix movement is coupled to displacement of the second extracellular loop in rhodopsin activation. *Nature Struct Mol Biol.* **16**: 168–75.
393. Altenbach, C., Kusnetzow, A.K., Ernst, O.P., Hofmann, K.P. and Hubbell, W.L. (2008) High-resolution distance mapping in rhodopsin reveals the pattern of helix movement due to activation. *Proc Natl Acad Sci USA.* **105**: 7439–44.
394. Tsao, P. and von Zastrow, M. (2000) Downregulation of G protein-coupled receptors. *Curr Opin Neurobiol.* **10**: 365–9.
395. Bohm, S.K., Grady, E.F. and Bunnett, N.W. (1997) Regulatory mechanisms that modulate signalling by G-protein-coupled receptors. *Biochem J.* **322**: 1–18.
396. Ferguson, S.S. (2001) Evolving concepts in G protein-coupled receptor endocytosis: the role in receptor desensitization and signaling. *Pharmacol Rev.* **53**: 1–24.
397. Pitcher, J.A., Freedman, N.J. and Lefkowitz, R.J. (1998) G protein-coupled receptor kinases. *Annu Rev Biochem.* **67**: 653–92.
398. Goodman, O.B., Jr., Krupnick, J.G., Santini, F., Gurevich, V.V., Penn, R.B., Gagnon, A.W., Keen, J.H. and Benovic, J.L. (1996) Beta-arrestin acts as a clathrin adaptor in endocytosis of the beta2-adrenergic receptor. *Nature.* **383**: 447–50.
399. Danner, S. and Lohse, M.J. (1999) Regulation of beta-adrenergic receptor responsiveness modulation of receptor gene expression. *Rev Physiol Biochem Pharmacol.* **136**: 183–223.
400. Parthier, C., Reedtz-Runge, S., Rudolph, R. and Stubbs, M.T. (2009) Passing the baton in class B GPCRs: peptide hormone activation via helix induction? *Trends Biochem Sci.* **34**: 303–10.

第 8 章　蛋白质与配体的相互作用

8.1 简　介

在之前的章节中，我们见识到了蛋白质在细胞核中所能发挥的巨大而广泛的功能。这些功能使得生命体中从最基础的直到最复杂的生理过程得以进行。蛋白质固有的复杂结构决定了它们的功能。除此之外，所有上述功能都至少部分取决于每个蛋白质与一个或者多个特定的配体相结合的能力。这些配体可以是基本离子、小分子有机物（分子质量小于或等于 600Da），或者大分子。配体所承担的角色同样种类繁多，包含以下类型。

（1）催化。酶作用于底物，将其变成催化反应的产物。底物和产物都可以被视作配体，可以是小分子、多肽或者大分子。有一些底物同时也是辅因子。例如，脱氢酶和氧化还原酶催化一系列氧化还原反应，还原型烟酰胺腺嘌呤二核苷酸（NADH）和还原型黄素腺嘌呤二核苷酸（$FADH_2$）在其中承担辅因子的角色（图 8.1a，另见第 1 章）。

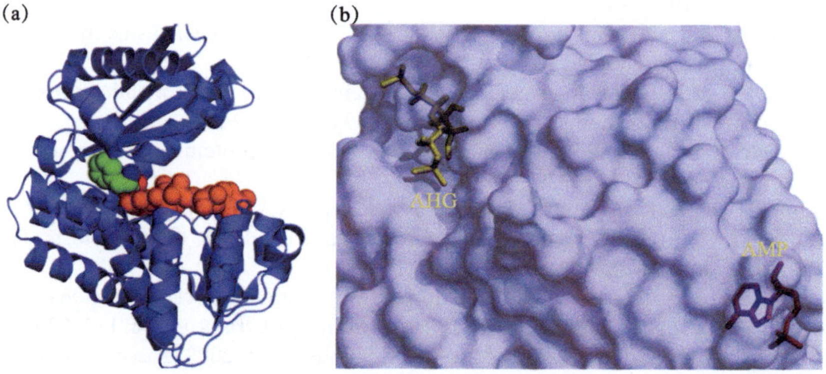

图 8.1　具有重要生物学意义的蛋白质与配体相互作用的一些例子。(a) 底物或辅因子与酶的结合。在此，L-苯丙氨酸脱氢酶用蓝色带状体表示，同时结合到底物（按原子类型用不同颜色表示）以及辅因子（NADH，用橙色表示）上（PDB 条目：1cld）。(b) 变构转录因子。图片显示了果糖-1,6-双磷酸酶，结合了 2,5-脱水葡糖醇-1,6-双磷酸（2,5-anhydro-d-glucitol-1,6-bisphosphate，AHG）（该酶的一种底物类似物）以及 AMP（一种变构抑制剂）（PDB 条目：1fpd）。图片中清晰可见，变构配体占据了一个独特的结合位点，与催化位点相距甚远

（2）调控。细胞常规化地利用很多小分子有机物，通过变构效应来调控代谢反应的酶、信号转导蛋白以及其他起关键作用的蛋白质的活性（图 8.1b）。调控过程可能很简单，如代谢通路中的产物抑制；也可能很复杂，如由激素激活的对关键细胞生理过程的调控。前一类调控过程的代表是 ATP，它是一系列分解代谢通路上的酶的抑制剂。而复杂的调控通常涉及信号转导通路网络，后者能激活或者抑制多个靶点。

（3）通信。配体能在细胞通信通路上的多个位点参与其中：它们可以承担第一信使的角色（激素、神经递质、局部介质），也可以是第二信使［如环磷酸腺苷（cAMP）、三磷酸肌醇（IP_3）］，还可以是下游转录因子。这些配体所起到的作用可能有不同的结果，如细胞生长、细胞分裂、代谢物的生物合成、防御功能的激活等。

（4）蛋白质运输。一些特定的配体使蛋白质能识别细胞器或者大分子。例如，小分子配体**二酰甘油 *diacylglycerol*（*DAG*）**结合到细胞质中的**蛋白质激酶 C *protein kinase C*（*PKC*）**上，使其能结合到细胞膜上被激活，并且参与到重要的信号转导过程中。类似地，位于一个基因序列的起始区域的一段核苷酸序列（也就是**启动子 *promoter***）使得转录因子（蛋白质）能识别这个位点并启动特定基因的表达。另一些核苷酸序列参与到 DNA 的复制和 RNA 加工过程中。

（5）辅基。特定的一些配体与对应的蛋白质紧密结合，帮助它们实现特定的功能。例如，含有铁离子的亚铁血红素基团在血红蛋白和肌红蛋白中结合氧分子（见专栏 5.2 中的图 5.2.3），但是在细胞色素中它结合电子。视黄醛是另一种辅基，允许蛋白质视紫红质及细菌视紫红质被光激活。

（6）防御/进攻。有一些细胞来源的配体能作为毒素攻击其他细胞。细菌分泌一些此类配体，或用来防御其细菌，或用来攻击宿主。更高级的物种（如植物、昆虫、蛇）也会分泌毒素，用来阻止捕食者攻击它们，或者用来获取食物。

在此，我们详细阐述蛋白质与配体复合物的以下这些基本属性：结构、热力学特性以及动力学特性。因为我们相信，这些属性对于充分理解上述生物学过程来说至关重要。本章的第一部分便讨论上述属性。而本章的第二部分讨论蛋白质之间的相互作用，因为在最复杂的那些细胞生物学过程所涉及的蛋白质与配体相互作用中，配体本身也是蛋白质。这种类型的相互作用对于结构生物学家来说最有挑战性，因为其中的两个互相结合的单元具有相同的（较高的）复杂度。

本章的最后一部分讨论药物研发领域中所涉及的蛋白质与配体相互作用问题。大部分药物是小分子有机物，能结合到因疾病而出现异常的蛋白质上。药物分子的结合能抑制蛋白质所发生的异常现象，因此最终能给机体带来积极的疗效。在其他一些情况下，药物分子并不直接结合到出现异常的蛋白质分子上，而是结合到另一个作用与其相反的蛋白质上。因此，通过激活另一个蛋白质，药物分子也能抑制出现异常的蛋白质所产生的危害。不管在哪种情况下，药物的作用机理都建立在其与蛋白质结合的基础之上，这就是为什么药物研发方面的科学家要“驾驭”人类在蛋白质与配体结合方面所积累的知识，用来发现或设计合适的药物分子。人们对药物的高需求以及相应产生的大量针对药物研发的投资，催生了大量最先进的实验和计算工具，帮助科学家在当前技术水平的范畴之内尽最大可能提高药物研发的效率。我们将简要介绍其中一些工具，以及描绘蛋白质与配体相互作用过程中的主要手段。

8.2 蛋白质与配体结合的理论

人们研究蛋白质与各种配体之间的结合已经有上百年的历史了。在最初的几十年间，研究的重点是酶与底物之间的相互作用。其中最核心的问题之一是酶选择性结合底物的能力。酶的这一能力并非无关紧要，因为细胞质内相当拥挤[1]，至少会含有一种与底物非常相似的分子。正如我们在第 5 章中所解释的那样，科学家最初用**“锁和钥匙”理论** ***lock and key theory*** [2]来解释酶与底物之间的特异性结合。该理论由 Emil Fischer 在 19 世纪提出（图 8.2a）。该理论认为酶的结合位点不具有流动性，而是预先调整到适应底物的几何形态。科学界广泛接受了这个理论，甚至用它来支持另一个被广泛接受的理论——关于蛋白质的特性与其生物学功能之间的天然相容性。在接下来的年代中，越来越多的证据提示在许多情况下酶的底物结合位点与底物之间并不存在完美的匹配，而两者的结合伴随着酶的构象变化（见参考文献 [3] ）。因此人们认识到 Fischer 的模型需要修改，而修改后的形式就是 Daniel Koshland 的**“诱导契合”理论** ***induced fit theory***[4]。从那以后，这个新的理论在多种蛋白质上得到验证[5]（图 8.2b）。诱导契合理论认为，酶的几何结构确实与其底物相匹配，但这种匹配远没有达到完美的程度。因此，在酶与底物的结合发生之初，在结合位点发生特定的构象变化以有利于两者互相更匹配。

从原则上说，上述两种理论都适用于蛋白质与其天然底物之间结合的机理分析，并且不局限于酶与底物之间的结合。MWC 模型在几年之后出现（见第 5 章），其认为蛋白质即使在没有结合配体的情况下也能自发地在至少两种不同的构型之间转换[6]。确实有很多实验（如参考文献 [7] ）证实了这一现象的存在。MWC 模型还可以解释变构效应（allostery），在这个著名的现象中，底物与酶的催化位点之间的结合会受到酶的配体在另一个位点上结合所带来的影响（如参考文献 [8 - 11] ）。正如我们在第 5 章中所讨论的，MWC 模型所依赖的理论基础经历了一些改变。现在人们认为蛋白质能自发地在多种被称为**亚状态** ***substate*** 的构型之间转换[12−17]。对于蛋白质的看法所经历的这个重要转变自然地为蛋白质

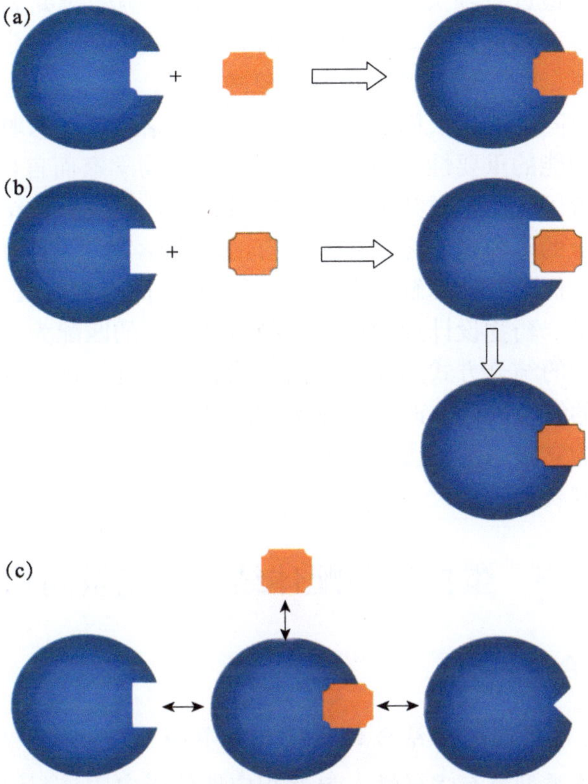

图 8.2 三种常见的解释蛋白质与配体之间结合模式的理论。(a) Fischer 的“锁和钥匙”理论。蛋白质用蓝色球体表示，配体用橘色球体表示。他认为蛋白质的配体结合位点与配体的构型完全匹配。(b) Koshland 的“诱导契合”理论。他认为总体而言结合位点与配体的构型相匹配，但是与配体结合之后诱导蛋白质发生构型变化，从而显著提高了匹配度。(c)“群体迁移”理论。其认为蛋白质不断地在转变构型，而其中至少有一个与配体的构型相匹配。配体选择合适的构型结合并使其稳定

与配体结合的相关理论引入了变化。目前得到广泛接受的**“群体迁移”理论** ***population shift theory*** 认为，配体优先结合到蛋白质所自发选择的某一个构型上，并使其稳定[18−24]（图 8.2c）。换句话说，通过改变蛋白质上的能量分布，配体能将一个之前并不那么有利于其与蛋白质结合的构型变成最有利于结合（也即最可能结合）的构型[25]。

“群体迁移”理论并不一定与 Koshland 的“诱导契合”理论相悖。在很多情况下，即使是不断转变的构型中匹配度最高的那一个，也无法与配体的构型完全契合[26]。在这种情况下，配体对结合位点施加的张力会诱导后者产生一些构型变化，从而进一步稳定该构型[27−30]。根据具体情况，这两种机制可以在同一系

统中共存。例如，最近一项关于 Ca^{2+} 对钙调蛋白影响的研究表明，其机制取决于蛋白离子的浓度，也就是说，在低浓度时，Ca^{2+} 主要通过稳定现有构象发挥作用，而在高浓度时，Ca^{2+} 引起钙调蛋白构象的变化。

较长的一段时间以来，人们已经熟知蛋白质在结合配体的时候所发生的构型变化对于蛋白质功能的重要性。但是，对于结构生物学家而言，Joshua Wand 的研究小组曾经进行了一项核磁共振研究，结果表明，钙调蛋白结合到与其天然的蛋白质配体相对应的多种多肽之后，其固有的动力学特性发生了显著的改变[32]。这一发现有助于人们更好地理解蛋白质的“行为”，同时也启发了药物研发行业，那就是：通常来说，药物设计通常以其与靶蛋白之间的匹配为原则，以此来保证药物和蛋白质之间的结合方式达到最牢固的状态。但是，正如我们在上文中所解释的那样，配体的结合同时也改变了靶蛋白的动力学特性，药物研发人员必须考虑这种改变，因为它影响了靶蛋白的熵。在药物研发的过程中，人们经常忽视这一点，因而难以成功。

8.3　蛋白质与配体结合的能量问题

8.3.1　总结合自由能

8.3.1.1　蛋白质与配体结合的亲和力差异很大

蛋白质的配体类型具有多样性，自然相应地使蛋白质与配体之间结合的强度（亲和力）有相当大的差异。事实上，蛋白质与配体之间结合的自由能为－2.5～－22kcal/mol[33]（负号表示结合反应能够发生）。若要理解影响亲和力数值的因素，人们需要首先测得结合过程中所伴随的自由能变化，或者通过计算得到折翼数值（见下一节）。蛋白质与配体之间展现的结合强度与该特定复合物的生物学功能相匹配。例如，参与到信号转导网络中的蛋白质通常与配体之间的结合强度较低，使它们能够很容易地转换结合对象，从而顺利地传导信号。相反，辅因子与酶之间的结合在可逆的同时也必须较强，其自由能通常在－5.5～－9.5kcal/mol[33]。最后，有一些蛋白质与配体之间的结合强度超乎寻常。例如，亲和素（avidin）与小分子蛋白生物素（biotin），也就是维生素 H 之间的结合自由能大约是－20kcal/mol。[34] 亲和素是一种糖蛋白，在鸟类、爬行类和两栖类的卵的蛋白质部分中普遍存在。人们尚未完全理解为什么它要结合生物素，但是这两种分子之间极高的亲和力已在生物学实验室中被广泛应用于蛋白质分析和纯化[35]。

Kuntz 及其同事对蛋白质与配体复合物开展的一项早期研究[36] 表明，平均而言配体的每个原子对应于不超过约 1.5kcal/mol 的结合自由能。但是这个（结合自由能相对原子数的）比值并不稳定，而且当配体中的原子数量超过 15 的时候明显下降。该论文的作者还发现结合自由能按每个原子的平均值来计算，最大的数值（对应于最强的结合）出现在金属离子、小的阴离子以及（很显然的）那些与蛋白质之间以共价键方式结合的配体上。金属离子与蛋白质之间很强的亲和力和它们的生物学功能相符（参与催化过程、稳定蛋白质的亚结构），这些功能中的大多数要求金属离子稳定地存在于蛋白质内部，成为复合物不可或缺的一部分，而不像通常的配体那样可以随时解离。对于以共价键方式结合的配体而言也是如此，这些配体中的大部分是酶的辅基。与金属离子一样，因为这些辅基对于酶的生物学功能而言至关重要，它们也必须保持与蛋白质的紧密偶联。在一些由酶介导的催化过程中形成的过渡态也会共价结合到酶分子上（见专栏 1.1）。但是，这些过渡态复合物所涉及的催化机制中还包含了一些有化学活性的物质，能在其共价键形成之后很短的时间内将其解离。事实上，酶与过渡态之间的高亲和力（见下文）主要来自非共价相互作用，正是这些作用使酶催化反应既具备高特异性，又有很高的效率（见专栏 1.1）。

在 Kuntz 及其同事的上述研究结果发表之后数年，Zhang 和 Houk[37] 进行了后续研究。他们对 1600 种蛋白质进行了研究，结果（综合别的研究者的相关结果）提示，蛋白质与配体之间的亲和力和该复合物的类型有关。

(1) 抗体-抗原：(−8±3) kcal/mol。经历一个被称为**成熟 *maturation*** 的过程之后，一些抗体能在与其对应的抗原形成的复合物中拥有高达约 13kcal/mol 的结合自由能。在这个过程中，B 淋巴细胞通过针对病原体所携带的抗原产生匹配度更高的抗体的方式来应对入侵的病原体。

(2) 受体-激素：约−12kcal/mol[33]。

(3) 酶-抑制剂：(−12±3) kcal/mol。

(4) 酶-过渡态复合物：(−22±5) kcal/mol①。

这些结论与下列这些广为接受的关于蛋白质与配体相互作用的观点比较吻合。

a. Kuntz 及其同事[36] 认为，蛋白质与配体之间的亲和力上限是 13kcal/mol。这一数值与上述前三个类别的复合物的亲和力数值相匹配。

b. 有人认为蛋白质与配体之间的相互作用（总体而言）是非共价结合的形式。

c. Pauling 的观点[38]，即酶的底物结合位点与配体的过渡态之间的匹配度远大于其与底物的初始态之间的匹配度。

---

① 也有人曾经提出过更高的数值。例如，Schramm[243] 曾提出一个酶-过渡态解离常数，为 10^{-23}～10^{-14}mol/L。这一数值范围相当于−19～−31kcal/mol。

d. 有人认为酶与配体过渡态之间的结合强度远大于一般的蛋白质与配体相互作用的强度，其原因是在酶的催化过程中，酶与配体的过渡态之间形成了共价键。事实上，人们确实发现一些特定的酶催化机制中包含了共价键的形成（参见第 1 章的专栏 1.1）。这些共价键中包括：在亲核催化过程（如丝氨酸蛋白酶中形成的酰基-酶中间态，以及转氨酶中形成的席夫碱）中形成的键；由辅因子［如丙酮酸盐脱氢酶的辅因子（TPP)］介导形成的键；诸如低能障氢键（low-barrier hydrogen bond，LBHB，见第 1 章 1.3.1.3 节）这样的“半共价键”。Zhang 和 Houk 的研究中的创新点在于，他们的工作揭示出共价键究竟在多大程度上参与到酶与配体过渡态的结合过程中。事实上，他们所研究的复合物中有 97％的离子，其结合能的数值只能由共价键来解释。

8.3.1.2　计算结合过程的绝对自由能

在一些情况下，人们需要使用计算手段来算出蛋白质与其配体之间结合的自由能，如实验检测遇到不利条件或者技术上的障碍时。药物研发过程中也经常用到计算手段（见下文）来寻找最合适的药物分子。因为存在海量的候选药物分子，检测蛋白质与所有这些候选者之间的结合能经常是不现实的。这就是计算手段“大显身手”的时候了。总的来说，因为下列原因，计算蛋白质与配体结合过程中的绝对自由能是一项富有挑战性的工作。

（1）结合过程中的自由能相比蛋白质-配体复合物的组分所带有的能量要小。

结合自由能（ΔG_{bind}）的量级很小，因为它通常是大数值之间的微小差异[39]。这里有两个原因：首先，自由能事实上是两个量级很大的能量之间的差异，其中一个是复合物的能量（G_{PL}），另一个是没有互相结合的复合物组分的能量之和（G_P+G_L）：

$$P+L \rightarrow PL \tag{8.1}$$

$$\Delta G_{bind}=G_{PL}-(G_P+G_L) \tag{8.2}$$

其次，结合自由能主要由两个同样量级很大且性质相反的因素产生：结合焓（ΔH_{bind}）与包括蛋白质和配体在内的熵减（ΔS_{bind}），它们几乎相互抵消：

$$\Delta G_{bind}=\Delta H_{bind}-T\Delta S_{bind} \tag{8.3}$$

式中，T 表示时间。

（2）结合自由能的大小与蛋白质和配体的构象高度相关。

尽管这种相关性本身并未导致结合自由能的计算变得更加复杂，但是它对计算的可靠性提出了问题，即如果计算过程中所用到的蛋白质构象不完全精确，那么计算结果就可能与实际情况之间存在显著的差异。计算结果与构象之间的相关性来源于两个因素：其一，蛋白质与配体系统中既有短距离的也有长距离的相互作用；其二，蛋白质和配体分子的介电性（由**介电常数** ***dielectric constant*** 衡量，译者注）对静电相互作用有影响（见专栏 1.2）。

(3) 结合自由能的准确计算有赖于对蛋白质-配体系统清晰且明确的处理。

对于蛋白质-配体复合物而言，如果人们已经获得了一个高分辨率的复合物三维结构，通常就可以通过**分子力学 *molecular mechanics*** (***MM***) 计算或者**分子动力学 *molecular dynamics*** (***MD***) 模拟来对整个复合物系统进行清晰且明确的处理。正如我们在专栏 1.4 以及第 3 章中所详细解释的那样，对一个以蛋白质分子为基础的庞大复合物系统进行分子动力学模拟，通常尚不足以得到一个有统计学意义的系统，因而无法从中将计算出的势能转换为自由能值。因此，通过这类模拟计算得到的能量数值在最好的情况下也只能被视作**平均力势 *potentials of mean force*** (***PMF***)。在有些情况下，蛋白质与配体的结合过程中有多个水分子从两者结合的界面被排除出去，此时上述问题就变得越发明显。希望将来有一天，当计算机有足够的能力在合理的时间内对足够多的蛋白质与配体复合物的构象进行分析时，这个问题能够得到解决。在那之前，人们能采用的另一种分析方法（尽管也只能解决一部分问题）是**平均场模型 *mean field model***。在这个模型中，溶质的介电性质[40]（参见专栏 1.4 以及第 3 章相关内容）被用来间接地描述它们。在此，人们用**泊松-玻尔兹曼模型 *Poisson-Boltzmann model*** (***PB***)[41] 或者**广义波恩模型 *generalized Born model*** (***GB***)[42] 来计算溶解效应的强度，同时用**表面积模型 *surface area model*** (***SA***) 来解释疏水作用。用这些模型进行的计算方法分别[39] 被称为 ***PB/SA***[43] 和 ***GB/SA***[43]。若干项研究（如参考文献 [44，45]）都表明溶解效应对于蛋白质与配体的结合很重要，也解释了结合自由能的计算过程中为什么需要对这部分能量进行充分的处理[46]。如果忽略这个效应，计算结果就会过分夸张库仑引力（coulombic attraction，见第 1 章 1.3.1.2 节）的效应。另外，对溶解效应的不当处理还会导致如组氨酸、谷氨酸、天冬氨酸和半胱氨酸等氨基酸残基的质子化状态出现计算错误，因为它们的解离常数会因为配体结合而改变[47−49]（详细解释见第 2 章 2.2.1.3.3.3 节）。

平均场模型有两个主要的优势：用这个模型进行运算的速度很快，并且运算结果能反映整个系统的自由能。但是，这个模型所用的近似数值可能使得蛋白质与配体系统一些重要的性质显得模糊不清。例如，该模型并不区分作为溶剂的水分子和结合在蛋白质上的水分子[50]，而后者的运动性显然远不及前者[51]，这就会导致运算结果出问题。在平均场模型中，人们引入“距离相关的介电性”这个参数[39]，部分解决了上述问题，但是相比清晰地区分不同类型的水分子，这个解决方案仍然不够准确。现在，人们已经能够把这两种不同的方法（**清晰场模型 *explicit field model*** 和**平均场模型 *mean field model***）以**混合力场模型 *mixed force field model*** 的形式结合起来[39]。

8.3.1.3　计算相对结合能

很多蛋白质能结合不同的配体，在有些情况下用同样的结合位点就能实现。当不同的配体之间性质相似时，它们如果导致蛋白质的构象发生变化，也只能是很微小的；在另外一些情况下，结合在同样的位点上的配体在结构或者化学性质上区别较大，因此它们所需的蛋白质构型也是迥异的。不管在哪种情况下，蛋白质对其不同的配体都应该有不同的亲和度（图 8.3a，参考文献 [52]）。当蛋白质、配体和溶剂的结构都已知时，从原则上说，计算与这三者相关的自由能差值

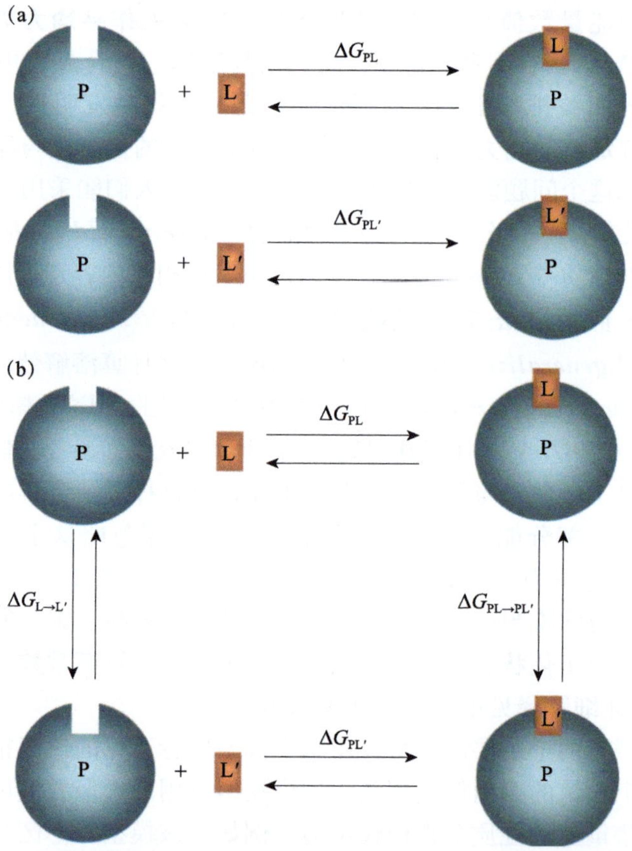

图 8.3　蛋白质与配体结合过程及相关自由能变化的热力学问题图解（根据 Wong，C. F. and McCammon，J. A. *Annu Rev Pharmacol Toxicol.*，43，31－45，2003 绘制）。(a) 蛋白质（P）与两个不同的配体 L 和 L′（橙色）结合过程的描述。ΔG_{PL} 和 $\Delta G_{PL'}$ 分别表示对应结合过程中的自由能差值。(b) 将（a）中的两个结合过程连接起来，形成一个热力循环。$\Delta G_{L\to L'}$ 表示配体 L 和 L′之间的自由能差值（因为它们与同一个蛋白质结合，蛋白质的构象变化可忽略不计）。而 $\Delta G_{PL\to PL'}$ 表示 PL 和 PL′两个复合物之间的自由能差值

的准确方法就是：对整个系统采用清晰模型（explicit model）并使用基于力场的计算方法[40]。方便起见，让我们从最简单的情况开始分析，我们假定一个蛋白质只有两个可与之结合的配体（L 和 L′）。将蛋白质与配体复合物的自由能从两者在未结合状态下的自由能之和中扣除，即可得到两个配体与蛋白质之间的亲和力（图 8.3a 中的 ΔG_{PL} 和 $\Delta G_{PL'}$）：

$$\Delta G_{PL}=\Delta G_{PL}-\Delta G_{P}-\Delta G_{L} \tag{8.4a}$$

$$\Delta G_{PL'}=\Delta G_{PL'}-\Delta G_{P}-\Delta G_{L'} \tag{8.4b}$$

两个亲和力之间的差值（$\Delta\Delta G$）则定义为

$$\Delta\Delta G=\Delta G_{PL'}-\Delta G_{PL} \tag{8.5}$$

正如我们在专栏 1.4、第 3 章以及上文中所述，如果我们使用清晰场模型，就不能只考虑蛋白质与配体系统的单一构型。相反，我们应该将系统中所有组分的所有构型的数据都准确地采集，才能将计算得出的势能换算为自由能值。因为系统中存在大量的水分子（蛋白质与不同配体结合的过程中其结合界面上会有数量不等的水分子被排除出去，译者注），所以这样繁重的任务事实上几乎不可能完成。我们必须采取另一种办法。在上文中我们讨论了可代替清晰场模型的平均场模型。而在这里，考虑到我们的目标是比较两个配体各自与蛋白质结合过程中的结合自由能而计算其差值，并不需要计算两者的绝对数值，就可以采取一个简单得多的策略：两个结合过程可以转化为一个完整的热力循环（图 8.3b）。因为自由能是一个态函数（state function），两个配体与蛋白质结合过程中的自由能差值也可以表示为

$$\Delta\Delta G=\Delta G_{PL\to PL'}-\Delta G_{L\to L'} \tag{8.6}$$

$\Delta G_{PL\to PL'}$ 和 $\Delta G_{L\to L'}$ 的数值与任一结合过程并没有直接的关联，这就意味着人们在此运用清晰场模型时不再需要考虑多个水分子被排除出蛋白质与配体结合界面之后的能量变化。为了进一步提高这一计算过程的效率，还可以使用逐级扰动法，如 Wong 和 McCammon 的**热力循环扰动法** ***thermodynamic cycle-perturbation method***[53]。参考文献［52］综述了其他一些针对上述构型采样问题的解决方案。

8.3.2 蛋白质与配体结合能的热力学决定因素

从热力学角度讲，蛋白质与配体之间的结合过程和蛋白质折叠过程在很多方面有相似性。首先，在这两个过程中，同样有一些化学基团要从水相环境转移到一个极性更低的环境中，它们在后者中发生相互作用（图 8.4）。其次，两个过程中焓的变化有利于过程的发生，而蛋白质或者配体的熵减则不利于过程的发生。针对蛋白质与配体模型系统的若干研究[54,55]表明，不利于过程发生的熵减的量级相当大，以至于几乎将焓减带来的有利于过程发生的效应全部抵消。这也

解释了为什么蛋白质与配体的净结合自由能（和蛋白质结合的自由能一样）的量级相对较小。关于熵减对净结合自由能的意义，尽管并没有争议，但是人们对于该熵减的确切来源持有不同意见。传统上，人们认为熵减的主要原因是配体中旋转的化学键周围的分子的运动受到限制，限制因素包括空间构象等。但是，配体与蛋白质结合之后，它本身的运动也受到了限制。因为，处于未结合状态的配体相对于受体有三个方向（x、y 和 z）的运动自由度，其在空间中的朝向也有三维的自由度。但是当它与受体结合之后，这些自由度就显著受限了[46]：

$$\Delta S_{\text{bind}} = \Delta S_{\text{trans}} + \Delta S_{\text{orient}} + \Delta S_{\text{conf}} \tag{8.7}$$

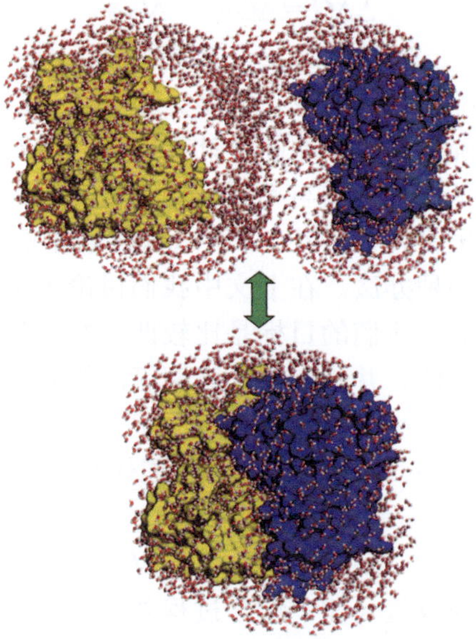

图 8.4　蛋白质与配体结合过程的图示。图片中显示的是蛋白质之间的结合，但是结合过程的规律对于非蛋白质属性的配体与蛋白质之间的结合过程同样适用。蛋白质或配体与受体（蛋白质）之间的结合涉及两个过程：水分子从结合界面中排除出去，以及去溶剂化（在界面上发生相互作用，之间的水分子已经被排除出去，译者注）的原子之间形成非共价相互作用（大部分情况下如此）。水分子是在巴斯德研究所（Delarue 研究组，http://lorentz.immstr.pasteur.fr/website/present.html）使用 PDB_hydro 服务器进行计算后添加上去的（Azuara，C.，Lindahl，E.，Koehl，P.，Orland，H.，and Delarue，M.，*Nucleic Acids Res.*，34，W38－42，2006）

有些计算生物学研究结果表明，配体结合过程中的总熵减与配体中可旋转的化学键的数量之间的相关度并没有人们最初想象的那么高[54,56,57]，这表明相关的能量损耗（$-T\Delta S_{\text{conf}}$）可能并不是起决定性作用的因素。有意思的是，配体明显的熵减有时并不阻碍其以不同的三维朝向与受体结合[46]。

最后，蛋白质折叠和配体结合的过程都由疏水作用[58,233]与范德瓦耳斯相互作用驱动，而静电相互作用使其有特异性（每个蛋白质折叠的方式是特定的，蛋白质与配体的结合也是特异性的，译者注)[234]。总体而言，相互作用能（interaction energy）高度取决于相互作用位点的介电强度，静电相互作用带来的特异性正产生于此。但是，对于氢键和芳香基团相互作用（π-π、cation-π）而言，这些相互作用与相应化合物的几何构型高度相关，这种相关性对上述特异性也有贡献。因此，上述这些是蛋白质与配体相互作用的特异性的主要决定因素。疏水作用是蛋白质与配体结合过程的驱动力，有一些事实证明这一点，如蛋白质之间的结合界面通常比不参与结合的表面区域疏水性更强[59]（下文中还有更多例子）。这个规律不仅仅局限于蛋白质之间的相互作用，关于酶的研究表明，疏水作用对于酶与非蛋白质底物之间的结合也很重要[37]。因为疏水作用对蛋白质与配体之间的结合起到决定性作用，两者在结合之前必须被水分子包围。这并不意味着蛋白质的配体结合位点必须充满水分子，尽管这样的情况会增加结合过程中能量的增益。对于深埋于蛋白质内部，适于结合小分子、非蛋白质属性的配体结合位点，这种增益效应尤为明显（更多详细内容见下文）。事实上，对于所有迄今为止几乎被研究到（结合位点内是否包含及包含多少水分子）这样细节程度的蛋白质，人们都发现其配体结合位点内至少含有一个水分子。考虑到蛋白质被水分子包围，这样的结果符合人们的假设。但是β乳球蛋白是目前唯一的例外。它的结合位点与诸如棕榈酸这样的疏水性配体相匹配。在一项使用先进核磁共振技术进行的研究中[60]，人们发现尽管这个结合位点很大（体积为 315Å^3），但这个空间是完全“干燥”的。文章作者表示，这是人类第一次记录到这样的结合位点。要解释清楚这种现象，还有待人们进行更多的研究。

在蛋白质与配体的结合过程中，两者都可能发生伴随着熵减的构象变化，这本身不利于两者结合。正如我们在上文中所述，至少在蛋白质之间结合的情况下，这种熵减的量级相当可观[32]。对于结合多个配体的蛋白质来说，熵减的量随着配体逐一结合而递增，因为首先结合的配体使蛋白质的流动性降低，以使后续的配体更容易结合[61]。这种现象的一个著名的例子就是血红蛋白与氧分子的相互作用。正如第 5 章所述，第一个底物分子（氧分子）与血红蛋白结合之后将其稳定在 R 构型，提高血红蛋白与其他三个后续结合的氧分子之间的亲和力。有趣的是，在低特异性结合的蛋白质结合过程中，熵甚至会增加，结果是两者之间的亲和力进一步升高，而特异性保持在低水平[62]（详细内容见 8.5.3.1.2 节）。

8.4 配体结合位点

在进化过程中，蛋白质的结合位点与其天然配体之间的匹配度趋于完美，以使得其结合过程最优化。正如上文所述，蛋白质能与各种不同类型的配体结合，那就不难理解为什么蛋白质的结合位点的类型也同样繁多。结合位点与配体之间的匹配度基于两个因素：几何尺寸与构型，以及静电相容性（详细内容见下文）。传统上，人们认为几何尺寸和构型是配体与受体之间匹配度的决定性因素。但是，最近的一项研究表明，与同一个配体匹配的不同的蛋白质结合位点之间的几何尺寸与构型表现出较大的差异性，这无法由配体构型的差异性来解释[65]。这表明仅有几何尺寸与构型上的匹配度，并不足以使蛋白质区分出正确的配体。

由于不同的结合位点的结构会决定不同的几何尺寸与构型以及静电相容性，因此并不存在任何能行使任意配体结合功能的结构基序［如环（loop）、转角（turn）、螺旋（helice）及折叠片（sheet）］。换言之，每一个基序分别与不同的配体对应。

8.4.1　几何互补性

将蛋白质的配体结合位点设计成与配体的三维结构几何互补的形态（图 8.5a）。因此，小分子配体的结合位点通常较小且深[66]，而多肽和蛋白质配体的结合位点通常较大而扁平[67,68]［尽管有些情况下，结合位点与配体互相缠绕（图 8.5b）］。几何构型的互补优化了所有介导两者结合的非共价相互作用，特别是短程的范德瓦耳斯相互作用。但是，几何构型的互补性时常不完美。尽管在很多情况下，配体结合时会诱导受体的结合位点变构以更加适应配体的几何构型，从而优化结合。但即使这样，两者的几何构型也仍然没有完全互补。有些研究发现，配体与蛋白质的结合会引起两者之一或者同时都受到张力的影响[46]。张力的

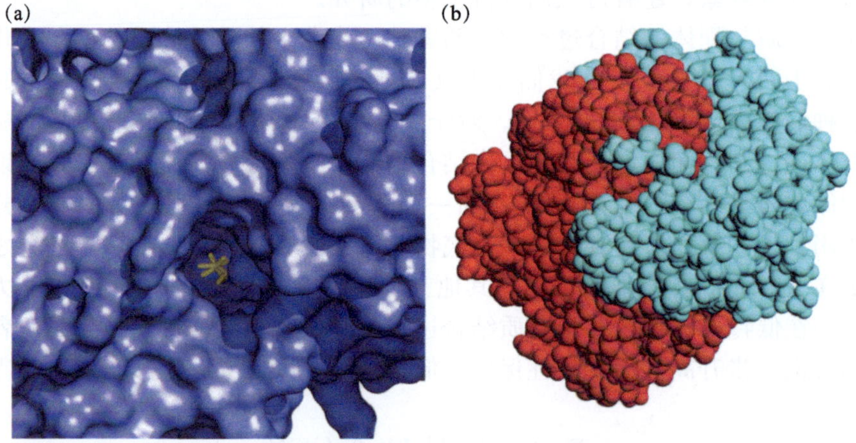

图 8.5　蛋白质上的配体结合位点与配体之间在几何形态上的契合。图片显示了乙酰胆碱酯酶（acetylcholine esterase，AChE）与其底物乙酰胆碱（acetylcholine，ACh）形成的复合物的结构（PDB 条目：2ha4）。(a) 乙酰胆碱（黄色短棍）在乙酰胆碱酯酶（蓝色表面的大分子结构）的结合位点内部的状况。(b) 本周蛋白（Bence-Jones protein）（免疫球蛋白轻链二聚体）的亚基之间互相缠绕形成的界面（PDB 条目：1bjm）。蛋白质中的原子用球体表示，两个亚基分别用不同颜色表示

形成涉及能量的损耗，也使得两者之一或者同时都产生形变。这可能有利于两者的结合。例如，这种张力引起的形变能帮助某种酶迫使其底物被赋予特定的构象，由此使其更容易转化为（酶催化反应的）产物。很显然，蛋白质和配体的结合过程足以支撑张力引起的形变所消耗的能量（不然复合物就无法形成了）。因此，（结合了配体的）蛋白质结构有一个特性，它并不只是单纯地使结合反应容易发生，而是同时平衡了结合反应所带来的一些对蛋白质的功能而言必不可少的负面效应，如上述的张力[46,69]。

8.4.2 静电相容性

当配体的结合区域带有电荷时，蛋白质的结合位点通常带有相反的电荷。这样的静电相容性能提高两者结合的特异性，并且因为静电力是长程力，静电相容性能缩短配体往蛋白质的结合位点移动所需的时间[70]。与蛋白质折叠的情况（指特异性，参见第 4 章）一样，静电相互作用给蛋白质与配体的结合带来的特异性来自两个因素。

（1）静电相互作用高度依赖于作用位点上的介电强度。尽管蛋白质和配体之间可能形成构象不同的复合物，只有正确的构象能保证两者所有的极性基团都配对。因为蛋白质与配体结合后两者之间的介电强度下降，这就补偿了这些基团之间去溶剂化带来的损失。

（2）氢键对几何构型的依赖性。蛋白质和配体之间的正确匹配同样也使氢键最优化。其他一些匹配度不高的结合从热力学角度讲就不容易发生。一项关于已知结构的蛋白复合物的研究表明，研究涉及的蛋白质-小分子有机物配体复合物中 67%由氢键介导两者的结合[71]。该项研究同时还表明，氢键最常在蛋白质受体上某个氨基酸残基的氨基（作为氢键的供体）与配体上的氧原子（作为氢键的受体）之间形成。

蛋白质-配体静电匹配的一个著名例子是乙酰胆碱酯酶（AChE），它能驻留在神经系统的胆碱能突触（cholinergic synapse）中。它的作用是确保神经递质乙酰胆碱（ACh）的作用有时效性，实现方式则是将其水解为胆碱和乙酸[72]。如果这个酶的活性受到抑制，严重的后果就能反过来证明其重要性：乙酰胆碱如果不被降解就会堆积在突触，导致自主神经系统的**副交感神经 *parasympathetic*** 过度激活，这有可能引起瘫痪甚至死亡（见专栏 8.1）。乙酰胆碱的三甲氨基团上带有正电荷（图 8.6a）。计算结果表明，乙酰胆碱酯酶的底物结合位点带有强负电荷（主要归因于 Asp72），能将乙酰胆碱吸引到酶的表面[41]（图 8.6b，c）。但是，乙酰胆碱酯酶的催化位点深埋在其核心位置，离表面约有 20Å。那么，底物到底如何从其与酶最初的接触位点，也就是表面，移动到催化位点的？分析通过实验解析出来的乙酰胆碱酯酶结构，结果表明，有一个狭窄的通道从其表面通往催化位点。沿着通道分布的氨基酸残基的性质，加上那个区域较低的介电性，产生了一个**静电势梯度** ***electrostatic gradient***，能将底物吸引到通道的底部，也就是催化位点所在地[73−78]。这个过程被称为**静电操纵** ***electrostatic steering***。在通道的底部，Trp84 和 Glu327 吸引住乙酰胆碱的三甲氨基团，使整个底物处于一个最适于催化反应发生的位置（图 8.6d）。

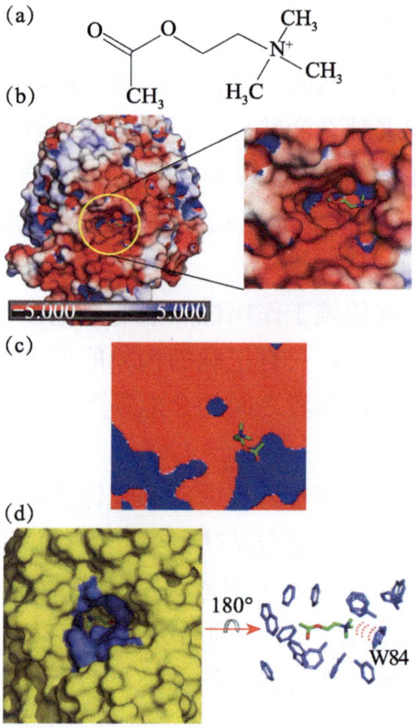

图 8.6　蛋白质的配体与其结合位点之间的静电相容性。图片所示的结构与图 8.5a 所示的相同。(a) 乙酰胆碱的化学结构和所带电荷的性质。(b) 乙酰胆碱酯酶的结合位点所带的强负电性。图中的酶分子表面根据所带的静电势用不同颜色表示：蓝色、白色和红色分别代表正电性、电中性和负电性。静电势用 APBS 来计算，其数值为 −5～5kT/e。图左侧：完整的酶。图右侧：结合位点的放大图。(c) 图 b 中所示的静电势的二维切面图，在结合位点的位置穿过乙酰胆碱酯酶。乙酰胆碱基团周围明显可见强负电位。(d) 乙酰胆碱酯酶的"芳香环峡谷"。这里显示的结构是乙酰胆碱酯酶与乙酰胆碱形成的复合物，正处在过渡态（PDB 条目：2ace）。左侧是从酶（用黄色表示）的外侧视角看到的"芳香环峡谷"（用蓝色表示）。右侧是"峡谷"中的 14 个保守氨基酸残基。其中包括 F120、F288、F290、F330、F331、W84、W233、W279、W432、Y70、Y121、Y130、Y334 和 Y442

专栏 8.1 乙酰胆碱抑制的“战争”与“和平”

8.1.1 作为一种神经递质的乙酰胆碱

乙酰胆碱可能是动物神经系统中最常见的神经递质。它在中央神经系统和外周神经系统中都能介导神经信号的传递。在外周神经系统中，乙酰胆碱的活性可以在以下两个子系统中找到。

(1) 躯体（运动）系统：它能在**运动终板** ***motor endplate*** 中激活骨骼肌。在此，乙酰胆碱负责激活随意（主动）运动，如肢体运动、眨眼、表现脸部表情等[85]。

(2) 自主系统：它在神经系统的交感神经和副交感神经分支中的**节前突触** ***pre-ganglionic synapse*** 中介导神经信号转导。在副交感神经系统中，它还介导**节后信号转导** ***post-ganglionic transmission***，如激活非随意肌（平滑肌）和腺体，以及抑制心肌层（myocardium）。因此，副交感神经系统中的胆碱能传导可影响机体的稳态功能（homeostatic function），如呼吸（膈肌收缩）、血压（血管上皮平滑肌的松弛）、消化和肠蠕动（肠上皮平滑肌收缩）、分泌功能（唾液和眼泪的分泌）、心跳（心肌收缩）、体温调控（出汗）等[85]。

乙酰胆碱受体分为两个主要的类型，除接收乙酰胆碱的信号外，分别还受不同的植物碱激活。**烟酰胺乙酰胆碱受体** ***nicotinic acetylcholine receptor*** 受尼古丁激活，作为阳离子通道发挥作用。烟酰胺乙酰胆碱受体存在于自主神经系统的节前脊髓神经元中，以及骨骼肌和大脑的一些神经元中。**毒蕈碱乙酰胆碱受体** ***muscarinic acetylcholine receptor*** 受毒蕈碱激活，作为G蛋白偶联受体（GPCR，见第7章）发挥作用。它们位于副交感神经系统中的节后神经元中，在大脑的一些神经元中也有分布。

乙酰胆碱既然参与多种生理过程，很自然地它也与一些疾病相关。其中很多疾病与骨骼肌有联系，由运动终板处的胆碱能传导失调引起。例如，**重症肌无力** ***myasthenia gravis***，一种导致肌肉无力的疾病，病因是自身免疫攻击引起突触后乙酰胆碱受体数量急剧下降[85]。**肌萎缩侧索硬化** ***amyotrophic lateral sclerosis*** (***ALS***) 是另一种导致肌肉无力的疾病，它的发病过程是渐进性的，会导致肌肉萎缩和死亡，病因是脊索中的运动神经元退化。另外一些与乙酰胆碱相关的退行性神经疾病产生自脑神经的改变。例如，阿尔茨海默病是基底前脑的神经元退化导致的。帕金森病和亨廷顿病也与大脑中的胆碱能神经传导失调有关。

8.1.2 乙酰胆碱酯酶

与其他神经递质一样，乙酰胆碱在被释放到突触间隙之后必须很快灭活，以免导致神经过度激活。单胺类神经递质（肾上腺素、去甲肾上腺素、多巴胺、5-羟色胺）通过重吸收和氧化来终止其活性，而乙酰胆碱的灭活方式与此不同。它主要通过水解的方式终止活性，少部分被重吸收。乙酰胆碱由乙酰胆碱酯酶（AChE，E.C，见 3.1.1.7 节）催化水解为胆碱和乙酸（图 8.1.1）。正如我们在专栏 1.1 中所解释的那样，乙酰胆碱酯酶属于丝氨酸酯酶家族。如它的名字所提示的那样，它通过一个有活性的丝氨酸残基（Ser200）对底物进行亲核进攻（图 8.1.1b）。这样就形成一个共价结合的（四面体）乙酰-酶过渡态复合物，然后乙酰与胆碱之间的酯键被切割。Ser200 的亲核性源自它的去质子化（脱氢），His440 和 Glu327 相继促进了该过程。这三个功能相关的残基被称为**催化三元组合 *catalytic triad***。因为它们互相靠近，Glu327 得以使 His440 极化，并因此使其成为更强的广义碱（general base）。结果便是 His440 将一个质子（氢原子）从 Ser200 中吸引过来，使其成为一个足够好的亲核分子来进攻其底物。

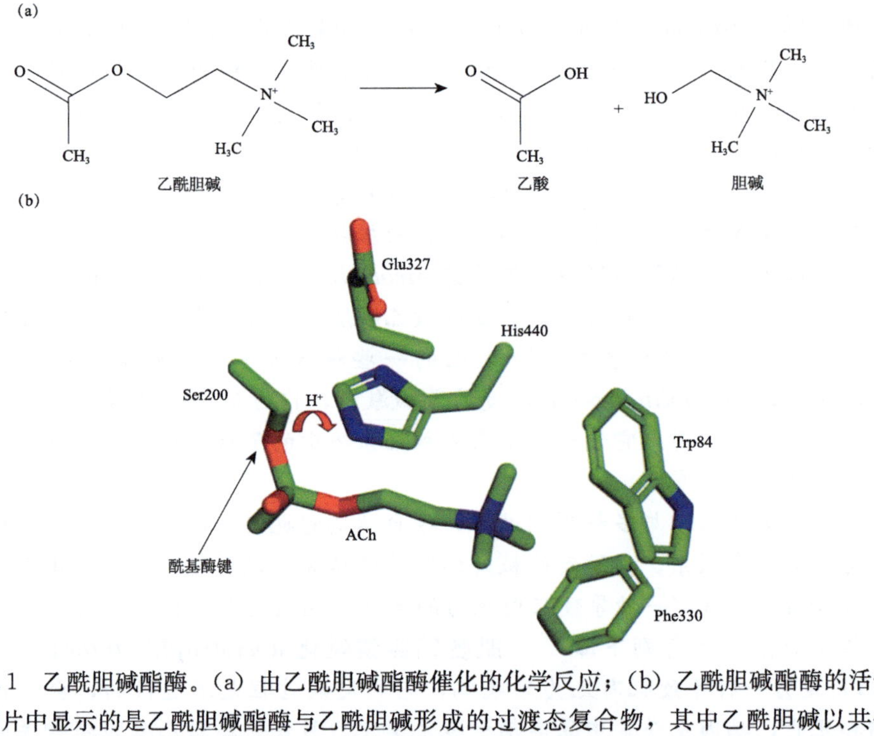

图 8.1.1　乙酰胆碱酯酶。(a) 由乙酰胆碱酯酶催化的化学反应；(b) 乙酰胆碱酯酶的活性位点。图片中显示的是乙酰胆碱酯酶与乙酰胆碱形成的过渡态复合物，其中乙酰胆碱以共价方式与 Ser200 结合，呈四面体构型（PDB 条目 2ace）。活性位点是图 8.8 所显示的“芳香环峡谷”中的一个子位点。其中包含了催化三元组合、Trp84 和 Phe330

乙酰胆碱在神经系统中起到核心作用，这导致进化过程中出现了很多天然化合物，能攻击**胆碱能系统 *cholinergic system*** 中的大部分组分。这些天然化合物包括细菌毒素、植物碱，以及动物和昆虫毒素。其中一些通过降低胆碱能传导效应起作用。例如，**肉毒杆菌毒素 *botox*** 能抑制神经肌肉接点处乙酰胆碱的释放[86]；植物碱**阿托品 *atropine*** 则阻断毒蕈碱型乙酰胆碱受体（muscarinic ACh receptor）的活性；**筒箭毒碱 *tubocurarine***，一种同样来源于植物的毒素，被南美洲土著人用作打猎时的麻醉剂，它能阻断烟酰胺乙酰胆碱受体（nicotinic ACh receptor）的活性。这些天然化合物导致轻微中毒的情况下，副交感神经的调节功能受到抑制，症状为口、皮肤和眼睛干燥（由腺体分泌量下降引起），视线模糊（由瞳孔扩张引起），消化功能减退，心率上升，以及尿潴留。在更严重中毒的情况下，肌肉无力引发说话和吞咽困难，随后蔓延到下半身，引起**弛缓性瘫痪 *flaccid paralysis***。有意思的是，如果精确控制剂量和给药方式，阿托品反而是一种针对神经毒剂的解药（见下文）。这得益于它能阻止毒蕈碱型乙酰胆碱受体过度激活。

其他一些毒素的效应与阿托品和肉毒杆菌毒素正相反，也就是说，它们过度激活胆碱能传导系统（引发**胆碱能危象 *cholinergic crisis***）。该效应通过抑制乙酰胆碱酯酶的活性实现，随之导致乙酰胆碱的累积，从而使胆碱能受体的激活时间延长。例如，**东非绿树眼镜蛇 *green mamba*** 的毒素 fasciculin-2，一种小分子蛋白质，表面所带的正电荷使其与乙酰胆碱酯酶的活性位点入口结合（图 8.1.2）。乙酰胆碱酯酶的底物结合位点入口被封闭，就丧失了活性。胆碱能危象的结果很复杂，因为毒蕈碱型乙酰胆碱受体和烟酰胺乙酰胆碱受体都被激活了[85,87]。外周神经系统中的毒蕈碱型受体过度激活带来的后果，与上文中我们描述过的阿托品中毒的后果恰恰相反：瞳孔收缩、体液过度分泌、出汗、流泪、胃肠道系统扰乱（腹泻、腹部绞痛），以及大小便失禁。烟酰胺乙酰胆碱受体的过度激活则因为以下原因而更为复杂。首先，交感和副交感神经中都存在烟酰胺乙酰胆碱受体，运动终板和大脑中也一样。其次，这些受体对过度激活的反应是双相性的。它们最初提高活性，但随之发生去敏感化，又导致了相反的结果。最后，去敏感化只发生在交感神经系统中的烟酰胺乙酰胆碱受体上。烟酰胺乙酰胆碱受体长时间过度激活后，交感神经系统中的该受体受到抑制而副交感神经中的该受体保持激活，其净结果是运动终板处胆碱能传导受抑制引起的弛缓性瘫痪、支气管痉挛，以及类似上文所述的毒蕈碱型受体激活的效应。烟酰胺型受体和毒蕈碱型受体过度激活给大脑带来的影响包括眩晕、焦虑、坐立不安、头痛、震颤、思维混乱、无法集中注意力，在一些情况下甚至出现惊厥以及呼吸抑制[85]。在乙酰胆碱酯酶活性严重受抑制的情况下，如神经毒剂中毒（见下文）、膈肌和肋间肌（胸腔肌肉）的麻痹会引起呼吸抑制、大脑呼吸中枢的抑制，以及心跳停止，导致死亡。

在许多情况下，人类向自然学习，并在实验室中成功地“复制”了感兴趣的自然机制。另外，随着人类合成生物活性物质的能力提高，这种发明创造变得更加便利。在接下来的章节中我们将介绍一些应用最广泛的人造乙酰胆碱酯酶抑制

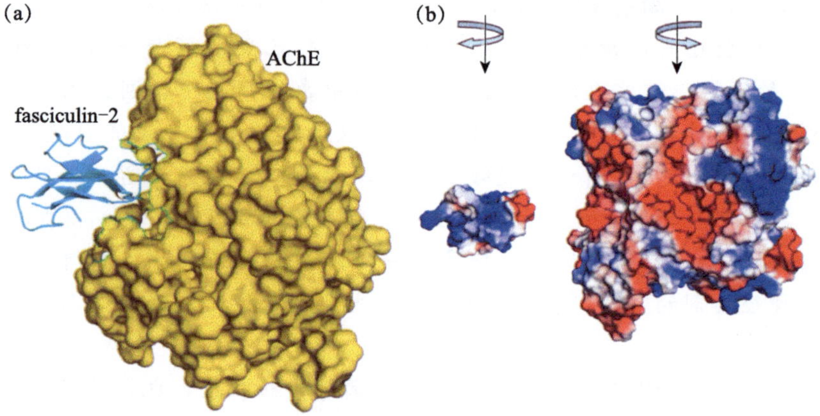

图 8. 1. 2　乙酰胆碱酯酶与东非绿树眼镜蛇毒 fasciculin-2 形成的复合物。(a) 复合物的侧视图，显示了两种蛋白质相互作用时几何构型上的互补性。乙酰胆碱酯酶用黄色表示，fasciculin-2 用蓝色带状表示。(b) 两个蛋白质的正面视图，表面根据静电势（蓝色表示带正电，白色表示电中性，红色表示带负电）用不同颜色区分。相比图 (a)，这里两个蛋白质分别旋转了 90°，乙酰胆碱酯酶向右旋转，fasciculin 向左旋转。两个蛋白质之间的静电相容性是显而易见的：fasciculin 带正电的部分与乙酰胆碱酯酶带负电的结合位点入口正好匹配

剂。我们将看到，这些化合物通常效果显著，是一把把双刃剑，能帮助人类也能毒害人类。按照这个思路，我们将接下来的讨论分为乙酰胆碱酯酶抑制剂应用中的“和平”与“战争”两部分。

8.1.3　和平：乙酰胆碱酯酶抑制剂对人类的益处

乙酰胆碱酯酶抑制剂最广泛的用途可能就是杀虫剂。事实上，这是一组称为有机磷（organophosphate，OP）的乙酰胆碱酯酶抑制剂最早的用途。有机磷是一种磷酸酯，能不可逆地将乙酰胆碱酯酶有催化活性的 Ser200 磷酸化，由此彻底阻断其活性[88]（图 8. 1. 3c）。因此，有机磷对乙酰胆碱酯酶的效应是不可逆的竞争性抑制。有机磷的这一能力来源于它们的结构：与乙酰胆碱一样，有机磷含有酯键，能靠近乙酰胆碱酯酶的 Ser200。

有机磷的磷酸基团带负电荷，具有四面体构型，与乙酰胆碱在过渡态时的结构非常相似（图 8. 1. 1b）。因为乙酰胆碱酯酶的结合位点在几何构型和静电性质上，与乙酰胆碱过渡态的相容性远高于其未结合状态，因此相比它自己的底物，乙酰胆碱酯酶更倾向于结合有机磷①[89]。人们发明了毒性相对较弱的一些有机磷，如**对硫磷** ***parathion*** 和**马拉硫磷** ***malathion*** 来针对性地毒杀昆虫。

---

① 这种抑制剂被称为**过渡态类似物** ***transition state analogue***[235,236]。

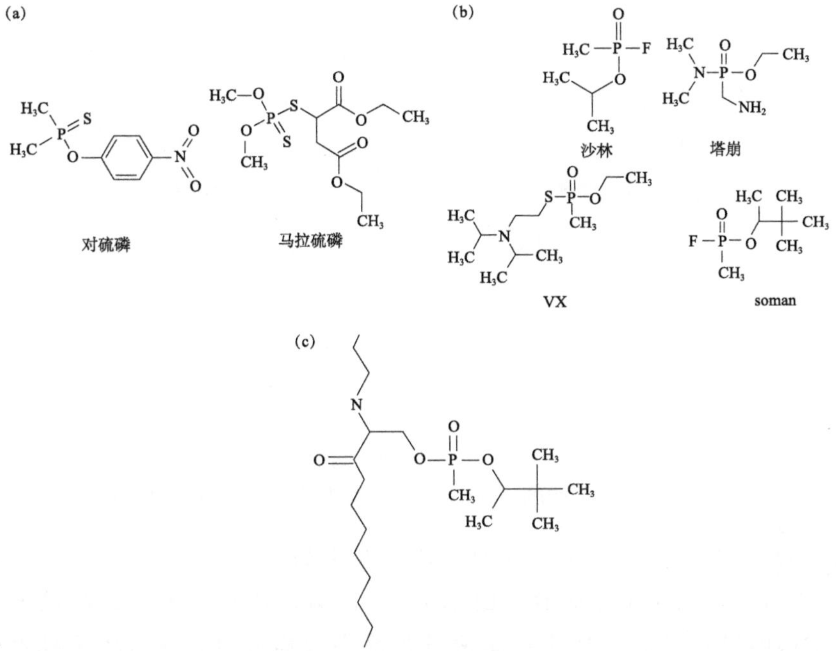

图 8.1.3 有机磷（OP）。(a) 一些常用作杀虫剂的比较温和的有机磷；(b) 毒性强的有机磷被用作神经毒剂；(c) 由甲氟磷酸异己酯（soman）磷酸化的丝氨酸残基

乙酰胆碱酯酶抑制剂的另一种对人类有益的用途，就是用作药物。人们用它们来治疗如青光眼、重症肌无力以及胃肠道紊乱等“外周系统”疾病，以及一些“中枢系统”疾病，如阿尔茨海默病[90]。阿尔茨海默病是一种渐进性的痴呆，起始于大脑中负责生成新的记忆的海马区域内神经突触功能的减退。随着病程的进展，大脑中多个区域的神经细胞发生广泛的死亡[91]。其结果是，患者的认知功能下降，直至死亡。用来治疗阿尔茨海默病的**卡拉巴汀** ***rivastigmine*** 和**加兰他敏** ***galanthamine*** 其实是可逆的乙酰胆碱受体抑制剂，它们能提高脑内的乙酰胆碱水平，由此减缓大脑功能减退的速度[92]。这些药物属于一个称为**氨基甲酸酯** ***carbamate*** 的胆碱酯酶家族，其成员还有**毒扁豆碱** ***physostigmine***、**新斯的明** ***neostigmine***（图 8.1.4）及**吡斯的明** ***pyridostigmine***。这些药物通过将乙酰胆碱酯酶的催化位点氨基甲酰化而将其活性阻断[87]。因为氨基甲酰基团在几小时内会自发水解，它们的效用是可逆且有时效性的（换句话说就是安全的），这一点与有机磷化合物不同。不幸的是，这些药物只能减缓而并不能终止阿尔茨海默病病程的发展，也不能修补该疾病给大脑带来的损害。

8.1.4 战争：作为神经毒剂的乙酰胆碱酯酶抑制剂

如上文所述，有机磷是乙酰胆碱酯酶的不可逆抑制剂。因此并不奇怪的是，

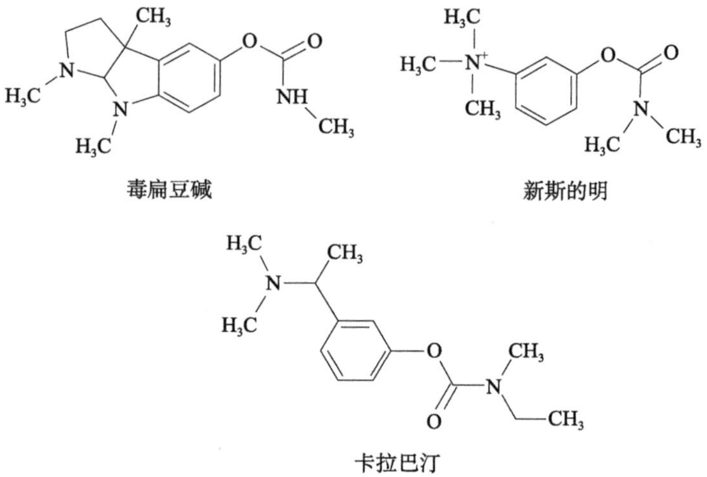

图 8.1.4　氨基甲酸酯（carbamate）家族的乙酰胆碱酯酶抑制剂

在人们成功地将有机磷用作杀虫剂之后，其中的一些如塔崩（tabun）和沙林（sarin）也被开发成了化学武器（图 8.1.3b）。第二次世界大战前的德国最先开展了这方面的研究[93]。事实上，这两种神经毒剂都是由德国的战争机器研发出来的，尽管在战争中并没有人使用它们。在20世纪50年代和60年代，英国和美国分别开发出了更高效且更危险的有机磷神经毒剂，即VX[93]。苏联在20世纪80年代开发出了其他一些毒性很强的有机磷毒剂。在一些事件中有人使用了这类化学武器，将其恐怖的威力带入了人们的视野中。例如，伊拉克政府在1988年对库尔德人使用了化学武器，杀死了5000人。现在，神经毒剂主要与恐怖主义联系在一起。最著名的两起使用神经毒剂的恐怖主义事件都发生在日本（1994～1995年）[93]。

这些神经毒剂（如甲氟磷酸异己酯 soman 和甲氟磷酸异乙酯 sarin）相比“常规”的有机磷（如马拉硫磷）而言毒性强得多，其中一个原因是它们在结合到乙酰胆碱酯酶上之后会发生去烷基化，这个过程被称为“熟化”[87]（图 8.1.5a）。为什么去烷基化会造成更强的毒性？要回答这个问题，我们首先要了解受有机磷影响后的乙酰胆碱酯酶的复原。常规的有机磷结合到乙酰胆碱酯酶后可用**肟 *oxime***（如**磷定 *pralidoxime***）来去除。肟是一类带正电荷的化合物，能对有机磷与乙酰胆碱酯酶形成的复合物发动亲核进攻并将其水解（图 8.1.5b）。但是，熟化的有机磷与酶的复合物并不受肟的影响，因此能使被其攻击的乙酰胆碱酯酶永久失效。

神经毒剂的效应比其他有机磷快速且强大得多。中枢和外周神经系统中的毒蕈碱型受体抑制的症状（分泌物增多、痉挛、心率和泌尿降低），在接触神经毒剂后立刻或者于15min内发生[87]。外周神经系统的烟酰胺乙酰胆碱受体受抑制

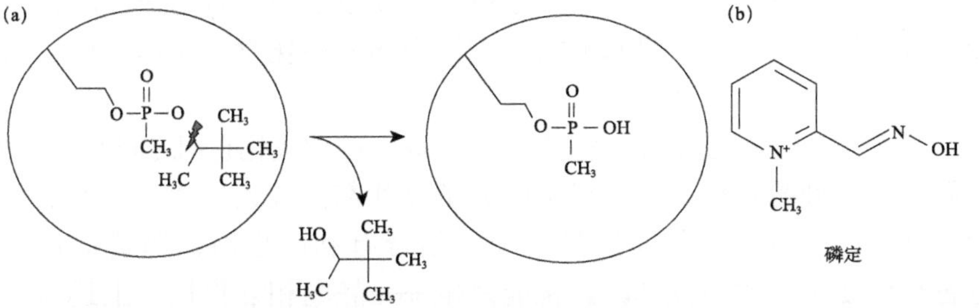

图 8.1.5 有机磷熟化。(a) 熟化过程，乙酰胆碱酯酶用圆圈粗略表示，只显示被有机磷修饰的 Ser200 基团。(b) 磷定 (pralidoxime) 可用来将非熟化有机磷从乙酰胆碱酯酶上去除

的症状（肌肉无力、肌肉自发性收缩和惊厥）在接触神经毒剂后 20～60min 发生，并且 30～60min 可能致死。接触到神经毒剂的人如果马上注射阿托品，可能会获救。如上文所述，阿托品能阻断毒蕈碱型受体的活性，由此显著削弱有机磷诱导的胆碱能危象。另外，还有一些针对神经毒剂攻击的预防性方案。其中包括使用氨基甲酸酯［如吡斯的明（pyridostigmine）］，它们能暂时性地封闭乙酰胆碱酯酶的结合位点，由此使神经毒剂无法攻击它。在氨基甲酸酯基团水解解离之后，受抑制的乙酰胆碱酯酶就恢复活性。氨基甲酸酯在医学上的另一种应用就是治疗阿托品中毒。医生可通过使用氨基甲酸酯抑制乙酰胆碱酯酶的活性，来人为地增加乙酰胆碱在突触上的浓度，这样就能通过简单的竞争性结合来阻止阿托品分子结合毒蕈碱型受体。

令人惊讶的是，形成负电性静电势梯度的氨基酸残基都是芳香族残基（包括 Trp279、Tyr121 和 Phe330），因此由它们形成的狭窄的通道被称为**芳香环峡谷** ***aromatic gorge***。通道的这一构成并非偶然，这是因为芳香族残基环状结构中的 π 电子使其静电势较低。而较低的静电势在乙酰胆碱酯酶的这个通道中恰恰是一个重要的优势，通道因此能允许带电荷的底物快速通过[73]。如果通道中存在带有强电荷的残基（Asp、Glu），可能会过于强烈地吸引底物，从而阻碍其运动到催化位点或者（在催化反应完成后）从催化位点移动出来。如果这个假设正确，就能解释为什么乙酰胆碱酯酶是自然界中催化速度最快的酶之一，它的催化速率接近扩散极限［大约为 $10^8/(m \cdot s)$］。

正如上文所述，蛋白质中并不存在任何专用于结合配体或其他蛋白质的特定结构基序。那么有没有这样的特定氨基酸残基呢？相关研究表明，在蛋白质之间的结合界面上，相比蛋白质与其他分子的结合界面，存在更多的芳香族氨基酸[79,80]。这些残基到底为什么那么适合蛋白质互相结合呢？Olson 及其同事[81] 通过研究抗体与抗原之间的结合，认为具备下列特性的氨基酸在抗体与抗原结合的过程中表现出优势。

（1）两亲性：具有两亲性的氨基酸更能承受蛋白质结合后极性的丧失。

（2）分子尺寸大：使该氨基酸能与配体中的各种化学基团形成广泛的非共价相互作用。

（3）可塑性：使该氨基酸能适应抗原的形状，由此优化它们之间的几何互补性。

我们知道三种芳香族氨基酸残基的分子尺寸都比较大，而且酪氨酸和色氨酸都是两亲性的。另外，它们还有另一项对结合有利的性质，那就是它们的芳香性。芳香环即便不包含极性基团，也能发生 π-π 静电相互作用。上述相互作用与芳香环的平面特性结合起来，使芳香族残基所参与的结合相互作用表现出对几何结构的依赖性，这就带来了结合的特异性。

在以上三种芳香族残基中，酪氨酸似乎在最大程度上满足了以上特性（除可塑性外）。确实，酪氨酸及其化学衍生物在多种分子之间识别的过程中发挥重要作用。这些过程不仅包括蛋白质之间的相互作用[80]，也包括蛋白质与小分子配体之间的相互作用。例如，**儿茶酚胺** ***catecholamine*** 类神经递质肾上腺素、去甲肾上腺素和多巴胺（见专栏 7.3），都是酪氨酸的衍生物，并且结构上与它相似。它们在神经系统的突触上与各自的同源受体结合，由此发挥作用。它们与酪氨酸在结构上的相似性表现在，它们都含有**儿茶酚环** ***catechol ring***（儿茶酚也称为**邻苯二酚** ***dihydroxybenzene***），这个环状结构除了多出来一个羟基，与酪氨酸的侧链完全一样。另一个例子是**对乙酰氨基酚** ***acetaminophen***，这是止痛和退烧药**泰诺** ***Tylenol***®的有效成分。这个化合物包含酪氨酸的苯环，而且尽管是人工合成的分子，但它也通过结合蛋白质来发挥作用。对乙酰氨基酚及被称为**非甾类抗炎症药物** ***non-steroidal anti-inflammatory drug***（***NSAID***）[82−84] 的其他相关药物分子都能结合**环氧合酶** ***cycloosygenase***（***OX***），这个家族的酶在我们的身体中介导炎症/疼痛和发热反应（更多细节参见 8.6.2.1.2 节）。

8.4.3　蛋白质与配体结合的混乱性

尽管总体而言蛋白质倾向于通过相互匹配的结合位点来特异性地结合它们的同源配体，但很多蛋白质也能结合其他配体[234]①。人们在多种基于蛋白质的系统中，运用化学和热动力学分析方法研究了这一现象。对于酶来说，不同配体结合的特性也可以用一些动力学参数来衡量，其中包括特异性参数（k_{cat}/k_m）和反应速率增强参数 $[k_{cat}/(k_m k_2)]$[237]。在这些研究中人们发现，从上述参数的角度来说，尽管某些酶可以用对应于其天然底物的结合位点来结合其他底物，但是相应的催化反应的效率远不及它对天然底物的催化效率。考虑到酶只针对它们的同源配

---

① 这一现象被称为“结合的混乱性”。

体（底物）发生适应性进化以使两者之间的结合最优化，上述发现就很合理了[234]。

这种在进化过程中形成的酶针对底物所发生的最优化，体现在以下这些方面：具有催化活性的残基的空间朝向、pKa（平衡常数）、结构动力特性等。由此，酶与其他（非同源的）底物之间的反应可能在机理上与同源底物相似，但是具有催化活性的残基或者这些残基各自对催化反应的效用却不同（详见参考文献[234]及其所引用的其他参考文献）。

是什么造成了结合位点上的混乱现象？可能有几个因素共同参与这一现象的形成。从最基础的层面上说，混乱性产生自酶的结合位点和活性位点固有的高反应活性。进而，酶的翻译后修饰（如参考文献[238]）以及有机或金属辅因子（cofactor）（如参考文献[239]）的参与都能提高结合位点和活性位点对底物施加影响的能力，从而提升上述的反应活性。最后，蛋白质固有的动力学特性赋予其结合位点和活性位点的可塑性，这一特性使上述位点能与酶的非同源配体或底物结合[240]。最后这个因素清晰地存在于细胞色素 P450 和谷胱甘肽 S 转移酶（glutathione S-transferase）中[241,242]。

8.5 蛋白质-蛋白质相互作用

8.5.1 概述

蛋白复合物是关键细胞过程的基础，如信号转导/通信、酶介导的催化、免疫应答、细胞分裂、细胞程序化凋亡、细胞-细胞识别和病毒作用（抗病毒作用，译者注）。此外，蛋白质之间互相结合允许其参与代谢和遗传调控网络，这是假定其在生物体的进化中起了关键作用。今天我们知道无论是简单还是复杂的生物体，它们在基因数量上没有太大差别。我们在第 2 章已经看到，由有限的一组基因组成的生物体，其复杂性来自翻译后修饰赋予蛋白质的编码多样性。生物体实现复杂性的另一种方式是利用基因表达的多样化调控。例如，这可以通过**转录因子** ***transcription factor*** 激活或抑制基因表达来实现。功能多样性来自转录因子对各种环境变化的应答能力，以及生物体自身的生理状态。确实，生物体中转录因子的百分比与它们的复杂性相关[94]。对转录因子活性的严格调控，涉及多种蛋白质之间的相互作用，这些蛋白质将激活或抑制信息传递给转录机制。

蛋白质在复合物形成中的参与取决于它们相互识别且在数秒内**可逆地** ***reversely*** 结合的能力[79]。该结合可能涉及在结合配体中单方或双方结构的变化，并导致功能改变（即变构）。整个蛋白复合物群体可以根据以下（以及其他）特征分为几类[95]。

（1）生物学背景：酶-底物、抗体-抗原、受体-激素/神经递质等。

（2）绑定永久性：永久专用与瞬态绑定。第一种绑定合作伙伴只出现在绑定状态。

(3) 结合伴侣的相似性：同质与异质。

(4) 结合伴侣数量：中心、非中心。第一种蛋白质是特别有趣的，它可以绑定多个结合伴侣[96,97]（在某些情况下为数十个），而不一定在同一时间。这允许这些蛋白质参与复杂的细胞网络，如信号转导途径和细胞周期。因此，中枢蛋白似乎驳斥了蛋白质结合亲和力和特异性进化优化的常见误解。相反，它们已经进化为满足其生物学目的，在某些情况下可能涉及低特异性的弱结合。

上面的一些类别可能部分重叠。例如，同源二聚体通常是永久的专性复合物，而短暂性复合物往往包括具有某些生物学作用的异性伴侣，如酶抑制剂和激素受体[95]。有趣的是，这两种界面的进化行为似乎也有所不同；永久义务性复合物倾向于进化缓慢，允许伴侣蛋白共同进化，而短暂性复合物倾向于进化得快很多，伴侣之间没有突变相关性[98]。如第 2 章所述，有时很难确定异构体的相互作用伴侣是不同的个体蛋白质还是同一蛋白质的不同亚基。在这里的讨论中，我们忽略了这一区别，因为无论具体的配合物类型如何，结合的物理化学方面都是相同的。

8.5.2　蛋白质-蛋白质结合结构域

目前已发现几个结构域介导蛋白质-蛋白质相互作用。确认了各自不同类型的序列基序，从而赋予了该结合一些特异性。以下是一些已知结构域。

(1) ***src-homology 2*（*SH2*）**——最初在信号转导蛋白 src 中发现，这个结构域结合靶蛋白中的磷酸化 Tyr 残基（pY）。界限序列通常具有扩展（β）构象，并且 pY 与该结构域所保存的基本残基相互作用。其他更多可变的 SH2 结构域残基识别侧接于结合肽中 pY 的几个残基（大部分是 C′到 pY），这将特异性赋予给了结合过程[99,100]。

(2) ***src-homology3*（*SH3*）**——也在 src 中被发现，其结合目标蛋白中富含脯氨酸的序列，目标蛋白含有 x-Pro-x-x-Pro（x 是任何残基）序列基序[101−103]。它出现在许多参与信号转导的蛋白质、细胞骨架组织和受体内化过程中。结合序列被组织为 PPII 螺旋（关于结合的详细描述，请参见 8.5.3.2 节）。

(3) ***WW***——结合以下序列基序：Pro-Pro-x-Tyr、Pro-Pro-Lue-Pro，以及其他富含脯氨酸的序列。它的名称来自该结构域出现的相隔 20～22 个位置的两个色氨酸残基。它在信号转导蛋白中起作用，其中一些与阿尔茨海默病和亨廷顿病等疾病有关。

(4) ***enabled/VASP homology 1*（*EVH1*）**——在调节细胞骨架的蛋白质中被发现。结合以下序列基序：(Asp/Glu)-Phe-Pro-Pro-Pro-Pro、Pro-Pro-x-Phe。

高度连接的蛋白质（“集线器”）通常包含某种重复序列的结合结构域或较小的结合基序，这使其能够使用组合联系来创建多个交互进程[95]。

8.5.3　结构-功能关系

8.5.3.1　蛋白质-蛋白质接口

8.5.3.1.1　接口属性取决于复合物的类型　蛋白质形成生物活性复合物的

能力在很大程度上取决于它们结合表面的性质[104]。这就是为什么科学家花费相当大的精力来描述生物学接口，寻找其共同的属性。这些研究对已知结构的蛋白质使用统计分析[68,105] 或物理分析[106,107]，并检查了双方不同的蛋白质接口和各自不同的蛋白质亚基。重点分析针对界面的某些性质，如尺寸、几何相容性、化学成分、极性、原子包装效率、氢键或盐桥频率、埋入水分子的数量、相互作用能量、残留物的保存和二级结构类型[95]。结果显示了接口的以下趋势。

(1) 表面积约 700Å^2 至 2000Å^2[68,104]。

(2) 一种比其他蛋白质-配体接口更平滑的形状[67,68]。

(3) 相对于非结合蛋白质表面更紧密的原子堆叠[59]、更低的极性[59,79] 和更高的保守性[108]，位于接口中心的残基高度保守尤其明显[109]。

尽管如此，但这些数量的确切值在不同的界面之间差别很大，似乎共同的特征只能归因于它们的接口子组（如 8.4.1 中提到的那些接口）[68,105,106]。特别是发现瞬态接口与永久专用接口不同①；后者平均形成更强的结合，通常较不平坦，更具疏水性（约 66%的残基），并具有比前者更好的几何和静电互补性[95,110,111] （图 8.7）。这些差异在同源二聚体中尤其明显。事实上，就疏水性和互补性而言，同源二聚体接口类似于蛋白质核心[112,113]，而异源二聚体接口更像规则（非结合）的蛋白质表面[114]②。

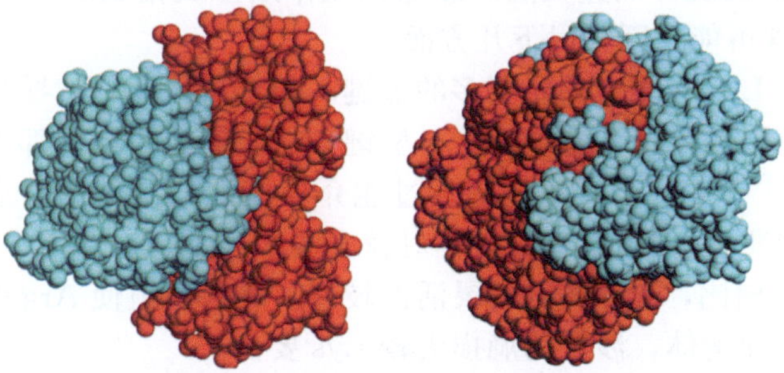

图 8.7 瞬态接口与永久专用接口的形状和互补性的差异。前者由 Ras-RalGDS 复合物（左侧，PDB 条目：1fld）表示，后者由 Bence-Jones 蛋白表示（右侧，PDB 条目：1bjm，更多细节参见图 8.4c）。在这两种情况下，复合物双方的颜色有所不同。该图展示了两种接口类型之间观察到的差异之一；瞬态接口比永久专用接口倾向于更平坦。在后者中，相互作用的亚基通常交织在一起，这产生了更好的几何和静电互补性

科学家用于分析的如上所述的大多数结构已经通过 X 射线衍射产生。虽然这种方法产生高分辨率的结构，但它需要蛋白质以晶体形式出现。正如第 3 章所解释的那

---

① 正如第 2 章所解释的那样，暂时性和永久性专属（又名亚基-亚基）复合物可能会相当混淆。这里，前者主要是指，由不同蛋白质组成的复合物也可能在未复合状态下起作用，而后者主要指同聚体。

② 这些界面的极性较小，并且不带电荷残基倾向于非结合蛋白表面。

样，结晶过程中产生人为包装力，这可能导致非生物性多肽链的聚集。因此，必须从生物复合物中剔除人为的成分。为了解决这个问题，科学家仔细研究了不同的复合物以寻找有助于分化的特性。最近的工作表明，虽然一些属性由两种类型的复合物共享①，但生物接口似乎较大，极性较小，并且含有比人工接口较少的盐桥[59]。

8.5.3.1.2 接口残基之间的劳动分工 蛋白质-蛋白质接口是异源的，其所包含的残基在生物体结合过程中发挥不同作用。在我们对蛋白质折叠能量学的讨论中(第 4 章)，我们看到了在蛋白质残基之间基本的“劳动分工”；非极性残基通过疏水效应驱动折叠，而极性残基通过静电相互作用将特异性赋予给天然折叠。这种功能区别也应该出现在蛋白质-蛋白质接口之间，如蛋白质折叠一样，蛋白质-蛋白质结合也涉及氨酸残基之间的相互作用。因此，蛋白质之间和蛋白质内部相互作用的唯一显著差异，应该是前者缺乏链连接性。除了亲和性和特异性，蛋白质动力学似乎也受到不同残基不同方式的影响。蛋白质-蛋白质结合的这些形式将在下面的小节中讨论。

Ⅰ. 特异性

如在折叠中，蛋白质-蛋白质结合的特异性由静电相互作用赋予[115,116]。结合特异性对许多蛋白质的生物学功能非常重要，尤其是抗体、激素活化的受体和许多酶。此外，它可以防止由非特异性（非极性）介导的蛋白质聚集。对众多蛋白质-蛋白质界面的统计调查发现，静电相互作用涉及精氨酸（Arg），而非赖氨酸（Lys）[59]。这可能是因为以下几方面。

(1) Arg 比 Lys 有能力关联更多的氢键。数字越大的氢键导致更大的特异性且创造更好的正极性掩蔽。有趣的是，氢键和盐桥的几何结构都被发现不如在蛋白质核心中更佳[116]。这个问题经常通过能介导极性相互作用的水分子解决。这可能是因为蛋白质-蛋白质接口含有相对较多的水分子。

(2) 与 Lys 相比，Arg 侧链的灵活性较低。结果，迫使 Arg 的侧链进入对应于束缚态的旋转异构体，涉及的熵损失较 Lys 要少。

(3) 与 Lys 相比，Arg 的 pKa 更高，这使得 Arg（而不是 Lys）可以在几乎任何状态下保持带正电，从而参与离子相互作用。

蛋白质可能以不同的方式产生特异性。例如，免疫系统蛋白质中的免疫球蛋白结构域（IgD)，在前面的章节中已有描述。正如所解释的，这些蛋白质的策略是使用固定折叠框架（β 三明治)，并通过改变环结构来产生特异性。这使得 Ig 超家族无需使用不同的蛋白质或结构域来产生新的抗原结合位点。特异性识别是一个复杂的问题，并不是所有方面都能被理解。例如，在某些情况下特异性需要不同的结合面[117,118]，然而在其他情况下，可以在同一表面上通过单一点突变来实现[119]，甚至仅仅通过改变构象[120]。

---

① 例如，每 100Å² 表面积约 1 的氢键频率。

特异性结合能力在生物系统中并不总占优势。一些蛋白质，特别是那些在信号转导网络中起作用的蛋白质，选择它们是基于其以低特异性结合伴侣的能力。例如，结合域（D/D）蛋白激酶 A（pKA）能以高亲和力结合不同的蛋白质，这需要其活性使之连接到不同的细胞位置[121]。D/D 域的结合界面是整体疏水的，并且 MD 模拟表明其能够结合不同的蛋白质是由于其具有高比例的非极性残基作为潜在的相互作用位点[62]①。因此，不同的蛋白质可以结合到相同的界面上，与不同的非极性残基簇相互作用。同一结合界面中不同非极性结合位点的存在也应该允许蛋白质配体取样不同的构象，每一种都与不同排列的非极性残基相互作用，反之，则增加了配体的熵，因为在与非极性残基相互作用之前，彼此之间的相互作用为更加静态的排列。这是一个独特的现象，因为在所有其他已知情况下，两个分子之间的结合降低了它们的熵。D/D 域的熵增加应通过结合自由能的 $-T\Delta S$ 分量增强相互作用伴侣的亲和力，而不影响低特异性。

如上所述，中枢蛋白可以使用相同的结合界面但不同的非极性集群与不同的伴侣结合。然而，有研究表明情况并非如此（见参考文献［95］及其中的参考文献）。也就是说，研究表明这些蛋白质使用相同保守的相互作用来结合不同的伴侣，并且低结合特异性的结果来自赋予界面高灵活性的属性[95]，这些属性包括小尺寸、更松散的原子包装、更低的几何互补性、更高含量的水分子。

Ⅱ. 亲和力

影响亲和力的因素

如上所述，蛋白质-蛋白质结合是由非极性相互作用驱动的（疏水效应）[124−127]。然而，这些效应预期要弱于蛋白质折叠，因为相互作用残基之间的互补性在界面上低于在核心中。预期的静电相互作用在蛋白质-蛋白质结合中轻度不稳定，再者，其比在蛋白质折叠中的程度较小。这是因为与蛋白质核心相比，蛋白质-蛋白质界面的极性更高，这应该降低埋藏在界面中的静电相互作用的去溶剂化“处罚”。

蛋白质对它们的配体显示出不同的亲和力[119]，即 $10^{-12}\sim10^{-3}$ 摩尔范围[95,104]。这对应于$-6\sim-19$kcal/mol 的不同的自由能范围[95]。不同的亲和力不仅存在于不同的结合结构域或不同的蛋白质之间，它们也受如下所示的其他因素影响。

（1）生物学背景。结合域的亲和力并不总是最佳的，在进化过程中一些蛋白质似乎被选中以形成低亲和力复合物。这种能力在信号转导[128,129] 和电子转移[130] 蛋白质中很常见，它们需要快速结合和释放其配体。此外，细胞表面涉及细胞-细胞识别的蛋白质倾向于比激素或细胞因子结合受体显出更低的对其配体的亲和力，如属于 Ig 超级家族的那些蛋白质[131]（见第 2 章）。这可能是因为细

① 抗体-抗原[122,123] 和酶-底物相互作用[234] 的研究也表明非极性残基参与非特异性结合。

胞识别蛋白经常出现在细胞表面的阵列中，尽管单个结合亲和力很低，但它们在一起却能有力地结合其他细胞表面上的同源蛋白。

(2) 生物学反应。至少有一个例子，是蛋白质因生物学反应而改变对其配体的亲和力。这发生在免疫系统中，已知抗体和 T 细胞受体随着免疫反应的进展增加了对其配体的亲和力（最高达 1500 倍）[132−134]。这一过程称为**成熟 *maturation***，发生在基因水平（体细胞突变），并表现为这些蛋白质结合界面的变化（图 8.8）。令人惊讶的是，相应的变化的氢键数量、相互作用的表面积的增加和几何相容性都远小于基于亲和力急剧变化所预期的程度[135]。

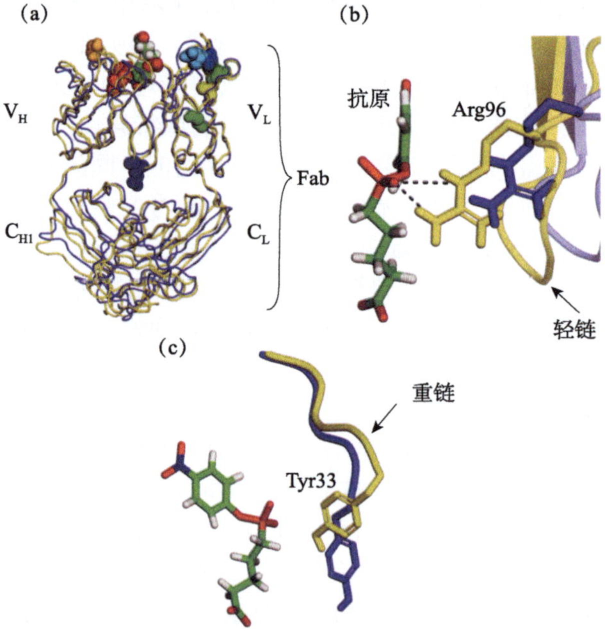

图 8.8　48G7 抗体的成熟。通过比较抗体（Fab）的抗原结合区的种系形式（PDB 条目：2rcs）和成熟形式（PDB 条目：1gaf）来研究成熟过程对抗体结构的影响（来自 Patten, P. A., Gray, N. S., Yang, P. L., Marks, C. B., Wedemayer, G. J., Boniface, J. J., Stevens, R. C., and Schultz, P. G., *Science*, 271, 1086 - 91, 1996; Wedemayer, G. J., Patten, P. A., Wang, L. H., Schultz, P. G., and Stevens, R. C., *Science*, 276, 1665 - 9, 1997)。(a) 两种形式的整个 Fab 的叠加，标记了可变区域（V_H、V_L）和不变区域（C_{H1}、C_L）。种系形式用石蓝色，成熟形式用黄色。抗原［5 -（对硝基苯基磷酸酯）戊酸］显示为球形，按原子类型着色。成熟过程涉及蛋白质中氨基酸的体细胞突变，这里显示为球体，分别用不同颜色标记。有趣的是，这 9 个突变中只有一个与抗原直接接触。其余的突变似乎通过诱导抗体的全局构象变化间接地起作用。这些变化通过增加相互作用位点的数量来增加抗体对其抗原的亲和力。(b，c) 展示了两个不以种系形式与抗原相互作用的残基。在成熟过程之后，诱导出的构象变化允许这些残基与抗原的磷酸基团形成氢键。(b) Fab 轻链的 Arg96。(c) Fab 重链的 Tyr33。为了清楚起见，仅在所讨论的残基周围的区域显示骨架（条带状）

热点

蛋白质-蛋白质结合界面是非均质的。就亲和力而言，这种异质性表现为不同的表面残基所贡献的不同结合强度。也就是说，亲和力似乎是由相对少量的界面残基产生的[126,127,138]。这些**热点** ***hot spot*** 被定义为由丙氨酸①所取代的残基导致亲和力变化超过 2kcal/mol[138]。最近，当科学家成功地保持了生长激素受体与其配体的天然亲和力时，热点的显性效应被引人注目地展示了，尽管事实上超过50%的非热点结合位点残基被同时替代[139]。热点在进化中倾向于保守（如参考文献［140］)，这使其在蛋白质的结合界面中可以被检出。它们的保守性以及它们对复合物稳定性的巨大贡献可以用它们倾向于出现在紧密堆积的界面区域的事实来解释[141]。最近的一项研究比较了 20 种天然氨基酸在蛋白质-蛋白质界面与非结合表面的保持能力[79]。结果表明，Phe、Trp 和 Met 最有可能成为热点。这可能是由这些残基的性质造成的。首先，它们的尺寸很大，这允许它们与多于一个伴侣残基进行交互作用。这在 Trp 中特别明显。事实上，这类大号残基往往会在蛋白质核内或表面形成相互作用网络[142]。因此，尽管蛋白质中普遍缺乏 Trp，但它在参与结合的蛋白质中富集，并且在许多情况下甚至保持在其结合表面[79]。其次，Phe 和 Trp 的芳香环允许它们形成复杂的几何依赖性交互作用（见第 2 章)，它们对结合特异性做出了贡献。最后，由于极性适中，这些残基可以防止非特异性聚集，但没有伴随极性电荷残基在界面内埋藏而产生大量去溶剂化“处罚”。

使用合成抗体和其他结合蛋白所进行的其他研究（参考文献［80］和其中的参考文献）提出 Tyr 而不是另外两个芳香族残基对蛋白质-蛋白质结合特别重要。我们看到 Tyr 如何在蛋白质-配体相互作用时扮演重要角色，其中蛋白质-蛋白质结合是一种特殊情况。上面提到的研究也表明 Ser 和 Gly 促进结合是间接的，而不是通过与界面另一侧的残基相互作用。也就是说，Ser 和 Gly 似乎对于使两种相互作用的蛋白质彼此足够接近是特别重要的②（Ala 可能具有同样的特性，但热点分析无法根据定义揭示这一点)。Gly 还参与提供多肽链所需的灵活性，使相互作用的残基在正确的方向上结合。

为了描述热点在结合界面中的分布，Bogan 和 Thorn 检查了界面区域超过2300 个突变对结合自由能的影响[127]。他们发现热点往往在界面上集群出现（图 8.9)。那里的非极性相互作用强度是边缘的 2 倍[145]。这似乎是由溶剂化问题引起的；强约束力需要在相互作用的表面之间排除水分子，在密集填充热点区

① 各种蛋白质-蛋白质界面的“丙氨酸扫描”[143] 结果可以在 ASEdb 数据库[141] 中找到，在互联网上全都可以访问。

② 就像膜结合蛋白的相互作用跨膜段一样（见第 7 章)。

域存在的水最少[146]。

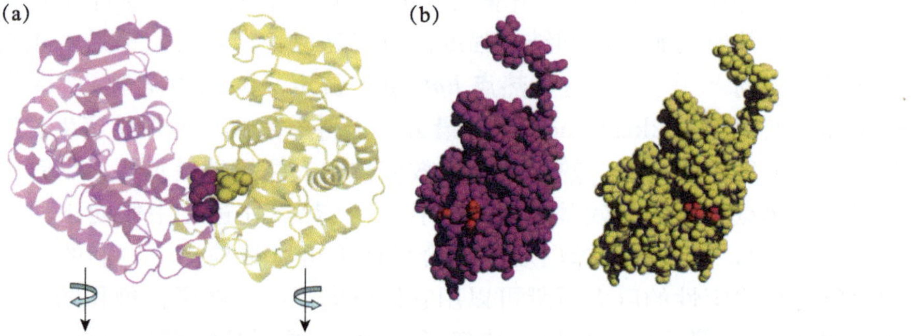

图 8.9 热点。L-乳酸脱氢酶界面的链 A（黄色）和链 C（洋红色）之间热点的空间分布（PDB条目：1i10）（数据取自 Keskin，O.，Gursoy，A.，Ma，B.，and Nussinov，R.，*Chem Rev.*，108，1225 - 44，2008）。(a) 热点（球体）相对于整个复合物中的位置，以条带状呈现。复合物和热点都按亚基类型着色。(b) 热点（红色球体）相对于每个亚基界面（球体，按亚基类型着色）的位置。两个亚基相对于其（a）中方向旋转 90°

根据这个理论，有人提出热点集群周围的残基起到从中心排除界面水分子的作用，从而允许热点最佳地相互作用（**O 型环 *O-ring*** 理论）[127]。因此，尽管外周残基对结合的参与程度相对较低，但其重要性在于通过“干燥”界面来促进结合。如果这一理论是正确的，那么这个吸引人的理论可能解释了在蛋白质-蛋白质结合（以及可能在蛋白质折叠中）中确定非极性相互作用均匀强度研究失败的原因。也就是说，相互作用能量取决于相互作用残基的化学结构环境。

除了确定结合的总体亲和力，热点似乎也能够微调它。这在蛋白质 TEM1 和 BLIP 之间的结合中可以清楚地看到[104,147]。仔细检查结合界面，发现热点残基聚集成群，并且各个群内的残基（从界面两侧）协作互动。相反，不同集群的残基之间的相互作用是叠加的，即其整体强度是个别交互作用均匀强度的总和。这可能是一个普遍的进化机制，即通过为每个界面分配不同数量的相互作用残基的集群来调节不同蛋白复合物的结合亲和力[148,149]。

Ⅲ. 动力学/动态

蛋白质的结合位点在几何上和静电上匹配其配体。同时，它们保持动态，这表现为持续的构象变化。对于蛋白质-蛋白质相互作用，也应该如此，然而还有更多复杂的方式。这是因为两个结合伴侣都有复杂的结构，因此也应有复杂的动态。基于此，人们预计蛋白质-蛋白质复合物的形成需要相当长的时间，（据推测）这是必需的以便两种蛋白质都能够采样多种构象，以寻找最适宜结合的构象。由于蛋白质相互结合很快，研究人员已经调查了这个过程的动力学，希望找到这个明显的矛盾的答案。Camacho 及其合作者[150] 利用 MD 模拟技术，使得它们能够跟踪绑定过程中的界面变化。他们对 39 种不同的蛋白复合物进行模拟，表明结合发生在两个步骤中。

(1) 快速形成初始络合物(**交会络合物** ***encounter complex***)。这一步骤涉及赋予结合特异性的交互作用。特异性的相互作用是由 1～3 个**锚定残基** ***anchor residue*** 所介导的。有趣的是，模拟表明，甚至在结合发生之前，锚定残基已经处于它们的“结合”构象，这符合 Fischer 的“锁和钥匙”模型。其他研究则描绘了一幅更为复杂的图景，与目前公认的“亚态”和“群体迁移”理论相一致：两个结合伴侣不断改变其构象，而门闩残基在优势构象中处于“结合”状态[151,152]。

(2) 缓慢构象采样以优化亲和力。由于驻留在界面外围的**门闩残基** ***latch residue***，(伴侣双方)被选中的构象能最佳地结合。这种结合似乎符合 Koshland 的诱导契合模型。

Ⅳ. 界面水分子

蛋白质之间的关联涉及从界面排除许多水分子，虽然仍有一些存留(图 8.10)，但事实上，这些分子似乎构成了(平均而言)～30%的界面[153,154]。锁住的水分子与界面上的各种极性基团形成氢键，偏好骨架羰基以及 Glu、Asp 和 Arg 侧链。令人惊讶的是，这些键的数量似乎等于不涉及水的界面氢键的数量[155,156]。这些发现引起对以前被认为不太重要的界面水分子的注意。我们对蛋白质折叠的了解表明水介导的氢键不太可能对蛋白质-蛋白质结合的强度有显著贡献。相反，其角色可能是为了尽量减少伴随复合物形成的去溶剂化不利效应。

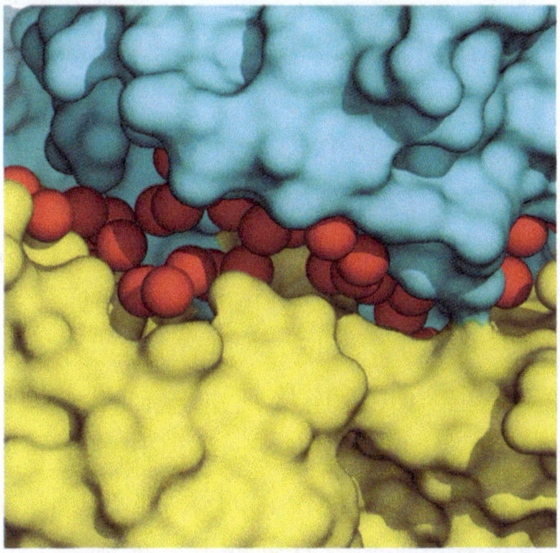

图 8.10　Ras-RalGDS 界面内的水分子(PDB 条目：1fld)。脱辅基蛋白表示为表面，各条链的颜色不同，而锁住的水分子表示为红色球体。该图像显示界面内明显存在水。锁定水分子是不利于熵的，并且最有可能也是由部分去溶剂化所致。因此，这种分子似乎在界面中起特定作用，故被锁定有其合理性(见正文)

8.5.3.2　蛋白质-蛋白质相互作用中的 PPII 螺旋[157]

在第 6 章详细介绍了聚脯氨酸 II 型（PPII）螺旋在赋予配体与本质上非结构化蛋白质（IUP）的结合能力方面的重要性。事实上，PPII 螺旋也在折叠的蛋白质中介导蛋白质-蛋白质相互作用①。它们被特定的结构域所识别，如 SH3、WW 和 EVH-1。

在 IUP 中，由于蛋白质的非结构化性质，非极性 PPII 螺旋的侧链可以自由地与结合伴侣中的对应物相互作用。由于 PPII 螺旋的表面位置，以及它们出现在无序区域的倾向，上述相互作用也同样发生在折叠后的蛋白质中。另外，由于 PPII 螺旋（与 α 螺旋相比）相对延伸的构象，骨架基团不能相互形成氢键，这使它们可用于蛋白质间的相互作用。还有其他特征使 PPII 构象适合于介导蛋白质-蛋白质相互作用。这可以在 PPII 螺旋- SH3 结构域复合物中清楚地看到（图 8.11）。在整个 PPII 序列内，与 SH3 结构域相互作用的部分包括 7～9 个残基和基序 ***x*-Pro-*x*-*x*-Pro**[101－103]。基序与 SH3 中带有三个结合口袋的结构域相互作用，其中两个口袋直接与基序的 ***x*P** 部分相互作用（图 8.11a，b）。在这种相互作用中，两个 Pro 残基的侧链面向结合口袋。与 ***x*P** 单元相互作用的口袋残基是芳香族的：Tyr8、Tyr45（口袋 1）；Tyr10 和 Trp36（口袋 2）。两个 Pro 残基被隔开 9Å，这是两个结合口袋隔开的确切距离。因此，为了将两个 Pro 残基定位在适当距离以进入 SH3 结合口袋，PPII 螺旋构象是必需的。

Lim 及其同事[158] 提出了对 PPII 螺旋的几何形状和其残基保守性两者之间确切关系的解释。简而言之，PPII 螺旋具有三重对称性，其中三个连续残基面向不同的方向（图 8.11c）。基序的第一个位置（图中的 X_1）通过其 C_α 和 C_β 原子与 SH3 相互作用。由于大多数氨基酸含有这些原子，因此在这个位置上没有明确优先选择某个氨基酸。相反，基序的第二个位置通过其 C_δ 原子与 SH3 结构域相互作用，它必须共价连接到主链上的氮原子才能占据正确的位置。由于唯一满足这些要求的氨基酸是 Pro，因此单元的第二个位置总是由这个残基填充。另外，填充基序第三个位置的氨基酸（图中的 X_2），其侧链指向远离结构域。因此，该位置可能包含任何残基。实际上，这个位置在基序中的保守程度最低。

① 即使在折叠蛋白质中，这些螺旋也存在于无序区域。

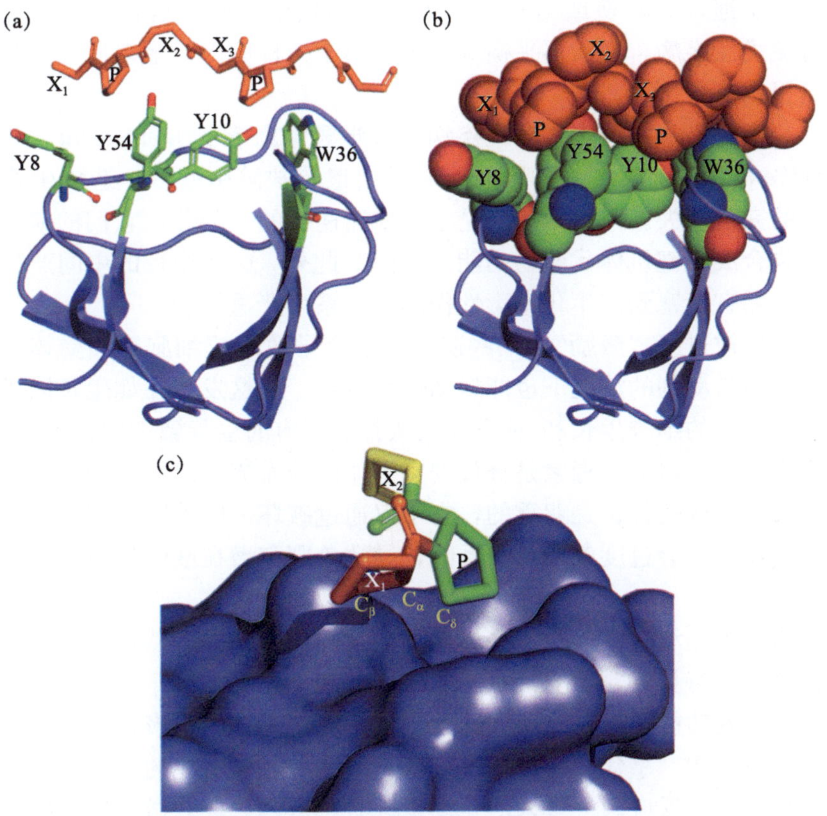

图 8.11 蛋白质 Abp 1P（PDB 条目：1jo8）的 SH3 结构域与蛋白质 Sem-5/mSOS（PDB 条目：1sem）的聚脯氨酸基序的相互作用。(a) 正面图。将 SH3 结构域描绘为蓝色条带，其中底物结合残基根据原子类型着色。将 PPII 底物描绘为橙色棒，并标记了保守基序的位置。(b) 与 (a) 中观察方向相同，其中底物与底物结合的原子表示为球体，以展示其几何匹配。(c) 为 (a) 的侧视图，其中整个复合物向右旋转 90°，SH3 区域描绘为蓝色表面，PPII 底物描绘为棒状。底物的前三个位置以不同的颜色显示，并且标注了与结构域相互作用的原子

8.6 药物-配体在药物作用和设计中的相互作用

8.6.1 源自蛋白质的疾病

动物体内疾病的出现可能是由不同因素造成的。一些疾病是由入侵病原体攻击宿主细胞或分泌毒素诱导的基本的生理反应。在其他情况下，疾病出现在外部有毒化合物、工业或其他产物中，通过空气、水、食物或创伤进入体内，并用化学方式攻击机体。最后，疾病可能由体内的自发过程引起，其中细胞和组织的内

源性成分由于遗传、环境或与年龄有关的原因发生故障。这包括癌症、代谢紊乱、自身免疫性疾病、激素不平衡等。无论出于何种原因，蛋白质几乎总是引起疾病。这里是一些例子。

(1) 酶活性丧失。许多代谢性疾病，如**半乳糖血症 *galactosemia*、苯丙酮尿症 *phenylketonuria*（*PKU*）**和肝贮疾病是由遗传缺陷引起的，造成生物合成异常酶或酶的完全缺失。许多这些酶是中枢代谢途径的一部分，它们的缺失会导致代谢或生物合成关键机体代谢物的能力下降。此外，这些途径的中间产物可能积累，造成从器官堵塞到产生化学毒性作用等一系列严重问题。

(2) 受体被过度"激励"。某些遗传缺陷会导致形成细胞表面受体，即使在没有结合受体激动剂的情况下也能启动信号转导。当这发生在如生长因子受体中时，可能使过度的细胞生长和/或分裂失去控制，有时会导致细胞发生癌变。

(3) 毒素。许多细菌毒素是释放到宿主体内的血流或组织中的细胞表面蛋白质。这种毒素造成的伤害是双重的，它不仅通过破坏一些关键过程来"伤害"附近的细胞，还可能会过度刺激免疫系统，导致急剧和潜在威胁生命的炎症或过敏反应。

(4) 错误折叠和聚集。在某些情况下，我们细胞中的天然蛋白质可能会失去其原生折叠且非特异性地聚集（见专栏 5.1）。这样的过程可能有害，这些蛋白质不但失去了其功能，而且其聚集通常导致其沉淀，这在大多数情况下对组织有毒。阿尔茨海默病、亨廷顿病和疯牛病就是由这些过程引起的。

(5) 自体免疫反应。一些人的免疫系统对"自体"成分做出的反应与对"非自体"成分（如病原体相关的抗原）一样。对这些人来说，免疫反应的强大作用极其危险，他们经常需要长时间的医疗干预。许多蛋白质可能与这种"自体免疫"事件有关，包括"自体"成分本身、识别它的蛋白质（抗体和细胞表面受体）、细胞内和细胞间转导信息的蛋白质（细胞因子，由第二信使激活的酶），或那些作用于它的蛋白质（T 细胞分泌的穿孔蛋白、补体系统的蛋白质等）。

蛋白质在疾病的出现和发展中的广泛参与，使它们成为药物治疗的主要目标。蛋白质构成所有药物约 80%的靶标[159,160]。其他靶标主要包括 DNA 和 RNA 分子。

8.6.2　药物如何运作

8.6.2.1　主要的行为模式

蛋白质靶向药物通过与靶标结合并改变其总体活性起作用[161]。蛋白质靶向药物可以通过抑制功能失常的蛋白质直接地起作用，或间接地通过调节不同蛋白质的活性从而弥补功能失常蛋白质的异常活动。两种最常见的蛋白质靶标是酶和膜结合受体。GPCR 是迄今为止最常见的受体靶标药物，详见第 7 章。表 8.1 为用作药物靶标的常见酶列表。

表 8.1 用作药物靶标的一些常见酶

酶	生理功能	药物家族	典型代表	效应
环氧酶（COX）	产生介导疼痛、发烧、炎症和血液凝固的生物活性化合物	非甾体抗炎药	阿司匹林	镇痛、解热、消炎、血液稀释
血管紧张素转化酶（ACE）	增加血压	血管紧张素转化酶抑制剂	依那普利	血管舒张→血压降低
5-羟色胺转运体	通过再摄取来终止血清素信号转导	选择性血清素再吸收抑制剂	氟西汀（百忧解®）	抗抑郁、抗焦虑、增加食欲，减少强迫行为
单胺氧化酶（MAO）	通过氧化-水解终止儿茶酚胺信号转导	单胺氧化酵素抑制剂	苯异丙肼	抗抑郁
乙酰胆碱酯酶（AChE）	通过水解终止 ACh 信号转导	拟副交感神经药	卡巴拉汀	阿尔茨海默病的症状治疗
细菌核蛋白体	蛋白质合成	四环素类	四环素	抗菌作用

8.6.2.1.1 药物对细胞表面受体的影响　就受体而言，激活药物被称为**激动剂 *agonist***，而抑制药物被称为**拮抗剂 *antagonist***（详见第 7 章 7.5.2.2.1 节）。例如，β_2 肾上腺素受体（见第 7 章）可以被肾上腺素激动剂（即肾上腺素）激活，并被拮抗剂阿普洛尔抑制。在大多数情况下，激动剂和拮抗剂均通过**分子模拟 *molecular mimicry*** 起作用。也就是说，它们类似于作用于受体的内源激素/传递物，这使其能够结合到受体内置的结合位点，并发挥其效应。一些示例如图 8.12 所示。尽管激动剂和拮抗剂具有相反的作用，但它们之间的化学结构差异可能不大。以上给出的例子表明，肾上腺素和阿普洛尔具有相同的芳香环与类似的替代物 2-（甲氨基）-乙醇基，并且不同于环周围的其他三个替代物（图 8.13）。

一些作用于激素激活受体的药物使用变构，这是一种非竞争性的作用模式。它们结合的位点与结合激素的位点有所不同，它们通过诱导激素的构象变化来改变其活性。由于这些药物不与内源性配体竞争，它们不必在结构上或化学上类似于内源性配体。例如，**苯二氮卓 *benzodiazepine*** 类药物家族的成员［安定（Valium®）、赞安诺（Xanax®）等］作为 GABA 受体的变构激活剂起作用[162-164]。这些药物主要用作抗焦虑（镇静）和催眠（诱导睡眠）药剂，就像肌肉松弛剂一样。它们（这些药物）与大脑 $GABA_A$ 受体的结合稳定了一种对自然激动剂 GABA 有更高亲和力的构象，从而上调了受体的活性。$GABA_A$ 受体的激活，打开了蛋

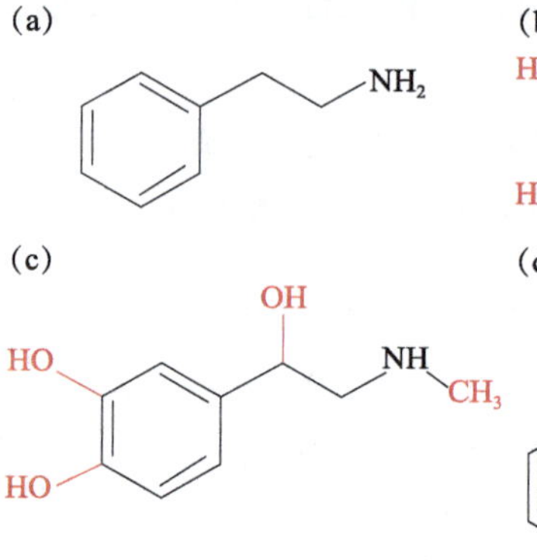

图 8.12　药物中的分子模拟。该示例图为儿茶酚胺再摄取抑制剂哌甲酯［利他林（Ritalin ®）］，它模拟儿茶酚胺、肾上腺素和多巴胺。所有儿茶酚胺在其结构（a）中都含有苯乙胺（PEA）基团。图中还显示了多巴胺（b）、肾上腺素（c）和哌甲酯（d）的结构，所有分子中的 PEA 基团为黑色，其他化学基团为红色

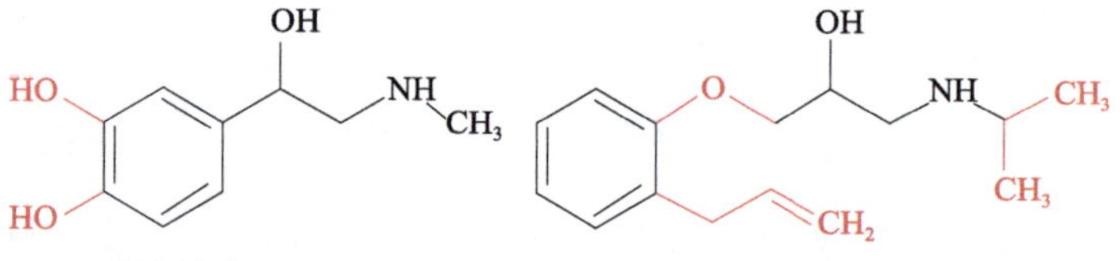

图 8.13　β_2 肾上腺素能受体激动剂（肾上腺素）和拮抗剂（阿普洛尔）之间的结构相似性。这两个分子（激动剂和拮抗剂）都拥有相同的芳香环和 2 -（甲基-氨基）-乙醇基团，为黑色。其他化学基团为红色

白质内的 Cl^- 通道，导致了细胞膜的超级极化。

换句话说，苯二氮卓类药物可增加 GABA 受体内 Cl^- 通道开放的频率[162—164]。由于突触后膜的超极化在本质上是抑制性的，对脑 GABA 受体的过度刺激会导致脑功能的抑制，它解释了苯二氮卓类药物的一些副作用，如嗜睡、困倦等。有趣的是，GABA 受体还含有另一个不同的对于**巴比妥类药物** ***barbiturates***（如**苯巴比妥** ***phenobarbital***）的变构位点。这些构成了一组不同的药物，它们与苯二氮卓类药物有类似的效果。它们与 $GABA_A$ 受体的结合延长了 Cl^- 通道开放的持续时间[162,165]。过去，巴比妥类药物用于上面提到的目的，但随着时间的推移，它们被更安全的苯二氮卓类药物所取代，从那时起，巴比妥类药物大多被用作抗癫痫药剂[163]。

8.6.2.1.2　药物对酶的影响　当药物的靶标是酶时，其行为模式通常是竞争抑制。例如，**布洛芬** ***ibuprofen***（**艾德维尔** ***Advil*** ®）属于**非甾体抗炎药** ***NSAID*** 药物家族，靶标为**环氧合酶** ***cyclooxygenase***（***COX***）。COX 在动物生理学中是一种

关键酶，它将多不饱和脂肪酸**花生四烯酸** ***arachidonate***（即 ***arachidonic acid***）转化为**前列腺素** ***prostaglandin***（***PG***）$\boldsymbol{G_2}$（生物活性物质）（图 8.14a）。它可以转化为其他类型的**前列腺素** ***prostaglandin***，以及**环前列腺素** ***prostacyclin*** 和**凝血恶烷** ***thromboxane***。这些是三组强大的化学物质，局部介导了许多生理效应。例如，PG 介导疼痛和炎症。事实上，抑制这些化合物产生的 NSAID，具有抗炎、解热（退烧）和镇痛（止痛）作用。布洛芬通过与花生四烯酸竞争通道以进入 COX 的催化位点。的确，布洛芬与花生四烯酸具有相似的化学结构，羧酸基团附着于一条中间具有环形结构的疏水链（图 8.14b）。

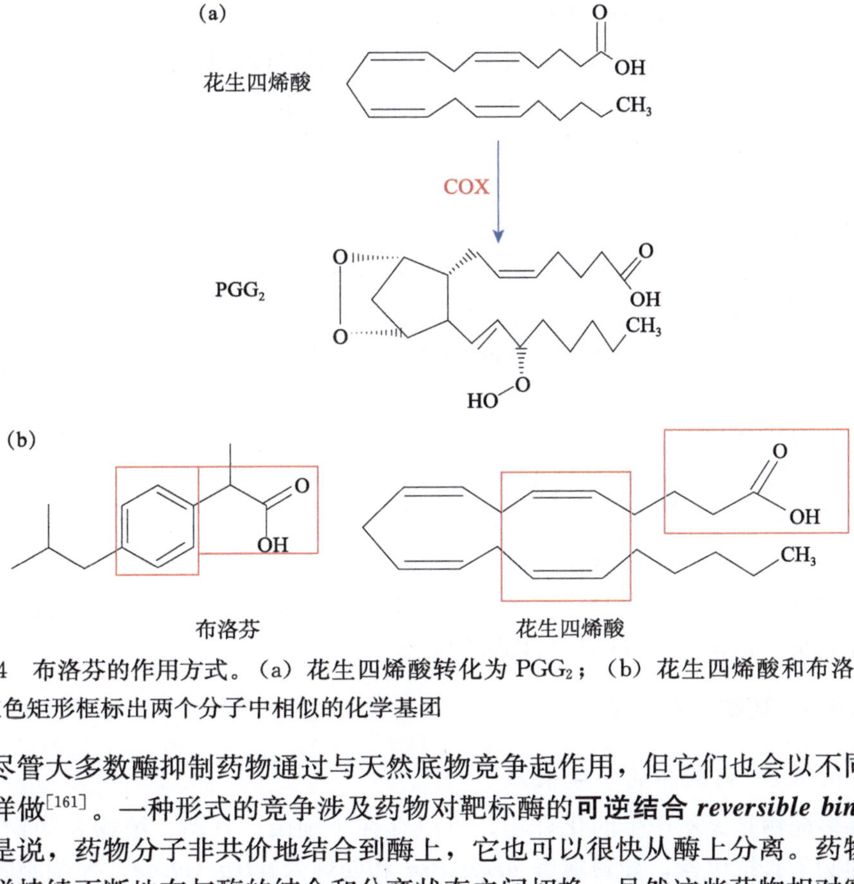

图 8.14　布洛芬的作用方式。(a) 花生四烯酸转化为 PGG_2；(b) 花生四烯酸和布洛芬的结构。红色矩形框标出两个分子中相似的化学基团

尽管大多数酶抑制药物通过与天然底物竞争起作用，但它们也会以不同的方式这样做[161]。一种形式的竞争涉及药物对靶标酶的**可逆结合** ***reversible binding***。也就是说，药物分子非共价地结合到酶上，它也可以很快从酶上分离。药物分子就这样持续不断地在与酶的结合和分离状态之间切换。虽然这些药物相对容易设计，但它们有一个主要缺点：它们会被达到足够高浓度的酶的天然底物所抵消[161]。这种药物有效抑制其靶标的唯一方法是高剂量的给药浓度，而这通常会导致副作用（见以下小节）。

为了避免这个问题，许多药物被设计成与其靶标酶强力结合，从而击败其底

物竞争对手。强结合通常以三种方式之一发生。一些药物与酶中的某些残基形成共价键（见下文 OP 对乙酰胆碱酯酶的抑制作用）。为了稳定，共价键防止底物从酶的结合位点置换药物分子。这种抑制形式被称为**不可逆的 *irreversible***。其他药物与酶非共价结合，却具有高亲和力。结果是，酶-抑制剂复合物往往分解得非常缓慢，这阻止了酶的自然底物在与生理学相关的时间尺度范围内置换结合位点上的抑制剂。这类药物实际上是不可逆抑制剂。第三类药物，称为**自杀抑制剂 *suicide inhibitor***（即“基于机制的抑制剂”），是修饰过的底物可逆地与酶结合，但被正常的催化过程转化成不可逆的抑制剂。

8.6.2.2 选择性和副作用

许多药物分子与内源性成分的相似之处使前者得以发挥作用，但同时也可能产生选择性问题。这是因为生物分子本身经常作用于几个靶标。例如，乙酰胆碱同时作用于**烟碱 *nicotinic*** 和**毒蕈碱 *muscarinic*** 受体，尽管它们介导不同的生理过程。类似地，去甲肾上腺素（noradrenaline，又名 norepinephrine）同时作用于 α 和 β 肾上腺素能受体，血清素对至少 6 种 5 - HT 亚型起作用，以此类推。再者，药物也是如此。一个非常著名的例子是**阿司匹林 *aspirin***（表 8.1）。该药属于 NSAID 药物家族，其中还包括布洛芬。

作为 NSAID，阿司匹林是一种有效的止痛剂、解热剂和抗炎剂。由于血小板内的血栓素 A_2 也促进血液凝固，因此使用阿司匹林作为血液稀释剂，给予血管梗塞风险很高的人。最常见的 COX 异构体（COX - 1）也存在于胃中，合成 PG 有助于保护胃黏膜免受胃酸的腐蚀作用。不幸的是，当阿司匹林和其他 NSAID 抑制 COX - 1 时，也会导致胃黏膜的破坏。结果，它们可能会导致胃出血和溃疡。这个问题已经在 COX - 2 选择性 NSAID 的帮助下解决了，如 Celebrex® 和 Vioxx®。COX - 2 是一种不太常见的酶异构体，在胃中不存在，并且其抑制至少就胃病而言是相对无害的。

8.6.3 药物开发与设计

8.6.3.1 药制品的一般来源

许多药物是天然产生的化合物，可以存在于细菌、真菌、植物和动物之中。已知的例子有抗生素，如**青霉素 *penicillin*** 和**四环素 *tetracycline***，控制胆固醇水平的药物如**洛伐他汀 *lovastatin*** 和抗癌药物如**紫杉醇 *taxol***[166]。这些来源的药用效果自古以来就已为人所知，以原始形式或作为提取物使用[167]。然而，这种类型的给药是有问题的，天然来源通常含有数千种不同的化合物，其中一些可能会对动物身体产生不良影响（副作用），有些甚至可能抵消所需成分的功效。用于化学化合物纯化和分析的技术的发展使医学科学家能够分离天然来源中仅为所需的成分，并将其纳入标准化制剂（丸剂、溶液等）中[168]。这也使它们能够维持所需成分的最佳浓度，这在天然来源中很少能达到。用分离的化合物进行的进一步生物化学研究揭示了其药效的分子基础，即它们与动物体内的大分子（通常是蛋白质）结合并调节它们的活性的能力①。药物治疗史上的另一个基石是发现了唾液酸和其他抗生素；这些化合物的微生物来源促使许多制药公司在工业上培养微生物，用以大规模生产这些重要的药物。

尽管自然界中可能很丰富，但理论上可以作为潜在药物的分子数量要比在生物活体中发现的多得多。这是因为非生物化合物也可能含有生物分子中不存在的化学基团，因此，它们在靶标蛋白质的结合位点与化学基团中相互作用的机会要高得多。的确，过去几十年化学合成和改性领域的技术进步显著增加了潜在的与实际使用的药物分子两者的数量。

另外，很多合成的化合物没有天然化合物所具有的一些“对药物不利的特性”（详见参考文献［166］）。与生物生产的同类药物一样，这些人工药物类似于内源性化合物。但是，因为它们在结构和化学上更加多样化，可以利用它们对生物靶标的适应性，设计胜过自然产生的药物。

8.6.3.2 药物开发过程

在药物开发的早期，从全球各地收集具有已知的治疗效果的天然物质（主要以植物提取物的形式），并使用不同的测试方法测定其关键成分的活性。然而，这（对于每种药物的开发）只是一个将延伸超过约 15 年的漫长过程的开始[169]，还包括以下额外步骤。

（1）纯化和分离每种物质的活性成分。

（2）测试其对细胞培养物和分离组织的活性、选择性及毒性。

（3）在动物模型中重复测试，以解决全身影响以及药物稳定性、递送、选择性，以及它在动物体内可能经历的某些过程（退化、解毒、清除等）。

（4）对人类志愿者重复测试。

第一个测试步骤称为**临床前试验** ***pre-clinical trial***，而最后一步称为**临床试验** ***clinical trial***。只有通过所有测试的候选药物（通常为几千个中的一个）才允许使用。如上所述，化学合成方法的开发使科学家能够通过系统地改变其化学基团来人为地创造生物活性分子[170]。这在制药科学中是重要的一步，因为它使科学家从完全依赖大而有限的天然化合物库中解放出来，并允许他们（至少在原理上）创造具有特定性质的药物。这些与药物及其靶蛋白的结合以及其他临床上重

① 实际上，总体思路是由 Paul Ehdich 在 19 世纪根据他观察的工业染料而提出的。然而，小分子的实际分子靶标到 20 世纪才被发现（见 Drews 的评论[168]）。

要的参数相关，如其吸收、分布、代谢、排泄和毒性（***ADMET*** 性质）。

制药科学家看到希望，但也伴随着一个固有的问题[171]：（原则上）作为药物的可用化学分子的数量估计为 $10^{60}\sim10^{100}$ [172－174]。毋庸置疑，在这样的研究开始时，还不能用现有的技术手段来考虑这么多的分子，更不用说每次设计新药的时候了。幸运的是，一种更为现实的方法，称为**理性药物设计 *rational drug design*** 发展起来了，在这种方法中，巨大的化学空间被缩小到可以管理的大小。实际上，通过采用物理化学知识以及统计数据，科学家学会了如何缩小选择范围，并只关注那些更有可能实现药物所需功能的分子。虽然这种类型的预测至少部分依赖于人类的知识和见解，但实施它往往需要复杂的计算，随着强大计算机和复杂算法的出现，这些计算得以显著改善。这种芯片中的方法被称为**计算机辅助药物设计 *computer-aided drug design***。

今天，使用计算机计算和模拟进行的理性药物设计的方法被纳入药物开发过程，使其更节省时间，并且更便宜[175]。理性方法主要用于过程的第一阶段，即用于预测候选分子对靶蛋白的相对结合亲和力和特异性。预测候选药物的生理相容性更加困难，并且通常采用称为**定量-结构-活性关系 *quantitative-structure-activity relationship*（*QSAR*）**的方法来进行。该方法使用统计学推导的数据，得以将药物分子的某些化学结构性质与其生理适应性相关联。例如，某一药物的效能（P）既依赖于药物中基团占据位置 X 的表面积（SA），也依赖于化学基团占据位置 Y 的偶极矩（μ），公式为：$P=1.2\text{SA}-0.4\mu$。

这种方法的缺点是数据有限且科学家无法推断出依赖的原因。因此，没有收集新数据就难以增加这种类型的知识。预测这些候选药物属性的难度通常意味着其中许多药物需要在长期试验中进行测试，这就是药物开发过程仍然漫长且昂贵的原因之一。在下面的小节中，我们将重点放在理性药物设计过程第一阶段的一般原则上，重点是计算机辅助方法。在最后一节中，我们描述了一个著名的理性药物设计案例研究，并不是因为它证明了计算在这个领域的重要性，而是因为相反的情况：它说明了有时仅基于科学家的洞察力和他们的经验就能获得出色的结果。

8.6.3.3　理性药物设计的主要步骤

8.6.3.3.1　概述　从头开始药物设计是药学科学家面临的最具挑战性的形式，因为他们必须在没有任何先验知识的情况下获得活性分子，缺乏目标蛋白的结构和其他可能与之结合的配体/药物。如上所述，唯一的方法是将几乎无限的候选分子减少为一组确定的原型分子（称为先导物），它们与目标蛋白结合，可以进一步作为药物来评估。这是通过建立**约束条件 *constraint*** 来实现的，即对可能出现在分子的某些区域的化学基团的数量进行一定的限制。限制体现了所有科学家对分子与靶蛋白之间特定相互作用的了解。这些信息作为确定分子不同区域的一般特性的“经验法则”配方（图 8.14 和图 8.15）。例如，约束可能表明分子的某个区域必须含有氢键供体组以最佳地与靶蛋白相互作用。或者，它们（约束）可能会为了避免毒性，分子的另一个区域必须含有芳香族基团。约束的推导可以用不同方式完成。例如，科学家可以使用物理-化学中关于药物的某些化学基团与目标蛋白中残基可能发生相互作用的相容性“规则”。或者，统计数据也可用于相同目的。根据与约束相关的药物特性分为两类[171]。**主要靶标约束 *primary target constraint*** 涉及先导物分子的蛋白质结合能力。相反，**第二靶标约束 *secondary target constraint*** 涉及先导物的 ADMET 特性（吸收、分布、代谢、排泄和毒性），这些特性具有临床上的重要性，并且是评估先导物作为可能药物的相容性所必需的。

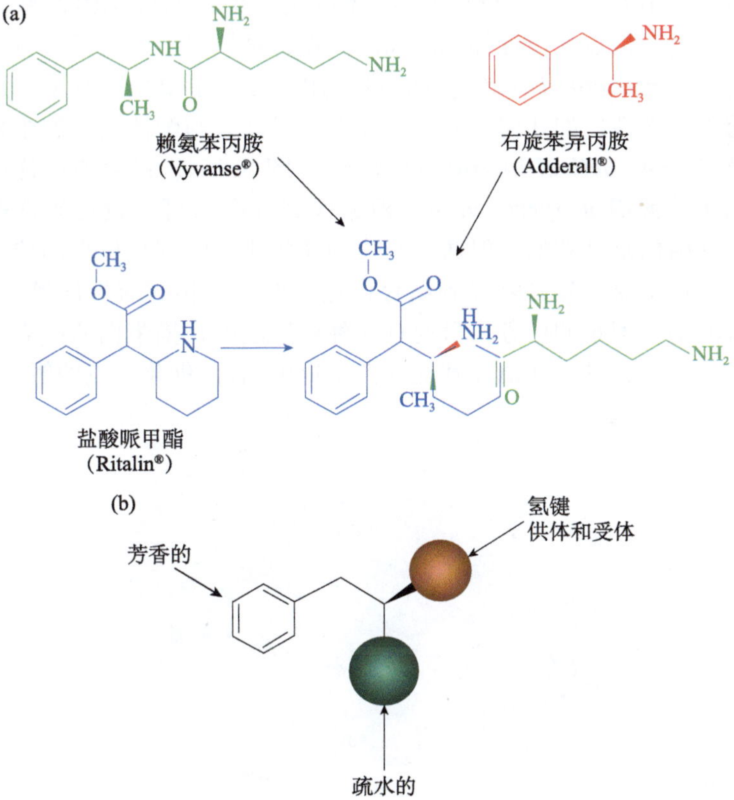

图 8.15 使用基于配体的方法生成药效基团模型。(a) 叠加用于治疗注意缺陷障碍（ADD）的三种类似药物（标注了商品名和活性成分）；(b) 药效基团模型的高度简化表示，对应于 (a) 中提到的三种药物。尽管苯基环可能被相似的芳烃基团取代，但所有三种分子共有的苯乙基被明确指定。包含在药效基团模型中的另外两组（作为球体）被隐含地显示，注释指的是它们的化学性质：氢键供体和受体基团着橙色，非极性（疏水）基团着橄榄色。由商业工具生成的药效基团的更复杂的表述，定义了附加属性以及键距

8.6.3.3.2　建立主要靶标约束　根据可获得的数据类型，确定合适的约束基本上有两种方法。在某些情况下，靶蛋白有几种已知的配体，它们与靶蛋白有相似的结合，并对设计的药物具有相同的一般效果。在这种情况下，流行的方式是**基于配体的方法** ***ligand-based approach***。也就是说，已知的配体被视为该药物的模型，并用于建立一个药物的粗糙的“模板”——**药效基团模型** ***pharmacophore***[176−179]。国际理论和应用化学联合会（IUPAC）对药效基团模型的定义是“一系列的空间和电子特征，是确保与特定生物靶标的最佳超分子相互作用以及触发（或阻断）其生物反应所必需的”[180]。简单来说，药效基团模型是药物的简约化代表，其仅包括对靶蛋白的期望效果重要的那些性质（图 8.15）。在以下小节中，我们简要描述了如何构建药效基团模型。

一个不同的出发点是没有已知的配体可用于构建药效基团模型，但目标蛋白，其结构和结合位点的位置都是已知的。在这种情况下，科学家将不得不采取**基于受体的方法** ***receptor-based approach***① 用于提取主要靶标约束。这涉及映射结合位点的关键属性，如几何、静电特性以及可能参与配体结合的个别基团（**假设的交互位点** ***hypothetical interaction site***）（图 8.16）。结合所有这些可以生成结合位点的**属性图谱** ***property map***，根据该属性图谱可以设计候选药物。有时目标蛋白及其结构是已知的，但通常药物的期望靶标的催化位点的位置未知。在这种情况下，科学家首先必须找到结合位点，然后才构建属性图谱。找到结合/催化位点可能是很困难的任务。目前有几种算法能够扫描蛋白质的表面，并根据特定的几何、静电、进化守恒和其他特性来提出结合/催化位点的假定位置。

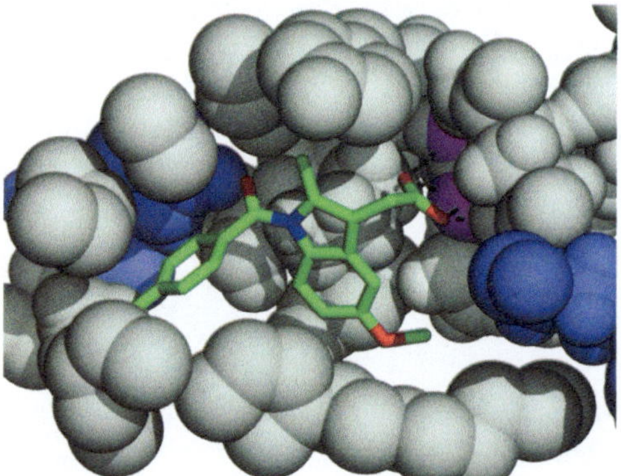

图 8.16　靶蛋白中的相互作用位点。该图显示了在其靶蛋白的一种（球体）结合位点内的抗炎药吲哚美辛（根据原子类型着色的棒）。与药物非极性相互作用的原子着灰色。与药物中的电负性原子静电相互作用的碱性残基着蓝色。与药物中氢键（黑色虚线）相关的原子着品红色。为清楚起见，仅显示了上述残基

① 也称为**结构先导物的药物设计** ***structure-guided drug design***。

最后，科学家可能会发现他/她自己处于一种特别惨淡的境地，靶蛋白的特性是已知的，但其结构尚未确定。在这种情况下，他或她将不得不构建蛋白质模型，并将其用作如上所述药物设计的基础。不幸的是，建模技术通常提供近似的蛋白质结构，而药物设计需要关于催化和/或配体结合残基的三维位置的准确信息。尽管如此，但如果可以发现具有与靶蛋白具有序列高度相似性的已知结构的蛋白质，则可以证明与基于能量的优化相结合的同源建模技术足以产生良好的模型。在本节的其余部分，我们将简要描述将基本约束应用于设计药物的两种主要方法。

Ⅰ. 基于配体的方法：构建药效基团模型

根据共享其他已知配体相同的结合模式来构建药效基团模型[179]。这是通过比对配体的结构以显示共同化学性质区域的方式来完成的，这些区域可能在受体结合中发挥作用（图 8.15a）。共同区域通常在几何上和/或静电上补充靶蛋白的结合位点。药效基团模型通常以距离、角度和全部/部分电荷的形式呈现为一般支架（图 8.15b）。通常，配体越多样化，药效基团模型的推广质量越高。有不同的程序，甚至互联网服务器，可以快速自动地构建基团模型。然而，药物分子相对较小，这有时是手动完成的，尤其是当模板配体具有相似的结构时。在最近开发的称为“支架跳跃”[181] 的方法中，已知配体的结合构象用于获得“假设受体”，其随后用于构建先导物。

Ⅱ. 基于受体的方法：映射结合位点

当没有已知的配体与靶蛋白结合并发挥与计划药物相同的效果时，科学家只能“盲目地”工作，即试图根据结合位点的属性确定药物分子中的重要化学基团及它们之间的几何关系。原则上，这可以通过使用某些物理-化学“经验法则”手动完成，这些“经验法则”有助于确定最可能参与蛋白质-药物相互作用的结合位点中的化学基团。例如，芳香环由于其蓬松性和平面性而突出，而醇、胺、羰基和有机酸将作为潜在的氢键供体和/或受体而突出；有机酸与盐桥形成有关，等等。然而，实际上，确定蛋白质结合裂缝中假设的相互作用位点通常是在计算上进行的。Schneider 和 Fechner 给出了能够进行结合位点自动表征的过去的与现在的算法的描述[171]。简而言之，第一种算法主要涉及具有强烈方向性的氢键的供体和受体。随着时间的推移，其他相互作用类型被纳入搜索，如非极性相互作用、共价键、金属配位和复合氢键。

通过**基于规则 *rule-based*** 的算法搜索靶蛋白中能够参与有意义的原子-原子相互作用的离散化学基团，这是评估结合位点相互作用能力的快速方法，但可能忽略了相互作用的某些方面，这取决于化学环境（见专栏 8.2）和直接环境的强烈影响（如电介质对静电相互作用的影响）。使用**基于网格 *grid-based*** 方法的其他算法解决了这些潜在问题。也就是说，结合位点被映射到三维网格上，并且不同的原子探针/片段探针被放置在每个网格位置处，由此可以计算相互作用能量。计算能量的类型取决于探针的类型。例如，能够参与氢键的探针产生氢键能量等。第三种算法使用**多副本同时搜索** ***multiple copy simultaneous search***（***MCSS***）。简而言之，多个功能基团副本随机定位在结合位点内且能量最小化，并且采用能量足够低的那些配置。因此，MCSS 方法不仅表征结合位点，还产生化学片段的候选组合，以后可能成为先导物。

如上所述，搜索先导物不仅包括生成不同的分子排列，还有其评估，结合位点的亲和力是主要的评估因素。算法可以使用不同的评分函数来对生成的不同分子进行排名。第一个函数通过计算分子与结合位点的几何相容性来做到这一点。后来，出现了更复杂的函数，这些函数是依赖于明确的力场的经验函数或基于知识的函数[171]。第一种类型，即力场，在专栏 3.1 中有详细描述。明确地说，这是对候选项进行排名最慢的方式。经验评分函数可能看起来像简化的力场，因为它们包括独特的表达式，每个表达式描述不同的配体-受体相互作用类型。然而，表达式不需要表示真实的能量，而是通过将表达式拟合到实验中而产生的依赖性派生价值。这主要表示为每个表达式分配的权重。这样的评分函数很快，但由于它们依赖于经验数据库，因此通常是有偏差的。**基于知识的评分函数** ***knowledge-based scoring function*** 依赖于对实验确定的配体-受体结构的统计分析。也就是说，从可用结构中提取每个可能的成对原子彼此相互作用的频率。频繁的互动被认为是有吸引力的，而不频繁的互动则是令人厌恶的。由于这些函数不使用结合能值，它们依赖于比经验函数更大的数据集，因此偏差较小。

专栏 8.2　识别相互作用基团所考虑的化学因素[192,183]

8.2.1　一般考虑因素

药物设计过程通常需要科学家识别和表征可能参与物理-化学相互作用的化学基团。这些基团可以是药物分子的一部分，或构成靶蛋白结合位点的氨基酸的一部分。这项任务考虑的相互作用包括所有自然系统中已知的非共价力，在某些情况下甚至是共价键。前者构成了结合位点中发现的大量相互作用，可以分为以下一般类型，通常涉及特定的化学基团。

(1) 氢键——醇、胺、羰基、有机酸、一些杂环基团。

(2) 盐桥——羧酸盐、酚盐、磷酸盐、硫酸盐。

(3) 非极性相互作用——任何脂肪族或芳香族化合物。

(4) π-π 相互作用——芳香族化合物。

在这种情况下，静电相互作用是最重要的，因为它们不仅决定结合的强度，还决定其特异性。为了确定哪些基团可以参与静电相互作用，科学家必须将它们的极性、氢键能力以及进行质子化或去质子化的倾向关联。由于药物分子可以由多种化学基团组合构成，因此这项任务绝非易事。

8.2.2　进一步的考虑因素：化学背景的重要性

生物学家非常熟悉上面提到的功能基团，因为它们往往出现在许多生物分子中。因此，它们的化学性质也是已知的。然而，在生物分子中，这些基团出现在相对有限的化学环境中。人工分子，如那些用作药物的分子，不考虑受进化的限制，并且可能出现在更多的化学构型中。对于从事药效基团模型构建的科学家来说，这意味着物理化学性质的多样性，在确定这些基团与特定蛋白质-药物相互作用的相容性时应考虑到这一点。在以下段落中，我们将回顾一些示例。

8.2.2.1　酒精酸度

已知脂肪醇的极性足以加入氢键，但不足以表现得像酸，即经历去质子化。当醇的羟基与芳香环连接时，如在**苯酚 *phenol*** 中，其蛋白激酶 A 降低到生理 pH 之下可以去质子化的程度，即它变成酸（图 8.2.1a）。这是由于苯基是吸电子基团，因此它使羟基极化。可以通过将第三基团连接到苯环来调节该极化的程度，当这是一个吸电子基团（如硝基）时，羟基的极化更强（图 8.2.1b），当它是吐电子基团（如乙基）时，极化较弱（图 8.2.1c）。对于羧酸盐基团也是如此，其纯形式是酸性的，并且其酸度可以通过连接不同的取代基团而改变。

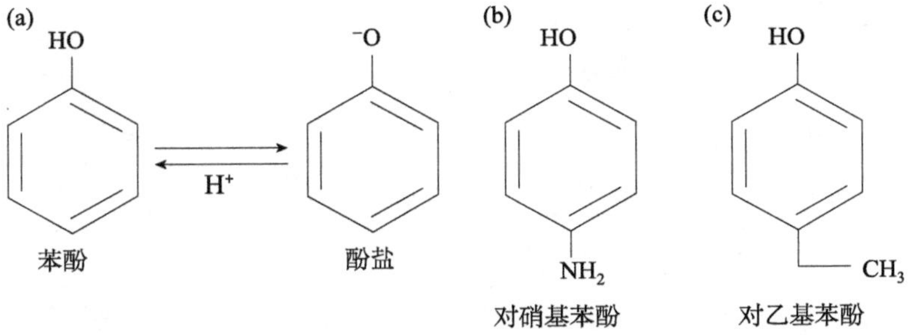

图 8.2.1　芳香醇的酸度。(a) 苯酚的去质子化；(b) 通过连接对硝基（*p*-nitro）增加苯酚的酸度；(c) 通过连接对乙基（*p*-ethyl）来降低苯酚的酸度

8.2.2.2　氨基基团作为酸和碱

生物学中已知氨基基团主要起弱碱作用。但是，当出现在不同的化学结构环境中时，它们可能会表现出完全不同的行为，如下所示。

(1) 虽然伯胺、仲胺和叔胺表现为碱，但季胺却不然。季胺的这种性质，是由于其单电子对与一个取代基共价键合（图 8.2.2a），因此不能结合 H^+。

(2) 芳香胺（如**苯胺 *aniline***）往往表现为酸，因为芳香环充当电子“汇”，使氨基极化并因此使其去极化比通常变得更有利（图 8.2.2b）。当芳香环在其另一端与电负性基团结合时，氨基脱质子化甚至更有利。**磺胺类药物 *sulfonamides*** 就属于这种情况，磺胺类药物是一组抗菌药物，其中芳香胺与**砜基 *sulfone group*** 相连（图 8.2.2c）。氨基为酸性的另一种化合物是酰亚胺 imide。在这种情况下，该基团的电子被一个（或几个）**酮基 *ketone group*** 所吸引（图 8.2.2d）。

（3）**吡咯环 *pyrrole ring*** 含有一个氮原子，其孤电子对与环的其他 4π 电子相连，使其成为芳香族（图 8.2.2e）。这种氮不能作为碱，因为其与 H^+ 的结合会破坏环的芳香性，这是一个非常不利的过程。**酰胺 *amide*** 是类似的情况，因为其氮的孤电子对参与**酮-烯醇互变异构化 *keto-enol tautomerization***，这使得它不可用（图 8.2.2f）。因此，这一基团非碱亦非酸。

（4）在**脒类 *amidine*** 中，NH 基团是碱性的，但不仅仅是普通的氨基。这是因为质子化对正电荷的非局部化非常有利（图 8.2.2g）。

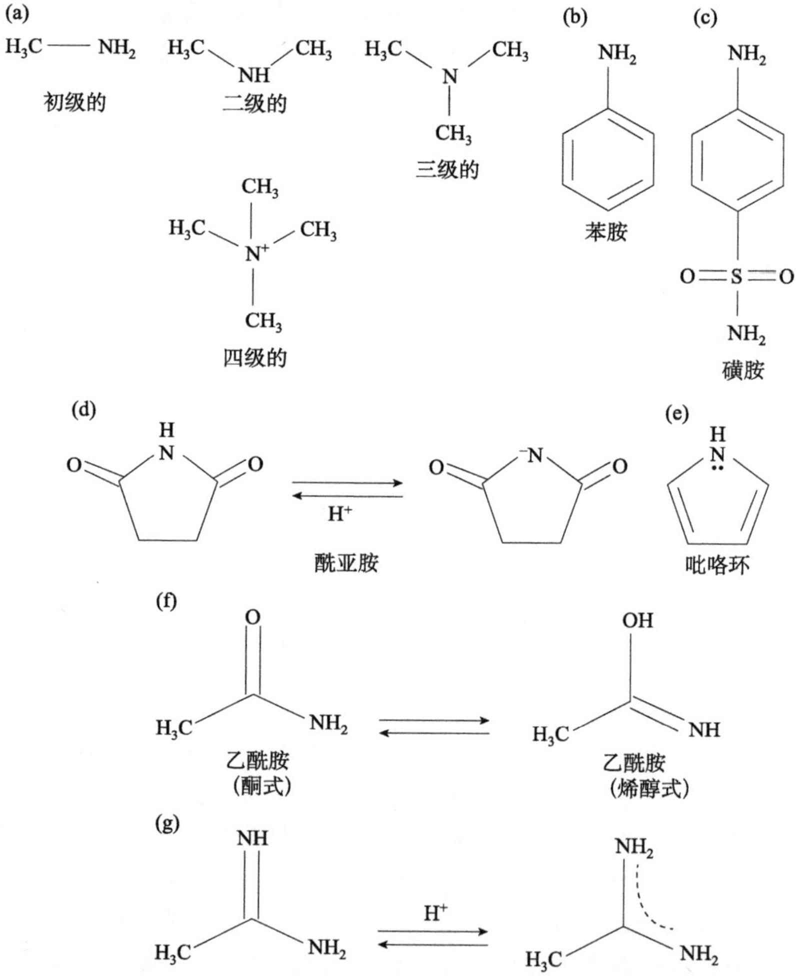

图 8.2.2　胺类。(a) 脂肪胺；(b) 苯胺，芳香环改变氨基从碱到酸的行为；(c) 磺胺，磺胺进一步提高了氨基的酸度；(d) 酰亚胺，两个酮基充当吸电子基团，增加氨基的酸性；(e) 吡咯环，氮的孤电子对被占据，因此不能结合更多的质子；(f) 乙酰胺中的酮-烯醇互变异构化；(g) 亚氨啶中的电荷去定位

8.2.3 环系统的空间电子特性

还有其他因素使得化学基团的选择变得复杂。例如，如果它们的立体电子特性相似，不同的基团则可能与蛋白质发生类似的相互作用。这可以通过**吩噻嗪** ***phenothiazine*** 环系统来举例说明，其在抗精神病药物如**氯丙嗪** ***chlorpromazin*** 中是常见的。该基团含有两个苯环，位于具有硫原子的杂环侧翼（图 8.2.3a）。杂环具有 4π 电子，这使得中间的环是芳香族的，因此是平面的。吩噻嗪环的平面性似乎对药物的活性很重要，因此必须在吩噻嗪环的任何化学衍生物中保持其平面性。事实上，只要保持平面性，即使相对较大的修改也可以保留抗精神病活性。例如，当硫原子被双键取代时，得到的二苯并氮卓（图 8.2.3b）保持平面性，这使得分子能够保持其活性。然而，当双键减少时，平面性丧失（图 8.2.3c），抗精神病活性也随之丧失。与上述相反，存在这样的情况：基团之间的微小差异产生与靶蛋白的完全不同的相互作用，这通常导致不同的活性。例如，异丙肾上腺素和二氯异丙肾上腺素就是这种情况（图 8.2.3d）。两个分子之间的唯一区别是在第二个分子中用氯化物取代第一个分子中的两个羟基。尽管如此，但异丙肾上腺素仍然充当 β 肾上腺素能激动剂，而二氯异丙肾上腺素仍然充当拮抗剂。

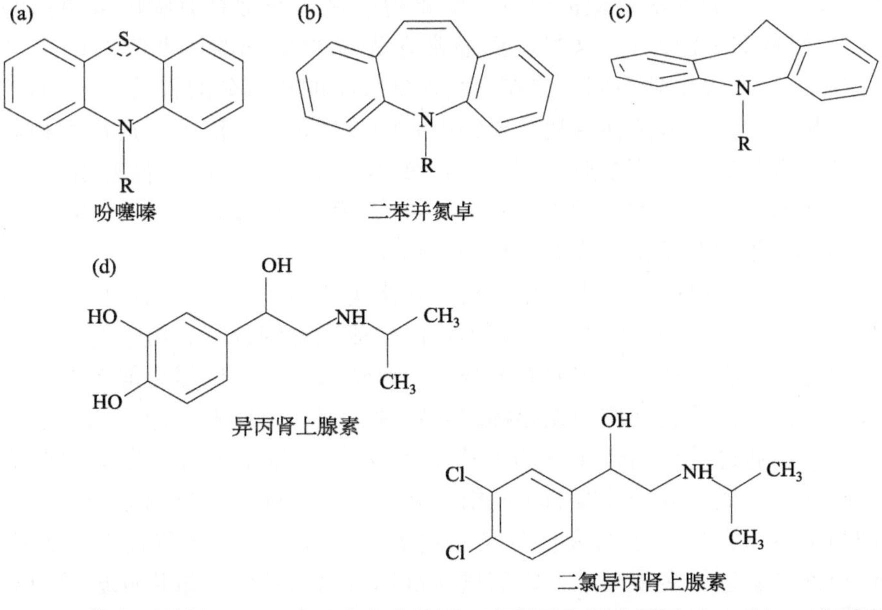

图 8.2.3 立体电子效果。(a) 平面吩噻嗪基团，注意两个孤硫原子对；(b) 一个平面二苯并氮卓基团，由双键取代吩噻嗪的硫而生成；(c) 二苯并氮卓因双键减少而丧失平面性；(d) 通过用氯化物取代两个羟基，将激动剂（异丙肾上腺素）变为拮抗剂（二氯异丙肾上腺素）

8.2.4 立体异构

生物分子是由立体特异性机制分子（核糖体、酶）合成的，因此几乎完全以单一异构体的形式出现。相反，药物分子通常以相同的比例（**外消旋混合物 *racemic mixture***）在产生两种异构体（S 和 R）的过程中化学合成。这些药物分子的靶标是立体特异性的，这意味着仅须使用药物的一种异构体。在许多情况下，另一种异构体甚至不与靶蛋白结合，而在其他情况下，它可以与靶蛋白结合但发挥较弱或不同的作用。例如，左啡诺和右美沙芬是同一种分子的两种异构体（图 8.2.4）。两者都具有抗咳嗽（咳嗽抑制）效果，但前者也是一种高度上瘾的镇痛药，而后者则不是。

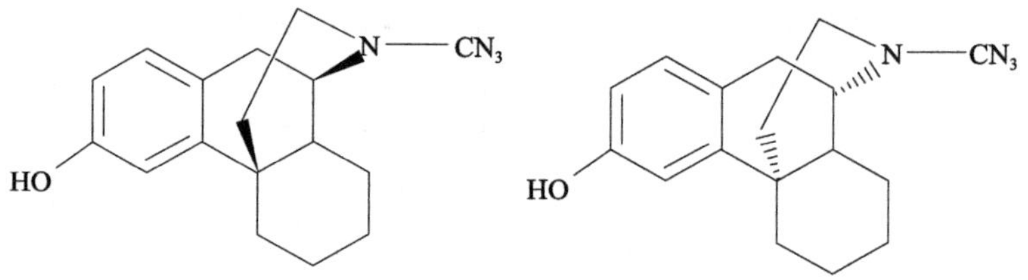

图 8.2.4　使用正确的对映异构体的重要性。左啡诺和右美沙芬仅在绝对构型上不同，但对身体有不同的影响

8.6.3.3.3　分配次要靶标约束　次要约束是指通常具有临床重要性的药物特性（如 ADMET 特性）。这些约束通常在先导物优化的后期阶段确定（见下文），这些约束可以单独声明，或作为被评估分子的总得分的权重[171]。通常，与主要约束相比，计算方法在寻找次要约束时的效果较差。因此，通过生物学测定验证是非常重要的。尽管如此，但一些次要属性比其他属性更容易预测。例如，已发现药物的口服生物利用度与 Lipinski 的**五项规则 *rule of five*** 相关[184]。此外，已知某些化学亚结构会降低药物分子的稳定性。

8.6.3.3.4　选择/设计先导化合物　在指定了与药物有关的约束条件后，可以添加缺失的部分，即真实的化学基团，以生成完整的分子。由于约束是非特异性的，因此存在满足这些要求的许多分子。科学家必须尝试尽可能多地生成和探索这些分子，并评估它们作为先导物的兼容性。第一个任务，即不同分子衍生物的合成，可以通过使用组合化学的方法来完成[185]。也就是说，自动化系统通过产生相同（或相似）分子片段的不同组合来合成众多候选先导物分子。第二个任务，即测定由该方法产生的大量分子，这更加难以实现，不仅需要测试许多分子，还经常需要进行多项测试，如测量与目标蛋白的结合、量化候选药物的生化效应等。在过去 20 年中，多亏有了自动化，开发了用于筛选化学库的高通量方法[186−188]。这些方法大大加快了测试阶段，现在它们在制药行业中非常普遍，并且已经证明是成功的（如参考文献 [189]）。但是，要测试的候选先导物的数量通常非常高。这个问题可以通过使用简化的库（即包含已知作用于相同靶蛋白或相关靶标家族的药物分子的库）来解决[190]。

寻找先导物的另一种方法是用计算机搜索化学空间。实际上，计算机算法可以扫描分子、片段甚至原子的庞大数据库，以寻找能够将先前分配的约束转化为真实可行的先导物的化学基团的正确组合。这种方法的优点是显而易见的；化学空间的虚拟扫描比实际扫描快得多，这意味着搜索可以覆盖更大的空间（高达数百万个分子）。寻找应用的一般约束条件的最佳化学解决方案通常在分子片段的水平上进行[171]，即将个别片段组合集成到分子支架中，并使用评分函数评估所得分子与靶蛋白的结合亲和力。与8.3.1.2节中描述的方法相反，该方法使用严格、明确的计算以获得蛋白质-配体结合能的准确值，先导物设计的目标是对每个取样分子的相对靶蛋白的亲和力进行排序。这不需要非常精确的计算，但需要快速计算，能够在合理的时间内对尽可能多的分子进行排序。因此，先导物设计的评分函数往往包含简化项，这些项在很多情况下是基于知识的，而不是描述真实物理交互的表达式。

这并不是说计算容易，有两个影响结合能的因素仍然需要考虑。第一个是系统中（蛋白质的和先导物的）计算灵活性，第二个是先导物可以获得的相对于蛋白质结合位点的不同方向。这两个因素都使得该过程在计算上成本高昂。构象和方向的采样一般通过称为**分子对接 *molecular docking*** 的计算过程来完成。为了避免**组合爆炸 *combinatorial explosion***，许多对接算法仅改变候选先导物的方向和/或构造（**刚性对接 *rigid docking***）。由于人工智能和机器学习技术的最新进展，需要扫描的化学构象空间已大大减少[39]。例如，过去系统化的采样技术可以通过使用**随机模式 *stochastic pattern*** 来进行。这使得人们能够识别化学构象空间中比其他区域更有可能包含期望解决方案的区域。因此，搜索可以只关注这些区域，而不是整个空间。对蛋白质和先导物的构象空间进行取样称为**柔性对接 *flexible docking***。尽管上面提到的采样方法有所进步，但在“完全”灵活对接时采样的构象数量太大。因此，可塑性通常只赋予那些参与配体结合的蛋白质残基子集。由于对这些残基的选择是由科学家完成的，这会是一个潜在的错误来源。

另外，评分功能本身是问题的潜在来源。如上所述，它们通常依赖于能量计算或原子/基团在特定分子环境中出现的统计趋势。尽管评分功能最近得到了改进，但它们仍远远不能准确地再现结合亲和力，这使它们在先导物生成中的使用存在问题。尽管有其固有的问题，但全面考虑下来，计算工具还是使得搜索先导物和药物相关分子的效率大大提高（参见参考文献［171，191］中的例子），它还经常与实验室工具组合以获得最佳结果。

8.6.3.3.5 先导物优化 尽管大多数药物显示了纳摩尔与其靶蛋白结合的亲和力，但第一轮从头设计倾向于产生具有毫摩尔亲和力的先导物[171]。这意味着必须进行进一步的结合优化以期获得所需要的药物。该过程通常依赖于基于能量的方法并结合采样算法，该采样算法能够产生先导物的化学组成和构象上的系统变化，从而对每个采样配置进行能量评估，直至找到最佳配置。这可以与对接过程相结合，该过程允许科学家根据其相对于结合位点的取向以及其与结合位点残基的相互作用来微调先导物。可能需要优化的先导物的其他特征是它们的物理化学、药物、ADMET 和药物代谢动力学特性[191]。例如，第一轮建议的分子可能会变成有毒的，难以合成，或具有非药物样特性（过大、过于亲脂等）[190]。在这种意义上，先导化合物的优化通常由定量构效关系（QSAR）来完成，特别是考虑到毒性时[191]。也就是说，不想要的特性与某些化学基团有关，科学家凭相关经验来避免这些特性。当已知靶蛋白的三维结构时，基于受体的优化也有助于解决一些临床方面的问题。例如，通过增加先导物与蛋白质结合位点的相容性，可以提高先导物的选择性，这意味着降低了毒性。该方法的范例是用于腺苷脱氨酶的新型抑制剂药物的设计，其毒性明显低于其前身[192]。

8.6.3.4　理性药物设计案例研究：血管紧张素转化酶（ACE）抑制剂

8.6.3.4.1　引言

合理的药物设计，特别是结构引导型，是一个相对较新的领域，但仍然已经有一些成功案例。两个最知名的成功案例如下。

（1）COX－2 抑制剂[193] ——非甾体抗炎药（NSAID，见 8.6.2.1.2 节）可能对我们体内的两种环氧合酶起作用。第一种类型，COX－1，可以在全身被发现。在胃中，COX－1 的活性可以保护胃内的黏膜细胞。这就是为什么 NSAID 抑制 COX－1 可能导致胃病，如出血和溃疡。第二种类型，COX－2 几乎全部存在于炎症细胞中，如巨噬细胞。合理的药物设计允许产生有 COX－2 选择性的 NSAID，其可用于在不伤害胃的情况下对抗炎症。实例包括**赛来昔布** ***celecoxib***（**西乐葆** ***Celebrex®***）。

（2）外周 H_1 受体拮抗剂[194] ——组织胺受体（“H 受体”）参与生理过程，但也参与过敏反应。有不同类型的 H 受体，一些驻在大脑中，而另一些则可以在周围神经系统中找到。抗组胺药是设计用于阻断 H 受体的药物，它们被广泛用于治疗患有过敏症的人。像**苯海拉明** ***diphenhydramine***（***Benadryl®***）这样的老一代抗组胺药可穿过保护大脑的**血脑屏障** ***blood-brain barrier***（***BBB***），并阻断中枢 H 受体。不幸的是，它们还倾向于阻断**毒蕈碱** ***muscarinic*** [乙酰胆碱（acetylcholine）] 受体，这导致**“抗胆碱能”** ***anti-cholinergic*** **副作用** ***side effect***，如镇静、嗜睡、眩晕和口干。合理的药物设计允许配制外周 H_1 受体抗组胺药，它不仅能作用于组胺受体的一种亚型，而且不能穿过血脑屏障（BBB），因此不具有中枢抗胆碱能副作用，如**氯雷他定** ***loratadine***（**开瑞坦** ***Claritin®***）。

另一种成功的药物设计尝试是开发**血管紧张素转化酶** ***angiotensin-converting enzyme***（***ACE***）抑制剂，作为高血压的治疗方法。事实上，它仍被认为是最早的理性药物设计工作之一[195]。下面我们描述开发第一代 ACE 抑制剂的主要步骤并简要讨论新一代抑制剂背后的主要原理。但在此之前，我们将描述在生理系统中 ACE 的运行。

8.6.3.4.2　高血压和肾素-血管紧张素-醛固酮系统

Ⅰ. 概述

慢性高血压是发达国家中最常见的疾病之一[196]，影响世界成年人口的约

26%[197]。它可能会导致危及生命的心血管并发症，如肾功能衰竭、心力衰竭和脑卒中[195]。因此，已经开发了一系列用于治疗高血压的药物，包括利尿剂、β-阻滞剂、ACE 抑制剂、钙通道拮抗剂、血管紧张素受体阻滞剂和 α-阻滞剂[198]。其中三种药物作用于**肾素-血管紧张素-醛固酮系统 *renin-angiotensin-aldosterone*（*RAA*）*system***，该系统负责哺乳动物体内血压和水/电解质的自动调节[199]。该系统很复杂，包括不同的激素和酶。因此，我们将“避免”深入了解系统的全部细节，而是讨论其一般原则（图 8.17）。

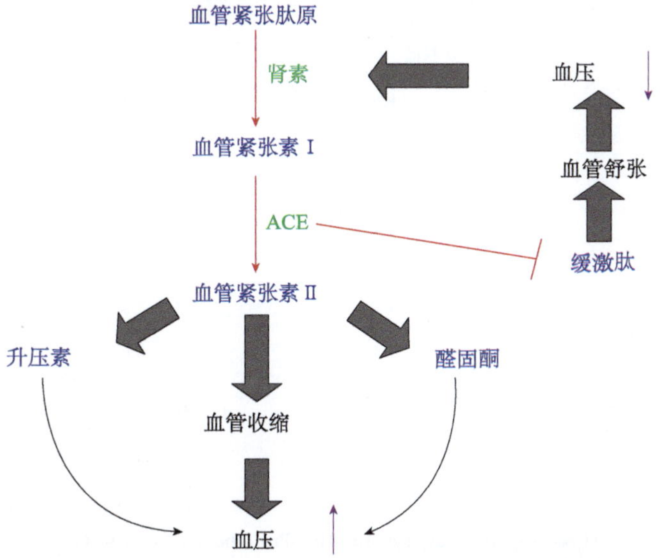

图 8.17 肾素-血管紧张素-醛固酮（RAA）系统的示意图。参与该系统的蛋白质、肽或小分子是蓝色的，而酶是绿色的。生化反应呈现为红色箭头。血压的增加或减少标志为紫色短箭头。宽填充的粗箭头从一种状态引导至其效果，或标记激素诱导（血管升压素/醛固酮对血压的影响除外，其由弯曲的黑色箭头标记）。最后，红色⊣形代表血管紧张素转化酶（ACE）对缓激肽的降解。RAA 系统包括从大蛋白血管紧张肽原到血管收缩剂血管紧张素 II 的主要生化途径。肾素和 ACE 这两种酶促成了这一途径。血管紧张素 II 通过诱导血管收缩直接降低血压，或间接通过诱导血管升压素和醛固酮激素的释放来降低血压。ACE 通过产生血管紧张素 II 来降低血压，也可通过降解具有血管舒张活性的缓激肽来降低血压

当可能由脱水、过敏反应或出血性损伤引起血压下降时，身体立即做出反应，将其恢复到正常值。这种反应是体内心血管自动调节的一部分，但它也被设计用于预防危及生命的情况，如血压显著下降。这种危险的事件使得心脏工作更加努力和快速，如果不及时治疗，甚至可能导致心跳骤停和死亡。身体对血压降低的反应始于将**肾素 *renin*** 从肾释放到血液循环中。肾素是一种降解**血管紧张肽原 *angiotensinogen*** 的蛋白酶，血管紧张肽原是一种源于肝的 55kDa 血浆蛋白。其中一种降解产物是 10-氨基酸肽**血管紧张素 *angiotensin* I**（图 8.18），它没有

显著的生理作用。然而，血管紧张素Ⅰ可被 ACE 降解，剩余的 8-氨基酸肽（**血管紧张素** ***angiotensin*** **Ⅱ**）是有效的**血管收缩剂** ***vasoconstrictor***。也就是说，血管紧张素Ⅱ与小动脉平滑肌上的同源受体结合，使肌肉收缩、小动脉收缩。这将血压恢复到正常值，并防止上述症状。

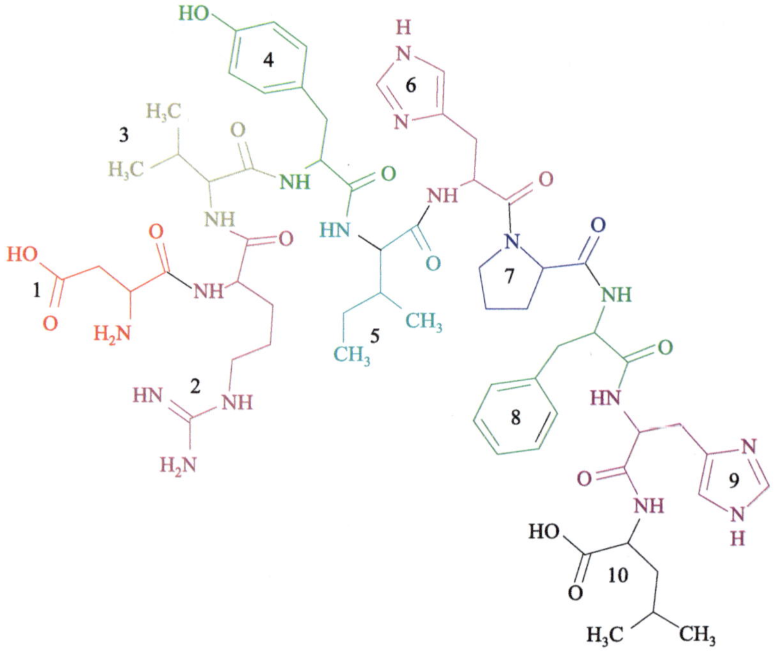

$^{+}H_3N$-Asp_1-Arg_2-Val_3-Tyr_4-Ile_5-His_6-Pro_7-Phe_8-His_9-Leu_{10}-COO^-

图 8.18　血管紧张素Ⅰ。图中显示了 10 个氨基酸肽的结构（顶部）和序列（底部）。结构中的每个残基都有不同的颜色和编号。ACE 从肽上切下的两个残基在该序列中着粉红色

血管紧张素Ⅱ还通过诱导其他两种血压调节激素在血液循环中的释放而间接地增加血压。这些是类固醇激素**醛固酮** ***aldosterone***，从肾上腺皮质释放，以及肽类激素**升压素** ***vasopressin***（**抗利尿激素** ***anti-diuretic hormone***），从脑下垂体释放。醛固酮作用于肾的远端小管和集合管。在那里，它增加了再吸收 Na^+ 到血液中和 K^+ 分泌到尿液中。由于无法将水和 Na^+ 分开，增加 Na^+ 的再吸收也意味着将水再泵回血液。这有两个结果：第一，减少水分流失，这也有助于脱水的情况；第二，血容量的增加导致血压升高。像醛固酮一样，升压素作用于肾以保持水和增加血压。然而，与醛固酮不同的是，它通过增加远端小管和收集管的透水性而直接起作用。另外，ACE 也可能通过降解 9-氨基酸肽——**缓激肽** ***bradykinin***（RPPGFSPFR）间接地升高血压，RPPGFSPFR 是一种已知的血管扩张剂。

Ⅱ. 血管紧张素转化酶（ACE）

ACE 也称为肽酰二肽酶 A（EC 3.4.15.1），是一种高度糖基化的锌依赖性

羧肽酶。它存在于内皮、小肠刷状缘和肾近端小管细胞的质膜中[200−202]。内皮ACE［又名体细胞ACE（sACE）］的外质区域面向血液，使其能够作用于血液循环中正确的肽底物。在体外，ACE可以作用于多种肽，催化其两个C端氨基酸的水解裂解。ACE具有低特异性：次末端位置可以被除Pro以外的任何残留物占据，并且末端位置可以是除Asp或Glu以外的任何残基。在体内，sACE作用于几种生物活性肽，包括**P物质*substance P*、促黄体素释放素*luteinizing hormone-releasing hormone*（*LHRH*）和神经降压素*neurotensin***[203]。然而，作为心血管稳态的调节剂，其主要底物是血管紧张素Ⅰ和缓激肽（见下文）。

除了sACE，还可以找到其他形式的酶，介绍如下。

（1）可溶性ACE——由sACE的外质区域的蛋白质水解切割形成，虽然活跃，但与结合膜的ACE相比，它在心血管稳态中的作用不大。

（2）tACE——一种替代的ACE转录产物，存在于成年人睾丸中。除前36个残基外，它与体腔壁ACE的C结构域完全相同[204]。

（3）ACE2（又名ACEH）——在人类和啮齿类的心脏、肾、睾丸中发现的ACE同源物。它对具有C端疏水/碱性残基的肽具有活性，但与ACE一样，它作用于血管紧张素Ⅰ并调节血压和心脏功能[195]。有趣的是，它不受经典ACE抑制剂的影响（见下文）。

人类ACE是含有两个同源活性位点的单一多肽链的罕见实例之一。实际上，ACE有两个55%相同的催化结构域（分别称为“N”和“C”），它们被认为是基因复制的结果[200,205]。每个活性位点含有结合了HEMGH序列的锌离子（Zn^{2+}），HEMGH序列是锌依赖性蛋白酶的已知基序。这两个结构域在某些方面有所不同。例如，尽管具有不同的效率，但每种结构域都可以作用于一系列肽序列。对于体内的血管紧张素Ⅰ，C结构域比N结构域更加活跃[206−208]，但也更依赖于Cl^-[205]。

与其他锌依赖性金属蛋白酶一样，ACE的机制被认为包括以下步骤[209,210]（图8.19a）。

（1）锌离子对水分子的极化，然后是去质子化。通过锌离子上的正电荷稳定所得的氢氧根阴离子。

（2）氢氧根阴离子对易裂解的羰基碳的亲核攻击，随后形成四面体过渡态（图8.19b）。

（3）易裂解的酰胺氮的质子化，然后裂解肽键。

虽然还不完全清楚特定残基的参与机制，但确有残基涉及催化过程。例如，有人提出Glu384会使一个质子在亲水核试剂和离开的酰胺基之间穿梭。

肽相对于ACE的活性位点的取向通常被发现与锌离子有关。因此，与锌离子结合的易裂解键的羰基N端的第一和第二残基分别称为P_1、P_2（图8.19c）。羰基C端的第一和第二残基分别称为P_1'、P_2'。ACE的活性位点中与这些残基相互作用的亚位点相应地被称为S_1、S_2和S_1'、S_2'。

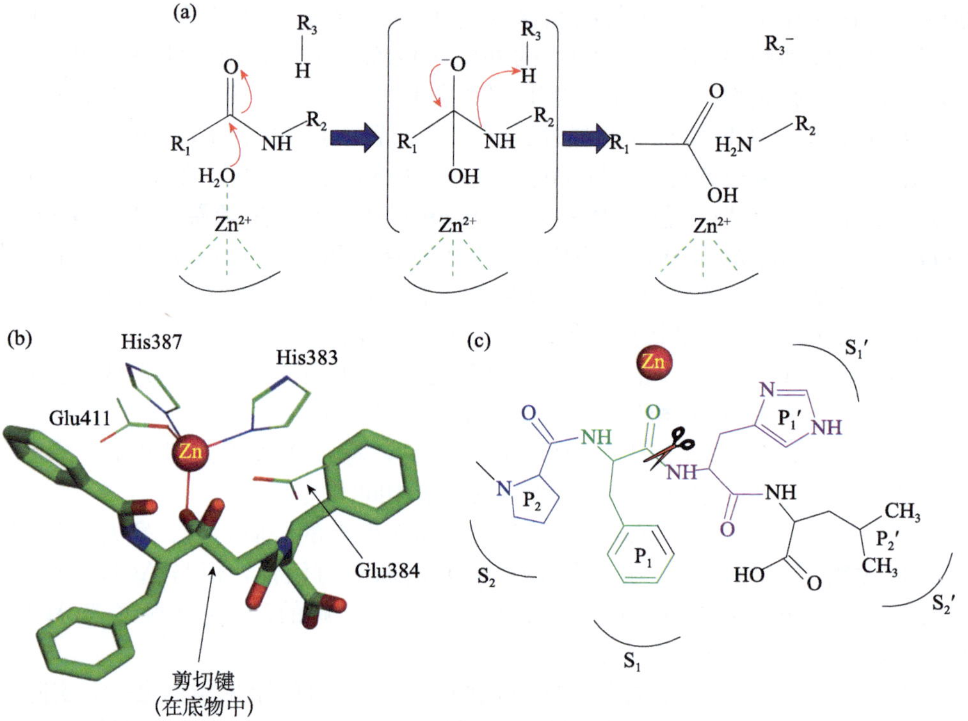

图 8.19　ACE 的机制。(a) ACE 的作用机制示意图。红色箭头标记电子的重新排列，绿色虚线表示配位键，锌离子下方的曲线表示锌所在的酶结合囊。催化反应包括锌诱导的水分子的极化和去质子化，然后水分子充当亲核试剂。形成四面体过渡态（在括号中），然后是易裂解的酰胺氮的质子化和肽键裂解。此为该过程的大致描述，即没有标注特定的 ACE 残基。(b) ACE 活性位点中底物过渡态的可能结构和方向。所示的结构是人类睾丸 ACE（TACE）与抑制剂 kAF（PDB 条目：1bkk）（来自 Watermeyer，J. M.，Kroger，W. L.，O'Neill，H. G.，Sewell，B. T.，and Sturrock，E. D.，*Biochemistry*，47，5942－50，2008）的复合物。kAF（显示为棒）具有酮基，底物的羰基位于其中。因此，它能够在 ACE 的活性位点内进行催化反应的第一部分，即亲核攻击。随后，它从基态变为四面体过渡态，代表着真实底物的过渡态。然而，底物中的可裂解酰胺氮在 kAF 中被碳取代，因此键不能被裂解。这使得 Watermeyer 及其同事能够使酶和“底物”结晶。该结构展示了过渡态的具有部分负电荷的两个氧原子的晶体——二醇基团如何螯合锌离子。后者也与其他三个残基配位，如图所示。(c) 底物/抑制剂中的 4 个位置（P_2、P_1、P_1'和 P_2'，与锌配位酮基相关），以及它们在 ACE 活性位点中的相应结合亚位点（S_2、S_1、S_1'和 S_2'）。剪刀符号表示被酶切割的酯键（在底物中）

8.6.3.4.3　ACE 抑制剂的设计[195]

Ⅰ. 第一代抑制剂

Cushman 和 Ondetti 合理设计第一种 ACE 抑制剂的起点是早期发现了一组来自南美响尾蛇——巴西具窍蝮蛇 *Bothrops jararaca* 的 ACE 抑制肽。比较了肽的抑制作用，发现三肽**苯丙氨酸-丙氨酸-脯氨酸 *Phe-Ala-Pro***[212] 是最佳的（图 8.20a）。

由于肽在胃中被蛋白酶消化，因此不能口服给药，这使得它们成为不良药物。因此，研究人员转而设计了与 Phe-Ala-Pro 肽具有相似特性的非肽类抑制剂。

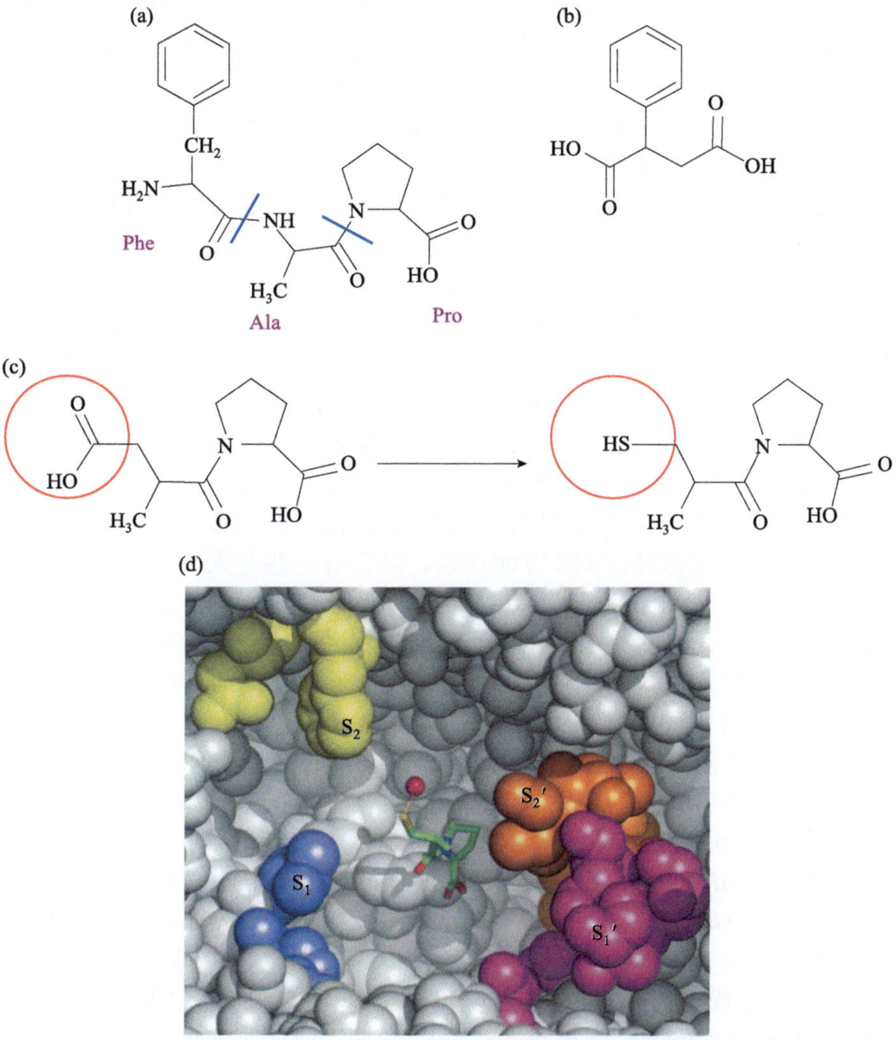

图 8.20 开发第一种 ACE 抑制剂——卡托普利（Captopril）的步骤。(a) 来自南美响尾蛇——巴西具窍蝮蛇 *Bothrops jararaca* 毒液的 Phe-Ala-Pro 肽，蓝线分隔氨基酸；(b) 苯甲基-琥珀酸，即羧肽酶 A 副产物抑制剂；(c) 甲基-琥珀酰-脯氨酸（左）和巯基/巯基衍生物卡托普利（右），两种抑制剂之间的唯一区别在于红圈内的基团；(d) Captopril 在人类 tACE 活性位点内的结构和方向（PDB 条目：1uzf）。Captopril 显示为棒状，按原子类型着色，酶显示为灰色球体。ACE 中的 S_2、S_1、S_1'和 S_2'亚位点的着色不同并加标注，可以清楚地看到 Captopril 的羧基与锌离子（粉红色球体）的配位。为清楚起见，除去了酶的一些原子

假设 Phe-Ala-Pro 肽受竞争抑制作用，研究人员寻找新的抑制剂能够有效靶向的特殊结合位点。为此目的选中的是金属锌，它依赖于 ACE 的活性。锌的选择受到对羧肽酶 A（CPA）研究的启发，这是另一种锌依赖性酶，数据库中有它的三维结构。之前对 CPA 的研究发现，该酶被**苯甲基-琥珀酸** ***benzyl-succinic acid*** 所抑制[213]（图 8.20b）。Cushman 和 Ondetti 预测，抑制作用至少与抑制剂的碳烯基团对锌的配位有关。由于研究人员认为 CPA 和 ACE 具有相同的机制，他们寻找了一种琥珀酰氨基酸衍生物，它可以在 ACE 的活性位点进行相同的操作。基于 Phe-Ala-Pro 肽的抑制作用，他们构建了琥珀酸衍生物**甲基-琥珀酰-脯氨酸** ***methyl-succinyl-Pro***（图 8.20c 左），其类似于羧基-丙氨酸-脯氨酸。实际上，研究发现该抑制剂特异性地作用于 ACE，$IC_{50}=22\mu mol/L$①。为了进一步提高抑制作用，研究人员用硫醇代替了羧基，硫醇是一种更好的金属阳离子螯合剂（图 8.20c 右）。结果是卡托普利 Captopril 的 IC_{50} 值约是其羧基对应物的 1/1000[214,215]，并成为第一种抗高血压 ACE 作用药物。

当结合到卡托普利（Captopril）的 ACE 结构于 2004 年被弄清楚时[216]，它证实了 Cushman 和 Ondetti 的预想：抑制剂被置于活性位点内，其巯基配位锌离子，甲基占据 S_1' 亚位点，脯氨酰基占据 S_2' 亚位点（图 8.20d）。

虽然 Captopril 在抑制 ACE 方面有效，但它有一些令人不快的副作用（如皮疹），这促使 Patchett 及其同事开始寻找非硫醇抑制剂。由于非硫醇基团与锌离子产生较弱的结合，他们决定关注其他能结合酶活性位点的抑制剂基团，这些包括 S_1 囊（P_1）和与底物易裂解键的酰胺氮形成氢键的基团。对于这些基团，研究人员启用了不同变种的 ***N*-羧基-烷基二肽** ***N-carboxy-alkyl dipeptide***[217]（图 8.21a），基于其之前对**嗜热菌蛋白酶** ***thermolysin*** 的抑制作用，发现有两个变种具有最佳活性。两者共同的是，苯甲基-亚甲基连接在 *N*-羧基上，位于 ACE 中 P_1 位点的位置。两种抑制剂之间不同的是来自二肽基团的特性；在第一种抑制剂**依那普利拉** ***Enalaprilat*** 中，二肽是 Ala-Pro（图 8.21b），而在第二种抑制剂**赖诺普利** ***Lisinopril*** 中，二肽是 Lys-Pro（图 8.21c）。Enalaprilat 的活性并不令人惊讶，因为它与 Phe-Ala-Pro 三肽非常相似，已知它是一种有效的 ACE 抑制剂（见上文）。然而，由于 Lys 的侧链与 Ala 的侧链有很大的不同，Lisinopril 的疗效出人意料。2003 年发表的 ACE-Lisinopril 复合物的结构[218] 证实了 Lisinopril 的长戊胺侧链适合紧密地深入 S_1 亚位点（图 8.21d），在那里它由 Glu162 静电稳定（图 8.21e）。这可能是 ACE 对 Lisinopril 相比对 Enalaprilat 亲和力更大的原因[219]。此外，Lisinopril 通过其酰胺氮和两个羧化物基团形成极性相互作用，并使用羧基-烷基配位锌阳离子（图 8.21e）。

① 半数最大抑制浓度，这是抑制剂有效性的常用量度。

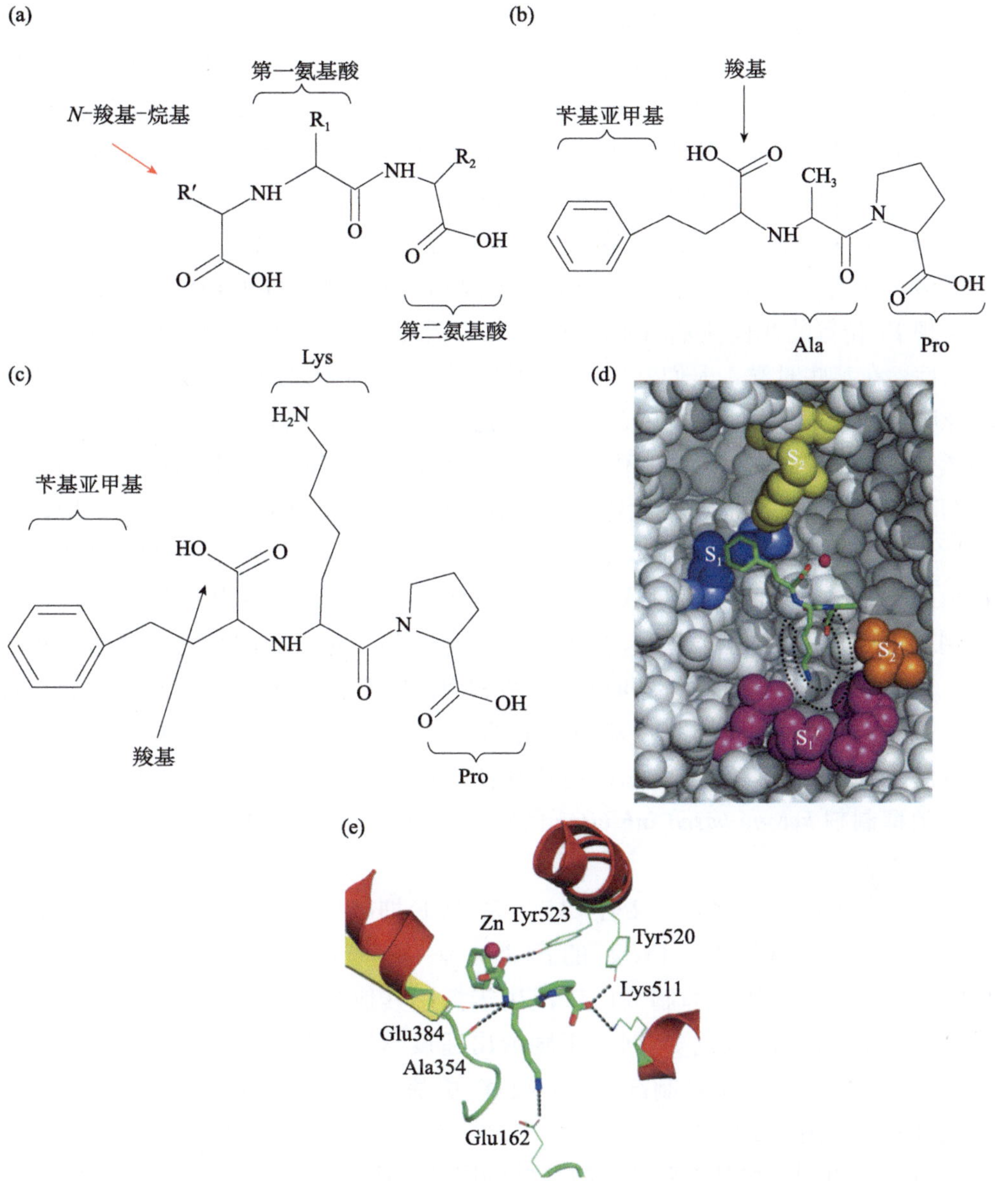

图 8.21 ACE 抑制剂赖诺普利（Lisinopril）的开发步骤。(a) 用于 Lisinopril 的 *N* -羧基-烷基二肽支架。R′表示取代 *N* -羧基的化学基团，而 R_1 和 R_2 分别表示第一和第二氨基酸的侧链。(b) 依那普利拉和 (c) Lisinopril，两者均使用 *N* -羧基-烷基二肽支架设计。两者相同的是，苄基亚甲基取代 *N* -羧基，但这两种抑制剂的不同在于第一氨基酸（依那普利拉 Enalaprilat 中的丙氨酸 Ala 和赖诺普利 Lisinopril 中的赖氨酸 Lys）的特性。(d) Lisinopril 在人类 tACE 活性位点内的结构和方向（PDB 条目：1o86），Lisinopril 与酶如图 8.20d 所示。为清楚起见，除去了酶的一些原子。S_1′囊的一般形状由虚线描绘。(e) Lisinopril 和 ACE 残基之间形成的一些极性接触。Lisinopril 显示为棒状，ACE 残基显示为线框。极性触点显示为黑色虚线

Ⅱ. C 结构域选择性抑制剂

上述三种分子作为其他分子设计的基础，它们共同构成了第一代 ACE 抑制剂。设计这些抑制剂的要点是赋予其强大的锌结合能力，同时尽量减少副作用。这导致构建抑制剂，其中锌结合基团包括不同的化学物质，如羧酸盐[217]、酮[220]、次磷酸[221]、异羟肟酸[222] 和硅烷二醇[223]。对设计的许多抑制剂的构效关系研究也获得了关于锌结合基团两侧位置的见解[203]。例如，发现 P_2'位置可以耐受多种取代基，但“更偏爱”芳香基团或其他可增加效能的环结构。此外，研究发现 P_1 位置的非极性基团通过参与 ACE 活性位点残基的非极性相互作用而增加活性。在某些时候，人们意识到使用第一代抑制剂带来的一些副作用，如持续性咳嗽和**血管神经性水肿 *angioedema***，是由缓激肽（血管扩张剂；图 8.17）的积累造成的[224,225]。由于第一代抑制剂同时作用于 ACE 的两个结构域，并且由于两者能够切割缓激肽，因此建议仅抑制 C 结构域来减少副作用[226,227]，即设计结构域选择性抑制剂。抑制 C 结构域会降低血压，而仍然活跃的 N 结构域可以自由地持续降解过量的缓激肽。一些第一代抑制剂已经表现出 C 结构域选择性抑制，主要是由于使用了较卡托普利 Captopril 的巯基更弱的锌结合基团。实际上，似乎在 C 结构域选择性和锌结合亲和力之间存在权衡（参见下面可能的解释）。然而，通过改变锌结合基团获得的选择性程度是相当有限的，已经努力通过解决抑制剂的其他性能来提高选择性。在以下段落中，我们简要讨论了**基于酮的抑制剂 *ketone-based inhibitor*** 的结构-功能关系，这些关系被用作这项努力的一部分。

酮基- ACE *keto-ACE*（又名 ***kAP***）是 ACE 抑制剂苯甲基-苯丙氨酸-甘氨酸-脯氨酸（benzyl-Phe-Gly-Pro）的酮基-亚甲基（keto-methylene）类似物(图 8.22a)。酮-亚甲基抑制剂已广泛用于抑制其他蛋白酶[228]。早在 1980 年就已知 kAP 本身可以抑制 ACE，并显示出适度（26～34 倍）的 C 结构域选择性[229,230]。酮基-亚甲基抑制剂与 *N* -羧基-烷基二肽（如赖诺普利）在结构方面有几处不同（图 8.22a）。

（1）*N* -羧基-烷基二肽的酰胺氮被碳原子取代。

（2）结合锌的羧基被酮基取代，酮基显示出较弱的锌结合能力。

（3）与 *N* -羧基-烷基二肽和第一代抑制剂不同，酮-亚甲基抑制剂也含有 P_2 基团。

因此，酮-亚甲基抑制剂不依赖于强锌结合，而是依赖于结合酶中的其他基团。考虑到结构域选择性的需要，这是有意义的。也就是说，抑制剂与两个结构

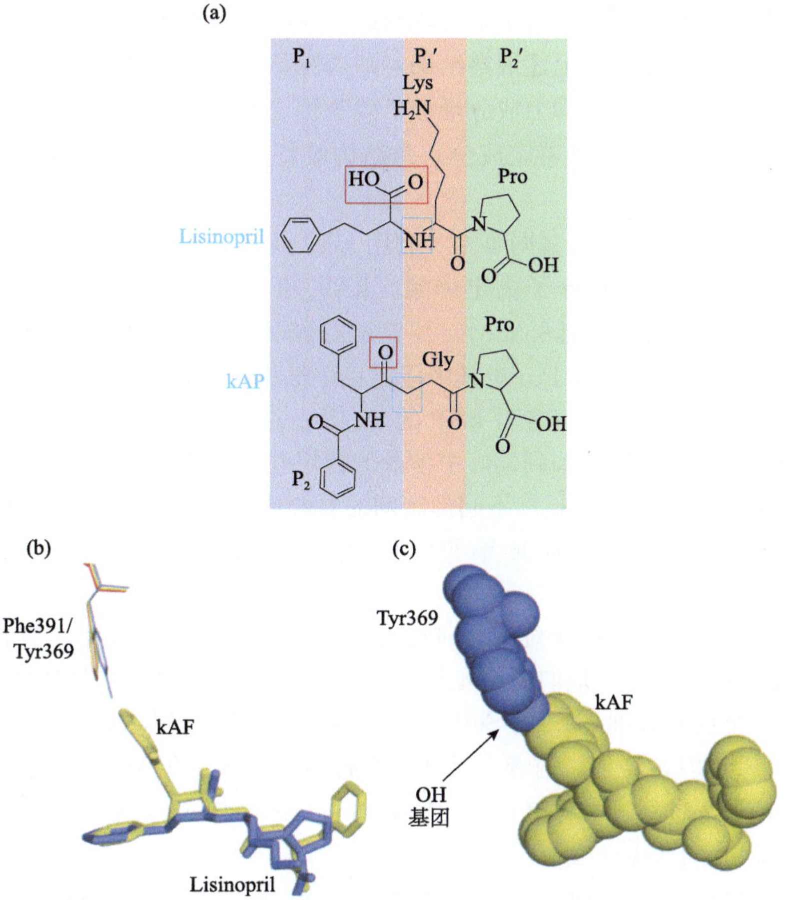

图 8.22 酮-亚甲基抑制剂。(a) 酮-亚甲基抑制剂（由 kAP 表示）和 *N* -羧基-烷基二肽（由 Lisinopril 代表）之间的差异。两种抑制剂都包括二肽单元。但是，*N* -羧基-烷基二肽的酰胺氮被碳原子（蓝色矩形）所取代，羧基被酮基（红色矩形）取代。此外，酮-亚甲基抑制剂还包括在 *N* -羧基-烷基二肽中缺失的 S_2 基团。(b，c) ACE 的 N 结构域中 Phe391→Tyr 变化对活性位点中 kAF 的适应性的影响。(b) 该图显示了三种 ACE 抑制剂复合物：C 结构域- Lisinopril（PDB 条目：1o86，红色）、N 结构域- Lisinopril（PDB 条目：2c6n，蓝色）和 C 结构域- kAF（PDB 条目：3bkk，黄色）。图中显示了最后两种结构的抑制剂，表示为棒状。三种结构中占据位置 391（N 结构域中的 369）的残基以线框表示。为清楚起见，未标出结构的其他残基和主链。从图中可以清楚地看出，kAF 的 S_2 位置上添加的苯甲酰基可以容纳在 C 结构域（红色和黄色）中，但容纳在 N 结构域中的则少得多。对于 kAP 和 kAW 也应如此，因为三个酮-亚甲基抑制剂在 S_2 位置共享相同的苯甲酰基。(c) 与 (b) 中的相同，除了 N 域的 kAF 和 Tyr369 都表示为球体以强调它们之间的空间冲突。碰撞的原子是 Tyr-OH 基团中的原子，用箭头标出

域的差异结合亲和力可能是由于特定残基的差异而不是锌原子的差异，这对两者都是相同的。这可以解释上述观察结果，即当锌结合亲和力降低时经常出现选择性：减少锌结合导致的亲和力成分增加了残基特定成分的相对贡献（对总体亲和力而言）。由于后者（残基特定成分）是结构域特定的，它也增加了结构域选择性结合的机会。

最近，Watermeyer 及其同事[211] 利用 kAP 及其两种衍生物 kAF 和 kAW 来寻找 C 结构域选择性的分子决定因素。kAF 和 kAW 分别是肽 Phe-Gly-Phe、Phe-Gly-Trp 的类似物（图 8.22b），并显示 C 结构域的高选择性。由于 kAP 没有 P_1'基团，而且由于 P2′ Pro 对其中任何一个结构域都没有偏好[231]，研究人员得出结论，P_1'和 P_2'基团不能对 kAP 的 30 倍 C 结构域偏好“负责”。这样就留下了 P_1 和 P_2 基团。为了找到偏好中涉及的特定残基，研究人员不得不比较 C 结构域和 N 结构域的结构。虽然不同抑制剂的复合体中 C 结构域的结构已经知晓了很长一段时间，但直到 2006 年[232] 才弄清了 Lisinopril 复合体中 N 结构域的结构。

当对这两种结构进行比较时，研究人员发现在两个结构域之间只有 4 个 S_1 或 S_2 残基接近抑制剂。他们关注 4 个残基中的 3 个，它们与抑制剂具有非极性接触，这三个残基分别是 S_1 的 Ser516 和 Val518 及 S_2 的 Phe391。突变研究表明 Val518 和 Phe391，特别是前者，对结合选择性很重要。但是，仍有待确定这些残留物如何参与选择性。作者提出，Val518→Thr 和 Phe391→Tyr 的变化使得 N 结构域对 kAP 的适应性降低，如下所述。

(1) Val518（S_1 亚位点）：Val 向 Thr 的变化，对 N 结构域 S_1 亚位点的这个区域赋予极性。假设 kAP 庞大的苯基与 S_1 亚位点的结合涉及后者的去溶剂化，则该过程在 N 结构域中比在 C 结构域中更不利。Lisinopril 和 Enalaprilat 也具有 P_1 苯基，均显示出中等的 C 结构域选择性。这也可以通过上述内容解释。

(2) Phe391（S_2 亚位点）：Phe 到 Tyr 的变化添加了羟基，这使得 kAP 的 P_2 苯甲酰基难以被容纳在 N 结构域的 S_2 亚位点内（图 8.22c，d）。

实际上，当 Watermeyer 及其同事用 N 结构域对应物替换 C 结构域中的两个残基时，kAP、kAF 和 kAW 的结合显著降低。

8.7 概　要

● 蛋白质-配体相互作用是几乎所有生物学过程如酶催化、激素作用、神经传递、信号转导、细胞内运输等的基础。因此，由蛋白质识别和结合的化学物质是高度多样的，从元素离子到大分子。相互作用也是多种多样的，并且可以是共价或非共价的。

● 自 19 世纪以来，蛋白质-配体结合在质量和数量上得到了解决。早期模型假设配体与蛋白质结合位点之间存在预先存在的形状互补性，而后来的模型则表明更具动态的相互作用。后者还能解释与这些相互作用相关的复杂现象，如协同性和不同的抑制模式。

● 与蛋白质折叠一样，蛋白质-配体相互作用相对较弱，主要由疏水效应驱动，并通过静电相互作用呈现出特征。

● 相对较低的蛋白质-配体相互作用能量是蛋白质生物学研究的必要条件之一，即能够可逆地结合其靶标配体，这在基于蛋白质的调控和通信网络中经常发生。这一规则的例外情况主要包括金属和辅基；两者在蛋白质内停留时间要比配体所需平均时间长得多。

● 蛋白质结合位点在几何和静电方面与它们的天然配体互补。然而，这种适配并不完美，所产生的张力有时被蛋白质用来执行其功能。蛋白质与配体的互补性不是特定结构模体的结果，可以通过各种结构组合来实现。然而，某些氨基酸确实具有结合功能，主要是芳香族氨基酸。这些氨基酸的独特性质，特别是 Tyr，有助于能量学与结合的特异性研究。

● 多肽链之间的相互作用高度多样化，包括复杂的能量和动力方面。结果，进化导致蛋白质结构域的发展、专门用于特定类型的蛋白质和肽的结合。

● 蛋白质-蛋白质相互作用的固有复杂性部分表现为在结合界面内不同残基之间的“分工”上。尽管界面中心的某些残基（“热点”）与结合伴侣的残基直接相互作用，但一些周边残基似乎通过从中心去除水分子间接地起作用以加强结合。

● 蛋白质-蛋白质相互作用中结合复杂性的另一种表达是结合特异性对复合物类型及其生物学作用的依赖性。因此，虽然抗体、激素激活受体和许多酶被设计用于高度特异性结合，但是信号转导蛋白通常在它们的生物学作用所需的不同结合伴侣之间切换。

● 关于蛋白质-配体相互作用的知识积累广泛应用于制药工业的药物设计中。这是因为药物通过与我们体内的功能失常的蛋白质结合并改变其异常活动起作用。实际上，已经设计了大量的实验和计算工具以允许预测与合成能够靶向疾病相关蛋白质的特定分子。这些方法试图确定候选分子与靶蛋白结合的能力，发挥所需作用，而不会对其他身体器官产生不良影响。

参 考 文 献

1. Zimmerman, S.B. and Trach, S.O. (1991) Estimation of macromolecule concentrations and excluded volume effects for the cytoplasm of *Escherichia coli*. *J Mol Biol.* **222**: 599–620.
2. Fischer, E. (1894) Einfluss der configuration auf die wirkung der enzyme. *Ber Dt Chem Ges.* **27**: 2985–93.
3. Savir, Y. and Tlusty, T. (2007) Conformational proofreading: the impact of conformational changes on the specificity of molecular recognition. *PLoS ONE.* **2**: e468.
4. Koshland, D.E., Jr. (1959) Enzyme flexibility and enzyme action. *J Cell Comp Physiol.* **54**: 245–58.
5. Gerstein, M. and Echols, N. (2004) Exploring the range of protein flexibility, from a structural proteomics perspective. *Curr Opin Chem Biol.* **8**: 14–9.
6. Monod, J., Wyman, J. and Changeux, J.P. (1965) On the nature of allosteric transitions : a plausible model. *J Mol Biol.* **12**: 88–118.
7. Fetler, L., Kantrowitz, E.R. and Vachette, P. (2007) Direct observation in solution of a preexisting structural equilibrium for a mutant of the allosteric aspartate transcarbamoylase. *Proc Natl Acad Sci USA.* **104**: 495–500.
8. Roberts, E.L., Shu, N., Howard, M.J., Broadhurst, R.W., Chapman-Smith, A., Wallace, J.C., Morris, T., Cronan, J.E., Jr. and Perham, R.N. (1999) Solution structures of apo and holo biotinyl domains from acetyl coenzyme A carboxylase of Escherichia coli determined by triple-resonance nuclear magnetic resonance spectroscopy. *Biochemistry.* **38**: 5045–53.
9. Zhao, D., Arrowsmith, C.H., Jia, X. and Jardetzky, O. (1993) Refined solution structures of the Escherichia coli trp holo- and aporepressor. *J Mol Biol.* **229**: 735–46.
10. Gunasekaran, K., Ma, B., Ramakrishnan, B., Qasba, P.K. and Nussinov, R. (2003) Interdependence of backbone flexibility, residue conservation, and enzyme function: a case study on beta1,4-galactosyltransferase-I. *Biochemistry.* **42**: 3674–87.
11. Ramakrishnan, B., Balaji, P.V. and Qasba, P.K. (2002) Crystal structure of beta1,4-galactosyltransferase complex with UDP-Gal reveals an oligosaccharide acceptor binding site. *J Mol Biol.* **318**: 491–502.
12. Kitao, A., Hayward, S. and Go, N. (1998) Energy landscape of a native protein: jumping-among-minima model. *Proteins.* **33**: 496–517.
13. McCammon, J.A., Gelin, B.R. and Karplus, M. (1977) Dynamics of folded proteins. *Nature.* **267**: 585–90.
14. Austin, R.H., Beeson, K.W., Eisenstein, L., Frauenfelder, H. and Gunsalus, I.C. (1975) Dynamics of ligand binding to myoglobin. *Biochemistry.* **14**: 5355–73.
15. Petsko, G.A. and Ringe, D. (1984) Fluctuations in protein structure from X-ray diffraction. *Annu Rev Biophys Bioeng.* **13**: 331–71.
16. Frauenfelder, H., Parak, F. and Young, R.D. (1988) Conformational substates in proteins. *Annu Rev Biophys Biophys Chem.* **17**: 451–79.
17. Malmendal, A., Evenas, J., Forsen, S. and Akke, M. (1999) Structural dynamics in the C-terminal

domain of calmodulin at low calcium levels. *J Mol Biol*. **293**: 883–99.

18. Henzler-Wildman, K. and Kern, D. (2007) Dynamic personalities of proteins. *Nature*. **450**: 964–72.
19. Vendruscolo, M. and Dobson, C.M. (2006) Structural biology. Dynamic visions of enzymatic reactions. *Science*. **313**: 1586–7.
20. Gunasekaran, K., Ma, B. and Nussinov, R. (2004) Is allostery an intrinsic property of all dynamic proteins? *Proteins*. **57**: 433–43.
21. Weber, G. (1972) Ligand binding and internal equilibrium in proteins. *Biochemistry*. **11**: 864–78.
22. Bahar, I., Chennubhotla, C. and Tobi, D. (2007) Intrinsic dynamics of enzymes in the unbound state and relation to allosteric regulation. *Curr Opin Struct Biol*. **17**: 633–40.
23. Lange, O.F., Lakomek, N.A., Fares, C., Schroder, G.F., Walter, K.F., Becker, S., Meiler, J., Grubmuller, H., Griesinger, C. and de Groot, B.L. (2008) Recognition dynamics up to microseconds revealed from an RDC-derived ubiquitin ensemble in solution. *Science*. **320**: 1471–5.
24. Gsponer, J., Christodoulou, J., Cavalli, A., Bui, J.M., Richter, B., Dobson, C.M. and Vendruscolo, M. (2008) A coupled equilibrium shift mechanism in calmodulin-mediated signal transduction. *Structure*. **16**: 736–46.
25. Kumar, S., Ma, B., Tsai, C.J., Sinha, N. and Nussinov, R. (2000) Folding and binding cascades: dynamic landscapes and population shifts. *Protein Sci*. **9**: 10–9.
26. Boehr, D.D. and Wright, P.E. (2008) Biochemistry. How do proteins interact? *Science*. **320**: 1429–30.
27. James, L.C., Roversi, P. and Tawfik, D.S. (2003) Antibody multispecificity mediated by conformational diversity. *Science*. **299**: 1362–7.
28. Berger, C., Weber-Bornhauser, S., Eggenberger, J., Hanes, J., Pluckthun, A. and Bosshard, H.R. (1999) Antigen recognition by conformational selection. *FEBS Lett*. **450**: 149–53.
29. Foote, J. and Milstein, C. (1994) Conformational isomerism and the diversity of antibodies. *Proc Natl Acad Sci USA*. **91**: 10370–4.
30. Grunberg, R., Leckner, J. and Nilges, M. (2004) Complementarity of structure ensembles in protein–protein binding. *Structure*. **12**: 2125–36.
31. Junker, J.P., Ziegler, F. and Rief, M. (2009) Ligand-dependent equilibrium fluctuations of single calmodulin molecules. *Science*. **323**: 633–7.
32. Frederick, K.K., Marlow, M.S., Valentine, K.G. and Wand, A.J. (2007) Conformational entropy in molecular recognition by proteins. *Nature*. **448**: 325–30.
33. Dunn, M.F. (2001) Protein–Ligand Interactions: General Description. ***In*** *Encyclopedia of Life Sciences*. John Wiley & Sons, Ltd.: Chichester, West Sussex, UK.
34. Green, N.M. (1975) Avidin. *Adv Protein Chem*. **29**: 85–133.
35. Avidin. (2007) *Bioactive Egg Compounds* (*Part I*). Springer Berlin Heidelberg: Berlin.
36. Kuntz, I.D., Chen, K., Sharp, K.A. and Kollman, P.A. (1999) The maximal affinity of ligands. *Proc Natl Acad Sci USA*. **96**: 9997–10002.
37. Zhang, X. and Houk, K.N. (2005) Why enzymes are proficient catalysts: beyond the Pauling paradigm. *Acc Chem Res*. **38**: 379–85.
38. Pauling, L. (1948) Nature of forces between large molecules of biological interest. *Nature*. **161**: 707–9.
39. Gilson, M.K. and Zhou, H.X. (2007) Calculation of protein–ligand binding affinities. *Annu Rev Biophys Biomol Struct*. **36**: 21–42.
40. Guvench, O. and MacKerell, A.D., Jr. (2009) Computational evaluation of protein-small molecule binding. *Curr Opin Struct Biol*. **19**: 56–61.
41. Honig, B. and Nicholls, A. (1995) Classical electrostatics in biology and chemistry. *Science*. **268**: 1144–9.

42. Still, W.C., Tempczyk, A., Hawley, R.C. and Hendrickson, T. (1990) Semianalytical treatment of solvation for molecular mechanics and dynamics. *J Am Chem Soc.* **112**: 6127–9.
43. Sitkoff, D., Sharp, K.A. and Honig, B. (1994) Accurate calculation of hydration free energies using macroscopic solvation models. *J Phys Chem.* **98**: 1978–88.
44. Jiao, D., Golubkov, P.A., Darden, T.A. and Ren, P. (2008) Calculation of protein–ligand binding free energy by using a polarizable potential. *Proc Natl Acad Sci USA.* **105**: 6290–5.
45. Reddy, M.R. and Erion, M.D. (2001) Calculation of relative binding free energy differences for fructose 1,6-bisphosphatase inhibitors using the thermodynamic cycle perturbation approach. *J Am Chem Soc.* **123**: 6246–52.
46. Mobley, D.L. and Dill, K.A. (2009) Binding of small-molecule ligands to proteins: "what you see" is not always "what you get". *Structure.* **17**: 489–98.
47. Czodrowski, P., Sotriffer, C.A. and Klebe, G. (2007) Atypical protonation states in the active site of HIV-1 protease: a computational study. *J Chem Inf Model.* **47**: 1590–8.
48. Dullweber, F., Stubbs, M.T., Musil, D., Sturzebecher, J. and Klebe, G. (2001) Factorising ligand affinity: a combined thermodynamic and crystallographic study of trypsin and thrombin inhibition. *J Mol Biol.* **313**: 593–614.
49. Steuber, H., Czodrowski, P., Sotriffer, C.A. and Klebe, G. (2007) Tracing changes in protonation: a prerequisite to factorize thermodynamic data of inhibitor binding to aldose reductase. *J Mol Biol.* **373**: 1305–20.
50. Li, Z. and Lazaridis, T. (2007) Water at biomolecular binding interfaces. *Phys Chem Chem Phys.* **9**: 573–81.
51. Samsonov, S., Teyra, J. and Pisabarro, M.T. (2008) A molecular dynamics approach to study the importance of solvent in protein interactions. *Proteins.* **73**: 515–25.
52. Wong, C.F. and McCammon, J.A. (2003) Protein flexibility and computer-aided drug design. *Annu Rev Pharmacol Toxicol.* **43**: 31–45.
53. Tembe, B.L. and McCammon, J.A. (1984) Ligand–receptor interactions. *Comput Chem.* **8**: 281–3.
54. Chang, C.E., Chen, W. and Gilson, M.K. (2007) Ligand configurational entropy and protein binding. *Proc Natl Acad Sci USA.* **104**: 1534–9.
55. Chen, W., Chang, C.E. and Gilson, M.K. (2004) Calculation of cyclodextrin binding affinities: energy, entropy, and implications for drug design. *Biophys J.* **87**: 3035–49.
56. Chang, C.E. and Gilson, M.K. (2004) Free energy, entropy, and induced fit in host–guest recognition: calculations with the second-generation mining minima algorithm. *J Am Chem Soc.* **126**: 13156–64.
57. Guimaraes, C.R. and Cardozo, M. (2008) MM-GB/SA rescoring of docking poses in structure-based lead optimization. *J Chem Inf Model.* **48**: 958–70.
58. Chothia, C. and Janin, J. (1975) Principles of protein–protein recognition. *Nature.* **256**: 705–8.
59. Ponstingl, H., Kabir, T., Gorse, D. and Thornton, J.M. (2005) Morphological aspects of oligomeric protein structures. *Prog Biophys Mol Biol.* **89**: 9–35.
60. Qvist, J., Davidovic, M., Hamelberg, D. and Halle, B. (2008) A dry ligand-binding cavity in a solvated protein. *Proc Natl Acad Sci USA.* **105**: 6296–301.
61. Kern, D. and Zuiderweg, E.R. (2003) The role of dynamics in allosteric regulation. *Curr Opin Struct Biol.* **13**: 748–57.
62. Chang, C.E., McLaughlin, W.A., Baron, R., Wang, W. and McCammon, J.A. (2008) Entropic contributions and the influence of the hydrophobic environment in promiscuous protein–protein association. *Proc Natl Acad Sci USA.* **105**: 7456–61.

63. Azuara, C., Lindahl, E., Koehl, P., Orland, H. and Delarue, M. (2006) PDB_Hydro: incorporating dipolar solvents with variable density in the Poisson–Boltzmann treatment of macromolecule electrostatics. *Nucleic Acids Res.* **34**: W38–42.
64. Marc Delarue group at Institut Pasteur. http://lorentz.immstr.pasteur.fr/website/present.html
65. Kahraman, A., Morris, R.J., Laskowski, R.A. and Thornton, J.M. (2007) Shape variation in protein binding pockets and their ligands. *J Mol Biol.* **368**: 283–301.
66. Vajda, S. and Guarnieri, F. (2006) Characterization of protein–ligand interaction sites using experimental and computational methods. *Curr Opin Drug Discov Devel.* **9**: 354–62.
67. Bahadur, R.P., Chakrabarti, P., Rodier, F. and Janin, J. (2004) A dissection of specific and nonspecific protein–protein interfaces. *J Mol Biol.* **336**: 943–55.
68. Nooren, I.M. and Thornton, J.M. (2003) Structural characterisation and functional significance of transient protein–protein interactions. *J Mol Biol.* **325**: 991–1018.
69. Sharp, K.A. (2005) Important Considerations Impacting Molecular Docking. ***In*** *Virtual Screening in Drug Discovery*, Shoichet, B.K. and Alvarez, J., Editors. CRC Press: Boca Raton, FL, Chapter 9, p.227.
70. Fogolari, F., Brigo, A. and Molinari, H. (2002) The Poisson–Boltzmann equation for biomolecular electrostatics: a tool for structural biology. *J Mol Recognit.* **15**: 377–92.
71. Chen, K. and Kurgan, L. (2009) Investigation of atomic level patterns in protein—small ligand interactions. *PLoS One.* **4**: e4473.
72. Massoulie, J., Sussman, J., Bon, S. and Silman, I. (1993) Structure and functions of acetylcholinesterase and butyrylcholinesterase. *Prog Brain Res.* **98**: 139–46.
73. Botti, S.A., Felder, C.E., Lifson, S., Sussman, J.L. and Silman, I.I. (1999) A modular treatment of molecular traffic through the active site of cholinesterase. *Biophys J.* **77**: 2430–50.
74. McCammon, J.A. (2009) Darwinian biophysics: electrostatics and evolution in the kinetics of molecular binding. *Proc Natl Acad Sci USA.* **106**: 7683–4.
75. Porschke, D., Creminon, C., Cousin, X., Bon, C., Sussman, J. and Silman, I. (1996) Electrooptical measurements demonstrate a large permanent dipole moment associated with acetylcholinesterase. *Biophys J.* **70**: 1603–8.
76. Ripoll, D.R., Faerman, C.H., Axelsen, P.H., Silman, I. and Sussman, J.L. (1993) An electrostatic mechanism for substrate guidance down the aromatic gorge of acetylcholinesterase. *Proc Natl Acad Sci USA.* **90**: 5128–32.
77. Tan, R.C., Truong, T.N., McCammon, J.A. and Sussman, J.L. (1993) Acetylcholinesterase: electrostatic steering increases the rate of ligand binding. *Biochemistry.* **32**: 401–3.
78. Radic, Z., Kirchhoff, P.D., Quinn, D.M., McCammon, J.A. and Taylor, P. (1997) Electrostatic influence on the kinetics of ligand binding to acetylcholinesterase. Distinctions between active center ligands and fasciculin. *J Biol Chem.* **272**: 23265–77.
79. Ma, B. and Nussinov, R. (2007) Trp/Met/Phe hot spots in protein–protein interactions: potential targets in drug design. *Curr Top Med Chem.* **7**: 999–1005.
80. Koide, S. and Sidhu, S.S. (2009) The importance of being tyrosine: lessons in molecular recognition from minimalist synthetic binding proteins. *ACS Chem Biol.* **4**: 325–34.
81. Mian, I.S., Bradwell, A.R. and Olson, A.J. (1991) Structure, function and properties of antibody binding sites. *J Mol Biol.* **217**: 133–51.
82. Green, G.A. (2001) Understanding NSAIDs: from aspirin to COX-2. *Clin Cornerstone.* **3**: 50–60.
83. Rainsford, K.D. (2007) Anti-inflammatory drugs in the 21st century. *Subcell Biochem.* **42**: 3–27.
84. Rao, P. and Knaus, E.E. (2008) Evolution of nonsteroidal anti-inflammatory drugs (NSAIDs): cyclooxygenase (COX) inhibition and beyond. *J Pharm Pharm Sci.* **11**: 81s–110s.
85. Salvaterra, P.M. (2001) Acetylcholine. ***In*** *Encyclopedia of Life Sciences.* John Wiley & Sons, Ltd.:

Chichester, West Sussex, UK.

86. Hicks, R.P., Hartell, M.G., Nichols, D.A., Bhattacharjee, A.K., van Hamont, J.E. and Skillman, D.R. (2005) The medicinal chemistry of botulinum, ricin and anthrax toxins. *Curr Med Chem.* **12**: 667–90.
87. Bajgar, J. (2005) Complex view on poisoning with nerve agents and organophosphates. *Acta Medica (Hradec Kralove).* **48**: 3–21.
88. Gupta, R.C., Editor. (2006) *Toxicology of Organophosphate & Carbamate Compounds*, Elsevier Academic Press: London.
89. Millard, C.B., Kryger, G., Ordentlich, A., Greenblatt, H.M., Harel, M., Raves, M.L., Segall, Y., Barak, D., Shafferman, A., Silman, I. and Sussman, J.L. (1999) Crystal structures of aged phosphonylated acetylcholinesterase: nerve agent reaction products at the atomic level. *Biochemistry.* **38**: 7032–9.
90. Grutzendler, J. and Morris, J.C. (2001) Cholinesterase inhibitors for Alzheimer's disease. *Drugs.* **61**: 41–52.
91. Selkoe, D.J. (2002) Alzheimer's disease is a synaptic failure. *Science.* **298**: 789–91.
92. Wilkinson, D.G., Francis, P.T., Schwam, E. and Payne-Parrish, J. (2004) Cholinesterase inhibitors used in the treatment of Alzheimer's disease: the relationship between pharmacological effects and clinical efficacy. *Drugs Aging.* **21**: 453–78.
93. Prokop, Z., Oplustil, F., DeFrank, J. and Damborsky, J. (2006) Enzymes fight chemical weapons. *Biotechnol J.* **1**: 1370–80.
94. Levine, M. and Tjian, R. (2003) Transcription regulation and animal diversity. *Nature.* **424**: 147–51.
95. Keskin, O., Gursoy, A., Ma, B. and Nussinov, R. (2008) Principles of protein–protein interactions: what are the preferred ways for proteins to interact? *Chem Rev.* **108**: 1225–44.
96. Kohn, K.W. and Aladjem, M.I. (2006) Circuit diagrams for biological networks. *Mol Syst Biol.* **2**: 2006.0002.
97. Kohn, K.W., Aladjem, M.I., Weinstein, J.N. and Pommier, Y. (2006) Molecular interaction maps of bioregulatory networks: a general rubric for systems biology. *Mol Biol Cell.* **17**: 1–13.
98. Mintseris, J. and Weng, Z. (2005) Structure, function, and evolution of transient and obligate protein–protein interactions. *Proc Natl Acad Sci USA.* **102**: 10930–5.
99. Kasembeli, M.M., Xu, X. and Tweardy, D.J. (2009) SH2 domain binding to phosphopeptide ligands: potential for drug targeting. *Front Biosci.* **14**: 1010–22.
100. Waksman, G., Kominos, D., Robertson, S.C., Pant, N., Baltimore, D., Birge, R.B., Cowburn, D., Hanafusa, H., Mayer, B.J., Overduin, M., et al. (1992) Crystal structure of the phosphotyrosine recognition domain SH2 of v-src complexed with tyrosine-phosphorylated peptides. *Nature.* **358**: 646–53.
101. Fazi, B., Cope, M.J., Douangamath, A., Ferracuti, S., Schirwitz, K., Zucconi, A., Drubin, D.G., Wilmanns, M., Cesareni, G. and Castagnoli, L. (2002) Unusual binding properties of the SH3 domain of the yeast actin-binding protein Abp1: structural and functional analysis. *J Biol Chem.* **277**: 5290–8.
102. Gao, Y.G., Yan, X.Z., Song, A.X., Chang, Y.G., Gao, X.C., Jiang, N., Zhang, Q. and Hu, H.Y. (2006) Structural insights into the specific binding of huntingtin proline-rich region with the SH3 and WW domains. *Structure.* **14**: 1755–65.
103. Lewitzky, M., Harkiolaki, M., Domart, M.C., Jones, E.Y. and Feller, S.M. (2004) Mona/Gads SH3C binding to hematopoietic progenitor kinase 1 (HPK1) combines an atypical SH3 binding motif, R/KXXK, with a classical PXXP motif embedded in a polyproline type II (PPII) helix. *J Biol Chem.* **279**: 28724–32.
104. Reichmann, D., Rahat, O., Cohen, M., Neuvirth, H. and Schreiber, G. (2007) The molecular architecture of protein–protein binding sites. *Curr Opin Struct Biol.* **17**: 67–76.

105. Ofran, Y. and Rost, B. (2003) Analysing six types of protein–protein interfaces. *J Mol Biol.* **325**: 377–87.
106. Sinha, N., Mohan, S., Lipschultz, C.A. and Smith-Gill, S.J. (2002) Differences in electrostatic properties at antibody–antigen binding sites: implications for specificity and cross-reactivity. *Biophys J.* **83**: 2946–68.
107. Sheinerman, F.B. and Honig, B. (2002) On the role of electrostatic interactions in the design of protein–protein interfaces. *J Mol Biol.* **318**: 161–77.
108. Nimrod, G., Glaser, F., Steinberg, D., Ben-Tal, N. and Pupko, T. (2005) In silico identification of functional regions in proteins. *Bioinformatics.* **21 Suppl. 1**: i328–37.
109. Saha, R.P., Bahadur, R.P. and Chakrabarti, P. (2005) Interresidue contacts in proteins and protein–protein interfaces and their use in characterizing the homodimeric interface. *J Proteome Res.* **4**: 1600–9.
110. Ali, M.H. and Imperiali, B. (2005) Protein oligomerization: how and why. *Bioorg Med Chem.* **13**: 5013–20.
111. Jones, S. and Thornton, J.M. (1996) Principles of protein–protein interactions. *Proc Natl Acad Sci USA.* **93**: 13–20.
112. Tsai, C.J., Lin, S.L., Wolfson, H.J. and Nussinov, R. (1997) Studies of protein–protein interfaces: a statistical analysis of the hydrophobic effect. *Protein Sci.* **6**: 53–64.
113. Tsai, C.J., Xu, D. and Nussinov, R. (1997) Structural motifs at protein–protein interfaces: protein cores versus two-state and three-state model complexes. *Protein Sci.* **6**: 1793–805.
114. Jones, S. and Thornton, J.M. (1997) Analysis of protein–protein interaction sites using surface patches. *J Mol Biol.* **272**: 121–32.
115. Sheinerman, F.B., Norel, R. and Honig, B. (2000) Electrostatic aspects of protein–protein interactions. *Curr Opin Struct Biol.* **10**: 153–9.
116. Kumar, S. and Nussinov, R. (2002) Close-range electrostatic interactions in proteins. *Chembiochem.* **3**: 604–17.
117. Keeble, A.H., Kirkpatrick, N., Shimizu, S. and Kleanthous, C. (2006) Calorimetric dissection of colicin DNase—immunity protein complex specificity. *Biochemistry.* **45**: 3243–54.
118. Li, W., Keeble, A.H., Giffard, C., James, R., Moore, G.R. and Kleanthous, C. (2004) Highly discriminating protein–protein interaction specificities in the context of a conserved binding energy hotspot. *J Mol Biol.* **337**: 743–59.
119. Chrencik, J.E., Brooun, A., Kraus, M.L., Recht, M.I., Kolatkar, A.R., Han, G.W., Seifert, J.M., Widmer, H., Auer, M. and Kuhn, P. (2006) Structural and biophysical characterization of the EphB4*ephrinB2 protein–protein interaction and receptor specificity. *J Biol Chem.* **281**: 28185–92.
120. Fernandez-Ballester, G., Blanes-Mira, C. and Serrano, L. (2004) The tryptophan switch: changing ligand-binding specificity from type I to type II in SH3 domains. *J Mol Biol.* **335**: 619–29.
121. Colledge, M. and Scott, J.D. (1999) AKAPs: from structure to function. *Trends Cell Biol.* **9**: 216–21.
122. James, L.C. and Tawfik, D.S. (2003) The specificity of cross-reactivity: promiscuous antibody binding involves specific hydrogen bonds rather than nonspecific hydrophobic stickiness. *Protein Sci.* **12**: 2183–93.
123. James, L.C. and Tawfik, D.S. (2005) Structure and kinetics of a transient antibody binding intermediate reveal a kinetic discrimination mechanism in antigen recognition. *Proc Natl Acad Sci USA.* **102**: 12730–5.
124. Jones, S. and Thornton, J.M. (1996) Principles of protein–protein interactions. *Proc Natl Acad Sci USA.* **93**: 13–20.
125. Wodak, S.J. and Janin, J. (2002) Structural basis of macromolecular recognition. *Adv Protein Chem.* **61**: 9–73.
126. Lo Conte, L., Chothia, C. and Janin, J. (1999) The atomic structure of protein–protein recogni-

tion sites. *J Mol Biol.* **285**: 2177–98.

127. Bogan, A.A. and Thorn, K.S. (1998) Anatomy of hot spots in protein interfaces. *J Mol Biol.* **280**: 1–9.
128. Roisman, L.C., Jaitin, D.A., Baker, D.P. and Schreiber, G. (2005) Mutational analysis of the IFNAR1 binding site on IFNalpha2 reveals the architecture of a weak ligand–receptor binding-site. *J Mol Biol.* **353**: 271–81.
129. Wohlgemuth, S., Kiel, C., Kramer, A., Serrano, L., Wittinghofer, F. and Herrmann, C. (2005) Recognizing and defining true Ras binding domains I: biochemical analysis. *J Mol Biol.* **348**: 741–58.
130. Prudencio, M. and Ubbink, M. (2004) Transient complexes of redox proteins: structural and dynamic details from NMR studies. *J Mol Recognit.* **17**: 524–39.
131. Barclay, A.N. (2003) Membrane proteins with immunoglobulin-like domains – a master superfamily of interaction molecules. *Semin Immunol.* **15**: 215–23.
132. Cho, S., Swaminathan, C.P., Yang, J., Kerzic, M.C., Guan, R., Kieke, M.C., Kranz, D.M., Mariuzza, R.A. and Sundberg, E.J. (2005) Structural basis of affinity maturation and intramolecular cooperativity in a protein–protein interaction. *Structure.* **13**: 1775–87.
133. Cauerhff, A., Goldbaum, F.A. and Braden, B.C. (2004) Structural mechanism for affinity maturation of an anti-lysozyme antibody. *Proc Natl Acad Sci USA.* **101**: 3539–44.
134. Sundberg, E.J., Andersen, P.S., Schlievert, P.M., Karjalainen, K. and Mariuzza, R.A. (2003) Structural, energetic, and functional analysis of a protein–protein interface at distinct stages of affinity maturation. *Structure.* **11**: 1151–61.
135. Schreiber, G. and Fersht, A.R. (1995) Energetics of protein–protein interactions: analysis of the barnase–barstar interface by single mutations and double mutant cycles. *J Mol Biol.* **248**: 478–86.
136. Patten, P.A., Gray, N.S., Yang, P.L., Marks, C.B., Wedemayer, G.J., Boniface, J.J., Stevens, R.C. and Schultz, P.G. (1996) The immunological evolution of catalysis. *Science.* **271**: 1086–91.
137. Wedemayer, G.J., Patten, P.A., Wang, L.H., Schultz, P.G. and Stevens, R.C. (1997) Structural insights into the evolution of an antibody combining site. *Science.* **276**: 1665–9.
138. Clackson, T. and Wells, J.A. (1995) A hot spot of binding energy in a hormone–receptor interface. *Science.* **267**: 383–6.
139. Kouadio, J.L., Horn, J.R., Pal, G. and Kossiakoff, A.A. (2005) Shotgun alanine scanning shows that growth hormone can bind productively to its receptor through a drastically minimized interface. *J Biol Chem.* **280**: 25524–32.
140. Hu, Z., Ma, B., Wolfson, H. and Nussinov, R. (2000) Conservation of polar residues as hot spots at protein interfaces. *Proteins.* **39**: 331–42.
141. Keskin, O., Ma, B. and Nussinov, R. (2005) Hot regions in protein–protein interactions: the organization and contribution of structurally conserved hot spot residues. *J Mol Biol.* **345**: 1281–94.
142. del Sol, A. and O'Meara, P. (2005) Small-world network approach to identify key residues in protein–protein interaction. *Proteins.* **58**: 672–82.
143. Cunningham, B.C. and Wells, J.A. (1989) High-resolution epitope mapping of hGH–receptor interactions by alanine-scanning mutagenesis. *Science.* **244**: 1081–5.
144. Thorn, K.S. and Bogan, A.A. (2001) ASEdb: a database of alanine mutations and their effects on the free energy of binding in protein interactions. *Bioinformatics.* **17**: 284–5.
145. Li, Y., Huang, Y., Swaminathan, C.P., Smith-Gill, S.J. and Mariuzza, R.A. (2005) Magnitude of the hydrophobic effect at central versus peripheral sites in protein–protein interfaces. *Structure.* **13**: 297–307.
146. Halperin, I., Wolfson, H. and Nussinov, R. (2004) Protein–protein interactions; coupling of structurally conserved residues and of hot spots across interfaces. Implications for docking.

Structure. **12**: 1027–38.
147. Reichmann, D., Rahat, O., Albeck, S., Meged, R., Dym, O. and Schreiber, G. (2005) The modular architecture of protein–protein binding interfaces. *Proc Natl Acad Sci USA*. **102**: 57–62.
148. Keskin, O., Ma, B., Rogale, K., Gunasekaran, K. and Nussinov, R. (2005) Protein–protein interactions: organization, cooperativity and mapping in a bottom-up systems biology approach. *Phys Biol*. **2**: S24–35.
149. Brinda, K.V. and Vishveshwara, S. (2005) Oligomeric protein structure networks: insights into protein–protein interactions. *BMC Bioinformatics*. **6**: 296.
150. Rajamani, D., Thiel, S., Vajda, S. and Camacho, C.J. (2004) Anchor residues in protein–protein interactions. *Proc Natl Acad Sci USA*. **101**: 11287–92.
151. Tobi, D. and Bahar, I. (2005) Structural changes involved in protein binding correlate with intrinsic motions of proteins in the unbound state. *Proc Natl Acad Sci USA*. **102**: 18908–13.
152. Smith, G.R., Sternberg, M.J. and Bates, P.A. (2005) The relationship between the flexibility of proteins and their conformational states on forming protein–protein complexes with an application to protein–protein docking. *J Mol Biol*. **347**: 1077–101.
153. Lawrence, M.C. and Colman, P.M. (1993) Shape complementarity at protein/protein interfaces. *J Mol Biol*. **234**: 946–50.
154. Raschke, T.M. (2006) Water structure and interactions with protein surfaces. *Curr Opin Struct Biol*. **16**: 152–9.
155. Rodier, F., Bahadur, R.P., Chakrabarti, P. and Janin, J. (2005) Hydration of protein–protein interfaces. *Proteins*. **60**: 36–45.
156. Bhat, T.N., Bentley, G.A., Boulot, G., Greene, M.I., Tello, D., Dall'Acqua, W., Souchon, H., Schwarz, F.P., Mariuzza, R.A. and Poljak, R.J. (1994) Bound water molecules and conformational stabilization help mediate an antigen–antibody association. *Proc Natl Acad Sci USA*. **91**: 1089–93.
157. Rath, A., Davidson, A.R. and Deber, C.M. (2005) The structure of "unstructured" regions in peptides and proteins: role of the polyproline II helix in protein folding and recognition. *Biopolymers*. **80**: 179–85.
158. Nguyen, J.T., Turck, C.W., Cohen, F.E., Zuckermann, R.N. and Lim, W.A. (1998) Exploiting the basis of proline recognition by SH3 and WW domains: design of N-substituted inhibitors. *Science*. **282**: 2088–92.
159. Robertson, J.G. (2007) Enzymes as a special class of therapeutic target: clinical drugs and modes of action. *Curr Opin Struct Biol*. **17**: 674–9.
160. Weigelt, J., McBroom-Cerajewski, L.D., Schapira, M., Zhao, Y. and Arrowmsmith, C.H. (2008) Structural genomics and drug discovery: all in the family. *Curr Opin Chem Biol*. **12**: 32–39.
161. Swinney, D.C. (2004) Biochemical mechanisms of drug action: what does it take for success? *Nat Rev Drug Discov*. **3**: 801–8.
162. Study, R.E. and Barker, J.L. (1981) Diazepam and (–)-pentobarbital: fluctuation analysis reveals different mechanisms for potentiation of gamma-aminobutyric acid responses in cultured central neurons. *Proc Natl Acad Sci USA*. **78**: 7180–4.
163. Mohler, H. (2006) Benzodiazepines. ***In*** *Encyclopedia of Life Sciences*. John Wiley & Sons, Ltd.: Chichester, West Sussex, UK.
164. Stephenson, F.A. (2006) GABA-A receptors. ***In*** *Encyclopedia of Life Sciences*. John Wiley & Sons, Ltd.: Chichester, West Sussex, UK.
165. MacDonald, R.L., Rogers, C.J. and Twyman, R.E. (1989) Barbiturate regulation of kinetic properties of the GABAA receptor channel of mouse spinal neurones in culture. *J Physiol*. **417**: 483–500.
166. Li, J.W. and Vederas, J.C. (2009) Drug discovery and natural products: end of an era or an endless frontier? *Science*. **325**: 161–5.

167. Sneader, W. (2005) *Drug Discovery: A History*. John Wiley: West Sussex, UK.
168. Drews, J. (2000) Drug discovery: a historical perspective. *Science*. **287**: 1960–4.
169. *The Process of New Drug Discovery and Development*, Smith, C.G. and O'Donnell, J., Editors. 2006. CRC Press: Boca Raton, FL.
170. Nielsen, J. (2002) Combinatorial synthesis of natural products. *Curr Opin Chem Biol*. **6**: 297–305.
171. Schneider, G. and Fechner, U. (2005) Computer-based de novo design of drug-like molecules. *Nat Rev Drug Discov*. **4**: 649–63.
172. Dobson, C.M. (2004) Chemical space and biology. *Nature*. **432**: 824–8.
173. Lipinski, C. and Hopkins, A. (2004) Navigating chemical space for biology and medicine. *Nature*. **432**: 855–61.
174. Schneider, G. (2002) Trends in virtual combinatorial library design. *Curr Med Chem*. **9**: 2095–101.
175. Jorgensen, W.L. (2004) The many roles of computation in drug discovery. *Science*. **303**: 1813–8.
176. Langer, T. and Krovat, E.M. (2003) Chemical feature-based pharmacophores and virtual library screening for discovery of new leads. *Curr Opin Drug Discov Devel*. **6**: 370–6.
177. Mason, J.S., Good, A.C. and Martin, E.J. (2001) 3-D pharmacophores in drug discovery. *Curr Pharm Des*. **7**: 567–97.
178. Xue, L. and Bajorath, J. (2000) Molecular descriptors in chemoinformatics, computational combinatorial chemistry, and virtual screening. *Comb Chem High Throughput Screen*. **3**: 363–72.
179. Khedkar, S.A., Malde, A.K., Coutinho, E.C. and Srivastava, S. (2007) Pharmacophore modeling in drug discovery and development: an overview. *Med Chem*. **3**: 187–97.
180. Wermuth, C.G., Ganellin, C.R., Lindberg, P. and Mitscher, L.A. (1998) Glossary of terms used in medicinal chemistry (IUPAC Recommendations). *Pure Appl Chem*. **70**: 1129–43.
181. Lloyd, D.G., Buenemann, C.L., Todorov, N.P., Manallack, D.T. and Dean, P.M. (2004) Scaffold hopping in de novo design. Ligand generation in the absence of receptor information. *J Med Chem*. **47**: 493–6.
182. Lemke, T.L. (2003) *Review of Organic Functional Groups: Introduction to Medicinal Organic Chemistry*. Lippincott Williams & Wilkins: Philadelphia.
183. Woster, P.M. (2009) Functional Groups, Acid Base Chemistry and Physicochemical Properties. ***In** Pharmaceutical Sciences 3320—Principles of Drug Action (online course)*. Department of Pharmaceutical Sciences, College of Pharmacy and Health Sciences, Wayne State University: Detroit, MI.
184. Lipinski, C.A., Lombardo, F., Dominy, B.W. and Feeney, P.J. (2001) Experimental and computational approaches to estimate solubility and permeability in drug discovery and development settings. *Adv Drug Deliv Rev*. **46**: 3–26.
185. Martin, E.J., Blaney, J.M., Siani, M.A., Spellmeyer, D.C., Wong, A.K. and Moos, W.H. (1995) Measuring diversity: experimental design of combinatorial libraries for drug discovery. *J Med Chem*. **38**: 1431–6.
186. Golebiowski, A., Klopfenstein, S.R. and Portlock, D.E. (2001) Lead compounds discovered from libraries. *Curr Opin Chem Biol*. **5**: 273–84.
187. Golebiowski, A., Klopfenstein, S.R. and Portlock, D.E. (2003) Lead compounds discovered from libraries: part 2. *Curr Opin Chem Biol*. **7**: 308–25.
188. Hertzberg, R.P. and Pope, A.J. (2000) High-throughput screening: new technology for the 21st century. *Curr Opin Chem Biol*. **4**: 445–51.
189. Druker, B.J. and Lydon, N.B. (2000) Lessons learned from the development of an Abl tyrosine kinase inhibitor for chronic myelogeneous leukemia. *J Clin Invest*. **105**: 3–7.

190. Scapin, G. (2006) Structural biology and drug discovery. *Curr Pharm Des.* **12**: 2087–97.
191. Kapetanovic, I.M. (2008) Computer-aided drug discovery and development (CADDD): in silico-chemico-biological approach. *Chem Biol Interact.* **171**: 165–76.
192. Terasaka, T., Kinoshita, T., Kuno, M., Seki, N., Tanaka, K. and Nakanishi, I. (2004) Structure-based design, synthesis, and structure–activity relationship studies of novel non-nucleoside adenosine deaminase inhibitors. *J Med Chem.* **47**: 3730–43.
193. Flower, R.J. (2003) The development of COX2 inhibitors. *Nat Rev Drug Discov.* **2**: 179–91.
194. Simons, F.E. (2002) Comparative pharmacology of H1 antihistamines: clinical relevance. *Am J Med.* **113 Suppl. 9A**: 38S–46S.
195. Acharya, K.R., Sturrock, E.D., Riordan, J.F. and Ehlers, M.R. (2003) Ace revisited: a new target for structure-based drug design. *Nat Rev Drug Discov.* **2**: 891–902.
196. Alper, A.B., Calhoun, D.A. and Oparil, S. (2001) Hypertension. ***In*** *Encyclopedia of Life Sciences.* John Wiley & Sons, Ltd.: Chichester, West Sussex, UK.
197. Kearney, P.M., Whelton, M., Reynolds, K., Muntner, P., Whelton, P.K. and He, J. (2005) Global burden of hypertension: analysis of worldwide data. *Lancet.* **365**: 217–23.
198. Zaman, M.A., Oparil, S. and Calhoun, D.A. (2002) Drugs targeting the renin–angiotensin–aldosterone system. *Nat Rev Drug Discov.* **1**: 621–36.
199. Atlas, S.A. (2007) The renin–angiotensin aldosterone system: pathophysiological role and pharmacologic inhibition. *J Manag Care Pharm.* **13**: 9–20.
200. Soubrier, F., Alhenc-Gelas, F., Hubert, C., Allegrini, J., John, M., Tregear, G. and Corvol, P. (1988) Two putative active centers in human angiotensin I-converting enzyme revealed by molecular cloning. *Proc Natl Acad Sci USA.* **85**: 9386–90.
201. Hooper, N.M., Karran, E.H. and Turner, A.J. (1997) Membrane protein secretases. *Biochem J.* **321 (Pt. 2)**: 265–79.
202. Soubrier, F., Wei, L., Hubert, C., Clauser, E., Alhenc-Gelas, F. and Corvol, P. (1993) Molecular biology of the angiotensin I converting enzyme: II. Structure–function. Gene polymorphism and clinical implications. *J Hypertens.* **11**: 599–604.
203. Redelinghuys, P., Nchinda, A.T. and Sturrock, E.D. (2005) Development of domain-selective angiotensin I-converting enzyme inhibitors. *Ann N Y Acad Sci.* **1056**: 160–75.
204. Ehlers, M.R., Fox, E.A., Strydom, D.J. and Riordan, J.F. (1989) Molecular cloning of human testicular angiotensin-converting enzyme: the testis isozyme is identical to the C-terminal half of endothelial angiotensin-converting enzyme. *Proc Natl Acad Sci USA.* **86**: 7741–5.
205. Wei, L., Alhenc-Gelas, F., Corvol, P. and Clauser, E. (1991) The two homologous domains of human angiotensin I-converting enzyme are both catalytically active. *J Biol Chem.* **266**: 9002–8.
206. Cotton, J., Hayashi, M.A., Cuniasse, P., Vazeux, G., Ianzer, D., De Camargo, A.C. and Dive, V. (2002) Selective inhibition of the C-domain of angiotensin I converting enzyme by bradykinin potentiating peptides. *Biochemistry.* **41**: 6065–71.
207. Fuchs, S., Xiao, H.D., Cole, J.M., Adams, J.W., Frenzel, K., Michaud, A., Zhao, H., Keshelava, G., Capecchi, M.R., Corvol, P. and Bernstein, K.E. (2004) Role of the N-terminal catalytic domain of angiotensin-converting enzyme investigated by targeted inactivation in mice. *J Biol Chem.* **279**: 15946–53.
208. Junot, C., Gonzales, M.F., Ezan, E., Cotton, J., Vazeux, G., Michaud, A., Azizi, M., Vassiliou, S., Yiotakis, A., Corvol, P. and Dive, V. (2001) RXP 407, a selective inhibitor of the N-domain of angiotensin I-converting enzyme, blocks in vivo the degradation of hemoregulatory peptide acetyl-Ser-Asp-Lys-Pro with no effect on angiotensin I hydrolysis. *J Pharmacol Exp Ther.* **297**: 606–11.
209. Lipscomb, W.N. and Strater, N. (1996) Recent advances in zinc enzymology. *Chem Rev.* **96**: 2375–434.
210. Pelmenschikov, V., Blomberg, M.R. and Siegbahn, P.E. (2002) A theoretical study of the mecha-

nism for peptide hydrolysis by thermolysin. *J Biol Inorg Chem.* **7**: 284–98.

211. Watermeyer, J.M., Kroger, W.L., O'Neill, H.G., Sewell, B.T. and Sturrock, E.D. (2008) Probing the basis of domain-dependent inhibition using novel ketone inhibitors of Angiotensin-converting enzyme. *Biochemistry.* **47**: 5942–50.
212. Ondetti, M.A., Williams, N.J., Sabo, E.F., Pluscec, J., Weaver, E.R. and Kocy, O. (1971) Angiotensin-converting enzyme inhibitors from the venom of *Bothrops jararaca*. Isolation, elucidation of structure, and synthesis. *Biochemistry.* **10**: 4033–9.
213. Byers, L.D. and Wolfenden, R. (1973) Binding of the by-product analog benzylsuccinic acid by carboxypeptidase A. *Biochemistry.* **12**: 2070–8.
214. Cushman, D.W., Cheung, H.S., Sabo, E.F. and Ondetti, M.A. (1977) Design of potent competitive inhibitors of angiotensin-converting enzyme. Carboxyalkanoyl and mercaptoalkanoyl amino acids. *Biochemistry.* **16**: 5484–91.
215. Ondetti, M.A., Rubin, B. and Cushman, D.W. (1977) Design of specific inhibitors of angiotensin-converting enzyme: new class of orally active antihypertensive agents. *Science.* **196**: 441–4.
216. Natesh, R., Schwager, S.L., Evans, H.R., Sturrock, E.D. and Acharya, K.R. (2004) Structural details on the binding of antihypertensive drugs captopril and enalaprilat to human testicular angiotensin I-converting enzyme. *Biochemistry.* **43**: 8718–24.
217. Patchett, A.A., Harris, E., Tristram, E.W., Wyvratt, M.J., Wu, M.T., Taub, D., Peterson, E.R., Ikeler, T.J., ten Broeke, J., Payne, L.G., Ondeyka, D.L., Thorsett, E.D., Greenlee, W.J., Lohr, N.S., Hoffsommer, R.D., Joshua, H., Ruyle, W.V., Rothrock, J.W., Aster, S.D., Maycock, A.L., Robinson, F.M., Hirschmann, R., Sweet, C.S., Ulm, E.H., Gross, D.M., Vassil, T.C. and Stone, C.A. (1980) A new class of angiotensin-converting enzyme inhibitors. *Nature.* **288**: 280–3.
218. Natesh, R., Schwager, S.L., Sturrock, E.D. and Acharya, K.R. (2003) Crystal structure of the human angiotensin-converting enzyme–lisinopril complex. *Nature.* **421**: 551–4.
219. Bull, H.G., Thornberry, N.A., Cordes, M.H., Patchett, A.A. and Cordes, E.H. (1985) Inhibition of rabbit lung angiotensin-converting enzyme by N alpha-[(S)-1-carboxy-3-phenylpropyl]L-alanyl-L-proline and N alpha-[(S)-1-carboxy-3-phenylpropyl]L-lysyl-L-proline. *J Biol Chem.* **260**: 2952–62.
220. Redelinghuys, P., Nchinda, A.T., Chibale, K. and Sturrock, E.D. (2006) Novel ketomethylene inhibitors of angiotensin I-converting enzyme (ACE): inhibition and molecular modelling. *Biol Chem.* **387**: 461–6.
221. Dive, V., Georgiadis, D., Matziari, M., Makaritis, A., Beau, F., Cuniasse, P. and Yiotakis, A. (2004) Phosphinic peptides as zinc metalloproteinase inhibitors. *Cell Mol Life Sci.* **61**: 2010–9.
222. Walz, A.J. and Miller, M.J. (2002) Synthesis and biological activity of hydroxamic acid-derived vasopeptidase inhibitor analogues. *Org Lett.* **4**: 2047–50.
223. Kim, J., Hewitt, G., Carroll, P. and Sieburth, S.M. (2005) Silanediol inhibitors of angiotensin-converting enzyme. Synthesis and evaluation of four diastereomers of Phe[Si]Ala dipeptide analogues. *J Org Chem.* **70**: 5781–9.
224. Beltrami, L., Zingale, L.C., Carugo, S. and Cicardi, M. (2006) Angiotensin-converting enzyme inhibitor-related angioedema: how to deal with it. *Expert Opin Drug Saf.* **5**: 643–9.
225. Nussberger, J., Cugno, M., Amstutz, C., Cicardi, M., Pellacani, A. and Agostoni, A. (1998) Plasma bradykinin in angio-oedema. *Lancet.* **351**: 1693–7.
226. Dickstein, K. and Kjekshus, J. (2002) Effects of losartan and captopril on mortality and morbidity in high-risk patients after acute myocardial infarction: the OPTIMAAL randomised trial. Optimal trial in myocardial infarction with angiotensin II antagonist Losartan. *Lancet.* **360**: 752–60.
227. Georgiadis, D., Beau, F., Czarny, B., Cotton, J., Yiotakis, A. and Dive, V. (2003) Roles of the two active sites of somatic angiotensin-converting enzyme in the cleavage of angiotensin I and bradykinin: insights from selective inhibitors. *Circ Res.* **93**: 148–54.

228. Ghosh, A.K. and Fidanze, S. (1998) Transition-state mimetics for HIV protease inhibitors: stereocontrolled synthesis of hydroxyethylene and hydroxyethylamine isosteres by ester-derived titanium enolate Syn and Anti-Aldol reactions. *J Org Chem*. **63**: 6146–52.
229. Almquist, R.G., Chao, W.R., Ellis, M.E. and Johnson, H.L. (1980) Synthesis and biological activity of a ketomethylene analogue of a tripeptide inhibitor of angiotensin converting enzyme. *J Med Chem*. **23**: 1392–8.
230. Deddish, P.A., Marcic, B., Jackman, H.L., Wang, H.Z., Skidgel, R.A. and Erdos, E.G. (1998) N-domain-specific substrate and C-domain inhibitors of angiotensin-converting enzyme: angiotensin-(1-7) and keto-ACE. *Hypertension*. **31**: 912–7.
231. Michaud, A., Chauvet, M.T. and Corvol, P. (1999) N-domain selectivity of angiotensin I-converting enzyme as assessed by structure–function studies of its highly selective substrate, N-acetyl-seryl-aspartyl-lysyl-proline. *Biochem Pharmacol*. **57**: 611–8.
232. Corradi, H.R., Schwager, S.L., Nchinda, A.T., Sturrock, E.D. and Acharya, K.R. (2006) Crystal structure of the N domain of human somatic angiotensin I-converting enzyme provides a structural basis for domain-specific inhibitor design. *J Mol Biol*. **357**: 964–74.
233. Wilfried, B. and Jan, B.F.N.E. (1993) Hydrophobic Effects. Opinions and Facts. *Angewandte Chemie International Edition in English*. **32**: 1545–79.
234. Babtie, A., Tokuriki, N. and Hollfelder, F. (2010) What makes an enzyme promiscuous? *Curr Opin Chem Biol*, **14**: 200–207
235. Pauling, L. (1946) Molecular Architecture and Biological Reactions. *Chemical and engineering news*. **24**: 1375–1377.
236. Jencks, W.P. Strain and conformation change in enzymatic catalysis. ***In*** *Current aspects of biochemical energetics.*, Kaplan, N.O. and Kennedy, E.P., Editors. 1966. Academic Press.: New York. p. 273.
237. Hedstrom, L. Enzyme Specificity and Selectivity. ***In*** *Encyclopedia of Life Sciences*. 2010. John Wiley & Sons, Ltd.: Chichester, West Sussex, UK.
238. Dierks, T., Miech, C., Hummerjohann, J., Schmidt, B., Kertesz, M.A. and von Figura, K. (1998) Posttranslational formation of formylglycine in prokaryotic sulfatases by modification of either cysteine or serine. *J Biol Chem*. **273**: 25560–25564.
239. Jonas, S. and Hollfelder, F. (2009) Mapping catalytic promiscuity in the alkaline phosphatase superfamily. *Pure and Applied Chemistry*. **81**: 731–742.
240. Nobeli, I., Favia, A.D. and Thornton, J.M. (2009) Protein promiscuity and its implications for biotechnology. *Nat Biotechnol*. **27**: 157–167.
241. Hou, L., Honaker, M.T., Shireman, L.M., Balogh, L.M., Roberts, A.G., Ng, K.C., Nath, A. and Atkins, W.M. (2007) Functional promiscuity correlates with conformational heterogeneity in A-class glutathione S-transferases. *J Biol Chem*. **282**: 23264–23274.
242. Skopalik, J., Anzenbacher, P. and Otyepka, M. (2008) Flexibility of human cytochromes P450: molecular dynamics reveals differences between CYPs 3A4, 2C9, and 2A6, which correlate with their substrate preferences. *J Phys Chem B*. **112**: 8165–8173.
243. Schramm, V.L. (1998) Enzymatic transition states and transition state analog design. *Annu Rev Biochem*. **67**: 693–720.

索　　引*

* 索引词顺序按原书索引内容排列。